JN441672

핵심

단위조작

FUNDAMENTALS OF UNIT OPERATIONS

McGraw-Hill Education
Core 시리즈 06

풀이집은 사이플러스 홈페이지 www.sciplus.co.kr을 참조하기 바랍니다.

화공기사 기출 문제 수록

McGraw-Hill Education Core 시리즈 06

FUNDAMENTALS OF UNIT OPERATIONS

WARREN L. MCCABE

허광선 · 변헌수 · 강봉근
김동회 · 박영해 · 이병돈 편역

핵심 단위조작

Fundamentals of UNIT OPERATIONS, Core Version

1 2 3 4 5 6 7 8 9 10 MHE-KOREA 20 18

Original: Unit Operations of Chemical Engineering, 7th ed.
By Warren L.McCabe/ Julian C. Smith/ Peter Harriott
ISBN 978-0-072-84823-6

Korean ISBN 979-11-321-0157-4 93570

Printed in Korea

핵심 단위조작

발 행 일 / 2018년 1월 29일 발행
저 자 / Warren L. McCabe
편 역 자 / 허광선, 변헌수, 강봉근, 김동회, 박영해 이병돈
발 행 인 / 신디존스(CINDY JONES)
발 행 처 / 맥그로힐에듀케이션코리아 유한회사
주 소 / 서울시 마포구 양화로 45, 8층 801호 (서교동, 메세나폴리스)
전 화 / (02)325-2351
등록번호 / 제 2013-000122호(2012.12.28.)
편집·교정 / 봄저너머
인쇄·제본 / 성신미디어

I S B N 979-11-321-0157-4

판 매 처 / 사이플러스
문 의 / 02)332-6170
정 가 / 32,000원

저자소개

■ Warren L. McCabe(1899~1982)

University of Michigan에서 Ph.D를 받았다. Flintkote사의 부사장 및 연구소 소장, Polytechnic Institute of Brooklyn 학장, North Carolina State University 화공과 R. J. Reynolds 특임교수 등을 역임하였다. 그리고 AIChE 회장을 역임하였다.

■ Julian C. Smith(B. Chem., Chem. E., Cornell University)

1946년부터 Cornell대학 화학공학 교수로 재직했으며, 현재 명예교수이다. 1965~1971년에는 Cornell대학교의 "공학계속교육" 책임자였고, 1975~1983년에는 화학공학부 부장을 역임하였고, 1986년 교수직에서 퇴임하였다. Cornell대학교 교수로 부임하기 전에는 E. I. duPont de Nemours and Co.에서 화공기술자로 근무하였다. Du Pont, American Cyanamid, 및 정부기관을 포함한 여러 기업체에서 프로세스 개발 콘설턴트로 활약하였다. 미국 화학회 회원이며, 미국 화학공학회 특별회원이다.

■ Peter Harriott
(B. Chem. E., Cornell University, ScD., Massachusetts Institute of Technology)

Cornell대학교의 Fred H. Rhodes 특임명예교수이다. 1953년 Cornell대학교 교수 부임 이전에는 E. I. duPont de Nemours and Co.와 General Electric Co.에서 화공기술자로 근무하였다. 1966년에는 NSF Senior Postdoctoral Fellowship으로 프랑스 리옹의 촉매연구소에서 근무했으며, 1988년에는 DOE장학금을 받아 Pittsburgh Energy Technology Center에서 연구하였다. Harriot교수는 Process Control and Chemical Reactor Design의 저자이다. 그는 미국 화학회 및 미국 화학공학회 회원이다. 그는 미국 에너지성 그리고 여러 회사의 물질전달, 반응기 설계, 및 공기오염방지에 관한 콘설턴트이다.

서 문

화학공학의 단위조작을 다룬 이 교과서 7판에서는, 최신 내용과 많은 추가적 문제를 포함시켰으나 기본 구성, 주준 그리고 전체 분량은 변화 없다. 이 책은 수학, 물리학, 화학 및 화학공학 입문과목을 이수한 학부 상급 또는 하급 학년용으로 집필된 입문 교과서로서, 물질수지와 에너지수지에 관한 기초 지식이 필요하다. 열전달, 물질전달 및 장치설계에 대한 최신 관계들이 포함되어 있기 때문에 산업 현장의 화학자 그리고 기술자들에게도 또한 유용할 것이다.

전체를 유체역학, 열전달, 물질전달 및 이에 관련된 분리, 그리고 입자고체 조작 등 4단원으로 묶고, 각 장마다 기본 단위조작을 다루었다. 각 단원 또는 여러 단원을 조합해서 한 학기 정도에 다루면 적당할 것이다. 생물공학분야는 따로 분리해서 취급하지는 안 했으나, 식품가공, 생물분리 및 생체계의 예들은 여러 장 내에 포함되었다.

거의 모든 방정식은 SI 단위계를 사용하였으나, 옛 CGS 및 FPS계를 완전히 제거하지 못했다. 화공기술자는 이 3단위계 이용에 익숙해져야 한다. 대부분 방정식들은 무차원임으로 균일 단위군과 함께 사용할 수 있다.

새로운 사항

- 문제(각 장의 끝에 있는)의 30%는 새로운 것이거나 또는 수정되었다. 거의 모든 문제가 계산기로 풀 수 있으나, 약간은 컴퓨터 풀이가 더 유리하다.
- 3장의 유체 점도에 대한 부분은 기체와 액체에 대한 단순 이론을 확장시켰다. 나머지 장에서 열전도와 확산계수에 대한 유사 이론이 비교 논의되었다.
- 운동량전달, 확산 및 열전도 사이의 유사성이 더 강조되었고 과도확산에 대한 부분은 율속-배출 약제분배 문제까지 확장되었다.
- 여과케익세척 논의는 완전히 새로 개정되었고 몇몇 자료의 도시가 포함되었다.
- 열관 및 판형 교환기가 열교환장치 부분에 포함되었다.
- 증류에 대한 장에서는 플래시 증류, 범람한계 및 단효율 등이 개정되었다.
- 건조속도에 대한 상관관계와 건조기 열효율에 대한 상세 항이 추가되었다.

웹 공급원(web resources)

교수와 학생의 자료용 web site는 http://www.mhhe.com/mccabe7e에서 가능하다. 여기에서 각 장 문제에 대한 password-protected solution, PowerPoint slide 그림 및 일반 교재 안내 등을 알 수 있을 것이다.

Julian C. Smith
Peter Harriott

역자소개

- **허광선** 경남정보대학교 신소재화공계열 교수
- **변헌수** 전남대학교 화공생명공학과 교수
- **강봉근** 부산과학기술대학교 정밀화학과 교수
- **김동회** 동양미래대학교 생명화학공학과 교수
- **박영해** 영남이공대학교 화장품화공계열 교수
- **이병돈** (주)전진엔텍 기술연구소장

역자서문

단위조작은 화학공학을 공부하는 이들에게는 핵심 교과목이지만 국내에서는 단위조작 교재가 2000년대 이전에 대부분 출판된 이후 최근에 출판된 교재가 거의 없어 많은 학생들은 Unit Operations of Chemical Engineering(McGraw-Hill's, McCabe 외) 7판을 번역한 교재로 이용하고 있다. 번역한 화학공학의 단위조작 7판은 최신 내용과 많은 추가적 문제를 포함시켜 너무 방대한 분량이기에 전문대학 또는 학부 학생들이 공부하기에 어려움이 많았다. 본 핵심 단위조작은 화학공학의 단위조작 7판 번역서를 전문대학 또는 학부 학생들이 꼭 필요한 내용과 최신내용 중심으로 집필된 입문 교과서이다. 전체의 내용은 화학공학의 단위조작 7판 번역서의 기조를 유지하면서 입문, 유체역학, 열전달, 물질전달 및 이에 관련된 분리, 그리고 입자고체 조작 등 5단원으로 묶고, 각 장마다 기본 단위조작을 다루었다. 각 단원 또는 여러 단원을 조합해서 한 학기 정도에 다루면 적당할 것이다. 본문내용에서 Ⅰ장 입문에서는 단위조작에 필요한 기초지식들과 기초문제들을 보완하였으며, Ⅱ장 유체역학과 Ⅲ장 열전달 부분에서도 3차원 관련내용을 제외하였으며, Ⅳ장 물질전달부분에서는 물질전달 기초이론과 증류에 대한 기본이론과 컴퓨터 계산, 미래 바이오 산업과 관련된 막기술을 보완하였고, Ⅴ장 기계적 분리조작에 대한 기초 지식 중심으로 편역하였다. 또한 본 교재에서는 각 장마다 현장실무중심의 현장 문제 해결을 위한 현장실무문제와 기존에 화공기사 기출문제들을 수록하여 화공기사를 준비하는 자나 산업 현장의 화학자 그리고 기술자들에게도 유용할 것이다.

본문내용에서 거의 모든 방정식은 SI 단위계를 사용하려고 했으나 부득이 한 경우 CGS 및 FPS 단위계를 사용하였다. 또한 번역서의 이해를 돕기 위해서 전공용어에 영문도 동시에 표기하였다.

본 핵심 단위조작은 화학공학을 공부하는 입문교재로 도움이 되기를 바랍니다.

역자 일동

차례

CHAPTER 25 기계적 분리 Mechanical Separation 606

참고 문헌 641

찾아보기 675

입 문

Introduction

CHAPTER

01 정의와 원리

Definitions and Principles

화학공학(chemical engineering)은 원료를 변화시키거나 분리하여 유용한 제품을 만드는 공업 프로세스(industrial process)를 다루는 학문이다. 화공기술자(chemical engineer)는 공정개발, 화공 장치 개발, 설계, 건설하고 적절한 원료를 선정하여 플랜트(plant)를 효율적이고 안전하게 경제적으로 운전하고 제품이 구매자의 요구에 맞는지를 판별할 수 있어야 한다.

화공기술자는 석유제품, 석유화학제품, 정밀화학제품, 전자산업의 리소그래피(lithography)용 고분자재료, 고강도 복합재료, 식품가공 분야의 유전자 수식 생화학 제제, 의약품 제조 및 약물수송 등 종사할 수 있다.

1.1 단위조작(Unit operation)

화학공학과 화학은 일반적으로 혼용되고 있지만 뚜렷이 구분된다. 화학이 화학적 현상의 원리를 탐구하는 학문 분야라고 한다면, 화학공학은 화학적 원리를 이용하여 제품을 생산하는 데 필요한 각종 기계, 기구, 장치 등의 설계, 제작, 운전에 관한 기초 이론을 연구하고 적용하는 학문이다.

각종 화학제품을 생산하는 화학 공정은 여러 공정으로 이루어져 있는데, 이들 공정 중에서 물리적 처리를 위한 기본 조작을 단위 조작(unit operation)이라 하는데 다음과 같이 분류할 수 있다.

유체수송 조작	유체의 수송, 유량 측정
열전달 조작	열교환, 증발
물질 전달 조작	증류, 기체흡수, 추출, 흡착, 결정화, 건조
기계적 분리 조작	분쇄, 분체, 수송, 분급, 여과, 혼합, 침강

단위조작은 물리적 공정과 화학적 공정에서 모두 응용된다. 예를 들면 식염 제조 공정은 고체와 액체의 수송, 열전달, 증발, 결정화, 건조, 스크린 분리 등 물리적 단위조작으로만 구성되지만 화학반응 단계는 없다. 원유의 열분해는 촉매의 사용 여부와 관계없이 전형적인 대규모 화학반응공정이다.

여기서 유체와 고체의 수송, 증류, 기계적 분리와 같은 단위조작이 기본적으로 중요하므로 이러한 조작 없이는 열분해 반응을 진행시킬 수가 없다. 화학적 단계 자체도 반응 영역에서의 물질과 에너지의 흐름의 제어에 의해 수행된다.

단위조작은 공학의 한 분야이므로 이론과 실제가 결합되어야 비로소 제작, 조립, 운전, 유지가 가능한 장치를 설계할 수 있다. 각각의 단위조작을 균형 있게 다루려면 관련 이론과 장치를 함께 고려해야 하는데 이처럼 균형적으로 다루고자 하는 것이 이 책의 목적이다.

1.2 단위계(Unit system)

공인된 국제단위계는 SI 단위계(Système International d'Unités)로 공학과 과학 분야에서 많이 사용되고 있지만, CGS(Centimeter-Gram-Second) 단위계와 FPS(Foot-Pound-Second) 공학단위계와 같은 재래식 단위계도 여전히 쓰이고 있다. 물리, 화학 자료 중에는 CGS 단위로 된 것이 많고 FPS 단위계로 계산하는 편이 편리할 때도 있어 공학자들은 SI단위계 외에 다른 단위계도 사용할 수 있는 능력이 요구된다.

1.2.1 물리량(Physical quantities)

물리량은 수치(number)와 단위(unit)의 두 부분으로 이루어진다. 단위는 물리량과 측정 기준을 나타내고 수치는 그 물리량이 측정 단위의 몇 배에 해당하는 양인지를 나타낸다. 물리량이 한 단위의 정수로 나타내기에 너무 크거나 작다면 적절한 약수나 배수를 사용함으로써 정확도를 기할 수 있다. 표 1.1은 기본량의 국제 표준 단위계(SI) 그리고 관습 단위인 CGS 단위계와 FPS단위계를 나타내었으며, SI단위계에서 양의 크기를 나타낼 때 표 1.2와 같이 10배수로 된 접두사를 기본단위 또는 유도단위 앞에 붙여서 표시하도록 정하고 있다.

길이(length)의 SI 표준단위는 meter(m)이며 빛이 진공 중에서 1/299,792,458* s 동안에 통과하는 길이로 정의한다.

$$\begin{aligned} 1\text{m} &= 100\text{cm} = 1{,}000\text{mm} = 10^6\mu\text{m} = 10^9\text{nm} \\ 1\text{ft} &= 0.3048\text{m} = 12\text{in} \\ 1\text{in} &= 0.0254\text{m} = 2.54\text{cm} \end{aligned} \tag{1.1}$$

질량(mass)의 표준단위는 kilogram(kg)이며, 프랑스 Sèvres에 보관되어 있는 백금 실린더인 국제 킬로그램 원기의 질량으로 정의한다.

표 1.1 기본량의 SI단위계와 관습 단위

기본량	물리량 기호	차원기호	SI(MKS) 단위	CGS단위	FPS단위
기 초 량					
길이	ℓ	L	m	cm	ft
질량	m	M	kg	g	lb
시간	t	T	s	sec	sec
물 질 량	n	N	mol	g·mole	lb·mole
온도	T	θ	K	°C	°F
전류	I, *i*	I	A		
광도	I_v	J	Cd		
보 조 량					
평 면 각		radian	rad		
입 체 각		steradian	Sr		

표 1.2 SI 단위와 CGS 단위의 배수 및 약수에 관한 접두어

배수	접두어	기호	보기	배수	접두어	기호	보기
10^{18}	exa	E	10^{18}g = 1Eg	10^{-1}	deci	d	10^{-1}g = 1dg
10^{15}	peta	P	10^{15}g = 1Pg	10^{-2}	centi	c	10^{-2}g = 1cg
10^{12}	tera	T	10^{12}g = 1Tg	10^{-3}	milli	m	10^{-3}g = 1mg
10^{9}	giga	G	10^{9}g = 1Gg	10^{-6}	micro	μ	10^{-6}g = 1μg
10^{6}	mega	M	10^{6}g = 1Mg	10^{-9}	nano	n	10^{-9}g = 1ng
10^{3}	kilo	k	10^{3}g = 1kg	10^{-12}	pico	p	10^{-12}g = 1pg
10^{2}	hecto	h	10^{2}g = 1hg	10^{-15}	femto	f	10^{-15}g = 1fg
10^{1}	deka	da	10g = 1dag	10^{-18}	atto	a	10^{-18}g = 1ag
10^{0}	기준		1g = 1g				

$$\boxed{\begin{aligned} &1\text{kg} = 1{,}000\text{g} = 10^6\text{mg} = 10^9\mu\text{g} = 10^{-3}\text{ton} \\ &1\text{Ib} = 0.4536\text{kg} = 453.6\text{g} \end{aligned}} \tag{1.2}$$

시간(time)의 SI 표준단위는 second(s)이며, ^{133}Ce 원자가 기저상태의 두 초미세 준위 사이에서 전이할 때의 복사파 주기의 9,192,631.770*배의 지속 시간으로 정의한다.

$$1\text{h} = 60\text{min} = 3600\text{s} \tag{1.3}$$

온도(temperature)는 SI 표준온도와 절대온도가 있는데 표준단위는 kelvin(K)이며, 순수한 물, 얼음, 수증기가 평형으로 존재하는 삼중점의 온도를 273.15 K로 정의한다. 표준온도는 섭씨온도(degree Celcius, °C)와 화씨온도(degree Fahrenheit, °F)이며, 절대온도는 캘빈온도(degree Kelvin, K)와 랭킨온도(degree Rankine, °R)이다. 섭씨 눈금은 1 atm에서 물의 어는점을 0°C, 끓는점을 100°C로 정하고 그 사이를 100등분한 온도눈금이다. 화씨 눈금은 어는점을 32°F, 끓는점을 212°F로 정하고, 그 사이를 180등분한 것으로 표 1.3에 나타내었다.

이들 온도 사이의 눈금의 크기 관계는 다음과 같다.

표 1.3 온도 척도와의 관계

섭씨온도(°C)	캘빈온도(K)	화씨온도(°F)	랭킨온도(R)	
100°C	373.15K	212°F	671.67R	물의 비점
(Δ100)	(Δ100)	(Δ180)	(Δ180)	
0°C	273.15K	32°F	491.67R	물의 빙점
(Δ273)	(Δ273)	(Δ491.67)	(Δ491.67)	
−273.15°C	0K	-459.67°F	0R	절대 0도

$$1°C = 1K = 1.8°F = 1.8°R \tag{1.4}$$

한편 K, °C, °F, °R 단위의 온도값을 T_K, $t_{℃}$, $t_{°F}$, $T_{°R}$라 하면 표준 단위와 관습 단위 사이에는 다음과 같은 관계식이 성립된다.

$$T_K = t_{℃} + 273.15 \tag{1.5}$$
$$t_{°F} = 1.8t_{℃} + 32 \tag{1.6}$$
$$t_{℃} = (t_{°F} - 32)/1.8 \tag{1.7}$$
$$T_R = t_{°F} + 459.67 \tag{1.8}$$

물질량(amount of substance)의 SI 표준단위는 몰(mol)이며, ^{12}C는 12*g(0.012kg) 중에 들어있는 원자수와 같은 수의 기본 단위로 된 물질의 양으로 정의한다. 탄소의 원자량을 12.01115(순수 ^{12}C가 아니라 탄소의 천연 동위체 혼합물을 나타낸 값)로 나타낸 표준 원자량표의 값으로 물질의 분자량을 계산할 경우 순물질 1mol의 질량을 단위로 나타낸 수치는 그 물질의 분자량과 같아진다.

물질 1mol은 아보가드로 수(Avogadro number, 6.022×10^{23}) 만큼의 분자, 원자 또는 이온의 양을 말한다.

물질량의 관습단위와 표준단위와의 관계는 다음과 같다.

$$\begin{aligned} 1\text{g mol} &= 1\text{mol} \\ 1\text{kg mol} &= 1\text{k}\cdot\text{mol} = 1{,}000\text{mol} \\ 1\text{lb mol} &= 453.6\text{g}\cdot\text{mol} = 0.4536\text{k}\cdot\text{mol} \end{aligned} \tag{1.9}$$

전류(electric current)의 SI 표준단위는 암페어(ampere, A)이며, 전자가 연속적으로 이동하는 현상으로 전류의 세기는 도선의 임의의 단면적을 1초 동안 1C(coulomb)의 정전하가 통과할 때의 값을 1A라 한다.

광도(luminous intensity)의 SI 표준단위는 칸델라(candela, cd)이며 광원이 내는 빛의 세기를 나타내는 양으로 광원으로부터 일정 거리 떨어져 빛의 방향에 수직으로 놓인 면의 밝기를 나타내는 것이다. 백금이 녹는점에서 흑체 1cm^{2}에서 내는 광도의 1/60이다.

1.2.2 질량단위계와 중력단위계(Mass and gravitational system of unit)

질량(mass)은 물질의 고유한 양으로 측정 장소 즉 중력크기에 무관하지만, 중량(weight)은 물체에 작용하는 중력의 크기에 따라 달라진다. 질량, 길이, 시간을 기본양으로 채택한 단위를 질량단위계 또는 절대단위계라하며 힘, 길이, 시간을 기본양으로 채택한 단위계를 중력단위계 또는 중량단위계라 한다.

질량단위계와 중력단위계를 적당히 조합하여 사용하면 한가지만을 사용하는 것보다 간단하고 편리하다. 이와 같이 질량, 힘, 길이, 시간을 기본양으로 채택한 단위계를 공학단위계라고 한다.

기본량들을 곱하거나 나눔으로써 얻어지는 물리량을 유도량(derived quantity)이라 하며, 표 1.4에 SI 단위와 유도량를 나타내었다.

힘(force, F)은 질량단위계에서 질량(m)과 가속도(a)의 곱에 비례하는 뉴턴의 운동 제2법칙에 따르며, 단위는 kg·m/s², newton(N)이라고 부른다.

$$F = ma\ (kg \cdot m/s^2) \tag{1.10}$$

$$1N = 1kg \cdot m/s^2$$

즉 1N(newton)은 1kg의 질량이 $1m/s^2$의 가속도를 가지게 하는 힘($1kg \cdot m/s^2$), CGS 단위로 1dyn(dyne)은 1g의 질량이 $1cm/s^2$의 가속도를 가지게 하는 힘($1g \cdot cm/s^2$), FPS 단위로 1lbl(poundal)은 1lb의 질량이 $1ft/s^2$의 가속도를 가지게 하는 힘($1lb \cdot ft/s^2$)을 말하며 다음과 같다.

$$\begin{array}{lll} 1N(newton) & = 1kg \cdot m/s^2 & = 10^5 dyne \\ 1dyn(dyne) & = 1g \cdot cm/s^2 & = 1 \times 10^{-5} N \\ 1lbl(poundal) & = 1lb \cdot ft/s^2 & = 0.1383N \end{array} \tag{1.11}$$

표 1.4 SI 단위와 유도량

유도량	물리량 기호	차원기호	표준단위	단위의 이름	단위의 기호
힘, 무게	F	$ML/\theta^2 = F$	$kg \cdot m/s^2$	Newton	N
에너지, 일, 열량	E, W, Q	$F \cdot L = E$	$N \cdot m = kg \cdot m^2/s^2$	Joule	J
압력	P	$F/L^2 = P$	N/m^2	Pascal	Pa
일률(동력)	W	$E/\theta = W$	J/s	Watt	W
전류량(전하)		$A\theta = C$	A·s	Colulomb	C
전위차		$W/A = V$	J/s·A	Volt	V
전기저항		$W/A^2 = R$	$W/A^2 = V/A$	Ohm	Ω
주파수,회전속도	ν	θ^{-1}	1/s	Hertz	Hz
전기용량	C	ASV^{-1}	$A^2s^4/kg \cdot m^2$	fareday	F
자속	φ	VS	$kg \cdot m^2/s^2A^2$	Weber	Wb
인덕턴스	L	$VA^{-1}S$	$kg \cdot m^2/s^2A^2$	Henry	H
자속밀도	B	VSm^{-2}	kg/s^2A	Tesla	T

식 (1.10)에서 가속도(a) 대신 중력 가속도(g)로 나타내면 다음과 같다.

$$F = ma = mg \tag{1.12}$$

이때 표준중력가속도(g_s) 값은 다음과 같다.

$$g_s = 9.80665\text{m/s}^2 = 980.665\text{cm/s}^2 = 32.174\text{ft/s}^2 \tag{1.13}$$

질량단위임을 확실히 하기 위해 g_m, kg_m, lb_m와 같이 질량이란 의미를 가진 첨자 m을 첨가하기도 한다.

중력단위계에서 힘은 질량 1kg의 물체가 9.8 m/s²의 가속도를 받는 힘의 크기를 $1kg_f$(kilogram force)로 9.8kg·m/s²라고 표시하며, CGS 단위로 질량 1g의 물체가 980cm/s²의 가속도를 받는 힘의 크기를 $1g_f$(gram force)로 980g·cm/s²라고 표시하며, FPS 단위로 질량 1lb의 물체가 32.174ft/s²의 가속도를 받는 힘의 크기를 $1lb_f$(pound force), 32.174lb·ft/s²라고 표시한다.

중량 단위에는 g_f ($g_{중}$, $g_{힘}$), kg_f ($kg_{중}$, $kg_{힘}$), lb_f ($lb_{중}$, $lb_{힘}$)과 같이 중력이란 의미의 "중", 표준중력가속도에 작용하는 힘이란 의미의 "힘" 또는 영어로 force의 약자인 "f"가 첨자로 붙는다.

관습단위와 표준단위의 관계는 다음과 같다.

$$\begin{aligned}
&1\text{Kg} = 1\text{kg}_f = 1\text{kg}_{중} = 1\text{kg}_{힘} = 9.80665\text{kg}\cdot\text{m/s}^2 = 9.80665\text{N} \\
&1\text{G} = 1\text{g}_f = 1\text{g}_{중} = 1\text{g}_{힘} = 980.665\text{g}\cdot\text{cm/s}^2 = 980.665\text{dyn} = 9.80665\times10^{-3}\text{N} \\
&1\text{Lb} = 1\text{lb}_f = 1\text{lb}_{중} = 1\text{lb}_{힘} = 32.174\text{lb}\cdot\text{ft/s}^2 = 32.174\text{lbl} = 1\text{slug} = 4.4482\text{N}
\end{aligned} \tag{1.14}$$

화학공학의 계산에서는 질량단위계로 나타낸 양과 중력단위계로 나타낸 양으로 한 단위로 통일해야 할 경우가 생기는데 이럴 때 중력환산계수(Gravitational Conversion Factor, g_c)를 사용하면 편리하다. 중력가속도 값이 g인 지역에서 질량 m인 물체의 중량을 구하는 식은 다음과 같다.

$$F = \frac{g}{g_c} m \tag{1.15}$$

여기서 $\dfrac{g}{g_c} = 1\dfrac{kg_f}{kg}$이다.

중력환산계수의 정의는 다음과 같다.

$$\begin{aligned}
g_c &= \frac{mg}{F} = \frac{(\text{kg})(9.8\,\text{m/s}^2)}{\text{kg}_f} = 9.8\frac{\text{kg}\cdot\text{m}}{\text{kg}_f\cdot\text{s}^2} = \frac{9.8\,\text{N}}{\text{kg}_f} \\
&= 980\frac{\text{g}\cdot\text{cm}}{\text{g}_f\cdot\text{s}^2} = \frac{980\text{dyn}}{\text{g}_f} = 32.174\frac{\text{lb}\cdot\text{ft}}{\text{lb}_f\cdot\text{s}^2} = \frac{32.174\,\text{lbl}}{\text{lb}_f}
\end{aligned} \tag{1.16}$$

예제 1.1

중력가속도가 9.87m/s^2인 곳에서 무게가 5kg_f인 물체의 질량(kg)은 얼마인가?

풀이 식 (1.15), (1.16)에서 $m = \dfrac{F\,g_c}{g} = \dfrac{5\,\text{kg}_f \times 9.8\text{kg m/kg}_f\text{s}^2}{9.87\text{m/s}^2} = 4.96\text{kg}$

예제 1.2

중력의 가속도가 32ft/s^2인 지점에서 질량이 12lb인 물체의 무게는 몇 lb_f인가?

풀이 식 (1.15), (1.16)에서 $F = \dfrac{mg}{g_c} = \dfrac{12\text{lb} \times 32\,\text{ft/s}^2}{32.174\,\text{lb}\cdot\text{ft/lb}_f\cdot\text{s}^2} = 11.94\text{lb}_f$

예제 1.3

중력의 가속도가 9.60m/s^2인 지점에서 질량 3kg의 물체의 중량(kg_f)을 구하라.

풀이 식 (1.15), (1.16)에서 $F = \dfrac{mg}{g_c} = \dfrac{3\text{kg} \times 9.6\,\text{m/s}^2}{9.8\,\text{kg m/kg}_f\cdot\text{s}^2} = 2.94\text{kg}_f$

일·동력·열·에너지(work·power·heat·energy) 물체가 이동하는 방향으로 일정한 힘 F를 가하여 거리 L만큼 움직이었을 때 양을 일(W)이라고 하며, SI 표준단위는 newton·meter(N·m)이고, 표준단위 이름을 줄(Joule, J)이라 한다.

$$1\text{J} \equiv 1\text{N}\cdot\text{m} = 1\text{kg}\cdot\text{m}^2/\text{s}^2 = 1\text{W}\cdot\text{s} = 10^7\text{erg} \tag{1.17}$$

동력(power)은 단위 시간에 하는 일의 양을 동력(또는 일률)이라 하며 표준 단위는 J/s이고, 표준 단위 이름을 와트(watt, W)라 한다.

$$1\text{W} = 1\text{J/s} = 10^{-3}\text{KW} = 1\text{N m/s} \tag{1.18}$$

동력(일률)의 관습 단위로는 다음과 같다.

$$\begin{aligned} 1\text{HP(Horse power)} &= 76.04\text{kg}_f\cdot\text{m/s} = 550\text{lb}_f\cdot\text{ft/s} \\ &= 745.7\text{J/sec} = 745.7\text{W} = 0.7457\text{KW} \\ 1\text{PS(Pferde starke)} &= 75\text{kg}_f\cdot\text{m/s} = 735.5\text{W} = 0.9863\text{hp} \end{aligned} \tag{1.19}$$

동력(일률)에 시간을 곱하면 다시 일이 된다.

$$\begin{aligned} &1\text{W}\cdot\text{s} = 1\text{J} \\ &1\text{kW}\cdot\text{h} = 3.6\times10^6\text{J} = 3.6\text{MJ} = 860\text{kcal} \end{aligned} \tag{1.20}$$

에너지와 일의 단위는 erg으로도 나타낸다.

$$1\text{erg} \equiv 1\text{dyn}\cdot\text{cm} = 1\times10^{-7}\text{J} \quad (1.21)$$

열량(Heat)의 단위로는 calorie(cal)가 사용되며 일당량의 단위는 J/cal이다.

$$Wc = JQc \quad (1.22)$$

1cal는 1atm에서 물 1g을 1℃올리는 데 필요한 열량을 말하며, 1Btu는 60℉의 순수한 물 1lb의 온도를 1기압에서 1℉ 올리는 데 필요한 열량을 말한다.

$$1\text{cal} = 4.184\text{J} = 0.427\text{kg}_f\cdot\text{m} = 4.184\text{N}\cdot\text{m} = 4.184\times10^7\text{erg}$$
$$1\text{Btu} = 252\text{cal} = 0.252\text{kcal} = 778\text{lb}_f\cdot\text{ft} = 1055.06\text{J} = 107.58\text{kg}_f\cdot\text{m} \quad (1.23)$$

열용량(heat capacity) 물질 단위 질량의 온도를 1°C 높이는 데 필요한 열량으로 단위는 1cal/g ℃, 1Btu/lb ℉이다. 열용량에는 일정 압력에서 가열할 경우 열용량인 정압 열용량(C_p)과 일정 부피에서 가열할 경우 열용량인 정용 열용량(C_v)이 있다.

에너지(energy) 일(work)을 할 수 있는 능력으로 에너지가 변환될 때에는 일 또는 열의 형태로 된다. 질량 m인 물체가 기준면보다 높이 Z만큼 높은 곳에서 가지게 되는 에너지를 위치 에너지(potential energy, E_p)라 하며 질량단위와 중량단위로 다음 식으로 나타낸다.

$$\text{질량단위계에서 위치에너지}(E_p) = mgz \quad (1.24)$$

$$\text{중력단위계에서 위치에너지}(E_p) = \frac{g}{g_c}mz \quad (1.25)$$

또한 질량 m인 물체가 속도 u로 운동하고 있을 때 가지게 되는 운동에너지(kinetic energy, E_k)를 질량단위와 중량단위로 다음 식으로 나타낸다.

$$\text{질량단위계에서 운동에너지}(E_k) = \frac{mu^2}{2} \quad (1.26)$$

$$\text{중력단위계에서 운동에너지}(E_k) = \frac{mu^2}{2g_c} \quad (1.27)$$

예제 1.4

6m 높이에 있는 10kg인 물체의 위치에너지는 몇 $\text{kg}_f\cdot\text{m}$인가?

풀이 식 (1.25)에서 $E_p = \frac{mgz}{g_c} = \frac{10\text{kg}\times9.8\text{m/s}^2\times6\text{m}}{9.8\text{kg}\cdot\text{m/kg}_f\cdot\text{s}^2} = 60\text{kg}_f\cdot\text{m}$

예제 1.5

10kg의 물체가 20m/s의 속도로 움직일 때 운동에너지는 몇 kcal인가?

풀이 식 (1.27)에서 $E_k = \frac{mu^2}{2g_c} = \frac{10\,kg \times (20\,m/s)^2}{2 \times 9.8\,kg \cdot m/kg_f \cdot s^2} = 204\,kg_f \cdot m$

$$= \frac{204\,kg_f \cdot m}{} \bigg| \frac{1\,kcal}{427\,kg_f \cdot m} = 0.48\,kcal$$

밀도와 비중량(density and specific weight) 밀도는 물질의 특성값으로 대상 물질의 질량(m)을 부피(V)로 나눈 값이다. 밀도의 표준 단위는 kg/m^{3}이고 g/cm^3, lb/ft^{3}로 사용되며 다음 식으로 나타낸다.

$$\rho = \frac{m}{V} \tag{1.28}$$

순수한 물질의 밀도는 온도와 압력에 따라 변하므로 밀도를 나타낼 때는 측정할 때의 조건을 나타내어야 한다. 밀도값은 주로 g/cm^3 사용되며 4℃일 때 물의 밀도는 다음과 같다.

$$1g/cm^3 = 1g/ml = 1000g/L = 1000kg/m^3 = 1000g/l = 62.4lb/ft^3 \tag{1.29}$$

수은의 밀도는 13.5g/cm^{3}이다.

기체의 밀도는 다음과 같이 나타낸다.

$$\begin{aligned} \rho_{gas} &= \frac{M}{22.4} \cdot \frac{P}{1} \cdot \frac{273}{273+t}\ (kg/m^3) \\ &= \frac{M}{359} \cdot \frac{P}{1} \cdot \frac{492}{460+t}\ (lb/ft^3) \end{aligned} \tag{1.30}$$

몰밀도(molar density)는 단위 부피당의 몰수로 단위는 kg·mol/m^3, g·mol/cm^3(ρ_M)이며, 몰부피는 몰밀도의 역수로서 단위는 m^3/kg·mol($\overline{V}$)로 다음과 같이 나타낸다.

$$\rho_M = \frac{n}{V} \tag{1.31}$$

$$\overline{V} = \frac{1}{\rho_M} \tag{1.32}$$

비용(specific volume)은 밀도의 역수로서 즉, 단위 질량의 부피로 나타내며 단위는 m^3/kg(υ)이다.

$$\upsilon = \frac{1}{\rho} = \frac{V}{m} \tag{1.33}$$

비중량(specific weight)은 단위 체적당의 중량을 말하며 단위는 N/m^3, kg$_f$/m^3, lb/ft^3(γ)이다. 비중량과 밀도와의 관계는 다음과 같다.

$$\gamma = g\rho \quad \text{or} \quad \gamma = \frac{g}{g_c}\rho \tag{1.34}$$

비중(specific gravity)은 대상 물질의 밀도를 기준 물질의 밀도로 나누어 준 값으로 단위는 무차원수(dsp)이다. 비중을 표시할 때는 대상물질 A의 밀도(ρ_A)에 대하여 기준 물질(ρ_R을 액체나 고체의 경우는 4°C의 물, 기체의 경우에는 표준 상태(0°C, 1atm)의 수소나 공기를 사용하며 다음과 같이 나타낸다.

$$dsp = \frac{\text{대상물질 밀도}}{\text{기준물질 밀도}} = \frac{\rho_A}{\rho_R}\left(\frac{(g/cm^3)_A}{(g/cm^3)_R}, \frac{(kg/m^3)_A}{(kg/m^3)_R}, \frac{(lb/ft^3)_A}{(lb/ft^3)_R}\right) \tag{1.35}$$

예제 1.6

부피 $0.8m^3$인 통속에 12kg의 산소가 들어 있다. 이때 밀도, 몰밀도, 비용, 몰부피, 비중량을 각각 SI단위계로 계산하라.

풀이 $V = 0.8m^3$, $m = 12kg$, $M = 32kmol$

① 식 (1.28)에서 밀도(ρ)$= \frac{m}{V} = \frac{12\,kg}{0.8\,m^3} = 15kg/m^3$

② 식 (1.31)에서 몰밀도(ρ_M)$= \frac{n}{V} = \left(\frac{1}{V}\right)\left(\frac{m}{M}\right) = \frac{\rho}{M}$

$$= (15\,kg/m^3)\left(\frac{1\,kmol\,O_2}{32\,kg\,O_2}\right) = 0.469\,kmol/m^3$$

③ 식 (1.32)에서 몰부피($\dot{V}$)$= \frac{1}{\rho_M} = \frac{1\,m^3}{0.469\,kmol} = 2.13\,m^3/kmol$

④ 식 (1.33)에서 비용(ν)$= \frac{1}{\rho} = \frac{1\,m^3}{15\,kg} = 0.0667\,m^3/kg$

⑤ 식 (1.34)에서 비중량 (γ)$= \frac{g}{g_c}\rho = \left(\frac{9.807\,m/s^2}{9.807\,kg\cdot m/s^2\,kg_f}\right)\left(\frac{15kg}{m^3}\right) = 15kg_f/m^3$

압력(pressure)은 단위 면적에 수직으로 작용하는 힘을 압력이라 하며 표준 단위는 N/m^2, 기호는 파스칼(Pascal, Pa)로 나타낸다. 이 단위는 너무 작아서 불편하므로 bar를 쓰기도 한다.

$$1N/m^2 = 1Pa$$
$$1bar \equiv 1 \times 10^5 Pa = 1 \times 10^5 N/m^2 \tag{1.36}$$

지구 표면에서 대기의 중력에 의한 힘이 작용하는 것을 **대기압**(atomospheric pressure)이라고 하며 이 값은 온도와 높이에 따라 달라지기 때문에 0°C, 760mmHg에서의 값을 표준 대기압 1기압이라(1atm) 한다. 화학공학에서는 여러 가지의 압력 단위로 사용되고 있으며 다음과 같다.

$$
\begin{aligned}
1\text{atm} &= 760\text{mmHg} = 29.92\text{inHg} = 10.336\text{mH}_2\text{O} = 33.90\text{ftH}_2\text{O} = 760\text{torr} \\
&= 1.013 \times 10^6\text{dyn/cm}^2 = 1.01325\text{bar} = 1013\text{mbar} \\
&= 101325\text{N/m}^2 = 101.325\text{kN/m}^2 = 1.01325 \times 10^5\text{Pa} = 101.325\text{kPa} \\
&= 1.0336\text{kg}_f/\text{cm}^2 = 1.0336 \times 10^4\text{kg}_f/\text{m}^2 \\
&= 14.7\text{lb}_f/\text{in}^2 = 14.7\text{psi(pound force per square inch)}
\end{aligned} \quad (1.37)
$$

절대압력(absolute pressure)은 완전 진공 상태를 "0"으로 정했을 때 어떤 상태의 압력(atm_{abs}, psia)을 말하며, **게이지 압력**(gauge pressure)은 대기압 상태를 "0"으로 정하여 측정한 어떤 상태의 압력(kg_f/cm^2gauge, p_{sig})을 말한다. 대기압과의 관계는 다음과 같다.

$$\text{게이지압력} = \text{절대압력} - \text{대기압} \quad (1.38)$$

진공도(vaccum)은 절대압이 대기압보다 낮을 때 그 차이를 나타내는 압력을 진공이라 말하며 대기압과의 관계는 다음과 같다.

$$\text{진공도} = \text{대기압} - \text{절대압력} \quad (1.39)$$

넓이 A에 수직으로 F의 힘이 작용할 때 압력 P는 다음과 같다.

$$P = \frac{F}{A} = \frac{mg}{A} \quad (1.40)$$

밑면의 넓이가 A, 높이가 z인 원기둥 속에 밀도 ρ인 유체가 가득 들어 있다면 그 유체의 질량 m은 다음과 같다.

$$m = \rho z A = \rho V \quad (1.41)$$

이 유체의 밑면을 A, 미치는 압력을 P라 하면

$$P = \frac{F}{A} = \frac{mg}{A} = \frac{Az\rho g}{A} = \rho g z \quad (1.42)$$

이와 같이 압력은 그것이 미치는 넓이의 크기에 관계없으며 밀도를 아는 유체의 기둥 높이로 나타낼 수 있다.

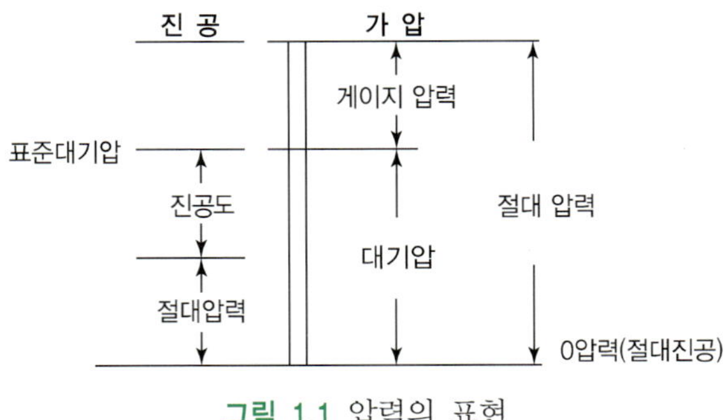

그림 1.1 압력의 표현

$$\rho = \frac{m}{V}, \quad u = \frac{1}{\rho} = \frac{V}{m} \tag{1.43}$$

점도(viscosity)는 유체의 흐름에 대한 저항의 척도(μ)을 말하며 온도의 영향을 받는다. 기체의 경우 온도가 증가하면 점도가 커지지만 액체는 온도가 증가하면 점도가 작아진다. 화학공정에서는 물 등과 같이 밀도가 일정하게 유지되는 뉴튼성(비압축성) 유체가 주로 재료로 사용되는데 이들 유체의 점도는 p(poise) 또는 cp(centipoise) 단위로 나타내며 환산관계는 다음과 같다.

$$\begin{aligned} 1p &= 100cp = 1g/cm\cdot s = 0.1kg/m\cdot s \\ 1cp &= 0.01g/cm\cdot s = 0.001kg/m\cdot s \\ &= 0.001Pa\cdot s = 0.001N\cdot s/m^2 \\ &= 6.72 \times 10^{-4} lb/ft\cdot s = 2.42 lb/ft\cdot h \end{aligned} \tag{1.44}$$

운동점도(kinematic viscosity)는 점도에 밀도를 나눈값으로 SI 표준단위는 m^2/s(cSt centistoke)이다.

$$1cSt = 0.01Stoke = 0.01cm^2/s = 10^{-6}m^2/s = 1.08\times10^{-5}ft^2/s \tag{1.45}$$

1.2.3 기체상수(Gas constant)

이상기체(ideal gas) 1몰의 상태방정식은 압력을 P, 부피를 V, 몰수를 n, 절대온도를 T라 할 때 $PV = nRT$로 표시되는데, 이때의 R값을 말한다.

$$R = \frac{PV}{nT} \tag{1.46}$$

식 (1.46)에서 1atm, 22.4 ℓ, 1g·mol, 273K일 때 R의 값은 다음과 같다.

$$R = \frac{PV}{nT} = \frac{1atm \times 22.4\,\ell}{1gmol \times 273K} = 0.08205 atm\cdot \ell/gmol\ K \tag{1.47}$$

표준 상태(1atm, 0°C)에서 표준 몰부피는 $22.4m^3$/kmol, 22.4 ℓ/gmol이며, 단위가 다를 때의 R값을 표 1.5에 나타냈다.

표 1.5 기체상수 (R)

$$\begin{aligned} R &= 0.08205atm\cdot \ell/g\cdot mol\ K = 0.08205atm\cdot m^3/kmol\cdot K = 82.05atm\cdot cm^3/gmol\cdot K \\ &= 8.3144J/K\cdot mol = 8.3144 \times 10^7 erg/K\cdot mol \\ &= 62.36mmHg\cdot m^3/kmol\cdot K = 0.08478(kg/cm^2)m^3/kmol\cdot K \\ &= 1.987cal/gmol\cdot K = 1.987Btu/lb\ mol\cdot °R \\ &= 1545ft\cdot lb/lb\ mol\cdot °R = 0.7302atm\cdot ft^3/lb\ mol\cdot °R = 10.73(lb/in^2)\cdot ft^3/lb\ mol\cdot °R \end{aligned} \tag{1.48}$$

몰분율(mole fraction)은 혼합물의 전체몰수에 대한 어떤 성분의 몰수로 나눈 값이라 하며 혼합물의 몰분율의 합은 1이다. *A*, *B*의 두 성분으로 이루어진 혼합물에 A성분의 분자량과 질량, 몰수를 각각 M_A, m_A, n_A라하면 *A*성분의 몰분율 x_A' 다음 식으로 구해진다.

$$\text{A 성분의 몰분율}(x_A') = \frac{\text{A성분의 몰수}}{\text{전체의 몰수}} = \frac{\dfrac{m_A}{M_A}}{\dfrac{m_A}{M_A}+\dfrac{m_B}{M_B}+\dfrac{m_c}{M_C}} = \frac{n_A}{n_A+n_B=n_C+\ldots} = \frac{n_A}{n_T} \quad (1.49)$$

질량분율(weight fraction)은 혼합물중 A성분의 질량을 전체의 질량으로 나눈 값이라 하며 다음 식으로 구해진다.

$$\text{A성분의 질량분율}(x_A) = \frac{\text{A성분의 질량}}{\text{혼합물 전체의 질량}} = \frac{m_A}{m_A + m_B + m_c + \ldots} = \frac{m_A}{m_T} \quad (1.50)$$

혼합물의 몰분율과 질량분율의 각각의 합은 1로서 다음과 같이 나타낸다.

$$x_A' + x_B' + x_C' + \cdots = 1 \quad \left(\sum_{i=1}^{n} x_i' = 1\right) \quad (1.51)$$

$$x_A' + x_B' + x_C' + \cdots = 1 \quad \left(\sum_{i=1}^{n} x_i = 1\right) \quad (1.52)$$

혼합물의 평균분자량(M_{av})은 혼합물중 전체 질량을 혼합물의 전체 몰수로 나눈 값이라 하며 다음 식으로 구해진다.

$$\text{혼합물의 평균분자량}(M_{av}) = \frac{\text{혼합물의 전체 질량}}{\text{혼합물의 전체 몰수}} = \frac{m_A+m_B+m_C+\cdots}{\dfrac{m_A}{M_A}+\dfrac{m_B}{M_B}+\dfrac{m_C}{M_C}+\cdots} = \frac{m_T}{n_T} \quad (1.53)$$

예제 1.7

5g의 물에 NaOH 5g을 녹인 용액이 있다. NaOH의 mol%와 질량%를 구하라.
또 평균 분자량은 얼마인가?

풀이 $m_A = H_2O = 5g,\ m_B = NaOH = 5g$

$M_A = H_2O = 18,\ M_B = NaOH = 40$

① 식 (1.49)에서 $\text{mol\%} = \dfrac{\dfrac{m_B}{M_B}}{\dfrac{m_A}{M_A}+\dfrac{m_B}{M_B}} = \dfrac{\dfrac{5}{40}}{\dfrac{5}{18}+\dfrac{5}{40}} \times 100 = 31.1\%$

② 식 (1.50)에서 질량 $\% = \dfrac{m_A}{m_A + m_B} = \dfrac{5}{5+5} \times 100 = 50\%$

③ 식 (1.53)에서 평균 분자량$(M_{av}) = \dfrac{m_A + m_B}{\dfrac{m_A}{M_A} + \dfrac{m_B}{M_B}} = \dfrac{5+5}{\dfrac{5}{18} + \dfrac{5}{40}} = 24.8 g/g \cdot mol$

유량(flow rate)은 단위 시간당 흐르는 질량을 질량유량(mass flow rate 또는 질량유속)이라 하며 단위는 kg/s, g/s, lb/s, $\dot{m}$)이다. 물질량 유량(molar flow rate, 또는 물질량 유속)은 단위 시간당 흐르는 물질량을 말하며 단위는 k·mol/s, g·mol/s, lb·mol/s($\dot{n}$), 부피유량(volumetric flow rate 또는 부피유속)은 단위 시간당 흐르는 부피를 말하며 단위는 m^3/s, cm^3/s, ft^3/s, gal/min = GPM ($\dot{V}$), 질량 속도(mass veloclty) 질량유량을 유로의 단면적으로 나눈 것으로 단위는 g/cm^2·s, kg/m^2·s, 1b/ft^2·s(G)로 표시한다.

밀도 ρ, 분자량 M, 부피유량 $\dot{V}$, 질량유량 $\dot{m}$, 물질량 유량 $\dot{n}$, 단면적 A, 평균유속 $\bar{u}$라 하면 질량유량, 물질량 유량, 부피유량, 질량 속도를 다음과 같이 나타낼 수 있다.

$$\dot{n} = \dot{V}\rho \left[\left(\frac{L^3}{\theta}\right)\left(\frac{M}{L^3}\right)\right] = \left[\frac{M}{\theta}\right] \quad (1.54)$$

$$\dot{m} = \dot{n}M \left[\left(\frac{N}{\theta}\right)\left(\frac{M}{N}\right)\right] = \left[\frac{M}{\theta}\right] \quad (1.55)$$

$$\dot{V} = \bar{u}A \left[\left(\frac{L}{\theta}\right)(L^2)\right] = \left[\left(\frac{L^3}{\theta}\right)\right] \quad (1.56)$$

$$\dot{m} = \bar{u}\rho A \left[\left(\frac{L}{\theta}\right)\left(\frac{M}{L^3}\right)(L^2)\right] = \left[\frac{M}{\theta}\right] \quad (1.57)$$

$$G = \frac{\dot{m}}{A} = \bar{u}\rho \left[\left(\frac{L}{\theta}\right)\left(\frac{M}{L^3}\right)\right] = \left[\frac{M}{L^2\theta}\right] \quad (1.58)$$

예제 1.8

안지름 26.6mm인 원관에 밀도 0.659g/cm^3인 헥산이 6.59g/s로 흐를 때 부피유량, 평균유속, 질량속도, 물질량 유량을 구하라. 단 헥산의 분자량 86이다.

풀이 ① 식 (1.54)에서 부피유량$(\dot{V}) = \dfrac{\dot{n}}{\rho} = \dfrac{6.59\ (g/s)}{0.659\ (g/cm^3)} = 10 cm^3/s$

② 식 (1.55)에서 물질량 유량 $(\dot{n}) = \dfrac{\dot{m}}{M} = \dfrac{6.59\ (g/s)}{86\ (g/mol)} = 0.0766 mol/s$

③ 식 (1.56)에서 평균유속$(\bar{u}) = \dfrac{\dot{V}}{A} = \dfrac{V}{\dfrac{\pi}{4}D^2} = \dfrac{10\ (cm^3/s)}{\left(\dfrac{\pi}{4}\right)(2.63\ cm^2)} = 1.8 cm^2/s$

④ 식 (1.58)에서 질량속도(G) $= \frac{\dot{m}}{A} = \frac{6.59\ (g/s)}{(\frac{\pi}{4})(2.66\ cm^2)} = 1.186\ g/s\ cm^2$

1.2.4 단위 환산(Unit conversion)

세 가지 단위계가 통용되고 있으므로 한 단위계의 값을 다른 단위계의 값으로 환산할 줄 알아야 한다. 이때 기본 단위의 환산인자(conversion factor)만 알면 다른 환산인자는 이로부터 구할 수 있다.

예제 1.9

수입한 화학약품의 질량이 320lb로 표기되어 있다. 이를 kg과 g단위로 구하라.

풀이 식 (1.2)에서 1lb = 453.59g = 0.45359kg이다.

$$\frac{320\cancel{lb}}{} \left| \frac{0.45359kg}{1\cancel{lb}} \right. = 145.1488kg$$

$$\frac{320\cancel{lb}}{} \left| \frac{453.59g}{1\cancel{lb}} \right. = 145148.8g$$

예제 1.10

200°C을 °F, K, R로 환산하라.

풀이 식 (1.5)~(1.8)에서

$t_{°F} = 1.8t_{℃} + 32 = 1.8 \times 200 + 32 = 392°F$

$T_K = t_{℃} + 273.15 = 200 + 273.15 = 473.15K$

$T_R = t_{°F} + 459.67 = 392 + 459.67 = 851.67R$

예제 1.11

비중이 0.65인 액체 200kg의 부피를 m^3로 구하라.

풀이 식 (1.28)과 (1.29)에서 비중이 0.65인 액체의 밀도는 $0.65g/cm^3$이다.

단위 환산하면,

$$\frac{0.65\cancel{g/cm^3}}{} \left| \frac{1000kg/m^3}{1\cancel{g/cm^3}} \right. = 650kg/m^3$$

부피를 구하면,

$$650kg/m^3 = \frac{질량}{부피} = \frac{200\,kg}{부피}$$

$$액체의\ 부피 = \frac{200\cancel{kg}}{650\cancel{kg}/m^3} = 0.308\,m^3$$

예제 1.12

어떤 유체의 점도가 25°C에서 1.2cp이다. 이 값을 kg/m·s 단위로 환산하라.

풀이 식 (1.38)에서

$$\frac{1.2\,\cancel{cp}}{} \bigg| \frac{0.001\,kg/m\cdot s}{1\,\cancel{cp}} = 1.2 \times 10^{-3}\,kg/m\cdot s$$

예제 1.13

상공으로 올라갈수록 기압이 낮아진다. 기압이 300mmHg였다면 mH_2O, N/m^2, hPa, mb 단위로 어떻게 되는가?

풀이 식 (1.33)에서 1atm = 760mmHg = $10.33mH_2O$ = $1.013 \times 10^5 N/m^2$

$$\frac{300\,\cancel{mmHg}}{} \bigg| \frac{1\,\cancel{atm}}{760\,\cancel{mmHg}} \bigg| \frac{10.336\,mH_2O}{1\,\cancel{atm}} = 4.08\,mH_2O$$

$$\frac{300\,\cancel{mmHg}}{} \bigg| \frac{1\,\cancel{atm}}{760\,\cancel{mmHg}} \bigg| \frac{1.01325 \times 10^5\,N/m^2}{1\,\cancel{atm}} = 0.395 \times 10^5\,N/m^2$$

$$\frac{300\,\cancel{mmHg}}{} \bigg| \frac{1\,\cancel{atm}}{760\,\cancel{mmHg}} \bigg| \frac{1.013 \times 10^5\,Pa}{1\,\cancel{atm}} \bigg| \frac{1\,hPa}{10^2\,Pa} = 399.868\,hPa$$

$$\frac{300\,\cancel{mmHg}}{} \bigg| \frac{1\,\cancel{atm}}{760\,\cancel{mmHg}} \bigg| \frac{1013\,mb}{1\,\cancel{atm}} = 399.868\,mb$$

1.3 차원해석과 무차원(Dimensional analysis and dimensionless)

1.3.1 차원해석(Dimensional analysis)

공학 문제 중에는 이론적 수학적 방법만으로는 해결할 수 없는 것이 많다. 특히 유체 흐름, 열흐름, 확산 조작 등에서 이러한 경우를 자주 접하게 된다. 이론식을 유도할 수 없는 문제의 해결책의 하나는 실험적 방법이다. 다행히 수학적 방법과 실험적 방법의 중간에 해당하는 방법이 있다. 어떤 물리적 과정에 영향을 미치는 변수들의 상관관계를 나타낼 수 있는 이론식이 존재한다면 그 식은 **차원 균일식**(dimensionally homogeneous equation)이 되어야 할 것이다. 그렇다면 관련 변수들을 몇 개의 무차원군으로 묶을 수 있으므로 각 변수 대신에 몇 개의 무차원군의 조합으로 된 간단한 최종식을 얻을 수 있다. 이러한 방법을 **차원해석**(dimensional analysis)이라 한다. 차원해석에서는 먼저 중요한 변수들을 선택하고 그 차원을 나타낸 후 관련되는 물리적 법칙이 있다면 변수의 선택이 비교적 쉬워진다.

자연과학의 기본 법칙에서 직접 유도한 식은 각 항의 단위가 동일하거나 기본 단위의 복합단위로 정의되는 유도량을 사용하여 같은 단위로 나타낼 수 있다. 이러한 요건을 갖춘 식을 차원 균일식이라 한다. 이러한 식에서는 한 항으로 다른 항을 나누면 단위는 전부 소거되고 수치만 남게 된다. 이러한 식을 **무차원식**(dimensionless equation)이라 한다.

차원 균일식에서는 기본 단위를 일관적으로 사용하기만 하면 어떤 단위계의 값을 사용해도 상관없다. 이러한 요건에 맞는 단위를 일관 단위(consistent unit)라 한다. 일관 단위를 사용하면 환산인자가 필요 없다.

압력, 가속도, 속도 등과 같이 기본적인 유체현상을 설명하는 변수들은 기본차원인 **질량**(M), **길이**(L), **시간**(T)차원을 조합하여 나타낸다. 기본차원들은 여러 가지 단위계로 측정된다. 질량은 길이나 시간 등의 단위로 표시할 수 없기 때문에 독립단위로 나타낸다. 반면에 속도는 길이를 시간으로 나눈 것으로, 점성계수는 질량을 길이와 시간으로 나눈 것으로, 밀도는 질량을 체적(길이의 3제곱)으로 나눈 것이다.

역학적인 모든 계는 3개의 기본차원으로 정의할 수 있다. 기본차원으로 질량(mass), 길이(length), 시간(time)을 사용하는 MLT계와 힘(force), 길이(length), 시간(time)을 사용하는 FLT계가 있다. MLT계에서 힘은 유도량이고 FLT계에서 질량은 유도량이다. 식 (1.10)에서 두 차원계 사이의 관계는 다음과 같다.

$$\mathrm{F} = \mathrm{ma}\text{에서 } \mathrm{F} = \frac{\mathrm{ML}}{\mathrm{T}^2} \text{ 그리고 } \mathrm{M} = \frac{\mathrm{FT}^2}{\mathrm{L}} \tag{1.59}$$

대부분의 유체유동 변수들의 차원은 3개의 기본차원으로 표시하기에 충분하다. 유체역학에서 사용하는 여러 가지 변수들의 차원을 두개의 차원계로 표 1.6에 나타내었다.

예로서 유체 정역학에서 $\mathrm{p} = \rho g h$이다. 압력의 차원을 구해보면 ρ의 차원은 ML^{-3}, g의 차원은 LT^{-2}, h의 차원은 L이다.

따라서

$$\mathrm{p} = \mathrm{M}^{\alpha}\mathrm{L}^{\beta}\mathrm{T}^{\gamma} = [\mathrm{ML}^{-3}][\mathrm{LT}^{-2}][\mathrm{L}] = [\mathrm{ML}^{-1}\mathrm{T}^{-2}] \tag{1.60}$$

1.3.2 무차원수(Dimensionless number)

무차원수를 구하는 방법 중 하나가 Buckingham의 Π정리이다. Buckingham의 Π정리는 n개의 물리량을 포함하고 m개의 기본차원을 갖는 물리적 문제에 있어서 이들 n개의 물리량은 n-m 개의 독립 무차원 변수로 무차원수를 구하는 방법이다. A_1, A_2, $A_3 \ldots A_n$을 압력, 점성계수, 속도 등과 같이 문제에 포함되는 물리량이라 하자. 해를 구하기위해서 해의 본질이 되는 모든 물리량들을 알아야

표 1.6 여러 물리량의 차원

물리량	차원 FLT	차원 MLT	물리량	차원 FLT	차원 MLT
기하학적특성			유동특성		
길 이	L	L	속 도	L/T	L/T
면 적	L^2	L^2	각속도	1/T	1/T
체 적	L^3	L^3	가속도	L/T^2	L/T^2
유체성질			압 력	F/L^2	M/LT^2
질 량	FT^2/L	M	힘	F	ML/T^2
밀 도	FT^2/L^3	M/L^3	전단응력	F/L^2	M/LT^2
비중량	F/L^3	M/L^2T^2	압력구배	F/L^3	M/L^2T^2
동점성계수	L^2/T	L^2/T	유 량	L^3/T	L^3/T
점성계수	FT/L^2	M/LT	질량유량	FT/L	M/T
탄성계수	F/L^2	M/LT^2	일	FL	ML^2/T^2
표면장력	F/L	M/T^2	모멘트	FL	ML^2/T^2

하고, 이들 물리량 사이에는 함수관계가 존재하여야 한다.

$$F(A_1, A_2, A_3, \ldots, A_n) = 0 \tag{1.61}$$

만일 $\Pi_1, \Pi_2 \ldots$을 물리량 $A_1, A_2, A_3, \ldots$의 무차원군이라고 하면

$$f(\Pi_1, \Pi_2, \Pi_3, \ldots, \Pi_{n-m}) = 0 \tag{1.62}$$

m개의 차원을 포함할 때 식 (1.62)와 같은 무차원 방정식으로 표시된다.

무차원수 Π를 만드는 방법은 다음과 같다.

① 물리량 A중에서 서로 다른 차원을 갖고 m개의 기본차원을 포함하는 m개의 물리량을 선택하여 반복변수로 사용한다.

② 반복변수와 나머지 물리량 중 1개를 결합하여 하나의 므차원수를 구한다.

예를 들어 A_1, A_2, A_3를 M, L 및 T를 포함하면 된다. 그러면 Π_1를 다음과 같이 놓을 수 있다.

$$\Pi_1 = A_1^{x_1} A_2^{y_1} A_3^{z_1} A_4 \tag{1.63}$$

Π_2에 대하여 식 (1.64)와 같이 놓을 수 있다.

$$\Pi_2 = A_1^{x_2} A_2^{y_2} A_3^{z_2} A_5 \tag{1.64}$$

같은 방법으로 $n-m$에 대해서 식 (1.65)와 같이 놓을 수 있다.

$$\Pi_{n-m} = A_1^{x_{n-m}} A_2^{y_{n-m}} A_3^{z_{n-m}} A_n \tag{1.65}$$

이들 방정식에 Π가 무차원이 되도록 지수들을 결정한다. 물리량 A의 차원을 대입하고 M, L 및 T의 지수를 각각 0으로 놓는다. 각 Π에 대하여 미지수 3개를 포함하는 방정식 3개를 얻는다.

따라서 지수 x, y, z에 관하여 풀면 Π를 결정할 수 있다.

만약 문제에 포함되어 있는 기본차원이 2개뿐이면 A 중에서 2개의 변수만을 반복변수로 선택하고 각 Π에 대하여 2개의 방정식을 풀어 미지의 지수에 관한 2개의 무차원수를 결정한다.

많은 경우 몇 개의 A를 가지고 무차원수로 묶을 때 계산 없이 눈으로 보아 쉽게 얻어낼 수 있다. 가장 간단한 경우는 2개의 물리량이 동일한 차원을 가질 때이다. 예를 들어, 길이의 차원이 2개 있으면 그 길이의 비가 바로 무차원수로서 하나의 Π값이다.

해석을 하려는 특별한 물리계에 대하여 가장 의미 있는 독립된 무차원 변수를 얻는 것이 중요하다. Buckingham의 Π 정리는 무차원 변수들을 정하는 방법을 제시한다.

예로서 원관 속의 비압축성 유체흐름을 해석한다고 하면 관 길이당의 압력강하(압력구배 $\Delta p/L$)는 관경 D, 관 조도 k, 평균유속 u, 유체밀도 ρ, 유체 점성계수 μ에 의존하는 것으로 판단된다. 그러므로 이 관계를 표시하면 다음과 같다.

$$\frac{\Delta p}{L} = f(\mathrm{D},\ \mathrm{k},\ \mathrm{u},\ \rho,\ \mu) \tag{1.66}$$

이를 FLT 계의 차원으로 나타내면 다음과 같다.

$$\frac{F}{L^3} = f\ [(L), (L), (\frac{L}{T}), (\frac{FT^2}{L^4}), (\frac{FT}{L^2})] \tag{1.67}$$

여기서 변수 $n = 6$이고 기본차원 수 $m = 3$이다. 이 경우 나올 수 있는 무차원 변수의 개수는 조합에 의하면 $\frac{n!}{(m+1)!(n-m-1)!}$에서 15개가 나올 수 있다.

Π 정리에 의한 차원해석을 하면 이 중에서 (n-m)개의 무차원 변수들을 갖게 된다. 독립된 무차원 변수를 $\Pi_1, \Pi_2, \Pi_3, \ldots, \Pi_{n-m}$로 정의하고, 각 무차원 변수들은 보통 m개까지의 반복변수로 구성된다.

반복변수를 선정하는 일반적인 요령은 다음과 같다.

1. 반복변수에는 m개의 기본차원을 포함하여야 한다. 즉, 질량 또는 밀도, 특정속도, 특정길이 등이 선정될 필요가 있다.
2. 반복변수는 각각 기하학적 특성, 유체성질, 유동특성(표 4)을 대표하는 것들을 선정하여 가장 의미 있는 무차원 변수가 얻어지도록 한다.
3. 종속변수가 반복변수로 선정되지 않도록 한다.

반복변수를 선정한 다음 나머지 변수들의 각각은 반복변수와 조합하여 하나의 Π변수를 이룬다. D를 기하학적 특성, ρ를 유체성질, V를 유동특성을 나타내는 반복변수로 정하면 Π_1은 D, ρ, V, $\Delta p/L$를 포함하고, Π_2는 D, ρ, V, k를 포함하고, Π_3은 D, ρ, V, μ을 포함한다.

각 독립 무차원 변수 Π는 네 개의 변수로 이루어지고, 이들 중 변수하나만 차수가 알려지고 나머지의 차수는 미지수이다. 그러므로 이 변수들의 조합이 무차원이 되도록 하여 미지의 차수를 결정한다. 즉,

$$\Pi_1 = D^x \rho^y u^z \frac{\Delta p}{L}$$

$$= (L)^x \left(\frac{FT^2}{L^4}\right)^y \left(\frac{L}{T}\right)^z \frac{F}{L^3} = L^0 F^0 T^0 \tag{1.68}$$

각 기본차원의 차수를 정리하여 각 변수의 지수 x, y, z를 구하면

$$F : y + 1 = 0 \tag{1.69}$$

$$L : x - 4y + z - 3 = 0 \tag{1.70}$$

$$T : 2y - z = 0 \tag{1.71}$$

이런 관계에서 $x = 1$, $y = -1$, $z = -2$가 된다.

그러므로 식 (1.68)에 $x = 1$, $y = -1$, $z = -2$을 대입하여 정리하면 다음과 같다.

$$\Pi_1 = \frac{\Delta p}{L} \frac{D}{\rho u^2} \tag{1.72}$$

식 (1.72)는 관 마찰계수 λ의 $\frac{1}{2}$을 나타내는 것이다.

같은 방법으로 하면 식 (1.73)과 식 (1.74)로 된다.

$$\Pi_2 = \frac{k}{D} \tag{1.73}$$

$$\Pi_3 = \frac{\mu}{\rho u D} \tag{1.74}$$

Π_2는 관의 상대조도, Π_3는 레이놀즈 수의 역수를 나타낸다. 무차원 변수의 역수, 제곱, 제곱근, 배수도 또한 무차원 수가 된다. 그러므로

$$\Pi_1 = f\ (\Pi_2,\ \Pi_3) \tag{1.75}$$

로 놓을 수 있고, 관 흐름의 마찰계수는 일반적으로 상대조도와 레이놀즈 수에 따라 결정될 수 있다는 것을 보인다.

예제 1.14

관의 직경을 D[L], 유속을 $u[L/\theta]$, 유체의 밀도를 $\rho[M/L^3]$, 유체의 점도를 $\mu[M/L\theta]$라 할 때 층류와 난류의 판정에 이용되는 레이놀즈수는 $N_{Re} = Du\rho/\mu$로 나타내어진다. 이것이 무차원임을 증명하라.

풀이 $N_{Re} = \dfrac{Du\rho}{\mu} = \dfrac{[m][m/s][kg/m^3]}{[kg/m \cdot s]} = \dfrac{[L][L\theta^{-1}][ML^{-3}]}{[ML^{-1}\theta^{-1}]} = [-]$

1.4 기본개념(Basic concept)

1.4.1 기체 상태식(Equations of state of gases)

온도 T, 압력 p에서 순수 기체의 몰수 n의 부피가 V라고 하자. 이 중 세 양을 알면 나머지 하나를 구할 수 있다. 즉 이 네 변수 중에서 셋만 독립적이므로, 함수 관계는 다음과 같다.

$$f(\mathrm{p},\ T,\ V,\ n) = 0 \tag{1.76}$$

이 함수 관계의 구체적 형을 **상태식(equation of state)**이라 한다. 여러 가지 상태식이 제안되었으며, 몇 가지가 통용된다. 가장 만족할만한 상태식은 다음과 같은 형이다.

$$\frac{pV}{nRT} = 1 + \frac{B}{V/n} + \frac{C}{(V/n)^2} + \frac{D}{(V/n)^3} + \ldots \tag{1.77}$$

이 식은 **비리얼식(virial equation)**이라 하며 기체분자론에 근거한 것이다. 계수 B, C, D는 각각 제2, 제3, 제4 비리얼계수라 하며 압력과는 무관하며 온도의 함수이다. 계수를 얼마든지 추가할 수 있지만, 발표된 계수치가 드물므로 셋 이상의 계수를 사용하는 경우는 드물다. 이 식은 기체 혼합물에도 적용할 수 있는데 이때는 계수가 온도와 조성의 함수가 된다.

압축인자와 몰밀도(Compressibility factor and molar density)

공학에서는 식 (1.53)을 주로 다음과 같이 나타낸다.

$$z = \frac{p}{\rho_M RT} = 1 + \rho_M B + \rho_M^2 C + \rho_M^3 D \tag{1.78}$$

z는 압축인자이고, ρ_M은 몰밀도로서 다음과 같다.

$$\rho_M = \frac{n}{V} \tag{1.79}$$

이상기체 법칙(Ideal gas law)

고압의 실제기체에서 ρ_M과 T로부터 z를 정확하게 계산하려면 세 비리얼계수를 다 알아야 한다. 압력을 낮추어서 밀도가 감소하면 비리얼계수의 값 자체는 변하지 않지만 비리얼 항의 수치가 줄어든다. D 항의 영향을 무시할 수 있으면 이 항을 제거하고 마찬가지로 C 항도 제거할 수 있다. 일반 기체에서 압력이 1~2atm 정도로 낮으면 비리얼계수 셋을 모두 무시할 수 있으며 결과적으로 다음과 같이 간단한 기체 법칙이 된다.

$$z = \frac{\mathrm{p}V}{nRT} = \frac{\mathrm{p}}{\rho_M RT} = 1 \tag{1.80}$$

식 (1.80)은 밀도의 범위가 일반적인 경우의 실질적 계산에 사용할 수 있는 것으로, **이상기체 법칙**이라 한다.

분압(Partial pressure)

기체 혼합물 중의 각 성분을 다룰 때는 분압의 개념을 사용하면 편리하다. 혼합물 중의 성분 A의 분압은 다음과 같이 정의한다.

$$p_A \equiv P y_A \tag{1.81}$$

여기서, p_A = 혼합물 중 성분 A의 분압
y_A = 혼합물 중 성분 A의 몰분율
P = 혼합물의 전압

혼합물 중의 각 성분의 분압을 모두 더하면 다음과 같다.

$$p_A + p_B + p_C + \ldots = P(y_A + y_B + y_C + \ldots)$$

분율의 합은 1이므로

$$p_A + p_B + p_C + \ldots = P \tag{1.82}$$

즉 혼합물 중의 분압의 합은 전압과 같다. 이 관계는 이상기체나 실제기체에 모두 적용할 수 있다.

1.5 물질수지와 에너지 수지(Material and energy balance)

1.5.1 물질수지(Material balance)

물질 수지란 생산 공정에서 들어가고 나가는 물질들에 대한 수지 균형을 수량적으로 취급하는 것으로 기본 원리는 질량보존의 법칙에 따른다.

총괄 물질 수지(Total material balance)

질량 보존의 법칙에 의하면 물질이 물리적 또는 화학적으로 처리되는 동안에 그 조성, 상태, 에너지 함량 등이 변한다 하더라도 그 전체 질량의 총량은 변하지 않고 그대로 보존된다. 프로세스 전체나 특정 장치나 임의 부분에 대해 모두 물질수지를 취할 수 있다. 따라서 장치의 일부나 전체에 대하여 일정한 시간 동안 물질의 출입 관계와 장치안에서의 변화를 조사하면 다음과 같은 관계가 성립된다.

물질도입 질량(m_{in}) → 계(장치) → 물질배출 질량(m_{out})

물질축적 질량($m_{acc.}$)

$$\text{물질도입 질량}(m_{in}) = \text{물질배출 질량}(m_{out}) + \text{물질축적 질량}(m_{acc.}) \tag{1.83}$$

예제 1.15

화학회사의 저장 탱크에 100kg의 에탄올을 저장한 후 75kg의 에탄올을 사용하였다. 처음에 30kg의 에탄올이 들어 있었다면 남아 있는 에탄올은 몇 kg인가?

풀이 식 (1.83)에서 도입 질량 + 초기 질량 = 배출 질량 + 잔류 (축적) 질량

$100kg + 30kg = 75kg + m_{acc}$

$m_{acc} = 55kg$

정상상태(Steady state)

화공 장치 안에서 온도, 압력, 농도 등이 시간에 따라 변하지 않고 일정하게 유지될 때, 그 화공 장치는 정상 상태에 있다고 한다. 정상 상태에서는 화공 장치 안에 있는 물질의 양이 증가하거나 감소하지 않는다. 즉, 임의의 시간 동안의 축적량은 0이 된다. 따라서 정상 상태에서 총괄 물질 수지는 다음과 같다.

$$\text{물질도입 질량}(m_{in}) = \text{물질배출 질량}(m_{out}) \tag{1.84}$$

예제 1.16

그림과 같은 유로에 물이 흐르고 있다. 정상 상태일 때 측관에서 질량유량을 구하라.

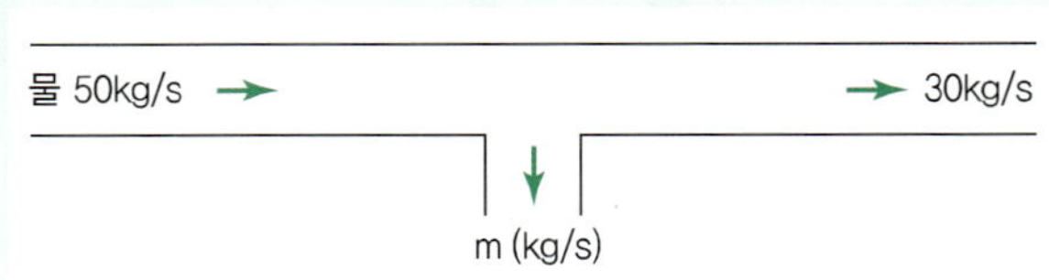

풀이 식 (1.84)에서 정상 상태 흐름이므로 도입 질량 = 배출 질량이다.

$50kg/s = 30kg/s + m$

$m = 20kg/s$

성분물질수지(component material balance)는 화학 반응이 없는 장치 안에서 정상 상태로 물질이 이동하는 동안에 각 성분의 질량은 변하지 않고 보존된다. 즉 다음과 같이 나타낼 수 있다.

$$\text{각 성분의 도입 질량} = \text{각 성분의 배출 질량} \tag{1.85}$$

이 식은 성분 물질 수지의 일반식이며, 흐름을 이루는 각각의 성분에 대하여 하나씩 쓸 수 있다. 물질 수지는 반드시 질량에 대하여 성립한다. 그러나 온도나 압력이 변하고 화학 변화가 일어나는 경우에는 부피나 몰(mol)수에 대해서는 성립하지 않는 경우도 있다.

물질 수지를 계산하는 일반적인 원칙은 장치에 출입하는 여러 흐름의 무게와 조성들 중에서 독립된 수지식을 세울 때 고려 사항은 다음과 같다.

1. 주어진 내용을 간단히 표시할 수 있는 공정도를 그린다.
2. 필요한 데이터(수치), 조건을 적어 놓는다.
3. 질량보다는 몰(mol) 단위를 사용하는 것이 좋다.
   (물리적 변화시는 질량 단위를 써도 상관없지만 화학 변화가 일어날 때는 몰(mol) 단위의 정수비를 가지기 때문)
4. 총괄수지, 성분물질 수지식을 세운다.
5. 수지 계산에 필요한 계산 기준량을 세운다.

화학 반응이 없는 화학 장치에서는 질량과 물질량은 보존된다. 따라서 정상 상태인 경우에는 다음과 같이 물질량 수지를 쓸 수 있다.

총괄 물질량 수지 : 전체 도입 물질량 = 전체 배출 물질량 (1.86)

성분 물질량 수지 : 도입 성분의 물질량 = 배출 성분의 물질량

(전체 도입 물질량) (도입 성분의 물질량 분율) = (전체 배출 물질량) (배출 성분의 물질량 분율) (1.87)

예제 1.17

벤젠 30%, 톨루엔 70%인 원료를 100kmol/h로 증류탑에 도입하여 연속 증류한다. 탑 상 생성물의 조성은 벤젠 95%, 탑저 생성물의 조성은 톨루엔 90%로 할 때 각 흐름의 유량과 벤젠의 회수율을 구하라.

풀이 계산 기준을 100kmol/h로 하고 증류탑 공정을 간단히 나타내면 다음 그림과 같다.

원액 n_1 = 100kg · mol/h
벤젠 30%
톨루엔 70%
→ 증류탑
→ 탑상 생성물 : n_2 = kg · mol/h
벤젠 95%
톨루엔 5%
→ 탑저 생성물 : n_3 = kg · mol/h
벤젠 10%
톨루엔 90%

여기서 n은 시간당 증류탑을 출입하는 물질량이다. 이 공정에 대하여 물질량 수지를 쓰면 다음과 같다.

식 (1.86)에서 총괄 물질량 수지 : $100 = n_2 + n_3$ ①

식 (1.87)에서 성분 물질량 수지(벤젠 수지) : (100) (0.3) = $n_2(0.95)$ + $n_3(0.1)$ ②

톨루엔 수지 (100) (0.7) = $n_2(0.05)$ + $n_3(0.9)$ ③

식 ①을 ②에 대입하면 (30) = (100 − n_3)(0.95) + $n_3(0.1)$

n_3 = 76.47kg·mol/h

n_3의 값을 ①식에 대입하면 n_2 = 100 − 76.47 = 23.53kmol/h

벤젠의 회수율은

$$\text{벤젠의 회수율}(\%) = \frac{\text{탑위 생성물중의 벤젠의 배출 물질량}}{\text{원료중의 벤젠의 도입 물질량}} = \frac{(23.53)(0.95)}{(100)(0.30)} \times 100 = 0.737\%$$

1.5.2 에너지수지(Energy balance)

전체 프로세스이든 그 일부이든 간에 가상적 경계에 의해 외계와 구분되는 계에 대해 에너지수지를 취할 수 있다. 물질수지의 경우와 마찬가지로 경계를 통해 에너지가 출입하는 계의 에너지수지는 다음과 같다.

$$\text{에너지 도입량} = \text{에너지 배출량} + \text{에너지 축적량} \tag{1.88}$$

상태가 시간에 따라 변하지 않는 정상상태에서는 다음과 같다.

$$\text{에너지 도입량} = \text{에너지 배출량} \tag{1.89}$$

에너지수지에서는 모든 형태의 에너지를 전부 고려해야 한다. 그러나 대부분의 흐름 공정에서는 자기에너지, 표면에너지, 기계적 응력 에너지 등은 거의 변하지 않으므로 고려할 필요가 없다. 가장 중요한 형태는 운동에너지, 위치에너지, 엔탈피, 열, 일 등이다. 전기화학 공정에서는 전기에너지를 추가한다.

단일 흐름 공정의 에너지수지(Energy balance for single-stream process) 그림 1.2에 보인 것처럼 흐름이 하나인 정상 흐름 공정을 고려하자. 임의 장치에 흐르는 물질의 질량유량이 일정하고, 임의 시간 간격 중에 통과한 질량을 m(kg)이라 한다. 도입 흐름은 유속이 u_a(m/s)이고, 임의 기준면에 대한 도입부 높이를 Z_a(m)라 한다. 엔탈피는 H_a(J/kg)이다. 배출 흐름은 각각 u_b, Z_b, H_b라 한다. m(kg)의 물질이 흐르는 동안 외부로부터 장치에 Q(J)의 열이 도입된다. 장치에 터빈이나 엔진이 설치되어 있다면, 축(shaft)을 돌리는 방법으로 외계에 일을 할 것이다. 펌프가 있으면, 역시 축의 회전에 의해 계에 일을 할 것이다. 이러한 종류의 일을 축일(shaft work)이라 하는데, W_s(J)의 축일을 장치가 외계에 한다고 본다. 이 공정에 대해 에너지수지를 취하면 다음과 같다.

$$m\left[\frac{u_b^2 - u_a^2}{2} + g(Z_b - Z_a) + H_b - H_a\right] = Q - W_s \tag{1.90}$$

이 식 (1.90)을 중력 단위계로 나타내면

$$m\left[\frac{u_b^2-u_a^2}{2g_c J}+\frac{g(Z_b-Z_a)}{g_c J}+H_b-H_a\right]=Q-\frac{W_s}{J} \tag{1.91}$$

식 (1.90)나 (1.91)을 적용하려면 도입 흐름과 배출 흐름을 확인하여 도입부와 배출부의 위치를 파악하고 회전축이 있는지를 조사한다. 계와 외계 사이의 열전달 표면도 확인한다. 모든 축 도입부 및 배출부의 단면과 장치의 경계를 고려대상표면(control surface)이라 하며 이는 빈틈이 없는 폐쇄 외투(closed envelope)라야 한다. 식 (1.90)은 대상표면 내부의 장치 및 물질에 대해 적용된다. 그림 1.2의 공정에서 대상표면은 장치의 벽, 점선으로 나타낸 축, 도입부 및 배출부의 단면이 만드는 표면으로 이루어진다. 대상표면으로 둘러싸인 내부 공간은 고려대상부피(control volume)라 한다.

관습상 열 Q는 대상표면의 외부에서 장치로 흘러 들어갈 때를 + 값으로 나타내고 축일 W_s는 장치가 대상표면 외부에 일을 할 때를 + 값으로 나타낸다. 따라서 대상표면 내부의 펌프에 요구되는 일은 − 값이 된다. Q와 W_s는 모두 실질값(net value)으로 나타낸다. 즉 열흐름이나 축일이 하나 이상이면 산술적으로 합산한 실질값을 식 (1.90)과 (1.91)에서 사용한다. 한편 식 (1.90)과 (1.91)에는 마찰에 관한 항이 없다. 대상표면 내부에서 기계적 에너지가 열로 변하는 것이 마찰인데, 이 영향은 다른 항에 포함되어 있는 것으로 보면 된다.

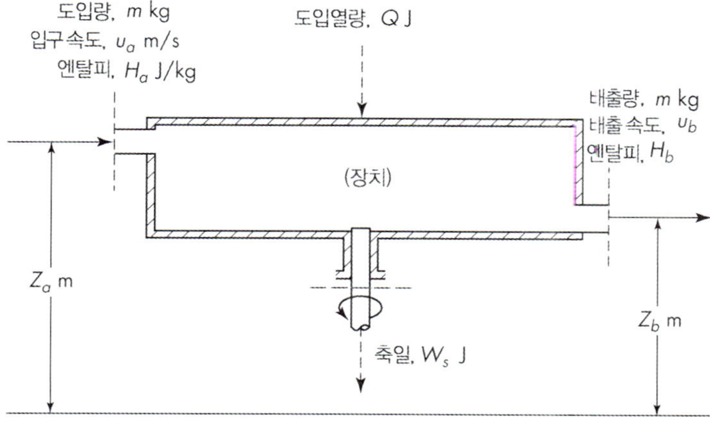

그림 1.2 정상상태 흐름 공정

연습 문제

1.1 기본량의 환산인자와 정의된 상수를 사용하여 다음을 환산하라.

① $ft \cdot lb_f \rightarrow kW$ 답 : 3.76614×10^{-7}KWh

② gal($231in^3$) → L(10^3cm^3) 답 : 3.7854L

③ Btu/lbmol → J/k mol 답 : 2,326J/kmol

⑨ 10^{-6}세기(microcentury) → min 답 : 53min

1.2 NaOH 10%, NaCl 10%, H_2O 80%인 용액을 25Ton/h로 증발장치에 연속 도입한다. 수분이 증발하면서 석출하여 침강하는 소금 결정을 분리하면, NaOH 50%, NaCl 2%, H_2O 48%인 농축액이 배출된다. ① 물의 증발속도(kg/h), ② 소금의 석출속도(kg/h), ③ 농축액의 배출속도(kg/h)를 구하라.

답 : ① 17,600kg/h, ② 2,400kg/h, ③ 5,000kg/h

1.3 수평 가열관 안에 공기가 정상 상태로 흐른다. 공기의 도입 및 배출 온도와 유속은 각각 40 °F, 50 ft/s 및 140 °F, 75 ft/s이다. 공기의 평균 비열은 0.24 Btu/lb·°F이다. 관벽을 통하여 공기로 전달되는 열량 (Btu/lb)을 구하라. 답 : 24.06Btu/lb

1.4 석탄 화력발전소의 출력이 360 MW이고, 열의 일로의 전화율은 38%이다. 석탄의 발열량이 30,000 kJ/kg일 경우, 시간당 사용하는 석탄의 질량(ton/h)을 구하라. 답 : 113.68ton/h

1.5 섭씨온도와 화씨온도의 수치가 같아지는 것은 몇 도인가? 켈빈온도와 랭킨온도의 수치가 같아지는 경우도 있나? 답 : −40°F = −40°C

1.6 수분 함유량이 65%인 카사바(cassava) 뿌리를 수분 함유량 5%로 건조하고 분쇄하여 타피오카(tapioca) 가루를 만든다. 가루를 1,200 kg/h로 만들기 위해 건조장치에 도입해야 하는 습한 뿌리의 질량유량(kg/h)을 구하라. 또 제거되는 수분의 질량유량을 구하라.

답 : (a) 2,117kg/h (b) 2,057kg/h

1.7 수분 66%인 습한 펄프를 건조하여 처음 수분의 53%을 제거한다. 건조 펄프의 수분 함유량을 구하라. 또 건조 펄프와 습한 펄프의 질량비(kg/kg)를 구하라.

답 : (a) 0.477 or 47.7% (b) 0.6502kg

1.8 어분(fish meal)을 만들기 위해 먼저 생선에서 기름을 추출하여 수분 82wt%인 습한 생선 케이크를 얻고 이를 부분 건조하여 수분 함유량을 40wt%로 줄인 다음 분쇄한다. '건조' 케이크를 800kg/h로 생산하기 위해 필요한 습한 케이크의 양(kg/h)을 구하라. 답 : 2,667kg/h

1.9 수분의 함량이 50%인 수산화나트륨(NaOH)의 수용액에 물을 더 넣어 10%수용액으로 만들고자 한다. 필요한 10% 수용액의 유량이 500kg/h일 때 물의 양을 계산하라. 답 : 400kg

1.10 다음 중 1 ℓ-atm를 cal로 환산하였을 때 가장 가까운 값은? **(화공기사 기출)**

① 7.27 ② 10.33 ③ 20.33 ④ 24.19 답 : ④

1.11 일의 단위가 아닌 것은? **(화공기사 기출)**

① $Pa \cdot m^3$ ② $kg \cdot m^3/sec^2$ ③ N·m ④ J 답 : ②

1.12 다음 중 순수한 물 20°C의 점도를 가장 옳게 나타낸 것은? **(화공기사 기출)**

① 1g/cm·s ② 1cP ③ 1Pa·s ④ 1kg/m·s 답 : ②

1.13 내부에너지를 나타내는 단위가 아닌 것은? **(화공기사 기출)**

① Btu ② cal ③ J ④ N 답 : ④

1.14 980 N(Newton)은 몇 kg_f인가? **(화공기사 기출)**

① 9.8 ② 10 ③ 100 ④ 980 답 : ③

1.15 기본 단위에서 길이를 L, 질량을 M, 시간을 T로 표시할 때 다음에서 차원이 틀린 것은? **(화공기사 기출)**

① 힘 : MLT^{-2} ② $ML^{-2}T^{-2}$ ③ $ML^{-1}T^{-1}$ ④ $ML^{2}T^{-2}$ 답 : ②

1.16 동력의 단위환산값 중 1kW와 가장 거리가 먼 것은? **(화공기사 기출)**

① 10.97kg_f·m/s ② 0.239kcal/s ③ 0.948Btu/s ④ 106mW 답 : ①

1.17 500[°C]를 [°F], [K], [R]로 단위 환산하면? **(화공기사 기출)**

① 900[°F], 773[K], 1360[R] ② 913[°F], 773[K], 1360[R]

③ 931[°F], 773[K], 1391[R] ④ 900[°F], 756[K], 1360[R] 답 : ③

1.18 760mmHg 대기압에서 진공계가 100mmHg 진공을 표시하였다. 절대압력은 몇 atm인가? **(화공기사 기출)**

① 0.54 ② 0.69 ③ 0.87 ④ 0.96 답 : ③

1.19 표준대기압에서 압력게이지로 20psi를 얻었다. 절대압은 얼마인가? **(화공기사 기출)**

① 14.7psi ② 34.7psi ③ 55.7psi ④ 65.7psi 답 : ②

1.20 이상기체 상수 R의 단위를 $\frac{mmHg \cdot L}{K \cdot mol}$로 하였을 때 다음 중 R 값에 가장 가까운 것은? **(화공기사 기출)**

① 1.98 ② 62.32 ③ 82 ④ 108 답 : ②

1.21 분자량 M_1 [g/mol]인 기체 n_1 [mol]과 분자량 M_2 [g/mol]인 기체 n_2 [mol]로 된 혼합기체의 평균 분자량의 표현으로서 옳은 것은? **(화공기사 기출)** 답 : ①

① $\frac{(M_1n_1+M_2n_2)}{(n_1+n_2)}$ ② $\frac{(M_1n_2+M_2n_1)}{(n_1+n_2)}$ ③ $\frac{(n_1+n_2)}{(M_2n_1+M_1n_2)}$ ④ $\frac{(M_1+M_2)}{(n_1+n_2)}$

1.22 어떤 가스의 조성이 부피 비율로 CO_2 40%, C_2H_4 20%, H_2 40%라면 이 가스의 평균 분자량은? **(화공기사 기출)**

① 23 ② 24 ③ 25 ④ 26 답 : ②

1.23 450K, 500KPa에서의 공기 밀도로 옳은 값은?(단, 공기의 평균 분자량은 29이다.) **(화공기사 기출)**

① 3.877kg/m^3 ② 0.128kg/m^3 ③ 1.128g/cm^3 ④ 3.877g/cm^3

1.24 몰 조성이 79% N_2 및 21% O_2인 공기가 있다. 20°C, 740 mmHg에서 이 공기의 밀도는 약 몇 g/L인가? **(화공기사 기출)**

① 1.17 ② 1.34 ③ 3.21 ④ 6.45 답 : ①

1.25 NH_3 가스가 3.5m^3의 용기 속에 21atm, 50°C로 들어 있다. 이 조건에서 NH_3 가스의 압축계수(Compressibility Factor)가 0.845라면 용기 속에 들어 있는 NH_3 의 양은 약 얼마인가? **(화공기사 기출)**

① 18.1 Kg ② 21.4 Kg ③ 47.2 Kg ④ 55.8 Kg 답 : ④

1.26 표준상태에서 측정한 프로판가스 100m^{3}를 액화하였다. 액체 프로판은 몇 kg인가? **(화공기사 기출)**

① 169.43 ② 296.43 ③ 396.43 ④ 469.43 답 : ①

1.27 이상기체법칙이 적용된다고 가정할 때 용적이 5.5m^{3}인 용기에 질소 28kg을 넣고 가열하여 압력이 10atm이 될 때 도달하는 기체의 온도(°C)는? **(화공기사 기출)**

① 81.51 ② 176.31 ③ 287.31 ④ 397.31 답 : ④

1.28 30wt% A, 70wt% B의 혼합물에서의 A의 몰분율은 얼마인가?(단, A의 분자량은 60이고, B의 분자량은 140이다.) **(화공기사 기출)**

① 0.3 ② 0.4 ③ 0.5 ④ 0.6 답 : ③

1.29 100°C의 물 1,500g과 20°C의 물 2,500g을 혼합하였을 때의 온도는 몇 °C인가? **(화공기사 기출)**

① 20 ② 30 ③ 40 ④ 50 답 : ④

1.30 1atm, 300°C에서 과열 수증기의 엔탈피는 약 몇 kcal/kg인가?(단, 1기압에서 증발잠열은 539kcal/kg, 수증기의 평균비열은 0.45kcal/kg·°C이다.) **(화공기사 기출)**

① 190 ② 250 ③ 629 ④ 729 답 : ④

1.31 밀도 1.15g/cm^{3}인 액체가 밑면의 넓이 930cm^2, 높이 0.75m인 원통 속에 가득 들어 있다. 이 액체의 질량은 약 몇 kg인가? **(화공기사 기출)**

① 8.0 ② 80.2 ③ 186.2 ④ 862.5 답 : ②

1.32 혼합물인 공기의 조성은 질소 79mol% 산소 21mol%이다. 공기를 이상기체로 가정했을 때 질소의 질량분율은 얼마인가? **(화공기사 기출)**

① 0.325 ② 0.53 ③ 0.767 ④ 0.923 답 : ③

1.33 지하 220m 깊이에서부터 지하수를 양수하여 20 m 높이에 가설된 물탱크에 15kg/s의 양으로 물을 올리고 있다. 이때 위치 에너지의 증가분(ΔE_P)은 얼마인가? **(화공기사 기출)**

① 35.280J/S ② 3,600J/S ③ 3,250J/S ④ 205J/S 답 : ①

1.34 농도가 5%인 소금수용액 1kg을 1%인 소금수용액으로 희석하여 3%인 소금수용액을 만들고자 할 때 필요한 1% 소금수용액의 질량은 몇 kg인가? **(화공기사 기출)**

① 1.0 ② 1.2 ③ 1.4 ④ 1.6 답 : ①

1.35 수분 40wt%를 함유한 목재 100kg이 건조기에서 수분 20wt%까지 건조된다. 증발된 물의양은 얼마인가? **(화공기사 기출)**

① 50kg ② 40kg ③ 35kg ④ 25kg 답 : ④

1.36 80% 물을 함유한 솜을 건조시켜 초기 수분량의 60%를 제거시켰다. 건조된 솜의 수분함량은 약 몇 %인가? **(화공기사 기출)**

① 39.2 ② 48.7 ③ 52.3 ④ 61.5 답 : ④

유체역학

Fluid Mechanics

유체의 거동은 프로세스 공학에서 일반적으로 중요하며 단위조작의 기본 분야 중의 하나이다. 유체를 잘 알아야 관과 펌프를 비롯한 프로세스 장치에서 유체 이동에 관한 문제를 제대로 다루고 열흐름, 확산 및 물질전달에 기초한 분리조작을 공부할 수 있다.

유체(액체, 가스, 증기)의 거동을 다루는 공학 분야를 **유체역학**(fluid mechanics)이라 한다. 유체역학을 포함하여 응력을 받는 고체까지 다루는 넓은 분야는 **연속체역학**(continuum mechanics)이라 한다.

단위조작에서는 전단응력이 없는 평형 상태의 유체를 다루는 **유체정역학**(fluid statics)과 일부가 상대적으로 움직이는 유체를 다루는 **유체동역학**(fluid dynamics)의 두 분야로 유체역학을 나눈다.

이 단원에서는 단위조작에서 중요한 유체역학을 다룬다. 2장에서는 유체정역학과 그 기본 응용을 다루고, 3장에서는 유체 흐름에서 나타나는 유동 현상을 검토하며, 4장에서는 유체 흐름의 정량적 기본 법칙과 식을 다룬다. 5장에서는 관 속에 흐르는 비압축성 유체, 6장에서는 압축성 유체, 7장에서는 유체 속에 잠긴 물체를 지나는 흐름을 다룬다. 8장에서는 유체 수송 장치와 유량의 측정 및 조절에 관한 공학적 과제를 다룬다. 끝으로 9장에서는 응용 유체역학의 핵심이라 할 수 있는 혼합, 교반, 분산 조작을 다룬다.

CHAPTER

02 유체정역학과 응용

Fluid Statics and Its Applications

유체의 성질(Nature of fluids)

유체는 변형에 대해 영구적으로 저항하지 못하는 물질이다. 유체의 모양이 바뀔 때는 유체 층이 서로 상대적으로 미끄러지면서 새로운 모양이 된다. 이러한 변형 중에는 **전단응력**(shear stress)이 생기는데, 그 크기는 유체의 점도와 미끄럼속도에 따라 달라진다. 새로운 모양이 형성되면 전단응력은 사라진다. 평형 유체에는 전단응력이 없다.

온도와 압력이 일정하면 유체의 밀도(kg/m^3)도 일정하다. 온도와 압력에 따른 밀도의 변화 정도는 유체에 따라 다른데 밀도가 거의 변하지 않는 유체를 **비압축성 유체**(incompressible fluid)라 하고, 밀도가 크게 변하는 유체를 **압축성 유체**(compressible fluid)라 한다. 일반적으로 액체는 비압축성이고 기체는 압축성이다. 온도나 압력의 변화 폭이 크면 액체의 밀도도 상당히 변할 수가 있으나. 온도와 압력이 거의 변하지 않으면 기체도 비압축성 유체나 마찬가지 거동을 하므로 이러한 조건에서는 기체의 밀도 변화를 무시해도 큰 오차가 생기지 않는다.

일상적으로 경험하는 일이지만 그릇 안의 정지 유체는 벽에 압력을 미치는데 이는 벽 단위 면적에 미치는 유체의 표면력이다. 이 압력은 유체 내부의 모든 점에도 작용한다. 압력은 **스칼라양**(scalar quantity)이므로, 어느 한 점에서의 압력의 크기는 방향에 관계없이 모두 같다.

2.1 유체 정역학적 평형(Hydrostatic equilibrium)

정지 유체가 미치는 압력은 높이에 따라 달라지지만 지면과 평행한 한 단면에서는 어느 점에서나 모두 같다. 그림 2.1에 보인 유체 기둥을 고려하자. 단면적이 S인 기둥에 밀도가 ρ인 유체가 들어있다. 바닥 기준으로 높이 Z에서의 압력은 p이다. 높이 dZ이고 단면적이 S인 미소 부피에는 3가지 수직력이 작용한다.

(1) 압력 p에 의해 위로 작용하는 힘, pS

(2) 압력 $p+dp$에 의해 아래로 작용하는 힘, $(p+dp)S$

(3) 아래로 작용하는 중력, $g\rho S/dZ$

이 미소 부피에 작용하는 모든 힘의 합은 0이다.

$$+pS-(p+dp)S-g\rho SdZ = 0 \tag{2.1}$$

이 식에서 위로 작용하는 힘을 + 값으로 나타냈다. 이 식의 양변을 S로 나누어 정리하면

$$dp+g\rho dZ = 0 \tag{2.2}$$

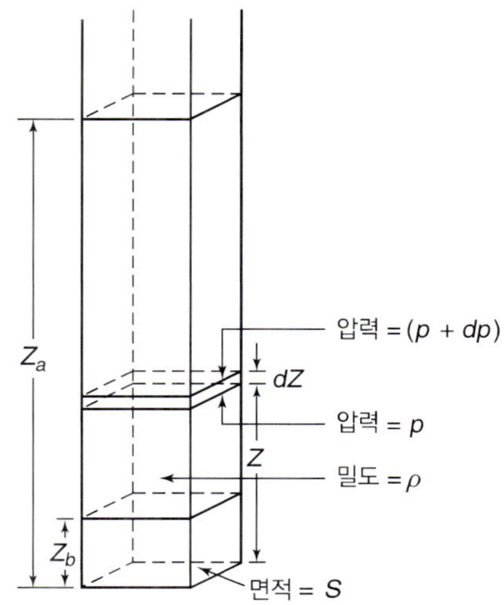

그림 2.1 유체정역학적 평형

압축성 유체이면 기둥 전체에서 압력에 따른 밀도의 변화를 알아야 식 (2.2)를 적분할 수 있다. 하지만 공학적 문제에서는 밀도가 실질적으로 일정하다고 보아도 좋을 때가 많다. 비압축성 유체는 밀도가 일정하고 압축성 유체라도 높이의 변화가 아주 크지 않으면 밀도가 일정하다고 간주할 수 있으므로 식 (2.2)를 다음과 같이 적분할 수 있다.

$$\frac{p}{\rho}+gZ = \text{상수} \tag{2.3}$$

그림 2.1에서, 높이 Z_a와 Z_b에 대해 적분하면

$$\frac{p_b}{\rho}-\frac{p_a}{\rho} = g(Z_a-Z_b) \tag{2.4}$$

식 (2.4)는 유체정역학적 평형(hydrostatic equilibrium) 조건을 수식으로 나타낸 것이다.

액체의 두(Head of a liquid)

식 (2.4)는 압력과 액체 기둥의 높이 사이의 관계를 나타낸 것이다. 압력을 두(head)로 나타내는 경우가 많은데 두(head)란 액체 기둥이 바닥에 미치는 압력에 해당한다. 두는 펌프 성능을 나타내는 데 필요하다. 두 Z는 다음과 같다.

$$Z = p/\rho g$$

중력단위로는 두(head)를 다음과 같이 나타내기도 한다.

$$Z = pg_c/\rho g$$

기압의 식(Barometric equation)

이상기체의 밀도와 압력의 관계는 다음과 같다.

$$\rho = \frac{pM}{RT} \tag{2.5}$$

여기서, M은 분자량, T는 절대온도(K)이다.

식 (2.5)를 식 (2.2)에 대입하면

$$\frac{dp}{p} + \frac{gM}{RT}dZ = 0 \tag{2.6}$$

T가 일정하다고 가정하고 식 (2.6)을 높이 a와 b에 대해 적분하면

$$\ln\frac{p_b}{p_a} = -\frac{gM}{RT}(Z_b - Z_a)$$

$$\frac{p_b}{p_a} = \exp\left[-\frac{gM(Z_b - Z_a)}{RT}\right] \tag{2.7}$$

식 (2.7)을 **기압의 식**이라 한다.

원심력장에서의 유체정역학적 평형(Hydrostatic equilibrium in a centrifugal field)

회전하는 원심분리기에서는 원심력에 의해 액체층이 회전축으로부터 바깥쪽으로 던져져서 용기벽으로 밀려간다. 이때 액체의 자유표면은 회전 포물체 모양이지만 회전속도가 아주 빠른 공업용 원심분리기에서는 원심력에 비해 중력은 무시할 정도이므로 액체 표면은 회전축과 동심의 원통형이 된다. 이러한 상황을 그림 2.2에 보였다. 여기에서 r_1은 회전축과 자유 액면 사이의 반지름방향 거리이고, r_2는 원심분리통의 반지름이다. 이러한 액체 전체 덩어리는 액체 한 층이 다른 층으로 미끄러짐이 없는 마치 단단한 물체처럼 회전한다.

이러한 조건에서는 유체정역학의 원리를 이용하여 액체 안의 압력 분포를 구할 수 있다.

회전 액체 고리에서의 압력 강하를 구해 본다. 그림 2.2에서 반지름이 r이고 두께가 dr인 미소 부피에 작용하는 원심력은 다음과 같다.

$$dF = \omega^2 r\, dm \tag{2.8}$$

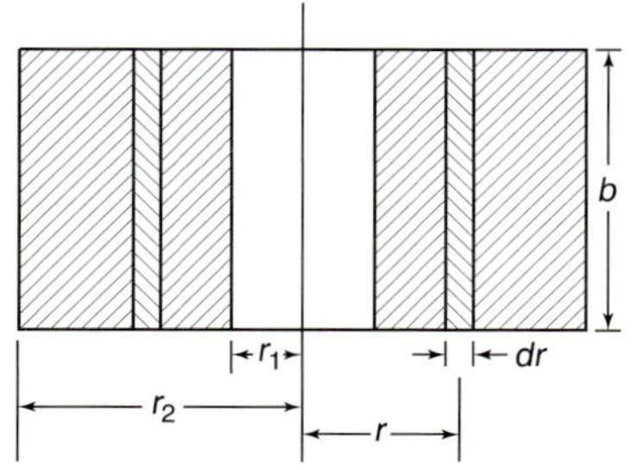

그림 2.2 원심분리통 안의 단일 액체

여기서, dF는 원심력, dm는 액체 미소 부피의 질량, ω는 각속도(rad/s)이다.

액체 밀도가 ρ이고 고리 폭이 b라면

$$dm = 2\pi\rho r b\, dr \tag{2.9}$$

dm을 소거하면

$$dF = 2\pi\rho b\omega^2 r^2\, dr \tag{2.10}$$

이 미소 부피에서의 압력 변화는 미소 부피가 미치는 힘을 고리의 면적으로

나눈 값과 같다.

$$dp = \frac{dF}{2\pi rb} = \omega^2 \rho r\, dr \tag{2.11}$$

고리 전체에서의 압력 강하는

$$p_2 - p_1 = \int_{r_1}^{r_2} \omega^2 \rho r\, dr \tag{2.12}$$

밀도가 일정하면 다음과 같이 적분할 수 있다.

$$p_2 - p_1 = \frac{\omega^2 \rho \left(r_2^2 - r_1^2\right)}{2} \tag{2.13}$$

이 식은 r_1과 r_2의 차이가 크지 않을 때만 적용할 수 있지만 실제 장치에 적용해도 오차가 그다지 크지 않다.

2.2 유체정역학의 응용(Applications of fluid statics)

마노미터(Manometers)

마노미터는 중요한 압력차 측정기구의 하나로서 가장 단순한 것을 그림 2.3에 보였다. U자관에서 빗금 부분에는 밀도 ρ_A인 유체 A가 들어있고 그 위의 양쪽에는 밀도가 이보다 작아서 ρ_B인 유체 B가 들어있다고 하자. 두 유체는 서로 섞이지 않는다.

U자관의 양쪽에 각각 압력 p_a와 p_b가 미칠 때 압력차($p_a - p_b$)가 있으면 양쪽의 액면에 차이가 생길 것이므로 이 차이의 수직 거리 R_m으로부터 압력차를 구할 수 있다. R_m과 $p_a - p_b$의 관계를 구하기로 한다. 그림 2.3에서 점 1의 압력이 p_a이므로, 점 2의 압력은 $p_a + g(Z_m + R_m)\rho_B$가 된다. 한편 점 3의 압력은 $p_b + gZ_m\rho_B + gR_m\rho_A$이다.

유체정역학의 원리에 따르면 점 2의 압력과 점 3의 압력은 같다.

$$p_a + g[(Z_m + R_m)\rho_B - R_m\rho_A - Z_m\rho_B] = p_b \tag{2.14}$$

식 (2.14)를 정리하면

$$p_a - p_b = gR_m(\rho_A - \rho_B) \tag{2.15}$$

식 (2.15)에서 보면 압력 p_a와 p_b를 동일한 수평면에서 측정한다면 압력차는 Z_m이나 관의 지름과는 무관하다. 유체 B가 기체이면, ρ_B는 ρ_A에 비해 무시할 수 있으므로 식 (2.15)에서 이를 무시해도 된다.

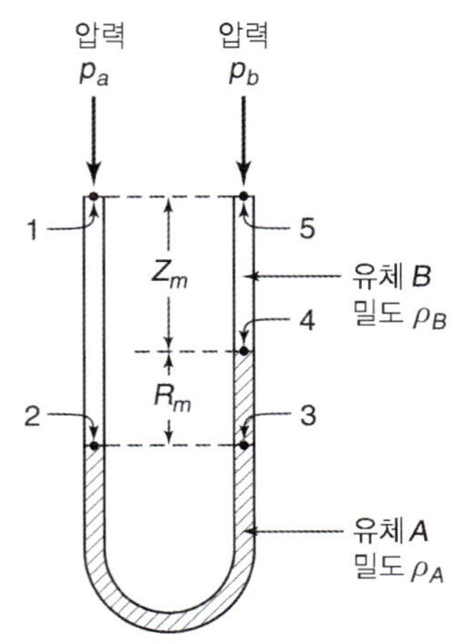

그림 2.3 U자관 마노미터

예제 2.1

그림 2.3에 보인 마노미터를 사용하여 오리피스(그림 8.12) 전후의 압력 강하를 측정한다. 액체 A는 수은(밀도 13,590kg/m^3)이고, 오리피스를 통해 흐르고 마노미터 입구부에 차 있는 유체는 염수(밀도 1,260kg/m^3)이다.

오리피스 양쪽 탭(tap)에서 압력이 같을 때 마노미터 수은의 액면은 탭보다 0.9m 아래에 있다. 조작 조건에서는 상류 탭의 계기압력[1]이 0.14bar이고, 하류 탭의 압력은 대기압보다 250mmHg만큼 낮다. 마노미터 읽음(reading, mm)을 구하라.

풀이 편의상 대기압을 0이라 하고 주어진 자료를 식 (2.15)에 대입한다.

$$p_a = 0.14 \times 10^5 = 14{,}000\,\text{Pa}$$

식 (2.4)에서

$$p_b = Z_b g \rho_A = -\frac{250}{1000} \times 9.80665 \times 13{,}590 = -33{,}318\,\text{Pa}$$

식 (2.15)에 대입하면,

$$14{,}000 + 33{,}318 = R_m \times 9.80665 \times (13{,}590 - 1{,}260)$$

$$R_m = 0.391\,\text{m} = 391\,\text{mm}$$

압력차가 작을 때는 그림 2.4에 보인 **경사형 마노미터**(inclined manometer)를 사용하면 편리하다. 마노미터의 한쪽을 기울이면, R_m이 작아도 액면차의 길이가 R_1으로 커진다. 경사각이 α이면, $R_1 = R_m \sin\alpha$가 되므로, 압력차가 작아도 읽음이 커진다.

$$p_a - p_b = gR_1(\rho_A - \rho_b)\sin\alpha \tag{2.16}$$

그림 2.4의 경사형마노메터에서 수직쪽의 일부를 확대하여 기구의 조작 범위에서는 수직 족의 액면 변화는 무시될 수 있도록 한다.

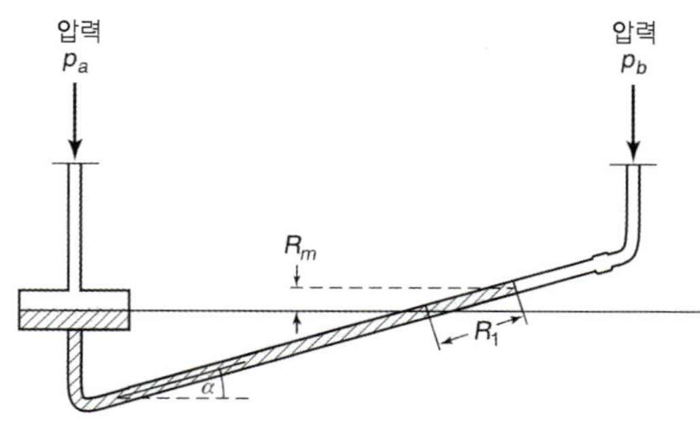

그림 2.4 경사형 마노미터

1) 계기압력(gauge pressure)은 대기압을 기준으로 측정한 압력, 즉 실제 압력에서 대기압을 뺀 압력이다.

중력식 연속 디캔터(Continuous gravity decanter)

밀도가 다르고 비혼화성(immiscible)인 두 액체의 연속 분리용으로는 그림 2.5에 보인 것과 같은 중력식 디캔터가 사용된다. 이 분리장치의 한 쪽에 혼합물을 공급하고 용기를 통과하면서 천천히 흐르도록 하면, 두 층으로 분리되어 반대쪽의 일류관(overflow line)으로 배출된다.

일류관이 충분히 커서 액체 흐름에 대한 마찰 저항이 무시되고 배출 흐름은 용기 안의 액면 상부의 기상 공간의 압력과 같은 압력에서 배출된다면 유체정역학의 원리를 이용하여 디캔터의 성능을 평가할 수 있다.

그림 2.5의 디캔터에서 고밀도 액체(중액)와 저밀도 액체(경액)의 밀도가 각각 ρ_A 및 ρ_B이고, 중액층과 경액층의 깊이가 각각 Z_{A1} 및 Z_B라 하자. 경액의 일류관 위치를 고정하면 용기 안의 액체의 전체 깊이 Z_T는 일정하게 유지된다. 중액은 용기 바닥에 연결하여 바닥으로부터 높이 Z_{A2}만큼 들어올린 일류다리(overflow leg)로 배출된다. 일류관이나 용기 상부는 모두 대기에 개방되어 있다.

배출관에서 흐름에 대한 마찰을 무시하면 중액 일류다리의 중액 기둥의 액면은 이것과 균형을 이루는 용기 안의 중액의 액면보다 다소 높아진다. 유체정역학적 수지를 취하면 다음과 같다.

$$Z_B\rho_B + Z_{A1}\rho_A = Z_{A2}\rho_A \tag{2.17}$$

Z_{A1}에 대해 나타내면

$$Z_{A1} = Z_{A2} - Z_B\frac{\rho_B}{\rho_A} = Z_{A2} - (Z_T - Z_{A1})\frac{\rho_B}{\rho_A} \tag{2.18}$$

용기 안의 액체의 전체 깊이 $Z_T = Z_B + Z_{A1}$이므로,

$$Z_{A1} = \frac{Z_{A2} - Z_T(\rho_B/\rho_A)}{1 - \rho_B/\rho_A} \tag{2.19}$$

식 (2.19)에서 알 수 있듯이 용기 안의 액-액 계면의 위치는 두 액체의 밀도비와 일류관 높이에 따라 달라지며 액체의 유량과는 무관하다. ρ_A와 ρ_B의 차이가 적어질수록 계면의 위치는 중액 다리의 높이 Z_{A2}에 따라 민감하게 변하게 된다. 밀도차가 크면 이 높이가 중요하지 않지만 밀도차가 작은 경우에는 이 높이의 설정에 주의해야 한다. 일반적으로는 중액 다리의 높이를 변화시켜서 최선의 분리가 이루어지도록 조정한다.

디캔터의 크기는 분리에 필요한 시간에 따라 결정하며 분리시간은 두 액체의 밀도차 및 연속상

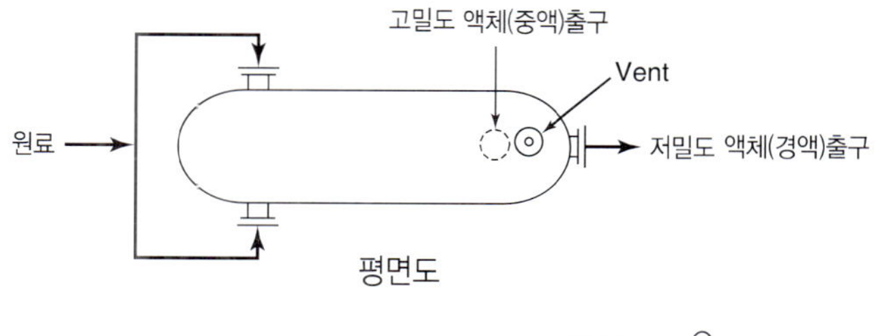

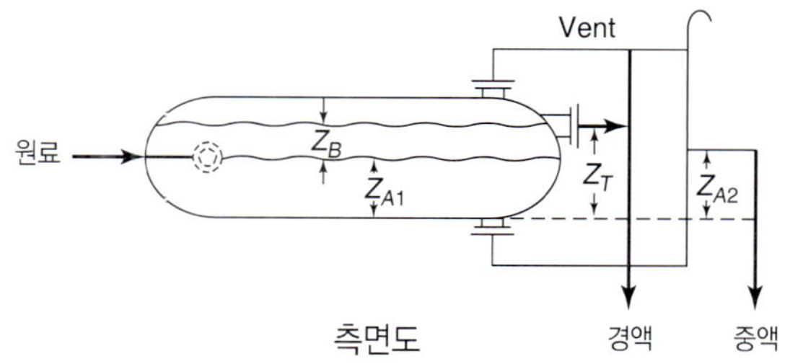

그림 2.5 비혼화성 액체의 연속 분리용 중력식 디캔터

(continuous phase)의 점도에 따라 달라진다. 액이 맑아서 에멀션을 형성하지 않는다면 분리시간을 다음 실험식으로 추정할 수 있다.

$$t = \frac{100\mu}{\rho_A - \rho_B} \tag{2.20}$$

여기서, t = 분리시간, h

ρ_A, ρ_B = 액체 A와 B의 밀도, kg/m^3

μ = 연속상의 점도, cP

식 (2.20)은 무차원이 아니므로 지정된 단위를 사용해야 한다.

예제 2.2

수평 원통형 연속 디캔터를 사용하여 석유 유분 1,500bbl/d(9.93m^3/h)을 같은 양의 폐산과 분리하고자 한다. 석유가 연속상이며, 조작 온도에서 점도는 1.1cP이고 밀도는 865kg/m^{3}이다. 산의 밀도는 1,153kg/m^{3}이다. 다음을 구하라.

(a) 용기의 크기

(b) 산의 일류관 높이(용기 바닥 기준)

풀이 (a) 용기 크기는 분리시간으로부터 구한다. 식 (2.20)에서

$$t = \frac{100 \times 1.1}{1{,}153 - 865} = 0.38\,\text{h} = 23\,\text{min}$$

1bbl = 42gal이므로 각 흐름의 유량은

$$\frac{1{,}500 \times 42}{24 \times 60} = 43.8\,\text{gal/min}$$

액체의 전체 보유량(holdup)은 다음과 같다.

$$2 \times 43.8 \times 23 = 2{,}014\,\text{gal}$$

용기에는 95% 이상 채우지 말아야 하므로

$$\text{부피} = 2{,}014/0.95 = 2{,}120\,\text{gal}\,(8.03\text{m}^3)$$

용기 길이는 지름의 5배 정도로 한다. 따라서 지름 1.22m, 길이 6.10m인 탱크를 사용하면 될 것이다. 이때 양쪽 머리를 표준 접시형(dished head)으로 하면, 부피는 2,124gal이 된다.

(b) 용기 부피의 95%를 액체가 차지하므로, 수평 원통의 경우 지름의 90%만큼 액체가 차게 된다. 따라서

$$Z_T = 0.90 \times 1.22 = 1.098\,\text{m}$$

계면 높이가 이 중간쯤이라 하면, $Z_{A1} = 0.54864\,\text{ft}$이다.

식 (2.19)에서, 중액 일류관 높이 Z_{A2}를 구하면 다음과 같다.

$$Z_{A2} = 0.54864 + (1.098 - 0.54864)\frac{864}{1,153} = 0.96 \text{ m}$$

디캔터 성능은 분산상(dispersed phase)의 침강 및 합체(coalescence) 성질에 좌우된다. 분리 대상 액체가 맑지 않고 입자상 물질이나 계면활성제 또는 고분자 필름이 들어있어서 합체속도가 느려지면 식 (2.20)은 잘 적용되지 않는다. 이러한 오염물이 들어있으면 액-액 계면에 합체되지 않은 액적의 불순 층("rag")이 형성되기 쉽다. 이런 경우에는 다공질 고체층, 막, 고전압장(high-voltage field) 등을 이용하여 합체를 촉진시켜야 할 것이다. 액체가 맑은 경우에는, 수평관 또는 약간 경사진 관이나 평판을 설치하여 중액 액적의 침강 거리를 단축시키면 디캔터 크기를 크게 줄일 수 있다.

원심식 디캔터(Centrifugal decanter)

두 액체의 밀도가 비슷하면, 중력만으로는 적절한 시간 동안에 분리하기가 어렵다. 이런 경우에는 그림 2.6에 보인 것처럼 원심분리법을 이용할 수 있다. 금속제 원통을 수직으로 장착하고 축을 고속으로 회전시킨다. 그림 2.6(a)는 밀도가 다른 두 비혼화성 액체가 정지 상태의 통에 들어있는 양상이다. 아래는 중액층이고 위는 경액층이다. 이 통이 회전하면 그림 2.6(b)처럼 된다. 중액층(띠 A)은 통 벽쪽에 형성되고 경액층(띠 B)은 그 안쪽에 형성되어, 반지름 r_i인 원통형 계면에서 두 층이 분리된다. 원심력에 비해 중력을 무시할 정도이면, 계면은 수직이 되는데 이를 **중립영역(neutral zone)**이라 한다.

운전 중에는 통 바닥 부근에 혼합액을 연속 공급한다. 경액은 회전축에 가까운 배출구 2로 나가며 중액은 회전축 안쪽으로 나온 고리 밑을 지나 둑(dam)을 넘어 배출구 1로 나간다. 액체가 통에서 배출될 때 흐름에 대한 마찰 저항을 무시할 수 있으면, 액-액 계면의 위치는 유체정력학적 수지 및 배출구 1과 2의 상대 "높이"(축으로부터 반지름방향 거리)에서 구할 수 있다.

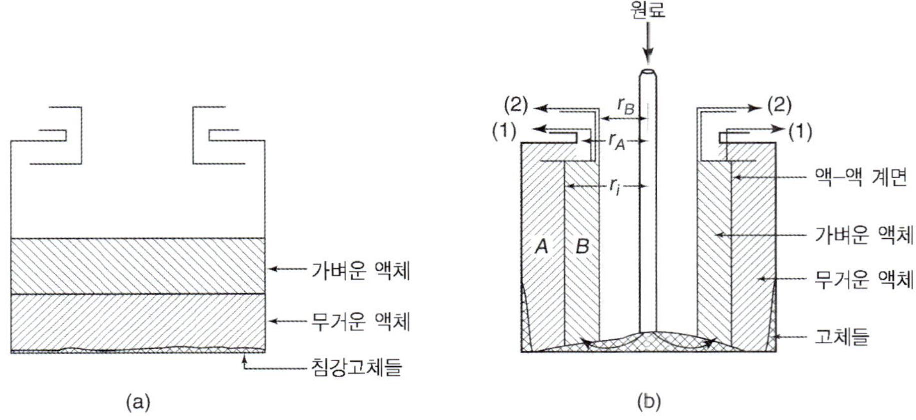

그림 2.6 비혼화성 액체의 원심분리: (a) 정지 상태의 원심분리통, (b) 회전 중인 통. 띠 A, 중액(Heavy liquid)으로부터 경액이 분리된다. 띠 B, 경액(Light liquid)으로부터 중액이 분리된다. (1) 중액 배출구, (2) 경액 배출구

중액 및 경액의 밀도와 배출구 위치를 각각 ρ_A, r_A 및 ρ_B, r_B라 하자. 두 액체가 통 안에서 회전하고 마찰이 없다면, r_B와 r_i 사이의 경액층의 압력차는 r_A와 r_i 사이의 중액층의 압력차와 같아야 한다. 이 원리는 중력식 연속 디캔터에서와 마찬가지이다. 즉,

$$p_i - p_B = p_i - p_A \tag{2.21}$$

여기서, p_i = 액-액 계면의 압력

p_B = 경액의 자유표면 r_B의 압력

p_A = 중액의 자유표면 r_A의 압력

식 (2.13)에서

$$p_i - p_B = \frac{\omega^2 \rho_B (r_i^2 - r_B^2)}{2} \qquad p_i - p_A = \frac{\omega^2 \rho_A (r_i^2 - r_A^2)}{2}$$

식 (2.21)에서 두 압력 강하는 같으므로

$$\rho_B (r_i^2 - r_B^2) = \rho_A (r_i^2 - r_A^2)$$

r_i에 대해 나타내면 다음과 같다.

$$r_i = \sqrt{\frac{r_A^2 - (\rho_B/\rho_A) r_B^2}{1 - \rho_B/\rho_A}} \tag{2.22}$$

식 (2.22)는 중력식 디캔터에 관한 식 (2.19)와 비슷하다. 특히 두 액체의 밀도비가 1에 가까울수록 중립띠의 반지름 r_i는 밀도비에 따라 민감하게 변한다. 밀도가 거의 같으면 회전속도가 충분하여 두 액체가 곧바로 분리되더라도 중립띠는 불안정해진다. 안정한 조작을 하려면 ρ_A와 ρ_B의 차이가 적어도 3% 이상이어야 한다.

또 r_B를 일정하게 유지하면서 중액의 배출구 반지름 r_A를 증가시키면 중립띠는 통의 벽쪽으로 이동한다. r_A가 감소하면 중립띠는 축쪽으로 이동한다. r_A가 일정하고 r_B가 증가해도 중립띠는 축쪽으로 이동하고, r_B가 감소하면 벽쪽으로 이동한다. 중립띠의 위치는 실질적으로 중요하다. 띠 A에서는 중액으로부터 경액이 분리되고, 띠 B에서는 경액으로부터 중액이 분리된다. 이 중의 한 과정이 다른 과정보다 어렵다면, 어려운 과정에 시간을 더 할애해야 한다. 예를 들면 띠 A에서의 분리에 비해 띠 B에서의 분리가 더 어렵다면 띠 B가 띠 A보다 커야 한다. 그러려면, r_A를 증가키거나 r_B를 감소시킴으로서 중립띠를 벽 쪽으로 이동시켜야 한다. 띠 A에 더 많은 시간을 할애하려면 이 반대로 하면 된다. 원심분리기는 대개 중립 띠의 위치를 조절하기 위해 r_A나 r_B를 변화시킬 수 있는 구조로 되어 있다.

연습 문제

2.1 오리피스 미터에 간단한 U자관 마노미터를 설치했다. 마노미터 유체는 수은(비중 13.6)이고, 그 위에 흐르는 유체는 사염화탄소(비중 1.6)이다. 마노미터 읽음이 200mm일 때 압력차(N/m^2)를 구하라.

답 : 23,536 N/m^2

2.2 지구 대기의 온도는 지표로부터 1,000m 올라갈 때마다 약 5°C씩 낮아진다. 지면의 기온이 15°C이고 기압이 760mmHg일 때, 기압이 380mmHg가 되는 고도를 구하라. 공기는 이상기체라 가정한다.

답 : 5550m

2.3 연습문제 2.2에서, 유체정역학적 평형식 (2.4)와, 0°C의 밀도, 산술평균 압력을 사용할 때의 오차를 구하라.

답 : 4.1%

2.4 원심분리통의 안지름은 250mm이고 회전속도는 4,000rpm/min이다. 이 안에 두께 50mm인 아닐린 층이 있다. 아닐린의 밀도가 1,002kg/m^3이고 액면의 압력은 대기압일 때, 원심분리통 벽에 미치는 계기압력을 구하라.

답 : 224,065N/m^2 or 2.241bar

2.5 U자 관 마노미터로 측정한 공기 필터 전후의 압력차가 10inH_2O이다. 공기의 온도 26°C, 계기압력 60lb_f/in^2이다.

(a) 압력 강하를 lb_f/in^2 및 atm 단위로 나타내라. 답 : 0.358lb_f/in^2 = 0.0245atm

(b) 마노미터 연결부의 공기의 밀도를 무시할 때의 오차를 구하라. 답 : 0.62%

2.6 해저 3km에서 운전할 수 있는 연구용 잠수함을 설계하고자 한다. 내부 압력이 1atm일 때, 지름 15cm인 창에 미치는 전체 압력을 구하라. 해수의 평균 밀도는 1,028kg/m^3이다.

답 : 534,400N

2.7 밀도가 785kg/m^3인 에탄올의 두 10m에 대응하는 압력(kPa)을 구하라. 답 : 76.98kPa

2.8 해발 8,848m인 에베레스트 산정의 기압을 추산하라. 평균 기온은 0°C라 가정한다.

답 : 0.330atm

2.9 비중이 1인 물이 흐르고 있는 관의 양단에 비중이 13인 수은으로 구성된 U자형 마노미터를 설치하고 압력차를 측정해보니 0.4기압이었다. 마노미터에서 수은의 높이차는 약 몇 m인가?
(화공기사 기출)

① 0.16 ② 0.34 ③ 0.64 ④ 1.23 답 : ②

2.10 비중이 1인 물이 흐르고 있는 관의 양단에 비중이 13.6인 수은으로 구성된 U자형 마노미터를 설치하여 수은의 높이차를 측정해보니 약 33cm이었다. 관 양단의 압력차[기압]은 얼마인가?
(화공기사 기출)

① 0.2 ② 0.4 ③ 0.6 ④0.8 답 : ②

CHAPTER

03 유동 현상

Fluid Flow Phenomena

흐르는 유체의 거동은 고체 경계가 미치는 영향의 유무에 따라 크게 달라진다. 벽의 영향이 적은 영역에서는 전단응력을 무시할 수 있으므로 비압축성이고 점도가 0인 이상유체(ideal fluid)의 거동과 비슷해진다. 이러한 이상유체의 흐름을 **퍼텐셜 흐름**(potential flow)이라 하며 Newton 역학과 질량 보존의 원리에 의해 완전히 기술할 수 있다. 퍼텐셜흐름에는 두 가지 중요한 특성이 있다.

(1) 흐름 중에는 순환(circulation)이나 에디(eddy)가 생기지 않는다. 따라서 비회전흐름(irrotational flow)이라고도 한다.

(2) 마찰이 생기지 않는다. 따라서 기계적 에너지가 열로 손실되는 일이 없다.

고체 경계로부터 아주 멀리 떨어지지 않은 곳에도 퍼텐셜흐름이 존재할 수 있다. Prandtl이 1904년에 처음 발표한 유체역학의 기본 원리에 따르면, 유체의 유속이 아주 작거나 점도가 크지 않은 한 고체 경계가 흐름에 영향을 미치는 부분은 벽에 인접한 유체 층에 국한된다. 이 층을 **경계층**(boundary layer)이라 하며 전단과 전단력이 생긴다. 이 경계층 밖은 퍼텐셜흐름이 된다. 실제 흐름은 경계층과 나머지 부분으로 이루어진다고 볼 수 있다. 수렴 노즐(convergent nozzle)에서의 흐름처럼 경계층이 무시되는 경우도 있지만 관 속에서의 흐름처럼 경계층이 유로 전체를 차지하여 퍼텐셜흐름이 없는 경우도 있다.

비압축성 유체의 흐름이 고체 경계의 영향을 받으면 네 가지 중요한 효과가 나타난다.

(1) 속도구배와 전단응력장의 결합

(2) 난류의 발생

(3) 경계층의 형성과 성장

(4) 고체 경계와의 접촉면으로부터 경계층의 분리

속도장(The velocity field)

유체가 고체벽을 지나 흐를 때는 고체와 유체 사이의 실제 계면에서 유체가 고체에 들러붙는다. 이러한 부착(adhesion) 현상은 경계에서의 역장(힘마당, force field) 때문에 생기는데 고체와 유체의 계면장력도 이 때문에 생긴다. 고체-유체계로 선택한 기준 틀에서 벽이 정지 상태에 있다면 **계면에서의 유속은 0이다.** 고체로부터 떨어진 곳에서는 유속이 0이 아니므로 흐름 중의 각 점마다 유속이 달라진다. 임의 점에서의 유속은 그 점의 공간좌표의 함수이며 유체가 차지하는 공간에는 속도장(velocity field)이 존재하게 된다. 특정 위치에서의 유속은 시간에 따라서도 변한다. 각 점의 유속이 일정하다면 속도장은 시간에 따라 변하지 않는 흐름을 **정상상태에 있다**고 한다.

일차원 흐름(One-dimensional flow) 속도는 벡터량이므로 일반적으로 한 점에서의 속도는 각 공간좌표에 대해 하나씩의 세 성분이 있다. 속도 벡터가 모두 평행이거나 평행이라고 간주할 수 있는 단순한 상황에서는 속도 성분 하나만 있으면 되며 속도를 스칼라량으로 취급할 수 있다. 이처럼 일반 속도장에 비해 아주 단순한 흐름을 일차원 **흐름(one dimensional flow)**이라 한다. 그 예로서 곧은 원관 안의 정상 흐름을 들 수 있다. 지금부터 일차원 정상 흐름이라 가정하고 설명하기로 한다.

3.1 층류, 전단율, 전단응력(Laminar flow, shear rate and shear stress)

층류(Laminar flow)

유속이 느리면 측방향 혼합(lateral mixing)이 없으며 마치 카드처럼 인접한 유체층이 서로 미끄러지듯 지나가며 교차흐름(cross-current)이나 에디(eddy)가 생기지 않는다. 이러한 흐름을 **층류(laminar flow)**라 한다. 유속이 커지면 난류가 나타나서 에디(eddy)가 형성되어 측방향 혼합이 일어나는데 이는 뒤에서 다룬다.

속도구배와 전단율(Velocity gradient and rate of shear)

고체 평판의 표면에서 흐르는 비압축성 유체의 정상상태 일차원 층류를 고려하자. 이러한 흐름의 속도 프로필(velocity profile)을 그림 3.1(a)에 보였다. 횡축은 유속(u)이고 종축은 벽으로부터의 수직 거리(y)로서 속도 방향에 대해 직각으로 측정한 것이다. $y = 0$이면 $u = 0$이며, y에 따라 u가 증가하지만 그 증가율은 점점 감소한다. Δy만큼 떨어진 인접한 두 평면 A와 B에서의 속도를 살펴보자. 각각의 속도가 u_A, u_B이고, $u_B > u_A$일 때, $\Delta u = u_B - u_A$로 나타낸다. y_A에서의 속도구배(velocity gradient) du/dy는 다음과 같이 정의한다.

$$\frac{du}{dy} = \lim_{\Delta y \to 0} \frac{\Delta u}{\Delta y} \tag{3.1}$$

속도구배란 그림 3.1(a)의 속도 프로필의 기울기의 역수이다. 국부 속도구배를 **전단율**(shear rate)이라고도 하며, 전단의 시간적 변화율이다. 일반적으로 속도구배는 흐름 중의 위치의 함수이므로 속도장이 정의되는데, 이를 그림 3.1(b)에 예시했다.

전단응력장(The shear-stress field)

실제 유체는 전단에 대해 저항하므로, 전단율이 있는 곳에는 전단력이 존재하기 마련이다. 일차원 흐름에서 전단력은 전단평면에 평행으로 작용한다. 그림 3.1(a)에서, 벽으로부터 y_C만큼 떨어진 평면 C에서의 전단력 F_s는 그림에 보인 방향으로 작용한다. 이 힘은 평면 C 위의 유체가 평면 C와 벽 사이의 유체에 미치는 힘이다. Newton의 제3법칙에 따르면, 평면 C 아래의 유체는 그 위의 유체에 대하여 크기는 같고 방향이 반대인 $-F_s$의 힘을 미친다. 여기에서 전체 힘 F_s보다는 전단평면 단위 면적 기준의 힘을 사용하면 편리한데 이를 전단응력(shear stress)이라 하며 τ로 나타낸다.

$$\tau = \frac{F_s}{A_s} \tag{3.2}$$

A_s는 전단평면의 면적이다. τ는 y에 따라 달라지므로 전단응력 역시 장을 형성한다. 전단력은 층류나 난류에서 모두 생긴다. 점성흐름(viscous flow) 즉 층류에서 생기는 전단응력은 τ_v로 나타낸다.

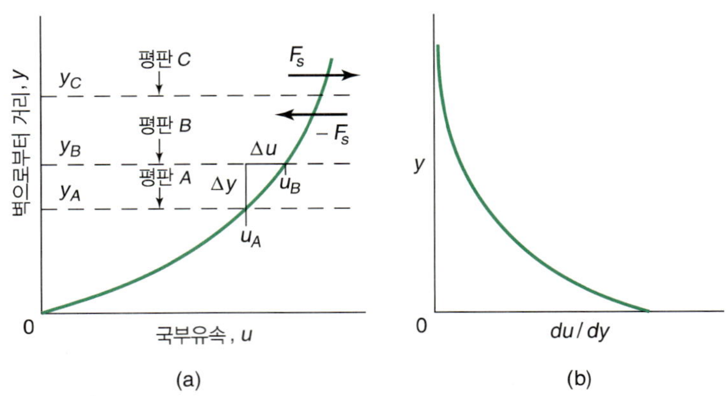

그림 3.1 층류의 속도 프로필과 속도구배 (a) 속도, (b) 속도구배(전단율)

3.2 유체의 유변학적 성질(Rheological properties of fluid)

뉴튼유체와 비뉴튼 유체(Newtonian and non-newtonian fluids)

실제 유체의 전단응력과 전단력의 관계는 유변학(rheology)에서 다룬다. 유체의 유변학적 거동 몇 가지를 그림 3.2에 보였다. 이 그림은 등온 정압에서 전단응력을 전단율에 대해 나타낸 것이다.

가장 간단한 거동은 선 A처럼 원점을 지나는 직선이 된다. 이 단순한 선형 관계에 따르는 유체를 뉴튼 유체(Newtonian fluid)라 하며 대부분의 기체와 액체가 여기에 속한다. 뉴튼 유체와 거동이 다른 유체는 모두 비뉴튼 유체(non-Newtonian fluid)라 한다. 하수 슬러지와 같은 액체는 선 B로 보인 것처럼 전단응력이 문지방값(역치, threshold) τ_0를 넘어야 비로소 흐르기 시작하며 그 이상에서는 선형 또는 거의 선형이 된다. 이러한 거동을 하는 유체는 **Bingham 가소성 유체**(plastics)라 한다. 곡선 C는 고무 라텍스(latex)처럼 **유사 가소성 유체**(pseudoplastics)의 거동을 보인 것이다. 이 곡선은 원점에서 시작되지만 전단이 작을 때는 위로 볼록해졌다가 전단이 커지면 거의 선형이 된다. 곡선 D는 **팽창성 유체**(dilatant fluid)의 거동을 보인 것으로서 전단이 작을 때는 아래로 오목해졌다가 전단이 커지면 거의 직선이 된다. 유사(quicksand)와 모래를 채운 에멀션이 이러한 거동을 한다. 유사 가소성 유체는 **전단율 희석성**(shear rate-thining)이라 하고 팽창성 유체는 **전단율 농축성**(shear rate-thickening)이라 한다.

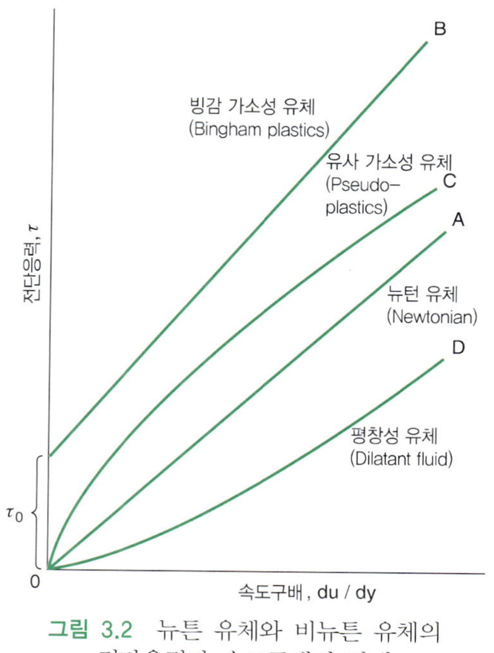

그림 3.2 뉴튼 유체와 비뉴튼 유체의 전단응력과 속도구배의 관계

시간 의존성 흐름(Time-dependent flow)

그림 3.2의 곡선들은 어느 것이나 유체의 이력과는 무관한 것으로 전단응력이 작용한 시간의 장단에 관계없이 동일한 거동을 한다. 그러나 비뉴튼 유체 중에는 전단이 작용한 시간에 따라 전단과 전단율의 관계가 달라지는 유체가 있다. **요변성 액체**(thixotrophic liquid)는 전단을 계속 가하면 파괴되는데 전단율이 일정하더라도 혼합을 계속하면 전단응력이 줄어든다. 즉 시간에 따라 겉보기 점도가 감소한다. 이 반대의 거동을 하는 것이 **리어펙틱 물질**(rheopectic substance)로서 시간에 따라 겉보기 점도가 증가하고 전단응력이 커진다. 하지만 그대로 방치하면 원래의 구조와 점도로 되돌아간다.유체의 유변학적 성질을 표 3.1에 보였다.

점탄성 유체(Viscoelastic fluids) 점성과 탄성을 모두 나타내는 유체를 점탄성 유체(viscoelastic fluid)라 한다. 흐름 중에 생기는 변형은 탄성에 의해 회복되지만 대개는 전단을 제거하더라도 변형이 완전히 복구되지는 않는다. 점탄성 유체의 예로서 밀가루 반죽, 네이팜(napalm), 용융 고분자의 일부를 들 수 있다.

점도(Viscosity)

뉴튼 유체에서는 전단응력이 전단율에 비례하며 그 비례상수를 점도(viscosity)라 한다.

표 3.1 유체의 유변학적 특성

Designation	Effect of increasing shear rate	Time-dependent?	Examples[2]
Pseudoplastic	Thins	No	Polymer solutions, starch suspensions, mayonnaise, paints
Thixotropic	Thins	Yes	Some polymer solutions, shortening, some paints
Newtonian	None	No	Gases, most simple liquids
Dilatant	Thickens	No	Corn flour–sugar solutions, wet beach sand, starch in water
Rheopectic	Thickens	Yes	Bentonite clay suspensions, gypsum suspensions

$$\tau_v = \mu \frac{du}{dy} \tag{3.3}$$

τ_v와 μ의 SI 단위는 각각 N/m^2 = Pa 및 kg/m·s = Pa·s이다. μ의 cgs 단위는 g/cm·s = P(poise)이다. 하지만 유체의 점도는 대개 1Pa·s보다 훨씬 작으므로 점도 자료는 대개 mPa·s 또는 cP(centipoise; 1cP = 0.01P = 1mPa·s) 단위로 나타낸다.

중력 단위계에서는 Newton 법칙 환산인자 g_c를 사용하여 점도를 정의하며 점도의 단위로는 lb/ft·s 나 lb/ft·h를 사용한다.

$$\tau_v = \frac{\mu}{g_c} \frac{du}{dy} \tag{3.4}$$

점도 단위의 환산인자를 표 3.2에 보였다.

점도와 운동량 플럭스(Viscosity and momentum flux)

식 (3.3)은 유체의 점도를 정의한 식이지만, **운동량플럭스**(momentum flux)의 의미로 해석할 수도 있다. 벽에서 조금 떨어져서 흐르는 유체는 운동량을 가지지만 벽에서는 유속이 0이므로 운동량도 0이다. 따라서 움직이는 유체는 그보다 빨리 움직이는 유체층으로부터 차례로 운동량을 전달받는다. 빨리 움직이는 층이 그 보다 느린 층을 끄는 셈이다. 이처럼 x 방향 운동량이 $-y$ 방향으로 전달되어 $u = 0$인 벽에 이르게 된다. 벽은 움직이지 않으므로 운동량은 전단력으로 벽에 전달되는데 이를 벽 전단(wall shear)이라 한다. 벽에서의 전단응력(전단력/면적)은 τ_w로 나타낸다.

표 3.2 점도 단위의 환산인자

Pa · s	P	cP	lb/ft · s	g/cm · s	kg/m · s
1	10	1,000	0.672	10	1
0.1	1	100	0.0672	1	0.1
10^{-3}	0.01	1	6.72×10^{-4}	0.01	1×10^{-3}

이처럼 운동량은 유속이 빠른 부분에서 느린 부분으로 전달되는데 마치 열이 고온 부분에서 저온 부분으로 흐르는 것과 같다. 운동량 플럭스(단위 면적 기준의 운동량 전달속도)는 속도구배 du/dy에 따라 달라진다. 따라서 식 (3.3)을 다시 해석하면 흐름 방향에 수직인 방향으로의 운동량 플럭스는 속도구배에 비례하며, 그 비례상수가 점도가 된다. 속도구배는 운동량 전달의 "구동력"(driving force)이라 할 수 있다. 운동량플럭스의 단위는 (kg·m/s)/m^2·s = kg/m·s^{2}인데, 1N/m^2 = 1kg/m·s^{2}이므로 τ의 단위와 같다.

운동량 전달은 온도구배로 인한 열전도와 유사하다. 열전도에서는, 열플럭스와 온도구배 사이의 비례상수를 **열전도도**(thermal conductivity)라 하며 이 관계를 Fourier 법칙으로 나타낸다. 층류에서는 속도구배로 인한 점성작용에 의해 운동량이 전달되므로, 점도를 운동량전도도로 볼 수도 있다. 운동량 전달은 분자 확산에 의한 물질전달과도 유사한데, 이때의 비례상수를 확산계수(difussivity)라 하며 Fick 법칙으로 나타낸다.

기체와 액체의 점도(Viscosities of gases and liquids)

기체에서는 속도가 낮은 영역을 향해 비교적 큰 거리를 이동하는 분자에 의해 운동량이 전달된다. 점도는 분자의 평균 운동량에 따라 달라지는데, 평균 운동량은 분자량과 평균 속도의 곱에 비례한다. 속도는 $(T/M)^{1/2}$에 비례하므로, 점도는 $(MT)^{1/2}$에 비례한다. 점도는 또한 평균자유경로(mean free path)에 따라 달라지는데 이는 분자가 크면 줄어든다. 상호작용이 없는 분자에 관한 단순한 식은 다음과 같다.

$$\mu = 0.00267\frac{(MT)^{1/2}}{\sigma^2} \tag{3.5}$$

여기서 μ = 점도, cP, M = 분자량, T = 절대온도, K, σ = 분자 지름, Å이다.

분자량의 영향은 적다고 할 수 있는데, 분자(numerator) 중의 $M^{1/2}$ 항이 분모 중의 σ^2에 의해 거의 상쇄되기 때문이다. 식 (3.5)를 사용하여 점도를 추정할 경우의 평균 오차는 20% 정도이다.

기체 점도는 단순한 기체 운동론에서 예측할 수 있는 것보다 온도에 따라 크게 증가한다. 근사치는 다음 식으로 구할 수 있다.

$$\frac{\mu}{\mu_0} = \left(\frac{T}{273}\right)^n \tag{3.6}$$

μ = 절대온도 T(K)에서의 점도

μ_0 = 0°C(273K)에서의 점도

n = 상수 ; 근가치는 공기 0.65, 이산화탄소 0.9, 부탄 0.8, 수증기 1.0

이상기체 법칙의 적용 범위에서는 기체의 점도가 압력과 거의 무관하다. 기체의 밀도가 증가하면 단위 면적을 통과하는 플럭스가 증가하지만 평균자유경로가 감소하여 서로 상쇄된다. 임계점 부근과 같은 아주 고압 영역에서는 기체의 점도가 압력에 따라 증가한다.

액체의 점도(Viscosity of liquids) 액체의 점도는 같은 온도의 기체의 점도에 비해 아주 크며 액체의 점도를 추정할 수 있는 간단한 이론이 없다. 액체 중의 분자는 아주 단거리를 이동하여 충돌하며 속도구배 중의 분자가 서로 지나면서 운동량의 대부분이 전달된다. 일반적으로 점도는 분자량에 따라 증가하며 온도가 증가하면 빠르게 감소한다.

점도는 온도의 비선형 함수이지만 표준 비등점 이하에서는 온도와 점도의 근사적 관계를 다음 식으로 추정할 수 있다.

$$\ln\mu = A + B/T \tag{3.7}$$

액체의 절대점도는 범위가 아주 넓다. 비등점 부근의 액체는 0.1cP 정도이지만, 용융 고분자는 10^6P나 된다. 점도가 아주 큰 물질은 대부분 비뉴튼유체이며 전달율에 따라 달라진다.

운동점도(Kinematic viscosity) 유체의 절대점도와 밀도의 비(μ/ρ)를 **운동점도(kinematic viscosity)**라 하며, ν로 나타낸다. 운동점도의 SI 단위는 m^2/s, CGS 단위는 cm^2/s = stoke(St), FPS 단위는 ft^2/s이다. 환산 관계는 다음과 같다.

$$1\,\mathrm{m^2/s} = 10^4\,\mathrm{St} = 10.7639\,\mathrm{ft^2/s}$$

온도에 따른 액체의 운동점도의 변화 폭은 절대점도의 경우보다 좁다. 기체의 경우에는 온도 증가에 따른 운동점도의 증가속도가 절대점도의 경우보다 빠르다.

비뉴튼유체의 전단율과 전단응력(Rate of shear versus shear stress for non-newtonian fluids)

Bingham 가소성 유체(그림 3.2의 선 B)는 다음 유변학적 방정식에 따른다.

$$\tau_v = \tau_0 + K\frac{du}{dy} \tag{3.8}$$

여기서 K = 상수이다.

전단율이 어떤 범위 이상이면, 팽창성 유체와 유사 가소성 유체는 **Ostwald-de Waele 식**이라는 멱수법칙에 따른다.

$$\tau_v = K'\left(\frac{du}{dy}\right)^{n'} \tag{3.9}$$

K' = 흐름 일관성지수(flow consistency index)

n' = 흐름 거동지수(flow behavior index)

식 (3.9)에 따르는 유체를 멱수법칙 유체(power-law fluid)라 한다. 유사 가소성 유체(선 C)는 $n' < 1$이고, 팽창성 유체(선 D)는 $n' > 1$이다. 물론 뉴튼 유체는 $n' = 1$이다. 몇 가지 유사 가소성 유체의 상수값을 표 3.3에 실었다.

표 3.3 유사 가소성 유체의 흐름 특성 지수

유체	n'	$K' \times 10^{-3}$
1.5% Carboxymethylcellulose in water	0.554	3.13
3.0% Carboxymethylcellulose in water	0.566	9.31
4.0% Paper pulp in water	0.575	20.02
14.3% Clay in water	0.350	0.173
25% Clay in water	0.185	1.59
Applesauce	0.645	0.500
Banana purée	0.458	6.51
Tomato concentrate	0.59	0.2226

3.3 난류(Turbulence)

관이나 도관에서 액체의 흐름 양상은 두 가지이다. 유량이 작을 때는 유체의 압력 강하가 유속에 정비례하지만 유량이 클 때는 압력 강하가 빨라서 대체로 유속의 제곱에 비례한다. 이러한 두 가지 흐름 양상을 처음 실증한 사람은 Osborne Reynolds로서 1883년의 일이다. 유리 벽으로 된 탱크 안에 물을 채우고 유리관을 수평으로 설치한 다음 밸브로 유량을 조절했다. 관 입구는 나팔꽃처럼 벌리고 물감이 든 플라스크를 상부에 설치한 다음, 물감을 관 입구에 주입하여 실처럼 흐르도록 했다. 유량이 작을 때는 물감이 흩어지지 않고 곧은 실 모양을 그대로 유지하면서 흐른다는 것을 알아내었다. 결국 물이 평행한 직선상으로 흐른다는 것이므로 이러한 양상의 흐름을 **층류**(laminar flow)라 했다. 유량이 증가하여 **임계유속**(critical velocity)에 도달하면 물감이 더 이상 실처럼 흐르지 못하고 점점 흩어지기 시작하여 마침내 관의 단면 전체에 퍼졌다. 물은 더 이상 층류로 흐르지 못하고 교차흐름과 에디(eddy)를 형성하면서 멋대로 흐르는데 이러한 흐름 양상을 **난류**(turbulent flow)라 한다.

Reynolds 수와 층류-난류 전이 (Reynolds number and transition from laminar to turbulent flow)

매끈한 원관에서 흐름의 양상이 바뀌는 조건을 조사한 결과 층류가 난류로 바뀌는 임계유속은 관 지름, 유체의 점도와 밀도, 평균 유속의 4인자에 따라 달라졌다. 이 4인자를 하나로 묶으면 다음과 같은 무차원군이 되며 이 군의 값으로 흐름 양상을 나타낼 수 있다.

$$\mathrm{Re} = \frac{D\overline{V}\rho}{\mu} = \frac{D\overline{V}}{\nu} \tag{3.10}$$

D = 관 지름

$\overline{V}$ = 유체의 평균 유속

μ = 유체의 점도

ρ = 유체의 밀도

ν = 유체의 운동점도

이 무차원군을 Reynolds 수라 한다. 단위를 일관적으로 사용하면 이 수치는 단위와 무관하다.

더욱 관찰한 바에 따르면 층류가 난류로 변하는 Reynolds 수는 범위가 아주 넓다. 원관에서는 Reynolds 수가 2,100보다 작으면 언제나 층류이지만 입구에서의 교란을 완전히 제거하면 2,100 이상에서도 층류가 유지되도록 할 수 있다. 그러나 아주 큰 Reynolds 수에서는 유속 변동 등에 의해 층류를 교란시키면 즉시 난류가 된다. 이러한 조건에서는 교란이 증폭되지만 Reynolds 수가 2,100 미만일 때는 교란이 생겨도 감쇠되어 층류가 유지된다. 어떤 유량에서는 교란이 감쇠되지도 않고 증폭되지도 않는데 이러한 흐름은 중립적 안정 흐름이라 한다. 일반 조건에서 원관 속에 유체가 흐를 때는 Reynolds 수가 4,000 이상이면 난류가 된다. 2,100~4,000의 범위는 전이영역(transition region)으로 관 입구의 조건과 입구로부터의 거리에 따라 층류가 되기도 하고 난류가 되기도 한다.

난류의 성질(Nature of turbulence)

난류는 여러 공학 분야에서 중요하므로 최근 이에 관한 연구가 활발하게 진행되고 문헌도 많이 축적되었다. 정교한 측정법을 사용하여 실제 난류 중의 유속 변동과 에디(eddy)를 세부적으로 측정한 결과 난류의 정성적 정량적 성질에 관해 많은 것을 알게 되었다.

관에서의 흐름이 아니더라도 난류가 발생한다. 일반적으로 유체 흐름이 고체 경계와 접촉하거나 유속이 다른 두 흐름층이 접촉하면 난류가 발생한다. 이러한 난류를 각각 **벽 난류**(wall turbulence)와 **유리 난류**(free turbulence)라 한다. 유체가 폐쇄 유로나 개방 유로를 통해 흐르거나 흐름 중에 잠겨 있는 고체를 지나서 흐를 때는 벽 난류가 생긴다. 정체 유체 중에 유체를 분사하거나 고체 벽으로부터 경계층이 분리되어 유체를 통해 흐를 때는 유리 난류가 생긴다. 유리 난류는 혼합 조작에서 중요하다.

난류는 흐름 중에 공존하는 크기가 다양한 에디 집단이다. 큰 에디가 계속 생기고 이것이 파괴되어 점점 더 작은 에디가 되며 마침내 사라진다. 임의 시간에서 임의 부피 중에는 크기가 다양한 에디가 공존한다. 가장 큰 에디는 가장 작은 난류의 크기 정도이며 가장 작은 에디는 지름이 10~100μm 정도이다. 이보다 작은 에디는 점성 전단에 의해 즉시 파괴된다. 에디 안의 흐름은 층류이다. 가장 작은 에디라도 10^{12} 정도의 분자가 모여 있으므로 에디는 모두 크기가 거시적이며 난류는 분자 현상이 아니다.

어떤 에디나 일정량의 기계적 에너지를 가지는데, 마치 돌고 있는 작은 팽이와 같다고 할 수 있다. 가장 큰 에디의 에너지는 유체 본체 흐름(bulk flow)의 퍼텐셜에너지(potential energy)[1]에 의해 공급된다. 에너지의 관점에서 보면 난류는 에너지의 전달 과정이다. 본체 흐름에서 생긴 큰 에디는 회전 에너지를 점점 더 작은 에디에게 차례로 전달한다. 큰 에디가 작은 에디로 파괴되는 과정에서 기계적 에너지가 열로 소실되는 양은 아주 적다. 하지만 최소의 에디가 점성 작용에 의해 사라지면서

1) Potential energy를 일반적으로 위치에너지라 하지만, 원래는 잠재적 에너지라는 의미이다.

전부 열로 변한다. 이러한 점성 작용에 의한 에너지 변환을 **점성 소산**(viscous dissipation)이라 한다.

난류 중의 편의속도(Deviating velocities in turbulent flow)

난류장의 한 점에서 순간 유속(instantaneous velocity)의 변동을 그림 3.3에 보였다. 이 그림은 속도 벡터 중의 한 성분만을 보인 것으로 실제로는 세 속도 성분의 크기와 방향이 모두 빠르게 변한다. 한 점에서의 순간 압력도 속도 변동과 함께 빠르게 변동한다. 이러한 변동을 오실로그래프(oscillograph)로 나타내 보면, 현재의 난류 이론의 기초가 되는 기본 실험 자료를 얻을 수 있다.

난류는 얼핏 보면 비구조적이고 무질서한 것 같지만 그림 3.3과 같은 오실로그래프를 살펴보면 그렇지 않음을 알게 된다. 변동이 불규칙하고 예측할 수 없다고 하더라도 어떤 일정한 한계 안에서 일어나는 변동이며, "카오스(chaos)"의 수학적 비선형 함수로 표현할 수 있는 것이다. 그러나 난류 특성을 정량적으로 해석하고자 할 때는 일반적으로 빈도분포(frequency distribution)의 통계적 해석법을 사용한다.

한 점에서 순간적 국부 속도는 빠른 진동을 추적할 수 있는 레이저 도플러 아네모미터(laser-Dopler anemometer)로 측정할 수 있다. 전체 순간 속도의 각 성분을 두 부분 즉 흐름 방향 성분의 시간 평균(평균값)인 상수 부분과 이 평균으로부터의 순간적 변동인 편의속도(deviating velocity)로 분할하여 국부 속도를 해석할 수 있다. 순속도(net velocity)는 피토관(pitot tube)과 같은 일반 유량계로 측정하지만 이러한 기구는 응답이 너무 둔해서 재빠른 속도 변동을 추적할 수가 없다. 속도 성분을 분할하는 공식적 방법은 다음과 같다. 직교 좌표에서 순간 속도의 x, y, z 방향의 성분을 각각 u_i, v_i, w_i라 한다. 또 본체 흐름의 방향은 x 방향이고, y와 z 방향은 각각 흐름 방향과 직각이라 하면, 편의속도는 다음 식으로 정의된다.

$$u_i = u + u' \qquad v_i = v' \qquad w_i = w' \tag{3.11}$$

u_i, v_i, w_i = 각각 x, y, z 방향의 전체 순간 속도 성분

u = x 방향 실질속도(일정)

u', v', w' = 각각 x, y, z 방향의 편의속도

식 (3.11)에 v와 w가 빠진 것은 일차원 흐름에서는 y와 z 방향의 흐름이 없어서 v와 w가 0이기

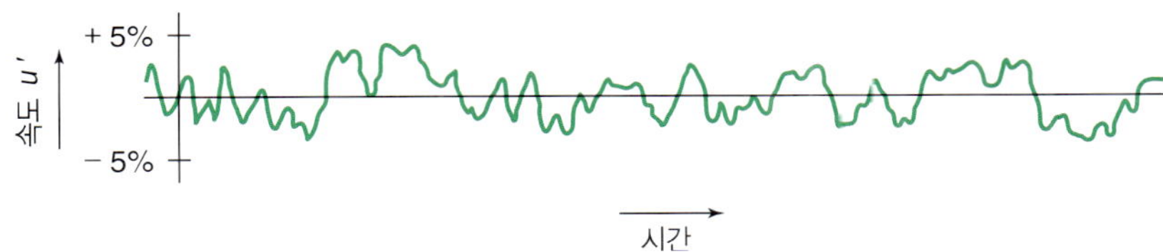

그림 3.3 난류 중의 속도 변동(%는 일정 속도를 기준으로 나타낸 것이다.)

때문이다.

편의속도 u', v', w'는 모두 평균치인 0을 기준으로 변동한다. 그림 3.3은 사실상 편의속도 u'만을 보인 것이다. 그러나 순간 속도 u_i의 요동도 모양은 이와 같을 것인데 횡축의 모든 점이 일정량 u만큼 증가할 것이기 때문이다.

압력에 대해 나타내면 다음과 같다.

$$p_i = p + p' \tag{3.12}$$

p_i = 국부 가변 압력

p = 일정한 평균 압력. 일반 마노미터나 압력계로 측정한다.

p' = 에디로 인한 압력의 요동량

요동은 불규칙적이므로 속도와 압력의 요동 성분을 몇 초 정도의 시간 간격 t_0에 대하여 평균한 시간 평균은 0이 된다. 즉

$$\begin{aligned} &\frac{1}{t_0}\int_0^{t_0} u'dt = 0 \qquad \frac{1}{t_0}\int_0^{t_0} w'dt = 0 \\ &\frac{1}{t_0}\int_0^{t_0} v'dt = 0 \qquad \frac{1}{t_0}\int_0^{t_0} p'dt = 0 \end{aligned} \tag{3.13}$$

이처럼 평균치가 0이 되는 이유는, 요동의 + 값이 있으면 같은 크기의 − 값이 있어서, 그 산술적 합계가 0이 되기 때문이다.

요동 성분의 시간 평균 자체는 0이 되지만, 이러한 성분의 다른 함수나 조합까지 0이 되는 것은 아니다. 예를 들어서, 이러한 속도 성분 중의 하나의 제곱평균의 시간 평균은 0이 아니다. 성분 t_0에 대해 나타내면,

$$\frac{1}{t_0}\int_0^{t^0} (u')^2 dt = \overline{(u')^2} \tag{3.14}$$

u'은 일련의 + 값과 − 값으로 빠르게 요동하지만, 제곱하면 모두 + 값이 되므로, 제곱평균은 0이 아니다. 따라서 $\overline{(u')^2}$은 항상 + 값이며, 난류가 존재하지 않아야 0이 된다.

층류에는 에디가 없으며, 편의속도와 압력 변동도 없다. 흐름 방향에서의 전체 속도 u_i는 일정하여 u와 같고, v_i와 w_i는 둘 다 0이다.

에디 점도(Eddy viscosity)

식 (3.4)에서와 마찬가지로, 난류에서의 전단응력과 속도구배의 관계를 이용하여 에디 점도 E_v를 정의한다.

$$\tau_t = E_v \frac{du}{dy} \tag{3.15}$$

E_v는 절대점도 μ에 대응되는 양이다. 또한 운동점도 ν에 대응하는 양을 **에디 운동량 확산계수**(eddy diffusivity of momentum)라 하며 다음과 같이 정의한다.

$$\epsilon_M = E_v / \rho$$

난류의 전체 전단응력은 점성응력과 난류응력을 더한 것이다.

$$\tau = (\mu + E_v)\frac{du}{dy} \tag{3.16}$$

$$\tau = (\nu + \epsilon_M)\frac{d(\rho u)}{dy} \tag{3.17}$$

전단응력과 속배구배의 관계를 나타내는 계수라는 점에서는 E_v 및 ϵ_M이 각각 μ 및 ν와 상사적이지만 이 두 가지 양 사이에는 근본적 차이가 있다. 점도 μ와 ν는 유체의 참 성질로서, 무수한 분자의 운동과 운동량을 평균한 거시적 양이다. 그러나 에디 점도 E_v와 에디 확산계수 ϵ_M은 유체 자체의 성질이라기보다는 유속과 계의 형상에 따라 달라지는 양이다.

3.4 경계층(Boundary layers)

경계층 안의 흐름(Flow in boundary layers)

움직이는 유체 중에서 고체 경계의 영향을 받으면서 움직이는 부분을 **경계층**(boundary layer)이라 한다. 경계층 생성의 구체적 예로서, 얇은 판에 평행인 유체 흐름을 고려하자(그림 3.4). 이 판 선단

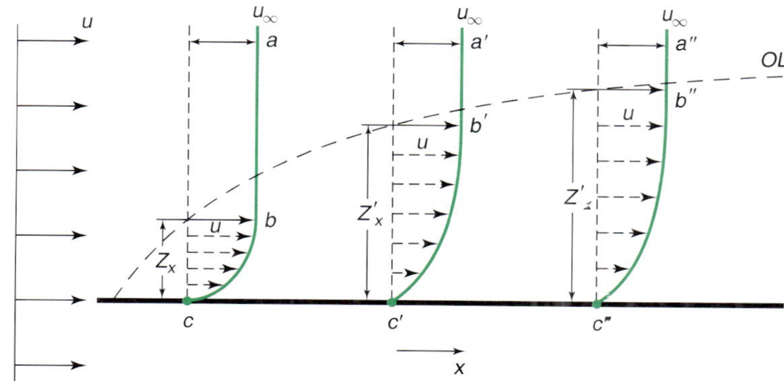

그림 3.4 Prandtl 경계층 x, 선단으로부터의 거리; u_∞, 교란되지 않은 흐름의 유속; Z_x, 거리 x에서의 경계층 두께; u, 국부 유속; abc, $a'b'c'$, $a''b''c''$, 각각 점 c, c', c''에서 벽과의 거리 대 속도 곡선; OL, 경계층의 외부 한계(수직 눈금은 크게 과장했다.)

(leading edge)의 상류에서는 유체 흐름의 전체 단면에서 유속이 균일하다. 고체와 유체의 계면에서는 유속이 0이며, 판으로부터 떨어질수록 유속이 증가한다. 판 근처에서는 곡선의 기울기가 급변하며, 국부 속도는 점근적으로 유체 본체 흐름의 유속에 접근한다.

그림 3.4에서 파선 OL과 벽의 사이에서는 유속이 변한다. 속도선은 판에서 멀어짐에 따라 점근적으로 변하므로 이 파선의 위치를 명확하게 나타내기 위해 유속이 유체 본체의 유속 u_∞의 99%가 되는 점을 통과하는 선으로 OL을 나타냈다. 이 선은 가상적 표면을 나타낸 것인데 이 선에 의해 유속이 일정한 부분과 유속이 0(벽)에서부터 본체 흐름의 유속으로 변하는 부분의 두 부분으로 흐름이 나뉜다. 즉 이 가상적 표면에 의해 판이 유속에 직접 영향을 미치는 부분과, 국부 속도가 판에 접근하는 유체의 초기 속도와 같은 부분으로 분리된다. 이 파선과 판 사이의 영역이 **경계층**이다.

경계층의 생성과 거동은 유체 흐름은 물론 열전달과 물질전달에서도 중요하다.

경계층 안의 층류와 난류(Laminar and turbulent flow in boundary layers)

고체-유체 계면에서는 유속이 0이며 고체 표면에 접근할수록 유속이 작아진다. 따라서 경계층 안에서 고체 표면에 아주 가까운 부분은 층류이다. 실제로는 대부분의 시간 동안은 층류이지만 때로는 경계층 외부의 주류 부분에서 경계층 안으로 들어온 에디가 벽에 아주 가까운 곳까지 이동함으로써 일시적으로 속도 프로필을 교란하기도 한다. 이러한 에디는 벽 근처의 평균 속도 프로필에는 별 영향을 미치지 않지만 벽을 통해 열이나 물질이 전달될 경우 온도나 농도 프로필에는 큰 영향을 미칠 수 있다. 액체 중에서의 물질전달에서는 이러한 영향이 아주 현저하다.

고체 표면으로부터 멀리 떨어진 부분에서는 교란되지 않은 유체 본체의 유속보다는 작지만 유속이 아주 커져서 난류가 생길 수 있다. 완전 발달 난류 영역과 층류 영역 사이에는 중간적 성질을 가진 전이층(transition layer, 완충층)이 존재한다. 따라서 난류 경계층은 점성 하층(점성부층, viscous sublayer), 완충층(buffer layer), 난류 영역의 세 부분으로 이루어진다. 완전한 점성 하층의 존재 여부에 관해서는 의문을 제기하는 이도 있는데 물질전달 연구에 따르면 일부 에디는 경계층을 통과하여 벽에 도달하기 때문이다.

유속이 균일한 유체에 잠겨있는 평판의 선단 부근에서는 경계층이 얇아서 경계층 안의 흐름 전체가 층류이다. 선단으로부터 하류쪽으로 갈수록 경계층이 두꺼워지며 어떤 점에 이르면 난류가 발생한다. 그림 3.5에서 보면 난류 발생점에서는 경계층의 두께가 갑자기 증가한다.

경계층 안의 흐름이 층류일 때는 층의 두께 Z_x가 판의 선단으로부터의 거리 x의 0.5 승($x^{0.5}$)에 비례하여 증가한다. 난류가 발생한 직후에는 Z_x가 $x^{1.5}$에 따라 증가하지만 난류가 완전히 발달되면 $x^{0.8}$에 따라 증가한다.

공기나 물이 보통 유속으로 흐를 때는 경계층 안의 초기 즉 완전 층류 부분이 두께 2mm 정도까지 증가하지만 일단 난류가 발생하면 그 두께가 크게 줄어서 0.2mm 정도가 된다.

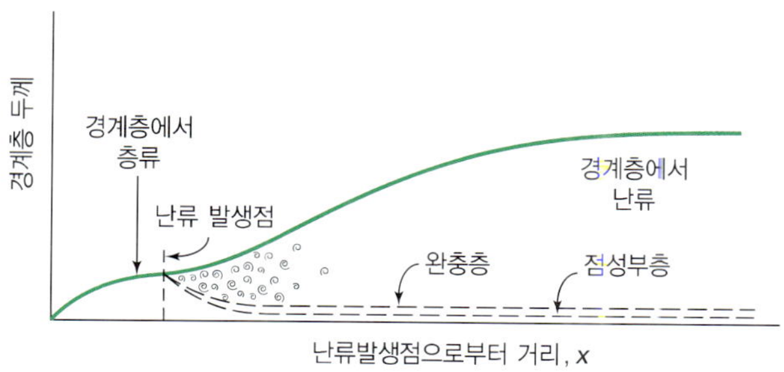

그림 3.5 평판 위의 난류 경계층 발달

층류-난류 전이 ; Reynolds 수 층류 경계층에서 난류가 발생하는 점은 다음 식으로 정의되는 무차원 Reynolds 수와 연관시킬 수 있다.

$$\mathrm{Re}_x = \frac{x u_\infty \rho}{\mu} \tag{3.18}$$

x = 판의 선단으로부터의 거리

u_∞ = 유체 본체의 유속

ρ = 유체의 밀도

μ = 유체의 점도

판과 평행인 흐름에서는 이 값이 $10^5 \sim 3 \times 10^6$ 정도인 임계 Reynolds 수에서 난류가 처음 발생한다. 판이 거칠고 접근 흐름의 난류 강도가 크면 이보다 작은 값에서 전이가 일어나고 판이 매끈하고 접근 흐름의 난류 강도가 작으면 이보다 큰 값에서 전이가 일어난다.

곧은 관 안의 경계층 생성(Boundary layer formation in straight tube)

벽이 얇은 직관에 유체가 균일한 속도로 유입되는 경우를 고려하자. 그림 3.8에 보인 것처럼 관 입구에서 경계층이 형성되기 시작하여 계속 흐를수록 경계층이 두꺼워진다. 이 단계에서는 관 단면의 일부만 경계층이 차지하여 전체 흐름은 유속이 일정한 막대 모양의 중심부와 이 중심부와 벽 사이의 환상 경계층으로 이루어진다. 경계층에서는 벽에서 유속이 0이고 중심부로 갈수록 유속이 증가하여 중심부의 일정한 유속과 같아진다. 관 입구로부터 하류로 갈수록 단면 중에서 경계층이 차지하는 부분이 증가하여 마침내 경계층이 관 중심에 이르게 되면 막대 모양의 중심부는 사라지고 경계층이 흐름 단면 전체를 차지하게 된다. 이 점에 이르면 관 안의 속도분포가 완성되어 그림 3.6의 오른쪽에 보인 것처럼 되며 이 상태가 변하지 않고 계속 유지될 것이다. 이처럼 속도분포가 변하지 않는 흐름을 **완전 발달 흐름**(fully developed flow)이라 한다.

난류와 층류에 대한 전이길이(Transition length for laminar and turbulent flow) 관 입구에서부터 경계층이 관의 중심에 도달하여 완전 발달 흐름이 되기까지의 거리를 **전이길이**(transition length)라

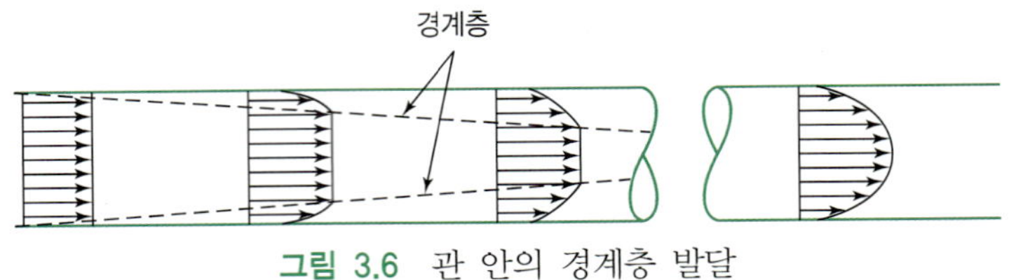

그림 3.6 관 안의 경계층 발달

한다. 유속은 관의 길이와 관 중심으로부터 반지름방향 거리에 따라 달라지므로, 입구 부분에서의 흐름은 2차원 흐름이다.

층류의 경우, 직관에서 최종 속도분포가 완성되기까지의 길이는 대략 다음과 같다.

$$\frac{x_t}{D} = 0.05\,\mathrm{Re} \tag{3.19}$$

$x_t =$ 전이길이

$D =$ 관 지름

이 식에서 관의 내경이 50mm이고 Reynolds 수가 1,500일 때, 전이길이는 3.75m이다. 관에 유입되는 유체가 난류이고 관 안의 유속이 임계 유속보다 크면 전이길이는 Reynolds 수와 거의 무관하며 관 지름의 40~50배 정도가 된다. 그러나 입구로부터 관 지름의 25배 정도가 되는 지점 이상에서는 속도 분포의 차이가 거의 없다. 내경이 50mm인 관의 경우 흐름이 난류일 때는 곧은 부분의 길이가 2~3m 정도이면 충분하다. 관에 유입될 때는 층류이고 관 안에서 난류가 된다면 전이길이가 길어져서 관 지름의 100배 정도가 필요하게 된다.

경계층 분리와 웨이크 생성(Boundary layer separation and wake formation)

지금까지 경계층의 생성과 발달에 관해 검토했으므로 여기에서는 유체 중에 잠긴 고체 표면을 떠나면서 후단 부분에서 생기는 현상을 알아보기로 한다.

흐름 방향에 평행인 평판의 후단에서는 판 양쪽의 경계층 두께가 최대가 된다. 유체가 판을 떠난 뒤 잠시 동안은 층과 속도구배가 그대로 지속되지만, 곧 이어서 속도구배가 사라지고 경계층은 서로 섞여서 없어지며 다시 균일한 속도를 회복한다. 이를 그림 3.7(a)에 보였다.

평판이 흐름 방향에 직각으로 있을 경우에는 흐름 양상이 그림 3.7(b)에 보인 것처럼 된다. 이때도 상류 표면을 지나 흐르는 유체 중에 경계층이 형성된다. 그러나 흐름이 판 가장자리에 이르면 운동량 때문에 판의 표면을 따라서 돌아 흐르지 못하고 판에서부터 분리되어 유체 본체 쪽으로 흐르게 된다. 판의 뒷부분에는 속도가 크게 줄어든 유체의 배수(backwater) 영역이 생기며 여기에 아주 큰 에디인 와류(vortex)가 형성된다. 이 부분을 웨이크(후류, wake)라 한다. 웨이크 중의 에디는 웨이크와 분리된 흐름 사이의 전단응력에 의해 운동을 계속한다. 결과적으로 상당량의 기계적 에너지가 손실되고 유체의 압력 손실이 커지게 된다.

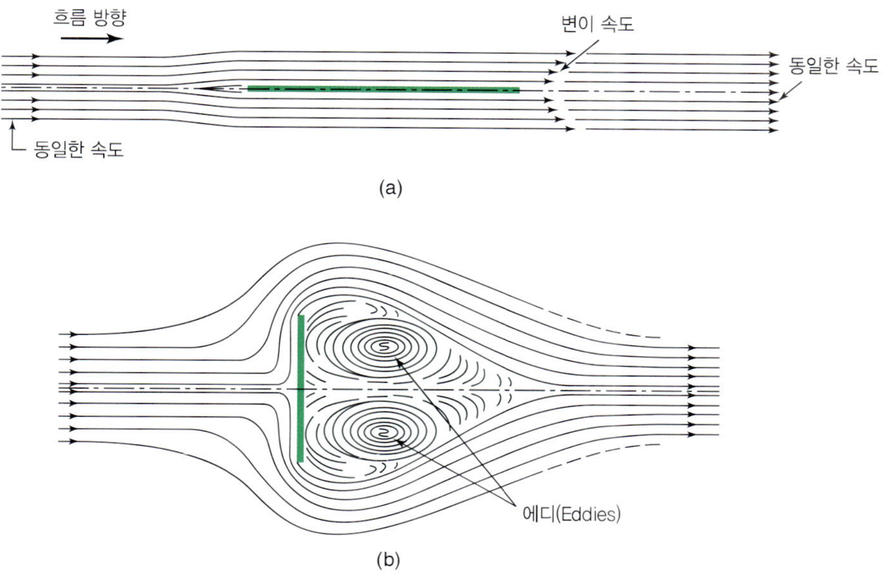

그림 3.7 평판을 지나는 흐름 (a) 평판에 평행인 흐름, (b) 평판에 수직인 흐름

유속이나 흐름 방향의 변화가 너무 커서 유체가 고체 표면에 붙어있을 수 없게 되면 경계층이 분리된다. 유로가 급격하게 확대 또는 축소되거나 흐름이 갑자기 휘거나 흐름 방향에 장애물이 있거나 하면 경계층의 분리 현상이 나타난다. 완만하게 확대되는 유로에서 유속이 감소될 때도 경계층이 분리될 수 있다. 웨이크가 형성되면 에너지 손실이 크므로 경계층의 분리를 방지하거나 최소화하는 것이 바람직하다. 경계층의 분리가 예상되는 영역의 고체 표면에 흡인(suction)에 의해 유체를 끌어들이는 방법으로 경계층의 분리를 방지할 수도 있다. 일반적으로는 유로 단면적의 급격한 변화를 피하고 유체 흐름 속에 있는 물체를 유선형으로 만들면 경계층의 분리를 최소화할 수 있다. 그러나 열전달이나 혼합을 촉진하고자 하는 경우처럼 목적에 따라서는 경계층의 분리가 오히려 바람직한 경우도 있다.

연습 문제

3.1 다음 정상상태 흐름은 층류인가 난류인가?

(a) 100mm 관에 10°C의 물이 평균 유속 2m/s로 흐른다. 답 : Re = 1.53 × 10^5 난류

(b) 12in 덕트에 2atm, 180°F의 공기가 50ft/s로 흐른다. 답 : Re = 4.61 × 10^5 난류

(c) 2in 관에 비중 0.78, 점도 20cP인 기름이 5ft/s로 흐른다. 답 : Re = 3,014 난류

(d) 15mm 관에 밀도 900kg/m^3, 점도 1Pa인 고분자 용융물이 0.2m/s로 흐른다. 답 : Re = 2.7 층류

3.2 부록 8의 노모그래프(nomograph)를 사용하여, 0～300°C와 300～600°C의 일산화탄소와 헬륨에 관하여, 기체 점도에 관한 식 (3.6)의 상수 n을 구하라. 답 : 0.70

3.3 (a) 15mm 관에 60°C의 100% 글리세롤(밀도 1,240kg/m^3)이 0.3m/s로 흐를 때, 관 입구의 전이길이를 구하라. 답 : X_t = 0.043m = 43mm

(b) 3in 관에 30°C의 100% n-프로필 알코올(밀도 50lb/ft^3)이 7ft/s로 흐를 때의 전이길이를 구하라. 답 : 11ft

3.4 (a) 자동차 배기관 흐름의 Reynolds 수를 구하라. 2L의 4 사이클 엔진을 3,000rpm으로 운전한다. 답 : 29,700

(b) 촉매전환장치의 단면이 배기관 단면의 4배일 때, 이 전환장치 안의 흐름이 층류가 되도록 하기 위한 채널의 치수를 구하라. 답 : 0.01m = 10mm

3.5 1/2in, 규격 40 강관(부록 3)에 30°C, 5bar의 공기가 흐른다. 표준 상태(0°C, 1atm)에서의 유량이 4.0ft^3/min일 때, 층류인지 난류인지를 설명하라. 답 : 39,100 난류

3.6 지름 1m인 관에서 원유를 1.5m/s로 수송한다. 이 흐름이 층류가 되려면 점도 값이 어느 정도여야 하는가? SI 단위계와 CGS 단위계의 값으로 답하라. 답 : μ = 0.64Pa·s, 643cP

3.7 전단율이 일정할 때 비뉴튼 액체의 겉보기 점도(apparent viscosity)는 그 전단율에서 점도계를 조작하여 측정할 수 있다. 점도계가 나타내는 값은 액체가 뉴튼 유체일 때의 점도에 해당한다.

(a) 전단율 du/dy = 10 s^{-1}, 1,000 s^{-1}일 때, 물에 4%의 종이 펄프가 들어있는 현탁액의 겉보기 점도를 구하라.

(b) 물에 25%의 점토가 들어있는 현탁액은 어떻게 되나?

답 : (a) μ_{app} = 1.062Pa·s or 1062cP (b) μ_{app} = 0.00359Pa·s or 3.59cP

3.8 지름이 15.8cm인 실린더 안에 지름이 15cm인 수직 실린더를 동심(concentric)으로 설치한다. 이 두 실린더 사이에 점도가 0.21Pa·s인 기름을 채운다. 안쪽 실린더를 30rpm으로 회전시킬 경우 바깥쪽 실린더에서의 전단율과 전단응력을 구하라.

답 : 전단율($\Delta u/x$) = 58.9s^{-1}, 전단응력(τv) 12.4N/m^2

3.9 FPS 단위로부터 레이놀즈수를 계산한 결과 1,000이었다. MKS단위로 환산하여 레이놀즈수를 계산하면 그 값은 얼마로 예상할 수 있는가? **(화공기사 기출)**

① 10 ② 136 ③ 1,000 ④ 13,600 답 : ③

3.10 안지름이 5cm인 관에서 레이놀즈(Reynolds)수가 1,500일 때, 관 입구로부터 최종 속도분포가 완성되기까지의 전이길이(transition length)는 약 몇 m인가? **(화공기사 기출)**

① 2.75 ② 3.75 ③ 5.75 ④ 6.75 답 : ②

3.11 직선 원형 관으로 유체가 흐를 때 유체의 레이놀즈수가 1,500이고 이 관의 안지름이 50mm이면 전이길 이가 3.75m이다. 동일한 조건에서 100mm의 안지름을 가지그 같은 레이놀즈수를 가진 유체 흐름에서의 전이길이는 약 몇m인가? **(화공기사 기출)**

① 1.88 ② 3.75 ③ 7.5 ④ 15 답 : ③

CHAPTER

04 유체 흐름의 기본식

Basic Equations of Fluid Flow

질량수지, 운동량수지, 기계적 에너지수지 등의 원리에 기초하여 유체역학 응용의 기본식을 유도할 수 있다. 이러한 기본식은 유체 부피 요소 안의 한 점의 상태에 관한 미분형으로 나타낼 수도 있고 일정 부피나 질량의 유체에 대한 적분형으로 표현할 수도 있다.

4.1 흐르는 유체의 질량수지(Mass balance in a flowing fluid)

유체 흐름 중의 유체의 경로인 유선(streamline)을 가상하면 흐름을 다루기가 편리하다. 유선은 유체의 가상적 경로로서 유선의 각 점에서 유선 방향의 실질속도 u의 벡터는 유선의 접선이 된다. 유선을 가로지르는 흐름은 없다. 난류일 때는 에디가 유선을 횡단하기도 하지만 흐름 방향을 제외한 다른 방향에서는 이러한 에디에 의한 실질흐름이 0이다. 유선에 따르는 흐름은 일차원 흐름이므로 속도항 하나만 사용하면 된다.

단면적의 크기나 모양에 관계없이 유선으로 완전히 둘러싸인 단면을 유관(stream tube)이라 한다. 이 유관 안에는 유체가 흐르지만 그 벽을 통한 유체의 실질흐름은 없는 가상적 관이다. 유관 안의 미소 단면적을 dS라 하면, 유속 역시 u만으로 나타낼 수 있다.

유관의 미소 단면적을 통한 질량유량은 다음과 같다.

$$d\dot{m} = \rho u \, dS \tag{4.1}$$

이 식을 전체 단면적에 대해 적분하면, 단면적이 S이고 비투과성 벽으로 된 유로에서의 전체 유량을 구할 수 있다. 국부 유속 u는 일반적으로 단면 중의 위치에 따라 변한다. 유체를 가열하거나 냉각하면 유체 밀도가 변하지만, 대개 이 변화는 아주 적으므로 무시할 수 있다. 전체 단면을 통한 유량은 다음과 같다.

$$\dot{m} = \rho \int_S u \, dS \tag{4.2}$$

밀도 ρ는 단면 전체에서 일정하다.

단면적 S에서 전체 흐름의 평균 유속 $\overline{V}$는 다음과 같다.

$$\overline{V} \equiv \frac{\dot{m}}{\rho S} = \frac{1}{S}\int_S u\,dS \tag{4.3}$$

이 평균 유속은 전체 부피유량을 유로 단면적으로 나눈 값($m^3/m^2 \cdot s$, $ft^3/ft^2 \cdot s$)과 같으므로, **부피 플럭스**(flux of volume)라 할 수 있다.

$$\overline{V} = \frac{q}{S} \tag{4.4}$$

$q =$ 부피유량, m^3/s, ft^3/s

질량 흐름의 수지식(Shell balance for mass flow)

한 관이나 배관계통에 대한 유량 수지, 즉 쉘 수지를 취할 때 평균 유속을 사용하면 편리하다. 유로 입구와 출구의 단면적을 각각 S_a 및 S_b라 하자. 한 단면 중의 위치에 따라 국부 유속이 변할 것이므로, 평균 유속과 밀도를 각각 $\overline{V}_a$, ρ_a 및 $\overline{V}_b$, ρ_b라 한다.

정상상태에서는 도입량 = 배출량이므로 연속의 식은 다음과 같이 된다.

$$\dot{m} = \rho_a \overline{V}_a S_a = \rho_b \overline{V}_b S_b = \rho \overline{V} S \tag{4.5}$$

유로가 원관이라면

$$\dot{m} = \frac{1}{4}\pi D_a^2 \rho_a \overline{V}_a = \frac{1}{4}\pi D_b^2 \rho_b \overline{V}_b$$

다시 쓰면

$$\frac{\rho_a \overline{V}_a}{\rho_b \overline{V}_b} = \left(\frac{D_b}{D_a}\right)^2 \tag{4.6}$$

D_a, $D_b =$ 각각 원관의 상류와 하류의 지름

식 (4.3)을 다시 쓰면

$$\overline{V}\rho = \frac{\dot{m}}{S} \equiv G \tag{4.7}$$

이 식을 **질량속도**(mass velocity, G) 식이라 한다. 질량유량을 유로의 단면적으로 나눈 값으로, 측정 단위는 $kg/m^2 \cdot s$, $lb/ft^2 \cdot s$, $lb/ft^2 \cdot h$ 등이다. 흐름이 정상상태($\dot{m}$ = 일정)이고 유로의 단면적이 일정하면(S = 일정), G는 온도나 압력과 무관하다는 이점이 있다. 특히 $\overline{V}$와 ρ가 온도와 압력에 따라 변하는 압축성 유체를 다룰 때는 G를 사용하면 편리하다. 또 $G = \overline{V}\rho$이므로, G는 두 변수의

실질 영향을 나타내는 것이 된다. 질량속도를 질량플럭스(mass flux), 질량흐름밀도(mass current density)라고도 한다.

플럭스는 일반적으로 단위 면적당 단위시간당 통과되는 양으로 정의된다. 식 (4.4)의 평균 속도 $\overline{V}$를 유체의 **체적플럭스**(volume flux)로 표현할 수 있다.

예제 4.1

그림 4.1에 보인 유로에, 비중(60°F/60°F) 0.887인 원유가 흐른다. 관 A는 2in(50mm) 규격 40, 관 B는 3in(75mm) 규격 40, 관 C는 $1\frac{1}{2}$in(38mm) 규격 40이다. C의 두 관의 유량은 같으며, 관 A의 유량은 30gal/min(6.65m^3/h)이다. 각 관에서 다음을 구하라.

(a) 질량 유량 (b) 평균 유속 (c) 질량속도

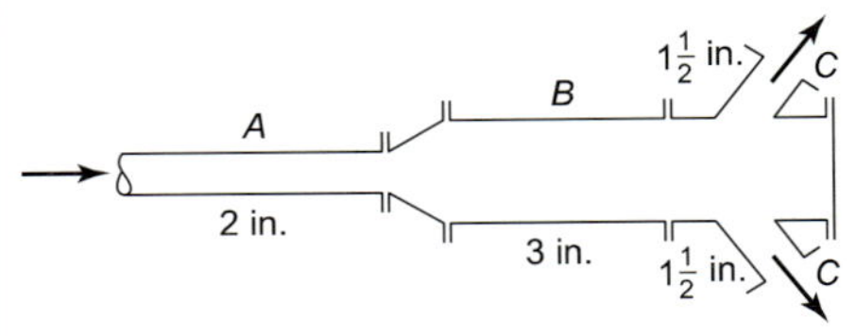

그림 4.1 예제 4.1의 배관

풀이 표준 관의 치수와 단면적을 부록 3에서 구한다.

단면적은 2in 관 0.0233ft^2, 3in 관 0.0513ft^2, $1\frac{1}{2}$in 관 0.01414ft^{2}이다.

(a) 유체 밀도는 다음과 같다.

$$\rho = 0.887 \times 62.37 = 55.3\,\text{lb/ft}^3$$

1ft^3 = 7.48gal(부록 1)이므로, 전체 부피유량은 다음과 같다.

$$q = \frac{30 \times 60}{7.48} = 240.7\,\text{ft}^3/\text{h}$$

관 A와 B에서의 질량유량은 같으며, 질량유량 = 밀도 × 부피유량이다.

$$\dot{m} = 240.7 \times 55.3 = 13{,}300\,\text{lb/h}$$

관 C에서의 질량유량은 이 절반, 즉 13,300/2 = 6,650lb/h(0.8379kg/s)이다.

(b) 식 (4.4)로 관 A, B, C의 유속을 구한다.

$$\overline{V}_A = \frac{240.7}{3{,}600 \times 0.0233} = 2.87\,\text{ft/s}$$

$$\overline{V}_B = \frac{240.7}{3{,}600 \times 0.0513} = 1.30\,\text{ft/s}$$

$$\overline{V}_C = \frac{240.7}{2 \times 3{,}600 \times 0.01414} = 2.36\,\text{ft/s}$$

(c) 식 (4.7)로 관 A, B, C의 질량속도를 구한다.

$$G_A = \frac{13,300}{0.0233} = 571,000\,\mathrm{lb/ft^2 \cdot h}\,(744\,\mathrm{kg/m^2 \cdot s})$$

$$G_B = \frac{13,300}{0.0513} = 259,000\,\mathrm{lb/ft^2 \cdot h}\,(351\,\mathrm{kg/m^2 \cdot s})$$

$$G_C = \frac{13,300}{2 \times 0.01414} = 470,000\,\mathrm{lb/ft^2 \cdot h}\,(637\,\mathrm{kg/m^2 \cdot s})$$

예제 4.2

20°C, 절대 압력 2atm의 공기가 핀관(finned tube)식 수증기 가열기의 50mm 관에 평균 유속 15m/s로 도입되어, 90°C, 1.6atm에서 65mm 관으로 배출된다. 배출구에서의 평균 유속을 구하라.

풀이 가열기의 입구와 출구를 각각 a와 b로 나타낸다. 식 (4.6)을 사용한다. 필요한 자료는 다음과 같다.

$$D_a = 0.05\,\mathrm{m} \qquad D_b = 0.065\,\mathrm{m} \qquad p_a = 2\,\mathrm{atm} \qquad p_b = 1.6\,\mathrm{atm}$$

$$T_a = 20 + 273.16 = 293.16\,\mathrm{K} \qquad T_b = 90 + 273.16 = 363.16\,\mathrm{K}$$

밀도는 식 (1.80)에서 구한다. 공기 1kg의 부피를 V라 하면, $\rho = 1/V$이다. 공기의 분자량을 M이라 하면 몰 $n = 1/M$이다. 따라서 입구와 출구에서의 밀도는 다음과 같다

$$\rho_a = Mp_a/(RT_a), \quad \rho_b = Mp_b/(RT_b)$$

따라서

$$\frac{\rho_a}{\rho_b} = \frac{p_a T_b}{p_b T_a}$$

식 (4.5)에 대입하면

$$\overline{V}_b = \frac{\overline{V}_a \rho_a D_a^2}{\rho_b D_b^2} = \frac{\overline{V}_a p_a T_b D_a^2}{p_b T_a D_b^2} = \frac{15 \times 2 \times 0.05^2 \times 363.16}{1.6 \times 0.065^2 \times 293.16} = 13.74\,\mathrm{m/s}$$

4.2 운동량수지(Momentum balance)

그림 4.2에 보인 대상 부피에서 정상 흐름이고 x 방향의 흐름뿐이라는 가정 하에서 총괄 운동량수지를 다음과 같이 나타낼 수 있다.

운동량 축적속도 = 운동량 도입속도 − 운동량 배출속도 + 유체에 작용하는 힘의 합계 (4.8)

x 방향에서 유체에 작용하는 힘의 합계는 유체의 운동량유량의 증가량과 같다.

$$\sum F = \dot{M}_b - \dot{M}_a \tag{4.9}$$

전체 흐름의 운동량 ; 운동량 보정인자 (Momentum of total stream; momentum correction factor)

질량유량이 $\dot{m}$ 이고 유속이 모두 u인 유체의 운동량 유량 $\dot{M} = \dot{m}u$이다. 흐름 단면의 위치에 따라 u가 변하면, 전체 운동량유량은 일반적으로 질량유량과 평균 유속의 곱 $m\overline{V}$보다 약간 커진다.

따라서 보정인자가 필요한데, 보정인자는 대류 운동량플럭스(convective momentum flux), 즉 단위 시간 중에 유로의 단면적을 통해 흐르는 유체가 가진 운동량으로부터 구할 수 있다. 이 값은 단면에 수직인 유속과 질량속도(질량플럭스)의 곱과 같다. 미소 단면적을 dS라 하면 운동량플럭스는 다음과 같다.

$$\frac{d\dot{M}}{dS} = (\rho u)u = \rho u^2 \tag{4.10}$$

밀도가 일정한 유체일 경우, 흐름 전체의 운동량플럭스는 다음과 같다.

$$\frac{\dot{M}}{S} = \frac{\rho \int_S u^2 ds}{S} \tag{4.11}$$

운동량 보정인자 β는 다음 식으로 정의한다.

$$\beta \equiv \frac{\dot{M}/S}{\rho \overline{V}^2} \tag{4.12}$$

식 (4.11)을 대입하면

$$\beta = \frac{1}{S}\int_S \left(\frac{u}{\overline{V}}\right)^2 dS \tag{4.13}$$

특정 흐름 상황에서 β를 구하려면, 해당 단면에서 위치에 따른 u의 변화를 알아야 한다.

식 (4.9)를 다시 쓰면,

$$\sum F = \dot{m}(\beta_b \overline{V_b} - \beta_a \overline{V_a}) \tag{4.14}$$

이 관계를 사용할 때는, 속도 성분 방향에서 유체에 작용하는 힘의 모든 성분을 확인하여 $\sum F$에

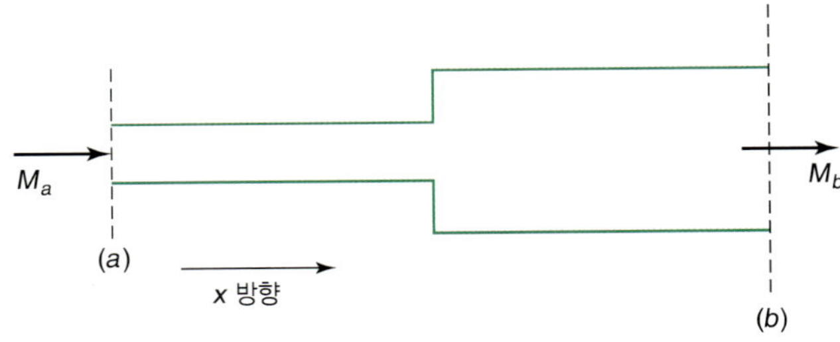

그림 4.2 운동량 수지

포함시켜야 한다. 이러한 힘에는 (1) 흐름 방향에서의 압력 변화, (2) 흐름과 유로 사이의 경계에서의 전단응력, 또는 유로 자체를 계에 포함시킬 때는 흐름과 고체 벽에 작용하는 외력(external force), (3) 경사 흐름인 경우에는 적절한 중력 성분 등이 포함된다. x 방향의 일차원 흐름일 경우의 전형적 관계는 다음과 같다.

$$\sum F = p_a S_a - p_b S_b + F_w - F_g \tag{4.15}$$

p_a, p_b = 각각 입구 및 출구 압력
S_a, S_b = 각각 입구 및 출구 단면적
F_w = 유로의 벽이 유체에 작용하는 실질 힘
F_g = 중력 성분(상향 흐름으로 가정)

자유 표면이 있는 층흐름(Layer flow with free surface)

층흐름(layer flow)의 한 형태로서, 경사면이나 수직면에서 중력에 의해 흐르면서 자유 표면(free surface)이 있는 흐름을 들 수 있다. 이 흐름이 정상상태이고 속도구배가 완전 발달되어 있다면, 층 두께는 일정하다. 액체의 자유 표면에서는 항력이 아주 작으므로 전단응력은 무시할 수 있다. 이 흐름이 층류이고 액체 표면에 물결이 없이 평활하다면, 유체 운동을 수학적으로 해석할 수 있다.

그림 4.3에 보인 것처럼, 평판 위에서 뉴튼 유체가 일정한 유량과 일정한 두께의 층을 이루면서 정상상태로 흐른다고 하자. 기울어진 평판이 수직면과 이루는 각도는 ϕ이고, 평판에 수직인 방향에서 층의 폭과 두께는 각각 b 및 δ이다. 그림 4.3에서처럼 대상 부피를 선택한다. 이 대상 부피는 윗면이 대기와 접해 있고, 길이는 L이며 두께는 r이다.

이 층은 정상상태에 있고 가속되지 않으므로, 운동량 원리에 의해 대상 부피에 작용하는 모든 힘의 합계는 0이다. 흐름에 평행한 방향에서 대상 부피에 작용하는 힘은 양단의 압력 힘, 윗면과 밑면에 작용하는 전단력, 흐름 방향의 중력 성분이다. 윗면에는 대기압이 미치므로, 대상 부피 양단의 압력은 크기가 같고 방향이 반대이므로 소거된다. 또 윗면에 작용하는 전단은 무시된다고 가정한다. 이제 남은 힘은, 밑면에 작용하는 전단응력과 흐름 방향의 중력 성분의 둘 뿐이다. 따라서,

$$F_g \cos\phi - \tau A = 0 \tag{4.16}$$

F_g = 중력
τ = 고려대상 부피 밑면에 작용하는 전단응력
A = 고려대상 부피 밑면의 면적

$A = bL$, $F_g = \rho r L b g$이므로,

$$\rho r L b g \cos\phi = \tau L b$$

$$\tau = \rho r g \cos\phi \tag{4.17}$$

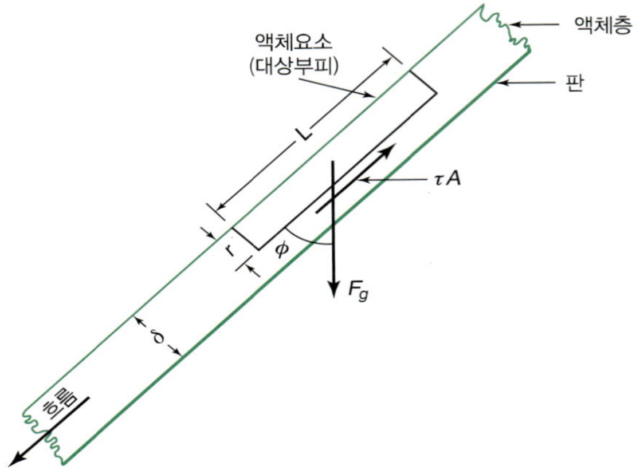

그림 4.3 층 흐름에서 액체 요소에 작용하는 힘

흐름이 층류이므로, $\tau = -\mu du/dr$이다. 또한

$$-\mu\frac{du}{dr} = g\rho r\cos\phi \tag{4.18}$$

정리하여 적분하면 다음과 같다.

$$\int_0^u du = -\frac{g\rho\cos\phi}{\mu}\int_\delta^r r\,dr$$

$$u = \frac{\rho g\cos\phi}{2\mu}(\delta^2 - r^2) \tag{4.19}$$

δ = 액체층의 전체 두께

이 식에서 알 수 있지만, 평판 위의 층류일 때의 속도 분포는 포물선형이다.

이제 단면 중의 미분 요소 $dS = b\,dr$를 고려하자. 이 요소를 통한 미분 질량유량 $d\dot{m} = \rho ub\,dr$이다. 유체의 전체 질량유량은

$$\dot{m} = \int_0^\delta \rho ub\,dr \tag{4.20}$$

이 식에 식 (4.19)를 대입하고 적분하면 다음과 같다.

$$\frac{\dot{m}}{b} = \frac{\delta^3\rho^2 g\cos\phi}{3\mu} = \Gamma \tag{4.21}$$

$\Gamma \equiv \dot{m}/b$ = 액체 부하(liquid loading), kg/s·m, lb/s·ft

이 식에서 층 두께를 구할 수 있다.

$$\delta = \left(\frac{3\mu \Gamma}{\rho^2 g \cos\phi} \right)^{1/3} \tag{4.22}$$

평판을 흘러내리는 흐름의 Reynolds 수는 다음 식으로 정의한다.

$$\mathrm{Re} = \frac{4 \mathrm{r_H} \overline{\mathrm{V}} \rho}{\mu} = 4\delta \frac{\dot{\mathrm{m}}}{\rho \mathrm{L_p} \delta} \frac{\rho}{\mu} = \frac{4\Gamma}{\mu} \tag{4.23}$$

$r_H =$ 수력학적 반경(식 (5.10(a))에서 정의)

관의 내면이나 외면에서 흘러내리는 액체층 두께는 대개 관 지름에 비해 아주 작으므로, Reynolds 수는 평판[식 (4.23)]에서와 마찬가지라 할 수 있다.

낙하 층류막의 두께에 관한 식 (4.22)는 응축 증기의 열전달계수를 추정하는데 사용된다. 수직면 ($\cos\phi = 1$)에서 막 두께를 측정해 보면, Re ≈ 1,000일 때는 식 (4.22)가 비슷하게 맞지만, 실제로는 이 두께가 Reynolds 수의 약 0.45 승에 따라 변한다. Re가 작을 때는 실제 두께가 추정치보다 얇고 Re > 1,000일 때는 추정치보다 두껍다. 이처럼 편차가 생기는 것은 막 표면에 생기는 물결 때문인데 Reynolds 수가 아주 작을 때는 물결이 거의 없는 것처럼 보인다.

관내 흐름일 때와는 달리 층류-난류 전이를 쉽게 검출할 수가 없다. 막이 아주 얇을 뿐 아니라 물결로 인해 막에서의 난류를 관찰하기가 어렵기 때문이다. 층 흐름에 대해서도 2,100을 임계 Reynolds 수로 사용하기도 하지만 막 두께를 측정해보면 전이는 Re ≈ 1,200에서 일어난다. 또 막 두께는 대개 유량의 0.6 승에 비례하여 증가한다.

각운동량 식(Angular momentum equation)

펌프, 터빈, 교반기와 같은 유체 회전기계의 성능은 힘 모멘트(force moment)와 각 운동량(angular momentum)을 이용하여 해석할 수 있다. 점 O에서 힘 F의 모멘트는 F와 O에서 벡터의 작용선에 있는 점의 위치 벡터 r의 벡터곱이다. 점 O로부터 반경방향 거리 r에서 힘 F_θ가 위치 벡터에 대해 직각으로 작용한다면, 힘 모멘트는 토크(torque, 회전우력) T와 같다.

$$F_\theta r = T \tag{4.24}$$

회전 중심에서 움직이는 물체의 **각운동량**은 위치 벡터와 그 물체의 접선 운동량 벡터의 곱(질량 × 속도의 접선 성분)으로서 **운동량 모멘트**(moment of momentum)라고도 한다. 그림 4.4는 이차원 흐름의 회전(rotation)을 보인 것이다. 점 P의 유체는 점 O를 중심으로 속도 V로 회전하며, 반경 반향 및 접선 방향 속도 성분은 각각 u_r 및 u_θ

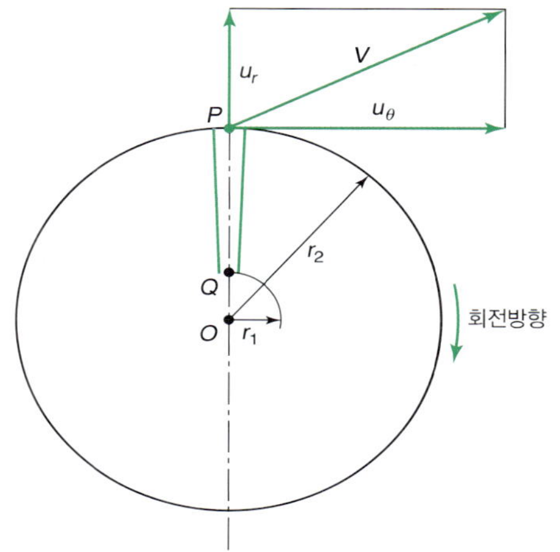

그림 4.4 흐르는 액체의 각운동량

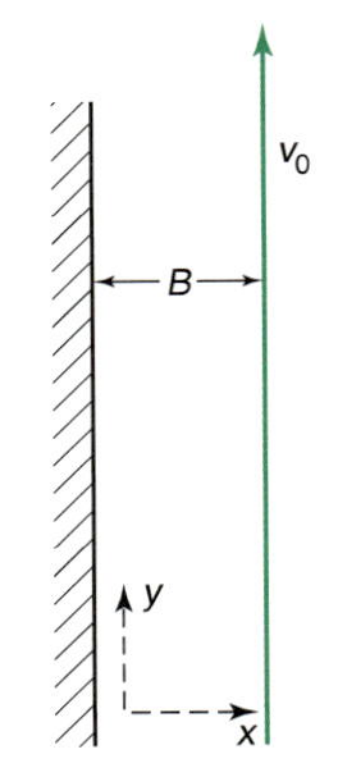

그림 4.5 수직판 사이의 흐름

이다. 따라서 점 P에서 질량 m인 유체의 각운동량은 rmu_θ이다.

그림 4.4는 원심 펌프나 터빈의 임펠러 일부를 나타낸 것이라 하자. 여기에서 흐르는 유체의 질량유량은 $\dot{m}$으로 일정하며, 회전 중심 O로부터 거리 r_1인 점 Q에서 도입되어 거리 r_2에서 배출된다. 이 두 점에서의 접선 방향 속도는 각각 $u_{\theta 1}$ 및 $u_{\theta 2}$이다. 점 P의 유체에 미치는 접선 방향 힘 F_θ는 그 유체의 각운동량의 변화율에 비례한다. 따라서 식 (4.24)에서 토크는 다음과 같다.

$$T = F_\theta r_2 = \dot{m}(r_2 u_{\theta 2} - r_1 u_{\theta 1}) \tag{4.25}$$

이 식은 정상상태 이차원 흐름의 각운동량 식으로, 운동량 식 (4.14)와 비슷하다. 식 (4.25)의 유도에서는 반경 방향 거리 r이 같으면 유속은 모두 같다고 가정했다. 즉 $\beta_1 = \beta_2 = 1$.

꾸에뜨 흐름(Couette flow)

그림 4.5에 보인 것처럼, 간격 B만큼 떨어진 두 수직 평행판 사이에 뉴튼 유체가 들어있다. 왼쪽 판은 고정되어 있고 오른쪽 판은 일정한 속도 v_0로 수직 상방으로 움직일 경우 계에서 판이 수평이거나 중력을 무시할 수 있는 상황이면 유속은 고정판에서 떨어진 거리에 따라 선형적으로 변하며 속도구배는 일정하게 된다. 판의 표면적이 A일 때, 점도와 전단응력 F_s/A의 관계는 다음과 같다.

$$\mu = \frac{F_s B}{A v_0} \tag{4.26}$$

이러한 조건의 흐름을 **꾸에뜨 흐름**(Couette flow)이라 한다.

동심인 회전 원통과 고정 원통 사이의 흐름도 꾸에뜨 흐름이라 하며 이를 원형 꾸에뜨 흐름(circular Couette flow)이라고 한다. 동축 원통은 유체 동역학 시험에서 이용된다. 원통의 지름에 비해 원통 사이의 간격이 작으면 속도구배는 거의 일정하다.

4.3 기계적 에너지수지(Mechanical energy equation)

단위 질량 기준의 운동에너지 증가속도는 대류에 의한 운동에너지의 실질 도입속도에서 (1) 외부 압력이 한 일 (2) 내부에너지로의 가역적 변환 (3) 점성력이 한 일 (4) 내부에너지로의 비가역적 변환 (5) 중력이 한 일(+ 또는 − 값) 등의 속도를 뺀 값과 같다. 한편 펌프나 송풍기도 유체에 기계적 에너지를 추가하게 된다.

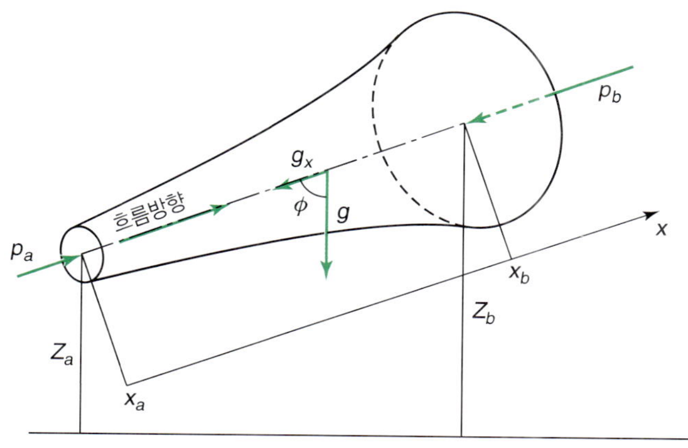

그림 4.6 경사 유관을 통한 퍼텐셜 흐름

마찰이 없는 Bernoulli 식(Bernoulli equation without friction)

그림 4.6에 보인 것처럼 정상상태 액체 흐름 중에 있는 유관의 부피 요소를 고려한다. 흐름 방향에서 유관의 단면적이 계속 증가하고, 유관의 축은 직선이며 수직에 대해 각도 ϕ만큼 위로 기울어져 있다고 가정한다. 입구에서의 압력, 유속, 입구 높이가 각각 p_a, u_a, Z_a이고, 출구에서는 각각 p_b, u_b, Z_b라 한다. x축은 유관의 축과 평행인 축으로 한다.

정상 흐름에서는 한 단면에서는 유속이 변하지 않으므로 이 흐름은 일방적이고 유속은 x만의 함수이다. 중력은 $-x$ 방향으로 작용하므로, $g_x = -g\cos\phi$이다. 유관의 임의 위치에서의 높이를 Z라 하면,

$$Z = Z_a + x\cos\phi,\ dZ = \cos\phi\, dx,\ \cos\phi = dZ/dx$$

유속이 시간에 따라 변할 때 정밀도 유체의 일차원 퍼턴셜흐름에 대한 기계적 에너지수지식을 다음과 같이 나타낼 수 있다.

$$u\frac{d(\rho u^2/2)}{dx} + u\frac{dp}{dx} + \rho u g\cos\phi = 0 \tag{4.27}$$

정상 흐름일 경우 유속 u로 양변을 나눌 수 있다. 양변을 다시 ρ로 나누고, $\cos\phi = dZ/dx$를 대입하면 식 (4.27)은 다음과 같이 된다.

$$\frac{d(u^2/2)}{dx} + \frac{1}{\rho}\frac{dp}{dx} + g\frac{dZ}{dx} = 0 \tag{4.28}$$

이 식은 마찰이 없는 Bernoulli 식의 미분형이다. 단면적이 확대되고 위로 기울어져 흐르는 특수한 경우에 대해 유도한 식이지만, 단면이 일정하거나 축소되거나 수평으로 흐르거나 아래로 기울어져 흐르는 상황에도 적용할 수 있다(흐름 방향이 다르면 미분 dZ의 부호를 바꾸면 된다).

단면적과 밀도가 일정하면, u는 위치에 따라 변하지 않으며, $d(u^2/2)/dx = 0$이므로, 식 (4.28)은 정지 유체에 관한 식 (2.2)와 같아진다. 따라서 유속이 일정한 한 방향 퍼텐셜흐름에서 유속의 크기는 유관의 압력 강하에 영향을 미치지 않는다. 압력 강하는 높이의 변화율에 따라서만 달라진다. 결국 곧은 수평관에서 유속이 일정한 정상상태 퍼텐셜흐름에서는 압력 강하가 0이다.

그림 4.6에 보인 계에 대해 식 (4.28)을 적분하면,

$$\frac{p_a}{\rho} + gZ_a + \frac{u_a^2}{2} = \frac{p_b}{\rho} + gZ_b + \frac{u_b^2}{2} \tag{4.29a}$$

중력 단위계로 나타내면 다음과 같다.

$$\frac{p_a}{\rho} + \frac{gZ_a}{g_c} + \frac{u_a^2}{2g_c} = \frac{p_b}{\rho} + \frac{gZ_b}{g_c} + \frac{u_b^2}{2g_c} \tag{4.29b}$$

식 (4.29)는 **마찰이 없는 Bernoulli 식**이라 한다. 기계적 에너지수지의 특수형이지만, 식 (4.27)을 유속 u로 나누어서 식 (4.28)을 유도할 수 있는 특수 조건에서는 그림 4.6의 요소에 대한 쉘 운동량수지를 취해도 식 (4.29)를 유도할 수 있다.

식 (4.29)의 각 항은 스칼라량이며 차원은 에너지/질량으로서 흐르는 유체 단위 질량 기준의 기계적 에너지 효과를 나타낸다. gZ와 $u^2/2$는 각각 유체 단위 질량 기준의 위치에너지와 운동에너지이다. p/ρ는 유체를 관 안으로 밀어 넣기 위해 흐름 외부의 힘에 의해 유체에 한 기계적 일 또는 유체가 관을 떠나면서 유체로부터 회수된 일을 나타낸다. 식 (4.29)에 따르면 마찰이 없을 경우 유속 u가 감소하면 기준 위치로부터의 높이 Z나 압력 p 또는 이 두 가지가 증가해야 한다. 유속이 변하려면 Z나 p가 변해야 한다. 높이가 변하면 그에 따라 압력이나 유속이 변하게 된다.

Bernoulli 식은 제한적 조건에서 유도한 식이지만 응용 범위가 넓다. 이 식의 유도에서는 곧은 유관이라 가정했지만 에너지 보존의 원리에 따라 굽은 유관 속의 퍼텐셜 흐름에 대해서도 확대 적용할 수 있다. 굽은 관이면 유속의 방향이 변하므로 Bernoulli 식에서 스칼라량 대신에 벡터량의 유속을 사용하면 된다. 실제 상황에서는 언제나 유체 중에 마찰 손실(friction loss)이 있고 관의 한 단면에서도 유속이 다소 변하지만 그 영향이 사소하여 무시할 수 있는 경우도 있다. 또 보정인자를 사용하여 식을 수정함으로써 한 단면에서 유속이 변하고 마찰 영향이 나타나는 경계층 흐름에 대해 적용할 수도 있다.

Bernoulli 식을 적용할 때는 유선이나 유관을 확인하고 상류지점과 하류지점을 분명히 선택해야 한다. 지점 a와 b는 편의에 따라 정하지만, 압력, 유속, 높이에 관한 정보가 충분히 알려진 지점을 선택하도록 한다.

예제 4.3

대형 개방 탱크 바닥에 연결된 50mm 관을 통하여 비중(60°F/60°F) 1.15인 염수를 배출시킨다. 배출관 출구는 탱크 안의 액면보다 5m 낮은 곳에 있다. 탱크 안의 염수의 액면에서 시작하여 배출관 중앙을 통과하여 출구에 이르는 유선을 고려한다. 유선에서의 마찰 손실은 무시할 수 있다고 가정하고, 배출관 출구에서의 유선의 유속을 구하라.

풀이 식 (4.29)를 적용한다. 염수 표면을 지점 a, 유선의 끝인 출구를 지점 b로 정한다.
각 지점의 압력은 대기압이므로, $p_a = p_b$이고, $p_a/\rho = p_b/\rho$이다.
염수 액면의 유속 u_a는 무시할 수 있으므로, $u_a^2/2$는 없어진다.
지점 b를 높이의 기준면으로 선택하면, $Z_b = 0$이고, $Z_a = 5\,\mathrm{m}$이다. 식 (4.29)에 대입하면,

$$5g = \frac{1}{2}u_b^2$$

출구에서 유선의 유속은 다음과 같다.

$$u_b = \sqrt{5 \times 2 \times 9.80665} = 9.90\,\mathrm{m/s}$$

이 유속은 밀도 및 관의 크기와는 무관하다.

흐름의 운동에너지(Kinetic energy of stream)

식 (4.29)의 $u^2/2$는 유속이 u인 유체 단위 질량의 운동에너지이다. 흐름 단면에서 유속이 변할 경우의 운동에너지는 다음과 같이 구할 수 있다. 미소 단면적 dS를 통한 질량유량은 $\rho u\, dS$이고, 유체 단위 질량의 운동에너지는 $u^2/2$이므로, 에너지 유량은 다음과 같다.

$$d\dot{E}_k = (\rho u\, dS)\frac{u^2}{2} = \frac{\rho u^3 dS}{2}$$

$\dot{E}_k$ = 운동에너지 유량, 에너지/시간

밀도가 일정하다면, 전체 단면적 S를 통과하는 흐름의 전체 운동에너지 유량은 다음과 같다.

$$\dot{E}_k = \frac{\rho}{2}\int_S u^3\, dS \tag{4.30}$$

전체 질량유량은 식 (4.2) 및 (4.7)과 같으므로 Bernoulli 식에서 단위 질량 기준의 운동에너지 $u^2/2$를 다음 식으로 대체할 수 있다.

$$\frac{\dot{E}_k}{\dot{m}} = \frac{\frac{1}{2}\int_S u^3\, dS}{\int_S u\, dS} = \frac{\frac{1}{2}\int_S u^3\, dS}{\overline{V}S} \tag{4.31}$$

운동에너지 보정인자(Kinetic energy correction factor) 식 (4.31)을 적분하는 대신에, 이 식으로 계산되는 운동에너지를 정확하게 나타낼 수 있도록 $\overline{V}^2/2$를 보정하는 편이 편리하다. 이 운동에너

지 보정인자 α는 다음과 같이 정의한다.

$$\frac{\alpha \overline{V}^2}{2} \equiv \frac{\dot{E}_k}{\dot{m}} = \frac{\displaystyle\int_S u^3\,dS}{2\overline{V}S}$$

$$\alpha = \frac{\displaystyle\int_S u^3\,dS}{\overline{V}^3 S} \tag{4.32}$$

α를 알면, 국부 유속 u 대신에 평균 유속 $\overline{V}$를 사용하여 운동에너지를 계산할 수 있다. 식 (4.32)에서 α를 구하려면 분자 항을 적분해야 하는데 국부 유속을 단면 위치의 함수로 나타낼 수 있어야 한다. α는 층류일 때 2.0, 심한 난류일 때 1.05 정도이다.

마찰이 있는 Bernoulli 식(Correction of bernoulli equation for fluid friction)

마찰이 있는 경우 기계적 에너지가 손실이 일어나므로 마찰 흐름에서는 유선에서 다음 양이 일정하지 않고 흐름 방향에 따라 감소하기 마련이다.

$$\frac{p}{\rho} + \frac{u^2}{2} + gZ$$

따라서 에너지 보존의 원리에 따르면 기계적 에너지 손실에 대응하는 열이 발생한다. 흐르는 유체에서 기계적 에너지가 열로 변환되는 현상을 유체 마찰이라 정의할 수 있다.

비압축성 유체에서는, 식 (4.29)의 우변에 마찰에 관한 항을 첨가하여 Bernoulli 식을 수정한다. 운동에너지 보정인자 α_a, α_b 역시 도입하면 식 (4.29)는 다음과 같이 된다.

$$\frac{p_a}{\rho} + gZ_a + \frac{\alpha_a \overline{V}_a^2}{2} = \frac{p_b}{\rho} + gZ_b + \frac{\alpha_b \overline{V}_b^2}{2} + h_f \tag{4.33}$$

h_f를 비롯한 이 식의 모든 항은 차원이 에너지/질량이다. h_f는 지점 a와 b 사이에서 유체 단위 질량에서 발생하는 전체 마찰(기계적 에너지가 열로 변환된 양)을 나타내는 것이다. 식 (4.33)의 다른 항과 이 항은 두 가지 면에서 다르다.

1. 기계적 에너지는 특정 지점(가령 입구 a와 출구 b)에서의 상태에 따라 정해지지만, h_f는 지점 a와 b 사이의 모든 점에서의 기계적 에너지의 손실을 나타낸다.
2. 마찰은 기계적 에너지로 변환될 수 없다.

식 (4.33)에서는 h_f의 부호가 언제나 +이다. 퍼텐셜흐름에서는 이 값이 0이다.

층류이든 난류이든 간에 경계층의 마찰은 속도구배를 유지하기 위해 전단력이 하는 일 때문에 생기며, 결과적으로는 점성 작용에 의해 열로 변환된다. 경계층이 분리되지 않을 때의 마찰을 **표면 마찰**(skin friction)이라 한다. 경계층이 분리되어 웨이크가 형성되면, 이 웨이크 안에서 에너지가 더욱 손실된다. 이러한 마찰은 고체의 위치와 모양에 따라 달라지므로 **형태 마찰**(form friction)이라 한다.

상황에 따라서는 표면 마찰과 형태 마찰이 모두 생기지만 그 정도가 다르다. 그림 3.7(a)의 경우에는 표면 마찰 뿐이지만, 그림 3.7(b)에서는 큰 웨이크가 발생하므로 형태 마찰의 영향이 크다. 식 (4.33)의 h_f는 표면 마찰과 형태 마찰을 모두 포함한 양이다.

예제 4.4

그림 4.7에 보인 것처럼, 수평으로 연결된 50mm(1.969in) 관 이음쇠에 밀도 998kg/m^3(62.3lb/ft^3)인 물이 계기 압력 100kN/m^2(14.48lb$_f$/in^2)에서 정상 유속 1.0m/s(3.28ft/s)로 유입된다. 이 이음쇠의 출구는 입구와 수평이지만 방향이 45° 다르며 지름도 20mm(0.787in)로 줄어든다. 물의 밀도는 일정하고, 입구와 출구에서의 운동에너지 및 운동량 보정인자는 1이며, 이 관 이음쇠에서의 마찰 손실은 무시할 수 있다고 가정한다. 다음을 구하라.

(a) 이음쇠 출구에서의 계기 압력
(b) 이음쇠가 물에 미치는 x 및 y 방향 힘

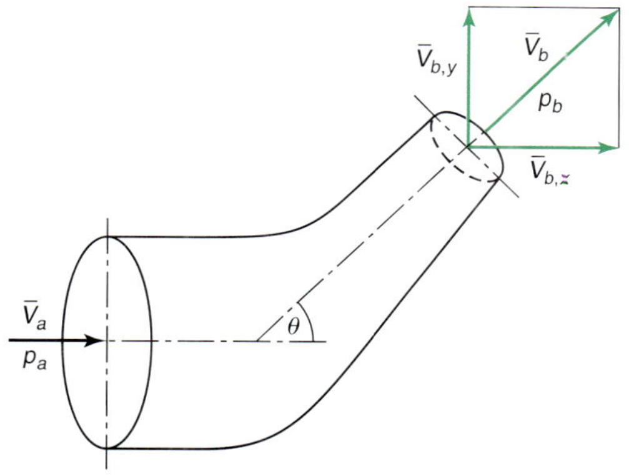

그림 4.7 축소 이음쇠(reducing fitting)에서의 흐름 ; 위에서 본 그림

풀이 (a) $\overline{V}_a = 1.0\,\text{m/s}$. 식 (4.6)에서

$$\overline{V}_b = \overline{V}_a\left(\frac{D_a}{D_b}\right)^2 = 1.0\left(\frac{50}{20}\right)^2 = 6.25\,\text{m/s}$$

$$p_a = 100\,\text{kN/m}^2$$

출구 압력 p_b는 식 (4.33)에서 구한다. $Z_a = Z_b$이고 h_f는 무시하므로, 식 (4.33)은 다음과 같이 된다.

$$\frac{p_a - p_b}{\rho} = \frac{\overline{V}_b^2 - \overline{V}_a^2}{2}$$

따라서

$$p_b = p_a - \frac{\rho(\overline{V}_b^2 - \overline{V}_a^2)}{2} = 100 - \frac{998(6.25^2 - 1.0^2)}{1{,}000 \times 2}$$

$$= 100 - 18.99 = 81.01\,\text{kN/m}^2(11.75\text{lb}_\text{f}/\text{in}^2)$$

(b) 유체에 미치는 힘은 식 (4.14)와 (4.15)에서 구한다. 수평 흐름에서는 $F_g = 0$이므로, x 방향에 대해 나타내면 다음과 같다.

$$\dot{m}(\beta_b \overline{V}_{b,x} - \beta_a \overline{V}_{a,x}) = p_a S_{a,x} - p_b S_{b,x} + F_{w,x} \tag{4.34}$$

$S_{a,x}$와 $S_{b,x}$는 S_a와 S_b를 초기 흐름 방향에 직각인 평면 위에 투영한 면적이다. 흐름은 x 방향으로 도입되므로, $\overline{V}_{a,x} = \overline{V}_a$이다. 따라서

$$S_{a,x} = S_a = \frac{\pi}{4}0.050^2 = 0.001964\,\text{m}^2$$

그림 4.7에서,

$$\overline{V}_{b,x} = \overline{V}_b\cos\theta = 6.25\cos 45° = 4.42\,\text{m/s}$$

$$S_{b,x} = S_b \sin\theta = \frac{\pi}{4}0.020^2 \sin 45° = 0.000222\,\text{m}^2$$

식 (4.5)에서,

$$m = \overline{V}_a \rho S_a = 1.0 \times 998 \times 0.001964 = 1.960\,\text{kg/s}$$

$\beta_a = \beta_b = 1$이라 가정했으므로, 식 (4.34)에 대입하고 $F_{w,x}$를 구하면 다음과 같다.

$$F_{w,x} = 1.96(4.42 - 1.0) - 100{,}000 \times 0.001964 + 81{,}010 \times 0.000222$$

$$= 6.7 - 196.4 + 18.0 = -171.7\,\text{N}(-38.6\,\text{lb}_\text{f})$$

마찬가지로 y 방향에 대하여 구한다. $\overline{V}_{a,y} = 0$, $S_{a,y} = 0$이므로,

$$\overline{V}_{b,y} = \overline{V}_b\sin\theta = 4.42\,\text{m/s} \qquad S_{b,y} = S_b\cos\theta = 0.000222\,\text{m}^2$$

따라서

$$F_{w,y} = \dot{m}(\beta_b \overline{V}_{b,y} - \beta_a \overline{V}_{a,y}) - p_a S_{a,y} + p_b S_{b,y}$$

$$= 1.96(4.42 - 0) - 0 + 81.01 \times 0.000222 \times 1{,}000$$

$$= 8.66 + 17.98 = 26.64\,\text{N}(5.99\text{lb}_\text{f})$$

Bernoulli 식에서 펌프 일(Pump work in Bernoulli equation)

펌프를 사용하여 유체의 기계적 에너지를 증가시킴으로서, 운동에너지를 공급하고 마찰 손실을 상쇄하며 때로는 위치에너지를 증가시켜서 흐름을 유지할 수 있다. 식 (4.33)의 지점 a와 b 사이에 펌프를 설치하고, 유체 단위 질량 기준의 펌프 일은 W_p라 한다. Bernoulli 식은 기계적 에너지 수지식이므로, 펌프 안의 마찰을 따로 고려해야 한다. 실제 펌프에서는 다양한 유체 마찰이 존재할 뿐 아니라, 베어링과 씰(seal) 또는 스터핑 박스(stuffing box)에는 기계적 마찰도 있다. 펌프에 공급

한 에너지 중에서 이러한 마찰 손실을 제외한 양이 축일에 의해 실제 유체로 전달되는 실질 기계적 에너지가 된다. 유체 단위 질량 기준으로 펌프에서의 전체 마찰손실을 h_{fp}라 하면, 유체에 전달되는 실질 일은 $W_p - h_{fp}$이다. 실제로는 h_{fp} 대신에 펌프 효율(pump efficiency) η를 다음과 같이 정의하여 사용한다.

$$W_p - h_{fp} \equiv \eta W_p$$

$$\eta = \frac{W_p - h_{fp}}{W_p} \tag{4.35}$$

따라서 유체에 전달되는 기계적 에너지는 ηW_p이며, $\eta < 1$이다. 펌프 일을 고려하여 식 (4.33)을 수정하면 다음과 같다.

$$\frac{p_a}{\rho} + gZ_a + \frac{\alpha_a \overline{V}_a^2}{2} + \eta W_p = \frac{p_b}{\rho} + gZ_b + \frac{\alpha_b \overline{V}_b^2}{2} + h_f \tag{4.36a}$$

이 식은 **비압축성 유체의 흐름에서 Bernoulli 식**이다.

$$\frac{p_a}{\rho} + gZ_a + \frac{\alpha_a \overline{V}_a^2}{2g_c} + \eta W_p = \frac{p_b}{\rho} + gZ_b + \frac{\alpha_b \overline{V}_b^2}{2g_c} + h_f \tag{4.36b}$$

예제 4.5

그림 4.8에 보인 계에서, 펌프를 사용하여 비중 1.84인 유체를 저장조에서 고가 탱크로 퍼 올린다. 흡입부는 3in(75mm) 규격 40 강관이고, 배출부는 2in(50mm) 규격 40 강관이다. 흡입부 유속은 3ft/s(0.914m/s)이고, 펌프 효율은 60%이다. 배출관의 출구는 저장조 액면보다 50ft(15.2m) 높이에 있다. 배관 전체에서의 마찰 손실은 10ft·lb_f/lb(29.9J/kg)이다. 펌프가 내야 할 압력과 유체에 전달되는 동력을 구하라.

풀이 식 (4.36)을 사용한다. 저장조 안의 유체 액면을 지점 a, 2in 관 출구를 지점 b로 하고, 지점 a을 기준면으로 한다. 두 지점에서의 압력은 모두 대기압이므로, $p_a = p_b$이다. 배출관의 지름에 비해 저장조의 지름이 아주 크므로, 지점 a에서의 유속은 무시할 수 있다. 난류일 경우 운동에너지 보정인자 α를 1로 보아도 별 오차가 생기지 않는다. 식 (4.36)을 다시 쓰면,

$$W_p \eta = \frac{g}{g_c} Z_b + \frac{\overline{V}_b^2}{2g_c} + h_f$$

부록 3에서, 3in 및 2in 관의 단면적은 각각 0.0513 및 0.0223ft^2이다. 2in 관에서의 유속은 다음과 같다.

$$\overline{V}_b = \frac{3 \times 0.0513}{0.0233} = 6.61 \text{ ft/s}$$

따라서

$$0.60\,W_p = 50\frac{g}{g_c} + \frac{6.61^2}{64.34} + 10 = 60.68$$

$$W_p = \frac{60.68}{0.60} = 101.1\,\text{ft}\cdot\text{lb}_f/\text{lb}$$

펌프가 내야 할 압력은 식 (4.36)을 펌프 자체에 적용하여 구할 수 있다.

지점 a를 펌프 흡입구, 지점 b를 점프 배출구로 한다.

흡입구와 배출구의 준위치는 무시할 수 있으므로, $Z_a = Z_b$이다. 식 (4.36)을 다시 쓰면,

$$\frac{p_b - p_a}{\rho} = \frac{\overline{V}_a^2 - \overline{V}_b^2}{2g_c} + W_p\eta$$

펌프가 내야 할 압력은 다음과 같다.

$$p_b - p_a = 1.84 \times 62.37\left(\frac{3^2 - 6.61^2}{2 \times 32.17} + 60.68\right)$$

$$= 6{,}902\,\text{lb}_f/\text{ft}^2 = \frac{6{,}902}{144} = 47.9\,\text{lb}_f/\text{in}^2(330\,\text{kN/m}^2)$$

펌프에 공급해야 할 동력은 W_p와 질량유량을 곱한 값과 같다. 질량유량은,

$$\dot{m} = 0.0513 \times 3 \times 1.84 \times 62.37 = 17.66\,\text{lb/s}$$

$1\text{hp} = 550\text{ft}\cdot\text{lb}_f/\text{s}$이므로, 동력은 다음과 같다.

$$P = \frac{\dot{m}\,W_p}{550} = \frac{17.66 \times 101.1}{550} = 3.25\,\text{hp}(2.42\,\text{kW})$$

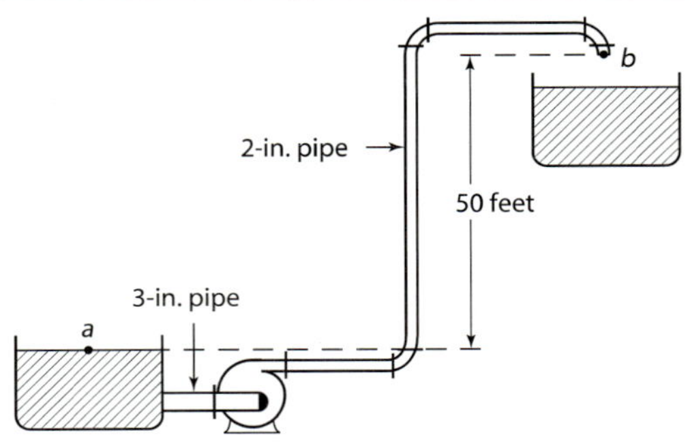

그림 4.8 예제 4.5의 흐름도

따라서 유체에 전달되는 동력은 다음과 같다.

$$3.25 \times 0.60 = 1.95\,\text{hp}(1.45\,\text{kW})$$

4.1 판 사이의 유체가 위로 흐르려면, 중력의 영향을 극복할 수 있을 정도로 이동 판의 속도 v_0가 충분히 커야 한다. 지금 간격이 1mm인 판 사이에 밀도 900kg/m^3, 점도 50mPa·s인 유분이 있다고 하자. ρg에 비해 압력 강하 dp/dy 무시할 수 있다고 보고, 다음을 구하라.

(a) 유체가 위로 흐르는 데 필요한 이동 판의 최소 상향 속도

(b) 이 최소 속도 v_0를 유지할 때, 판 사이의 중간 위치에서의 유체의 점도

(c) 고정 판, 이동 판, 중간 위치에서 유체의 전단응력. 예제 (4.3)의 식들을 사용한다.

답 : (a) V = 0.08826m/s or 88.26mm/s (b) μ = 0.02206m/s (c) 44.13s^{-1}

4.2 (a) 지름이 30ft인 물탱크에 25ft 높이로 물이 들어있다. 배출구는 4in 수평관으로 탱크 바닥에 연결되어 있다. 이 관이 아주 짧을 때 초기 배출 유량을 구하라(배출관에서의 마찰 손실은 무시한다).

(b) 탱크의 물이 다 빠져나갈 때까지의 시간을 구하라.

(c) 평균 유량을 계산하고 초기 유량과 비교하라.

답 : (a) G = 3.54ft^3/s (b) t_T = 9,970s or 2.77h (c) u = 1.77ft^3/s

4.3 바닥의 큰 저수조에 있는 20°C의 물을 9m^3/h의 유량으로 실험용 흡수탑 상부로 퍼올린다. 배출점은 바닥으로부터 5m 높이에서 대기 중에 개방되어 있다. 수송관은 50mm 관이고 수송 중의 마찰 손실은 2.5J/kg이다. 펌프가 0.1kW 밖에 낼 수 없다고 할 때, 저수조 안의 수면을 어느 정도로 유지해야 하나?

답 : Z_a = 1.25m

4.4 수평으로 설치된 100mm·ID 90° 엘보(elbow)에, 계기 압력 70kN/m^2, 유속 6m/s로 물이 유입된다. 마찰은 무시한다. 이 엘보가 그 자리에서 움직이지 않도록 하려할 때, 엘보에 가해야 할 힘의 크기와 방향을 구하라.

답 : 1,176.2N

4.5 지름이 2.5m이고 높이가 4m인 수직 원통형 반응기를 냉각하기 위해, 꼭대기에 물을 분무하여 외벽을 따라 흐르도록 한다. 물은 유량 0.15m^3/min, 평균 온도 40°C일 때, 물층의 두께를 구하라.

답 : 4.0 × 10^{-4} or 0.4mm

4.6 2.5 × 2.5cm Raschig 링을 충전한 탑 상부에 밀도가 1,040kg/m^{3}이고 점도가 1.25mPa·s인 수용액을 분무한다. 액체 유량이 4.500kg/m^2·h일 때 다음을 구하라.

(a) 충전물 위에 흘러내리는 액체 막의 평균 두께. 경사각은 45°이고 액체는 충전물 상층에 균일하게 분배된다고 가정한다.

(b) 탑 부피 중에서 액체가 차지하는 비율

(c) 충전물의 전체 표면 중에서 절반만 젖는다고 할 경우의 액체 막의 평균 두께

답 : (a) 5.06 × 10^{-4}m or 0.506mm (b) 9.61% (c) 0.638mm

4.7 전력 수요가 적은 야간에 500ft 높이의 언덕에 있는 저장조로 강물을 퍼 올린다. 주간에는 이 물을 터빈을 통해 반송하여 피크 전력 수요에 맞추도록 한다.

(a) 길이가 2,500ft인 30in 배관 둘을 사용하여 20,000gal/min씩 수송하는 데 필요한 펌프 동력을 구하라. 펌프 효율은 85%이고, 마찰손실은 15ft H_2O로 추산된다.

(b) 전체 유량이 동일할 때 터빈에서 발생하는 전력을 구하라.

(c) 에너지 저장시설로서의 이 시설의 총괄 효율을 구하라.

답 : (a) W_p = 607.4ft·lb$_f$/lb (b) P = 4,172hp (c) η = 0.68 or 68%

4.8 안지름 25mm인 원관에 분자량 70g/mol, 밀도 0.7g/cm³인 액체가 7g/s의 유량으로 흐르고 있다. 계산값으로 틀린 것은? **(화공기사 기출)**

① 부피유량 = 10cm^2/s ② 몰유량 = 0.1mol/s

③ 평균유속 = 2.04m/s ④ 면적당 질량속도 = 14.26kg/s·m^2

답 : ①

4.9 두껑이 있는 대용량의 저수탱크의 수면에서 10m 아래에 있는 내경 3cm의 구멍으로 물이 유출된다. 유출수량은 약 얼마인가? (단, 마찰손실은 무시한다.) **(화공기사 기출)**

① 22.6m^3/h ② 27.6m^3/h ③ 31.6m^3/h ④ 35.6m^3/h 답 : ④

4.10 상온의 물이 큰 탱크로부터 유출된다. 유출구로부터 수면 상부까지의 높이는 2m이며, 출구관의 지름이 100mm이다. 수면의 변화가 없다고 가정하면 단위 시간당 유출량은 약 몇 m^3/h인가? (단, 모든 손실은 무시한다.) **(화공기사 기출)**

① 101 ② 177 ③ 215 ④ 310 답 : ②

4.11 지름이 10cm인 파이프 속에서 기름의 유속이 10m/s일 때 지름이 2cm인 파이프 속에서의 유속은 몇 cm/s인가? **(화공기사 기출)**

① 50 ② 100 ③ 250 ④ 500 답 : ③

4.12 지름이 5cm인 관에서 물이 9.8m/s의 유속으로 분출되고 있다. 이 물은 약 몇 m 높이까지 올라가겠는가? **(화공기사 기출)**

① 4.9 ② 9.8 ③ 15 ④ 19.8 답 : ①

4.13 직경이 15cm인 파이프에 비중이 0.7인 디젤유가 280ton/h의 유량으로 이송되고 있다. 1,509m의 배관거리를 통과하는데 걸리는 시간은 약 몇 분인가? **(화공기사 기출)**

① 1 ② 2 ③ 3 ④ 4 답 : ④

비압축성 유체의 흐름

Incompressible Flow

화공기술자는 관(pipe), 튜브(tube), 단면이 원형이 아닌 채널(channel) 등 다양한 유로에서의 유체 흐름을 다루게 된다. 관에는 유체가 가득 차는 것이 보통이지만 그렇지 않을 때도 있다. 또 경사면이나 수직면에서의 흐름, 고체 층을 통한 흐름, 교반조에서의 흐름 등도 취급해야 한다. 이 장에서는 폐쇄관과 채널에서의 비압축성 유체의 정상 흐름을 다룬다.

5.1 관 내 전단응력과 표면마찰(Shear stress and skin friction in pipe)

전단응력 분포(Shear-stress distribution)

밀도가 일정한 유체가 수평관에서 완전 발달된 정상 흐름으로 흐른다고 하자. 그림 5.1에 보인 것처럼 원판 모양의 유체 요소를 생각한다. 이 원판은 관의 축과 동심이며 반지름 r, 두께 dL이고 유리된 물체라고 가정한다. 이 원판의 상류 면과 하류 면에서의 유체 압력은 각각 p 및 $p+dp$라 한다. 유체는 점도가 있으므로 이 요소의 테(rim)에는 흐름과 반대 방향의 전단응력이 작용한다. 이 원판에 대해 운동량 식 (4.15)를 적용하기로 한다.

$$\sum F = p_a S_a - p_b S_b + F_w - F_g \tag{4.15}$$

완전 발달 흐름이므로, $\beta_b = \beta_a$, $\overline{V}_b = \overline{V}_a$, $\sum F = 0$이다. 식 (4.15)에 다음 값들을 대입한다.

$$S_a = S_b = \pi r^2 \qquad p_a = p \qquad p_a S_a = \pi r^2 p \qquad p_b S_b = (\pi r^2)(p + dp)$$

유체 요소의 테에 작용하는 전단력 F_s는 전단응력과 원주 면적의 곱 $(2\pi r\, dL)\tau$이다[식 (4.15)에서 힘 $F_s = -F_w$이다]. 수평 유로이므로 $F_g = 0$이다. 이러한 양들을 식 (4.15)에 대입하면

$$\sum F = \pi r^2 p - \pi r^2 (p + dp) - (2\pi r\, dL)\tau = 0$$

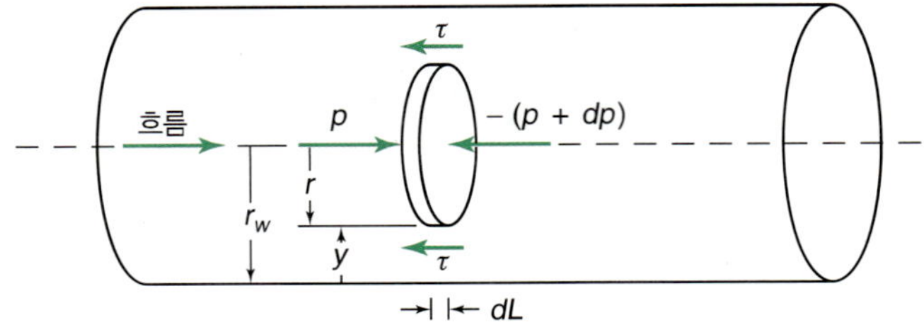

그림 5.1 관 안의 정상 흐름 중의 유체 요소

이 식을 $\pi r^2 dL$로 나누고 정리하면

$$\frac{dp}{dL} + \frac{2\tau}{r} = 0 \tag{5.1}$$

층류이든 난류이든 간에 정상 흐름이면 유관의 한 단면에서의 압력은 일정하므로 dp/dL은 r과 무관하다. 식 (5.1)은 관의 전체 단면에 대해 쓸 수 있다. 유로 벽에서의 전단응력을 τ_w, 관의 반지름을 r_w라 하면 $r = r_w$에서 $\tau = \tau_w$이다. 따라서

$$\frac{dp}{dL} + \frac{2\tau_w}{r_w} = 0 \tag{5.2}$$

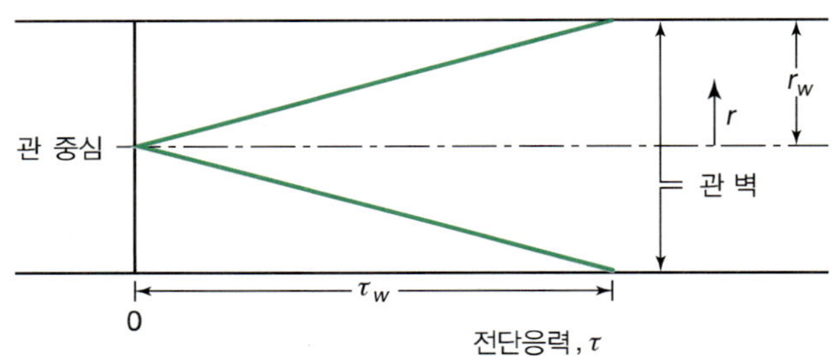

그림 5.2 관 안의 전단응력 변화

식 (5.2)에서 식 (5.1)을 빼면

$$\frac{\tau_w}{r_w} = \frac{\tau}{r} \tag{5.3}$$

$r = 0$이면 $\tau = 0$이다. 이 τ와 r 사이의 간단한 선형 관계를 나타내면 그림 5.2와 같다. 이 관계는 층류와 난류, 뉴튼 유체와 비뉴튼 유체에 모두 적용된다.

표면 마찰과 벽 전단의 관계(Relation between skin friction and wall shear)

식 (4.33)을 흐름 전체의 임의 길이 L에 대해 나타낼 수 있다.

$$\frac{p_a}{\rho} + gZ_a + \frac{\alpha_a \overline{V}_a^2}{2} = \frac{p_b}{\rho} + gZ_b + \frac{\alpha_b \overline{V}_b^2}{2} + h_f \tag{4.33}$$

$\Delta p = p_b - p_a$는 일반적으로 $p_a > p_b$이므로 $p_b - p_a$는 −값이 된다. 하지만 압력 강하 Δp는 보통 $p_a - p_b$로 나타낸다. 따라서 $p_b = p_a - \Delta p$, $Z_b - Z_a = 0$이며 두 운동에너지 항은 소거된다. 마찰은 벽과 유체 사이의 표면 마찰 뿐이므로 압력 강하는 표면 마찰 때문에 생긴다. 표면 마찰을 h_{fs}, 압력 강하를 Δp_s로 나타내면 식 (4.33)은 다음과 같이 된다.

$$\frac{p_a}{\rho} = \frac{p_a - \Delta p_s}{\rho} + h_{fs}$$

$$\frac{\Delta p_s}{\rho} = h_{fs} \tag{5.4}$$

관의 길이 L에서 식 (5.2)의 dp/dL은 $\Delta p_s/L$이 된다. 식 (5.2)와 (5.4)에서 Δp_s를 소거하면 h_{fs}와 τ_w의 관계가 다음과 같이 된다.

$$h_{fs} = \frac{2}{\rho}\frac{\tau_w}{r_w}L = \frac{4}{\rho}\frac{\tau_w}{D}L \tag{5.5}$$

$D =$ 관 지름

마찰계수(The friction factor)

또 하나의 일반적 매개변수에 Fanning 마찰계수(friction factor)[1]가 있는데 이는 난류의 연구에서 특히 유용하다. 벽 전단응력에 대한 밀도와 속도두(velocity head, $\overline{V}^2/2$)의 곱의 비로 정의하며 f로 나타낸다.

$$f \equiv \frac{\tau_w}{\rho \overline{V}^2/2} = \frac{2\tau_w}{\rho \overline{V}^2} \tag{5.6}$$

표면 마찰 매개변수 사이의 관계(Relations between skin friction parameters)

관 안의 표면 마찰을 나타내는 데 사용되는 네 가지 양 h_{fs}, Δp_s, τ_w, f의 관계는 다음과 같다.

$$h_{fs} = \frac{2}{\rho}\frac{\tau_w}{r_w}L = \frac{\Delta p_s}{\rho} = 4f\frac{L}{D}\frac{\overline{V}^2}{2} \tag{5.7}$$

이로부터

$$f = \frac{\Delta p_s D}{2L\rho \overline{V}^2} \tag{5.8}$$

$$\frac{\Delta p_s}{L} = \frac{2f\rho \overline{V}^2}{D} \tag{5.9}$$

식 (5.9)는 곧은 관에서 표면 마찰에 의한 손실을 나타낼 때 자주 쓰인다. h_{fs}, Δp_s에서 하첨자 s는 이러한 양이 표면 마찰에 의한 값으로 Fanning 마찰계수와 관계가 있음을 나타낸다. Bernoulli 식에서 다른 항들이 있거나 형태 마찰 역시 영향을 미치게 되면, $p_c - p_b$는 Δp_s와 달라진다. 경계

1) 유체역학에서 자주 쓰이는 마찰계수에는 또 Blasius 또는 Darcy 마찰계수(f')가 있는데, 이는 $4f$와 같다. 주로 기계공학 관련 서적에서는 f' 값을 얻게 됨으로 유의하라.

층이 분리되면 h_f는 h_{fs}보다 아주 커진다.

원형이 아닌 채널 안의 흐름(Flow in noncircular channels)

원형이 아닌 유로의 단면에서 표면 마찰을 평가할 때는, Reynolds 수와 표면 마찰의 정의식 (5.8)에서 지름 대신에 수력학적 반경의 4배로 정의하는 **상당지름**(equivalent diameter) D_{eq}를 사용한다. 수력학적 반경 r_H는 유로의 단면적과 젖음 둘레(wetted perimeter)의 비로 정의한다.

$$r_H \equiv \frac{S}{L_p} \tag{5.10a}$$

$S =$ 유로 단면적

$L_p =$ 젖음 둘레(유로 내면에서 유체와 접촉하는 둘레)

원관의 경우에는 수력학적 반경이 다음과 같다.

$$r_H = \frac{\pi D^2/4}{\pi D} = \frac{D}{4} \tag{5.10b}$$

따라서 상당 지름 $4r_H = D$가 된다.

두 동심관 사이의 환상 유로의 경우에는 수력학적 반경이 다음과 같다.

$$r_H = \frac{\pi D_o^2/4 - \pi D_i^2/4}{\pi D_i + \pi D_o} = \frac{D_o - D_i}{4} \tag{5.11}$$

D_i, $D_o =$ 각각 환상 유로의 내경과 외경

따라서 환상 유로의 상당지름은 외경과 내경의 차이와 같아진다. 한 면의 폭이 b인 사각 유로의 경우에는 상당 지름이 $4(b^2/4b) = b$가 된다. 간격이 b인 두 평행판 사이의 유로의 경우 b가 판의 폭보다 아주 적으면 상당 지름 $D_{\text{eq}} = 2b$가 된다.

마찰계수의 정의식 (5.6)과 Reynolds 수의 정의식 (3.10)에서, r 대신에 $2r_H$, D 대신에 D_{eq}를 대입하면 일반식이 된다. 수력학적 반경은 층류보다는 난류에서 특히 유용한 개념이다. 층류일 경우에는 대개 유체 흐름의 관계식을 수학적으로 유도할 수 있다.

5.2 관과 채널에서의 층류(Laminar flow in pipes and channel)

유체가 비압축성이고 정상 상태의 완전 발달된 흐름이면 식 (5.1)~(5.9)는 층류나 난류에 모두 적용된다. 층류에서는 전단응력-점도의 관계가 단순하므로 층류에 관한 관계는 비교적 쉽게 유도할 수 있다.

뉴튼 유체의 층류(Laminar flow of newtonian fluids)

뉴튼 유체에서는 유속 분포, 평균 유속, 운동량 및 운동에너지 보정인자를 쉽게 구할 수 있다.

유속 분포(Velocity distribution) 유선 중의 국부 유속과 위치의 관계를 구하기로 한다. 원형 유로에서는 관의 중심축에 대해 대칭적이므로 국부 유속 u는 반지름 r에 따라서만 달라진다. 단면 요소 dS는 반지름이 r이고 두께가 dr인 얇은 고리이다. 즉

$$dS = 2\pi r\, dr \tag{5.12}$$

유속 분포는 점도의 정의식 (3.3)에서 구한다.

$$\mu = -\frac{\tau}{du/dr} \tag{5.13}$$

식 (5.13)의 − 부호는 관에서 r 이 증가할수록 u가 감소함을 의미한다. 식 (5.3)과 (5.9)에서 τ를 소거하면 u 와 r 의 관계를 나타내는 상미분방정식이 된다.

$$\frac{du}{dr} = -\frac{\tau_w}{r_w\,\mu} r \tag{5.14}$$

$r = r_w$에서 $u = 0$이므로, 식 (5.14)를 적분하면 다음과 같다.

$$\int_0^u du = -\frac{\tau_w}{r_w\,\mu}\int_{r_w}^r r\,dr$$

$$u = \frac{\tau_w}{2r_w\,\mu}(r_w^2 - r^2) \tag{5.15}$$

관 중심에서는 국부 유속이 최대값 $u_{\max}$가 된다. 식 (5.15)에서 $r = 0$이면

$$u_{\max} = \frac{\tau_w r_w}{2\mu} \tag{5.16}$$

식 (5.15)를 식 (5.16)으로 나누면 국부 유속과 최대 유속의 관계를 얻을 수 있다.

$$\frac{u}{u_{\max}} = 1 - \left(\frac{r}{r_w}\right)^2 \tag{5.17}$$

즉, 층류에서는 반지름에 따른 유속 분포가 관 중심에 꼭지점이 있는 포물선이 된다. 이는 그림 5.3의 파선과 같다.

평균 유속(Average velocity) 식 (5.12)의 dS, 식 (5.15)의 u, $S = \pi r_w^2$의 관계를 식 (4.3)에 대입하면 다음 식이 된다.

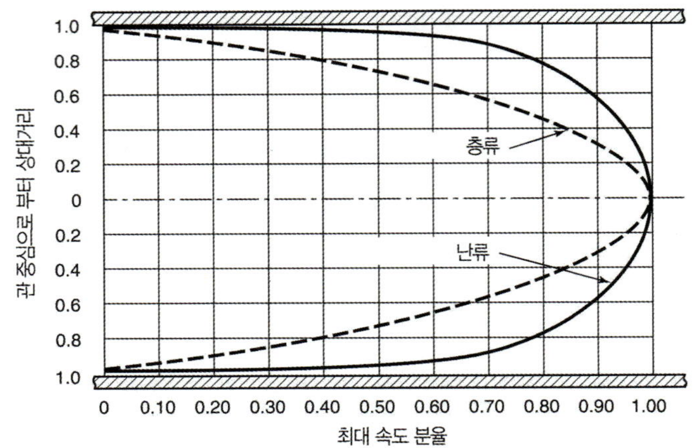

그림 5.3 관 안의 유속 분포. 뉴튼 유체의 완전 발달 흐름에서 층류와 난류(Re = 10,000)의 경우

$$\overline{V} = \frac{\tau_w}{r_w^3 \mu} \int_0^{r_w} (r_w^2 - r^2) r\, dr = \frac{\tau_w r_w}{4\mu} \tag{5.18}$$

이 식과 식 (5.16)을 비교하면

$$\frac{\overline{V}}{u_{\max}} = 0.5 \tag{5.19}$$

층류에서는 평균 유속이 최대 유속의 꼭 절반이 된다.

운동에너지 보정인자(Kinetic energy correction factor) 식 (5.8)의 dS, 식 (5.18)의 $\overline{V}$을 사용하여 식 (4.32)의 $\alpha = \dfrac{\int_S u^3 dS}{\overline{V}^3 S}$에서 운동에너지 보정인자 α를 구한다. 최종 결과는 $\alpha = 2.0$ 이다. 따라서 층류일 경우에는 Bernoulli 식 (4.33)의 운동에너지 항이 $\overline{V}^2$이 되어야 옳다.

운동량 보정인자 층류의 β는 식 (4.13) ($\beta = \dfrac{1}{S}\int_S \left(\dfrac{u}{\overline{V}}\right)^2 dS$)에서 구하면 $\beta = 4/3$ 이다.

Hagen-Poiseuille 식(Hagen-poiseuille equation)

실제 계산에서는 식 (5.7)을 이용하여 식 (5.18)에서 τ_w를 제거하여 Δp_s로 나타내고 관의 반지름 대신에 직경을 사용한 다음 식을 사용한다.

$$\overline{V} = \frac{\Delta p_s}{L} \frac{r_w}{2} \frac{r_w}{4\mu} = \frac{\Delta p_s D^2}{32 L \mu}$$

Δp_s로 나타내면

$$\Delta p_s = \frac{32L\overline{V}\mu}{D^2} \tag{5.20}$$

$\Delta p_s = 4\tau_w/(DL)$이므로

$$\tau_w = \frac{8\overline{V}\mu}{D} \tag{5.21}$$

식 (5.21)을 식 (5.6)에 대입하면 다음과 같이 된다.

$$f = \frac{16\mu}{D\overline{V}\rho} = \frac{16}{\text{Re}} \tag{5.22}$$

식 (5.20)을 **Hagen-Poiseuille 식**이라 하며 점도 측정 실험에 이용한다. 즉 길이와 지름을 아는 관에서 압력 강하와 부피유량을 측정하고 식 (4.4)에서 부피유량으로부터 $\overline{V}$를 계산하면 식 (5.20)에서 점도를 구할 수 있다. 실제로는 운동에너지와 입구 영향을 보정해야 한다.

비뉴튼 액체의 층류(Laminar flow of non-newtonian liquids)

전단응력과 속도구배의 관계가 다르므로 비뉴튼 액체의 속도 프로필은 뉴튼 유체의 경우와 다르다. 비뉴튼 액체의 흐름은 상황이 복잡하므로 속도 프로필을 실측하여 구한다. Bingham 모델[식 (3.8)]처럼 다소 단순한 경우에는 뉴튼 유체에서와 같은 방법으로 흐름 매개변수를 구할 수 있다.

Bingham 가소성 유체 모델에 따르는 유체의 거동은 다소 복잡하다. u와 r의 관계를 나타낸 곡선의 일반형을 그림 5.4(a)에 보였다. 관의 중심부에서는 플러그흐름(평류)처럼 흐르므로 반지름에 따른 유속 변화가 없고 이 중심부와 관벽 사이의 환상 부분에서만 속도구배가 생긴다. 다른 유형의 흐름과는 달리 중심부에서는 전단응력이 아주 작아서 문지방 전단 τ_0를 극복하지 못한다. 전단 선도를 그림 5.4(b)에 보였다. 관벽과 플러그 사이의 환상 부분에서의 유속 변화는 다음 식으로 나타낼 수 있다.

$$u = \frac{1}{K}(r_w - r)\left[\frac{\tau_w}{2}\left(1 + \frac{r}{r_w}\right) - \tau_0\right] \tag{5.23}$$

여기서 K는 상수이다.

플러그 부분과 나머지 유체 부분 사이의 경계는 식 (5.23)을 미분하고 속도구배를 0으로 하여 구하거나 그림 5.4(b)에서 직접 읽어서 간단히 구할 수도 있다. 결과는 다음과 같다.

$$r_c = \frac{\tau_0}{\tau_w} r_w \tag{5.24}$$

중심의 유속 u_c, 즉 플러그의 이동속도는 식 (5.24)의 r_c를 식 (5.23)의 r에 대입하여 구할 수 있다.

$$u_c = \frac{\tau_0}{2Kr_c}(r_w - r_c)^2 \tag{5.25}$$

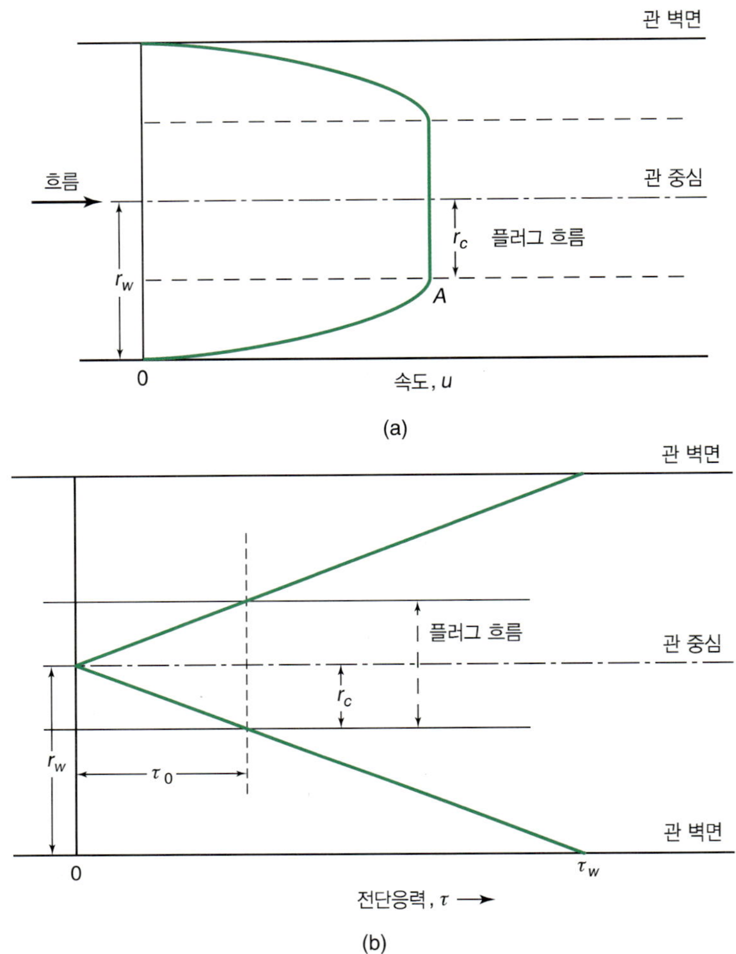

그림 5.4 Bingham 가소성 유체 흐름의 (a) 속도 프로필 (b) 전단선도

비뉴튼 유체 혼합물에서 관찰한 흥미 있는 사실의 예를 들면 전단이 클 때는 벽에서 유속이 0이라는 경계 조건이 맞지 않는다는 것이다. 현탁물(suspension)이나 섬유-함유 고분자와 같은 다상 유체(multiphase fluids)에서 이러한 현상이 나타나는 것은 벽에 가까운 얇은 층에는 입자나 섬유가 들어 있지 않아서 벌크 유체보다 점도가 낮아지기 때문인 것으로 생각된다. 이 때문에 벽에서 미끄럼(slip) 현상이 나타난다.

환상 유로의 층류(Laminar flow in an annulus)

환상 유로에 뉴튼 유체가 층류로 흐를 때 국부 유속과 반경 방향 위치의 관계는 관내 흐름에서 사용한 것과 마찬가지 방법으로 구할 수 있는데 Bird등이 유도한 결과식은 다음과 같다.

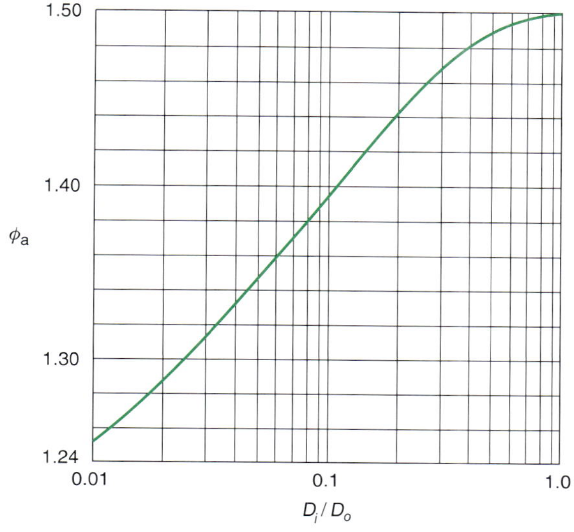

그림 5.5 식 (5.28)의 ϕ_a 값

$$u = \frac{\Delta p_s r_0^2}{4\mu L}\left[1 - \left(\frac{r}{r_0}\right)^2 + \frac{1-\kappa^2}{\ln(1/\kappa)}\ln\frac{r}{r_0}\right] \tag{5.26}$$

$r_o =$ 환상 유로 외벽의 반지름

$\kappa = r_i / r_o$

$r_i =$ 환상 유로 내벽의 반지름

환상 흐름의 Reynolds 수는 다음과 같다.

$$\text{Re} = \frac{(D_o - D_i)\overline{V}\rho}{\mu} \tag{5.27}$$

D_i, $D_o =$ 각각 환상 유로의 내경과 외경

환상 유로에서의 층류일 경우, 마찰계수와 Reynolds 수의 관계는 다음과 같다.

$$f = \frac{16}{\text{Re}}\phi_a \tag{5.28}$$

$\phi_a = D_i / D_o$의 함수, 그림 5.5에서 보였다. 원형 단면에서는 $\phi_a = 1.0$이고, 평행판에서는 1.5이다.

5.3 관과 채널에서의 난류(Turbulent flow in pipes and channel)

폐쇄 유로의 난류일 때는 유체와 관벽의 계면에서는 유속이 0이며 아주 특별한 경우를 제외하고는 벽에 직각인 속도 성분이 없다. 벽에 인접한 얇은 부피 중에서는 속도구배가 본질적으로 일정하며

흐름은 거의 언제나 점성 흐름이다. 이 부분을 **점성 하층**(viscous sublayer)이라 한다. 이 하층은 두께가 정해져 있고 에디가 없다고 가정하지만 측정 결과에 따르면 난류로부터 이 부분으로 에디가 들어가서 유속이 변동하는 경우가 있다. 벽에 아주 가까운 영역에는 에디가 거의 없지만 에디가 전혀 없는 부분은 존재하지 않는다. 여하간 점성 하층에서는 점성 전단만 중요하며 에디가 존재하더라도 에디 확산은 아주 미미하다.

전체 단면적에서 점성 하층이 차지하는 비율은 아주 적다. 이 층은 상부 경계가 명확하지 않으므로 그 두께를 정의하기가 어렵다. 점성 하층 외부에는 바로 **전이층**(transition layer)이 인접해 있는데 여기에서는 점성 전단과 에디 확산으로 인한 전단이 모두 존재한다. **전이층은 완충층**(buffer layer)이라고도 하며 역시 아주 얇다. 유체가 흐르는 단면의 대부분은 완전한 난류가 차지하며 이 부분을 **난류 중심**(turbulent core)이라 한다. 여기에서는 에디 점도로 인한 전단에 비해 점성 전단은 무시할 수 있다.

운동에너지 및 운동량 보정인자(The kinetic energy and momentum correction factors) 층류의 경우와는 달리 난류에서는 α와 β의 값이 1에 가까운 값이다. 각각의 정의식인 식 (4.13)과 (4.32)를 적분하고 로그 속도법칙(logarithmic velocity law)을 사용하여 보정인자에 관한 식을 구하면 다음과 같다.

$$\alpha = 1 + 0.78 f\,(15 - 15.9\sqrt{f}\,) \tag{5.29}$$

$$\beta = 1 + 3.91 f \tag{5.30}$$

난류에서는 α와 β의 값을 1이라 해도 오차는 아주 적다. 매끈한 관의 경우, $\mathrm{Re} = 10^4$일 때 $f = 0.0079$, $\alpha = 1.084$, $\beta = 1.031$이며, $\mathrm{Re} = 10^6$일 때는 $f = 0.0029$, $\alpha = 1.032$, $\beta = 1.011$이다.

Bernoulli 식을 적용할 때 한 지점에서는 층류이고 다른 지점에서는 난류라면 운동에너지 보정인자가 중요하다. 또 열교환장치에서 처럼 유로의 크기가 많이 변하고 관이나 열전달 표면이 짧은 경우에도 α와 β가 중요하다. 그러나 실제 난류에서는 이 두 값을 모두 1로 간주해도 무방하다.

최대 유속과 평균 유속의 관계(Relations between maximum velocity and average velocity)

Re와 $\overline{V}/u_{\max}$ 비를 이용하여 평균 유속 및 관 중심의 최대 유속과 흐름 조건의 함수 관계를 나타낼 수 있다. 유속 측정 기구인 피토관(pitot tube)을 사용하면 $u_{\max}$를 측정할 수 있으므로 평균 유속과 최대 유속의 관계식이 있으면 단 한 번의 측정으로 평균 유속을 구할 수가 있다.

층류와 난류의 모든 범위에서 Re와 $\overline{V}/u_{\max}$ 관계의 실험치를 그림 5.6에 나타내었다. 층류에서는 $\overline{V}/u_{\max} = 0.5$로서 식 (5.19)와 일치한다. 층류에서 난류로 변하면 이 비의 값이 0.5에서 0.7로 커지며 더욱 증가하여 $\mathrm{Re} = 10^6$에서는 0.87에 이른다.

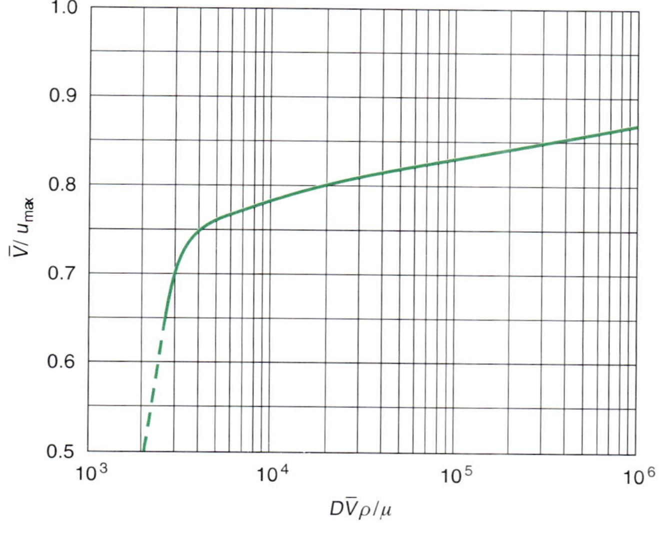

그림 5.6 $\bar{V}/u_{max}$ 와 Re $= D\bar{V}\rho/\mu$

거칠기의 영향(Effect of roughness)

지금까지는 관 내면이 "매끈한" 경우만 다루었지만 난류에서 Reynolds 수가 일정하더라도 표면이 거친 경우의 마찰계수는 매끈한 경우보다 아주 커진다. 거친 표면을 매끈하게 만들면 마찰계수가 감소한다. Reynolds 수가 일정할 때 더욱 매끈하게 하더라도 마찰계수가 더 이상 줄어들지 않을 경우 '**수력학적으로 매끈하다**'(hydraulically smooth)고 한다. 매끈한 관에서의 Reynolds 수와 마찰계수를 von Kármán 식으로 나타낸다.

$$\frac{1}{\sqrt{f/2}} = 2.5\ln\left(\mathrm{Re}\sqrt{\frac{f}{8}}\right) + 1.75 \tag{5.31}$$

Reynolds 수가 $10^4 < \mathrm{Re} < 10^6$인 범위에서 식 (5.29)에서 계산한 마찰계수 값과 그림 5.8의 값 사이의 차이가 2% 정도이다.

그림 5.7에 거칠기(조도)의 여러 이상적 형태를 보였다. 거칠기 한 단위의 높이 k를 거칠기 매개변수(roughness parameter)라 한다. 차원해석에 의하면 f는 Re 및 상대 거칠기 k/D의 함수이다(D는 관 지름). 그림 5.7(a)와 (b)에서처럼 거친 모양이 같은 종류이면 상대 거칠기의 크기에 따라 다르기는 하겠지만 f와 Re의 관계를 나타내는 선은 같은 부류가 될 것이다. 그림 5.7(c)와 (d)에 관해서도 마찬가지로 예상할 수 있다. 이러한 예상은 인위적으로 거칠게 만든 관에서 실험한 결과에서 확인할 수 있다. 또 깨끗하고 새로 만든 관 표면의 거칠기는 같은 부류이며 거칠기 매개변수는 재질의 특성에 따라 달라진다.

낡고 오염되고 부식된 관은 아주 거칠므로 거칠기 특성이 깨끗한 관과는 아주 다르다.

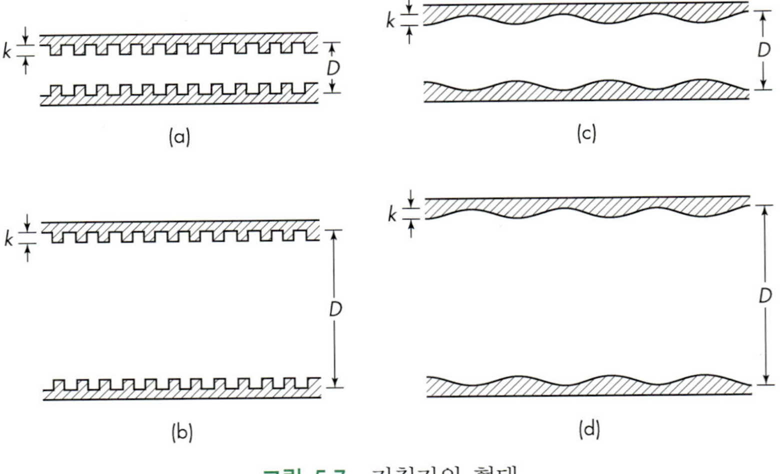

그림 5.7 거칠기의 형태

층류일 경우에는 k가 아주 커서 관의 지름조차 측정하기 어려운 경우를 제외하고는 거칠기가 마찰계수에 큰 영향을 미치지 않는다.

마찰계수 선도(The friction factor chart)

매끈하거나 거친 원관의 마찰 특성을 요약하여 마찰계수 선도로 나타내면 그림 5.8과 같다. 로그-로그 좌표에 f와 Re의 관계를 나타낸 것으로서 설계 목적으로 사용할 수 있다. 층류에서 f와 Re의 관계식은 식 (5.22)인데 이 식을 로그-로그 좌표에 나타내면 기울기가 -1인 직선이 된다. 그림 5.8에서 직선이 Re < 2,100인 범위에서 선이다.

난류에서는 매끈한 관의 마찰계수를 나타낸 맨 아래의 선이 식 (5.31)과 일치하며 실험식으로 나타내면 다음과 같다.

$$f = 0.046\,\mathrm{Re}^{-0.2} \tag{5.32}$$

식 (5.32)는 Re가 50,000 $\sim 1\times 10^6$인 범위에 적용된다. Re가 3,000 $\sim 3\times 10^6$인 범위에 적용되는 식은 다음과 같다.

$$f = 0.0014 + \frac{0.125}{\mathrm{Re}^{0.32}} \tag{5.33}$$

난류 영역에 있는 다른 곡선들은 k 값이 다른 관의 마찰계수를 나타낸 것이다. 몇 가지 상용 금속의 매개변수 값을 그림 안에 있다. 예를 들면 깨끗한 연철관이나 강관의 k 값은 1.5×10^{-4} ft로서 관 지름과는 무관하다. 연신한 구리관이나 놋쇠관은 수력학적으로 매끈하다고 간주할 수 있다.

Reynolds 수가 10^6 이상이면 강관을 비롯한 거친 관에서의 마찰계수는 Reynolds 수와 무관하다.

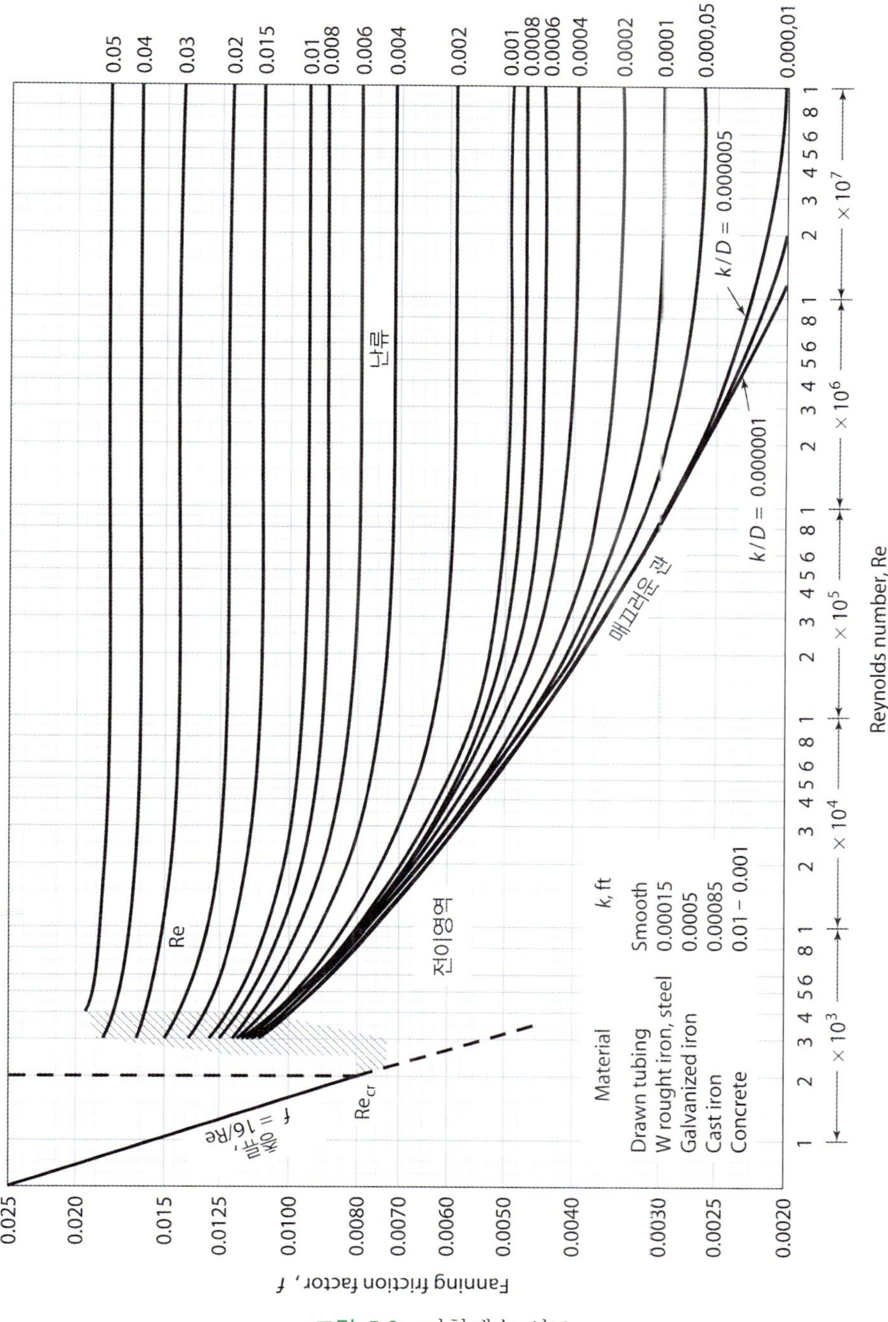

그림 5.8 마찰계수 선도

이 영역의 실험식은 다음과 같다.

$$f = 0.026(k/D)^{0.24} \tag{5.34}$$

주어진 계의 상이한 흐름 영역에서 압력강하의 변화와 유량의 관계는 식 (5.9), (5.22), (5.32) 및 (5.34)에서 구할 수 있다.

층류 (Re < 2,100) $\Delta p_s / L \propto \overline{V}$ (5.35)

난류 (2,500 < Re < 10^6) $\Delta p_s / L \propto \overline{V^{1.8}}$ (5.36)

심한 난류 (Re > 10^6) $\Delta p_s / L \propto \overline{V^2}$ (5.37)

그림 5.8은 관 크기와 유량을 알고 h_{fs}를 구하는 데는 유용하지만 $\overline{V}$를 알아야 Re를 알 수 있으므로 압력 강하를 안다고 해서 직접 유량을 구하는 데 이용할 수는 없다. 그러나 난류에서는 Re에 따른 f의 변화가 크지 않으므로 시행오차법으로 해답을 구한다. 이를 예제 5.1에서 다루었다.

예제 5.1

내경 3in인 플라스틱제 긴 수평관에 50°F의 물이 유속 8ft/s로 흐른다. 다음을 구하라.

(a) 이 관 100ft에서의 압력 강하(lb_f/in^2)

(b) 관 100ft 당 압력 강하를 $2 lb_f/in^2$로 제한할 경우 물의 최대 허용 유량

풀이 (a) 식 (5.9)를 중력 단위로 사용한다.

$$\frac{\Delta p_s}{L} = \frac{2f\rho\overline{V}^2 D g_c}{} \tag{5.38}$$

부록 6에서 50°F의 물의 성질을 구하면, $\rho = 62.42 lb/ft^3$, $\mu = 1.310 cP$이다. 또 $D = 3/12 = 0.25$ ft, $\overline{V} = 8$ft/s, $L = 100$ft이다.

Reynolds 수는 다음과 같다.

$$\text{Re} = \frac{0.25 \times 8 \times 62.42}{1.310 \times 6.72 \times 10^{-4}} = 1.4 \times 10^5$$

그림 (5.8)에서 $f = 0.0041$. 식 (5.38)에 대입하면,

$$\Delta p_s = \frac{100 \times 2 \times 0.0041 \times 62.42 \times 8^2}{0.25 \times 32.174}$$

$$= 407.2 lb_f/ft^2 = 2.828 lb_f/in^2$$

(b) 8ft/s에서 $\Delta p_s = 2.828 lb_f/in^2$이고 식 (5.32)에서 $\Delta p_s \propto \overline{V}^{1.8}$라 가정할 수 있으므로 $\Delta p_s = 2.0$이다.

$$\left(\frac{\overline{V}}{8}\right)^{1.8} = \frac{2.0}{2.828}$$

$$\overline{V} = 6.60 \text{ ft/s}$$

Reynolds 수는 1.17×10^5이므로 식 (5.32)가 적용된다.

비등온 흐름(Nonisothermal flow)

매끈한 관에 흐르는 액체를 냉각하거나 가열하면, 벽 근처에서 온도가 점도에 미치는 영향 때문에 마찰계수가 증가하거나 감소한다. 액체를 냉각하면 벽 근처의 점도가 커져서 그곳의 속도구배가 증가하여 벽 마찰이 증가한다. 특히 점도가 온도에 따라 크게 변하는 경우에는 이러한 영향이 현저하다. 기체의 점도는 온도에 따라 증가하므로 액체와는 반대의 영향을 받는다. 기체이든 액체이든 간에 다음과 같은 간단한 수법이 공학에서 실용되고 있다.

1. Reynolds 수를 구할 때는 유체 온도가 입구 온도와 출구 온도의 산술 평균으로 정의한 평균 벌크 온도(mean bulk temperature)와 같다고 가정한다.
2. 평균 벌크 온도에 해당하는 마찰계수를 인자 ψ로 나누고 이 인자를 다음 식으로 구한다.

$$\text{Re} > 2,100: \quad \psi = \begin{cases} \left(\dfrac{\mu}{\mu_w}\right)^{0.17} & \text{가열} \quad (5.39\text{a}) \\ \left(\dfrac{\mu}{\mu_w}\right)^{0.11} & \text{냉각} \quad (5.39\text{b}) \end{cases}$$

$$\text{Re} < 2,100: \quad \psi = \begin{cases} \left(\dfrac{\mu}{\mu_w}\right)^{0.38} & \text{가열} \quad (5.40\text{a}) \\ \left(\dfrac{\mu}{\mu_w}\right)^{0.23} & \text{냉각} \quad (5.40\text{b}) \end{cases}$$

μ, μ_w = 각각 평균 벌크 온도 및 배관 벽 온도에서의 유체 점도

식 (5.39)와 (5.40)은 $\mu/\mu_w = 0.1 \sim 10$ 범위의 자료에 기초한 것이므로 이 한계에서만 적용할 수 있다.

상용 관은 매끈하지 않고 거칠며 일반적으로 흐름은 "완전 난류"이므로 마찰계수는 Reynolds 수와 무관하다. 이러한 상황에서는 벽 온도의 영향에 대한 f를 수정할 필요가 없다.

점성 소산. 좁은 유로를 흐르는 고점도의 경우 마찰 또는 기계적 에너지의 점성 소산(viscous dissipation)은 유체를 가열시킬 수 있다. 단면적이 일정한 유로에서 비압축성 유체가 단열적으로 흐르면 압력 Δp_s의 감소로 인한 에너지가 열에너지로 변환되는데 이 관계를 다음 식으로 나타낼 수 있다.

$$\frac{Q}{V} = c_v \rho \Delta T = \Delta p_s \tag{5.41}$$

Q/V = 단위 부피 기준의 열생성량, J/m^3

c_v = 액체 비열, J/kg·°C

ρ = 액체 밀도, kg/m^3

ΔT = 온도 상승, °C

따라서

$$\Delta T = \frac{\Delta p_s}{c_v \rho} \tag{5.42}$$

탄화수소나 고분자의 흐름에서 압력 강하가 1mPa일 때의 온도 상승은 0.4~0.6°C 정도이다.

비원형 유로에서의 난류(Turbulent flow in noncircular channels)

원관의 난류에 관한 식에서 지름 D 대신에 상당지름 D_{eq}(수력학적 반경 r_H 의 4배)를 사용하면 원형이 아닌 유로에 대해 적용할 수 있다.

5.4 유속 또는 방향의 변화에 따른 마찰 (Friction from changes in velocity or direction)

곧은 관에서는 표면마찰만이 생기지만 흐름 방향이나 유속이 변하면 이로 인한 마찰이 추가로 발생한다. 정상 유선이 교란되거나 경계층이 분리되면 와류가 발생하여 형태 마찰이 생긴다. 이러한 영향은 정확하게 계산할 수가 없으므로 실험 자료에 의존해야 한다.

유로의 단면이 급격히 확대로 인한 마찰 손실 (Friction loss from sudden contraction of cross section)

그림 5.9를 보면 유로의 단면이 갑자기 커지면 흐름이 벽에서 분리되어 제트(jet)처럼 확대 단면 속으로 분출된다. 이 제트는 팽창하여 큰 유로 단면 전체에 퍼진다. 팽창 제트와 유로 벽 사이의 공간에는 경계층 분리의 특성인 와류 운동을 하는 유체가 차므로 이 공간에서는 상당한 마찰이 발생한다.

단면의 급격한 확대로 인한 마찰 손실 h_{fe}는 작은 유로에서의 속도두에 비례하며 다음 식으로 나타낼 수 있다.

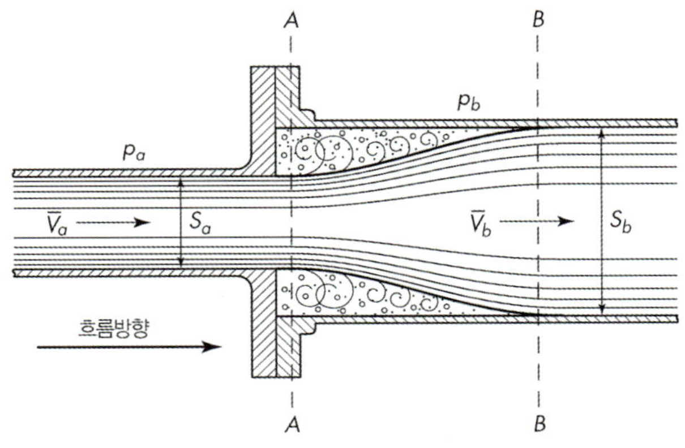

그림 5.9 유로의 단면이 급격히 확대될 때의 흐름

$$h_{fe} = K_e \frac{\overline{V}_a^2}{2} \tag{5.43}$$

$K_e =$ 확대손실계수(expansion loss coefficient)

$\overline{V}_a =$ 작은 유로(상류)에서의 평균 유속

이 경우에는 K_e를 이론적으로 계산하여 만족할만한 결과를 얻을 수 있다. 이때 연속의 식 (4.5), 정상상태 운동량수지식 (4.14), Bernoulli 식 (4.33)을 이용한다. 그림 5.9에서 단면 AA 및 BB와 그 사이의 큰 유로의 내면으로 정의되는 대상 부피를 고려한다. 관이 수평이므로 중력은 나타나지 않으며 관이 비교적 짧고 이 단면 사이의 벽에서는 속도구배가 거의 없으므로 벽 마찰을 무시한다. 따라서 유일한 힘은 단면 AA와 BB 사이의 마찰 힘뿐이다. 운동량수지를 취하면 다음과 같다.

$$p_a S_a - p_b S_b = \dot{m}(\beta_b \overline{V}_b - \beta_a \overline{V}_a) \tag{5.44}$$

$Z_a = Z_b$이므로, 식 (4.33)을 다시 쓰면 다음과 같다.

$$\frac{p_a - p_b}{\rho} = \frac{\alpha_b \overline{V}_b^2 - \alpha_a \overline{V}_a^2}{2} + h_{fe} \tag{5.45}$$

일반적 흐름 조건에서는 $\alpha_a = \alpha_b = 1$, $\beta_a = \beta_b = 1$이므로 이들 보정인자는 없어도 된다. 또 $\dot{m}/S_b = \rho \overline{V}_b$이므로, 식 (5.44)와 (5.45)에서 $p_a - p_b$를 소거하면,

$$h_{fe} = \frac{(\overline{V}_a - \overline{V}_b)^2}{2} \tag{5.46}$$

식 (4.5)에서 ρ가 일정할 때 $\overline{V}_b = \overline{V}_a(S_a/S_b)$이므로 식 (5.46)은 다음과 같이 된다.

$$h_{fe} = \frac{\overline{V}_a^2}{2}\left(1 - \frac{S_a}{S_b}\right)^2 \tag{5.47}$$

식 (5.47)과 (5.43)을 비교하면

$$K_e = \left(1 - \frac{S_a}{S_b}\right)^2 \tag{5.48}$$

두 단면 사이의 흐름 형태가 다르면 보정인자 α와 β를 고려해야 한다. 예를 들면 큰 관의 흐름이 층류이고 작은 관의 흐름이 난류이면 식 (5.44)와 (5.45)에서 $\alpha_b = 2$, $\beta_b = 4/3$가 된다.

유로단면의 급격히 축소로 인한 마찰 손실 (Friction loss from sudden contraction of cross section)

그림 5.10에 보면 유로의 단면이 갑자기 줄어들면 흐름은 예리한 모서리를 따라 흐를 수 없으므로 흐름의 조각들은 벽에 접하게 된다. 제트가 형성되어 작은 단면의 정체 유체 속으로 흘러들어 간다.

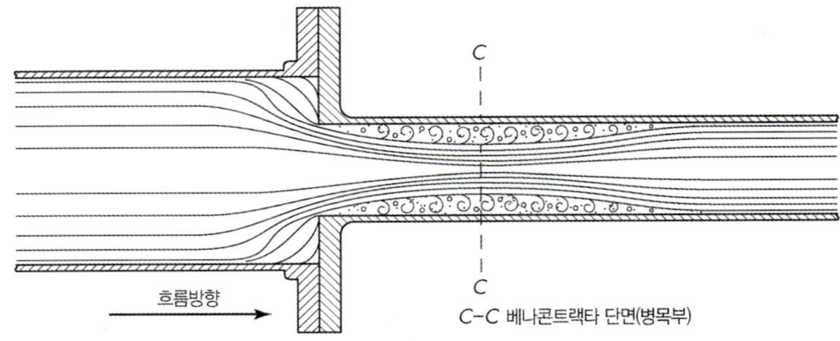

그림 5.10 유로의 단면이 급격히 축소될 때의 흐름

이 제트는 처음에 수축되었다가 다시 팽창하여 작은 단면에 차게 되며 수축점 하류에서는 정상적 속도분포가 다시 회복된다. 제트가 수축했다가 다시 팽창할 때 단면적이 최소인 부분을 **베나 콘트랙타**(병목부, vena contracta)라 하며, 그림 5.10에서 단면 CC로 나타내었다. 또 그림에 보면 와류가 발생함을 알수 있다.

급격한 축소로 인한 마찰 손실은 작은 유로의 속도두에 비례하며 다음 식으로 구할 수 있다.

$$h_{fc} = K_c \frac{\overline{V}_b^2}{2} \tag{5.49}$$

K_c = **축소손실계수**(contraction loss coefficient)

$\overline{V}_b$ = 작은 단면(하류)의 평균 유속

실험에 의하면, 층류일 때는 $K_c < 0.1$로서 h_{fc}를 무시할 수 있다. 난류일 때는 K_c를 다음 실험식으로 나타낸다.

$$K_c = 0.4\left(1 - \frac{S_b}{S_a}\right) \tag{5.50}$$

S_a, S_b = 각각 유로의 상류와 하류의 단면적

액체가 대형 탱크의 벽에 용접한 관을 통해 방출될 때는 S_b/S_a가 0이나 마찬가지이므로 $K_c \fallingdotseq 0.4$이다. K_c 값은 이론적으로는 정확하게 추정할 수 없지만 약 $0.6S_b$의 베나 콘트랙타 면적에 대응한다. 따라서 베나 콘트랙타에서의 유속은 $\overline{V}_b/0.6$ 정도이고 운동에너지는 $(1/0.6)^2$으로서 최종 흐름의 운동에너지의 2.8배 정도이다. 그러나 식 (5.47)에 따르면 흐름이 베나 콘트랙타를 지나 팽창할 대의 에너지 손실률은 $(1 - 0.6)^2$에 불과하다. 즉 $0.16 \times 2.8 \times \overline{V}_b^2/2$만큼 손실되므로, 이에 해당하는 $K_c = 0.44$이다.

표 5.1 표준 나사식 관이음쇠의 마찰손실계수

Fitting	K_f
Elbow, standard	
45°	0.35
90°	0.75
Elbows, welded	
90° bends, radius 2 × pipe diameter	0.19
90° bends, radius 4 × pipe diameter	0.16
90° bends, radius 6 × pipe diameter	0.21
Tee	
Straight through	0.4
Used as elbow	1.0
Return bend, 180°	1.5
Gate valve	
Half open	4.5
Wide open	0.17
Angle valve, wide open	2.0
Globe valve, wide open	6.0

관 이음쇠와 밸브의 영향(Effect of fittings and valves)

이음쇠(fitting)와 밸브는 정상 유선을 교란시키므로 마찰의 원인이 된다. 짧은 관에 이음쇠가 많으면 곧은 관에 비해 마찰 손실이 아주 커진다. 이음쇠로 인한 마찰손실 h_{ff}는 식 (5.43) 및 (5.49)와 비슷한 식으로 구할 수 있다.

$$h_{ff} = K_f \frac{\overline{V}_a^2}{2} \tag{5.51}$$

K_f = 이음쇠로 인한 손실계수

$\overline{V}_a$ = 이음쇠 상류에서의 평균 유속

K_f는 실험에 의해 구할 수 있는데 이음쇠의 종류에 따라 다르다. 몇 가지를 표 5.1에 보였다.

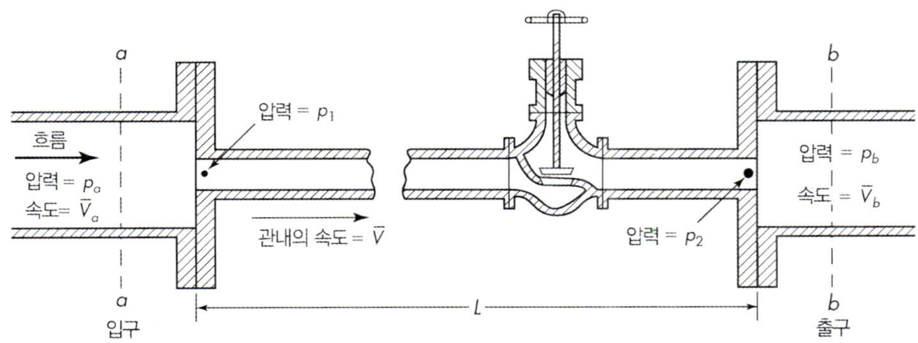

그림 5.11 전형적 배관에서의 비압축성 유체의 흐름

Bernoulli 식과 형태 마찰 손실(Form friction losses in the bernoulli equation) 식 (4.36)의 h_f 항은 곧은 관의 표면 마찰 손실과 다양한 형태 마찰 손실을 더한 전체 마찰 손실을 나타내는 항이다. 그림 5.11과 같이 비압축성 유체가 흐르는 유로에 두 큰 모관(header), 연결관, 열린 글로브 밸브(globe valve)가 있다고 하자. 연결관에서의 평균 유속은 $\overline{V}$, 연결관의 지름은 D, 길이는 L이다. 연결관의 곧은 부분에서의 표면 마찰 손실은 식 (5.7)에서 $4f(L/D)(\overline{V}^2/2)$이다. 연결관 입구에서의 축소 손실은 식 (5.49)에서 $K_c(\overline{V}^2/2)$이고 연결관 출구에서의 확대 손실은 식 (5.43)에서 $K_e(\overline{V}^2/2)$이며, 글로브 밸브에서의 마찰손실은 식 (5.51)에서 $K_f(\overline{V}^2/2)$이다. 모관 입구와 출구에서의 표면 마찰을 무시하면 전체 마찰은 다음과 같다.

$$h_f = \left(4f\frac{L}{D} + K_c + K_e + K_f\right)\frac{\overline{V}^2}{2} \tag{5.52}$$

지점 a를 도입 모관, 지점 b를 배출 모관으로 하여, 이 유로에 대해 Bernoulli 식을 쓴다. 지점 a와 b 사이에는 펌프가 없으므로 $W_p = 0$이다. $\alpha_a = \alpha_b = 1.0$이라 할 수 있으므로 운동에너지 항은 없어진다. 따라서 식 (4.36)은 다음과 같이 된다.

$$\frac{p_a - p_b}{\rho} + g(Z_a - Z_b) = \left(4f\frac{L}{D} + K_c + K_e + K_f\right)\frac{\overline{V}^2}{2} \tag{5.53}$$

예제 5.1과 5.2의 유속 2~4m/s는 중간 크기의 배관에서 액체 흐름의 전형적 값이다. 유량이 주어졌을 때 최적 유속이나 관의 최적 규격은 수송비용과 자본비용에 따라 달라진다. 기체 흐름일 경우에는 밀도가 작기 때문에 액체에 비해 최적 유속이 아주 커진다.

예제 5.2

비중 0.93, 점도 4cP인 원유가 탱크 바닥에 연결된 배출관을 통해 중력으로 배출된다. 탱크 바닥에서 액면까지의 높이는 6m이다. 배출관은 3in 규격 40 관이며, 길이는 45m이고, 엘보(elbow) 하나와 게이트 밸브(gate valve) 둘이 연결되어 있다. 배출구는 탱크 바닥보다 9m 아래에 있으며, 대기압이 미친다. 배출관에서의 유량(m^3/h)을 구하라.

풀이 다음과 같은 값들을 정리한다.

$$\mu = 0.004\,\mathrm{kg/m\cdot s} \qquad \mathrm{L} = 45\,\mathrm{m}$$

$$D = \frac{3.068}{12} = 0.256\,\mathrm{ft}(\text{부록 } 3) = 0.078\,\mathrm{m}$$

$$\rho = 0.93 \times 998 = 928\,\mathrm{kg/m^3}$$

표 5.1에서 이음쇠에 관한 값은 다음과 같다.

$$\sum K_f = 0.75 + 2 \times 0.17 = 1.09$$

$p_a = p_b$, $\overline{V}_a = 0$이므로, $\alpha_b = 1$이라 하면, 식 (4.33)에서,

$$\frac{\overline{V}_b^2}{2} + h_f = g(Z_a - Z_b) = 9.80665(6+9) = 147.1\,\mathrm{m^2/s^2} \tag{5.54}$$

이제 식 (5.52)를 사용한다. 흐름이 배출되면서 확대되지 않으므로 최종 확대 손실은 없다. 따라서 $K_e = 0$이다. S_a는 아주 크므로, 식 (5.50)에서 $K_c = 0.4$이다. 따라서

$$h_f = \left(4f\frac{L}{D} + K_c + \sum K_f\right)\frac{\overline{V}_b^2}{2}$$

$$= \left(\frac{4\times 45f}{0.078} + 0.4 + 1.09\right)\frac{\overline{V}_b^2}{2} = (2{,}308f + 1\ 49)\frac{\overline{V}_b^2}{2}$$

식 (5.54)에서

$$\frac{V_b^2}{2} + h_f = \frac{\overline{V}_b^2}{2}(1 + 2{,}308f + 1.49) = 147.1$$

$$V_b^2 = \frac{147.1\times 2}{2.49 + 2{,}308f} = \frac{294.2}{2.49 + 2{,}308f}$$

그림 5.8에서 f를 구한다. 이 문제에서는

$$\mathrm{Re} = \frac{0.078\times 928\,\overline{V}_b}{0.004} = 18{,}096\,\overline{V}_b$$

$$\frac{k}{D} = 0.00015\times\frac{0.3048}{0.078} = 0.00059$$

시행오차법으로 풀면 다음과 같다.

$\bar{V}_{b,\mathrm{est.}}$, m/s	Re × 10^{-4}	f(from Fig. 5.8)	$\bar{V}_{b,\mathrm{cal.}}$, m/s
4.00	7.23	0.0056	4.37
4.37	7.91	0.0055	4.40
4.40	7.96	0.0055	4.40

부록 3에서 관의 단면적은 $0.0513\mathrm{ft}^2 = 0.00477\mathrm{m}^2$이므로, 유량은 다음과 같다.

$$4.40\times 3{,}600\times 0.00477 = 75.6\,\mathrm{m^3/h}$$

속도두(Velocity heads)

식 (5.53)에서 보면 복잡한 배관에서의 마찰 손실은 속도두(속도 높이압, velocity head) $\overline{V}^2/2$의 값으로 나타낼 수 있다. 마찰 손실은 관이나 이음쇠를 통한 흐름에서 생기는 운동량 손실의 척도가 된다. 예를 들면 티(tee)를 엘보(elbow) 대용으로 사용하면 흐름 방향이 90° 바뀌면서 한 방향의 모든 운동량이 손실되지만 표준 90° 엘보를 사용하면 그 3/4만 손실된다. 그림 5.11에 보면 글로브 밸브에서는 흐름 방향이 90°씩 두 번 바뀌면서 구조물을 통과하고 다시 팽창하므로 여기에서의

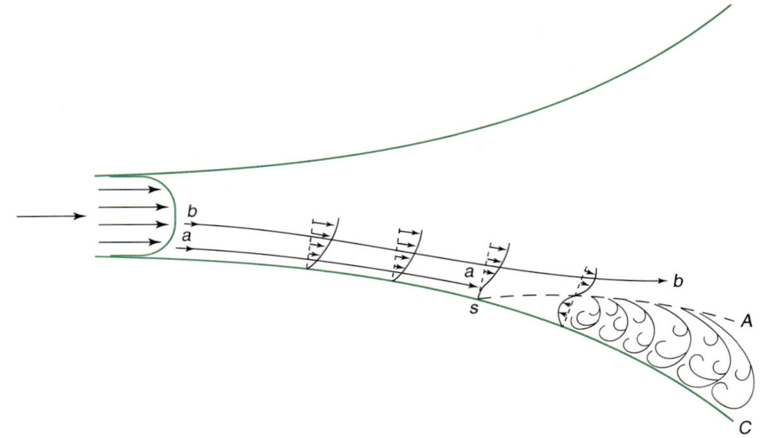

그림 5.12 확대 유로에서의 경계층 분리

속도와 방향의 변화 때문에 마찰 손실이 속도두의 6배나 된다.

곧은 관에서의 마찰 손실을 손쉽게 추정하는 방법은 다음과 같다.

$4f(L/D) = 1.0$이라 하면 식 (5.7)에서 속도두 1에 해당하는 마찰 손실이 생기는 관의 길이를 관 지름의 배수로 나타낼 수 있다. 난류에서는 Reynolds 수에 따라 f가 0.01~0.002 정도이므로 속도두 1에 해당하는 관 지름의 배수는 1/(4 × 0.01) = 25에서 1/(4 × 0.002) = 125 정도가 된다. 일반적으로는 속도두 1에 해당하는 관 길이를 관 지름의 50배 정도로 본다. 그림 5.11의 배관에서 관이 표준 2in 강관(실제 ID = 2.07)이고 길이가 100ft이면, 표면 마찰 손실은 (100 × 12)/(2 × 50) = 12, 즉 속도두의 12배가 된다. 이 경우, 관에서의 마찰 손실에 비하면 하나의 이음쇠와 확대 및 축소로 인한 마찰 손실은 무시할 수 있다. 그러나 관이 짧고 이음쇠와 확대 및 축소 부분이 많은 경우에는 관에서의 마찰 손실이 무시될 것이다.

유속의 감소에 따른 경계층 분리(Separation from velocity decrease)

단면이 급격하게 변하지 않더라도 단면이 계속 확대되면 경계층 분리가 일어난다. 그림 5.12에 보인 것처럼 트럼펫 모양으로 확대되는 유로에서의 흐름을 고려하자. 흐름 방향에서 단면적이 증가하면 유속이 감소하므로 Bernoulli 식에 따라 압력이 증가하게 된다. 벽에 가까운 유선 aa와 좀 떨어진 유선 bb의 두 유선을 고려한다. 유로의 정해진 길이에서 압력이 증가하면 어느 한 단면에서의 압력은 균일하므로 이러한 유선에서도 마찬가지로 압력이 증가한다. 따라서 이 두 유선에서의 속도두의 손실도 마찬가지가 된다. 유선 aa는 벽에 가까이 있으므로 유선 aa에서의 초기 유속은 유선 bb에서보다 느리다. 이 유로에서 일정한 거리를 흘러서 어느 점에 이르면 유선 aa의 속도는 0이 되지만 유선 bb를 포함하여 벽에서 먼 유선은 속도가 여전히 + 값이다. 이 점을 그림 5.12에 s로 나타내었다. 점 s를 지나면 벽에서의 유속은 부호가 바뀌며 유선 aa와 벽 사이에 역류

(backflow)가 발생하여 경계층이 벽에서 분리된다. 그림 5.12에는 유속 u와 벽으로부터의 거리 y의 관계를 나타내는 곡선을 몇 개 그렸는데 이로부터 점 s에서 벽에 가까운 유선의 속도가 0이 되었다가 부호가 바뀌는 모양을 볼 수 있다. 이 점을 **분리점**(seperation point)이라 한다. 선 sA는 **접선속도가 0인 선**(line of zero tangential velocity)이라 한다.

분리점을 지나면 벽과 분리된 흐름 사이에 와류가 생기며 이 때문에 형태 마찰 손실이 커진다. 이러한 분리는 난류나 층류에서 모두 생긴다. 난류에서는 층류일 때보다 분리점이 한참 하류에서 생긴다. 유로의 벽과 중심축 사이의 각도를 작게 하면 분리를 방지할 수 있다. 원추형 확대관에서 분리가 일어나지 않는 최대 각도는 7°이다.

확대 및 축소 손실의 최소화(Minimizing expansion and contraction losses)

유로의 단면을 급격하게 축소시키는 대신에 점진적으로 축소시키면 축소 손실을 거의 없앨 수 있다. 예를 들어서, 그림 5.10에서 유로를 축소시킬 때 원추형 축소관(reducer)을 사용하거나 작은 관의 입구를 트럼펫 모양으로 하면 S_b/S_a 비에 관계없이 축소계수 K_c를 0.05 정도로 낮출 수 있다. 단면의 축소가 급격하지 않으면 경계층 분리나 베나콘트랙타가 형성되지 않는다.

그림 5.9에서 플랜지(flange) 대신에 원추형 팽창관(expander)을 사용하면 확대 손실을 줄일 수 있다. 하지만 확대되는 벽과 중심축 사이의 각도는 7° 이내여야 하며 그렇지 않으면 경계층이 분리된다. 이 각도가 35° 이상이면 경계층 분리로 인한 와류에서의 형태 마찰 손실이 과도해지기 때문에 S_a/S_b 비가 같을 때의 급격한 확대의 경우보다 원추형 팽창관에서의 마찰 손실이 오히려 커지게 된다.

연습 문제

5.1 두 수평 평판 사이의 틈에 윤활유를 주입하는데 필요한 동력을 흐름 폭 1m 기준으로 구하라. 다음 조건을 적용한다. 판 사이의 간격 6mm, 폭 1m 기준의 윤활유 유량 100m^3/h, 윤활유 점도 25cP, 윤활유 밀도 0.88g/cm^3, 판 길이 3m이다. 판의 간격에 비해 폭은 아주 크며, 말단 영향은 무시한다.
답 : P = 3,028N·m/s = 3,028W

5.2 연습문제 5.4의 조건에서 점성 소산으로 인한 기름의 온도 상승을 구하라. 기름의 비열은 0.5cal/g·°C이고, 밀도는 820kg/m^{3}이다. 답 : ΔT = 0.064°C

5.3 매끈한 60mm 관에서 물이 Re = 5 × 10^{4}으로 흐를 때 점성 하층의 두께를 구하라. 관의 단면적 중에서 점성 하층이 차지하는 분율을 구하라. 또 이 점성 하층이 차지하는 흐름의 분율을 구하라.
답 : 0.375ft

5.4 8 in 강관에 물이 평균유속 6ft/s로 흐른다. 이 관의 하류에는 8in 주관에 2in 우회관이 연결되어 있다. 우회관의 상당 길이는 22ft이고, 주관의 길이는 16ft이다. 입구 및 출구 손실을 무시하고, 우회관에 흐르는 물의 분율을 구하라. 답 : m_1/m_0 = 0.021 or 2.1%

5.5 지름이 2ft인 강관에 물이 15ft/s의 유속으로 흐른다. 이 관의 거칠기는 0.0003ft이다. 이 관의 내면을 매끈한 플라스틱으로 내장하면 물의 수송량을 얼마나 증가시킬 수 있을까? 내장에 의해 지름이 1.9ft로 줄어든다. (a) 유량이 같을 때의 압력 강하의 변화와, (b) 압력 강하를 일정하게 할 때의 수송량의 변화를 구하라. 답 : (a) 0.929 (b) 1.038

5.6 60°F의 물을 저수지에서 산꼭대기로 퍼 올린다. 관은 6in 규격 120 관이고 평균 유속은 12ft/s이다. 배출구는 저수지 액면으로부터 3,000ft 높이에 있지만, 관의 길이는 4,500ft이다. 모터를 포함하여 펌프의 총괄 효율이 70%이고, 모터에 공급하는 전기료가 4cent/kW·h일 때, 시간당 물의 수송비를 구하라. 답 : 32.18$/h

5.7 해수 정수용 역삼투장치가 900,000개의 실관으로 되어 있다. 이 실관을 통해 물은 확산되지만 염류는 거의 배제한다. 실관의 외경과 내경은 각각 85 및 42μm이고 길이는 3ft 정도이다. 공급 압력이 400psig일 때 이들 관을 통한 물의 평균 유량은 24h당 2,000gal이다. 실관 하나에서의 압력 강하를 구하라. 답 : ΔP = 1.17×10^{6}N/m^2(169lb$_f$/in^2)

5.8 반응기에서 염소 가스가 200°C, 1.5atm에서 4lb/min의 유량으로 배출된다. 이를 재압축하여 압력 1.6atm인 반응기로 순환시키고자 한다. 필요한 관의 길이는 80ft이고, 엘보 6개와 글로브 밸브 2개를 설치한다. 관의 크기를 추정하고, 유속과 압력 강하를 구하라. 답 : ΔP = 0.036atm

5.9 발전소 배기가스가 15 × 20ft의 장방형 덕트에 50ft/s의 유속으로 통과한다. 덕트의 길이는 250 ft이고, 90° 벤드(bend) 2개가 설치되어 있다. 가스는 180°F, 1atm이며, 성질은 공기와 비슷하다. (a) 덕트에서의 압력 강하와 (b)이를 극복하기 위한 동력을 구하라.
답 : (a) ΔP = 4.65lb$_f$/in^2 (b) 127hp(94.8KW)

5.10 원심펌프를 사용하여 한 탱크로부터 150ft 높이에 있는 다른 탱크로 염수를 수송한다. 관은 4in 규격 40 관이고 길이는 600ft이며, 유량은 400gal/min이다. 이 관에는 게이트밸브 2개, 표준 티 4개, 엘 4개가 연결되어 있다. 이 펌프를 하루 24h 운전할 때 드는 에너지 비용을 구하라. 염수는 비중 1.18, 점도 1.2cP이고, 에너지 비용은 300d/yr 기준으로 $400/hp·yr이다. 펌프와 모터의 총괄효율은 60%이다. 답 : Cost = 58.13$/day

5.11 화학공장의 냉각수를 2,500ft 떨어진 강에서 퍼온다. 예비 설계에 따르면, 6in 강관에서 유량 600 gal/min 정도가 요구된다. 압력 강하와 연간 펌프 수송비를 추산하라. 전기료는 3cent/kW·h이다. 8in 관을 사용할 때의 동력비 절감과 배관 비용의 증가를 비교하라. 배관 배용은 6in 관이 $15/ft이

고, 8in 관이 $20/ft이다. 연간 관리비는 설치비의 20%이다. 답 : Cost = 448$/yr

5.12 송풍기를 사용하여 공기를 덕트로 보낸다. 덕트는 200×300mm의 장방형이고 길이는 45m이다. 도입 공기는 온도 15°C, 절대압력 750mmHg이고, 유량은 0.6m^3/s이다. 송풍기의 이론 동력을 구하라.
답 : P = 148J/s = 141.8W

5.13 술폰화 폴리스티렌 수용액의 층류는 지수 0.500인 Ostwald-de Waele 모델로 나타낼 수 있다. 수직 원통형 탱크에 들어있는 이 수용액이 탱크 바닥에 연결된 수평관을 통해 배출된다.
(a) 탱크 안의 액면이 10.00m에서 9.90m로 하강하는 데 30.0min가 걸린다고 할 때, 탱크의 절반이 비는 데(액면이 10.0m에서 5.0m로 내려오는 데) 걸리는 시간을 구하라.
답 : t_T = 2,970s or 49.5min
(b) 탱크의 지름이 2.0m이고, 관은 지름이 0.050m, 길이가 200m일 때, 이 용액의 흐름일관성지수를 구하라. 수용액의 밀도는 1,200kg/m^{3}이다. 답 : K' = 1.73N·s$^{1/2}$/m^2

5.14 (a) 펌프 배출 계기압력이 125 lb$_f$ /in^{2}일 때, 길이가 120ft인 2.5in. 소방 호스에서의 최대 유량(gal/min)을 구하라. 답 : q = 78.08ft^3/min or 584gal/min
(b) 소방용수 중에 산화에틸렌을 50ppm 첨가하면 유량을 얼마나 증가시킬 수 있나?
답 : 30~50%

5.15 소량의 수용액의 화학분석장치가 폭 100mm, 깊이 10mm인 채널로 되어 있다. 수용액의 점도가 1.3cP이고 밀도가 1,050kg/m^{3}이며 유속이 0.1m/s일 때, Reynolds 수와 채널 단위 길이 당 압력 강하(Pa/m 및 bar/cm)를 구하라. 답 : $\Delta p/L$ = 1.26 × 10^{7}Pa/m or 1.26bar/cm

5.16 한 변의 길이가 300mm인 사각 채널에 20°C의 물이 흐른다. Reynolds 수가 10일 때의 유속(m/s)을 구하라. 70°C의 공기가 흐를 때의 유속은 얼마인가? 답 : 0.65m/s

5.17 내경 10cm 관을 통해 층류로 물이 흐르고 있다. 관의 중심유속이 2cm/s일 경우 관 벽에서 2cm 떨어진 곳의 유속은 약 몇 cm/s인가? **(화공기사 기출)**
① 0.42 ② 0.86 ③ 1.28 ④ 1.68 답 : ③

5.18 저수지로부터 10m 높이의 개방탱크에 펌프로 물을 퍼 올린다. 출구의 유속을 3.13m/s로 유지한다. 유로의 마찰손실을 무시하고 온도가 일정할 때, 펌프의 이론 동력은 약 몇 kg$_f$·m/kg인가? **(화공기사 기출)**
① 10.5 ② 13.1 ③ 14.5 ④ 16.3 답 : ①

5.19 펌프의 동력이 150kg$_f$·m/s일 때, 이 펌프의 동력은 몇 마력(hp)에 해당하는가? **(화공기사 기출)**
① 1.97 ② 5.36 ③ 9.2 ④ 15 답 : ①

5.20 가로 40cm, 세로 60cm의 직사각형의 단면을 갖는 도관(Duct)에 공기를 100m^3/h로 보낼 때의 레이놀즈수를 구하려고 한다. 이때 사용될 상당직경(수력직경)은 얼마인가? **(화공기사 기출)**
① 48cm ② 50cm ③ 55cm ④ 45cm 답 : ①

5.21 비중이0.9인 액체의 절대입력이 3.6kg$_f$ /cm^{2}일 때 두(Head)로 환산하면 약 몇 m에 해당하는가? **(화공기사 기출)**
① 3.24 ② 4 ③ 25 ④ 40 답 : ④

5.22 안지름 10cm의 수평관을 통하여 상온의 물을 수송한다. 관의 길이 100m, 유속 7m/s, 패닝마찰계수(Fanning friction factor)가 0.005일 때 생기는 마찰손실 kg$_f$·m/kg은? **(화공기사 기출)**
① 5 ② 25 ③ 50 ④ 250 답 : ③

압축성 유체의 흐름

Flow of Compressible Fluid

유체동역학의 응용에서는 밀도 변화를 고려해야 하는 경우가 많다. 압축성 유체를 다루는 분야는 아주 넓으며, 압력, 온도, 유속의 변화가 광범하다. 하지만 화학공학에서 실제로 다루는 분야는 비교적 좁은 편이다. 비압축성 유체에서는 기본 매개변수가 Reynolds 수이다. 이것은 압축성 유체의 응용에서도 중요하지만 밀도가 보통이고 유속이 큰 흐름에서는 Mach 수가 기본 매개변수가 된다. 밀도가 아주 낮아서 기체와 접촉하고 있는 장치나 고체의 크기에 비해 분자의 평균 자유행로가 중요할 때는 또 다른 인자들을 고려해야 하지만, 이러한 흐름은 이 책에서 다루지 않았다.

6.1 정의와 기본식(Definition and basic equations)

마하(Mach, Ma) 수는 유속 u 와 유체가 흐르는 조건에서의 음속 a의 비로 정의한다.

$$\mathrm{Ma} \equiv \frac{\mathrm{u}}{\mathrm{a}} \tag{6.1}$$

여기에서 유체의 속도는, 유체를 둘러싸고 있거나 유체에 잠겨 있는 고체에 대한 유체의 상대 속도의 크기이다. 물론 정지 상태의 고체를 지나서 유체가 흐를 수도 있고, 정지 상태의 유체 중에서 고체가 움직일 수도 있다. 화학공학에서 일반적인 상황은 전자의 경우이다. 후자의 경우는 기체동역학에서 중요한데, 미사일, 로켓을 비롯하여 공기를 통과하는 고체를 예로 들 수 있다. 정의에 의해, 압력과 온도가 같은 유체에서 음속과 유속이 같으면 Mach 수는 1이다. Mach 수가 1보다 작으면 **아음속**(subsonic), 1이면 **음속**(sonic), 1보다 크면 **초음속**(supersonic)이라 한다. 압축성 유체에서 가장 흥미로운 영역은 음속이거나 초음속인 고속 범위이다.

문제를 간단히 하기 위해 이 장에서는 다음과 같은 가정을 한다.

1. 정상 흐름이다.
2. 1차원 흐름이다.

3. 한 단면에서의 속도구배는 무시한다. 따라서 $\alpha = \beta = 1$이고, $\overline{V} = u$이다.
4. 마찰은 벽전단뿐이다.
5. 축일은 없다.
6. 중력의 영향과 기계적 위치에너지는 무시한다.
7. 유체는 비열(열용량)이 일정한 이상기체이다.

이러한 가정은 적용 범위에 한계가 있지만 공학적 실제 상황에서는 이 범위 안에서 적절한 수학적 모델을 작성할 수 있는 경우가 많다. 이때 다음 기본 관계를 이용한다.

1. 연속의 식
2. 정상상태 총괄 에너지수지
3. 벽 마찰이 있는 기계적 에너지수지
4. 음속의 식
5. 이상기체 상태식

이러한 식들은 적절한 형태로 나타내야 한다.

연속의 식(Continuity equation)

식 (4.1) $d\dot{m} = \rho u \, dS$에서 우변을 로그형으로 쓰면 다음과 같다.

$$\ln \rho + \ln S + \ln u = \text{일정}$$

이 식을 미분하면

$$\frac{d\rho}{\rho} + \frac{dS}{S} + \frac{du}{u} = 0 \tag{6.2}$$

총괄 에너지수지(Total-energy balance)

계에서 정상 상태로 흐르는 유체를 고려하기로 한다. 지점 a에서 유속 u_a, 엔탈피 H_a로 유입되고, 지점 b에서 유속 u_b, 엔탈피 H_b로 배출된다. 질량 m이 흐르는 동안 계의 경계를 통해 Q의 열을 가한다. 지점 a와 b는 위치 차이가 심하지 않고 계가 외계에 하는 일이나 외계가 계에 하는 일이 없다면 정상 상태 총괄 에너지수지 식 (1.90) $m\left[\frac{u_b^2 - u_a^2}{2} + g(Z_b - Z_a) + H_b - H_a\right] = Q - W_s$에서 위치에너지와 축일에 관한 항을 제거할 수 있다. 유체에 가한 열은 다음과 같이 된다.

$$\frac{Q}{m} = H_b - H_a + \frac{u_b^2}{2} - \frac{u_a^2}{2} \tag{6.3}$$

이 식을 미분형으로 나타내면 다음과 같다.

$$\frac{dQ}{m} = dH + d\left(\frac{u^2}{2}\right) \tag{6.4}$$

기계적 에너지수지(Mechanical energy balance)

짧은 유로에 대해 식 (4.33) $\frac{p_a}{\rho} + gZ_a + \frac{\alpha_a \overline{V}_a^2}{2} = \frac{p_b}{\rho} + gZ_b + \frac{\alpha_b \overline{V}_b^2}{2} + h_f$을 미분형으로 나타내면 다음과 같다.

$$\frac{dp}{\rho} + d\left(\frac{\alpha \overline{V}^2}{2}\right) + g\,dZ + dh_f = 0 \tag{6.5}$$

위에서의 가정에 따라 위치에너지 항을 없애고, $\alpha_a = \alpha_b = 1.0$, $u = \overline{V}$이며 마찰은 벽 전단 뿐이므로 식 (6.5)는 다음과 같이 된다.

$$\frac{dp}{\rho} + d\left(\frac{u^2}{2}\right) + dh_{fs} = 0 \tag{6.6}$$

식 (5.10b)에서, $D = 4\dot{r}_H$이므로

$$dh_{fs} = \frac{u^2}{2}\frac{f\,dL}{r_H} \tag{6.7}$$

식 (6.6)과 (6.7)에서 dh_{fs}를 소거하면 압축성 유체에 적용할 수 있는 기계적 에너지수지식이 된다.

$$\frac{dp}{\rho} + d\left(\frac{u^2}{2}\right) + \frac{u^2}{2}\frac{f\,dL}{r_H} = 0 \tag{6.8}$$

음속(Velocity of sound)

연속 매체를 통한 음속은 음향속도(acoustic velocity)라고도 한다. 음속은 매체를 통해 단열적이고 마찰 없이 이동하는 아주 작은 조밀파(compression-rarefaction wave)의 이동속도이다. 열역학적으로 음파의 이동은 엔트로피가 일정한 등엔트로피 과정(isentropic process)이다. 임의 매체에서의 음향속도의 크기는 다음과 같다.

$$a = \sqrt{\left(\frac{dp}{d\rho}\right)_S} \tag{6.9}$$

이 식에서 하첨자 s는 등엔트로피 과정임을 나타낸다.

이상기체 상태식(Ideal gas equations)

위에서 언급한 가정 1~6이 성립된다면 식 (6.2)~(6.9)는 어떤 유체에나 적용할 수 있다. 이러한 식은 밀도 ρ가 일정한 비압축성 유체에 적용된다. 압축성 유체에 적용하려면 밀도를 온도와 압력의 함수로 나타내야 한다. 가장 간단하면서 공학적으로 유용한 관계식의 하나는 이상기체 상태식이다.

$$p = \frac{R}{M}\rho T \tag{6.10}$$

R = 기체상수, 8,314 J/kmol·K

M = 분자량

기체는 순수물질이거나 혼합물이거나 상관없다. 순수물질이 아니더라도 기체의 조성은 변화가 없어야 한다. 식 (6.10)의 로그를 취하고 미분하면 다음과 같다.

$$\frac{dp}{p} = \frac{d\rho}{\rho} + \frac{dT}{T} \tag{6.11}$$

비열 c_p가 온도와 무관하다면, 온도 T인 기체의 엔탈피는 다음과 같다.

$$H = H_0 + c_p(T - T_0) \tag{6.12}$$

H = 온도 T에서 단위 질량 당 엔탈피

H_0 = 임의 온도 T_0에서 단위 질량 당 엔탈피

이 식의 미분형은 다음과 같다.

$$dH = c_p dT \tag{6.13}$$

이상기체의 음향속도와 Mach 수 이상기체의 등엔트로피 과정은 다음 식에 따른다.

$$p\rho^{-\gamma} = \text{일정} \tag{6.14}$$

$$Tp^{-(1-1/\gamma)} = \text{일정} \tag{6.15}$$

γ = 정압비열과 정용비열의 비, c_p/c_v

γ를 이상기체에 대해 나타내면 다음과 같다.

$$\gamma \equiv \frac{c_p}{c_v} = \frac{c_p}{c_p - R/M} \tag{6.16}$$

c_p가 온도와 무관하다면, c_v와 γ도 온도와 무관하다.

$(dp/d\rho)_S$는 식 (6.14)의 로그형을 미분하여 구할 수 있다.

$$\frac{dp}{p} - \gamma\frac{d\rho}{\rho} = 0, \quad \left(\frac{dp}{d\rho}\right)_S = \gamma\frac{p}{\rho}$$

식 (6.9)에 대입하면,

$$a = \sqrt{\frac{\gamma p}{\rho}} = \sqrt{\frac{\gamma TR}{M}} \tag{6.17}$$

20°C, 1atm의 공기의 경우 $a = 343\text{m/s}$이다.

이 식의 두 번째 등식은 식 (6.10)을 사용하여 구했다. 이 식에서 보인 것처럼, 이상기체의 음향속도는 온도만의 함수이다. 식 (6.1)과 (6.17)에서 이상기체의 Ma^2을 나타내면 다음과 같다.

$$\mathrm{Ma}^2 = \frac{\rho u^2}{\gamma p} = \frac{u^2}{\gamma TR/M} \tag{6.18}$$

별표 상태(The asterisk condition)

압축성 유체에서는 음향속도로 흐르는 상태가 중요한 경우가 있다. 이러한 상태에서는 $u = a$, $\mathrm{Ma} = 1$이며, 이 상태의 압력, 온도, 밀도, 엔탈피를 각각 p^*, T^*, ρ^*, H^*로 나타내므로, 이 상태를 **별표 상태**(asterisk condition)라 한다.

정체 온도(Stagnation temperature)

고속 유체에서 축일을 하지 않고 단열적으로 정지시켰을 때 도달하게 되는 온도를 정체 온도(stagnation temperature)라 한다. 유체의 실제 온도, 실제 유속, 정체 온도의 관계는 총괄 에너지수지식 (6.3) 및 엔탈피수지식 (6.12)에서 구할 수 있다. 식 (6.3)에서 흐르는 기체의 온도가 T이고 엔탈피가 H인 상태를 상태 a라 하고, 식 (6.12)에서 정체 상태를 상태 b(기준 상태 0)로 한다. 정체 상태는 하첨자 s로 나타내기로 한다. 기체의 유속을 u라 하면, $u_a = u$이고, $u_b = u_s = 0$이다. 이 과정은 단열과정이므로 $Q = 0$이다. 따라서 식 (6.3)은 다음과 같이 된다.

$$H_s - H = \frac{u^2}{2} = H_0 - H \tag{6.19}$$

식 (6.19)와 (6.12)에서 $H_0 - H$를 소거하면, 정체 온도 T_s는 다음과 같다.

$$T_s = T + \frac{u^2}{2c_p} \tag{6.20}$$

정체 엔탈피(stagnation enthalpy)는 다음 식으로 정의한다.

$$H_s = H + \frac{u^2}{2} \tag{6.21}$$

식 (6.3)을 다시 쓰면,

$$\frac{Q}{m} = H_{sb} - H_{sa} = (T_{sb} - T_{sa})c_p \tag{6.22}$$

H_{sa}, H_{sb} = 상태 a와 b에서의 정체 엔탈피

단열과정에서는 $Q = 0$, $T_{sa} = T_{sb}$이므로, 정체 온도는 일정한 값이다.

6.2 압축성 유체의 흐름(Processes of compressible flow)

여기에서는 그림 6.1에 보인 흐름을 다룬다. 특정 온도와 압력에서 아주 다량의 기체를 유속 0에서 공급하며, Mach 수를 안다고 가정한다. 이러한 기체의 출처를 저장실(reservoir)이라 하고 저장실

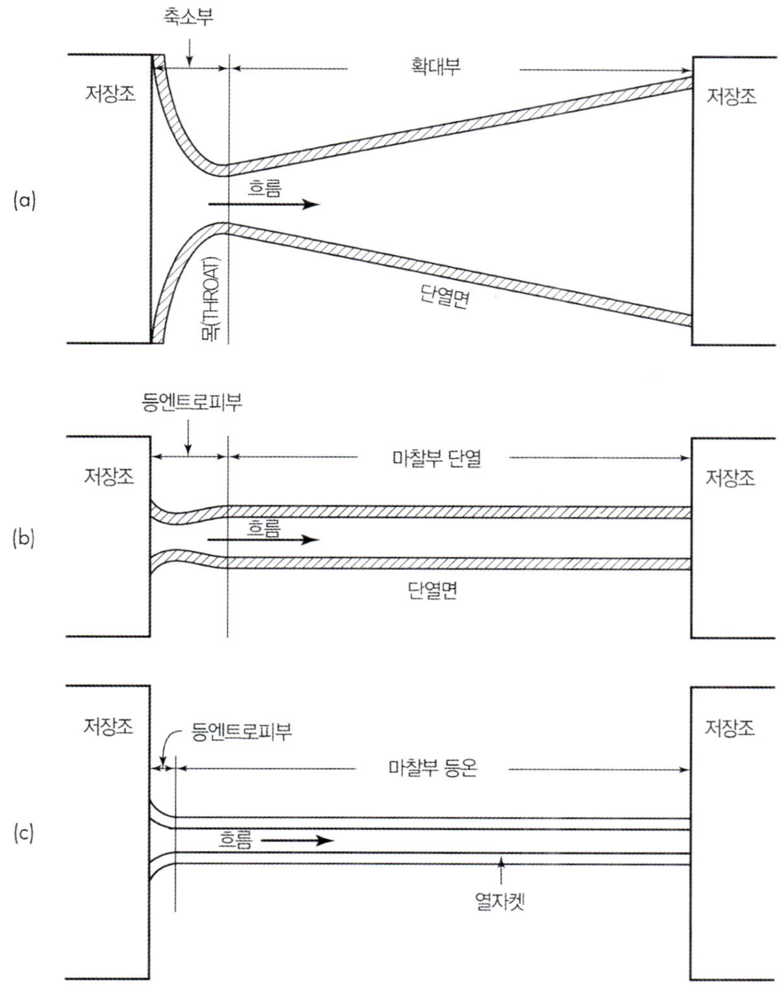

그림 6.1 (a) 축소-확대 노즐에서의 등엔트로피 흐름, (b) 단열 마찰 흐름, (c) 등온 마찰 흐름

기체의 온도와 압력을 저장실 상태(reservoir condition)라 한다. 저장실 온도는 정체 값이며, 흐름계의 다른 지점에 적용할 필요는 없다.

저장실 기체가 마찰 손실이 없이 관으로 유입되어 흐른다고 가정한다. 관에서 배출되는 기체는 일정한 온도, 유속, 압력에서 배기실(exhaust receiver)로 들어가며, 배기실의 압력은 독립적으로 조절하여, 저장실의 압력보다 낮은 일정한 압력이 되게 할 수 있다고 본다.

관 안에서는 다음 중의 한 가지 과정이 일어난다.

1. 등엔트로피 팽창
   그림 6.1(a)에 보인 것처럼, 이 과정에서는 유로의 단면적이 변해야 하므로, 이 과정은 면적 변화 과정의 하나이다. 단열과정이므로 유로 안에서 정체 온도는 변하지 않는다.
2. 단면적이 일정한 유로 중의 단열 마찰 흐름
   그림 6.1(b)에 보인 것처럼, 이 과정은 비가역적이며 기체의 엔트로피가 증가한다. 그러나 식 (6.22)에 보인 것처럼, $Q = 0$이므로, 정체 온도는 유로 전체에서 일정하다.
3. 단면적이 일정한 유로 중의 등온 마찰 흐름
   그림 6.1(c)에 보인 것처럼, 이 과정에서는 관벽을 통해 열이 전달됨으로 온도가 일정하게 유지된다. 비단열적이고 비등엔트로피 과정이므로, 정체 온도는 변한다. T는 일정하므로 식 (6.20)에서 T_s는 u에 따라 변한다.

6.3 노즐을 통한 등엔트로피 흐름(Isentropic flow through nozzle)

등엔트로피 흐름에 적절한 유로를 노즐(nozzle)이라 한다. 그림 6.1(a)에 보면 완전한 노즐은 축소부(convergent section)와 확대부(divergent section)가 목(throat)으로 연결되어 있다. 목은 길이가 짧고 유로 벽은 노즐 중심축과 평행이다. 용도에 따라서는 확대부만 있는 노즐도 있고 목이 직접 배기실과 연결된 경우도 있다. 실제의 노즐 구조는 설계하기 나름인데 설계자는 단면적 S와 입구로부터 노즐까지의 길이 L 사이의 관계를 정하고 벽 마찰을 최소화하고 경계층이 분리되지 않도록 설계한다. 축소 유로에서는 경계층이 분리되지 않으므로 축소부는 둥글고 짧게 만들 수 있다. 확대부에서 경계층 분리를 억제하려면 확대 각도가 작아야 하므로 확대부는 비교적 길어진다. 목에 비해 노즐 입구를 충분히 크게 함으로서, 입구에서의 유속이 0이고, 온도와 압력은 저장실에서와 같다고 가정할 수 있도록 한다.

축소부의 목적은 기체의 유속을 증가시켜서 압력을 감소시키는 데 있다. Mach 수가 작으면 비압축성 유체에 관한 일반 Bernoulli 관계식 (4.29)를 적용할 수 있다. 축소부의 흐름은 언제나 아음속이지만 목에서는 음속이 될 수 있다. 축소 노즐에서는 Mach 수가 1 이상이 되게 할 수가 없다. 확대부에서는 유속이 아음속이거나 초음속이 될 수 있는데 이 상황에 따라 확대부의 목적이 완전히 달라진다. 아음속 흐름이면 Bernoulli 식에 따라 유속을 감소시켜서 압력을 회복시키는 것이 목적이다. 이러한 노즐은 유량 측정용으로 이용된다(8장 참고). 초음속 흐름이면 풍동(wind tunnel)과 같은 실험 장치에서 Mach 수를 1 이상으로 하는 것이 확대부의 일반 목적이다.

등엔트로피 흐름에 관한 식(Equations for isentropic flow)

노즐을 통해 이상기체가 흐를 때 생기는 현상은 기본식으로부터 유도할 수 있다.

흐름 중의 기체 성질의 변화 등엔트로피 흐름 중의 기체의 밀도와 온도의 변화는 식 (6.14)와 (6.15)로 나타낼 수 있다. 상수들을 저장실 조건에서 평가하면

$$\frac{p}{\rho^{\gamma}} = \frac{p_0}{\rho_0^{\gamma}} \tag{6.23}$$

$$\frac{T}{p^{1-1/\gamma}} = \frac{T_0}{p_0^{1-1/\gamma}} \tag{6.24}$$

이러한 식은 마찰이 없는 아음속 및 초음속 흐름에 모두 적용되지만, 충격 전선(shock front) 전후에는 사용하지 말아야 한다.

노즐에서의 유속 마찰이 없으면 기계적 에너지 수지식 (6.6)은 다음과 같이 간단해진다.

$$\frac{dp}{\rho} = -d\left(\frac{u^2}{2}\right) \tag{6.25}$$

식 (6.25)와 (6.23)에서 ρ를 소거하고, 하한을 저장실 상태로 하여 적분한다. 즉 $p = p_0$ 일 때 $\rho = \rho_0$, $u = 0$이므로,

$$\int_0^u d\left(\frac{u^2}{2}\right) = -\frac{p_0^{1/\gamma}}{\rho_0}\int_{p_0}^{p}\frac{dp}{p^{1/\gamma}}$$

적분하여 하한 값을 대입하고 정리하면 다음과 같다.

$$u^2 = \frac{2\gamma p_0}{(\gamma-1)\rho_0}\left[1-\left(\frac{p}{p_0}\right)^{1-1/\gamma}\right] \tag{6.26}$$

Mach 수를 식 (6.26)의 형태로 나타내면 편리하다. 식 (6.26)의 u^2을 식 (6.18)의 첫 번째 등식에 대입하고, 식 (6.23)에서 ρ/ρ_0을 소거하면 다음과 같이 된다.

$$\mathrm{Ma}^2 = \frac{2}{\gamma-1}\frac{p_0}{p}\frac{\rho}{\rho_0}\left[1-\left(\frac{p}{p_0}\right)^{1-1/\gamma}\right] = \frac{2}{\gamma-1}\left[\left(\frac{p_0}{p}\right)^{1-1/\gamma}-1\right] \tag{6.27}$$

이 식을 압력비에 대하여 풀면 다음과 같다.

$$\frac{p}{p_0} = \frac{1}{\{1 + [(\gamma - 1)/2]\mathrm{Ma}^2\}^{1/(1-1/\gamma)}} \tag{6.28}$$

이 식에서 p 에 p^*을 대입하고 Ma = 1.0이라 하면, **임계압력비** r_c는 다음과 같다.

$$r_c = \frac{p^*}{p_0} = \left(\frac{2}{\gamma + 1}\right)^{1/(1-1/\gamma)} \tag{6.29}$$

300K의 공기의 경우, γ = 1.4, r_c = 0.528이다.

식 (6.23)과 (6.26)에서 u와 ρ의 곱을 계산하면, **질량속도**는 다음과 같다.

$$G = u\rho = \sqrt{\frac{2\gamma\rho_0 p_0}{\gamma - 1}}\left(\frac{p}{p_0}\right)^{1/\gamma}\sqrt{1 - \left(\frac{p}{p_0}\right)^{1-1/\gamma}} \tag{6.30}$$

단면적의 영향(Effect of cross-sectional area)

단면적, 유속, Mach 수 사이의 관계를 이용하여 다양한 노즐 흐름을 상관시킬 수 있다. 식 (6.25)의 ρ를 연속의 식 (6.2)에 대입하면,

$$\frac{du}{u} + \frac{dS}{S} - \left(\frac{d\rho}{dp}\right)_S u\,du = 0 \tag{6.31}$$

하첨자 s는 등엔트로피 흐름임을 강조한 것이다. 식 (6.9)에서

$$\left(\frac{dp}{d\rho}\right)_S = a^2 \tag{6.32}$$

식 (6.31)과 (6.32)에서 $(dp/d\rho)_S$를 소거하면,

$$\frac{du}{u}\left(1 - \frac{u^2}{a^2}\right) + \frac{dS}{S} = 0$$

식 (6.1)에서 Ma를 대입하면 다음과 같다.

$$\frac{du}{u}(\mathrm{Ma}^2 - 1) = \frac{dS}{S} \tag{6.33}$$

식 (6.33)에서 알 수 있지만, Ma < 1인 아음속 흐름에서는 단면적의 감소에 따라 유속이 증가하고(축소 유로), 단면적의 증가에 따라 유속이 감소한다(확대 유로). 이는 비압축성 흐름의 일반적 상황과 마찬가지이다. Ma > 1인 초음속 흐름에서는 노즐의 확대부에서처럼 단면적의 증가에 따라 유속이 증가하고, 등엔트로피 경로에서의 밀도와 유속의 변화가 생긴다. 질량유량은 노즐의 모든 점에서 마찬가지이므로 연속의 식에 의해 노즐의 단면적이 질량속도 ρu에 역비례해야 한다. 유속은 Mach 수에 따라 계속 증가하며 밀도는 감소한다. 그러나 Ma = 1일 때는, G 값이 최대점을

지나게 된다. 아음속 영역에서는 밀도의 감소, 질량속도의 증가, S의 감소에 비해 유속의 증가가 빠르다. 초음속 영역에서는 유속의 증가보다 밀도의 감소가 빠르며, 총괄 질량유량에 맞추어 질량속도가 감소하고 S가 증가한다. 이러한 G의 거동은, 식 (6.30)의 1차 미분과 2차 미분을 검토하여 극대치와 극소치를 조사하는 일반적 방법으로 입증할 수 있다.

예제 6.1

온도 555.6K, 압력 2atm의 공기가 축소-확대 노즐로 들어간다. 목 면적은 확대부 배출구의 절반이다.

(a) 목에서 Ma = 0.8이라 가정하고, 흐름량(압력, 온도, 유속, 밀도, 질량속도)의 값을 구하라.

(b) 저장실 상태에 해당하는 p^*, T^*, u^*, G^*을 구하라.

(c) 노즐을 초음속으로 사용한다고 가정하고, 확대부 배출구에서의 최대 Mach 수를 구하라.

공기는 $\gamma = 1.4$ 이고, $M = 29$이다.

풀이 (a) 목에서의 압력은 식 (6.28)에서 구한다.

$$\frac{p_t}{20} = \frac{1}{\{1+[(1.4-1)/2]0.8^2\}^{1/(1-1/1.4)}} = 0.656$$

$$p_t = 13.12\,\text{atm}$$

$R = 82.056 \times 10^{-3}\text{atm}\cdot\text{m}^3/\text{kmol}\cdot\text{K}$이므로, 식 (6.10)에서,

$$\rho_0 = \frac{20 \times 29}{82.056 \times 10^{-3} \times 555.6} = 12.72\,\text{kg/m}^3$$

식 (6.10)의 p_0/ρ_0를 식 (6.26)에 대입하면, 목에서의 유속은 다음과 같다.

$$u_t = \sqrt{\frac{2\gamma R T_0}{M(\gamma-1)}\left[1-\left(\frac{p_t}{p_0}\right)^{1-1/\gamma}\right]}$$

$$= \sqrt{\frac{2 \times 1.4 \times 82.056 \times 10^{-3} \times 555.6}{29(1.4-1)}}\sqrt{1-0.656^{1-1/1.4}}$$

$$= 1.1175\,(\text{m}^3\cdot\text{atm/kg})^{1/2}$$

이 단위를 m/s 단위로 환산한다. 부록 1.1에서 $1\text{atm} = 1.01325 \times 10^5\,\text{N/m}^2$이고, $1\text{N} = 1\,\text{kg}\cdot\text{m/s}^2$이다. 따라서,

$$u_t = 1.1175\sqrt{1.01325 \times 10^5} = 355.7\,\text{m/s}$$

식 (6.23)에서, 목에서의 밀도는 다음과 같다.

$$\rho_t = \rho_0\left(\frac{p_t}{p_0}\right)^{1/\gamma} = 12.72 \times 0.656^{1/1.4} = 9.41\,\text{kg/m}^3$$

목에서의 질량속도는 다음과 같다.

$$G_t = u_t\rho_t = 355.7 \times 9.41 = 3{,}348\,\text{kg/m}^2\cdot\text{s}$$

질량속도는 식 (6.30)에서 직접 계산할 수도 있다. 또 식 (6.24)에서 목에서의 온도는 다음과 같다.

$$T_t = T_0\left(\frac{p_t}{p_0}\right)^{1-1/\gamma} = 555.6\times 0.656^{1-1/1.4} = 492.5\,\mathrm{K}$$

(b) 식 (6.29)에서,

$$r_c = \frac{p^*}{p_0} = \left(\frac{2}{1.4+1}\right)^{1/(1-1/1.4)} = 0.528 \qquad p^* = 20\times 0.528 = 10.56\,\mathrm{atm}$$

식 (6.24)와 (6.29)에서

$$T^* = 555.6\left(\frac{2}{1.4+1}\right) = 463\,\mathrm{K}$$

식 (6.23)에서,

$$\left(\frac{\rho_0}{\rho^*}\right)^\gamma = \frac{p_0}{p^*} \qquad \frac{p^*}{\rho_0} = \left(\frac{p^*}{p_0}\right)^{1/\gamma}$$

$$\rho^* = 12.72\times 0.528^{1/1.4} = 8.06\,\mathrm{kg/m^3}$$

식 (6.30)에서,

$$G^* = \sqrt{\frac{2\times 1.4\times 12.72\times 20\times 1.01325\times 10^5}{1.4-1}}\,0.528^{1/1.4}\sqrt{1-0.528^{1-1/1.4}}$$

$$= 3{,}476\,\mathrm{kg/m^2\cdot s}$$

$$u^* = \frac{G^*}{\rho^*} = \frac{3{,}476}{8.06} = 431\,\mathrm{m/s}$$

(c) 연속의 식에서 $G \propto 1/S$ 이므로, 배출구의 질량속도는 다음과 같다.

$$G_r = \frac{3{,}476}{2} = 1{,}738\,\mathrm{kg/m^2\cdot s}$$

식 (6.30)에서,

$$1{,}738 = \sqrt{\frac{2\times 1.4\times 12.72\times 20\times 1.01325\times 10^5}{0.4}\left[1-\left(\frac{p_r}{p_0}\right)^{1-1/1.4}\right]}\left(\frac{p_r}{p_0}\right)^{1/1.4}$$

$$\left(\frac{p_r}{p_0}\right)^{1/1.4}\sqrt{1-\left(\frac{p_r}{p_0}\right)^{1-1/1.4}} = 0.1294$$

이 식에서 p_r/p_0 를 구하면,

$$\frac{p_r}{p_0} = 0.0939$$

배출구에서의 Mach 수는 식 (6.27)에서 다음과 같다.

$$\mathrm{Ma_r} = \sqrt{\frac{2}{1.4-1}\left(\frac{1}{0.0939^{1-1/1.4}}-1\right)} = 2.20$$

6.4 단열 마찰 흐름(Adiabatic fricton flow)

단면적이 일정한 곧은 관에서 관벽을 통한 열전달을 무시할 수 있으면 단열 흐름이 된다. 여기에 약간의 열전달이 있을지라도 실제 조건에 잘 맞는 단열 흐름이다. 이 과정을 그림 6.1(b)에 보였다. 전형적 예로서, 기체가 주어진 압력과 온도로 들어가서, 관의 길이와 지름, 그리고 출구에서 유지되는 압력에 의해 결정되는 유속으로 흐르는 경우를 들 수 있다. 유로가 길고 출구 압력이 낮으면 기체의 유속은 음속에 도달할 수 있다. 그러나 기체가 초음속이나 아음속에서 음속 장벽(sonic barrier)을 통과하여 흐를 수는 없다. 즉 관에 도입되는 기체의 Mach 수가 1보다 크면, Mach 수가 감소할 수는 있지만 1 이하가 될 수는 없다. 배출 압력을 일정하게 유지하면서 관의 길이를 증가시켜서, 강제로 기체 유속을 아음속에서 초음속이 되게 하려거나 반대로 초음속에서 아음속이 되게 하려면, 이러한 변화에 저항하여 질량유량이 감소한다. 이러한 효과를 쵸킹(choking)이라 한다.

마찰 매개변수(The friction parameter)

마찰 영향의 척도가 되는 기본량은 마찰 매개변수(friction parameter) $f\,L/r_H$ 이다. 이 변수는 식 (6.8)을 적분하여 얻을 수 있다. 단열 마찰 흐름에서는 기체의 온도가 변하며, 이에 따라 점도 역시 변하므로, Reynolds 수와 마찰계수도 사실상 일정하지 않다. 그러나 기체 흐름에서는 온도가 점도에 미치는 영향이 작으므로, Reynolds 수가 마찰계수 f에 미치는 영향 역시 작다. 또 Mach 수가 1에 가깝지 않으면 온도 변화가 작다. f의 평균치가 일정하다고 보고 계산해도 좋을 것이다. 필요하다면 유로의 양단에서 구한 f의 산술평균을 상수로 사용할 수 있다.

초음속 흐름의 마찰계수는 확정할 수 없다. 겉보기에는 Reynolds 수가 같은 아음속일 때의 값의 절반 정도가 된다.

유로의 입구가 둥글어서 등엔트로피 축소 노즐을 형성한다고 가정했다. 유로에서 초음속 흐름이 필요한 경우에는, 도입 노즐에 확대부를 포함시켜서 Mach 수가 1보다 커지도록 해야 한다.

단열 마찰 흐름식(Equations for adiabatic friction flow)

식 (6.8)에 ρ/p를 곱하면 다음과 같다.

$$\frac{dp}{p} + \frac{\rho}{p} u\,du + \frac{\rho u^2}{2p}\frac{f\,dL}{r_H} = 0 \tag{6.34}$$

이 식의 적분형을 구하기로 한다. 가장 유용한 적분형은 Mach 수가 종속변수이고 마찰 매개변수가 독립변수인 식이다. 이러한 식을 구하기 위해, 식 (6.34)와 (6.18)에서 밀도 인자를 소거하고, 식 (6.2)와 (6.11)에서 Ma, dp/p, du/u의 관계를 구한다. 만일 $d\,T/\,T$ 항이 나타나면 식 (6.4), (6.13),

(6.18)을 이용하여 소거한다. 결과식은 다음과 같다.

$$\frac{dp}{p} = -\frac{1+(\gamma-1)\mathrm{Ma}^2}{1+[(\gamma-1)/2]\mathrm{Ma}^2}\frac{\mathrm{dMa}}{\mathrm{Ma}} \tag{6.35}$$

$$\frac{du}{u} = \frac{dp}{p} + 2\frac{\mathrm{dMa}}{\mathrm{Ma}} \tag{6.36}$$

이 두 식을 식 (6.34)에 대입하고 정리하면, 다음과 같은 미분방정식이 된다.

$$f\frac{dL}{r_H} = \frac{2(1-\mathrm{Ma}^2)\mathrm{dMa}}{\gamma\mathrm{Ma}^3\ \{1+[(\gamma-1)/2]\mathrm{Ma}^2\}} \tag{6.37}$$

질량속도(Mass velocity)

Reynolds 수를 구하여 마찰계수를 평가하려면 질량속도가 필요하다. 식 (6.18)에서 G의 정의로부터,

$$\mathrm{Ma}^2 = \frac{(\rho u)^2}{\rho^2\gamma TR/M} = \frac{G^2}{\rho^2\gamma TR/M} = \frac{G^2}{\rho\gamma p}$$

$$G = \rho\mathrm{Ma}\sqrt{\frac{\gamma\mathrm{TR}}{\mathrm{M}}} = \mathrm{Ma}\sqrt{\rho\gamma\mathrm{p}} \tag{6.38}$$

단면적이 일정하면 G는 길이와 무관하므로, 기체 성질을 알 수 있으면 어느 점에서나 질량속도를 구할 수 있다. 일반적으로 유로 입구의 조건을 이용한다.

6.5 등온 마찰 흐름(Isothermal fricton flow)

단면적이 일정한 유로에서 비압축성 유체가 흐를 때, 관벽을 통해 열을 전달시킴으로서 기체의 온도를 일정하게 유지할 수 있다. 길고 작으며 단열하지 않은 관이 공기와 접촉하고 있으면 열이 충분히 전달되어 흐름이 거의 등온으로 유지된다. 또 Mach 수가 작으면, 등온 흐름의 압력 패턴은, 도입 조건이 같은 단열 흐름의 경우와 거의 같으므로, 등온 흐름에 관해서는 한층 간단한 식을 사용할 수 있다.

기계적 에너지 수지식 (6.8)에 질량속도를 도입하고, 직접 적분함으로서, 등온 흐름에 관한 간단한 기본식을 얻을 수 있다.

식 (6.8)에 ρ^2을 곱하면,

$$\rho\,dp + \rho^2 u\,du + \frac{\rho^2 u^2 f\,dL}{2r_H} = 0 \tag{6.39}$$

$\rho u = G$, $u\,du = -(G^2\rho^{-3})d\rho$, $\rho = Mp/(RT)$이므로, 식 (6.39)는 다음과 같이 된다.

$$\frac{M}{RT}p\,dp - G^2\frac{d\rho}{\rho} + \frac{G^2 f\,dL}{2r_H} = 0 \tag{6.40}$$

이 식을 정리하고, 상태 a와 b에 대해 적분하면,

$$p_a^2 - p_b^2 = \frac{G^2RT}{M}\left[2\ln\frac{\rho_a}{\rho_b} + \frac{f(L_b - L_a)}{r_H}\right] \tag{6.41}$$

r_H = 관 또는 유로의 수력학적 반경

식 (6.41)에서 p_a/p_b 대신에 밀도비 ρ_a/ρ_b를 사용할 수도 있다. 또 이 식은 유로에서 온도 변화가 적을 때도 사용할 수 있는데, 이 경우 T 대신에 산술 평균 온도를 사용한다. 예를 들어서, Ma < 0.3 정도인 단열 흐름은 이 식에 잘 맞는다.

예제 6.2

계기압력 1.7atm, 온도 15°C인 공기가 길이 70m인 75mm 수평 강관에 도입된다. 도입 공기의 유량 $q = 0.265\,\mathrm{m^3/s}$이다. 등온 흐름이라 가정하고, 배출구의 압력을 구하라.

풀이 식 (6.41)을 사용한다. 필요한 양은 다음과 같다.

$$D = 0.075\,\mathrm{m} \qquad r_H = \frac{0.075}{4} = 0.01875\,\mathrm{m}$$

$$\mu = 0.0174\,\mathrm{cP}(\text{부록 8}) = 1.74\times10^{-5}\,\mathrm{kg/m\cdot s}$$

$$\rho_a = \frac{29}{22.4}\times\frac{2.7}{1}\times\frac{273}{288} = 3.31\,\mathrm{kg/m^3}$$

$$A = \frac{0.075^2\pi}{4} = 0.00442\,\mathrm{m^2}$$

따라서

$$G = \frac{q\rho_a}{A} = \frac{0.265\times3.31}{0.00442} = 198.5\,\mathrm{kg/m^2\cdot s}$$

$$\mathrm{Re} = 0.075\times\frac{198.5}{1.74\times10^{-5}} = 8.56\times10^5$$

$$\frac{k}{D} = 0.00015\times\frac{0.3048}{0.075} = 0.00061$$

$$f = 0.0044(\text{그림 5.10})$$

$(p_a + p_b)/2 = \bar{p}$라 하면,

$$p_a^2 - p_b^2 = (p_a - p_b)(p_a + p_b) = 2\bar{p}(p_a - p_b)$$

식 (6.41)에서

$$p_a - p_b = \frac{RTG^2}{\bar{p}M}\left(\frac{fL}{2r_H} + \ln\frac{p_a}{p_b}\right)$$

$p_a = 2.7\,\text{atm}$ $M = 29$ $L = 70\,\text{m}$

$R = 82.056 \times 10^{-3}\,\text{m}^3 \cdot \text{atm/kmol} \cdot \text{K}$

$T = 15 + 273 = 288\,\text{K}$

시행오차법으로 구하면, $\bar{p} = 1.982$ atm, $p_b = 1.264$ atm이다.

검산: 식 (1.14)와 (1.15)에서, 1atm = 101,325 N/m^2 = 101,325kg/m·s^{2}이므로,

$$p_b = 2.7 - \frac{82.056 \times 10^{-3} \times 288 \times 198.6^2}{1.982 \times 29 \times 101{,}325}\left(\frac{0.0044 \times 70}{2 \times 0.01875} + \ln\frac{2.7}{1.264}\right)$$

$$= 1.264\,\text{atm}_{\text{abs}} \text{ 또는 } 0.264\,\text{atm}_{\text{gauge}}$$

평균 압력은 다음과 같다.

$$\bar{p} = \frac{2.7 + 1.264}{2} = 1.982\,\text{atm}$$

식 (6.41)을 G에 관해 나타내고, p_b에 대해 미분하면 다음을 구할 수 있다.

최대 질량속도 $G_{\max} = p_b\sqrt{M/(RT)}$

배출속도 $\overline{V}_{b,\max} = \sqrt{RT/M}$

배출 Mach 수 $\text{Ma}_b = 1/\sqrt{\gamma}$

그러나 이처럼 유속이 크고 팽창률이 큰 등온 상태는 불가능하므로, 이러한 쵸킹 상태는 물리적으로 무의미한 등온 흐름이다.

등온 흐름에서 열전달(Heat transfer in isothermal flow)

등온에서는 $T_a = T_b$이므로, 정상상태 에너지수지식 (6.22)와 정체온도에 관한 식 (6.20)으로부터,

$$\frac{Q}{m} = \frac{u_b^2 - u_a^2}{2} \tag{6.42}$$

u에 G/ρ를 대입하면 질량속도에 관한 식이 된다.

$$\frac{Q}{m} = \frac{G^2}{2}\left(\frac{1}{\rho_b^2} - \frac{1}{\rho_a^2}\right) \tag{6.43}$$

Q/m = 기체에 전달된 열량, J/kg

식 (6.41)~(6.43)은 아음속 흐름에 대해서만 사용할 수 있다.

6.1 순수 메탄으로 되어 있는 천연가스를 지면에 부설된 20in ID 관로에서 수송한다. 각 펌프장마다 절대압력을 $100\text{lb}_f/\text{in}^2$만큼씩 증가시키며, 입구에서 50mi 떨어져 있는 다음 펌프장 사이에서의 압력 강하는 $25\text{lb}_f/\text{in}^2$이다. 60°F, 30inHg 기준으로 기체의 유량(ft^3/h)을 구하라.

답 : $1.484 \times 10^6 \text{ft}^3/\text{h}$

6.2 표준 1in 규격 40 강관을 사용하여 염소 가스를 수송한다. 가스는 절대압력 6atm, 온도 120°C, 유속 35m/s로 관의 둥근 입구로 들어간다. (a) 관의 가능한 최대 길이를 구하라. (b) 이 최대 길이의 관 끝에서 기체의 압력과 정체 온도를 구하라. 단열 흐름이라 가정한다. 염소는 $\gamma = 1.36$, $M = 70.91$이다.

답 : (a) $L_{max} = 39.4\text{m}$ (b) $P_b = 0.772\text{atm}$ (c) $T_s = 384.38\text{K}$ or 121.22°C

6.3 25°C의 공기가 2in 규격 40 강관으로 들어간다. 계기압력은 310kN/m^2이고 유량은 1,200kg/h이다. 등온 흐름이라 가정하고, 이 관 60m에서의 압력 강하를 구하라.

답 : $\Delta P = 0.62\text{atm}$ or 63kN/m^2

6.4 200°C, 1.5atm에서 음속의 0.9배로 흐르는 공기의 정체 온도를 구하라.

답 : $T_s = 546.7\text{K}$ or 273.6°C

6.5 25mm(1in) 규격 40 강관에 350K, $p = 5 \times 10^5 \text{N/m}^2$의 공기가 도입된다. 유속은 120m/s이다. 단열 흐름이라 가정하고 공기가 음속으로 배출되는 관의 길이를 구하라.

답 : $L = 4.79\text{m}$

CHAPTER

07 잠긴 물체를 지나는 흐름

Flow Past Immersed Bodies

유체가 고체에 미치는 영향으로 정지 유체 안에서 고체가 움직이는 경우도 있고 정지 고체를 지나서 유체가 흐르는 경우도 있으며 유체와 고체가 모두 움직이는 경우도 있다. 이 장에서는 고체가 유체 속에 잠겨서 유체로 둘러싸여 있는 경우를 다룬다.

7.1 항력과 항력계수(Drag and drag coefficients)

유체가 흐르는 방향에서 유체가 고체에 미치는 힘을 항력(drag)이라 한다. Newton의 운동 제3법칙에 따르면 이때 고체는 크기가 같고 방향이 반대인 힘을 유체에 미친다. 그림 3.7(a)에서 보면 고체 벽이 흐름 방향과 평행이면 벽 전단(wall shear) τ_w가 유일한 항력이다. 유체 압력은 벽에 직각인 방향으로 작용하는데 이 압력의 흐름 방향 성분도 항력에 기여한다. 따라서 면적 요소에 작용하는 전체 항력은 이 두 성분의 합이 된다. 전적으로 압력 성분만에 의해 항력이 생기는 극단적인 예로서는 그림 3.7(b)에서처럼 흐름에 직각인 평판의 항력을 들 수 있다.

흐름 방향에 대해 각도 $90° - \alpha$ 만큼 기울어져 있는 면적 요소 dA에 미치는 압력과 전단력을 그림 7.1에 보였다. 벽 전단에 의한 항력은 $\tau_w \sin\alpha \, dA$이고 압력에 의한 항력은 $p\cos\alpha \, dA$이다. 이러한 양을 적분하면 물체에 미치는 전체 항력이 되는데 각각 유체와 접하고 있는 물체의 전체 표면에 대해 평가한다. 벽 전단 및 압력에 의한 항력의 전체 적분치를 각각 **벽 항력**(wall drag) 및 **형태 항력**(form drag)이라 한다.

퍼텐셜흐름에서는 $\tau_w = 0$이므로 벽 항력도 0이다. 또 흐름 방향의 압력 항력은 반대 방향의 같은 힘과 균형을 이루므로 형태 항력의 적분치도 0이 된다. 따라서 퍼텐셜흐름에서는 순항력(net drag)이 없다.

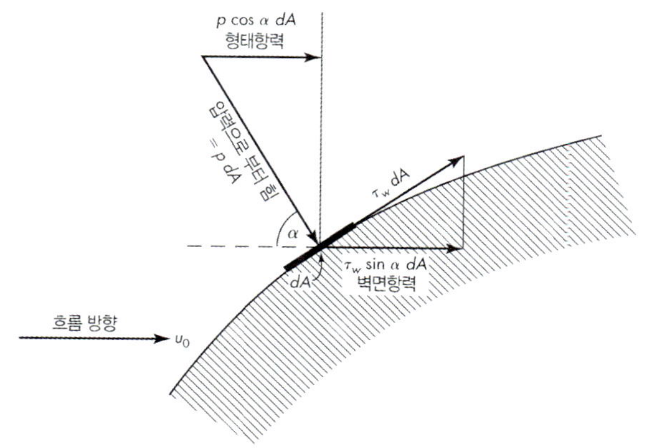

그림 7.1 잠긴 물체에 대한 벽 항력과 형태 항력

항력계수(Drag coefficients)

관이나 유로를 통한 유체 흐름에서는 속도두 × 밀도에 대한 전단응력의 비로 정의되는 마찰계수가 유용하다. 잠긴 고체에 대해서는 마찰계수에 상응하는 **항력계수**(drag coefficient)가 유용하다. 흐르는 유체 중에 매끈한 구가 잠겨있고 이 구에 접근하는 흐름은 고체 경계로부터 충분히 떨어져 있어서 유속이 균일하다고 하자. 그림 7.2에서처럼 흐름 방향에 직각인 평면에 대한 고체의 투영면적(projected area)을 A_p로 표기한다. 구의 투영면적은 원의 면적과 같으므로 지름을 D_p라 하면 $(\pi/4)D_p^2$이다. 전체항력을 F_D라 하면 단위 투영면적 당 평균 항력은 F_D/A_p이다. 마찰계수 f를 τ_w와 속도두 × 밀도의 비로 정의한 것처럼 항력계수 F_D를 F_D/A_p와 밀도 × 속도두의 비로 정의한다.

$$C_D \equiv \frac{F_D/A_p}{\rho u_0^2/2} \tag{7.1}$$

$u_0 =$ 물체에 접근하는 흐름의 유속(u_0는 투영면적 전체에서 일정하다고 가정)

입자의 형상이 구가 아니면 그 크기와 기하학적 형태 유체의 흐름 방향에 대한 배향(orientation)을 규정해야 한다. 중요한 기본 치수로는 특성 길이(characteristic length)와 이 기준 치수에 대한

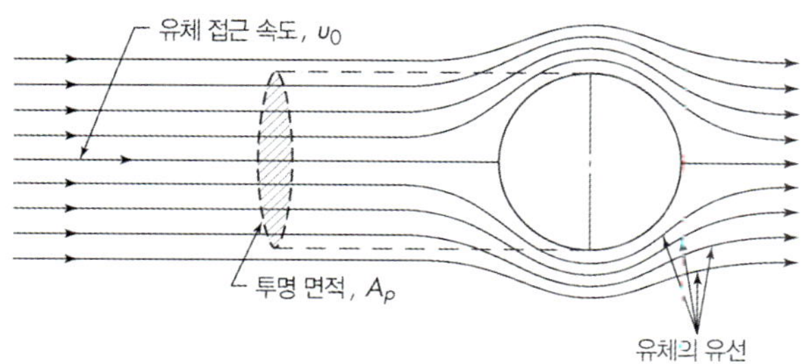

그림 7.2 잠긴 구를 지나는 흐름

비를 사용한다. 입자가 원기둥형(cylinder)인 경우 지름 D를 기준 치수로 사용하고 특성 길이는 L/D 비로 나타낸다. 입자와 흐름 사이의 배향은 실린더 축과 흐름 방향 사이의 각도로 정의한다. 이어서 투명면적을 구한다. 길이가 L인 원기둥에서 축이 흐름 방향에 직각으로 배향되었다면 투영 면적 $A_p = LD_p$가 된다. 실린더 축이 흐름 방향에 평행으로 배향된 경우에는 $A_p = (\pi/4)D_p^2$가 되어 지름이 같은 구의 투영면적과 같아진다.

차원해석에 의하면 비압축성 유체 중에서 매끈한 고체의 항력계수는 Reynolds 수와 형상비(shape ratio)에 따라 달라진다. 특정 형상인 경우

$$C_D = \phi(\mathrm{Re}_p)$$

유체 중의 입자의 Reynolds 수는 다음과 같이 정의한다.

$$\mathrm{Re}_p \equiv \frac{G_0 D_p}{\mu} \tag{7.2}$$

여기서 D_p는 특성길이, G_0는 $u_0\rho$이다.

형상과 배향이 다르면 C_D와 Re_p의 관계도 달라진다. Reynolds 수가 낮은 매끈한 구의 경우에는 대략적 이론식이 있지만 일반적으로는 C_D와 Re_p의 관계를 실험에 의해 구한다.

압축성 유체에서 Mach 수가 0.6 정도 이상일 경우에는, Mach 수에 따라 항력계수가 증가한다. 초음속 흐름의 항력계수는 일반적으로 아음속 흐름에 비해 크다.

전형적 형상의 항력계수(Drag coefficients of typical shapes)

구, 긴 원기둥, 원판의 C_D와 Re_p의 관계를 그림 7.3에 보였다. 이러한 곡선은 흐름 중에 물체의 위치를 고정하고 측정한 결과이다. 배향은 원기둥의 축과 원판의 면이 흐름 방향에 직각인 경우이므로 이러한 배향일 때만 이 그림을 이용할 수 있다. 정지 유체 중에서 원판이나 원기둥이 중력에 의해 낙하하는 경우에는 배향이 계속 달라질 것이므로 항력계수의 값도 그림에 보인 값과 상당한 차이가 날 것이다. 자유낙하하는 구도 자전하거나 경로가 나선형이 될 수 있으므로 고정 위치일 경우에 비해 항력계수 값이 달라진다.

항력이란 복잡한 성질이므로 f와 Re의 관계에 비해 C_D와 Re_p의 관계가 복잡해진다. C_D와 Re_p의 관계에서 Reynolds 수에 따라 곡선의 기울기가 달라지는 것은 형태 항력과 벽 항력에 영향을 미치는 인자들의 상호작용 결과이다.

Reynolds 수가 작으면 구에 대한 항력은 이론식인 Stokes 법칙으로 나타낼 수 있다.

$$F_D = 3\pi\,\mu u_0\,D_p \tag{7.3}$$

식 (7.1)과 (7.3)에서 항력계수는 다음과 같이 된다.

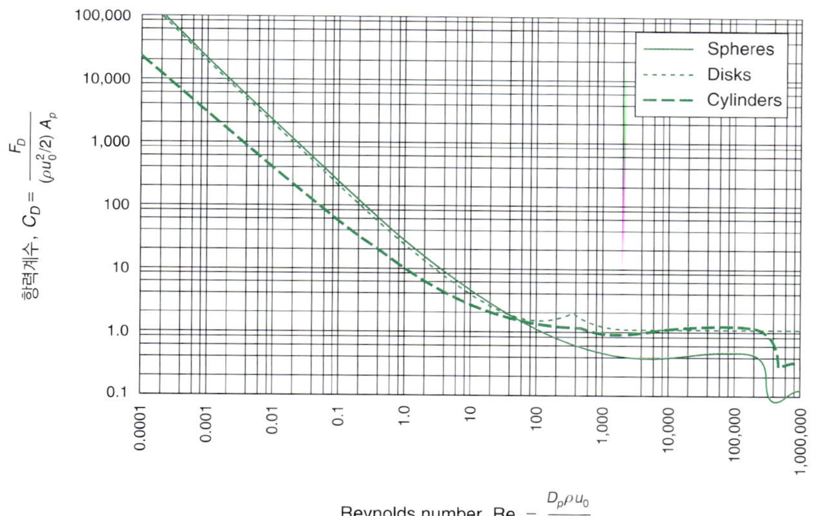

그림 7.3 잠긴 구를 지나는 흐름구, 원판, 원기둥의 항력계수

$$C_D = \frac{24}{\mathrm{Re}_p} \tag{7.4}$$

이론적으로 Stokes 법칙이 성립되는 것은 Re_p가 1보다 상당히 작은 영역이다. 그림 7.3의 왼쪽에 보인 것처럼 Reynolds 수가 1보다 작으면 모든 범위에서 오차가 크지 않다. 이 법칙이 적용되는 낮은 유속으로 유체 안에서 움직이는 구는 유체를 변형시키면서 이동한다. 벽 전단은 점성력(viscous force)에 의해서만 생기며 관성력(inertial force)은 무시된다. 구의 움직임은 구에서 상당히 멀리 떨어진 유체에도 영향을 미치는데 구의 지름의 20~30배에 해당하는 범위에 고체 벽이 있으면 벽 효과를 고려하여 Stokes 법칙을 수정해야 한다. 이 법칙에 따르는 흐름 형태를 **미동흐름**(creeping flow)이라 한다. 이 법칙은 특히 먼지나 안개처럼, 점도가 작은 기체나 액체 중에서 움직이는 작은 입자의 저항이나 점도가 큰 액체 중에서 움직이는 큰 입자의 저항을 계산하는 데 유용하다.

Reynolds 수가 1 이상이면 항력계수는 Stokes 법칙의 한계인 $24/\mathrm{Re}_p$보다 커지고, Reynolds 수가 20 정도이면 후면의 정체점 부근에 순환흐름(recirculating flow) 영역이 생긴다. 이 영역 즉 웨이크(후류)는 Reynolds 수의 증가에 따라 크기가 증가하며, $\mathrm{Re}_p = 100$에서는 웨이크가 구의 거의 절반을 덮는다.

Reynolds 수가 200~300인 범위에서는 웨이크 중에서 진동(oscillation)이 생겨서 규칙적 양상으로 웨이크에서 와류가 이탈하며 하류에서 줄을 지어 움직이는 "와류줄기"(vortex street)를 형성한다(그림 7.4). 유체가 선(wire)이나 긴 원기둥을 가로질러서 흐를 때도 비슷한 와류줄기가 생기는데 바람 속에서 전선의 윙윙거림(hum)도 이러한 현상 때문이다.

$\mathrm{Re}_p = 10^3 \sim 10^5$ 범위에서는 항력계수가 거의 일정하여 0.40~0.45 정도이며 경계층 분리점이

그림 7.4 수직 원기둥(그림의 왼쪽) 하류의 와류줄기

점점 구의 코(nose)로 이동하더라도 그다지 달라지지 않는다.

$Re_p \cong 10^5$일 때의 흐름 양상을 그림 7.5(a)에 보였는데 구 전반부의 경계층은 여전히 층류이며 분리각(angle of separation)은 85°이다.

$Re_p \cong 300{,}000$에서 전반부의 경계층이 난류이면 그림 7.5(b)에 보인 것처럼 분리점이 구의 후반부로 이동하여 웨이크가 축소된다. 웨이크가 작아지고 이에 따라 형태 항력이 감소하면 항력 계수는 0.45에서 0.10로 크게 줄어든다.

부착 경계층이 난류가 되는 Reynolds 수를 항력의 **임계 Reynolds 수**라 한다. 그림 7.3에서 구에 관한 곡선은, 구에 접근하는 유체가 난류가 아니거나 구가 정지 유체 중에서 이동할 때에만 적용된다. 접근 유체가 난류이면 임계 Reynolds 수는 난류의 크기에 따라 민감하게 변하며 난류 규모가 증가할수록 감소한다.

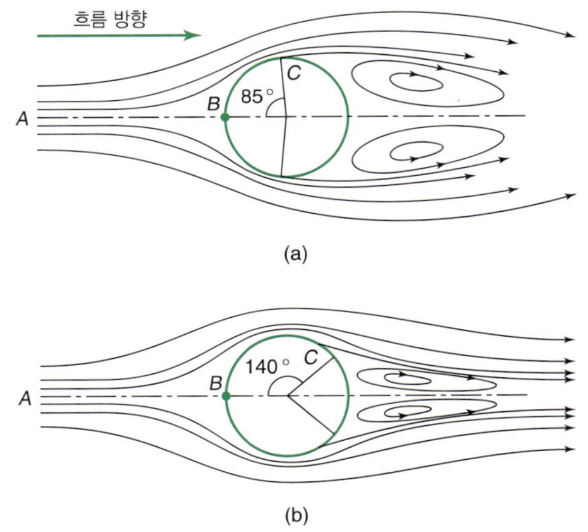

그림 7.5 하나의 구를 지나는 흐름. 경계층 분리와 웨이크 생성을 보였다. (a) 경계층 안의 층류, (b) 경계층 안의 난류 ; B, 정체점 ; C, 분리점

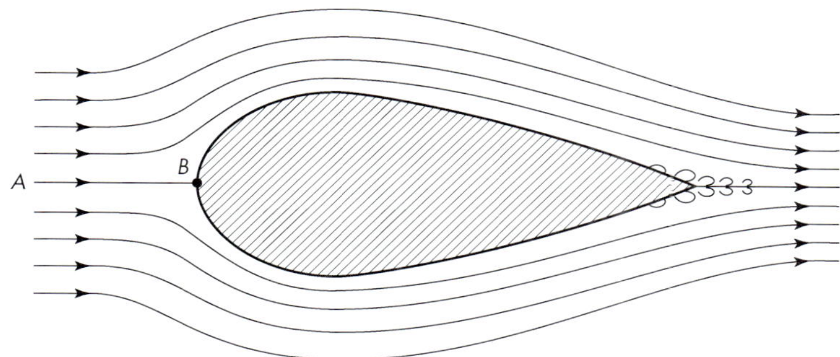

그림 7.6 유선 형성 물체: AB는 정체점 B로 향하는 유선

무한히 긴 원기둥이 흐름에 대해 직각일 때의 $C_D \sim \mathrm{Re}_p$ 곡선은 구의 경우와 비슷하지만 Reynolds 수가 작으면 원기둥 주변의 흐름이 2차원 특성을 가지므로 C_D가 Re_p에 대해 역비례하지 않는다. 촉매 펠릿(pellet)처럼 원기둥 길이가 짧으면 항력계수가 구에 관한 값과 긴 원기둥에 관한 값의 중간 값이 되며 Reynolds 수가 작으면 이에 역비례하여 변한다. 원판은 임계 Reynolds 수에서도 항력계수가 감소하지 않는데 경계층이 일단 원판 둘레에서 분리되면 다시 원판 뒷면으로 붙어서 돌아가지 못하므로 경계층이 난류가 되더라도 웨이크가 축소되지 않기 때문이다. 이러한 거동을 하는 물체를 **벼랑체**(bluff body)라 한다. 원판의 경우 $\mathrm{Re}_p > 2{,}000$이면 항력계수 C_D는 거의 1이다.

석탄, 모래, 쇄석처럼 형상이 불규칙한 입자의 항력계수는 명목치수(nominal size)가 같은 구에 비해 크다. $\mathrm{Re}_p = 4 \sim 400$에서 분쇄 석회석에 관한 자료를 그림 7.7에 보였다. 불규칙한 고체에 관한 시험 자료를 보면 $\mathrm{Re}_p = 1{,}000 \sim 2{,}000$일 경우의 항력계수는 구에 관한 값의 2~3배 정도이다.

형태 항력과 유선(Form drag and streamlining)

경계층이 물체의 맨 뒷쪽에서 분리되도록 하면 형태 항력을 줄일 수 있는데 유선이 형성도록 하면 된다. 유선 형성의 일반적 방법은 분리의 기본 원인인 경계층 안의 압력 증가가 완만하여 분리가 지연될 수 있는 모양으로 물체의 뒷부분을 만드는 것이다. 유선이 형성되려면 뒷부분이 날개(airfoil)처럼 뾰족해야 한다. 전형적 유선 모양을 그림 7.6에 보였다. 완전한 유선 형성 물체에서는 웨이크가 생기기 않으므로 형태 압력이 거의 없다.

정체점(Stagnation point) 그림 7.6에서 물체를 지나는 흐름의 유선은 한 단면에서 물체에 의해 두 부분으로 갈라지며 한 부분은 물체 위로 지나가고 다른 부분은 물체 밑으로 지나간다. 유선 AB에서 이 두 부분으로 갈라지는데 이 유선은 물체의 코에 해당하는 점 B에서 끝난다. 이 점을 정체점(stagnation point)이라 하며 정체점에서는 유속이 0이다. 흐름이 수평이고 유선에서의 마찰이 무시된다는 가정 하에서 식 (4.29)를 다시 쓸 수 있다. 교란되지 않은 상류의 유체를 지점 a, 정체점을 지점 b라 하면, 다음과 같이 된다.

$$\frac{p_s - p_0}{\rho} = \frac{u_0^2}{2} \tag{7.5}$$

p_s = 정체점에서 물체에 미치는 압력

p_0 = 교란되지 않은 유체에서의 압력

u_0 = 교란되지 않은 유체의 유속

ρ = 유체의 밀도

정체점을 통과하는 유선의 압력 증가 $p_s - p_0$는 다른 유선에 비해 큰데 정체점에서는 접근 유체의 속도두 전체가 압력두로 변환되기 때문이다.

정체 압력(Stagnation pressure)

식 (7.5)는 Mach 수가 작은 압축성 유체에도 적용할 수 있지만, Mach 수가 0.4 이상이면 부정확도가 커진다. 따라서 p_s로서 적절한 압력은 등엔트로피 정체 압력(isentropic stagnation pressure)으로서, 기체 흐름을 등엔트로피적으로 정지시킬 때의 기체 압력으로 정의하며, 식 (6.24)에서 다음과 같이 구할 수 있다.

$$\left(\frac{p_s}{p_0}\right)^{1-1/\gamma} = \frac{T_s}{T_0} \tag{7.6}$$

여기서 p_s는 정체 압력, T_s는 정체 온도, T_0는 접근 흐름의 온도이다.

$$\frac{T_a}{T_b} = \frac{1+[(\gamma-1)/2]\mathrm{Ma}_\mathrm{b}^2}{1+[(\gamma-1)/2]\mathrm{Ma}_\mathrm{a}^2}$$

위 식에서, $T_a = T_s$, $T_b = T_0$, $\mathrm{Ma}_\mathrm{a} = 0$, $\mathrm{Ma}_\mathrm{b} = \mathrm{Ma}_0$라 하면,

$$\frac{T_s}{T_0} = 1 + \frac{\gamma-1}{2}\mathrm{Ma}_0^2 \tag{7.7}$$

식 (7.6)과 (7.7)에서

$$\frac{p_s}{p_0} = \left(1 + \frac{\gamma-1}{2}\mathrm{Ma}_0^2\right)^{1/(1-1/\gamma)} \tag{7.8}$$

식 (7.8)의 양변에서 1을 빼고 우변항을 이항정리에 의해 전개하면, 이 식은 식 (7.5)와 같은 형이 된다. 이렇게 한 다음, Ma의 관계식인 식 (6.18)을 사용하고, p_0/ρ_0를 곱하면 다음과 같이 된다.

$$\frac{p_s - p_0}{\rho_0} = \frac{u_0^2}{2}\left(1 + \frac{\mathrm{Ma}_0^2}{4} + \frac{2-\gamma}{24}\mathrm{Ma}_0^4 + \ldots\right) \tag{7.9}$$

이 식을 식 (7.5)와 비교하면, 괄호 안의 양은, $0 \le \text{Ma} < 1.0$ 범위에서 식 (7.5)를 압축성 유체에 맞는 형으로 변환할 때의 보정인자에 해당한다.

7.2 액체 중의 입자 운동(Motion of particles through fluid)

특히 기계적 분리를 비롯한 여러 가지 처리 단계에서는 유체를 통한 고체 입자나 액적의 이동을 다룬다. 유체는 기체이거나 액체이며 흐름 상태이거나 정지 상태이다. 분리의 예로서는 공기나 연돌가스로부터 먼지나 연무(fume)의 제거, 폐액으로부터 고형물의 제거, 산 공장의 폐가스로부터 산 미스트(mist)의 회수 등을 들 수 있다.

입자 운동 메카니즘(Mechanics of particle motion)

유체 중에서 입자가 움직이려면 입자에 외력이 작용해야 한다. 이 힘은 입자와 유체의 밀도차로 인해 생길 수도 있고 전기장이나 자기장으로 인해 생길 수도 있다.

유체 중에서 움직이는 입자에는 다음 세 가지 힘이 작용한다.

(1) 외력(external force) ; 중력 또는 원심력

(2) 부력(buoyant force) ; 외력과 평행으로 작용하지만 방향이 반대이다.

(3) 항력(drag force) ; 입자와 액체의 상대적 움직임 때문에 생긴다. 항력은 움직임을 방해하며 이동 방향에 평행으로 작용하지만 방향은 반대이다.

일반적으로는 유체에 상대적인 입자의 이동 방향이 외력이나 부력의 방향과 평행이 아닐 수도 있으며 항력의 방향은 다른 두 힘의 방향과 어떤 각도를 이룰 수도 있다.

유체 중의 입자의 일차원 운동 (Equations for one-dimensional motion of particle through fluid)

유체 중에서 질량 m인 입자가 외력 F_e의 작용으로 움직이는 경우를 고려한다. 유체에 상대적인 입자의 속도는 u, 입자의 부력은 F_b, 항력은 F_D라 하자. 그러면 입자에 작용하는 힘은 $F_e - F_b - F_D$이고 입자의 가속도는 du/dt이다. m은 일정하므로 다음과 같이 된다.

$$m\frac{du}{dt} = F_e - F_b - F_D \tag{7.10}$$

외력은 입자 질량과 이에 작용하는 힘에 의한 가속도 a_e의 곱으로 나타낼 수 있다.

$$F_e = ma_e \tag{7.11}$$

Archimedes 원리에 의해 부력은 입자가 대치한 액체의 질량과 외력으로 인한 가속도의 곱과

같다. 입자의 밀도가 ρ_p이면 입자의 부피는 m/ρ_p이며, 입자가 대치하는 액체의 부피도 마찬가지이다. 유체의 밀도가 ρ이면, 대치된 유체의 질량은$(m/\rho_p)\rho$이므로 부력은 다음과 같다.

$$F_b = \frac{m\rho a_e}{\rho_p} \tag{7.12}$$

항력은 식 (7.1)에서

$$F_D = \frac{C_D u_0^2 \rho A_p}{2} \tag{7.13}$$

$C_D =$ 항력계수, 무차원

$A_p =$ 입자의 투영면적. 입자의 이동 방향에 직각인 평면에서 측정한다.

$u_0 = u$

식 (7.11)~(7.13)의 힘을 식 (7.10)에 대입하면

$$\frac{du}{dt} = a_e - \frac{\rho a_e}{\rho_p} - \frac{C_D u^2 \rho A_p}{2m} = a_e \frac{\rho_p - \rho}{\rho_p} - \frac{C_D u^2 \rho A_p}{2m} \tag{7.14}$$

중력에 의한 운동 외력이 중력이면, 가속도 a_e는 중력가속도 g가 된다. 따라서 식 (7.14)에서,

$$\frac{du}{dt} = g\frac{\rho_p - \rho}{\rho_p} - \frac{C_D u^2 \rho A_p}{2m} \tag{7.15}$$

원심력장에서의 운동(Motion in a centrifugal field) 입자의 이동 방향이 변하면 원심력이 생긴다. 원운동에서 원심력에 의한 가속도는 다음과 같다.

$$a_e = r\omega^2 \tag{7.16}$$

$r =$ 입자 경로의 반경

$\omega =$ 각속도, rad/s

식 (7.14)에 대입하면

$$\frac{du}{dt} = r\omega^2 \frac{\rho_p - \rho}{\rho_p} - \frac{C_D u^2 \rho A_p}{2m} \tag{7.17}$$

이 식에서 u는 유체에 대한 입자의 상대 속도로서, 반경 방향으로 향한다.

종말속도(Terminal velocity)

중력 침강에서 g는 일정하다. 또 항력은 언제나 속도에 따라 증가한다. 식 (7.15)에서 가속도는 시간이 경과하면 감소하다가 0에 접근한다. 입자는 곧 일정한 속도에 이르게 되는데 이 속도는 주어진 상황에서 도달할 수 있는 최대 속도로서 종말속도(terminal velocity)라 한다. 중력 침강의 경우 $du/dt = 0$에서 종말속도 u_t에 관한 식을 구할 수 있다. 식 (7.15)에서 종말속도는 다음과 같다.

$$u_t = \sqrt{\frac{2g(\rho_p - \rho)m}{A_p \rho_p C_D \rho}} \tag{7.18}$$

원심력에 의한 운동에서는 속도가 반경에 따라 달라지며, 입자가 유체에 상대적으로 움직인다면 가속도는 0이 아니다. 하지만 대부분의 실제 상황에서는 식 (7.17)의 다른 두 항에 비해 du/dt는 아주 작으므로 무시할 수 있다. 이 경우 임의 반경에서의 종말속도는 다음 식으로 정의한다.

$$u_t = \omega \sqrt{\frac{2r(\rho_p - \rho)m}{A_p \rho_p C_D \rho}} \tag{7.19}$$

항력계수(Drag coefficient)

식 (7.14)~(7.19)를 정량적으로 사용하려면 항력계수 C_D의 수치가 필요하다. 항력계수와 Reynolds 수의 관계를 나타낸 그림 7.3에서 구와 쇄석 입자에 관한 Re_p 대 C_D 곡선의 일부를 다시 나타내면 그림 7.7과 같다. 이 곡선은 제한된 조건에서만 적용되는데 입자는 고체여야 하고 다른 입자나 용기 벽으로부터 멀리 떨어져 있어서 입자 주변의 흐름 패턴이 왜곡되지 않아야 하며 유체에 대해 종말속도로 움직이고 있어야 한다. 가속 입자의 항력계수는 그림 7.7에 보인 값보다 상당히 크므로 정지 유체 중에서 낙하하는 입자가 종말속도에 이르는 시간은 정상상태 C_D 값을 사용하여 추정한 시간보다 길어진다. 빠른 흐름 중에 주입한 입자는 예상보다 천천히 가속되므로 이러한 경우의 항력계수는 정상치보다 작아진다. 그러나 작은 입자나 액적을 다루는 대개의 프로세스에서는 종말속도에 이를 때까지의 가속 시간이 아주 짧으므로 프로세스 해석에서는 대개 무시한다.

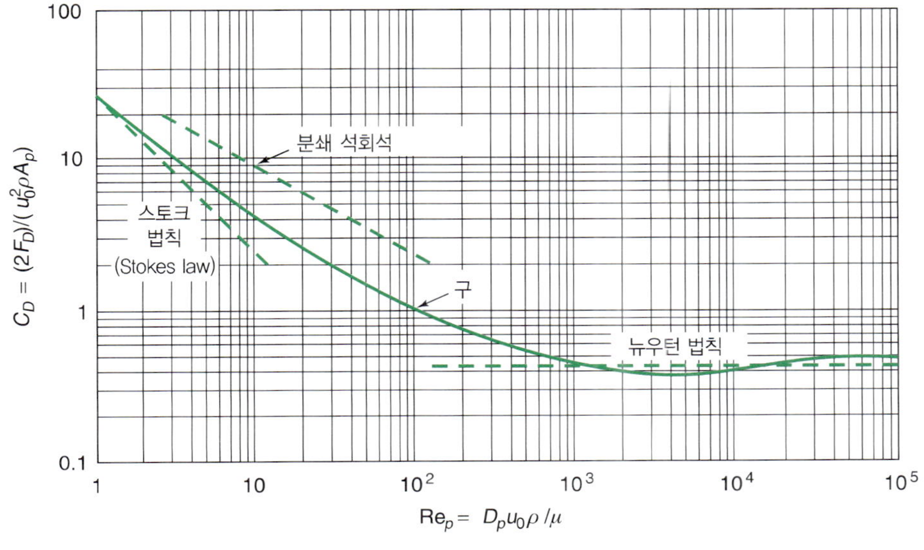

그림 7.7 구와 불규칙 입자의 항력계수

그림 7.3에 원기둥과 원판에 대해 나타낸 것처럼 입자 형상이 다르면 이를 고려하여 $\mathrm{Re_p}$ 대 C_D의 관계를 각각 마련해야 한다. 그림 7.3의 원기둥과 원판에 관한 곡선은 입자가 특정 배향일 때만 적용할 수 있다. 유체 중에서 구가 아닌 입자가 자유롭게 움직일 때는 입자의 배향이 계속 변한다. 이러한 변화 중에는 에너지가 소비되며 입자에 대한 유효 항력을 증가시키므로 고정된 고체를 지나는 유체의 움직임일 때보다 C_D가 커진다. 그림 7.7에서 보면 분쇄 석회석의 항력계수는 명목치수가 같은 구에 비해 2배 이상 커진다. 결과적으로 특히 원판을 비롯한 판 모양 입자의 종말속도는 배향이 고정된 입자에 관한 곡선에서 추정할 수 있는 값보다 작아진다.

지금부터는 입자를 구로 가정한다. 입자의 자유 운동에 관한 항력계수를 알면 어떤 형상의 입자에나 같은 원리를 적용할 수 있다.

입자가 용기의 경계나 다른 입자로부터 멀리 떨어져 있어서 그 낙하에 영향을 미치지 않는 경우를 **자유침강**(free settling)이라 한다. 입자들이 서로 충돌하지 않더라도 가까이 있어서 입자의 운동을 다른 입자가 방해하면 **간섭침강**(hindered settling)이라 한다. 자유침강에 비해 간섭침강에서의 항력계수가 크다.

입자가 아주 작으면 브라운운동(brownian movement)을 한다. 이것은 입자와 이를 둘러싼 유체 분자 사이의 충돌로 인한 입자의 불규칙 움직임이다. 입도가 2~3μm 정도이면 이러한 영향이 현저해지며 입도가 0.1μm 미만이면 중력보다 지배적이 된다. 입자가 불규칙적으로 움직이면 중력의 영향을 압도하여 침강되지 않는다. 원심력을 가하면 브라운운동의 상대적 영향을 줄일 수 있다.

구형 입자의 운동(Motion of spherical particles)

지름이 D_p인 구형 입자라면

$$m = \frac{1}{6}\pi D_p^3 \rho_p \tag{7.20}$$

$$A_p = \frac{1}{4}\pi D_p^2 \tag{7.21}$$

식 (7.20)과 (7.21)의 m과 A_p를 식 (7.18)에 대입하면, 구의 중력침강식이 얻어진다.

$$u_t = \sqrt{\frac{4g(\rho_p - \rho)D_p}{3C_D\rho}} \tag{7.22}$$

일반적으로는 Re_p를 가정하고 C_D의 초기치를 추정한 다음 시행오차법으로 종말속도를 구할 수 있다. Reynolds 수가 아주 작거나 아주 큰 극한적인 경우에는 식 (7.22)를 사용하여 직접 u_t를 구할 수 있다.

Reynolds 수가 작을 때는 항력계수가 Re_p에 역비례하므로 C_D, F_D, u_t에 관한 식은 각각 다음과 같다.

$$C_D = \frac{24}{\mathrm{Re_p}} \tag{7.23}$$

$$F_D = 3\pi\mu u_t D_p \tag{7.24}$$

$$u_t = \frac{g D_p^2(\rho_p - \rho)}{18\mu} \tag{7.25}$$

식 (7.25)는 식 (7.3)과 마찬가지로 Stokes 법칙의 한 형태이며 입자 Reynolds 수가 1.0 미만일 때 적용된다. $\mathrm{Re}_p = 1.0$ 에서는 C_D가 식 (7.23)에서 구한 값인 24가 아니라 26.5가 되는데, 종말속도는 항력계수의 제곱근에 따라 변하므로 이 점에서 Stokes 법칙은 5%의 오차가 생긴다. 식 (7.25)에서 g에 $r\omega^2$을 대입하여 수정하면, 원심력장에서의 작은 입자의 종말속도를 구할 수 있다.

$1,000 < \mathrm{Re}_p < 200,000$ 범위에서는 항력계수가 거의 일정하므로, 다음과 같이 된다.

$$C_D = 0.44 \tag{7.26}$$

$$F_D = 0.055\pi D_p^2 u_t^2 \rho \tag{7.27}$$

$$u_t = 1.75\sqrt{\frac{g D_p(\rho_p - \rho)}{\rho}} \tag{7.28}$$

식 (7.28)은 Newton 법칙으로서 기체나 저점도 유체 중에서 상당히 큰 입자가 낙하할 때에만 적용된다.

식 (7.25)와 (7.28)에서 알 수 있지만 Stokes 법칙의 적용 범위어서는 u_t가 D_p^2에 따라 변하며 Newton 법칙의 적용 범위에서는 u_t가 $D_p^{0.5}$에 따라 변한다.

침강 형태의 판별기준(Criterion for settling regime)

입자가 어떤 범위에서 움직이는지를 확인하기 위해 식 (7.25)의 u_t를 대입하여 Reynolds 수에서 속도 항을 소거하면 Stokes 법칙의 적용 범위에서는 다음과 같은 식이 된다.

$$\mathrm{Re}_p = \frac{\mathrm{D_p u_t}\rho}{\mu} = \frac{\mathrm{D_p^3 g}\rho(\rho_\mathrm{p} - \rho)}{18\mu^2} \tag{7.29}$$

Stokes 법칙은 Re_p가 1.0 미만일 때 적용된다. 여기서 판별기준 K를 다음과 같이 정의하면 편리하다.

$$K = D_p\left[\frac{g\rho(\rho_p - \rho)}{\mu^2}\right]^{1/3} \tag{7.30}$$

식 (7.29)에서 $\mathrm{Re}_p = \frac{1}{18}K^3$이다. $\mathrm{Re}_p = 1.0$이면, $K = 18^{1/3} = 2.6$이다. 입자의 크기를 알면 K를 식 (7.30)에서 계산할 수 있다. $K < 2.6$이면 Stokes 법칙의 적용 범위이다.

식 (7.28)의 u_t를 대입하면 Newton 법칙의 적용 범위에서는 $\mathrm{Re}_p = 1.75K^{1.5}$ 이다. 이 값이

1,000일 때 $K = 68.9$ 이다. $68.9 < K < 2,360$이면 Newton 법칙의 적용 점위이다. $K > 2,360$에서는 유속이 조금만 변해도 항력계수가 급격하게 변한다. 이러한 조건에서는, Stokes 법칙과 Newton 법칙 사이의 범위($2.6 < K < 68.9$)에서와 마찬가지로, 그림 7.7에서 시행오차법으로 구한 C_D값을 사용하여 식 (7.22)에서 종말속도를 계산한다.

예제 7.1

(a) 30°C의 물에서 낙하하는 80~100mesh 석회석 입자(ρ_p= 2,800kg/m^3)의 종말속도를 구하라.

(b) 가속도가 50g인 원심분리기에서의 종말속도를 구하여, 크기를 비교하라.

풀이 (a) 부록 5에서

$$D_p(100\,\text{mesh}) = 0.147\,\text{mm}$$

$$D_p(80\,\text{mesh}) = 0.175\,\text{mm}$$

$$\text{평균입경 } \overline{D}_p = 0.161\,\text{mm}$$

부록 6에서, $\mu = 0.801\,\text{cP}$, $\rho =$ 995.7kg/m^{3}이다. 어떤 침강법칙이 적용되는지를 알아보기 위해 식 (7.30)의 판별기준 K를 구한다.

$$K = 0.161\times 10^{-3}\left[\frac{9.80665\times 995.7(2{,}800-995.7)}{(0.801\times 10^{-3})^2}\right]^{1/3} = 4.86$$

이 값은 Stokes 법칙의 적용 범위보다 약간 크다. $\text{Re}_p = 5$라 가정하면, 그림 7.7에서 $C_D \cong 14$이다. 식 (7.22)에서,

$$u_t = \left[\frac{4\times 9.80665(2{,}800-995.7)(0.161\times 10^{-3})}{3\times 14\times 995.7}\right]^{1/2} = 0.0165\,\text{m/s}$$

검산 :

$$\text{Re}_p = \frac{0.161\times 10^{-3}\times 0.0165\times 995.7}{0.801\times 10^{-3}} = 3.30$$

$\text{Re}_p = 3.30$에서 $C_D > 14$이므로, u_t와 Re_p의 수정치는 위의 값보다 작아야 할 것이다. 다음과 같이 가정한다.

$$\text{Re}_p = 2.5 \qquad C_D \cong 20$$

$$u_t = 0.0165\left(\frac{14}{20}\right)^{0.5} = 0.0138\,\text{m/s}$$

$$\text{Re}_p = 3.30\left(\frac{0.0138}{0.0165}\right) = 2.76$$

이 값은 2.5와 비슷하므로,

$$u_t \cong 0.014\,\text{m/s}$$

(b) 식 (7.30)에서 g 대신에 $a_e = 50g$를 사용한다. 각속도만 달라지므로, $K = 4.86\times 50^{1/3} = 17.90$이다. 이는 중간 침강 범위이다. $\text{Re}_p = 40$이면, 그림 7.7에서 $C_D = 4.1$이다. 따라서,

$$u_t = \left[\frac{4 \times 9.80665 \times 50(2{,}800 - 995.7)(0.161 \times 10^{-3})}{3 \times 4.1 \times 995.7}\right]^{1/2} = 0.216\,\mathrm{m/s}$$

검산 :

$$\mathrm{Re}_p = \frac{0.161 \times 10^{-3} \times 0.216 \times 995.7}{0.801 \times 10^{-3}} = 43(40\text{에 가깝다})$$

$$u_t \cong 0.22\,\mathrm{m/s}$$

종말속도의 계산치는 같은 크기의 구에 비해 1.6~1.8배 크지만, 입자 형상을 알지 못하므로 이 값은 근사치에 불과하다.

간섭침강(Hindered settling)

간섭침강에서는 각 입자 주위의 속도구배가 주변의 다른 입자의 영향을 받으므로 항력에 관한 일반적 관계식은 적용되지 않는다. 또 침강하는 입자는 액체와 자리를 바꿔서 액체가 위로 흐르므로 유체에 상대적인 입자의 속도가 절대 침강속도보다 커진다. 균일 현탁물에서는 침강속도 u_s를 고립 입자의 종말속도로부터 추산할 수 있는데, Maude와 Whitmore의 실험식을 사용한다.

$$u_s = u_t(\epsilon)^n \tag{7.31}$$

지수 n은 Stokes 법칙 범위에서는 4.6 정도, Newton 법칙 범위에서는 2.5 정도인데, 이를 그림 7.8에 보였다. 아주 작은 입자에서는 u_s/u_t 비가 $\epsilon = 0.9$일 때 0.62이고, $\epsilon = 0.6$일 때 0.095이다. 입자가 크면 u_s/u_t 비가 각각 0.77 및 0.28이다. 이때는 경계층 두께가 입도보다 작기 때문에 간섭침강 효과가 현저하지 않다. 어떤 경우이든 침강속도는 입자 형상과 입도 분포에 따라서도 달라지므로 식 (7.31)을 사용할 때는 주의해야 한다.

식 (7.31)에서 ϵ를 전체 공극률이 아니라 미세 현탁물의 부피분율로 한 다음 침강속도를 구한다. 물에 아주 미세한 모래를 현탁시킨 현탁물은 무거운 광물로부터 석탄의 분리에 이용하는데

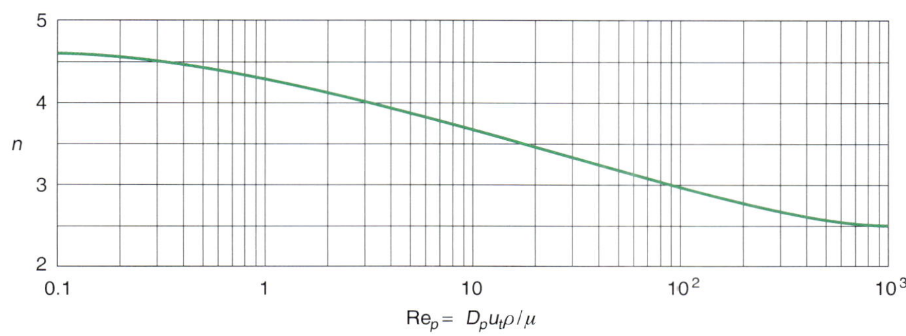

그림 7.8 식 (7.31)에서 지수 n과 Re_p의 관계

현탁물의 밀도를 조정하여 석탄보다 약간 큰 값이 되도록 하면 석탄 입자는 표면으로 부상하고 광물 입자는 바닥으로 침강한다.

예제 7.2

20°C의 사염화탄소(CCl_4)(비중 1.594) 중에서 섬아연광(sphalerite) 입자(비중 4.00, 지름 0.004in가 중력 침강한다. CCl_4 중의 섬아연광의 부피분율이 0.20일 때, 섬아연광의 침강속도를 구하라.

풀이 입자와 액체의 비중차는 4.00 − 1.594 = 2.406이다.

밀도차는 $\rho_p - \rho = 62.37 \times 2.406 = 150.06$ lb/ft^{3}이다.

CCl_4의 밀도는 62.37 × 1.594 = 99.42lb/ft^{3}이다.

부록 9에서 20°C에서의 CCl_4의 점도는 1.03cP이다. 식 (7.30)에서 판별기준 K는 다음과 같다.

$$K = \frac{0.004}{12}\left[\frac{32.174 \times 99.42 \times 150.06}{(1.03 \times 6.72 \times 10^{-4})^2}\right]^{1/3} = 3.34 \tag{7.32}$$

침강은 거의 Stokes 법칙 범위에 속한다. 식 (7.25)에서 자유침강 섬아연광 입자의 종말속도는 다음과 같다.

$$u_t = \frac{32.174 \times (0.004/12)^2 \times 150.06}{18 \times 1.03 \times 6.72 \times 10^{-4}} = 0.043 \text{ ft/s}$$

간섭침강일 때의 종말속도는 식 (7.31)에서 구한다. 입자의 Reynolds 수는,

$$\text{Re}_p = \frac{0.004 \times 0.043 \times 99.42}{12 \times 1.03 \times 6.72 \times 10^{-4}} = 2.06$$

그림 7.8에서 $n = 4.1$이므로, 식 (7.31)에서

$$u_s = 0.043 \times 0.8^{4.1} = 0.017 \text{ ft/s} \, (5.2 \text{ mm/s})$$

기포와 액적의 침강 및 상승(Settling and rise of bubbles and drops)

고체 입자와는 달리 분산 액적이나 기포는 연속상 중에서 움직이는 중에 모양이 변한다. 항력은 액적을 평평하게 만들려 하고 표면장력은 이 힘에 대항한다. 0.5mm 미만의 액적이나 기포는 단위 부피 기준의 표면에너지가 커서 거의 구형이 되므로 항력계수와 종말속도는 고체 구와 거의 비슷하다. 그러나 표면마찰로 인해 낙하 액적 내부에 순환 패턴이 생기고 기-액 계면의 이동으로 인해 전체 항력이 단단한 구에 비해 다소 작아지기 때문에, 계수가 꼭 같지는 않다. 일반적으로는 계면에 농축되는 불순물이 계면의 움직임을 방해하므로 아주 순수한 계에서만 항력계수가 작아진다.

항력계수는 Reynolds 수에 따라 증가하며 종말속도는 액적이 커짐에 따라 극대치에 도달했다가 다시 작아진다. 난류로 흐르는 물에 대해 상대적으로 움직이는 공기 기포의 경우를 그림 7.9에 보였다. 이때의 상대 속도는 정지 액체일 경우에 비해 다소 크다. 그러나 물 속의 단일 공기 기포에

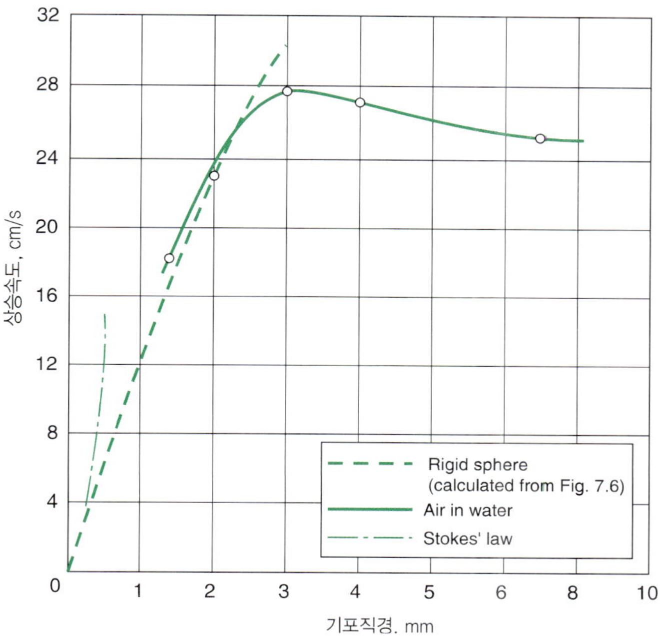

그림 7.9 물(70°F) 중의 공기 기포의 상승속도

관한 자료를 보면 서로 잘 일치하지 않는 경우가 많은데 어쩌면 이는 물의 순도, 벽 효과, 측정 기술의 차이 때문일 수도 있다. 중앙의 노즐에서 빠르게 잇달아 만들어지는 기포의 흐름은 단일 기포에 비해 상승속도가 빠른데, 중심 영역에서 기포들이 액체의 상향흐름을 만들기 때문이다. 전해조의 수직 전극에서 생성되는 기포에서도 비슷한 효과를 볼 수 있다.

비혼화성 액체 중에서 상승하거나 하강하는 액체의 종말속도는 상당 구경(equivalent sphere diameter)의 증가에 따라 최대치가 되었다가 줄어든다. 몇 가지 액체에 관한 자료를 그림 7.10에 보였다. 밀도차의 증가 또는 연속상의 점도의 감소에 따라 종말속도가 증가한다. 계면장력과 분산상의 점도에 따라서도 종말속도가 변하지만 일반적 상관관계는 구해진 것이 없다.

아주 작은 액적은 구형이므로 Stokes 법칙에 의한 예측치보다 다소 느리게 상승한다. 그런대로 구형은 큰 액적이 작은 액적보다는 빠르게 상승하지만 상승속도가 예상보다는 느리게 증가한다. 아주 큰 액적은 평평해져서 요동하는 경향이 있다.

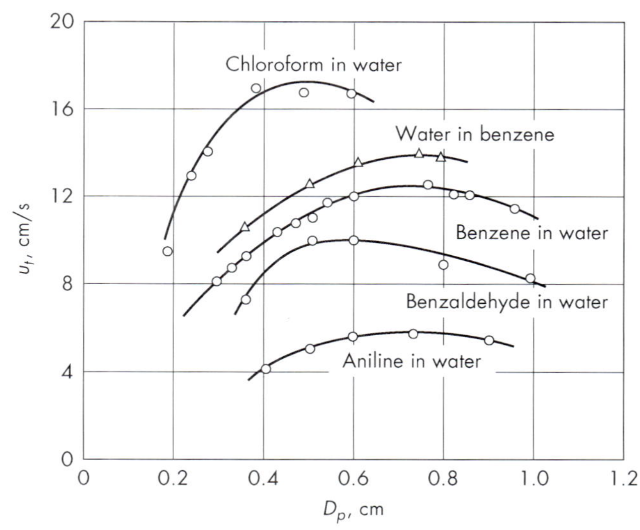

그림 7.10 액-액계 중의 액적의 종말속도

따라서 5~6mm보다 큰 액적은 이보다 작은 액적에 비해 천천히 움직인다. 지름이 약 10mm 이상의 큰 액적은 대개 파괴된다.

7.3 유동화(Fluidization)

고체 입자층에서 액체나 기체가 아주 저속으로 통과하면 입자들은 움직이지 않으며, 압력 강하는 Ergun 식 Ergun 식[a]으로 나타낼 수 있다. 유속을 조금씩 증가시키면, 압력 강하와 개별 입자에 대한 항력이 증가하여 마침내 입자들이 움직이기 시작하고 유체 중에 현탁된다. 현탁물은 밀도가 큰 유체와 거동이 마찬가지이므로 완전 현탁 입자의 상태를 기술하는데 **유동화**(fluidization) 및 **유동층**(fluidized bed)이라는 술어를 사용한다. 층이 들뜨면 표면은 수평을 유지하고 큰 물체는 현탁물에 대한 상대적 밀도에 따라 부상하거나 침하한다. 유동화된 고체는 액체와 마찬가지로 관이나 밸브를 통해 층에서 배출시킬 수 있는데 이러한 유동성(fluidity)은 고체 취급에서 유동화를 이용하는 기본적 장점이 된다.

유동화 조건(Conditions for fluidization)

그림 7.11에 보인 것처럼, 접촉분해 촉매와 같은 미세 과립상 물질이 들어있는 수직관을 고려하자. 관의 상부는 열려 있으며, 촉매층은 바닥의 다공판 위에 있다. 다공판은 흐름을 단면 전체에 균일하게 분산시키는 역할도 한다. 분산판 밑에 공기를 저속으로 도입하면 공기는 층을 통해 상승하지만 입자는 움직이지 않는다. 입자가 아주 작으면 입자 사이의 유로에서의 흐름은 층류가 되고 층에서

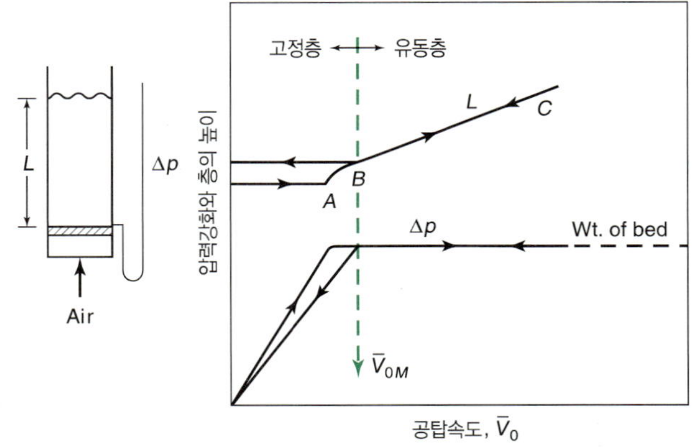

그림 7.11 고체층에서 압력 강하 및 층 높이와 공탑속도의 관계

a) $\dfrac{\Delta p}{L} = \dfrac{150\,\overline{V}_0\mu}{\Phi_s^2 D_p^2}\dfrac{(1-\epsilon)^2}{\epsilon^3} + \dfrac{1.75\,\overline{V}_0^2}{\Phi_s D_p}\dfrac{(1-\epsilon)^2}{\epsilon^3}$

의 압력 강하는 공탑속도 $\overline{V}_0\left[\dfrac{\Delta p}{L}=\dfrac{150\overline{V}_0\mu}{\Phi_s^2 D_p^2}\dfrac{(1-\epsilon)^2}{\epsilon^3}\right]$에 비례한다. 유속이 조금 증가하면 압력 강하가 증가하지만 입자는 움직이지 않고, 층 높이는 그대로 유지된다. 유속이 어떤 값에 이르면 층에서의 압력 강하가 입자에 작용하는 중력 즉 층의 무게와 균형을 이루는 상태가 되며 유속이 이 이상 증가하면 입자가 움직이기 시작한다. 그림의 A가 이 점이다.

입자들이 서로 접촉하고 있는 상태에서도 층이 약간 팽창하기도 하는데 ϵ이 조금만 증가해도 $\overline{V}_0$의 몇 % 증가를 상쇄하여 Δp를 일정하게 유기하기 때문이다. 유속이 더욱 증가하면 입자들이 서로 충분히 떨어져서 층 안을 돌아다니게 되어 참 유동화가 일어난다(점 B).

일단 층이 유동화되면 층에서의 압력 강하는 일정하지만 층 높이는 유속 증가에 따라 계속 증가한다. 고체를 거의 손실하지 않으면서도 상당히 큰 유속에서 층을 운전할 수가 있는데 입자층을 지지하는 데 필요한 공탑속도는 개별 입자의 종말속도보다 아주 작기 때문이다(뒤에서 다시 설명한다).

유동층의 유량을 점점 감소시키면 압력 강하는 일정하면서도 층 높이가 감소하여 선 BC를 따르는데 이 선은 유속을 증가시킬 때 관찰한 것이다. 그러나 층의 최종 높이는 고정층의 초기치보다 커지는데 유동화 상태에서 천천히 가라앉을 때에 비하여 한꺼번에 들어부었을 때 한층 치밀하게 충전되기 때문이다. 결과적으로 저속일 때의 압력 강하는 초기 고정층에 비해 적어진다. 다시 유동화시키면 점 B에서 압력 강하와 층 무게가 같아지므로 점 A가 아니라 점 B가 최소 유동화속도(minimum fluidization velocity) $\overline{V}_{0M}$를 나타낸다고 보아야 한다. $\overline{V}_{0M}$을 측정하려면 층을 격렬하게 유동화시킨 다음 기체 흐름을 정지시켜서 층이 갈아 앉도록 한다. 이어서 유량을 점점 증가시켜서 층의 팽창이 시작되도록 한다. 한층 재현성이 있는 $\overline{V}_{0M}$ 값은, 고정층 및 유동층에서의 압력 강하 곡선의 교점에서 구할 수 있다.

최소 유동화속도(Minimum fluidization velocity)

층에서의 압력 강하와 단위 단면적 기준의 층 무게가 같다고 하고 대체된 유체의 부력을 고려하면 최소 유동화속도에 관한 식을 구할 수 있다.

$$\Delta p = g(1-\epsilon)(\rho_p-\rho)L \tag{7.33}$$

초기 유동화에서는 ϵ이 최소 공극률 ϵ_M이다(입자 자체가 다공질이면 ϵ는 층의 외부 공극률이다). 따라서

$$\frac{\Delta p}{L} = g(1-\epsilon_M)(\rho_p-\rho) \tag{7.34}$$

식 (7.34)와 Ergun 식 $\dfrac{\Delta p}{L}=\dfrac{150\overline{V}_0\mu}{\Phi_s^2 D_p^2}\dfrac{(1-\epsilon)^2}{\epsilon^3}+\dfrac{1.75\rho\overline{V}_0^2}{\Phi_s D_p}\dfrac{1-\epsilon}{\epsilon^3}$를 사용하여 초기 유동화

점의 $\Delta p/L$에 관해 나타내면 최소 유동화속도 $\overline{V}_{0M}$에 관한 2차식이 된다.

$$\frac{150\,\mu\,\overline{V}_{0M}}{\Phi_s^2\,D_p^2}\frac{(1-\epsilon_M)}{\epsilon_M^3}+\frac{1.75\,\rho\,\overline{V}_{0M}^2}{\Phi_s\,D_p}\frac{1}{\epsilon_M^3}=g(\rho_p-\rho) \tag{7.35}$$

입자가 미세하면 Ergun 식의 층류 항만 중요하다. $\mathrm{Re}_p < 1$이면 최소 유동화속도식은 다음과 같이 된다.

$$\overline{V}_{0M}\approx\frac{g(\rho_p-\rho)}{150\mu}\frac{\epsilon_M^3}{1-\epsilon_M}\Phi_s^2\,D_p^2 \tag{7.36}$$

여러 가지 실험식에 의하면 $\overline{V}_{0M}$은 입도의 2.0 제곱보다는 약간 작은 값에 따라 변하며 점도에 대해서는 반드시 역비례하지는 않는다. 이처럼 지수 값이 예상치에 비해 약간 달라지는 것은 Ergun 식에서 둘째 항을 무시한 데 따른 오차가 생기고 또 공극률 ϵ_M이 입도에 따라 달라지기 때문이다. 구형에 가까운 입자에서는 일반적으로 ϵ_M이 0.40~0.45 정도이며 입도의 감소에 따라 약간 증가한다. 불규칙한 고체에서는 ϵ_M이 불확실하기 때문에 식 (7.35)이나 (7.36)에서 $\overline{V}_{0M}$을 추산할 때 오차가 생긴다고 할 수 있다.

식 (7.35)를 사용하여 공기 중의 입자의 최소 유동화속도를 계산하면 그림 7.12처럼 된다. 입도가 300μm 정도 미만일 때는 $\overline{V}_{0M}$이 D_p^2에 따라 변하는데 유동화의 응용에서는 대체로 입도 범위가 30~300μm 정도이다. 그러나 석탄의 유동층 연소에서는 1mm 미만의 입자를 사용하기도 한다. 입도가 아주 크면 층류 항이 무시되므로 $\overline{V}_{0M}$은 입도의 제곱근에 따라 변한다. $\mathrm{Re}_p > 10^3$일 때는 다음과 같은 식이 된다.

$$\overline{V}_{0M}\approx\left[\frac{\Phi_s\,D_p\,g(\rho_p-\rho)\epsilon_M^3}{1.75\rho}\right]^{1/2} \tag{7.37}$$

그림 7.12에는 정지 공기 중에서 낙하하는 개별 입자의 종말침강속도를 함께 보였다. Reynolds 수가 작을 때는 u_t와 $\overline{V}_{0M}$이 모두 D_p^2, $\rho_p-\rho$, $1/\mu$에 따라 변하며 $u_t/\overline{V}_{0M}$ 비는 주로 최소 유동화속도일 때의 공극률에 따라 변한다. 식 (7.25)와 (7.36)에서

$$\begin{aligned}\frac{u_t}{\overline{V}_{0M}}&=\frac{g\,D_p^2(\rho_p-\rho)}{18\mu}\frac{150\mu}{g(\rho_p-\rho)\Phi_s^2\,D_p^2}\frac{1-\epsilon_M}{\epsilon_M^3}\\&=\frac{8.33(1-\epsilon_M)}{\Phi_s^2\,\epsilon_M^3}\end{aligned} \tag{7.38}$$

구형 입자에서 $\epsilon_M\approx 0.45$이면 종말속도는 최소 유동화속도의 50배가 되므로 10mm/s로 유동화되는 층은 유속을 400mm/s까지 운전해도 배출 기체에 동반 유출되는 입자가 거의 없다. 유동층은 $\overline{V}_{0M}$의 100배의 유속으로 운전하는 경우도 있는데 이때 동반배출량이 증가하지만 배출 고체는

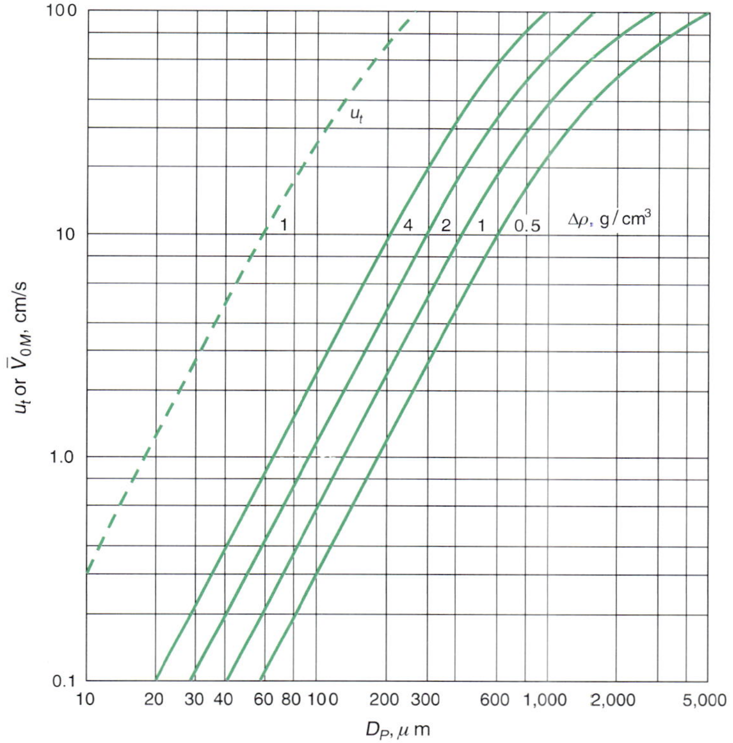

그림 7.12 20°C, 1atm의 공기를 사용할 때의 최소 유동화속도와 종말속도($\epsilon_M = 0.50$, $\Phi_s = 0.8$, $\Delta\rho = \rho_p - \rho$)

거의 완전히 회수할 수 있다.

입자가 크면 종말속도를 Newton의 법칙[식 (7.28)]으로 나타내는데 이를 식 (7.37)의 $\overline{V}_{0M}$과 비교할 수 있다. 구형 입자에서 $\mathrm{Re_p} > 10^3$인 경우 다음과 같이 된다.

$$\frac{u_t}{\overline{V}_{0M}} = 1.75\left[\frac{g D_p(\rho_p - \rho)}{\rho}\right]^{1/2}\left[\frac{1.75\rho}{g D_p(\rho_p - \rho)\epsilon_M^3}\right]^{1/2} = \frac{2.32}{\epsilon_M^{3/2}} \tag{7.39}$$

$\epsilon_M = 0.45$에서 $u_t/\overline{V}_{0M} = 7.7$이면, 이는 미세 입자에 비해 아주 작은 값이므로 최소 유동화 속도의 수(several) 배로 운전하면 동반배출이 한층 극심해진다. 따라서 유동층에서 굵은 입자를 사용하면 다소 불리하지만 최적 입도는 반응기 효율, 열 및 물질 전달속도, 분쇄비, 기체의 목표 속도 등에 따라 달라진다.

유동층 형태(Types of fluidization)

최소 유동화속도에 관한 식은 기체 뿐 아니라 액체에도 적용할 수 있지만 $\overline{V}_{0M}$ 이상에서는 액체와 기체로 유동시켰을 때의 층 모양이 크게 달라지는 경우가 많다. 모래를 물로 유동시키면 입자들이 멀리 떨어져서 움직인다. 속도가 증가하면 운동이 한층 격렬해지지만 특정 속도에서 층의 평균 밀도는 층의 모든 단면에서 마찬가지가 된다. 이를 **입자상 유동화**(particulate fluidization)라 하며, 고속에서 층이 크면서도 균일하게 팽창할 때 나타나는 특성이다.

공기로 유동시킨 고체 층은 이른바 응집성 유동화(aggregative fluidization) 또는 기포상 유동화(bubbling fluidization) 거동을 나타낸다. 공탑속도가 $\overline{V}_{0M}$ 보다 다소 크면 기체의 대부분은 고체가 거의 들어있지 않은 기포 또는 공극 형태로 층을 통과하며 소량만 입자 사이의 유로로 흐른다. 입자들은 제멋대로 움직이며 유체가 받쳐주기는 하지만 기포 사이의 공간에서는 공극률이 초기 유동화(incipient fluidization)일 때와 거의 마찬가지이다. 이러한 층의 불균일성은 입자의 응집에 기인하는 것으로 생각하여 처음에는 **응집성 유동화**라 했지만, 입자가 서로 들러붙는다는 증거가 없으므로 이러한 현상은 **기포상 유동화**라 하는 편이 좋을 것이다. 이때 형성되는 기포는 마치 물 속의 공기 기포나 끓는 액체 중의 수증기 기포와 같은 거동을 하므로 이러한 형태의 유동층을 비등층(boiling bed)이라고도 한다. 기포상 유동층에서의 열전달 속도, 물질전달 속도, 화학반응 속도에 관한 연구에서는 **2상 유동화이론**(two-phase theory of fluidization)이라 하는데 기포가 하나의 상을 이루고 현탁 입자의 밀집층이 다른 상을 이룬다고 보기 때문이다.

기포상 유동층의 거동은 기포의 수와 크기에 따라 크게 달라지므로, 예측이 아주 어렵다. 기포의 평균 크기는 입자의 성질과 입도분포, 분산판의 형태, 공탑속도, 층 깊이에 따라 달라진다. 기포는 유동층에서 상승하면서 합체되어 커지는 경향이 있으며, 안정한 기포의 최대 크기는 지름이 수 inch에서 몇 feet에 이르기도 한다. 탑의 지름이 작고 고체층이 깊으면, 기포가 성장하여 단면 전체를 메우기도 한다. 이때 고체와 분리된 기포가 차례로 상승하는 현상을 **슬러깅**(slugging)이라 한다. 이러한 현상이 생기면 층의 압력이 변동하고 동반배출이 증가하며 대형 장치로의 스케일업이 곤란하므로 일반적으로 바람직하지 못하다.

기체의 공탑속도가 $\overline{V}_{0M}$ 보다 아주 커지면 기포상 유동화에서 **난류성 유동화**(turbulent fluidization)로 전이되는데, 이를 급속 유동화(fast fluidization)라고도 한다. 층이 아주 크게 팽창하여 기포의 분산상이 더 이상 존재하지 못하게 되면 이러한 전이가 일어난다. 기상이 연속상이 되며, 층 밀도가 큰 영역과 작은 영역이 산재하게 되어 층 안의 모든 점에서 밀도가 급속하게 변동한다. 일반적으로 속도가 0.3~0.6m/s 범위일 때 난류성 유동화로 전이되지만 전이속도는 입자의 성질과 기포의 평균 크기에 따라 달라지기 때문에 예측이 곤란하다.

기체 유속이 더욱 커지면, 공급된 입자가 모두 기체 흐름에 동반되어 배출되지만 사이클론으로 분리하여 장치의 바닥으로 반송하면 장치 안에 고체를 체류시킬 수 있다. 이러한 장치에는 뚜렷한 고체층이 없음에도 불구하고 **순환 유동층**(circulating fluid bed)이라 한다. 현탁 상태에 있는 고체의 분율은 아주 낮아서 대개는 몇 %에 불과하다. 이러한 장치는 공기식 수송장치와 비슷하다.

액체에 의한 유동화는 입자상이고 기체에 의한 유동화는 기포상이라고 일반적으로 말할 수는 없다. 밀도차가 중요한 매개변수이므로 아주 무거운 고체는 물에 의해서도 기포상 유동화가 되고 고압 기체에서는 미세 고체의 입자상 유동화가 될 수도 있다. 또 분해 촉매처럼 밀도가 보통인 미세 고체는 어떤 한계 범위의 유속에서는 입자상 유동화가 되지만 고속에서는 기포상 유동화가 된다.

유동층의 팽창(Expansion of fluidized beds)

유동화 형태에 관계없이 공탑속도가 증가하면 층이 팽창하며, 전체 압력 강하는 일정하게 유지되므로 ϵ이 증가하면 단위 길이 기준의 압력 강하가 감소한다. 식 (7.33)을 다시 쓰면 다음과 같다.

$$\frac{\Delta p}{L} = g(1-\epsilon)(\rho_p - \rho) \tag{7.40}$$

입자상 유동화(Particulate fluidization) 입자상 유동화에서는 층이 균일하므로, 조금 팽창된 층에 관해서는 고정층에 사용되는 Ergun 식을 적용해도 비슷하게 맞을 것으로 예상된다. 입자 사이의 흐름이 층류라 가정하고, $\frac{\Delta p}{L} = \frac{150\overline{V}_0\mu}{\Phi_s^2 D_p^2}\frac{(1-\epsilon)^2}{\epsilon^3} + \frac{1.75\rho\overline{V}_0^2}{\Phi_s D_p}\frac{1-\epsilon}{\epsilon^3}$의 첫 항을 사용하면 팽창층에 관한 다음 식이 얻어진다.

$$\frac{\epsilon^3}{1-\epsilon} = \frac{150\overline{V}_0\mu}{g(\rho_p - \rho)\Phi_s^2 D_p^2} \tag{7.41}$$

이 식은 최소 유동화속도를 나타낸 식 (7.36)과 비슷하지만, 이 식에서는 $\overline{V}_0$가 독립변수이고 ϵ이 종속변수이다. 식 (7.36)에 따르면, $\overline{V}_0$이 $\overline{V}_{0M}$보다 크면 $\epsilon^3/(1-\epsilon)$이 $\overline{V}_0$에 비례한다. 팽창층 높이는 ϵ으로부터 구할 수 있으며, 초기 유동화에서의 L과 ϵ 값은 다음 식으로 구한다.

$$L = L_M\frac{1-\epsilon_M}{1-\epsilon} \tag{7.42}$$

물 속에서 큰 입자의 입자상 유동화에서는 층의 팽창이 식 (7.41)에서 추산한 것보다 커지는데 압력 강하가 부분적으로는 유체의 운동에너지에 따라 달라지므로 $\overline{V}_0$의 증가율을 상쇄하려면 ϵ의 증가가 커야 하기 때문이다. 팽창 자료는 Lewis 등이 제안한 실험식으로 상관시킬 수 있다.

$$\overline{V}_0 = \epsilon^m \tag{7.43}$$

크기가 다른 두 가지 유리 구슬에 관한 자료를 그림 7.13에 보였다. 자료가 정확하게 식 (7.43)과 일치하지는 않지만 층 팽창의 공학적 추산에서는 직선으로 나타내도 무방할 것이다. 여러 연구

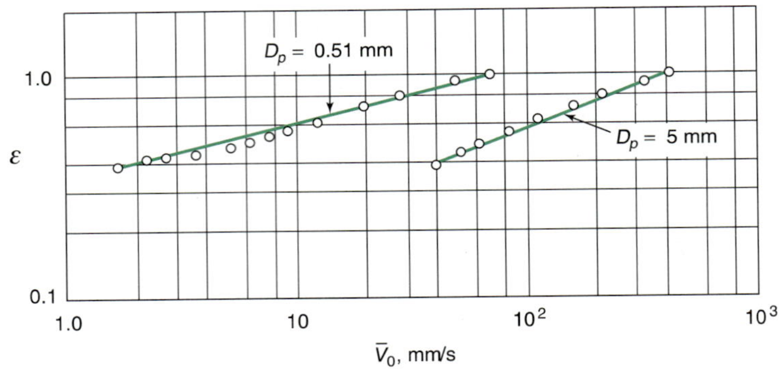

그림 7.13 유동층에서 유속에 따른 공극률의 변화

자료를 보면, 이러한 선의 기울기는 층류 영역에서 0.22 정도이고 Reynolds 수가 크면 0.4 정도로 변한다. 이러한 선의 기울기는 $1/m$이 된다. Leva에 의한 m의 상관관계를 그림 7.14에 보였다.

최소 유동화속도에서의 Reynolds 수를 사용하고, 식 (7.43)을 직접 또는 비의 형태로 적용하면 m을 추산할 수 있다. 또 $\overline{V}_{0M}$과 u_t를 구하고 그림 7.13처럼 직선을 그리는 방법도 이용할 수 있다.

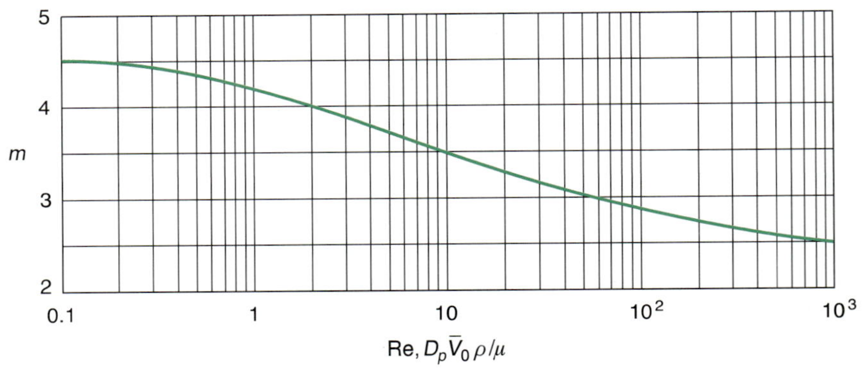

그림 7.14 층 팽창에 관한 식 (7.43)의 지수 m

예제 7.3

깊이 8ft인 이온교환수지 비드 층을 물로 역세하여 오염물을 제거한다. 입자의 밀도는 1.24g/cm^{3}이고 평균 입도는 1.1mm이다. 20°C의 물을 사용할 때의 최소 유동화속도와 층을 25% 팽창시키는 데 필요한 유속을 구하라. 비드는 구형($\Phi_s = 1$)이며, ϵ_M은 0.40이라 가정한다.

풀이 필요한 양은 다음과 같다.

$$\mu = 0.01\,\mathrm{P} \qquad \Delta\mathrm{p} = 0.24\,\mathrm{g/cm^3}$$

식 (7.35)에서,

$$\frac{150(0.01)\overline{V}_{0M}}{(0.11)^2}\frac{0.6}{0.4^3}+\frac{1.75(1.0)(\overline{V}_{0M})^2}{0.11}\frac{1}{0.4^3}=980(0.24)$$

$$1{,}162\,\overline{V}_{0M}+248.6\,\overline{V}_{0M}^2=235.2$$

이 2차식에서 $\overline{V}_{0M}=0.194\text{cm/s}=1.94\text{mm/s}$이다. 이때,

$$\text{Re}_p=\frac{0.11(0.194)(1.24)}{0.01}=2.65$$

그림 7.14에서 $m\approx 3.9$이다. 식 (7.43)에서

$$\left(\frac{\epsilon}{\epsilon_M}\right)^{3.9}=\frac{\overline{V}_0}{\overline{V}_{0M}}$$

25%를 팽창시키면, $L=1.25L_M$, $1-\epsilon=(1-\epsilon_M)/1.25=0.48$이다. 따라서

$$\epsilon=0.52$$

$$\overline{V}_0=1.94(0.52/0.40)^{3.9}=5.40\,\text{mm/s}$$

기포상 유동화(Bubbling fluidization) 기포상 유동화에서는, 전체 유량을 증가시켜도 밀집상(dense phase)은 그다지 팽창하지 않으며, 주로 기포가 차지하는 공간 때문에 층이 팽창한다. 여기에서 밀집상을 통과하는 유속은 전체 층에서 밀집상이 차지하는 분율과 $\overline{V}_{0M}$의 곱과 같으며, 나머지 기체 흐름은 기포에 의한 것이라 가정하고 관계식을 유도하기로 한다. 즉

$$\overline{V}_0=f_b u_b+(1-f_b)\overline{V}_{0M} \tag{7.44}$$

$f_b=$ 층에서 기포가 차지하는 분율

$u_b=$ 기포의 평균 유속

고체는 모두 밀집상에 있으므로 팽창층 높이와 밀집상 분율의 곱은 초기 유동화에서의 층 높이와 같아야 한다.

$$L_M=L(1-f_b) \tag{7.45}$$

이 식을 식 (7.44)와 결합하면 다음과 같다.

$$\frac{L}{L_M}=\frac{u_b-\overline{V}_{0M}}{u_b-\overline{V}_0} \tag{7.46}$$

u_b가 $\overline{V}_0$에 비해 아주 크면, $\overline{V}_0$가 $\overline{V}_{0M}$의 몇 배가 되더라도 층은 조금 밖에 팽창하지 않는다. 유동층에서 기포 속도에 관한 실험식의 예를 들면 다음과 같다.

$$u_b\approx 0.7\sqrt{gD_b} \tag{7.47}$$

입자의 크기와 모양이 이 식의 계수에 미치는 영향은 사소하다. 큰 기포가 구형이 아니라 버섯 모양이라 하더라도 D_b를 상당 구경(equivalent spherical diameter)으로 하면, 이 식은 비교적 잘 맞는다. D_b = 100mm이면 u_b = 700mm/s이다. $\overline{V}_{0M}$ = 10mm/s, $\overline{V}_0$ = 100mm/s이면, L/L_M = 1.15가 된다. 유속을 2 배로 증가시킬 때 기포 크기가 일정하면 L/L_M = 1.38이 된다. 그러나 합체 때문에 기체 유속이 증가하면 일반적으로 기포 크기가 증가하며, 층 높이는 유속에 따라 거의 선형적으로 증가하는 경우가 많다. 입자상 유동화에서는 층을 크게 팽창시킬 수 있지만, 이 경우에는 유속이 $\overline{V}_{0M}$의 50배가 되더라도 층은 보통 20~50% 정도만 팽창한다.

연속식 유동화 : 슬러리 및 공기식 수송 (Continuous fluidization; slurry and pneumatic transport)

고체를 통과하는 유속이 아주 크면 고체가 전부 유체에 동반 배출되므로 이른바 **연속식 유동화**(continuous fluidization)가 된다. 연속식 유동화가 주로 응용되는 분야는 한 지점에서 다른 지점으로의 고체의 수송이다.

수력학적 수송(슬러리 수송)(Hydraulic or slurry transport) 지름이 50μm 미만인 입자는 침강이 아주 느려서 움직이는 액체 중에 쉽게 현탁되지만 큰 입자는 현탁이 힘들다. 특히 수평관에서 지름이 0.25mm 이상인 입자는 유속을 아주 크게 해도 유동시키기가 쉽지 않다. 입자가 침강하는 하한인 임계속도 $\overline{V}_c$는 일반적으로 1~5m/s이지만 고체와 액체의 밀도차, 입경, 슬러리 농도, 관 치수에 따라 달라진다. 작은 관에 비해 큰 관에서는 임계속도가 커진다.

비침강성 입자 슬러리에서의 압력 강하는 균일상 액체에 관한 식을 이용하여 구할 수 있는데, 밀도와 겉보기 점도의 증가를 적절히 고려하면 된다. "침강성 슬러리"(settling slurry)에 관해서는 만족할만한 관계식이 없다. 수평관에서의 압력 강하는 밀도와 점도가 슬러리와 같은 단일상 유체의 경우에 비해 큰데, 임계속도 부근일 때 특히 커진다. 그러나 유속이 증가하면 단일상 액체의 경우와 비슷해진다. 속도가 $3\overline{V}_c$ 이상이면 슬러리와 이에 대응하는 단일상 액체에서의 압력 강하가 같다.

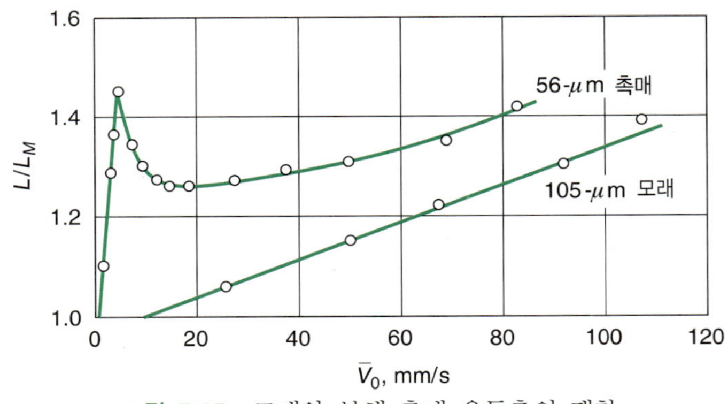

그림 7.15 모래와 분해 촉매 유동층의 팽창

긴 슬러리 배관에서의 전형적 유속은 $\overline{V}_c$의 1.5∼2배 정도이다.

공기식 수송(Pneumatic conveying) 공기식 컨베이어(pneumatic conveyor)에서 현탁용 유체로는 기체인 공기를 주로 사용하는데, 지름이 50∼400mm인 관에서 유속을 15∼30m/s 정도로 한다. 전형적 장치를 들면 다음과 같다.

(1) 부압식(진공식) 장치[negative-pressure(vacuum) system]. 복수의 흡입점(기차, 선창 등)에서 단일 배출점으로 고체층을 수송하는 데 편리하다.

(2) 가압식 장치(positive-pressure system). 흡입점이 하나이고 배출점이 둘 이상일 때 편리하다.

(3) 진공-가압식 장치(vacuum-pressure system). 위의 두 가지의 장점을 살린 것이다.

(4) 예비유동식 장치(prefluidized system). 다른 방법에 비해 공기 필요량이 적으므로 동력 소비량도 적어진다.

취급하는 물질의 입도 범위는 미세 분말에서 6.5mm의 펠릿에 이르며 벌크 밀도는 16∼3,200kg/m^3 이상이다. 진공식 장치에서는 고체 유량의 한계가 6,800kg/h 정도이며 컨베이어의 상당 길이는 300m 미만이다. 가압식 장치는 계기압력 1∼5atm에서 운전하며 크기가 6.5mm 미만이고 잘 흐르는 입자로서 유량이 9,000kg/h 이상 필요한 경우에 사용한다. 이 장치에서의 전형적 압력 손실은 0.5atm 정도이다.

연습 문제

7.1 3 × 3mm의 원통형 촉매 입자를 2m 충전한 40mm 관에서 탄화수소 1.2%(몰 기준)인 공기를 통과시켜서 부분 산화한다. 공기는 350°C, 2.0atm에서 공탑속도 1m/s로 도입된다. 충전관에서의 압력 강하를 구하라. 또 4mm 펠릿을 사용할 때의 압력 강하의 감소율을 구하라. $\varepsilon = 0.40$으로 간주한다.

답 : 31%

7.2 높이 40ft, 지름 18ft인 촉매탑에 지름이 1in인 구형 입자를 충전한다. 공기는 탑 상부에서 450°F로 도입되어 같은 온도에서 배출된다. 촉매층 하부의 절대 압력은 30lb_f/in^2이고 층의 공극률은 0.40다. 기체의 평균 성질이 프로판과 비슷하고 기체와 촉매의 접촉시간이 8s라 할 때 도입 압력을 구하라.

답 : 30.94lb_f/in^2

7.3 1in 크기의 세라믹제 Raschig 링을 충전한 탑에 공기가 $G_0 = 80$ 및 800$lb/ft^2 \cdot h$로 흐를 때의 압력 강하는 각각 0.01 및 0.9inH_2O/ft이다. 이러한 값은 향류로 흐르는 액체의 질량속도가 645$lb/ft^2 \cdot h$일 때의 값이다. 액체의 질량속도가 645~1,980$lb/ft^2 \cdot h$인 범위에서는 액체 유량에 따른 압력 강하의 변화가 사소하므로, 액체 체류량을 무시하고, 링의 벽 두께가 1/8in일 때의 공극률을 추산하라. 이 공극률과 Ergun 식을 사용하여 압력 강하를 추정하고, 추정치와 실험치의 차이를 검토하라.

답 : (a) $\varepsilon = 0.74$ (b) $\Delta p/L = 0.165$ inH_2O/ft

7.4 입상 활성탄층에 공기가 흐를 때의 자료가 다음과 같다. 압력 강하를 Ergun 식으로 추정한 값과 비교하고, 공기 유속이 100 및 200ft/min일 때 두 가지 입자에 대한 압력 강하를 추정하라.

$\bar{V}_0$, ft/min	4 × 6 Mesh, Δp, in. H_2O/ft	4 × 8 Mesh, Δp, in. H_2O/ft
10	0.25	0.32
40	1.40	1.80

답 : $\Delta p/L = 0.83$$inH_2O/ft$

7.5 입자층에서의 압력 강하를 사용하여 외부 표면적과 평균 입도를 구할 수 있다. 분쇄 광석 입자층에 관한 자료에 따르면, 공기의 공탑속도가 0.015ft/s일 때 $\Delta p/L = 84$ $(lb_f/in^2)/ft$이다. 공극률의 측정치는 0.47이고 추정 구형도 $\Phi_s = 0.7$이다. 고체의 밀도가 4.1g/cm^3일 때, 평균 입도와 비표면적(단위 질량 기준의 표면적)을 구하라. 또 ε의 오차가 0.01일 때 답이 얼마나 민감하게 변하는가?

답 : (a) $S_p = 5.9m^2/q$ (b) $D_p = 1.052$

7.6 기체 흐름으로부터 H_2SO_4 미세 액적을 제거하기 위해 두께 150mm인 미스트 제거 패드(demister pad)를 사용한다. 이 패드는 기체 흐름에 대해 수직인 평면에 50μm의 섬유를 불규칙적으로 배열하여 만든 것으로, 평균 세공도는 0.90이다. 각 섬유에 대한 항력계수를 사용하여, 90°C, 1atm에서 기체 유속이 0.3 및 0.9m/s일 때의 압력 강하를 구하라.

답 : $\Delta p = 274.5$Pa $\Delta p = 1{,}019$Pa

7.7 표 7.1에 보인 구형 입자가, 깊이 2m인 20°C의 물에서 자유침강 조건에서 종말속도로 침강할 때의 침강시간을 구하라.

답 : $u_t = 0.033$m/s, $t = 60.6$s

표 7.1 연습문제 7.7의 자료

Substance	Specific gravity	Diameter, mm
Galena	7.5	0.25
		0.025
Quartz	2.65	0.25
		0.025
Coal	1.3	6
Steel	7.7	25

7.8 사이클론 분리장치를 사용하여 150°C의 공기 흐름으로부터 모래 알갱이를 제거한다. 사이클론 본체는 지름이 0.6m이고, 평균 접선속도는 16m/s이다. 크기가 20 및 40μm인 입자의 벽 근처에서의 방사방향 속도를 구하라. 또 이러한 입자가 중력침강할 때의 종말속도와 비교하라.

답 : (a) 20μm일 때 u_t = 4.61m/s (b) 40μm일 대 u_t = 0.0832m/s (c) u_t = 55

7.9 높은 탑 상부에서 용융 우레아(요소)를 찬 기체 중에 분무하고 아래로 떨어지면서 응고되도록 하여 우레아 펠릿을 만든다. 20°C의 공기가 들어 있는 높이 25m의 탑에서 지름 6mm인 펠릿을 만들고자 한다. 우레아의 밀도는 1,330kg/m^{3}이다.

(a) 자유침강 조건이라 가정하고, 우레아 펠릿의 종말속도를 구하라.

(b) 펠릿이 바닥에 떨어지기 전에 종말속도의 99%에 이르는지를 설명하라.

답 : u_t = 14.1m/s

7.10 수직 원통 용기에서, 1atm, 80°C의 공기 45,000kg/h로 지름이 5mm인 촉매 펠릿을 유동시키고자 한다. 촉매 입자는 밀도가 960kg/m^{3}이고 구형도는 0.86이다. 공기의 유량이 고체를 유동시키는 데 충분하다고 할 때, 용기의 지름을 구하라. 답 : D = 3.19m

7.11 Dow Chemical Company의 선전 책자에 따르면, 20~50mesh의 Dowex 50-X8 수지의 충전층에서 물이 흐를 때의 압력 강하는 유량에 비례하며, 유량이 10gal/min·ft^{2}일 때의 압력 강하는 0.80(lb$_f$/in^2)/ft 이다.

(a) 산술평균 입도와 공극률 0.35를 사용하여 압력 강하를 추정하라.

답 : $\Delta p/L$ = 3.42×10^{4}Pa/m or 1.51(lb$_f$/in^2)/ft

(b) 발표한 압력 강하와 일치하려면, 평균 입도 또는 공극률 값이 어떻게 달라져야 하나?

답 : $\Delta p/L$ = 2.22×10^{4}Pa/m

7.12 다음 표의 자료를 이용하여, 물 속에서 상승하는 벤젠 액적의 항력계수를 구하라. 이 결과를 Reynolds 수에 대해 나타내고, 고체 구에 관한 항력계수와 비교하라.

D_p, mm	u_t, mm/s
3.17	82.2
4.27	105
4.76	107
5.40	117
8.20	121
9.61	113

답 : D_p = 3.17mm일 때 C_D = 0.371 Re = 260

7.13 연돌가스로부터 SO_2를 제거하는 프로세스에서, 410°C, 1.2atm의 연돌가스를 유동층을 통해 위로 흐르게 한다. 유동층에는 구리를 함침한 Al_2O_3의 구형 입자(지름 1.5mm)가 들어있다. 입자의 밀도는 2,300kg/m^{3}이고, 기체와 밀도와 점도는 공기와 비슷하다.

(a) 최소 유동화속도를 추산하라. 답 : $\overline{V}_{0M}$ = 0.783m/s

(b) 층의 초기 높이가 1m이고, 팽창층의 높이는 1.5m을 초과하지 않아야 한다. 이만큼 팽창시킬 수 있는 기체 속도를 추정하기가 어려운 이유를 설명하라.

7.14 150°C의 유동층에서 배출되는 공기 중에 입자의 크기가 2~20mm인 소량의 먼지가 들어있다. 입자의 밀도는 3,400kg/m^{3}이다.

(a) 최소 입자와 최대 입자의 종말속도를 구하라.

답 : D_p = 2μm일 때 u_t = 3.22 ×10^{-4}m/s D_p = 20μm일 때 u_t = 3.22 ×10^{-2}m/s

(b) 깊이가 1m인 대형의 구형 탱크에서 이 먼지가 침강되도록 할 경우, 먼지를 완전히 제거하는 데 필요한 체류시간을 구하라. 답 : t = 52min

7.15 10 × 50cm의 시험용 칼럼에서 새로운 촉매를 시험한 결과, 20°C, 1atm의 공기를 사용하였을 때의 최소 유동화속도가 6.5mm/s이다. 지름이 0.8m이고 높이가 2m인 반응기에서의 이 촉매의 $\overline{V}_{0M}$을 구하라. 기체는 300°C, 5atm의 염소이다. 답 : $\overline{V}_{0M}$ = 4.5mm/s

7.16 50mm의 구를 충전한 크로마토그래피 칼럼에 30°C의 물을 통과시킨다. 칼럼의 지름은 5mm이고, 충전 높이는 1.5m이다. 공탑속도는 3m/h이다.

(a) 압력강하(Pa, atm, lb$_f$/in^2)를 추산하라. 공극율은 0.4라고 가정한다.

답 : 3.38 × 10^{5}Pa = 3.34 atm = 49lb$_f$/in^2

(b) 이 추산치는 공극율의 가정치에 따라 얼마나 민감하게 변하는가?

답 : ε = 0.35일 때 factor 1.75, ε = 0.45일 때 factor 0.59

유체의 수송과 계량

Transportation and Metering of Fluids

화공기술자는 유체를 한 곳에서 다른 곳으로 수송하고 유량을 계량하는 실질적 문제도 다룰 줄 알아야 한다. 액체와 기체의 수송, 액체 중에 고체를 현탁시켜서 슬러리로 만들어 펌프로 수송하거나 고속의 기체 흐름을 이용하여 수송한다. 고체에 비해 액체를 움직이는 편이 저렴하므로 가능하면 물질을 유체 상태로 수송한다. 프로세스 공업에서는 유체를 주로 폐쇄 유로를 통해 수송하는데 유로의 단면은 정방형이거나 장방형인 경우도 있지만 대개는 원형이다.

8.1 관, 이음쇠, 밸브(Pipe, fitting and valve)

파이프와 튜빙(Pipe and tubing)

유체는 대개 단면이 원형인 파이프(pipe)나 튜빙(tubing, 튜브) 안에서 수송하는데 크기, 벽 두께, 구조 재료가 아주 다양하다. 일반적으로는 벽이 두껍고 지름이 비교적 크며 길이가 6~12 m 정도로 보통인 것을 파이프라 하고, 벽이 얇고 때로는 수백 m의 코일로 출하하는 것을 튜브라 한다. 튜브에서와는 달리 금속 파이프에는 나삿니(thread)를 낼 수 있다. 파이프 벽은 다소 거칠지만 튜브 벽은 아주 매끈하다. 파이프는 나사 이음쇠(screw fitting)나 플랜지(flange) 이음쇠를 사용하거나 용접하여 서로 연결한다. 튜브는 압착(compression)이나 플레어(flare) 이음쇠, 땜질 등의 방법으로 연결한다. 튜브는 대개 압출하거나 냉간압연(cold-drawing)하여 만들지만 금속 파이프는 용접하거나 주조하기도 하고 천공 선반(piercing mill)에서 빌릿(billet)으로 천공하여 만들기도 한다.

파이프와 튜브의 재료는 다양하여 금속과 합금, 나무, 세라믹, 유리, 플라스틱 등이 사용된다. 용수 배관에서는 PVC(폴리염화비닐) 파이프가 광범하게 쓰인다. 제조공장 배관에서 가장 일반적인 재료는 저탄소강으로서 이른바 흑철관(black-iron pipe)으로 만든다. 연철관이나 주철관도 특수 목적으로 쓰인다.

규격(Sizes) 파이프와 튜브는 지름과 벽두께를 규정하여 규격을 정한다. 미국에서 강관(steel pipe)의 표준 공칭지름(standard nominal diameter)은 1/8~30in이다. 지름이 12in 이상인 파이프에서는 공칭지름이 실제 외경과 같지만, 작은 파이프에서는 공칭지름이 실제 치수와 다르다. 3~12in 파이프에서는 공칭지름이 실제 내경과 비슷하지만, 아주 작은 관에서는 그렇지도 않다. 공칭지름이 같은 관은 벽두께와 상관없이 실제 외경이 모두 같아서 이음쇠를 공용할 수 있다. 강관의 표준치수를 부록 3에 보였다. 다른 재료로 만든 파이프도 강관과 외경이 같도록 하여 배관 부품을 공용하도록 한다. 이러한 강관의 표준 규격을 IPS(iron pipe size) 또는 NPS(normal pipe size)라 한다. 따라서 가령 "2in(50mm) 니켈 IPS 파이프"라 하면 표준 2in 강관과 외경이 같은 니켈관을 가리킨다.

파이프의 벽두께는 schedule number(규격번호)로 나타내는데 벽이 두꺼워질수록 번호가 커진다. 10, 20, 30, 40, 60, 80, 100, 120, 140, 160의 열 가지 규격번호를 사용하지만 지름이 8in 미만인 파이프에서는 번호 40, 80, 120, 160이 일반적이다. 강관의 실제 벽두께와 규격번호를 부록 3에 보였다. 합금관에서는 재질의 강도에 따라 벽두께가 강관에 비해 더 두껍기도 하고 얇기도 하다. 상온의 강관에서 허용 응력은 그 금속의 극한 강도(ultimate strength)의 1/4로 한다.

튜브의 치수는 외경을 나타낸다. 공칭 값은 오차 한계 이내의 실제 외경 값이다. 벽두께는 일반적으로 BWG(Birmingham wire gauge) 번호로 표시하는데 24(아주 얇은 것)에서 7(아주 두꺼운 것)까지 있다. 열교환기용 튜브의 치수와 벽두께를 부록 4에 보였다.

파이프 치수의 선택(Selection of pipe sizes) 특정 설비에 적절한 파이프 규격을 선택할 때는 주로 파이프와 이음쇠의 비용, 유체 수송에 필요한 에너지 비용을 감안한다. 파이프와 연간 자본 비용은 파이프 지름의 약 1.5 제곱에 따라 증가하지만 난류 수송일 때의 동력비는 지름의 −4.8 제곱에 따라 달라진다. 지름이 1in(25mm) 이상인 강관에서 액체가 난류로 흐를 때의 최적 유속은($\overline{V}_{\text{OPT}}$) 다음과 같다.

$$\overline{V}_{\text{OPT}} = \frac{12\dot{m}^{0.1}}{\rho^{0.36}} \tag{8.1}$$

$\overline{V}_{\text{OPT}} =$ 최적 유속, m/s

$\dot{m} =$ 질량유량, kg/s

$\rho =$ 유체 밀도, kg/m^3

물과 비슷한 유체는 $\overline{V}_{\text{OPT}} = 0.9$~1.8m/s이다. 공기나 저압~상압의 수증기는 $\overline{V}_{\text{OPT}} = 6$~24m/s이다. 열교환기 튜브에서는 최적 설계 유속을 식 (8.1)에 의한 값보다 크게 하여 빠른 유속으로 열교환을 개선하는 것이 일반적이다.

고가 탱크에서 중력에 의해 흐르거나 점성 액체를 펌프로 수송할 때는 0.06~0.24m/s 범위의 낮은 유속이 좋다. 관 치수, 부피유량, 유속의 관계를 부록 3에 보였다.

대형의 복잡한 배관계통에서는 총투자비 중에서 배관 비용이 대부분을 차지하므로 정교한 컴퓨터 수법을 이용하여 배관의 크기를 최적화해야 할 것이다.

관의 연결 방법(Joints and fittings)

파이프나 튜브의 연결법은 재질의 성질에 따라서도 다르지만 주로 벽두께에 따라 달라진다. 벽이 두꺼운 관은 대개 나사 이음쇠, 플랜지, 용접 등의 방법으로 연결한다. 벽이 얇은 튜브는 땜질, 압착, 또는 플레어 이음쇠로 연결한다. 유리나 탄소, 주철처럼 깨지지 쉬운 재질로 만든 관은 플랜지나 벨-스피것 연결구(bell-and-spigot joint)로 연결한다.

나사 이음쇠를 사용할 때는 파이프 연결부 외부에 나삿니를 만든다. 나삿니는 차차 가늘어지도록 하며 관 끝에서 가장 먼 나삿니 몇 개는 불완전하게 만들어서 관을 이음쇠에 돌려 꽂으면 틈새 없이 꽉 끼도록 한다. 나삿니 끝 부분에 폴리테트라플르로오에틸렌 테입을 감으면 잘 밀봉된다. 나삿니를 만들면 관 벽이 약해지므로 이음쇠는 일반적으로 관 자체보다 약하다. 따라서 나사 이음쇠를 사용할 때는 규격번호가 큰 관을 사용한다. 12in 미만의 파이프에서는 나사 이음쇠가 표준적이지만 큰 관은 나삿니를 파거나 다루기가 힘들므로 3in 이상의 관에서는 나사 이음쇠를 별로 사용하지 않는다.

2in 이상의 관은 주로 플랜지나 용접에 의해 연결한다. 플랜지는 금속판이나 고리를 서로 마주보게 하여 볼트로 죄는 것으로 두 면 사이에 개스킷(gasket)을 끼운다. 플랜지 자체를 관에 붙일 때는 나삿니를 파서 끼우거나 용접 또는 땜질을 한다. 관을 막는데 사용하는 플랜지는 **블라인드 플랜지**(blind flange) 또는 **블랭크 플랜지**(blank flange)라 한다. 특히 고압용 제조공정 배관에서 큰 강관을 연결하는 표준법은 용접이다. 나사 이음쇠에 비해 용접하면 단단해지고 관벽을 약화시키지 않으므로 같은 압력이라도 약한 관을 사용할 수가 있다. 다른 연결법과는 달리 잘 용접하면 새지 않는다. 환경보호 법규에서는 플랜지나 나사 연결부를 휘발성 물질의 방출원으로 본다. 용접 연결의 유일한 단점은 해체하려할 경우 연결부를 파괴해야 한다는 것이다.

팽창 대책(Allowances for expansion)

관은 대부분 온도 변화를 받으며 고온용 배관에서는 온도 변화가 극심할 수도 있다. 이처럼 온도가 변하면 관이 팽창하거나 수축한다. 관이 받침에 고정되어 있으면 휘거나 심지어 파괴될 수도 있다. 따라서 대형 관에서는 고정 받침을 사용하지 않는다. 롤러 위에 헐겁게 올려놓거나 사슬이나 막대에 매단다. 고온 배관에서는 또 팽창에 대비한 시설을 하여 이음쇠나 밸브가 응력을 받지 않도록 한다. 배관 중의 벤드(bend)나 루프(loop), 충전 팽창 연결부, 벨르즈(bellows)나 무충전 연결부(packless joint), 때로는 유연한 금속 호스를 사용하여 팽창에 대비한다.

밸브(Valves)

제조공장에서는 크기와 모양이 다양한 밸브를 사용한다. 구조는 다양하지만 밸브의 기본 목적은 유량을 조절하거나 차단하는 것이다. 온-오프(on-or-off) 방식 즉 완전히 열거나 잠그는 방식에 맞는 밸브가 있는가 하면 유로를 좁혀서 유체의 압력이나 유량을 줄이는 것이 목적인 밸브도 있다. 또 유체가 한 방향으로만 흐르게 하거나 특정 온도와 압력 조건에서만 작동되도록 한 것도 있다. 밸브의 특수형인 수증기트랩(steam trap)은 수증기는 가두어두면서 물이나 불활성 기체만 통과시킨다. 감지기(sensor)와 자동조절 장치를 사용하여 밸브 위치나 밸브를 통과하는 유량을 조정하면 온도, 압력, 액위(liquid level)나 유체의 물성을 원격 조절할 수 있다.

어느 경우에나 밸브는 흐름을 차단하거나 유량을 조절한다. 이러한 목적으로 흐름 경로에 장애물을 설치하고 필요에 따라 관 안에서 움직이면서도 관 밖으로는 유체가 새어나오지 않도록 한다. 장애물에 의해 막히는 개공(opening)이나 장애물이 크면 밸브를 열었을 때 흐름에 대한 저항이 적다. 유량의 정밀한 조절이 필요할 경우에는 유로의 단면적을 줄이고 작은 개구에 작은 장애물을 설치하므로 압력 강하가 클 수밖에 없다.

유해물질이나 독성물질을 사용하는 프로세스에서는 누설을 방지하기 위하여 일반적으로 벨로즈실(bellows seal)이 있는 밸브를 자주 사용한다. 이러한 밸브에서는 윗대(upper stem)로 팽창식 벨로즈의 상부를 올리거나 내리며 벨로즈 내부에 부착된 아랫대(lower stem)을 움직인다. 아랫대는 밸브 디스크를 올리거나 내린다. 윗대는 회전할 수 있지만 아랫대는 회전하지 않는다. 벨로즈의 하단은 개스킷이나 용접에 의해 밸브 본체에 밀봉한다. 벨로즈 밸브는 여러 가지 합금으로 만들며 크기도 1/2~12in로 다양하다.

게이트 밸브와 글로브 밸브(Gate valve and globe valve) 가장 많이 쓰이는 밸브는 게이트 밸브(gate valve)와 글로브 밸브(globe valve)의 두 가지이다(그림 8.1). 게이트밸브에서는 유체가 통과하는 개구 지름이 관 지름과 거의 같으며 흐름 방향은 변하지 않는다. 따라서 많이 열수록 압력 강하가 적어진다. 디스크는 폭이 점점 좁아지는 모양으로 같은 모양의 시트(seat)에 끼도록 되어 있다. 밸브를 열면 이 디스크가 보닛(bonnet)으로 올라가므로 유로가 완전히 열린다. 게이트밸브는 개폐용으로 사용하며 유량 조절용으로는 사용하지 않는 것이 좋다.

글로브밸 브는 처음 만든 것이 구형이었기 때문에 이렇게 부르는데 유량 조절용으로 널리 쓰인다. 개구 면적은 대(stem)의 위치에 따라 거의 선형적으로 변하며 웨어(wear)가 디스크 둘레에 균등하게 분포되어 있다. 유체는 제한된 개구를 통과하면서 방향이 여러 번 바뀌는데 그림 8.1(b)에서 이러한 밸브를 통한 흐름을 상상할 수 있을 것이다. 이러한 종류의 밸브에서는 압력 강하가 크다.

자동조절 밸브는 대개 글로브 밸브와 비슷하지만 핸들(handwheel) 대신에 스프링 격막 공기식 작동기(pneumatic activator)나 전기 모터를 사용하며 조절장치(controller)에서 보내는 신호에 의해 밸브 위치를 조절한다. 그림 8.1(b)의 간단한 디스크를 그림 8.1(c)에서처럼 점변형 플러그(tapered

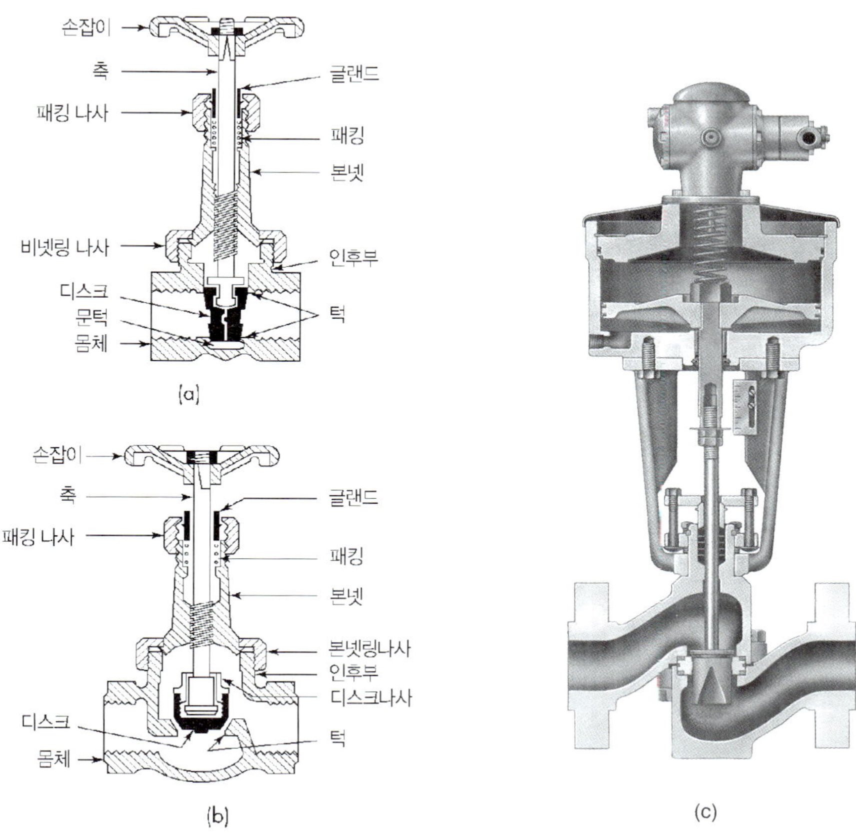

그림 8.1 상용 밸브 : (a) 게이트밸브, (b) 글로브밸브, (c) 공기식 작동 조절밸브

plug)와 같은 모양으로 대체하면, 유량 특성에 맞추어 설계할 수 있다.

플러그 콕과 볼 밸브(Plug cocks and ball valves) 온도 250°C 이하의 화학공정 배관에서는 금속 플러그 콕(plug cock)을 사용한다. 실험실의 스톱 콕(stop cock)과 마찬가지로 대개 1/4 회전에 의해 밸브를 완전 개폐한다. 완전히 열렸을 때는 플러그를 통한 유로가 관의 내경과 비슷해지므로 압력강하가 아주 적다. 볼 밸브(ball valve)에서는 밀폐 요소가 구형이므로 플러그콕에 비해 이 요소의 정렬이나 "결빙"(freezing)의 문제가 적다. 플러그콕이나 볼밸브에서는 운동 요소와 시트 사이의 접촉 면적이 크므로 둘 다 유량축소(조름, throttling) 목적으로 사용할 수도 있다.

체크 밸브(Check valves) 체크 밸브(check valve)는 한 방향으로만 흐르도록 하는 밸브이다. 이 밸브는 목적 방향으로 작용하는 유체 압력에 의해 열린다. 흐름이 멈추거나 역류하려고 하면 중력이나 디스크를 누르는 스프링에 의해 밸브가 저절로 닫힌다. 통용되는 체크 밸브를 그림 8.2에 나타내었다. 그림자 부분이 움직이는 디스크이다.

주의사항(Recommended practice)

배관계통을 설계하여 설치할 때는 주의 사항은 다음과 같다. 관을 설치할 때는 병렬로 배관하며 가능한 한 직각 벤드(bend)를 설치하도록 한다. 공정 배관이 막힐 우려가 있을 경우에는 관을 열고 청소할 수 있는 방안을 미리 마련해야 한다. 일반적으로 유니온(union)이나 플랜지 연결부가 있어야 하며 중요한 위치에서는 엘보 대신에 티(tee)나 크로스(cross)를 설치하고 쓰지 않는 개구는 플러그로 막아둔다. 또한 특히 휘발성 유해물질을 다룰 때는 플랜지나 나사 이음쇠는 사용하지 말아야 한다.

중력 흐름 계통에서는 가능하면 관이 크고 벤드가 적어야 한다. 밸브에서는 누설을 예상해야 한다. 누설 때문에 고가의 제품이 오염되거나 장치 조작자가 위험에 처할 우려가 있으면 흐름을 완전히 차단할 수 있어야 하므로 밸브나 체크 밸브는 부적절하다. 이러한 상황에서는 두 개의 보통 플랜지 사이에 블라인드 플랜지를 설치하면 모든 흐름을 차단할 수 있다. 그렇지 않으면 유니온이나 한 쌍의 플랜지, 캡이나 플러그로 막은 개구 끝에서 배관이 파손될 수 있으므로 주의해야 한다.

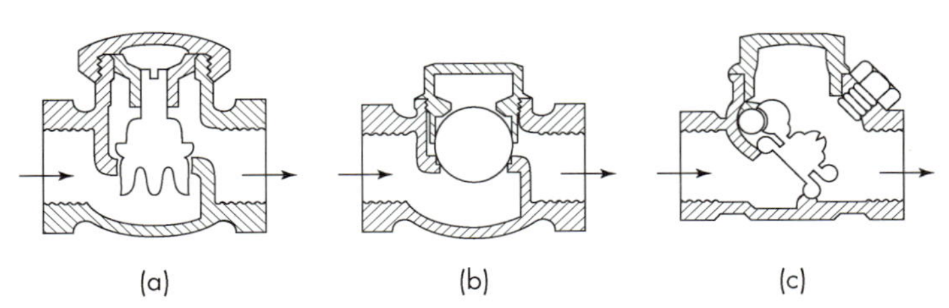

그림 8.2 체크 밸브: (a) 리프트 체크(lift check), (b) 볼 체크(ball check), (c) 스윙 체크(swing check)

밸브를 설치할 때 대는 가능한 한 위로 향하도록 한다. 접근하기 쉽고 잘 받쳐서 응력이 생기지 않으며 인접한 관에 의한 열팽창에 잘 견딜 수 있어야 한다. 또 밸브를 완전히 열고 스터핑박스를 갈 수 있도록 주변 공간이 충분해야 한다.

8.2 펌프(Pump)

지금부터 관과 유로를 통한 액체의 수송을 다룬다. 액체는 고가 탱크나 "블로케이스(blowcase, 외부 압축 기체로 가압한 저장 용기)"로부터 중력에 의해 이동시키는 경우도 있지만 수송 목적으로 가장 많이 쓰이는 것은 펌프이다.

펌프는 액체의 유속, 압력, 또는 위치의 어느 하나나 세 가지를 모두 증가시켜서 액체의 기계적 에너지를 증가시킨다. 펌프는 기본적으로 정변위 펌프(positive-displacement pump, 용적식 펌프)와 원심 펌프(centrifugal pump)의 두 가지로 나눈다. 정변위 펌프는 왕복 피스턴이나 회전 요소에 의해 방에 액체를 채웠다가 비웠다가 함으로서 액체에 직접 압력을 가한다. 원심 펌프는 액체의 회전속도를 높여서 발생하는 운동에너지를 압력 에너지로 변환한다.

펌프에서는 액체 밀도가 그다지 변하지 않으므로 밀도가 일정하다고 볼 수 있다.

개발 두(Developed head)

전형적 펌프의 응용을 그림 8.3에 간단히 보였다. 배관 중에 펌프를 설치하여 필요한 에너지를 공급함으로써 액체를 저장조로부터 끌어올려서 액면보다 Z_b(m)만큼 높이 있는 배관의 출구에서 일정한 부피유량으로 방출되도록 한다. 펌프 자체에서는, 액체가 흡입관(지점 a)으로 들어와서 배출관(지점 b)으로 나간다. 지점 a와 b 사이에는 Bernoulli 식 (4.36)을 적용할 수 있다. 이때 마찰은 펌프 내부에서 생기는 것뿐이므로 이를 기계적 에너지 효율 η에 포함시켜서 고려하기로 하면 $h_f = 0$이다. 따라서 식 (4.36)은 다음과 같이 된다.

$$\eta W_p = \left(\frac{p_b}{\rho} + gZ_b + \frac{\alpha_b \overline{V}_b^2}{2}\right) - \left(\frac{p_a}{\rho} + gZ_a + \frac{\alpha_a \overline{V}_a^2}{2}\right) \tag{8.2a}$$

중력 단위로 나타내면

$$\eta W_p = \left(\frac{p_b}{\rho} + \frac{gZ_b}{g_c} + \frac{\alpha_b \overline{V}_b^2}{2g_c}\right) - \left(\frac{p_a}{\rho} + \frac{gZ_a}{g_c} + \frac{\alpha_a \overline{V}_a^2}{2g_c}\right) \tag{8.2b}$$

괄호 안의 양을 총괄두(total head)라 하며, H로 나타낸다.

$$H = \frac{p}{\rho} + gZ + \frac{\alpha \overline{V^2 2}}{} \tag{8.3a}$$

$$H = \frac{p}{\rho} + \frac{gZ}{g_c} + \frac{\alpha \overline{V^2 2g_c}}{} \tag{8.3b}$$

펌프에서는 흡입부와 배출부의 높이차를 무시할 수 있으므로 식 (8.2)에서 Z_a와 Z_b를 제거할 수 있다.

총괄 흡입두(total suction head)를 H_a, 총괄 배출두(total discharge head)를 H_b라 하고, $\Delta H = H_b - H_a$로 나타내면 식 (8.2)는 다음과 같이 된다.

$$W_p = \frac{H_b - H_a}{\eta} = \frac{\Delta H}{\eta} \tag{8.4}$$

식 (8.3)의 두 H의 차원은 일/질량(길이^2/시간^{2}에 해당)이다. 양변에 $1/g$(또는 g_c/g)를 곱하면 다음과 같다.

$$\frac{H}{g} = \frac{p}{\rho g} + Z + \frac{\alpha \overline{V}^2}{2g} \tag{8.5a}$$

$$\frac{Hg_c}{g} = \frac{pg_c}{\rho g} + Z + \frac{\alpha \overline{V}^2}{2g} \tag{8.5b}$$

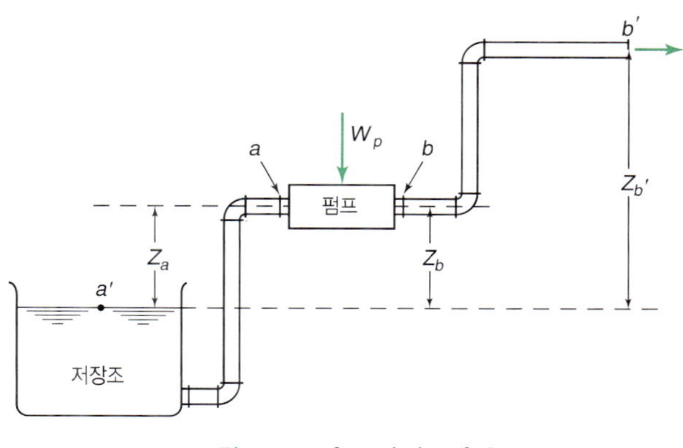

그림 8.3 펌프 수송 계통

이 두 식에서 모든 항의 차원은 길이이다. 여기에서 두(head)는 $\Delta H/g$(또는 $\Delta H g_c/g$)를 가리키는 것으로 펌프의 **개발 두(developed head)**는 유체 기둥의 높이(m)로 나타낸다. 중력 단위로 나타낼 경우 ΔH와 $\Delta H g_c/g$는 수치가 같다.

동력 소요량(Power requirement)

외부 동력원에서 펌프에 공급한 동력(제동마력) P_B는 W_p로부터 구한다.

$$P_B = \dot{m} W_p = \frac{\dot{m}\Delta H}{\eta} \tag{8.6}$$

$\dot{m}$ = 질량유량

펌프가 유체에 전달한 동력 P_f는 질량유량과 펌프의 개발 두로부터 구한다.

$$P_f = \dot{m}\Delta H \tag{8.7}$$

식 (8.6)과 (8.7)에서

$$P_B = \frac{P_f}{\eta} \tag{8.8}$$

식 (8.2)~(8.8)은 송풍기(fan)에도 적용할 수 있는데 이때는 ρ 대신에 평균 밀도 $\bar{\rho} = (\rho_a + \rho_b)/2$를 사용한다.

흡입양정과 공동화(Suction lift and cavitation)

식 (8.6)의 동력(제동마력)은 배출부와 흡입부의 압력차에 따라 달라지며 압력 자체와는 무관하다. 에너지의 관점에서는 유체가 액체로 존재하는 한 흡입 압력이 상압 이하이거나 이상이거나 상관이 없다. 그러나 흡입 압력이 증기압보다 별로 높지 않으면 펌프 내부에서 액체의 일부가 기화하여 증기가 되는데 이러한 과정을 **공동화(cavitation)**라 한다. 이러한 상태에서는 펌프 능력이 크게 감소되며 심한 손상의 원인이 될 수도 있다. 흡입 압력이 증기압보다 낮으면 흡입관에서 기화가 일어나므로 액체를 펌프에 끌어들일 수가 없다.

공동화를 피하려면 펌프 흡입부의 압력이 증기압보다 어느 특정치만큼 커야 하는데 이를 **유효 흡입두**(net positive suction head, NPSH ; 유효 흡입양정)라 한다. 소형 원심 펌프의 경우에는 2~3m 정도의 NPSH가 필요하지만 펌프 용량, 임펠러 속도, 배출 압력에 따라 커야 하므로 대형 펌프에서는 NPSH가 15m 정도는 되어야 한다. 그림 8.3에 보인 것처럼 저장조에서 흡입하는 경우 가용 NPSH는 대개 다음 식으로 계산한다.

$$\text{NPSH} = \frac{1}{g}\left(\frac{p_{a'} - p_v}{\rho} - h_{fs}\right) - Z_a \tag{8.9a}$$

중력 단위로 나타내면

$$\mathrm{NPSH} = \frac{g_c}{g}\left(\frac{p_{a'} - p_v}{\rho} - h_{fs}\right) - Z_a \tag{8.9b}$$

$p_{a'} =$ 저장조 표면의 절대 압력

$p_v =$ 증기압

$h_{fs} =$ 흡입관에서의 마찰 손실

식 (8.9)의 결과에서 펌프 입구의 속도두 $\alpha_a \overline{V}_a^2/2$를 빼면 이론적으로 한층 정확한 가용 NPSH 값을 구할 수 있지만 이 값은 30~60cm에 불과하므로 펌프 제작업자는 이 값을 고려하여 **최소 유효 흡입두**(minimum required NPSH, NPSHR)을 규정한다. 유량이 주기적으로 변동하는 정변위 펌프의 규격을 나타낼 때는 속도두(이 경우 가속도두라 하는 편이 타당)가 중요하다.

액체가 실질적으로 비휘발성($p_v = 0$)이고 마찰이 무시되며($h_{fs} = 0$), 지점 a'의 압력이 대기압인 경우에는, 대기압두(barometric head)에서 소요 NPSH를 빼어 최대 흡입두(최대 흡입양정)를 구할 수 있다. 냉수의 최대 흡입양정은 10.4m 정도이지만, 최대 실질 양정은 7.6m 정도이다.

예제 8.1

그림 8.3에 보인 계통에서 펌프를 사용하여 100°F(37.8°C)의 벤젠을 40gal/min(9.09m^3/h)의 유량으로 수송한다. 저장조는 대기압에 있으며, 배출관 끝의 계기 압력은 50lb$_f$/in^2(345kN/m^2)이다. 배출구는 저장조 액면보다 10ft 위에 있고 펌프 흡입구는 4ft 위에 있다. 배출관은 $1\frac{1}{2}$in 규격 40 관이다. 마찰 손실은 흡입관에서 0.5lb$_f$/in^2(3.45kN/m^2)이고 배출관에서 5.5lb$_f$/in^2(37.9kN/m^2)이다. 펌프의 기계적 효율은 0.60(60%)이다. 벤젠의 밀도는 54lb/ft^3(865kg/m^3), 100°F(37.8°C)에서의 증기압은 3.8lb$_f$/in^2 (26.2kN/m^2)이다.

(a) 펌프의 개발 두 (b) 총괄 동력 도입량을 구하라. 또 (c) 펌프 제작업자가 제시한 소요 NPSHR이 10ft(3.05)일 때, 이 펌프가 이 일에 적절한가?

풀이 (a) 펌프 일 W_p는 식 (4.36)에서 구한다.

그림 8.3에 보였지만, 상류 지점 a'은 저장조 액면이고 하류 지점 b'은 배출관 끝이다. 저장조의 액면을 기준면으로 하면, $\overline{V}_{a'} = 0$이므로, 식 (4.36)은 다음과 같이 된다.

$$W_p \eta = \frac{p_{b'}}{\rho} + \frac{gZ_{b'}}{g_c} + \frac{\alpha_{b'} \overline{V}_{b'}^2}{2g_c} + h_f - \frac{p_{a'}}{\rho}$$

배출 유속 $\overline{V}_{b'}$은 부록 3의 자료를 이용하여 구한다.

$1\frac{1}{2}$in 규격 40 관에서 유속 1ft/s는 유량 6.34gal/min에 해당한다. 따라서

$$\overline{V}_{b'} = \frac{40}{6.34} = 6.31\ \mathrm{ft/s}$$

$\alpha_{b'} = 1.0$ 이라 하면, 식 (4.36)에서,

$$W_p\eta = \frac{(1.47+50)(144)}{54} + \frac{g}{g_c}(10) + \frac{6.31^2}{2\times 32.17} + \frac{(5.5+0.5)(144)}{54} - \frac{14.7\times 144}{54}$$

$$= 159.9\ \text{ft}\cdot\text{lb}_f/\text{lb}$$

식 (8.4)에서 $W_p\eta$는 개발 두와 같으므로,

$$\Delta H = H_b - H_a = 159.9\ \text{ft}\cdot\text{lb}_f/\text{lb}(477.9\ \text{J/kg})$$

(b) 질량유량은 다음과 같다.

$$\dot{m} = \frac{40\times 54}{7.48\times 60} = 4.81\ \text{lb/s}\ (2.18\ \text{kg/s})$$

동력 도입량은 식 (8.6)에서 구한다.

$$P_B = \frac{4.81\times 159.9}{550\times 0.60} = 2.33\ \text{hp}(1.74\ \text{kW})$$

(c) 식 (8.9)를 사용한다.

$p_{a'}/\rho = 14.7\times 144/54 = 39.2\ \text{ft}\cdot\text{lb}_f/\text{lb}$이고, 증기압에 해당하는 두는 다음과 같다.

$$\frac{3.8\times 144}{54} = 10.1\ \text{ft}\cdot\text{lb}_f/\text{lb}(30.2\ \text{J/kg})$$

흡입관의 마찰 손실은 다음과 같다.

$$h_f = \frac{0.5\times 144}{54} = 1.33\ \text{ft}\cdot\text{lb}_f/\text{lb}(3.98\ \text{J/kg})$$

$g/g_c = 1$ 이라 하면, 식 (8.9)에서 가용 NPSH는 다음과 같다.

$$\text{NPSH} = 39.2 - 10.1 - 1.33 - 4 = 23.77\ \text{ft}(7.25\ \text{m})$$

이 가용 NPSH 값은 최소치 10ft보다 상당히 크므로, 이 펌프는 용도에 적절하다고 할 수 있다.

8.2.1 정변위 펌프(Positive-displacement pump)

펌프의 첫 번째 중요한 부류인 정변위 펌프(용적식 펌프)에서는 일정량의 액체를 흡입부로 끌어들여서 방 안에 가두었다가 비우면서 고압으로 방출하기를 반복한다. 정변위 펌프는 왕복 펌프(reciprocating pump)와 회전 펌프(rotaty pump)의 두 종류로 나눈다. 왕복 펌프에서는 방이 고정 실린더인데 그 안에 피스턴이나 플런저(plunger)가 있고, 회전 펌프에서는 방이 입구에서 출구로 이동했다가 다시 입구로 되돌아온다.

왕복 펌프(Reciprocating pump)

왕복 펌프에는 피스턴 펌프, 플런저 펌프, 격막 펌프(diaphragm pump) 등이 있다. 피스턴 펌프에서는 피스턴을 빼내면 입구 체크 밸브를 통해 액체가 실린더 안으로 끌려들어오며 피스턴의 귀환

행정(return stroke)에서 출구 체크 밸브를 통해 밀려나간다. 피스턴 펌프는 대개 복동식(double-acting)으로 피스턴 양쪽에서 교대로 액체를 끌어들이는데 실린더 반쪽을 채우는 동안 다른 반쪽은 비우는 식으로 작동한다. 때로는 공통 흡입 및 방출 모관에 둘 이상의 실린더를 병렬로 연결하기도 하는데 방출 유량의 변동이 적어지도록 피스턴을 배열한다. 피스턴은 감속 기어를 통해 모터로 구동하기도 하고 수증기 실린더를 사용하여 피스턴 막대를 직접 구동하기도 한다. 시판 펌프의 최대 방출 압력은 50atm 정도이며, 고압용으로는 플런저 펌프가 사용된다. 지름이 작고 벽이 두꺼운 실린더 안에 꼭 맞는 왕복 플런저가 들어있는데 플런저는 피스턴 막대를 확대한 것이나 다름없다. 플런저 행정의 극한에서는 실린더 안의 공간에 액체가 거의 가득 찬다. 플런저 펌프는 단동식(single-acting)이며 대개 모터로 구동한다. 배출 압력은 1,500atm 이상으로 높일 수 있다.

격막 펌프에서는 왕복 요소가 금속, 플라스틱, 또는 고무로 만든 유연한 격막이다. 이러한 격막을 사용하면 수송 대상 액체에 노출되는 충전물이나 씰이 필요하지 않으므로 유독 액체나 부식성 액체의 취급에 아주 유리하다. 격막 펌프는 소량에서 약 100gal/min까지 취급할 수 있으며, 100atm 이상의 압력을 낼 수 있다.

왕복 펌프의 기계적 효율은 소형이 40~50% 정도이고 대형이 70~90% 정도이다. 정상 운전 한계에서는 효율이 속도와 거의 무관하지만, 방출 압력이 증가하면 마찰과 누설이 늘어나므로 효율도 다소 감소한다.

부피 효율 피스턴이나 플런저가 쓸어내는 부피에 대한 방출 부피의 비를 **부피 효율**(volumetric efficiency)이라 한다. 정변위 펌프에서는 부피 효율이 배출 압력의 증가와 관계 없이 거의 일정하지만 누설이 있으면 약간 감소한다. 플런저 펌프와 격막 펌프는 부피 유량이 일정하므로 “계량 펌프(metering pump)”, 즉 부피 유량을 조절하여 공정 계통에 액체를 주입하는 펌프로 널리 쓰인다.

회전 펌프(Rotary pump)

회전식 정변위 펌프에는 기어(gear) 펌프, 로브(lobe) 펌프, 스크류(screw) 펌프, 캠(cam) 펌프, 베인(vane) 펌프 등 이름도 다양하다. 두 가지 기어 펌프를 그림 8.6에 보였다. 왕복 펌프와는 달리 회전 펌프에는 첵밸브가 없다. 운동 부분과 고정 부분이 밀착되어 틈이 없으므로, 배출 공간에서 흡입 공간으로의 역류가 적다. 또 운전 속도가 한정되어 있다. 회전 펌프는 경질 윤활유처럼 맑고 점도가 보통인 유체를 다루는데 적절하다. 배출 압력은 200atm 이상에 이를 수 있다.

그림 8.4(a)에 보인 평기어(spur-gear) 펌프에서는 집 안에서 기어가 틈새 없이 맞물리면서 회전한다. 액체는 집 바닥의 흡입부로 들어와서, 톱니와 집 사이의 공간에 갇힌 채 집 윗쪽으로 밀려 올라가서 강제로 배출된다. 펌프 중앙에서 기어가 밀착 상태로 맞물려 돌기 때문에 액체가 흡입부로 역류되지 않는다.

그림 8.4(b)에 보인 속기어(internal-gear) 펌프에서는 평기어, 즉 **피니언**(pinion)이 내부 톱니로

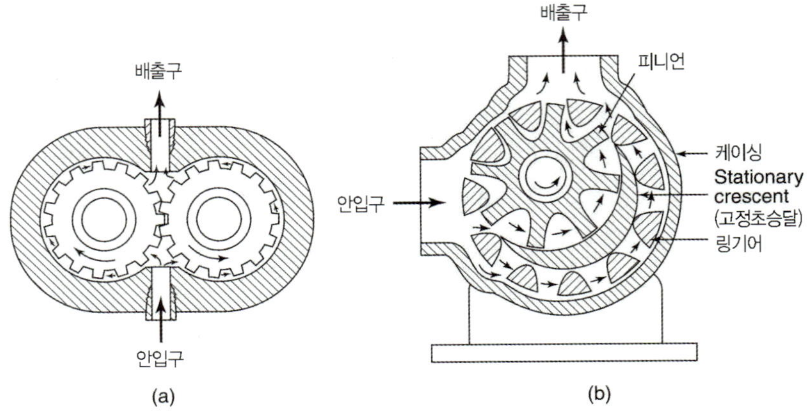

그림 8.4 기어 펌프: (a) 평기어 펌프, (b) 속기어 펌프

된 링기어(ring gear)와 맞물려 돈다. 링기어는 집 내면과 동축(coaxial)이지만 외부에서 구동시키는 피니언은 집 중앙에 대해 편심(eccentical)으로 설치되어 있고, 이 두 기어 사이에 **초승달(crescent) 모양의 금속이 고정**되어 있다. 액체는 두 기어에 의해 톱니와 초승달 사이의 공간을 통해 입구에서 출구로 운반된다.

연동 펌프(Peristaltic pump)

생화학제품의 생산에서는 누설이 없는 소형 연동 펌프(peristaltic pump)가 자주 사용된다. 이 펌프에서는 일정한 길이의 유연한 튜브를 움직이는 롤러(roller)로 연속적으로 눌러서 액체를 끌어들이고 튜브 안에서 이동하도록 한다. 격막 펌프와는 달리 배출 유량이 거의 일정하다. 연동 펌프는 유량이 적은 경우에만 사용할 수 있지만, 액체의 누설이나 공기 접촉을 방지하고자 할 경우에는 가장 좋은 펌프일 수 있다.

8.2.2 원심 펌프(Centrifugal pump)

원심 펌프에서는 원심력의 작용으로 액체의 기계적 에너지를 증가시킨다. 원심 펌프의 예를 그림 8.5에 보였다. 액체는 **임펠러**(impeller)라는 고속 회전 요소의 축과 동심인 흡입부로 도입되는데 임펠러에는 한꺼번에 주조한 방사 방향 날개(vane)가 달려있다. 흡입된 액체는 날개 사이의 공간에서 바깥쪽으로 흘러서 임펠러를 떠나는데 이때의 속도는 임펠러 흡입부에서의 속도에 비해 아주 크다. 원심 펌프의 성능이 좋으면 날개 사이의 공간은 흐르는 액체로 꽉 차며 공동화 현상이 생기지 않는다. 임펠러 외각을 떠나는 액체는 **볼류트**(volute)라는 나선형 집에 모여서 접선 방향 배출부를 통해 펌프를 떠난다. 볼류트에서는 임펠러에서 개발된 액체의 속도두가 압력두로 변환된다. 동력은 임펠러에 의해 유체로 전달되는데 구동축의 토크에 의해 임펠러로 전달되며 구동축은 직결된 모터에 의해 1,750 또는 3,450rpm/min의 일정한 속도로 회전한다.

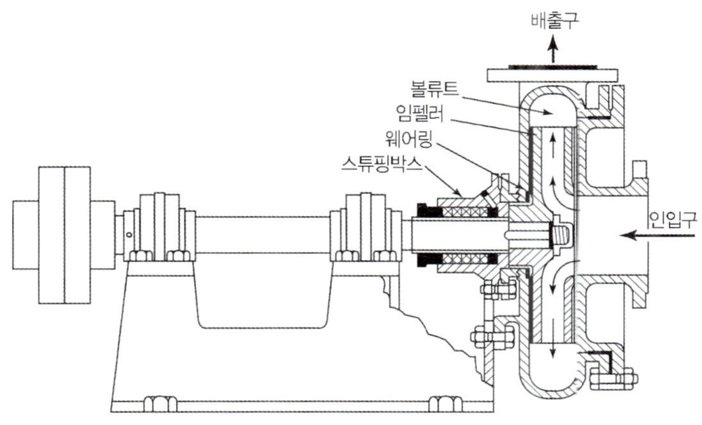

그림 8.5 단일 흡입(single-suction) 원심 펌프

마찰이 없는 이상적 흐름 조건에서는 원심 펌프의 기계적 효율이 100%($\eta = 1$)가 된다. 특정 속도로 운전되는 이상적 원심 펌프에서는 개발 두가 규정치와 같고 배출 유량도 정해진 값이 된다. 그러나 실제 펌프에서는 마찰도 있고 운전이 완전하지 않으므로 이상적인 경우에 비해 효율이 상당히 떨어진다.

일반 공장에서 수송 기계로 실제로 가장 많이 사용되는 것이 원심 펌프이다. 형태도 그림 8.5에 보인 볼류트 펌프처럼 단순하지 않다. 일반적으로는 액체가 양쪽에서 도입되는 이중 흡입(double-suction) 임펠러를 사용한다. 임펠러 자체는 단순한 개방형 스파이더(spider)인 것도 있고, 테를 두른 것도 있다. 편람, 펌프에 관한 책자, 특히 펌프 제작업자의 카탈로그를 보면, 모양, 규격, 구조가 다른 원심 펌프가 아주 많다.

8.3 선풍기, 송풍기, 압축기(Fan, blower and compressor)

기체를 수송하거나 압축하는 기계에는 여러 가지가 있다. 선풍기(fan)는 개방 공간이나 대형 닥트에 다량의 기체(주로 공기)를 방출하는 것이다. 저속 기계로서 발생 압력은 0.04atm 정도로 아주 낮다. 송풍기(blower)는 정변위식이나 원심식의 고속 회전장치로서 최대 2atm 정도의 압력을 발생시킨다. 압축기(compressor) 역시 정변위식과 원심식이 있는데 배출 압력은 2atm에서 수천 atm에 이른다. 일반적으로 펌프라 하면 액체를 수송하는 기구이지만 기체를 취급하는 경우에도 **공기 펌프**(air pump), **진공 펌프**(vacuum pump)라는 말이 쓰인다.

선풍기에서는 유체의 밀도가 거의 변하지 않으므로 일정하다고 간주할 수 있다. 그러나 송풍기와 압축기에서는 밀도 변화가 커서 이러한 가정을 할 수 없으므로 이러한 기구를 다룰 때는 압축성 유체 이론이 필요하다.

8.3.1 선풍기(Fan)

대형 선풍기는 일반적으로 원심식이며 원심 펌프와 마찬가지 원리로 작동된다. 그러나 임펠러 날개는 앞쪽으로 굽히기도 한다. 이렇게 하면 펌프는 불안정해질 수 있지만 선풍기는 그렇지 않다. 전형적 선풍기 임펠러를 그림 8.6에 보였는데 경질 금속판으로 만든 집 안에 설치한다. 틈이 크며 배출 두는 낮아서 5~60inH_2O 정도이다. 환기용 선풍기와 같은 경우에는 공급한 에너지가 전부 속도 에너지로 변환되며 압력 두는 거의 생기지 않는다. 어느 경우에나 공급한 에너지의 상당 부분이 속도 증가에 활용되므로 효율과 동력을 추산할 때는 이를 고려해야 한다. 압력 두와 속도 두를 모두 고려하면 총괄 동력 효율은 70% 정도이다.

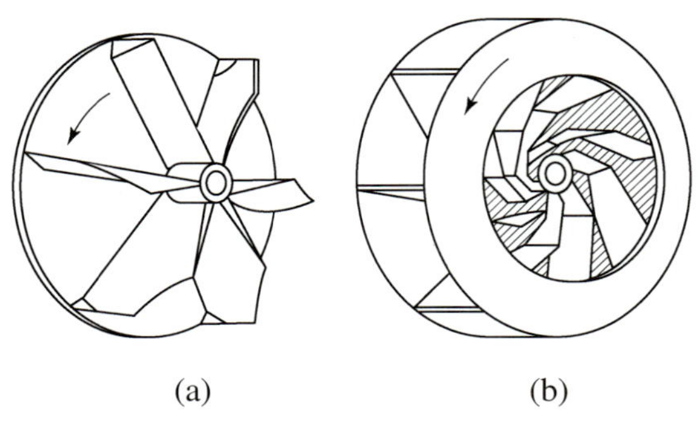

그림 8.6 원심 선풍기의 임펠러

선풍기에서는 밀도 변화가 적으므로 원심 펌프에서 사용한 비압축성 흐름에 관한 식을 적용할 수 있다. 펌프와 기체 수송기구의 한 가지 차이는 압력과 온도가 기계에 도입되는 기체의 밀도에 미치는 영향이다. 기체를 다루는 장치의 규격을 나타낼 때는 기체의 실제 온도와 압력에서의 부피를 표준 온도와 압력의 값으로 환산한 **표준부피(standard cubic feet)**를 사용한다. 산업 분야마다 표준 상태의 정의가 다르지만 통용되는

표준 상태는 압력 29.92inHg, 온도 32°F이며, 이 상태에서의 기체의 몰부피는 359ft^3/lb mol이다. 또 하나의 표준 상태는 압력 30inHg, 온도 60°F로서, 이때의 기체의 몰부피는 378.7ft^3/lb mol이다.

예제 8.2

원심 선풍기를 사용하여, 29.0inHg, 200°F(93.3°C)의 정지 연돌가스를 30.1inHg, 150ft/s로 배출한다. 가스 10,000stdft^3/min를 수송하는데 필요한 동력을 구하라. 29.92inHg 및 32°F의 표준상태를 이용하라. 선풍기의 효율은 65%이며, 가스의 분자량은 31.3이다.

풀이 흡입 가스의 실제 밀도.

$$\rho_a = \frac{31.3\times 29.0(460+32)}{359\times 29.92(460+200)} = 0.0630\ \mathrm{lb/ft^3}$$

배출 밀도.

$$\rho_b = 0.0630\left(\frac{30.1}{29.0}\right) = 0.0654\ \mathrm{lb/ft^3}$$

흐르는 가스의 평균 밀도.

$$\bar{\rho} = \frac{1}{2}(0.0630+0.0654) = 0.0642\mathrm{lb/ft^3}$$

질량유량.

$$\dot{m} = \frac{10{,}000\times 31.3}{359\times 60} = 14.53\mathrm{lb/s}$$

개발 압력.

$$\frac{p_b - p_a}{\bar{\rho}} = \frac{(30.1-29)(144)(14.7)}{29.92 \times 0.0642} = 1{,}212\ \text{ft}\cdot\text{lb}_f/\text{lb}$$

속도 두.

$$\frac{\overline{V}_b^2}{2g_c} = \frac{150^2}{2 \times 32.17} = 349.7\ \text{ft}\cdot\text{lb}_f/\text{lb}$$

식 (8.2b)에서, $\alpha_a = \alpha_b = 1.0$, $\overline{V}_a = 0$, $Z_a = Z_b$ 이므로,

$$W_p = \frac{1}{\eta}\left(\frac{p_b - p_a}{\bar{\rho}} + \frac{\overline{V}_b^2}{2g_c}\right) = \frac{1{,}212 + 349.7}{0.65} = 2{,}402\ \text{ft}\cdot\text{lb}_f/\text{lb}$$

식 (8.6)에서

$$P_B = \frac{\dot{m}\,W_p}{550} = \frac{14.53 \times 2{,}402}{550} = 63.5\,\text{HP}\,(47.4\,\text{kW})$$

8.3.2 송풍기와 압축기(Blower and compressor)

압축성 유체의 압력이 단열적으로 증가하면 유체의 온도 역시 상승한다. 유체의 비용이 온도에 따라 증가하므로 등온 압축일 때에 비하면 일정 질량의 유체를 압축하는 데 필요한 일이 증가한다. 온도 상승이 과도하면 윤활제, 스터핑박스, 구조 재질 등에 문제를 일으킬 수 있다. 또 고온에 견디지 못하는 유체는 분해될 것이다.

이상기체의 등엔트로피(단열 및 무마찰) 압력 변화와 온도 변화의 관계는 다음과 같다.

$$\frac{T_b}{T_a} = \left(\frac{p_b}{p_a}\right)^{1-1/\gamma} \tag{8.10}$$

T_a, T_b = 각각 입구 및 출구의 절대온도

p_a, p_b = 대응하는 입구 및 출구 압력

γ = 비열비, c_p/c_v

임의 기체에서는 온도비가 압축비 p_b/p_a에 따라 증가한다. 압축비는 송풍기 및 압축기 공학의 기본 매개변수이다. 압축비가 3~4 미만인 송풍기에서는 단열 온도 상승이 크지 않으므로 이를 낮추기 위한 특별한 조치가 필요 없다. 그러나 압축기에서는 압축비가 10 이상이 될 수 있으므로 등엔트로피 온도가 과다해질 수 있다. 또 실제 압축기에서는 마찰이 있고 마찰에서 발생하는 열이 기체에 흡수되므로 등엔트로피 온도보다 상당히 높아진다. 따라서 압축기에 재킷을 설치하고 냉수나 냉매를 순환시켜서 냉각한다. 소형 냉각 압축기에서는 기체의 출구 온도가 입구 온도와 비슷하므로 등온 압축을 할 수 있다. 아주 소형인 경우에는 실린더에 주조하여 붙인 외부 핀(fin)에 의한 공냉(공기 냉각)으로 충분하다. 대형 압축기의 경우에는 냉각기능에 한계가 있으므로, 등온 압축이나 단열 압축과 다른 경로인 폴리트로프 압축(polytropic compression)이 된다.

정변위 송풍기(Positive-displacement blower)

정변위(용적식) 송풍기를 그림 8.7(a)에 보였다. 이러한 기계는 기어 펌프와 마찬가지로 동작하는데, 다만 특별히 고안된 "이(teeth)" 때문에 틈이 수천 분의 몇 inch에 불과하다는 점이 다르다. 임펠러의 상대적 위치는 외부 중기어(heavy gear)에 의해 정확하게 유지된다. 1단 송풍기로 방출할 수 있는 기체의 계기 압력은 0.4~1atm 정도이며, 2단 송풍기는 2atm 정도까지 된다. 그림 8.7(a)에 보인 것은 이중 로브(lobe) 송풍기이지만, 삼중 로브인 것도 많이 쓰인다.

원심 송풍기(Centrifugal blowers)

1단 원심 송풍기를 그림 8.7(b)에 보였다. 겉모양은 원심 펌프를 닮았지만 집이 좁고 집의 지름과 배출 스크롤(scroll)은 원심 펌프에 비해 크다. 운전속도는 고속(3,600rpm/min 또는 그 이상)이다. 저밀도 유체로 측정한 두가 아주 커야 보통의 압력비를 달성할 수 있으므로 속도와 임펠러 지름이 커야 한다. 원심 송풍기의 속도는 원심 펌프의 10배 정도가 된다.

정변위 압축기(Positive-displacement compressors)

정변위(용적식) 회전 압축기를 사용하여 6atm 정도까지 압축하여 배출할 수 있다. 이러한 기구에는 미끄럼 날개식(sliding vane), 나사식(screw-type), 액체 피스턴식(liquid-piston) 압축기가 있다. 보통 유량을 고압에서부터 아주 고압으로 압축하고자 할 때는 왕복 압축기가 가장 널리 사용된다. 1단 압축기의 예를 그림 8.8에 보였다. 이러한 기계의 운전 방법은 왕복 압축기와 마찬가지이지만 누설 방지가 어렵고 온도 상승이 중요하다는 점이 다르다. 실린더 벽과 머리에는 냉각 재킷을 설치하여 물이나 냉매를 사용하여 냉각한다. 왕복 압축기는 대개 모터 구동식이며 거의 복동식이다.

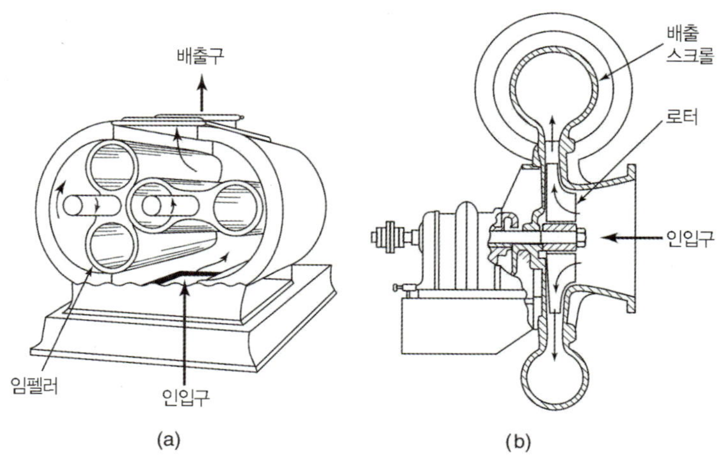

그림 8.7 대표적 송풍기 (a) 정변위 이중 로브 송풍기, (b) 단일 흡입 원심 송풍기

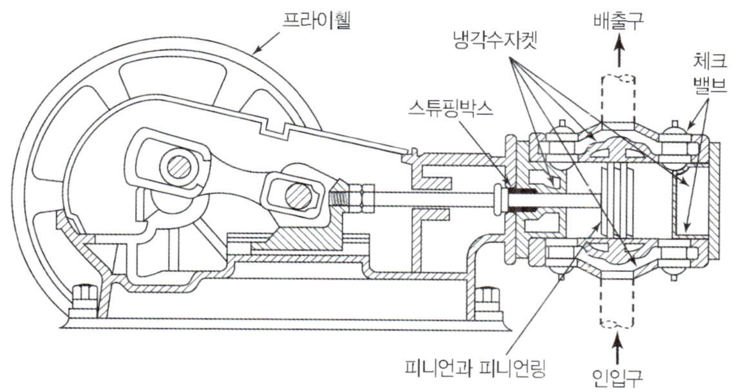

그림 8.8 왕복 압축기

필요한 압력비가 단일 실린더에서 달성할 수 있는 값보다 큰 경우에는 다단 압축기를 사용한다. 각 단 사이에는 물이나 냉매를 사용하는 냉각용의 관식 열교환기를 설치한다. 중간 냉각기의 열교환능이 충분하면 단간(interstage) 기체 흐름을 초기 흡입 온도까지 낮출 수 있다. 때로는 후냉각기(aftercooler)를 사용하여 마지막 단에서 배출되는 고압 기체를 냉각한다.

원심 압축기(Centrifugal compressor)

원심 압축기는 다단 장치로서 육중한 집 안에서 고속으로 회전하는 하나의 축에 여러 임펠러를 직렬한 것이다. 내부 유로를 통해 한 임펠러의 배출흐름은 다른 임펠러의 도입흐름이 된다. 이러한 기계는 도입 유량이 340,000m^3/h에 이르는 막대한 양의 도입 공기나 프로세스 기체를 출구 압력 20atm 정도까지 압축한다. 용량이 적은 기계는 수백 atm까지 압축하여 배출한다. 고압 기계에서는 중간 냉각기가 필요하다. 그림 8.9가 전형적인 원심 압축기이다.

그림 8.9 원심-압축기 내부도

축류 기계는 1 × 10^{6}m^3/h에 이르는 더욱 다량의 기체를 취급할 수 있지만 배출 압력은 2~10이나 12atm 정도로 낮다. 이러한 장치에서는 로터 날개(rotor vane)가 기체를 한 조의 날개로부터 다음 조의 날개로 축방향으로 밀어낸다. 중간 냉각기는 일반적으로 필요하지 않다.

송풍기와 압축기에 관한 식(Equations for blower and compressor)

압축성 유체는 흐름 중에 밀도가 변하므로 적분형 Bernoulli 식은 부적절하다. 그러나 식 (4.28)의 미분형으로, 축일과 압력두의 미분 변화를 연관시킬 수 있다. 송풍기와 압축기에서는 운동에너지나 위치에너지 등의 기계적 에너지는 그다지 변하지 않으므로, 속도두와 정압두(static head)의 항은 무시할 수 있다. 또한 압축기에서 마찰이 없다면 $\eta = 1.0$, $h_f = 0$ 이다. 따라서 식 (4.28)은 다음과 같이 간단해진다.

$$d\,W_{pr} = \frac{dp}{\rho}$$

흡입 압력 p_a와 배출 압력 p_b 사이에서 적분하면 무마찰 이상기체의 압축 일은 다음과 같다.

$$W_{pr} = \int_{p_a}^{p_b} \frac{dp}{\rho} \tag{8.11}$$

식 (8.11)를 사용하려면 적분해야 하는데, 그러려면 유체가 흡입부에서 배출부로 흐르는 경로에 관한 정보가 있어야 한다. 그 절차는 압축기의 종류(왕복식, 정변위 회전식, 원심식)에 관계없이 마찬가지이지만, 다만 마찰이 없는 흐름이고, 왕복식 기계에서는 실린더 안에서 유체의 축적이나 고갈이 없는 정수 주기(integer cycle)에 대해 이 식을 적용해야 한다. 그렇지 않으면 식 (4.36)의 바탕이 되는 정상 흐름 가정이 성립되지 않는다.

단열 압축(Adiabatic compression) 냉각하지 않는 장치에서는 유체가 등엔트로피 경로를 따른다. 이상기체의 p와 ρ의 관계를 나타낸 식 (6.14)를 다시 쓰면 다음과 같다.

$$\frac{p}{\rho^{\gamma}} = \frac{p_a}{\rho_a^{\gamma}}$$

$$\rho = \frac{\rho_a}{p_a^{1/\gamma}} p^{1/\gamma} \tag{8.12}$$

식 (8.12)의 ρ를 식 (8.11)에 대입하고 적분하면 다음과 같다.

$$W_{pr} = \frac{p_a^{1/\gamma}}{\rho_a} \int_{p_a}^{p_b} \frac{dp}{p^{1/\gamma}} = \frac{p_a^{1/\gamma}}{(1 - 1/\gamma)\rho_a} \left(p_b^{1-1/\gamma} - p_a^{1-1/\gamma}\right)$$

$p_a^{1-1/\gamma}$를 계수에 곱하고 괄호 안의 항을 나누면 다음과 같이 된다.

$$W_{pr} = \frac{p_a \gamma}{(\gamma - 1)\rho_a} \left[\left(\frac{p_b}{p_a} \right)^{1-1/\gamma} - 1 \right] \tag{8.13}$$

이 식에서 압축비 p_b/p_a의 중요성을 알 수 있다.

등온 압축(Isothermal compression) 압축 중에 냉각이 완전하면 온도가 일정하여 등온 압축이 된다. 이때의 p와 ρ의 관계는 간단하다.

$$\frac{p}{\rho} = \frac{p_a}{\rho_a} \tag{8.14}$$

식 (8.11)와 (8.14)에서 ρ를 제거하고 적분하면 다음과 같다.

$$W_{pr} = \frac{p_a}{\rho_a}\int_{p_a}^{p_b}\frac{dp}{p} = \frac{p_a}{\rho_a} ln\frac{p_a}{p_a} = \frac{\mathrm{RT_a}}{\mathrm{M}}\ln\frac{p_b}{p_a} \tag{8.15}$$

압축비와 흡입 조건이 같으면, 등온 압축에 필요한 일이 단열 압축인 경우에 비해 적어진다. 이것이 압축 중에 냉각해야 하는 이유 중의 하나이다.

단열 압축과 등온 압축 사이에는 밀접한 관계가 있다. 윗식의 적분을 비교하면, $\gamma = 1$ 일 경우 단열 압축식과 등온 압축식이 같아진다.

폴리트로프 압축 대형 압축기에서는 유체의 경로가 등온도 아니고 단열도 아니다. 물론 이 과정이 무마찰이라고 가정할 수는 있으며, 관습상 압력과 밀도의 관계는 다음과 같다고 가정한다.

$$\frac{p}{\rho^n} = \frac{p_a}{\rho_a^n} \tag{8.16}$$

여기서 n은 상수이다.

식 (8.12) 대신에 이 식을 사용하고, γ를 n으로 대치하면 식 (8.13)이 된다.

n 값은 이 과정의 경로 중의 두 점(가령 흡입부와 배출부)에서 밀도와 압력을 측정하고 다음 식으로 계산한다.

$$n = \frac{\ln(p_b/p_a)}{\ln(\rho_b/\rho_a)}$$

이 식은 식 (8.16)에서 p 대신에 p_b, ρ 대신에 ρ_b를 대입하고 로그를 취한 것이다.

압축기 효율 이론적 일(유체 동력)과 실제 일(전체 동력 도입량)의 비를 효율이라 하며 η 로 나타낸다. 왕복 압축기의 최대 효율은 80~85% 정도이고, 원심 압축기는 90%에 이를 수 있다.

동력식 단열 압축에 필요한 동력은 식 (8.13)에서 구한다. 유차원식으로 나타내면 다음과 같다.

$$P_B = \frac{0.371\, T_a \gamma q_0}{(\gamma - 1)\eta}\left[\left(\frac{p_b}{p_a}\right)^{1-1/\gamma} - 1\right] \tag{8.17a}$$

$P_B =$ 전체 동력, kW

$q_0 =$ 압축 기체의 부피유량, stdm^3/s(0°C, 760mmHg 기준)

$T_a =$ 도입 온도, K

등온 압축일 때는 다음과 같다.

$$P_B = \frac{1.97\,T_a q_0}{\eta} \ln \frac{p_b}{p_a} \tag{8.18a}$$

표준 온도를 0°C로 하여 단열 압축에 관한 식을 중력 단위로 나타내면 다음과 같다.

$$P_B = \frac{1.304 \times 10^{-4}\,T_a q_0}{\eta} \frac{\gamma}{\gamma - 1}\left[\left(\frac{p_b}{p_a}\right)^{1-1/\gamma} - 1\right] \tag{8.17b}$$

P_B = 전체 동력(제동 마력), hp

q_0 = 압축 기체의 부피유량, std m³/h

T_a = 도입 온도, K

등온 압축일 때는 중력 단위의 식이 다음과 같다.

$$P_B = \frac{1.304 \times 10^{-4}\,T_a q_0}{\eta} \ln\left(\frac{p_b}{p_a}\right) \tag{8.18b}$$

예제 8.3

3단 왕복 압축기를 사용하여 메탄 180std ft³/min(306m³/h)를 절대압력 14에서 900lb$_f$/in²(0.95에서 61.3atm)으로 압축한다. 도입 온도는 80°F(26.7°C)이다. 예상되는 온도 범위에서 메탄의 평균 물성은 다음과 같다.

$$C_p = 9.3\,\text{Btu/lb mol}\cdot°\text{F}\,(38.9\,\text{J/mol}\cdot°\text{C}) \qquad \gamma = 1.31$$

(a) 기계적 효율이 80%일 때 제동마력(brake horsepower)을 구하라.

(b) 제1단의 배출 온도를 구하라.

(c) 냉각수 온도 상승이 20°F(11.1°C)이고, 각 냉각기를 떠나는 압축 기체의 온도를 80°F(26.7°C)로 할 때, 중간 냉각기와 후냉각기에서 필요한 냉각수량을 구하라. 냉각 재킷에서는 마찰열을 충분히 흡수할 수 있다고 본다.

풀이 (a) 다단 압축기에서는 각 단에서 하는 일이 같을 때 전체 동력이 최소가 된다. 그러려면 식 (8.13)에 따라 각 단에서의 압축비가 같아야 한다. 따라서 3단 기계의 경우, 각 단의 압축비는 총괄 압축비 900/14의 세제곱근이 되어야 한다. 즉

$$\frac{p_b}{p_a} = \left(\frac{900}{14}\right)^{1/3} = 4$$

식 (8.17b)에서 각 단의 소요 동력은 다음과 같다.

$$P_B = \frac{(80 + 460)(1.304 \times 10^{-4}) \times 1.31 \times 180}{(1.31 - 1)(0.80)}(4^{1-1/1.31} - 1) = 26.0\,\text{hp}$$

모든 단의 전체 동력은 다음과 같다.

$$3 \times 26.0 = 78.0\,\text{hp}(58.2\,\text{kW})$$

(b) 식 (8.10)에서 각 단의 출구 온도는 다음과 같다.

$$T_b = (80 + 460)4^{1-1/1.31} = 750°\mathrm{R} = 290°\mathrm{F}(143.3°\mathrm{C})$$

(c) 기체 1lb mol의 부피는 359std ft^3이므로, 몰유량은 다음과 같다.

$$\frac{180 \times 60}{359} = 30.1\,\mathrm{lb\,mol/h}(13.6\,\mathrm{kmol/h})$$

각 냉각기의 열부하는 다음과 같다.

$$30.1(290 - 80)(9.3) = 58.795\,\mathrm{Btu/h}$$

총괄 열부하는 $3 \times 58{,}795 = 176{,}385\,\mathrm{Btu/h}$ 이다. 냉각수 필요량은 다음과 같다.

$$\frac{176{,}385}{20} = 8{,}819\,\mathrm{lb/h} = 17.6\,\mathrm{gal/min}(3.99\,\mathrm{m^3/h})$$

진공 펌프(Vacuum pump)

대기압 이하에서 흡입하여 대기압에 대해 배출하는 압축기를 **진공 펌프**(vacuum pump)라 한다. 송풍기나 압축기의 어떤 종류(왕복식, 회전식, 원심식)이든 간에 설계를 고쳐서 아주 저밀도 기체를 흡입하고 필요한 큰 압축비를 얻을 수 있도록 하면 진공용으로 사용할 수 있다. 흡입부의 절대 압력이 감소하면 부피 효율이 떨어지는데 펌프에서 얻을 수 있는 최소 절대 압력에서는 부피 효율이 0에 이른다. 일반적으로 기계적 효율 역시 압축기에 비해 낮다. 흡입 압력이 떨어질수록 필요한 변위가 빨리 증가하므로 다량의 기체를 취급하려면 대형 기계가 필요하다. 진공 펌프에서 사용하는 압축비는 단열 배출 온도가 높을 경우 대응하는 압축기에 비해 커서 100 이상이 되기도 한다. 그러나 실제로는 질량유량이 적고 노출 금속 표면이 비교적 커서 열전달이 효과적이기 때문에 거의 등온 압축이 된다.

제트 이젝터 진공 펌프의 기본 종류이지만 운동 부분이 없는 것을 제트 이젝터(jet ejector)라 한다. 그림 8.10에 보인 제트 이젝터에서는 수송 대상 기체가 제2유체의 고속 흐름에 동반되어 흐른다. 공기를 수송하기 위해 압축 공기를 사용하는 경우처럼 원동 유체(motive fluid)와 수송 대상 유체가 같은 경우도 있지만 일반적으로는 다르다. 산업현장에 가장 많이 쓰이는 것은 수증기 제트 이젝터로서, 상당히 높은 진공을 만들 수 있다. 그림 8.10에 보였지만 약 7atm의 수증기를 수렴-확대 노즐에 도입하면 초음속으로 확산원뿔(diffuser cone)을 통과한다. 공기를 비롯하여 수송 대상 기체는 확산원뿔의 첫 부분에서 수증기와 혼합되며 음속이나 그 이하로 속도가 낮아진다. 확산원뿔의 확대부에서는 혼합 기체의 운동에너지가 압력에너지로 변환되며 직접 대기압에 배출할 수 있다. 특히 1단 이상으로 하는 경우에는 수냉 응축기로 보내기도 하는데 이렇게 하지 않으면 각 단에서는 그 앞단까지 도입한 수증기를 모두 다루어야 하기 때문이다. 공업적으로는 5단까지 사용한다.

제트 이젝터는 특별한 유지 관리가 필요하지 않으므로 기계적 진공 펌프를 손상시킬 수 있는

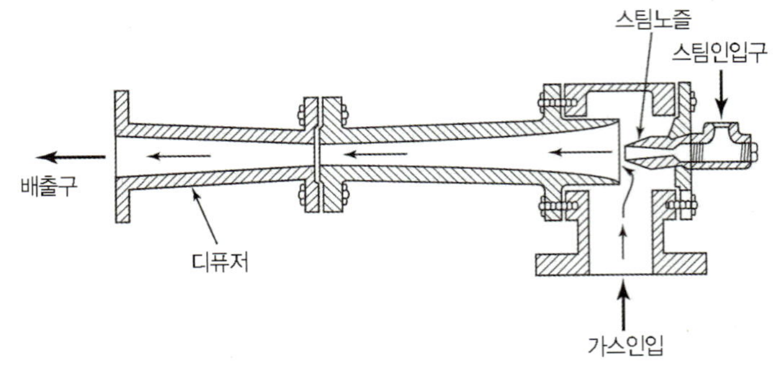

그림 8.10 수증기 제트 이젝터

부식성 기체의 취급에 특히 유용하다. 문제가 있으면 노즐과 확산원뿔을 내식성 금속, 흑연, 기타 불활성 재질로 만들 수 있다. 이젝터에서는 특히 다단일 경우 다량의 수증기와 물을 사용한다. 절대 압력을 1mmHg 이하로 감압해야 할 경우에는 쓰이지 않는다. 수증기 제트 이젝터는 한 때 인기가 있었지만, 수증기 가격이 비싸지면서 많이 쓰이지 않는다. 부식이 큰 문제가 되지 않을 때는 같은 일을 하는데 에너지가 적게 드는 진공 펌프를 사용한다.

8.3.3 유체 수송기구의 비교

어떤 종류이거나 간에, 유량, 동력 소비량, 기계적 효율이 아주 중요하다. 신뢰성과 유지의 용이성 역시 필수적이라 할 수 있다. 소형 장치에서는 기계적 효율을 높여서 동력을 절약하는 것보다는 단순하고 고장이 없는 운전이 더욱 중요하다.

정변위식(용적식) 기계(Positive-displacement machines) 정변위식 기계는 일반적으로 원심식 기계에 비해 취급하는 유체의 양이 소량이지만 배출 압력이 높다. 정변위식 기계는 공기가 차지 않으므로 대개 자기맞물식(self-priming)이다. 정변위식 펌프와 송풍기에서는 배출 유량이 배출 압력과 거의 무관하므로 유량의 조절이나 계량에 주로 사용한다. 왕복식 기계는 상당한 유지 관리가 필요하지만 최고 압력을 낼 수 있다. 흐름은 맥동흐름(pulsating stream)이 된다. 회전식 펌프는 비교적 점성이 큰 윤활성 유체의 취급에 적절하며 보통 압력~고압에서 정상 흐름으로 배출할 수 있다. 슬러리는 취급할 수 없다. 정변위식 펌프의 배출관은 차단할 수 없으며 차단하면 펌프가 정지하거나 망가지므로 안전밸브가 있는 우회 배관(bypass line)을 설치해야 한다.

원심식 기계(Centrifugal machines) 원심 펌프, 송풍기, 압축기는 모두 충격이나 맥동이 없이 균일한 압력으로 유체를 수송한다. 정변위식 기계에 비해 속도가 크며 기어박스를 통하지 않고 모터에 직접 연결하여 구동시킨다. 배출관은 완전히 차단해도 기계가 손상되지 않는다. 원심 펌프는 다양한 부식성 액체와 슬러리를 취급할 수 있다. 원심 송풍기와 압축기는 같은 양을 취급하는 왕복 압축기에 비해 소형이며 유지 관리가 덜 필요하다.

진공 장치(Vacuum devices) 절대압력 10mmHg 이하의 감압용으로는 왕복식 기계가 효과적이다. 회전식 진공 펌프는 절대압력을 0.01mmHg까지 낮출 수 있으며, 저압 범위에서는 다단 수증기 제트 이젝터에 비해 운전비가 적게 든다. 고진공용으로는 확산 펌프와 같은 특수 기계가 필요하다.

8.4 유량 측정(Measurement of flowing fluid)

공업 프로세스를 제어하려면 프로세스에 출입하는 물질의 양을 알아야 한다. 물질은 가능하면 액체의 형태로 수송하므로 관이나 유로를 통한 유체의 유량을 측정할 수 있어야 한다. 공업적으로 여러 가지 유량계가 사용된다. 유량계를 선택할 때는 특정 과제에 대한 적용성, 설치비와 운전비, 측정 가능한 **유량 범위**(범위가변성, rangeability), 고유 정확도 등을 고려한다. 유량을 대충 알면 되는 경우도 있고 아주 정확하게 측정해야 하는 경우도 있다. 예를 들어 반응기 공급 유량을 조절하거나 한 소유자에게서 다른 소유자에게로 전달하는 양을 관리하는 경우에는, 정확한 유량(대개는 질량 유량)을 알아야 한다.

질량유량을 직접 측정할 수 있는 유량계는 거의 없으며 부피유량이나 평균 유속을 측정하는 것이 대부분이다. 평균 유속을 알면 부피유량을 구할 수 있다. 부피유량과 운전 조건에서의 밀도를 알면 질량유량을 구할 수 있다. 주로 사용되는 유량계로서 관이나 유로에서 유체 전체의 유량을 측정하는 것을 **전구경식 유량계**(full-bore meter)라 한다. **삽입식 유량계**(insertion meter)는 유로의 한 점에서의 유량이나 유속을 측정한다. 한 점에서의 측정치를 알아도 전체 유량을 상당히 정확하게 추정할 수 있다.

8.4.1 전구경식 유량계(Full-bore meter)

벤튜리 미터(venturi meter)와 오리피스 미터(orifice meter), 그리고 로타미터(rota-meter)와 같은 면적식 유량계(variable-area meter)가 여기에 속한다. 또 V 요소형, 자력식, 와류발산식(vortex-shedding), 터빈식, 정변위식, 초음파식, 그리고 질량을 측정하는 코리오리스(Coriolis) 유량계 등이 있다.

벤튜리 미터(Venturi meter)

그림 8.11에 보인 것처럼, 짧은 원뿔형 도입부, 목, 긴 원뿔형 배출부로 되어 있다. 도입부 상단과 목의 압력 탭(pressure tap)을 마노미터 또는 차압 전달기에 연결한다.

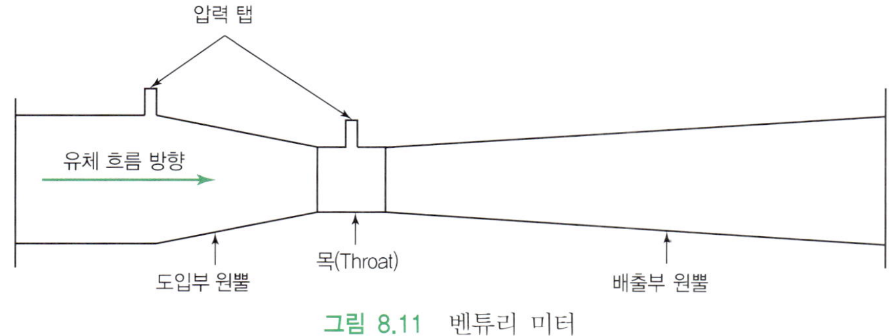

그림 8.11 벤튜리 미터

상류 원뿔에서는 유속이 증가하면서 압력이 감소하는데, 이 압력 강하를 유량 측정에 이용한다. 배출 원뿔에서는 유속이 감소하면서 원래의 압력이 거의 회복된다. 배출부는 각도를 5~15° 정도로 적게 하여, 경계층 분리를 막고 마찰을 줄인다. 수축 단면에서는 경계층이 분리되지 않으므로 하류 원뿔에 비해 상류 원뿔은 아주 짧아도 된다. 일반적으로 상류 원뿔에서 손실되는 압력은 90%가 회복된다.

벤튜리 미터로 기체의 유량도 측정할 수 있지만, 대개는 물을 비롯한 액체 유량 측정에 쓰인다. 벤튜리 미터는 압력 회복율이 크므로 다른 유량계에 비해 동력 소비량이 적다.

비압축성 유체에 관한 Bernoulli 식을 벤튜리 미터 상류 부분에 적용하면 기본 식을 얻을 수 있다. 상류와 하류의 평균 유속이 각각 $\overline{V}_a$, $\overline{V}_b$이고 유체의 밀도가 ρ이면, 식 (4.36)는 다음과 같이 된다.

$$\alpha_b \overline{V}_b^2 - \alpha_a \overline{V}_a^2 = \frac{2(p_a - p_b)}{\rho} \tag{8.19}$$

밀도가 일정하므로, 연속의 식 (4.4)를 다음과 같이 쓸 수 있다.

$$\overline{V}_a = \left(\frac{D_b}{D_a}\right)^2 \overline{V}_b = \beta^2 \overline{V}_b \tag{8.20}$$

D_a = 관 지름
D_b = 벤튜리 미터 목 지름
β = 지름비 D_b/D_a

식 (8.19)와 (8.20)에서 $\overline{V}_a$를 소거하면,

$$\overline{V}_b = \frac{1}{\sqrt{\alpha_b - \beta^4 \alpha_a}} \sqrt{\frac{2(p_a - p_b)}{\rho}} \tag{8.21}$$

벤튜리계수. 식 (8.21)은 비압축성 유체의 무마찰 흐름에는 그대로 적용할 수 있다. 그러나 지점 a와 b 사이의 벽 마찰을 고려한다면 실험 상수 C_v를 도입하여 다음과 같이 수정한다.

$$\overline{V}_b = \frac{C_v}{\sqrt{1 - \beta^4}} \sqrt{\frac{2(p_a - p_b)}{\rho}} \tag{8.22}$$

운동에너지 인자 α_a와 α_b의 영향 역시 C_v의 정의에 포함시킨다. 계수 C_v는 실험에 의해 구하며, **접근속도 불포함 벤튜리계수**(venturi coefficient, velocity of approach not included)라 한다. 접근속도 $\overline{V}_a$의 영향은 $1/\sqrt{1-\beta^4}$ 항에서 고려한다. $D_b < \frac{1}{4} D_a$이면, 접근속도와 β 항을 무시해도 오차는 0.2% 미만이다.

벤튜리를 잘 설계하면, 지름이 2~8in인 관에서 C_v가 0.98 정도이고, 보다 큰 관에서는 0.99 정도가 된다.

부피유량과 질량유량. 실제로 필요한 양은 벤튜리 목에서의 유속 $\overline{V}_b$가 아니라, 부피유량이나 질량유량이다. 부피유량은 식 (8.22)의 $\overline{V}_b$를 식 (4.4)에 대입하여 구할 수 있다.

$$q = \overline{V}_b S_b = \frac{C_v S_b}{\sqrt{1-\beta^4}} \sqrt{\frac{2(p_a - p_b)}{\rho}} \tag{8.23}$$

여기서 q는 부피유량, S_b는 목 단면적이다.

질량유량은 부피유량에 밀도를 곱한 값이다.

$$\dot{m} = q\rho = \frac{C_v S_b}{\sqrt{1-\beta^4}} \sqrt{2(p_a - p_b)\rho} \tag{8.24}$$

여기서 $\dot{m}$은 질량유량이다.

오리피스 미터(Orifice meter)

벤튜리 미터는 일반 공장에서 사용하기에는 몇 가지 결점이 있다. 가격이 비싸고 상당한 공간을 차지하며 목 지름/관 지름의 비를 바꿀 수가 없다. 미터와 마노미터 장치가 정해지면 측정 가능한 최대 유량도 고정되므로, 유량 범위가 변하면 목 지름이 너무 커서 정확한 측정치를 얻을 수 없을 수도 있고, 목 지름이 너무 작아서 최대 유량을 수용할 수가 없을 수도 있다. 이러한 경우에 오리피스 미터로 대체할 수 있지만, 동력 소비량이 크다는 대가를 치러야 한다.

예단(sharp-edged) 표준 오리피스 미터를 그림 8.12에 보였다. 이것은 정밀하게 구멍을 뚫은 판을 두 플랜지 사이에 끼운 것으로, 구멍과 관을 동심으로 설치한다(편심으로 설치하거나 부분적으로 열리도록 하는 경우도 있다). 판의 구멍 둘레는 하류쪽으로 비스듬히 깎기도 한다. 압력 탭은 각각 오리피스 판 상류와 하류에 설치하고, 마노미터나 차압 전달기에 연결한다. 탭의 위치는 임의로 정할 수 있지만, 표 8.1에 보인 세 가지가 공인되어 있다. 가장 일반적인 것은 플랜지 탭이며 그림 8.12에 보인 것은 베나 콘트랙타 탭이다.

오리피스 미터의 원리는 벤튜리 미터에서와 마찬가지이다. 오리피스를 통과하면서 흐름 단면적이 감소하면 속도두가 증가하면서 압력두가 감소하므로, 탭 사이의 압력차를 마노미터로 측정한다. 속도두 증가와 압력두 감소 사이의 관계는 Bernoulli 식으로 나타낼 수 있다.

벤튜리 미터에는 없는 복잡한 문제 하나가 오리피스에서 생긴다. 오리피스는 예리하므로 오리

표 8.1 오리피스 탭 자료

Type of tap	Distance of upstream tap from upstream face of orifice	Distance of downstream tap from downstream face
Flange	1 in. (25 mm)	1 in. (25 mm)
Vena contracta	1 pipe diameter (actual inside)	0.3–0.8 pipe diameter, depending on β
Pipe	$2\frac{1}{2}$ times nominal pipe diameter	8 times nominal pipe diameter

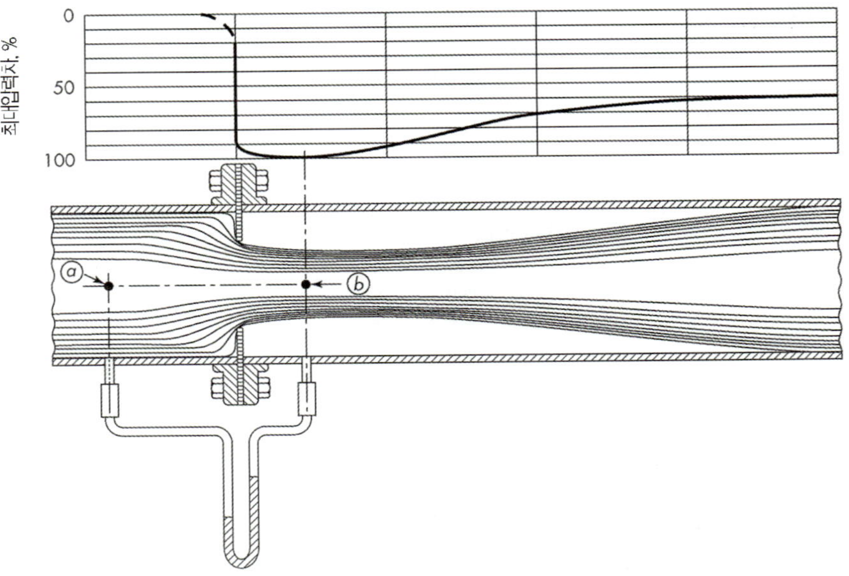

그림 8.12 오리피스 미터

피스 판 하류에서 흐름이 분리되어, 하류 유체 중에 유리 제트(free-flowing jet)를 형성하는데, 그림 8.12에 보인 것처럼 축류부(베나 콘트랙타, vena contracta)가 생긴다. 벤튜리의 경우와는 달리 이 제트는 고체 벽에 의해 조절되는 것이 아니므로, 제트의 단면적은 오리피스 구멍 면적에서 베나 콘트랙타 면적까지 변한다. 따라서 어떤 지점의 면적, 가령 하류 탭에서의 면적을 정하기가 쉽지 않으며, 하류 탭의 제트 유속과 오리피스 지름을 관련시키기도 쉽지 않다. 벤튜리계수에 비해 오리피스계수는 값이 작고 변동이 심하므로 정량적으로 다루려면 검량하여 보정해야 한다.

따라서 오리피스를 통과하는 유속은 다음 식과 같다.

$$u_o = \frac{C_o}{\sqrt{1-\beta^4}}\sqrt{\frac{2(p_a - p_b)}{\rho}} \tag{8.25}$$

u_o = 오리피스를 통과하는 유속

β = 오리피스 지름과 관 지름의 비

p_a, p_b = 그림 8.12의 지점 a와 b의 압력

식 (8.25)에서 C_o는 **접근속도 불포함 오리피스 계수**(orifice coefficient, velocity of approach not included)라 한다. 이 값은 오리피스와 베나 콘트랙타 사이에서 제트의 수축, 마찰, α_a와 α_b를 고려하여 보정한 것이다. C_o 값은 실험에 의해 측정해야 하는데, β와 Reynolds 수의 변화에 따라 상당히 달라진다. Reynolds 수는 다음과 같이 정의한다.

$$\mathrm{Re}_o = \frac{D_o u_o \rho}{\mu} = \frac{4\dot{m}}{\pi D_o \mu} \tag{8.26}$$

$D_o =$ 오리피스 지름

$\mathrm{Re}_0 > 30,000$에서는 C_o가 거의 일정하고 β와 무관하기 때문에 식 (8.25)를 설계에 활용할 수 있다. 이러한 조건에서 플랜지 탭과 베나 콘트랙타 탭일 때의 C_o는 0.61이라 보면 된다. 실제 프로세스에서는 β가 0.20~0.75 범위이다. $\beta < 0.25$이면 $\sqrt{1-\beta^4}$ 값은 1이나 다름없다. 벤튜리 미터에 관한 식 (8.23)과 (8.24)를 오리피스 미터에도 사용할 수 있는데, 이때 C_v 대신에 C_o, V_b 대신에 u_o 그리고 S_b 대신에 오리피스의 단면적 S_o를 사용하면 된다.

특히 중요한 것은 오리피스의 상류와 하류에 충분히 긴 곧은 관이 있어야 정상 흐름 패턴이 유지되고, 이음쇠, 밸브 등에 의해 흐름이 교란되지 않는다는 점이다. 흐름이 교란되어 속도분포가 정상적이 아니면 오리피스 계수의 값이 어떤 영향을 받을지 알 수 없게 된다. 정상적 속포 분포를 유지하는 데 필요한 오리피스 상류와 하류의 곧은 관의 길이에 관한 자료가 발표되어 있다. 오리피스 상류에서 필요한 곧은 관의 길이가 모자랄 때는 접근 배관에서 직선화 베인(straightening vane)을 사용하기도 한다.

압력 회복 오리피스 미터에서는 베나 콘트랙타 하류에서 제트가 팽창하면서 발생하는 에디 때문에 마찰 손실이 커지므로, 압력이 제대로 회복되지 않는다. 결과적으로 동력이 손실되는 것이 오리피스 미터의 단점 중의 하나이다. 오리피스 압력차의 영구적 손실률은 β 값에 따라 달라지는데, 이 관계를 그림 8.13에 보였다. $\beta = 0.5$일 때 압력차의 손실률은 73% 정도이다.

파이프 탭에서는 오리피스로부터 관 지름의 8배에 해당하는 위치에 하류 탭을 설치하는데, 이러한 탭에서 측정되는 압력차는 오리피스 압력차라기보다는 사실상의 영구 손실(permanent loss)이다.

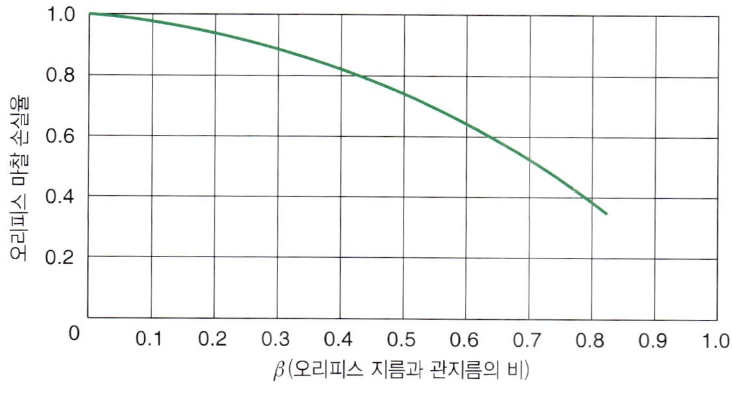

그림 8.13 오리피스 미터에서의 총괄 압력 손실

예제 8.4

100mm 관에 플랜지 탭 오리피스 미터를 설치하여 물의 유량을 측정한다. 예상되는 최대 유량은 15°C에서 50m^3/h이다. 압력차를 측정하는 마노미터 유체는 수은이며, 수온은 15°C로 일정하다고 본다.

(a) 마노미터의 최대 읽음이 1.25m일 때, 오리피스 지름(mm)을 구하라.

(b) 이 미터를 최대 부하로 운전하는 데 필요한 동력을 구하라.

풀이 (a) 식 (8.24)을 사용하여 오리피스 지름을 구한다. 필요한 양은 다음과 같다.

$$q = \frac{50}{3,600} = 0.0139\,\mathrm{m^3/s}$$

$$\rho = 62.37 \times 16.018 = 999\,\mathrm{kg/m^3} \qquad (\text{부록 } 6)$$

$$C_o = 0.61 \qquad g = 9.80665\,\mathrm{m/s^2}$$

식 (2.10)에서

$$p_a - p_b = 9.80665 \times 1.25 \times (13.6 - 1.0)(999) = 154,300\,\mathrm{N/m^2}$$

이러한 값을 식 (8.24)에 대입하면,

$$0.0139 = \frac{0.61 S_o}{\sqrt{1-\beta^4}} \sqrt{\frac{2 \times 154,300}{999}}$$

다시 쓰면,

$$\frac{S_o}{\sqrt{1-\beta^4}} = 1.296 \times 10^{-3} = \frac{\pi D_o^2}{4\sqrt{1-\beta^4}}$$

먼저 $\sqrt{1-\beta^4} = 1.0$이라 가정하면,

$$D_o = 40.6\,\mathrm{mm} \qquad \beta = \frac{40.6}{100} = 0.406$$

$$\sqrt{1-\beta^4} = \sqrt{1-0.406^4} = 0.986$$

최종 결과의 정확도를 감안할 때, 이 항의 영향은 무시해도 좋을 것이다.

오리피스 지름을 사사오입하면 41mm이다.

Reynolds 수 검산. 부록 6에서, 15°C의 물의 점도는 1.147cP = 0.001147kg/m·s이다.

$$S_o = \frac{\pi D_o^2}{4} = \frac{\pi \times 0.041^2}{4} = 0.00132\,\mathrm{m^2}$$

$$u_o = \frac{q}{S_o} = \frac{0.0139}{0.00132} = 10.53\,\mathrm{m/s}$$

식 (8.26)에서 Reynolds 수는 다음과 같다.

$$\mathrm{Re}_o = \frac{0.041 \times 10.53 \times 999}{0.001147} = 376,000$$

아주 큰 값이므로, $C_o = 0.61$ 이라 해도 타당하다.

(b) 그림 8.13에서 $\beta = 0.406$ 일 때 영구 손실은 압력차의 81%이다. 최대 부피유량이 0.0139m^3/s이므로, 이 유량계를 최대 부하로 운전하는 데 필요한 동력은 다음과 같다.

$$P = 0.81q(p_a - p_b) = \frac{0.81 \times 0.0139 \times 154{,}300}{1{,}000} = 1.737\,\text{kW}$$

벤튜리와 오리피스를 통한 압축성 유체의 흐름

지금까지는 밀도가 일정한 유체의 계량을 다루었지만, 유체가 압축성이더라도 마찬가지 식과 배출 계수를 사용할 수 있다. 벤튜리 미터에 관한 식 (8.24)를 다음과 같이 수정한다.

$$\dot{m} = \frac{C_v Y S_b}{\sqrt{1-\beta^4}} \sqrt{2(p_a - p_b)\rho_a} \tag{8.27}$$

β가 작으면 오리피스 미터에 관한 식은 다음과 같이 된다.

$$\dot{m} = 0.61\, Y S_o \sqrt{2(p_a - p_b)\rho_a} \tag{8.28}$$

식 (8.27)과 (8.28)에서 Y**는 무차원 팽창인자(expansion factor)**이며, ρ_a는 상류 조건에서의 유체의 밀도이다. 벤튜리를 통한 이상기체의 등엔트로피 흐름에서는 Y를 이론적으로 계산할 수 있는데, 식 (6.25)를 지점 a와 b 사이에서 적분하고, 결과를 Y의 정의식 (8.27)과 결부시키면 된다.

$$Y = \left(\frac{p_b}{p_a}\right)^{1/\gamma} \left\{ \frac{\gamma(1-\beta^4)[1-(p_b/p_a)^{1-1/\gamma}]}{(\gamma-1)(1-p_b/p_a)[1-\beta^4(p_b/p_a)^{2/\gamma}]} \right\}^{1/2} \tag{8.29}$$

이 식에서 Y는 p_b/p_a, β, γ의 함수이다. 오리피스에서는 베나 콘트랙타 때문에 이 식을 적용할 수 없다. 예단 오리피스의 경우 다음과 같은 실험식이 있다.

$$Y = 1 - \frac{0.41 + 0.35\beta^4}{\gamma}\left(1 - \frac{p_b}{p_a}\right) \tag{8.30}$$

$p_b/p_a < 0.53$ 정도일 때는 식 (8.29)나 (8.30)을 사용하지 말아야 한다. 이 값은 공기 흐름이 음속이 되는 임계 압력비이기 때문이다.

V-요소형 유량계(V-element meter)

그림 8.14에 보인 것처럼, 관 한 쪽에 V형체(V-shaped indentation)를 설치하거나 금속제 웨지(wedge)를 삽입하여 흐름을 제약하는 유량계이다. 비교적 고가이지만 정확도가 좋아서 측정 유량의 오차가 ±0.5% 정도이며, 고체 입자나 용해되지 않은 기체가 들어있는 액체나 응축 액적을 동반하는 기체처럼 취급이 어려운 유체의 유량을 측정할 수 있다. 유량계수는 0.8 정도로서, 오리피스 미터의 경우와는 달리 유량이 적어서 Reynolds 수가 500 정도까지는 유량계수가 거의 일정하다.

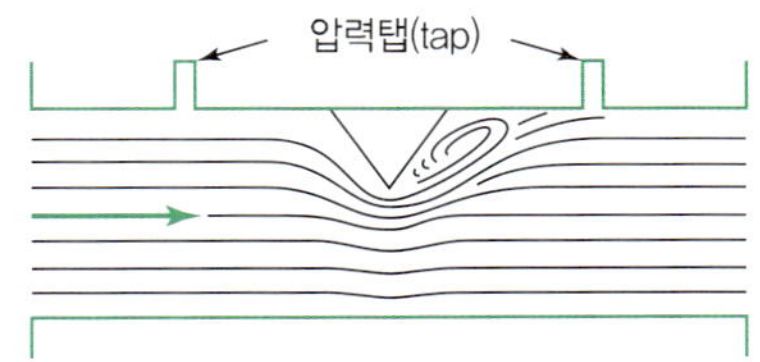

그림 8.14 V-요소형 유량계

면적식 유량계 : 로타미터(Area meters: rotameter)

오리피스, 노즐, 벤튜리 등에서는, 일정한 단면을 통한 유량의 변동에 의해 달라지는 압력 강하를 유량과 연관시킨다. 하지만 면적식 유량계(area meter)에서는 압력 강하를 거의 일정하게 유지하면서, 유체가 흐르는 유로의 면적이 유량에 따라 변하도록 한다. 적절하게 검량하면, 이 유로 면적을 유량과 연관시킬 수 있다.

가장 중요한 면적식 유량계는 그림 8.15에 보인 **로타미터**(rotameter)이다. 이것은 기본적으로 윗쪽으로 올라가면서 지름이 점점 커지는 유리관을 틀에 수직으로 장착한 것으로, 그 안에 자유롭게 움직이는 부표(float)가 들어있다(부표가 실제로는 유체 위에 떠 있지 않고 유체 안에 잠겨있다). 유체는 유리관에서 윗쪽으로 흐르며, 부표가 지시 요소(indication element)로서, 유량이 커질수록 부표가 위로 올라간다. 유체는 부표와 관벽 사이의 환상 유로로 흐른다. 유리관에 눈금을 매기고, 부표의 단면적이 가장 큰 읽음 가장자리(reading edge)에서 눈금을 읽어서 유량계의 읽음을 구한다. 이 눈금의 읽음과 유량을 연관시키려면 검량 자료가 있어야 한다. 로타미터는 기체나 액체의 유량 측정에 모두 사용할 수 있다.

로타미터 유리관은 정밀하게 만든 일반 원뿔형 점증관(tapered tube)이거나 관축과 평행인 3개의 구슬선(bead) 즉 홈(flute)이 있는 점증관이다. 그림 8.15에 보인 관은 일반 점증관이다. 초기 로타미터에서는 부표 꼭대기에 각이 진 노치(notch)가 있어서 부표가 회전했지만, 근래에는 부표가 회전하지 않도록 만든다. 불투명한 액체, 고온이나 고압의 액체 등 유리 사용이 어려운 경우에는 금속관을 점증관으로 만들어 쓴다. 금속관에서는 부표가 눈에 보이지 않으므로, 유량계 읽음을 지시하거나 전달하는 수단이 있어야 한다. 이때 익스텐션(extension)이라 불리는 막대를 부표의 윗면이나 밑면에 부착하여 접극자(armature)로 사용한다. 익스텐션은 하나의 이음쇠 위에 장착한 밀폐관으로 싼다. 이 관의 내부는 로타미터 내부와 직접 연락되어 있으므로, 익스텐션용 스터핑박스가 따로 필요하지 않다. 이 관은 외부 유도코일(induction coil)로 둘러싼다. 코일에 노출되는 익스텐션의 길이는 부표의 위치에 따라 달라진다. 이에 따라 코일의 인덕턴스(inductance)가 변하며 이를 전기적으로측정하여 조절밸브를 조작하거나 읽음을 기록한다. 또한 익스텐션 관 외부에서 수직 눈금 가까이에 자기 추종자(magnetic follower)를 장착하여, 익스텐션 상단의 가시적 지시계로 사용하기도 한다. 이처럼 개량함으로서, 로타미터가 유리관만을 사용하는 가시적 지시계로부터 다양한 기록 및 조절 기구로 발전했다.

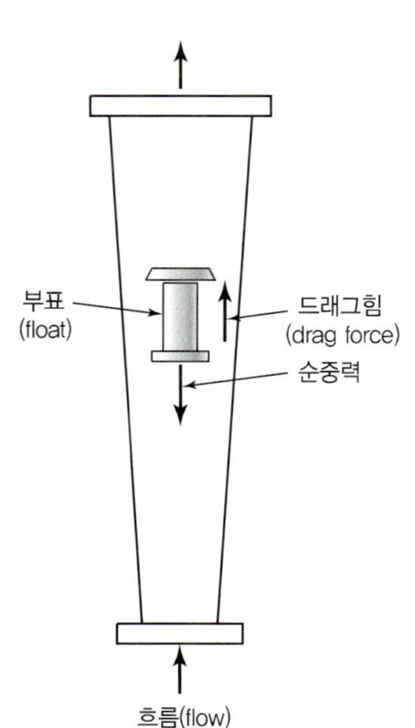

그림 8.15 로타미터의 원리

부표는 납에서 알루미늄에 이르는 다양한 밀도의 금속이나 유리 또는 플라스틱으로 만든다. 일반적인 것은 스테인리스강 부표이다. 부표의 모양과 치수 역시 용도에 따라 다양하다.

오리피스 미터의 검량선에서는 유량이 읽음의 제곱근에 비례하지만, 로타미터에서는 유량과 부표의 위치 사이에 거의 선형적 관계가 있다. 오리피스 미터에 비해 로타미터의 검량치는 접근 흐름의 유속 분포에 그다지 민감하지 않으므로 길고 곧은 접근관이나 직선화 베인이 필요하지 않다.

타깃식 유량계(Target meter)

그림 8.16에 보인 것처럼, 타깃식 유량계(target meter)에는 예단 디스크가 흐름 방향에 직각으로 설치되어 있으며, 유체가 디스크에 미치는 항력을 측정한다. 유량은 이 항력의 제곱근 및 유체 밀도에 비례한다. 타깃식 유량계는 튼튼하면서도 비싸지 않으며, 점성 유체와 슬러리를 포함한 다양한 유체에 사용할 수 있다. 그러나 슬러리의 고형물 함유량이 많으면 이러한 고정판 기구(bar mechanism)는 막힐 수 있다.

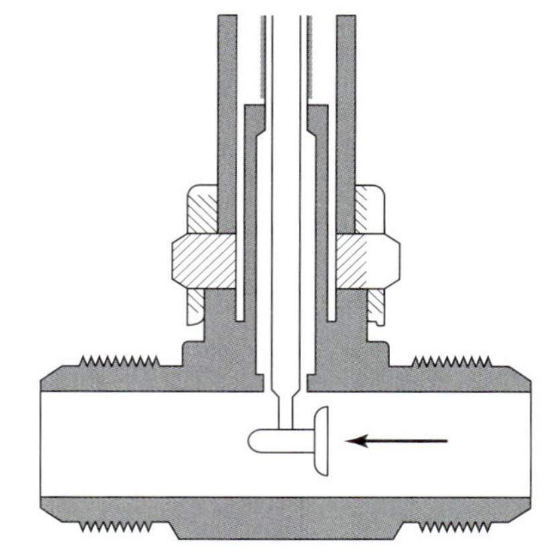

그림 8.16 타깃식 유량계

와류발산식 유량계(Vortex-shedding meter)

그림 8.17에 보인 것처럼 와류발산식 유량계(vortex-shedding meter)에서는 벼랑체(bluff body)가 "타깃"에 해당하는데 이 벼랑체의 단면은 대개 사다리꼴 모양이다. 흐름이 난류일 때 이 벼랑체의 웨이크에서 "와류줄기(vortex street)"가 발생하도록 만든다. 벼랑체 가까이에 센서를 설치하여 압력 변동, 즉 와류발산의 빈도를 측정하고, 이로부터 부피유량을 추정한다. 이러한 유량계는 고온 기체와 수증기를 포함하여 다양한 유체에 사용할 수 있다. 선형 응답을 얻을 수 있는 최저 Reynolds 수는 상당히 크므로, 점성이 큰 액체의 유량은 이러한 종류의 기구로 측정할 수 없다.

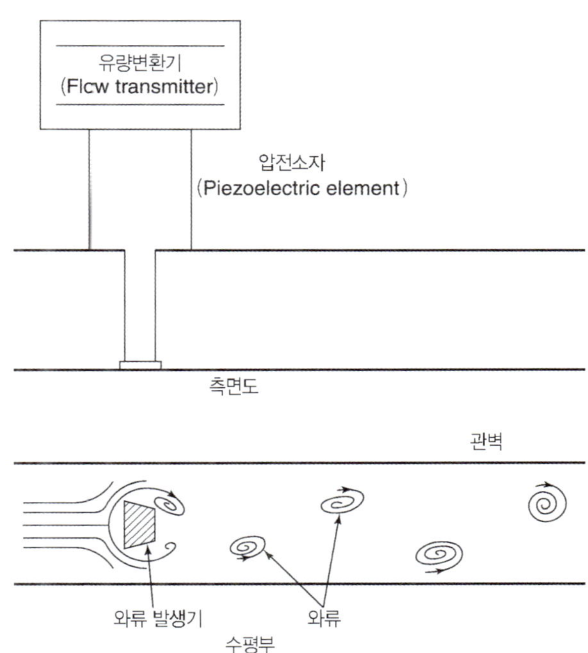

그림 8.17 와류발산식 유량계

터빈식 유량계(Turbine meter)

그림 8.18에 보인 터빈식 유량계(turbine meter)에는 날이 달린 로터(rotor)가 흐름 중에 축방향으로 설치되어 있으며, 그 회전속도는 유속에 비례한다. 개량형 중에는 로터 날을 자석 물질로 만들어서 신호 픽오프 코일(signal pickoff coil)에서 교류 전압을 유도하도록 된 것도 있다. 또 회전 날에 의해 변조된 고주파의 반송파 신호에 의해 회전속도를 라디오 주파수 픽오프로 검출하도록 만든 것도 있다. 알맞은 조건

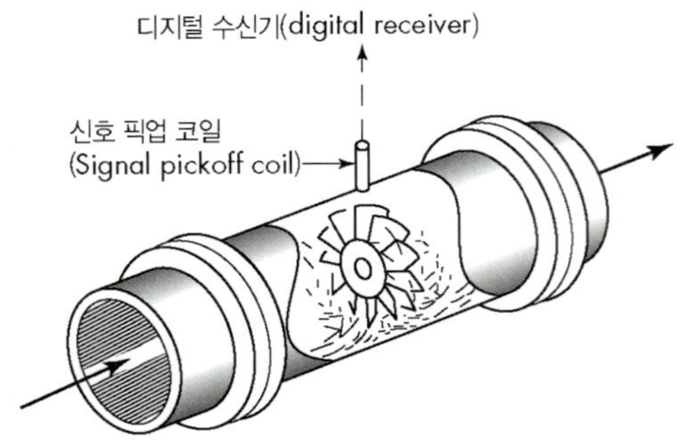

그림 8.18 터빈식 유량계

에서 사용하면 터빈식 유량계는 아주 정확하지만, 파손되기 쉽고 유지비가 많이 든다.

정변위식 유량계(Positive-displacement meter)

이미 설명한 정변위(용적식) 펌프와 송풍기를 개조하여 유량계로 이용할 수 있는데, 그 기본은 이동 공간이 찼다가 비워지는 횟수를 계산하는 것이다. 마찰 손실은 유체의 압력 강하로 보상된다. 유량을 지시하는 모델도 있지만, 장치를 통과한 유체의 부피를 측정하도록 만든 것이 대부분이다. 정변위식 유량계에는, 회전 디스크형(nutating disk), 진동 피스턴형(oscillating piston), 미끄럼 날개형(sliding vane) 등 여러 가지가 있다. 아주 정확하고, 맑은 기체와 액체에 적용할 수 있다. 점성 액체용으로도 사용할 수 있는데, 실제로는 점도가 클수록 성능이 좋아진다. 더러운 액체나 슬러리에는 사용할 수 없다. 비교적 고가이며 운전비가 많이 드는 편이다.

자력식 유량계 : 초음파식 유량계(Magnetic meter; ultrasonic meter)

이러한 유량계는 비침투식(nonintrusive)이다. 유체 흐름 중에 장애물을 설치하지 않고, 유로를 축소시키지도 않으므로, 유체의 압력 강하도 생기지 않는다. 유량은 관 외부에서 측정한다.

자력식 유량계(magnetic meter)에서는 관을 비전도성 물질로 내장하고 둘 이상의 금속 전극을 내장벽과 같은 평면에 장착한다. 관을 둘러싼 전자 코일이 그 안에 균일한 자기장을 발생한다. 전자유도에 관한 Faraday의 법칙에 의해, 자기장을 통과하는 전도성 유체의 운동은 전압을 유도하는데, 이 전압은 유체의 유속에 정비례한다. 상용 자력식 유량계로는 전기전도도가 너무 작은 탄화수소를 제외한 거의 모든 액체의 유속을 측정할 수 있다. 유도 전압은 유속에 따라서만 달라지므로, 유체의 점도나 밀도의 변화는 유량계 읽음에 영향을 미치지 않는다.

초음파식 유량계(ultrasonic meter)에는 경시형(transit time)과 Doppler 변위형(shift)의 두 가지가 있다. 경시형에서는 관에 대해 적절한 각도에서 고주파 압력파를 발사하고, 그 경과 시간으로부터 파동의 속도를 구한다. 파동이 흐름방향으로 전달되면 그 속도가 증가한다. 정지 유체와 흐르는 유체 중에서의 파동의 경과 시간의 차이로부터 유속을 구할 수 있다. 경시형 유량계는 맑은 유체에만 사용할 수 있다.

경시형과는 달리 Doppler 변위형 유량계는 흐름 중의 입자나 기포로부터 반사되는 압력파를 이용하는 것이다. 이때 입자나 기포는 흐름과 같은 속도로 이동한다고 가정한다. 압력파는 흐름방향에 대해 특정 각도에서 유체로 발사한다. 발사파(projected wave)와 반사파(reflected wave)의 주파수 차이는 유속에 비례한다.

초음파식 유량계는 아주 정확하지는 않지만, 부식성 유체의 유량 측정 등 여러 용도에서 아주 유용하다.

Coriolis형 유량계(Coriolis meter)

회전계에서 움직이는 물체는 그 질량과 정방향 속도 및 계의 각속도에 비례하는 Coriolis 힘을 받는다. 이 힘은 물체의 이동 방향과 계의 각속도 방향에 대하여 직각으로 작용한다. 그림 8.19에 보인 Coriolis 유량계에서는 유체가 자연주파수(natural frequency)로 진동하는 U자관을 통과한다. 이때 교대하는 Coriolis 힘이 생겨서 관에서 미소한 탄성 변형을 일으키는데, 이 변형의 크기로부터 질량유량을 구할 수 있다. 유체의 밀도 역시 유체를 채운 관의 자연주파수로부터 구할 수 있다.

이중관 Coriolis 유량계는 아주 정확하게 질량유량을 직접 측정할 수 있다. 주로 작은 관에서 사용되지만, 시설비와 운전비가 비싸다. 따라서 일반적으로 다루기 힘든 유체이거나 비용이 들더라도 측정치가 정확해야 하는 상황에서 주로 이용된다. 단순한 형태의 Coriolis 유량계에서는 두 끝을 고정한 하나의 곧은 관을 사용하는데, 관의 중간에 미치는 힘에 의해 진동하도록 만든다.

8.4.2 삽입식 유량계(Nsertion meter)

이러한 종류의 유량계에서는 유로에 비하여 크기가 작은 검지요소(sensing element)를 흐름 중에 삽입한다. 평균 유속을 측정할 수 있는 것도 있지만, 대개는 한 점에서의 국부 유속을 측정한다. 따라서 검지요소의 위치를 잘 설정해야 전체 유량을 구할 수 있다. 이때 국부 유속과 평균 유속의 상관관계가 있어야 한다.

유로 중심선의 한 점에서 측정하면, 이 최대 유속과 평균 유속의 비로부터 평균 유속을 구할 수 있다(5장 참고). 또는 유로에서 국부 유속이 평균 유속과 같은 임계점(critical point)에 센서를 설치할 수도 있다. 어느 경우에나, 측정점 상류에는 조용한 부분이 충분히 길어야 비로소 속도 프로필이 교란되지 않고 완전 발달된 흐름이 될 수 있다는 점에 유의해야 한다.

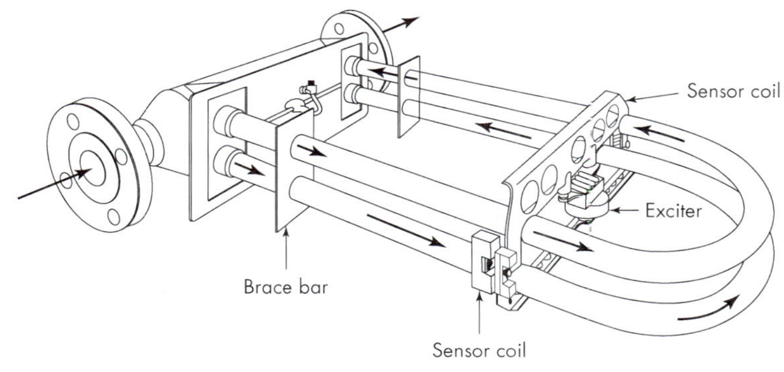

그림 8.19 전형적 Coriolis 질량유량 센서 구조

피토관(Pitot tbe)

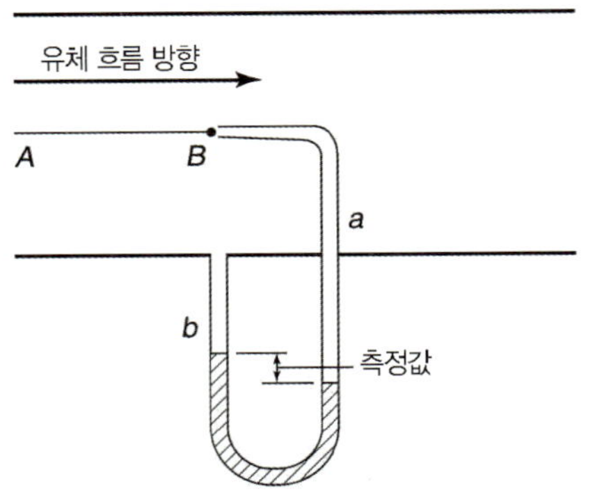

그림 8.20 피토관의 원리

피토관(pitot tube)은 유선에서의 국부 유속을 측정할 수 있는 기구로서, 그 원리를 그림 8.20에 보였다. 충격관(impact tube) a의 개구(opening)는 흐름 방향에 직각이고, 정압관(static tube) b의 개구는 흐름 방향과 평행이다. 이 두 관은 마노미터 다리 또는 미소 압력차를 측정할 수 있는 기구와 연결한다. 정압관 개구에는 직각으로 작용하는 압력 성분이 없으므로, 정압관에는 정압 p_0가 미친다. 충격관 개구에는 유선 AB가 정지되는 정체점 B가 있다.

충격관에 미치는 압력 p_s는 정체 압력으로서, 이상기체의 경우 식 (7.8)과 같다. 이어서 식 (7.9)에서 p_0를 정압관 b에 미치는 정압이라 하고, u_0에 관해 풀면 다음과 같다.

$$u_0 = \left(\frac{2(p_s - p_0)}{\rho_0\{1 + \mathrm{Ma}^2/4 + [(2-\gamma)/24]\mathrm{Ma}^4 + \dots\}} \right)^{1/2} \tag{8.31}$$

피토관의 마노미터에서는 압력차 $p_s - p_0$를 측정하며, 식 (8.31)는 충격관이 놓인 점의 국부 유속을 나타낸다. 일반적으로는 이 식에서 첫 번째 Mach 수 항만 중요하다.

비압축성 유체에서는 Mach 수 보정인자가 1이므로, 식 (8.31)은 다음과 같이 간단해진다.

$$u_0 = \sqrt{\frac{2(p_s - p_0)}{\rho}} \tag{8.32}$$

피토관이 이상적이라면 측정한 유속이 식 (8.31)의 값과 정확히 같을 것이다. 잘 만든 기구에서는 오차가 이론치의 1%를 넘지 않지만, 정확한 측정치를 얻으려면 피토관을 검정하여 적절한 보정인자를 사용해야 한다. 이 보정인자는 식 (8.31)의 괄호 앞에 계수로 도입한다. 피토관을 잘 만들면 이 계수의 값은 거의 1이 된다.

피토관의 단점은 (1) 일반적으로 평균 유속을 직접 구할 수가 없고, (2) 기체일 경우 읽음이 너무 작다는 것이다. 저압 기체의 유속을 측정하고자 할 때는 경사형 마노메타 같은 확대 계기를 사용해야 할 것이다.

예제 8.5

200°F(93.3°C)의 공기가 지름이 36in인 원형 연돌에 도입된다. 입구로부터 상당히 떨어져서, 흐름의 교란이 사라지고 정상 속도 분포가 이루어진 지점에서 연돌 중심에 피토관을 설치하였다. 피토관 읽음이 0.54inH$_2$O이고, 이 측정 위치에서의 정압은 15.25inH$_2$O이었다. 피토관 계수는 0.98이다.

60°F(15.6°C), 대기압 29.92inHg 기준으로 공기의 유량(ft^3/min)을 구하라.

풀이 Mach 수 보정은 무시할 수 있다고 가정한다.
피토관으로 측정한, 연돌 중심의 유속을 식 (8.32)에서 구한다.
피토관 계수가 0.98이므로,

$$u_0 = 0.98\sqrt{\frac{2g_c(p_s - p_0)}{\rho}} \tag{8.33}$$

필요한 양은 다음과 같다. 기기에서의 절대 압력은

$$p = 29.92 + \frac{15.25}{13.6} = 31.04\,\text{inHg}$$

32°F, 1atm에서 공기 1 lb mol의 부피가 359ft^{3}이므로 이 공기의 밀도는 다음과 같다.

$$\rho = \frac{29 \times 492 \times 31.04}{359(460 + 200)(29.92)} = 0.0625\,\text{lb/ft}^3$$

마노미터 읽음은

$$p_s - p_0 = \frac{0.54}{12}(62.37) = 2.81\,\text{lb}_f/\text{ft}^2$$

식 (8.33)에서 최대 유속은

$$u_{\max} = 0.98\sqrt{2 \times 32.174\left(\frac{2.81}{0.0625}\right)} = 52.7\,\text{ft/s}$$

아주 작은 속도이므로 Mach 수 보정인자를 무시한 것은 타당하다고 볼 수 있다.
이제 그림 5.6을 이용하여, 최대 유속으로부터 평균 유속을 구한다.
최대 유속 기준의 Reynolds 수는 다음과 같이 구한다. 먼저 부록 8에서 200°F의 공기의 점도는 0.022cP이다. 따라서,

$$\text{Re}_{\max} = \frac{(36/12)(52.7)(0.0625)}{0.022(0.000672)} = 670{,}000$$

그림 5.8에서, $\overline{V}/u_{\max}$는 0.86보다 약간 크다. 0.86을 추정치로 사용하면,

$$\overline{V} = 0.86 \times 52.7 = 45.3\,\text{ft/s}$$

Reynolds 수 $\text{Re} = 670{,}000 \times 0.86 = 576{,}000$이므로, $\overline{V}/u_{\max}$는 정확하게 0.86으로 추정치와 같다.
부피유량은 다음과 같다.

$$q = 45.3\left(\frac{36}{12}\right)^2\left(\frac{\pi}{4}\right)\left(\frac{520}{660}\right)\left(\frac{31.04}{29.92}\right)(60) = 15{,}704\,\text{ft}^3/\text{min}\,(7.41\,\text{m}^3/\text{s})$$

열식 유량계(Thermal meter)

열식 유량계(thermal meter)는 유체가 가열 요소를 통과할 때의 온도 상승이나 가열 표면으로부터 유체 흐름으로의 열전달속도를 측정하여 유량을 직접 구하는 것이다. 열식 유량계는 대개 삽입식으

로서, 대형 닥트의 기체 유량 측정에 사용한다.

전형적 장치 구성을 보면, 전기 가열식 스테인리스강 관과 비가열식 관으로 되어 있으며, 각각 저항 온도계가 들어있는 유사한 관이 붙어있다. 기체가 이러한 관을 횡단하여 흐르면, 가열 요소 근처의 기체는 다른 곳의 기체보다 더워진다. 관 사이의 온도차는 기체의 질량유량에 역비례한다. 흐름이 없을 때 온도차가 최대가 되며, 유량이 증가할수록 온도차는 감소한다. 이러한 유량계를 사용하면 0.08~46m/s 범위의 유속을 오차 ±1% 정도로 정확하게 측정할 수 있다고 한다. 속도 프로필이 대칭적이면 한 점에서만 측정하면 되지만, 속도 프로필이 비대칭적일 때는 하나의 기기에서 8점까지 측정하면 정확한 유량을 구할 수 있다. 특수한 열식 유량계를 사용하면, 복사 수준이 높은 455°C의 고온이나, 진동이 강한 닥트에서도 사용할 수 있다.

기타 삽입식 유량계(Other insertion meter)

자력식, 터빈식, 초음파식 등 다양한 삽입식 유량계의 개량형이 나와 있다. 어느 것이나 특정 용도에 유용한 것이다. 삽입식 유량계는 일반적으로 전구경식 유량계에 비해 저렴하며 대형 관의 유량 측정에는 가장 비용효율적 방법이라 할 수 있다.

8.1 다음 용도에 필요한 관의 대략적 크기를 추산하라.

(a) 평균 절대 압력 3atm, 평균 온도 20°C인 천연가스 10,000std m^3/h를 수송하는 대륙횡단 가스관의 크기

(b) 물 중의 p-니트로페놀 슬러리를 1ton(고체)/h로 원심분리기에 연속 공급하는 관. 슬러리 중의 고체 함유량은 45%(질량 기준)이고, p-니트로페놀의 밀도는 1,475kg/m^3이다.

답 : (a) S = 0.187m^2, D = 19.2in (b) $S = 2.642 \times 10^{-4}m^2(0.00284ft^2)$, D = 3/4in, Sc No 80 (18.8 ID)

8.2 온도 114°C, 절대 압력 1.1atm의 톨루엔 10,000kg/h를 한 증류탑의 리보일러에서 제2 증류탑으로 펌프로 수송한다. 리보일러와 펌프 사이의 배관에서는 냉각되지 않으며, 마찰 손실은 7kN/m^2이고, 톨루엔의 밀도는 866kg/m^3이다. 유효흡입두(NPSH)를 2.5m로 유지할 때, 리보일러 액면과 펌프 사이의 높이를 구하라. 답 : Z_a = −3.32m

8.3 연습문제 8.2에서 펌프 동력을 구하라. 톨루엔은 10m 높이로 퍼올리며, 배출구는 대기압에 있고 배출 유속은 2m/s이며, 배출관에서의 마찰 손실은 35kN/m^2이다.

답 : P = 267.3W, η = 0.6이면 P = 445.5W

8.4 왕복 압축기에서 70°F, 대기압의 공기 125stdft^3/min를 계기압력 4,000lb_f/in^2로 압축한다. 각 단의 압축비를 같게 할 때 몇 단으로 압축해야 하는가? 무마찰 단열 압축이라 할 때 단위 부피 기준의 이론적 축일($ft \cdot lb_f/ft^3$)을 구하라. 각 단의 효율이 85%일 때 제동마력을 구하라. 공기는 γ = 1.40이다. 답 : P_B = 66.3hp

8.5 연습문제 8.4에서 제1단에서 배출되는 공기의 온도를 구하라. 답 : T_1 = 792°R = 332°F

8.6 예제 8.4의 오리피스 미터를 설치한 경우, 일정 유량일 때의 마노미터 읽음이 45mm가 된다. 이 관에서 15°C일 때의 유량(m^3/h)을 구하라. 답 : 9.50m^3/h

8.7 표준 예단 오리피스 미터를 플랜지 탭으로 설치한 6in 규격 40 관에, 공기에 대한 비중이 0.60이고 점도가 0.011cP인 천연가스가 흐른다. 상류 탭에서는 100°F, 20lb_f/in^2(절대)이고, 마노미터 읽음은 46.3in H_2O(60°F)이다. 천연가스의 비열비는 1.30이고, 오리피스 지름은 2.00 in이다. 천연가스의 유량(ft^3/min ; 14.4lb_f/in^2, 60°F 기준)을 구하라. 답 : 517ft^3/min

8.8 ID 75mm 관에 목 지름 20mm인 수평 벤튜리 미터를 설치한다. 관에는 15°C의 물이 흐른다. 수은 마노미터로 압력차를 측정한다. 마노미터 읽음이 500mm일 때의 유량(m^3/h)을 구하라. 압력차의 12%가 영구 손실될 때, 이 유량계의 동력 소비량을 구하라.

답 : 0.00343m^3/s or 12.35m^3/h, 25.4W

8.9 V-요소 유량계를 사용하여, 물에 이온교환수지 비드 15%가 들어있는 슬러리의 유량을 측정한다. 슬러리는 3in 규격 40 관에서 흐르며 예상 유량 범위는 30∼150gal/min이다. 입자 밀도는 1,250kg/m^3이고 평균 입도는 250μm이다.

(a) V-요소(웨지)가 관 지름의 2/3까지 뻗어있을 때, 최대 유량에서의 압력 강하를 추정하라.

(b) 압력차 전달기구의 정확도는 0.05lb_f/in^2이다. 최대 및 최소 유량일 때 유량 측정치의 정확도를 구하라. 답 : (a) Δp = 34,039Pa or 4.93lb_f/in^2 (b) 12.7%

8.10 1.2 × 2m의 장방형 닥트에서 열적 유량계를 사용하여 연돌가스의 질량유량을 측정한다. 가스의 정상 조성은 N_2 76%, O_2 3%, CO_2 14%, H_2O 7%이고, 닥트 상태(150°C, 1atm)에서의 평균 유속은 12m/s이다.

(a) 닥트 중앙에 5,000 W의 요소를 설치하였을 경우, 가열된 가스가 나머지 가스와 혼합된 후의 온도 상승을 구하라. 상류 및 하류 온도를 ±0.01°C로 측정할 때 유량 측정치의 정확도를 구하라.

(b) 정상 가스 조성 기준으로 유량계를 검정하였을 경우, CO_2 조성이 12%로 변할 때의 영향을 구하라.

답 : (a) 0.192°C (b) 7.47Btu/lbmol°F or 31.13 J/mol-°C

8.11 1단 단열 압축기에서 10°C, 1atm의 암모니아를 5atm으로 압축한다. 유량은 50kg/h이다.

(a) 배출온도와 이상적 압축기의 동력 소요량을 구하라.

(b) 압축기의 효율이 80%일 경우, 배출온도와 동력 소요량을 구하라.

답 : (a) P_s = 5.05hp (b) P_s = 6.31hp, T_b = 446K = 173°C

8.12 효율이 75%인 1단 단열 압축기에서 열용량이 9.2cal/mol·°C인 기체를 25°C, 1atm에서 8atm으로 압축한다.

(a) 이 기체 1mol에 대해 한 일을 구하라.

(b) 20°C로 중간 냉각하는 2단 압축기를 사용할 경우의 전체 일을 1단 압축기의 경우와 비교하라.

답 : (a) W = 3,728Btu/lbmol (b) W = 3,278Btu/lbmol(12% 감소)

8.13 대형 닥트의 중심부에 피토관을 설치하여 기체의 유량을 측정한다. 이 기체는 250°C, 1atm에서 CO_2 20%와 공기 80%로 되어 있다.

(a) 마노미터 읽음이 15mmH_2O일 때, 닥트 중심부에서의 기체의 유속을 구하라.

(b) 기체 상태의 범위가 CO_2 20 ± 5%, 온도 250 ± 1°C, 압력 1.1 ± 0.05atm일 경우, 계산한 유속의 최대 오차(%)를 구하라.

답 : (a) U_o = 18.9m/s (b) 1.2%, 0.1%, 2.2%

액체의 교반 및 혼합

Agitation and Mixing of Liquids

유체의 효율적 교반(agitation) 및 혼합(mixing)에 따라 공정 조작의 성패가 좌우되는 경우가 많다. 용기 안의 물질이 특정 양식으로 움직이도록 하는 것이 교반이고, 드 상이나 세 상으로 분리되어 있던 물질이 서로 섞여서 무작위 분포가 되도록 하는 것이 혼합이다. 탱크 안에 냉수가 들어있다면 이는 균일한 단일 물질이므로 교반할 수는 있지만 혼합할 수는 없다. 물론 이 냉수에 더운물이나 분체(powered solid)를 첨가한다면 혼합할 수 있다. 이 장에서는 액체의 교반과 혼합, 액체와 기체의 분산, 액체 중의 고형물의 현탁에 관해 다룬다.

교반 목적(Purposes of agitation)

액체의 교반 목적은 다음과 같다.

1. 고체 입자의 현탁(suspension)
2. 메탄올과 물처럼 혼합성 액체의 배합(blending)
3. 액체 중에 작은 기포 형태의 기체 분산(dispersion)
4. 비혼화성 액체의 분산에 의한 미세 액적의 유탁액(emulsion) 또는 현탁액 형성
5. 코일이나 재킷과 액체 사이의 열전달 촉진

액체의 접촉 수소첨가처럼 교반기(agitator) 하나로 여러 목적을 달성할 수 있다. 수소첨가 반응기에서는 하나의 교반기로 액체 중에 수소 가스를 분산시키고 고체 촉매 입자를 현탁시키며, 반응열이나 냉각 코일이나 재킷에 의해 잘 제거되도록 한다.

9.1 교반용기(Agitated vessel)

액체는 대개 원통형 탱크나 용기 안에 교반기 축을 수직으로 설치하여 교반한다. 용기는 개방 용기

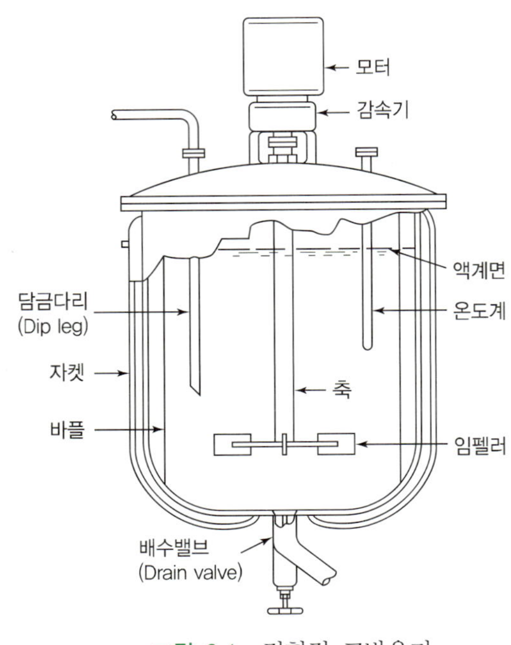

그림 9.1 전형적 교반용기

이거나 폐쇄 용기이고, 탱크 치수는 교반 과제의 성질에 따라 다양하다. 그림 9.1은 전형적인 교반용기이다. 탱크 바닥은 평평하지 않고 둥굴게 만들어서 흐름이 침투하기 어려운 구석이나 부분이 생기지 않도록 한다. 액심(액 깊이)은 탱크 지름과 비슷하게 하는 것이 일반적이다. 임펠러(impeller)는 상부에 지지점이 있는 축(shaft)의 끝 부분에 장착한다. 축은 모터로 회전시키는데 모터에 직접 연결하기도 하지만 대개는 감속 기어박스(gearbox)를 통해 연결한다. 교반용기에는 도입 및 배출 배관, 코일, 재킷, 온도 측정기구의 집(well) 등의 부속품을 설치한다. 임펠러에 의해 용기 안을 순환한 액체는 다시 임펠러로 돌아온다. 용기 벽에 방해판을 설치하면 액체의 접선 방향 운동(tangential motion)을 줄일 수 있다.

임펠러(Impeller)

임펠러 교반기는 임펠러 축의 중심선과 평행인 흐름이 생기는 것을 **축류 임펠러**(axial-flow impeller)라 하고, 반경(방사) 방향 또는 접선 방향의 흐름이 생기는 것을 **방사류 임펠러**(radial-flow impeller)라 한다.

점도가 낮거나 보통인 액체의 교반용 임펠러 형태에는 프로펠러(propeller), 터빈(turbine), 고효율 임펠러(high-efficiency impeller)의 세 가지가 있으며, 각 형태도 모양과 종류가 아주 다양하다. 고점도 액체의 교반에서는 나선형 임펠러(helical impeller)와 앵커 임펠러(anchor impeller)가 주로 쓰인다.

프로펠러(Propellers) 프로펠러는 고속 축류 임펠러로서 저점도 액체용으로 사용된다. 소형 프로펠러는 1,150 또는 1,750rpm으로 회전시키고, 대형은 400~800rpm 정도로 회전시킨다. 대개 액체가 하향 흐름이 생기도록 하는데 임펠러를 떠난 액체는 용기 바닥까지 내려가서 방향이 전환되도록 한다. 임펠러를 떠난 액체가 만드는 고도 난류의 맴돌이 줄기(swirling column)는 정체 액체를 끌고 가는데 이 줄기는 정지 노즐에서 생기는 것보다 상당히 크다. 프로펠러 날은 액체를 격렬하게 가르거나 전단한다. 프로펠러 교반기에서는 흐름이 지속되므로 아주 대형 용기에서 효과적이다.

회전하는 프로펠러는 유체 안에서 나선형으로 움직이는데 액체와 프로펠러 사이에서 미끄러짐(slip)이 없다면 프로펠러 날(blade)의 경사각에 따라 다르기는 하겠지만, 한 번 회전할 때마다 액체가 일정 거리만큼 상하로 움직이게 된다. 이 거리와 프로펠러 지름의 비를 프로펠러의 **피치**(pitch)라 한다. 피치가 1.0이면 **정방형 피치**(square pitch)라 한다. 전형적 프로펠러를 그림 9.2(a)에 보였다. 가장 일반적인 것은 정방형 피치의 표준 3날 마린 프로펠러(three-blade marine propeller)이다. 목적

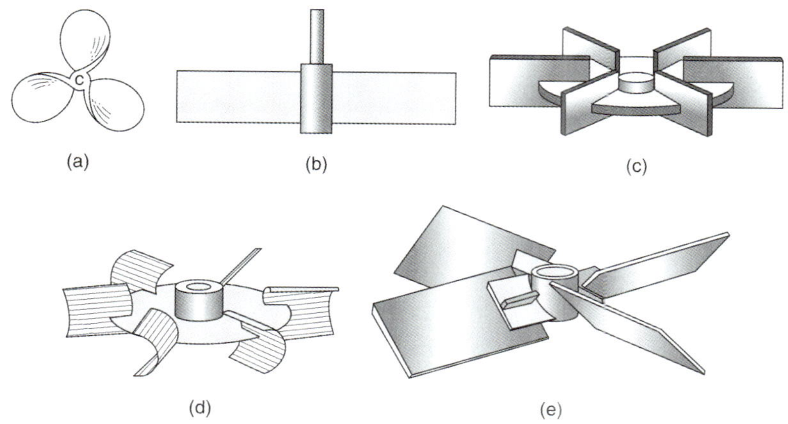

그림 9.2 점도가 보통인 액체용 임펠러 (a) 3날 마린 임펠러, (b) 단순한 곧은 날 임펠러, (c) 디스크 터빈, (d) 오목한 날 CD-6 임펠러, (e) 경사형 날 터빈

에 따라서는 날이 넷인 것, 톱니형(toothed)인 것 등의 특수형이 사용되기도 한다. 용기의 크기에 상관없이 프로펠러 지름을 18in 이상으로 만드는 일은 드물다. 탱크가 깊으면 하나의 축에 둘 이상의 프로펠러를 장착하며 대개는 액체가 같은 방향으로 흐르도록 한다.

터빈(Turbine) 그림 9.2(b)는 단순한 곧은 날 터빈(straight-blade turbine)으로서 액체가 방사 방향과 접선 방향으로 흐르도록 하며 상하 흐름은 거의 생기지 않는다. 터빈이 만드는 흐름은 용기벽까지 이동하여 상향 흐름이나 하향 흐름이 된다. 이러한 임펠러는 패들(paddle)이라고도 하며 실제 장치에서는 20~150rpm 정도로 회전한다. 그림 9.2(c)는 수평 디스크에 여러 개의 곧은 날을 장착한 디스크 터빈(disk turbine)으로서 곧은 날 임펠러와 마찬가지로 고도의 전단 영역을 만들어내므로 기체를 액체 중에 분산시키고자 할 때 특히 유용하다. 그림 9.2(d)는 오목한 날(concave-blade) CD-6 디스크 터빈으로서 널리 이용된다. 그림 9.2(e)는 경사형 날(pitched blade) 터빈으로서 액체 전체를 잘 순환시켜야 할 경우에 사용된다.

"표준" 터빈 설계("Standard" turbine design) 교반용기 설계자는 임펠러의 형태와 설치 위치, 용기 치수, 방해판의 수와 치수 등 선택해야 할 사항이 아주 많다. 어떤 결정을 내리느냐에 따라 액체의 순환속도, 흐름 패턴, 동력 소비량이 달라진다. 일반적 교반 과제를 설계하고자 할 경우에는, 먼저 그림 9.3에 보인 형태의 터빈 교반기의 사용을 고려한다. 전형적 치수는 다음과 같다.

$$\frac{D_a}{D_t} = \frac{1}{3} \qquad \frac{H}{D_t} = 1 \qquad \frac{J}{D_t} = \frac{1}{12}$$

$$\frac{E}{D_t} = \frac{1}{3} \qquad \frac{W}{D_a} = \frac{1}{5} \qquad \frac{L}{D_a} = \frac{1}{4}$$

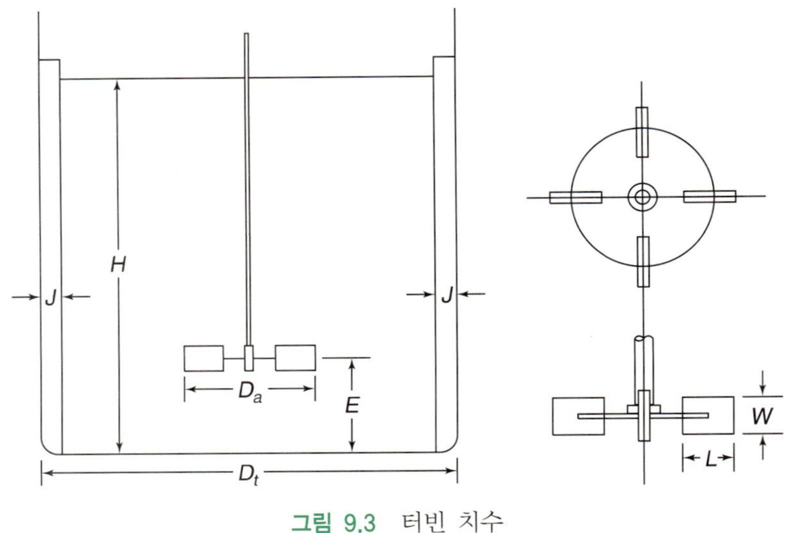

그림 9.3 터빈 치수

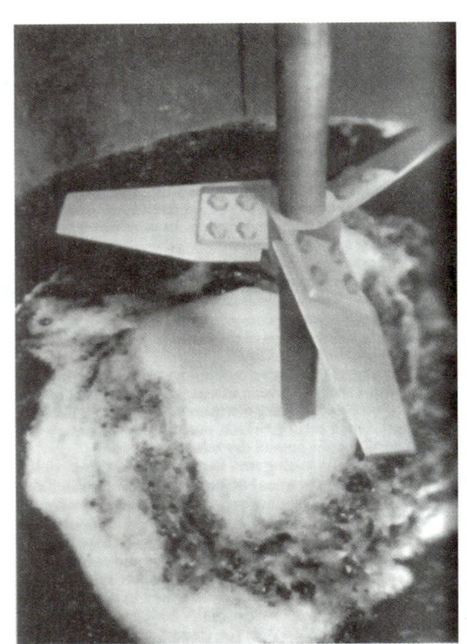

그림 9.4 A310 유체 포일식 임펠러

방해판은 대개 4개를 설치한다. 임펠러 날의 수는 4~16개로 할 수 있지만 6~8개가 보통이다.

고효율 임펠러(High-efficiency Impellers) 고효율 임펠러 HE-3은 세 개의 기운 날로 되어 있는데 날끝(tip) 부근에서 날 각도를 줄여서 굽힌 모양이다. 그림 9.4의 A310 유체 포일식(fluid-foil) 임펠러에는 에어포일형(airfoil) 날이 달려 있는데 날끝으로 가면서 날 폭이 좁아진다. 이러한 임펠러는 점도가 낮거나 보통인 액체의 혼합에 널리 이용된다.

고점도 액체용 임펠러(Impellers for highly viscous liquids) 점도가 20Pa·s 이상일 때는 그림 9.5(a)에 보인 이중 날개 나선형 리본 임펠러(double-flight helical-ribbon impeller)가 가장 효과적이다. 나선형 리본의 지름은 탱크 내경과 거의 같도록 하여, 고점도 물질이더라도 탱크 벽에 있는 액체까지 잘 움직이도록 한다. 이러한 임펠러는 점도가 25,000Pa·s인 경우에도 성공적으로 사용할 수 있다.

탱크 바닥 부근을 잘 교반하고자 할 때는 그림 9.5(b)에 보인 앵커 임펠러(anchor impeller)를 사용한다.

흐름 패턴(Flow patterns)

교반 용기에서 액체가 흐르는 양상은 임펠러 형태, 유체 성질(특히 점도), 그리고 탱크, 방해판, 임펠러의 크기와 상대치수 등 여러 가지 인자에 따라 달라진다. 탱크 안의 한 지점에서 액체의 속도는 세 성분으로 나누는데, 각 지점에서 이러한 세 속도 성분이 어떻게 변동하느냐에 따라 총괄

흐름 양상이 달라진다. 속도의 첫째 성분은 방사 방향(radial) 성분으로서 임펠러 축에 대해 수직 방향으로 작용한다. 둘째 성분은 상하 방향(longitudinal) 성분으로서 임펠러 축에 평행인 방향으로 작용한다. 셋째 성분은 접선 방향(tangential) 즉 회전 방향(rotational) 성분으로서 접선 방향으로 작용하여 축 둘레에서 원형 경로(circular path)를 만든다. 그림 9.6에 보인 평날(flat blade) 터빈의 경우 접선 방향 흐름은 축 둘레의 원형 경로를 따라 액체 중에 와류를 만든다. 경사형 날 터빈이나 프로펠러에서도 이와 마찬가지 흐름 패턴을 볼 수 있다. 이러한 맴돌이(swirling) 때문에 액체의 여러 액면에서 성층현상(stratification)이 생기므로 액면 사이의 상하 방향 흐름이 방해된다. 고체 입자가 존재하면 원형 흐름 때문에 입자에 원심력이 생겨서 벽쪽으로 향하며, 벽에서 바닥으로 떨어져서 중앙에 모이게 되어 혼합이 아니라 그 반대인 농축이 일어난다.

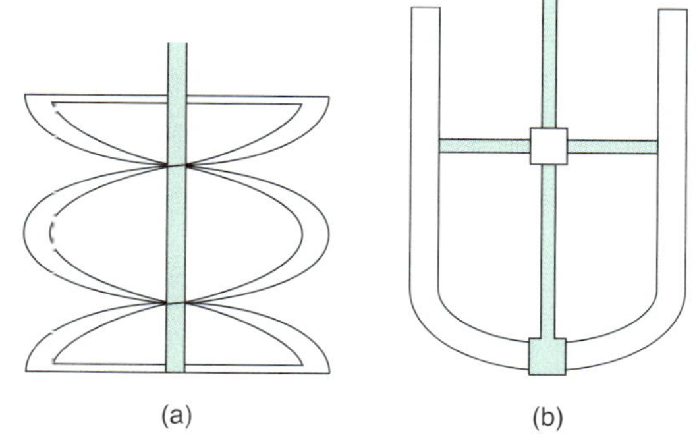

그림 9.5 고점도 액체용 임펠러
(a) 이중 날개 나선형 리본 임펠러,
(b) 앵커 임펠러

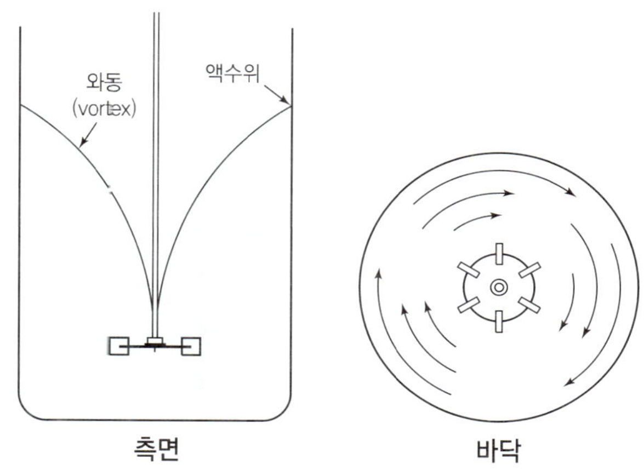

그림 9.6 맴돌이 패턴 : 방해판이 없는 용기에 방사류 터빈을 설치한 경우

맴돌이 방지(Prevention of swirling) 원형 흐름과 맴돌이는 세 가지 방법으로 방지할 수 있다. 소형 탱크에서는 그림 9.7에 보인 것처럼 임펠러를 편심(off-center) 위치에 설치한다. 임펠러 축이 탱크 중심선에서 벗어나게 하여 한쪽으로 기울이기도 한다. 좀 더 큰 탱크에서는 교반기를 측면 삽입식(side-entering)으로 설치하여 축이 수평이 되도록 하지만, 축이 반경 방향과 적절한 각을 이루도록 비켜서 설치한다.

대형 탱크에 교반기를 수직으로 설치할 때는 벽면에 방해판을 설치하는 것이 맴돌이를 줄이는 좋은 방법이다. 방해판은 방사 방향이나 상하 방향 흐름은 방해하지 않으면서도 회전 흐름을 막아 준다. 방해판의 단순하면서도 효과적인 방법은 탱크 벽면에 직각으로 수직 띠(strip)를 설치하는 것이다. 아주 대형 탱크가 아니면 방해판이 4개이면 맴돌이와 와류 형성을 방지하는데 충분하며, 방해판 설치가 곤란할 때는 한 두 개만 설치해도 원형 패턴에 큰 영향을 미친다. 터빈의 경우 방해판 폭이 용기 지름의 1/12 이상일 필요는 없으며 프로펠러의 경우는 1/18 정도로 충분하다. 점성 액체의 경우에는 일반적으로 이보다 폭이 좁은 방해판이 사용되며, $\mu > 10\text{Pa}\cdot\text{s}$인 경우에는 방해판이 전혀

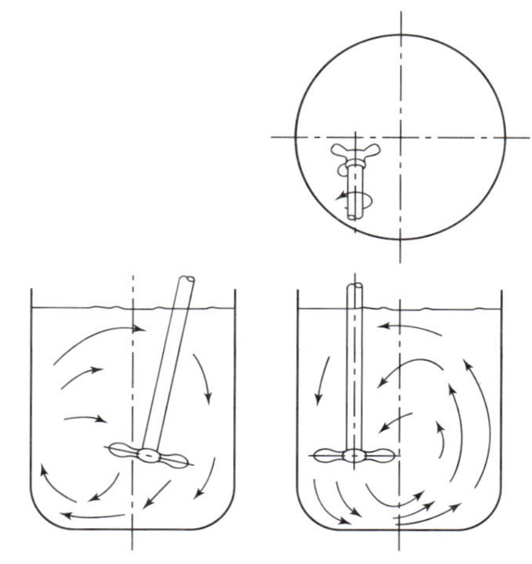

그림 9.7 편심 프로펠러의 흐름 패턴

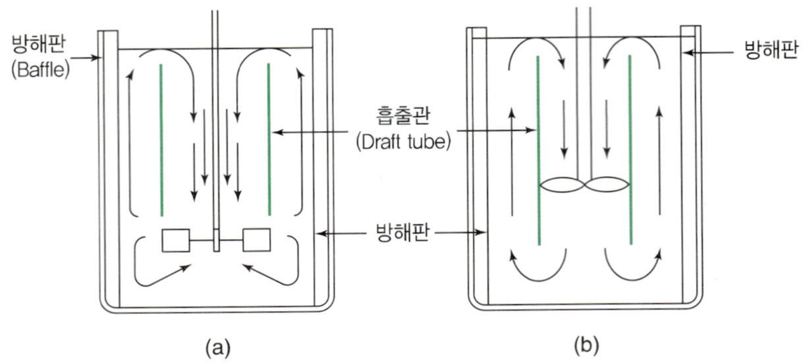

그림 9.8 방해판이 있는 탱크의 흡출관 (a) 터빈, (b) 프로펠러

필요 없다. 프로펠러를 탱크에 측면 삽입식으로 장착하거나 편심에 설치하거나 축을 기울일 경우에도 방해판이 불필요하다.

흡출관(Draft tubes) 어떤 종류의 임펠러이든 간에 임펠러로 되돌아오는 흐름은 고체 표면의 영향이 없으므로 모든 방향에서 임펠러로 접근한다. 그림 9.8에서 처럼 흡출관(draft tube)을 설치하면 임펠러 흡입부로 향하는 흐름의 방향과 속도를 조절할 수 있다. 에멀션을 만들거나 액면으로 부상하는 성질이 있는 고체 입자를 액체 중에 분산시킬 경우처럼, 임펠러 자체에서 고도의 전단이 요구되는 경우에 이러한 기구가 유용하다.

순환유속(Circulation rate)

프로세스 용기를 효과적으로 사용하려면 교반 목적이 어떤 것이든 간에 임펠러가 순환시키는 유체의 부피가 충분히 커서 용기 전체의 내용물을 적절한 시간 동안에 휘저을 수 있어야 한다. 임펠러를 떠나는 흐름의 속도도 충분히 커서 탱크 중에 가장 구석진 부분에서도 흐름이 생성되어야 한다. 혼합이나 분산 조작에서는 순환유속(circulation rate)이 유일한 인자나 가장 중요한 인자는 아니다. 때로는 흐름의 난류가 조작 효율을 지배하기도 한다. 난류가 발생하려면 흐름 방향이 적절하고 액체 중에서 속도구배가 커야 한다. 순환 흐름이나 난류가 발생하면 어느 경우에나 에너지가 소비된다. 동력 도입량과 교반 용기의 설계 매개변수의 관계는 뒤에서 다룬다. 교반 목적에 따라서는 유량이 크고 평균 유속이 커야 할 경우도 있지만 반면 큰 국부난류 또는 동력 소실량(power dissipation)이 요구될 경우도 있는데, 이 역시 뒤에 설명한다. 교반 속도를 증가시키면 유량과 동력 소실량이 모두 증가하지만 임펠러의 형태와 크기를 어떻게 선택하느냐에 따라 유량과 동력 소실량의 상대치가 달라진다. 일반적으로 대형 임펠러를 보통 속도로 운전하면 흐름이 촉진되고 소형 임펠러를 고속으로 운전하면 강력한 난류를 발생시킬 수 있다.

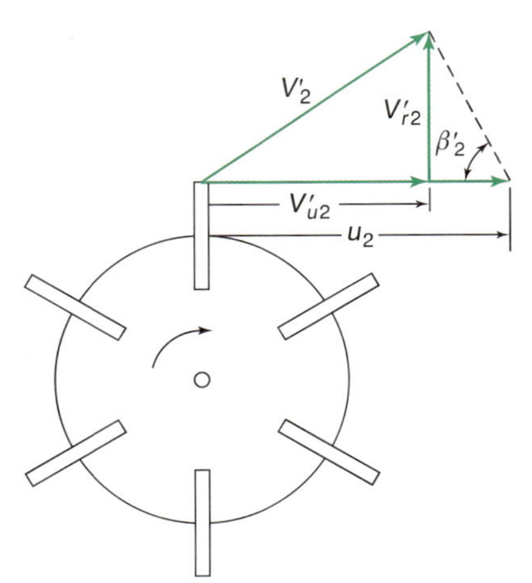

그림 9.9 터빈 임펠러 날끝에서의 속도 벡터

흐름수(Flow number) 터빈이나 프로펠러 교반기는 본질적으로 집(casing)이 없고 출입 흐름의 방향을 조절하지 않는 펌프 임펠러(pump impeller)라 할 수 있다. 그림 9.9에 보인 평날 터빈 임펠러를 고려하자. u_2는 날끝(blade tip) 속도이고, V'_{u2}과 V'_{r2}은 날

끝을 떠나는 액체의 접선 방향 및 방사방향의 실제 유속이며, V_2'은 같은 점에서의 액체 전체의 유속이다. 액체의 접선 방향 유속이 날끝 속도의 k 분율과 같다고 가정하면, $u_2 = \pi D_a n$이므로,

$$V_{u2}' = ku_2 = k\pi D_a n \tag{9.1}$$

임펠러를 통과하는 부피유량은 다음과 같다.

$$q = V_{r2}' A_p \tag{9.2}$$

이 식에서 A_p는 임펠러 날끝이 쓸어내는 실린더의 면적이다. 즉

$$A_p = \pi D_a W \tag{9.3}$$

D_a = 임펠러 지름

W = 날 폭

구조가 그림 9.9와 같은 경우,

$$V_{r2}' = (u_2 - V_{u2}')\tan\beta_2' \tag{9.4}$$

식 (9.1)의 V_{u2}'을 대입하면,

$$V_{r2}' = \pi D_a n(1-k)\tan\beta_2' \tag{9.5}$$

표준 터빈의 날에서 방사 방향으로 흐르는 액체의 속도 프로필을 그림 9.10에 보였다. 여기에서 속도는 날끝에서의 속도이다. 방사 방향 속도는 날 중간 평면에서 최대이며 상단이나 하단으로 갈수록 줄어든다. 부피유량 q는 임펠러를 떠나는 전체 유량으로서 날끝에서 측정한 값이다. 식 (9.2)~(9.4)에서, 부피유량은 다음과 같다.

$$q = K\pi^2 D_a^2 n W(1-k)\tan\beta_2' \tag{9.6}$$

상수 K는, 방사 방향 속도가 실제로는 날 폭 전체에서 일정하지 않음을 고려한 것이다. 기하학적으로 유사한 임펠러에서는 W가 D_a에 비례하며, K, k, β_2'은 상수나 마찬가지이다. 따라서

$$q \propto nD_a^3 \tag{9.7}$$

이러한 두 양의 비를 **흐름수**(flow number) N_Q라 하며, 다음과 같이 정의한다.

$$N_Q \equiv \frac{q}{nD_a^3} \tag{9.8}$$

식 (9.6)~(9.8)에서 알 수 있지만, 임펠러의 각각 형태에 대하여 N_Q가 상수이다. 방해판이 있는 용기에 표준 평날 터빈을 설치

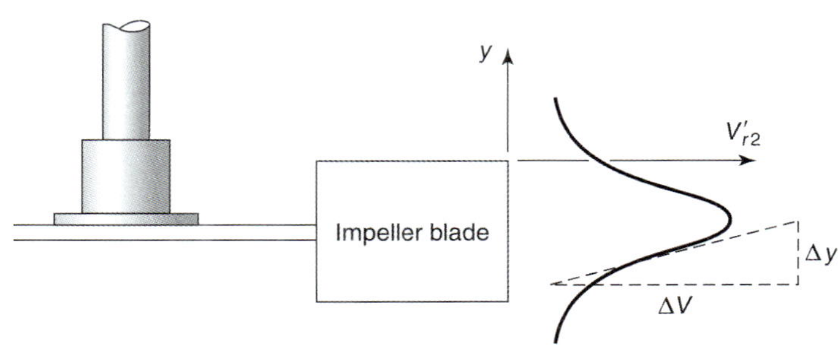

그림 9.10 곧은 날 터빈에서 생기는 흐름의 전형적 속도 프로필. 전단율의 정의를 보였다.

한 경우는 $N_Q = 1.3$이다. 이 값은 전체 흐름이 아니라 임펠러 끝에서의 방출 흐름을 나타낸다. 임펠러 끝을 떠나는 액체의 고속 흐름은 천천히 움직이는 벌크 액체의 일부를 끌고 가는데, 결과적으로 제트는 느려지지만 전체 유량은 증가한다. 평날 터빈에서 전체 유량은 다음 식으로 나타낼 수 있다.

$$q_T = 0.92 n D_a^3 \frac{D_t}{D_a} \tag{9.9}$$

$D_t / D_a = 3$인 전형적 값인 경우에는 $q_T = 2.76 n D_a^3$으로서, 임펠러에서의 값($N_Q = 1.3$)의 2.1배이다. 식 (9.9)는 $D_t / D_a = 2 \sim 4$인 범위에서만 사용할 수 있다.

경사형 날 터빈, 마린 프로펠러, 특수 모양-날 터빈처럼 축류 임펠러인 경우에는 q가 수직 방향의 방출 유량으로서, 임펠러 바로 밑에서 측정한 값이다. 흐름수 N_Q는 상수라 할 수 있다. 방해판이 있는 교반 용기 설계에서는 다음 값들을 사용하면 좋을 것이다.

마린 프로펠러(정방형 피치)[19b]	$N_Q = 0.5$
4날 45° 터빈($W/D_a = 1/6$)[19b]	$N_Q = 0.87$
디스크 터빈	$N_Q = 1.3$
HE−3 고효율 임펠러	$N_Q = 0.47$

동력 소비(Power consumption)

교반 용기의 설계에서 중요한 고려 사항의 하나는 임펠러 구동에 필요한 동력이다. 탱크 안의 흐름이 난류이면, 임펠러가 생성하는 유량 q와 유체 단위 부피 기준의 운동에너지 E_k의 곱으로 동력 소요량을 추산할 수 있다. q와 E_k는 다음과 같다.

$$q = n D_a^3 N_Q$$

$$E_k = \frac{\rho (V_2')^2}{2}$$

속도 V_2'은 날끝 속도 u_2보다 약간 작다. $V_2'/u_2 = \alpha$라 하면, $V_2' = \alpha \pi n D_a$이므로, 동력 소요량은 다음과 같다.

$$P = n D_a^3 N_Q \frac{\rho}{2} (\alpha \pi n D_a)^2 \tag{9.10}$$

$$= \rho n^3 D_a^5 \left(\frac{\alpha^2 \pi^2}{2} N_Q \right)$$

무차원형으로 나타내면,

$$\frac{P}{n^3 D_a^5 \rho} = \frac{\alpha^2 \pi^2}{2} N_Q \tag{9.11}$$

이 식의 좌변은 동력수(power number) N_P라 하며 다음과 같이 정의된다.

$$N_P \equiv \frac{P}{n^3 D_a^5 \rho} \tag{9.12a}$$

중력 단위로 나타내면,

$$N_P \equiv \frac{P g_c}{n^3 D_a^5 \rho} \tag{9.12b}$$

표준 6날 터빈에서는 $N_Q = 1.3$ 이다. $\alpha = 0.95$라 하면, $N_P = 5.8$이 된다.

동력 소비량 계산(Calculation of power consumption) N_P를 알면, 액체에 전달되는 동력은 식 (9.12)에서 계산할 수 있다. 이 식을 다시 쓰면,

$$P = N_P n^3 D_a^5 \rho \tag{9.13}$$

Reynolds 수가 작으면, 방해판의 유무에 관계없이 Re 대 N_P의 관계를 나타낸 선이 같아지며, 로그 좌표에서 이 선의 기울기는 -1이다. 따라서

$$N_P = \frac{\mathrm{K_L}}{\mathrm{Re}} \tag{9.14}$$

따라서,

$$P = K_L n^2 D_a^3 \mu \tag{9.15}$$

이 영역에서는 층류이므로, 밀도는 더 이상 영향인자가 아니다. 식 (9.14)와 (9.15)은 Re $<$ 10인 영역에서 사용할 수 있다.

방해판이 있는 탱크에서 Re $>$ 10,000이면 동력수는 Reynolds 수와 무관하며 점도는 영향인자가 아니다. 이 영역에서는 완전한 난류이므로 다음과 같이 나타낼 수 있다.

$$N_P = K_T \tag{9.16}$$

이 식으로부터,

$$P = K_T n^3 D_a^5 \rho \tag{9.17}$$

여러 형태의 임펠러와 탱크에 관한 상수 K_L과 K_T의 크기를 표 9.1에 보였다.

표 9.1 식 (9.14)와 (9.16)의 상수 K_L과 K_T. 탱크 벽에 4개의 방해판이 있고, 그 폭이 탱크 지름의 10%인 경우

임펠레의 유형	K_L	K_T
Propeller, three blades		
Pitch 1.0	41	0.32
Pitch 1.5	48	0.87
Turbine		
Six-blade disk (S_3 = 0 25, S_4 = 0.2)	65	5.75
Six pitched blades (45°, S_4 = 0.2)	—	1.63
Four pitched blades (45°, S_4 = 0.2)	44.5	1.27
Flat paddle, two blades (S_4 = 0.2)	36.5	1.70
HE-3 impeller	43	0.28
Helical ribbon	52	—
Anchor	300	0.35

예제 9.1

수직 방해판이 있는 지름 2m의 탱크 중앙에 여섯 평날 디스크 터빈을 설치한다. 터빈 지름은 0.67m이고 탱크 바닥에서 0.67m 높이에 설치한다. 터빈 날의 폭은 134mm이다. 탱크에는 65°C의 50% NaOH 수용액이 2m 깊이로 들어있다. 수용액의 점도는 12cP, 밀도는 1,500kg/m^{3}이다. 터빈 임펠러의 회전속도가 90rpm일 때 소요 동력을 구하라.

풀이 먼저 Reynolds 수를 구한다. 필요한 양은 다음과 같다.

$$D_a = 0.67\,\text{m} \qquad n = \frac{90}{60} = 1.5\,\text{r/s}$$

$$\mu = 0.012\,\text{Pa·s} \qquad \rho = 1{,}500\,\text{kg/m}^3$$

따라서,

$$\text{Re} = \frac{D_a^2 n \rho}{\mu} = \frac{0.67^2 \times 1.5 \times 1{,}500}{0.012} = 84{,}169$$

Re > 10^4이므로, $N_P = K_T$이다. 표 9.1에서 $K_T = N_P = 5.8$이므로, 식 (9.17)에서,

$$P = 5.8 \times 1.5^3 \times 0.67^5 \times 1{,}500 = 3{,}964\,\text{W} = 3.96\,\text{kW}$$

예제 9.2

예제 9.1의 교반장치를 사용하여 고무-라텍스 컴파운드(rubber-latex compound)를 혼합한다. 컴파운드의 점도가 120Pa·s, 밀도가 1,120kg/m^{3}일 때 동력 소요량을 구하라.

풀이 Reynolds 수는 다음과 같다.

$$\text{Re} = \frac{0.67^2 \times 1.5 \times 1{,}120}{120} = 6.3$$

층류 영역이므로, 표 9.1에서 $K_L = 65$이다. 식 (9.15)에서,

$$P = 65 \times 1.5^2 \times 0.67^3 \times 120 = 5{,}278\,\mathrm{W} = 5.28\,\mathrm{kW}$$

이 동력 소요량은 탱크의 방해판 유무와 무관하다. 이처럼 Reynolds 수가 작은 조건에서는 와류가 생성되지 않으므로, 방해판을 설치해야 할 이유가 없다.

점도가 10,000배 증가하여도 방해판이 있는 탱크에서 점도가 낮은 액체를 교반할 때에 비하여 동력 소요량은 33%정도 밖에 증가하지 않는다.

9.2 배합과 혼합(Blending and mixing)

혼화성 액체의 배합(Blending of miscible liquid)

혼화성 액체(miscible liquid)를 배합할 때 용기가 비교적 작으면 프로펠러, 터빈, 고효율 임펠러 등을 용기 중앙에 설치하고, 저장조나 폐액 처리 탱크처럼 용기가 크면 프로펠러나 제트 혼합기를 측면 삽입식으로 설치하면 교반이 잘 되고 빨리 혼합된다. 대형 저장조에서는 보통 때는 교반기를 놀리고 있다가 탱크에 액을 채울 때 성층(stratified layer) 현상이 생기는 경우에만 가동하여 혼합하기도 하다. 층이 생기면 자체 혼합은 아주 느린 경우가 많다.

프로세스 용기 중의 배합(Blending in process vessel) 공정 용기에서 임펠러가 고속 흐름을 만들고 임펠러 부근에 강한 난류가 생기면 액체가 잘 혼합된다. 옆의 액체를 동반하여 벽을 따라 흐르는 동안에 유속이 느려지면 큰 에디가 깨져서 작은 에디가 되면서 방사 방향에서는 다소 혼합되지만 흐름 방향에서는 거의 혼합되지 않는다. 이 유체는 한 바퀴 돌아서 임펠러 눈(eye)으로 돌아오며 여기에서 다시 격렬하게 혼합된다. 특정 임펠러가 생성하는 전체 유량에서 혼합시간(mixing time)을 추정할 수 있다. 표준 6날 터빈의 경우, 식 (9.9)에서,

$$q_T = 0.92\,n\,D_a^3 \frac{D_t}{D_a} \tag{9.18}$$

$$t_T \approx \frac{5\,V}{q_T} = 5\frac{\pi D_t^2 H}{4}\frac{1}{0.92 n\,D_a^2 D_t} \tag{9.19}$$

$$n t_T \left(\frac{D_a}{D_t}\right)^2 \left(\frac{D_t}{H}\right) = \text{상수} = 4.3 \tag{9.20}$$

몇 가지 장치에 관한 Re 대 nt_T의 관계를 그림 9.11에 보였다. 방해판이 있는 탱크에 터빈을 설치한 경우, $D_a/D_t = 1/3$, $D_t/H = 1$이고, Re > 2,000일 때 $nt_T = 36$인데, 식 (9.20)에서 추정한 값은 $9 \times 4.3 = 38.7$이다.

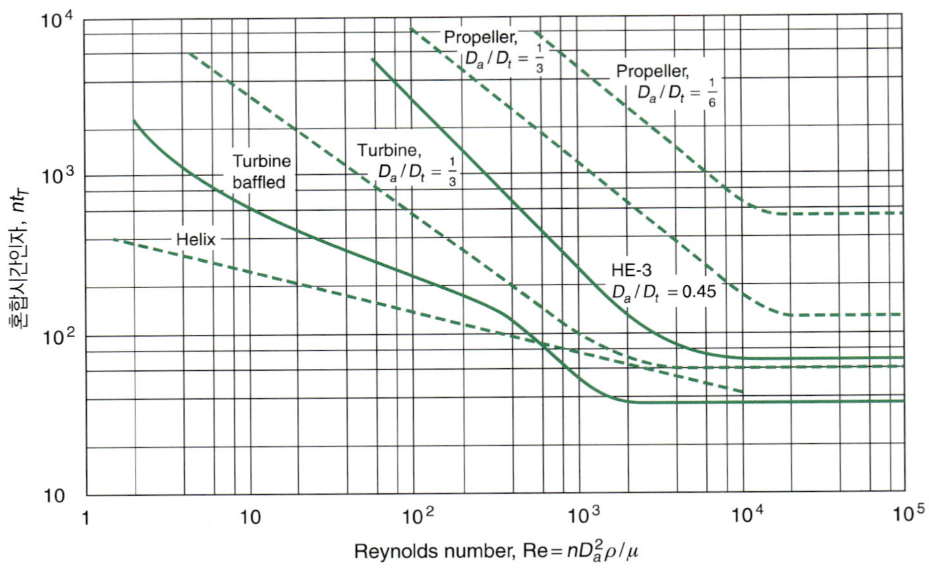

그림 9.11 교반 용기에서의 혼합시간. 파선은 방해판이 없는 탱크, 실선은 방해판이 있는 탱크

Reynolds 수가 10~1,000 범위이면 동력 소비량은 난류 영역인 경우와 큰 차이가 없지만 혼합시간은 상당히 길어진다. 그림 9.11에서 보면 방해판이 있는 용기에서 터빈을 사용할 때의 혼합시간은 교반속도의 약 −1.5 승에 따라 달라지며, Reynolds 수가 더욱 작으면 가파르게 증가한다. 그림 9.11은 임펠러 크기와 탱크 크기의 비가 특정치일 때에 관한 것이다. 그림 9.12는 방해판이 있는 탱크에서 터빈으로 교반할 때 일반적 상관 관계를 보인 것이다. 이들의 혼합시간 인자(mixing time factor)의 난류 영역에 관한 추정식 (9.20)과 어떻게 다른지를 알 수 있다.

$$f_t = \frac{t_T(nD_a^2)^{2/3} g^{1/6} D_a^{1/2}}{H^{1/2} D_t^{3/2}} = nt_T\left(\frac{D_a}{D_t}\right)^2\left(\frac{D_t}{H}\right)^{1/2}\left(\frac{g}{n^2 D_a}\right)^{1/6} \tag{9.21}$$

Re > 10^5이면, f_t는 거의 일정하여 5 정도의 값이다. $D_a/D_t = 1/3$, $D_a/H = 1$에서, Froude 수(n^2D_a/g, H_r)를 무시하면, nt_T는 5 정도가 되는데, 이 값은 식 (9.20)에서의 추정치보다 약간 크다.

HE-3 고효율 임펠러일 때, 그림 9.11에 보인 혼합시간 인자는 난류 영역에 관한 다음 실험식과 Reynolds 수가 낮을 때의 상관 인자에 기초한 것이다.

$$nt_T = 16.9\left(\frac{D_t}{D_a}\right)^{1.67}\left(\frac{H}{D_t}\right)^{0.5} \tag{9.22}$$

큰 Re에서 혼합시간은 표준 터빈의 것보다 크지만 소요 동력은 아주 적으므로 고효율 임펠러가

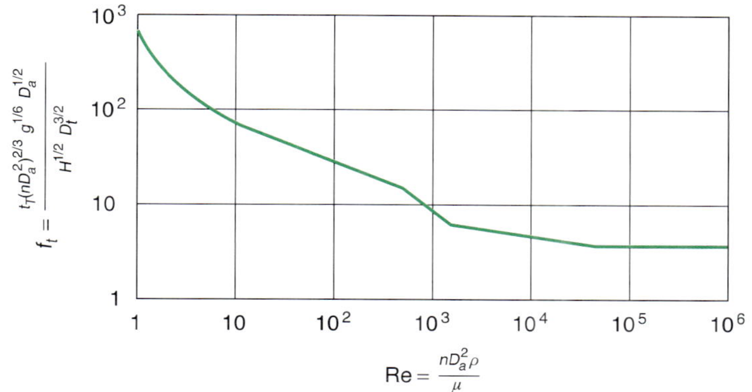

그림 9.12 방해판이 있는 탱크에서 터빈으로 교반할 때 혼화성 액체의 배합시간

터빈보다 더 높은 속력에서 D_a/D_t 비로 조작된다.

난류 혼합 영역에서 단위 부피 기준의 동력 도입량이 같으면 임펠러가 터빈에 비해 혼합이 약간 빠르다.

점성이 아주 큰 액체에서 동력 도입량이 같으면, 나선형 리본 교반기의 혼합시간이 아주 짧아지지만, 묽은 액체일 때는 터빈에 비해 느려진다. 터빈과 비교할 때 프로펠러의 혼합시간은 길지만 교반속도가 같을 때의 동력 소비량은 한 자리 수 이상 적어진다. 그림 9.11에 보인 프로펠러 자료는 Fox와 Gex의 일반 상관 관계로부터 구한 것인데, 그들의 혼합시간 함수는 식 (9.20) 및 (9.21)과는 차이가 있다.

$$f_t' = \frac{t_T(nD_a^2)^{2/3} g^{1/6}}{H^{1/2} D_t} = nt_T \left(\frac{D_a}{D_t}\right)^{3/2} \left(\frac{D_t}{H}\right)^{1/2} \left(\frac{g}{n^2 D_a}\right)^{1/6} \tag{9.23}$$

그들의 자료는 $D_a/D_t = 0.07{\sim}0.18$ 범위에 관한 것이며, 그림 9.11의 자료를 $D_a/D_t = 1/3$까지 외삽할 수 있는지는 불확실하다. 방해판이 없는 용기에서는 와류가 생기는 일이 많으므로, 식 (9.23)에 Froude 수를 도입한 것은 타당하다고 할 수 있다.

기포, 액적, 고체 입자를 액체 중에 분산시킬 때는 연속상(continuous phase)의 배합시간이 증가하는데, 비동력 도입량(specific power input)이 같은 경우에도 마찬가지이다. 이러한 효과는 점도에 따라 증가하는데, 점성 액체에서는 기체 체류량이 10%에 불과하더라도, 배합시간이 정상치의 2배 정도까지 증가하기도 한다.

예제 9.3

지름 6ft(1.83m)인 교반 용기에 지름 2ft(0.61m)인 곧은 6날 터빈을 탱크 바닥으로부터 임펠러 지름 1배의 높이에 설치한다. 회전속도는 80rpm이다. 이 용기에서 70°F의 NaOH 묽은 수용액을 이론적 당량의 질산(HNO_3)으로 중화하고자 한다. 용기 안의 최종 액심은 6ft(1.83m)이다. 산을 한꺼번에 도입한다고 가정하고, 중화가 완결되는 데 걸리는 시간을 구하라.

풀이 그림 9.11을 이용한다. 필요한 양은 다음과 같다.

$$D_t = 6\,\text{ft} \qquad D_a = 2\,\text{ft} \qquad E = 2\,\text{ft}$$

$$n = \frac{80}{60} = 1.333\,\text{r/s}$$

액체 밀도 $\rho = 62.3\,\text{lb/ft}^3$

액체 점도 $\mu = 6.6 \times 10^{-4}\,\text{lb/ft}\cdot\text{s}$

Reynolds 수는 다음과 같다.

$$\text{Re} = \frac{\text{n}\,\text{D}_\text{a}^2\rho}{\mu} = \frac{1.333 \times 2^2 \times 62.3}{6.60 \times 10^{-4}} = 503{,}000$$

그림 9.11에서, Re = 503,000 일 때 $nt_T = 36$이다. 따라서

$$t_T = \frac{36}{1.333} = 27\,\text{s}$$

제트 혼합기(Jet mixer)

대형 탱크에서는 액체 제트를 이용하여 순환 흐름을 유발할 수 있다. 탱크 안의 여러 위치에서 여러 제트를 발생시킬 수도 있다. 하나의 제트에서 생기는 흐름이라도 상당한 거리까지 지속될 수 있다. 그림 9.13에는 하나의 노즐에서 발생되는 원형 액상 제트가 고속으로 동일 액체의 정체 풀(stagnant pool) 속으로 흘러 들어갈 때의 거동을 보였다. 노즐에서 방출되는 제트에서의 유속은 균일하고 일정하다. 코어(core, 제트 중심부)의 단면에서는 여전히 유속이 균일하고 일정하지만 코어의 단면적은 노즐에서 멀어질수록 줄어든다. 이 코어는 확대되는 난류 제트로 둘러싸이는데 난류 제트에서는 제트 중심선에서 멀어질수록 방사 방향 속도가 감소한다. 노즐의 지름이 D_j라면, 수축하는 코어는 노즐로부터의 거리가 $4.3D_j$가 되는 곳에서 사라진다. 난류 제트는 코어가 사라진 점을 지나서도 그 형체를 유지하지만, 그 속도는 계속 줄어든다. 제트에서 방사 방향 속도가 감소하면 Bernoulli 원리에 따라 압력이 증가한다. 유체가 제트로 유입되면 흡인 가속되면서 배합되어 제트가 커진다. 이 과정을 동반흐름(entrainment)이라 한다. 노즐로부터의 거리 $4.3D_j$ 이상에서는 다음 식을 적용할 수 있다.

$$q_e = \left(\frac{X}{4.3D_j} - 1\right)q_0 \tag{9.24}$$

q_e = 노즐로부터의 거리 X에서 단위 시간에 제트에 동반되는 액체 부피

q_0 = 단위 시간에 노즐을 떠나는 액체 부피

제트와 주변 액체 사이의 경계에서는, 동반흐름뿐 아니라 강한 전단응력이 발생한다. 이러한

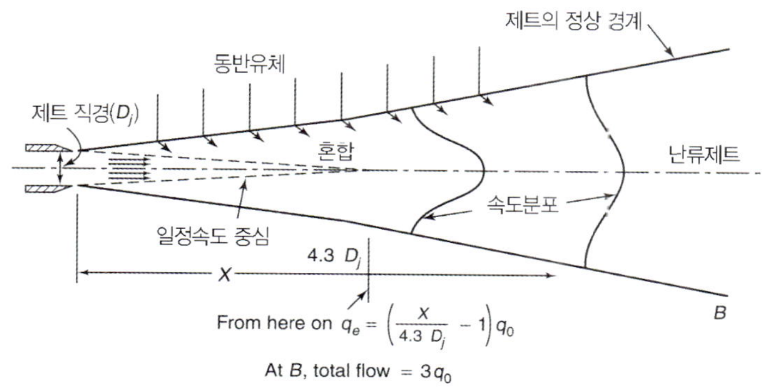

그림 9.13 액중 원형 제트의 흐름

응력은 경계에서 에디를 파괴하고 상당한 난류를 발생하는데 이 역시 혼합 작용에 기여한다.

다량이더라도 액체 흐름만으로는 만족할만한 혼합을 달성할 수가 없다. 동반흐름 메카니즘에 의해 흐름이 유체 집단 안으로 들어가서 철저하게 배합될 수 있도록 시간과 공간이 충분해야 한다.

무동작 혼합기(Static mixer)

기체나 저점도 액체의 경우 열린 관이나 오리피스 판이나 간막이 방해판이 있는 관에서 한참 동안 흐르게 해도 잘 배합되는 경우가 많다. 조건에 따라서는, 관 길이는 관 지름의 5～10배 정도로 짧은 관으로 충분할 경우도 있지만, 50～100배 정도가 적절하다.

기체와 저점도 액체의 혼합용으로 사용되는 무동작 혼합기(static mixer)는 나선형 요소(helical element)를 설치한 혼합기를 그림 9.14(a)에 보였는데, 이것은 주로 점성 액체나 반죽(paste)의 혼합용으로 사용한다.

또 난류 와류 혼합기(turbulent vortex mixer)를 그림 9.14(b)에 보였는데. 이 혼합기의 각 요소는 4개의 탭(tab)으로 되어 있는데 임의 각도를 이루면서 흐름 방향으로 뻗어 나와 있다. 이러한 탭의 웨이크에는 길이 방향에서 반대 방향으로 회전하는 와류가 생성되므로, 2～4개 정도의 요소만 있으면 액체나 기체가 효과적으로 배합된다. Re = 10^4～10^5일 때 단위 길이 당 압력 강하는 빈 관의 25～40배 정도가 되지만 필요한 요소의 수가 적으므로 총괄 압력 강하는 그다지 크지 않다.

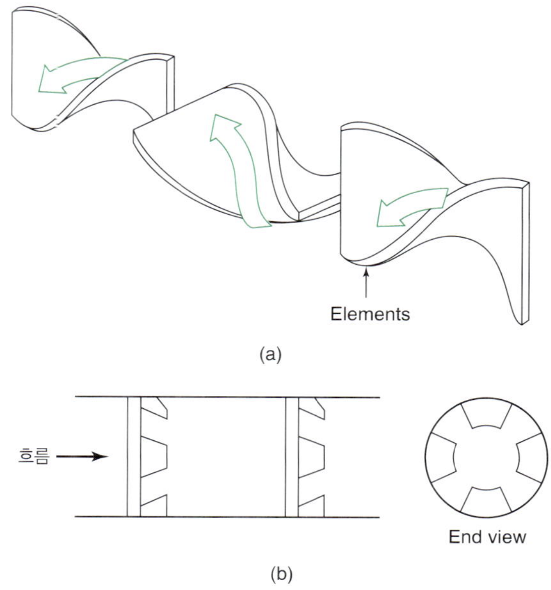

그림 9.14 무동작 혼합기 (a) 나선형 요소식 혼합기의 요소, (b) 난류 와류 혼합기

9.3 고체 입자의 현탁(Suspension of solid particle)

액체 중에 고체 입자를 현탁시키는 목적은 가공 장치 공급물을 균일하게 혼합하거나, 고체를 용해시키거나, 촉매 반응을 수행하거나, 과포화 용액으로부터 결정 성장을 촉진하는 것 등이다. 교반 용기 중에서 고체의 현탁(suspension)은 입자를 지나서 흐르는 유체에 의해 입자가 서로 떨어져서 움직이고 있다는 점에서 보면 액체에 의한 고체의 유동화와 비슷한 데가 있다.

현탁도(Degrees of suspension)

현탁물의 균일도 증가와 동력 도입량 증가의 순서로 현탁도를 나타내면 다음과 같다.

필릿이 형성되는 거의 완전한 현탁 고체의 대부분이 액체 중에 현탁되지만 몇 %가 탱크 바닥 가장자리의 구석진 곳과 같은 정체 영역에서 고체의 필릿(fillet)을 형성하는 경우이다.

입자의 완전한 운동(Complete particle motion) 고체가 전부 현탁되어 있거나 탱크 바닥에 있더라도 움직이는 경우이다. 현탁 고체에 비해 바닥에서 움직이는 고체는 물질전달계수가 아주 낮으므로 장치 성능에 영향을 미칠 수 있다.

완전 현탁(Complete suspension or complete off-bottom suspension) 탱크 바닥에 고체가 없거나 있더라도 1～2s 이상 바닥에 머물지 않고 고체 전부가 완전히 현탁되는 경우이다. 이러한 상태에 도달한 초기에는 일반적으로 현탁물 중에 농도구배가 생기며 탱크 상부에는 맑은 액체 영역이 생길 것이다. 용해장치나 반응기에서는 고체의 농도구배가 생기더라도 장치 성능에는 거의 영향을 미치지 않으며, 교반속도를 더욱 증가시키더라도 물질전달계수는 그다지 증가하지 않는다.

균일 현탁(Uniform suspension) 완전 현탁에 필요한 수준 이상으로 교반속도가 빨라서, 탱크 상부에 맑은 액체가 더 이상 존재하지 않고, 현탁물이 균일하게 보이는 경우이다. 그러나 특히 고체의 입도 분포(size distribution)가 넓을 때는 수직 방향의 농도구배가 여전히 생길 수 있으므로, 탱크에서 대표적 표본을 채취하고자 할 때는 주의해야 한다.

현탁 상관 관계(Correlations for suspension)

액체 중 고체 현탁의 난이도는 입자 및 액체의 물성, 탱크 안에서의 순환 패턴에 따라 달라진다. 자유침강 입자의 종말속도는 항력계수 곡선을 이용하여 구할 수 있다. 침강속도가 큰 입자는 현탁이 어렵지만 임펠러 날끝 속도와 같은 특성 속도와 침강속도 사이의 단순한 상관 관계는 없다. 거의 수평 흐름만 있는 탱크 바닥 부근에서는 액체 속도가 제한인자가 된다.

지름이 6in～2ft인 여섯 탱크에서 다섯 종류의 임펠러를 사용하여 임계 교반속도를 무차원식으로 나타내면 다음과 같다.

표 9.2 임계 교반속도를 나타낸 식 (9.25)의 형상인자 S

임펠라 분류	D_t/D_a	D_t/E	S
Six-blade turbine	2	4	4.1
$D_a/W=5$	3	4	7.5
$N_P=6.2$	4	4	11.5
Two-blade paddle	2	4	4.8
$D_a/W=4$	3	4	8
$N_P=2.5$	4	4	12.5
Three-blade propeller	3	4	6.5
$N_P=0.5$	4	4	8.5
	4	2.5	9.5

$$n_c D_a^{0.85} = S\nu^{0.1} D_p^{0.2}\left(g\frac{\Delta\rho}{\rho}\right)^{0.45} B^{0.13} \tag{9.25}$$

n_c = 임계 교반속도
D_a = 교반기 지름
S = 형상인자
ν = 운동점도
D_p = 평균 입경
g = 중력가속도
$\Delta\rho$ = 밀도차
ρ = 액체 밀도
B = (고체 질량/액체 질량)100

S의 전형적 값을 표 9.2에 보였다. 임펠러 크기비와 간극비(clearance ratio)가 같을 경우 표준 터빈과 평날 패들의 임계속도는 거의 비슷하며, S는 프로펠러의 경우가 약간 작다. 그러나 동력수 N_P는 차이가 크므로 고체를 완전히 현탁시키고자 할 때 동력은 터빈이 패들의 2배 정도, 프로펠러의 15~20배가 된다. 터빈을 정상 위치에 설치한 경우 벽에서의 하향 흐름은 임펠러인 경우의 절반보다 약간 적으며, 탱크 바닥에서의 평균 유속은 비교적 작다.

9.4 분산조작(Dispersion operation)

액-액 분산이나 기-액 분산 조작에서는 교반 조건과 정도에 따라 액적이나 기포의 크기, 분산상과 연속상 사이의 전체 계면 면적이 달라진다. 기-액 분산에서는 대개 기포가 액체 속에서 상승하여 표면에서 방출되므로 새로 보충해야 한다.

액-액 분산에서는 분산 액적의 상승 또는 하강 속도에 따라 체류량(holdup)이 달라지기도 하고 공급물 중의 두 상의 비에 따라 일정하기도 할 것이다. 기-액 분산이나 액-액 분산에서는 계의 특성을 규정하기 위해 통계적 평균치를 사용하는데 액적이나 기포의 크기 분포를 예측할 수 있고 체류량과 계면면적은 용기에서의 위치에 따라 변하기 때문이다.

분산상의 특성 : 평균 지름(Characteristics of dispersed phase; mean diameter)

변동하기는 하지만, 체류량 Ψ(계 안의 분산상의 부피분율), 단위 부피 기준의 계면 면적 a, 기포나 액적의 지름 D_p 사이에는 기본 관계식이 있다. 분산물의 전체 부피가 1이라 하면, 분산상의 부피는 Ψ 이다. 이 부피 중의 액적이나 기포의 수를 N이라 하고, 액적이나 기포가 모두 지름이 D_p인 구라고 하면, 그 전체 부피는 다음과 같다.

$$\frac{\pi N D_p^3}{6} = \Psi \tag{9.26}$$

이 부피 중의 액적이나 기포의 전체 표면적은 다음과 같다.

$$\pi N D_p^2 = a \tag{9.27}$$

식 (9.27)을 식 (9.26)으로 나누어 정리하면 다음과 같다.

$$a = \frac{6\Psi}{D_p} \tag{9.28}$$

분산상 단위 부피 기준의 계면면적은 체류량에 비례하고 액적 크기에 반비례한다. 물질전달속도나 반응속도가 크려면 일반적으로 계면면적이 커야 한다. 액적 크기 분포를 고려하는데는, 분산상의 전체 부피와 전체 면적에 기초한 상당 평균 지름 $\overline{D}_s$를 사용한다. 이 $\overline{D}_s$는 부피-표면 평균 지름(Sauter 평균지름)이며, 액적 크기 분포를 안다면 식 (7.23)에서 구할 수 있다. 계면면적과 체류량을 독립적으로 측정할 수 있다면, 액적의 평균 크기를 다음 식으로 구할 수 있다.

$$\overline{D}_s = \frac{6\Psi}{a} \tag{9.29}$$

액-액 분산(Liquid-liquid dispersion)

교반탱크에서는 고전단 영역에서의 큰 액적의 파괴와 저전단 영역에서의 작은 액적의 합체 사이의 균형에 따라 액적의 평균 크기가 달라진다. 액적 표면의 전단율은 액적을 변형시키려 하고, 분산상의 계면장력과 점도가 이 변형에 대항한다. 중요한 무차원군에 Weber 수(We)가 있는데, 교반탱크에서 임펠러 날끝 속도에서의 유체의 운동에너지와 D_a 기준의 표면장력 응력(surface-tension stress)의 비로 나타낸다.

$$\mathrm{We} = \frac{\rho_c (n D_a)^2}{\sigma / D_a} = \frac{\rho_c n^2 D_a^3}{\sigma} \tag{9.30}$$

ρ_c = 연속상의 밀도

σ = 계면장력

다른 상황에서는 Weber 수를 달리 정의하여 사용한다.

표준 6날 터빈을 사용한 액체 분산에 관한 관계식은 다음과 같다.

$$\frac{\overline{D}_s}{D_a} = 0.058(1+5.4\Psi)\mathrm{We}^{-0.6} \tag{9.31}$$

$1+5.4\Psi$는 액적 농도의 증가에 따른 합체 빈도의 증가를 반영한 것이다. 이 식은 소형 탱크에서 저점도 액체를 분산시킨 자료에 기초한 것이다. 분산상의 점도가 상당히 크면 점성 액적은 변형에 저항하므로 큰 액적이 생성된다.

무동작 혼합기(static mixer) 역시 액-액 분산용으로 사용할 수 있으며, 10~20개의 요소를 직렬하면 평형 분산물이 얻어진다. 액적의 표면에너지와 난류 속도 변동으로 인한 파괴에너지(disruptive energy)를 고려하면, $\overline{D}_s$는 Weber 수와 마찰인자의 분수제곱에 따라 달라질 것으로 예상할 수 있다.

$$\frac{\overline{D}_s}{D} = C\mathrm{We}^{-0.6}\mathrm{f}^{-0.4} \tag{9.32}$$

$\mathrm{We} = \rho_c \overline{V}^2 D/\sigma$

D = 관 지름

$\overline{V}$ = 평균 유속

f = 마찰인자 $= D\Delta P/2\rho_c \overline{V}_L^2$

소형 Kenics 혼합기(D = 0.5~1.0in)에서 물에 분산시킨 저점도 액적에 관한 자료는 식 (9.42)에 잘 맞는데, 이때 C = 0.35이다. Re = 10,000~20,000일 때 마찰인자는 0.42이다. 액적 점도가 20~200cP 범위이면 상당히 큰 액적이 생성되지만, 자료가 통일되어 있지 않고, Re와 Ψ의 영향도 불분명하다. 빈 관에서 시험해 보면, 무동작 혼합기에 비해 $\overline{D}_s$ 값이 몇 배로 커지는데, 이는 f 값이 아주 작다는 것과 일치한다. 혼합기에서 생성되는 액적 크기 분포는 대개 정규 분포가 되며, 최대 크기는 $1.5\overline{D}_s$ 정도이다.

물 속의 원형 오리피스에서 천천히 액적을 생성시킨다면 액적의 실질 부력과 오리피스 가장자리의 항력(계면장력에 비례한다)이 방향은 반대이지만 서로 같다고 보고 액적 지름을 추산할 수 있다.

$$F_b - F_g = g\frac{\pi D_o^3 \rho}{6}(\rho_c - \rho_d) = \pi D_o \sigma \tag{9.33}$$

F_b = 전체 부력

F_g = 중력

D_o = 오리피스 지름

ρ_d = 분산상의 밀도

이 식을 다시 쓰면,

$$\frac{D_p}{D_o} = \left(\frac{6\sigma}{g D_o^2(\rho_c - \rho_d)}\right)^{1/3} \tag{9.34}$$

유량이 아주 적으면 오리피스에서 액적이 떨어지면서 소량이 남게 되므로 이 식으로 추정한 값보다 약간 작은 액적이 생성된다. 유량이 크면 제트가 형성되며 Rayleigh 불안정성(instability)에 의해 이 제트가 파괴되면서 제트 지름 정도의 액적이 생성된다. 제트 발생 상태에서의 액적 크기는 여러 가지 인자에 따라 달라지므로, 정확하게 추정하기가 어렵다.

예제 9.4

방해판의 지름이 30cm이고 정상 수심이 35cm인 용기에서 25°C의 물에 사이클로헥산을 분산시킨다. 교반기는 지름이 10cm인 표준 6날 터빈이다.

(a) 교반속도가 6rpm/s이고 현탁물 중의 사이클로헥산 부피가 8%일 때, 동력 소비량과 단위 부피 기준의 동력을 구하고, 액적의 평균 크기를 추정하라.

(b) 하나의 길이가 3cm인 요소가 20개 설치되어 있고 지름이 2cm인 Kenics 나선형 요소 혼합기에서 액체 혼합물을 1.2m/s로 수송할 때, 액적의 평균 크기와 동력 소비량을 구하라. 마찰인자는 0.42로 한다.

풀이 (a) 사이클로헥산 자료

$$\rho = 760\,\text{kg/m}^3 \quad \sigma = 46\,\text{dyne/cm} = 46 \times 10^{-3}\,\text{N/m}$$

혼합물 자료

$$\rho = 0.08(760) + 0.92(1{,}000) = 981\,\text{kg/m}^3$$

$$D_a = 0.1\,\text{m}$$

$$n = 6\,\text{s}^{-1}$$

점도는 25°C의 물과 같다고 보면, $0.09\,\text{cP} = 9 \times 10^4\,\text{Pa}\cdot\text{s}$이다.

$$\text{Re} = \frac{\text{D}_\text{a}^2\text{n}\rho}{\mu} = \frac{0.1 \times 6 \times 981}{9 \times 10^{-4}} = 6.54 \times 10^5$$

표 9.1에서, $N_P =$ 5.75이다. 식 (9.17)에서

$$P = 5.75 \times 6^3 \times 0.1^5 \times 981 = 12.2\,\text{W}$$

탱크 부피 $V = \pi \times 0.3^2 \times 0.35/4 = 2.47 \times 10^{-2}\,\text{m}^3$이다. 따라서

$$\frac{P}{V} = \frac{12.2\times 10^{-3}}{2.47\times 10^{-2}} = 0.494\,\text{kW/m}^3 = 2.50\,\text{hp/1,000 gal}$$

이는 교반이 보통일 때이다. 액적 크기를 구하면 다음과 같다.

$$\text{We} = \frac{\rho_c n^2 D_a^3}{\sigma} = \frac{1{,}000\times 6^2\times 0.1^3}{46\times 10^{-3}} = 783$$

Ψ = 0.08이므로, 식 (9.34)에서

$$\frac{\overline{D}_s}{D_a} = \frac{0.058[1+(5.4\times 0.08)]}{783^{0.6}} = 1.52\times 10^{-3}$$

$$\overline{D}_s = 1.5\times 10^{-4}\,\text{m} = 0.15\,\text{mm}$$

(b) Kenics 혼합기에서, $\overline{V}$ = 1.2m/s, f = 0.42이므로,

$$\text{We} = \frac{1{,}000\times 1.2^2\times 0.02}{46\times 10^{-3}} = 626$$

식 (9.32)에서

$$\frac{\overline{D}_s}{D} = \frac{0.35}{626^{0.6}\times 0.42^{0.4}} = 1.04\times 10^{-2}$$

$$\overline{D}_s = 1.04\times 10^{-2}\times 0.02 = 2.1\times 10^{-4}\,\text{m} = 0.21\,\text{mm}$$

Ψ의 영향을 고려하지 않았으므로 $\overline{D}_s$의 실제 부피는 다소 클 것이다

Kenics 혼합기에서 길이 $L = 20\times 0.03 = 0.6\,\text{m}$이다. 압력 강하는 식 (5.9)에서,

$$\Delta p = \frac{2\times 0.42\times 1.2^2\times 981\times 0.6}{0.02} = 3.56\times 10^4\,\text{Pa} = 5.16\,\text{lb}_f/\text{in}^2$$

에너지 손실(동력 소비)은 부피유량 q와 압력 강하의 곱과 같다.

$$P = q\Delta p = \frac{\pi\times 1.2\times 0.2^2}{4}\times 3.56\times 10^4 = 13.4\,\text{W} = 0.0134\,\text{kW}$$

혼합기의 부피는

$$V = \frac{\pi\times 0.2^2\times 0.6}{4} = 1.884\times 10^{-4}\,\text{m}^3$$

단위 부피 기준의 동력 소비량은 다음과 같다.

$$\frac{P}{V} = \frac{0.0134}{1.884\times 10^{-4}} = 71.1\,\text{kW/m}^3 = 360\,\text{hp/1,000 gal}$$

전체 동력의 필요량이 크지는 않지만, Kenics 혼합기에서 단위 부피 기준의 동력 소비량은 교반탱크에서의 평균치보다 크다. 그러나 탱크 안의 임펠러 부근에서의 국부 에너지 소산속도 역시 탱크에서의 평균치보다 아주 클 것이다.

기-액 분산(Gas-liquid dispersion)

기체를 액체 중에 분산시킬 때는 여러 개의 오리피스가 있는 스파저(sparger) 다공질 세라믹이나 금속 판에 기체를 통과시키거나 열린 관을 통해 터빈 임펠러 바로 밑에 기체를 방출한다. 조용한 액체 중의 오리피스에서 기체 유량을 아주 적게 하여 기포가 한 번에 하나씩 생성되게 할 경우에는 식 (9.34)에서 기포 크기를 추산할 수 있다. 그러나 대개는 유량이 보통이거나 많게 하여 기체의 체류량과 계면면적을 증가시킨다. 이러한 상황에서는 기포가 상호작용하므로 평균 크기와 면적은 합체속도와 재분산속도에 따라 달라지며 이러한 속도는 난류 수준과 계의 물성의 영향을 받는다.

계면면적(a)은 식 (9.35)로 정의할 수 있다.

$$a = \frac{C(P/V)^{0.4}\,\overline{V}_s^{0.5}}{\sigma^{0.6}} \tag{9.35}$$

전해질 용액, 다성분 비이온 용액, 소량의 계면활성제가 불순물로 들어있는 용액에서는 기포의 합체가 크게 지연된다. 따라서 교반탱크 안의 평균 기포 크기는 순수한 액체에 비해 작아지며 표면적의 차이는 몇 배나 될 수 있다.

9.5 교반기 선택과 스케일업(Agitator selection and scaleup)

혼합기 선택(Mixer selection)

동력 소비량과 혼합량이나 혼합도 사이에는 직접적 관계가 없다. 방해판이 없는 용기에서 점도가 낮은 액체가 맴돌면 입자는 원형 경로를 따라서만 움직이며 혼합은 거의 달성되지 않는다. 따라서 공급 에너지 중에 혼합에 사용되는 것은 거의 없는 셈이다. 방해판을 설치하면 혼합이 빨라진다. 공급 에너지의 상당한 비율이 혼합에 사용되고 순환에는 그다지 사용되지 않는다.

혼합 시간이 중요할 때는 필요한 시간 중에 최소의 동력으로 혼합할 수 있는 혼합기를 선택하도록 한다. 혼합 시간이 짧아야 할 경우도 많지만 필수적은 아니며 혼합용 에너지 비용과 혼합기의 자본 비용을 고려하여 적절한 혼합 시간을 정해야 할 것이다. 공급 탱크에서 약제를 혼합하거나 저장 탱크에서 여러 생산물을 배합할 때는 완전 혼합에 필요한 시간이 수 분이나 되더라도 비교적 소형의 혼합기를 사용할 수도 있다.

규모확대(Scaleup)

교반기 설계에서는 실험실이나 파일럿 플랜트 자료를 바탕으로 실제 규모 장치로 스케일업하는 것이 중요한 과제이다. 점도가 낮은 액체일 경우는 액체 단위 부피 당 임펠러가 소비하는 동력을 혼합 효율의 척도로 사용할 수 있는데 동력 소비량이 증가하면 난류도가 증가하고 난류도가 증가하면 혼합이 좋아진다고 볼 수 있기 때문이다. 특정 혼합기에서 동력 소비량은 한 상과 다른 상의 밀접한 접촉에 의해 좌우되는 기체의 용해속도나 산화반응과 같은 반응속도와 직접 연관시킬 수 있다. 묽은 액체 1,000gal에 대하여 1/2～1hp이면 "약한(mild)" 교반, 2～3hp이면 "강한(vigorous)" 교반, 4～10hp이면 "격렬한(intense)" 교반이라 할 수 있다. 이러한 동력 수치는 실제로 액체에 전달되는 동력으로서 구동 기어 감속 장치나 베어링 및 스터핑박스에서 교반축의 회전에 사용되는 동력은 제외한 것이다.

규모 확대에서 단위 부피 당 동력이 일정하고 기하학적 유사성을 유지해야 하는 경우에 임펠러 속도가 $D_a^{-2/3}$에 따라 변한다. 큰 괄호 안의 항이 모두 일정하므로, $n^3 D_a^2$이 일정해야 한다. 단위 부피 당 동력 도입량은 다음과 같다.

$$\frac{P}{V} = \frac{N_P n^3 D_a^5 \rho}{(\pi/4) D_t^2 H} = \left[\frac{4 N_P \rho}{\pi}\left(\frac{D_a}{D_t}\right)^2\left(\frac{D_a}{H}\right)\right] n^3 D_a^2 \tag{9.36}$$

따라서

$$\frac{n_2}{n_1} = \left(\frac{D_{a1}}{D_{a2}}\right)^{2/3} \tag{9.37}$$

규모 확대에서 P/V를 일정하게 할 때 임펠러 속도가 감소하면 큰 탱크에서는 혼합 시간이 길어진다. 혼합 시간을 일정하게 한다는 것은 비현실적인데, 이를 다음 예제에서 다루었다.

예제 9.5

지름이 0.3m인 파일럿 플랜트 장치를 지름이 0.1m인 6날 터빈 임펠러로 교반한다. 임펠러 Reynolds 수가 10^4일 때, 두 비혼화성 액체의 배합 시간은 15s였다. 동력 소요량은 0.4kW/m^{3}이었다.

(a) 지름이 1.8m인 용기에서 배합 시간을 동일하게 할 때 필요한 동력을 구하라.

(b) 두 용기에서 동력 도입량을 동일하게 할 때 큰 용기에서의 배합 시간을 구하라.

풀이 (a) 파일럿 플랜트에서의 Reynolds 수가 크므로, 식 (9.21)의 Froude 수 항은 적용되지 않을 것이므로, 복잡한 관계를 나타낸 그림 9.12보다는 그림 9.11의 관계를 이용할 수 있다.

그림 9.11에서 Reynolds 수가 10^4 이상인 경우 혼합 시간 인자 nt_T는 일정하다. t_T를 일정하게 한다고 하였으므로, 속도 n는 두 용기에서 같아야 한다.

기하학적으로 유사한 용기에서 단위 부피 당 동력 도입량은 P/D_a^3에 비례한다. Reynolds 수가 크므로, 식 (9.17)에서

$$\frac{P}{D_a^3} = K_T n^3 D_a^2 \rho$$

액체의 밀도가 일정하다면,

$$\frac{P}{D_a^3} = c_2 n^3 D_a^2$$

$c_2 =$ 상수

이로부터 두 용기에서 단위 부피 당 동력 도입량의 비는 다음과 같다.

$$\frac{P_6/D_{a6}^3}{P_1/D_{a1}^3} = \left(\frac{n_6}{n_1}\right)^3\left(\frac{D_{a6}}{D_{a1}}\right)^2 \tag{9.38}$$

$n_1 = n_6$이므로,

$$\frac{P_6/D_{a6}^3}{P_1/D_{a1}^3} = \left(\frac{D_{a6}}{D_{a1}}\right)^2 = 6^2 = 36$$

따라서 1.8m 용기에서의 단위 부피 당 동력은 $0.4 \times 36 = 14.4\text{kW/m}^3$이 된다.

이 값은 교반 용기에서 저점도 액체에 전달하기 위한 동력으로서는 비현실적으로 큰 값이다.

(b) 두 용기에서 단위 부피 당 동력 도입량이 같도록 할 경우, 식 (9.37)에서

$$\frac{n_6}{n_1} = \left(\frac{D_{a1}}{D_{a6}}\right)^{2/3}$$

nt_T가 일정하므로, $n_6/n_1 = t_{T1}/t_{T6}$이다. 따라서

$$\frac{t_{T6}}{t_{T1}} = \left(\frac{D_{a6}}{D_{a1}}\right)^{2/3} = 6^{2/3} = 3.30$$

6ft 용기에서의 배합 시간은 $3.30 \times 15 =$ 49.5s이다.

대형 장치와 파일럿 플랜트 용기의 배합 시간을 동일하게 유지한다는 것이 비현실적이지만 대형 탱크에서의 배합 시간을 어느 정도 증가시키면 동력 소요량을 합당한 수준까지 감소시킬 수 있다. 교반 장치의 규모 확대에서는 이러한 절충이 종종 필요하다.

규모축소(Scale-down)

혼합시간이 일정하고 아주 큰 용기로 스케일업한다는 것은 비현실적일 수 있다. 빠른 반응이 진행되는 경우처럼 혼합시간이 중요할 경우에는 규모축소(scale-down) 수법을 이용해야 할 것이다. 즉 실질적 동력 도입량에 관해 대형 용기에서의 배합시간을 추정한 다음 소형 용기에서 혼합시간이 같아지는 교반속도를 시험한다.

이러한 스케일다운 수법은 복잡한 계에서 액적, 기포, 또는 현탁 고체 입자로의 물질전달 속도가 총괄 반응속도나 선택도에 영향을 미치는 경우에도 적용할 수 있다. 실험용 소형 반응기는 100~200 hp/1000gal로 운전하여 물질전달 속도를 아주 높일 수 있으므로 단위 부피 당 동력(P/V)이 일정하다고 보고 스케일업하는 것은 현실적이라 할 수 없다. 대형 반응기에서 합당한 동력 도입량이 되는 교반 조건을 시험적으로 선택하고 소형 반응기에서 P/V가 동일한 교반속도를 시험한다. 이 경우 총괄 반응속도는 낮아지더라도 스케일업에 따른 성능의 변화는 적을 것이다.

9.1 지름 1.2m, 높이 2m인 탱크에 점도 10P, 밀도 800kg/m^{3}인 라텍스를 깊이 1.2m까지 채운다. 탱크에는 방해판이 없다. 바닥으로부터 360mm의 높이에 지름 360mm인 3날 프로펠러를 설치한다. 피치는 1 : 1이다(피치가 지름과 같다). 동력 8kW의 모터가 있다고 할 때, 교반기를 800rpm으로 회전시키는 데 적절한지 검토하라. 교반기의 최대 속도를 구하라.

답 : P = 8,364W, 부적합

9.2 4.5ft 방해판 설치 탱크에서 1.5ft 6날 터빈으로 액심 4.8ft의 액체를 교반할 때의 혼합 시간이 29s이다. 터빈 속도는 75rpm이고, 유체는 점도 3cP, 밀도 65lb/ft^{3}이다. 탱크 지름의 1/4 또는 1/2인 임펠러를 사용할 때의 혼합 시간을 구하라. 임펠러는 단위 부피 당 동력이 같은 속도로 회전한다.

답 : t_T = 21.6s

9.3 6날 디스크 터빈(D_a = 3ft)을 사용하여, 온도 90°C, 계기 압력 60lb$_f$/in^{2}에서 리놀레산 메틸과 현탁 촉매 입자(D_s = 50μm, ρ_p = 4g/cm^3) 1%가 들어있는 슬러리 반응기에 수소를 분산시킨다. 반응기 지름은 9ft이고 깊이는 12ft이다. 기체 유량은 1,800std ft^3/min이다. 90°C에서 기름의 점도는 1.6cP, 밀도는 0.84g/cm^{3}이다. 반응기에는 충분한 방해판이 설치되어 있다.
(a) 반응 중에 5hp/1,000gal을 전달하는 데 필요한 교반 속도를 구하라.
(b) 기체가 흐를 때와 흐르지 않을 때의 동력 소비량을 구하라.

답 : (a) n = 2.75rpm/s or 165rpm/min
(b) 기체가 흐를 때 : P_g = 28.6hp, 기체가 흐르지 않을 때 P_0 = 86.5hp

9.4 지름 20ft인 탱크에서 6날 45° 터빈을 사용하여, 물에 20~28mesh 석회석이 15% 들어있는 슬러리를 현탁 상태로 유지하고자 한다.
(a) D_a/D_t = 1/3, W/D_a = 0.2일 때 필요한 교반 속도를 구하라.

답 : (a) n_c = 1.02rpm/s or 61rpm/min

(b) D_a/D_t = 0.4일 때의 교반 속도와 필요 동력을 구하라.

(b) n_c = 0.97rpm/s or 58rpm/min

9.5 4in의 여섯 굽은 날 터빈을 설치한 지름 1ft인 파일럿 플랜트 반응기에서 결정성 고체가 생성되는 반응을 연구한다. 교반 속도는 600rpm 미만이며, 바닥에 고체가 퇴적되기도 하지만, 공업용 반응기에서는 이런 상태를 피해야 한다. 액체의 밀도는 70lb/ft^3, 점도는 3cP이다.
(a) 작은 반응기에서의 동력 소비량과 기하학적 유사성을 유지할 때의 8,000gal 반응기에서의 동력 권장량을 구하라.
(b) 교반기 종류와 형상을 바꾸면 필요한 동력 소비량을 줄일 수 있는가?

답 : (a) P_2 = 106hp (b) 줄일 수 있다.

9.6 온도 110°C, 절대 압력 3atm의 터빈 교반 용기에서 물 속에 기상 에틸렌(C_2H_4)을 분산시키고자 한다. 용기 지름은 3m이고 최대 액심은 3m이다. 프로세스 조건에서 측정한 에틸렌의 유량은 800m^3/h이다. 다음을 구하라.
(a) 터빈 교반기의 지름과 속도, (b) 교반기에서의 소비 동력, (c) 이러한 조건에서 범람 초기의 기체 유량

답 : (a) n_3 = 115rpm (b) P_g = 12.7kW (c) q = 1,660m^3/h

9.7 지름이 2.4m이고 액체의 정상 깊이가 3.5m인 원통형 탱크에 0.8m HE-3 임펠러를 설치한다. 액체는 밀도가 980kg/m^{3}이고 점도가 2.5P이다. 임펠러 속도가 30rpm/min일 경우, 임펠러가 전달하는 동력과 단위 부피 당 동력(kW/m^3)을 구하라. 답 : P/V = 0.170kW/m^3 (0.86hp/100gal)

9.8 2L 반응기에서 6 날 터빈을 2,000rpm/min으로 운전한다. 반응기의 액체가 50ºC의 클로로벤젠일 경우 혼합시간을 추산하라. 터빈 매개변수는 D_a/D_t = 1/3, H/D_t = 1.2 이다 답 : t_T = 1.39s

9.9 지름이 1.5m이고 액체 깊이가 1.8m인 교반 수소첨가 반응기에 0.5m 6 날 터빈이 설치되어 있다. 액체는 점도 2.3cP, 밀도 950kg/m^{3}이다. 촉매로는 평균 입도가 20μm인 Raney 니켈 촉매를 사용한다. 입자의 세공도는 55%이다.

(a) 촉매 입자의 종말속도를 구하라.

(b) 이 고체를 완전 현탁시키는 데 필요한 단위 부피 당 동력을 구하라.

답 : (a) u_t = 0.034cm/s (b) P/V = 0.566kW/m^3 (2.87hp/100gal)

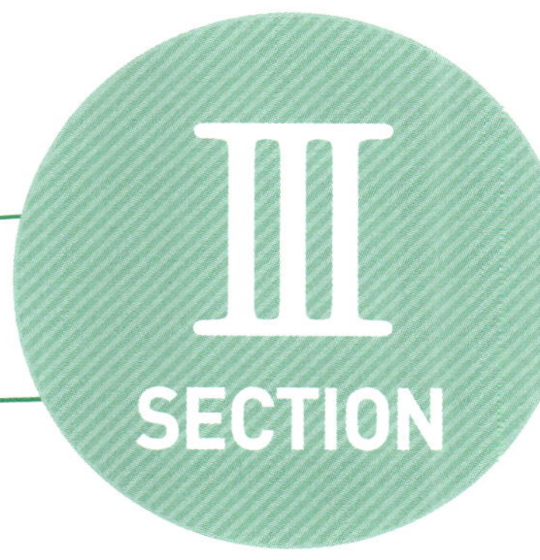

열전달 및 그 응용

Heat Transfer and Its Applications

화공기술자에 의하여 수행되는 모든 조작은 실제 열의 형태로서 에너지를 생성하거나 흡수한다. 그래서 열의 전달에 관여되는 법칙과 열흐름의 제어가 주목적인 전열장치의 형태는 아주 중요하다. 서로 다른 온도의 두 물질이 열적 접촉이 되면 열은 고온의 물질로부터 저온의 물질로 흐른다. 순 흐름(net flow)은 언제나 온도감소 방향으로 있게 된다. 즉 전도(conduction), 대류(convection) 그리고 복사(radiation) 등이다.

연속체 내에 온도구배가 있어야만 열이 흐르는 열흐름을 **전도**라 하고, 후리에의 법칙(Fourier's law)법칙에 따르면 열 플럭스(heat flux)는 온도구배(temperature gradient)에 비례하고 그 구배의 부호는 음이다. 1차원적 열흐름에 대한 이 법칙은 다음과 같다.

$$\frac{dq}{dA} = -k\frac{dT}{dx} \tag{III.1}$$

q = 표면에 직각방향으로의 열흐름속도
A = 표면적
T = 온도
x = 표면에 직각방향으로의 거리
k = 비례상수 즉 열전도도

금속고체 내에서 열전도는 자유전자의 운동에 기인하고 **열전도도(thermal conductivity)**와 전기전도도(electrical conductivity)가 거의 일치한다. 전기의 불량 전도체인 고체나 대부분의 액체에 있어서 열전도는 이웃 진동 분자들이나 원자들 간의 운동량전달에 기인된다. 기체에서 전도는 분자들의 무작위 운동에 의해 일어남으로 열은 고온 영역으로부터 저온 영역까지 "확산(diffusion)"된다. 전도의 예로는 노(furnace) 벽 또는 열교환기 금속 벽 같은 불투명 고체 내 열흐름이다. 금속액체나 기체 내 열전도는 유체흐름에 영향을 받고 때로는 전도와 대류가 함께 관여되기도 한다.

대류(convection)는 노(furnace)로부터의 뜨거운 공기가 방안으로 유입되는 것과 같이, 또는 뜨거운 표면으로부터 흐르는 유체 쪽으로 열전달되는 것과 같이, 유체의 흐름과 연관된 열의 흐름을 뜻한다. 특히 금속 벽, 고체 입자, 액체 표면으로부터의 열전달이 포함됨으로 단위조작에서 아주 중요하다. 대류플럭스(convective flux)는 냉각에 대한 Newton법칙에서 설명되듯이 표면온도와 유체온도 간의 차에 비례한다. 즉

$$\frac{q}{A} = h(T_s - T_f) \tag{III.2}$$

여기서, $T_s =$ 표면온도
$T_f =$ 표면으로부터 떨어진 유체 본체온도
$h =$ 열전달계수

온도기력 $T_s - T_f$에 대한 선형적 의존도가, 식 (Ⅲ.1)의 적분형태에서 볼 수 있듯이, 일정한 열전도도 값을 가지는 고체 내 순수한 전도와 같은 점에 유의한다. 열전도도와는 달리 열전달계수는 유체의 고유 특성치(intrinsic property)가 아니고, 유체의 열적 특성치(thermal property)와 마찬가지로 유체 역학에 의해 결정되어지는 흐름 형태에 의존된다. $T_f - T_s > 0$이면 열은 유체로부터 표면으로 전달될 것이다.

한 유체 내 흐름이 밀도 차에 의해 유발되는 부력 또는 밀도 차가 유체 내 온도차로 인할 때, 그 작용을 **자연대류**라 한다. 흐름이 펌프나 교반기 같은 기계적 장치에 의해 흐름이 밀도 차에 무관한 흐름을 **강제대류**라 한다.

복사(radiation)는 공간을 통해 전자기 파(electromagnetic wave)에 의한 에너지가 전달되는 현상이다. 복사선이 공간을 통과하고 있을 때, 이것은 열 또는 기타 에너지형으로 변형되지 않고 그의 통로를 바꾸지도 않는다. 그러나 그 통로에 어느 물질이 존재하면 복사는 투과되거나, 반사되거나 또는 흡수된다. 이 때 흡수된 에너지만이 열로서 나타나고, 변형된 양은 정량적이다. 예로서, 용융석영(fused quartz)은 실제로 그에 와 닿는 모든 복사선을 투과시키며, 연마된 불투명 표면이나 거울은 그에 와 닿는 복사선의 대부분을 반사할 것이다. 또 흑색 표면 또는 매트(matte) 표면은 그것에 와 닿는 대부분의 복사를 흡수하고, 그 흡수 에너지는 정량적으로 열로 변형된다.

흑체(black body)에 의해 방출되는 에너지는 절대온도의 4승에 비례한다. 즉

$$W_b = \sigma T^4 \tag{III.3}$$

여기서, W_b = 단위면적 당 복사에너지 방출속도(rate of radiant energy emission)
σ = Stefan-Boltzmann 상수
T = 절대온도

단 원자 그리고 2원자 기체는 열복사(thermal radiation)를 투과한다. 그래서 열은 복사(radiation)와 전도-대류(conduction-convection) 두 가지에 의해 이러한 기체를 통과하여 흐르게 됨을 알 수 있다.

CHAPTER

10 전도에 의한 열전달

Heat Transfer by Conduction

고체가 전자기파에 대해 투명하여 복사효과가 무시되고 또 대류도 없다면 균일한 등방성 고체 내에서 전도에 의한 열흐름은 쉽게 이해된다. 첫째, 전도에 대한 일반 법칙을 논하고, 둘째, 고체 내 온도분포가 시간에 따라 변하지 않는, 즉 정상상태 열전도 관계와 시간에 따라 변하는 비정상상태 전도에 대한 단순한 예 등을 논하기로 한다.

10.1 전도의 기본법칙(Basic law of conduction)

전도에 의한 열흐름의 기본관계는 열플럭스(heat flux)와 온도구배 사이의 비례이다. 즉 이를 **Fourier법칙**이라 한다. x 방향으로 정상상태 일차원 흐름에 대한 식 (Ⅲ.1)을 다시 쓰면 다음과 같다.

$$\frac{dq}{dA} = -k\frac{dT}{dx} \tag{10.1}$$

여기서, q = 표면에 직각방향으로의 열흐름 속도, kcal/h

A = 표면적, m^2

T = 온도, °C

x = 표면에 직각으로 측정된 거리, m

k = 열전도도, kcal/m·hr·°C

등방성(isotropic) 물질에서 3방향으로 열흐름에 대한 Fourier법칙의 일반 표현은 다음과 같다.

$$\frac{dq}{dA} = -k\left(\frac{\partial T}{\partial x} + \frac{\partial T}{\partial y} + \frac{\partial T}{\partial z}\right) = -k\Delta T \tag{10.2}$$

식 (10.2)에서, 플럭스벡터(flux vector) dq/dA는 온도구배 ΔT에 비례하고 그 방향은 반대이다. 그래서 등방성 물질에서 열은 온도 하강방향으로 전도에 의해 흐른다.

원통 좌표 계에서 식 (10.2)는 다음과 같이 된다.

$$\frac{\partial q}{\partial A} = -k\left(\frac{\partial T}{\partial r} + \frac{1}{r}\frac{\partial T}{\partial \theta} + \frac{\partial T}{\partial z}\right) = -k\Delta T \tag{10.3}$$

구 좌표 계에서 식 (10.2)는

$$\frac{\partial q}{\partial A} = -k\left(\frac{\partial T}{\partial r} + \frac{1}{r}\frac{\partial T}{\partial \theta} + \frac{1}{r\sin\theta}\frac{\partial T}{\partial \phi}\right) = -k\Delta T \tag{10.4}$$

비례상수 k는 해당 물질의 한 물성(물리적 특성)이고 **열전도도**라 부른다. 이것은 뉴턴점도(newtonian viscosity) μ와 같이 소위 한 물질의 전달특성 중의 하나이다. k의 단위는 kcal/m·h·°C 또는 W/m·°C이다.

Fourier 법칙은 k가 온도구배에 무관하나 온도 자체에는 필연적으로 무관한 것은 아님을 나타내고 있다. 온도구간이 큰 구간에서는 k값은 온도의 1차 함수로 나타낼 수 있다.

$$k = a + bT \tag{10.5}$$

여기서, a와 b는 실험상수이다.

금속의 열전도도 값은 스텐레스강의 17W/m·°C, 연강의 45W/m·°C로부터 구리의 380W/m·°C, 은의 415W/m·°C까지 그 범위가 넓다. 금속의 열전도도는 온도 감소에 따라 일반적으로 거의 일정하거나 약간 감소한다. 유리나 대부분의 비다공성 물질에 대한 열전도도 값은 0.35~3.5W/m·°C 범위로 아주 낮다. 이러한 물질의 k는 온도 증가에 따라 증가하거나 또는 감소한다.

대부분 액체의 k는 고체의 것보다 낮고 전형적인 값은 0.17W/m·°C이고, 온도 10°C 상승에 따라 3~4% 감소한다. 물은 예외여서 k = 0.5~0.7W/m·°C이고 온도 상승에 따라 정점(최대점)을 통과한다.

기체들의 열전도도는 액체 것보다 한자리 수(an order of magnitude ; 10의 1승) 정도 낮다. 이상기체의 경우, k는 평균 분자속도, 평균 자유경로 및 분자열용량에 비례한다. 각 물질의 온도에 대한 열전도도 값을 부록에 나타내었다.

10.2 정상상태 전도(Steady-state conduction)

정상상태 전도의 간단한 예를 그림 10.1에 나타냈다. 그림 10.1(a)에 평탄한 절연 탱크 벽에 −10°C의 냉동제가 들어있고 탱크 외부 공기온도는 28°C에 있다. 열이 공기로부터 냉동제 쪽으로 흐르기 때문에 온도는 절연층 거리에 따라 선형으로 떨어진다. 그림에서 보는 바와 같이 실제로 공기 본체와 절연체 외부표면 간의 온도강하가 나타나게 되는데, 그림 10.1(a)에서는 이를 무시하였다. 그림 10.1(b)은 100°C 끓는 물이 탱크에 들어있어 20°C의 외부공기 쪽으로 열손실이 되는 것을 나타내었다. 앞의 경우와 같이 절연체 내 온도경사는 직선이고 열흐름은 반대이다. 따라서 식 (10.1)에서 x는 내부표면으로부터 바깥쪽으로의 거리이어야 한다. 여기에서도 마찬가지로 공기본체와 절연체

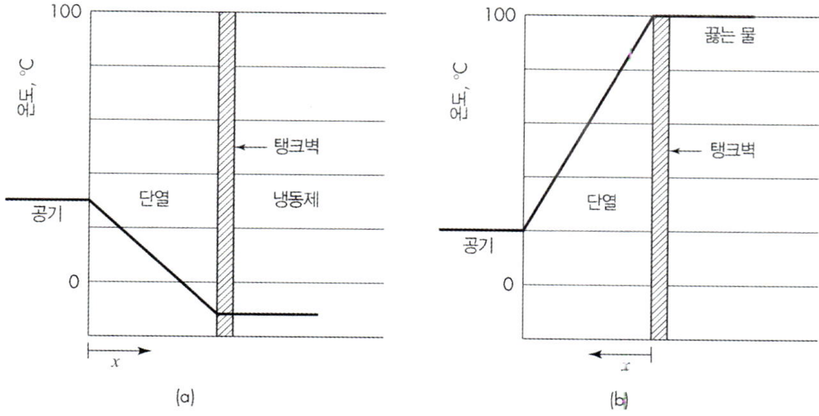

그림 10.1 절연탱크 외부 온도구배 ; (a) 탱크 내로의 열흐름, (b) 탱크로부터의 열흐름

표면 간에 온도변화가 있게 되나 여기서는 이를 무시하였다.

열흐름 속도는 k가 온도에 무관하다고 가정하여 다음과 같이 알 수 있다. 정상상태에서 미소구간에는 열의 축적이나 손실이 없기 때문에, q는 열흐름 거리에 따라 일정하다. 만일 x가 뜨거운 쪽으로부터의 거리이면 식 (10.1)은 다음과 같이 쓸 수 있다.

$$dT = -\frac{q}{kA}dx \tag{10.6}$$

이 식에서 변수는 x와 T뿐이므로 직접 적분하면 다음과 같다.

$$\frac{q}{A} = k\frac{T_1 - T_2}{x_2 - x_1} = k\frac{\Delta T}{l} \tag{10.7}$$

$x_2 - x_1 = \ = $ 절연층 두께

$T_1 - T_2 = \Delta T =$ 절연층 내 온도강하

열전도도 k가 식 (10.5)에 의해 온도에 따라 직선적으로 변할 때, 식 (10.7)은 k의 평균치 $\bar{k}$로 사용할 수 있다. 여기서 $\bar{k}$값은 T_1과 T_2에서의 각각 k값들을 산술 평균하여 사용하거나 또는 두 온도의 산술평균치를 구하고, 그 산술평균온도에서의 값을 사용한다.

식 (10.7)은 다음 형태로도 표시된다.

$$\frac{q}{A} = \frac{\Delta T}{R} \tag{10.8}$$

여기서, R은 점 1과 2 사이에서 그 고체의 열저항(thermal resistance)이다. 식 (10.8)에서 $\frac{q}{A}$는 단위면적당의 열전달 속도로서 열 플럭스(heat flux)라고하며 단위는 kcal/h·m^2, W/m^{2}이다.

예제 10.1

6in(152mm) 두께의 분말 코르크(cork) 층을 평면 벽의 열 절연층으로 사용한다. 코르크의 찬 쪽 온도는 40°F(4.4°C)이고, 더운 쪽 온도는 180°F(82.2°C)이다. 그 코르크의 열전도도는 32°F(0°C)에서 0.021 Btu/ft·h·°F(0.036W/m·°C)이고, 200°F(93.3°C)에서 0.032(0.055)이다. 벽의 면적은 $25\,\text{ft}^2\,(2.32\,\text{m}^2)$이다. 벽을 통과하는 열흐름속도는 Btu/h(watt) 단위로 얼마인가?

풀이 식 (10.7) $\dfrac{q}{A} = k\dfrac{T_1 - T_2}{x_2 - x_1} = k\dfrac{\Delta T}{l}$

코르크층의 산술평균 온도는 (40 + 180)/2 = 110°F이다.

직선 내삽에 의하여 110°F에서 열전도도는 다음과 같다.

$$\bar{k} = 0.021 + \frac{(110-32)(0.032-0.021)}{200-32} = 0.026\text{Btu/ft}\cdot\text{h}\cdot°\text{F}$$

$$A = 25\text{ft}^2 \qquad \Delta\text{T} = 180 - 40 = 140°\text{F} \qquad l = \frac{6}{12} = 0.5\text{ft}$$

식 (10.7)에 대입하면,

$$q = \frac{0.026 \times 25 \times 140}{0.5} = 182\,\text{Btu/h}\,(53.3\,\text{W})$$

직렬 복합저항(Compound resistances in series)

그림 10.2에 보인 바와 같이, 여러 층으로 구성된 평면 벽을 생각해 보자. 각 층에서 평균 열전도도를 각각 $\bar{k}_A$, $\bar{k}_B$, $\bar{k}_C$이고 두께가 l_A, l_B, l_C 재질인 복합 벽의 면적을 A, 각층에서 온도강화를 ΔT_A, ΔT_B, ΔT_C라면 정상상태에서 전 벽을 통한 총괄 온도강하(ΔT)는 다음과 같다.

$$\Delta T = \Delta T_A + \Delta T_B + \Delta T_C \tag{10.9}$$

식 (10.7)은 k 대신 $\bar{k}$을 사용하여 각 층에서 ΔT을 구할 수 있다.

$$\Delta T_A = q_A \frac{l_A}{\bar{k}_A A} \qquad \Delta T_B = q_B \frac{l_B}{\bar{k}_B A} \qquad \Delta T_C = q_C \frac{l_C}{\bar{k}_C A} \tag{10.10}$$

식 (10.10)의 각각을 더해 주면 다음과 같이 된다.

$$\Delta T_A + \Delta T_B + \Delta T_C = \frac{q_A l_A}{A \bar{k}_A} + \frac{q_B l_B}{A \bar{k}_B} + \frac{q_C l_C}{A \bar{k}_C} = \Delta T$$

정상적 열흐름에서 첫 저항을 통과하는 모든 열은 둘째 저항을 통과해야 하고, 그리고 순서대로 셋째 저항을 통과해야 하므로 q_A, q_B 및 q_C는 동일하여 모두 q로 표시할 수 있다.

각 층에 대해 $q = \dfrac{\Delta T}{R}$가 성립한다. 따라서 q에 대하여 풀면 다음과 같다.

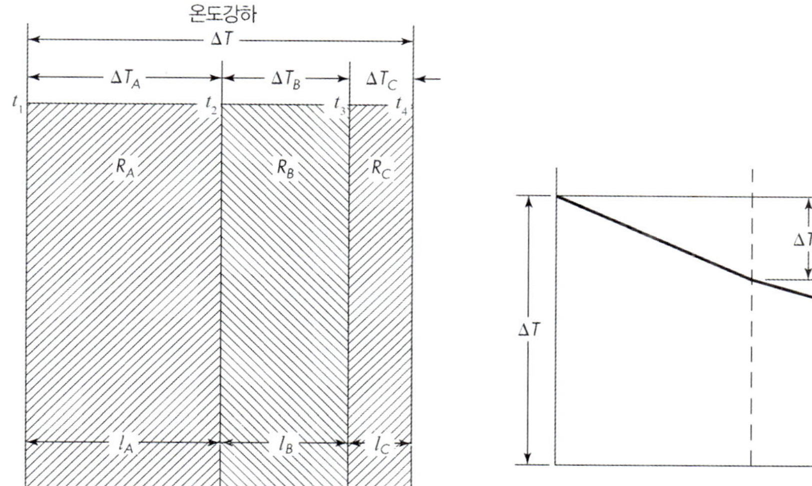

그림 10.2 직렬 열저항

$$
\begin{aligned}
q &= \frac{\Delta T}{l_A/\bar{k}_A A + l_B/\bar{k}_B A + l_C/\bar{k}_C A} = \frac{(t_1 - t_2) + (t_2 - t_3) + (t_3 - t_4)}{R_A + R_B + R_C} \\
&= \frac{\Delta T_A + \Delta T_B + \Delta T_C}{R_A + R_B + R_C} = \frac{\Delta T}{R_A + R_B + R_C} = \frac{\Delta T}{R}
\end{aligned} \tag{10.11}
$$

여기서, R_A, R_B, R_C = 각 층의 저항

R = 총괄 저항

식 (10.11)은 직렬로 된 층을 통과하는 열흐름에 있어서 총괄 열저항(overall resistance)은 개별 저항의 합과 같음을 나타낸다.

개별 온도강하가 총 온도강하에 대해 있는 것은 마치 개별 열저항이 총 열저항에 대해 있는 것과 같다. 이의 수학적으로 표시는

$$
\frac{\Delta T}{R} = \frac{\Delta T_A}{R_A} = \frac{\Delta T_B}{R_B} = \frac{\Delta T_C}{R_C} \tag{10.12}
$$

그림 10.2는 또한 온도 및 온도구배의 형태를 나타낸 것이다. 한 층의 두께와 열전도도에 따라서 전 온도강하에 대한 그 층에서의 온도강하 분율은 작게 또는 크게 될 것이다. 즉, 낮은 전도도인 얇은 층은, 높은 전도도인 두꺼운 층보다, 아주 큰 온도강하가 생겨서 더 급격한 온도구배가 유발될 것이다.

예제 10.2

평 노 벽(flat furnace wall)이 4.5in(114mm) 두께의 벽돌[열전도도 0.08Btu/ft·h·°F(0.138 W/m·°C)]층에 9in(229mm) 두께의 보통 벽돌층[열전도도 0.8(1.38)]으로 보강하여 축조되었다. 노 벽의 내부 온도는

1,400°F(760°C)이고, 노의 외부 표면온도는 170°F(76.6°C)이다.

(a) 벽을 통한 열손실량은 얼마인가?

(b) 내화 벽돌과 보통 벽돌 사이의 계면온도는 몇 도인가?

(c) 사이의 접촉이 불량하여 그 접촉저항(contact resistance)이 0.50°F·h·ft^2/Btu(0.088°C·m^2/W)라 가정하면 열손실량은 얼마인가?

풀이 (a) 벽 1 ft^2(즉, $A = 1\,\text{ft}^2$)를 생각하자.

Sil-o-cel 층의 열저항은, $R_A = \dfrac{4.5/12}{0.08} = 4.687$

보통 벽돌의 저항은 : $R_B = \dfrac{9/12}{0.8} = 0.938$

총괄 저항은 : $R = R_A + R_B = 4.687 + 0.938 = 5.625\text{°F}\cdot\text{h}\cdot\text{ft}^2/\text{Btu}$

총괄 온도강하는 다음과 같다.

$$\Delta T = 1{,}400 - 170 = 1{,}230\text{°F}$$

식 (10.11)에 대입하여 벽 1 ft^2 로부터의 열손실은 다음과 같다.

$$q = \frac{1{,}230}{5.625} = 219\text{Btu/h}(64.2\,\text{W})$$

(b) 직렬저항 중 어느 하나에서 온도강하는 총괄 온도강하가 총괄 저항에 비례하는 것과 같이 개별 저항에 비례한다. 즉,

$$\frac{\Delta T_A}{4.687} = \frac{1{,}230}{5.625}$$

$$\Delta T_A = 1{,}025\text{°F}$$

따라서, 계면의 온도는 1,400 − 1,025 = 375°F(190.6°C)이다.

(c) 접촉저항을 포함해서 총괄 저항은

$$R = 5.625 + 0.500 = 6.125$$

1 ft^2 로부터 열손실량은 다음과 같다.

$$q = \frac{1{,}230}{6.125} = 201\text{Btu/h}(58.9\,\text{W})$$

원통을 통한 열흐름(Heat flow through a cylinder)

그림 10.3과 같이 내 반경 r_i, 외 반경 r_o이고 길이 L인 중공 원통(hollow cylinder)을 생각해 보자. 그 원통의 열전도도는 k이다. 외부 표면의 온도는 T_o이고 내부 표면온도는 T_i이고, 여기에서 $T_i > T_o$이다. 중심으로부터 반경 r에서 열흐름속도는 q이고, 이 지점의 열전달 면적은 A이다. 이 면적은 반경에 따른 함수이고 정상상태 열흐름속도는 일정하다. 열흐름이 r방향으로만 흐르기 때문에 식 (10.3)은 다음과 같이 나타낼 수 있다.

$$\frac{q}{A} = \frac{q}{2\pi rL} = -k\frac{dT}{dr} \tag{10.13}$$

식 (10.13)을 정리하여 주어진 한계에서 적분하면 다음과 같이 된다.

$$\int_{r_i}^{r_o}\frac{dr}{r} = \frac{2\pi Lk}{q}\int_{T_o}^{T_i} dT$$

$$\ln r_o - \ln r_i = \frac{2\pi Lk}{q}(T_i - T_o)$$

$$q = \frac{k(2\pi L)(T_i - T_o)}{\ln(r_o/r_i)} \tag{10.14}$$

식 (10.14)는 두꺼운 벽의 원통을 통과하는 열흐름을 계산하는 데 사용될 수 있다. 이 식은 더 편리한 다음 형태로 표시할 수 있다.

$$q = \frac{k\overline{A}_L(T_i - T_o)}{r_o - r_i} \tag{10.15}$$

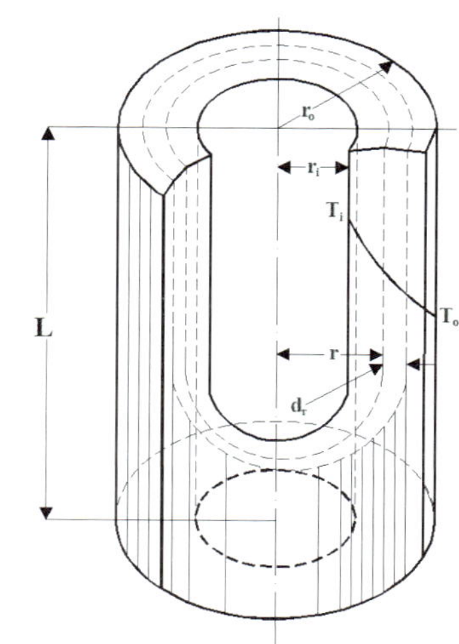

그림 10.3 중공원통벽의 열흐름

이 식은 $\overline{A}_L$만을 제외하고 평판 벽을 통과하는 열흐름에 대한 식 (10.7)과 같은 일반 형태이다. 물론 $\overline{A}_L$은 해당 식에 적합하도록 선정되어야만 한다. $\overline{A}_L$항은 식 (10.14)와 (10.15)의 우측 항을 같게 놓고 풀면 다음과 같다.

$$\overline{A}_L = \frac{2\pi L(r_o - r_i)}{\ln(r_o/r_i)} \tag{10.16}$$

이 식으로부터 $\overline{A}_L$은 길이 L 그리고 반지름 $\bar{r}_L$인 원통의 면적이 됨을 유의하라. 여기서, $\bar{r}_L$는 다음과 같다.

$$\bar{r}_L = \frac{r_o - r_i}{\ln(r_o/r_i)} \tag{10.17}$$

식 (10.17)에서 우변의 형태는 기억해 둘 필요가 있다. 이것을 **로그평균**(logarithmic mean)이라 하며, 식 (10.17)의 반지름에 대한 경우를 **로그평균 반지름**(logarithmic mean radius)이라 한다. 이것은 두꺼운 벽의 원통을 통과하는 열흐름에 대한 올바른 속도를 구할 수 있도록 하는 반지름이다.

로그평균은 산술평균보다 편리하지는 못하다. 이 산술평균은 r_o/r_i가 거의 1인 얇은 벽의 도관에서는 큰 오차 없이 사용할 수 있다. 산술평균 $\bar{r}_a$에 대한 로그평균 $\bar{r}_L$의 비는 그림 10.4에 표시된 바와 같이 r_o/r_i의 함수이다. 따라서, $r_o/r_i = 2$일 때 로그평균은 $0.96\bar{r}_a$이고, 산술평균의 사용으로 인한 오차는 4%이다. $r_o/r_i = 1.4$ 일 때는 그 오차가 1%이다.

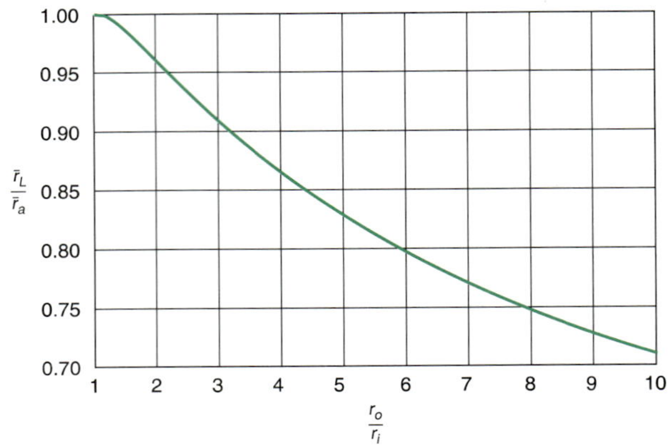

그림 10.4 로그평균과 산술평균의 관계

예제 10.3

60mm OD의 튜브가 열전도도 0.055 W/m·°C인 실리카층 50mm로, 그 다음 열전도도 0.05 W/m·°C인 코르크층 40mm로 절연되었다. 관의 외부 표면온도가 150°C이고, 코르크층 외부 표면온도가 30°C일 경우, 열손실을 W/m 단위로 계산하라.

풀이 이들 절연층은 산술평균 반지름을 사용하기에는 너무 두꺼워서 로그(대수)평균 반지름을 사용해야 한다. 실리카층에 대하여,

$$\bar{r}_L = \frac{80-30}{\ln(80/30)} = 50.97\,\text{mm}$$

코르크층에 대하여,

$$\bar{r}_L = \frac{120-80}{\ln(120/80)} = 98.64\,\text{mm}$$

실리카층을 A 그리고 코르크층을 B로 표시하면, 식 (10.15)에 따라,

$$q_A = \frac{k_A \overline{A}_A (T_i - T_x)}{x_A} \qquad q_B = \frac{k_B \overline{A}_B (T_x - T_o)}{x_B}$$

여기서 T_x는 실리카와 코르크 사이의 계면온도이다.

식 (10.16)과 (10.17)로부터,

$$\overline{A}_A = 2\pi(0.05097)L = 0.3203L \qquad \overline{A}_B = 2\pi(0.09864)L = 0.6198L$$

그래서,

$$q_A = \frac{0.055 \times 0.3203L(T_i - T_x)}{0.050} = 0.3522L(T_i - T_x)$$

$$q_B = \frac{0.05 \times 0.6198L(T_x - T_o)}{0.040} = 0.7748L(T_x - T_o)$$

다시 정리하면,

$$\frac{2.839\,q_A}{L} = T_i - T_x,\ \frac{1.291\,q_B}{L} = T_x - T_o$$

두 식을 결합하면,

$$\frac{4.13\,q}{L} = T_i - T_o = 150 - 30 = 120$$

즉,

$$\frac{q}{L} = 29.1\,\mathrm{W/m}$$

10.3 비정상상태 열전도(Unsteady-state conduction)

표면온도 일정한 경우 1차원 열흐름 (One-dimensional heat flow with constant surface temperature)

그림 10.5는 초기에 균일 온도 T_a 에 있는 두께 $2s$ 인 큰 평판 중 한 단면을 나타낸 것이다. 양 표면을 가열하기 시작하여 급격히 온도가 상승되어 표면온도 T_s 로 유지된다고 하자. 그림 10.5에 표시된 온도분포는 가열 시작된 후 비교적 짧은 시간 t_T이 경과된 조건을 나타낸 것이다.

이 평판의 좌측으로부터 거리 x 에 있는 평판 두께 dx 인 미분요소를 살펴보자. 전체 요소의 양측 표면은 각각 등온 평면이다. x 에서 온도구배는 어느 순간 $\partial T/\partial x$ 이고, x 에서 시간차 dt 동안에 유입 열량(heat input)은 $-kA(\partial T/\partial x)dt$ 이다. 여기서, A 는 열흐름에 직각인 평판의 면적이고, k 는 열전도도이다. 거리 $x+dx$ 에서 구배(기울기)는 x 에서의 것과 다르고 다음과 같이 표현된다.

$$\frac{\partial T}{\partial x} + \frac{\partial}{\partial x}\frac{\partial T}{\partial x}dx$$

$x+dx$ 에서 열유출량은 다음 식과 같다.

$$-kA\left(\frac{\partial T}{\partial x} + \frac{\partial}{\partial x}\frac{\partial T}{\partial x}dx\right)dt$$

유출열량(heat output)을 초과하는 유입열량은 dx 층에 축적(accumulation)됨으로 다음과 같이 된다.

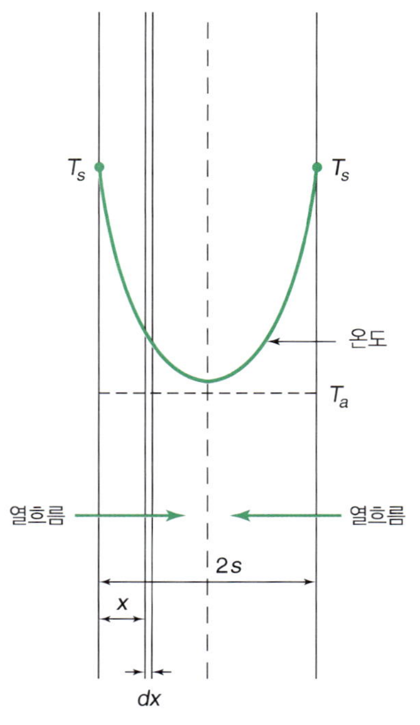

그림 10.5 고체 평판에서의 비정상상태 전도

$$-kA\frac{\partial T}{\partial x}dt + kA\left(\frac{\partial T}{\partial x} + \frac{\partial^2 T}{\partial x^2}dx\right)dt = kA\frac{\partial^2 T}{\partial x^2}dx\,dt$$

고려하는 미분요소 층 내에서의 열축적은 그 층의 온도를 상승시킨다. c_p 및 ρ을 각각 비열 및 밀도라 하면, 축적량은 질량(체적에 밀도를 곱한 것), 비열 그리고 온도 증가분의 곱, 즉 $(\rho A\,dx)c_p(\partial T/\partial t)dt$이다. 그러면 열 수지에 따라 다음과 같이 되거나,

$$kA\frac{\partial^2 T}{\partial x^2}dx\,dt = \rho c_p A\,dx\frac{\partial T}{\partial t}dt$$

또는 $\rho c_p A\,dx\,dt$로 나누면 다음과 같이 쓸 수 있다.

$$\frac{\partial T}{\partial t} = \frac{k}{\rho c_p}\frac{\partial^2 T}{\partial x^2} = \alpha\frac{\partial^2 T}{\partial x^2} \tag{10.18}$$

식 (10.18)에서 α를 고체의 **열확산계수**(thermal diffusivity)라 하는데, 이것은 그 물질의 특성이며 면적을 시간으로 나눈 차원을 가진다.

10.1 노벽이 200mm 두께의 내화벽돌, 100mm의 카오린 벽돌 그리고 6mm의 강철판으로 구성되었다. 내화벽돌의 화염 쪽은 1,150°C 그리고 강철판의 외부 표면온도는 30°C이다. 노에 대한 정밀 열수지에 의해 노벽으로부터의 열손실이 300W/m^{2}임을 알았다. 벽돌층과 강철 사이에는 얇은 공기층이 존재하는 것으로 알려졌다. 이 공기층은 카오린 벽돌의 몇 mm에 상당하는가? 열전도도 값은 부록 11을 참고하라. 답 : (x_B)air = 0.298m

10.2 250°F의 포화수증기가 1in Schedule 40 표준 강철관을 흐른다. 이 관은 2in 두께의 85% 마그네시아 판(magnesia pipe)으로 덮어 씌워 절연되어 있다. 그리고 이 마그네시아 밖에는 $\frac{1}{2}$in 두께의 코르크가 있다. 관 벽의 안쪽 온도는 249°F이고, 코르크층 외부 온도는 90°F이다. 각 재질의 열전도도는 But/ft·h·°F 단위로서 강철은 26, 마그네시아는 0.034, 코르크는 0.03이다. (a) 관 100 ft당 열손실을 But/h로 계산하라. (b) 금속과 마그네시아 사이, 그리고 마그네시아와 코르크 사이의 경계에서 온도를 계산하라. 답 : (a) q = 2,130Btu/h (b) T_A = 109.5°F, T_B = 248.97°F

10.3 1/2in 철-벽으로 된 소각로(incinerator)가 4in 내화벽돌로 내장되어 그 철판이 보호되고 그 노 외부에는 3in 마그네시아(magnesia) 절연층으로 되어 있다. 가스 온도가 1,400°F일 때, 내화벽돌 내부 벽 온도를 광학온도계로 측정했더니 1,200°F였다. (a) 철벽 온도는 얼마인가? (b) 내부 벽 온도를 1,300°F 되도록 하려면 얼마나 더 절연해야 하나? 답 : (a) T_B = 1152°F (b) x = 3.29in

10.4 노벽이 두께 25mm, 열전도도 0.1kcal/m·h·°C인 내화벽돌과 두께 20mm, 열전도도 0.2kcal/m·h·°C인 내화벽돌로 이루어졌다. 노벽의 내면온도는 1,000°C이고, 외면온도는 60°C이다. 두 내화벽돌 사이에서의 온도는 약 얼마인가? **(화공기사 기출)**

① 228.6°C ② 328.6°C ③ 428.6°C ④ 528.6°C 답 : ②

10.5 노벽의 두께가 200mm이고, 그 외측은 75mm의 석면판으로 보온되어 있다. 노벽의 내부온도가 400°C이고, 외측 온도가 38°C일 경우 노벽의 면적이 10m^{2}라면 열손실은 약 몇 kcal/h인가? (단, 노벽과 석면판의 평균 열전도도는 각각 3.3, 0.13kcal/m·h·°C이다.) **(화공기사 기출)**

① 3,070 ② 5,678 ③ 15,300 ④ 30,600 답 : ②

10.6 두께 45cm의 벽돌로 된 평판 노벽을 두께 8.5cm 의 석면으로 보온하였다. 내면온도와 외면 온도가 각각 1,000°C와 40°C일 때 벽돌과 석면 사이의 계면온도는 몇 °C가 되는가? (단, 벽돌노벽과 석면의 열전도도는 각각 3.0, 0.1kcal/m·h·°C 이다.) **(화공기사 기출)**

① 296°C ② 632°C ③ 856°C ④ 904°C 답 : ③

10.7 외경이 5cm인 철관 내를 흐르는 물을 외측의 기체로서 가열한다. 물 쪽의 경막계수는 2,440kcal/m^2·h·°C이고, 기체 쪽의 경막계수는 29.2kcal/m^2·h·°C이며, 철관의 열전도도는 37.2kcal/m^2·h·°C이다. 철관의 두께가 3mm일 때 총괄 전열계수는 약 몇 kcal/m^2·h·°C인가? (단 관의 내면적과 외면적의 차이는 무시한다.)

① 0.035 ② 0.715 ③ 28.8 ④ 148.2 답 : ③

10.8 전열면적이 2m^{2}인 나무의 열전도도가 100°C에서 0.06W/m·K이다. 이 나무의 두께가 100mm일 때 이 온도에서 열전도 저항은 약 몇 K/W인가? (단, W는 watt [J/s]이다.)

① 0.83 ② 1.51 ③ 2.52 ④ 4.24 답 : ①

10.9 고체벽의 양쪽에 두 유체가 흐르면 전열이 일어난다. 벽 외형 기준 총괄전열 계수가 1,000kcal/m^2·h·°C, 외경이 10cm라면 내경 8cm 기준 총괄전열계수는 약 몇 kcal/m^2·h·°C인가?

① 625 ② 800 ③ 1,050 ④ 1,250 답 : ④

10.10 노벽의 두께가 100mm이고, 그 외측은 50mm의 석면으로 보온되어 있다. 벽면의 내면온도가 400°C, 석면의 바깥쪽 온도가 20°C일 경우 두 벽사이의 온도는 약 몇 ℃인가? (단, 노벽과 석면의 평균 열전도도는 각각 5.5, 0.15kcal/m^2·h·°C이다.)

① 380.5 ② 350.5 ③ 300.5 ④ 250.5 답 : ①

10.11 외측 반경 100mm, 내측 반경 50mm의 중공 구상벽이 있다. 외벽 및 내벽의 온도를 각각 20°C, 200°C라고 할 때 이 구에서의 열손실은 약 몇 kcal/h인가?

① 10.24 ② 9.05 ③ 8.65 ④ 5.05 답 : ②

10.12 두께가 50mm이고 열전달 표면적이 2.85m^2이며 평균 열전도도가 0.052kcal/m^2·h·°C인 평판 보온재가 있다. 이 보온재의 단위면적당 저항은 몇 h·°C/kcal인가?

① 0.34 ② 0.54 ③ 0.7 ④ 0.9 답 : ②

CHAPTER

유체내의 열전달

Principles of Heat Flow in Fluids

뜨거운 유체와 찬 유체가 고체 벽으로 분리되어 있는 열전달 장치가 화학공학 실무에 흔하다. 전달되는 열은 응축 또는 증발과 같이 상 변화를 수반하는 잠열(latent heat)이거나 또는 상 변화 없이 유체온도의 상승으로, 또는 감소로부터 오는 현열(sensible heat)이다. 전형적인 예는 한 유체로부터 현열이 더 찬 유체로 전달되어 그 온도가 감소되고, 찬 유체의 온도가 상승되는 경우, 냉각수에 의하여 수증기가 응축되는 경우, 그리고 고압 수증기의 응축에 의하여 주어진 압력 하의 용액으로부터 물을 증발시키는 경우 등이다. 이와 같은 모든 경우에서, 열은 전도와 대류에 의하여 전달된다.

11.1 전형적인 열교환장치(Typical heat-exchange equipment)

유동 유체로부터 제거되는, 또는 유동 유체 쪽으로 가해지는 열전달에 대한 구체적 논술 기준을 세우기 위해, 그림 11.1의 단순한 관형 응축기(tubular condenser)를 고려해 보기로 하자. 이것은 평행 관의 한 다발 A, 이들 관다발이 연결되는 관판(tube sheet) B_1과 B_2 등으로 구성된다. 관다발은 원통형 동체(cylindrical shell) C안에 놓이고, 양끝에 하나씩 두 개의 관로(channel) D_1과 D_2가 갖추어져 있으며, 두 관로는 덮개 E_1과 E_2로 막혀져 있다. 수증기 또는 다른 증기는 노즐(nozzle) F를 통해 관 둘레의 동체-측(shell-side) 공간으로 들어가고, 응축액은 연결구 G를 통해 배출되며, 유입증기에 섞여 들어올 수 있는 비응축성 기체는 방출구 K를 통해 제거된다. 연결구 G는 트랩(trap), 즉 액체흐름만을 허용하고 증기흐름을 억제하는 장치에 연결된다. 찬 유체는 연결구 H를 통해 관로 D_2 안으로 이송된다. 이 유체는 관을 통하여 다른 쪽 관로 D_1 으로 흘러 들어가서 연결구 J를 거쳐 배출된다. 열은 관 벽을 통해 응축기로부터 관 내 차가운 유체 쪽으로 전달된다.

응축기로 들어가는 증기가 혼합물이 아닌 단일 성분이고 과열되어 있지 않고, 그리고 응축액이 그 응축온도 이하로 과냉각(subcool)되지 않는다면, 응축기의 동체-측 온도는 일정하다. 이것은 응

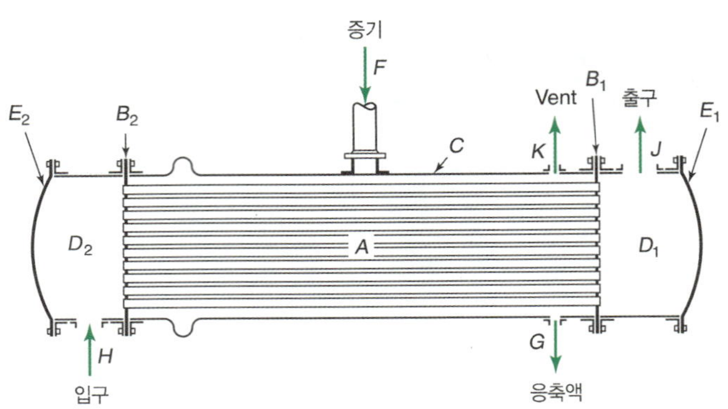

그림 11.1 단일-통과 관형 응축기 : A 관, B_1, B_2 관판, C 동체, D_1, D_2 관로, E_1, E_2 관로 덮개, F 증기 도입구, G 응축액 배출구, H 찬 유체 도입구, J 뜨거운 유체 배출구, K 비응축성 기체 방출구

축기의 온도가 동체-측 공간 압력에 의해 고정되고, 그 공간 내 압력이 일정하기 때문이다. 관 내 유체의 온도는 관을 통과하면서 연속적으로 증가된다.

응축증기의 온도와 액체의 온도를 관 길이에 따라 나타낸 것이 그림 11.2이다. 수평선은 응축증기의 온도를 나타내고, 그 밑의 곡선은 관측 유체의 온도를 나타낸다. 그림 11.2에서, 입구와 출구의 유체 온도는 각각 T_{ca}와 T_{cb}이고, 증기의 일정 온도는 T_h이다. 관 입구로부터 거리 L에서 유체의 온도는 T_c이고, 증기온도와 유체온도 간의 국부 온도차는 $T_h - T_c$이다. 이 온도차를 **국부(국소)온도차**(local temperature difference)라 하고, ΔT로 표시된다. 관 입구에서 국부온도차는 $T_h - T_{ca}$이고, ΔT_1으로 표시된다. 그리고 출구에서 국부온도차는 $T_h - T_{cb}$이고, ΔT_2로 표시된다. 종단 국부온도차 ΔT_1과 ΔT_2를 **접근단**(approach)이라 한다.

유체의 온도변화 $T_{cb} - T_{ca}$를 **온도범위**(temperature range)라 한다. 응축기 내에서 한 개의 범위뿐인데, 그것은 가열되고 있는 찬 유체의 범위이다.

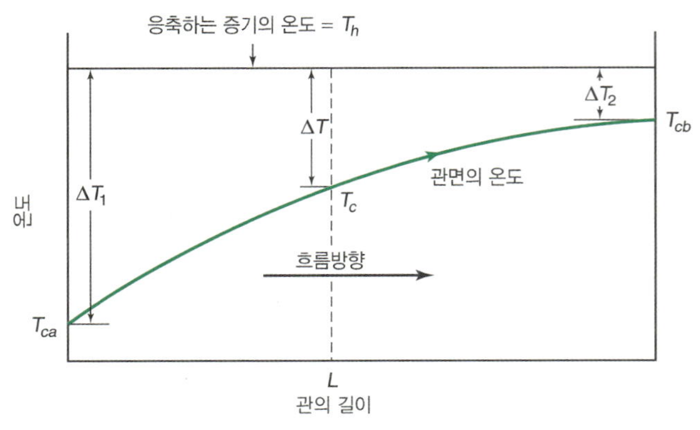

그림 11.2 응축기의 온도-길이 곡선

이 교재에서 부호 ΔT는 두 물체 간 또는 두 유체 간 온도 **차**(temp. difference)를 표시하는데 쓰인 것이고, 어느 주어진 유체 내 온도변화를 의미하는 것이 아니다.

단순 열전달장치의 두 번째 예는, 그림 11.3에 보인 2중관 교환기(double-pipe exchanger)이다. 이것은 표준 금속관과 표준 리턴 벤드(return bend) 및 리턴 헤드(return head)로 구성되었고, 이 벤드와 헤드는 스터핑 박스(stuffing box)에 매어져 있다. 한 유체는 내관을 통과하고 제 2의 유체는 외관과 내관 사이의 환형 공간(annular space)을 통해

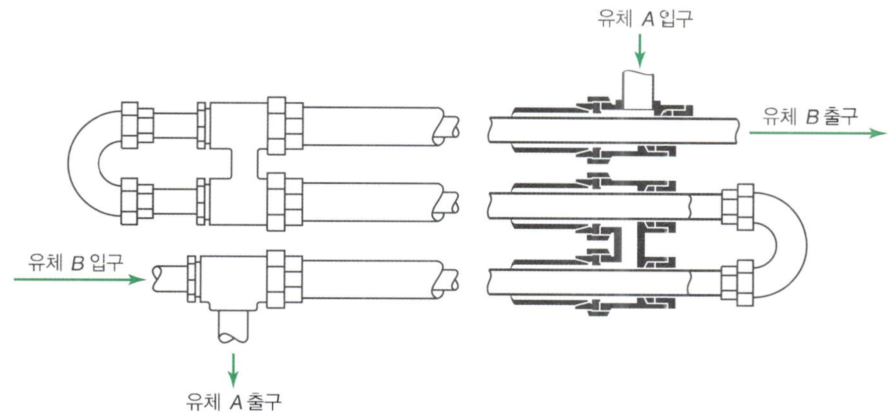

그림 11.3 2중관 교환기

흐른다. 열교환기의 기능은 찬 유체의 온도를 상승시키고, 더운 유체의 온도를 강하시키는 것이다. 전형적인 열교환기에서는 내관 $1\frac{1}{4}$in, 외관 $2\frac{1}{2}$in(모두 IPS 규격)의 것이 쓰인다.

이와 같은 교환기는 수직으로 쌓아 올린 배열로 여러 겹으로 구성되기도 한다. 2-중관 교환기는 표면적 $100 \sim 150\,\text{ft}^2$ 이하가 요구되는 경우에 쓰이게 된다. 더 큰 용량의 것으로는 수천 ft^2까지 되는 더 정교한 다관-원통형 교환기(shell-and-tube exchanger)를 사용하게 된다.

향류(countercurrent) 및 병류(parallel-current) 흐름

그림 11.3에서 보는 바와 같이, 교환기의 양쪽 끝에서 두 유체가 들어가 그 장치 내에서 서로 반대 방향으로 통과된다. 이와 같은 흐름형태를 **향류**(counterflow or countercurrent flow)라 한다. 이에 대한 온도-거리 곡선은 그림 11.4(a)와 같다. 네 개의 종단온도(terminal temperature)는 다음과 같이 표기된다.

유입되는 고온유체의 온도 : T_{ha}
유출되는 고온유체의 온도 : T_{hb}
유입되는 저온유체의 온도 : T_{ca}
유출되는 저온유체의 온도 : T_{cb}

이때 접근단(approach)은,

$$T_{ha} - T_{cb} = \Delta T_2 \quad \text{및} \quad T_{hb} - T_{ca} = \Delta T_1 \tag{11.1}$$

그리고 고온 유체와 저온 유체의 범위는 각각 $T_{ha} - T_{hb}$, $T_{cb} - T_{ca}$이다.

두 유체가 교환기의 같은 끝 부분에서 들어가고, 그 흐름이 같은 방향이면 그 흐름은 **병류**(parallel)라 한다. 이에 대한 온도-거리 곡선은 그림 11.4(b)에 표시되었다. 하첨자 a는 유입유체,

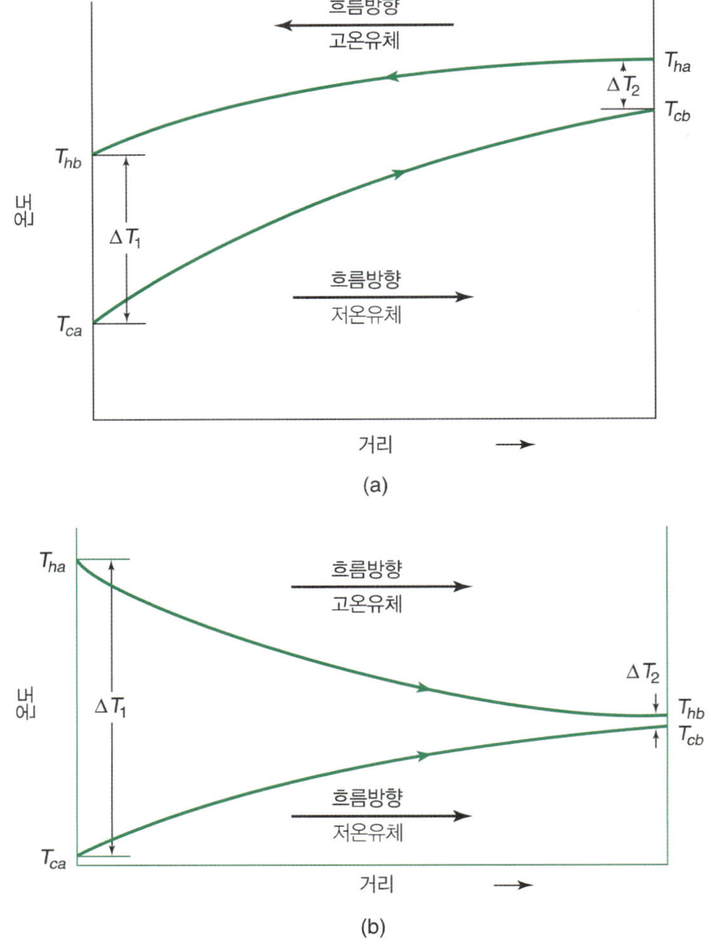

그림 11.4 향류 (a)와 병류 (b)에서의 온도

하첨자 b는 유출유체를 표시한다. 이때 접근단은 $\Delta T_1 = T_{ha} - T_{ca}$, $\Delta T_2 = T_{hb} - T_{cb}$이다.

그림 11.4(a)와 (b)에서 관찰되는 바와 같이, 병류는 그림 11.3에 표시된 단일-통과 교환기(single-pass exchanger)에서는 사용되지 않는다. 왜냐하면 이 방법으로는 한 유체의 유출온도가 반대쪽에서 들어오는 유체의 온도에 거의 접근될 수 없고, 전달될 수 있는 열량도 비향류흐름에 비하여 적기 때문이다. 다중-통과 교환기(multipass exchanger) 내의 병류에 대해서는 기계적인 이유 때문에 몇 개 정도의 통과까지만 사용된다. 그래서 그 용량과 얻을 수 있는 접근단은 영향 받게 된다. 화학 반응기에서 더 이상의 반응진행을 억제하기 위하여 고온 유체를 급냉시키는 경우처럼, 갑자기 어느 유체의 온도변화를 주어야 할 경우 병류를 사용하게 된다.

어떤 열교환기에서는 한 유체가 관다발에 직각으로 흐른다. 이것을 **교차흐름**(cross flow)이라 한다. 자동차 방열기나 가정용 냉동기 내 응축기 등이 교차흐름식 열교환기의 예이다.

11.2 에너지 수지(Energy Balances)

열교환기 내 에너지수지

열교환기 내에서는 축일(shaft-work), 그리고 기계적 에너지, 위치에너지, 운동에너지 등은 에너지 수지 식의 다른 항에 비하여 아주 적다. 따라서, 교환기를 통과하는 어느 한 흐름에 대하여 다음과 같이 쓸 수 있다.

$$\dot{m}(H_b - H_a) = q \tag{11.2}$$

$\dot{m}$ = 흐름의 질량유속

q = 흐름 내로 전달되는 열전달속도

H_a, H_b = 입구와 출구에서의 각각의 단위질량 당 엔탈피

식 (11.2)는 교환기를 통과하는 각 흐름에 대하여 이용될 수 있다.

열전달속도 q의 사용에 있어서 더 간략화시킬 수가 있다. 한 유치가 대기보다 더 차거나 또는 더 뜨거우면, 두 유체 중 하나, 즉 관 외부 유체는 대기 공기와의 전달에 의해 열을 얻거나 또는 잃을 수 있다. 공기로부터 또는 공기 쪽으로의 열전달은 실제로 바람직한 것이 아니고, 이것은 보통 적당한 절연에 의해 적은 양까지 감소시킬 수 있다. 이 양은 벽을 통해 뜨거운 유체로부터 찬 유체로 전달되는 열량에 비해 무시되는 것이 관례적이다. q는 이러한 여건에 있다고 본다.

이상의 가정에 따라, 식 (11.2)는 뜨거운 유체에 대해 다음과 같이 쓸 수 있다.

$$\dot{m}_h(H_{hb} - H_{ha}) = q_h \tag{11.3}$$

그리고 찬 유체에 대해서는 다음과 같이 쓸 수 있다.

$$\dot{m}_c(H_{cb} - H_{ca}) = q_c \tag{11.4}$$

$\dot{m}_c, \dot{m}_h$ = 찬 유체와 뜨거운 유체 각각의 질량유속(mass flow rate)

H_{ca}, H_{ha} = 유입되는 찬 유체와 뜨거운 유체 각각의 단위질량 당 엔탈피

H_{cb}, H_{hb} = 유출되는 찬 유체와 뜨거운 유체 각각의 단위질량 당 엔탈피

q_c, q_h = 찬 유체와 뜨거운 유체에 각각 가해지는 열의 속도

q_c의 부호는 양이고, q_h의 부호는 음인데, 이것은 뜨거운 유체가 열을 잃기 때문이다. 뜨거운 유체가 잃은 열은 찬 유체가 얻어간 것이다. 그래서 다음과 같다.

$$q_c = -q_h$$

식 (11.3)과 (11.4)로부터,

$$\dot{m}_h(H_{ha} - H_{hb}) = \dot{m}_c(H_{cb} - H_{ca}) = q \tag{11.5}$$

식 (11.5)를 **총괄 엔탈피 수지**(overall enthalpy balance)라 한다.

만일 현열만이 전달되고 일정한 비열이라고 가정된다면, 열교환기에 대한 총괄 엔탈피 수지는 다음과 같이 된다.

$$\dot{m}_h c_{ph}(T_{ha} - T_{hb}) = \dot{m}_c c_{pc}(T_{cb} - T_{ca}) = q \tag{11.6}$$

c_{pc} = 찬 유체의 비열

c_{ph} = 뜨거운 유체의 비열

전-응축기(total condenser) 내 엔탈피 수지

응축기에 대하여 엔탈피 수지는 다음과 같다.

$$\dot{m}_h \lambda = \dot{m}_c c_{pc}(T_{cb} - T_{ca}) = q \tag{11.7}$$

$\dot{m}_h$ = 증기의 응축속도

λ = 증기의 증발잠열

식 (11.7)은 증기가 포화증기(과열되지 않은) 상태로서 응축기로 들어가고, 응축액은 그 포화온도 이하로 냉각됨도 없이 그 응축온도로 나간다고 하는 가정에 기준 된 것이다. 만일 이들 현열효과가 중요하다면 식 (11.7)의 좌변 항에 이를 추가하면 된다. 예로서, 응축액이 증기의 응축온도 T_h 보다 낮은 T_{hb} 의 온도로 유출된다면 식 (11.7)은 다음과 같이 현열 항이 추가되어야 한다.

$$\dot{m}_h [\lambda + c_{ph}(T_h - T_{hb})] = \dot{m}_c c_{pc}(T_{cb} - T_{ca}) \tag{11.8}$$

여기서, c_{ph} 는 응축액의 비열이다.

열교환장치의 일반 설계

실용 열교환장치의 설계는 물질수지와 에너지수지로부터 필요한 열전달속도를 계산하고, 총괄 열전달계수과 평균온도차를 이용하여 소요 전열면적을 결정한다. 최종 설계는 기술적 판단을 기초로 운전요구 조건을 고려하여 최적의 총괄 성능을 얻을 수 있도록 하는 것이다. 때때로 설계는 장치가 차지할 유효공간 또는 유체흐름이 허용되는 압력강하 등과 같이 열전달에 거의 무관한 다른 조건에 지배되기도 한다. 일반적으로 관형 교환기는 관형 교환기 제작자협회규격(Standards of Tubular Exchanger Manufacturers Association : TEMA)과 ASTM-API United Pressure Vessel Code와 같은 여러 규격이나 코드에 따라 설계된다.

열교환기 설계에 있어서 그 구성 재질, 관경, 관 길이, 분활판 간격, 유통통로 수 등을 결정하려면 많은 인자들이 필요하게 된다. 열교환기 설계 시 열전달면적은 일반적인 최적화기법을 적용한다. 즉 장치 비와 고정비는 유체를 수송하는 데 드는 에너지 비에 대해 비교 평가된다. 그러나 공장 전체를 취급할 때는 열교환기가 열교환장치 네트워크(network)의 한 부분으로 취급된다.

11.3 열플럭스 및 열전달계수(Typical heat-exchange equipment)

열전달 계산은 가열 표면적을 기준으로 하고, 열이 통과되는 그 표면의 m^2 당 W, 또는 $Btu/h \cdot ft^2$ 으로 표시된다. 단위면적 당 열전달속도를 열플럭스(heat flux)라 한다. 많은 열전달장치에서 전달 표면은 관(pipe) 또는 튜브(tube)로 만들어진다. 따라서 열플럭스는 관의 내부 면적 또는 외부 면적을 기준하게 된다. 선정하는 것은 임의로 할지라도, 선정한 표면을 명백히 밝혀야 한다. 왜냐하면 열플럭스의 수치적 크기가 양쪽 표면에서 서로 동일하지 않기 때문이다.

유체흐름의 평균온도(Average temperature of fluid stream)

유체가 가열되거나 또는 냉각될 때, 그 온도는 그 흐름의 단면적에 걸쳐 변하게 된다. 유체가 가열된다면 그 유체의 온도는 가열표면의 벽에서 최대가 될 것이고, 그 중심부를 향해 감소하게 될 것이다. 유체가 냉각되면 온도는 벽에서 최소가 되고, 중심을 향해 높게 될 것이다. 흐름의 단면을 통해 이와 같은 온도구배 때문에, 그 흐름의 온도가 의미하는 바를 설명해 줄 필요가 있다. 어떤 흐름의 온도가, 의문의 단면을 흐르는 전체 유체흐름을 모아서 단열적으로 혼합시킨 유체의 것이라면, 평균된 것으로 볼 수 있다. 이렇게 정의된 온도를 **평균 흐름온도**(average stream temp.) 또는 혼합용기 흐름온도(mixing-cup stream temp.)라 한다. 그림 11.4에 도시된 온도가 모두 평균 흐름온도이다.

11.3.1 총괄 열전달계수(Overall heat-transfer coefficient)

10장에서 보인 바와 같이, 식 (10.7)과 (10.11)로 표시된 직렬 고체층을 통과하는 열플럭스(heat flux)는 구동력, 즉 총괄 온도차 ΔT에 비례한다. 열교환기에서 구동력은 $T_h - T_c$로 택할 수 있다. 여기서 T_h는 뜨거운 유체의 온도이고, T_c는 찬 유체의 온도이다. $T_h - T_c$항이 **총괄 국부온도차**(overall local temperature difference) ΔT이다. 그림 11.4에서 보는 바와 같이, ΔT는 관의 길이에 따라 상당히 변한다. 그리고 열플럭스가 ΔT에 비례하기 때문에 열플럭스 역시 관 길이에 따라 변하게 된다. 그래서 미분식을 사용할 필요가 있다. 이 미분식은 국부온도차 ΔT하에서 미분면적 dA에서 미분 열흐름 dq가 일어남을 표시하게 된다. 그래서 국부 열플럭스는 dq/dA이고, 국부온도차 ΔT와 관계되는 식은 다음과 같다.

$$\frac{dq}{dA} = U \Delta T = U(T_h - T_c) \tag{11.9}$$

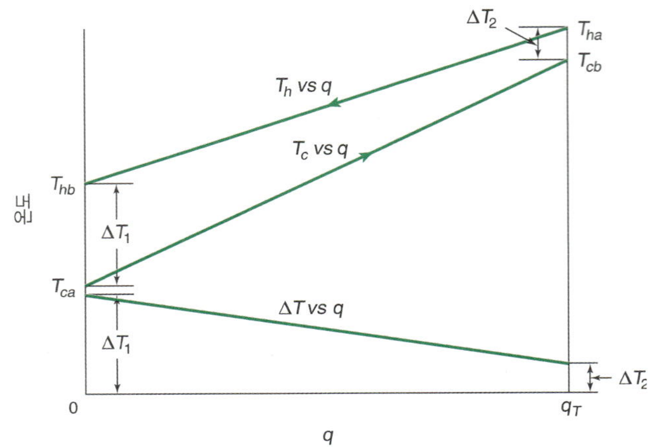

그림 11.5 향류에서 열흐름속도 대 온도

여기서, U는 식 (11.9)으로 정의된 바와 같이 dq/dA와 ΔT 사이에 비례인자이고, 이를 **국부총괄 열전달계수**(local overall heat transfer coefficient)라 한다.

주어진 문제에서 U의 정의를 완결 짓기 위해서는, 면적을 규정할 필요가 있다. A를 관 외부 면적 A_o로 택하면, U는 그 면적을 기준한 계수가 되고 U_o로 표기된다. 똑같이 관의 내부 면적 A_i을 택하게 되면, 그 계수는 역시 그 면적을 기준으로 하게 되며 U_i로 표기된다. ΔT와 dq는 면적을 선정하는 것에 무관하기 때문에 다음과 같이 표시할 수 있다.

$$\frac{U_o}{U_i} = \frac{dA_i}{dA_o} = \frac{D_i}{D_o} \tag{11.10}$$

여기서, D_i와 D_o는 각각 관의 안지름(내경)과 바깥지름(외경)이다.

전체 표면에 대한 적분 : 로그평균 온도차

열교환기 총 면적에 대하여 식 (11.9)를 적용하려면 이 식을 적분해야 한다. 여기서 다소의 간략한 가정을 받아들여야 적분을 수행할 수 있게 된다. 이 가정 조건들은 (1) 총괄계수 U는 일정하며, (2) 뜨거운 유체와 찬 유체의 비열은 일정하고, (3) 대기와의 열교환량은 무시되며, (4) 그림 11.4에 보인 바와 같이 병류이든 향류이든 간에 흐름은 정상상태로 간주된다는 것 등이다.

이들 가정조건에서 가장 의문스러운 것은 일정한 총괄 계수(constant overall coefficient)에 관한 것이다. 실제로 이 계수는 유체의 온도에 따라 변한다. 그러나 온도에 따른 변화가 점진적임으로, 그 온도범위가 어느 정도이면 일정 U라는 가정은 심각한 오차가 아니다.

가정 (2)와 (4)는 다음의 뜻을 내포한다. 즉, 그림 11.5에서 보인 바와 같이, T_c와 T_h를 q에 대하여 그릴 때 직선이 됨을 뜻하는 것이다. T_c와 T_h가 q에 대하여 직선적으로 변한다면, ΔT도 마찬가지로 되고, q에 대한 ΔT의 기울기 $d(\Delta T)/dq$도 일정하게 된다. 따라서,

$$\frac{d(\Delta T)}{dq} = \frac{\Delta T_2 - \Delta T_1}{q_T} \tag{11.11}$$

$\Delta T_1, \Delta T_2$ = 접근단

q_T = 전체 교환기 내에서의 열전달속도

식 (11.9)와 (11.11)로부터 dq을 소거하면 다음과 같이 된다.

$$\frac{d(\Delta T)}{U\Delta T dA} = \frac{\Delta T_2 - \Delta T_1}{q_T} \tag{11.12}$$

변수 ΔT와 A를 분리할 수 있고, U가 일정한 경우 이 식은 A에 대해서는 A_T와 0 범위에서, 그리고 ΔT에 대해서는 ΔT_2와 ΔT_1 범위에서 적분될 수 있다. 여기서, A_T는 열전달 표면의 총 면적이다. 따라서,

$$\int_{\Delta T_1}^{\Delta T_2} \frac{d(\Delta T)}{\Delta T} = \frac{U(\Delta T_2 - \Delta T_1)}{q_T} \int_0^{A_T} dA$$

$$\ln \frac{\Delta T_2}{\Delta T_1} = \frac{U(\Delta T_2 - \Delta T_1)}{q_T} A_T \tag{11.13}$$

다시 정리하면 다음과 같이 쓸 수 있다.

$$q_T = UA_T \frac{\Delta T_2 - \Delta T_1}{\ln(\Delta T_2 / \Delta T_1)} = UA_T \overline{\Delta T_L} \tag{11.14}$$

여기서,

$$\overline{\Delta T_L} = \frac{\Delta T_2 - \Delta T_1}{\ln(\Delta T_2 / \Delta T_1)} \tag{11.15}$$

식 (11.15)가 **로그평균 온도차**(logarithmic mean temperature difference, LMTD)로 정의된다. 이것은 두꺼운 관 벽의 로그평균 반지름에 대한 식 (10.17)과 동일한 형태이다. ΔT_1과 ΔT_2가 거의 동일할 때, 이들 산술평균은 그림 10.4에 보인 바와 같이 $\overline{\Delta T_L}$에 대하여 사용할 수 있다. 만일 유체 중 하나가 응축기 내에서처럼 일정 온도에 있게 된다면, 향류, 병류 또는 다중-통과흐름(multipass flow)들 사이에 아무런 차이가 없게 되고, 식 (11.15)는 이들 모두에게 적용될 수 있다. 양끝에서 온도 변화가 있는 경우 향류에 있어서 뜨거운 쪽 접근단(warm-end approach) ΔT_2는 찬 쪽 접근단(cold-end approach) ΔT_1보다 작을 수도 있다. 이런 경우에는 음의 수와 대수를 소거하기 위하여 식 (11.15)의 하첨자들을 상호 교환하면 된다. 즉,

$$\overline{\Delta T_L} = \frac{\Delta T_1 - \Delta T_2}{\ln(\Delta T_1 / \Delta T_2)} \tag{11.15a}$$

식 (11.14)는 유체 쪽으로 또는 유체로부터의 열전달에 대한 중요한 식들 중 하나이다.

이는 $\overline{\Delta T_L}$ 값을 몰라 시행오차 계산이 요구되는 어떤 열교환기 성능예측에 쓰일 수 있다. 또한 흐름과 온도 접근단이 알려진 새 열교환기의 소요 면적을 계산하는 데도 쓰인다. 마지막으로 측정된 q_T와 $\overline{\Delta T_L}$ 값들로부터 총괄계수를 결정하려면 다음 형태를 쓰면 된다.

$$U = \frac{q_T}{A_T \overline{\Delta T_L}} \tag{11.16}$$

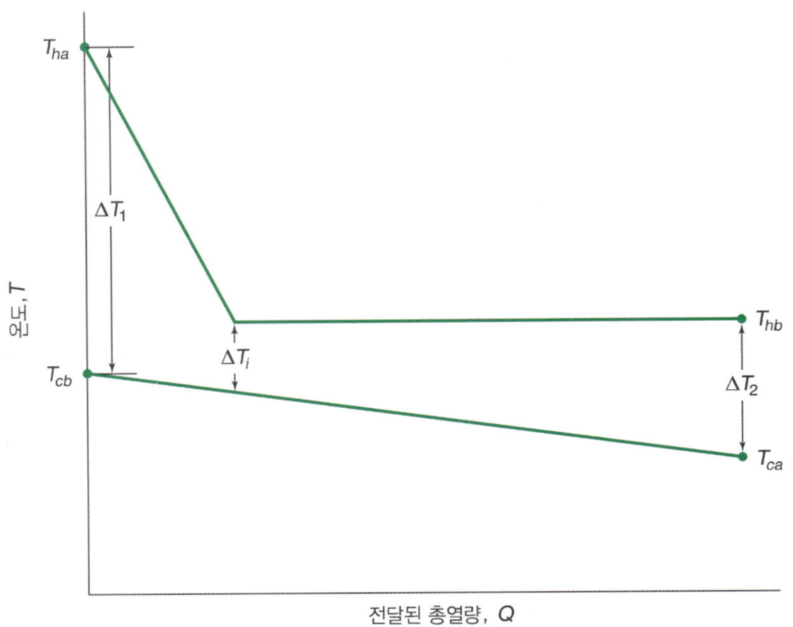

그림 11.6 과열증기 냉각 및 응축과정에서의 온도 이력

가변 총괄 계수(Variable overall coefficient)

총괄 계수가 일정하게 변할 때 열전달속도는 식 (11.17)으로 부터 계산할 수 있다. 이 식 (11.17)은 전 가열표면에서 U가 온도차에 따라 직선적으로 변한다는 가정에 기초를 둔 식이다. 즉,

$$q_T = A_T \frac{U_2 \Delta T_1 - U_1 \Delta T_2}{\ln(U_2 \Delta T_1 / U_1 \Delta T_2)} \tag{11.17}$$

$U_1, U_2 =$ 교환기 양끝에서의 국부 총괄 계수

$\Delta T_1, \Delta T_2 =$ 교환기의 해당 끝에서 온도 접근단

식 (11.17)은 $U\Delta T$ 교차곱(cross product)의 로그평균치가 사용되었다. 여기서 교환기의 한 끝에서 총괄 계수에 다른 쪽 온도 접근단이 곱해졌다. 이 식의 유도에는 앞의 가정 (2)~(4)가 허용되는 조건이 필요하다.

LMTD의 적용한계(LMTD not always valid)

LMTD가 언제나 정확한 평균 온도차를 주는 것은 아니다. 이것은 U가 어느 정도 변할 때, 또는 ΔT가 q의 선형함수가 아닐 때는 사용할 수 없다. 한 예로 그림 11.6에 나타낸 것과 같이, 과열수증기를 냉각시켜 응축시키는 데 쓰이는 열교환기를 생각하자. 구동력 ΔT는 증기가 응축되는 영역에서 q의 선형함수이지만, 열교환기의 응축부분에선 ΔT는 다른 선형함수이다. 더욱이 U 값이

열교환기 두 부분에서 서로 같지 않다. 냉각부와 응축부를 분리해서 그에 해당되는 적당한 q, U, LMTD 값을 써야만 하고, 전체를 평균한 U나 총괄 LMTD를 사용할 수 없다.

또한 LMTD의 적용은, 재킷형 반응기(jacketed reactor)에서 반응유체로 열이 전달되거나 제거될 때도 적합하지 않다.

11.3.2 개별 열전달계수 (Individual heat-transfer coefficient)

총괄계수는 유체 물성, 고체 벽 특성, 유속 및 열교환기 치수 등을 포함하는 여러 변수에 의존된다. 이 총괄계수를 예측하는 논리적 방법은 고체와 유체 층에 대한 개별 저항을 구하고 이들 각각을 더하여 총괄 저항(총괄계수의 역)을 구하는 것이다. 그림 11.3에 보인 이중-관 교환기 내 어느 특정한 지점에서 국부 총괄계수를 생각해 보자. 뜨거운 유체는 내관을 통해 흐르고, 찬 유체는 환형 공간을 통해 흐른다고 생각하자. 또한 두 유체의 Re 수는 난류가 되도록 아주 크고, 내관의 양쪽 표면은 먼지나 침적물(scale) 없이 깨끗하다고 하자. 이제 온도를 종축으로 놓고 벽에 직각인 거리를 횡축으로 택한 그림 11.7과 같은 그림이 표시될 때, 여러 가지 중요한 사실이 명백해 진다. 이 그림에서 관 벽의 우측은 뜨거운 유체, 좌측은 찬 유체와 접촉되어 있다. 거리에 따른 온도변화는 $T_a\ T_b\ T_{wh}\ T_{wc}\ T_e\ T_g$ 로 표시되었다. 그래서 온도이력은 세 개 부분, 즉 두 유체 부분과 금속 벽으로 나누어진다. 총괄적인 효과는 이들 개별 부분의 항을 연구함으로써 알 수 있다.

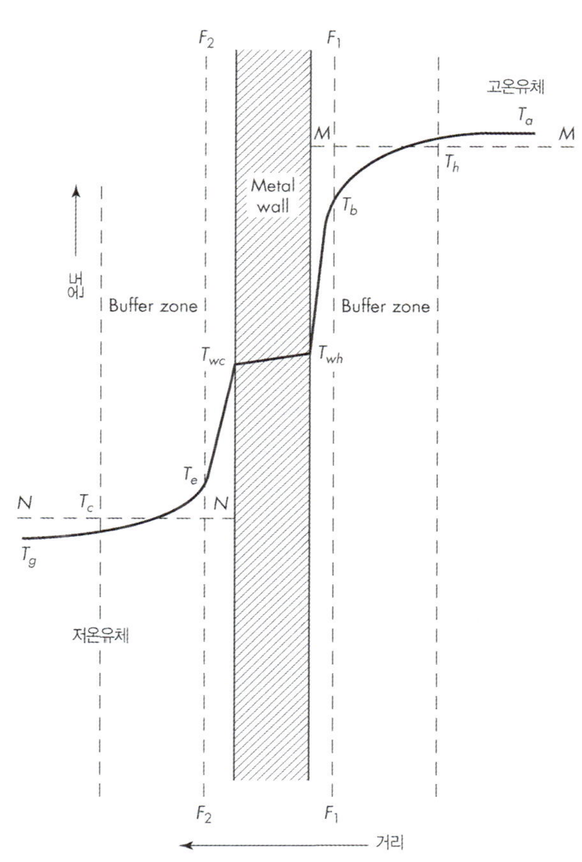

그림 11.7 강제대류에서의 온도구배

그림 11.7에 보인 각 유체에 있어서 벽에는 얇은 부층(thin sublayer), 흐름의 대부분을 차지하는 난류중심(turbulent core), 그리고 이 둘 사이에 존재하는 완충영역(buffer zone) 등이 나타난다. 이 속도구배는 벽 근처에서 크고, 난류중심에서 작고, 그리고 완충영역에서는 급변하게 된다. 난류로 흐를 때 가열되거나 냉각되는 유체 내 온도구배는 이와 똑같은 형태가 나타남을 알 수 있다. 온도구배는 벽과 점성 부층(viscous sublayer)에 걸쳐 크고, 난류중심에서 작고, 그리고 완충영역에서 급변된다. 근본적으로 이에 대한 이유는, 열이 전도(conduction)에 의해 점성 부층을 흐르고 대부분의 유체는 낮은 열전도도를 갖

기 때문에 가파른 온도구배가 요구된다. 반면에 중심부에서 빨리 움직이는 에디(eddy)가 난류영역 내 온도를 거의 균일하게 만든다. 그림 11.7에서 점선 $F_1 F_1$과 $F_2 F_2$는 점성 부층의 경계와 완충영역의 경계를 표시한다.

고온유체흐름의 평균온도는 최대온도 T_a 보다 약간 낮고, 수평선 MM으로서 이것의 온도가 T_h 로 표시되었다. 마찬가지로, 온도 T_c 로 표시된 수평선 NN은 저온유체의 평균온도를 나타낸다.

고온유체로부터 찬 유체까지의 열흐름에 대한 총괄 저항(overall resistance)은 직렬로 작용되는 3개의 저항으로 표시된다. 2개의 저항은 각각의 유체에 의해 주어지는 것이고, 다른 하나는 고체벽에 대한 저항이다. 그림 11.7에 보인 바와 같이, 일반적으로 벽 저항은 유체에 의한 것에 비하여 작다. 유체저항은 일반적으로 개별 열전달계수 또는 경막계수의 관계식을 이용하여 계산된다. 여기서 계수의 역이 저항이다.

고온유체에 대한 경막계수 h는 다음 식으로 정의된다.

$$h = \frac{dq/dA}{T_h - T_{wh}} \tag{11.18}$$

저온유체에 대한 것은 분모항의 온도를 바꾸어 양(positive)의 h로 표시하면

$$h = \frac{dq/dA}{T_{wc} - T_c} \tag{11.19}$$

dq/dA = 유체와 접촉된 면적을 기준 한 국부 열 플럭스(local heat flux)
T_h = 고온유체의 국부 평균온도
T_{wc} = 저온유체의 국부 평균온도
T_{wh} = 유체와 접촉된 벽의 온도

때로는 $T_{wh} - T_{wc}$가 작아서 T_w를 양쪽의 벽 온도로 쓰기도 한다.

식 (11.18)이 그림 11.8의 두 유체에 적용될 때 관 안쪽의 고온유체에 대하여는,

$$h_i = \frac{dq/dA_i}{T_h - T_{wh}} \tag{11.20}$$

관 밖의 저온유체에 대하여는 식 (11.19)로부터 다음과 같이 된다.

$$h_o = \frac{dq/dA_o}{T_{wc} - T_c} \tag{11.21}$$

여기서, A_i와 A_o는 각각 관의 내부 면적과 외부 면적이다.

저온유체가 물론 관의 내부로 그리고 고온유체가 관의 외부로 흐를 수도 있다. 계수 h_i와 h_o는 각각 관의 안쪽과 바깥쪽에 관계되는 것이지 특정 유체에 관한 것이 아니다.

개별 계수로부터 총괄 계수의 계산
(Calculation of overall coefficients from individual coefficients)

총괄 계수는 개별 계수들과 관 벽의 저항으로부터 다음 방법으로 설정할 수 있다. 관 벽을 통과하는 열전달속도는 식 (10.15)의 미분형으로 주어질 수 있다. 즉,

$$\frac{dq}{d\overline{A}_L} = \frac{k_m(T_{wh} - T_{wc})}{x_w} \tag{11.22}$$

$T_{wh} - T_{wc}$ = 관 벽에 걸친 온도차

k_m = 벽의 열전도도

x_w = 관 벽의 두께

$dq/d\overline{A}_L$ = 관의 내-면적과 외면적의 로그평균을 기준 한 국부 열플럭스

식 (11.20)~(11.22)를 온도차에 대해 풀고, 이들을 더하여 총괄 온도차를 구하면 다음 식으로 된다.

$$(T_h - T_{wh}) + (T_{wh} - T_{wc}) + (T_{wc} - T_c) = T_h - T_c = \Delta T \tag{11.23}$$

$$= dq\left(\frac{1}{dA_i h_i} + \frac{x_w}{d\overline{A}_L k_m} + \frac{1}{dA_o h_o}\right)$$

열전달속도를 임의적으로 외부 면적 기준으로 표기하고자 하면, 식 (11.23)을 dq에 대하여 풀고, 그 결과 식의 양변을 dA_o로 나누면 다음과 같이 된다.

$$\frac{dq}{dA_o} = \frac{T_h - T_c}{\frac{1}{h_i}\left(\frac{dA_o}{dA_i}\right) + \frac{x_w}{k_m}\left(\frac{dA_o}{d\overline{A}_L}\right) + \frac{1}{h_o}} \tag{11.24}$$

이제 두 면적 비는,

$$\frac{dA_o}{dA_i} = \frac{D_o}{D_i} \quad \text{및} \quad \frac{dA_o}{d\overline{A}_L} = \frac{D_o}{\overline{D}_L}$$

여기서 D_o, D_i 및 $\overline{D}_L$은 각각 관의 바깥지름, 안지름 및 로그평균 지름이다. 그러므로,

$$\frac{dq}{dA_o} = \frac{T_h - T_c}{\frac{1}{h_i}\left(\frac{D_o}{D_i}\right) + \frac{x_w}{k_m}\left(\frac{D_o}{\overline{D}_L}\right) + \frac{1}{h_o}} \tag{11.25}$$

식 (11.9)를 식 (11.25)와 비교하면 다음과 같다.

$$U_o = \frac{1}{\frac{1}{h_i}\left(\frac{D_o}{D_i}\right) + \frac{x_w}{k_m}\left(\frac{D_o}{\overline{D}_L}\right) + \frac{1}{h_o}} \tag{11.26}$$

만일 내부면적 A_i을 기준면적으로 잡고, 식 (11.23)을 dA_i 로 나누어 총괄 계수를 얻어내면 다음과 같이 된다.

$$U_i = \frac{1}{\dfrac{1}{h_i} + \dfrac{x_w}{k_m}\left(\dfrac{D_i}{\overline{D}_L}\right) + \dfrac{1}{h_o}\left(\dfrac{D_i}{D_o}\right)} \tag{11.27}$$

총괄 계수의 저항 형태(Resistance form of overall coefficient)

식 (10.12)에서 보면, 총괄 계수의 역은 3개의 개별 저항이 직렬로 이루어지면 총괄 저항이 될 것이라고 예측할 수 있다. 식 (11.26)에 의해 주어진 총 저항 또는 총괄 저항은 다음과 같다.

$$R_o = \frac{1}{U_o} = \frac{D_o}{D_i h_i} + \frac{x_w}{k_m}\frac{D_o}{\overline{D}_L} + \frac{1}{h_o} \tag{11.28}$$

식 (11.28)의 우변에서 개별 저항은 두 유체의 개별 저항과 금속 벽의 저항을 나타낸다. 총괄 온도강하는 $1/U$에 비례하고, 두 유체 내의 온도강하와 벽의 온도강하는 개별 저항에 비례한다. 즉, 식 (11.28)의 경우에 대하여 다음과 같이 된다.

$$\frac{\Delta T}{1/U_o} = \frac{\Delta T_i}{D_o/D_i h_i} = \frac{\Delta T_w}{(x_w/k_m)(D_o/\overline{D}_L)} = \frac{\Delta T_o}{1/h_o} \tag{11.29}$$

ΔT = 총괄 온도강하

ΔT_i = 내부 유체에 걸친 온도강하

ΔT_w = 금속 벽에 걸친 온도강하

ΔT_o = 외부 유체에 걸친 온도강하

식 (11.29)는 ΔT_i 또는 ΔT_o을 계산하고 T_i 또는 T_o에 가하거나 또는 빼서, 벽 온도 T_{wh} 및 T_{wc}을 결정하는 데 쓰일 수 있다.

오염계수(Fouling factor)

실제 조업 중에 열전달표면은 청결한 상태로 남아 있지 않다. 침적물(scale), 먼지, 기타 고체 부착물이 관의 한쪽 면 또는 양면에 형성되면, 열흐름에 부가적 저항이 생겨서 총괄 계수는 감소된다. 이와 같은 부착물의 영향은 식 (11.23)의 괄호 안의 항에 각 부착물에 대한 $1/(dA\,h_d)$ 항을 추가해 줌으로써 고려된다. 그러므로 관의 내부와 외부 양면에 부착물이 형성되는 경우, 식 (11.23)에 침적물 영향에 대한 보정 항을 포함시키면 다음과 같이 된다.

$$\Delta T = dq\left(\frac{1}{dA_i h_{di}} + \frac{1}{dA_i h_i} + \frac{x_w}{d\overline{A}_L k_m} + \frac{1}{dA_o h_o} + \frac{1}{dA_o h_{do}}\right) \tag{11.30}$$

여기서, h_{di}와 h_{do}는 각각 관 내부와 외부에 부착된 침적물에 대한 오염계수이다. 식 (11.30)으로부터 **외부와 내부면적 각각을 기준 한 총괄 계수에 대한 식**은 다음과 같다.

$$U_o = \frac{1}{D_o/D_i h_{di} + D_o/D_i h_i + (x_w/k_w)(D_o/\overline{D}_L) + 1/h_o + 1/h_{do}} \tag{11.31}$$

$$U_i = \frac{1}{1/h_{di} + 1/h_i + (x_w/k_w)(D_i/\overline{D}_L) + D_i/D_o h_o + D_i/D_o h_{do}} \tag{11.32}$$

식 (11.31)과 (11.32)에서 침적물의 실제 두께는 무시되었다.

청소한 후 다음 청소까지 사이의 합당한 기능을 발휘하고, 정상조업 하에서 만족한 성능을 주는 오염계수의 수치 값은 대략 600~11,000W/m²·°C(100~2,000Btu/ft²·h·°F)범위에 있다. 보통 공업적으로 취급되는 액체에 대한 오염계수는 1,700~6,000W/m²·°C(300~1,000Btu/ft²·h·°F) 범위로 떨어진다. 보통 오염계수는 설계상의 안전인자(safety factor)가 규정됨에 따라 그 값이 고정되어진다.

예제 11.1

이중-관 교환기의 관 내부로 흐르는 메틸알코올이 재킷(jacket) 내로 흐르는 물에 의해 냉각된다. 내관은 1in(25mm) Schedule 40 강철관이다. 이 강철의 열전도도는 26Btu/ft·h·°F(45W/m²·°C)이다. 개별 계수들과 오염계수는 표 11.1에 주어졌다. 내관의 외부면적을 기준으로 총괄계수는 얼마인가?

표 11.1 예제 11.1의 자료

	Coefficient	
	Btu/ft²·h·°F	W/m²·°C
Alcohol coefficient h_i	180	1,020
Water coefficient h_o	600	1,700
Inside fouling factor h_{di}	1,000	5,680
Outside fouling factor h_{do}	500	2,840

풀이 부록 3으로부터 Schedule 40 1-in 관의 지름과 벽두께는 다음과 같다.

$$D_i = \frac{1.049}{12} = 0.0874\text{ ft} \quad D_o = \frac{1.315}{12} = 0.1096\text{ ft} \quad x_w = \frac{0.133}{12} = 0.0111\text{ ft}$$

식 (10.17)에서 반지름 대신 지름을 사용하여 대수평균 지름 $\overline{D}_L$을 계산하면,

$$\overline{D}_L = \frac{D_o - D_i}{\ln(D_o/D_i)} = \frac{0.1096 - 0.0874}{\ln(0.1096/0.0874)} = 0.0983\text{ ft}$$

식 (11.31)로부터 총괄 계수를 구할 수 있다. 즉,

$$U_o = \frac{1}{\dfrac{0.1096}{0.0874\times 1,000} + \dfrac{0.1096}{0.0874\times 180} + \dfrac{0.0111\times 0.1096}{26\times 0.0983} + \dfrac{1}{600} + \dfrac{1}{500}}$$

$$= 80.9\,\text{Btu/ft}^2\cdot\text{h}\cdot{}^\circ\text{F}\,(459\,\text{W/m}^2\cdot{}^\circ\text{C})$$

총괄 계수의 특수한 경우(Special cases of the overall coefficient)

총괄 계수의 기준으로서 사용되는 면적의 선정이 임의적이라 할지라도, 때로는 어느 특수한 면적이 다른 것보다 더 편리하다. 예로서, 한 계수 h_i가 다른 계수 h_o와 비교하여 아주 크고, 그리고 오염 효과는 무시될 수 있는 경우를 가상해 보자. 또한 금속 벽의 저항을 나타내는 항이 $1/h_o$에 비하여 아주 작다고 하면, D_o/D_i와 $D_o/\overline{D}_L$ 항도 별로 중요치 않으므로 이들을 소거할 수 있어, 식 (11.26)은 다음과 같이 더 단순한 식으로 대치될 수 있다.

$$U_o = \frac{1}{1/h_o + x_w/k_m + 1/h_i} \tag{11.33}$$

이러한 경우에는 가장 큰 저항 또는 h의 최소 값에 해당되는 면적을 기준으로 한 총괄 계수를 사용함이 유리하다.

지름이 크고 얇은 벽의 관, 평판, 또는 보통 면적 A_i, $\overline{A}_L$, A_o을 사용하여도 무시할 수 있는 오차가 야기되는 경우에 대하여, 식 (11.33)은 총괄 계수로서 사용될 수 있고, 이 때 U_i 및 U_o는 동일하게 된다.

때로는 한 계수, 즉 h_o가 x_w/k와 h_i에 비하여 아주 작게 되면, $1/h_o$ 항은 다른 항에 비하여 아주 크게 된다. 이것이 참일 때 가장 큰 저항을 **율속저항**(controlling resistance)이라 하고, 총괄 계수를 그 작은 개별 계수, 즉 $h_o = U_o$로 놓아도 아주 정확하게 된다.

벽을 통해 한 유체로부터 다른 유체로의 열전달률을 예측하는 문제는, 총괄 과정에 관계되는 유체의 개별계수 값을 예측하는 문제로 돌아간다. 개별 계수는 실제로 넓고 다양하게 되고, 각 형태의 현상도 분리해서 고려하여야 한다. 본 교재에서는 다음 분류에 따라 고려한다.

1. 상 변화 없는 관 내부의 유체 쪽으로 또는 그 유체로부터의 열흐름
2. 상 변화 없는 관 외부의 유체 쪽으로 또는 그 유체로부터의 열흐름
3. 응축되는 유체로부터의 열흐름
4. 끓는 액체(boiling liquid)에 가해지는 열흐름

표 11.2 열전달계수의 크기

공정유형	h값의 범위	
	W/m²·°C	Btu/ft²·h·°F
Steam (dropwise condensation)	30,000–100,000	5,000–20,000
Steam (film-type condensation)	6,000–20,000	1,000–3,000
Boiling water	1,700–50,000	300–9,000
Condensing organic vapors	1,000–2,000	200–400
Water (heating or cooling)	300–20,000	50–3,000
Oils (heating or cooling)	50–1,500	10–300
Steam (superheating)	30–100	5–20
Air (heating or cooling)	1–50	0.2–10

To convert from Btu/ft²·h·°F to W/m²·°C, multiply by 5.6783.

열전달계수 h 값의 범위는 과정의 특성에 따라 아주 크게 변한다. 일부 전형적인 범위가 표 11.2에 표시되어 있다.

11.4 상 변화 없는 유체로의 열전달 (Heat transfer to fluids without phase change)

열전달 영역(Regimes of heat transfer)

가열되거나 냉각되는 유체는 층류(laminar flow), 난류(turbulent flow), 또는 층류와 난류 사이의 전이영역(transition range) 상태로 흐를 수 있다. 또한 그 유체는 강제대류 또는 자연대류로 흐를 수 있다. 어떤 경우에는 한 흐름 내에서 여러 흐름 형태가 나타날 수 있다.

유체흐름 방향이 가열표면 방향과 평행하게 되면, 경계층 분리(boundary layer separation)가 일어나지 않는다. 또는 흐름 방향이 가열표면에 직각으로 놓이게 되면 경계층 분리가 일어난다.

보통 유속에서는 유체 마찰로 인한 발생 열은 유체간 전달되는 열량에 비해 무시할 정도임으로, 마찰열(frictional heat)은 무시될 수 있다. 그러나 고분자의 사출성형 같이 아주 큰 점성 유체가 관여되는 조작에서는 이는 중요할 수도 있다.

관 입구에서의 흐름조건은 입구로부터 충분히 떨어진 하류와 다르기 때문에 속도장(velocity field)과 그에 관계되는 온도장(temperature field)은 관 입구로부터 거리에 의존된다. 또한 어떤 경우에 유체가 미가열 또는 미냉각된(unheated or uncooled pipe) 예비 도관부분을 통과하게 되면 열이 유체로 전달되기 전에 완전히 발달된 속도장이 형성되며, 이때 온도장은 기존의 속도장 내에서 생기게 된다.

마지막으로 유체의 특성, 즉 점도, 열전도도, 비열 및 밀도는 열전달에 중요한 매개변수이다. 이들 각 특성은, 특히 점도는 온도 의존성이다. 열전달이 일어나는 흐름 내에서 온도가 각 지점마다 변하기 때문에 그 특성 값을 구할 온도의 선정 문제가 야기된다. 유치와 벽간 작은 온도차의 경우 또는 점도의 온도 의존성이 미약한 경우에 그 문제는 예민하지 않지만, 그러나 중질 석유와 같은 고 점성 유체 또는 유체와 벽간 큰 온도차의 경우는 그 흐름 내 유체의 특성변화가 아주 크게 되어 열전달속도 계산이 더 어렵게 된다.

열경계층(Thermal boundary layer)

그림 11.8(a)에 보인 바와 같이 정상 유체흐름 내에 잠긴 평판과 그 평판에 평행하게 편향된 경우를 생각해 보자. 그 흐름이 평판에 접근되어 속도 u_0와 온도 T_∞을 유지하고, 반면 평판표면은 일정온도 T_w을 유지하고 있다고 가정하자.

T_w는 T_∞보다 커서 유체는 평판에 의해 가열된다고 가정하자. 경계층은 그 속도가 벽의

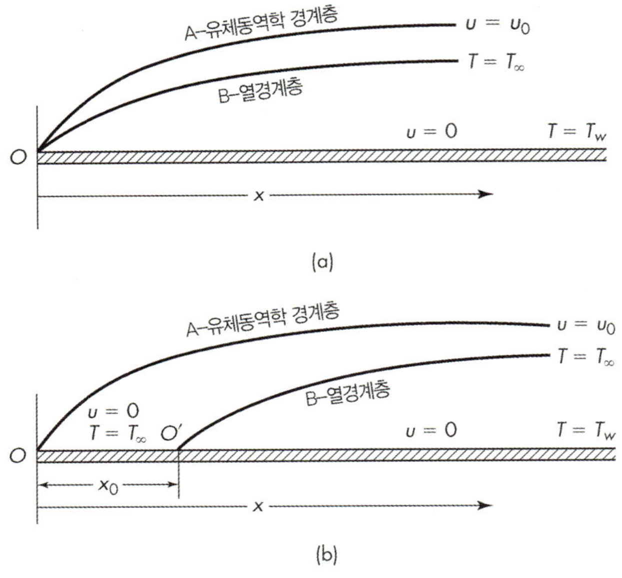

그림 11.8 평판 상의 열경계층과 유체동역학적 경계층: (a) 가열된 전체 평판, (b) 가열되지 않은 길이 = x_o

$u = 0$로부터 그 층의 외부 경계의 $u = u_0$까지 변하는 범위 내에서 전개된다. 이 경계층을 **유체동역학적 경계층**(hydrodynamic boundary layer)이라 하며, 이는 그림 11.8(a)에서 선 OA로 표시되어 있다. 평판으로부터 유체까지 전달되는 열의 침투는 평판 근처의 유체온도를 변하게 해서 온도구배가 생기게 된다. 또한 그 온도구배는 그 경계층에서 벽까지로 한정되고, 그 층 내의 온도는 T_w로부터 그 층 외부의 경계온도 T_∞까지 변한다. 이 층을 **열경계층**(thermal boundary layer)이라 하는데 이는 그림 11.8(a)에서 선 OB로 표시되어 있다. 그림 11.8에서 선 OA와 OB는 열경계층이 모든 x 지점에서 유체동력학적 경계층보다 더 얇게 그려져 있으며, 여기서 x는 평판 앞머리로부터의 거리이다.

Prandtl수(Prandtl number)

평판에 따라 어떤 주어진 지점에서 두 경계층 두께간의 관계는 무차원 Prandtl수(Pr)에 의존된다. 이 Pr는 열확산계수 $\alpha(= k/\rho c_p)$에 대한 운동량확산계수 $\nu(= \mu/\rho)$의 비에 해당된다. 따라서

$$\mathrm{Pr} \equiv \frac{\nu}{\alpha} = \frac{c_p \mu}{k} \tag{11.34}$$

Prandtl수가, 대부분의 액체가 그렇듯이, 1보다 클 때 열경계층은 그림 11.8(a)에 보인 바와 같이 유체동역학적 층보다 더 얇게 되는데 이는 열전도 속도(rate of heat conduction)가 비교적 낮기 때문이다.

70°C 물의 Pr는 약 2.5, 점성액체나 농축액은 600까지 클 수 있다. 액체에 대한 Pr는 점도 감소 때문에 온도 상승에 따라 감소된다. 고 점도 유체에서 동력학적 경계층이 그 평판의 표면으로부터 더 확장된다. 이는 직관적으로 이해될 수 있을 것이다.

기체에 대한 Prandtl 수가 1.0에 가깝게(공기는 0.69, 수증기는 1.06) 되면, 두 층은 거의 동일한 두께로 된다. 기체에 대한 Pr는 거의 온도에 무관한데, 이는 점도와 열확산계수 모두 온도에 따라 같은 율로 증가되기 때문이다. 기체와 액체에 대한 Pr는 부록 16 및 17에 주어져 있다.

액상 금속은 0.01~0.04 범위의 아주 낮은 Pr를 갖는데, 이는 높은 열전도도 때문이다. 온도구배는 유체동력학적 경계층을 넘어서 더 멀리까지 확장되고, 열전달속도를 예측하려면 특수 관계식이 필요하다.

그림 11.8(a)에서는 전체 평판이 가열되고 두 경계층이 그 평판 앞머리에서 시작되는 것으로

가상된 것이다. 평판 처음 부분이 가열되지 않고 열전달 면이 앞머리로부터의 일정거리 x_0에서 시작된다면, 그림 11.8(b)의 선 OB로 표시된 바와 같이 유체동역학적 경계층은 이미 x_0에 존재하고, 반면 열경계층은 그 지점에서부터 생성되기 시작한다.

그림 11.8의 도시는 명료하게 끔 경계층 두께를 과장하여 그린 것이다. 실제 두께는 보통 그 평판 앞머리로부터 거리의 1%보다 작을 것이다.

관을 통과하는 흐름에서는 유체동역학적 경계층 두께가 관 입구로부터 거리에 따라 증가해서 마지막으로 그 층이 관 중심부에 도달하고 그렇게 전개된 속도이력을 **완전 발달 흐름**(fully developed flow)이라 하며, 관 길이에 따라 변하지 않는 속도분포를 이루게 된다. 가열되거나 냉각되는 도관 내의 열경계층도 역시 가열된 관 입구로부터 일정한 길이로 관 중심부에 도달되고, 이 온도이력은 이 지점에서 완전히 발달된다. 그러나 속도이력과는 달리 온도이력은 관 길이가 증가함에 따라 납작하게 되고, 아주 긴 관에서는 전체 유체흐름이 도관 벽의 온도에 도달하게 되어 온도구배도 없어지며 열전달도 그치게 된다.

11.4.1 층류에서 강제대류에 의한 열전달(Correction for heating or cooling)

층류에서 열전달은 전도에 의해서만 일어나고, 대류에 의해서 등온 면을 가로질러 열을 운반할 와류(에디, eddy)가 없다. 평판 또는 도관의 가열되는 부분의 온도가 일정하고 자연대류의 영향은 무시했을 경우 층류에서 열전달 식은 다음과 같다.

$$\mathrm{Nu} = 2\left(\frac{\mathrm{mc_p}}{\mathrm{kL}}\right)^{1/3}\left(\frac{\mu}{\mu_\mathrm{w}}\right)^{0.14} = 2\,\mathrm{Gz}^{1/3}\phi_v \tag{11.35}$$

식 (11.35)에서 μ는 유체의 산술평균온도 $(T_a + T_b)/2$에서의 점도이고, μ_w는 벽 온도 T_w에서의 점도이다. 액체가 가열될 때 $\mu_w < \mu$ 및 $\phi_v > 1.0$이고, 액체가 냉각될 때 $\mu_w > \mu$ 및 $\phi_v < 1.0$이다.

11.4.2 난류에서 강제대류에 의한 열전달 (Heat transfer by forced convection in turbulent flow)

아마도 열전달에서 가장 중요한 경우는 밀폐된 관로, 특히 도관 내 난류 유체로의 열흐름일 것이다. 난류는 약 2,100 이상의 Re에서 나타나고, 열전달속도가 층류에서 보다 난류에서 더 크기 때문에 대부분의 장치는 난류 영역에서 작동된다.

차원해석법(Dimensional analysis method)

길고 곧은 도관을 통과하는 난류 유체에 가해지는 열흐름에 대한 차원해석은 다음의 무차원 관계식으로 된다.

$$\frac{hD}{k} = \Phi\left(\frac{D\overline{V}\rho}{\mu}, \frac{c_p\mu}{k}\right) = \Phi\left(\frac{DG}{\mu}, \frac{c_p\mu}{k}\right) \tag{11.36}$$

여기서 질량속도 G는 $\overline{V}\rho$이다. 식 (11.36)의 양변을 $(DG/\mu)(c_p\mu/k)$로 나누면 다음 관계식이 된다.

$$\frac{h}{c_p G} = \Phi_1\left(\frac{DG}{\mu}, \frac{c_p\mu}{k}\right) \tag{11.37}$$

식 (11.36)의 3 무차원군은 각각 Nusselt 수, Reynolds 수 그리고 Prandtl 수 등이다. 식 (11.37)의 좌변 무차원군은 Stanton수, St라 한다. 이 4 무차원군의 상호관계는,

$$\mathrm{St} \cdot \mathrm{Re} \cdot \mathrm{Pr} = Nu \tag{11.38}$$

따라서, 4개 중 3개만이 독립적이다.

실험식(Empirical equations)

식 (11.36) 또는 (11.37)을 사용하기 위하여 함수 Φ 또는 Φ_1을 알아야만 한다. 뾰족한 날 입구(sharp-edged entrance)를 가진 긴 관에서 실험적인 상관식은 다음의 Dittus-Boelter식이다.

$$\mathrm{Nu} = \frac{\mathrm{h_i D}}{\mathrm{k}} = 0.023\,\mathrm{Re}^{0.8}\mathrm{Pr}^{\mathrm{n}} \tag{11.39}$$

여기서 유체가 가열될 때 $n = 0.4$이고 냉각될 때는 $n = 0.3$이다.

식 (11.39)에서 다른 n값을 사용하는 것은 액체가 가열될 때가 냉각될 때보다 더 큰 계수 값을 갖기 때문이다. 그러나 가열과 냉각에 대한 계수 비는 식 (11.39)에 따라 $\mathrm{Pr}^{0.1}$이고 도관 기벽의 조건에 무관하다.

난류에 대해 보다 좋은 관계식이 **Sieder-Tate식**으로 다음과 같고 층류와 동일한 보정인자 ϕ_v를 사용한다.

$$\mathrm{Nu} = \frac{\mathrm{h_i D}}{\mathrm{k}} = 0.023\,\mathrm{Re}^{0.8}\,\mathrm{Pr}^{1/3}\,\phi_{\mathrm{v}} \tag{11.40}$$

점도 비 항 ϕ_v는 물과 같이 저 점도성 액체에 대해서는 중요치 않으나 기벽과 본체 점도 값들이 10배정도 차이날 수 있는 고 점성 오일의 경우, 가열시 계수가 냉각시 계수의 2배일 수 있다.

식 (11.40)의 다른 형태로서는 양변을 Re Pr로 나누어 정리하면, 다음의 Colburn방정식이 된다.

$$\mathrm{St\,Pr}^{2/3} = \frac{0.023\psi_{\mathrm{v}}}{\mathrm{Re}^{0.2}} \tag{11.41}$$

이들 방정식의 사용에 있어서 μ_w만을 제외하고, 유체의 물성치는 본체온도(bulk temp.) T에서 구한 것이다. 기체의 경우 점도는 온도에 따라 변하나 그 변화가 작아서 식 (11.40)과 (11.41)의 점도 항은 보통 무시한다. 이들 식은 Re 수가 6,000 이하 또는 비정상적으로 낮은 Pr을 갖는 용융 금속에는 사용할 수 없다.

11.4.3 층류와 난류간 전이영역에서의 열전달 (Heat transfer in transition region between laminar and turbulent flow)

식 (11.41)은 Re수가 6,000 이상일 때에만 적용되고, 식 (11.35)는 Re가 2,100 이하일 때에만 적용된다. Re수 2,100과 6,000 사이의 범위를 **전이영역**(transition region)이라 하고, 여기서는 어떤 단순한 식이 적용되지 않는다. 따라서 도식적 방법이 사용된다. 이 방법은 Re수 대 Colburn j 인자의 공통 도시(L/D가 일정한 값의 선으로 된) 상에서 식 (11.35)와 (11.41)을 기준 한 것이다. 층류 범위에 대한 식을 얻기 위해서는 다음과 같이 식 (11.35)를 변화시켜야만 한다.

$$\mathrm{Nu} = 2\left(\frac{\pi \mathrm{D}}{4\mathrm{L}}\mathrm{Re\,Pr}\right)^{1/3}\left(\frac{\mu}{\mu_{\mathrm{w}}}\right)^{0.14}$$

이 관계식에 $(1/\mathrm{Re})(1/\mathrm{Pr})$ 을 곱해 주면 j 인자가 된다. 그래서 최종 식은 다음과 같이 된다.

$$\frac{h_i}{c_p G}\left(\frac{c_p \mu}{k}\right)^{2/3}\left(\frac{\mu_w}{\mu}\right)^{0.14} = j_H = 1.86\left(\frac{D}{L}\right)^{1/3}\left(\frac{DG}{\mu}\right)^{-2/3} \tag{11.42}$$

식 (11.42)는 지름 대 길이 비 L/D 의 각 값에 대해 Re수 대 좌변 항의 로그도시(logarithmic plot)에서 그 기울기가 $-2/3$인 직선이 됨을 뜻한다. 그림 11.9에서 왼쪽 부분의 직선들은 각 L/D 값에 대한 이 식을 그린 것이다. 이 직선들은 Re수 2,100에서 끝난다.

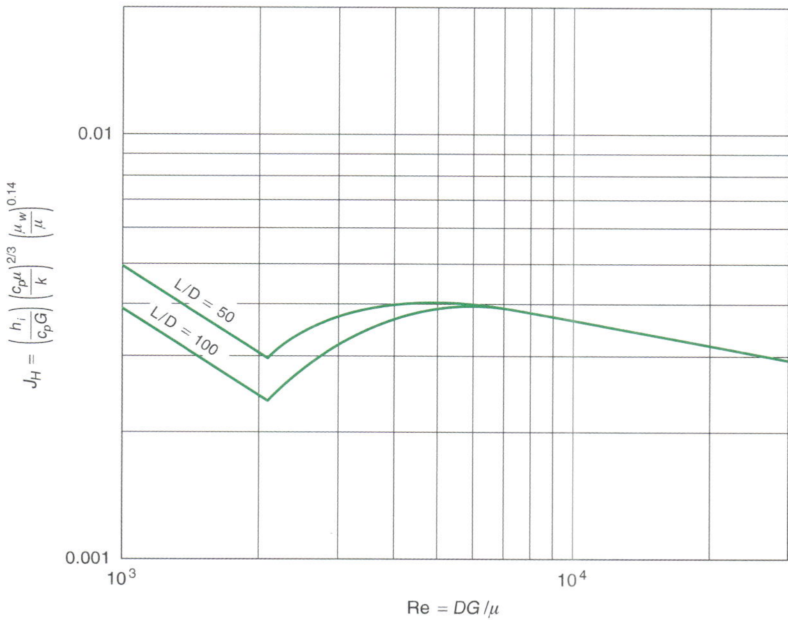

그림 11.9 전이영역에서의 열전달

식 (11.42)는 $L/D > 100$ 이상에는 사용할 수 없다.

같은 좌표 상에 긴 관에 대해 그릴 때 식 (11.41)은 Re수 6,000 이상의 범위에서 기울기가 −0.20인 직선을 나타낸다. 이 선이 그림 11.9에서 오른쪽 영역에 그어져 있다.

Re수 2,100과 6,000 사이의 곡선은 전이영역(transition region)을 표시한다. L/D의 영향이 이 영역 중 낮은 Re수에서 더 두드러지고, Re수 6,000에 접근됨에 따라 그 영향이 사라진다.

그림 11.9는 Re수 1,000~30,000 범위에 사용할 수 있는 요약된 도표이다. 이것보다 더 낮은 범위와 더 높은 범위에 대하여는 식 (11.35)와 (11.41)을 각각 사용할 수 없다.

11.5 상 변화를 수반하는 유체로의 열전달 (Heat transfer to fluids with phase change)

증기의 응축온도보다 더 차가운 관의 표면상에서 증기의 응축은 물, 탄화수소, 기타 휘발성 물질 등을 처리할 때 아주 중요하다. 일부 예들은 증발, 증류, 건조 조작 등을 다루는 이 책의 뒷부분에서 볼 수 있다.

응축증기는 단일 응축성(condensable) 물질과 비응축성(noncondensable) 물질의 혼합물 또는 둘 이상의 응축성 증기 혼합물로 이루어질 수 있다. 일반적으로 응축기 내에서의 마찰손실은 적어서 응축은 거의 정압과정이 된다. 단일 순수 물질의 응축온도는 압력에만 의존된다. 그래서 순수 물질의 응축과정은 등온이다. 또한 응축액(condensate)은 순수 액체이다. 정압(일정압력)에서 응축되는 혼합증기는 어느 온도범위에 걸쳐서 응축되며, 전체 증기흐름이 응축될 때까지 가변조성의 응축액이 되는데, 이는 응축액의 조성이 원 미응축증기(original uncondensed vapor)의 조성과 같을 때까지 계속된다.

11.5.1 응축증기로부터의 열전달(Heat transfer from condensing vapors)

적상응축과 막상응축(Dropwise and film-type condensation)

증기는 차가운 표면상에서 **적상응축**(dropwise condensation)과 **막상응축**(film type condensation)의 두 가지 방법 중 하나에 의해 응축된다. 적상응축보다 더 일반적인 막상응축에서는 액상 응축 액이 중력작용 하에 관 표면을 흐르는 액체의 막 또는 연속 층을 형성한다. 이것은 증기와 관벽 사이에 생기는 액체 층이기 때문에 열흐름에 저항을 주게 되고, 이것이 열전달계수의 크기로 나타난다.

적상응축에서는 응축 액이 미시적 핵 생성 부위에서 형성되기 시작한다. 전형적인 부위는 작은 구멍, 긁힘(scratch), 먼지 반점 등이다. 습실(humid room)에서 냉수를 넣은 주전자의 바깥표면에서 가끔 볼 수 있는 것과 같이, 그 액적은 성장되어 그 이웃 것과 합쳐져서 미세한 가시 액적을 형성한다. 미세한 액적은 순서대로 중력에 의해 관을 따라 흐르는 액체흐름으로 뭉쳐져서, 응축 액을 쓸어

내게 되어 많은 액적이 있는 표면은 깨끗해진다. 적상응축이 일어나는 동안 관 표면의 상당 부분이 무시 될 정도의 열저항을 가진 아주 얇은 액체막으로 덮어 진다. 이 떄문에 그 표면의 열전달계수는 아주 커서 적상응축에 대한 평균계수는 막상응축 시의 5~8배가 된다. 긴 관에서, 표면 어느 부분에서는 막상응축이 그리고 나머지 부분에서는 적상응축이 일어날 수도 있다.

적상응축의 실제적인 관측은 수증기에서 볼 수 있다. 그러나 이것은 또한 에틸렌 글리콜(ethylene glycol), 글리세린(glycerin), 니트로벤젠(nitrobenzene), 아이소헵탄(isoheptane) 그리고 약간의 유기증기 등에서도 관측된다. 액상금속은 통상 적상응축 형태로 응축된다. 적상응축의 출현은 액체에 의해 표면이 젖느냐(wetting) 또는 안 젖느냐(nonwetting)에 따르고, 근본적으로 그 현상은 표면화학(surface chemistry) 분야에 속한다. 수증기의 적상응축에 대한 많은 실험적 연구를 요약하면 다음과 같다.

1. 물의 막상응축은, 수증기와 관 모두가 깨끗하면 보통 금속관 상에서, 공기가 있든 없든 간에 거친 표면상에서, 또는 연마된 표면상에서 일어난다.
2. 적상응축은 냉각 표면이 액체로 젖지 않았을 때만 일어난다. 수증기응축에 있어서는 기름 액적으로 증기가 오염됨으로써 가끔 적상응축이 유발되기도 한다. 이것은 거친 표면보다는 매끄럽게 오염된 표면에서 더 쉽게 만들어지기 때문이다.
3. 적상응축이 일어나는 데 요구되는 오염물 또는 촉진제(promoter)의 양은 아주 미소하고 오직 단분자 막(monomolecular film)만이 있어도 가능하다.
4. 효과적인 액적 촉진제(drop promoter)는 표면에 강하게 흡착되어야 하고, 젖음성(wetting)을 방해하는 물질은 비효과적이다. 어떤 촉진제는 일부 금속에 특히 유효하다. 예로서, 구리합금에 대한 머캅탄(mercaptan), 그리고 올레산(oleic acid)과 같은 촉진제는 일반적으로 매우 효과적이다. 일부 금속, 예로서 강철과 알루미늄에 적상응축이 생기도록 하기가 아주 어렵다.
5. 오직 적상응축만이 있는 데서 얻을 수 있는 평균계수는 115 kW/m^2·°C 정도로 높다.

적상응축을 인위적으로 유발시켜 큰 계수로부터 실제적 이익을 실현하려고 때때로 시도될지라도, 그런 형태의 응축이 불안정하고 그것을 유지하는 어려움이 커서 그 방법은 보편적 방법이 못된다. 또한 수증기 응축액 층이 막상응축 일지라도 그 저항은 응축기 관 내부의 저항에 비해 원천적으로 작고, 그리고 총괄 계수에서의 증가도 적상응축이 이루어질 때에도 비교적 작다. 따라서, 정상적인 설계에서는 막상응축으로 간주한다.

과열증기의 응축(Condensation of superheated vapor)

응축기로 들어가는 증기가 과열되면 과열 부분의 현열과 응축 잠열 모두 냉각 표면을 통해 전달된다. 수증기의 경우, 과열증기(superheated vapor)의 낮은 비열과 큰 응축 잠열 때문에 과열 분의 현열은 잠열에 비해 보통 적다. 예로, 과열온도가 50°C이면 잠열 2,300 J/g에 비해 단지 100 J/g정도이다. 석유 분류물과 같은 유기증기의 응축에 있어서는 과열이 잠열에 비하여 현저하게 크게 나타나기도 한다. 과열 분의 현열이 중요할 때, 그것은 과열도와 증기의 비열로부터 계산하여 잠열에 더하거나, 또는 열 특성 표가 가능하면 증기의 단위질량 당 총 열전달을 과열증기의 엔탈피로부터 응축액의 엔탈피를 뺌으로써 계산할 수 있다.

전달속도에 대한 과열의 영향은 관의 표면온도가 증기의 응축온도보다 높으냐 낮으냐에 달려 있다. 관의 온도가 응축온도보다 낮으면, 마치 포화증기의 응축에서와 같이 그 관은 응축액으로 적셔지고, 응축액 층의 외부 경계온도는 그 장치의 압력에서 증기의 포화온도와 같게 된다. 이러한 경우에는 과열증기 본체와 응축액 막의 외부 쪽 사이에 열저항의 존재와 그 저항을 통한 온도강하(이것은 증기 내 과열도와 동일함) 등에 의하여 복잡하게 된다. 그러나 실제로 이들 복잡성의 실질 영향은 적어서 과열 분과 응축 분의 합으로 표시되는 전체 열부하가 응축액 막을 통해 전달되고, 그 온도강하가 응축액 막을 통해 나타나며, 이 과정을 수식으로 요약하면 다음과 같다.

$$q = hA(T_h - T_w) \tag{11.43}$$

q = 잠열과 과열을 포함하는 총 열전달량
A = 증기와 접촉한 열전달 표면적
h = 열전달계수
T_h = 증기의 포화온도
T_w = 관 벽의 온도

증기가 아주 높게 과열되거나 냉각 유체의 유출온도가 응축온도에 접근하게 되면, 관 벽의 온도는 증기의 포화온도보다 더 높아, 응축이 일어날 수 없으며, 그리고 관 벽은 마르게 된다. 과열 분이, 관 벽 온도가 증기의 응축온도보다 더 냉각되는 점까지 감소되어 응축이 일어날 때까지 그 관 벽은 건조상태를 유지한다. 이 장치는 두 부분 과열저감기(desuperheater)와 응축기(condenser)로 생각할 수 있다. 계산할 때는 두 부분을 나누어 생각해야 된다. 과열저감기는 근본적으로 기체 냉각기(gas cooler)이다. 이때 로그평균 온도차를 적용하고, 열전달계수는 고정 기체(응축되지 않는 기체)를 냉각시킬 경우의 것과 같다.

기체-측 계수가 낮기 때문에 과열저감기 부분에서 총괄 계수는 작고, 그 부분에서 가열 표면적은 제거된 열량과 비교하여 크다. 실제로 이러한 상태를 피해야 한다. 과열은 과열증기 내로 직접 액체를 주입시켜 보다 경제적으로 제거시킬 수 있는데, 이는 작은 액적들이 아주 빨리 증발해서, 증기를 그 포화온도까지 냉각시키기 때문이다. 그래서 과열저감 부분도 제거되고, 또 응축증기로부터 높은 계수를 얻는다.

혼합증기의 응축(Condensation of mixed vapor)

증기에 두 가지 또는 그 이상의 휘발성 성분이 포함되면(이것이 공비혼합물이 아닌 한), 응축온도는 주어진 압력 하에서 일정하지 않다. 고비점 성분(또는 성분들)이 응축되어 저비점 물질 내 증기를 농후하게 만들기 때문에, 증기 상 및 액상 내에 농도구배가 있게 된다. 만일 냉매온도가 충분히 낮으면, 모든 증기는 응축되어질 수 있어, 응축물 조성은 원 증기의 것과 같게 된다. 그렇지 않은 경우 저비점 물질 일부는 응축되지 않기 때문에 응축기로부터 방출된다.

증기내 농도구배 때문에, 고비점 성분들의 물질전달이 증기 내 비응축성 저비점 성분을 통해 응축표면 쪽으로 일어난다(물질전달은 뒤에서 논의된다). 이는 냉각되는 증기로부터 현열을 제거하려는 열전달과정과 병행으로 일어난다. 일반적으로 열 및 물질전달 속도들, 즉 이에 상당되는 열 및 물질전달 계수들은 응축기 내에서 변하기 때문에 여러 지점에서 추정되어야만 한다.

비응축성 성분의 영향(Effect of noncondensables)

다성분 혼합물 내에 비응축성 기체가 포함되면, 응축속도는 현저히 감소된다. 응축성 증기혼합물의 응축에서는, 증기상 내 한 성분 또는 그 이상 성분의 물질전달이 있게 된다. 그런데 여기서 응축되는 분자들은, 응축액 표면을 향해 움직이지 않는 비응축성 기체경막을 통해 확산해야만 한다. 응축이 진행됨으로서 증기상 내 불활성 기체의 상대적 양은 크게 증가된다.

응축되는 증기의 분압은 증기-기체 본체 내의 것보다 낮게 되어, 기체경막을 통해 물질전달을 유발케 하는 구배가 있게 된다. 이는 응축온도를 더 낮게 하고, 그리고 일반적으로 물질전달로 인한 온도변화가 평형온도의 변화보다 크게 된다.

소량의 기체일지라도 응축속도에 크게 영향을 미칠 수 있다. 수증기 내 1% 공기 이하라도 1/2 이상의 응축속도를 감소케 하고, 불활성 기체 5%는 1/5까지 수증기 응축속도를 감소시킨다. 공기나 다른 비응축성 기체가 급송류에 존재할 때는 유입기체의 약간을 응축기 외부로 방출시켜야 한다. 만일 어느 순간 비방출형 응축기로 공기 0.1%, 증기 99%인 것이 공급되어 응축된다면, 남은 증기에는 10% 공기가 포함될 것이고, 응축속도는 응축기 어느 부분에서 아주 낮아질 것이다.

11.5.2 비등액체로의 열전달(Heat transfer to boiling liquids)

비등 액체로의 열전달은 증발, 증류 및 수증기 생산 시 필요한 단계이고, 이는 화학반응기의 온도조절에 쓰일 수도 있다. 비등 액체는 그 액체를 끓이는데 필요한 열을 공급할 수평이나 수직 판형 또는 관형으로 제작된 가열표면을 가진 용기 내에 담기게 된다. 끓여질(비등될) 액체는 자연대류나 강제대류 하에서 가열된 관 내부로 흐른다. 관 내 비등에 관한 중요한 응용은 용액으로부터 물의 증발이다.

뜨거운 침적표면(immersed surface0)에 의해 비등이 일어날 때 액체의 본체온도는 장치 안의 압력 하에서 그 액체의 비점과 동일하다. 증기의 기포는 가열 표면에서 생겨서 액체 본체를 통해 상승되어 액체 표면으로부터 유리된다. 증기는 액체 표면 위 증기 공간에 축적되나, 그 증기공간으로부터 형성되자마자 곧 제거된다. 이런 형의 비등은 증기가 그 비등온도에서 액체와 평형상태의 액체 표면을 떠나기 때문에, **포화액체의 풀비등**(pool boiling of saturated liquid)으로써 설명될 수 있다.

액체가 수직 관 내부에서 자연순환 하에 비등될 때, 상대적으로 차가운 액체는 관 하부로 유입되며, 저속으로 위로 상승하며 가열된다. 액체온도는 관 내에서 그 특정 준위의 압력 하에서 비등점까지 상승된다. 증발이 시작되고, 액체-증기 혼합물의 상승속도가 급격히 증가된다. 그 결과로 인한 압력강하는 비등점을 하강시켜 그 혼합물로 하여금 도관 상단까지 상승되게 하고 계속 증발되게 한다. 액체와 증기는 아주 고속으로 관의 상단 부분에 도달한다.

수평이나 수직 관을 통하는 강제순환에서 액체는 역시 저온으로 들어가서 비등점까지 가열되어 관 배출구 가까이에서 증기로 변한다. 간혹 유량 조절 밸브를 관 밖의 배출관에 설치함으로써 관 내의 액체는 하류 압력에 상응하는 비등점 이상의 어느 온도까지 가열될 수 있다. 이 조건 하에서 관 안에서는 비등하지 않는다. 즉, 액체는 단지 액체로서 고온까지 가열될 뿐이며, 밸브를 통과함으로써 증기 속으로 플래쉬(flash)된다. 자연순환 및 강제순환 보일러(boiler)를 **컬란드레어**(calandria)라 한다.

강제순환 장치의 일부 형태에서 액체 본체의 온도는 그 비등점보다 낮다. 그러나 가열표면의 온도는 액체의 비등점보다 상당히 높다. 기포는 가열 표면상에서 생기고, 그 표면으로부터 이탈되는 기포는 액체 본체로 흡수된다. 이런 형의 비등은 열교환기를 떠나는 액체가 전부 액체일지라도, **과냉각 비등**(subcooled boiling)이라 한다.

포화액체의 풀비등(Pool boiling of saturated liquid)

수평 전기가열선이 끓는 액체가 들어 있는 용기 내에 잠겨 있다고 생각하자. 열플럭스 q/A와 도선의 표면온도 T_w와 비등 액체의 온도 T간 온도차를 ΔT라 하자. 아주 낮은 온도차 ΔT부터 시작하자. 온도차를 단계별로 증가시키고, 각 단계에서 매우 큰 ΔT값에 이를 때까지 q/A와 ΔT을 측정하자. 로그좌표(log coordinate)에 ΔT대 q/A을 도시하면 그림 11.10에 보인 형태의 곡선이 된다. 이 곡선은 네 구간으로 나누어진다. 낮은 ΔT의 첫 구간에서 선 AB는 직선이고, 그 기울기 값은 1.25이다. 이는 자연대류에 대한 관계와 일치하고 다음 식에 해당된다.

$$\frac{q}{A} = a\Delta T^{1.25} \tag{11.44}$$

여기서, a는 상수이다. 둘째 구간 선 BC도 또한 대략적으로 직선이다. 그 기울기는 선분 AB의 기울기보다 크다. 선분 BC의 기울기는 특별한 실험에 의존되기는 하지만, 이것은 보통 3과 4 사이에 놓인다. 이 둘째 구간은 그림 11.10의 점 C에 해당하는 최대 열플럭스(maximum flux)의 한정된 점에서 끝난다. 점 C에 해당되는 온도강하를 **임계 온도강하**(critical temperature drop)라 하고,

점 C에서의 열플럭스를 **정점 열플럭스**(peak flux)라 한다. 그림 11.10의 선 CD인 셋째 구간에서 열플럭스는 온도강하 상승에 따라 감소하다가 점 D의 최소점에 도달된다. 점 D를 Leidenfrost**점**이라 한다. 마지막 구간인 선분 DE에서 열플럭스는 다시 ΔT에 따라 증가하고, 아주 큰 온도강하에서 앞의 최대점 C값을 지나치게 된다.

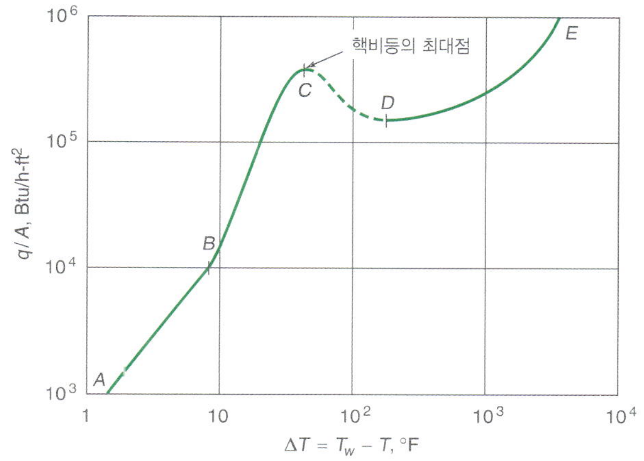

그림 11.10 전기 가열선에 의해 212°F에서 끓는 물에 대한 온도 대 열 속; AB 자연대류 : BC 핵비등 ; CD 전이비등 ; DE 막비등

임계 온도차 이하의 온도차에서 일어나는 비등에서 가열 표면상에서의 미소한 기포의 생성 또는 기화핵(vaporization nuclei) 생성현상을 **핵비등**(mucleate boiling)이라 한다. 핵비등하는 동안 기포들은 단지 어떤 순간에 가열표면의 작은 부분만을 차지하고, 대부분의 표면은 액체와 직접 접촉되어 있다. 기포들은 가열표면 상의 국부적인 활성 부위, 즉 작은 구멍이나 긁힌 자국에서 생성된다. 온도강하가 올라가게 되면 더 많은 부위가 활성화되어 액체의 교반을 증진시키고, 또 열플럭스와 열전달계수를 증가시킨다.

그러나 결국 많은 기포가 존재하게 되면, 가열 표면에서 합치되어 절연성 증기층(layer of insulating vapor)을 형성하려는 경향이 있게 된다. 이들은 아주 불안정하여 극소의 "폭발"(explosion)이 일어나고, 또 이로 인해 가열 표면으로부터 액체 본체 내로 증기의 분사가 나타나게 된다. 이런 형의 작용을 **전이비등**(transition boiling)이라 한다. 그림 11.10에서 CD구간에 해당되는 이 영역에서 온도강하 증가는 증기막 두께를 증가시키고, 주어진 시간에 생기는 폭발 횟수는 감소된다. 온도차가 상승하게 되면 열플럭스와 열전달계수 모두가 떨어진다.

Leindenfrost점 근처에서는 기구상 다른 별개의 변화가 일어난다. 그 뜨거운 표면은 정지상태의 증기막으로 덮이고, 열은 전도나 복사(아주 고온에서)에 의해 전달된다. 전이비등의 불규칙한 폭발 특성은 사라지고, 액체와 뜨거운 증기막 사이의 계면에서 느리고 질서정연한 기포의 형성으로 바뀌게 된다. 이들 기포는 그 계면으로부터 떨어져 액체를 통해 상승된다. 그러나 액체의 교반은 중요하지 않고, 열전달의 모든 저항이 그 가열표면을 덮고 있는 증기덮개(vapor sheath)에 의해 나타난다. 온도차가 증가함으로써, 열플럭스는 처음에는 서서히 상승되고 그 다음 복사에 의한 열전달이 중요하게 될 때 더 급격하게 상승된다. 이 영역내의 비등작용이 **막비등**(film boiling)으로 알려져 있다.

막비등은 보통 상업용 장치에서는 바람직하지 않다. 왜냐하면 열전달속도가 그와 같이 큰 온도강하에 비해 낮고, 또 온도강하가 유효하게 이용되지 못하기 때문이다. 열전달장치는 비등액체막에서의 온도강하가 임계온도보다 더 작도록, 비록 한제(cryogenic) 액체의 사용으로 이것이 항상은 불가능하더라도, 설계되어 조작될 수 있다.

연습 문제

11.1 다음 각 사례에 내부면적 그리고 외부면적을 기준 한 총괄 열전달계수를 계산하라.

사례 1 : 10°C의 물이 3/4in 16BWG 응축기 튜브를 흐르고, 105°C의 포화수증기가 외부에서 응축된다. h_i = 12kW/m^2·°C, h_o = 14kW/m^2·°C, k_m = 120 W/m·°C

사례 2 : 대기압의 벤젠이 25mm 강철관 밖에서 응축되고, 15°C의 공기가 6m/s의 속도로 그 내부를 흐른다. 관 벽의 두께 = 3.5mm, h_i = 20W/m^2·°C, h_o = 1,200W/m^2·°C, k_m = 45W/m·°C

사례 3 : 100°F의 기름을 수송하는 1in Schedule 40 강철관 상에서 50psig의 수증기로부터의 적상 응축(dropwise condensation). h_o = 14,000Btu/ft^2·h·°F, h_i = 130Btu/ft^2·h·°F, k_m = 26Btu /ft·h·°F

답 : (a) U_o = 5,320W/m^2·°C, U_i = 6,470W/m^2·°C (b) U_o = 14.2W/m^2·°C, U_i = 19.7ft^{2}W/m^2·°C
(c) U_o = 98.1Btu/h·ft^2°F W/m^2·°C, U_i = 123Btu/h·ft^2°F

11.2 문제 11.1의 사례 1과 3에서 금속관 또는 튜브의 내부표면과 외부 표면의 온도를 계산하라.

답 : (a) T_{wc} = 61.3°C, T_{wh} = 68.9°C (b) T_{wc} = 79.2°C, T_{wh} = 79.33°C
(c) T_{wc} = 286.8°F, T_{wh} = 296.12°F

11.3 총 외부표면적이 70ft^{2}인 이중관 열교환기 내에서 아닐린(aniline)이 200°F에서 150°F까지 냉각된다. 이 냉각에 100°F의 톨루엔(toluene) 8,600lb/h가 가능하다. 교환기는 2 in Schedule 40 관내에 $1\frac{1}{4}$ in Schedule 40으로 되어 있다. 아닐린의 유속은 10,000lb/h이다. (a) 흐름이 역류(또는 향류)일 때 톨루엔의 출구온도, LMTD 그리고 총괄 열전달계수는 얼마인가? (b) 흐름이 평행일 때 이것들의 값은 또 얼마인가?

답 : (a) T_{cb} = 172.0°F, ΔT = 37.9°F, U = 102.7Btu/h·ft^2·°F

11.4 19,000kg/h로 흐르는 사염화탄소(CCl_4)가 20°C의 냉각수 13,500kg/h에 의해 85°C에서 40°C까지 냉각된다. 사염화탄소의 관 외부의 경막계수(film coefficient)는 1,700W/m^2·°C이다. 벽 저항은 무시되나 물이 흐르는 쪽의 h_i는 오염인자를 포함하여 11,000W/m^2·°C이다. (a) 역류 교환기에서 필요한 면적은 얼마인가? (b) 병행류를 사용하여 사염화탄소의 초기냉각을 더 빠르게 할 때 면적은 몇 배로 증가되는가?

답 : (a) A = 4.02m^2, T_{wh} = 68.9°C (b) 1.28

11.5 한 슬러리를 냉각하는 데 쓰이는 2중관 열교환기에서 총괄계수 U_i가 1.84kW/m^2·°C이다. 1 in Schedule 40 강관 안으로 물이 흐르고, 2in 외관으로는 슬러리가 흐른다. 내부 계수 값은 난류로 기준 된 자료에 따라 4.8kW/m^2·°C로 추정되었다. (a) 외부계수 그리고 총 저항에 대한 각 개별저항(외부 막, 벽, 내부 막)의 백분율을 계산하라. (b) 만일 h_i에 대한 상관식이 ±10% 그리고 U_i 값이 단지 10% 정확도를 가진다면 h_o에서 최대가능 오차는 얼마인가?

답 : (a) 38.3% (b) 38% 이상

11.6 길이 8ft, 120 3/4in, BWG 16인 구리튜브로 된 관형-응축기는 870gal/min의 냉각수를 이용하여 120°C의 포화수증기 22,100lb/h를 응축시킨다. 물의 입·출구온도는 20와 46°C로 측정되었다. (a) 열 수지는 어떠한가? (b) 관 외부면적을 기준 한 총괄 열전달계수는 얼마인가?

답 : (a) m = 433,340lb/h, q_{water} = 20,280,300Btu/h (b) U= 702Btu/h·ft^2·°C(3,990W/m^2·°C)

11.7 정압비열이 1cal/g·°C인 물 100g/s를 20°C에서 40°C로 이중 열교환기를 통하여 가열하고자 한다. 사용되는 유체의 비열이 10cal/g·°C이며 속도는 10g/s, 들어갈 때의 온도는 80°C이고, 나올 때의

온도는 60°C이다. 유체의 흐름이 병류라고 할 때, 열교환기의 총괄 열전도계수는 약 몇 $cal/m^2 \cdot s \cdot °C$ 인가?(단, 열교환기의 전열면적은 $10m^2$이다.) **(화공기사 기출)**

① 5.5 ② 10.1 ③ 50.0 ④ 100.5 답 : ①

11.8 2중관 열교환기를 사용하여 500kg/h의 기름을 240℃의 포화수증기를 써서 60°C에서 200°C까지 가열하고자 한다. 이때 총괄전열계수는 $500kcal/m^2 \cdot h \cdot °C$, 기름의 정압비열은 $1.0kcal/kg \cdot °C$이다. 필요한 가열면적은 몇 m^2인가? **(화공기사 기출)**

① 3.1 ② 2.4 ③ 1.8 ④ 1.5 답 : ①

11.9 향류 열교환기에서 온도 300K의 냉각수 30kg/s를 사용하여 더운 물 20kg/s를 370K에서 340K로 냉각시키려고 한다. 총괄 전열계수를 $2.5kW/m^2 \cdot K$로 가정하였을 때 전열 면적은 약 몇 m^2인가? **(화공기사 기출)**

① 22.4 ② 34.1 ③ 41.3 ④ 50.2 답 : ①

11.10 원관 내 25%의 물을 65%까지 가열하기 위해서 100°C의 포화수증기를 관 외부로 도입하여 그 응축열을 이용하고 100°C의 응축수가 나오도록 하였다. 이 때 대수평균 온도차는 몇 °C인가? **(화공기사 기출)**

① 0.56 ② 0.85 ③ 52.5 ④ 55.5 답 : ③

11.11 면적이 $0.25m^2$인 250°C상태의 물체가 있다. 50°C공기가 그 위에 있을 때 전열속도는 약 몇 kW인가? (단, 대류에 의한 열전달계수는 30 $W/m^2 \cdot °C$이다.) **(화공기사 기출)**

① 1.5 ② 1.875 ③ 1,500 ④ 1,875 답 : ①

11.12 이중 열교환기의 총괄전열계수가 $69kcal/m^2 \cdot h \cdot °C$ 고 더운 액체와 찬 액체를 향류로 접촉시켰더니 더운 면의 온도가 65°C에서 25°C로 내려가고 찬 면의 온도가 20°C에서 53°C로 올라갔다. 단위 면적당의 열교환량은 약 몇 $kcal/m^2 \cdot h \cdot °C$인가?

① 498.2 ② 551.7 ③ 2415 ④ 2760 답 : ②

CHAPTER

12 복사열 전달

Radiation Heat Transfer

빛의 속력으로 공간을 통과하는 에너지로서 고려될 수 있는 복사(radiation)는 여러 방법에 의해 발생된다. 어떤 종류의 물체는 전자충돌, 전기방전과 같은 외부 매체가 작용될 때의 복사선 또는 일정한 파장의 복사선을 방출한다. 이러한 효과로 인한 복사는 여기서 다루지 않는다. 절대온도 영(0)도 이상의 온도에 있는 모든 물질은 외부 매체와 무관하게 복사선을 방출한다. 단지 온도만으로 기인되는 복사를 열복사(thermal radiation)라 한다.

복사는 직선 또는 빔(beam)으로 공간을 통과하여, 복사체(radiating body)의 시야 내에 있는 물체만이 그 복사체로부터 나오는 복사선을 받을 수 있다. 어떤 물체에 떨어진 복사선 중 반사된 분율을 **반사율**(reflectivity) ρ라 하고, 흡수된 분율을 **흡수율**(absorptivity) α 라하며, 통과된 분율을 **투과율**(transmissivity) τ라 한다. 이들 분율의 합은 1이 된다. 즉,

$$\alpha + \rho + \tau = 1 \tag{12.1}$$

이와 같이 복사는 열이 아니며, 흡수되어 열로 변환되면 더 이상 복사가 아니다. 그러나 실제로 반사된 복사선이나 또는 투과된 복사선은 다른 흡수체에 떨어지게 되고, 이것은 여러 번 연속적으로 반사된 후에 결국은 열로 변환된다.

들어오는 복사에너지를 모두 흡수하고 반사나 투과량이 없을 때, 얻을 수 있는 최대가능 흡수율은 1이다. 입사량(incident radiation) 모두를 흡수하는 물체를 **흑체**(black body)라 한다.

12.1 복사의 방출(Emission radiation)

물질의 어떤 주어진 부위에 의해 방출된 복사선은, 그 물체의 시야 내에 있거나 그와 접촉되어 있는 다른 물체에 의해 방출되는 복사선과는 독립적이다. 한 물체가 얻거나 또는 잃게 되는 실 에너지(net energy)는 그 물체에 의해 방출된 에너지와 다른 물체로부터 그 물체에 도달되어 흡수된 에너지와의 차가 된다. 전도와 대류에 의한 열흐름도 역시 복사에 무관하게 일어난다.

각각 다른 온도에 있는 물체들이 한 울타리 안에서 각각의 시야 내에 놓일 때, 더 뜨거운 물체는 더 찬 물체로부터 나오는 복사에너지의 흡수량보다도 더 빨리 복사에너지를 방출함으로써 에너지를 잃게 된다. 따라서 뜨거운 물체의 온도는 감소하게 된다. 동시에 더 차가운 물체는 그것이 에너지를 방출하는 것보다 더 빨리 뜨거운 것으로부터 에너지를 흡수하게 되며, 그 온도는 증가하게 된다. 전도와 대류에 의한 열흐름에서와 마찬가지로 모든 물체들이 동일온도에 도달되면, 그 과정은 평형에 도달된다. 복사선을 흡수해서 열로 전환되고, 그 복사에너지의 실 전달(net transfer)로 인해 온도평형에 도달되는 것이 복사열(radiation heat)의 실용인 것이다.

복사선의 파장(Wavelength of radiation)

알려진 전자기적 복사(electromagnetic radiation)는 약 10^{-11}cm 의 파장을 가진 단-우주선(short cosmic ray)으로부터 1,000m 또는 그 이상의 파장을 가진 장파 방송파까지 아주 넓은 범위에 걸쳐 있다.

단일 파장의 복사를 **단색광**(monochromatic)이라 부른다. 열복사의 빔(beam)은 단색광이 아니고 그림 12.1에서 보인 것처럼 넓은 파장 범위를 가진다. 0.1～100㎛ 범위가 복사에너지에 의한 열흐름에서 중요하다. 반면 가시광은 약 0.39～0.78㎛의 파장 범위이다. 보통 공업적 응용온도에서의 열복사는 적외선 스펙트럼(infrared spectrum)의 파장을 가진다. 이 적외선 스펙트럼은 가장 긴 가시파 보다 조금 더 긴 파장을 갖고 있다. 약 500°C 이상의 온도에서 가시 스펙트럼 내 열복사가 중요하게 되며, 따라서 **적열**(red heat)과 **백열**(white heat)이란 말은 이 사실에 근거를 둔 것이다. 복사체의 온도가 높을수록 그것으로부터 방출되는 열복사의 주 파장(predominant wave-length)은 더 짧아진다.

어느 주어진 온도에서 열복사속도는 그 물질의 응집상태 및 분자구조에 따라 변한다. 산소, 아르곤 및 질소와 같은 단원자 및 이원자 기체는 그 온도가 높을지라도 약하게 복사한다. 공업적 조건하에서 이들 기체는 어느 정도의 복사도 방출하지도 흡수하지도 않는다. 수증기, 이산화탄소, 암모니아, 이산화황 및 탄화수소 등을 포함한 다원자 기체는 여러 파장에서 복사를 방사하고 흡수한다. 그리고 어느 선정된 파장에서 적외선(infrared)흡수는 이러한 기체 혼합물을 분석하는 데 이용할 수 있다. 다-원자 기체에 의한 적외선 복사의 흡수가 우리 기후에 크게 영향을 미친다. 왜냐하면 지구표면으로부터 방사되는 에너지의 상당한 양이 저 층 대기 내의 이들 기체들에 의해 흡수되기 때문이다. 그 기체 농도는 단위 체적 당 흡수가 아주 적을 정도로 낮지만, 흡수가 일어나는 대기층이 수 km나 되는 것이다. 아주 고온에서는 CO_2와 수증기에 의한 복사의 흡수가 짧은 거리일지라도 아주 강력하다. 이 거리를 노(furnace) 설계에 고려해야만 한다.

고체와 액체는, 얇은 층을 제외하고, 전 스펙트럼(spectrum) 범위에 걸쳐 복사를 흡수하고 방사한다. 반투명 방사체와 흡수체인 기체들에 반하여, 대부분의 고체와 액체들은 복사에 대해 불투명

체이고 방사와 흡수는 노출표면적에 상관된다. 다음 논의에서는 주로 표면에 의한 복사와 흡수 그리고 표면 간 복사를 다룬다.

방사력(Emissive power)

복사 표면으로부터 방출된 단색광 에너지는 그 표면의 온도와 복사선의 파장에 의존된다. 일정한 표면온도에서 에너지 방사속도를 파장의 함수로 표시되는 곡선을 그릴 수 있다. 이런 형태의 전형적인 곡선을 그림 12.1에 나타내었다. 각 곡선은 최대점으로 급히 올라갔다가 아주 긴 파장의 무방사(zero emission) 지점까지 점근선으로 감소된다. 단색광 복사를 추정하기 위해 선정되는 단위는 복사표면의 작은 면적으로부터 방사되는 에너지가 그 복사면적을 중심으로 반구의 모든 방향으로 "널리 퍼지는"(broadcast) 사실에 근거를 둔다. 이와 같이 단위면적 당 단위시간 당 방사되는 파장별로 나누어진 단색광 복사를 **단색광 복사력**(monochromatic radiating power) W_λ 라 한다. 그림 12.1에서 종축이 W_λ 의 값이다.

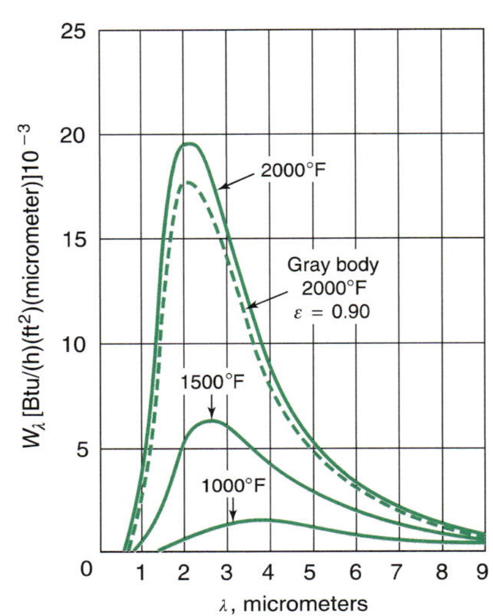

그림 12.1 흑체와 회색체 스펙트럼의 에너지 분포

어떤 표면으로부터 나온 전체 복사 스펙트럼에 대하여, 총 복사력 W는 그 표면으로부터의 모든 단색광 복사의 합이 되고, 수식으로는 다음과 같다.

$$W = \int_0^\infty W_\lambda \, d\lambda \tag{12.2}$$

도식적으로 W 는 그림 12.1에서 0으로부터 무한대까지 곡선 밑 부분인 전 면적이다. 물리적으로, 총 복사력은 단위면적 당 그 면적을 중심으로 한 반구의 모든 방향으로 방사된 모든 파장의 총 복사량이다.

흑체 복사 ; 방사율(Blackbody radiation; emissivity)

흑체는 주어진 온도에서 최대 가능 방사력(maximum attainable emissive power)을 가지는 이상적인 방사체(emitter)로서 정의된다. 이는 모든 입사 복사량을 흡수하고 다른 모든 복사체에 대한 기준이 된다. 흑체의 방사력 W_b에 대한 어느 물체의 총 방사력 W의 비를 그 물체의 **방사율(방사능,** emissivity) ϵ 로 정의한다. 즉,

$$\epsilon \equiv \frac{W}{W_b} \tag{12.3}$$

단색광 방사율(monochromatic emissivity) ϵ_λ는 같은 파장에서 흑체에 대한 단색광 방사력의 비이다. 즉,

$$\epsilon_\lambda \equiv \frac{W_\lambda}{W_{b,\lambda}} \tag{12.4}$$

어떤 물체의 단색광 방사율이 모든 파장에서 동일하면, 그 물체를 회색체(gray body)라 한다.

연마된 고체 표면의 방사율은 0.02~0.10 범위로 낮은 값이고 온도에 따라 감소된다. 대부분의 비전도체의 방사율은 온도에 따라 증가된다. 대부분의 산화금속은 0.6~0.85 범위에 있으며, 내화물, 종이, 합판, 건축자재 같은 비금속 물질은 0.65~0.95 그리고 알루미늄-페인트 이외의 페인트는 0.80~0.96 범위이다.

어떤 등급의 카본 블랙(carbon black)과 같은 일부 물질이 흑색에 접근할지라도 실제 물질에는 흑체가 없다. 흑체의 실험적인 상당 체는 틈 구멍(peephole)이 나 있는 등온의 속이 빈 구이다. 이 틈 구멍을 통해 내부 벽으로 빛이 들어간다면, 그 효과는 흑체로 간주될 수 있다. 그 내부 벽으로부터 방사되는 복사 또는 그 틈 구멍을 통해 외부로부터 들어오는 복사는 연속적인 반사 후 완전히 흡수되고, 내부표면의 총괄 흡수율(overall absorptivity)은 1이 된다.

흑체 복사의 법칙(Laws of blackbody radiation)

흑체 복사에 대한 기본 관계는 **Stefan-Boltzmann법칙**, 즉 흑체의 총 방사력은 절대온도의 4제곱에 비례함을 나타내는 것, 즉

$$W_b = \sigma T^4 \tag{12.5}$$

여기서, σ는 T와 W_b의 사용 단위에 의존되는 상수이다. 이 Stefan-Boltzmann법칙은 열역학과 전자기학의 법칙들과 완전히 일치한다.

흑체 스펙트럼 내에서 에너지분포는 다음의 **Plank법칙**으로 정확히 알 수 있다.

$$W_{b,\lambda} = \frac{2\pi \mathrm{hc}^2\lambda^{-5}}{\mathrm{e}^{\mathrm{hc}/\mathrm{k}\lambda \mathrm{T}} - 1} \tag{12.6}$$

여기서, $W_{b,\lambda}$ = 흑체의 단색광 방사력(emissive power)
h = Plank 상수
c = 광속
λ = 복사 파장
k = Boltzmann 상수
T = 절대온도

식 (12.6)은 다음과 같이 쓰일 수 있다.

$$W_{b,\lambda} = \frac{C_1 \lambda^{-5}}{e^{C_2/\lambda T} - 1} \tag{12.7}$$

여기서, C_1과 C_2는 상수들이다.

식 (12.6)으로부터 λ 대 $W_{b,\lambda}$의 도표는 그림 12.1에 실선으로 1,000°F, 1,500°F, 2,000°F 각각에 대하여 표시되어 있다. 여기서 점선은 2,000°F에서 방사능이 0.9인 회색체의 단색광 복사력을 나타낸 것이다.

Plank법칙은 식 (12.6)의 $W_{b,\lambda}$을 식 (12.2)에 대입하여 적분하면 Stefan-Boltzmann법칙과 일치함을 알 수 있다.

어떤 주어진 온도에서 최대 단색광 복사력(maximum monochromatic radiating power)은 어떤 일정한 파장에서 나타나며, $\lambda_{\max}$로 표기한다. **Wien의 변위법칙**(Wien's displacement law)은 $\lambda_{\max}$이 절대온도에 역비례, 즉 다음 식과 같이 됨을 의미한다.

$$T\lambda_{\max} = C \tag{12.8}$$

상수 C는 $\lambda_{\max}$이 μm 단위, T가 K 단위일 때 2,890이며, T가 °R일 때 5,200이다.

또한 Wien법칙은 Plank법칙의 식 (12.6)을 λ에 대하여 미분하고, 그 도함수를 0으로 놓아 $\lambda_{\max}$을 풀면 유도될 수 있다.

12.2 불투명 고체에 의한 복사의 흡수(Absorption of radiation by opaque solid)

복사가 고체에 떨어질 때 일정 분율 ρ는 반사되고, 나머지 $(1-\rho)$는 고체 내로 들어가 투과되거나 흡수된다. 대부분의 고체(유리, 일부 플라스틱, 석영, 약간의 광물 등을 제외하고)는 모든 파장의 복사를 쉽게 흡수(아주 얇은 판을 제외하고)하여 투과율 τ가 0이고, 모든 비-반사 복사(nonreflected radiation)는 고체의 얇은 표면 층에서 완전히 흡수된다. 그래서 불투명 고체에 의한 복사의 흡수는 표면현상(surface phenomenon)일 뿐이고 체적현상(volume phenomenon)이 아니다. 따라서 고체 내부는 복사의 흡수에 아무 상관이 없다. 복사의 흡수에 의해 생성되는 열은 단지 전도에 의해서만 불투명 고체를 통과하거나 흘러 들어간다.

불투명 고체의 반사율 및 흡수율(Reflectivity and absorptivity of opaque solids)

불투명 고체의 투과율이 0이기 때문에 반사율과 흡수율의 합은 1이 되고, 반사율과 흡수율은 서로 보완적 관계를 갖는다. 일반적으로 불투명 고체의 반사율은 표면온도와 표면 특성, 표면 재질, 입사되는 복사의 파장 및 입사각 등에 의존된다. 반사의 주요 두 가지 형태는 거울반사, 즉 정반사(specular)와 난반사(diffuse)이다. 거울반사는 연마한 금속처럼 매끄러운 표면을 가진 특성이고, 난반사는 거친 표면 또는 매트(matte)표면으로부터의 반사에서 볼 수 있다. 거울반사에서 반사빔(reflected beam)은 그 표면과 일정한 각을 이루는데, 그 반사각은 입사각과 같다. 그 표면으로부터의 반사율은 1에 접근하고, 흡수율은 거의 0에 접근한다. 거칠기(roughness)의 규모가 입사복사의 파장과 비교해서 더 크게 되어 있는 거친 표면들은, 그 조면(거친 면) 개개의 단위로부터의 복사가 정반사될지라도, 난반사하게 된다. 조면의 반사율 값들은 그 물질 자체의 반사 특성에 따라 크거나 또는 작을 수 있다. 화공기술자에게 관심이 있는 대부분의 공업적 재질 표면은 난반사함으로, 실무처리과정에 있어서 중요한 간략화는 반사율과 흡수율이 입사각에 무관하다고 할 수 있는 것이다. 이 가정이 **코사인법칙**(cosine law)에 상당한다. 이 법칙은 완전 난반사의 경우, 그 표면을 떠나는 복사의 세기[또는 가시광의 경우에 밝기(brightness)]가 그 표면이 보여지는 각도에 무관하다는 것이다. 이러한 경우는 복사가 **난복사**(diffuse radiation)를 하는 표면으로부터 방사될 때 이거나, 이것에 의해 **난반사**(diffuse reflection)될 때이다.

반사율은 입사되는 복사의 파장에 따라 변할 수 있고, 전체 빔의 흡수율은 단색광 흡수율 값들의 가중평균치이고, 입사되는 복사의 전체 스펙트럼에 의존된다.

방사능과 마찬가지로 **회색체**(gray body)의 흡수율은 모든 파장에 대하여 동일하다. 회색체의 표면이 난복사 또는 난반사한다면, 그것의 단색광 흡수율도 역시 복사빔(radiant beam)의 입사각에 무관하다. 총 흡수율은 단색광 흡수율과 동일하고, 또한 입사각에 무관하다.

Kirchhoff 법칙(Kirchhoff's law)

한 물질의 복사력(radiating power)에 관한 중요한 일반 법칙이 Kirchhoff법칙인데, 이 법칙은 온도 평형에서 그 물체의 흡수율에 대한 총 복사력의 비가 단지 그 물체의 온도에만 의존된다는 것이다. 그러면 보통 외계와 온도 평형에 있는 어떤 두 물체를 생각해 보자. Kirchhoff법칙은 다음과 같이 쓰일 수 있다.

$$\frac{W_1}{\alpha_1} = \frac{W_2}{\alpha_2} \tag{12.9}$$

W_1, W_2 = 두 물체의 총 복사력(total radiating power)

α_1, α_2 = 두 물체의 흡수율

이 법칙은 단색광 복사와 총 복사(total radiation) 모두에 적용된다.

식 (12.9)에 관련되는 첫 물체가 흑체이면 $\alpha_1 = 1$ 이며, 복사력은,

$$W_1 = W_b = \frac{W_2}{\alpha_2} \tag{12.10}$$

여기서, W_b는 한 흑체의 총 복사력을 의미한다. 그래서,

$$\alpha_2 = \frac{W_2}{W_b} \tag{12.11}$$

그러나 정의에 따라 두 번째 물체의 방사율(방사능, emissivity) ϵ_2는,

$$\epsilon_2 = \frac{W_2}{W_b} = \alpha_2 \tag{12.12}$$

따라서 어떠한 물체가 그 외계와 온도평형에 있을 때 그 방사율과 흡수율은 동일하다. 이 관계는 Kirchhoff법칙의 또 다른 의미이다. 일반적으로, 흑체 또는 회색체를 제외하고 흡수율과 방사율은 그 물체가 그 외계와 열평형에 있지 않으면 동일하지 않다.

한 흑체의 단색광 또는 총 방사에 대한 흡수율과 방사율은 모두 1이다. 또한 흑체에 대하여 코사인법칙이 완전히 적용되는데, 이것은 반사율이 모든 파장과 모든 입사각에 대해 0이기 때문이다.

Kirchhoff법칙은 표면과 마찬가지로 체적에 대해서도 적용된다. 한 불투명체에 의한 흡수는 그 표면의 얇은 층에만 사실상으로 한정되기 때문에, 그 물체의 표면으로부터 방사되는 복사는 동일 표면 층에서 발생된다. 복사하고 있는 물체들은 그들 자신의 복사를 흡수하고, 그 고체 내부 물질에 의해 방사되는 복사도 또한 그 내부에서 흡수되어 그 표면까지 도달되지 않는다.

12.3 표면간의 복사(Radiation between surface)

면적 A_1, 방사율(방사능) ϵ_1, 절대온도 T_1인 불투명체의 단위면적 당 총 복사는 다음과 같다.

$$\frac{q}{A_1} = \sigma\epsilon_1 T_1^4 \tag{12.13}$$

그러나 방사하는 대부분의 표면들은 상이 온도의 타 표면으로부터 복사에너지를 받는다. 들어온 입사량의 일부는 흡수되는데 총 복사에너지 플럭스(flux)를 결정할 때 이 흡수량을 고려해야 한다. 예로, 실내를 통과하는 수증기 도관은 벽, 바닥, 천장 등으로 둘러싸여 있어서 이들 모두가 그 도관으로 방사하고 있고, 도관이 흡수한 양보다 더 많은 에너지를 잃는다 해도 복사에 의한 순 손실량(net loss)은 식 (12.13)으로 계산된 양보다 적게 된다. 어느 한 표면으로부터 맑은 밤하늘로의 복사에 있어서도 그 복사에너지는 대기 내 수분과 이산화탄소에 의해 부분적으로 흡수되고, 그 흡수된 에너지의 일부분이 그 표면으로 다시 복사된다.

복사가 특히 중요시 되는 노(furnace) 또는 기타 고온 장치에서 일상 목적은 **복사원**(source)이라 하는 뜨거운 표면(하나 또는 여러 개)과 **흡입체**(sink)라 하는 찬 표면간 실 열교환량을 얻게 되는 것이다. 대부분의 경우, 뜨거운 표면은 불꽃이지만, 보통 표면들 사이에 에너지 교환이 있게 되고

이 불꽃은 반투명 표면의 특수형이라 생각할 수 있다. 다음 설명은 불투명 표면들 사이에 어떤 흡수 매체가 없는 경우의 복사에너지 전달을 취급한다.

흑체표면 간의 복사에 대한 정량적 계산 (Quantitative calculation of radiation between black burfaces)

그림 12.2에서 두 평면 면적요소 dA_1과 dA_2는 거리 r만큼 떨어져 있고, 서로 임의로 편향되어 있어 그 둘 사이에 직선으로 연결되어 있다. 다시 말하면, 요소 dA_1은 dA_2만을 볼 수 있다. 즉, 최소한 dA_1으로부터 나오는 복사의 일부는 dA_2에 부딪치게 된다. 각 ϕ_1과 ϕ_2는 각각 dA_1과 dA_2의 법선과 연결된 사이의 각이다.

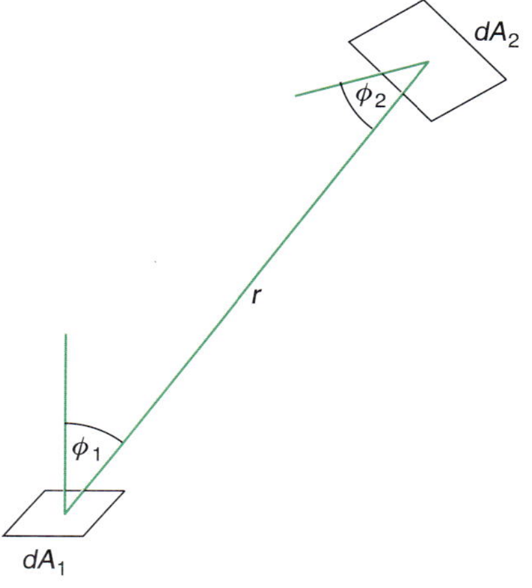

그림 12.2 복사에 대한 미분면

면적요소를 연결한 직선이 dA_2에 법선이 아니기 때문에, dA_1에서 근원이 된 복사 중 요소 dA_2에 의한 에너지 수용속도는,

$$dq_{dA_1 \to dA_2} = dI_1 \cos\phi_2 dA_2 \tag{12.14}$$

여기서, dI_1은 면적 dA_1으로부터의 복사 중 면적 dA_2에서의 세기이다. 요소 dA_1이 흑체이면 다음과 같이 된다.

$$\begin{aligned} dq_{dA_1 \to dA_2} &= \frac{W_1}{\pi r^2} dA_1 \cos\phi_1 \cos\phi_2 dA_2 \\ &= \frac{\sigma T_1^4}{\pi r^2} cos\phi_1 \cos\phi_2 dA_1 dA_2 \end{aligned} \tag{12.15}$$

마찬가지로, dA_2로부터의 복사가 dA_1에 부딪치는 속도는 다음과 같다.

$$dq_{dA_2 \to dA_1} = \frac{\sigma T_2^4}{\pi r^2} cos\phi_1 \cos\phi_2 dA_1 dA_2 \tag{12.16}$$

그러므로 두 면적요소간의 실 전달속도 dq_{12}는 식 (12.15)와 (12.16)에 표시된 속도간의 차로부터 알 수 있고, 이것은 다음 식과 같다.

$$dq_{12} = \sigma \frac{\cos\phi_1 \cos\phi_2 dA_1 dA_2}{\pi r^2} (T_1^4 - T_2^4) \tag{12.17}$$

주어진 일정한 표면들의 조합에 대한 식 (12.17)의 적분은 두 평판의 기하학적 형태나 서로에 대한 상관관계를 근거로 한 복잡한 다중적분이 보통이다. 이러한 경우에 대한 결과 식은 다음 형태로 쓰인다.

$$q_{12} = \sigma AF(T_1^4 - T_2^4) \tag{12.18}$$

여기서, q_{12} = 두 표면간의 실 복사(net radiation)

A = 두 표면 중 임의로 선정한 면적

F = 무차원 시계인자(view factor)

인자 F을 시계인자(view factor) 또는 시각인자(angle factor)라 부르는데, 이것은 두 표면의 기하학적 형태, 서로의 공간적 관계 및 A로서 선정된 표면 등에 의존된다.

A을 A_1으로 택하면 식 (12.18)은

$$q_{12} = \sigma A_1 F_{12}(T_1^4 - T_2^4) \tag{12.19}$$

그리고 A을 A_2로 선정한다면,

$$q_{12} = \sigma A_2 F_{21}(T_1^4 - T_2^4) \tag{12.20}$$

식 (12.19)와 (12.20)을 결합하면 다음 식이 된다.

$$A_1 F_{12} = A_2 F_{21} \tag{12.21}$$

인자 F_{12}는 면적 A_1을 떠나 A_2에 의해 차단되는 복사량의 분율로서 간주될 수 있다. 표면 A_1이 단지 표면 A_2만을 볼 수 있다면, 시계인자 F_{12}는 1이다. 만일 표면 A_1이 수많은 표면을 볼 수 있고, 이것의 반구시각 전체가 이들 표면으로 차 있다면, 다음과 같이 쓸 수 있다.

$$F_{11} + F_{12} + F_{13} + \ldots = 1.0 \tag{12.22}$$

인자 F_{11}은 물체 A_1중 나머지 부분에 대해진 시각 부분을 나타낸다. 만일 A_1의 표면이 그 자신 중 어느 다른 부분을 볼 수 없다면, F_{11}은 0이다. 인자 F_{11}에 관련된 실 복사도 물론 0이다.

비흑체 표면(Nonblack surfaces)

흡수율과 방사율이 서로 같지 않고, 이 두 값이 파장과 입사각에 의존하는 일반적인 경우에, 비흑체 표면들 간의 복사에 대한 상세한 설명은 아주 복잡하다. 그러나 몇 개의 중요하고 특별한 사례는 간단히 설명될 수 있다.

간단한 예는 흑체표면으로 둘러싸인 흑체가 아닌 조그마한 물체이다. 둘러싸여져 있는 물체와 주변 표면의 면적을 각각 A_1과 A_2라 하고, 그 각각의 온도를 T_1과 T_2라 하자. 표면 A_2로부터 표면 A_1에 떨어지는 복사는 $\sigma A_2 F_{21} T_2^4$이다. 이것 중 표면 A_2로부터의 복사에 대해 면적 A_1의 흡수율 α_1이 표면 A_1에 의해 흡수된다. 나머지는 흑체 주변으로 되돌아가서 면적 A_2에 의해 완전히 흡수된다. 표면 A_1은 $\sigma A_1 \epsilon_1 T_1^4$ 양의 복사를 방출한다. 여기서, ϵ_1은 표면 A_1의 방사율이다. 이 복사량 모두는 표면 A_2에 의해 흡수되며, 다른 반사에 의해 되돌아오는 것은 아무 것도 없다. 방사율 ϵ_1과 흡수율 α_1은 일반적으로 같지 않다. 왜냐하면 두 표면이 동일 온도에 있지 않기 때문이다. 표면 A_1에 의한 실 에너지 손실은,

$$q_{12} = \sigma \epsilon_1 A_1 T_1^4 - \sigma A_2 F_{21} \alpha_1 T_2^4 \tag{12.23}$$

그러나 식 (12.21) $A_2 F_{21} = A_1$ 에 의해 식 (12.23) 중 $A_2 F_{21}$을 소거하면 식 (12.23)은 다음과 같이 된다.

$$q_{12} = \sigma A_1 (\epsilon_1 T_1^4 - \alpha_1 T_2^4) \tag{12.24}$$

만일 표면 A_1이 회색체라고 하면, $\epsilon_1 = \alpha_1$임으로 다음과 같이 쓰일 수 있다.

$$q_{12} = \sigma A_1 \epsilon_1 (T_1^4 - T_2^4) \tag{12.25}$$

일반적으로, 회색체 표면들에 대하여 식 (12.19)와 (12.20)은 다음과 같이 쓰일 수 있다.

$$q_{12} = \sigma A_1 \mathscr{F}_{12} (T_1^4 - T_2^4) = \sigma A_2 \mathscr{F}_{21} (T_1^4 - T_2^4) \tag{12.26}$$

여기서 $\mathscr{F}_{12}$와 $\mathscr{F}_{21}$은 **총괄 호환인자**(overall interchange factor)이고, 이는 ϵ_1과 ϵ_2의 함수이다. σ값은 $5.672 \times 10^{-8}\ \mathrm{W/m^2 \cdot K^4}$ 또는 $0.1713 \times 10^{-8}\ \mathrm{Btu/ft^2 \cdot h \cdot {}^\circ R^4}$이다.

2개의 큰 평행 평면(Two large parallel planes) 간단한 경우 인자 $\mathscr{F}$는 연속적으로 반사되고 재흡수되는 반사빔의 경로를 고려하면 직접 계산될 수 있다. 방사능이 서로 다른 ϵ_1과 ϵ_2인 2개의 큰 평행 평면에서 총괄 호환인자는 다음과 같다.

$$\mathscr{F}_{12} = \frac{1}{1/\epsilon_1 + 1/\epsilon_2 - 1} \tag{12.27}$$

예제 12.1

양면이 흑색 락카칠로 덮인 큰 알루미늄 판을 열 경화하기 위한 작업실이 150mm간격의 2개 강철판으로 되었고, 그 사이를 알루미늄 판이 수직으로 통과하여 경화처리 된다. 강철판 중 하나는 300°C이고, 대기에 노출된 다른 강철판은 25°C이다. (a) 락카칠 된 알루미늄 판의 온도는 얼마인가? (b) 평형에 도달된다면 그 벽 사이를 통과하는 열량은 얼마인가? 대류효과는 무시하라. 강철판의 방사율은 0.56이고 락카칠 된 판의 방사율은 1.0이다.

풀이 (a) 뜨거운 판에 하첨자 1, 락카칠 된 판에 2, 차가운 판에 3으로 표시하면,

$$\epsilon_1,\ \epsilon_3 = 0.56 \qquad \epsilon_2 = 1.0 \qquad T_1 = 573\mathrm{K} \qquad T_3 = 298\mathrm{K}$$

식 (12.26)으로부터,

$$q_{12} = \sigma A_1 \mathscr{F}_{12} (T_1^4 - T_2^4)$$

$$q_{23} = \sigma A_2 \mathscr{F}_{23} (T_2^4 - T_3^4)$$

평형에서는 $q_{12} = q_{23}$ 식 (12.27)로부터

$$\mathscr{F}_{12} = \frac{1}{1/0.56 + 1/1.0 - 1} = 0.56 = \mathscr{F}_{23}$$

$A_1 = A_2$이므로

$$\left(\frac{T_1}{100}\right)^4 - \left(\frac{T_2}{100}\right)^4 = \left(\frac{T_2}{100}\right)^4 - \left(\frac{T_3}{100}\right)^4$$

$$5.73^4 - \left(\frac{T_2}{100}\right)^4 = \left(\frac{T_2}{100}\right)^4 - 2.98^4$$

$$T_2 = 490.4\text{K} = 217.4°\text{C}$$

(b) 식 (12.26)으로부터 열플럭스는,

$$\frac{q_{12}}{A} = 5.672 \times 0.56(5.73^4 - 4.904^4) = 1{,}587\,\text{W/m}^2$$

검토 :

$$\frac{q_{23}}{A} = 5.672 \times 0.56(4.904^4 - 2.98^4) = 1{,}587\,\text{W/m}^2$$

주 : 만일 락카칠 된 판을 제거하면, $q_{13} = 3{,}174\,\text{W/m}^2$

12.4 전도-대류 및 복사에 의한 복합 열전달 (Combined heat transfer by conduction-convection and radiation)

뜨거운 물체로부터 그 외계로의 총 열손실은 가끔 전도-대류에 의한 손실과 복사에 의한 손실을 포함한다. 예로서 방안에 있는 수증기 방열기나 뜨거운 배관은 두 가지 기구 각각에 의해 거의 같은 양의 열을 손실한다. 두 가지 형태의 열전달이 병행으로 일어나기 때문에 총 열손실량은 흑체 외계라 간주하면 다음과 같이 된다.

$$\frac{q_T}{A} = \frac{q_c}{A} + \frac{q_r}{A} = h_c(T_w - T) + \sigma\epsilon_w(T_w^4 - T^4) \tag{12.28}$$

q_T/A = 총 열플럭스(total heat flux)
q_c/A = 전도-대류에 의한 열플럭스
q_r/A = 복사에 의한 열플럭스
h_c = 대류 열전달계수
ϵ_w = 표면의 복사율(능)
T_w = 표면온도
T = 외계온도

때로는 식 (12.28)을 다음 형태로도 표기한다.

$$\frac{q_T}{A} = (h_c + h_r)(T_w - T) \tag{12.29}$$

여기서, h_r은 다음과 같이 정의된 **복사 열전달계수**(radiation heat-transfer coefficient)이다.

$$h_r \equiv \frac{q_r}{A(T_w - T)} \tag{12.30}$$

이 계수는 T_w의 크기에 강하게 영향을 받고, 온도차 $T_w - T$에는 어느 정도만 영향을 받는다. 그러나 온도차가 작을 때 h_r값은 단지 한 온도만을 사용하는 단순한 식으로부터 대략 계산할 수 있다. 식 (12.28)에서 4제곱 항을 전개하면 다음 식으로 된다.

$$\frac{q_r}{A} = \sigma \epsilon_w (T_w^4 - T^4) = \sigma \epsilon_w (T_w^2 + T^2)(T_w + T)(T_w - T) \tag{12.31}$$

만일 $T_w - T$가 작을 경우 한 항만을 제외하고 모든 항에서 T을 T_w로 대치할 수 있다. 즉

$$\frac{q_r}{A} \approx \sigma \epsilon_w (2T_w^2)(2T_w)(T_w - T) = \sigma \epsilon_w (4T_w^3)(T_w - T) \tag{12.32}$$

h_r의 정의식 (12.36)으로부터 다음과 같이 표기할 수 있다.

$$h_r \approx 4\sigma \epsilon_w T_w^3 \tag{12.33}$$

만일 온도차 $T_w - T$ 가 몇 도(a few degrees)보다는 크고 절대온도 T_w의 20% 이하이면, T_w와 T의 산술평균치를 사용하는 것이 식 (12.33)의 정확도를 증진시킨다.

식 (12.28)과 (12.33)은 아주 큰 표면으로 완전히 둘러싸여져 있는 작은 표면에 적용되므로, 단지 작은 표면의 방사율은 열플럭스(heat flux)에만 영향을 미친다.

연습 문제

12.1 두 표면 A와 B 사이에서 복사에 의한 실 열전달을 면적 B의 ft^2당 Btu/h 단위로 결정하라. 이 때 A와 B 의 온도는 각각 500°F와 200°C이고, 방사율은 0.9와 0.25이다. 두 표면은 모두 회색체이다.

(a) 표면 A와 B 는 3m 떨어진 무한 평행 평면이다.

(b) 표면 A 는 지름이 3m인 구형 각(spherical shell)이고, 표면 B 는 지름이 0.3m인 동심 구형 각이다. (c) 2m × 2m 평행평판 A와 B가 2m 거리에 완전 평면으로 포개져 있다.

(d) 표면 A와 B는 각각 지름이 300mm와 275mm인 동심 원통형 관이다.

(e) 표면 A는 무한 평판이고, 표면 B 는 200mm 중심에 놓인 100mm OD관의 무한개 다발(row)로 되어 있다. 여기서 $F = 0.66$.

(f) (e)와 동일하고 관의 중심선 200mm 중심에 놓인 방사능이 0.9인 또 다른 무한 평면이 있다. 그런데 이것에 입사된 에너지는 전혀 투과되지 않는다. 여기서 $F = 0.88$.

(g) (f)와 동일하고 표면 B가 등변 200mm 중심(equilateral 200-m center)에 놓인 100mm OD관의 이중으로 된 열(double row)이다. 여기서 $F = 0.98$.

답 : (a) 4,231W/m^2 (b) 4353W/m^2 (c) 0.123 (d) 4,249W/m^2 (e) q_{ab}/A_a = 4,928W/m^2, q_{ab}/A_b = 3,137W/m^2 (f) 3,514W/m^2 (g) q_{ab}/A_a = 3,518W/m^2, q_{ab}/A_b = 4,479W/m^2

12.3 3in. Schedule 40 철관으로 6atm gauge의 수증기가 지나간다. 그 관은 절연되어 있지 않고 길이는 70m이다. 주위 공기는 25°C이다. 관벽의 방사율은 0.70이다. 한 시간 당 몇 kg의 수증기가 응축되는가? 손실열량의 몇 %가 전도-대류에 의해 일어나는가? 답 : 21.96g/s or 79.06kg/h, 50.2%

12.4 복사가열장치가 길이 18ft, 폭 18ft, 높이 8ft인 방의 석회 천장에 설치되어져 있다. 콘크리트 바닥의 온도는 65°F를 유지한다. 재복사 재질로 피복된 벽을 통해서 열손실은 없다고 간주한다. 그 방을 통과하는 공기온도는 65°F를 유지한다. 방바닥에 공급해야 할 소요열량이 3,500Btu/h일 때 천장표면에 필요한 온도를 계산하라. 공기로 전달해야 할 열량은 Btu/h로 얼마인가? 석고벽의 방사율 = 0.93, 콘크리트의 흡수율 = 0.63, 천장과 공기간 대류 열전달계수 $h_c = 0.20(\Delta T)^{1/4}$[Btu/$ft^2$·h·°F]로 주어진다. 답 : (a) 546R or 86°F (b) 2,913Btu/h

12.5 길이 20m, 폭 15m의 온실이 바닥으로부터 약 3m 높이의 거의 평평한 지붕으로 되어 있다. 해가 바로 위에 있을 때 태양열 플럭스는 1,000W/m^2이다. 유리지붕의 방사율이 0.9이고 대류 손실량이 복사 손실량의 0.8배이라면, 온실의 온도는 얼마인가? 답 : 323K or 50°C

12.6 문제 12.5에서 햇빛이 수직에서 45°로 쪼인다면, 온실의 온도는 얼마인가?

답 : 296K or 23°C

12.7 2개의 큰 평판의 온도가 $T_1 = 500K$, $T_2 = 300K$이다. 이의 방사율은 $\varepsilon_1 = 0.85$, $\varepsilon_2 = 0.90$이다. 평판 간 복사 플럭스는 얼마인가? 답 : 2397W/m^2

12.8 연마된 알루미늄 판이 문제 12.7의 평판 사이에 복사 차폐물로서 놓인다. 알루미늄의 방사율은 0.1이다. 그 차폐물이 평판 2로 흐르는 플럭스를 얼마나 낮출까? 답 : 94%

12.9 흑체의 복사능은 절대온도의 4승에 비례한다는 법칙은 누구의 법칙인가? **(화공기사 기출)**

① 키르히호프(Kirchhoff) ② 패러데이(Faraday)

③ 스테판-볼츠만(Stefan – Boltzmann) ④ 빈(Wien)

답 : ③

12.10 태양광선 중 최대강도를 갖는 파장이 6×10^{-5}cm라고 할 때 빈(Wien)의 변위법칙을 사용하여 태양의 표면온도를 구하면? (단, 상수값은 2.89×10^{-3}m·K이다.) **(화공기사 기출)**

① 약 4,544°C ② 약 5,011°C ③ 약 5,500°C ④ 약 6,010°C 답 : ①

12.11 두 물체가 열적 평형에 있을 때 전체 복사강도(w_1, w_2)와 흡수율(w_1, w_2, α_1, α_2)의 관계는? **(화공기사 기출)**

① $w_1 \times w_2 \times \alpha_1 \times \alpha_2 = 1$ ② $\alpha_1 \times w_2 = \alpha_2 \times w_1$

③ $\alpha_1 \times w_1 = \alpha_2 \times w_2$ ④ $w_1 \times w_2 = \alpha_1 \times \alpha_2$ 답 : ②

CHAPTER

13 열교환 장치

Heat-exchange Equipment

본 장에서는 공정기술자(process engineer)에게 가장 관심 있는 관형 및 평판형 열교환기, 응축기와 증발기, 기계적 조작에 의한 열전달 장치를 취급한다.

13.1 다관-원통형 열교환기(Shell-and-tube heat exchanger)

관형 열교환기는 매우 중요하고 공정산업에서 널리 사용된다. TEMA에 의해 고안되고 승인된 규격은 교환기의 상세한 재질, 축조법, 설계기법 및 제원 등에 이용되고 있다.

단일-통과 1-1 열교환기(Single-pass 1-1 exchanger)

그림 13.1에 보인 단순 이중-관 교환기(double-pipe exchanger)는 몇 개의 관으로 쉽게 처리할 수 없는 유량에는 부적합하다. 수 개의 이중-관을 병행으로 사용한다면 외관에 필요한 재질의 무게가 너무 커지기 때문에 그림 13.1에 보는 바와 같이 하나의 동체(shell)가 여러 관(tube)에 기여할 수 있는 다관-원통형 구조(shell-and-tube construction)가 더 경제적이다. 이 교환기는 한번의 동체-측(shell-side) 통과류와 한번의 관-측(tube-side) 통과류가 있기 때문에 **단일 통과 1-1 열교환기**라 한다.

교환기에서 동체-측과 관-측 열전달계수는 비교적 중요하고 이들 값이 만족할 만한 총괄계수가 되려면 아주 커야만 한다. 동체-측 액체의 속도와 난류성은 관-측 유체와 마찬가지로 매우 중요하다. 동체-측 유체의 교차흐름(crossflow)과 평균속도를 증진시키기 위하여 분할판(baffle)을 동체 내에 설치한다. 그림 13.1에 보인 구조에서 분할판 A는 한쪽 끝이 잘린 금속원판으로 되어 있다. 보통 환꼴(segment) 높이는 동체 안지름의 1/4이 되도록 절단한다. 이런 분할판을 **25% 분할판**(25% baffle)이라 한다. 절단 모서리는 승-하강 류(오르내림 흐름)에 수평으로 또는 90°회전시킬 수 있어서 측면-흐름이 가능하게 된다. 분할판은 관이 들어가도록 구멍이 뚫려있다. 누출을 최소화하기

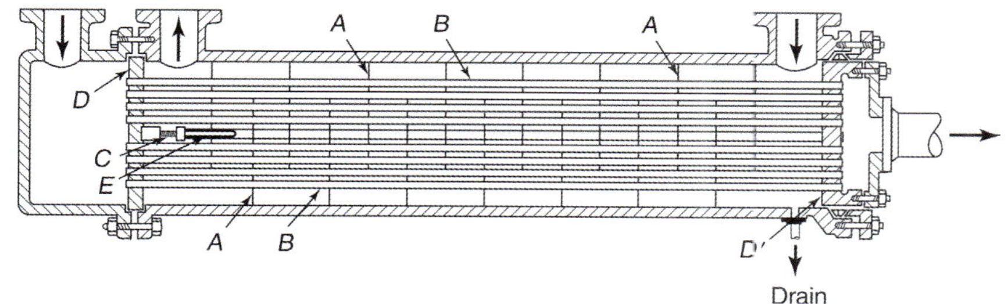

그림 13.1 단통과 1-1 향류 열교환기(single-pass 1-1 countercurrent heat exchanger)
A : baffles, B : tubes, C : guide rods, D, D′ : tube sheets, E : spacer tubbes

위해 분활판과 동체, 관 사이의 틈새는 작아야 한다. 분활판은 하나 또는 여러 개의 지지봉 C에 의해 받쳐진다. 이 지지봉은 고정 나사에 의해 관판(tube sheet) D와 D' 사이에 조여진다. 분활판을 적소에 고정시키기 위하여 관의 짧은 부분 E가 분활판 사이에서 지지봉 C상을 미끄러지게 된다. 이러한 교환기를 조립하는 데는 먼저 관판, 지지봉, 스페이서(spacer), 분활판을 만들고, 그 다음 관들을 설치하게 된다.

그림 13.1의 오른쪽에 표시한 스터핑 박스(stuffing box)가 팽창에 대비해 필요하다. 이러한 구조는 단지 소형 동체의 경우에만 실용적이다.

튜브는 BWG로 표시되는 정확한 벽두께와 진 외경(true OD)이 되도록 압출되고, 이것은 보통 금속으로 가능하다. 표준 튜브의 치수 표는 부록 4에 주어져 있다. 열교환기 축조 용 튜브의 표준 길이는 8, 12, 16 및 20ft이다. 관들은 삼각 또는 정사각 피치(pitch)로 배열되는데, 이를 **삼각피치**(triangular pitch) 또는 **정사각 피치**(square pitch)라 한다. 피치는 인접 관의 중심간 거리이다. 동체쪽이 몹시 오염되지 않는다면 삼각피치를 사용하는데, 이는 주어진 동체 크기에서 정사각형 피치보다는 더 많은 열전달 면적이 채워질 수 있기 때문이다. 삼각 피치에서 관간 거리가 너무 작으면 줄(row)과 줄 사이에서 솔(brush)을 움직여서 청소할 수 없다. 정사각형 피치는 관 밖을 청소할 수 있으며, 이는 삼각 피치보다는 낮은 동체-측 압력강하를 준다.

TEMA표준에서 삼각 피치의 경우에 최소의 중심과 중심 사이의 거리는 관의 외경에 1.25배로, 그리고 정사각 피치의 경우에 최소 청소통로(minimum cleaning lane)는 1/4in로 규정되어 있다.

동체 지름은 표준화되어 있다. 동체 23in 미만까지는 ASTM관 규격에 따라 그 지름이 고정된다. 표준 내경은 8, 10, 12, $13\frac{1}{4}$, $15\frac{1}{4}$, $17\frac{1}{4}$, $19\frac{1}{4}$, $21\frac{1}{4}$, $23\frac{1}{4}$in이고 그 다음 25, 27in처럼 2in 씩 증가된다. 이들 동체는 압연판(rolled plate)으로 제작된다.

분활판(중심과 중심 사이)의 거리를 **분활판 피치**(baffle pitch) 또는 간격(baffle spacing)이라 한다. 이것은 동체 지름의 1/5보다 작지 않거나 동체의 내경보다 더 크지 않아야 한다.

관은 보통 관판 구멍 둘레에 홈(groove)을 파서 회전 테이퍼 맨드릴(rotating tapered mandrel)로 관 끝을 회전시킴으로써 관판에 부착된다. 이 맨드릴에서 탄성한계(elastic limit)가 초과되도록 관

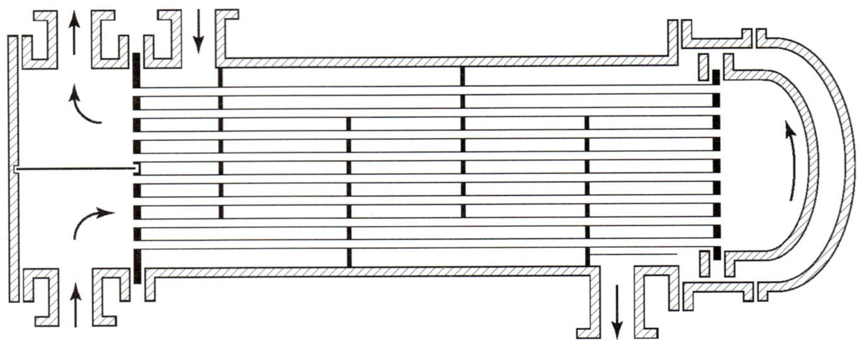

그림 13.2 1-2 병렬 향류 교환기

끝이 눌리게 되면, 관 금속이 그 홈 안으로 끼이게 된다. 고압 교환기에서는 관이 말아 붙여진 후에 관판에 용접된다.

다중-통과 열교환기(Multipass exchangers)

1-1교환기는 관 쪽 흐름이 모든 관으로 나누어지면 그 유속이 아주 낮아지게 되고 전열계수도 낮아지게 된다. 관 수를 줄이고 그 길이를 증가시키면 그 유속은 충분히 높일 수 있으나 소요 관 길이는 비현실적아라 사용하는데 한계가 있다. 2, 4, 또는 그 이상 통과(pass)를 갖는 다중-통과류 구조는 표준길이 관을 쓸 수 있고 고 유속, 높은 관-측계수를 확보할 수 있다. 단점은 (1) 교환기가 약간 더 복잡하게 되고 (2) 교환기 어느 부분에서는 온도접근단(temp-approach)을 제한하는 병류가 있고 (3) 마찰손실이 증가되는 것 등이다. 다중-통과 교환기에서는 짝수 개의 관-측 통과를 사용하게 된다. 동체-측은 단일-통과나 다중-통과일 수도 있다. 보통 구조는 동체-측 액체가 단일-통과이고 관측 액체가 2-통과인 1-2 평행-향류 교환기이다. 이와 같은 교환기는 그림 13.2에 표시되어 있다. 다중-통과 교환기에서는 부동헤드(floating head)가 자주 사용되는데 이는 그림 11.1에 나타낸 응축기의 동체 내 벌지(bulge)와 그림 13.1에 나타낸 스터핑 박스가 불필요하기 때문이다. 관-측 액체는 같은 헤드를 통해 유입되거나 유출되지만 분할판에 의해 나누어져서 유입관-측 흐름과 유출관-측 흐름이 격리된다.

2-4 열교환기(Exchanger)

1-2 열교환기는 중요한 제한조건을 가지고 있다. 병류 통과 때문에 한 유체의 출구온도가 다른 유체의 입구온도에 근접되게 할 수 없다. 1-2 열교환기의 열회수가 그 기본 구조상 빈약한 것이다.

더 좋은 열회수는 2-동체 통과(2-shell pass)가 되도록 원통 길이에 따라 분할판을 부착함으로써 얻을 수 있다. 이런 종류의 2-2 열교환기는 이중-관 열교환기의 성능과 거의 같으나, 동체-측 분할판

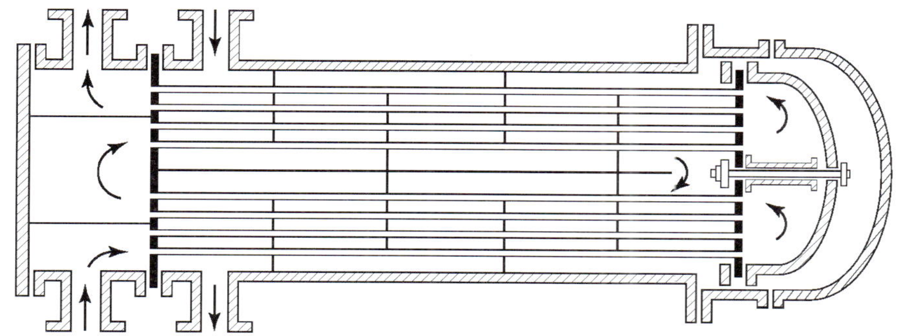

그림 13.3 2-4 교환기

비용 때문에 2-2 열교환기는 자주 쓰이지 않는다. 아주 많이 쓰이는 보통 형이 2-4 열교환기인데 이것은 2 동체-측 통과와 4 관-측 통과를 가진 것이다. 이런 형의 열교환기는 2 관-측 통과이고 같은 유속으로 조작되는 1-2 열교환기보다 역시 더 큰 속도와 더 큰 총괄 열전달계수 값을 준다. 2-4 교환기의 한 예는 그림 13.3에 표시되어 있다.

다중-통과 열교환기 내 온도 양상(Temperature patterns in multipass exchangers)

1-2교환기에 대한 온도-길이 곡선이 그림 13.4(a)에 표시되어 있고 사용된 온도 기호는 다음과 같다.

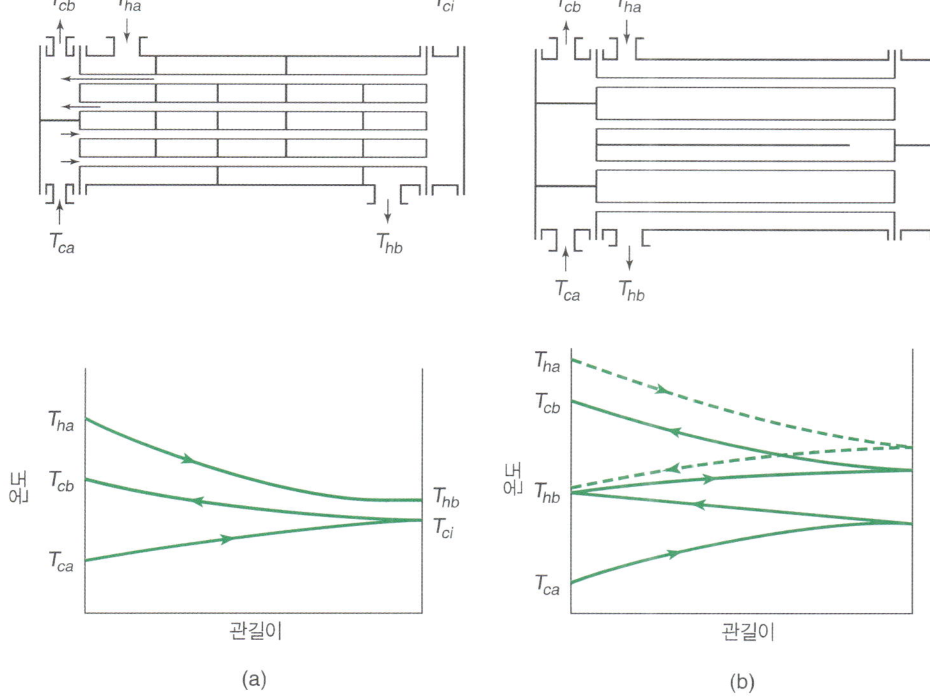

그림 13.4 온도-길이 곡선 ; (a) 1-2 교환기, (b) 2-4 교환기

뜨거운 유체의 입구온도 T_{ha}, 뜨거운 유체의 출구온도 T_{hb}, 찬 유체의 입구온도 T_{ca}
찬 유체의 출구온도 T_{cb}, 찬 유체의 중간온도 T_{ci}

곡선 T_{ha}-T_{hb}는 뜨거운 유체로 간주한 동체-측 유체에 적용된다. 곡선 T_{ca}-T_{ci}는 관-측 유체의 첫 통과흐름에 적용되고, 곡선 T_{ci}-T_{cb}는 관-측 유체의 두 번째 통과흐름에 적용된다. 그림 13.4(a)에서 곡선 T_{ha}-T_{hb}와 T_{ca}-T_{ci}을 함께 고려하면 병류 교환기에 해당되고, T_{ha}-T_{hb}와 T_{ci}-T_{cb}을 함께 보면 향류 교환기에 해당된다. 2-4교환기에 대한 이들 곡선이 그림 13.4(b)에 그려져 있다. 점선은 동체-측 유체에 대한 것이고, 실선은 관-측 유체에 대한 것이다. 여기서도 가장 높은 온도인 유체는 동체-측 유체로 간주되었다.

동체-측 유체 중 가장 뜨거운 통과흐름이 가장 뜨거운 2개의 관-측 유체 통과류와 열적 접촉이 있고 가장 찬 동체-측 통과흐름이 가장 찬 2개의 관-측 통과흐름과 열적 접촉된다. 전체적으로 보아 이 열교환기는 1-2 열교환기보다 향류장치가 좋게 접근되고 있다.

다중-통과 교환기 내 LMTD 보정(Correction of LMTD in multipass exchangers)

식 (11.15)로 주어진 LMTD는 다-통과 교환기에 총괄적으로 적용할 수 없고 개별적인 관-통과에도 LMTD식 내 기력으로서 $(T_{hb}-T_{ci})$을 사용할 수 없다. LMTD가 정확한 평균 기력이 되도록 보정 인자 F_G을 정의하여 사용하는 것이 관례이다. 만일 총괄 열전달계수와 비열이 일정하고 그리고 주어진 유체의 모든 요소가 열교환기를 통과할 때 동일한 열적 이력을 가진다면 F_G는 다음 식으로부터 얻을 수 있다.

$$F_G = \frac{(Z^2+1)^{1/2}\ln\left(\dfrac{1-\eta_H}{1-Z\eta_H}\right)}{(Z-1)\ln\left(\dfrac{2-\eta_H(Z+1-(Z^2+1)^{1/2})}{2-\eta_H(Z+1+(Z^2+1)^{1/2})}\right)} \tag{13.1}$$

여기서

$$Z = \frac{T_{ha}-T_{hb}}{T_{cb}-T_{ca}}$$

$$\eta_H = \frac{T_{cb}-T_{ca}}{T_{ha}-T_{ca}}$$

인자 Z는 찬 유체의 온도상승에 대한 뜨거운 유체의 온도강하 비(ratio)이다. 이는 또한 흐름의 열용량에 질량유속을 곱한 것의 비와 같다.

$$Z = \frac{\dot{m}_c\, c_{pc}}{\dot{m}_h\, c_{ph}} \tag{13.2}$$

인자 η_H는 **가열유효도**(heating effectiveness) 또는 뜨거운 쪽 접근단(warm-end appraoch)이 0일

때(향류를 기준해서) 얻을 수 있는 최대 가능성 온도상승에 대한 찬 유체의 실제 온도상승의 비이다. F_G에 대한 η_H와 Z의 영향은 그림 13.5(a)에 표시되었다. $Z = 1.0$, $\eta_H = 0.5$에서 $F_G = 0.80$이고, F_G는 η_H가 더 증가하게 되면 급격히 감소된다. F_G가 0.8 이하일 때 그 교환기는 2-동체 통과형으로 또는 더 큰 온도차의 것으로 재설계 되어야 한다. 그렇지 않으면 열교환면을 불충분하게 이용하게 되는 것이다.

식 (13.1)이 2 관-통과 교환기에 대하여 유도되었을지라도 인자 F_G는 1 동체-통과에 4, 6 또는 어느 짝수의 관-통과 교환기의 것과 거의 같아서 식 (13.1)은 이들에게 적용할 수 있다. 그림 13.5(b)에 보인 2-4 교환기이면, 향류에 가깝게 조작된다. 예로 $Z = 1.0$, $\eta_H = 0.5$일 때 $F_G = 0.95$(1-2 교환기에서 $F_G = 0.80$에 비교되는)이고 $\eta_H = 0.67$일 때 $F_G = 0.80$이 된다.

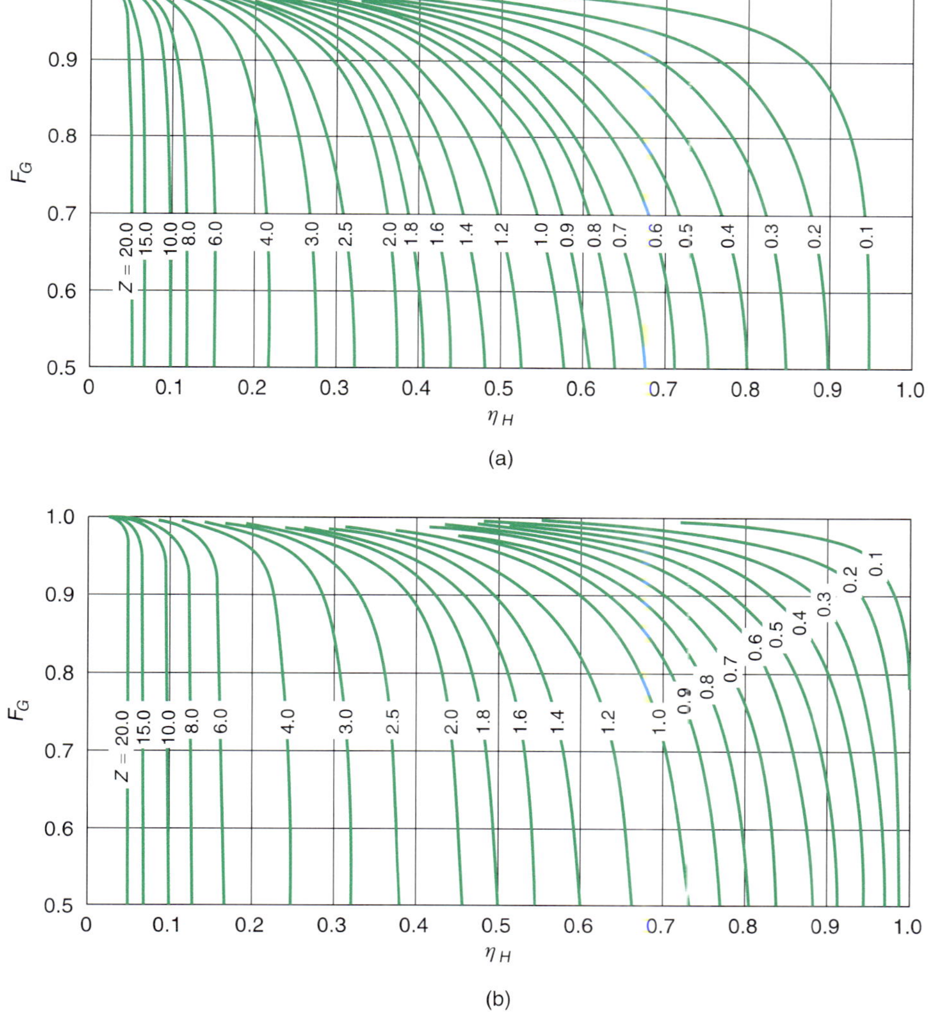

그림 13.5 LMTD 보정 : (a) 1-2 교환기, (b) 2-4 교환기

동체-측 통과류와 관-측 통과류의 또 다른 조합이 쓰이고 이에 대한 도표는 문헌에서 얻을 수 있으나, 1-2와 2-4 형태가 가장 보편적인 배열의 것이다.

예제 13.1

그림 13.4(a)에 표시된 1-2 교환기에서 온도 값들이 $T_{ca} = 70°C$, $T_{cb} = 120°C$, $T_{ha} = 240°C$, $T_{hb} = 120°C$이다. 이 교환기의 올바른 평균 온도강하는 얼마인가?

풀이 보정인자 F_G는 식 (13.1) 또는 그림 13.5(a)로부터 알 수 있다. 이 경우

$$\eta_H = \frac{120-70}{240-70} = 0.294 \qquad Z = \frac{240-120}{120-70} = 2.4$$

$$(Z^2+1)^{1/2} = (2.4^2+1)^{1/2} = 2.60$$

$$F_G = \frac{2.6\ln\left(\dfrac{1-0.294}{1-(2.4\times 0.294)}\right)}{1.4\ln\left(\dfrac{2-0.294(3.4-2.6)}{2-0.294(3.4+2.6)}\right)} = 0.807$$

그림 13.5(a)로부터의 값은 $F_G = 0.82 \pm 0.01$이다. 온도강하는

$$\text{동체 입구에서: } \Delta T = 240-120 = 120°C$$

$$\text{동체 출구에서: } \Delta T = 120-70 = 50°C$$

따라서

$$\overline{\Delta T}_L = \frac{120-50}{\ln(120/50)} = 80°C$$

올바른 평균은 $\overline{\Delta T} = 0.81 \times 80 = 65°C$이다.

예제 13.2

예제 13.1의 교환기와 동일한 입구온도와 출구온도로 조작되는 2-4 교환기에서 올바른 평균온도차는 얼마인가?

풀이 2−4 교환기에 대하여 $\eta_H = 0.294, Z = 2.4$일 때 그림 13.5(b)로부터 보정인자 $F_G = 0.96$이다. $\overline{\Delta T}_L$은 예제 13.1과 같은 과정으로 풀면 올바른 평균온도차 $\overline{\Delta T}_L = 0.96 \times 80 = 77°C$이다.

다관-원통형 교환기 내의 열전달계수 (Heat-transfer coefficients in shell-and-tube exchangers)

다관-원통형 열교환기(shell-and-tube exchanger) 내관-측 유체에 대한 열전달계수 h_i는 식 (11.40) 또는 (11.41)로부터 계산할 수 있다. 그러나 동체-측(shell-side) 계수 h_0는 쉽게 계산될 수 없다.

왜냐하면 유체의 흐름방향이 관에 대해 부분적으로 평행이고 부분적으로는 가로지르고 있고, 유체가 관다발을 앞뒤로 가로질러 동체를 지나감으로써 흐름 단면적과 질량속도(mass velocity)가 변하기 때문이다. 또한 분활판과 동체 사이 및 분활판과 관 사이의 누출은 동체-측 유체의 통과거리를 짧게 하여 그 교환기의 능률을 감소시킨다. 동체-측 계수를 예측하는데 대략적이기는 하나 일반적으로 보통 쓰이는 식은 Donohue식[식 (13.6)]이다. 이 식은 관과 평행하게 흐르는 유체와 관을 가로질러 흐르는 유체의 가중평균 질량속도(weighted average massvelocity) G_e에 기초를 둔다. 관과 평행인 질량속도 G_b는 질량유속을 분활판 창(baffle window) S_b에서 흐름에 대한 자유면적(free area)으로 나눈 것이 된다(이 분활판 창은 분활판에 의해 점유되지 않은 동체의 단면부분을 말한다). 이 자유면적은 분활판 내에 있는 관이 차지한 면적만큼 작은 분활판 창의 총 면적이다. 즉,

$$S_b = f_b \frac{\pi D_s^2}{4} - N_b \frac{\pi D_o^2}{4} \tag{13.3}$$

f_b = 분활판 창에 의해 점유된 동체 단면의 분율(25% 분활판의 경우 0.1955)
D_s = 동체의 안지름
N_b = 분활판 창 내의 관(튜브)의 개수
D_o = 관의 바깥지름

교차흐름(즉, 십자류)에 있어서 질량속도는 유체가 관들의 열(row)을 통과할 때마다 국부 최대 질량속도로 통과하게 된다. 원하는 바를 상관시키기 위하여 교차흐름에 대한 질량속도 G_c는 교환기의 중심선에 있어 열 또는 중심선 가장 가까운 열에 있는 관들 간의 횡단흐름에 대한 면적 S_c를 기준한다. 큰 교환기에 있어서 S_c는 다음 식으로 추정할 수 있다.

$$S_c = PD_s\left(1 - \frac{D_o}{p}\right) \tag{13.4}$$

p = 관들 간의 중심에서 중심까지의 거리
P = 분활판 피치

따라서 질량속도는 다음과 같다.

$$G_b = \frac{\dot{m}}{S_b} \qquad \text{및} \qquad G_c = \frac{\dot{m}}{S_c} \tag{13.5}$$

Donohue식은

$$\frac{h_o D_o}{k} = 0.2\left(\frac{D_o G_e}{\mu}\right)^{0.6}\left(\frac{c_p \mu}{k}\right)^{0.33}\left(\frac{\mu}{\mu_w}\right)^{0.14} \tag{13.6}$$

여기서, $G_e = \sqrt{G_b G_c}$ 이다. 이 식은 약간 낮은 h_0값을, 특히 낮은 Reynolds수에서, 주려는 경향이 있다. 동체-측 계수의 추산에 더 정밀한 방법은 전문서적에서 얻을 수 있다. j인자 형태로 식 (13.6)은 다음과 같이 된다.

$$\frac{h_o}{c_p G_e}\left(\frac{c_p \mu}{k}\right)^{2/3}\left(\frac{\mu_w}{\mu}\right)^{0.14} = j_H = 0.2\left(\frac{D_o G_e}{\mu}\right)^{-0.4} \tag{13.7}$$

개별계수 값들을 알면 소요 총 면적은 식 (11.14)와 유사한 식을 사용하여 총괄 계수로부터 보통 방법에 의해 알 수 있다. 앞 절에서 논의된 바와 같이 LMTD는 참 향류로부터 벗어남을 보정되어야 한다.

예제 13.3

35in(889mm) ID인 관형 교환기는 3/4in(19mm) OD, 길이 12ft(3.66mm), 1in(25mm) 정사각형 피치 배열의 828개의 튜브를 포함한다. 표준 25% 분할판은 12in(305mm)간격으로 떨어져 있다. 평균 본체온도가 60°F(13.6°C)인 액체 벤젠이 100,000lb/h(45,360kg/h) 속도로 교환기 동체-측에서 가열되고 있다. 튜브의 외부 표면온도가 140°F(60°C)일 때, 벤젠의 개별 열전달계수를 추산하라.

풀이 동체-측 계수는 Donohue식 (13.6)으로부터 알 수 있다. 흐름 단면적은 먼저 식 (13.3)과 (13.4)로부터 계산된다. 이에 필요한 자료는 다음과 같다.

$$D_o = \frac{0.75}{12} = 0.0625\ \text{ft} \qquad D_s = \frac{35}{12} = 2.9167\,\text{ft} \qquad p = \frac{1}{12} = 0.0833\,\text{ft} \qquad P = 1\,\text{ft}$$

식 (13.4)로부터 교차흐름에 대한 면적은 다음과 같다.

$$S_c = 2.9167 \times 1\left(1 - \frac{0.0625}{0.0833}\right) = 0.7292\,\text{ft}^2$$

분할판 창 내에 있는 튜브의 개수는 총 튜브의 개수에 분할판 창의 면적분율 f 을 곱하면 얻을 수 있다. 25%분할판에서 $f = 0.1955$, 즉,

$$N_b = 0.1955 \times 828 = 161.8,\ \text{즉 161개 튜브}$$

분할판 창 내의 흐름 면적은 식 (13.3)으로부터,

$$S_b = 0.1955\frac{\pi \times 2.9167^2}{4} - 161\frac{\pi \times 0.0625^2}{4} = 0.8123\,\text{ft}^2$$

질량속도는 식 (13.5)로부터,

$$G_c = \frac{100{,}000}{0.7292} = 137{,}137\,\text{lb/ft}^2\cdot\text{h} \qquad G_b = \frac{100{,}000}{0.8123} = 123{,}107\,\text{lb/ft}^2\cdot\text{h}$$

$$G_e = \sqrt{G_b G_c} = \sqrt{137{,}137 \times 123{,}107} = 129{,}933\,\text{lb/ft}^2\cdot\text{h}$$

식 (13.6)에 대입할 추가 자료는 다음과 같다

μat 60°F = 0.70cP, μat 140°F = 0.38cP (부록 9)

c_p = 0.41Btu/lb·°F (부록 15)

k = 0.092Btu/ft·h·°F (부록 13)

식 (13.6)으로부터,

$$\frac{h_o D_o}{k} = 0.2\left(\frac{0.0625 \times 129{,}933}{0.70 \times 2.42}\right)^{0.6}\left(\frac{0.41 \times 0.70 \times 2.42}{0.092}\right)^{0.33}\left(\frac{0.70}{0.38}\right)^{0.14} = 68.59$$

따라서,

$$h_o = \frac{68.59 \times 0.092}{0.0625} = 101 \mathrm{Btu/ft^2 \cdot h \cdot {}^\circ F}\,(573\ \mathrm{W/m^2 \cdot {}^\circ C})$$

열전달 단위(Heat-transfer unit)

열교환기 성능을 나타내는 방법으로 열전달단위 수(number of heat-transfer unit), N_H을 결정하는 것이다. 2-유체 향류교환기(2-fluid counterflow exchanger)에서 N_H는 한 흐름의 온도 변화를 그 교환기 내 평균온도 차 즉 구동력(기력)으로 나눈 값으로 정의된다. 전달단위는 어느 흐름이든 기준 삼을 수 있으나 일반적으로 낮은 용량(=유속×비열)의 흐름을 선정한다. 온도변화 항은 언제나 양의 값이 되도록 선정되어야 한다.

비열과 총괄 열전달계수가 일정할 때 그 평균 구동력은 대수 평균온도차, $\overline{\Delta T}_L$이다. 찬 흐름이 낮은 용량이어서 큰 온도변화가 있으면 N_H는 다음과 같이 정의된다.

$$N_H = \frac{T_{cb} - T_{ca}}{\overline{\Delta T}_L} \tag{13.8}$$

$Q = \dot{m}_c c_{pc}(T_{cb} - T_{ca}) = UA\overline{\Delta T}_L$이므로 다른 형의 정의는

$$N_H = \frac{UA}{\dot{m}_c c_{pc}} \tag{13.9}$$

다중-통과류 또는 교차흐름 교환기에서는 유효 평균 구동력이 대수 평균온도차보다 낮아서 식

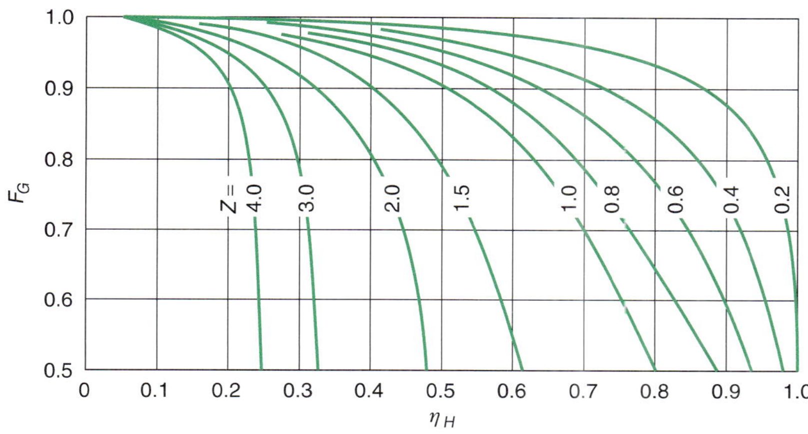

그림 13.6 교차흐름에 대한 LMTD 보정

표 13.1 정사각피치 교차흐름에 대한 배열인자

	F_a			
p/D_o	Re = 2,000	Re = 8,000	Re = 20,000	Re = 40,000
1.25	0.85	0.92	1.03	1.02
1.5	0.94	0.90	1.06	1.04
2.0	0.95	0.85	1.05	1.02

(13.8)의 우측 항 분모에 F_G를 포함시켜야 한다.

N_H값이 클 때 낮은 용량의 흐름온도가 다른 흐름의 입구온도에 아주 접근될 수도 있다. 이러한 단순한 예는 관 내부 유체가 외부에서 응축되는 수증기에 의해 가열될 때처럼 한 쪽의 온도가 일정할 때 일어난다. N_H의 함수로서 온도변화를 알려면 열전달에 대한 기본수식을 적분하여 얻는다. 즉,

$$\dot{m}_c c_{pc} dT_c = UdA(T_h - T_c)$$

$$\int_{T_{ca}}^{T_{cb}} \frac{dT_c}{T_h - T_c} = \int_0^A \frac{UdA}{\dot{m}_c c_{pc}}$$

$$\ln \frac{T_h - T_{cb}}{T_h - T_{ca}} = -\frac{UA}{\dot{m}_c c_{pc}} = -N_H$$

$$T_h - T_{cb} = (T_h - T_{ca})e^{-N_H} \tag{13.10}$$

그래서 N_H= 3.0이면 찬 흐름의 온도는 수증기 온도와 찬 유체온도 간의 초기온도차의 5% 이내에 있게 된다.

또 다른 제한되는 경우는 뜨거운 유체와 찬 유체가 같은 용량을 가질 때 즉 $\dot{m}_c c_{pc} = \dot{m}_h c_{ph}$ 일 때 일어난다. 그래서 구동력은 $T_{ha} - T_{cb}$이고 일정하게 된다.

$$N_H = \frac{T_{cb} - T_{ca}}{T_{ha} - T_{cb}} \tag{13.11}$$

식 (13.11)은 유입온도(inlet temp.)의 함수로서 찬 흐름의 온도상승을 구하는 데 쓰일 수 있다.

$$T_{cb} - T_{ca} = (T_{ha} - T_{ca})\left(\frac{N_H}{1 + N_H}\right) \tag{13.12}$$

열교환기의 유효도(effectiveness), ϵ는 실제 온도변화를 최대 가능 온도변화로서 나눈 것으로 정의된다. 즉,

$$\epsilon = \frac{T_{cb} - T_{ca}}{T_{ha} - T_{ca}} = \frac{N_H}{1 + N_H} \tag{13.13}$$

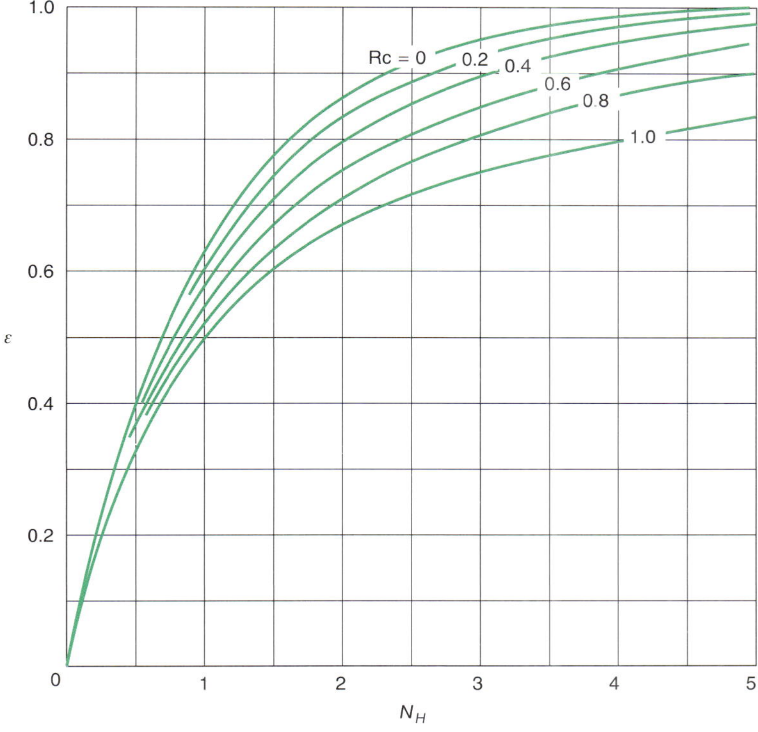

그림 13.7 전달단위 수(N_H) 대 유효인자(1-1 향류교환기)

만일 N_H = 3이고 용량 값들이 같다면 저온유체 흐름은 고온유체 흐름 유입온도의 75%에 이른다.

두 흐름의 온도변화가 서로 다를 때는 그 유효도가 낮은 흐름 온도변화를 최대 가능 변화량으로 나눈 값으로 정의되고 그 유효도는 열전달단위 수와 용량비의 함수이다. 여기서 용량비(capacity ratio), R_c는 다음과 같이 정의된다.

$$R_c = \frac{\dot{m}c_p(\text{저용량 흐름})}{\dot{m}c_p(\text{고용량 흐름})}$$

그림 13.7에 N_H 대 ϵ값의 플롯이 R_c 매개변수로 표시되었다. $R_c = 0$인 선은 수증기 가열 교환기에 해당되는 경우이다. 여기서 $\epsilon = 1 - e^{-N_H}$이다. $R_c = 1.0$인 선은 식 (13.13)을 근거로 한 것이다. 기타 R_c에 대한 곡선들은 1-1 향류교환기의 출류 온도를 시행오차계산 없이 추정하는 데 쓰인다.

예제 13.4

1 관-통과, 1 동체-통과류의 향류교환기가 110℃의 기름으로부터 열회수에 쓰인다. 열교환기와 유체 물성들은 다음과 같다. 기름온도를 추정하라.

$$\dot{m}_h = 3{,}000\text{kg/h} \quad T_{ha} = 110°\text{C} \quad c_{ph} = 2{,}300\text{ J/kg}\cdot°\text{C}$$
$$m_c = 2{,}400\text{kg/h} \quad T_{ca} = 25°\text{C} \quad c_{pc} = 4{,}180\text{ J/kg}\cdot°\text{C}$$
$$UA = 1.65\times 10^7\text{ W/°C}$$

풀이

$$R_c = \frac{3{,}000(2{,}300)}{2{,}400(4{,}180)} = 0.688$$
$$N_H = \frac{UA}{m_h\,c_{ph}} = \frac{1.65\times 10^7}{6.9\times 10^6} = 2.39$$

그림 13.7로부터, $\epsilon \cong 0.78$

$$T_{ha} - T_{hb} = 0.78(110-25) = 66.3°\text{C}$$
$$T_{hb} = 110 - 66.3 = 43.7°\text{C}$$

검토 : $Q = 3{,}000(2{,}300)(66.3) = 4.57\times 10^8\text{W}$

$$T_{cb} = 25 + \frac{Q}{2{,}400\times 4{,}180} = 70.6°\text{C}$$
$$\Delta T_1 = 43.7 - 25 = 18.7°\text{C}$$
$$\Delta T_2 = 110 - 70.6 = 39.4°\text{C}$$
$$\overline{\Delta T_L} = 27.8°\text{C}$$
$$Q = UA\cdot\overline{\Delta T_L} = 1.65\times 10^7(27.8) = 4.58\times 10^8\text{W}(\text{아주 근접된 값이다})$$

13.2 판상 교환기(Plate-type exchanger)

중간 온도와 압력 범위에서 원통형 교환기 대신 많이 응용되는 형이 개스킷 판상 교환기(gasketed plate exchanger)이다. 이것은 주름진 강철(slate)판 사이에 고분자 개스킷을 끼운 채 강철 후레임으로 조여주고 개스킷 내 입구와 스롯(slot)은 판상 사이의 교차공간으로 뜨거운 유체와 찬 유체를 유도시킨다. 판상 내 주름(corrugation)은 난류를 유발케 해서 열전달을 증진시키고 각 판은 이웃 판들과 함께 지지된다. 판간 공간은 주름이 깊이와 같고 보통 2∼5mm이다. 전형적인 판 형태가 그림 13.8에 표시되었다.

액체-액체 교환기에서 보통 유속은 0.2∼1.0m/s이고 얇은 공간 때문에 Re는 때로는 2100보다 낮다. 그러나 주름으로 인해 판상 설계에 따라 Re＝100∼400에서도 난류특성을 나타낸다. 난류일 것이라는 증거는 열전달계수가 유속의 0.6∼0.8승에 따라 변하고 압력손실이 유속의 1.7∼2.0승에 의존되는 것으로부터 알 수 있다. 보통 판상 설계의 것에 대한 열전달 상관식은 다음과 같다.

$$\text{Nu} = \frac{\text{hD}_\text{e}}{\text{k}} = 0.37\,\text{Re}^{0.67}\text{Pr}^{0.33} \tag{13.14}$$

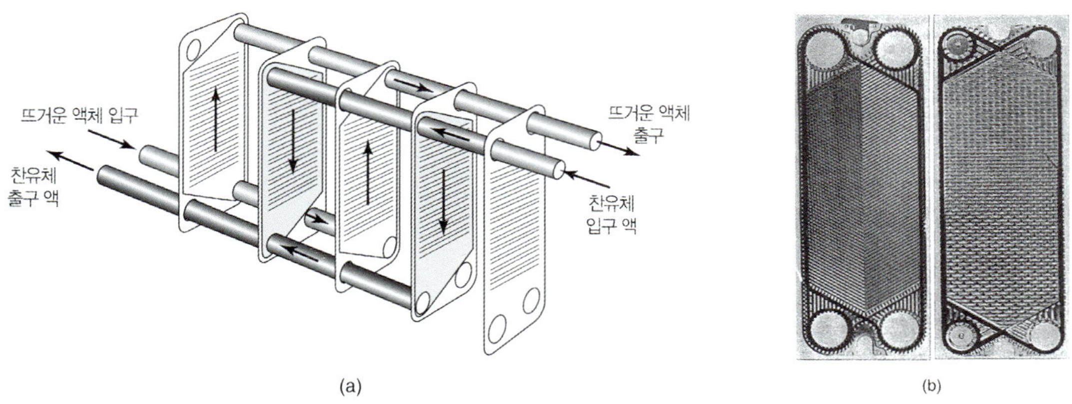

그림 13.8 판상형 열교환기 (a) 일반적인 배열, (b) 판의 상세면

압력강하는 다음 마찰인자, f을 쓴 Fanning식으로 얻는다.

$$f = 2.5\ \mathrm{Re}^{-0.3} \tag{13.15}$$

식 (13.14)에서 h는 주름판(corrugated plate)의 공칭 면적(nominal area)을 기준 한 것이다(다른 관계식들은 주름면적(corrugated area)을 기준 한 것일 수도 있다). 상당직경은 수력학 반경의 4배이고 대부분 교환기에서 수력학 반경은 판간 간격의 2배이다. 뜨거운 흐름과 찬 흐름 양이 같고 판의 반대 끝에서 유입된다면 순 향류에 가까운 성능을 얻을 수 있다. 어느 한 쪽 끝에서만 가열되거나 또는 냉각된다면 그 효율은 약간 감소되고 불규칙 흐름도 이상적인 것으로부터 벗어난다. 그 보정인자는 열전달단위 수 증가에 따라 감소되고 $N_H = 3.0$일 때 약 0.95이다. 흐름량 들이 불균형될 때는 저 유속의 흐름을 2 또는 그 이상의 통과흐름을 사용할 수 있다. 그러나 교환기 내 일부 병류, 일부 향류 부분이 있게 되면 LMTD 보정인자 F_G는 0.7～0.9값이 된다.

양쪽에 물 또는 수용액일 경우 깨끗한 판상 열교환기에 대한 총괄계수는 3,000～6,000 W/m^2·K로서 다관-원통형 교환기의 정상치보다 수배된다. 높은 전단율(shear rate) 때문에 오염인자는 다관-원통형 교환기의 것보다 아주 낮다. 그래서 설계자는 오염 허용치로서 계산면적에 10%정도만 가산한다. 이 장치는 청소할 수 있도록 충분한 간격을 쉽게 유지할 수 있다.

판상 교환기는 식품공정산업에 널리 쓰이는데 이는 전열계수가 크고 쉽게 청소와 살균(sanitized)할 수 있기 때문이다.

축약형 교환기(compact exchanger)는 화학공업 및 열회수 망(heat recovery network)에서 여러 가지로 응용된다. 거의 이상적으로 향류를 이룰 수 있기 때문에 가열효율이 다중-통과 다관형 교환기에서보다 높을 수 있다. 밀폐가 잘 된 제품은 200°C, 25atm에서 조업할 수 있다. 판 면적 2m^2, 총 면적 1,500m^{2}의 교환기까지 가능하다.

예제 13.5

여러 개의 판상 교환기는 공기조화용 냉각수 생산에 쓰일 계획이다. 각 장치에서 4,000gal/min까지의 물이 60°F로부터 44°F까지 냉각되는데 이때 41°F의 물이 이용된다. (a) 판간 간격이 3mm이고 공칭 물 속도가 0.5m/s이면 깨끗한 교환기의 총괄계수는 얼마인가? (b) 그 교환기의 열전달단위 수는 얼마이겠는가? 그리고 그 판의 열교환부의 추정 높이는 얼마나 되겠는가? (c) 판간 흐름에 대한 압력손실을 추정하라. (d) 만일 판의 폭이 1m이면 몇 개의 판이 필요한가?

풀이 (a) 양 측면 평균 물 온도로서 50°F를 써라. 부록 6으로부터,

$$\rho = 62.42\,\text{lb/ft}^3 = 1{,}000\,\text{kg/m}^3, \qquad \mu = 1.31\,\text{cP} = 1.31\times 10^{-3}\,\text{Pa}\cdot\text{s}$$

$$k = 0.333\,\text{Btu/h}\cdot\text{ft°F} = 0.576\,\text{W/m}\cdot\text{K} \quad c_p = 1.00\,\text{Btu/lb °F} = 4{,}184\,\text{J/kg}\cdot\text{K}$$

$$D_e = 2\times \text{spacing} = 6\times 10^{-3}\,\text{m}$$

$$\text{Re} = \frac{6\times 10^{-3}(0.5)(1{,}000)}{1.31\times 10^{-3}} = 2{,}290$$

$$\text{Pr} = \frac{4{,}184(1.31\times 10^{-3})}{0.576} = 9.52$$

$$N = 0.37(2{,}290)^{0.67}(9.52)^{0.33} = 139$$

$$h_i \cong h_o = \frac{139(0.576)}{6\times 10^{-3}} = 1.33\times 10^4\,\text{W/m}^2\cdot\text{K}(2{,}350\,\text{Btu/h}\cdot\text{ft}^2\cdot\text{°F})$$

0.7mm 스텐네스 강판의 $k_m = 9.4\,\text{Btu/h}\cdot\text{ft}^2\cdot\text{°F}(16.3\text{W/m}\cdot\text{K})$로 가정하라. 그러면

$$h_{\text{wall}} = \frac{16.3}{7\times 10^{-4}} = 2.33\times 10^4\,\text{W/m}\cdot\text{K}$$

$$\frac{1}{U} = \frac{2}{1.33\times 10^4} + \frac{1}{2.33\times 10^4}$$

$$U = 5.17\times 10^3\,\text{W/m}^2\cdot\text{K}(911\,\text{Btu/h}\cdot\text{ft}^2\cdot\text{°F})$$

(b) 고온유체 흐름:

$$T_{ha} - T_{hb} = 60 - 44 = 16\text{°F}$$

저온유체 흐름:

$$T_{cb} - T_{ca} = 57 - 41 = 16\text{°F}$$

$$N_H = \int \frac{dT}{\Delta T} = \frac{16}{3} = 5.33$$

이 값은 아주 큰 열전달단위 수이고, LMTD보정인자, F_G 값이 약 0.9이다.

폭 w, 길이 L인 판의 열전달 부분에 대하여 채널(channel)당 열 전달면적은

$$A = 2wL$$

채널 당 저온유체 흐름은;

$$\dot{m}_c = (0.5\,\mathrm{m/s})(3\times 10^{-3}w)(1{,}000) = 1.5\,w\ \mathrm{kg/s}$$

$$Q = 1.5\,w\,c_p(T_{cb} - T_{ca}) = U(2wL)(0.9\Delta T)$$

$$L = \frac{1.5(4{,}184)}{2(0.9)(5.17\times 10^3)}\left(\frac{16}{3}\right) = 3.6\,\mathrm{m}$$

표준형 교환기의 최대 판 높이가 입구와 출구를 포함해서 기껏 4 m이기 때문에, 향류 배열을 유지하기 위해서 아주 느린 유속을 쓰거나 2개 교환기를 직렬로 위치시켜야 한다.

그래서 열전달 부분의 높이는 커봐야 절반 정도이다. 즉

$$\text{Revised L(수정된 높이)} = \frac{3.6}{2} = 1.8\,\mathrm{m}$$

입구와 출구를 포함해서 전체 판 높이는 약 3 m 정도 될 것이다.

(c) 압력강하는

$$\Delta p/L = 2f\frac{u^2\rho}{D_e}$$

$$f = \frac{2.5}{(2{,}290)^{0.3}} = 0.245$$

$$\Delta p = \frac{2(0.245)(0.5)^2(1{,}000)(3.6)}{6\times 10^{-3}} = 7.35\times 10^4\ \mathrm{N/m^2}(10.6\,\mathrm{lb/in^2})$$

총괄 압력손실은 공급 관 및 배출 관에서의 손실 때문에 이보다 더 클 것이다.

(d) 저온유체 흐름 ;

$$\dot{m}_c = \frac{4{,}000\,\mathrm{gal/min}}{264.7\times 60} = 0.252\,\mathrm{m^3/s}$$

$w = 1\mathrm{m}$인 경우, 채널 당 흐름 양은 $1.5\times 10^{-3}\mathrm{m^3/s}$

$$\text{채널 수} = \frac{0.252}{1.5\times 10^{-3}} = 147$$

$$\text{채널 총 수, } n = 2\times 147 = 294$$

$$\text{판의 수, } n+1 = 295$$

만일 전체 판 높이를 4m 이하로 유지하기 위하여 2개의 교환기가 직렬로 놓인다면, 각 장치 당 총 판의 수는 2 × 295 = 590이다.

13.3 응축기 및 기화기(Condenser and vaporizer)

증기의 증발잠열을 제거하여 증기를 액화시키는 데 쓰이는 전열장치를 **응축기**(condenser)라 한다. 그 증발 잠열은 **냉각제**(coolant)라 하는 찬 액체에 의해 흡수되어 제거된다. 냉각제의 온도가 응축기 내에서 상승되기 때문에 이 장치는 가열기(heater)로서도 작용한다. 응축기는 응축증기와 냉각제가 관형 열 교환표면에 의해 격리되어 있는 다관-원통형 응축기(shell-and-tube condenser)와 냉각제와

증기흐름(보통 모두 물)이 물리적으로 서로 혼합되어 단일 흐름으로서 응축기를 나가는 접촉형 응축기(contact condenser)가 있다.

다관-원통형 응축기(Shell-and-tube condenser)

그림 11.1에 보인 응축기는 단일-통과 장치(single-pass unit)인데 이는 차가운 유체의 전 흐름이 모든 관을 통해 평행으로 흐르기 때문이다. 큰 응축기에는 이런 형태의 흐름은 심한 제한성을 가진다. 관의 개수가 많게 되면 단일-통과에서 그 관들을 통과하는 유속이 너무 낮아 적당한 열전달계수를 얻을 수 없게 되고 그 장치는 비경제적으로 크게 된다. 또한 낮은 열전달계수 때문에 찬 유체가 합당한 큰 온도범위까지 가열되어야만 할 경우 매우 긴 관이 필요하게 되는데 이러한 긴 관은 실용적이지 못하다.

보다 큰 유속보다 높은 열전달계수 그리고 보다 짧은 관을 얻기 위하여 열교환기에서 사용된 다중-통과(multipass) 원리가 응축기의 냉각제에 또한 적용될 수 있다.

2-통과 응축기의 예가 그림 13.9에 표시되어 있다.

응축기 내에서 있을 수 있는 온도차 때문에 관을 구부러지게 하거나 잡아당겨서 관판으로부터 느슨해지게 하는 팽창변형(expansion strain)이 일어날 수 있다. 팽창에 의한 손상을 피하기 위한 아주 일반적인 방법은 부동헤드(floating-head) 구조를 이용하는 것인데, 이 부동헤드는 관판 중 하나(따라서, 관의 한 끝이)가 구조적으로 동체에 무관하게 된 것이다. 이 원리가 그림 13.9의 응축기에 사용되었다. 이 그림은 관이 동체에 무관하게 팽창 또는 수축될 수 있음을 나타낸다. 증기 입구에 다공 판을 설치 한 것은 증기와 함께 들어오는 액적에 의한 마모를 방지하기 위해서이다.

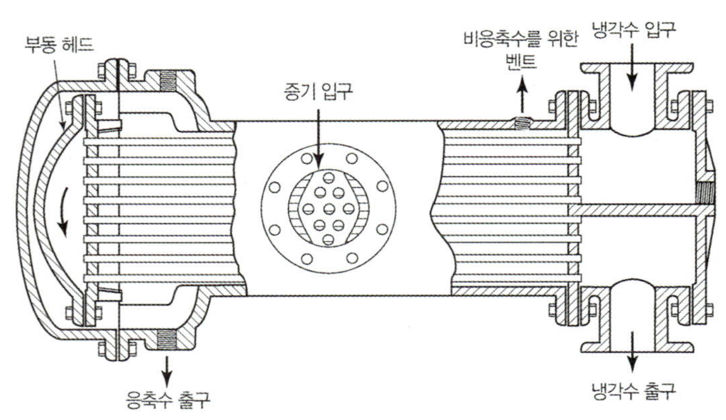

그림 13.9 2-통과 부동헤드 응축기

제습 응축기(Dehumidifying condenser)

증기와 비응축성 기체의 혼합물용 응축기가 그림 13.10에 표시되어 있다. 이것은 비응축성 기체가 포함되지 않은 증기에 쓰이는 대부분의 응축기가 수평으로 설치된 것과는 달리 수직으로 설치된다. 또한 증기는 관 외부에서가 아니고 내부에서 응축되고, 냉각제가 관을 통과하는 것이 아니고 동체를 통과한다. 이는 관을 통과하는 증기-기체 혼합물을 완전히 휩쓸어갈 수 있어서, 전열 표면을 뒤덮는 불활성 기체의 정체포켓(stagnant pocket) 형성을 피할 수 있게 된다. 낮은 위치에 놓이도록 변형된

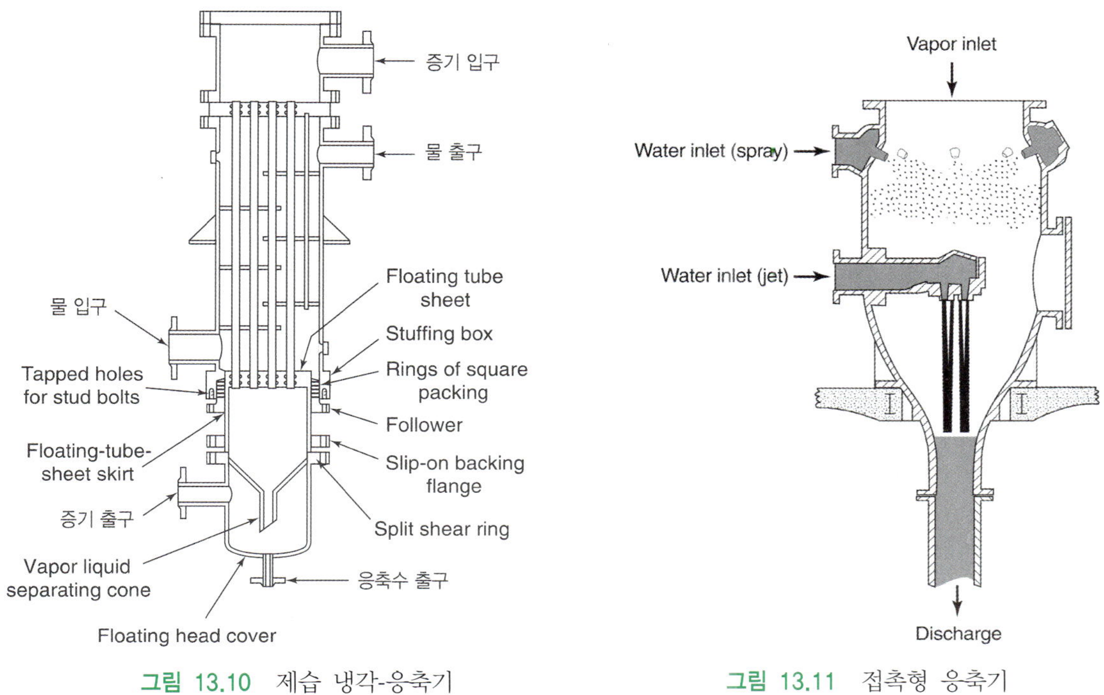

그림 13.10 제습 냉각-응축기

그림 13.11 접촉형 응축기

헤드는 비응축성 증기와 기체로부터 응축액이 분리되도록 작용한다.

접촉형 응축기(Contact condenser)

접촉형 응축기(contact condenser)의 예는 그림 13.11에 표시되어 있다. 접촉형 응축기는 표면 응축기(surface condenser)보다 훨씬 작고 값이 싸다. 그림 13.11에 보인 구조에서 냉각 수 일부는 증기 입구 근처의 증기흐름 안으로 분산되고, 나머지 냉각 수는 배출목(discharge throat)으로 유입되어 응축을 완성시킨다. 다관-원통형 응축기가 진공 하에서 조작될 때 응축액은 보통 밖으로 펌핑해 내지만 대기각(barometric leg)에 의하여 제거되기도 한다. 이 대기각은 길이가 약 10m인 수직 관이며, 밑에서 응축액을 받으므로 막혀 있다. 조작 시 각주 내의 액체 준위는 자동적으로 그 자체가 조정되어서 각주 내의 준위와 탱크 내 준위 사이의 수두 차(difference of head)가 대기압과 응축기 내 증기 공간 사이의 압력차에 상당된다. 따라서 액체는 진공을 약화시킴 없이 그것이 응축되자마자 흘러 내려간다. 직접 접촉형 응축기(direct-contact condenser)에서는 벤튜리(venturi)의 하류 원추부(downstream cone)에서의 압력 회복이 대기각에 필요한 양을 제거시키는 데 충분하다.

연습 문제

13.1 공기가 관다발 직각으로 $3m^3/s$(0°C, 1atm에서 측정됨)의 속도로 흐른다. 이 관다발은 10개의 관, 10개의 간격과 깊이로 10줄로 되어 있다. 각 관의 길이는 3.5 m이다. 관은 3각형 중심에 위치되어 있고, 중심과 중심사이의 거리는 75mm이다. 대기압의 공기를 20°C로부터 40°C까지 가열하려고 한다. 어떤 수증기 압력을 사용해야 하는가? 관은 25mm OD 강관이다.

답 : $75.2lb_f/in^2$ or 5.12atm

13.2 수직 관 2-통과 가열기(two-pass heater)가 경유(gas oil)를 가열하는 데 쓰인다. 100psig(lb_f/in^2 gauge)의 포화수증기가 가열매체(heating medium)로 쓰인다. 튜브는 1in OD, 16BWG이고, 연강(mild steel)으로 만들어졌다. 기름은 60°F로 들어가서 150°F로 나간다. 점도-온도 관계는 지수식에 따른다. 60°F에서 점도는 5.0cP이고, 150°F에서는 1.8cP이다. 기름은 60°F에서 37° API(비중 = 0.840)이다. 기름유량은 150bbl/h (1bbl = 42gal), 수증기는 막상응축(film condensation)으로 일어난다고 가정한다. 기름의 열전도도는 0.078 Btu/ft·h·°F이고, 비열은 0.480Btu/lb·°F이다. 관내의 기름 유량은 약 3ft/s이어야 한다. 이 가열기에 필요한 튜브의 길이를 계산하라.

답 : 12.4ft

133 대기압의 클로로벤젠(chlorobenzene) 5,000kg/h를 비등시킬 수증기 가열식 자연대류 컬란드레어(steam-heated natural-convection calandria)를 설계하려고 한다. (a) 대략 열전달 표면은 얼마나 필요한가? (b) 컬란드레어 내의 평균압력이 0.5 atm. abs이면, 그 면적은 얼마나 필요한가? 클로로벤젠의 정비점은 132°C이고, 그 임계온도는 359.2°C이다.

답 : (a) $11.3m^2$ (b) $14.1m^2$

13.4 60°C의 액상 스티렌(styrene)이 표준형 6날 터빈(6-blade turbine)이 부착된 지름 2m의 수증기 재킷 솥(steam-jacketed kettle)에서 가열된다. (a) 교반기 속력이 140 rpm일 때 내부 벽의 막계수 h_j를 계산하라. (b) 동일 동력으로서 경사형 날 터빈(pitched-blade turbine)을 쓴다면, 그 계수는 표준형 터빈의 것과 어떻게 비교할 수 있는가?

답 : (a) h_j = $1,638W/m^2°C$ (b) h_j = $1,950W/m^2°C$

13.5 지름이 2m인 터빈 교반용기에 묽은 수용액 5,500kg이 들어 있다. 그 교반기는 지름이 2/3m이고, 140rpm으로 회전한다. 그 용기는 재킷이 부착되어 있고, 그 재킷에는 110°C의 수증기가 응축되고 열전달면적은 $12m^2$이다. 그 용기의 강철벽은 10mm 두께이다. (a)수용액은 40°C이고, 응축수증기의 열전달계수가 10 kW/m^2·°C이면, 수증기와 용액간의 열전달속도는 얼마인가? (b) 20°C로부터 60°C까지, (c) 60°C로부터 100°C까지 가열하는데 얼마나 오래 걸리는가?

답 : (a) q = 1,711W (b) 554s or 9.2min (c) 1,474s or 24.5min

13.6 2관-통과 원통형 교환기가 에탄올을 60°F로부터 140°F까지 가열하는 데 사용하려고 한다. 동체 내에서는 230°F의 수증기가 응축된다. 강철관이 사용되었고 BWG 14, $\frac{3}{4}$in OD이다. 내부면적 기준한 설계 총괄계수는 196 Btu/h·ft^2·°F인데, 이는 가정된 오염인자 1,000 Btu/h·ft^2 및 수증기 계수 1,800 Btu/h·ft^2·°F를 기준한 것이다. (a) 4-관 통과(4-tube passes)가 이용되었다면, 새로운 총괄계수는 얼마인가? (b) 만일, 관 길이가 변화 없고 2-관통과에 대한 Δp가 140 lb_f/ft^2이었다면, 새로운 압력강하는 얼마인가?

답 : (a) U_i = 273Btu/h·ft^2·°F (b) Δp = $975lb_f/ft^2$ = $6.8lb_f/in^2$

CHAPTER

14 증발

Evaporation

증발(evaporation)은 비·휘발성 용질과 휘발성 용매로 된 한 용액을 농축하는 조작(operation)이다. 대부분 증발에 있어서 용매는 물이며, 용매의 일부를 증발시켜서 모액을 농축하는 것이다. 증발은 건조와 달라서 잔유물(residue)이 고체가 아니라 용액(때로는 아주 높은 점성 용액)이다. 이것은 증류(distillation)와 달라서 증기는 보통 단일 성분이며 증기가 혼합물일지라도 그 증기를 증발단계에서 분류물(fraction)로 분리하지 않는다. 또한 이것은 결정화와 달라서 결정을 형성시키고 성장시키기보다는 오히려 용액을 농축시키는 데 더 중점을 둔다. 염수를 증발시켜 식염을 만들 경우 증발과 결정화 사이의 경계가 뚜렷하지 않다. 때로 증발은 포화 모액(saturated mother liquor) 내의 결정 슬러리(slurry)를 만들기도 한다. 대형 증발공정이 개발되어 바닷물르부터 음료수를 회수하는 데 쓰인다. 여기서는 응축된 물이 원하는 제품이다. 급송물 내 전체 물 중에서 단지 일부만이 회수되고 나머지는 바다로 돌아간다.

액체 특성(Liquid characteristics)

증발기 조작은 단순 열전달로부터 분리기술까지 매우 광범위하여 모액 특성에 있어서도 크게 변한다. 증발되는 액체의 중요한 특성들은 다음과 같다.

농도(Concentration) 증발기에 공급되는 묽은 액체가 물의 물성을 가질 정도로 매우 희박하다고 해도 그 농도가 증가됨에 따라 그 용액은 점점 더 개체 특성을 가지게 된다. 밀도와 점도는 그 용액이 포화될 때까지 고체함량이 증가하거나 또는 적절히 가열될 경우 모액은 심한 점성이 있게 된다. 포화 용액의 연속 비등은 결정이 형성되기도 하는데 이것은 제거되어야 하며 때로는 관을 막히게 한다. 용액의 비점(끓는점)은 고체 내용물 증가에 따라 상당히 상승될 수 있으므로 농축 용액의 비등온도는 동일 압력의 물의 비점보다 더 높을 수 있다.

거품생성(Foaming) 유기물질은 증발되는 동안 거품이 발생된다. 안정형의 거품은 증발기를 나가는 증기를 수반하여 큰 비말동반(entrainment)의 원인이 된다.

온도 예민성(Temperature sensitivity) 정밀화학제품, 의약품과 식품들은 비교적 짧은 시간동안에 중간 온도에서 가열될 때 손상된다. 그와 같은 물질들은 농축할 때에는 액체의 온도와 가열 시간을 감소시키는 기법이 필요하다.

스케일(관석)(Scale) 어떤 용액은 가열표면에 침적되어 총괄계수가 점점 감소된다. 증발기의 가동을 중단시켜 관을 청소하여야 한다.

구조물 재질(Materials of construction) 증발기는 몇몇 강철 종류로 제작하지만 많은 용액은 철 금속을 부식시키거나 또는 철 금속들로 오염된다. 그래서 구리, 니켈, 스테인레스강, 알루미늄, 불-투과성 흑연 그리고 납과 같은 특수 재질이 쓰인다. 이들 재질이 비싸기 때문에 초기 장치비가 최소화이면서 높은 열전달속도가 유지됨이 바람직하다.

기타 액체 특성을 고려하여 증발기 설계자가 고려하여야 할 사항은 비열, 농축열(heat of concentration), 어는점, 비등 시 기체 발생, 유독성, 폭발 위험성, 방사능 그리고 살균조작 필요성 등이다. 모액 특성의 변화 때문에 많은 여러 가지 증발기 설계법이 개발되었다. 어떤 특정 문제에 대한 선정은 그 액체의 특성에 일차적으로 의존된다.

단일-효용관 및 다중-효용관 조작(Single-and multiple-effect operation)

대부분의 증발기는 금속관 상에서 수증기 응축에 의해 가열된다. 특수한 수평관 증발기를 제외하고 증발되어질 물질은 관 안쪽을 흐른다. 보통 수증기는 3atm_{abs} 이하이다. 때로는 비등액체가 약 0.05atm_{abs}까지 중간 정도의 진공 하에 있게 된다. 액체의 비등온도(비점)가 감소됨은 수증기와 비등액체 간의 온도차를 증가시켜 증발기 내에서 열전달속도가 증가된다.

단일 증발기를 사용하여 비등액체로부터 발생한 증기를 응축시켜 버리는 방법을 **단일-효용관 증발**(single-effect evaporation)이라 한다. 이것은 단순하기는 하지만 수증기 이용에는 비효율적이다. 용액으로부터 물 1kg을 증발하기 위해서 1~1.3kg의 수증기가 필요하다. 한 증발기로부터 나오는 증기가 제2의 증발기의 수증기실(steam chest)로 공급되고, 제2의 증발로부터 나오는 증기가 응축기로 보내진다면, 그 조작은 이중-효용관(double-effect)이 된다. 초기 수증기의 열이 제2의 효용관에 다시 쓰이게 되었고 첫 효용관으로 공급된 수증기의 단위 질량에 의해 이루어진 증발량은 약 2배가 된다. 추가 효용관이 같은 방법으로 연결될 수 있다. 공급 수증기와 응축기 사이에 일련의 증발기를 사용함으로써 수증기 kg당 증발량을 증가시키는 일반적인 방법을 **다중-효용관 증발**(multiple-effect evaporation)이라 한다.

14.1 증발기의 형태(Types of evaporators)

수증기-가열식 관형 증발기(steam-heated tubular evaporator)의 중요형태는 다음과 같다.

1. 장관형 수직증발기(long-tube vertical evaporator)
   a. 상향 흐름식(upward flow)[상승-경막형(climbing-film)]
   b. 하향 흐름식(downward flow)[하강-경막형(falling-film)]
   c. 강제 순환식(forced circulation)
2. 교반식 경막증발기(agitated-film evaporator)

단-통과식 및 순환식 증발기(Once-through and circulation evaporator)

증발기들은 단-통과식(once-through) 또는 순환식(circulation) 장치로 조작된다. 단-통과 조작에서는 급송액이 단지 한번만 관을 통과하며 증기를 방출하고 농축액으로 그 장치를 나간다. 모든 증발이 단일-통과(single-pass)로 이루어진다. 공급량 대 증발량의 비는 단일-통과 장치에서는 제한된다. 그래서 많은 증발기가 다중-효용관 조작을 채택하게 된다. 여기서는 총 농축액이 여러 효용관으로 나누어 질 수 있다. 교반식 경막증발기는 언제나 단-통과식으로 조작된다. 그리고 하강-경막형 및 상승-경막형 증발기 역시 이 방법으로 조작될 수 있다.

단-통과식 증발기는 특히 열에 민감한 물질에 유용하다. 높은 진공 하의 조작으로 액체온도를 낮게 유지할 수 있다. 관을 빠르게 한번 통과함으로써 농축액(thick liquor)은 증발온도에 있게 되나 짧은 시간이고 증발기를 떠나자마자 재빨리 냉각될 수 있다.

순환식 증발기에서 액체 체류실이 장치 내에 있다. 들어오는 급송물이 체류실로부터 나오는 액체와 혼합되고, 그 혼합물이 관을 통과한다. 관으로부터 배출되는 미-증발 액체는 체류실로 다시 돌아간다. 따라서 총 증발의 일부만 한번 통과하면서 일어난다. 모든 강제순환식 증발기는 이 방법으로 조작된다. 또한 상승박막형 증발기는 보통 순환식이다.

순환식 증발기로부터 생긴 농후 액은 체류실로부터 회수된다. 따라서 체류실 내의 모든 모액은 최고 농도에 있다. 관에 유입되는 액체는 급송물에 농후 액이 혼합될 수 있기 때문에, 그것의 점도는 높고 열전달계수는 낮게 유지되는 경향이 있다.

순환식 증발기는 열에 민감한 액체를 농축하는데 부적합하다. 적당한 진공을 유지함으로써 액체의 본체온도는 분해되지 않을 정도로 되지만, 그 액체는 반복적으로 노출되면서 뜨거운 관과 접촉된다. 그러므로 일부 액체는 과도하게 고온까지 가열될 수도 있다. 가열 영역 내에서 액체의 평균 체류시간이 짧을지라도 액체의 일부는 상당한 시간동안 증발기 내에 남아 있게된다. 식품과 같은 열에 예민한 물질은 그중 작은 부분일지라도 과열되면 전 제품을 못 쓰게 될 수 있다. 그러나 순환식 증발기는 단일 장치 내에서 급송액으로부터 농후 액 사이의 넓은 농도범위에 걸쳐 조작될 수 있어서 단일-효용관으로 잘 채택된다. 이 증발기는 밀도 차로 인하여 관을 통과하게 되는 자연순환 또는 펌프에 의한 강제순환으로 조작될 수 있다.

상향흐름식 장-관 증발기(Long-tube evaporators with upward flow)

액체가 상향흐름되는 전형적인 장-관 수직증발기(long-tube vertical evaporator)가 그림 14.1(a)에 그려져 있다. 중요 부분은 (1) 동체(shell) 내에 수증기 그리고 관(tube) 내에 농축될 액체가 들어가는 관형 교환기, (2) 증기로부터 비산 액적을 제거하기 위한 분리기 또는 증기 공간, (3) 순환장치로서 조작될 때 액체가 분리기로부터 교환기 밑 부분으로 돌아가는 귀환각(return leg) 등이다. 유입구는 급송액 용과 수증기 용이 있고, 유출구에는 증기용, 농축액용, 수증기 응축액용, 수증기로부터 나오는 비응축성 기체용이 따로 있다.

관형 가열기는 관이 컬란드레어보다 크고, 전형적으로 지름 25~50 mm, 길이 3~10 m이다. 희박 급송액이 들어가 분리기에서 배출되는 액체와 혼합된다. 농축액은 가열기 밑 부분에서 배출되고 나머지 액은 관을 통과하며 부분증발 된다. 관 상단부로부터 액체-증기 혼합물이 분리기 안으로 흘러 들어가 그곳에서 그 속도가 크게 감소된다. 액적 제거에 도움을 주기 위해 증기를 충돌시켜 분리기를 떠나기 전에 분활판을 돌아가도록 한다. 그림 14.1(a)에 보인 증발기는 오직 순환장치로서만 조작될 수 있다.

장-관형 수직증발기는 특히 거품을 생성하려는 액체를 농축시킬 때 효과적이다. 거품은 액체와

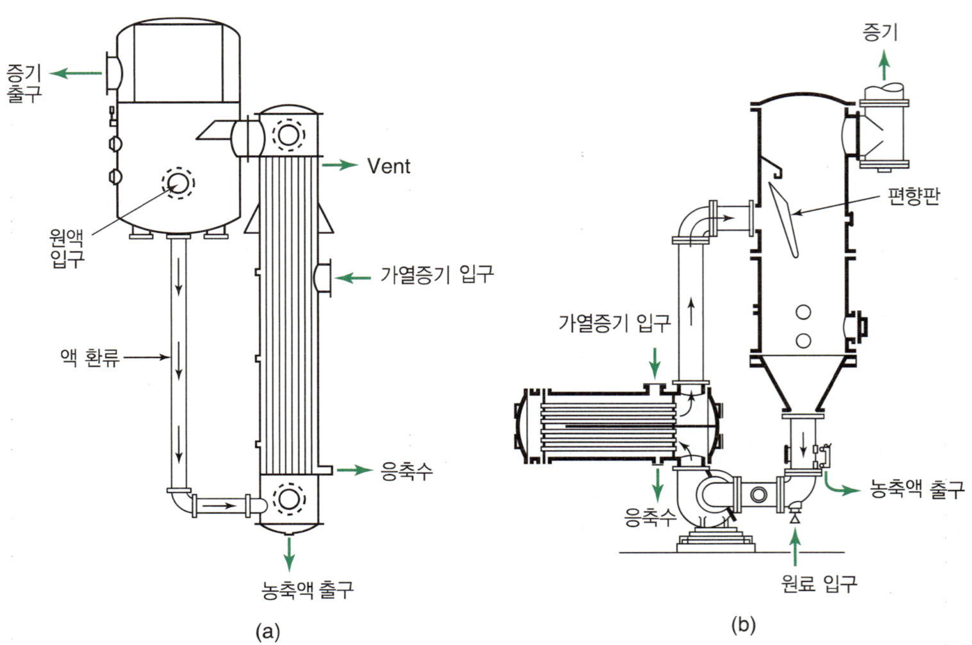

그림 14.1 증발기 : (a) 수직상승-막 장-관형, (b) 2-통과 수평가열기가 부착된 강제순환형

증기의 혼합물이 고속으로 상단 증기-분활판(vapor-head baffle)에 부딪쳐 깨진다.

강제순환식 증발기(Forced-circulation evaporators)

자연순환식 증발기는 액체가 0.3~1.2m/s 속도로 관으로 유입된다. 그 선속도는 관 안에서 증기가 생성되면 급격히 증가하므로 일반적으로 열전달속도를 만족하게 한다. 그러나 점성 액체에 있어서 자연순환장치 내의 총괄계수는 비경제적으로 낮을 수 있다. 높은 계수는 강제순환식 증발기에서 얻을 수 있으며, 그림 14.1(b)에 예시되어 있다. 여기서 원심펌프가 2~5.5 m/s의 유입속도로 관을 흐르도록 액체에 힘을 가한다. 관은 충분한 정압두(static head) 하에 있으므로 관 안에서는 비등이 없게 된다. 즉, 가열기로부터 증기 공간까지 흐르는 동안 정압두가 감소됨으로써 액체가 과열되고 이것은 증기의 혼합물 안으로 플래쉬(flash)되어 증발기 본체로 들어가기 바로 앞 교환기의 출구선(outlet line)에서 분무된다. 액체와 증기의 혼합물은 증기 공간 내의 편향판(deflector plate)에 부딪친다. 액체는 펌프 입구 쪽으로 돌아가고, 여기서 액체는 새로 들어오는 급송류와 만나게 된다. 분리기(separator)를 나가는 액체의 일부는 농축액으로서 계속 회수 된다.

그림 14.1(b)는 교환기가 수평 판이고 관-측과 동체-측 모두 2-통과이다. 이것 이외의 다른 것에서는 수직 단일-통과 교환기(vertical single-pass exchanger)가 쓰인다. 이 두 가지 형태에서 열전달계수는 모두 높고, 특히 점성이 크지 않은 묽은 액체(thin liquid)에서 높다. 그러나 자연순환식 증발기에 대한 최대 개선점은 점성 액체에 달려 있다. 점성이 크지 않은 묽은 액체에서 강제 순환시켜 얻는 이득은 자연순환에 비하여 펌핑비용을 보상하지 못하지만 점성 물질의 경우는 추가된 비용이 보상된다. 특히 값비싼 금속재료가 사용되어야 할 때 그렇다. 한 예는 니켈(Ni) 장치를 써야 하는 가성소다(caustic soda) 농축이다. 최종 점성 농축액을 생산하는 다중-효용관 증발기에서 첫 효용관은 자연순환장치일 수 있고 점성 액체를 취급하는 뒤의 장치들은 강제순환장치이다. 강제순환식 증발기의 고 유속 때문에 관 내의 액체 체류시간은 약 1~3초로 짧다. 따라서 어느 정도 열에 예민한 액체를 농축하는데 쓰인다. 이들은 또한 염석액(salting liquor) 또는 거품을 내는 액체를 증발하는 데 유용하다.

교반식 경막증발기(Agitated-film evaporator)

증발기 안에서 수증기로부터 비등액체까지의 총괄 열전달에 대한 주 저항은 액체-측에 있다. 그러므로 이 저항을 감소시키는 한 방법은, 특히 점성 액에서 그림 14.2에 보인 증류기와 같이 액체-경막(liquid film)의 기계적 교반이다. 이것은 내부 교반기를 함유한 단일 재킷관(single jacketed tube)으로 된 개량형 하강-경막 증발기(falling-film evaporator)이다. 급송액은 재킷 부분의 상부로 들어가고, 교반기의 수직날(vertical blade)에 의하여 얇고 난류 막으로 퍼진다. 농축액은 재킷 부분의 밑에서 나가고, 증기는 증발 영역으로부터 재킷이 달리지 않은 분리기 안으로 상승되는데, 이 분리기는 증발관의 지름보다

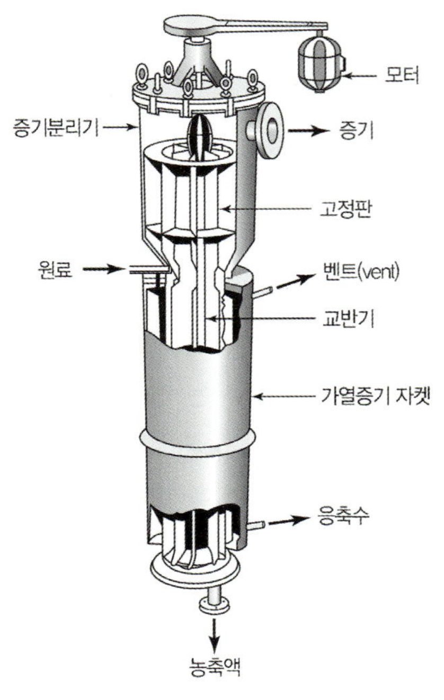

그림 14.2 교반식 경막-증발기

약간 더 크다. 분리기 안에서의 교반기 날은 비산 액적을 고정된 수직 판에 대해 바깥쪽으로 밀어낸다. 액적은 이들 판 상에서 합치되어 증발부로 되돌아간다. 무-액적 증기(liquid-free vapor)는 그 장치의 상부에 있는 출구를 통해 나간다.

이 교반식 경막증발기의 주요 장점은 점성 액체에서도 높은 열전달속도를 줄 수 있는 능력이 있는 점이다. 생성물은 증발온도에서 1000P 정도 높은 점도를 가질 수 있다. 기타의 증발기에서와 같이 총괄 계수는 점도가 상승됨에 따라 떨어지기는 하나, 이 증발기에 있어서는 그 감소율이 아주 늦다. 높은 점성 액체의 경우, 계수는 강제순환식 증발기에서 보다 어느 정도 크고, 자연순환장치의 경우보다는 아주 크다. 교반식 경막-증발기는 젤라틴(gelatin), 고무 라텍스, 항생제(antibiotics), 과일주스와 같이 점성 열 예민성 제품에 특히 유용하다. 이것의 단점은 고가이고, 상당량의 보수가 요구되는 내부 가동부품이 있는 것, 그리고 다중-관 증발기의 것보다 훨씬 낮은 저용량의 단일 장치인 것 등이다.

14.2 관형 증발기의 성능(Performance of tubular evaporator)

수증기 가열식 관형 증발기(steam-heated tubular evaporator)의 성능은 용량과 경제성으로 주로 평가된다. **용량**은 시간당 증발된 물의 질량으로 정의된다. **경제성**은 그 장치로 공급된 수증기 질량당 증발된 질량으로 정의된다. 단일-효용관 증발기에서는 경제성이 거의 항상 1보다 작으나, 다중-효용관 장치에서는 상당히 더 클 수 있다. 수증기 소요량(단위 ; kg/hv)도 또한 중요하다. 이 것은 용량을 경제성으로 나눈 것이다.

14.2.1 증발기 용량(Evaporator capacity)

증발기 가열표면을 통한 열전달속도는 열전달면적 A, 총괄 열전달계수 U 및 총괄 온도차 ΔT에 의해 다음과 같이 나타낼 수 있다.

$$q = UA\Delta T \tag{14.1}$$

증발기로 들어가는 급송물이 증기 공간 내의 절대압력에 상당되는 비등온도에 있다면 가열표면을 통해 전달되는 모든 열은 증발에 유용하고, 그 용량은 q에 비례한다. 증발이 진행됨으로서, 비점이 상승되어 약간의 현열이 요구되기는 하나, 현열에서의 획득량은 일반적으로 증발열에 비하여 아주 적다. 만일 급송액이 차가우면, 그 비점까지 가열하는 데 필요한 현열량이 아주 커서, 주어진 q값에 대한 그 용량은 급송액 가열에 쓰인 열이 증발에 사용되지 못한 만큼 감소된다. 역으로 급송액이 증기 공간 내의 비점 이상의 온도라면, 급송액 일부는 증기 공간 압력과 단열평형에 의해 자연히 증발되어, 그 용량은 q에 상당하는 것보다 더 크게 된다. 이러한 과정을 **플래쉬증발(flash evaporation)**이라 한다.

가열 표면을 통한 실제 온도차는 증발되고 있는 용액, 수증기실과 비등액체 위의 증기 공간사이의 압력 차 그리고 가열표면 위의 액체 깊이 등에 의존된다. 어떤 증발기에서 관 내의 액체속도는 관 내의 마찰손실이 액체의 유효압력을 증가시키기 때문에 온도차에 역시 영향을 미친다. 액체가 순수한 물의 특성을 가질 때, 그 비점은 압력을 알 경우 마치 응축수증기의 온도를 알 수 있는 것과 같이 수증기표로부터 읽어 낼 수 있다. 그러나 실제 증발기에서는 한 용액의 비점이 두 인자, 즉 비점상승(boiling-point elevation)과 액체 정압두(liquid head)에 영향을 받는다.

비점상승 및 Duhring법칙(Boiling-point elevation and dühring's rule)

대부분의 수용액 증기압은 같은 온도의 물 증기압보다 낮다. 결과적으로 주어진 압력에서 용액의 비점은 순수한 물의 비점보다 더 높다. 물의 것보다 높아진 비점을 용액의 **비점상승**(BPE)이라 한다. 묽은 용액과 유기 콜로이드(colloid) 용액에서는 비점상승이 작으나, 무기염의 농후 용액에서는 80°C만큼 큰 경우도 있다. 비점상승은 수증기표로부터 예측되는 온도차에서 구해진다.

진한 용액에 대하여 비점상승은 **Duhring법칙**으로 알려진 실험법칙으로부터 구할 수 있는데 이 법칙은 주어진 용액의 비점은 동일 압력에서 순수 물 비점의 선형함수임을 나타낸다. 그래서 용액의 비점은 동일 압력에서 물의 증기압에 대해 그려보면 직선이 된다. 농도가 다르면 다른 직선을 얻게 된다. 넓은 압력범위에 걸쳐 이 법칙이 완전한 것은 아니고, 중간 정도의 압력 범위에서만 각 직선이 꼭 평행이 아닐지라도 거의 직선이 된다. 그림 14.3은 가성소다 수용액에 대한 일련의 Duhring선을 나타낸 것이다. 이 그림의 사용법을 예시한다. 가성소다 40% 수용액의 압력이 200°F(93.3°C)에서 끓기 시작하는 물의 증기압과 같다면, 200°F에서 x 축으로부터 40%용액선까지 읽어 올라감으로써, 그 교차점에서 y 축에 수평하게 이 압력에서 그 용액의 비점이

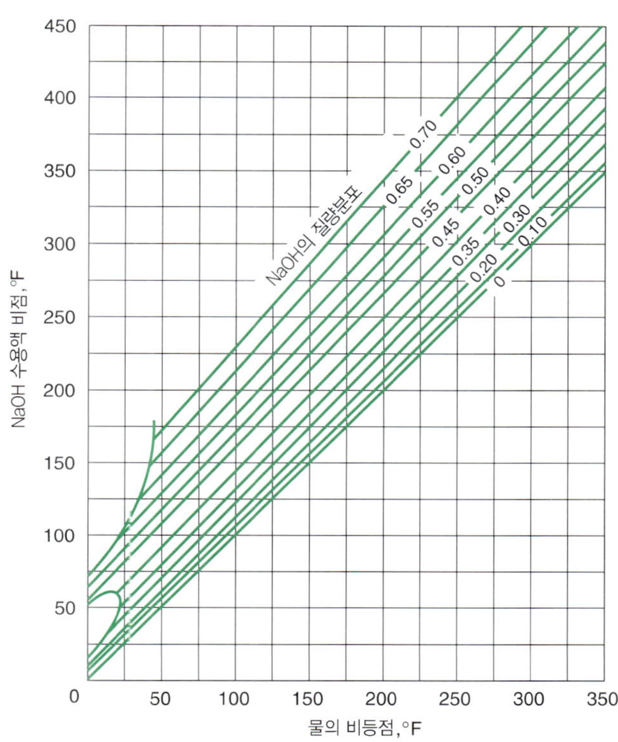

그림 14.3 $NaOH-H_2O$계에 대한 Dühring선[8]

250°F(121.1°C)임을 알 수 있다. 따라서 이 압력에서 그 용액의 비점상승은 50°F(27.8°C)이다.

온도강하에 미치는 액체 정압두와 마찰의 영향 (Effect of liquid head and friction on temperature drop)

증발기 내의 액체 깊이가 크면, 증기 공간 내의 압력에 상당하는 비점은 단지 액체 표면층의 비점을 나타낼 뿐이다. 표면으로부터 Z m 밑의 액체요소는 증기 공간의 압력에 Z m 액체 정압두를 합한 압력 하에 있게 되므로 더 높은 비점을 갖게 된다. 부가해서 액체 유속이 매우 클 때 관 내의 마찰손실은 액체의 평균압력을 더 증가시킨다. 그러므로 어떤 실제 증발기 내에서 관 내 액체의 평균 비점은 증기 공간 압력에 해당되는 비점보다 더 높다. 이러한 비점 증가는 수증기와 액체간 평균온도차를 낮게 하여 용량을 감소시킨다. 그 감소량을 정밀히 정량적으로 추정할 수는 없으나, 액체 정압두의 정성적 효과는 더욱 높은 액 준위와 높은 액체속도인 경우에는 무시될 수 없다.

그림 14.4는 밑바닥에서부터 잰 관 깊이에 따른 증발기 내의 온도 관계이다. 이 그림은 상향 흐름식 장-관형 수직증발기에 적용된다. 수증기는 관 주위의 수증기 재킷 상부로 들어가 하향으로 흐른다. 유입 수증기는 T_h 까지 약간 과열될 수 있다. 그 과열은 곧 끝나서 수증기는 포화온도 T_s 로 떨어진다. 가열표면 대부분에 걸쳐 이 온도는 변하지 않는다. 응축액이 수증기 공간을 떠나기 전에 이것은 T_c 까지 약간 과냉각될 수 있다.

관 내 모액의 온도 형태가 그림 14.4의 선 abc와 $ab'c$로 표시되어 있다. 전자는 약 1 m/s를 기준 한 속도이다. 이것은 급송액이 대략 증기 공간 압력에 있는 액체의 비점 T로서 증발기에 들어가는 것으로 간주된 것이다. 따라서 관으로 들어가는 액체는 그 흐름이 단-통과식이든 순환식이든 간에 온도 T에 있다. 고속에서 관 안의 유체는 실제로 관의 끝 부분까지 액체로 남아 있으며, 관의 마지막 2~3 in에서 액체와 증기의 혼합물로 플래쉬 된다. 그림 14.4에서 보인 바와 같이, 최대 액체온도는 거의 관 출구인 점 b'에서 나타난다.

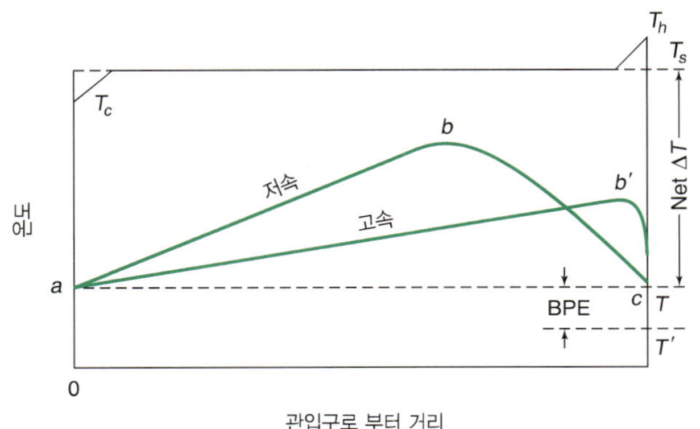

그림 14.4 수직 장-관 증발기의 관내 액체 온도 이력 및 온도강하

저속에서 액체는 관의 중앙(관 길이의 절반 지점)에 아주 가까운 지점에서 최대 온도에 도달한다. 점 b는 관을 두 부분, 즉 점 b 이전의 비-비등부분과 이 지점 뒤쪽의 비등 부분으로 나눈다.

고 유속과 저 유속 모두에서 증기와 농후 액은 그 증기 공간 압력에서 평형에 도달한다. 만일 액체가 상당한 비점상승이 있게 되면, 온도 T는 T'(그 증기 공간 압력에서 순수 물의 비점)보다 더 크다. T와 T'간의 차가 비점상승(BPE)이다.

비점상승을 보정한 온도차가 $T_s - T$이다. 비점상승과 정압두(static head) 모두가 보정된 실제 온도강하(true temperature drop)는 T_s와 가변 액체온도간의 평균치로 표시된다. 실제 조업조건에서 실제 온도차를 결정하는 몇 개의 상관관계가 가능하더라도 보통 설계자에게는 이 양이 유용하지 않으므로 비점상승만을 보정한 순 온도강하(net temperature drop)가 쓰인다.

압력변화(Pressure changes)

증발기 관 내 속도가 그 관 내에서 비등이 시작될 때의 것이면 비비등 부분에 있는 액체는 느리게 움직이고 마찰로 인한 압력손실도 적다. 그러나 비등부분에서는 증기-액체 혼합물의 속도가 크고 마찰손실도 크다. 그래서 그 압력은 관 아래 부분(비-비등부분)에서 서서히 떨어지고, 속도가 큰 위 부분에서는 급격히 더 많이 떨어진다.

열전달계수(Heat transfer coefficients)

식 (14.1)로 보인 바와 같이, 열플럭스(heat flux)와 증발기 용량은 온도차와 총괄 열전달계수 두 가지의 변화에 의해 영향을 받는다. 온도차는 수증기와 비등액체의 특성에 따라 고정되고, 이것은 정압두(hydrostatic head)의 영향을 제외하고는 증발기 구조의 함수가 아니다. 한편 총괄 계수는 증발기의 설계와 조작법에 의해 강하게 영향을 받는다.

11장[식 (11.31)]에서 보인 바와 같이, 수증기와 비등액체 간의 열전달에 대한 총 저항은 5개의 개별 저항, 즉 수증기-막 저항, 관 안팎의 침적물 저항, 관벽 저항, 비등액체의 저항 등의 합이다. 총괄 계수는 총괄 저항의 역이다. 대부분의 증발기에서 응축수증기의 오염인자와 관벽 저항은 아주 작아서 증발기 계산에서 보통 무시된다. 교반식 박막-증발기에서 관벽은 어느 정도 두꺼워서 그 저항은 전체 중에서 중요한 부분이 되기도 한다.

수증기-경막계수(Steam-film coefficients) 수증기-경막계수는 응축이 막상(filmwise)일 때조차도 그 특성상 크다. 때때로 증진제를 수증기에 가하여 적상응축(dropwise condensation)을 시켜 더 높은 계수를 얻는다. 비응축성 기체의 존재는 수증기-막계수를 심하게 감소시키기 때문에 수증기실로부터 비응축성 기체를 방출시키는 장치, 그리고 수증기 압력이 대기압 이하일 때 안쪽으로 공기 유입을 방지할 수 있는 장치가 준비되어야 한다.

액-측 계수(Liquid-side coefficients) 액-측 계수는 가열 표면의 액체속도에 따라 크게 의존된다. 대부분의 증발기에 있어서, 그리고 특히 점성 물질을 다루는 증발기에 있어서, 액-측 저항은 비등액체로의 총괄 열전달속도를 조절한다. 자연순환식 증발기에서, 희박 수용액에 대한 액-측 계수는 1,500～3,000 $W/m^2 \cdot {}^\circ C$ 사이의 값이다.

하강-경막 증발기의 경우, 내부 계수는 수직면 상의 막상응축의 경우와 거의 동일하다. 보통으로 사용되는 낮은 온도강하에서 뜨거운 표면에서 약간의 기포가 형성되는데 빨리 성장되어 서로 연결되어 얇은 액체 경막을 이룬다. 그러나 이것은 열전달계수에 거의 영향이 없다. 대부분의 증발

표 14.1 증발기의 전형적인 총괄계수

유형	총괄 계수 *U* W/m²·°C	총괄 계수 *U* Btu/ft²·h·°F
Long-tube vertical evaporators		
Natural circulation	1,000–2,500	200–500
Forced circulation	2,000–5,000	400–1,000
Agitated-film evaporator, newtonian liquid, viscosity		
1 cP	2,000	400
1 P	1,500	300
100 P	600	120

은 액-증기 계면에서 일어난다.

강제순환은 끓지 않는 부분에서 고 유속이고 그리고 끓는 부분에서 강한 난류이기 때문에 높은 액-측 계수를 준다. 끓기 시작하는 지점 또는 증발기에 대한 총괄 계수를 예측하는 것은 어렵다.

총괄계수(Overall coefficient)

증발기에서 개별 경막계수를 측정하는 어려움 때문에 실험결과는 보통 총괄계수 항으로 표시된다. 이것은 비점상승에 대해 보정된 실 온도강하를 기준 한다. 물론 총괄계수는 개별계수에 미치는 것과 같은 인자로 영향을 받는다. 그러나 한 저항(즉, 액막의 저항)이 율속이면, 기타 나머지 저항에서의 큰 변화는 총괄계수에 거의 영향을 미치지 않는다.

여러 형태의 증발기에 대한 전형적인 총괄계수가 표 14.1에 주어져 있다. 이들 계수는 여러 증발기가 정상적으로 사용되는 조건에 적용된다. 침적물이 소량 축적되면 그 계수 값이 청결관 계수보다 약간 감소된다. 교반식 경막-증발기는 점도 100P인 액체에 대해서 표면상 낮은 계수 값을 주나, 이 값은 이와 동일한 점성 물질을 처리하는 다른 형의 증발기에서 얻을 수 있는 것보다는 아주 큰 것이다.

14.2.2 증발기 경제성(Evaporator economy)

증발기 계의 경제성에 미치는 주 인자는 효용관 개수이다. 적당히 설계함으로써 첫 효용관에 공급된 수증기의 기화 엔탈피는 효용관 개수에 따라 한 번 또는 그 이상 사용될 수 있다. 경제성은 또한 급송물 온도에 영향을 받는다. 만일 그 온도가 첫 효용관의 비점보다 낮다면 수증기의 기화열 일부는 가열부하(heating load)로서 소모되고 나머지가 증발시키는데 쓰인다. 만일 급송물이 비점 이상의 온도라면 동반형 플래쉬(accompanying flash)는 수증기의 기화 엔탈피에 의해 형성되는 것 이상으로 증발에 기여하게 된다. 정량적으로 증발기 경제성은 오로지 엔탈피 수지 문제이다.

단일-효용관에 대한 엔탈피수지(Enthalpy balances for single-effect evaporator)

단일-효용관에 있어서 수증기의 응축잠열은 가열표면을 통해 전달되어 비등 액으로부터 물을 기화시킨다. 두 개의 엔탈피 수지가 필요한데 하나는 수증기에 대한 것이며 다른 하나는 증기 또는 액체-측에 대한 것이다.

그림 14.5는 수직-관 단일-효용관 증발기(vertical-tube, single-effect evaporator)를 도식적으로 표시한 것이다. 수증기와 응축액 유량은 $\dot{m}_s$이고, 희박액(또는 급송액)의 유량은 $\dot{m}_f$ 이며, 농축액(thick liquor)의 유량은 $\dot{m}$이다.

응축기로 흘러가는 증기유량은 농축액으로부터의 고체 침전물이 없다고 간주하면 $\dot{m}_f - \dot{m}$ 이다. 또한 수증기의 응축온도를 T_s, 증발기 내 액체의 비등온도를 T, 급송물의 온도를 T_f라 하자.

누출 또는 비말동반이 없고 비응축성 물질의 흐름은 무시하며, 그리고 증발기로부터의 열손실은 고려할 필요가 없다고 간주한다. 수증기실(steam chest)로 들어가는 수증기는 과열될 수도 있고, 응축액은 다소 그 비점 이하로 과냉각되어 수증기실을 떠난다. 그러나 과열 및 응축액의 과냉각은 작아서 엔탈피 수지식을 세울 때 이를 무시할 수 있다. 이를 무시함에 따른 작은 오차는 수증기실로부터의 열손실을 무시함으로써 대략 보상된다.

이런 가정 하에서 수증기의 엔탈피와 응축액의 엔탈피 간의 차는 간단히 수증기의 응축잠열 λ_s이다. 수증기에 대한 엔탈피수지는 다음과 같다.

$$q_s = \dot{m}_s(H_s - H_c) = \dot{m}_s \lambda_s \quad (14.2)$$

q_s = 수증기로부터 가열표면을 통해 전달된 열전달속도
H_v = 수증기의 비 엔탈피
H_c = 응축액의 비 엔탈피
λ_s = 수증기의 응축잠열
$\dot{m}_s$ = 수증기의 질량유속

농축액에 대한 엔탈피수지는 다음과 같다.

$$q = (\dot{m}_f - \dot{m})H_v - \dot{m}_f H_f + \dot{m} H \quad (14.3)$$

q = 가열표면으로부터 액체로의 열전달속도
H_v = 증기의 비 엔탈피
H_f = 급송액(thin liquor)의 비 엔탈피
H = 농축액(thick liquor)의 비 엔탈피

열손실 없는 조건에서 수증기로부터 관으로 전달된 열량은 관으로부터 액체로 전달된 열량과 같다. 즉, $q_s = q$ 이다. 따라서, 식 (14.2)와 (14.3)을 결합하면 다음 식으로 주어

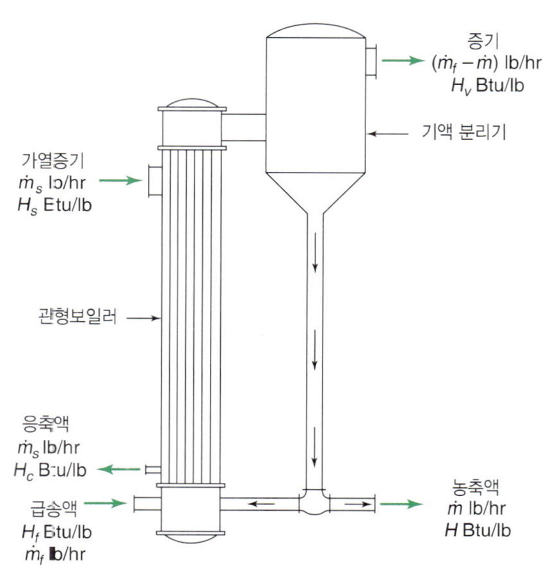

그림 14.5 증발기에 대한 물질 및 엔탈피수지

진다.

$$q = \dot{m}_s \lambda_s = (\dot{m}_f - \dot{m})H_v - \dot{m}_f H_f + \dot{m}H \tag{14.4}$$

농축액-측 엔탈피 H_v, H_f, H는 농축되어지는 용액의 특성에 의존한다. 일정한 온도에서 혼합되거나 희석될 때 대부분 용액은 큰 열 효과를 나타내지 않는다. 이런 것은 유기물 용액에서 그렇고, 많은 무기물의 중간 농축액에서 그렇다. 그래서 설탕, 소금, 제지 농축액 등은 감지할 만한 희석열이나 혼합열을 갖지 않는다. 한편 황산, 가성소다, 염화칼슘 등은 특히 농축액에서 희석할 때 상당한 열이 발생되므로, 감지할 만한 희석열을 갖고 있다. 이들 물질의 묽은 용액을 고 밀도까지 농축할 때는 이에 상당하는 열이 증발잠열에 부가해서 필요하게 된다.

희석열을 무시한 경우 엔탈피 수지(Enthalpy balance with negligible heat of dilution)

희석열을 무시한 용액의 경우 단일-효용관 증발기에 대한 엔탈피 수지는 용액의 비열과 온도로부터 계산될 수 있다. 농축액-측에서 열전달속도 q는 급송액 온도 T_f로부터 비등온도 T까지 그 온도를 변화시키기 위해 희박액(급송액)으로 전달된 열량 q_f와 증발을 수행하기 위한 열량 q_v을 포함한다. 즉,

$$q = q_f + q_v \tag{14.5}$$

급송액의 비열이 $T_f \sim T$ 범위에서 일정하다고 간주하면 q_f는,

$$q_f = \dot{m}_f c_{pf}(T - T_f) \tag{14.6}$$

또한 q_v는 다음과 같이 쓸 수 있다.

$$q_v = (\dot{m}_f - \dot{m})\lambda_v \tag{14.7}$$

c_{pf} = 희박 액의 비열
λ_v = 농축액으로부터의 증발잠열

농축액의 비점상승이 무시되면 $\lambda_v = \lambda$ (증기 공간 압력에서 물의 증발잠열)이다. 비점상승이 현저하면, 용액을 떠나는 증기는 비점상승에 해당되는 온도만큼 과열되어 λ_v는 λ와 약간 다르다. 그러나 실제로 수증기표(부록 7)로부터 직접 얻을 수 있는 λ을 사용해도 거의 충분히 정확하다.

식 (14.5)에 식 (14.6)과 (14.7)을 대입하면, 희석열을 무시했을 때 단일-효용관 증발기에 대한 엔탈피 수지의 최종 식이 된다. 즉,

$$q = \dot{m}_f c_{pf}(T - T_f) + (\dot{m}_f - \dot{m})\lambda \tag{14.8}$$

급송액(희박액)온도 T_f가 T보다 크게 되면, $\dot{m}_f c_{pf}(T - T_f)$ 항은 "음"이 되어 급송액에 의해 증발기에다 순 엔탈피(net enthalpy)를 가하게 된다. 이 항이 **플래쉬증발**(flash evaporation)이다. 증발

기에 공급되는 급송액의 온도 T_f가 T보다 낮으면, $\dot{m}_f c_{pf}(T - T_f)$ 항은 "양"이 되어 주어진 증발 과정에 대해 추가의 수증기가 이 엔탈피를 보충하는 데 필요하게 된다. 따라서 $\dot{m}_f c_{pf}(T - T_f)$ 항은 가열부하이다. 다시 식 (14.8)을 설명하면, 응축수증기로부터의 열은 (1) 용액으로부터 물을 증발하는 데 쓰이고, (2) 급송액을 그 비점까지 가열하는 데 쓰인다. 급송물이 그 비점 이상으로 증발관에 들어가면, 증발의 일부는 플래쉬에 의해 이루어진다.

희석열을 고려한 엔탈피 수지 ; 엔탈피-농도 도표 (Enthalpy balance with appreciable heat of dilution; enthalpy-concentration diagram)

농축되어질 액체의 희석열이 너무 커서 무시할 수 없게 되면, 식 (14.4)에서 사용하는 H_f 값과 H 값은 엔탈피-농도도표를 이용한다. 이 도표는 용액의 Btu/lb 또는 J/g단위로 표시되는 엔탈피가 용질의 질량분율 또는 무게 백분율로 표시된 농도에 대해 도시된다. 이 그림에 그려진 등온선은 엔탈피가 일정한 온도에서 농도의 함수임을 나타내는 것이다.

그림 14.6은 가성소다 수용액에 대한 엔탈피-농도 도표이다. 농도는 가성소다의 질량분율, 온도는 °F, 엔탈피는 Btu/lb of soln으로 표시되어 있다. 물의 엔탈피는 수증기 표와 같은 기준인 32°F(0°C) 액체 물로 기준 되였음으로, 이 그림의 엔탈피는 액체 물 또는 수증기가 계산에 나타날 때 수증기표에 나와 있는 엔탈피 값들을 사용할 수 있다. 식 (14.4)에 대입할 자료를 구하기

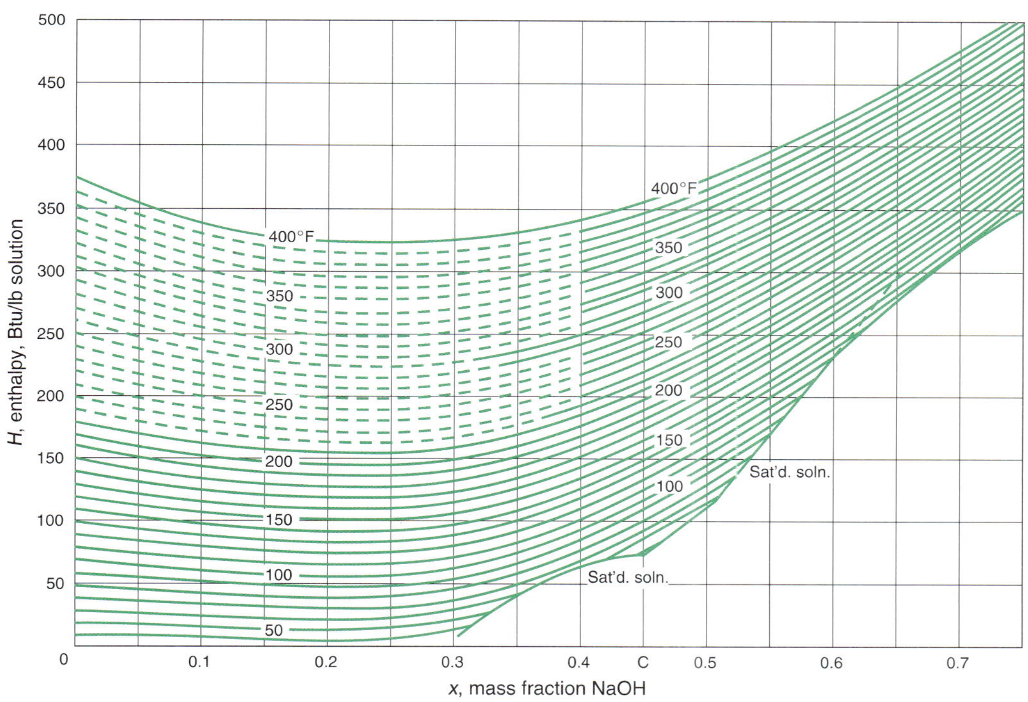

그림 14.6 NaOH-H_2O계에 대한 엔탈피-농도 도표. 점선은 외삽된 자료이다.

위해 H_f와 H값은 그림 14.6로부터 택하고, 증발관을 떠나는 증기의 엔탈피 H_v는 수증기표로부터 얻는다.

그림 14.6은 등온선이 끝나는 곡선으로 된 경계선들은 고체 상(solid phase)이 형성되는 온도 및 농도 조건을 표시한다. 고체 상은 가성소다의 여러 고체 수화물이다. 모든 단일 상 용액의 엔탈피는 이 경계선 위에 놓인다. 엔탈피-농도 도표는 또한 고체 상을 포함하는 영역까지 확장할 수도 있다.

희석열이 없는 계에 대한 엔탈피-농도 도표 상의 등온선은 직선이다. 희석열이 무시되는 용액에 대한 엔탈피-농도 도표는 물론 만들 수 있으나, 비열법(specific-heat method)의 단순성 입장에서 볼 때 이를 만들 필요가 없는 것이다.

단일-효용관 계산(Single-effect calculations)

단일-효용관 설계에 있어서 물질수지, 엔탈피 수지, 용량 식 (14.1)의 사용은 예제 14.1로 예시된다.

예제 14.1

단일-효용관에서 20% 가성소다 용액 20,000lb/h(9,070kg/h)를 50% 용액까지 농축시킨다. 수증기 압력은 20psi(1.37atm)이고, 증기 공간의 절대압력은 100mm Hg(1.93psia)이다. 총괄 계수는 250Btu/ft^2·h·°F (1,400 W/m^2·°C)로 추정된다. 급송액 온도는 100°F(37.8°C)이다. 소모된 수증기량, 경제성, 필요한 가열 표면을 계산하라.

풀이 증발된 물의 양은 물질수지로부터 알 수 있다.
급송액은 고체 lb 당 물 80/20 = 4lb를 포함한다. 증발된 양은 고체 lb 당 물 4 − 1 = 3lb이다. 즉,

$$3 \times 20{,}000 \times 0.20 = 12{,}000 \text{ lb/h}$$

농축액의 유속은 $\dot{m} = 20{,}000 - 12{,}000 = 8{,}000 \text{ lb/h}\,(3{,}630 \text{ kg/h})$이다.

수증기 소모량. 진한 가성소다 용액이어서 희석열을 무시할 수 없기 때문에, 열전달속도는 식 (14.4)와 그림 14.6으로부터 알 수 있다.

100mm Hg 압력 하에서 50% 용액의 증발온도는 다음과 같이 알 수 있다.

$$\begin{aligned} 100 \text{ mm Hg에서 물의 비점} &= 124°\text{F} \\ \text{용액의 비점} &= 197°\text{F} \\ \text{비점상승} &= 197 - 124 = 73°\text{F} \end{aligned}$$

급송액과 농축액의 엔탈피는 그림 14.6으로부터 알 수 있다.

$$\text{급송액}(20\%,\ 100°\text{F}),\ H_f = 55 \text{ Btu/lb}$$
$$\text{농축액}(50\%,\ 197°\text{F}),\ H = 221 \text{ Btu/lb}$$

증발기를 떠나는 증기 엔탈피는 수증기표로부터 알 수 있다.

197°F, 1.93psia에서 과열된 물의 엔탈피는 1,149Btu/lb인데, 이것이 식 (14.4)의 H_v값이다.

또한 H_v는, 포화 수증기 엔탈피 값(부록 7)항에 증기 열용량(부록 14)에 과열도를 곱한 항을 더하여 구할 수도 있다.

즉, 1,114 + 0.45(73) = 1,149Btu/lb 20psig(34.7psia)에서 수증기의 증발 잠열 λ_s는 부록 7로부터 939Btu/lb이다.

이제 열전달속도와 수증기 소모량은 식 (14.4)로 부터 알 수 있다. 즉,

$$q = (20{,}000 - 8{,}000)(1{,}149) + 8{,}000 \times 221 - 20{,}000 \times 55 = 14{,}456{,}000 \text{ Btu/h}$$

$$\dot{m}_s = \frac{14{,}456{,}000}{939} = 15{,}400 \text{ lb/h} (6{,}990 \text{ kg/h})$$

경제성. 경제성은 12,000/15,400 = 0.78이다.

가열표면. 수증기의 응축온도는 259°F이다. 필요한 가열면적은 다음과 같다.

$$A = \frac{14{,}456{,}000}{250(259 - 197)} = 930 \text{ ft}^2 (86.4 \text{ m}^2)$$

다중-효용관 증발기(Multiple-effect evaporators)

그림 14.7은 3중-효용관 계를 이루기 위해 함께 연결된 3개의 자연순환식 장관형 증발기를 표시한 것이다. 서로 연결되어 있어서 한 효용관으로부터 나온 증기가 다음 것의 가열매체로서 작용한다. 응축기와 공기 이젝터(air ejector)는 직렬로 된 세 번째 효용관 내에 진공을 만들어서 그 계로부터 나오는 비응축성 성분을 제거한다. 다중-효용관 중에서 첫 효용관은 생수증기(raw steam)가 공급되며, 증기 공간압력이 가장 높은 효용관이다. 마지막 효용관은 증기 공간 압력이 최소이다. 이런 방법으로 수증기와 응축기 사이의 압력차는 다중-효용관 계에서 두 개 또는 그 이상의 효용관에

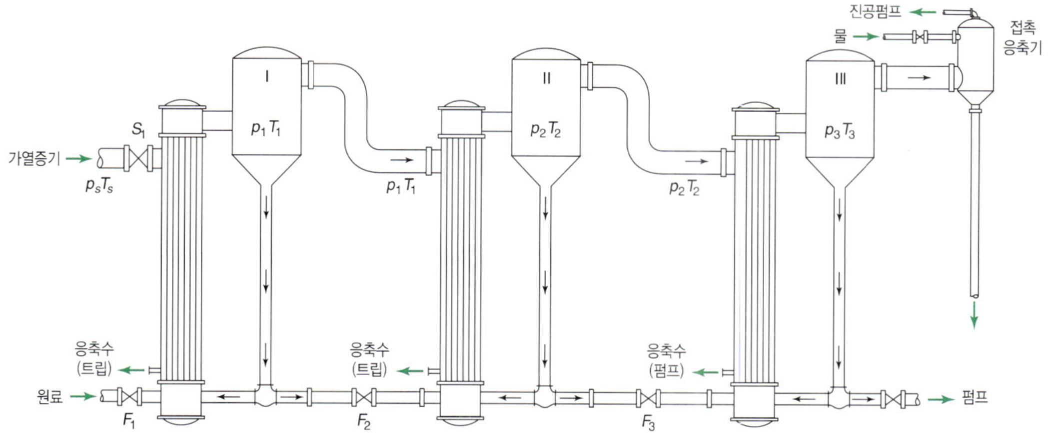

그림 14.7 삼중효용관 증발기 : I, II, III, 첫, 둘째, 셋째 효용관 : F_1, F_2, F_3, 액체조절 발브 : S_1, 수증기 발브 : p_s, p_1, p_2, p_3, 압력 : T_s, T_1, T_2, T_3, 온도

걸쳐 분산된다. 각 효용관 내의 압력은 수증기를 자기에게 보내준 효용관 압력보다는 낮고, 그리고 자기로부터 공급받는 효용관 압력보다는 더 높다. 각 효용관은 각자 단일-효용관 증발기로서 작용하고, 각각 그 효용관 내의 압력차에 상당하는 가열표면에 걸친 온도차가 있게 된다. 이와 같은 각 단일-효용관에 대한 설명이 다중-효용관에도 적용된다. 다중-효용관 계에서 그 증발기의 직렬식 배열은 상호 연결하는 관의 문제이지 각 증발기의 구조적 문제가 아니다. 효용관의 숫자 매김(numbering)은 액체가 공급되는 순서에 무관하다. 그림 14.7에서는 희박 급송액이 부분적으로 농축되는 첫 효용관으로 들어가고, 이 용액이 다음 효용관으로 들어가 추가로 농축되고, 그 다음 세 번째 효용관으로 들어가 최종 농축액이 된다. 이 농축액은 마지막 세 번째 효용관으로부터 배출된다.

정상조업 시 유량과 증발속도는 일정해서 어떤 효용관에서 용매나 용질이 축적되지도 감소되지도 않는다. 또한 급송액의 온도, 농도, 유속이 고정되고, 유입 수증기 압력과 응축기 내의 압력이 안정되며, 그리고 각 효용관 내의 모든 액체 준위가 일정하게 유지된다. 단지 농축액의 농도만이 급송액의 유량변화에 따라 변할 수 있다. 만일 농축액이 너무 묽어지면 첫 효용관으로 들어가는 공급속도를 감소시키고, 농축액이 너무 농축되면 공급속도를 증가시킨다. 결국 마지막 효용관과 농축액 배출물의 농도는 원하는 수준에서 새로운 정상상태에 도달할 것이다.

첫 효용관에서 가열표면은 단위시간 당 다음 식으로 주어진 열량만큼 통과된다.

$$q_1 = A_1 U_1 \Delta T_1 \tag{14.9}$$

급송액을 그 비점까지 가열하는 데 소요되는 현열의 일부가 우선 무시된다면, 실제로 이 열 모두가 첫 효용관을 떠나는 증기의 잠열로서 나타나야 하는 결과가 된다. 두 번째 효용관을 떠나는 응축액의 온도는 첫 효용관 내의 비등액체를 떠나는 증기의 온도 T_1에 매우 가깝다. 그러므로 정상조업에서 실제로 첫 효용관에서 증기를 발생시키는 데 쓰인 열은 그 증기가 둘째 효용관에서 응축될 때 모두 내놓게 된다. 그러나 둘째 효용관에 전달된 열량은 다음 식으로 표시된다.

$$q_2 = A_2 U_2 \Delta_2 \tag{14.10}$$

이제 막 보인 바와 같이, q_1과 q_2는 거의 같으므로,

$$A_1 U_1 \Delta T_1 = A_2 U_2 \Delta T_2 \tag{14.11}$$

이와 같은 이유를 확장시키면 대략 다음과 같음을 알 수 있다.

$$A_1 U_1 \Delta T_1 = A_2 U_2 \Delta T_2 = A_3 U_3 \Delta T_3 \tag{14.12}$$

식 (14.11)과 (14.12)는 단지 근사 식일 뿐이고, 이 식들은 추가적인 항(이 식에 나타난 양에 비해 비교적 적지만)으로 보정되어야만 함을 이해해야 한다.

실제로 다중-효용관 증발기 중에서 각 효용관의 가열면적은 동일하다. 따라서 식 (14.12)로부터 $q_1 = q_2 = q_3 = q$ 임으로 다음과 같이 된다.

$$U_1 \Delta T_1 = U_2 \Delta T_2 = U_3 \Delta T_3 = \frac{q}{A} \tag{14.13}$$

이 관계로부터 다중-효용관에서 온도차는 대략 열전달계수에 역비례하는 결과가 된다.

예제 14.2

3중-효용관 증발기는 비점상승이 거의 없는 액체를 농축한다. 첫 효용관으로 들어가는 수증기 온도는 108°C이고, 마지막 효용관에서 용액의 비점은 52°C이다. 총괄 열전달계수(W/m^2·°C)는 첫째 효용관에서 2,500, 둘째 효용관에서 2,000, 세 번째 효용관에서 1,500이다. 첫 효용관과 둘째 효용관 내의 용액은 몇 도에서 끓기 시작하는가?

풀이 총 온도강하는 108 − 52 = 56°C이다.

식 (14.13)으로 보인 바와 같이, 여러 개의 효용관에서 온도강하는 대략 그 계수에 역비례 한다. 따라서, 예로

$$\Delta T_1 = \frac{\frac{1}{2,500}}{\frac{1}{2,500} + \frac{1}{2,000} + \frac{1}{1,500}} 56 = 14.3°\text{C}$$

같은 방법으로, $\Delta T_2 = 17.9°\text{C}$, $\Delta T_3 = 23.8°\text{C}$이다.

결과적으로 첫 효용관에서 비점은 108 − 14.3 = 93.7°C이고, 둘째 효용관에서 비점은 75.8°C이다.

급송 방법(Methods of feeding)

다중-효용관 증발기에 급송하는 보통 방법은 첫 효용관에 희박액을 급송하고, 순서대로 다음 효용관으로 보낸다. 그림 14.8(a)에 보인 이 방법을 **순류식 급송**(forward feed)이라 한다. 액체의 농도는 첫 효용관으로부터 마지막 것으로 가면서 증가된다. 이러한 액체흐름 형태는 가장 간단한 것이다. 이때 첫 효용관은 때로 대기압 이상이기 때문에 첫 효용관에 희박액을 공급하는 데 펌프가 필요하고, 마지막 효용관의 농축액을 배출시키는 데도 펌프가 필요하게 된다. 그러나 흐름방향으로 압력이 감소되기 때문에 한 효용관에서 다음 효용관으로의 이송에는 펌프가 필요 없고, 이송선에 조절 밸브가 필요하게 된다.

다른 보통의 방법이 **역류식 급송**(backward feed)이다. 이 방법은 그림 14.8(b)에 표시된 바와 같이 묽은 용액이 마지막 효용관에 공급되어, 연속적으로 효용관을 거쳐 첫 효용관까지 펌핑된다. 이 방법은 저압에서 고압으로 액체가 흐르기 때문에, 각 효용관 사이에 농축액 펌프가 필요하게 된다. 역류식 급송법은 때로 농축액이 점성이 클 때 순류식 급송법보다 더 큰 용량을 가지게 된다. 그러나 급송액이 차가우면 순류식 급송법보다 낮은 경제성을 주게 된다.

또 다른 급송법이 가끔 쓰인다. **혼합류식 급송**(mixed feed)에서는 희박액이 중간 효용관으로 들

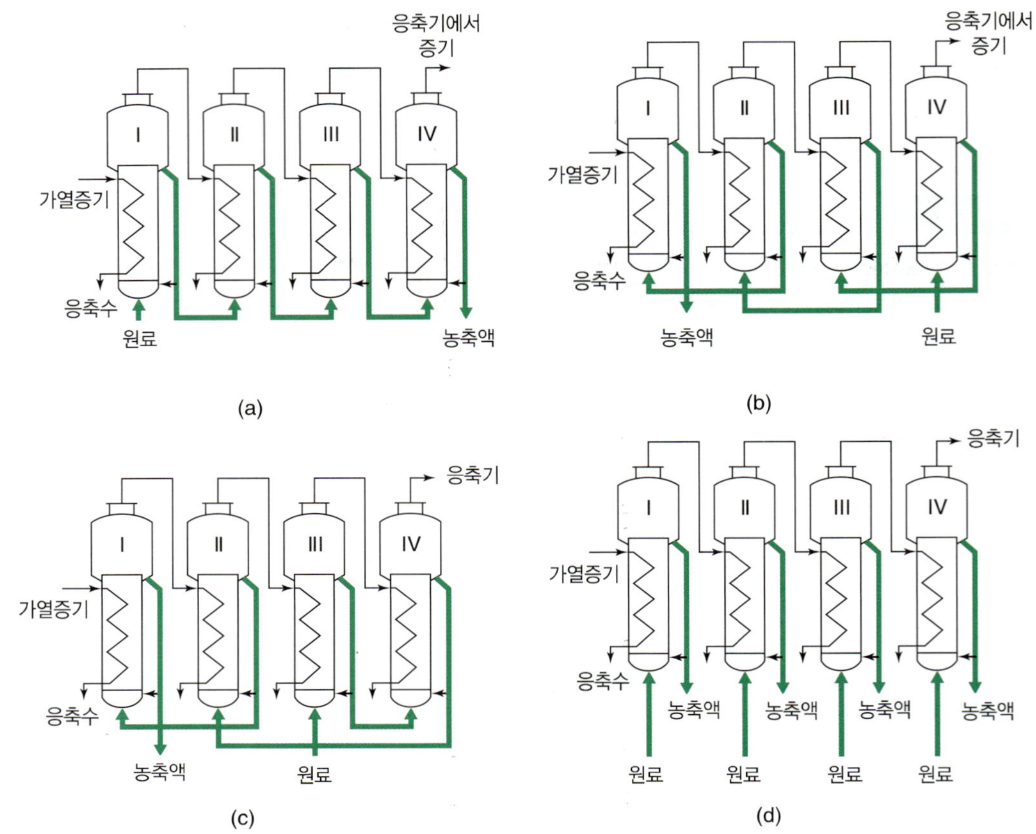

그림 14.8 다중-효용관 증발기 내 액체 흐름 형태 : (a) 순류식 급송, (b) 역류식 급송, (c) 혼합류식 급송, (d) 병류식 급송(모액 흐름 ; —— 수증기 및 증기흐름)

어가 직렬 배열의 끝까지는 순류식 급송으로 흐르고, 그 다음 그림 14.8(c)에 보인 바와 같이 최종 농도에 해당되는 첫 효용관으로 역으로 수송된다. 이것은 역류식 급송에서 필요했던 몇 개의 펌프가 제거되고, 최종 증발이 가장 높은 온도에서 일어나게 된다. 결정과 모액 슬러리(slurry)를 직접 배출시키는 결정화 증발기에서는 급송물이 각 효용관에 직접 투입되는데 그림 14.8(d)에 표시된 바와 같이 이를 **병류식 급송**(parallel feed)이라 한다. 이 병류식 급송에서는 한 효용관에서 다른 효용관으로의 액체 이송이 없다.

다중-효용관 증발기의 용량과 경제성 (Capacity and economy of multiple-effect evaporator)

다중-효용관의 사용으로 인한 경제성의 증가는 감소된 용량에 대한 보상비용으로서 얻어진다. 가열표면을 수 배 증가시키면 증발 용량은 증가된다고 생각될 수 있으나, 실제는 그렇지 않다. 다중-효용관의 총 용량은 보통 그 효용관들 중의 하나와 동일한 가열표면을 갖고 동일한 열적 조건

하에서 조작되는 단일-증발관의 용량보다 크지 않으며, 현저한 비점상승이 있을 때는 상당히 더 적을 수도 있다. 비점상승이 무시될 때 유효 총괄 ΔT는 각 효용관에서의 ΔT합과 같고, N-효용관 증발기에서 **단위표면적 당** 증발된 물의 양은 대략 $1/N$이고 이는 단일 효용관의 것과 같다. 이것은 다음 해석으로 알 수 있다.

가열부하(heating load) 및 희석열이 무시되면, 증발기의 용량은 열전달속도에 정비례한다. 그림 14.7의 3개 효용관에서 전달된 열량은 다음 식으로 주어진다.

$$q_1 = U_1 A_1 \Delta T_1 \quad q_2 = U_2 A_2 \Delta T_2 \quad q_3 = U_3 A_3 \Delta T_3 \tag{14.14}$$

총 용량은 이 식들의 합인 총 열전달속도 q_T에 비례한다. 즉,

$$q_T = q_1 + q_2 + q_3 = U_1 A_1 \Delta T_1 + U_2 A_2 \Delta T_2 + U_3 A_3 \Delta T_3 \tag{14.15}$$

각 효용관에서 표면적 A 및 총괄 계수 U가 같고 그리고 비점상승이 무시된다고 가정하자. 그러면 식 (14.15)는 다음과 같이 쓰일 수 있다.

$$q_T = UA(\Delta T_1 + \Delta T_2 + \Delta T_3) = UA\Delta T \tag{14.16}$$

여기서, ΔT는 첫 효용관의 수증기(steam)와 마지막 효용관의 증기(vapor) 간의 총 온도강하이다.

이제 표면적이 A인 단일-효용관 증발기가 동일한 총 온도강하로 조작된다고 가상하자. 총괄계수가 3중-효용관 증발기의 각 효용관에서의 것과 동일하다면, 단일-효용관에서 열전달속도는 다음과 같다.

$$q_T = UA\Delta T$$

이것은 다중-효용관 증발기에 대한 식과 완전히 같다. 이것은 총괄계수가 같고, 그 용량이 다중-효용관 중의 각 효용관의 것과 같은 면적을 가진 단일-효용관의 것보다 크지 않으면, 아주 많은 효용관이 사용되었든 간에 상관없음을 뜻한다. 비점상승은 다중-효용관 증발기의 용량을 그에 상당한 단일-효용관의 것보다 적게 만드는 경향이 있다. 이를 상쇄하는 것은 다중-효용관 증발기에서 총괄계수의 변화를 가져오게 하는 것이다. 예를 들면, 50% NaOH 용액을 생성하는 단일-효용관에서는 점성 액체에 대한 총괄 계수 U는 작다. 3중-효용관 증발기에서는 최종 효용관에서 그 계수는 단일-효용관에서의 총괄 계수와 같으나, NaOH 농도가 더 낮은 다른 효용관에서 그 총괄 계수는 더 큰 것이다. 따라서 3중-효용관 증발기에 대한 평균 총괄 계수는 단일-효용관의 것보다 더 크게 된다. 어떤 경우에는 이것이 비점상승 효과를 가리게 되고, 그리고 다중-효용관 증발기의 용량이 단일-효용관의 것보다 실제로 더 크게 된다.

다중-효용관 계산(Multiple-effect calculations)

다중-효용관 설계에 있어서 보통 원하는 결과는 소모된 수증기량, 소요 가열면적, 각 효용관에서 대략의 온도, 마지막 효용관을 떠나는 증기량 등이다. 단일-효용관에서와 같이 이들 양은 물질 수지, 엔탈피 수지, 용량 식 (14.1)로부터 구한다. 그러나 다중-효용관 증발기에서 시행오차법이 직접 대수해(algebraic solution) 대신에 쓰인다.

예로서, 3중-효용관 증발기를 고려해 보자. 7개의 식을 세울 수 있다. 즉 각 효용관에 대한 엔탈피 수지, 각 효용관에 대한 용량 식, 알고 있는 총 증발량 또는 희박액과 농축액과의 차등이다. 각 효용관의 가열표면이 동일하다면, 이들 식 중에서 7개의 미지수가 남는다. 즉 (1) 첫 효용관으로 들어가는 수증기 유속, (2)~(4) 각 효용관으로부터 나오는 유속, (5) 첫 효용관내의 비등온도, (6) 둘째 효용관 내의 비등온도, (7) 각 효용관 당 가열면적 등이다. 이 7개 미지수에 대해 이 식들을 풀 수 있으나, 그 방법은 지루하고 서로 관련되어 있다. 또 다른 계산법은 다음과 같다.

1. 첫 번째와 두 번째 효용관의 비점을 가정한다.
2. 엔탈피 수지로부터 수증기 유속과 각 효용관 사이의 액체 유속을 구한다.
3. 용량 식으로부터 각 효용관에 필요한 가열면적을 계산한다.
4. 이렇게 구한 가열면적이 서로 같지 않으면, 새로운 비점을 추정하여 가열면적이 서로 같을 때까지 2, 3항을 반복한다.

실제로 이러한 계산은 컴퓨터로 수행된다. 전형적 계산 결과는 다음 예제와 같다.

예제 14.3

3중-효용관 강제-순환식 증발기에 180°F(82.2°C), 10% NaOH용액 60,000lb/h(27,215kg/h)가 공급된다. 농축액은 50% NaOH용액이다. 50psia(3.43atm_{abs})의 포화 수증기가 사용되고, 세 번째 효용관에서 나오는 증기의 응축온도는 100°F(37.8°C)이다. 급송 순서는 Ⅱ, Ⅲ, Ⅰ이다. 복사와 응축액의 과냉각은 무시할 수 있다. 비점상승을 보정한 총괄 계수는 표 14.2에 주어져 있다. 다음을 계산하라. (a) 가열표면을 모두 같다고 간주하여 각 효용관의 소요 가열면적, (b) 수증기 소모량, (c) 수증기 경제성.

표 14.2 예제 14.2의 자료

Effect	Overall coefficient	
	Btu/ft^2·h·°F	W/m^2·°C
I	700	3,970
II	1,000	5,680
III	800	4,540

풀이 총 증발량은 고체의 손실 없이 증발기를 통과한다고 가정하고, 총괄 물질지수로부터 계산할 수 있다(표 14.3).

표 14.3 예제 14.3의 자료

Material	Flow rate, lb/h Total	Solid	Water
Feed solution	60,000	6,000	54,000
Thick liquor	12,000	6,000	6,000
Water evaporated	48,000		48,000

표 14.4 예제 14.2의 온도, 엔탈피 및 유속

Stream	Temperature °F	Saturation temperature, °F	Concentration, weight fraction	Enthalpy, Btu/lb	Flow rate, lb/h
Steam	281	281		1,174	19,370
Feed to I	113		0.228	68	26,300
Vapor from I	245	170		1,170	14,300
Condensate from I	281			249	19,370
Thick liquor from I	246		0.50	249	12,000
Raw feed to II	180		0.10	135	60,000
Vapor from II	149	142		1,126	16,340
Liquid from II	149		0.137	101	43,660
Condensate from II	170			138	14,300
Vapor from III	114	100		1,111	17,360
Condensate from III	142			110	16,340

온도, 엔탈피, 흐름속도 등의 반복 계산치를 표 14.4에 표시했다.

주의할 것은 I로 들어가는 수증기 공급량은 I로부터 나오는 응축수가 되고, I로부터 오는 수증기는 II로부터 나오는 응축수가 되고, II로부터 나오는 수증기는 III으로부터 나오는 응축수가 되는 것이다. 이로부터 얻은 해답은 다음과 같다.

(a) 효용관 당 면적 : 719 ft^2($66.8\ m^2$)

(b) 수증기 소모량 : 19,370 lb/h(8,786 kg/h)

(c) 경제성 : $48{,}000/19{,}370 = 2.48$

연습 문제

14.1 유기 콜로이드용액이 수직-관 증발기에서 15%로부터 50% solid까지 농축된다. 그 용액의 비점상승은 무시되고, 급송물의 비열은 0.93이다. $0.8atm_{abs}$의 포화수증기가 가능하고, 응축기 내의 압력은 $100mmHg_{abs}$이다. 급송물은 15°C로 들어간다. 총괄 계수가 $1,700W/m^2\cdot°C$이다. 증발기는 물 25,000kg/h를 증발시켜야 한다. 소요면적(m^2)은 얼마인가? 그리고 수증기 소모량(kg/h)은 얼마인가?

답 : (a) $247m^2$ (b) 7.872kg/s or 28,340kg/h

14.2 강제-순환식 증발기에서 3atm 수증기를 사용해서 44% NaOH용액 60,000kg/h를 65%까지 농축시킨다. 급송 온도와 응축 온도도 모두 40°C이다. 급송액 밀도는 $1,450kg/m^3$이다. 총괄 열전달계수가 $2,000W/m^2\cdot°C$일 때, (a) 소요 수증기량(kg/h단위로) (b) 소요 열전달 면적을 계산하라.

답 : (a) 71,900lb/h or 32,625kg/h (b) $281m^2$

14.3 지름 100mm, 길이 6m의 수직-관으로 된 단-통과 하강-경막 증발기를 이용하여 묽은 수용액을 농축하려 한다. 관 당 유속은 3,000kg/h이고, 초기 비점에서 용액의 점도는 2.5cP이다. (a) 아무런 증발이 일어나지 않았을 때 관 안의 액체의 평균 체류시간을 구하라. (b) ΔT가 90°C이고, 총괄 열전달계수가 $3,500W/m^2\cdot°C$일 때 얼마의 물이(분율로) 증발되는가? (c) 동일 한 증발 분율이 동일한 크기의 상향-흐름식 증발기에서 이루어진다면, 평균 체류시간은 얼마인가(관 안의 유체는 2/3액체와 1/3증기라 가정한다)?

답 : (a) t = 4.0s (b) 0.263kg/s or 947kg/h (31.6%) (c) 44.7s

14.4 내경 120mm 교반식 박막-증발기 내에 400r/min로 회전하는 4-날 교반기가 들어 있다. 여기서 평균 점도는 100cP인 고분자용액으로부터 이염화에틸렌을 증발시킨다. 액막 특성 치는 $k = 0.15Btu/h\cdot ft\cdot°F$, $\rho = 60lb/ft^3$, $c_p = 0.3Btu/lb\cdot°F$일 때 교반되는 액막의 열전달계수를 구하라.

답 : (a) $574\ Btu/h\cdot ft^2\cdot°F$

14.5 3중-효용관 증발기를 이용하여 25% NaOH 공급액으로부터 50% NaOH용액을 생산하려고 한다 수증기는 320°F의 것이 가능하고, 마지막 단에서 나오는 증기는 120°F에서 응축된다. 역류식 급송이 된다. (a) 효용관에서 같은 양의 물이 제거된다면 중간 효용관의 농도, 각 효용관에서 비점상승 및 열전달을 위한 가용성 실 온도차(net temp. difference)는 얼마인가?

답 : T_1 = 224°F, T_2 = 163°F, T_3 = 120°F

14.6 각 효용관의 가열표면이 $140m^2$인 3중-효용관 표준형 수직-관 증발기를 4% 고체 용액을 35%까지 농축하는 데 사용하려고 한다. 이 용액은 비점상승이 무시된다. 순류식 공급이 된다. 수증기는 120 °C의 것이 가능하고, 마지막 효용관의 진공은 40°C 비점에 상당된다. 총괄계수($W/m^2\cdot°C$로)는 Ⅰ에서 2,950, Ⅱ에서 2,670, Ⅲ에서 1,360이고, 모든 비열은 4.2J/g·°C로 쓸 수 있으며, 복사는 무시한다. 응축액은 그 응축온도로 나간다. 급송물은 90°C이다. (a)시간당 농축될 수 있는 4% 모액의 kg수, (b) 수증기 소모량(kg/h로)을 구하라.

답 : (a) 41.920kg/h (b) 12,800kg/h

14.7 10% 콜로이드 용액이 하강-경막 응축기(falling-film evaporator)에서 20%까지 농축된다. 이 농축기는 직경 50mm, 길이 8m 관들로 구성되었다. 공급속도는 관 당 140kg/h이고, 급송액 온도는 그 응축기 압력에서 초기 비등온도인 65°C이다. 10% 고체를 함유한 용액의 점도는 물 점도의 2배이고, 20%의 것은 물의 4.5배이다. (a) 관 상부에서 내부 경막계수 h_i를 추산하라. (b) U의 평균치가 초기 h_i의 절반이라고 가정하고, 관 당 증발속도를 추산하라. 그 용액이 그 관 한번 통과로 20%까지 농축될 수 있는가?

답 : (a) h_i = 3.7×10^3W/m^2·K (b) Q/λ = 125kg/h (c) 70kg/h

14.8 5개 효용관을 가진 다중-효용관 증발기가 4% 고체 함유 용액으로부터 20% 용액까지 농축하는 데 이용된다. 비점상승은 그 농도에 비례하고, 20% 고체 함유 용액의 것은 25°F이다. (a) 각 단에서 같은 양의 물이 증발된다고 가정하고, 각 효용관에서 농도와 비점상승을 결정하라. (b) 만일 270°F의 증기가 가능하고 마지막 효용관이 100°F의 포화증기를 생성한다면, 비점상승에 의해 가능온도기력(available temperature driving force)이 얼마나 감소되는가?

답 : (a) No1 = 5.95°F, No2 = 7.4°F, No3 = 9.6°F, No4 = 13.9°F, No5 = 25°F (b) 108°F

14.9 3중 효용관의 첫 증발관에 들어가는 수증기의 온도는 110°C맨 끝 효용관에서 용액의 비점은 53°C이다. 각 효용관의 총괄 열전달계수 (W/m^2·°C)가 2,500, 2,000, 1,000일 때 2효용관액의 끓는점은 약 몇 °C인가?(단, 비점 상승이 매우 작은 액체를 농축하는 경우이다.) **(화공기사 기출)**

① 73 ② 83 ③ 93 ④ 103

답 ②

14.10 수직관식 증발관이 수평관식 증발관보다 좋은 이유가 아닌 것은? **(화공기사 기출)**

① 열전달 계수가 크다.
② 관석이 생성될 경우 가열관 청소가 용이하다.
③ 증기 중의 비응축 기체의 탈기효율이 좋다.
④ 증발효과가 좋다.

답 ③

14.11 어떤 증발관에서 1wt%의 용질을 가진 용액을 10,000kg/h로 급송하여 2wt%까지 농축한다. 가열기에 들어가는 수증기량은 5,620kg/h, 열량은 143kcal/kg이다. 이때 농축액의 비점은 102°C, 가열수증기의 포화온도는 112°C이다. 총괄열전달계수가 500kcal/m^2·h·°C일 때 가열면적은 얼마인가? **(화공기사 기출)**

① 281m^2 ② 562m^2 ③ 375m^2 ④ 1124m^2

답 ②

물질전달 및 그 응용

Mass Transfer and Its Applications

혼합물 중에 있는 성분들을 분리하는 분리조작은 물질을 하나의 균일상으로부터 다른 균일상으로 전달하는 데 기초를 두고 있다. 순수한 기계적 분리조작과는 달리 이러한 분리방법들은 밀도와 입자 크기의 차이를 이용하는 것이 아니라, 증기압, 용해도 또는 확산도의 차이를 이용한다. 열전달의 구동력이 온도차이나 온도 기울기인 것과 마찬가지로 물질전달의 구동력은 농도차이나 활동도 차이이다. **물질전달조작**(mass-transfer operations)에는 증류, 기체흡수, 탈습, 흡착, 액체추출, 침출, 결정화, 막분리 등이 있다.

증류(distillation)는 혼화성이면서 휘발성인 물질로 구성된 액체혼합물을 기화시켜 개개의 성분으로 분리하는 것이다. 알코올 수용액으로부터 알코올 분리, 액체공기를 질소, 산소 및 아르곤으로 분리, 그리고 원유를 휘발유, 등유, 연료유 및 윤활유 원료 등으로 분리하는 것 등은 증류의 예들이다.

기체흡수(gas absorption)는 가용성 기체가 불용성 기체와 섞여 있는 혼합물로부터 용질을 다소 용해시킬 수 있는 액체에 흡수시키는 분리법이다. 암모니아와 공기가 섞여 있는 혼합물에서 물로 암모니아를 세척하는 것이 예이다. 결국 용질(암모니아)은 증류에 의해서 액체로부터 회수되며 흡수에 사용된 액체(용매)는 버리던가 다시 사용하게 된다. 용질이 액체용매로부터 기상으로 전달되는 조작을 **탈착**(desorption) 또는 **회수**(stripping)라고 한다.

탈습(dehumidification)은 불활성기체(inert gas)나 운반기체(carrier gas)에 혼합되어 있는 순수 액체가 응축에 의해 부분적으로 제거하는 분리법이다. 일반적으로 운반기체는 사실상 액체에 불용성이다. 차가운 표면상에서 응축에 의해 공기중의 수분을 제거하거나 질소 기류 중에 섞여 있는 사염화탄소와 같은 유기물 증기를 응축시키는 것 등은 탈습의 예들이다.

증습(humidification)은 물질의 전달방향이 액상으로부터 기상으로 이동한다. 고체의 **건조**(drying)에서 액체(보통은 물)가 뜨겁고 건조한 기체(보통은 공기)에 의해 분리되며 이에 따라 기상의 증습을 겸하게 된다.

막분리(membrane separations)에는 기체분리, 역삼투압(reverse osmosis) 및 한외여과(ultrafiltration) 등이 있으며, 액체나 기체의 한 성분이 다른 성분들 보다 쉽게 선택적으로 막을 통하여 나간다. 기본 구동력은 열역학적인 활동도의 차이이지만 많은 경우에 구동력은 농도나 분압의 차이로 표시할 수 있다.

흡착(adsorption)은 용질이 자기와 특별한 친화력이 있는 표면을 가진 고체흡착제와 접촉하여 액체나 기체로부터 제거하는 분리법이다.

액체추출(liquid extraction)을 **용매추출**이라고 하는데 혼합물을 용매로 처리하여 혼합물 속의 한 성분 또는 몇 개의 성분을 선택적으로 용해시킨다. 처리된 혼합물을 **추출잔류물**(raffinate)이라 하며, 용매가 많은 상을 **추출물**(extract)이라 한다. 추출잔류물에서 추출물로 전달된 성분은 **용질**이며 추출잔류물에 남아 있는 성분은 **희석제**(diluent)이다. 추출기를 나가는 추출물 속의 용매는 회수해서 재사용 하는 것이 보통이다. 고체추출 또는 **침출**(leaching)에서는 가용성 물질이 액체용매에 의해 불용성 고체와 섞여 있는 혼합물로부터 용해된다. 용해된 물질, 즉 용질은 결정화 또는 증발에 의해 회수될 수 있다.

결정화(crystallization)는 용융상태나 용액으로부터 용질을 분리하고 불순물을 제거하여 좋은 품질의 훌륭하고 균일한 결정상태의 물질을 얻는 데 이용되고 있다.

물질전달의 정량적 계산은 물질 및 에너지 수지, 평형 및 열과 물질전달 속도에 근거로 한다.

*L*상과 *V*상(*L* and *V* phase)

어느 조작에서나 밀도가 큰 흐름을 *L*상(L phase) 그리고 밀도가 작은 흐름을 *V*상(V phase)이라고 한다. 한 가지 예외로서 액체추출의 경우는 추잔물이 추출물보다 가볍더라도 추잔물은 언제나 *L*상으로 표시하고 추출물은 *V*상으로 표기한다. 건조에서 *L*상은 고체와 고체에 묻어 있는 액체로 된 흐름을 뜻한다. 표 A는 여러 조작에서 어떻게 흐름들의 나타낸 것이다.

확산공정과 평형단(Diffusional and processes equilibrium stages)

물질전달 공정은 확산공정과 평형단(equilibriumstage)의 개념을 이용하는데 장치의 종류에 따라 결

표 A 물질전달조작에서 흐름들의 용어

조작	*V* 상	*L* 상
Distillation	Vapor	Liquid
Gas absorption, dehumidifigcation	Gas	Liquid
Membrane separations	Gas or liquid	Gas or liquid
Adsorption	Gas or liquid	Solid
Liquid extraction	Extract	Raffinate
Leaching	Liquid	Solid
Crystallization	Mother liquor	Crystals
Drying	Gas (usually air)	Wet solid

정된다. 기체흡수, 액-액 추출, 막분리공정, 흡착 및 충전탑등에서는 확산공정 모델을, 증류, 침출 및 액체추출이 판형 탑, 확산밧데리 및 혼합침강기등의 장치에서는 평형단 모델로 물질전달을 한다.

상평형(Phase equilibria)

두 개의 상이 평형에 도달하면 물질전달이 일어나지 않으며, 물질전달속도는 평형이 아닌 경우에 구동력에 비례한다. 물질전달에서는 거의 모든 경우에 두 개의 상이 관련되며, 두 개의 고상(solid phase)을 제외한 모든 상의 조합이 있을 수 있다. 벌크 상에서 제어변수는 온도, 압력 및 농도와 같은 세기성질(시강특성; intensive property)이고, 평형 데이터는 표, 식 또는 도표로 표시한다.

평형의 분류(Classification of equilibria)

평형을 분류하고 특정한 경우에서의 독립변수(independent variables) 또는 자유도(degrees of freedom)의 수를 알기 위해서는 상률(phase rule)이 유용하다. 즉,

$$F = C - P + 2$$

F = 자유도의 수

C = 성분의 수

P = 상의 수

물질전달에서 사용하는 평형을 상률로 해석하면 자유도의 수, 또는 가변도 F는 온도, 압력 및 농도와 같이 계의 평형상태를 정의하기 위해서 고정되어야 하는 독립적 세기변수의 수이다. F보다도 작은 수의 변수가 고정되면 무한히 많은 상태의 가정들이 성립된다. 너무 많은 것을 임의로 선택하면 지나치게 많은 계가 성립된다. 보통 생각할 수 있는 단지 두 개의 상만이 있다면 F = C이며, 따라서 두 개의 성분이 있는 계에서는 F = 2이다. 압력을 고정시키면 오직 한 개의 변수, 즉 예를 들어 액상의 농도만이 독립적으로 변할 수 있다. 즉, 온도와 기상의 조성(만일 두 개의 상이 액체와 기체라면)은 저절로 정해진다. 이런 계에서 평형 데이터는 일정한 압력에서 적용

되는 온도-농도 도표로 나타내거나, V상의 농도 y_e를 L상의 농도 x_e에 대해 도시하여 표시한다. 이와 같은 도시(plot)를 평형곡선(equilibrium curve)이라 한다. 두 개 이상의 성분이 있는 경우에는 평형관계를 단일곡선으로 표시할 수 없다.

CHAPTER 15

확산과 물질전달 원리

Principles of Diffusion and Mass Transfer

확산(diffusion)이란 혼합물을 통해 각 성분이 물리적 자극에 영향을 받아 이동하는 것이다. 확산의 가장 보편적인 원인은 확산 성분의 농도기울기에 있다. 농도기울기는 농도가 같아지게끔 농도기울기를 없애는 방향으로 성분을 이동시킨다. 확산 성분을 고농도 쪽에 계속해서 공급하고 저농도 쪽에서 제거하면서 농도기울기를 유지하면, 확산 성분은 정상상태의 흐름을 갖게 된다. 이것은 여러 물질전달 조작의 특성이다. 예를 들면, 충전탑에서 물에 흡수시켜 기체로부터 암모니아를 제거하는 경우, 충전탑의 각 지점에서 기상의 농도기울기는 암모니아를 기-액 계면으로 확산시켜 물에 용해하게 하고 액상의 농도기울기는 암모니아를 액체 본체 쪽으로 확산시킨다. 액체에서 용질을 탈거시키는 경우에는 농도기울기가 반대가 된다. 즉 확산에 의해 벌크 액체에서 계면으로 용질을 가져와서 기상으로 이동시킨다. 침출이나 흡수 같은 다른 물질전달 조작에서는 비정상상태의 확산이 일어나며 평형에 가까워짐에 따라 농도구배와 플럭스(flux)가 시간에 따라 줄어든다.

확산의 일반적 원인이 농도기울기이긴 하지만, 역삼투압에서와 같은 활동도 기울기, 압력기울기, 온도기울기, 또는 원심분리기에서와 같은 외력장에 의해서도 확산이 일어날 수 있다. 온도에 의해 생긴 분자확산은 **열확산**(thermal diffusion)이며, 외력장에 의한 것은 **강제확산**(forced diffusion)이다.

확산은 고체나 유체의 정체층을 통한 분자이동에 한정되지 않고 다른 조성을 갖는 유체가 섞이는 경우에도 일어난다. 혼합의 첫째 단계는 난류의 에디운동 특성에 의해 물질전달이 일어나는 것을 **에디확산**(eddy diffusion)이라고 한다. 두 번째 단계는 아주 작은 에디 간 및 에디 내부의 분자확산(molecular diffusion)이다. 때에 따라서는 확산공정은 확산방향에 평행한 방향의 혼합물 벌크 흐름(bulk flow)에 동반된다.

물질전달에서 확산의 역할(Role of diffusion in mass transfer)

모든 물질전달 조작에서는 확산이 적어도 한 개의 상에서 일어나며 보통은 두 개의 상에서 모두 일어난다. 증류에서는 저비점 물질이 액상을 통해 계면으로 그리고 계면에서 벗어나 증기 속으로 확산한다. 고비점 물질은 반대방향으로 확산하여 증기를 통해 액체로 이동한다. 침출에서는 고상을 통한 용질의 확산에 이어 액상으로 확산한다. 액체추출에서는 용질이 추잔물을 통해 계면으로 그리고는 추출물로 확산한다. 결정화에서는 용질이 모액을 통해 결정으로 확산해서 고체 표면에 침적한다. 증습이나 탈습에서는 액상이 순수하기 때문에 농도기울기가 존재하지 않아 액상을 통한 확산이 없다. 그러나 증기는 기-액 계면으로부터 기상으로 또는 기상에서 기-액 계면으로 확산한다. 건조에서는 액체 물이 고체를 통해 고체 표면으로 확산에서 기화하고 증기상태로 기체에 확산한다. 막분리에서는 모든 상에서 확산이 일어난다. 즉 분리막의 양쪽 유체와 분리막 자체에서 확산이 일어난다.

15.1 확산 이론(Theory of diffusion)

본 절에서는 확산이 일어나는 장치의 어느 특정 장소에서 상들 사이의 경계면에 수직한 방향으로의 확산에 대한 정량적 관계를 설명한다. 첫 번째 고려대상은 어느 지점에서의 농도가 시간에 따라 변하지 않는 정상상태의 확산인 경우이다. 전이상태의 확산에 대한 식은 나중에 나온다. 이번 설명은 2성분 혼합물과 의(pseudo) 2성분 혼합물에 한정된다.

Fick의 확산 제1법칙(Fick'S first law of diffusion)

정상상태에서 어느 특정 장소에서 상들 사이의 경계면에 수직한 방향으로의 일차원 확산(one-dimensional diffusion)이 일어나는 경우 다음 식과 같이 된다.

$$J_A = -D_v \frac{dc_A}{db} \tag{15.1}$$

여기서, J_A = 성분 A의 몰플럭스(molar flux), kg mol/m^2·h

D_v = 부피확산도(volumetric diffusivity), m^2/h

c_A = 농도, kg mol/m^3

b = 확산 방향으로의 거리, m

식 (15.1)을 Fick의 확산 제1법칙이라 한다. 몰플럭스 J는 식 (10.1)의 열플럭스 q/A와 유사하고 농도기울기 dc/db는 온도기울기 dT/dx와 비슷하다.

3차원의 확산인 경우 식 (15.1)은 다음 식과 같이 된다.

$$J_A = D_v \nabla c_A = \rho_M D_v \nabla x_A \tag{15.2}$$

여기서, ρ_M = 혼합물의 몰밀도, kg mol/m^3

x_A = L 상에서 A의 몰분율

전체혼합물이 정지면에 대해 정지된 상태인가 움직이는 상태인가에 관계없이 적용된다.

운동량전달과 열전달의 유사성(Analogies with momentum and heat transfer)

확산과 열전달 및 운동량전달에 대한 식들 사이에는 유사성이 있다. 열확산 a와 동점도 υ의 차원과 마찬가지로 부피확산도 D_{υ}의 차원은 면적을 시간으로 나눈 것이다. 일차원 계의 경우 식 (10.1)에서 k를 a로 대치하고 식 (3.3)에서 μ 대신 υ를 사용한 다음 식 (15.1)과 비교하면 다음과 같다.[1)]

질량(mass)에 대하여 : $$J_A = -D_v \frac{dc_A}{db}$$

열에너지(heat energy)에 대하여 : $$\frac{dq}{dA} = -\alpha \frac{d(\rho c_p T)}{dx}$$

운동량(momentum)에 대하여 : $$\tau_v = \nu \frac{d(u\rho)}{dy}$$

여기서 b, x 및 y는 흐름방향으로 측정한 거리이다. 이 식들은 질량의 이동은 질량농도의 기울기 때문에, 열의 이동은 에너지농도의 기울기 때문에, 그리고 운동량의 이동은 운동량농도의 기울기 때문에 일어난다는 것을 설명해주고 있다.

열은 물질이 아니라 이동중인 에너지인 반면 확산은 물질의 실제 흐름이라는 사실로부터 열전달과 물질전달의 차이를 알 수 있다. 어느 지점에서 한 혼합물의 모든 분자들은 같은 온도에 있기 때문에 주어진 방향으로의 열전달은 한 개의 온도기울기와 평균열전도도(average thermal conductivity)에 의해 결정되지만, 물질전달에서는 c 와 D_{υ}에 하첨자를 사용하여 각각의 성분에 대해서 다른 농도기울기와 다른 확산도(diffisivity)를 표시할 수 있다.

확산량(Diffusion quantities)

확산이론에서는 5가지 상호관련 된 개념들이 사용된다.

1. 길이/시간으로 정의된 속도 u
2. 평면 N을 가로질러 흐르는 플럭스, 몰/면적·시간
3. 속도가 0인 평면에 대한 상대적 플럭스 J, 몰/면적·시간
4. 농도 c 및 몰밀도 ρ_M, 몰/부피(몰분율도 사용될 수 있음)
5. 농도기울기 dc/db, 여기서 b는 확산이 일어나고 있는 면적에 수직한 경로의 길이

필요에 따라 적절한 하첨자를 사용하며, 경우에 따라서는 몰단위 대신 질량단위를 유량과 농도에 사용할 수도 있다.

1) 운동량 전달의 경우에는 마이너스 기호가 빠질 수 있다.

확산속도(Velocities in diffusion)

혼합물에 있는 어느 한 성분의 개별 분자들은 불규칙 운동을 하고 있다. 그 성분의 계면에 수직한 방향으로의 순간속도들을 모두 합하고 그 성분의 분자수로 나누면, 그것이 그 성분의 거시적 속도이다. 예를 들면 성분 A에 대한 속도는 u_A로 표시한다.

몰유량, 몰속도 및 몰플럭스(Molal flow rate, velocity, and flux)

정지면에 수직한 방향으로 단위면적당 단위시간당 몰수인 총 몰 플럭스 N은 부피평균 속도 u_0와 몰밀도 ρ_M을 곱한 것이다. 정지면을 가로지르는 성분 A와 B의 플럭스는

$$N_A = c_A u_A \tag{15.3a}$$

$$N_B = c_B u_B \tag{15.3b}$$

확산도(diffisivity)는 정지면에 대한 것이 아니라 부피평균 속도 u_0로 움직이는 면에 상대적인 것이다. 어떤 경우에는 순 몰유량(net molar flow)이나 순 질량유량(net mass flow)이 있을 수도 있겠지만, 정의에 따라 이 기준면을 통한 순 부피유량(net volumetric flow)은 없다. 이 기준면을 통한 성분 A의 몰플럭스는 J_A로 표시된 확산플럭스(diffusion flux)이며, 이것은 정지면에 대한 A의 플럭스[식 (15.3 a)]에서 속도가 u_0이고, 농도가 c_A인 전체 흐름에 의한 플럭스를 뺀 것과 같다. 즉,

$$J_A = c_A u_A - c_A u_0 = c_A (u_A - u_0) \tag{15.4}$$

$$J_B = c_B u_B - c_B u_0 = c_B (u_B - u_0) \tag{15.5}$$

식 (15.1)에서 성분 B와 함께 있는 혼합물 속에서 성분 A의 확산도를 D_{AB}라고 표시하면,

$$J_A = -D_{AB} \frac{dc_A}{db} \tag{15.6}$$

가 된다. 성분 B에 대해서도 비슷한 식을 적용하면 다음과 같이 된다.

$$J_B = -D_{BA} \frac{dc_B}{db} \tag{15.7}$$

식 (15.6)과 (15.7)은 2성분 혼합물 확산에 대한 Fick의 제1법칙을 설명한 것이다. 이 법칙은 다음 3가지 사항에 근거한 것이다.

1. 플럭스는 단위면적 단위시간당 몰로 표시된다.
2. 확산속도는 부피평균 속도에 상대적인 것이다.
3. 구동력은 몰농도 항(단위부피당 성분 A의 몰)으로 표시된다.

확산도 사이의 관계(Relations between diffusivities)

D_{AB}와 D_{BA}간의 관계는 몰밀도(molar density)가 조성에 상관하지 않으므로, 이상기체에 대해서는 쉽게 알 수 있다.

$$c_A + c_B = \rho_M = \frac{P}{RT} \tag{15.8}$$

일정한 온도와 압력 하의 기체에서 A와 B가 확산하는 경우,

$$dc_A + dc_B = d\rho_M = 0 \tag{15.9}$$

와 같이 쓸 수 있다. 부피흐름(volume flow)이 없는 면을 기준면으로 택하면 몰부피(mole volume)가 같으므로, A와 B의 몰 확산플럭스(molar diffusion fluxes)의 합을 0으로 놓을 수 있다. 즉,

$$-D_{AB}\frac{dc_A}{db} - D_{BA}\frac{dc_B}{db} = 0 \tag{15.10}$$

$dc_A = -dc_B$이므로, 확산도는 같아야 한다. 즉,

$$D_{AB} = D_{BA} \tag{15.11}$$

액체를 취급할 때에도 A와 B의 모든 혼합물들이 같은 질량밀도를 가지면 같은 결과를 얻는다. 즉,

$$c_A M_A + c_B M_B = \rho = \text{constant} \tag{15.12}$$

$$M_A dc_A + M_B dc_B = 0 \tag{15.13}$$

기준면을 통한 부피흐름이 없으므로 확산에 의한 부피흐름의 합은 0이다. 부피흐름은 몰유량에 몰부피 M/ρ를 곱한 것이며 다음과 같다.

$$-D_{AB}\frac{dc_A}{db}\frac{M_A}{\rho} - D_{BA}\frac{dc_B}{db}\frac{M_B}{\rho} = 0 \tag{15.14}$$

식 (15.13)을 식 (15.14)에 대입하면 다음과 같이 주어진다.

$$D_{AB} = D_{BA} \tag{15.15}$$

밀도가 변하는 액체에서의 확산인 경우 2성분 혼합물에서 확산도가 같은 것으로 가정하고 부피 확산도 D_v를 사용한다. 하첨자 v는 확산에 대한 구동력이 부피당 몰로 표시한 농도차이에 기준했다는 것을 뜻한다. 확산식의 일반 형태는 고정면에 대해 상대적인 총 플럭스로 표시된다. 즉,

$$N_A = c_A u_0 - D_v \frac{dc_A}{db} \tag{15.16}$$

식 (15.16)은 **비난류 유체상의 물질전달에 대한 기본식**이다. 이 식은 유체의 대류 벌크흐름에 의해

운반된 성분 A의 양과 분자확산에 의해 전달된 A의 양을 계산한 것이다.

기체에 대해서는 몰농도 대신 몰분율을 사용하는 것이 편리할 때가 있다. $c_A = \rho_M y_A$이고 $u_0 = N/\rho_M$이므로, 식 (15.16)은 다음과 같이 된다.

$$N_A = y_A N - D_v \rho_M \frac{dy_A}{db} \tag{15.17}$$

몰밀도가 일정하지 않으면 단지 근사치 계산임에도 불구하고 식 (15.17)은 액체에 적용할 때도 있다.

등몰확산(Equimolal diffusion)

기체가 등몰확산이면 순부피유량 및 순 몰유량이 없으므로 식 (15.16)이나 (15.17)은 대류 항을 0으로 놓아 사용할 수 있게 되어 식 (15.6)과 같게 된다. 식 (15.17)은 일정한 플럭스 N_A와 총 플럭스가 0인 것을 가정하여 경막두께(film thickness) B_T에 대하여 적분하면 다음과 같이 된다.

$$-D_v \rho_M \int_{y_{Ai}}^{y_A} dy_A = N_A \int_0^{B_T} db \tag{15.18}$$

$y_A =$ 경막 바깥쪽 가장자리에서 A의 몰분율
$y_{Ai} =$ 경막 계면 또는 안쪽 가장자리에서의 A의 몰분율

식 (15.18)을 적분해서 재정리하면 다음과 같이 된다.

$$N_A = J_A = \frac{D_v \rho_M}{B_T}(y_{Ai} - y_A) \tag{15.19}$$

또는,

$$N_A = J_A = \frac{D_v}{B_T}(c_{Ai} - c_A) \tag{15.20}$$

A에 대한 농도기울기는 경막에서는 선형이며, B에 대한 기울기는 그림 15.1(a)에서 보는 바와 같이 크기는 같으나 부호가 반대이다. 등몰확산에서는 $N_A = J_A$이다.

단일성분 물질전달(한방향 확산)(One-component mass transfer (one-way diffusion))

A성분만이 전달될 때에는 계면으로부터 또는 계면으로의 전체 몰플럭스 N이 N_A와 같으며 식 (15.17)은 다음과 같이 된다.

$$N_A = y_A N_A - D_v \rho_M \frac{dy_A}{db} \tag{15.21}$$

재정리해서 적분하면,

$$N_A(1-y_A) = -D_v \rho_M \frac{dy_A}{db} \tag{15.22}$$

$$\frac{N_A B_T}{D_v \rho_M} = -\int_{y_{Ai}}^{y_A} \frac{dy_A}{1-y_A} = \ln \frac{1-y_A}{1-y_{Ai}} \tag{15.23}$$

또는,

$$N_A = \frac{D_v \rho_M}{B_T} \ln \frac{1-y_A}{1-y_{Ai}} \tag{15.24}$$

식 (15.24)는 등몰확산에 대한 식인 식 (15.19)와 보다 쉽게 비교하기 위하여 $1-y_A$의 대수평균을 사용하여 재정리 할 수 있다. 구동력, $y_{Ai}-y_A$는 $(1-y_A)-(1-y_{Ai})$로 쓸 수 있기 때문에 대수평균은 다음 식과 같이 된다.

$$\overline{(1-y_A)}_L = \frac{y_{Ai}-y_A}{\ln[(1-y_A)/(1-y_{Ai})]} \tag{15.25}$$

식 (15.24)와 식 (15.25)를 합하면

$$N_A = \frac{D_v \rho_M}{B_T} \frac{y_{Ai}-y_A}{\overline{(1-y_A)}_L} \tag{15.26}$$

이 된다.

따라서 일정한 농도차이에서 A성분의 플럭스는 $\overline{(1-y_A)}_L$이 항상 1보다 작기 때문에 등몰확산의 경우 보다 한방향 확산의 경우가 더 크다.

한방향 확산에 대한 농도기울기는 그림 15.1(b)에서 보는 바와 같이 직선이 아니라 y_A가 작은

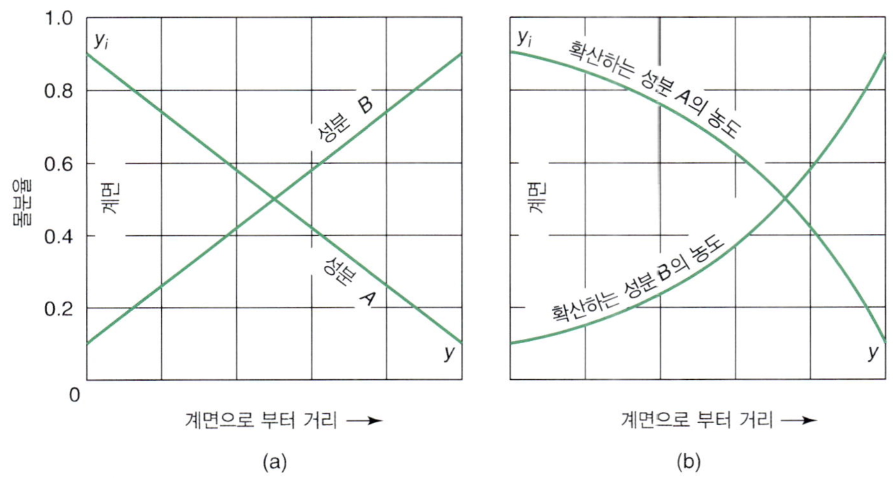

그림 15.1 등몰 및 단일성분 확산의 농도기울기: (a) 성분 A와 B가 등몰 유속으로 반대방향으로 확산되는 경우, (b) 계면에 대해 성분 B는 정지상태이고 성분 A는 확산되는 경우

쪽에서 더 가파르다. $y_A + y_B = 1.0$ 또는 $c_A + c_B = \rho_M$임으로 B 성분의 기울기는 A 성분에 대한 기울기로부터 직접 얻을 수 있다. 그림 15.1(b)에서 보는 것처럼 B의 농도기울기가 큼에도 불구하고 계면을 향한 B의 이동은 없다. 이것은 B가 저농도 지역 쪽으로 확산하려고 하지만 확산플럭스가 B를 반대방향으로 운반하는 대류흐름과 맞먹는다는 것을 말해준다.

예제 15.1

(a) $y_A = 0.20$이고 $y_{Ai} = 0.10$인 기체층을 통해 흡수 액체로 용질 A가 확산하는 경우, 등몰확산과 비교하여 한 방향 확산의 전달속도를 계산하라.

(b) 한 방향 확산에서 층 중간점의 y_A값은 얼마인가?

풀이

(a) 등몰확산인 경우 식 (15.19)로부터,

$$N_A = J_A = \frac{D_v \rho_M}{B_T}(0.20 - 0.10) = \frac{D_v \rho_M}{B_T}(0.10)$$

한방향 확산인 경우 식 (15.24)로부터,

$$N_A = \frac{D_v \rho_M}{B_T} \ln \frac{0.9}{0.8} = \frac{D_v \rho_M}{B_T}(0.1178)$$

(두 식에서 농도 항은 계면을 향한 플럭스가 양의 값을 갖도록 바꾸어 놓았다) 플럭스의 비는 0.1178/0.10 = 1.18이다. 이 경우 한방향 확산에서의 전달속도는 등몰확산에서 보다 약 18%가 크다.

(b) 여기서 $b = B_T/2$일 때,

$$\ln \frac{1 - y_A}{0.8} = \frac{B_T}{2} \frac{N_A}{D_v \rho_M} = \frac{0.1178}{2} = 0.0589$$

$$1 - y_A = 0.8485 \qquad y_A = 0.1515$$

중간 점의 농도는 기울기가 선형일 때보다 약간 클 뿐이다($y_A = 0.150$).

15.2 확산도 예측(Prediction of diffusivities)

기체에서의 확산도(Diffusion in gases)

0°C, 1atm에서 공기 중에 확산하는 일반 기체의 D_v값이 부록 18에 수록되어 있다. 기체에 대한 간단한 이론에 의하면 D_v는 평균분자속(average molecular velocity)도 $\bar{u}$와 평균자유이동거리(mean free path) λ에 비례한다.

$$D_v \cong \frac{1}{3} \bar{u} \lambda \tag{15.27}$$

이상기체의 평균자유이동거리는 압력에 반비례하기 때문에 D_v 역시 압력에 반비례하며 $D_v P$는 약 10기압까지 일정하다고 할 수 있다.

매개변수 ϵ와 σ를 갖는 Lennard-Jones 포텐셜(potential)을 이용하면 2성분계의 확산도(D_{AB})는 다음과 같다.

$$D_{AB} = \frac{0.001858\, T^{3/2}[(M_A + M_B)/M_A M_B]^{1/2}}{P\sigma^2_{AB}\Omega_D} \tag{15.28}$$

여기서, D_{AB} = 확산도, cm^2/s

T = 온도, K

M_A, M_B = 성분 A와 성분 B의 분자량

P = 압력, atm

$\sigma_{AB} = (\sigma_A + \sigma_B)/2$ = 유효충돌 지름, Å

Ω_D = 충돌 적분(collision integral) = $f(\mathrm{k}T/\epsilon_{AB})$

k = Boltzmann 상수

ϵ = 일반 기체에 대한 Lennard-Jones의 힘 상수

$\epsilon_{AB} = \sqrt{\epsilon_A \epsilon_B}$

일반 기체들에 대한 σ, ϵ, 및 Ω_D 값은 부록에 수록되었다. 식 (15.28)은 **Chapman- Enskog 식**이라 한다.

충돌 적분 Ω_D는 온도 증가에 따라 감소하여 D_{AB}는 절대온도의 1.5승 이상으로 증가한다. 온도에 따른 Ω_D의 변화는 그다지 크지 않아서 온도범위 300에서 1,000K에서 공기 중의 확산은 약 $T^{1.7 \sim 1.8}$에 따라 변한다. 상온의 자료를 외삽하기 위해서는 $T^{1.75}$를 이용할 수 있다.

식 (15.28)이 기체의 점도에 대한 식 (3.5)와 이상기체의 열전도도에 대한 식 (10.6)과 유사하다.

작은 기공에서의 확산(Diffusion in small pores) 흡착, 다공성 고체의 건조 또는 막분리공정에서 일어날 수 있는 기체가 고체의 아주 작은 기공 속에서 확산하는 경우에는 기공벽에 분자가 충돌하기 때문에 확산도가 일반 값 보다 작다. 기공크기가 정상적인 평균자유이동거리 보다 작을 때에는 확산공정을 **Knudsen 확산**이라고 부르며 원통형 기공에 대한 확산도는 다음과 같다.

$$D_K = 9,700r\sqrt{\frac{T}{M}} \tag{15.29}$$

여기서, D_K = Knudsen 확산도(Knudsen diffusivity), cm^2/s

T = 온도, K

M = 분자량

r = 기공 반경, cm

중간 크기의 기공인 경우에는 기공벽과의 충돌과 다른 분자와의 충돌이 모두 중요하여 기공 속에서의 확산도는 벌크 확산도의 역과 Knudsen 확산도의 역의 합으로부터 구한다.

$$\frac{1}{D_{\text{pore}}} = \frac{1}{D_{AB}} + \frac{1}{D_K} \tag{15.30}$$

예제 15.2

정밀한 식과 0°C, 1atm의 발표된 값을 외삽하여 100°C, 2atm에서 공기 중에서 벤젠의 부피확산도를 예측하라.

풀이

부록 19를 참조하여 힘 상수들은 다음과 같다.

	ε/k	**σ**	**M**
Benzene	412.3	5.349	78.1
Air	78.6	3.711	29

따라서

$$\sigma_{AB} = \frac{5.349 + 3.711}{2} = 4.53$$

$$\epsilon_{AB/K} = (412.3 \times 78.6)^{0.5} = 180$$

$$\frac{kT}{\epsilon} = \frac{373}{180} = 2.072$$

부록 19에서 $\Omega_D = 1.062$이다. 식 (15.28)로부터

$$D_{AB} = \frac{0.001858 \times 373^{1.5}[(78.1 + 29)/78.1 \times 29]^{0.5}}{2 \times 4.53^2 \times 1.062} = 0.0668\,\text{cm}^2/\text{s}$$

부록 18을 참조하면 표준 온도와 압력하에서

$$D_{AB} = 0.299\,\text{ft}^2/\text{h} = 0.0772\,\text{cm}^2/\text{s}$$

373K, 2atm에서는

$$D_{AB} \cong 0.0772\left(\frac{1}{2}\right)\left(\frac{373}{273}\right)^{1.75} = 0.0666\,\text{cm}^2/\text{s}$$

식 (15.28)로 계산한 값과 아주 잘 일치한다.

액체에서의 확산(Diffusion in liquids)

액체에서의 확산도는 일반적으로 대기압에서 기체의 확산도보다 4~5자리 수(10의 4~5승)만큼 작다. 하지만 액체의 밀도가 훨씬 크기 때문에 액체나 기체 속에서 주어진 몰분율 기울기에 대한

플럭스는 거의 같다. 희석용액에서 큰 구형 분자의 확산도는 연속상의 유체 속에서 움직이는 구에 대한 항력을 고려하여 유도된 Stokes-Einstein 식으로부터 예측할 수 있다.

$$D_v = \frac{\mathrm{k}T}{6\pi r_o \mu} \tag{15.31}$$

여기서 k는 Boltzmann 상수로 1.380×10^{23}J/K이다.

식 (15.31)을 편리한 형으로 바꾸면

$$D_v = \frac{7.32 \times 10^{-16} T}{r_o \mu}$$

여기서, D_v = 확산도, cm^2/s

T = 절대온도, K

r_o = 분자의 반경, cm

μ = 점도, cP

분자량이 중간 이하($M < 400$)의 용질인 경우에는 액체 속에서의 확산도는 식 (15.31)로 계산한 것 보다 큰데 이는 항력이 연속상 유체에서 예측된 것보다 작기 때문이다. 확산도는 Stokes-Einstein 식으로 유도된 몰부피의 −1/3승보다는 약 −0.6 승에 비례한다.

용해질의 농도가 낮은 경우 작은 분자들의 액체 확산도는 다음의 Wilke−Chang 식으로 구할수 있다.

$$D_v = 7.4 \times 10^{-8} \frac{(\psi_B M_B)^{1/2} T}{\mu V_A^{0.6}} \tag{15.32}$$

여기서, D_v = 확산도, cm^2/s

T = 절대 온도, K

μ = 용액의 점도, cP

V_A = 정상 비등점에 있는 액체상태로서의 용질의 몰부피, cm^3/mol

ψ_B = 용매에 대한 회합 매개 변수

M_B = 용매의 분자량

ψ_B의 값은 물 2.6, 메탄올 1.9, 에탄올 1.5 그리고 수소 결합으로 회합할 수 있는 다른 극성 분자들의 경우에는 1보다 큰 값이다. 벤젠, 헵탄 및 그 밖의 비회합 용매에 대해서는 1.0이다. 물이 용질일 때에는 확산도가 식 (15.32)로 계산한 값보다도 2.3배 작은데 이는 유기용매에서 물의 회합 파라미터가 4.0임을 뜻한다.

비전해질의 묽은 수용액에서 액체 확산도(D_v)는 다음 식으로 구할 수 있다.

$$D_v = \frac{13.26 \times 10^{-5}}{\mu_B^{1.14} V_A^{0.589}} \tag{15.33}$$

여기서, $\mu_B =$ 물의 점도, cP

전해질이 묽은 용액에서 확산계수는 다음의 Nernst 식으로 구할 수 있다.

$$D_v = \frac{2RT}{(1/\lambda_+^0 + 1/\lambda_-^0)F_a^2} \tag{15.34}$$

여기서, λ_+^0, λ_-^0 = 한계(농도가 0)이온 전도도, $A/cm^2 \cdot (V/cm) \cdot (g\ equivalent/cm^3)$

$R =$ 기체상수, 8.314 J/K mol

$F_a =$ Faraday 상수, 96,500Coulomb/g equivalent

표 15.1에는 25°에서의 λ^0값을 수록하였다. 더 높은 온도에서의 값은 T/μ의 변화로부터 계산될 수 있다.

μ, M_B 및 V_A가 용질과 용매가 바뀌었을 때 달라지기 때문에 2성분 기체 혼합물의 경우와는 달리 B속에 들어있는 A의 묽은 용액에 대한 확산계수는 A속에 들어 있는 B의 묽은 용액에 대한 확산계수와 같지 않다는 것을 알아야 한다. 중간 농도에 대한 D_v의 근사치는 묽은 용액에 대한 값들을 내삽법으로 계산하여 얻는 때도 있지만 이 방법은 비이상용액에 대해 커다란 오차를 가져올 수 있다.

Schmidt 수(Schmidt number)

운동학점도 대 분자확산도의 비를 Schmidt 수(Sc로 표시)라 한다.

$$Sc = \frac{\nu}{D_v} = \frac{\mu}{\rho D_v}$$

Schmidt 수는 운동학 점도 대 열확산도의 비인 Prandtl 수(Pr로 표시)와 유사하다.

$$Pr = \frac{\nu}{\alpha} = \frac{\mu}{\rho\alpha} = \frac{\mu}{\rho[k/(\rho c_p)]} = \frac{c_p\mu}{k}$$

0°C, 1atm에서 공기 속에서 기체들의 Schmidt 수는 부록 18에 주어져 있다. 대부분의 값이 0.5~2.0 사이에 있다. 점도는 압력에 무관하고 ρ와 D_v에 대한 압력의 영향을 무시할 수 있기 때문에 이상기체 법칙이 적용될 경우 Schmidt 수는 압력에 무관하다. μ와 ρD_v 둘 다 약 $T^{0.7-0.8}$에 따라 변하기

표 15.1 물 속에서 한계이온 전도도(25°C에서)

양이온	λ_+^0	음이온	λ_-^0
H^+	349.8	OH^-	197.6
Li^+	38.7	Cl^-	76.3
Na^+	50.1	Br^-	78.3
K^+	73.5	I^-	76.8
NH_4^+	73.4	NO_3^-	71.4

때문에 온도는 기체들에 대한 Schmidt 수에 약간의 영향을 줄 뿐이다.

액체에 대한 Schmidt 수는 전형적인 혼합물에 대하여 약 $10^2 \sim 10^5$ 범위에 있다. 20°C에서 물속에 소량의 용질이 있는 경우, D_v는 약 10^{-5}cm^2/s, Sc는 약 10^3이다. 온도가 올라가면 점도가 줄고 확산도가 증가하여 Schmidt 수는 현격하게 감소한다.

예제 15.3

110°C에서 톨루엔 속의 벤젠 확산도와 벤젠 속의 톨루엔 확산도를 산출하라. 물리적 성질은 다음과 같다.

	분자량	비점(°C)	비점에서 V_A (cm^3/mol)	110°C에서 점도(cP)
Benzene	78.11	80.1	96.5	0.24
Toluene	92.13	110.6	118.3	0.26

풀이

식 (15.32)를 이용한다. 톨루엔 속의 벤젠에 대한 확산도는

$$D_v = \frac{7.4 \times 10^{-8}(92.13)^{1/2}(383)}{0.26(96.5)^{0.6}} = 6.74 \times 10^{-5}\text{cm}^2/\text{s}$$

벤젠 속의 톨루엔에 대한 확산도는

$$D_v = \frac{7.4 \times 10^{-8}(78.11)^{1/2}(383)}{0.24(118.3)^{0.6}} = 5.95 \times 10^{-5}\text{cm}^2/\text{s}$$

난류확산(Turbulent diffusion)

난류흐름의 운동량 전달과 열전달에 대한 식들과 유사하게 물질전달에 대한 식은 다음과 같다.

$$J_{A,t} = -\epsilon_N \frac{dc}{db} \tag{15.35}$$

여기서, $J_{A,t}$ = 난류작용으로 생긴, 전체적으로 상에 상대적인 A의 몰플럭스

ϵ_N = 에디 확산도

전체 상에 상대적인 총 몰플럭스는 다음과 같이 된다.

$$J_A = -(D_v + \epsilon_N)\frac{dc}{db} \tag{15.36}$$

에디확산도는 유체 성질뿐만 아니라 흐름 속의 속도 및 위치와도 관련된다. 그러므로 식 (15.36)을 직접 적분해서 주어진 농도 차이에 대한 플럭스를 얻을 수 없다.

15.3 물질전달 이론(Mass transfer theories)

유체의 정체층(stagnant layer)을 통한 정상상태(steady state)의 물질전달에서 확산이 일어나는 두께 (B_T)를 알면 식 (15.19) 또는 (15.24)에서 물질전달속도(mass transfer rate)를 계산할 수 있다. 유체 계면으로의 물질전달이 비정상상태로 되는 경우는 농도기울기와 물질전달속도가 변하므로 물질전달계수(mass transfer coefficient) k를 이용한 식으로 계산한다. 물질전달계수 k는 단위농도차이 당 단위면적 당 물질전달속도로 정의되며 보통 등몰흐름에 기준한 것이다. 농도는 몰수/부피 또는 몰분율로 표시되며 하첨자 c로 농도를 나타내고, y 또는 x는 기상 또는 액상에서의 몰분율을 나타낸다. 즉,

$$k_c = \frac{J_A}{c_{Ai} - c_A} \tag{15.37}$$

또는,

$$k_y = \frac{J_A}{y_{Ai} - y_A} \tag{15.38}$$

k_c는 몰플럭스(molar flux)를 농도 차이로 나눈 것이므로 cm/s와 같은 속도단위를 갖는다. 즉,

$$k_c = \frac{\text{mol}}{\text{s}\cdot\text{cm}^2\cdot\text{mol/cm}^3} = \text{cm/s}$$

몰분율(mole fraction) 차는 무차원이기 때문에 k_y나 k_x 단위는 J_A와 마찬가지로 단위면적, 단위시간 당 몰로 표시된다. 따라서 k_c와 k_y는 다음과 같이 몰밀도와 관계된다.

$$k_y = k_c \rho_M = \frac{k_c P}{RT} \tag{15.39}$$

$$k_x = k_c \rho_M = \frac{k_c \rho_x}{\overline{M}} \tag{15.40}$$

여기서 ρ_M은 혼합액의 질량 밀도, M은 혼합액의 평균 분자량이다.

기상에서 물질전달계수는 분압차을 사용하며 k_g로 표시한다.

$$k_g = \frac{J_A}{P_{Ai} - P_A} \tag{15.41}$$

그러면

$$k_g = \frac{k_y}{P} = \frac{k_c}{RT} \tag{15.42}$$

정체 경막(stagnant film)에서의 정상상태 등몰확산에 대한 식 (15.20)을 식 (15.37)과 결합하면 k_c을 구할 수 있다.

$$k_c = \frac{J_A}{c_{Ai} - c_A} = \frac{D_v(c_{Ai} - c_A)}{B_T}\frac{1}{c_{Ai} - c_A} = \frac{D_v}{B_T} \tag{15.43}$$

따라서 계수 k_c는 분자확산도를 정체층 두께로 나눈 것이다. 비정상상태의 확산인 경우 식 (15.43)의 k_c와 D_v 값을 이용하여 유효 경막두께(effective film thickness)를 계산할 수 있다.

15.3.1 경막론(Film theory)

경막론은 물질 전달 저항은 두께가 일정한 경막에서의 저항과 동일하다는 이론이다. 즉, 물질전달계수 k_c는 D_v의 1차에 비례한다는 것이다. 예로서, 그림 15.2와 같은 농도기울기가 있는 난류 기체흐름에서 관벽까지의 물질전달을 가정해 보자. 벽 근처에는 물질전달이 주로 분자확산에 의해 이루어지는 층류층이 있으며 여기서의 농도기울기는 거의 선형이다. 벽으로부터 거리가 멀어짐에 따라 난류도가 강해지며 에디확산도가 증가하여 같은 플럭스에 낮은 기울기가 필요하게 된다[식 (15.36) 참조].

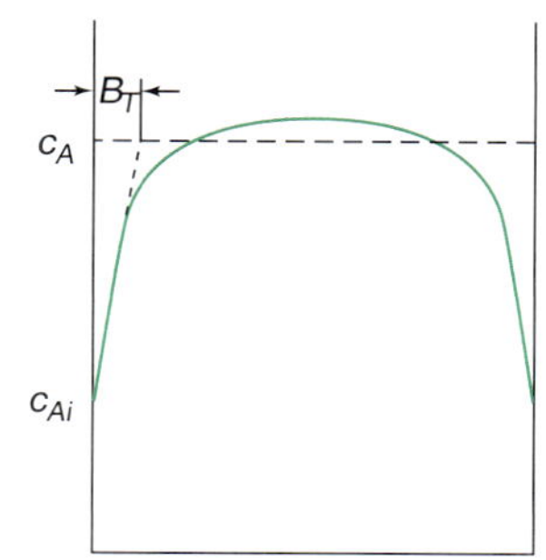

그림 15.2 기체가 난류로 흐르는 관에서 물질전달의 농도기울기

c_A 값은 관 중앙에서 최대이지만 이 값은 물질전달계수 계산에 사용되지 않는다. 대신 구동력으로 $c_A - c_{Ai}$를 취한다. 여기서 c_A는 흐름을 완전히 혼합했을 때 이루어지는 농도이다.

벽 근처에서의 기울기가 직선적이면 이것을 c_A까지 외삽할 수가 있으며 이 점에서 벽까지의 거리가 유효 경막두께인 B_T이다. 일반적으로 물질전달에 대한 저항은 주로 벽에 아주 근접한 층류 경계층에 있으며, B_T는 층류의 두께보다 약간 클 뿐이다. B_T 값은 확산도 D_v에 관계되며 Reynolds 수와 같은 유동 매개변수에는 무관하다.

한방향 확산에서의 효과(Effect of one-way diffusion)

한방향 확산에서 물질전달 속도는 등몰 확산 속도에 비해 빠르다. 식 (15.19)와 (15.26)으로부터 두 플럭스의 비는 다음과 같다.

$$\frac{N_A}{J_A} = \frac{1}{\overline{(1 - y_A)}_L} = \frac{1}{\overline{(y_B)}_L} \tag{15.44}$$

이식은 정체경막의 분자확산 뿐만 아니라 비정상상태의 확산이나 분자확산과 에디확산을 합한 것에도 상당히 잘 적용된다. 때로는 한방향 확산에 대한 물질전달계수를 k_c' 또는 k_y'로 표시한다. 그러면 이 계수들의 비는 식 (15.44)의 플럭스의 비와 똑같은 관계식을 갖는다. 한방향 물질전달속도는 다음과 같이 된다.

$$\frac{k_c'}{k_c} = \frac{k_y'}{k_y} = \frac{1}{\overline{(1-y_A)}_L} \tag{15.45}$$

어느 계수를 이용해서도 표현할 수 있다. 즉,

$$N_A = k_y'(y_{Ai} - y_A) \tag{15.46}$$

$$N_A = \frac{k_y(y_{Ai} - y_A)}{\overline{(1-y_A)}_L} \tag{15.47}$$

y_A값이 0.10 이하일 때에는 k_y와 k_y'의 차이가 작아서 흔히 설계 계산에서 무시된다. 액상물질전달에서 한방향확산의 보정항인 $\overline{(1-x_A)}_L$는 보통 빼버리는데, 이것은 확산도와 물질전달 계수의 불확실성과 비교하여 보정이 작기 때문이다.

15.3.2 경계층론(Boundary layer theory)

정체된 경막을 통해 확산이 일어나는 것이 아니라, 유체의 층류 흐름 표면 근처의 얇은 경계층(유동이 존재)에서 물질 전달이 일어난다는 이론이 경계층론(boundary layer theory)이다. 경계층에서 속도기울기가 선형이고 표면에서 속도가 0이면 흐름과 확산에 대한 식을 풀어서 농도기울기와 평균 물질전달계수를 구할 수 있다. 물질전달 계수는 확산도의 2/3에 비례하고 흐름 방향으로 표면으로부터의 거리에 반비례한다.

경계층론은 실제 유동이 존재하는 경계층에서 물질 전달 계수는 확산도의 1승에 비례할 수 없으므로, 현실을 보다 더 잘 반영할 수 있는 장점은 있으나, 경계층이 난류가 되거나 분리가 생길 때 물질 전달 계수를 정확히 예측 불가능한 것이 단점이다. 예를 들어 평판 위에서 층류 경계층을 통한 물질전달의 평균계수는 열전달에서 Nu를 Sh로 대치하고 Pr을 Sc로 대치하여 구할 수 있다.

$$\text{Sh} = \frac{k_c D}{D_v} = 0.664(\text{Sc})^{1/3}(\text{Re}\cdot_b)^{1/2} \tag{15.48}$$

b는 평판의 전체 길이이다.

15.3.3 침투론(Penetration theory)

침투론은 표면에 일정한 농도를 갖는 과도 확산식을 이용하여 물질전달계수를 계산 가능하다는 이론이다. 거리와 시간에 따른 농도변화는 Fick의 제2법칙(Fick's second law)이 적용된다.

$$\frac{\partial c_A}{\partial t} = D_v \frac{\partial^2 c_A}{\partial b^2} \tag{15.49}$$

경계조건(boundary conditions)은

$$c_A = \begin{cases} c_{A0} & t = 0\text{에서} \\ c_{Ai} & b = 0,\ t > 0\text{에서} \end{cases}$$

임의의 시간 t에서 순간플럭스(instantaneous flux)는 성분 물질 A의 몰 플럭스는

$$J_A = \sqrt{\frac{D_v}{\pi t}}\,(c_{Ai} - c_A) \tag{15.50}$$

임의의 시간 t_T에서 평균 플럭스(average flux)는

$$\overline{J}_A = \frac{1}{t_T}\int_0^{t_T} J_A\,dt = \frac{c_{Ai} - c_A}{t_T}\sqrt{\frac{D_v}{\pi}}\int_0^{t_T}\frac{dt}{t^{1/2}}$$
$$= 2\sqrt{\frac{D_v}{\pi t_T}}\,(c_{Ai} - c_A) \tag{15.51}$$

식 (15.39)와 (15.51)을 합하면, t_T 시간에 걸친 평균 물질전달계수를 구할 수 있다.

$$\overline{k_c} = 2\sqrt{\frac{D_v}{\pi t_T}} = 1.13\sqrt{\frac{D_v}{t_T}} \tag{15.52}$$

이 식은 평균 물질 전달 계수를 접촉 시간의 함수로 구할 수 있으며, 아주 짧은 시간 동안 기액 접촉이 일어나는 기체 흡수 공정에 적용 가능하다.

전달표면에 있는 유체요소들이 벌크흐름 중의 새로운 유체로 불규칙하게 대치되는 경우에 평균 전달계수는 다음과 같이 주어진다.

$$\overline{k_c} = \sqrt{D_v s} \tag{15.53}$$

여기서, s는 s^{-1}단위의 표면갱신율(fractional rate of surface renewal)이다.

식 (15.52)와 (15.53)은 둘 다 물질전달계수가 확산도의 1/2승에 비례함을 보여주며 주어진 평균 접촉시간에 대하여 거의 같은 값을 가짐을 알 수 있다.

15.3.4 이중 경막론(Two film theory)

1923년 Whitman이 제안한 이중경막론(two film theory)은 계면에서의 평형을 가정하여 두 상의 물질전달 저항을 합하여 총괄물질 전달저항을 구할 수 있다는 이론이다.

예를 들면, 2성분 혼합물 증류에서 계면에서 A성분의 증기의 조성을 y_A^*라 할 때 y_A^*는 액체의 조성 x_A보다 크며, 기포 표면 근처의 기울기는 그림 15.3(a)와 같이 나타낼 수 있다. 용해성이 매우 큰 기체의 흡수에서 계면의 액체 몰분율은 그림 15.3(b)와 같이 기체의 몰분율보다 크다.

기액 상접촉이 이루어지는 경우, 각 상의 구동력에 따른 물질 전달 속도는 다음과 같다.

$$r = k_x(x_A - x_{Ai}) \tag{15.54}$$

$$r = k_y(y_{Ai} - y_A) \tag{15.55}$$

이 속도는 또한 총괄물질전달 계수 K_y에 총괄 구동력 $y_A^* - y_A$를 곱한 것과 같게 놓는다. y_A^*는 조성이 x_A인 전체 액체와 평형을 이루는 증기의 조성이다. 즉,

$$r = K_y(y_A^* - y_A) \tag{15.56}$$

K_y를 k_y와 k_x항으로 표시하기 위해 식 (15.56)을 재정리하면

$$\frac{1}{K_y} = \frac{y_A^* - y_A}{r} = \frac{y_A^* - y_{Ai}}{r} + \frac{y_{Ai} - y_A}{r} \tag{15.57}$$

$$\frac{1}{K_y} = \frac{y_A^* - y_{Ai}}{k_x(x_A - x_{Ai})} + \frac{y_{Ai} - y_A}{k_y(y_{Ai} - y_A)} \tag{15.58}$$

그림 15.4는 계면에서의 전형적인 조성을 나타낸 것으로 평형 조성 곡선에서 기울기를 m이라면 다음과 같이 정의할 수 있다.

$$m = (y_A^* - y_{Ai})/(x_A - x_{Ai}) \tag{15.59}$$

식 (15.59)를 다음과 같이 쓸 수 있다.

$$\frac{1}{K_y} = \frac{m}{k_x} + \frac{1}{k_y} \tag{15.60}$$

$1/K_y$ 항은 총괄물질전달 저항(overall resistance to mass transfer)이며, m/k_x과 $1/k_y$ 항은 각각 액체경막저항(resistances in the liquid films)과 기체경막저항(resistances in the gas films)들이다. 이들 경막들이 일정한 두께를 갖는 정체층이나 층류 경계층(laminar boundary)을 통한 확산 또는 침투론(penetration theory)에서와 같이 비정상상태의 확산에서도 총괄계수(overall coefficient)를 식 (15.60)으로 구할 수 있다.

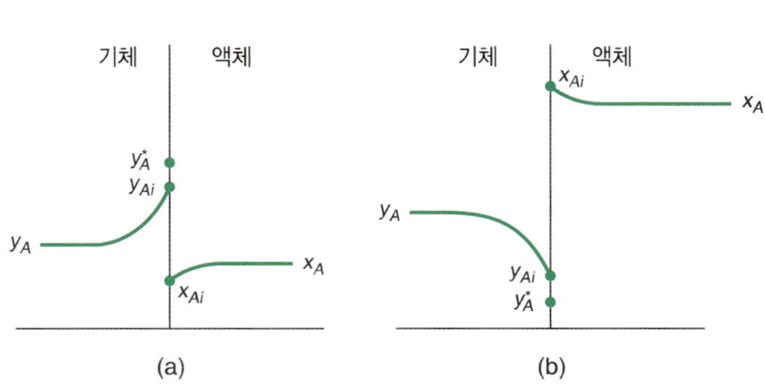

그림 15.3 기-액 계면 근처에서 농도 기울기 : (a) 증류, (b) 용해성이 큰 기체의 흡수

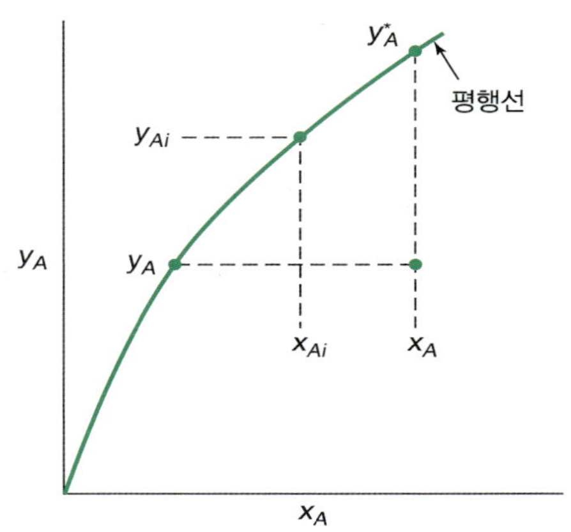

그림 15.4 증류에서 벌크농도와 계면농도

15.4 물질전달계수(Mass transfer coefficient)

15.4.1 실험측정(Experimental measurements)

실험적으로 k 및 ka를 구하기위해서 N_A, A, y_i 및 y를 측정하여 식 (15.40) 또는 식 (15.49)에서 계산한다. A 또는 a를 모르면 장치의 총 체적을 이용하여 ka를 계산할 수 있다.

1. 물질전달계수 k는 상 사이의 접촉면적을 알고 경계층 분리가 생기지 않는 실험장치에서 구한다. 그림 15.5와 같은 젖은 벽탑(wetted-wall tower)은 이런 유형의 장치중의 하나로서, 때에 따라서는 실제로 사용되기도 한다. 이 장치는 난류흐름에서 유체쪽으로의 물질전달과 유체로부터의 물질전달에 대하여 중요한 정보를 제공해 준다. 젖은 벽탑은 탑 꼭대기로 액체를 넣어 관 내벽을 따라 중력에 의해 아래로 내려가도록 하고 기체는 관 내부로 넣어 액체와 접촉하면서 탑을 통해 흐르도록 고안된 수직관이다. 일반적으로 기체는 탑 밑으로 들어가서 액체와 향류로 흐르지만 같은 방향으로 흐르게 할 수도 있다. 젖은 벽탑에서 작은 물결이 있는 복잡한 경우를 제외하고는 계면의 면적은 알 수 있으며 형태 항력은 없다.
2. 관 속의 난류흐름에서 액체로의 물질전달은 약간 용해성이 있는 고체로 만든 관을 이용해서 여러 액체유량에 대한 고체의 용해속도를 측정하여 연구해 왔다.
3. 입자로 향한 확산 또는 관이나 원통 외벽으로 향한 확산과 같은 외부 물질전달은 표면일부에 경계층 흐름이 있고 경계층 분리가 보통이기 때문에, 내부의 물질전달과 다른 관계식을 필요로 한다. 물질전달계수는 다공성인 젖은 고체로부터 액체가 증발하는 현상을 연구하여 구할 수 있다.
4. 물질전달 면적이 조작조건에 따라 변하는 충전탑, 체판탑 및 기포 탑과 같은 실제의 물질전달장치로 실험을 행한다. 먼저 물질전달속도를 부피 물질전달계수 ka로 바꾼다. a는 장치의 단위부피 당 전달면적이다.

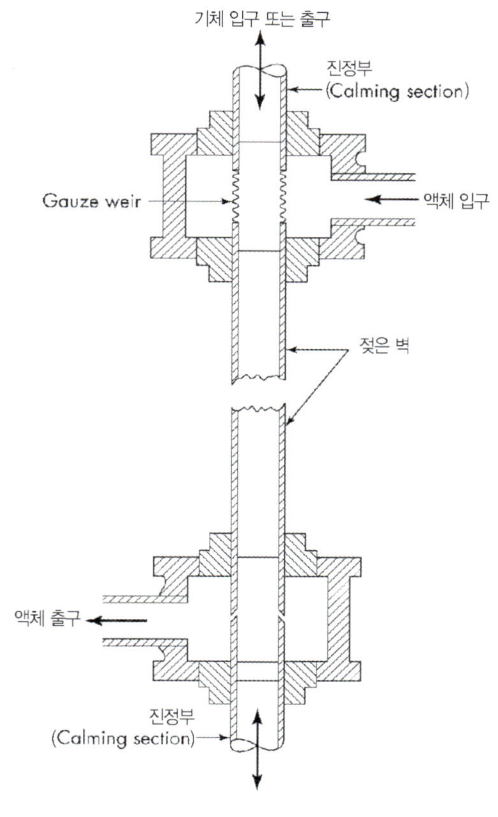

그림 15.5 젖은 벽탑

15.4.2 알고 있는 면적을 통한 물질전달계수 (Coefficients for mass transfer through known areas)

차원 해석(Dimensional analysis)

물질전달 계수 k는 확산도 (D_v)와 유체흐름의 특성(속도 u, 점도 μ, 밀도 ρ, 선형 차원 D)에 의존한다고 생각할 수 있다. 전달표면의 어떤 주어진 모양에 대하여 다음과 같이 나타낼 수 있다.

$$k = \psi(D_v, D, u, \mu, \rho)$$

차원해석을 통해 다음 식으로 된다.

$$\frac{k_c D}{D_v} = \psi_1\left(\frac{DG}{\mu}, \frac{\mu}{\rho D_v}\right) \tag{15.61}$$

여기서 $G = u\rho$이며, 무차원 군으로 Sherwood 수(Sh) $= k_c D/D_v$, Reynolds 수 $\mathrm{Re} = \mathrm{DG}/\mu$, Schmidt 수$(\mathrm{Sc}) = \mu/(\rho D_v)$이다.

경계층 흐름에서와 같이 물질전달계수가 확산속도의 2/3승에 비례할 때 j_M 인자를 다음과 같이 정의한다.

$$j_M \equiv \frac{k_c}{u}\left(\frac{\mu}{\rho D_v}\right)^{2/3} \tag{15.62}$$

관 내 흐름의 물질전달(Mass transfer with flow inside pipes)

층류흐름일 경우 Sherwood 수는 열전달에서 Nusselt 수(Nu)의 Graetz 수(Gz)에 대한 의존성과 유사한 경향을 보이며, 관벽의 농도가 일정한 경우에는 3.66의 한계치를 가지며 짧은 관에 대해서는 유량의 1/3승에 비례한다. 층류에서 물질전달에서 Graetz 수의 정의는 다음과 같다.

$$\mathrm{Sh} = 1.62\,\mathrm{Gz}'^{1/3} \tag{15.63}$$

여기서

$$\mathrm{Gz}' = \frac{\dot{m}}{D_v L \rho} = \frac{\pi}{4}\,\mathrm{Re}\,\mathrm{Sc}\frac{D}{L} \tag{15.64}$$

관 벽으로의 난류흐름일 경우 Sherwood 수, Schmidt 수와 Reynolds 수와의 관계는 다음과 같다.

$$\mathrm{Sh} = 0.023\,\mathrm{Re}^{0.8}\,\mathrm{Sc}^{1/3}\left(\frac{\mu}{\mu_w}\right)^{0.14} \tag{15.65}$$

이 식은 넓은 범위의 Reynolds 수와 Schmidt 수에 잘 맞는 가장 간단한 식이다. 다른 형태의 관계식은 식 (15.65)를 $\mathrm{Re} \times \mathrm{Sc}^{1/3}$로 나누어 다음의식 j_M인자를 얻을 수 있다.

$$j_M = j_H = \frac{1}{2}f = 0.023\,\mathrm{Re}^{-0.2} \tag{15.66}$$

이 j_M은 $j_H = f/2$와도 같으며, $\mu/\mu_w^{0.14}$ 항은 물질전달에서는 대개 약 1이므로 생략된다.

일반적으로 j_M은 Re의 함수이다. 기상의 물질전달에 대하여는 다른 형의 j_M을 사용할 수 있다.

$$j_M = \frac{k_y RT}{Pu}\mathrm{Sc}^{2/3} = \frac{\mathrm{k_y}\,\overline{\mathrm{M}}}{\mathrm{G}}\mathrm{Sc}^{2/3} \tag{15.67}$$

$$j_M = \frac{k_g \overline{M} P}{G}\mathrm{Sc}^{2/3} \tag{15.68}$$

k_g는 기상에서 물질전달계수이다.

젖은 벽탑(그림 15.5)에서 Schmidt 수가 0.60～2.5 사이인 경우 Reynolds 수와 Schmidt 수의 관계는 다음 식과 같다.

$$\mathrm{Sh} = 0.023\,\mathrm{Re}^{0.81}\,\mathrm{Sc}^{0.44} \tag{15.69}$$

Schmidt 수가 큰 범위(430～100,000)에서 물질전달에 대한 관계식은 다음과 같다.

$$\mathrm{Sh} = 0.0096\,\mathrm{Re}^{0.913}\,\mathrm{Sc}^{0.346} \tag{15.70}$$

위 식의 Schmidt 수의 지수와 보통 사용하던 1/3과의 차이는 중요하지 않지만 Reynolds 수의 지수는 0.80보다는 확실히 크다.

예제 15.4

(a) Reynolds 수가 10,000이고, 온도가 40°C인 지름 2in의 젖은 벽탑에서 물을 공기 중으로 증발시킬 때 기체경막의 유효 두께는 얼마인가?

(b) 같은 조건에서 에탄올을 증발시킬 때는 어떤가? 1atm에서 공기에 대한 물의 확산도는 0.288cm^2/s이고, 에탄올의 확산도는 0.145cm^2/s이다.

풀이

40°C의 공기에 대하여,

$$\rho = \frac{29}{22{,}410} \times \frac{273.16}{313.16} = 1.129 \times 10^{-3}\,\mathrm{g/cm^3}$$

$$\mu = 0.0186\,\mathrm{cP} \qquad (\text{부록}\,8)$$

$$\frac{\mu}{\rho} = \frac{1.86 \times 10^{-4}}{1.129 \times 10^{-3}} = 0.165\,\mathrm{cm^2/s}$$

(a) 공기-물 계에서,

$$\mathrm{Sc} = \frac{0.165}{0.288} = 0.573$$

식 (15.69)에서,

$$\mathrm{Sh} = 0.023(10{,}000)^{0.81}(0.573)^{0.44} = 31.3$$

경막론에서 $k_c = D_v/B_T$이고, $\mathrm{Sh} = k_c D/D_v$이므로,

$$\mathrm{Sh} = \frac{\mathrm{D}}{\mathrm{B_T}} \quad \text{또는} \quad B_T = \frac{2.0}{31.3} = 0.064 \text{ in}$$

(b) 공기-에탄올 계에서, $\mathrm{Sc} = 0.165/0.145 = 1.14$이다.

$$\mathrm{Sh} = 0.023(10{,}000)^{0.81}(1.14)^{0.44} = 42.3$$

$$B_T = \frac{2.0}{42.3} = 0.047 \text{ in}$$

경막론에 준해서 보면 k_c는 확산도의 1승에 비례하는데 반해 여기서는 단지 0.56승에 비례하기 때문에, 두께 B_T는 확산도가 작아질수록 작아진다.

식 (15.66)을 사용하면 B_T의 대응값들은 0.066 in 및 0.053 in이다. $D_v^{0.56}$ 대신에 $D_v^{2/3}$가 사용됐기 때문에 이 값들은 좀더 가깝다.

축에 평행한 관 외부흐름(Flow outside tubes parallel to axis)

어떤 막 분리기들은 다관식 중공사 다발로 되어 있으며 액체나 기체가 관 외부에서 관 축에 평행하게 흐른다. 중공사는 열교환기의 관들처럼 고정되어 있지 않기 때문에 외부흐름 통로의 모양이 불규칙하고 고르지 못하다. Reynolds 수 계산에 상당 지름(equivalent diameter)을 사용하여 외부 물질 전달계수를 계산한다. 공극률 ϵ로 원통에 충전된 지름 d의 중공사다발의 경우 상당지름은 다음과 같다.

$$d_e = 4 \times \frac{\text{흐름면적}}{\text{젖은둘레}} = \frac{4\epsilon}{(4/d)(1-\epsilon)} = d\frac{\epsilon}{1-\epsilon} \qquad (15.71)$$

원통에 수직한 흐름(Flow normal to cylinders)

단일 원통에 수직한 공기흐름에서 Re 대 j_M의 관계는 그림 15.6과 같다. 점선은 열전달에서 계산된 j_H 값을 나타내며, 실선은 액체들에 관한 데이터에 기준하여 나타낸 것이다. 그림 15.6에서 취한 공기에 대한 열전달 데이터는 점선보다 약간 아래로 떨어져 물질전달 데이터에 아주 근접한다. 이것은 관 내부 흐름과 외부 흐름에서 열전달과 물질전달 간의 유사성이 매우 잘 유지된다는 것을 입증하는 것이다.

Re 값이 $10 \sim 10^4$ 범위에서 단일 원통에로의 물질전달은 다음 식으로 이용할 수 있다.

$$\mathrm{Sh} = 0.61\,\mathrm{Re}^{1/2}\mathrm{Sc}^{1/3} \qquad (15.72)$$

외부 물질전달에 대해 다음 식으로 나타낼 수 있다.

$$\mathrm{Sh} = 1.28\,\mathrm{Re}^{0.4}\,\mathrm{Sc}^{0.33} \tag{15.73}$$

단일 구에 대한 물질전달은 Frossling 식을 변형한 다음 식으로 나타낼 수 있다.

$$\mathrm{Sh} = 2.0 + 0.6\,\mathrm{Re}^{1/2}\,\mathrm{Sc}^{1/3} \tag{15.74}$$

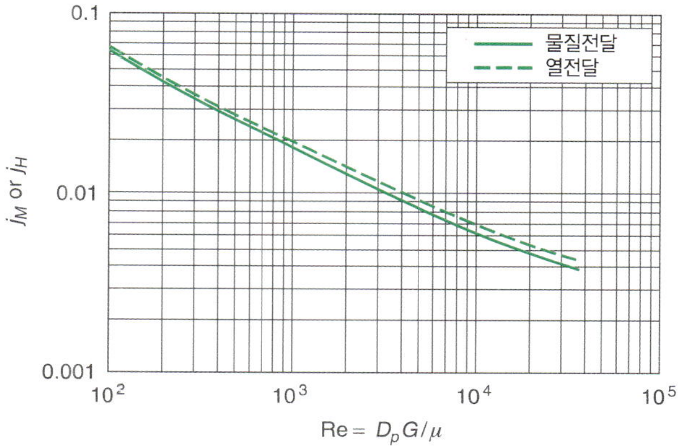

그림 15.6 단일 실린더 주변 흐름에서 열전달과 물질전달

그림 15.7에서 보는 바와 같이, Re 대 Sh를 도시하면 Reynolds 수가 큰 데이터는 기울기가 점차 증가함을 보여준다. 지수 1/2은 경계층론과 일치하며 경계층론은 대부분의 전달이 중간 Reynolds 수에서 일어나는 구의 정면에 적용할 수 있다. Reynolds 수가 큰 난류 영역에서의 물질전달은 보다 중요하며 유량의 영향이 커진다.

그림 15.7의 관계는 Reynolds 수가 작고 Peclet 수가 큰($\mathrm{Pe} = \mathrm{Re} \times \mathrm{Sc} = D_p u_o / D_v$) 미동흐름(creeping flow)에 대해 너무 낮은 값을 주고 있다. 이 경우에 추천할 수 있는 식은 다음과 같다.

$$\mathrm{Sh} = (4.0 + 1.21\,\mathrm{Pe}^{2/3})^{1/2} \tag{15.75}$$

물질전달 면적을 구의 외부면적으로 취하면 한계 Sherwood 수 2.0은 유효 경막두께 $D_p/2$에 해당한다. 농도기울기는 이 경우에 실제로 무한대까지 연장되지만 물질전달 면적 또한 표면으로부터의 거리에 따라 증가하여 유효 경막두께는 농도분포 모양으로부터 산출될 수 있는 것보다 훨씬 작다.

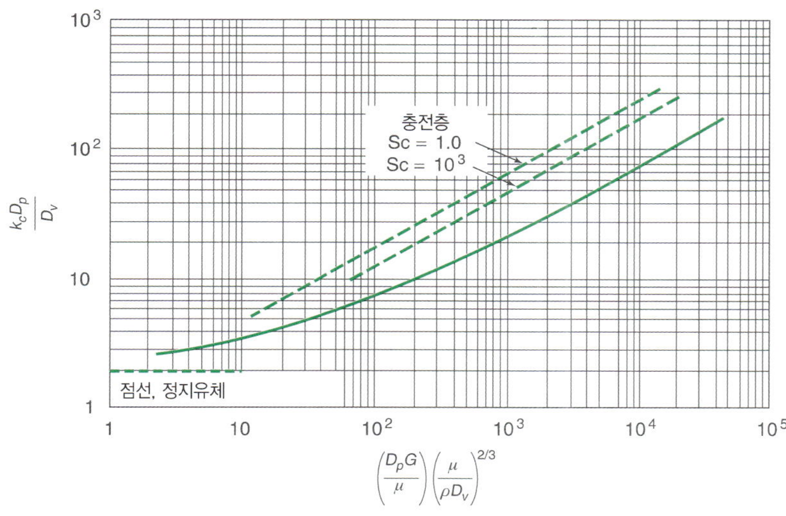

그림 15.7 단일 구를 지나는 흐름과 충전층(파선)에서의 열전달과 물질전달

충전층에서의 물질전달(Mass transfer in packed beds)

기체나 액체로부터 충전층에 있는 입자로의 물질전달에 추천할 수 있는 식은 다음과 같다.

$$j_M = \frac{k_c}{u_0}\mathrm{Sc}^{2/3} = 1.17\left(\frac{\mathrm{D_p G}}{\mu}\right)^{-0.415} \tag{15.76}$$

이 식은 다음 식과 같이 된다.

$$\mathrm{Sh} = 1.17\,\mathrm{Re}^{0.585}\,\mathrm{Sc}^{1/3} \tag{15.77}$$

식 (15.76)과 (15.77)은 대략 40~45% 공극을 갖는 층을 형성하는 구나 구형의 고체입자에 대해서 쓸 수 있다. 원통형 입자에 대해서는 Re와 Sh에 원통의 지름을 써서 이 식들을 이용할 수 있다. 공극률이 큰 충전층이나 링(ring)과 같이 속이 비어 있는 입자들에 대해서는 다른 관계식을 이용한다.

충전층에서의 물질전달과 단일 입자에 대한 물질전달을 비교하기 위해서 식 (15.77)로 계산한 Sherwood 수를 고립된 구에 대한 관계식과 함께 그림 15.7에 도시하였다. 충전층에 대한 전달계수는 같은 Reynolds 수에서 단일 구에 대한 계수의 2~3배가 된다. 이 차이의 대부분은 충전층에서의 실제 질량속도가 더 크기 때문이다. Reynolds 수는 편의상 겉보기속도에 기준 하지만, 평균 질량속도는 G/ϵ이고 층 내의 어느 지점에서 국부속도는 더욱 크다. 그러나 그림 15.7의 띠줄들은 낮은 Re값까지는 연장되지 않았는데, 이것은 충전탑에 대한 계수가 단일 입자들에 대한 계수보다 결코 작을 수가 없기 때문이다. 따라서 식 (15.76)과 (15.77)은 약 10 이하의 Reynolds 수에 대해서는 사용해서는 안 된다.

부유입자로의 물질전달(Mass transfer to suspended particles)

고체입자가 교반탱크에서처럼 교반액체 속에서 부유하는 경우, 식 (15.74)의 Re를 계산하기 위해서는 정지한 액체 속에서 입자의 종말속도를 사용하여 전달계수의 최소 계산치를 얻을 수 있다. 이 최소계수 k_{cT}에 대한 입자크기와 밀도차이의 영향은 그림 15.8에 나타내었다. 종말속도와 Reynolds 수의 증가로 Sherwood 수가 거의 입자 지름에 비례하기 때문에 넓은 범위의 입자크기에서도 계수의 변화가 거의 없다.

액적과 기포에 대한 물질전달(Mass transfer to drops and bubbles)

작은 액체 방울이 기체 속으로 떨어지고 있을 때 액적 표면에 대한 물질전달계수 다음 식으로 나타낼 수 있다.

$$\bar{k}_c = 2\sqrt{\frac{D_v u_0}{\pi D_p}} \tag{15.78}$$

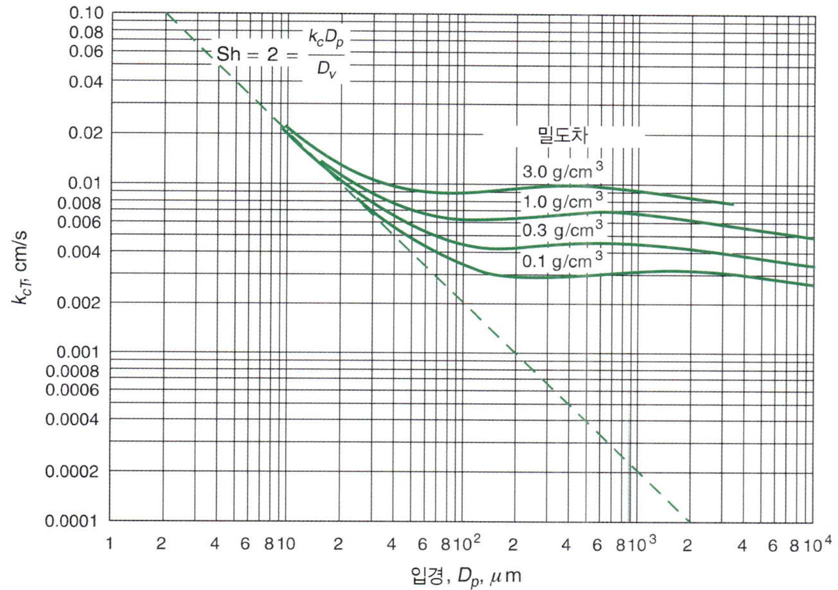

그림 15.8 물 속으로 떨어지는 입자의 물질전달계수(점도 $\mu = 1$ cP, 확산도 $D_v = 10^{-5}\text{cm}^2/\text{s}$)

양변에 D_p/D_v를 곱하면,

$$\text{Sh} = \frac{2}{\sqrt{\pi}}\left(\frac{\text{D}_\text{p}\text{u}_0\rho}{\mu}\,\frac{\mu}{\rho\text{D}_\text{v}}\right)^{1/2} = 1.13\,\text{Re}^{1/2}\,\text{Sc}^{1/2} \tag{15.79}$$

가 된다. 식 (15.79)를 경질구에 관한 식인 식 (15.74)와 비교해 보면, 액적 속의 내부 순환이 k_c를 약 $1.88\,\text{Sc}^{1/6}$만큼 또는 $\text{Sc} = 10^3$일 때 5.9만큼 증가시킬 수 있다.

외부와 내부저항을 합하는 경우에는 구에 대한 유효내부계수를 사용할 수 있다.

$$k_{ci} = \frac{10D_v}{D_p} \tag{15.80}$$

k_{ci} = 유효 내부 물질전달계수

D_v = 액적 내부에서의 확산도

D_p = 액적의 지름

농도기울기는 액적 속 멀리까지 연장되지 않기 때문에 액적의 수명이 짧으면 내부계수는 식 (15.80)으로 구한 값보다 더 크게 된다.

연습 문제

15.1 0°C, 대기압에서 이산화탄소가 질소를 통하여 한쪽 방향으로 확산하고 있다. 점 A에서 CO_2의 몰분율은 0.2이고, 확산방향으로 3m 떨어진 점 B에서는 0.02이다. 이 거리에서 농도기울기는 일정하다. 확산도 D_v는 0.144cm²/s이다. 기상은 전체적으로 보아 정지상태이다. 즉, 질소가 이산화탄소와 같은 속도로 반대방향으로 확산하고 있다. (a) CO_2의 몰 플럭스는 kmol/m²·h단위로 얼마인가? (b) 순 질량플럭스는 몇 kg/m²·h인가?

답 : (a) 1.388×10^{-4}kmol/m²·h (b) 2.221×10^{-3}kg/m²·h

15.2 지름이 8m인 원형 열린탱크가 대기에 노출된 상태로 25°C의 n-프로판올을 저장하고 있는데 n-프로판올은 5mm 두께로 추산되는 정체상태의 공기경막으로 덮여 있다. 정체경막 너머의 n-프로판올 농도는 무시해도 좋다. 25°C에서 n-프로판올의 증기압은 20mmHg이다. n-프로판올이 1 리터 당 $1,20이라면, 이 탱크로부터의 n-프로판올의 손실은 하루에 몇 $가 되겠는가? n-프로판올의 비중은 0.80이다.

답 : N_A = 0.00791kmol/m²·h or 0.476kg/h·m², Cost = 861$/day

15.3 알코올은 용해되지만 물이 용해되지 않는 비휘발성 용매에 알코올 증기와 물 증기로 된 혼합물로부터 에탄올 증기가 흡수된다. 온도는 97°C이고 전압은 760mmHg이다. 알코올 증기는 0.1mm 두께의 알코올-물 증기 혼합물 경막을 통해 확산된다고 생각할 수 있다. 경막 바깥쪽에서 증기 속의 알코올의 mol%는 80%이고, 안쪽에서는 10%이다. 25°C, 1atm에서 알코올-몰 증기 혼합물의 부피확산도는 0.15cm²/s이다. 경막 면적이 10m²이라고 할 때 알코올 증기의 확산속도를 kg/h 단위로 계산하라.

답 : N_A = 39.09kmol/m²·h or 17,980kg/h

15.4 에탄올-물 증기 혼합물이 알코올-물 액체용액과의 접촉에 의해 증류되고 있다. 알코올은 기체에서 액체로, 그리고 물은 액체에서 기체로 전달된다. 알코올과 물의 몰유량은 같으나 방향은 반대이다. 온도는 95°C이고, 압력 1atm이다. 두 성분들은 0.1mm 두께의 기체경막을 통해 확산한다. 경막 바깥쪽에서의 알코올의 mol%는 80%이고, 안쪽에서는 10%이다. 10m² 면적의 경막을 통하는 알코올과 물의 확산속도는 kg/h 단위로 계산하라.

답 : N_A = 18.13kmol/m²·h or 3263kgH_2O/h

15.5 50°C, 절대압력 20mmHg에서 공기중의 물 증기에 대한 (a) 확산계수와 (b) Schmidt 수를 구하라.

답 : (a) $D_v = 11.23 \times 10^{-4}$m²/s, (b) Sc = 0.587

15.6 온도를 0에서 100°C로 올리면 물 속의 설탕(sucrose)에 대한 확산계수는 몇 배나 증가하는가? 두 개의 서로 다른 식을 사용하고 결과를 비교하라.

답 : 식 (15.33)에서 D_v = 8.36, 식 (15.34)에서 D_v = 8.18

15.7 50°C에서 물 속에 있는 HCl과 NaCl의 묽은 용액에 대한 확산계수를 구하라.

답 : $D_{NaCl} = 1.74 \times 10^{-5}$cm²/s

15.8 20°C에서 공기로 포화된 물이 50cm/s의 속도로 소수성 중공사를 통과한다. 중공사는 길이가 1m이고 내경이 500μm이며 중공사 벽에 산소가 확산해 오자마자 제거하기 위하여 중공사 외부에 진공을 만들어 놓았다. 산소에 대한 (a) 확산계수, (b) Schmidt 수 (c) Sherwood 수(Sh) (d) 물질전달계수를 구하라.

답 : (a) $D_v = 2.11 \times 10^{-5}$cm/s, (b) Sc = 474 (c) Sh = 5.83 (d) $k_c = 2.46 \times 10^{-3}$cm/s

CHAPTER

16 기체흡수

Gas Absorption

기체 흡수(gas absorption)는 용질기체를 용해할 수 있는 액체에 불활성 기체와 섞여 있는 혼합물로부터 용해성 기체가 흡수하는 조작을 말한다. 용질은 나중에 증류에 의해 액체로부터 회수되고 흡수액체는 버리거나 재사용한다. 때로는 액체를 불활성 기체와 접촉시켜 액체로부터 용질을 제거하기도 한다. 즉 기체흡수의 반대 조작을 탈착(desorption) 또는 기체탈거(stripping)라고 한다.

흡수기술의 대표적인 응용예로는 1) 흡수에 의해 아민이나 알칼리 염 용액에 천연가스나 합성가스로부터 CO_2와 H_2S를 제거하는 것과 2) 물에 의해 암모니아와 공기로 이루어진 혼합물로부터 암모니아를 세척하는 것을 들 수 있다.

16.1 충전과 충전탑 설계(Packings and packed tower design)

일반적으로 기체흡수 조작에 사용되는 장치인 충전탑을 그림 16.1에 나타내었다. 충전탑의 구성은 본체가 원통형 탑(column 또는 tower)이며 바닥에는 기체 입구와 기체분배 공간이 있고, 위에는 액체 입구와 액체분배장치가 있고. 위와 아래에 기체 및 액체 출구가 있고, **탑 충전물**이라고 하는 여러 모양의 불활성 고체의 지지물로 구성되어 있다. 충전물 지지대는 힘을 받을 수 있도록 골이 있는 망으로 되어 있으며 열린 면적(open area)이 커서 지지대에서 범람이 일어나지 않도록 되어 있다.

충전탑에서의 일반적인 거동은 다음과 같다.

1) 순수한 용매이거나 용질의 희석용액 및 **묽은 액체**(weak liquor)라고 불리는 도입 액체는 액체분배장치에 의해 충전물 꼭대기로 분산되며 이상적 조작에서는 충전물 표면을 골고루 적신다. 그림 16.1에 있는 액체분배장치는 구멍이 많이 뚫린 관이다. 큰 탑에는 분무노즐이나 일류둑(overflow weir)을 갖는 분배판이 있는 것이 보통이다. 직경이 9m인 아주 큰 탑인 경우 개별 관에서 액체를 떨어뜨리는 판 액체분배장치를 추천하고 있다.

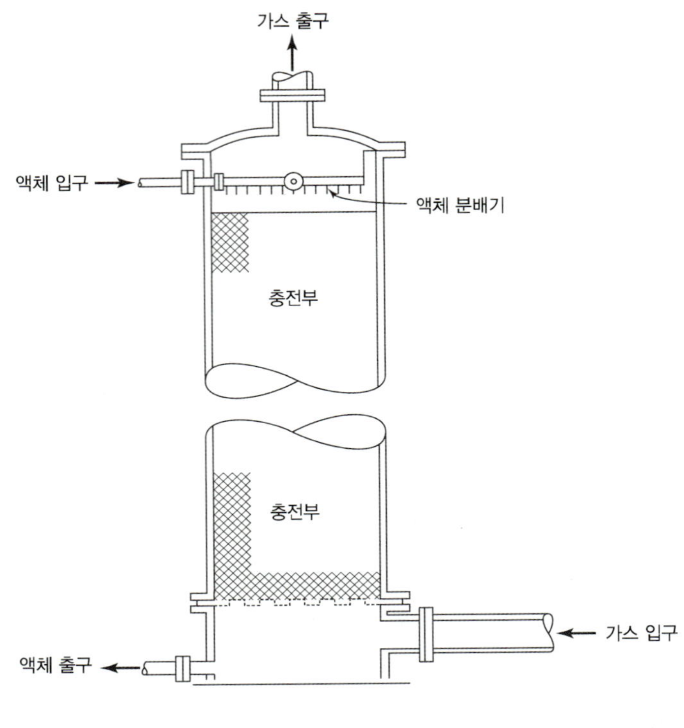

그림 16.1 충전탑

2) 용질이 함유된 기체, 즉 진한기체(rich gas)는 충전물 밑에 있는 기체분배공간으로 들어가서 충전물들의 틈 사이를 통해 액체흐름과 향류로 위로 흘러간다.
3) 충전물들은 액체와 기체 사이의 접촉면적을 크게 해주며 상 사이에 밀접한 접촉을 이루도록 한다.
4) 농후기체 속의 용질은 탑에 들어가는 새 액체에 의해 흡수되며, 희석기체(dilute gas) 또는 희박기체(lean gas)는 꼭대기로 나간다. 액체는 아래로 흘러 내려감에 따라 용질이 농축되며, **진한 액체**(rich liquid)라고 하는 농축된 액체는 액체 출구를 통해 밑바닥으로부터 나간다.

탑 충전물은 두 가지 유형으로 분류된다. 첫 번째는 충진탑 속으로 불규칙하게 쏟아 넣어 설치하는 불규칙 충전물(random packings), 두 번째는 손으로 쌓는 것과 같이 층층이 쌓아서 설치하는 규칙 충전물(structured packings) 등이다. 불규칙 충전물은 주요 치수가 6～75 mm이며, 25 mm 이하의 충전물은 주로 실험실이나 파일롯 장치에 사용된다. 규칙 충전물은 50～200 mm 크기이며 불규칙 충전물보다 HETP가 낮아서 효율 좋고 처리 용량이 크나 오염 물질이 많은 시스템에서는 규칙 충전물의 구조적인 특징으로 인하여 사용하지 못한다.

불규칙 충전물(random packings)은 점토, 자기 또는 여러 가지 플라스틱과 같은 싸고 불활성인 물질로 만든다. 강철이나 알루미늄으로 된 얇은 두께의 금속 링(ring)이 사용되기도 한다. 충전물들은 불규칙하고 속이 빈 상태로 만들어 유체를 위해 많은 틈새 공간과 큰 통로를 이루므로 해서

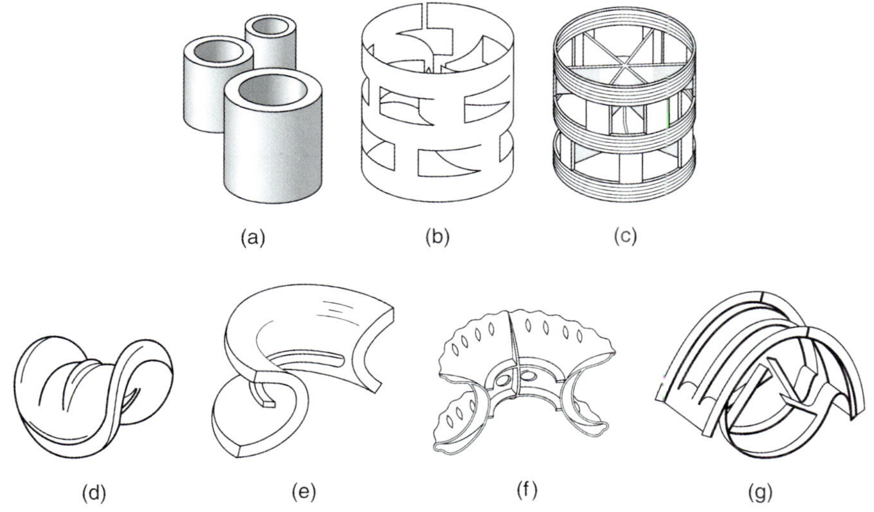

그림 16.2 일반 탑 충전물 : (a) Raschig 링, (b) 금속 Pall 링, (c) 플라스틱 Pall 링, (d) Berl 안장형, (e) 쎄라믹 Intalox 안장형, (f) 플라스틱 특수(super) Intalox 안장형, (g) 금속 Intalox 안장형

서로 맞물리어 60～90%의 세공률 또는 공극률을 갖는 열린 구조물을 이룬다.

규칙 충전물들은 그림 16.2에, 물리적 특성은 표 16.1에 주어져 있다. Intalox 새들(saddle, 안장형)은 Berl 새들(saddle, 안장형)과 좀 비슷하지만 그 모양의 특징은 새들(안장)들이 서로 가깝게 포개지지 않도록 함으로써 충전층의 세공률을 증가시킨다. 최근에 개발된 Intalox 새들(안장형)은 부채꼴 모양의 가장자리에 약간의 변화가 있으며, 플라스틱이나 씨라믹으로 된 것이 많다. Pall 링(ringd)은 벽의 일부를 안쪽으로 구부려 얇은 금속으로 만들거나, 벽에 길쭉한 구멍(slot)이 있고 내부에는 얇은 보강재로 받친 플라스틱으로 만든다. Hy-pak 금속 충전물과 Flexiring은 모양과 기능 면에서 금속 Pall 링과 유사하다. Pall 링으로 이루어지는 충전층은 90% 이상의 공극률을 가지며 명목치수가 같은 어느 다른 충전물들보다 압력강하가 작다.

근래에는 Norton 사의 새로운 IMTP(Intalox Metal Tower Packing)은 상당히 큰 열린 구조를 갖고 있으며 Pall링보다 압력강하가 더 낮아서 처리 용량이 약 15% 더 크다.

초기에는 규칙 충전물들은 가느다란 철망으로 만들어졌으나 최근에는 다공·주름 금속판으로 만들어진 것이 많다. 그림 16.3은 조립형 충전물에 대한 개략도로서 통로는 수평에 대해 45° 각도를 이루도록 되어 있으며 액체는 표면에 펼쳐지고 기체는 주름판 통로를 따라 흐르고 층별로 방향이 바뀌도록 되어 있다. 삼각형 모양의 골은 밑이 25～40mm, 변이 17～25mm, 그리고 높이가 10～15mm이다. 세공률은 0.93～0.97이며 비표면적은 200～250m^2/m^{3}이다. 금속망으로 만들어진 Sulzer의 BX 충전물은 비표면적이 152 500m^2/m^{3}이며 세공률이 0.90이다.

표 16.1 불규칙 충전물 탑의 특성

유형	물질	치수, in	밀도,† lb/ft³	충면적,† ft²/ft³	Porosity ε	충전인자‡ F_p	충전인자‡ f_p
Raschig rings	Ceramic	½	55	112	0.64	580	1.52§
		1	42	58	0.74	155	1.36§
		1½	43	37	0.73	95	1.0
		2	41	28	0.74	65	0.92§
Pall rings	Metal	1	30	63	0.94	56	1.54
		1½	24	39	0.95	40	1.36
		2	22	31	0.96	27	1.09
	Plastic	1	5.5	63	0.90	55	1.36
		1½	4.8	39	0.91	40	1.18
Berl saddles	Ceramic	½	54	142	0.62	240	1.58§
		1	45	76	0.68	110	1.36§
		1½	40	46	0.71	65	1.07§
Intalox saddles	Ceramic	½	46	190	0.71	200	2.27
		1	42	78	0.73	92	1.54
		1½	39	59	0.76	52	1.18
		2	38	36	0.76	40	1.0
		3	36	28	0.79	22	0.64
Super Intalox saddles	Ceramic	1	—	—	—	60	1.54
		2	—	—	—	30	1.0
IMTP	Metal	1	—	—	0.97	41	1.74
		1½	—	—	0.98	24	1.37
		2	—	—	0.98	18	1.19
Hy-Pak	Metal	1	19	54	0.96	45	1.54
		1½	—	—	—	29	1.36
		2	14	29	0.97	26	1.09
Tri-Pac	Plastic	1	6.2	85	0.90	28	—
		2	4.2	48	0.93	16	—

†Bulk density and total area are given per unit volume of column.

‡Factor F_p is a pressure drop factor and f_p a relative mass-transfer coefficient. Factor f_p is discussed on page 603 in the paragraph "Performance of Other Packings." Its use is illustrated in Example 18.7.

§Based on NH_3–H_2O data; other factors based on CO_2–NaOH data.

액체와 기체간의 접촉(Contact between liquid and gas)

특히 큰 탑에서는 액체와 기체가 잘 접촉하도록 하는 것이 가장 어렵다. 이상적으로는 충전물 꼭대기에서 한번 분배된 액체가 모든 충전물 표면 위에 얇은 경막을 이루며 계속해서 탑 아래로 흘러내려가야 한다. 실제로는 경막이 어떤 곳에서는 두꺼워지고 어떤 곳에서는 얇아져서 액체가 작은 물줄기로 모여 어느 한쪽의 경로를 따라 충전물을 통해 흐른다. 특히 액체유량이 낮으면 충전물 표면이 건조하게 되어 액체의 정체경막으로 덮여진다. 이와 같은 효과를 **편류**(channeling)라고 하며, 이는 대형 충전탑에서 성능을 나쁘게 하는 주요 요인이 된다. 근래에는 고효율의 액체 분배판이 개발되어서 지름이 큰 충전탑에서도 많이 사용되고 있다.

보통 크기의 탑에서는 적어도 충전물 지름의 8배가 되는 탑 지름을 갖게 함으로써 편류를 최소화할 수 있다. 탑 지름과 충전물 지름의 비가 8 : 1 이하이면, 액체가 충전물로부터 흘러나와 탑

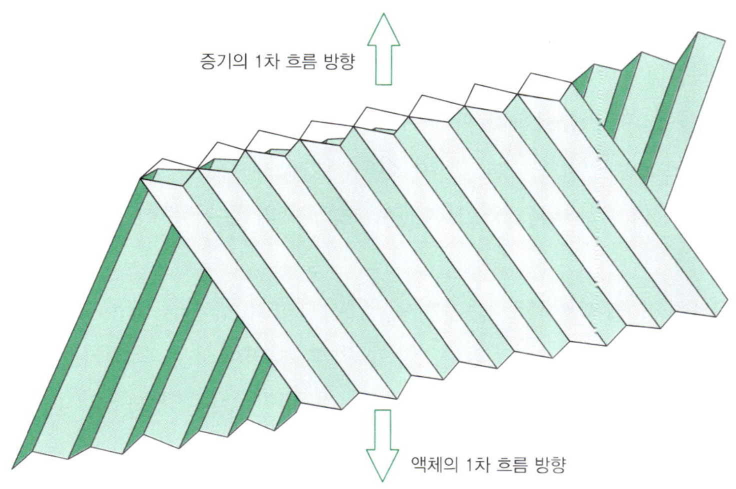

그림 16.3 조립형 충전물의 개략도

벽을 따라 흐르는 경향이 있다. 초기 분배가 잘 되었다고 하더라도 탑 속에 매 5~10 m마다 충전층 바로 위에 액체용 재분배장치를 설치할 필요가 있다. 액체분리를 개선하면 직경이 9 m 정도 큰 충전탑을 효과적으로 이용할 수 있다.

압력강하와 한계유량(Pressure drop and limiting flow rates)

그림 16.4는 충전탑(packed tower)에서 압력강하에 대한 데이터이다. 단위 충전층 깊이 당 압력강하는 유체마찰(fluid friction)에서 생기는 것으로서 대수좌표 상에 기체유량 G_y에 대해 도시된다. G_y는 빈 탑을 기준한 단위시간, 단위면적당 기체의 질량으로 표시된다. 따라서 G_y는 $G_y = u_0 \rho_y$에 의해 겉보기 기체속도와 관계된다. 여기서 ρ_y는 기체의 밀도를 나타낸다. 충전물이 젖지 않으면 선은 직선으로 기울기가 약 1.8을 갖는다. 그러므로 압력강하는 속도의 1.8승에 비례하여 증가한다. 충전물이 일정한 액체유량으로 젖으면 압력강하와 기체유량간의 관계는 처음에는 마른 충전물에 대한 선과 평행을 이룬다. 이 경우 압력강하는 마른 충전물의 경우

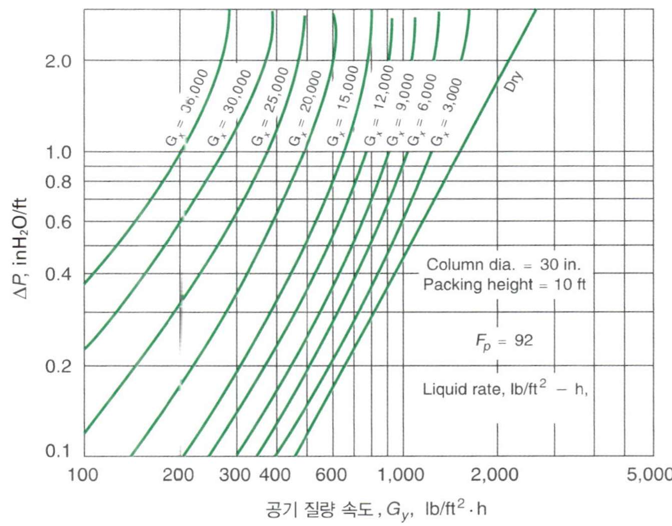

그림 16.4 1-in. Intalox 안장형이 충전된 충전탑 내에서 공기-물계에 대한 압력강하(1,000 lb/ft^2·h = 1.356 kg/m^2·s; 1inH$_2$O/ft = 817 Pa/m)

보다 큰데 이것은 탑에 있는 액체가 기체의 흐름공간을 줄이기 때문이다. 그렇지만 공극률이 기체 흐름에 의해 변하지는 않는다. 보통의 기체속도에서는 기체가 아래로 흐르는 액체를 방해하여 액체의 체류량이 기체흐름에 따라 증가하기 때문에 젖은 충전물에 대한 선이 점차 가파르게 된다. 압력강하선의 기울기 변화로 판단할 수 있는 바와 같이, 액체 체류량이 증가하기 시작하는 점을 **부하점**(loading point)이라고 한다. 그러나 그림 16.4에서 보는 바와 같이 부하점에 대한 정확한 값을 찾기가 쉽지 않다.

기체속도가 증가하면 압력강하도 증가하며, 압력강하가 충전물 1m 당 물기둥으로 150~250 mm로 될 때에 선들이 거의 수직이 된다. 탑의 일부 지역에서는 액체가 연속상이 되고 **범람점**(flooding point)에 도달한다. 기체유량을 일시적으로 더 높일 수도 있으나 그렇게 되면 액체가 빨리 축적되어 탑 전체가 액체로 채워질 수 있다.

충전탑에서의 조업 기체속도는 **범람속도(flooding velocity)**보다는 확실히 낮아야 한다. 그렇지만 범람에 가까워지면 충전물 표면의 거의 대부분이 젖어 기체와 액체간의 접촉 면적이 극대화된다. 안전조업을 위해서 범람속도에서 충분히 떨어진 속도를 선택해야 하지만 너무 큰 탑을 필요로 할 만큼 낮은 속도는 아니어야 한다. 기체와 액체속도를 낮추면 거의 그것에 비례하여 물질전달속도도 감소하기 때문에 설계속도를 낮추면 필요한 탑 높이를 크게 변화시키지 않으면서 탑의 직경을 증가시킨다.

낮은 기체속도의 이점은 압력강하를 줄이는 것이지만 일반적으로 소비 동력비용이 최적설계의 주요 인자는 아니다. 때로는 기체속도를 예상 범람속도의 반으로 잡는다. 충전탑은 충전물 단위높이 당 일정한 압력강하에 기준해서 설계할 수도 있다.

범람속도(flooding velocity)는 충전물의 종류와 크기 및 액체 질량속도에 크게 의존한다. 그림 16.5는 그림 16.4에서 취한 Intalox 새들(안장형) 데이터 및 다른 크기에 대한 유사한 곡선들을 보여주고 있다. 압력강하 곡선들은 충전물 1ft당 2.0 inH_2O의 압력강하에서 거의 수직이기 때문에 범람이 이 지점에서 일어난다고 가정하였다. 액체유량이 낮은 경우 범람속도는 액체유량의 약 −0.2 ~ −0.3 승과 충전물 크기의 0.6~0.7 승에 따라 변한다. 액체유량과 충전물 크기의 영향은 액체질량속도(liquid mass velocity)가 큰 경우에 보다 뚜렷해진다.

16.2 흡수의 원리(Principles of absorption)

충전 흡수탑(packed absorption tower)의 지름은 취급되는 기체와 액체의 양, 그들의 성질 및 다른 흐름에 대한 한 흐름의 비에 관계된다. 탑의 높이, 즉 충전물의 총 부피는 원하는 농도 변화의 크기와 단위 충전층 부피 당 물질전달속도에 관계된다. 그러므로 탑 높이의 계산은 물질수지, 엔탈피수지 및 추진력과 물질전달계수의 계산에 기초를 두고 있다.

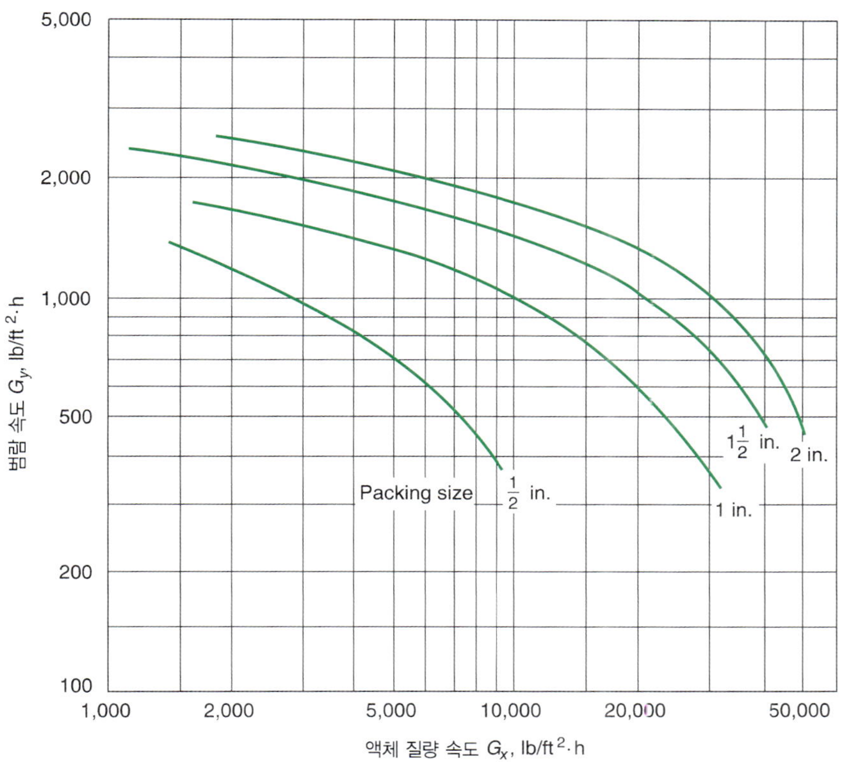

그림 16.5 쎄라믹 Intalox 안장형 충전탑에서 공기-물 계의 범람속도(1,000 lb/ft^2·h = 1.356 kg/m^2·s)

물질수지(Material balances)

그림 16.6에서 보는 봐와 같이 충전 흡수탑에서 L_a를 탑상부에서 유입되는 액상 전체 몰유량(mol/time), V_a를 탑 상부로 배출되는 기상 전체의 몰유량, L_b는 탑 하부로 배출되는 액상 전체 몰유량, V_b는 탑 하부로 유출되는 기상 전체의 몰유량, L은 순수 액상에서의 몰유량, V는 순수 운반가스만의 몰유량, x_a, x_b는 L_a, L_b에 포함된 액상 분율, y_a, y_b는 V_a, V_b에 포함된 기상 분율이라 하면 경계선에서의 물질수지식은 다음과 같다.

$$\text{총괄 물질수지}: L_a + V = L + V_a \tag{16.1}$$

$$\text{A성분수지}: L_a x_a + V y = L x + V_a y_a \tag{16.2}$$

충전탑 전체에 대한 총괄 물질수지는 다음과 같다.

$$\text{총괄 물질수지}: L_a + V_b = L_b + V_a \tag{16.3}$$

$$\text{성분 A의 수지식}: L_a x_a + V_b y_b = L_b x_b + V_a y_a \tag{16.4}$$

식 (16.2)를 하면 다음 식을 얻을 수 있다.

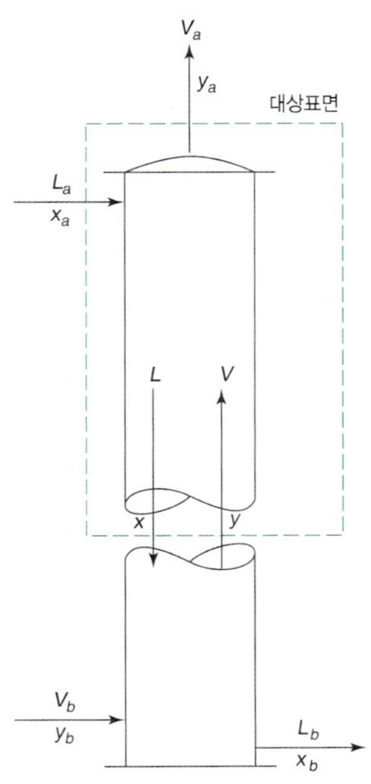

그림 16.6 충전탑에 대한 물질수지 선도

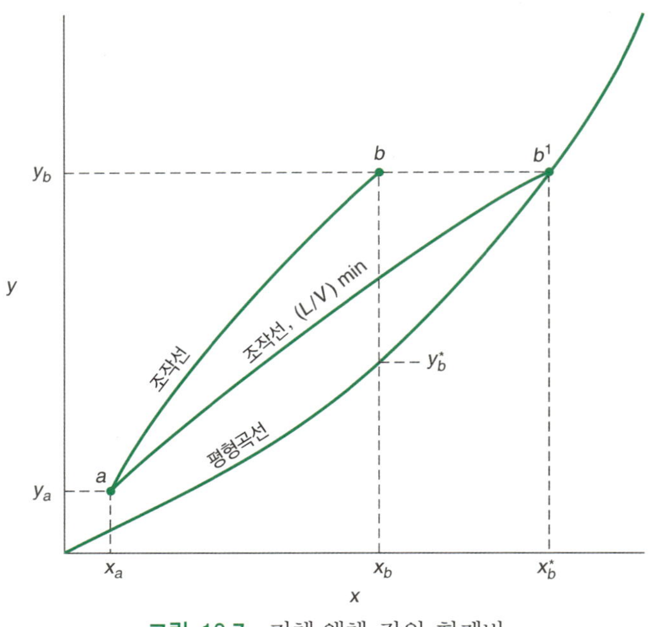

그림 16.7 기체-액체 간의 한계비

$$y = \frac{L}{V}x + \frac{V_a y_a - L_a x_a}{V} \tag{16.5}$$

식 (16.5)를 임의의 지점에서 **조작선 식(operating line equation)**이라고 한다.

그림 16.7에서 보는 바와 같이 조작선은 평형곡선(equilibrium curve)과 함께 일반 도표에 도시된다. 흡수인 경우에는 양의 추진력($y - y^*$)를 가져야 하기 때문에 흡수가 일어나기 위해서 조작선이 평형선의 위에 놓여야 한다.

식 (16.5)에서 x와 y는 탑 전체의 임의의 부분에서 서로 접촉하고 있는 액체와 기체의 조성을 표시한다. 어느 주어진 높이에서의 조성은 충전물의 위치와는 관계없다고 가정하면 기체 혼합물로부터 용해성 성분을 흡수함으로써 총 기체유속 V는 기체가 탑을 지나감에 따라 감소하고, 액체흐름 L은 증가한다. 이러한 변화는 그림 16.7에서 보는 바와 같이 조작선은 약간 곡선이 된다.

기체-액체의 한계비(Limiting gas-liquid ratio)

식 (16.5)는 조작선의 평균 기울기가 액체와 기체의 몰 유량 비인 L/V임을 보여주고 있다. 따라서 주어진 기체 흐름에 대해 액체 흐름이 줄어들면 조작선 기울기가 감소한다.

그림 16.7의 조작선 ab를 생각해 보자. 기체 유량과 장치 양끝의 농도들인 x_a, y_a 및 y_b를 고정하고 액체유량 L이 감소한다고 가정하자. 그러면 조작선 위의 끝은 평형선 쪽으로 움직이고 진한 액체의 농도 x_b가 증가한다. 최대로 가능한 액체 농도와 최소로 가능한 액체유속은 그림 16.7의 ab^1선으로 표시한 바와 같이 조작선이 평형선에 닿을 때 얻을 수 있다. 이런 조건에서는 물질전달에 요하는 농도차이가 탑 밑바닥에서 0이 되어 무한대로 기다란 충전층이 필요해진다. 실제 탑에서는 정해진 기체의 조성 변화를 이루려면 액체유속이 이 최소치보다는 커야 한다.

L/V비는 향류 탑에서 흡수의 경제성에 미치는 영향이 크다. 물질전달에 대한 추진력은 $y - y^*$이며, 이것은 그림 16.7과 같은 선도 상의 조작선과 평형선 간의 수직거리에 비례한다. L/V를 증가시키게 되면 탑 꼭대기를 제외하고 탑 어디에서나 추진력이 증가되어 흡수탑을 길게 할 필요가 없게 된다. 그렇지만 많은 양의 액체를 사용하면 더욱 묽은 액체 제품이 되어 탈착이나 탈거에 의해 용질을 회수하기가 더욱 어려워진다. 탈거에 드는 에너지 비용은 흔히 흡수-탈거조작 총 비용의 주요 부분이 된다. 흡수에 대한 최적 액체유속은 두 장치의 조업비용과 장치의 고정비를

균형 잡아 구하게 된다. 일반적으로 흡수탑의 액체유속은 액체를 버리든지 재생하지 않는 한 최소 유속의 1.1~1.5배 범위에 있어야 한다.

흡수탑 꼭대기의 조건들은 가끔 장치비와 조업비 간의 균형을 그려해야 하는 설계변수이다.

그림 16.7의 선도는 탑에 공급된 액체 속에 있는 용질의 중요한 농도를 보여주며, 기체로부터 99%를 제거하는 것이 이 경우에는 불가능하다. 그러나 더 잘 탈거시키든가 아니면 흡수 액체를 보다 완전하게 재생함으로써 x_a값을 더 낮출 수 있다. x_a값은 보다 완전한 재생에 필요한 여분의 장치비와 흡수탑의 효율적 운전에서 생기는 비용절감을 고려해서 최적화시킬 수 있다.

흡수속도(Rate of absorption)

흡수속도는 개별계수(individual coefficients)나 기상 또는 액상에 기준한 총괄 계수(overall coefficient)를 이용하는 4개의 다른 방법으로 표시될 수 있다. 단위 면적당 계수를 결정하기가 더욱 어렵고, 설계계산의 목적이 일반적으로 흡수탑의 총 부피를 결정하는 것이기 때문에 대부분의 계산에서는 부피계수가 이용된다. 다음 과정에서 한 방향 확산에 대한 보정인자는 편의상 뺐으며 액체 및 기체 유량의 변화도 무시하였다. 다음 식들은 엄밀하게는 희박기체에만 유효하지만 용질의 10%까지 섞인 혼합물에도 별 오차 없이 이용할 수 있다. 충전탑의 단위부피당 흡수속도(r)는 다음 식들 중 어느 것으로도 표시된다. 여기서, y와 x는 흡수되는 성분의 몰분율을 나타낸다.

$$r = k_y a(y - y_i) \tag{16.6}$$

$$r = k_x a(x_i - x) \tag{16.7}$$

$$r = K_y a(y - y^*) \tag{16.8}$$

$$r = K_x a(x^* - x) \tag{16.9}$$

분압의 차이인 $(p - p_i)$는 $(y - y_i)$에 비례하므로 기상의 추진력으로 사용될 수 있다. 때로는 몰비인 Y와 X에 기준한 선도도 사용될 수 있다. 이럴 경우에는 조작선이 직선이지만 ΔY와 ΔX가 유효한 추진력 측정이라고 볼 수 없기 때문에 이러한 방법은 추천하고 싶지 않다.

개별계수 $k_y a$ 및 $k_x a$는 총괄계수 $K_y a$ 및 $K_x a$와 마찬가지로 단위 부피를 기준한 것이다. 이 계수들에 있는 a는 충전탑 또는 다른 장치의 단위 부피당 계면의 면적이다. a를 산출한다든지 측정하기는 어려우나 설계 계산이 부피계수를 기준할 수 있기 때문에 대부분의 경우 a의 실제값을 알 필요는 없다.

계면의 조성(y_i, x_i)는 식 (16.6)과 (16.7)을 이용하여 조작선 선도로부터 얻을 수 있다. 즉

$$\frac{y - y_i}{x_i - x} = \frac{k_x a}{k_y a} \tag{16.10}$$

따라서, 조작선으로부터 기울기가 $-k_x a/k_y a$인 선을 그리면, 그림 16.8에서 보는 것처럼 (y_i, x_i)에서 평형선과 교차한다. 보통은 계면의 조성을 알 필요가 없지만, 이 값들은 농후기체가 관계되는

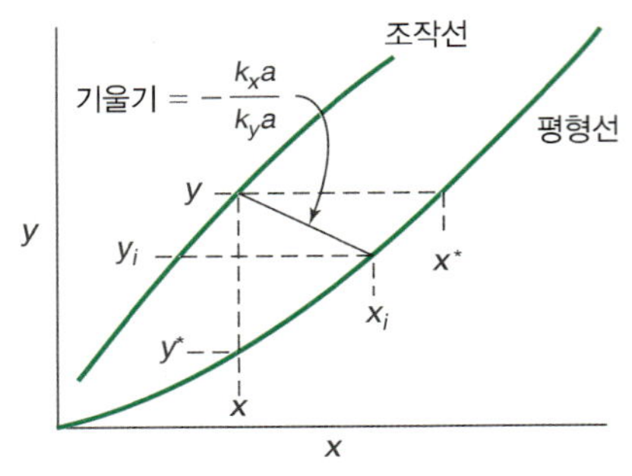

그림 16.8 계면조성의 위치

계산이나 평형선이 심하게 굽었을 때 이용된다.

총괄 추진력은 $y\,x$ 선도 상의 수직선이나 수평선으로 쉽게 결정된다. 총괄 계수는 평형선의 국부 기울기인 m을 이용해서 $k_y a$ 및 $k_x a$로부터 얻어진다. 즉,

$$\frac{1}{K_y a} = \frac{1}{k_y a} + \frac{m}{k_x a} \tag{16.11}$$

$$\frac{1}{K_x a} = \frac{1}{k_x a} + \frac{1}{m k_y a} \tag{16.12}$$

여기서, $1/(k_y a)$는 기체경막 물질전달 저항

$m/(k_x a)$는 액체경막 물질전달 저항

$1/K_y a$는 기체경막 총괄물질전달 저항계수

$1/K_x a$는 액체경막 총괄물질전달 저항계수 이다

계수 $k_y a$와 $k_x a$가 같은 크기 자리수이고 m이 1보다 훨씬 크면 액체 경막율속저항이다. 이것은 $k_y a$의 변화는 거의 영향이 없는 반면, $k_y a$의 어떤 변화도 $k_y a$와 $K_x a$ 모두와 흡수속도에 거의 비례하는 효과를 준다는 것을 의미한다. 예를 들면, 20°C에서 물에 대한 Henry 계수는 1,430atm 몰분율인데 이는 1atm의 흡수에서는 m = 1,430에 해당하고 10atm의 흡수에서는 m = 143에 해당한다. 이러한 조건하에서 물에 CO_2가 흡수되는 것은 명백하게 액체경막 조절이 된다. 기체의 속도를 증가시키면 $k_y a$가 커지지만 $K_y a$에 대한 영향은 무시할 만하다. 액체의 속도를 증가시키면 계면의 면적 a가 증가하고 또한 k_x도 증가하여 이 두 가지 증가로 $k_x a$와 $K_y a$가 증가한다.

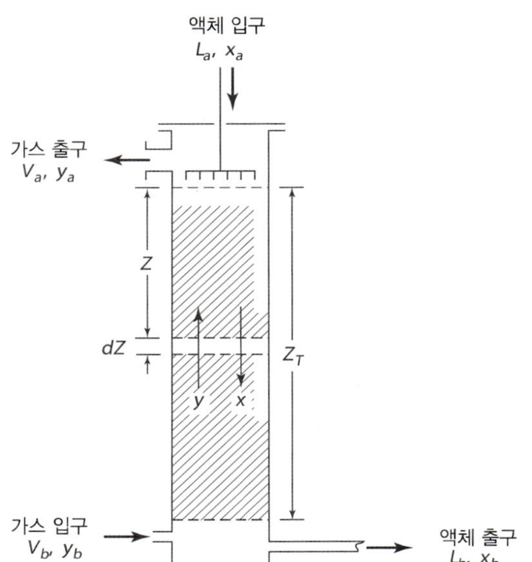

그림 16.9 충전 흡수탑의 선도

물 속의 HCl 용해도처럼 기체의 용해도가 아주 큰 경우에는 m이 굉장히 작아서 기체경막 저항이 흡수속도를 조절한다. 중간의 용해도를 갖는 기체의 경우에는 두 저항이 모두 중요하지만 율속저항(controlling resistance)으로서 더 큰 저항이 대표로 사용될 때가 많다. 물속에 암모니아의 흡수는 기체경막이 전체 저항의 약 80~90%를 차지하기 때문에 기체경막저항이다.

탑 높이의 계산(Calculation of tower height)

그림 16.9와 같은 충전탑을 생각해 보자. 단면적은 S이며, 높이 dZ에서의 미소부피(differential volume)는 $S\,dZ$이다. 희박기체의 경우에는 몰 유속의 변화가 무시된다. 따라서 dZ부분에서 흡수된 양은 $-V\,dy$이며, 이것은 흡수속도에다 미소부피를 곱한 것과 같다. 즉,

$$-V\,dy = K_y a(y - y^*)S\,dZ \tag{16.13}$$

일정한 값을 갖는 V, S 및 $K_y a$를 dZ쪽으로 모으고, 이 식을 적분하기 위해 재정리하여 (−)부호를 없애기 위해 적분한계를 바꾸면 다음과 같이 된다.

$$\frac{K_y aS}{V}\int dZ = \frac{K_y aSZ_T}{V} = \int_a^b \frac{dy}{y - y^*} \tag{16.14}$$

식 (16.14)의 우변은 어떤 경우에는 직접 적분할 수 있거나, 아니면 수치적분으로 구할 수 있다.

이동단위 수(Number of transfer units)

탑 높이에 관한 식은 다음과 같이 쓸 수 있다.

$$Z_T = \frac{V/S}{K_y a}\int_a^b \frac{dy}{y - y^*} \tag{16.15}$$

식 (16.15)의 적분값은 증기의 농도변화를 평균 추진력으로 나눈 것으로서, **이동단위 수**(number of transfer unit, NTU) N_{Oy}라고 한다. 하첨자는 N_{Oy}가 기상에 대한 총괄 추진력에 기준한 것임을 나타낸다. 식 (16.15)의 다른 부분은 길이의 단위를 가지며, 한 개 **이동단위 높이**(height of a transfer unit, HTU) H_{Oy}라고 한다. 따라서 간단한 설계방법은 yx 선도로부터 N_{Oy}를 결정하고, 거기에다 문헌에서 구했거나 물질전달 관계식으로 계산한 H_{Oy}를 곱하면 된다. 즉,

$$Z_T = (NTU \cdot HTU) = (H_{Oy} \cdot N_{Oy}) \tag{16.16}$$

이 값들은 그림 16.13(a)에서와 같이 조작선과 평형선이 직선이며 평형일 때에만 똑같다. 이런 경우에는

$$N_{Oy} = \frac{y_b - y_a}{y - y^*} \tag{16.17}$$

이 된다. 그림 16.10(a)에는 약 5개의 이상단과 5개의 이동단위가 있다.

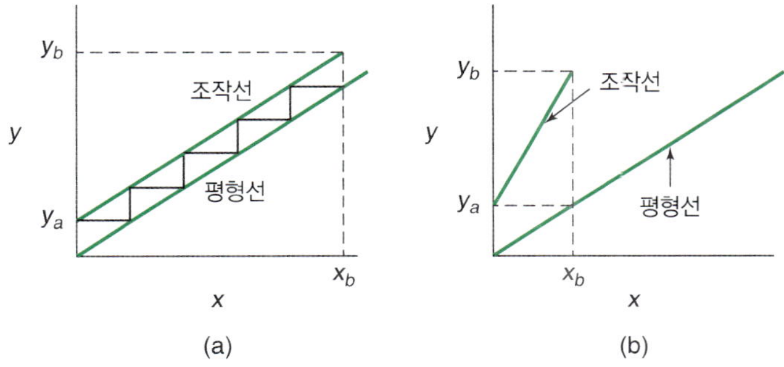

그림 16.10 이동단위 수(NTU)와 이론단 수(NTP)간의 관계 : (a) NTU = NTP, (b) NTU > NTP

조작선이 그림 16.10(b)와 같이 직선이지만 평형선보다 가파를 때에는 이동단위 수가 이상단수보다 크다. 보여준 예에서 탑 밑에서의 추진력은 $y_b - y_a$로서 탑 전체에서의 증기의 조성변화와 같으며, 한 개의 이상단을 갖는다. 그렇지만 탑 꼭대기에서의 추진력은 y_a로 몇 배가 더 작아서 평균 추진력이 $y_b - y_a$보다 훨씬 작다. 조작선과 평형선이 모두 직선인 경우에는 적절한 평균은 탑 양끝에서의 추진력의 대수평균임을 알 수 있다.

조작선과 평형선이 직선이면 이동단위 수는 농도변화를 대수평균 추진력으로 나눈 것이다. 즉,

$$N_{Oy} = \frac{y_b - y_a}{\overline{\Delta y_L}} \tag{16.18}$$

여기서, $\overline{\Delta y_L}$은 $y_b - y_b^*$와 $y_a - y_a^*$이 대수평균이다. 식 (16.18)은 기상을 기준한 것이다. 액상에 기준한 대응식은 아래와 같다.

$$N_{Ox} = \frac{x_b - x_a}{\overline{\Delta x_L}} \tag{16.19}$$

조작선과 평형선이 직선이면서 평행이 아니면 액상이동단위 수(N_{Ox})는 기상이동단위 수(N_{Oy})와 같지 않다. 흡수의 경우 조작선은 보통 평형선 보다 가파르기 때문에 N_{Ox}가 N_{Oy}보다 크게 되지만 이 차이는 H_{Oy}와H_{Ox} 간의 차이에 의해 상쇄되어 어떤 접근법을 사용하던 탑의 높이를 산출할 수 있다.

한 개 이동단위의 총괄 높이는 그 부분의 평균 추진력과 같은 농도변화를 이룩하는 데 요하는 충전부 높이로 정의될 수 있다. 특별한 계의 H_{Oy}값은 문헌에서 직접 구하거나 시험공장 조업으로부터 구할 수 있지만, 때에 따라서는 개별계수에 대한 실험관계식이나 개별 이동단위의 높이로부터 산출되어야 한다. 물질전달계수의 4가지 기본형이 있는 것과 마찬가지로 기상과 액상에 대한 개별 또는 총괄 추진력에 기초한 4종류의 이동단위가 있다. 이들은 다음과 같다.

기체경막 : $$H_y = \frac{V/S}{k_y a} \qquad N_y = \int \frac{dy}{y - y_i} \tag{16.20}$$

액체경막 : $$H_x = \frac{L/S}{k_x a} \qquad N_x = \int \frac{dx}{x_i - x} \tag{16.21}$$

총괄기체 : $$H_{Oy} = \frac{V/S}{K_y a} \qquad N_{Oy} = \int \frac{dy}{y - y^*} \tag{16.22}$$

총괄액체 : $$H_{Ox} = \frac{L/S}{K_x a} \qquad N_{Ox} = \int \frac{dx}{x^* - x} \tag{16.23}$$

다른 형태의 전달계수(Alternate forms of transfer coefficients)

문헌에 보고된 기체경막 계수는 가끔 몰분율 차이 대신에 분압으로 표시된 추진력이 사용되며, $k_g a$ 또는 $K_g a$로 표기한다. 지금까지 사용된 계수들과의 관계는 간단히 $k_g a = k_y a / P$ 및

$K_g a = K_y a/P$이며, 여기서 P는 전압이다. $k_g a$와 $K_g a$의 단위는 모두 mol/ft^3·h·atm이다. 마찬가지로 액체경막 계수는 $k_L a$ 또는 $K_L a$로 주어지며, 추진력은 부피농도 차이로 나타낸다. 따라서 단위는 보통 mol/ft^3·h·(mol/ft^3) 또는 h^{-1}이다.

식 (16.20)과 (16.22)의 V/S를 G_y/M 또는 G_M으로 대치하고, 식 (16.21)와 (16.23)의 L/S를 G_x/M로 대치하면, 이동단위의 높이에 대한 식들은 다음과 같이 쓸 수 있다($M\rho_M = \rho_x$, 즉 액체의 밀도이므로).

$$H_y = \frac{G_M}{k_g aP} \quad \text{그리고} \quad H_{Oy} = \frac{G_M}{K_g aP} \tag{16.24}$$

$$H_x = \frac{G_x/\rho_x}{k_L a} \quad \text{그리고} \quad H_{Ox} = \frac{G_x/\rho_x}{K_L a} \tag{16.25}$$

H_G, H_L, N_G 및 N_L은 문헌에서 가끔 H_y, H_x, N_y 및 N_x 대신에 나타내기도 하며, 총괄 값들에 대해서도 이에 대응하는 항들로 표시되지만, 여기서는 다른 하첨자를 사용해도 단위나 크기에서 어떤 차이를 뜻하지는 않는다.

설계가 N_{Oy}에 근거했으면, H_{Oy}값은 아래에서 보는 바와 같이 $K_y a$나 H_y 및 H_x 값들로부터 계산될 수 있다. 총괄 저항식인 식 (16.12)로 출발하면, 각 항에 G_M을 곱하고 마지막 항은 L_M/L_M을 곱한다. 여기서 $L_M = L/S = G_x/M$은 액체의 몰 질량속도(molar mass velocity)이다. 즉,

$$\frac{G_M}{K_y a} = \frac{G_M}{k_y a} + \frac{mG_M}{k_x a}\frac{L_M}{L_M} \tag{16.26}$$

식 (16.20)에서 (16.22)까지의 HTU 정의로부터 다음 식을 얻는다.

$$H_{Oy} = H_y + m\frac{G_M}{L_M}H_x \tag{16.27}$$

$$H_{Ox} = H_x + \frac{L_M}{mG_M}H_y \tag{16.28}$$

예제 16.1

A가 3%인 기체흐름이 충전탑을 통과하여 A의 99%를 물에 흡수시켜 제거하려고 한다. 흡수탑은 25°C, 1atm으로 운전하며 기체와 액체의 유속은 각각 20mol/h·ft^{2}와 100mol/h·ft^{2}이다. 물질전달계수와 평형 데이터는 아래와 같다.

$$y^* = 3.1x \quad 25°\text{C에서}$$
$$k_x a = 60\,\text{mol/h}\cdot\text{ft}^3\cdot\text{unit mol fraction}$$
$$k_y a = 15\,\text{mol/h}\cdot\text{ft}^3\cdot\text{unit mol fraction}$$

(a) 등온 운전한다고 가정하고 기체와 액체의 유속변화를 무시한 상태에서 N_{Oy}, H_{Oy} 및 Z_T를 계산하라. 전체저항의 몇 %가 기상에 의한 저항인가?

(b) N_{Ox}와 H_{Ox}를 이용하여 Z_T를 계산하라.

풀이

(a) $x_a = 0$라고 가정하라. $G_M \Delta y = L_M \Delta x$ 임으로

$$x_b = \frac{20 \times 0.03 \times 0.99}{100} = 0.00594$$

$$y_b^* = 3.1 \times 0.0054 = 0.01841$$

탑의 밑바닥에서는

$$y_b - y_b^* = 0.03 - 0.01841 = 0.01159$$

탑 위에서는 $$y_a - y_a^* = y_a = 0.003$$

그러면 $$\overline{\Delta y_L} = \frac{0.01159 - 0.0003}{\ln(0.00159/0.0003)} = 0.00309$$

$$N_{Oy} = \frac{\Delta y}{\overline{\Delta y_L}} = \frac{0.03 \times 0.99}{0.00309} = 9.61$$

$$\frac{1}{K_y a} = \frac{1}{15} + \frac{3.1}{60} = 0.11833 \qquad K_y a = 8.45$$

$$H_{Oy} = \frac{20}{8.45} = 2.37 \text{ ft}$$

$$Z_T = 2.37 \times 9.61 = 22.7 \text{ ft}$$

상대적인 기체경막 저항은 $\frac{1}{15}/(1/8.45) = 0.56$ 즉 56%이다.

(b) 탑 밑바닥에서는

$$x^* = \frac{0.03}{3.1} = 0.009677$$

$$\Delta x = 0.009677 - 0.00594 = 0.003737$$

탑 위에서는 $$x^* = \frac{0.0003}{3.1} = 9.677 \times 10^{-5} \qquad x = 0$$

$$\overline{\Delta x_L} = \frac{0.00374 - 0.000097}{\ln[0.00374/(9.677 \times 10^{-5})]} = 9.96 \times 10^{-4}$$

$$N_{Ox} = \frac{0.00594}{9.96 \times 10^{-4}} = 5.96$$

$$\frac{1}{K_x a} = \frac{1}{60} + \frac{1}{3.1 \times 15} = 0.03817 \qquad K_x a = 26.2$$

$$H_{Ox} = \frac{100}{26.2} = 3.817 \text{ ft}$$

$$Z_T = 5.96 \times 3.817 = 22.7 \text{ ft}$$

N_{Oy}와 N_{Ox}는 아주 다르지만 H_{Oy}와 H_{Ox}도 다르기 때문에 Z_T 값은 두 가지 계산 방법으로 해도 같다.

압력의 영향(Effect of pressure)

흡수탑은 용량을 늘리고 물질전달 속도를 증가시키기 위해 위하여 가끔 가압 하에서 운전한다. 용질의 평형분압은 액체의 조성과 온도에만 의존하기 때문에 기체에서의 평형 몰분율은 전압에 역비례 한다.

$$y_A = \frac{p_A}{P} \tag{16.29}$$

기체와 액체의 속도를 일정하게 유지하여 조작선이 변하지 않으면 압력의 증가는 그림 16.11에서 보는 바와 같이 몰분율 추진력을 증가시키고 이동단위 수를 감소시킨다. 고압에서는 최소 액체 속도가 작아져 조작선이 바뀌게 되어 그림 16.11의 점선으로 표시된 것과 같이 더 진한 제품을 얻게 되며 이동단위 수는 전과 거의 똑같게 된다.

충전탑의 온도변화(Temperature variations in packed towers)

농후기체가 흡수탑에 공급되면 탑의 온도는 밑바닥과 꼭대기 사이에서 상당히 변화한다. 용질의 흡수열은 용액의 온도를 높이지만 용매의 증발은 온도를 낮추게 한다. 총괄적으로는 액체온도가 증가하지만 때에 따라서는 탑 밑바닥 근처에서 온도가 최대를 이룬다. 온도분포의 모양은 용질의 흡수속도, 용매의 증발이나 응축 및 상들 간의 열전달에 관계된다. 기체의 입구온도가 액체의 출구 온도와 근접해 있고 들어오는 기체가 포화되어 있으면, 용매 증발은 거의 영향이 없으며 액체온도의 증가는 대충 흡수된 용질의 양에 비례한다. 그러면 평형선은 그림 16.12(a)와 같이 점차적으로 위로 굽으며, x값의 증가로 온도가 증가한다.

기체가 출구의 액체온도보다 10~20°C 낮게 탑에 들어가고 용매가 휘발성이면, 증발로 탑 밑부분의 액체가 냉각되어 온도분포는 그림 16.12(b)에서 보는 것처럼 최대점을 갖는다. 원료 기체가

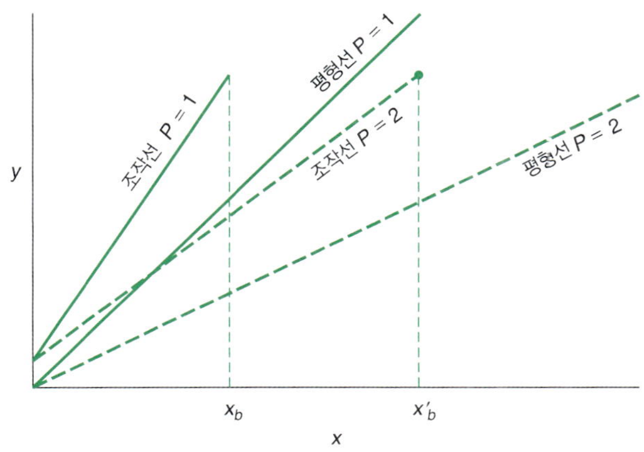

그림 16.11 흡수에 대한 압력의 영향

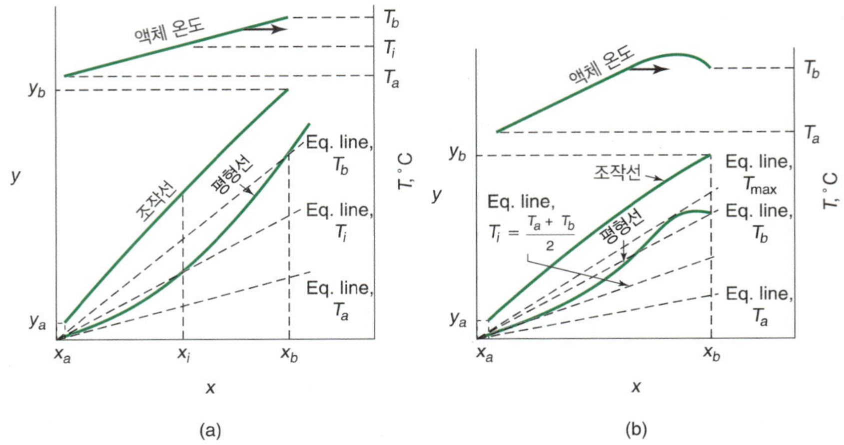

그림 16.12 단열흡수에 대한 온도분포와 평형선:
(a) 용매증발이 없는 경우, (b) 상당한 용매 증발이 있거나 차가운 기체원료인 경우

포화되어 있으면, 온도 최대점이 그다지 뚜렷하지 않아 개략적 설계에서는 출구온도나 산출된 최대 온도가 탑 하반부의 평형값 계산에 사용될 수 있다.

액체유량이 감소하면 액체의 온도상승이 증가하고 평형선 위치를 변경시키기 때문에, 평형선의 곡률은 최소 액체유속의 결정을 복잡하게 만든다. 대부분의 경우 $L_{\min}$을 계산하기 위해서는 탑 밑바닥에서 핀취(pinch)가 생긴다고 가정하면 된다.

예제 16.2

암모니아가 6%(건량기준)이고, 유량이 4,500SCFM(0°C, 1atm에서 ft^3/min)인 기체흐름을 물로 세척하여 농도를 0.02%로 낮추려고 한다. 흡수탑은 대기압하에서 운전되며, 기체와 액체의 들어가는 온도는 각각 20°C 및 25°C이다. 기체는 입구온도에서 물 증기로 포화되어 있고 25°C에서 포화된 기체로 나간다고 가정할 수 있다. 액체유량이 최소치의 1.25배라고 할 때 N_{Oy}값을 계산하라.

풀이

다음 용해도 데이터는 Perry의 핸드북에 있다.

x	$y_{20°C}$	$y_{30°C}$	$y_{40°C}$
0.0308	0.0239	0.0389	0.0592
0.0406	0.0328	0.0528	0.080
0.0503	0.0417	0.0671	0.1007
0.0735	0.0658	0.1049	0.1579

For $NH_3 \rightarrow NH_3(aq)$,
$\Delta H = -8.31$ kcal/g mol

탑 밑바닥의 온도는 최소 액체유속을 구하기 위해서 계산하지 않으면 안 된다.

계산기준: 공기가 94mol이고, NH_3가 6mol이 들어 있는 건조기체 100mol 출구기체는 94mol의 공기를 포함한다.

$y_a = 0.0002$이므로 나가는 기체 속의 암모니아의 몰수는 다음과 같다.

$$94\left(\frac{0.0002}{0.9998}\right) = 0.0188 \text{ mol NH}_3$$

흡수된 암모니아 량은 6 − 0.0188 = 5.98 mol이다.

열효과: 흡수열은 5.98 × 8,310 = 49,690 cal이다. 이것을 Q_a라고 하면,

$$Q_a = Q_{sy} + Q_v + Q_{sx} \tag{16.30}$$

여기서, Q_{sy} = 기체의 현열 변화, Q_v = 기화열, Q_{sx} = 액체의 현열 변화이다.

기체의 현열 변화는 다음과 같다.

$$Q_{\text{air}} = 94 \text{ mol} \times 7.0 \text{ cal/mol}\cdot{}^\circ\text{C} \times 5^\circ\text{C} = 3{,}290 \text{ cal}$$

$$Q_{\text{H}_2\text{O}} = 2.4 \times 8.0 \times 5 = 96 \text{ cal}$$

$$Q_{sy} = 3{,}290 + 96 = 3{,}390 \text{ cal}$$

액체로부터 물의 기화량은 다음과 같이 구해진다.

20°C에서 $p_{\text{H}_2\text{O}} = 17.5$ mmHg이고, 25°C에서는 $p_{\text{H}_2\text{O}} = 23.7$ mmHg이다.

들어가는 기체 속의 물의 양은 다음과 같다.

$$100 \times \frac{17.5}{742.5} = 2.36 \text{mol}$$

나가는 기체 속에서는,

$$94.02 \times \frac{23.7}{736.3} = 3.03 \text{mol}$$

따라서 기화된 물의 양은 $3.03 - 2.36 = 0.67$ mol이다. 기화열은 $\Delta H_v = 583$ cal/g이므로,

$$Q_v = 0.67 \times 583 \times 18.02 = 7{,}040 \text{ cal}$$

식 (16.30)을 Q_{sx}에 대해 풀면 액체의 현열 변화는 다음과 같다.

$$Q_{sx} = 49{,}690 - 3{,}390 - 7{,}040 = 39{,}260 \text{ cal}$$

액체의 출구온도 T_b는 시행오차법으로 구할 수 있다.

용액에 대해 C_p =18cal/mol·°C라고 가정한다. T_b = 40°C라고 가정하자. 그러면 그림 16.13에 있는 평형 용해도선에서 어림할 수 있는 것처럼 $x_{\max} = 0.031$이다. 그러면 나가는 액체의 총 몰수 L_b는 다음과 같다.

$$L_b = \frac{5.98}{0.031} = 192.9 \text{ mol}$$

T_a = 25°C이고,

$$192.9 \times 18(T_b - 25) = 39{,}260$$

$$T_b = 36.3^\circ\text{C}$$

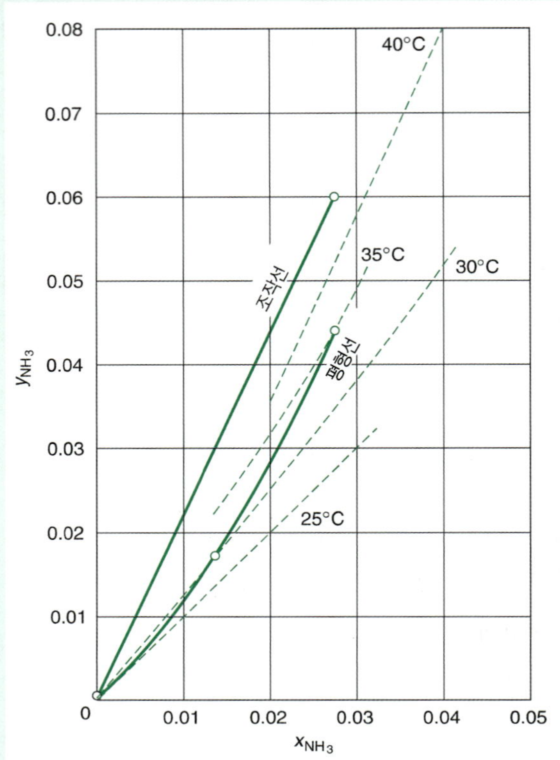

그림 16.13 예제 16.2의 y-x 선도

$T_b = 37°C$라고 교정하면 $x_{max} = 0.033$이고,

$$L_b = \frac{5.98}{0.033} = 181\text{ mol}$$

$$T_b - 25 = \frac{39,260}{181 \times 18} = 12.1$$

$$T_b = 37°C$$

이런 과정으로 최소 액체유속이 구해진다. 물의 최소 유속은 다음과 같다.

$$L_{min} = 181 - 6 = 175\text{molH}_2\text{O}$$

물의 유속은 최소치의 1.25배이므로, $L_a = 1.25 \times 175 = 219$mol이고, $L_b = 219 + 6 = 225$mol이다. 그러면 액체의 온도상승은 다음과 같다.

$$T_b - 25 = \frac{39,260}{225 \times 18} = 9.7°C$$

따라서 액체는 35°C로 나가며, $x_b = 5.98/225 = 0.0266$이고, $y^* \cong 0.044$이다.

해석을 간단하게 하기 위해서 온도가 x의 선형함수라고 가정하면, $x = 0.0137$에서 $T \cong 30°C$이다.

30°C에 주어진 데이터를 이용하고, 25°C의 초기 기울기와 35°C에서 y^*의 최종값을 내삽함으로써 그림 16.13에서와 같은 평형선이 그려진다. 액체유량과 기체유량의 약간의 변화를 무시하면, 조작선은 직선으로 그려진다. 평형선의 곡률 때문에 N_{Oy}는 수치적분으로 계산하거나, 여기서 사용된 과정인 탑을 부분별로 나누어 식 (16.18)을 적용해서 계산한다.

y	y^*	$y - y^*$	$\overline{\Delta y_L}$	$\Delta y / \overline{\Delta y_L} = \Delta N_{Oy}$
0.06	0.048	0.012	—	—
0.03	0.017	0.013	0.0125	2.4
0.01	0.0055	0.0045	0.0080	2.5
0.0002	0	0.0002	0.00138	7.1
				N_{Oy} = 12.0

탈착 또는 탈거(Desorption or stripping)

많은 경우에 기체 혼합물로부터 흡수된 용질은 보다 농축된 형태로 회수하고 흡수 용액을 재생시키기 위하여 액체에서 탈착된다. 탈착 조건을 좋게 만들려면 온도를 높이거나 압력을 감소시켜야 하며, 또는 두 가지 변화를 모두 이용해야 한다. 흡수가 높은 압력에서 이루어지면 용액을 단순히 대기압으로 감압 분무시킴으로써 용질의 대부분이 회수될 때도 있다. 그렇지만 용질을 거의 대부분 제거하기 위해서는 일반적으로 몇 개의 단이 필요하며, 탈착이나 탈거(desorption or stripping)는 액체와 기체가 향류를 갖는 탑에서 이루어진다. 불활성 기체나 수증기가 탈거매체로 이용될 수 있다. 그러나 수증기가 이용되면 응축될 수 있기 때문에 용질 회수가 쉬어진다.

수증기로 탈거할 때 전형적인 조작선과 평형선은 그림 16.14와 같다. x_a와 x_b가 정해지면 어떤 점에서 평형선과 만나는 조작선에 해당하는 증기와 액체의 최소비가 있다. 평형선이 그림 16.14에서처럼 위로 굽으면 핀치(pinch)가 조작선의 중간부에서 생기며 그렇지 않으면 탑 꼭대기, 즉 (y_a, x_a)에서 일어날 수 있다. 증기유속과 액체유속의 변화 때문에 일반적으로 조작선이 약간 곡선으로 되지만, 편의상 조작선을 직선으로 표시한다.

흡수와 탈거의 총괄 공정에서 수증기 비용이 종종 주요 비용이 되므로, 가능하면 수증기를 적게 쓰도록 공정이 설계된다. 탈거탑(stripping column)은 최소 증기유속에 가깝게 운전되며, 용질의 일부는 완전히 회수시키려고 하기보다는 탈거된 용액에 남겨 둔다. 평형선이 그림 16.14에서와 같이 위로 굽었을 경우에는 x_b가 0에 접근할수록 최소 수증기량이 커진다.

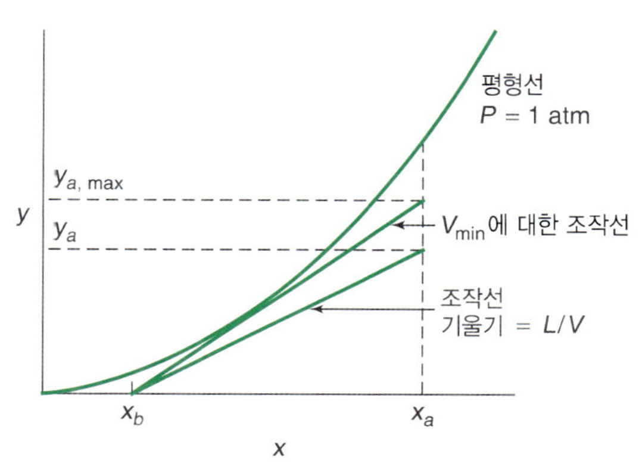

그림 16.14 탈거탑의 조작선

탈거탑의 높이는 흡수탑에서와 똑같은 식들을 이용해서 이동단위의 수와 1개 이동단위의 높이로부터 계산될 수 있다. 종종 액상 농도에 초점을 두어 N_{Ox}와 H_{Ox}가 사용되기

도 한다. 즉,

$$Z_T = H_{Ox} N_{Ox} = H_{Ox} \int \frac{dx}{x^* - x} \tag{16.31}$$

H_{Ox}는 식 (16.28)에 주어져 있다.

어떤 경우에는 공기를 탈거에 이용하여 암모니아 유기용매와 같은 소량의 기체를 물로부터 제거하기도 한다. 용질을 농축한 형태로 회수할 필요가 없으면 더 많은 공기를 사용해도 비용이 많이 들지 않으므로, 사용되는 최적 공기량이 최소치보다 더 커질 수 있고 탑 높이는 상당히 작아진다. 다음 예제는 탈거조작에서 공기유속의 영향을 보여준다.

예제 16.3

6ppm의 삼염화에틸렌(TCE)이 들어 있는 물이 20°C에서 공기로 탈거되어 정화된다. 제품은 방출 기준에 맞도록 TCE가 4.5ppb 이하를 포함해야 한다. 최소 공기유속을 물 m^3당 공기의 표준 m^3로 계산하고, 공기유속이 최소치의 1.5 내지 5배일 때 이동단위의 수를 계산하라.

풀이

20°C에서 물 속의 TCE에 대한 Henry 법칙 계수는 $0.0075 m^3 \cdot atm/mol$이다.

$P = 1 atm$이고, $1m^3$는 $10^6 g$이므로, 이 값은 평형선의 기울기로 다음과 같이 몰분율 단위로 환산될 수 있다.

$$m = 0.0075 \frac{atm \cdot m^3}{mol} \times \frac{1}{1\ atm} \times \frac{10^6}{18} \frac{mol\ H_2O}{m^3} = 417$$

m이 매우 크므로, 탈착은 액상 조절이다.

최소 공기유량에서 출구기체는 들어오는 용액과 평형을 이룬다. TCE의 분자량이 131.4이므로,

$$x_a = \frac{6 \times 10^{-6}}{131.4} \frac{mol\ TCE}{g\ H_2O} \times \frac{18\ g}{mol\ H_2O} = 8.22 \times 10^{-7}$$

$$y_a = 417(8.22 \times 10^{-7}) = 3.43 \times 10^{-4}$$

공급된 용액 m^3당 제거된 TCE는 다음과 같다.

$$V_{TCE} = \frac{10^6(6 \times 10^{-6} - 4.5 \times 10^{-9})}{131.4}$$

$$= 4.56 \times 10^{-2} mol$$

배출되는 기체의 총량은 다음과 같다.

$$V = \frac{4.56 \times 10^{-2}}{3.43 \times 10^{-4}} = 132.9 mol$$

1mol $= 0.0224$std(표준)m^3이고, 기체유량의 변화가 아주 작으므로,

$$F_{min} = 132.9 \times 0.0224 = 2.98\ std\ m^3$$

표준조건에서 공기의 밀도는 1.295kg/m^{3}이므로, 질량 기준으로 최소 유량은 다음과 같다.

$$\left(\frac{G_y}{G_x}\right)_{\min} = \frac{2.98 \times 1.295}{1,000} = 3.86 \times 10^{-3}\text{kg air/kg water}$$

공기유량이 최소값의 1.5배라고 하면,

$$y_a = \frac{3.43 \times 10^{-4}}{1.5} = 2.29 \times 10^{-4}$$

$$x_a^* = \frac{2.29 \times 10^{-4}}{417} = 5.49 \times 10^{-7}$$

$$C_a^* = 5.49 \times 10^{-7} \times \frac{131.4}{18} = 4.01 \times 10^{-6}\text{g/g} = 4.01\text{ppm}$$

$$C_a - C_a^* = \Delta C_a = 6.0 - 4.01 = 1.99$$

탑 밑바닥에서,

$$C_b = 0.0045\text{ppm} \qquad C_b^* = 0 \qquad \Delta C_b = 0.0045\text{ppm}$$

$$\overline{(C - C^*)_L} = \frac{1.99 - 0.0045}{\ln(1.99/0.0045)} = 0.3259 \text{ ppm}$$

N_{Ox}를 계산하기 위해 ppm 농도를 사용하면,

$$N_{Ox} = \int \frac{dC}{C - C^*} + \frac{C_a - C_b}{\overline{(C - C^*)_L}}$$

$$= \frac{6 - 0.0045}{0.3259} = 18.4$$

최소 유속의 다른 배수에 대해서도 이와 유사한 계산을 하면 다음 값들을 얻는다.

충전층 높이는 $H_{Ox} = 3\text{ft}$의 계산 값에 기준해서 구하였다.

이 값은 1in 플라스틱 Pall 링에 대해 보고된 값보다 조금 크다.

Air rate	N_{Ox}	Z, ft
1.5 $V_{\min}$	18.4	55.2
2 $V_{\min}$	13.0	39
3 $V_{\min}$	10.2	30.6
5 $V_{\min}$	8.7	26.1

1.5 $V_{\min}$에서 2 $V_{\min}$ 또는 2 $V_{\min}$에서 3 $V_{\min}$으로 커짐에 따라 탑 높이는 상당히 작아지며, 물을 푸레질하는 데 드는 일 양의 감소는 탑을 통해 공기를 보내는 데 필요한 추가 에너지보다 더 많다.

V를 더 증가시켜도 Z는 그다지 변하지 않는다.

따라서 최적 공기유량은 아마도 3 $V_{\min}$에서 5 $V_{\min}$ 범위에 있을 것이다.

$V = 3V_{\min}$에서 전형적인 유량은 $G_x = 10{,}000\text{lb/ft}^2\cdot\text{h}(49{,}000\text{ kg/m}^2\cdot\text{h})$이고, $G_y = 116\text{lb/ft}^2\cdot\text{h}(566\text{kg/m}^2\cdot\text{h})$이다.

16.3 물질전달 상관관계(Mass transfer correlation)

총괄 물질전달계수(overall mass-transfer coefficient)나 이동단위의 높이(height of a transfer unit)를 계산하려면 기상과 액상에 대해 별개의 상관관계가 필요하게 된다. 이와 같은 상관관계는 일반적으로 한 개의 상이 율속저항(controlling resistance)을 갖는 계에 대한 실험 데이터에 기초하게 되는데, 이것은 두 상에서의 저항이 상당한 크기를 갖는 경우 두 저항들을 정확하게 분리하기가 곤란하기 때문이다. 액상저항은 물로부터 산소나 탄산가스가 탈착하는 속도로부터 구할 수 있다. 이러한 기체들은 용해도가 낮아서 기체경막 저항을 무시할 수 있으며, H_{Ox} 값은 본질적으로 H_x와 같다.

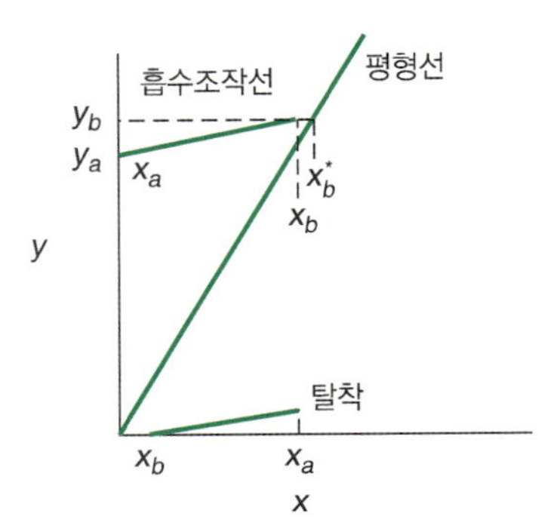

그림 16.15 약 용해성 기체의 흡수 또는 탈착에 대한 전형적인 조작선

전형적인 기체유속 및 액체유속에서 조작선의 기울기가 평형선 기울기보다 작기 때문에 좀더 정확한 H_x 값은 흡수실험 보다는 탈착 측정으로부터 얻어진다. 20°C에서 물 속에 있는 산소 평형분압은 4.01 × 10^4atm/몰분율이며, L/V는 1에서 100 범위에 있다. 순수한 물 속에 공기 중의 산소를 흡수시키는 경우, 그림 16.15에서와 같이 충전탑 밑에서 "핀치"(pinch)가 일어난다. 추진력 $x_b - x_b^*$를 구하기 위해서는 x_b와 온도(x_b^*를 구하기 위해서)를 아주 정확하게 측정할 필요가 있다. 포화된 용액으로부터 산소를 질소 속으로 탈착시키는 경우, 농도 x_b는 적지만 x_b^*가 0이기 때문에 N_{Ox}는 꽤 정확하게 구할 수 있다.

액체경막계수(Liquid-film coefficients)

쎄라믹 Raschig 링이 충전된 충전탑에서 O_2-H_2O계에 대한 H_x 값들은 그림 16.16에서와 같다. 중간 범위의 액체 질량속도인 500~10,000lb/ft^2·h에서 H_x는 1/2in. 링에 대해서는 $G_x^{0.4}$에 비례하지만, 이보다 큰 링에 대해서는 $G_x^{0.2}$에 비례한다. 따라서 1−, 1½− 및 2-in 링에 대해서는 $k_L a$가 $G_x^{0.8}$에 비례하여 변한다. $k_L a$ 증가의 대부분은 계면의 면적 a의 증가에 기인하며, 나머지는 k_L의 증가에서 비롯된다. 질량속도가 크면 충전물은 거의 완전하게 젖게 되며, $k_L a$는 G_x에 따라 약간만 증가할 뿐이어서, H_x는 거의 G_x에 비례하게 된다. 물질전달이 관계되는 한, 충전물 전체 면적이 충전물 크기에 역비례함에도 불구하고, 중간 범위의 유량에서는 작은 충전물이 큰 충전물보다 약간 더 좋은 정도이다. 일반적으로 큰 충전물을 쓰면 용량이 훨씬 커지기 때문에(범람속도가 커지기 때문에) 상업적 운전을 위해서는 큰 충전물이 더 좋다.

그림 16.16에 있는 데이터는 100~230lb/ft^3·h의 기체유량에서 취한 것으로서, 이 범위에서 G_y의 영향은 없다. 부하점과 범람점 사이의 기체유량에서는 액체의 체류량이 증가하기 때문에 H_x가 약간 낮다. 그렇지만 범람속도의 절반으로 운전하도록 설계된 탑에서는 H_x에 대한 G_y의 영향은

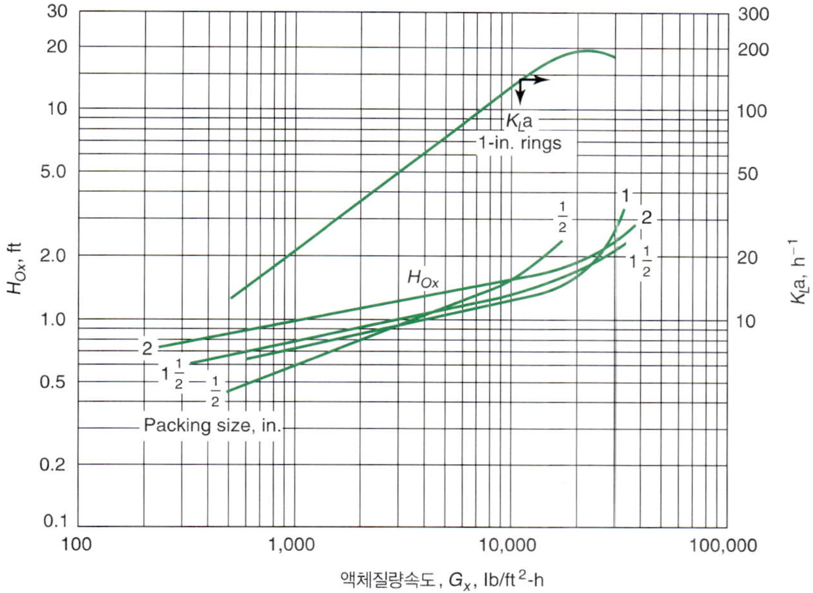

그림 16.16 Rasching 링 충전탑에서 25℃에서 산소를 물로부터 탈착시키기 위한 1개 이동단위의 높이(주 : 이 계에서 $H_{Ox} \approx H_x$이다)

무시될 수 있다.

다른 계에 대한 액체경막 저항은 확산도와 점도에서의 차이를 보정하여 O_2-H_2O 계의 데이터로부터 계산될 수 있다(참고로 25°C에서 물 속의 산소에 대한 D_v는 2.41×10^{-5}cm^2/s이며, Sc는 381이다). 즉,

$$H_x = \frac{1}{\alpha}\left(\frac{G_x}{\mu}\right)^n \left(\frac{\mu}{\rho D_v}\right)^{0.5} \tag{16.32}$$

여기서, a와 n은 구형 충전물들의 실험상수들이다. Schmidt 수의 지수 0.5는 침투론과 일치하는데, 이것은 몇 개의 충전물에 해당하는 짧은 거리를 흐르는 액체에 적용할 수 있는 것으로 본다. 지수 n은 충전물 크기와 모양에 따라 변하지만, 전형적인 값으로 0.3이 사용될 수 있다. 식 (16.32)를 물 이외의 다른 액체들에 사용하려면 밀도, 표면장력 및 점도의 영향이 불확실하기 때문에 조심해서 사용해야 한다.

분자량이 큰 용매에 증기가 흡수될 때에는 같은 질량속도의 물이 사용될 때보다 몰 액체유량이 훨씬 적다. 그렇지만 몰분율 추진력에 근거한 계수 $k_x a$는 액체의 평균분자량에 역으로 비례하여 결국 H_x에 대한 M의 실제 영향은 없게 된다.

$$k_x a = k_L a \frac{\rho_x}{M} \tag{16.33}$$

$$H_x = \frac{G_x / \overline{M}}{k_x a} = \frac{G_x / \rho_x}{k_L a} \tag{16.34}$$

계수 $k_L a$는 주로 부피유량, 확산도 및 점도에 관계되고 분자량에는 관계되지 않으므로, 이런 면에서 $k_L a$나 H_x에 대한 일반 관계식들은 $k_x a$에 대한 것들 보다 단순하다.

기체경막 계수(Gas-film coefficient)

물에 암모니아를 흡수하는 경우 액체경막 저항은 총괄 저항의 10%에 불과하여 이를 허용할 수 있기 때문에, $k_g a$나 H_y에 대한 데이터를 얻는데 암모니아 흡수가 이용된다. H_{Oy}와 보정된 H_y에 대한 데이터가 1½-in Raschig 링에 대해 그림 16.17에 주어져 있다.

질량속도가 600lb/ft^3·h에 이르기까지 H_y는 G_y의 약 0.3~0.4승에 비례하는데, 이것은 $k_g a$가 $G_y^{0.6-0.7}$에 비례하는 것을 의미하는 것으로, 충전층 입자에 대한 물질전달 데이터와 잘 일치한다. 부하영역에서는 계면의 면적이 증가하기 때문에, H_y의 기울기들이 감소한다. H_y값들은 액체유량의 -0.7~-0.4 승에 따라 변하는데, 이것은 계면의 면적에 대한 액체유량의 영향이 크다는 것을 반영한 것이다.

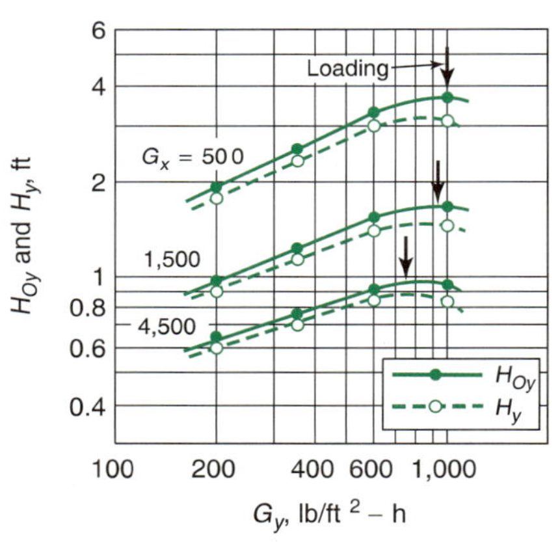

그림 16.17 1.5in 쎄라믹 Raschig 링이 충전된 탑에서 암모니아를 물에 흡수시킬 때의 1개 이동단위의 높이

물에 다른 기체들이 흡수하는 경우 H_y 계산에 다음과 같은 식이 추천된다. NH_3-공기-H_2O 계에 대한 Schmidt 수는 25°C에서 0.66이다.

$$H_y = H_{y,\mathrm{NH_3}} \left(\frac{\mathrm{Sc}}{0.66} \right)^{1/2} \tag{16.35}$$

확산도나 Schmidt 수에 지수가 1/2인 데이터는 거의 없다. 오히려 경계층론과 충전층에 대한 데이터에 근거해서 지수가 2/3일 것으로 생각된다. 그러나 기체에 대한 Schmidt 수는 그다지 다르지 않아서 보정항이 대개는 작다. 물 이외의 액체들을 용매로 사용하는 경우, H_y에 대한 액체 성질의 영향에 대해서 더 불확실한 점이 많다.

정체포켓은 **정적 체류량**(static holdup)에 해당하는 것으로서, 흐름이 중지된 다음에도 오랫동안 탑에 머무는 액체이다. 나머지 액체는 **동적 체류량**(dynamic holdup)으로서 액체유량에 따라 증가한다.

다른 충전물들의 성능(Performance of other packing)

Raschig 링과 Berl 안장형(saddle)보다 용량이 크고 물질전달 특성이 더 좋은 몇 가지 충전물들이 알려져 있지만, 기체와 액체 저항들에 대한 포괄적인 데이터가 부족한 실정이다. 이러한 충전물들은 액체경막이 율속저항이지만, 기체경막 저항도 무시할 수 없는 계인 NaOH 용액 속의 CO_2 흡수에 대해 시험되었다.

CO_2와 NaOH 간의 화학반응이 계면에 매우 가까운 곳에서 일어나 CO_2 농도기울기가 가파르게 되기 때문에, 이 경우의 $K_g a$ 값들은 물 속의 CO_2 흡수시보다 20~40배가 된다. CO_2-NaOH 계에 대한 $K_g a$ 값들을 다른 계에 대한 성능 예측에 직접 이용할 수는 없지만, 충전물을 비교하는 데에는 이용할 수 있다. 몇 가지 크기의 Intalox 안장형과 Pall 링에 대한 데이터를 Raschig 링에 대한 데이터와 함께 그림 16.18에 도시하였다. $G_x = 1{,}000\,\mathrm{lb/ft^2 \cdot h}$ 및 $G_y = 500\,\mathrm{lb/ft^2 \cdot h}$에서 평가한 $1\frac{1}{2}$ in Raschig 링에 대한 $K_g a$와 주어진 충전물들의 $K_g c$ 값의 비를 성능 f_p로 하여 표 16.1에 수록하였다. NaOH 용액 속으로 CO_2를 흡수시키는 것은 정적 체류액체와 동적 체류액체에서 일어날 수 있는 비가역반응이므로, f_p 값은 총 계면면적의 상대적 측정이라 할 수 있다. 상대적으로 큰 총 계면면적을 갖는 충전물은 아마 큰 동적 체류액체를 가질 것이며, 보통 물리적 흡수에 대한 면적도 크리라고 본다. 물리적 흡수에 대한 새로운 충전물들의 성능을 개략적으로 산출하기 위해서 f_p 값을 1.5-in Raschig 링에 대해 계산된 H_{Oy}나 총괄 계수에 적용시킬 수 있다. 총괄 계수는 NH_3와 O_2에 대한 데이터에 기준하고, 확산도, 점도 및 유속의 변화에 대해 보정된 것이다.

큰 탑은 같은 충전물을 사용한 작은 탑보다 겉보기 H_{Oy} 값이 클 때가 있으며, 탑이 길면 5~10m 구간 사이에 재분배기를 설치하여 충전하는 것이 바람직하다.

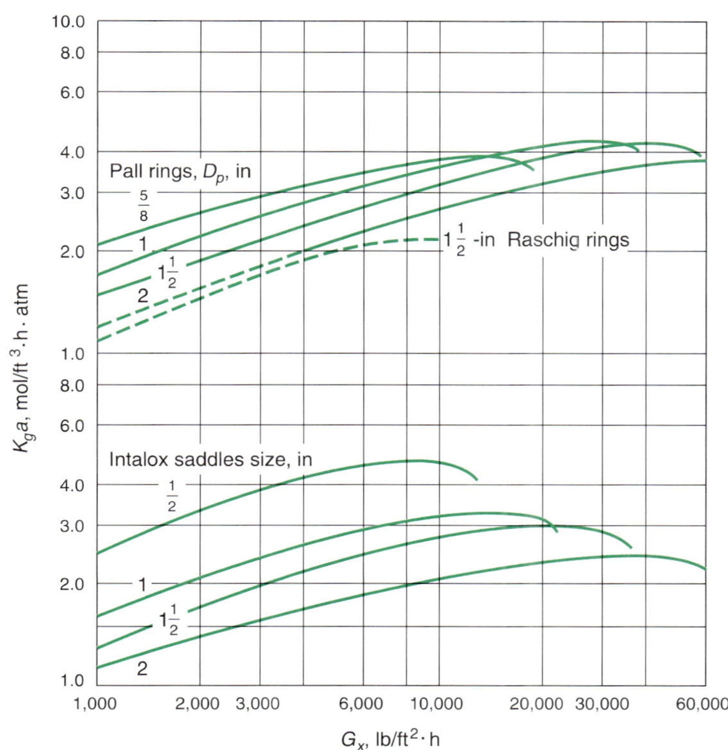

그림 16.18 금속 Pall 링 또는 쎄라믹 Intalox 안장형으로 충전된 탑에서 4% NaOH에 CO_2를 흡수시킬 때의 물질 전달계수(Gy = 500 lb / ft^2·h)

예제 16.4

반응기에서 나온 기체가 3% 산화에틸렌(EO), 10% CO_2 및 나머지는 대부분이 질소인 기체로 되어 있어서, EO의 98%를 물로 세척하여 회수하려고 한다. 흡수탑은 20atm으로 운전하며, 30℃에서 0.04 mol%의 EO가 함유된 물을 사용한다. 기체는 30°C로 들어가며, 물로 포화되어 있다. 건조기체 1 몰 당 1.4 몰의 H_2O를 사용하면 몇 개의 이동단위가 필요한가? $1\frac{1}{2}$-in Pall 링을 사용하고, 기체의 총 공급속도가 10,000mol/h라고 할 때, 탑의 지름과 충전탑의 높이를 계산하라.

풀이

30°C 및 40°C에서의 평형 데이터는 그림 16.19와 같다.

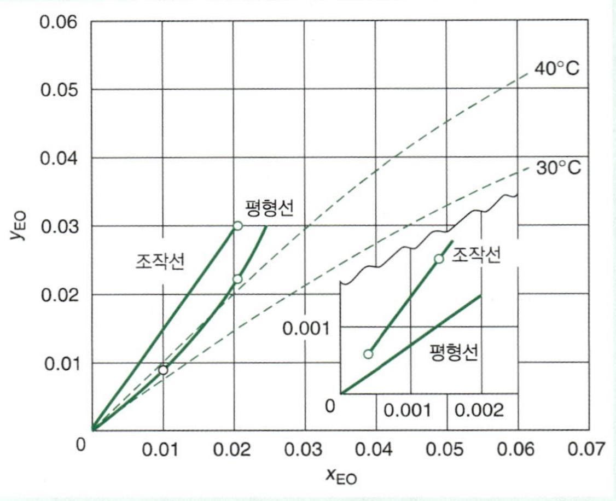

그림 16.19 예제 16.4의 $y-x$ 선도

예제 16.2와 유사한 열수지에 의해 액체의 온도상승은 12.5°C로 계산되며 이로 인해 탑의 평형선이 위로 구부려진다. 조작선 양끝 점들은 물질수지로 구할 수 있다.

계산기준. 유입되는 건조기체 100mol과 유입되는 용액 140mol.

In	Out
87 N_2	87 N_2
10 CO_2	10 CO_2
3 EO	0.06 EO (= 3 × 0.02)
100	97.06

CO_2의 흡수를 무시하고, 기체 조성에 대한 H_2O 영향을 무시하면,

탑 위에서 : $x = 0.0004$ $\quad y = \dfrac{0.06}{97.06} = 0.00062$

흡수된 EO의 몰수 : $3 \times 0.98 = 2.94$

물 속에 있는 EO의 몰수 : $140 \times 0.0004 = 0.056$

탑 밑바닥에서 :

$$x = \frac{2.94 + 0.056}{140 + 2.94} = 0.0210$$

$$y = 0.030$$

$$N_{Oy} = \int \frac{dy}{y - y^*} = \sum \frac{\Delta y}{(y - y^*)_L}$$

y	$y - y^*$	ΔN_{Oy}
0.03	0.008	—
0.015	0.006	2.14
0.005	0.0024	2.55
0.0006	0.0003	4.36
		N_{Oy} = 9.05 = 9.0 transfer units

탑의 지름. 탑의 지름을 구하기 위해서 일반화 압력강하 관계인 그림 16.20을 이용한다. 유입기체에 기준해서,

$$\overline{M} = 0.87(28) + 0.1(44) + 0.03(44) = 30.1$$

40°C에서,

$$\rho_y = \frac{30.1}{359} \times 20 \times \frac{273}{313} = 1.46\,\text{lb/ft}^3\,(0.0234\,\text{g/cm}^3)$$

$$\frac{G_x}{G_y}\sqrt{\frac{\rho_y}{\rho_x - \rho_y}} = \frac{1.4 \times 18}{1 \times 30.1}\sqrt{\frac{1.46}{62.2 - 1.46}} = 0.130$$

$\Delta P = 0.5\,\text{in}\,H_2O/\text{ft}$ 의 경우, 그림 16.20으로부터,

$$\frac{G_y^2 F_p \mu_x^{0.1}}{\rho_y(\rho_x - \rho_y) g_c} = 0.045$$

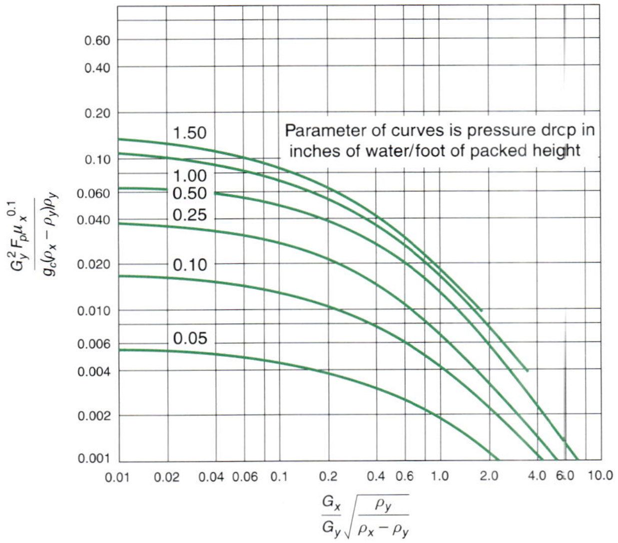

그림 16.20 충전탑에서 압력강하에 대한 일반 상관관계(1inH$_2$O/ft = 817Pa/m)

표 16.1에서, $F_p = 40$ 이다. 40°C에서 $\mu = 0.656\,\text{cP}$ 이다. 따라서,

$$G_y^2 = \frac{0.045(1.46)(62.2-1.46)(32.2)}{40(0.656)^{0.1}} = 3.35$$

$$G_y = 1.83\,\text{1b/ft}^2\cdot\text{s} = 6{,}590\,\text{1b/ft}^2\cdot\text{h}$$

$$G_x = \frac{1.4\times 18}{1\times 30.1}\times 6{,}590 = 5{,}520\,\text{1b/ft}^2\cdot\text{h}$$

원료공급속도가 $10{,}000\,\text{mol/h}\times 30.1 = 3.01\times 10^5\,\text{1b/h}$ 이므로,

$$S = \frac{3.01\times 10^5}{6{,}590} = 45.7\,\text{ft}^2 \qquad \text{D} = 7.6\,\text{ft}$$

지름이 8.0ft인 탑을 사용한다.

탑 높이. $1\frac{1}{2}$-in Raschig 링을 사용하는 암모니아-물과 산소-물에 대한 데이터로부터 H_y와 H_x를 구한다.

$G_y = 500$ 이고 $G_x = 1{,}500$ 인 경우, 그림 16.17로부터,

$$H_{y,\text{NH}_3} = 1.4\,\text{ft}$$

기체 점도가 N_2의 점도와 같다고 가정하면 40°C, 1atm에서 0.0181cP이다.

기체에서 EO의 확산도는 식 (15.28)로 계산되며, 40°C, 20atm에서,

$$D_v = 7.01\times 10^{-3}\,\text{cm}^2/\text{s}$$

$$\text{Sc} = \frac{\mu}{\rho D_v} = \frac{1.81\times 10^{-4}}{(7.0\times 10^{-3})(2.34\times 10^{-2})} = 1.10$$

표 16.1에서 1.5in Pall 링의 경우 $f_p = 1.36$ 이므로, H_y는 이 계수만큼 작아진다.

H_y가 $G_y^{0.3}$ 및 $G_x^{-0.4}$에 따라 변한다고 가정한다. 따라서,

$$H_{y,\text{EO}} = 1.4\left(\frac{1.10}{0.66}\right)^{1/2}\frac{1}{1.36}\left(\frac{6{,}590}{500}\right)^{0.3}\left(\frac{1{,}500}{5{,}520}\right)^{0.4} = 1.71\,\text{ft}$$

그림 16.16로부터, $G_x = 1{,}500$ 에서 $H_{x,\text{O}_2} = 0.9\,\text{ft}$이다.

식 (15.32)를 이용하면, 40°C에서 H_2O 속의 EO의 확산도는 $D_v = 2.15\times 10^{-5}\,\text{cm}^2/\text{s}$ 이다.

$$\text{Sc} = \frac{0.00656}{1.0\times 2.15\times 10^{-5}} = 305$$

보정계수 f_p와 25°C에서 물 속의 O_2에 대한 $\text{Sc} = 381$ 값을 갖고 식 (16.32)를 사용하면,

$$H_{x,\text{EO}} = 0.9\left(\frac{5{,}520/0.656}{1{,}500/0.894}\right)^{0.3}\left(\frac{305}{381}\right)^{0.5}\frac{1}{1.36} = 0.96\,\text{ft}$$

그림 16.19에서 m 의 평균치는 약 1이다. 식 (16.27)로부터,

$$H_{Oy} = H_y + \frac{m\,G_M}{L_M}H_x = 1.71 + \frac{1.0\times 0.96}{1.4} = 2.40\ \text{ft}$$

9개의 이동단위이며, 22ft가 필요하다.

액체 재분배기가 달린 두 개의 12ft 구간으로 나누어, 전체가 24ft인 충전 높이를 사용하는 것이 좋다.

16.1 물을 흡수액체로 하여 흡수탑으로 들어가는 공기-암모니아 흐름 중에 있는 암모니아의 99%를 회수하려고 한다. 공기 중의 암모니아 함량은 20mol%이다. 흡수탑 온도는 냉각코일에 의해 30°C로 유지된다. 압력은 1atm이다. (a) 물의 최소 유량은 얼마인가? (b) 물의 유량을 최소 유량보다 40% 더 크게 하면, 몇 개의 총괄 기상이동단위가 필요한가?

답 : (a) L/min = 1,480mol H_2O/mol 도입가스 , (b) N_{oy} = 8.4단

16.2 충전탑에서 용해성 기체가 물에 흡수된다. 평형 관계식은 $y_e = 0.06x_e$와 같다. 탑 양단에서의 조건은 다음과 같다.

	Top	Bottom
x	0	0.08
y	0.001	0.009

H_x = 0.24m이고, H_y = 0.36m라면, 충전층의 높이는 얼마인가?

답 : $Z_a = H_{oy} \cdot N_{oy} = 3.59 \times 0.504 = 1.81$m

16.3 1.0 wt% NH_3가 들어 있는 폐수용액을 충전탑에서 공기로 탈거하여 NH_3의 99%를 제거하려고 한다. 탑을 20°C에서 조업한다고 하면, 최소 공기유속은 물 kg 당 몇 kg의 공기인가? 최소 공기유속의 두 배를 사용하면, 몇 개의 이동단위가 필요한가? 답 : 7.94

16.4 1in Berl 안장형이 20ft 충전된 8ft 지름의 탑에 1.5atm, 40°C의 공기가 흐르고 있다. Δp = 24in H_2O임으로 탑은 범람속도에 가깝다고 보여진다. 액체의 질량유속은 기체의 8.5 배이다. (a) 탑이 $1\frac{1}{2}$in Intalox 안장형으로 재충전된다면, 압력강하는 얼마나 되겠는가? (b) 압력강하가 Berl 안장형일 때와 똑같다고 하면, 얼마나 더 큰 유량이 사용될 수 있겠는가?

답 :(a) ΔP = 6.4 inH_2O (b) 1.45배

16.5 Mellapak 250Y로 충전된 탑이 $G_x = 8G_y$와 범람속도의 60% 조건하에서 공기와 수용액을 가지고 1atm에서 운전된다(그림 16.8 참조). (a) 겉보기(공탑) 기체속도와 질량속도는 얼마인가? (b) 압력을 2atm으로 바꾸면 어떤 겉보기 속도와 질량속도를 사용하는가?

답 : (a) G_y = 1.35kg/m^2·s or 995lb/h·ft^2 (b) G_y = 1.71kg/m^2·s or 1,260lb/h·ft^2

16.6 충전탑을 사용하여 공기를 가지고 물로부터 톨루엔을 제거하려고 한다. 물에는 60ppm(중량 기준)의 톨루엔이 들어있으며 이의 농도를 2ppm으로 줄이려고 한다. 탑은 20°C에서 평균기압 1.1atm으로 운전된다. 평형관계는 아래와 같다.

$$P_{tol} = 256x$$

P_{tol}은 기상에서 톨루엔의 분압으로 atm 단위이며, x는 액체 속에서 톨루엔의 몰분율이다. (a) 100 L/min의 물의 유속에 대하여 최소 공기유속을 g mol/min의 단위로 구하라. (b) 최소속도의 2 배의 공기를 사용하는 경우 N_{ox}를 계산하라. (c) H_y = 0.7m이고 H_x = 0.6m일 때 필요한 충전층 높이를 구하라.

답 : (a) V_{min} = 23.06mol/min (b) N_{ox} = 5.59 (c) 5.38m

16.7 2-mm의 공기 기포가 20°C에서 순수한 물 속을 15ft 올라가는 동안 산소의 흡수 분율을 계산하라. 기포는 종말속도로 올라가며 딱딱한 구와 똑같은 외부물질전달계수를 갖는 것으로 가정한다. 산소의 용해도는 9mg/L이고 확산도는 2 × 10^{-5}cm^2/s이다. 답 : 0.2

16.8 흡수 충전탑에서 조작선의 기울기를 L/V이라 할 때 틀린 것은? **(화공기사 기출)**

① L/V의 값이 커지면 탑의 높이는 짧아진다.
② L/V의 값이 작아지면 탑의 높이는 길어진다.
③ L/V의 값은 흡수탑의 경제적인 운전과 관계가 있다.
④ L/V의 최솟값은 흡수탑 하부에서 기액 간의 농도차가 가장 클 때의 값이다. 답 : ④

16.9 CO_2 25vol%와 NH_3 75vol%의 기체 혼합물 중 NH_3의 일부가 산에 흡수되어 제거된다. 이 흡수탑을 떠나는 기체가 37.5vol%의 NH_3을 가질 때 처음에 들어있던 NH_3 부피의 몇 %가 제거되었는가? (단, CO_2의 양은 변하지 않으며 산 용액은 증발하지 않는다고 가정한다.) **(화공기사 기출)**

① 15% ② 20% ③ 62.5% ④ 80% 답 : ④

16.10 기체 흡수에 관한 설명으로 옳지 않은 것은? **(화공기사 기출)** 답 : ④

① 기체 속도가 일정하고 액 유속이 줄어들면 조작선의 기울기는 감소한다.
② 액/기(L/V)비가 작으면 조작선과 평형선의 거리가 줄어서 흡수탑의 길이가 길어진다.
③ 일반적으로 경제적인 조업을 위해서는 조작선과 평형선이 대략 평행이 되어야 한다.
④ 향류 흡수탑의 경우에는 한계 기액비가 흡수탑의 경제성에 별로 영향을 미치지 않는다.

16.11 기체 흡수 설계에 있어서 평행선과 조작선이 직선일 경우 이동단위높이(HTU)와 이동단위수(NTU)에 대한 해석으로 옳지 않는 것은? **(화공기사 기출)**

① HTU는 대수 평균 농도차(평균추진력)만큼의 농도 변화가 일어나는 탑 높이이다.
② NTU는 전탑 내에서 농도 변화를 대수 평균 농도차로 나눈 값이다.
③ HTU는 NTU로 전 충전고를 나눈 값이다.
④ NTU는 평균 불활성 성분 조성의 역수이다. 답 : ④

16.12 흡수탑에서 전달단위수(NTU)는 20이고 전달단위높이(HTU)가 0.7m일 경우, 필요한 충전물의 높이는 몇 m인가? **(화공기사 기출)**

① 1.4 ② 14 ③ 2.8 ④ 28 답 : ②

16.13 충전탑에서 기체의 속도가 매우 커서 액이 거의 흐르지 않고, 넘치는 현상을 무엇이라고 하는가? **(화공기사 기출)**

① 편류(Channeling) ② 범람(Flooding)
③ 공동화(Cavitation) ④ 비말동반(Entrainment) 답 : ②

CHAPTER

17 증습조작

Humidification Operation

증습(Humidification)과 탈습(dehumidification)은 액체에 거의 불용성인 고정 기체와 순수한 액상간의 물질전달을 포괄한다. 이런 조작들은 흡수와 탈거조작보다 다소 간단한데, 이것은 액체가 한 개의 성분만으로 되어 있는 경우 액상에 농도구배가 없고 전달에 대한 저항이 없기 때문이다. 그러나 다른 한편으로는 열전달과 물질전달이 모두 중요하며 상호 영향을 준다. 본 장과 고체의 건조에서는 열전달과 물질전달이 함께 일어나 농도와 온도가 동시에 변한다.

17.1 정의(Definitions)

증습조작, 특히 공기-물 계에 적용되는 조작에서는 상당수의 특수 정의가 일반용으로 사용된다. 공학계산에 대한 일반적인 기준은 단위 질량의 증기가 없는 기체(vapor free gas)로서 사용한다. 여기서 "증기"(vapor)란 액체로서도 존재하는 성분의 기체 형태를 뜻하며, "기체"(gas)는 기체 형태로만 존재하는 성분을 말한다. 앞으로는 증기가 없는 기체의 단위질량을 계산기준으로 사용한다. 기상에서는 증기를 성분 A로, 그리고 고정 기체를 성분 B로 정한다. 기체-증기 혼합물의 성질이 전압에 따라 변하기 때문에 압력은 고정되어야 한다. 특별한 언급이 없는 한, 전압은 1atm으로, 기체와 증기의 혼합물은 이상기체 법칙에 따른다고 가정한다.

습도(Humidity) $\mathscr{H}$는 증기가 없는(무-증기) 기체 단위질량이 갖고 있는 증기질량이다. 이렇게 정의된 습도는 전압이 고정되어 있으면 혼합물 증기 분압에만 관계된다. 증기의 분압이 p_A라면 1atm에서 기체에 대한 증기의 몰비(molal ratio)는 $p_A/(P-p_A)$이다. 그러므로 습도는,

$$\mathscr{H} = \frac{M_A p_A}{M_B(P-p_A)} \tag{17.1}$$

이다. 여기서 M_A와 M_B는 각각 성분 A와 B의 분자량이다.

습도는 다음 식과 같이 기상에서의 몰분율과 관계된다.

$$y = \frac{\mathscr{H}/M_A}{1/M_B + \mathscr{H}/M_A} \tag{17.2}$$

$\mathscr{H}/M_A$는 $1/M_B$와 비교해서 보통은 작기 때문에, y는 $\mathscr{H}$에 직접 비례한다고 생각할 수도 있다.

포화기체(Saturated gas) 기체온도에서 증기가 액체와 평형에 있는 기체이다. 포화기체 속에 있는 증기의 분압은 기체온도에서의 액체 증기압과 같다. $\mathscr{H}_s$가 포화습도이고, P_A'이 액체의 증기압이라면 다음과 같이 쓸 수 있다.

$$\mathscr{H}_s = \frac{M_A P'_A}{M_B(1 - P'_A)} \tag{17.3}$$

상대습도(Relative humidity) $\mathscr{H}_R$은 기체온도에서 액체의 증기압에 대한 증기분압의 비로 정의된다. 보통 % 계산기준으로 표시하므로 100% 습도는 포화기체를 의미하며, 0% 습도는 증기가 없는 기체를 뜻한다. 정의에 따라 다음과 같이 쓸 수 있다.

$$\mathscr{H}_R = 100\frac{p_A}{P'_A} \tag{17.4}$$

비교습도(Percentage humidity, %습도) $\mathscr{H}_A$는 기체온도에서 포화습도 $\mathscr{H}_s$에 대한 실제습도 $\mathscr{H}$의 비이다. 또한 % 계산기준으로,

$$\mathscr{H}_A = 100\frac{\mathscr{H}}{\mathscr{H}_s} = 100\frac{p_A/(P - p_A)}{P'_A/(P - P'_A)} = \mathscr{H}_R\frac{P - P'_A}{P - p_A} \tag{17.5}$$

이다. 0%나 100% 이외의 모든 습도에서 % 습도는 상대습도보다 작다.

습윤비열(Humid heat) c_s는 기체 1g 또는 1lb와 여기에 포함하고 있는 증기를 1°C 또는 1°F 증가시키는 데 필요한 열에너지이다. 따라서,

$$c_s = c_{pB} + c_{pA}\mathscr{H} \tag{17.6}$$

여기서, c_{pB}와 c_{pA}는 각각 기체와 증기의 비열이다.

습윤부피(Humid volume) v_H는 1atm, 기체온도에서 증기가 없는 기체 단위질량과 여기에 포함된 증기를 더한 총 부피이다. 기체법칙과 표준 몰 부피로부터 v_H는 SI 단위로 다음 식과 같이 습도와 온도에 관계된다.

$$v_H = \frac{0.0224\,T}{273}\left(\frac{1}{M_B} + \frac{\mathscr{H}}{M_A}\right) \tag{17.7a}$$

여기서, v_H는 g당 m^3이고, T는 Kelvin(K) 온도이다. 중력 단위로는 다음 식과 같다.

$$v_H = \frac{359\,T}{492}\left(\frac{1}{M_B} + \frac{\mathscr{H}}{M_A}\right) \tag{17.7b}$$

여기서, v_H 는 ft^3/lb이고 T 는 Rankine(°R) 온도로 표시된 절대온도이다. 증기가 없는 기체의 경우 $\mathscr{H} = 0$이며, v_H 는 고정 기체의 비용적이다. 포화기체인 경우 $\mathscr{H} = \mathscr{H}_s$이며, v_H는 **포화부피**(saturated volume)가 된다.

노점(dew point, 이슬점) 증기-기체 혼합물이 포화되기까지 냉각되어야 하는(일정한 습도에서) 온도이다. 포화된 기상의 노점은 기체온도와 같다.

총 엔탈피(total enthalpy) H_y는 단위 질량의 기체와 기체가 포함하고 있는 증기를 더한 것의 엔탈피이다. H_y를 계산하기 위해서는 기체와 증기에 대하여 각각 과로 2 개의 기준상태를 선택해야 한다. 두 성분 모두에 대해 기준온도를 T_0로 택하고, T_0에 있는 액체상태의 A를 성분 A의 엔탈피 기준으로 하자. 또한 기체의 온도가 T이고, 습도가 $\mathscr{H}$라고 하자. 총 엔탈피는 세 가지 항목의 합이다. 즉, 증기의 현열, T_0에 있는 액체의 잠열 및 증기가 없는 기체 현열의 합이다. 따라서,

$$H_y = c_{pB}(T - T_0) + \mathscr{H}\lambda_0 + c_{pA}\mathscr{H}(T - T_0) \tag{17.8}$$

여기서, λ_0는 T_0에서 액체의 잠열이다. 식 (17.6)으로부터 이 식은 다음과 같이 된다.

$$H_y = c_s(T - T_0) + \mathscr{H}\lambda_0 \tag{17.9}$$

상평형(Phase equilibria)

증습과 탈습조작에서 액상은 단일 순수 성분이다. 그러므로 계의 전압이 일정하게 유지될 때에는 기상에 있는 용질의 평형분압이 유일한 온도의 함수이다. 또한 중간 압력에서는 평형분압이 거의 전압에 관계없으며, 사실상 액체의 증기압과 같다. Dalton의 법칙에 의해 평형분압은 기상의 평형 몰분율 y_e로 바꿀 수 있다. 액체가 순수하기 때문에 x_e는 항상 1이다.

평형 데이터는 그림 17.1의 1atm에서 공기-물 계에 대해 보여준 것처럼 종종 주어진 전압에서 y_e 대 온도의 관계 곡선으로 표시된다. 평형 몰분율 y_e와 포화습도와의 관계는 식 (17.2)에 의해 알 수 있다. 즉,

$$y_e = \frac{\mathscr{H}_s/M_A}{1/M_B + \mathscr{H}_s/M_A} \tag{17.10}$$

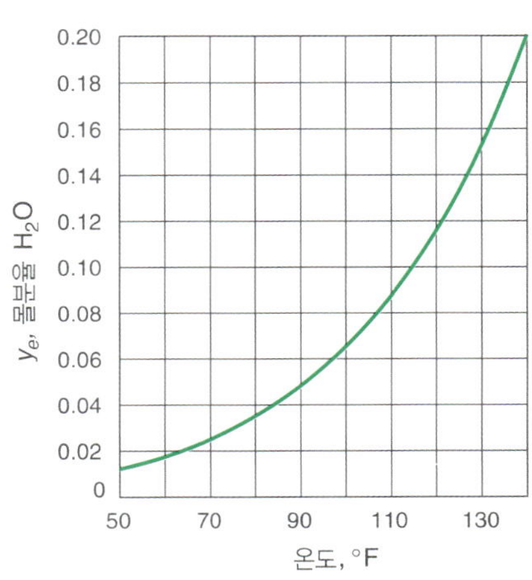

그림 17.1 1atm에서 공기-물 계의 평형

단열포화기(Adiabatic saturator)

기체가 포화되도록 하기 위해서 관이나 분무실의 기체흐름에 물이 분무되는 경우가 있다. 관이나 분무실은 단열공정이 되도록 단열이 되어 있다. 초기습도가 $\mathscr{H}$이고 온도가 T인 기체가 냉각되고 증습된다. 물이 모두 증발하지 않고 기체가 물과 평형을 이룰 만큼 충분한 시간이 있다

면, 이때 기체의 출구온도는 단열포화온도(adiabatic saturation temperature) T_s라고 한다. 남아 있는 물 역시 T_s에 있으며 분무노즐로 재순환 된다. T_s값은 공기의 온도와 초기습도에 좌우되며 약간 초기의 물 온도에도 관계된다. 해석을 간단히 하기 위해서 물이 T_s로 들어간다고 가정하는 경우도 있다.

이 공정에 대해 엔탈피 수지를 세울 수 있다. 펌프 일은 무시하며, 엔탈피 수지는 기준온도로 T_s를 잡는다. 그러면 보충액의 엔탈피는 0 이며, 들어가는 기체의 총 엔탈피는 나가는 기체의 총 엔탈피와 같다. 후자는 기준온도에 있으므로 이것의 엔탈피는 단순히 $\mathscr{H}_s\lambda_s$이다. 여기서, $\mathscr{H}_s$는 T_s에서의 포화습도이고, λ_s 역시 T_s에서의 잠열이다. 식 (17.9)로부터 들어가는 기체의 총 엔탈피는 $c_s(T - T_s) + \mathscr{H}\lambda_s$이며, 엔탈피수지는 다음과 같다.

$$c_s(T - T_s) + \mathscr{H}\lambda_s = \mathscr{H}_s\lambda_s$$

또는

$$\frac{\mathscr{H}_s - \mathscr{H}}{T - T_s} = \frac{c_s}{\lambda_s} = \frac{c_{pB} + c_{pA}\mathscr{H}}{\lambda_s} \tag{17.11}$$

공기 이외의 기체들에 대한 단열포화온도를 찾기 위해서는 식 (17.11)과 유사한 열수지를 이용한다. 그렇지만 다음 예제에서처럼 몰 열용량을 사용하는 것이 보다 편리할 수 있다.

$\mathscr{H}_s$, c_s 및 λ_s는 모두 T_s의 함수이기 때문에 식 (17.11)을 단열포화온도 T_s에 대해 직접 풀 수가 없다. 따라서 T_s는 시행오차법으로 구하던가 아니면 공기-물 계의 경우에는 습도표를 이용해서 구할 수 있다.

예제 17.1

320°F, 1atm에 있는 굴뚝 가스에 물을 분무하여 냉각시키려고 한다. 가스에는 CO_2 14% 및 N_2 76%가 포함되어 있다. (a) 분무될 물이 80°F로 들어갈 때 단열포화온도를 계산하라. (b) 물이 T_s로 들어갈 때 위 계산을 반복하라.

풀이

(a) 계산기준 : 가스 100몰, T_s가 약 120°F라고 가정하여 (320 + 120)/2 = 220°F에서 각 기체들의 몰 열용량을 산출한다.

Gas	Number of moles n	Molar specific heat C_p	nC_p
CO_2	14	9.72	136.08
H_2O	7	8.11	56.77
O_2	3	7.14	21.42
N_2	76	6.98	530.48
	Σn = 100		ΣnC_p = 744.75

증발된 z 몰의 물에 대한 열수지를 세우면,

$$\sum n C_p(T - T_s) = z\lambda_s + 18z(120 - 80) = z(\lambda_s + 720)$$

부록으로부터, 120°F에서

$$\lambda_s = 1{,}025.5 \times 18 = 18{,}459\,\text{Btu/lb mol}$$

그러면 $744.75(320 - 120) = z(18{,}459 + 720) = 19{,}179z$

$$z = 7.77$$

출구가스 중 물의 총 몰수는: $7 + 7.77 = 14.77$

배출가스에서 물의 몰분율:

$$y = \frac{14.77}{107.77} = 0.137$$

그림 17.1을 보면 120°F에서 포화 몰분율 y_s는 0.115이다.

따라서 T_s를 더 크게 어림하면 y가 줄고 y_s를 증가시키기 때문에 포화온도 T_s는 120°F보다 커야한다.

T_s를 새로 어림하려면 그림 17.1을 이용하라.

$y_e = 0.137$이면 $T_s = 126°\text{F}$이다.

그러면 $\lambda_s = 1{,}022.1 \times 18 = 18.398\,\text{Btu/lbmol}$이다.

$\sum nC_p$의 변화를 무시하면

$$744.75(320 - 126) = z[18{,}398 + 18(126 - 80)] = 19{,}226z$$

$$z = 7.51$$

물의 총 몰수: $7 + 7.51 = 14.51$

$$y = \frac{14.51}{107.51} = 0.135$$

이것은 0.137에 아주 근접한 값이다. 따라서 $T_s \cong 126°\text{F}$이다.

(b) $T_{\text{in}} = T_s$라면 열수지 식의 마지막 항을 빼도 된다. $T_s = 126°\text{F}$인 경우

$$744.75(320 - 126) = z(18{,}398)$$

$$z = 7.85$$

$$y = \frac{7.85 + 7}{107.51} = 0.138$$

포화온도는 126°F보다 약간 높아야 하지만 그 차이는 무시할 만하다.

포화온도를 0.1°F 이내의 정밀도로 구하려면 보다 정확한 증기압 데이터가 필요하다.

17.2 습도도표(Humidity chart)

영구기체(permanent gas)와 응축성 증기(condensable vapor) 혼합물의 성질을 나타내는 편리한 선도로서 습도도표(humidity chart)가 있다. 1atm에서 공기와 물 혼합물에 대한 도표는 그림 17.2와 같다. 그림 17.2는 Grosvenor도표를 기준한 것이다.

그림 17.2에서 온도는 가로좌표로 그리고 습도는 세로좌표로 그려져 있다. 도표 상의 어느 점이나 공기와 물의 일정한 혼합물을 나타낸다. 100%로 표시된 곡선은 공기온도의 함수로서 포화공기의 습도를 나타낸다. 물의 증기압을 이용해서 이 선 상에 있는 점들의 좌표가 식 (17.3)으로부터 구해진다. 포화선의 좌측 위쪽에 있는 점은 어느 것이나 포화공기와 액체 물의 혼합물을 표시한다. 이 영역은 오직 안개 생성을 점검할 때에만 중요하다. 포화선 아래에 있는 점은 어느 것이나 미포화된 공기를 나타내며, 온도축 상에 있는 점은 건조공기(dry air)를 나타낸다. 포화선과 온도축 사이에 % 표시가 된 곡선들은 일정한 **% 습도**(percentage humidity, 비교습도)를 갖는 공기와 물의 혼합물을 나타낸다. 식 (17.5)로 알 수 있는 바와 같이, 포화선과 온도축 사이에 선형 내삽법(linear interpolation)으로 일정한 %습도(비교습도)를 갖는 선들을 그릴 수 있다.

포화선 오른쪽으로 아래를 향한 경사선들은 **단열냉각선**(adiabatic-cooling lines)이라고 한다. 그들은 식 (17.11)을 도시한 것으로, 각 선은 일정한 단열포화온도 값에 대해 그려진 것이다. 주어진 T_s 값에 대하여 H_s와 λ_s가 정해지므로 T 대 $\mathscr{H}$의 선은 $\mathscr{H}$에 대한 값을 정하고, 이에 대응하는 T값을 계산해서 그려질 수 있다. 식 (17.11)을 보면 정확히 직각좌표 상에 그리는 경우 단열냉각선의 기울기는 $-c_s/\lambda_s$이며, 식 (17.6)에 의해 이 기울기는 습도에 의존한다. 그러면 직각좌표 상에서는 단열냉각선들이 직선도 아니고 평행하지도 않다. 그림 17.2에서는 세로좌표가 충분히 이그러져서 단열선들을 직선이 되게 하고, 또한 그들을 평행으로 만들어 놓았으므로, 그들간의 내삽이 용이하다. 단열선들의 끝에는 대응 단열포화온도가 표시되어 있다.

그림 17.2에는 또한 건조공기의 비용(specific volume)과 포화부피의 선들이 그려져 있다. 두 선들은 온도에 대한 부피를 도시한 것이다. 부피는 좌측에 있는 눈금으로 읽는다. 이 선 상에 있는 점들의 좌표는 식 (17.7b)를 이용하여 계산된다. % 습도에 기준해서 두 선 사이를 선형 내삽하면 불포화 공기의 습윤 부피를 얻는다. 또한 습윤 비열 c_s와 습도간의 관계가 그림 17.2에 선으로 그려져 있다. 이 선은 식 (17.6)을 도시한 것이다. c_s에 대한 눈금은 도표의 윗 부분에 있다.

습도도표의 이용(Use of humidity chart)

일정한 공기-물 혼합물에 대한 자료원으로서 습도도표의 유용성은 그림 17.2의 일부인 그림 17.3에 참고로 보여줄 수 있다.

예로서, 포화되지 않은 어떤 공기흐름이 온도 T_1이고 % 습도가 $\mathscr{H}_{A1}$이라고 가정하자.

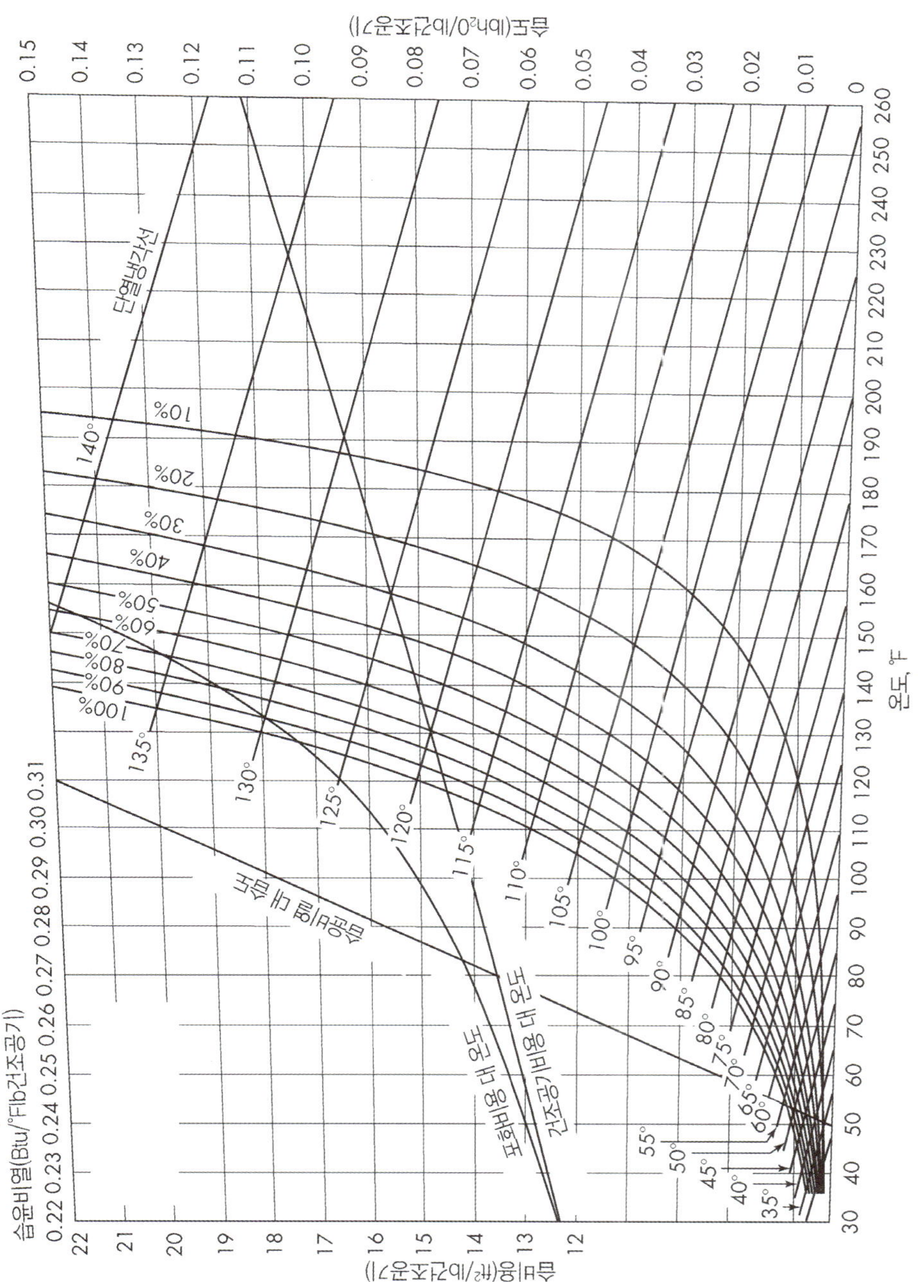

그림 17.2 1atm에서 공기-물 계의 습도도표

점 a는 도표 상에서 이 공기를 나타낸 것이다. 이 점은 일정한 온도선 T_1과 일정한 % 습도선 $\mathscr{H}_{A1}$의 교차점이다. 공기의 습도 $\mathscr{H}_1$은 점 a의 습도 좌표인 점 b로 주어진다.

노점은 일정한 습도선을 따라 점 a를 지나 왼쪽으로 이동하여 100% 선상의 점 c에서 찾을

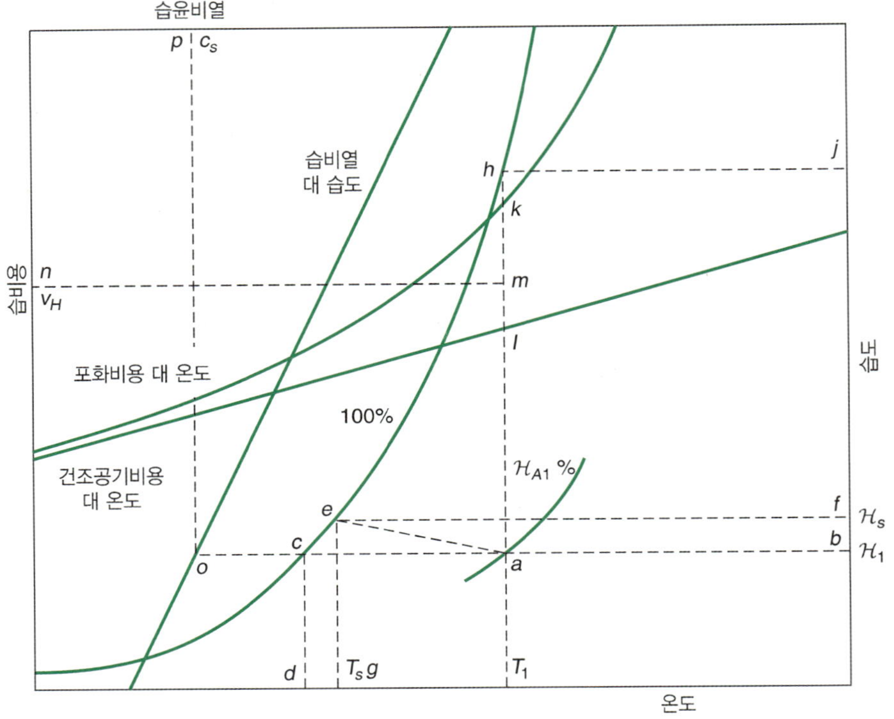

그림 17.3 습도도표의 이용

수 있다. 그러면 노점은 온도축 상의 점 d에서 읽는다.

단열포화온도는 점 a를 통하는 단열냉각선의 온도이다. 단열포화에서의 습도는 점 a를 지나 100% 선상의 교차점 e까지 단열선을 따라가서, 습도 좌표상의 점 f에서 습도 $\mathcal{H}_s$를 읽으면 된다. 단열선들 사이의 내삽이 필요할 수도 있다. 단열포화온도 T_s는 점 g로 주어진다.

본래의 공기가 나중에 일정한 온도에서 포화되면, 포화된 후의 습도는 점 a를 지나 100% 선상의 점 h까지 일정한 온도선을 따라가서 점 j에서 습도를 읽으면 된다.

원래 공기의 습윤 부피는 온도 T_1에 해당하는 포화부피와 건량 부피에 대한 곡선들 위에 점 k와 l을 표시하여 구한다. 그러면 점 m은 점 l로부터 선 lk를 따라 $(\mathcal{H}_A/100)\overline{kl}$ 거리만큼 이동해서 구한다. 여기서, $\overline{kl}$는 점 l과 k간의 선분이다. 습윤 부피 v_H는 부피눈금 상의 점 n으로 주어진다.

공기의 습윤 비열은 점 a를 지나는 일정한 습도선과 습윤 비열선의 교차점인 점 o를 구하고, 위에 있는 눈금상의 점 p에서 습윤 비열 c_s를 읽으면 된다.

예제 17.2

어떤 건조기에 들어가는 공기의 온도와 이슬점은 각각 150°F와 60°F(65.6°C 및 15.6°C)이다. 이 공기에 대하여 습도도표로부터 어떤 추가 데이터를 읽을 수 있는가?

풀이

이슬점은 이 공기의 습도에 해당하는 포화선 상의 온도 좌표이다.

60°F에 대한 포화습도는 건조공기 lb 당 0.011lb의 물(0.011g/g)이며, 이것이 공기의 습도이다. 공기의 온도와 습도로부터 이 공기에 대한 도표상의 점이 정해진다.

$\mathscr{H} = 0.011$이고, $T = 150°F$에서 % 습도 $\mathscr{H}_A$는 내삽법에 의해 5.2%임을 알 수 있다.

이 점을 통하는 단열 냉각선은 100% 선과 85°F(29.4°C)에서 만나며, 이 온도가 단열 포화온도이다.

이 온도에서 포화된 공기의 습도는 건조공기 lb 당 0.026 lb의 물(0.026 g/g)이다.

공기의 습윤 비열은 0.245Btu/lb dry air·°F(1.03 J/g·°C)이다.

150°F에서 포화부피는 건조공기 lb 당 20.7ft^3/lb(1.29m^3/kg)이며, 건조공기의 비용은 150°F에서 15.35ft^3/lb(0.958m^3/kg)이다.

따라서 습윤 부피는 다음과 같다.

$$v_H = 15.35 + \frac{0.011 \times 359}{18}\left(\frac{610}{492}\right) = 15.62\ \mathrm{ft^3/lb_{dry\,air}}(0.978\ \mathrm{m^3/kg})$$

17.3 습구 온도(Wet-bulb temperature)

평형에 있지 않은 기상과 액상간의 물질과 열이 전달되는 속도도 중요하다. 열과 물질 전달에 대한 구동력은 온도와 농도 차이로서 습구온도라는 양을 이용하여 예측할 수 있다.

습구온도는 단열조건 하에서 연속적인 기체흐름에 노출된 소량의 액체가 갖게 되는 정상상태의 비평형 온도이다. 기체흐름이 연속적이기 때문에 기체의 성질은 일정하여 보통은 입구 조건에서 구한다. 기체가 포화되지 않으면 액체의 일부가 증발하여 증발에 필요한 열이 액체로의 열전달 속도와 같아질 때까지 남아있는 액체를 냉각시킨다. 정상상태에 도달하면 액체온도는 습구온도가 된다.

습구온도를 측정하는 방법은 그림 17.4(a)와 같다.

온도계 또는 열전대와 같은 온도측정 장치가 심지(wick)로 싸이며, 이 심지는 순수한 액체로 포화되고 일정한 온도 T와 습도 $\mathscr{H}$를 갖는 기체흐름 속에 놓이게 된다. 처음에 액체의 온도는 기체의 온도와 비슷하다고 가정하자. 기체가 포화되어 있지 않기 때문에 액체가 증발한다. 그리고 이 과정이 단열적이기 때문에 우선 액체를 냉각시킴으로써 잠열이 공급된다. 액체온도가 기체온도 아래로 떨어짐에 따라 현열이 액체로 전달된다. 결국 액체를 증발시켜서 그 증기를 기체온도까지

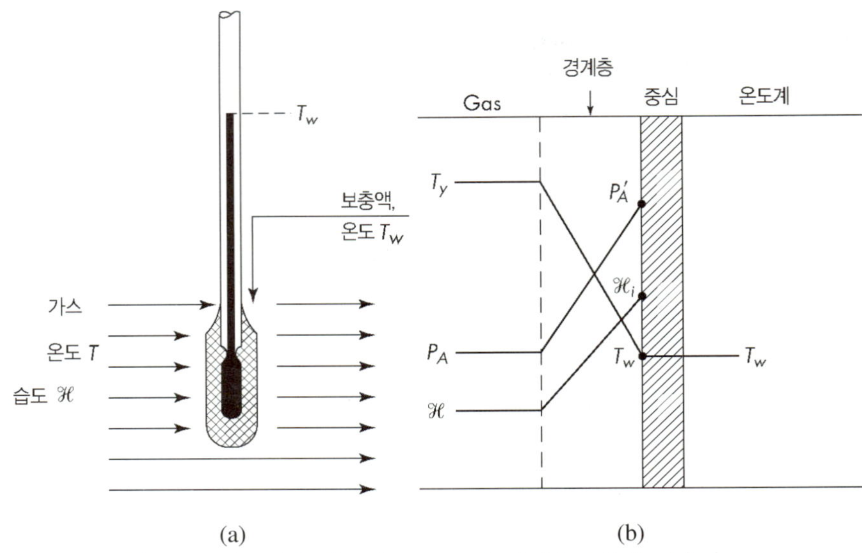

그림 17.4 (a) 습구 온도계, (b) 기체 경계층에서의 기울기

가열하는 데 필요한 열이 기체로부터 액체로 흐르는 현열과 정확하게 같게 되는 액체온도에서 정상상태가 이루어진다. 이것이 정상상태의 온도로서 T_w로 표시되며 **습구온도**(wet-bulb temperature)라고 한다. 습구온도는 T와 $\mathscr{H}$의 함수이다. 정상상태에서 온도와 농도의 기울기들은 그림 17.4(b)에서 볼 수 있다.

습구온도를 정밀하게 측정하기 위해서 세 가지의 주의가 필요하다. 즉,

(1) 심지가 완전히 적셔져서 심지의 마른 면이 기체와 접촉하지 못하도록 되어야 한다.
(2) 기체의 속도가 충분히 커서(적어도 5m/s) 전도와 대류에 의해 기체로부터 구(bulb)로 전달되는 현열 속도와 비교하여 온도가 높은 주변으로부터 온도계 구로 복사에 의해 전달되는 열흐름 속도가 무시될 수 있어야 한다.
(3) 보충 액체가 구에 공급되면 이 액체는 습구온도에 있어야 한다. 이러한 주의를 지키면 습구온도는 넓은 유량 범위에서 기체속도에 무관하게 된다.

습구온도는 외견상으로 단열포화온도 T_s와 비슷하다. 실제로 공기-물 혼합물에 대해서는 두 온도가 거의 같다. 그러나 이것은 우연한 일이며, 공기와 물 혼합물 이외에서는 서로 다르다. 습구온도는 근본적으로 단열포화온도와 다르다. 기체의 온도와 습도는 단열포화 중 변하며, 최종점은 동적 정상상태가 아니고 진짜 평형이다.

일반적으로 심지로 싸지 않은 온도계가 실제 기체온도 T를 측정하기 위해 습구온도계와 함께 사용되는데, 이때 기체온도를 보통 **건구온도**(dry-bulb temperature)라고 한다.

습구온도의 이론(Theory of wet-bulb temperature)

습구온도에서 기체로부터 액체로의 열전달 속도는 기화속도에다 온도 T_w에서의 증기의 증발 잠열과 현열을 합한 것을 곱한 것과 같게 놓을 수 있다. 복사가 무시되므로 이 수지식은 다음과 같이 쓸 수 있다.

$$q = M_A N_A [\lambda_w + c_{pA}(T - T_w)] \tag{17.12}$$

q = 액체로 가는 현열 전달속도

N_A = 몰 기화속도(rate of vaporization)

λ_w = 습구온도 T_w에서 액체의 잠열

열전달 속도는 일반적으로 면적, 온도차이 및 열전달계수로 표시된다. 즉,

$$q = h_y (T - T_i) A \tag{17.13}$$

h_y = 기체와 액체 표면간의 열전달계수

T_i = 계면의 온도

A = 액체의 표면적

물질전달속도는 물질전달계수, 면적 및 증기의 몰분율로 표시하는 구동력 항들로 표현된다. 즉,

$$N_A = \frac{k_y}{\overline{(1-y)}_L}(y_i - y)A \tag{17.14}$$

N_A = 증기의 몰전달속도

y_i = 계면에서의 증기의 몰분율

y = 공기흐름 중의 증기 몰분율

k_y = 물질전달계수, 단위면적당 단위몰분율당 몰

$\overline{(1-y)}_L$ = 한방향 확산인자(one-way diffusion factor)

심지가 완전히 젖어서 마른 부분이 노출되지 않으면 심지의 전체 면적은 열전달과 물질전달 모두에 대해 유용하여 식 (17.13)과 (17.14)의 면적은 같다. 액체온도가 일정하므로 액체 내부에서 열전달의 구동력으로 적용할 온도기울기가 액체에서는 필요치 않으며, 액체 표면은 내부와 같은 온도에 있고, 액체의 표면온도 T_i는 T_w와 같다. 액체가 순수하므로 농도기울기가 존재하지 않으며, 계면이 평형을 이룰 경우에 y_i는 온도 T_w에 있는 포화기체 속의 증기의 몰분율이다. y_i가 T_w에서의 포화습도인 $\mathscr{H}_w$에 대응하는 것에 유의하여 식 (17.14)에 있는 몰분율 항들을 식 (17.2)를 사용하여 습도로 대치하는 것이 편리하다[식 (17.10) 참조].

그리고 나서 식 (17.13)의 q와 식 (17.14)의 N_A를 식 (17.12)에 대입하면 다음과 같이 된다.

$$h_y(T-T_w) = \frac{k_y}{\overline{(1-y)}_L}\left(\frac{\mathcal{H}_w}{1/M_B + \mathcal{H}_w/M_A} - \frac{\mathcal{H}}{1/M_B + \mathcal{H}/M_A}\right) \times [\lambda_w + c_{pA}(T-T_w)] \tag{17.15}$$

식 (17.15)는 보통 범위의 온도와 습도에서 심한 오차없이 다음과 같이 단순화시킬 수 있다. (1) $\overline{(1-y)}_L$ 은 거의 1임으로 뺄 수 있다. (2) 현열 항 $c_{pA}(T-T_w)$는 λ_w와 비교하여 작으므로 무시할 수 있다. (3) $\mathcal{H}_w/M_A$와 $\mathcal{H}/M_A$ 항들은 $1/M_B$과 비교하여 작으므로 습도 항들의 분모로부터 빼버릴 수 있다. 이렇게 단순화하면 식 (17.15)는 다음과 같이 된다.

$$h_y(T-T_w) = M_B k_y \lambda_w (\mathcal{H}\mathrm{w} - \mathcal{H})$$

또는,

$$\frac{\mathcal{H} - \mathcal{H}_w}{T - T_w} = -\frac{h_y}{M_B k_y \lambda_w} \tag{17.16}$$

습구온도가 주어지면 λ_w와 $\mathcal{H}_w$는 둘 다 고정된다. 그러면 $\mathcal{H}$와 T간의 관계는 h_y/k_y 비에 좌우된다. 물질전달과 열전달 사이에 밀접한 유사성이 있기 때문에, 이 비의 크기와 이 비에 영향을 미치는 인자들에 대해 상당한 정보를 얻을 수 있다.

유체흐름과 고체 또는 액체 경계 사이의 전도 및 대류에 의한 열전달이 Reynolds 수, DG/μ와 Prandtl 수, $c_p\mu/k$에 의존하고, 물질전달계수는 Reynolds 수와 Schmidt 수, $\mu/\rho D_v$에 의존한다. 열전달 및 물질전달속도는 이 공정들이 똑같은 경계층의 조절하에 있을 때 같은 형태의 식으로 표시된다. 기체흐름이 난류인 경우 이 다음 식과 같다.

$$\frac{h_y}{c_p G} = b\mathrm{Re}^{\mathrm{n}}\mathrm{Pr}^{\mathrm{m}} \tag{17.17}$$

$$\frac{\overline{M}k_y}{G} = b\mathrm{Re}^{\mathrm{n}}\mathrm{Sc}^{\mathrm{m}} \tag{17.18}$$

b, n, m = 상수

$\overline{M}$ = 기체흐름의 평균분자량

식 (17.17)의 h_y와 식 (17.18)의 k_y를 식 (17.16)에 대입하고 $\overline{M} = M_B$라고 가정하면 다음 식과 같이 된다.

$$\frac{\mathcal{H} - \mathcal{H}_w}{T - T_w} = -\frac{h_y}{M_B k_y \lambda_w} = -\frac{c_p}{\lambda_w}\left(\frac{\mathrm{Sc}}{\mathrm{Pr}}\right)^m \tag{17.19}$$

그리고

$$\frac{h_y}{M_B k_y} = c_p\left(\frac{\mathrm{Sc}}{\mathrm{Pr}}\right)^m \tag{17.20}$$

m이 2/3로 취해지면 물 속의 공기에 대한 $h_y/M_B k_y$의 계산치는 $0.24(0.62/0.71)^{2/3}$, 즉 0.22Btu/lb·°F(0.92J/g·°C)가 된다.

습도선과 Lewis 관계식(Psychrometric line and lewis relation)

습구온도가 주어지면 식 (17.19)는 기울기가 $-h_y/M_B k_y \lambda_w$이고, T_w에서 100% 선을 교차하는 직선으로 습도도에 도시된다. 이 선을 **습도선**(psychrometric line)이라고 한다. 식 (17.19)의 습도곡선과 식 (17.11)의 단열포화선을 100% 곡선 상의 같은 점에 도시할 때, 두 선들 간의 관계는 c_s와 $h_y/M_B k_y$의 상대적 크기에 의존한다.

정상 조건에서 공기-물 계에 대한 습윤비열 c_s는 비열 c_p와 거의 같으며, 다음 식은 거의 정확하다.

$$\frac{h_y}{M_B k_y} \cong c_s \tag{17.21}$$

식 (17.21)은 Lewis **관계식**(Lewis relation)으로 알려져 있다. 이 관계식이 성립할 때 습도선과 단열포화선(adiabatic saturation)은 본질적으로 같게 된다. 그러므로 공기-물에 대한 그림 17.2에서 같은 선이 습도선과 단열포화선으로 이용될 수 있다. 다른 계에 대해서는 습도선으로 별개의 선이 사용되어야 한다. 공기와 유기물 증기로 된 거의 모든 혼합물에서 습도선은 단열포화곡선(adiabatic saturation lines)보다 가파르며, 포화된 혼합물이 아닌 혼합물의 습구온도는 어느 것이나 단열포화온도(adiabatic saturation temperature)보다 높다.

습도 측정(Measurement of humidity)

기체흐름의 습도는 이슬점이나 습구온도를 측정하거나 직접 흡수법에 의해 구할 수 있다.

이슬점법(Dew-point methods) 차갑고 표면이 매끈한 원판(disk)을 습도를 알지 못하는 기체 속으로 집어넣고 원판의 온도를 점차로 낮추면, 원판은 매끈한 표면에 안개가 응축하는 온도에 다다른다. 안개가 막 형성된 온도는 기체 속의 증기와 액상의 평형온도이다. 그러므로 이 온도가 노점이다. 이 온도를 점검하려면 원판의 온도를 서서히 증가시켜 안개가 막 사라지는 온도를 읽으면 된다. 안개가 생성되고 사라지는 온도의 평균치로부터, 습도는 습도도표에서 읽을 수 있다.

건습구법(Psychrometric methods) 습도를 측정하는 가장 일반적인 방법은 습구온도와 건구온도를 동시에 재는 법이다. 두 온도를 읽고 난 다음 습구온도에서 포화선과 교차하는 습도선을 찾고, 그 습도선이 건구온도선과 교차하는 점을 찾아서 습도를 구할 수 있다.

직접법(Direct methods) 기체의 증기함량은 일정한 부피의 기체를 적절한 분석장치로 끌어들여 직접 분석해서 구할 수 있다.

17.4 냉각탑(Cooling tower)

더운 액체가 포화되지 않은 기체와 접촉하게 되면, 액체의 일부가 기화되고 액체온도는 떨어진다. 화학공장, 발전소 및 공기조화 장치 등의 응축기 및 열교환기에 사용된 재순환 수의 온도를 낮추기 위한 냉각탑의 이용에 이러한 원리가 가장 잘 응용되고 있다. 냉각탑은 기체와 액체가 잘 접촉하면서 압력손실이 작도록 설계된 특별한 형태의 충전물을 갖는 직경이 큰 탑이다. 더운물은 분무 노즐에 의해 충전물 위로 분배되거나 V자형 홈통이나 파이프로 이루어진 격자위로 분배된다. 공기는 강제 통풍 또는 유도 통풍 장치에 의해 충전물을 통해 흐르거나 또는 어떤 설계에 의해 자연대류로 빨려 들어간다. 주로 핵 발전기와 연결되어 사용되는 거대한 콩크리트로 만들어진 자연 통풍 탑에서는 충전물이라고는 밑바닥 부분에만 있고 탑의 나머지는 공기의 흐름을 만들어 내는 굴뚝 역할을 한다. 그림 17.5를 참조하라.

그림 17.6에는 두 가지 중요 유형의 강제 통풍 냉각탑을 보여주고 있다. 바깥벽으로서 좋은 재료는 골이 파여 있는 유리강화 폴리에스테르이다. 단면이 직사각형인 십자흐름 탑에서 공기는 경사진 충전층을 통해 수평으로 흐르고 물은 아래로 흐른다. 비스듬히 설치된 통풍창은 물방울들이 바깥으로 빠져나가는 것을 방지하고 흘리는 물 제거장치로 알려진 각이 진 분활판은 나가는 공기에 동반되는 대부분의 물방울들을 잡는다. 공기는 날개가 몇 개 달린 프로펠라형 송풍기로 탑을 통해 빨려 들어간다. 큰 장치에서는 날개의 핏취(pitch)를 조절하여 공기의 흐름을 변화시킨다. 공기가 송풍기에 부드럽게 흐르도록 하고 팽창부에서 압력의 일부를 회수할 수 있도록 하는 벤츄리형(venturi-shaped) 원통의 목 부위에 송풍기를 설치한다. 원통은 지상 보다 훨씬 높은 위치에서 습한 공기를 내보냄으로서 이 공기가 공기 유입구로 재순환해서 들어오지 못하도록 한다. 이러한 유형의 압력회수 원통은 큰 냉각탑에 주로 사용된다.

그림 17.5 자연통풍냉각탑

향류 탑에서는 공기가 충전층 아래로 들어가 내려오는 물과 반대방향으로 위로 올라간다. 이것은 열전달을 위해 보다 효과적인 배열이며 13장의 향류 열교환기와 십자흐름 열교환기의 비교에서 보았듯이 보다 근접한 온도접근단(temperature approach)을 갖도록 한다. 향류 탑은 탑의 바닥에 강제통풍 송풍기를 설치하지만 공기의 분포를 잘되게 하기 위해서는 충전층 밑에 큰 공간을 필요로 한다.

냉각탑에서 물의 온도가 내려가는 것은 공기온도가 낮아서

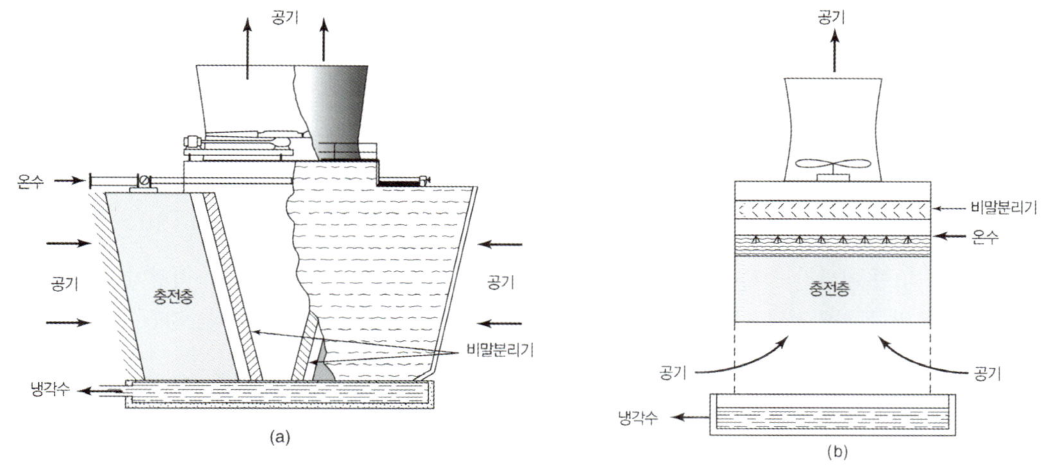

그림 17.6 전형적인 냉각탑들 (a) 십자흐름 탑 ; (b) 향류 탑

공기로 현열이 전달되는 것도 있지만 주로 물의 증발에 기인한다. 공기가 물 보다 더 따뜻해도 습구온도가 물의 온도 보다 낮으면 증발에 의해 물이 냉각될 수 있다. 실제로 물의 배출온도는 습구온도 보다 3~8°C 높은데 이 온도차이는 **온도접근단**(approach)으로 알려져 있다. 입구와 출구에서 물 온도의 변화를 온도범위(range)라고 하는데 온도범위는 일반적으로 6~17°C이다.

냉각되는 동안 증발에 의한 물의 손실은 적다. 1lb의 물을 기화시키는데 약 1,000Btu가 필요하므로 1,000Btu를 마련하기 위해서는 50lb의 물이 20°F 냉각되어야 하는데 20°F의 온도범위란 50lb의 물 중 2%의 증발손실을 의미한다. 게다가 분무된 물방울들의 손실이 있지만 잘 설계된 탑에서는 이 양이 약 0.2%에 불과하다. 공급되는 총 보충수의 양은 증발 및 표류물의 손실에다 용해된 염들의 축적을 막기 위해 필요한 방출(purge) 및 방류시키는 물의 양을 더한 양과 같아야 한다.

냉각탑은 일반적으로 장치 공급자의 자문을 받고 평균 및 최대 필요 열량, 필요한 온도범위, 보충수의 가능성 및 보충수의 질, 그리고 그 지방의 일기 조건 등과 같은 여러 가지 인자를 고려하여 선택된다. 탑은 가장 극한적인 조건 즉, 습구온도가 일년에 며칠 안 되는 제한을 만족시킬 수 있도록 크기를 정한다.

연습 문제

17.1 공기와 벤젠증기의 혼합물이 관형 냉각기-응축기 속에서 70°C로부터 15°C로 냉각된다. 입구에서의 습도는 공기 1kg 당 0.7kg의 벤젠증기이다. 다음을 계산하라. (a) 들어가는 기체의 습구온도, (b) 출구에서의 습도, (c) 공기 1 kg당 전달되는 총 열량.

답 : (a) T = 108°F(42.2°C) (b) H = 0.23kg/kg (c) Q_T = 310.2kJ/kg_{air}

17.2 160°F의 공기가 습구온도는 102°F이다. 이 공기의 상대습도, %습도, 및 이슬점을 구하라.

답 : (a) 0.296 (b) 10.5% (c) 90°F

17.3 한 면이 4ft인 커다란 정사각형 도관에 150°F에서 20ft/s로 흐르는 공기의 경우, 직경이 0.5in인 습구 온도계로의 복사열전달 계수는 얼마인가? 대류 계수와 비교하면 어떻게 되는가?

답 : 14.8Btu/h·ft^2·°F

17.4 18°C, 700mmHg에서 상대습도 50°C의 공기의 몰습도는 약 몇 kmol H_2O/kmol건조공기인가? (단, 18℃의 포화수증기압은 15.477mmHg이다.) **(화공기사 기출)**

① 0.001 ② 0.011 ③ 0.022 ④ 0.033 답 : ②

17.5 30°C, 750mmHg에서 공기의 상대습도가 75%이다. 공기 중에서 수증기 분압은 약 몇 mmHg인가? (단, 30℃에서 물의 증기압은 30.7 mmHg라고 가정한다.) **(화공기사 기출)**

① 0.31 ② 5.71 ③ 23 ④ 91 답 : ③

17.6 14.8vol%의 아세톤을 함유하는 질소혼합기체가 20°C, 745mmHg 하에 있다. 비교습도는 약 얼마인가? (단, 20℃에서 아세톤의 포화증기압은 184.8mmHg이다.) **(화공기사 기출)**

① 92% ② 88% ③ 53% ④ 20% 답 : ③

17.7 75℃, 1.5bar, 40% 상대습도를 갖는 습공기가 1,000m^3/h로 한 단위공정에 들어갈 때 이 습공기의 비교습도는 약 몇%인가?(단, 75℃에서의 포화증기압은 289mmHg이다.) **(화공기사 기출)**

① 30% ② 33% ③ 38.4% ④ 40.0% 답 ②

17.8 30°C, 750mmHg에서 percentage humidity(비교습도, %H)는 20%이고, 30°C에서 포화증기압은 31.8 mmHg이다. 공기 중의 실제 증기압은? **(화공기사 기출)**

① 6.58 mmHg ② 7.48 mmHg ③ 8.38 mmHg ④ 9.29 mmHg 답 ①

17.9 30°C, 1atm의 공기 중의 수증기 분압이 21.9mmHg일 때 건조공기당 수증기 질량[kg(H_2O)/kg(Dry Air)]은 얼마인가?(단, 건조공기의 분자량은 29이다.) **(화공기사 기출)**

① 0.0272 ② 0.0184 ③ 0.272 ④ 0.184 답 ②

17.10 전압 750mmHg, 수증기분압 40mmHg일 때 절대습도는 몇 $kgH_2O/kg_{dry\ air}$인가? **(화공기사 기출)**

① 35 ② 3.5 ③ 0.35 ④ 0.035 답 ④

CHAPTER

18 증 류

Distillation

증류(distillation)란 혼합용액을 그 성분의 비점 또는 휘발도의 차이를 이용하여 증발과 응축으로 분리하는 조작을 말하며, 증기로서 분리된 일정한 비점범위의 성분을 유분(fraction, distillate)이라고 한다. 특히 증류는 석유정제공업(oil refinery industry)의 가장 기본이 되는 것이나, 탄화수소(hydrocarbon)의 혼합물은 비점(boiling point)차의 순서로 단순하게 증류되지 않고 공비혼합물(azeotropic mixture)을 형성하여 비점이 다른 몇 개의 탄화수소가 어느 온도에서 동시에 유출되므로 석유의 증류조작은 결코 간단한 것이 아니고, 순도가 좋은 어느 비점범위의 성분을 분리하려면 여러 종류의 기술적인 문제가 수반된다.

석유(petroleum)의 증류법에는 상압증류, 감압증류, 공비증류, 추출증류, 특수증류 등올 분류되고 있으나, 석유정제공업에서는 상압증류와 감압증류 방법이 주로 사용되고 있다. 기타의 증류법은 석유정제공업에서 사용될 때도 있으나 석유화학공업, 유기화학공업, 연구용 등에 주로 사용되고 있다.

증류(distillation)) 방법으로 분리할 액체 혼합물을 끓이고 여기서 생긴 증기가 다시 응축하여 액체(응축물)로 된 다음 다시 증류솥(still)으로 보내지 않고 증기를 만들어내는 방법으로 환류를 하지 않는 방법이다. 또한 방법은 응축물의 일부를 응축기로 다시 흘러 보내 증기와 잘 접촉할 수 있는 조건하에서 증류솥으로 되돌아가는 방법으로 환류를 시키는 방법이다. 두 방법 모두 연속공정 또는 회분공정으로 이용된다.

18.1 증류의 기초(Foundation of distillation)

18.1.1 기액 평형관계(Gas–Liquid equilibrium)

2성분을 함유하는 액체혼합물에서 발생하는 증기의 조성은 일반적으로 처음 혼합물(원액)의 조성과는 다르다. 증기와 액체와의 관계를 나타낼 수 있는 것이 2성분계(binary component system)의 기액 평형관계(gas-liquid equilibrium)이다.

기액 평형이란 기체와 액체가 존재하는 경우, 계(system) 내의 두 상의 조성, 온도, 압력이 일정하게 된 상태로서 열역학적으로는 임의 성분의 두 상의 화학포텐셜(chemical potential)이 동등하게 된 상태를 말한다.

증류조작은 대부분의 경우 일정 압력하에서 일으키는 것이 보통이므로 일정 온도하에서의 기액 평형관계보다도 일정 압력하에 있어서의 기액 평형관계가 보다 중요하며 직접 유용한 것이 된다. 일정 온도하에서의 관계는 증류에서 보다도 흡수조작(absorption operation)에서 필요하다.

그런데 증류란 일반적으로 2가지 이상 되는 휘발성 액체의 혼합물을 기화시켜서 각 성분을 되도록 순수한 상태로 분리하고자 하는 방법이고, 예부터 실험실에서나 공업적으로 널리 이용된 가장 중요한 단위조작의 하나이다. 증류에 의해서 몇 개의 휘발성 성분을 분리할 수 있는 근본원리는 액체혼합물의 조성과 그것으로부터 발생하는 증기의 조성이 다르다는 점이다.

18.1.2 상태도(Phase diagram)

증류이론의 기초는 액상과 기상과의 평형관계이다. 가장 간단한 경우로서 액상에서 완전히 혼합되어 있는 2성분계의 기액 평형을 생각해보자.

일반적으로 기액 평형계에 대한 상태변수로서는 온도, 압력 및 액상 또는 기상의 조성(농도)이 생각된다. 특히 2성분계에 대해서는 보통 자유로이 변화시킬 수 있는 변수는 2개이다. 예를 들면 온도가 일정할 때 용액의 조성을 지정하면 기상의 조성이나 계의 압력은 자연히 정해진다. 반대로 압력과 온도를 지정하면 기-액의 조성은 결정된다. 따라서 이와 같은 2성분계의 각 변수 사이의 관계, 즉 상태도는 직각좌표를 사용해서 표시할 수가 있다. 그러나 증류에서는 조성을 몰분율(mole fraction)로 표시하는 것이 편리하다, 그리고 특히 2성분계의 경우는 저비점 성분의 농도에 착안하고 그 액상에서의 몰분율을 x, 기상에서의 몰분율을 y로 나타내는 것이 일반적인 방법이다.

2성분계의 평형상태도로서는 다음 3가지가 있다.

1. 일정 온도에서의 압력 대 조성관계 : 증기압곡선
2. 일정 압력에서의 비점 대 조성관계 : 비점곡선
3. 일정 압력에서의 용액조성 대 증기조성관계 : $x-y$ 선도

18.1.3 라울의 법칙(Raoult's law)

어떤 특별한 경우에는 순수한 성분의 증기압 데이터로부터 어떤 농도범위에 있어서 용액의 비점곡선을 나타낼 수가 있는 것이 Raoult의 법칙이다. Raoult의 법칙은 일정한 온도에서 혼합물중의 한 성분의 분압은 그 성분의 몰분율에다 같은 온도에서 그 성분이 순수한 상태에서 나타내는 증기

압을 곱한 것과 같다는 것이다. 전 농도범위에서 완전히 들어맞는 경우란 극히 드물게 밖에 존재하지 않는다. 다시 말하면 한 성분의 분압은 그 성분의 몰분율이 0에서 부터 1로 변화함에 따라서 0으로 부터 완전한 증기압 사이에서 직선적으로 변화한다.

일정 온도에서 액체혼합물 중 A성분의 분압 p_A, 그 성분의 순수한 상태에서의 증기압을 P_A, 액체의 몰분율을 x_A로 하면

$$A\text{성분의 분압} \quad p_A = P_A^{\circ}\ x_A \tag{18.1}$$

같은 방법으로 이 혼합물의 B성분에 대해서

$$B\text{성분의 분압} \quad p_B = P_B^{\circ}\ x_B \tag{18.2a}$$

$$p_B = P_B^{\circ}(1 - x_A) \quad (x_A + x_B = 1) \tag{18.2b}$$

위식을 Raoult의 법칙(이상용액의 법칙)이라고 한다. 이 법칙이 전농도 범위에서 완전히 들어맞는 경우란 극히 드물지만, 몰분율 $x = 0 \sim 1$의 전 영역에 걸쳐서 성립하는 액체혼합물을 **이상용액**(ideal solution)이라고 한다.

벤젠-톨루엔계, 펜탄-핵산계, 메탄-에탄계, 메탄올-에탄올계, 페놀-크레졸계, 프로판-부탄계 등과 같은 동족에다 탄소수가 비슷한 물질로 되어 있는 두 성분계는 대체로 이상용액이다. 동족계 탄화수소의 혼합물 등은 대부분 이 법칙에 따르지만 일반 용액 즉, 알코올-물, 초산-물 또는 메탄올-물과 같은 혼합물에서는 상당히 한쪽으로 치우치는 것이 보통이므로 이에 잘 따르지 않는다.

이에 관하여 다음의 증가압곡선의 몇 가지 예를 그림 18.1에 도시하였다.

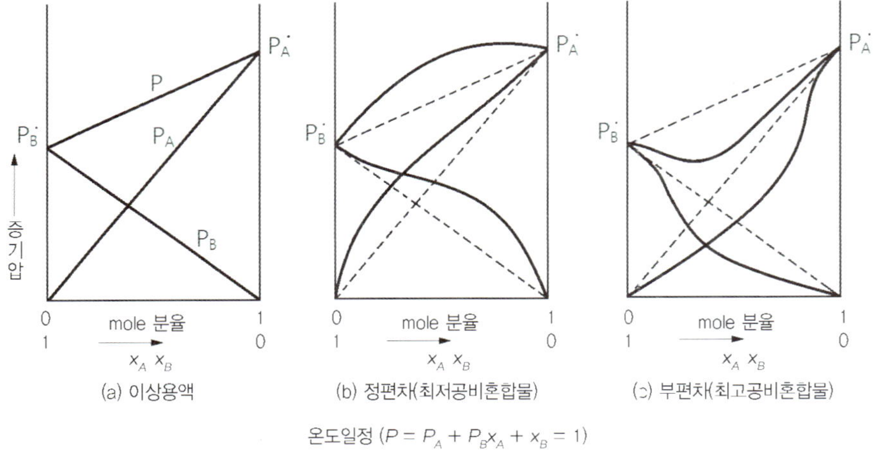

그림 18.1 일정한 온도에서 각종용액의 증기압 곡선(2성분계)

18.1.4 이상용액(ideal solution)의 x–y관계(x–y diagram)

2성분계의 이상용액에서 혼합기체의 전압을 P, 저비점 성분 A의 분압을 p_A, 저비점 성분 A 기체의 몰분율을 y_A, 고비점 성분 B의 분압 P_B, 고비점 성분의 몰분율을 $y_B = (1 - y_A)$라고 하면, 달톤의 분압법칙(Dalton's partial pressure law)에 의해 $p_A = Py_A$이 성립한다.

한편 라울의 법칙에서 $p_A = P_A^{\circ} x_A$이므로 기액 평형에서 저비점 A성분에 대해서

$$p_A = Py_A = P_A^{\circ} x_A \tag{18.3}$$

같은 방법으로 고비점 B성분에 대해서는

$$p_B = P(1-y_A) = P_B^{\circ} x_B(1-x_A) \tag{18.4}$$

따라서 전압을 P로 나타내면

$$P = p_A + p_B = P_A^{\circ} x_A + P_B^{\circ}(1-x_A) \tag{18.5}$$

와 같이 된다.

증기 속의 성분 A의 몰분율인 y는 전압에 대한 A의 분압의 비와 같으므로 Dalton의 분압법칙에 의해서

$$y_A = \frac{p_A}{p_A + p_B} = \frac{P_A^{\circ} x_A}{P_A^{\circ} x_A + P_B^{\circ}(1-x_A)} = \frac{P_A^{*} x_A}{P} \tag{18.6}$$

와 같이 나타낼 수 있다. 식 (18.5)와 식 (18.6)으로부터 일정온도에서 기액 평형 값를 계산 할 수 있다.

예제 18.1

벤젠 60mol%, 톨루엔 40mol%인 혼합용액 90℃에서의 증기압과 증기조성을 구하라. 단 수증기표(steam table)로부터 90°C의 순 벤젠 및 순 톨루엔의 증기압은 각각 1,008, 405mmHg이다.

풀이 식 (18.5)에서 $p = p_A + p_B = p_A^{\circ} x_A + p_B^{\circ}(1-x_A)$에서

$p_A = (1{,}008)(0.6) = 604.8\text{mmHg}$ $\quad p_B = (405)(0.4) = 162.0\text{mmHg}$

전압 $P = 604.8 + 162.0 = 766.8\text{mmHg}$

식 18.6에서 $y_A = 604.8/766.8 = 0.789$, $1-y_A = 0.201$

따라서 증기의 몰 조성은 벤젠 78.9mol%, 톨루엔 20.1mol%

18.1.5 비점도표 (Boiling-point diagram)

일정 압력하에 있어서 두 성분계의 기액평형관계를 도시하는 한 방법으로서 비점과 평형조성(농도)사이의 관계를 나타내는 그림을 비점도표라 한다. 2성분 용액에서의 전압을 일정하다고 하면, 각 온도 t에 대해서 액상 중의 저비점 성분의 몰분율 x와 증기상 중의 저비점 성분의 몰분율 y가 정해지므로 그림 18.2와 같은 $t-x$, $t-y$선도를 그릴 수가 있다.

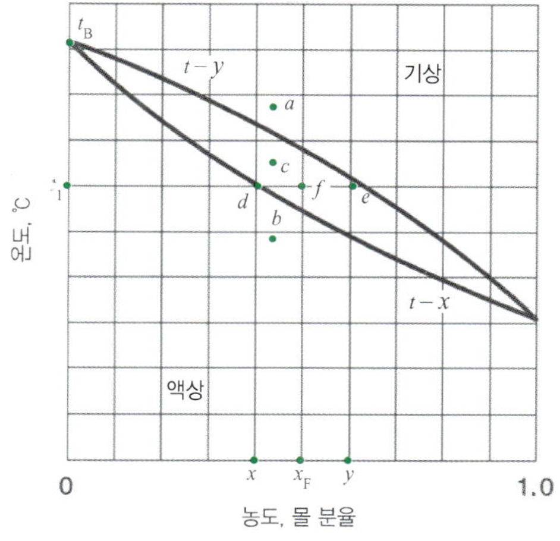

그림 18.2 정압하의 비점도표 비점-조성선도(2성분계)

그림 18.2은 정압하의 비점도표를 나타내는 하나의 예로서, 액 A(비점 t_A)와 액 B(비점 t_B)를 임의의 조성으로 섞은 혼합물에 대하여 일정한 압력에서 얻은 비점과 평형조성 사이의 관계를 나타낸 것이다, 액 A는 휘발성이 강한 쪽의 액이다. 그림에서 온도는 세로축에, 조성은 가로축에 표시하기로 한다. 이 그림은 양쪽 끝이 서로 합쳐진 2개의 곡선으로 되어 있다.

위 곡선상의 어느 한 점(e점)을 잡으면 그의 가로좌표는 세로좌표(t_1)에 해당하는 온도에서 바로 응축하기 시작하려는 증기의 조성 y를 나타내고, 또 그때 생기는 액체의 조성 x를 준다. 아래 곡선상의 어느 한 점(d점)을 잡으면, 온도 t_1에서 바로 끓기 시작하여 조성 y의 증기를 주려는 액체의 조성 x를 줄 것이다.

동일한 수평선상의 어느 두 점(d와 e점)을 취한다면 그 두점을 연결한 수평선으로 주어지는 온도에서 서로 평형에 있는 액체와 증기의 조성을 나타낸다, 위 곡선보다도 높이 있는 점(a점)은 모두 증기만으로 되어 있는 혼합물을 나타낸다. 아래 곡선보다도 밑에 있는 점(b점)은 모두 완전히 액화된 혼합물을 나타낸다. 그리고 두 곡선사이에 있는 점(c점)은 일부분은 액체, 일부분은 기체로 되어 있는 계(system)를 나타낸다.

즉, 점 a는 증기만의 혼합물, 점 b는 액체만의 혼합물, 그리고 점 c는 액체와 증기가 혼합된 상태는 나타낸다. x의 조성을 갖는 액체의 혼합물을 가열하면 증기의 조성은 y가 되며 계속 가열하면 x, y는 t_B가 되다. 반대로 y의 조성을 갖는 기체를 냉각하면 x의 조성을 갖는 액체가 되며 계속하면 x, y는 t_A를 향한다. 이상혼합물일 경우 비점도표의 온도를 알면 그 온도에서 두 성분의 증기압으로 계산할 수 있다,

지금 조성이 x인 액체혼합물을 서서히 가열하기 시작하였다고 하자.

온도 t_1에서 이것은 끓기 시작할 것이다. 맨 처음에 발생한 증기는 그림상 y로 표시되는 하나의 확정적인 조성을 가질 것이다. 증기가 얼마만큼 발생하면 남아있는 액의 조성은 이미 x로는 표현할 수 없게 되는데, 이것은 증기가 그것을 발생시킨 액체보다도 휘발성이 강한 성분을 많이 가지고 나왔기 때문에 d점이 액상선을 따라 왼쪽으로 움직이는 까닭이다. 비점도표는 일반적으로 실험에

의하여 결정하여야 한다.

그림에서 d점은 x인 조성의 용액이 비등하기 시작하는 온도, e점은 y인 조성의 기체혼합물이 응축하기 시작하는 온도이다. 즉 일정온도 t_1에서 d와 e는 서로 평형이다. $\overline{de}$와 같은 수평선은 각 온도에 대해서 무수히 그을 수가 있다. 이것을 대응선 또는 결선(tie line)이라고 한다.

또 곡선 t-x는 비점곡선(boiling curve) 또는 액상선(liquid curve)이라고 하고, 곡선 t-y는 노점곡선(dew point curve) 또는 기상선이라고 한다. 지금 조성 x_F인 혼합액을 밀폐용기에 넣어 온도 t_1까지 가열하고 일정하게 유지하면 그 때의 액조성은 x, 증기조성은 y가 되고, 또 그 양의 비는 액량 : 증기량 $= \overline{fe} : \overline{df}$로 주어진다.

예제 18.2

벤젠 및 톨루엔의 증기압은 82℃에서 각각 증기압 811mmHg, 314mmHg이다. 이 두 물질의 혼합물이 Raoult의 법칙에 따른다고 가정하고 전압 760mmHg에서 이 두 액에 대한 비점도표상의 조성을 계산하라.

풀이

82°C에 해당하는 p_A와 p_B의 값을 식 (18.6)에 대입을 한다.

여기서 $p_A = 811$mmHg, $p_B = 314$mmHg

식 (18.5)으로부터 액의 조성 $P = P_A^{\circ} x_A + P_B^{\circ}(1 - x_A)$를 구한다.

$$811\, x_A + 314(1 - x_A) = 760 \qquad x_A = 0.897$$

식 (18.6)으로부터 증기의 조성$(y_A) = (811)(0.897)/760 = 0.958$

18.1.6 x-y 평형곡선(x-y equilibrium curves)

일정한 압력(보통 1atm)하에서 각 온도(표 18.1, 18.2 참조)에 대한 2성분계의 기액 평형조성 x, y를 직각좌표에 플로트하면 일반적으로 그림 18.3, 그림 18.4와 같은 곡선이 얻어진다. 이것은 2성분계의 증류이론을 생각하는 경우에 가장 편리한 상태도이다.

18.1.7 상대휘발도(Relative volatility)

액상 중의 A성분의 몰분율을 $x_A = p_A / x_A$라 놓고, 이 k_A를 A성분의 그 농도에서의 휘발도(volatility)라고 부른다. 일정한 온도에서 용액 중 각 성분의 휘발성의 크기는 휘발도에 의해서 비교된다. 즉, A성분의 휘발도와 B성분의 휘발도를 비교한 것으로 2성분의 휘발도의 비를 α라고 하면 (온도는 일정)

표 18.1 벤젠의 증기압

조성 x	조성 y	온도°C
0	0	110.4
0.10	0.209	106.2
0.20	0.375	102.2
0.30	0.508	98.5
0.40	0.620	95.3
0.50	0.714	92.2
0.60	0.791	89.5
0.70	0.855	87.0
0.80	0.912	84.6
0.90	0.959	82.3
1.00	1.000	80.3

표 18.2 메탄올의 증기압

조성 x	조성 y	온도°C
0	0	100.0
0.04	0.230	93.5
0.10	0.418	87.7
0.20	0.579	81.7
0.40	0.729	75.3
0.60	0.825	71.2
0 80	0.915	67.6
0.90	0.958	66.0
0.95	0.979	65.0
1.00	1.000	64.5

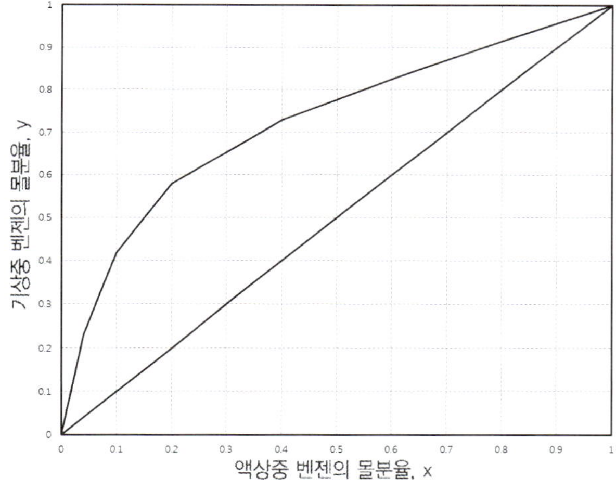

그림 18.3 벤젠-톨루엔계 기액 평형조성

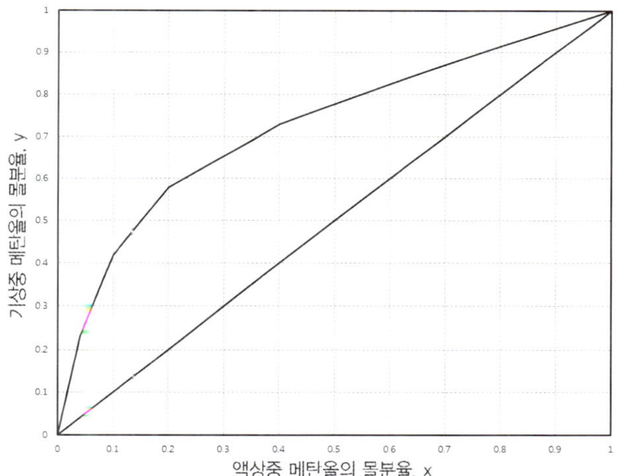

그림 18.4 메탄올-물계 기액 평형조성

$$a_{AB} = \frac{k_A}{k_B} = \frac{p_A/x_A}{p_B/x_B} = \frac{p_A}{p_B} \cdot \frac{x_B}{x_A} \tag{18.7}$$

또 액상과 평형에 있는 증기상에 있어서 위 A성분의 증기분압 대신에 몰분율 y_A를 사용하여 2성분의 휘발도의 비 a로 나타내면

$$a_{AB} = \frac{P_A^\circ}{P_B^\circ} = \frac{y_A/x_A}{y_B/x_B} = \frac{y_A/y_B}{x_A/x_B} \tag{18.8}$$

여기서

y : 증기상에서 성분의 몰분율

x : 액상에서 성분의 몰분율

이 α_{AB}를 성분 B에 대한 성분 A(휘발성이 더한 것)의 비를 상대휘발도 (relative volatility, 비휘발도)라고 한다. 이상용액에서는 휘발도는 각 성분의 그 온도에서의 고유의 증기압과 일치하므로 $\alpha_{AB} = p_A/p_B$가 되고 $(p_A \gg p_B)$, 상대휘발도는 일정하다. 그러나 일반적으로 k나 α는 조성에 따라 변한다.

또 2성분계에서는 식 (18.3)과 식 (18.4)에서 $p_A = Py_A$, $p_B = P(1-y_A)$이므로 다음 관계가 성립한다.

$$y = \frac{\alpha x}{1+(\alpha-1)} \tag{18.9}$$

이상용액에서는 증기압 데이터에서 α를 구하면 위 식에 의해서 x, y관계를 계산할 수가 있다. 또 2성분계에 있어서는 $y_B = 1-y_A$ 및 $x_B = 1-x_A$이므로 이것을 식 (18.8)에 대입하고 아래 첨자를 생략하면

$$\alpha = \left(\frac{y_A}{1-y_A}\right)\left(\frac{1-x_A}{x_A}\right) \tag{18.10}$$

로 나타낼 수 있다. 여기서 x는 액상 중의 저비점 성분의 몰분율(액조성)이고 y는 증기상 중의 저비점 성분의 몰분율(증기조성)이다.

따라서 휘발도는 어느 성분의 액체 중 몰분율에 대한 기체 중 몰분율의 비로 휘발도가 크다고 하면 낮은 온도에서도 쉽게 기화할 수 있는 성분임을 뜻한다.

만일 액상이 Raoult의 법칙에 따르고 증기상이 Dalton의 법칙을 따른다고 하면 식 (18.3)으로부터

$$y_A = \frac{p_A x_A}{P} \tag{18.11}$$

그리고

$$1 - y_A = \frac{p_B(1-x_A)}{P} \tag{18.12}$$

이므로 이것을 식 (18.10)에 대입하면

$$\alpha = \frac{p_A}{p_B} \tag{18.13}$$

를 얻는다.

예제 18.3

1atm에서 메탄올의 몰분율이 0.4되는 수용액 중의 메탄올 대 물의 상대휘발도는 얼마인가? 단, 증기상에서의 메탄올의 몰분율은 0.729이다.

풀이

식 (18.10)을 이용하면

$$\alpha = \frac{y}{1-y} \cdot \frac{1-x}{x} = \frac{(0.729)(1-0.4)}{(1-0.729)(0.4)} = 4.035$$

18.2 증류의 방법(Distillation method)

실제로 증류에서는 두 가지의 주된 방법을 사용한다. 그중 첫 번째 방법은 분리하려고 하는 액체혼합물을 끓여 증기를 발생시키고 그 증기를 응축시키는데 그때 생긴 액체가 조금도 증기와 접촉하고 있는 비기(still)로 되돌아가지 않게 하는 방법이다. 두 번째의 방법은 응축액의 일부를 비기로 되돌아가게 하면서 증발을 시키는데 이때 그 액이 응축기로 가는 증기와 밀접한 향류식 접촉을 하도록 하는 방법이다. 후자의 방법은 월등하게 중요한 것으로서 정류(rectification)라는 특별한 이름까지도 붙이게 되었다. 공업적으로 이용되는 증류방법에는 단증류, 평형증류, 수증기증류, 정류 등이 있다.

증류의 조작압력, 목적, 급액방식에 따라 다음과 같이 분류된다.

1. 조작압력에 따른 증류 : 가압(고압)증류(수 atm 이상), 상압(저압)증류(1atm),
   감압(진공)증류(10^{-3}mmHg 이하)
2. 목적에 따른 증류 : 단증류, 평형증류, 수증기증류, 정류
3. 급액방식에 따른 증류 : 회분식 증류, 연속식 증류

환류에 따른 증류방법은 다음과 같이 분류된다.

1. 환류가 없는 경우 : 평형증류(플래쉬증류, 적분증류), 단증류(미분증류)
2. 환류가 있는 경우 : 정류(rectification)

18.2.1 단증류(Simple distillation)

일부 작은 공장에서 휘발성 제품은 회분 증류에 의해 액체용액으로부터 회수한다. 혼합물을 증류기 또는 리보일러에 넣고, 열은 코일을 통하거나 용기벽을 통해 공급하여 액체가 비점에 이르도록 하여 그 중 일부를 기화시킨다. 이 가장 간단한 조작법에서 증기는 그림 18.5에서 보는 바와 같이 증류기에서 응축기로 간다. 증류기를 나가는 증기는 언제나 증류기에 남아 있

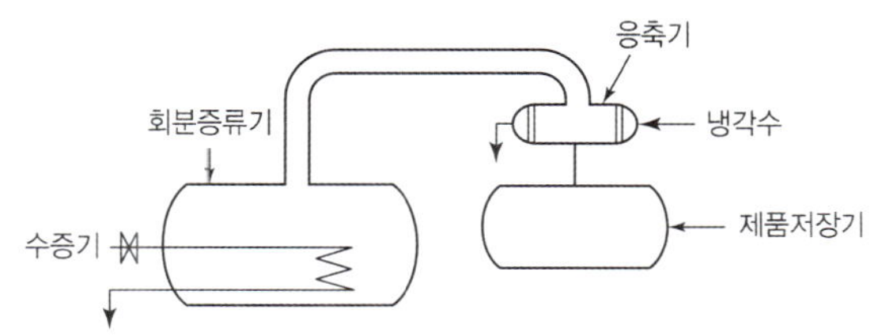

그림 18.5 회분 증류솥에서의 단순 증류

는 액체와 평형을 이루지만, 증기에 휘발성이 큰 물질이 더 많기 때문에 액체와 증기의 조성이 일정하지는 않다.

조성이 시간에 따라 어떻게 변하는지 알기 위해서 n_0 몰을 회분증류기에 넣었을 때 어떤 일이 생기는지 생각해 보자. 주어진 시간에 증류기에 남아 있는 액체의 몰수를 n이라 하고, y와 x를 증기와 액체 조성이라고 하자. 증류기에 남아 있는 성분 A의 총 몰수는 다음과 같이 될 것이다.

$$n_A = xn \tag{18.14}$$

소량의 액체 dn이 기화되면 성분 A의 몰수 변화는 $y\,dn$ 또는 dn_A이다. 식 (18.14)을 미분하면,

$$dn_A = d(xn) = n\,dx + x\,dn \tag{18.15}$$

이 된다. 그러므로

$$n\,dx + x\,dn = y\,dn$$

재정리하면, 다음과 같이 된다.

$$\frac{dn}{n} = \frac{dx}{y - x} \tag{18.16}$$

식 (18.16)을 초기농도와 최종농도인 x_0와 x_1 사이에서 적분하면, 초기 및 최종농도는 다음과 같이 된다.

$$\int_{n_0}^{n_1} \frac{dn}{n} = \int_{x_0}^{x_1} \frac{dx}{y - x} = \ln \frac{n_1}{n_0} \tag{18.17}$$

식 (18.17)은 **Rayleigh 식**으로 알려져 있다. 함수 $dx/(y-x)$는 평형 데이터 표나 평형곡선을 이용해서 도식적분이나 수치적분으로 구할 수 있다.

이상혼합물인 경우, Rayleigh 식의 간단한 대체식은 상대휘발도를 이용해서 유도된다. 회분증류하는 동안 증류기의 온도가 증가하지만 증기압의 비인 상대휘발도는 그다지 변하지 않아서 평균치를 사용할 수 있다. 식 (18.8)로부터,

$$\frac{y_A}{y_B} = \alpha_{AB}\frac{x_A}{x_B} \tag{18.18}$$

을 얻는다. 혼합물에 A가 n_A몰, B가 n_B몰이 있다면, 비 n_A/n_B는 x_A/x_B와 같다. dn몰이 기화하면 A의 변화는 $y_A\,dn$ 또는 dn_A이고, B의 변화는 $y_B\,dn$ 또는 dn_B이다. 이들을 식 (18.18)에 대입하면 다음과 같이 된다.

$$\frac{dn_A/dn}{dn_B/dn} = \frac{dn_A}{dn_B} = \alpha_{AB}\frac{n_A}{n_B}$$

또는,

$$\frac{dn_A}{n_A} = \alpha_{AB}\frac{dn_B}{n_B} \tag{18.19}$$

위 식을 적분하면 다음과 같다.

$$\ln\frac{n_A}{n_{0A}} = \alpha_{AB}\ln\frac{n_B}{n_{0B}} \tag{18.20}$$

또는,

$$\frac{n_B}{n_{0B}} = \left(\frac{n_A}{n_{0A}}\right)^{1/\alpha_{AB}} \tag{18.21}$$

식 (18.20)은 대수 좌표상에 직선으로 그려서 회분증류 과정을 알 수 있으며, 또한 한 성분의 회수량이 정해졌을 때 직접 이용할 수 있다.

예제 18.4

15mol%의 n-부탄과 85mol%의 n-펜탄이 들어 있는 천연 펜탄이 있다. 대기압 하에서 단순 회분증류에 의해 90%의 부탄을 제거한다면, 펜탄은 얼마가 제거되는가? 남아 있는 액체의 조성은 어떻게 되는가?

풀이 최종 액체는 거의 순수한 펜탄이며, 비점은 36°C이다.

이 온도에서 부탄의 증기압은 3.4atm으로 상대휘발도가 3.4이다. 초기조건에서는 비점이 약 27°C이므로, 상대휘발도가 3.6이다. 그러므로 α_{AB}에 평균값 3.5를 사용한다.

계산기준 : 공급원료 1 mol, n_A : $n-$부탄, n_B : $n-$펜탄이라하면

$$n_{0A} = 0.15(\text{부탄}) \qquad n_A = 0.015 \qquad n_{0B} = 0.85(\text{펜탄})$$

식 (18.21)에서,

$$\frac{n_B}{0.85} = \left(\frac{0.015}{0.15}\right)^{1/3.5} = 0.518 \qquad n_B = 0.518(0.85) = 0.440$$

$$n = 0.44 + 0.015 = 0.455\,\text{mol} \qquad x_A = \frac{0.015}{0.455} = 0.033$$

실험실에서 보통 사용하는 증류방법과 같이 가지 달린 플라스크(branched-flask)에 적당한 조성의 용액을 넣고 가열하여 발생한 증기가 응축기를 통하여 즉시 응축 액화시켜 계 밖으로 빼내는 증류방식이다. 보통 증류라고 칭하는 가장 간단한 대표적은 방식으로 이것을 **단증류**라 한다.

단증류란 보통 환류(reflux)를 하지 않고 증류하는 조작의 대표적인 것으로 원액을 일정량 가열용기에 공급하여 증류하는 방법으로 용기내의 액조성과 유출액조성은 미분적으로 계속 변한다.

18.2.2 평형증류(Equilibrium distillation)

평형증류는 원료액에서 발생하는 증기와 잔류액이 항상 평형상태에 있는 조건하에서 증기와 잔유액을 분리하는 증류방법으로서, 이것을 플래쉬 증류(flash distillation, 적분증류, integral distillation)라고도 한다.

플래쉬 증류 과정은 발생된 증기가 나머지 액체와 평형을 이루어 액체의 일정비율을 기화시키고, 증기를 액체로부터 분리한 다음, 증기를 응축시키는 과정으로 이루어진다. 따라서 증발 후에 액과 증기의 조성사이의 관계는 평형도표($x-y$곡선)로부터 얻을 수 있다. 그림 18.6은 플래쉬 증류 장치의 개략도 이다. 공급원료는 펌프 a로부터 가열기 b를 거친 다음 c에 의해 압력이 감소된다. 접촉을 잘 이루고 있는 증기와 액체 혼합물은 증기분리기 d로 들어가며, 여기서 증기와 액체 부분으로 갈라지도록 충분한 시간 동안 머물게 한다. 분리되기 전에 액체와 증기가 충분한 접촉을 했기 때문에 분리된 흐름들은 평형에 있게 된다. 증기는 e를 통해 나가고, 액체는 g로 나간다.

플래쉬 증류는 정유공정에 광범위하게 사용된다. 석유 유분은 파이프에서 가열되고 가열된 유체는 많은 성분들이 함유된 증기와 잔류 액체 흐름으로 플래쉬 된다. 가끔 흡착기로부터 나온 액체는 용질을 일부 회수하기 위해 플래쉬 된다. 고압 반응기에서 나온 액체가 저압으로 플래쉬 되어 일부 증기가 방출되도록 하기도 한다.

그림 18.6과 같은 장치에 공급된 2성분 혼합물 1mol을 생각해 보자. 공급원료의 농도를 x_F로 표시하는데, 이것은 휘발성이 큰 성분의 몰분율이다. 기화되어서 연속적으로 증기로 뽑아내는 공급원료의 몰분율을 f라고 하자. 그러면 $1-f$는 액체로서 연속적으로 나가는 원료의 몰분율이 된다. y_D와 x_B는 각각 증기와 액체의 농도이다. 1mol의 공급원료를 기준으로 해서 휘발성이 큰 물질에 대한 물질수지를 세우면 공급원료 속의 모든 성분이 2개의 배출흐름으로 나가야 하기 때문에 다음 식이 성립한다.

$$x_F = f y_D + (1-f) x_B \qquad (18.22)$$

식 (18.22)에는 x_B와 y_D 두 미지수가 있다. 이 식을 이용하기 위해서는 미지수들 간의 제2의 관계식이 있지 않으면 안 된다. 이런 관계는 평형곡선이던가 상대휘발도 α에 근거한 식에 의해서 마련된다. 혼합물 속의 성분 A와 B에 대하여 α는 다음과 같이 정의된다.

$$\alpha_{AB} = \frac{y_{Ae}/x_{Ae}}{y_{Be}/x_{Be}} \qquad (18.23)$$

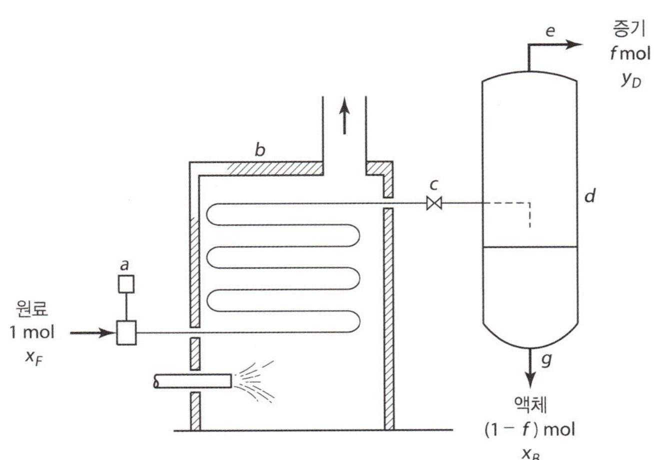

그림 18.6 플래쉬 증류장치

이상 혼합물의 경우, 상대휘발도는 Raoult의

법칙이 적용되어 증기압의 비와 같으며 α는 전형적인 증류에서 대하는 온도범위에서 거의 일정하다.

$$p_A = P_A' x_A \qquad y_A = p_A/P$$
$$p_B = P_B' x_B \qquad y_B = p_B/P$$
$$\alpha_{AB} = \frac{y_A/x_A}{y_B/x_B} = \frac{P_A'/P}{P_B'/P} = \frac{P_A'}{P_B'} \tag{18.8}$$

2성분 혼합물의 경우에 $x_B = 1 - x_A$이고 $y_B = 1 - y_A$이기 때문에 보통 하첨자는 뺀다. 식 (18.23)은는 y와 x를 직접 관계시키는 보다 유용한 형으로 바꿀 수 있다. 여기서 y와 x는 각각 y_{Ae}와 x_{Ae}로 이해하면 된다.

$$y = \frac{\alpha x}{1 + (\alpha - 1)x} \tag{18.9}$$

식 (18.22)의 분율 f는 직접 고정되는 것이 아니고 고온 유입 액체의 엔탈피와 플래쉬 실을 나가는 증기와 액체의 엔탈피에 관계된다.

$$H_F = f\,H_y + (1 - f)H_x \tag{18.24}$$

여기서 H_F, H_y 및 H_x는 각각 원료액체, 증기제품, 및 액체제품의 엔탈피들이다.

예제 18.5

50mol%의 벤젠과 50mol%의 톨루엔으로 된 혼합물을 분리기의 압력이 1atm인 상태에서 플래쉬 증류하려고 한다. 들어가는 액체는 액체의 40%가 플래쉬 되는 온도까지 가열된다. (a) 플래쉬 실을 나가는 증기와 액체의 조성은 얼마인가? (b) 필요한 원료의 온도는 얼마인가?

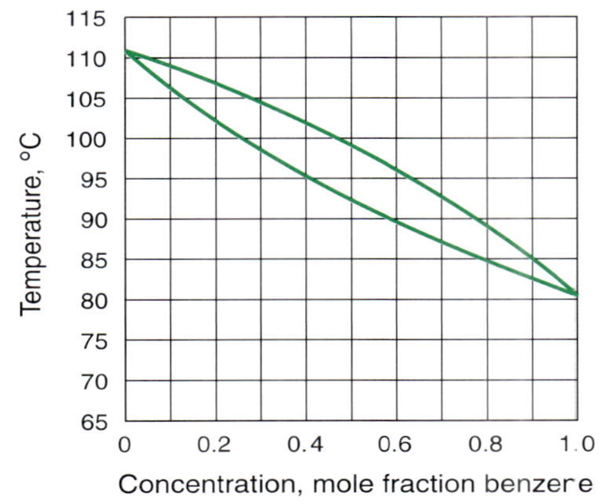

그림 18.7 비점 선도(1 atm에서 벤젠-톨루엔 계)

풀이 벤젠-톨루엔 혼합물의 비점 선도는 그림 18.7과 같다. 원료의 비점은 92°C이고 분리기의 온도는 약 95°C라고 가정한다. 95°C에서 벤젠과 톨루엔의 증기압을 기준해서 보면 $a = 2.45$이다.

(a) $f = 0.4$이고 $x_F = 0.5$이므로 식 (18.22)과 (18.9)로부터

$$0.5 = 0.4\left(\frac{2.45x}{1+1.45x}\right)+0.6x$$
$$(0.5-0.6x)(1+1.45x) = 0.98x$$
$$0.87x^2+0.855x-0.5=0$$
$$x=0.412$$
$$y=\frac{2.45\times 0.412}{1+(1.45\times 0.412)}=0.632$$

그림 18.7로부터 $x = 0.412$이면 $T = 95°C$

(b) 액체의 기화열(λ)과 비열(c_p)은

벤젠 : $\lambda = 7{,}360$cal/g mol, $c_p = 33$cal/mol·°C

톨루엔 : $\lambda = 7{,}960$cal/g mol, $c_p = 40$cal/mol·°C

엔탈피 기준으로 95°C의 액체를 선택한다.

액체에 대한 평균 c_p는 $(0.5 \times 33) + (0.5 \times 40) = 36.5$mol·°C

평균 λ는 $(0.632 \times 7{,}360) + (0.368 \times 7{,}960) = 7{,}581$cal/g mol

식 (18.24)로부터

$$H_F = (T_F - 95)(36.5) = 0.4(7{,}581)$$
$$T_F = 178°C$$

플래쉬 증류는 분리도(degree of separation)가 좋지 않지만 석유화학공업(petroleum chemical industry)에서는 원유의 경질유분(light distillate)을 대충 분리하는 조작, 즉 석유 정류의 전처리 증류에 이용된다.

18.2.3 수증기 증류(Steam distillation)

물과 혼합되지 않고 100°C근처에서 큰 증기압을 갖는 물질에 뜨거운 수증기를 뿜어 넣어 수증기와 함께 증류하는 방법이 **수증기증류**이다. 혼합물이 가열되면 개개의 물질이 단독으로 가열되었을 때와 같은 증기압을 나타내므로 이들의 증기압과 수증기의 압력의 합이 대기압과 같아지면 증류되어 나오며 각각의 끓는점 보다 훨씬 저온에서 증류할 수 있다. 보통의 증류법으로는 분해될 우려가 있는 물질 또는 끓는점이 높은 물질의 분리정제에 이용된다.

또 상압에서는 비교적 비점이 높고 그 온도에서는 분해하기 쉬운 물질이든가 또는 비휘발성 불순물로부터 고비점 휘발성물질을 분리할 목적으로 할 때 수증기증류를 사용한다. 수증기증류에서는 수증기를 직접 비기(still)내의 액 중에 취입하는 것이므로 물에 대한 용해도가 작은 물질에 적용된다. 이때 수증기는 열원의 역할을 함과 동시에 증류목적물의 분압을 낮추고 비점을 낮게 하는 역할을 한다.

기상 중의 수증기분압 p_S와 증류 목적성분의 분압 p_B와의 합계는 전압 P[mmHg]와 같고, 또 기상 중의 수증기의 몰수와 목적성분의 몰수와의 비는 분압의 비와 같다.

따라서

$$\mathrm{P} = p_S + p_B \tag{18.25}$$

$$\frac{W_s/M_S}{W_B/M_B} = \frac{p_S}{p_B} \tag{18.26}$$

즉,

$$\frac{W_S}{W_B} = \frac{p_S}{p_B}\left(\frac{M_S}{M_B}\right) = \frac{P-p_B}{p_B}\left(\frac{M_S}{M_B}\right) \tag{18.27}$$

여기서 W_B : 증류 목적성분의 중량, kg

W_S : 기상 중의 수증기중량, kg

M_B : 목적성분의 분자량

M_S : 수증기의 분자량, H_2O = 18

포화수증기를 사용하는 경우 W_B는 목적성분의 유출량과 W_S는 이것에 동반되는 기상 중의 수증기량으로서, 이것이 응축기를 나갈 때 양자의 양이 된다. 다만 포화수증기를 사용할 때는 수증기의 일부가 비기(still)내에서 응축하여 물의 층과 증류목적물과의 2액상이 공존하며, 따라서 상률 자유도가 1이 되며 온도가 정해지면 증기분압 p_B는 증기압곡선에서 구해지지만 반면에 과열수증기를 사용하든가, 외부가열을 병용하면 비기 내에 물의 층이 없을 것이므로 이때의 자유도는 2이다. 즉, 온도가 결정되어도 증기분압은 결정되지 않는다. 그러므로 목적성분의 증기압 p_B는 증기압곡선(그림 18.8)에서 구할 수 없고 P－p_S에서 결정된다. 1atm에서 수증기증류를 하는 경우는 증기압곡선을 이용하면 편리하다.

그러므로 수증기증류는 원액에 스팀을 불어넣으면서 증류하고 휘발성분을 수증기와 같이 유출시킨 후 양자를 분리하는 방법으로 원칙으로는 원액이나 유출액이 물과 혼합하지 않을 때에 응용된다. 이로부터 비등점이 대단히 높은 성분이나 열에 약한 성분을 안전하게 분리할 수가 있다. 수증기증류에서 포화수증기를 사용하는 경우 증류도가니에는 원액과 물의 두 상이 공존한다. 여기서 양자가 전혀 용해되어 합쳐지지 않으면 그 평형관계는 대단히 간단하다.

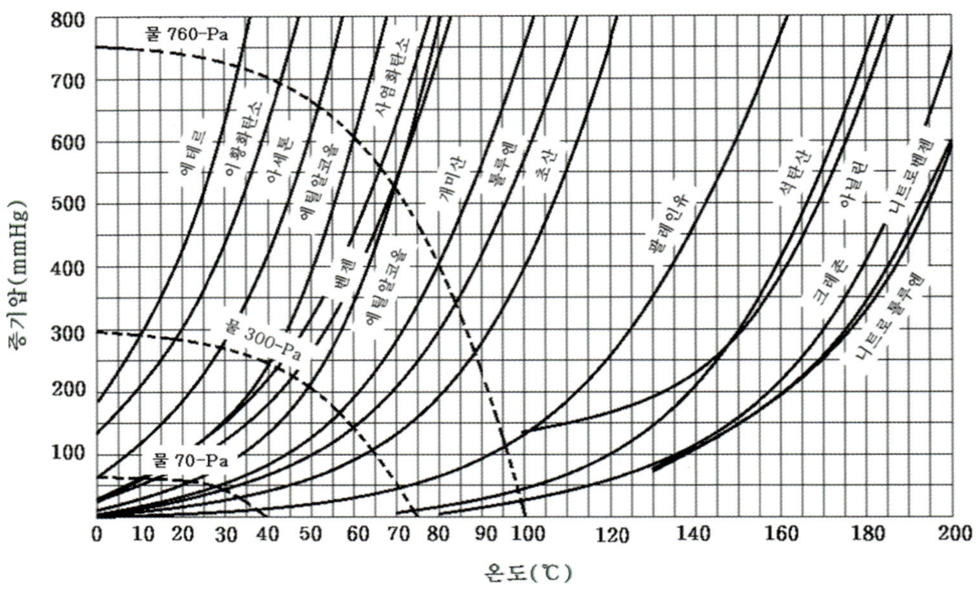

그림 18.8 증기압 곡선

예제 18.6

1atm에서 아닐린(b.p. 180℃, ($C_6H_5NH_2$))을 수증기 증류하는 경우의 증류온도와 아닐린 1kg을 유출시키는 데 이론상 필요한 수증기의 최소량을 구하라.

풀이 증기압 선도(그림 18.8)에서 유출온도는 약 98.4°C이다.

이때의 aniline의 증기압은 $p_A =$ 43mmHg이므로 식 (18.27)로부터

$$\frac{W_S}{W_A} = \frac{760-43}{43}\left(\frac{18}{93}\right) = 3.225(\text{kg H}_2\text{O/kg 아닐린})$$

18.2.4 진공증류(Vacuum distillation)

증류할 성분의 증기압이 작은 경우, 상압에서 증류하면 고온이 필요하므로 원료의 열분해 등 위험성이 있다. 이것을 방지하기 위해 감압으로 해서 비점을 저하시켜 고비점 성분의 증류, 정류를 하는 조작을 진공증류(감압증류, distillation under reduced pressure)라고 한다. 진공배기에는 대형에서는 스팀제트, 소형에서는 진공펌프가 사용된다. 또 진공을 보조하기 위해 과열 수증기를 불어넣는 수도 있다. 보통 진공압력(vacuum pressure)은 범위에 따라 저진공(10^{-3}~760Torr), 고진공(10^{-8}~10^{-3}Torr), 초고진공(10^{-11}~10^{-8}Torr), 극고진공(10^{-11}Torr 이하)으로 분류한다.

액체의 비점은 액체의 증기압이 외부압력과 같아지는 온도이므로 액체를 증류할 때 외부압력이 대기압인 경우가 가장 간단하지만 정상 비점 이하에서 화합물이 분해 또는 산화되거나 분자의

재배열이 일어나는 등의 열에 민감한 물질들을 취급하는데 있어서는 보통의 일반적인 증류방식으로는 분리가 불가능하다.

열에 매우 민감한 물질들의 증류에서 고려할 사항은 다음과 같다.

1. 증발기에서 증발에 요하는 시간(hold-up time)이 상대적으로 길게 되므로 증류될 때에는 증발온도가 가능한 한 낮아야 분해가 되지 않는다.
2. 증발기 내에서의 액체의 액 위에 따라서 바닥에서 액체의 정수두(static height, 또는 head)는 일정한 압력이 되며 증발이 일어나는 곳에서의 압력이 진공펌프에서의 압력보다 실제로 높으며, 증류에 요구되는 온도가 너무 높게 되어 생성물의 분해가 일어나지 않도록 주의해야 한다.

이러한 물질들을 증류하는데 있어 주요한 조건은 낮은 증발압력이다. 압력을 낮추면 증기압이 낮아지고 증발에 필요한 온도 또한 낮아진다. 따라서 비점을 더 낮출 필요가 있는 경우는 진공증류를 사용한다. 이때에 사용되는 식은 다음의 클라우시우스-클라페이런(Clausius-clapeyron)방정식이다.

$$\frac{d\ln P}{dT} = \frac{\Delta Hv}{RT^2} \tag{18.28}$$

여기서

P : 포화증기압, mmHg

T : 절대온도, K

R : 기체상수, 1.987cal/mol·K

ΔHv : 증발잠열, cal/g

여기서 증발잠열의 온도에 의한 변화를 무시하고(참고로 물 100°C, 1atm에서의 증발잠열은 536cal/g이다), 일정하다고 보고 적분하면

$$\ln\frac{P_2}{P_1} = \frac{\Delta Hv}{R}\left(\frac{1}{T_1} - \frac{1}{T_2}\right) \tag{18.29}$$

으로 클라우시우스-클라페이런의 식이 된다.

이상의 관계는 기액간의 변화에 대해 적용할 수 있는 것인데. 고-기간의 승화나 고-액간의 용해 등의 현상에는 유사한 식이 성립한다.

예제 18.7

n-Hexane의 표준비점은 69°C일 때 25°C에서 핵산의 증기압을 구하라.

단, *n*-Hexane의 증발잠열은 7,180cal/g이다. R = 1.987cal/mol·K이다.

풀이

식 (18.29)를 이용하면 $T_1 = 273 + 69 = 342K$, $T_2 = 273 + 25 = 298K$

$$\ln\frac{P_2}{P_1} = \left(\frac{7{,}180}{1.987}\right)\frac{(273+69)-(273+25)}{(273+69)(273+25)} = \left(\frac{7{,}180}{1.987}\right)\frac{342-298}{(342)(298)} = 1.560$$

$$\log\frac{P_2}{P_1} = \frac{1.560}{2.303} = 0.677,\quad \frac{P_2}{P_1} = 4.71,\quad P_2 = 760\text{mmHg}\text{이므로}$$

따라서

$$P_1 = 760/4.71 = 161\text{mmHg}$$

18.2.5 추출증류(Extractive distillation)

단순한 증류에 의해서는 아무리 이상적인 혼합물이라도 비등점이 거의 같은 성분을 분리하기는 곤란하며, 공비물의 형성 때문에 완전 분리가 불가능하다. 이와 같은 계에서는 본래 성분의 상대휘발도를 바꾸기 위해 제3성분을 가해 줌으로써 분리능을 향상시킬 수 있다. 첨가한 성분은 기포점이 높은 액체이거나 "용매"로서 핵심성분들과 혼화하지만, 그 중의 하나와 화학적으로 좀더 유사한 성질을 갖는다. 용매와 좀더 유사한 핵심성분은 다른 성분보다 용액 속에서 더 낮은 활동도 계수를 가지므로 분리능이 향상된다. 이러한 공정을 **추출증류**(extractive distillation)라고 하며, 기상이 추가된 액-액 추출과 비슷하다.

추출증류는 최근 석유화학 분야에도 널리 응용되고 있다. 한 예로 푸르푸랄(furfural)을 써서 부탄과 부텐(butene)이 섞여 있는 혼합물에서 부타디엔을 분리하는 것을 들 수 있다. 푸르푸랄은 극성이 상당히 큰 용매로서, 부탄이나 부텐에 비해 부타디엔의 활동도를 낮추어, 부타디엔이 탑저로부터 나오는 푸르푸랄-농후 흐름에 농축된다. 부타디엔은 푸르푸랄에서 증류되며, 푸르푸랄은 추출증류탑 맨 윗단으로 되돌아간다. 이 탑에는 부탄과 부텐을 함유한 환류가 있어서 탑 맨위 부분의 총 액체유량은 이 환류량과 푸르푸랄 유량을 합한 것이다.

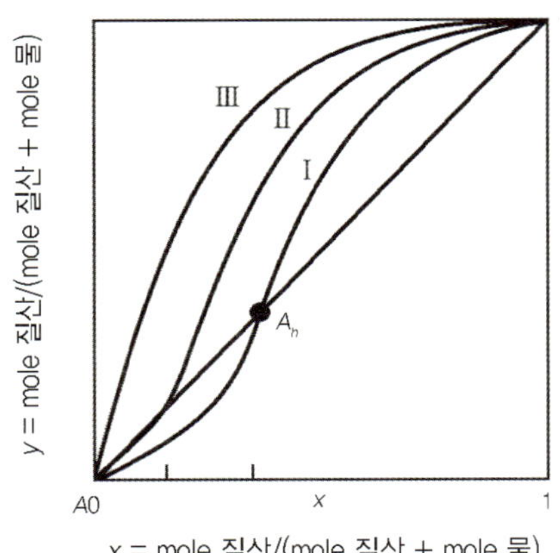

그림 18.9 H_2O-HNO_3의 기액평형에 미치는 H_2SO_4의 영향

또한 추출증류의 대표적인 예는 황산첨가에 의한 질산의 탈수증류이다. 황산은 물과의 친화력이 대단히 강하므로 이것을 질산수용액에 가하면 물의 증기압이 현저히 저하하여 액과 평형이 될 증기속에는 수분이 감소하여 비교적 질산이 증가하는 것이다. 그림 18.9는 물-HNO_3계의 $x-y$도표에 미치는 황산의 영향을 나타낸다. 곡선 (I)은 황산이 없는 경우로서 68wt%($y = 0.377$)의 점에 최고 공비혼합물이 있으므로 단순한 증류로는 이 농도보다 더 진한 것을 얻을 수 없다. 그러나 황산을 가하면 증기 속에 질산함량 y가 증가하여 곡선 (Ⅱ)로 되고 황산의 양을 더욱 증가시키면 곡선 (Ⅲ)과 같이 공비점이 없어진다.

18.2.6 공비증류(Azeotropic distillation)

첨가하는 물질이 한 성분과 친화력이 크고 휘발성이어서 원료 중의 한 성분과 공비혼합물을 만들어 고비점성분을 분리시키고 다시 이 새로운 공비혼합물을 분리시키는 조작을 공비증류라 하고 이 때 사용된 첨가제를 특히 공비제(entrainer)라고 한다.

공비증류의 예로, 벤젠을 이용한 에탄올과 물의 완전 분리를 들 수 있다. 이 3성분계는 95.6wt%의 알코올이 있는 최소 비점 공비물을 형성한다. 알코올이 약 95% 섞여 있는 알코올-물 혼합물은 탈수탑의 중간부분 근처로 공급되며 거의 순수한 알코올은 탑저 제품으로 제거된다. 탑상 증기는 3성분계 공비혼합물로서 응축되어 두 개의 상으로 분리된다. 상부의 유기 층은 탈수탑의 위로 환류로 되돌아가며 물 층은 탈거탑으로 보내어 알코올과 탄화수소 공비제는 탑 위로 꺼내서 첫째 탑으로 되돌려 보낸다. 탈거탑의 탑저제품은 수용액 흐름으로 폐수로서 배출되거나 일부의 알코올을 회수하기 위해서 제3의 탑으로 보낸다.

18.3 환류가 있는 연속 증류(Continuous distillation with reflux)

플래쉬 증류는 대부분 넓은 온도범위에서 끓는 성분들을 분리하는 데 이용된다. 이 증류는 휘발도(volatility)가 비슷한 성분들을 분리하려고 하면 환류가 있는 증류를 필요로 하기 때문에 효과적이지 못하다. 대규모 생산에는 연속증류(continuous distillation)가 회분증류보다 훨씬 보편적이다.

이상단에서의 거동(Action on an ideal plate)

이상단(ideal plate)의 정의에 따라 이상단에서는 그 단을 나가는 액체와 증기가 평형이 된다. 그림 18.10의 n번째 단과 같은 이상 캐스케이드의 한 개의 단을 생각해 보자. 단들은 위로부터 아래로 번호를 붙이며, 취급하고자 하는 단이 위로부터 n번째 단이라고 가정하자. 그러면 이 단 바로 위에 있는 단은 $n-1$ 단이며, 바로 밑에 있는 단은 $n+1$ 단이다. 모든 수량에서 하첨자는 흐름이 시작하는 점을 표시한다.

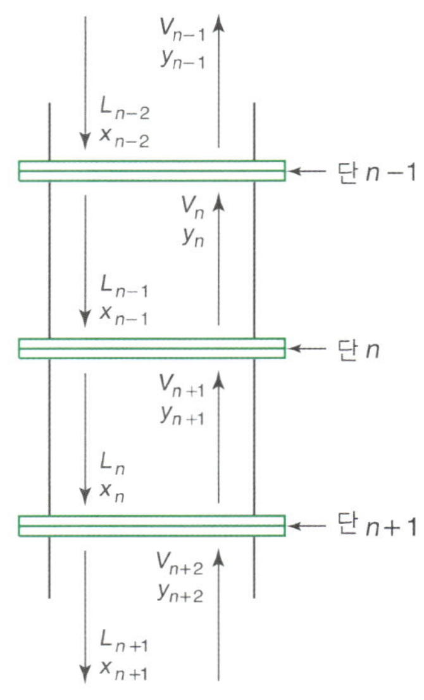

그림 18.10 n번째 단에 대한 물질수지 선도

두 개의 유체흐름이 n 단으로 들어가고, 두 개의 흐름은 그곳을 나간다. $n-1$ 단으로부터 L_{n-1} mol/h의 액체흐름과 $n+1$ 단으로부터는 V_{n+1} mol/h의 증기흐름이 서로 만나서 접촉하게 된다. V_n mol/h의 증기흐름이 $n-1$ 단으로 올라가고, L_n mol/h의 액체흐름이 $n+1$ 단으로 내려간다. 증기흐름은 V상이므로 그들의 농도는 y로 표시한다. 액체흐름은 L상이며 농도를 x로 표시한다. 따라서 n번째 단을 들어가고 나가는 흐름들의 농도는 다음과 같이 표시된다.

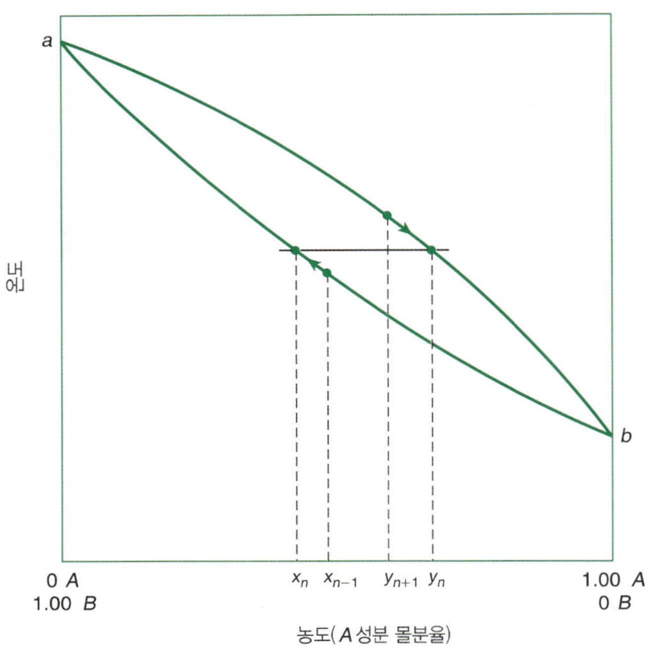

그림 18.11 이상단에서 정류를 보여주는 비점 선도

여기서 단을 나가는 증기 y_n, 단을 나가는 액체 x_n, 단으로 들어가는 증기 y_{n+1}, 단으로 들어가는 액체 x_{n-1}이다.

그림 18.11은 취급하는 혼합물에 대한 비점 선도를 나타낸다. 위의 4가지 농도를 이 그림에 표시하였다. 이상단의 정의에 의해 n 번째 단을 나가는 증기와 액체는 평형이며, 따라서 x_n과 y_n은 평형농도를 표시한다. 이것 역시 그림 18.11에 표시되어 있다. 증기는 탑을 올라감에 따라 휘발성이 큰 성분 A가 농축되고 액체는 아래로 내려감에 따라 A를 빼앗긴다. 따라서 두 상에서 A의 농도는 탑의 높이에 따라 증가한다. 즉 x_{n-1}은 x_n보다 크며 y_n은 y_{n+1}보다 크다. 단을 나가는 흐름들은 평형이지만 단으로 들어오는 흐름들은 그렇지 않다. 이것은 그림 18.11를 보면 알 수 있다. $n+1$단으로부터의 증기와 $n-1$단으로부터의 액체가 충분한 접촉을 갖게 되면, 그들의 농도는 그림 18.11의 화살표로 나타낸 바와 같이 평형상태를 향해 움직이게 된다. 휘발성이 큰 성분 A의 일부는 액체로부터 증발되어 액체농도가 x_{n-1}로부터 x_n으로 감소하며, 휘발성이 적은 성분 B는 증기로부터 응축하여 증기의 농도가 y_{n+1}로부터 y_n으로 증가한다. 단 위의 액체는 그들의 비점에 있고 단과 단 사이에는 약간의 온도변화만이 있기 때문에, 성분 A를 기화시키는 데 필요한 열은 주로 성분 B가 응축하면서 방출하는 열에 의해 공급된다. 캐스케이드의 각 단의 성분 A가 증기흐름으로 전달되고, 성분 B가 액체흐름으로 전달되는 교환장치의 역할을 한다. 또한 액체와 기체 모두에서 A의 농도는 탑을 올라감에 따라 증가하고 온도는 떨어지기 때문에, n단의 온도는 $n-1$단의 온도보다 높고 $n+1$단의 온도보다는 낮다.

정류와 회수의 결합(Combination rectification and stripping)

증류탑의 위와 밑에서 거의 순수한 생성물을 생산하기 위해서는 원료는 탑의 중간 부위에 있는 단에 넣는다. 원료가 액체이면 재비기(reboiler)까지 탑을 흘러 내려가서 재비기에서 올라오는 증기에 의해 성분 A가 회수(stripping)된다. 이런 방법으로 탑저제품(bottom product)은 거의 순수한 B가 생산될 수 있다.

정류부(rectifying section)와 회수부(stripping section)가 있고 필요한 보조장치를 갖춘 전형적인 연속정류탑을 그림 18.12에 나타내었다. 탑 A의 중앙부 근처에 일정한 농도의 원료가 일정한 유속

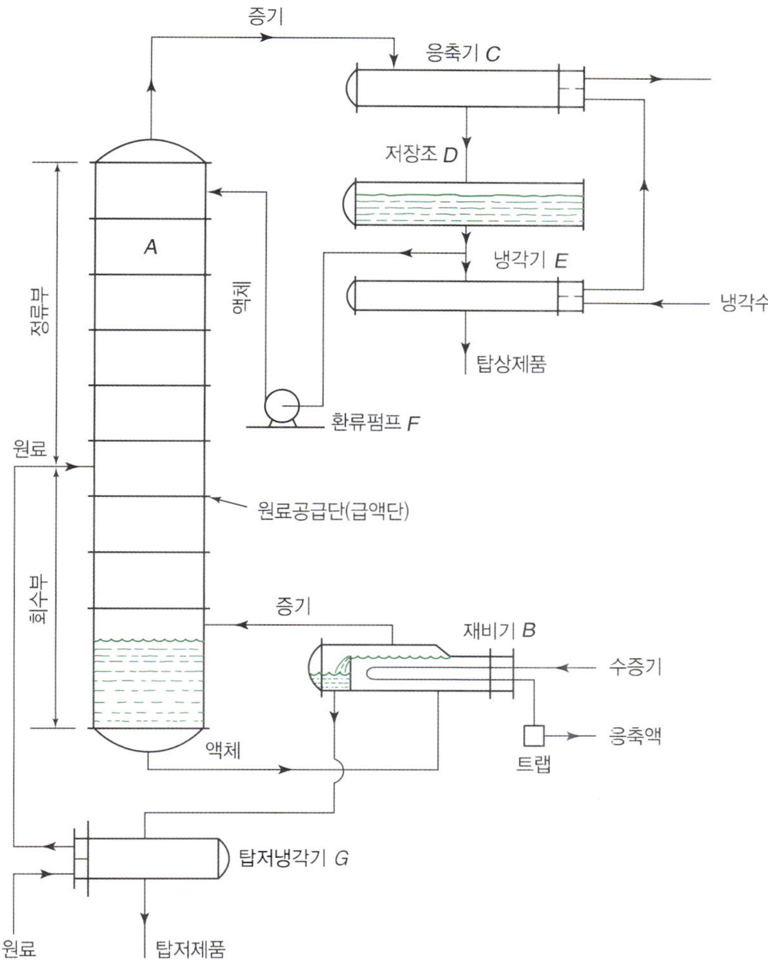

그림 18.12 정류부와 회수부를 가진 연속정류탑

으로 공급된다. 원료가 비점에 있는 액체라고 가정하자. 원료가 들어가는 단을 **원료공급단**(feed plate)이라고 한다. 공급단 위에 있는 모든 단들은 정류부라 하고, 공급단 그 자체를 포함한 공급단 이하의 모든 단들은 회수부라 한다. 공급원료는 회수부 아래로 흘러 탑 바닥까지 내려간 뒤 여기서 액체는 일정한 액위(level of liquid)로 유지된다. 액체는 중력에 의해 재비기(reboiler) B로 흘러간다. 재비기는 증기를 만들어서 이것을 탑 바닥으로 되돌려 보내는 일종의 수증기로 가열되는 기화장치이다. 증기는 탑 전체를 통과한다. 재비기의 한쪽 끝에는 물넘이둑(weir)이 있다. 탑저제품은 물넘이둑(weir) 너머에 있는 액체 풀(pool)에서 회수되어 냉각기(cooler) G를 통해 흘러간다. 이 냉각기는 고온 탑저제품과 열교환함으로써 공급원료를 예열시키기도 한다.

정류부를 통해 올라가는 증기는 응축기 C에서 완전히 응축되고, 응축물도 일정 액위가 유지되는 저장조 D에 포집된다. 환류펌프 F가 저장조에서 액체를 뽑아 탑의 맨 윗단으로 이 액체를 보낸다. 이 액체흐름을 환류(reflux)라고 한다. 환류는 정류부에서 아래로 흐르는 액체흐름이 되며, 이 액체는 위로 올라가는 증기에 여러 가지로 영향을 미치게 된다. 환류가 없다면 정류부에서는 정류가 일어날 수 없고, 탑상제품(overhead product)의 농도는 공급단에서 올라오는 증기의 농도보다 더 높아질 수 없게 된다. 환류펌프에 의해 탑으로 되돌아가지 않는 응축액은 **제품냉각기**(product cooler)라고 하는 열교환기 E에서 냉각되어 탑상제품으로 회수된다. 공비물이 되지 않고 충분한 단수와 적절한 환류를 해준다면 탑상제품과 탑저제품들은 어떤 원하는 순도라도 얻을 수 있게 된다.

그림 18.12의 장치는 작은 시설로 간단하게 할 수도 있다. 재비기 대신 탑 밑부분에 가열코일(heating coil)을 설치하고 그곳의 액체 풀에서 증기를 만든다. 응축기를 탑의 꼭대기보다 더 위에 설치하여 환류펌프와 저장조를 없앨 수 있다. 그렇게 되면 환류는 중력에 의해 탑 상단으로 되돌아간다. **환류분리기**(reflux splitter)라고 하는 특별한 밸브를 사용하여 환류량을 조절하며, 나머지 응축액은 탑상제품이 된다.

18.3.1 판형 탑에서의 물질수지(Material balances in plate columns)

2성분계에 대한 총괄 물질수지(Overall material balances for two-component systems)

그림 18.13은 전형적 연속증류장치에 대한 물질수지 설명도이다. 탑에는 농도가 x_F인 원료가 $F\,\text{mol/h}$로 공급되고, 농도가 x_D인 탑상 제품이 $D\,\text{mol/h}$로 배출되며, 농도가 x_B인 탑저 제품이 $B\,\text{mol/h}$로 나간다. 2개의 독립적 총괄 물질수지식(overall material balance)을 쓸 수 있다. 즉,

총물질수지(total-material balance) : $F = D + B$ (18.30)

A 성분수지(component A balance) : $Fx_F = Dx_D + Bx_B$ (18.31)

이 식들에서 B를 소거하면,

$$\frac{D}{F} = \frac{x_F - x_B}{x_D - x_B} \tag{18.32}$$

가 된다. D를 소거하면,

$$\frac{B}{F} = \frac{x_D - x_F}{x_D - x_B} \tag{18.33}$$

가 된다. 식 (18.32)과 (18.33)은 탑 내부의 모든 액체 및 증기의 어떤 유량에도 성립한다.

순수 유량(Net flow rates)

탑 맨 윗단을 나가는 흐름의 유량과 맨 윗단으로 들어가는 유량의 차이가 D의 양이다. 그림 18.13의 응축기와 저장조를 포함하는 물질수지는 다음과 같다.

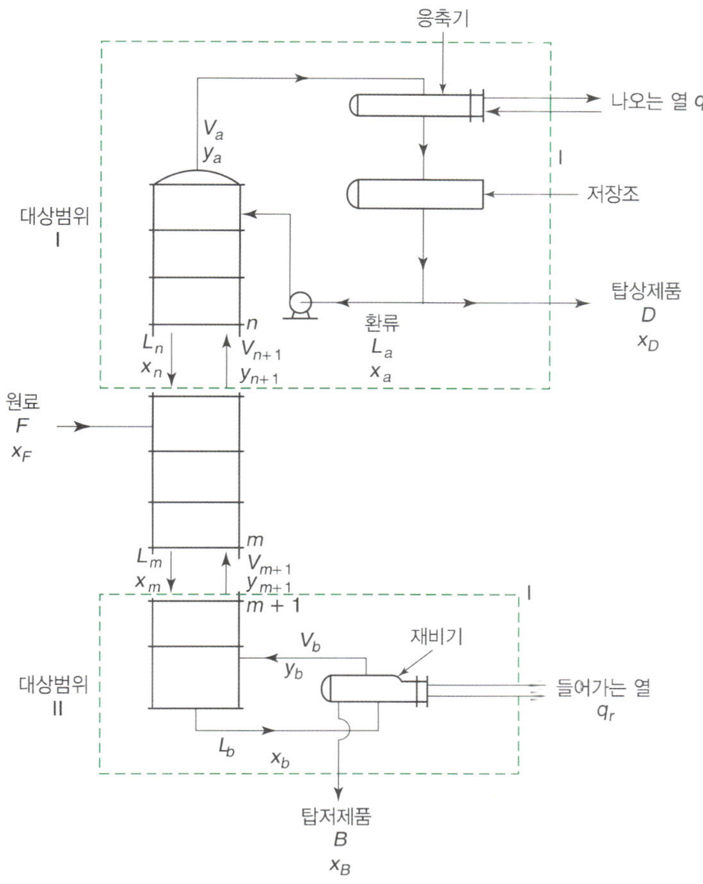

그림 18.13 연속증류탑의 물질수지 선도

$$D = V_a - L_a \tag{18.34}$$

탑 상부의 어느 곳에서나 증기와 액체간의 유량 차이는 그림 18.13에 보인 대상범위(control surface) I로 둘러싸여진 장치의 일부를 고려해 볼 때 D와 같음을 알 수 있다. 이 대상범위는 응축기와 제 $n+1$단 이상의 모든 단을 포괄한다. 이 대상범위에 대한 총 물질수지는,

$$D = V_{n+1} - L_n \tag{18.35}$$

로 된다. 그러므로 D의 양은 탑 상부에서 위로 향하는 알짜(실 진) 유량이다. V와 L의 변화에 관계없이 그들의 차이는 일정하며, D와 같다.

A 성분에 대하여 이와 유사한 물질수지를 세우면 다음 식과 같이 된다.

$$Dx_D = V_a y_a - L_a x_a = V_{n+1} y_{n+1} - L_n x_n \tag{18.36}$$

Dx_D량은 탑 상부에서 위로 향하는 성분 A의 순 유량이다. 이것 역시 장치의 상부 전체를 통해서

일정하다.

탑 하부에서도 순 유량이 일정하지만, 아래쪽으로 내려간다. 총 물질의 순 유량은 B이고, A 성분의 순 유량은 Bx_B이다. 다음과 같은 식들이 성립한다.

$$B = L_b - V_b = L_m - V_{m+1} \tag{18.37}$$

$$Bx_B = L_b x_b - V_b y_b = L_m x_m - V_{m+1} y_{m+1} \tag{18.38}$$

하첨자 m은 회수부에서 임의의 단을 표시하기 위해 n 대신 사용된 것이다.

조작선(Operating lines)

탑에는 두 부분이 있으므로, 2개의 조작선이 있다. 하나는 정류부에 관한 것이고, 다른 하나는 회수부에 관한 것이다. 먼저 정류부에 관해 생각해 보자. 정류부에 대한 조작선은 다음과 같다.

$$y_{n+1} = \frac{L_n}{V_{n+1}} x_n + \frac{V_a y_a - L_a x_a}{V_{n+1}} \tag{18.39}$$

$V_a y_a - L_a x_a$를 식 (18.36)으로 대치하면 다음 식으로 주어진다.

$$y_{n+1} = \frac{L_n}{V_{n+1}} x_n + \frac{Dx_D}{V_{n+1}} \tag{18.40}$$

식 (18.40)으로 정의된 이 선의 기울기는 다른 것들과 마찬가지로 액체흐름의 유량과 증기흐름 유량의 비이다. 더 자세한 해석을 위해 식 (18.40)으로부터 V_{n+1}을 식 (18.35)로 소거하면 다음과 같이 주어진다.

$$y_{n+1} = \frac{L_n}{L_n + D} x_n + \frac{Dx_D}{L_n + D} \tag{18.41}$$

식 (18.41)을 **정류부의 조작방정식**(operating equation of rectifying section)이라 한다.

공급단 이하의 탑 부분에서 그림 18.13의 대상범위 Ⅱ에 대한 물질수지를 세우면,

$$V_{m+1} y_{m+1} = L_m x_m - Bx_B \tag{18.42}$$

가 된다. 이 식을 다른 형태로 바꾸면 다음과 같이 된다.

$$y_{m+1} = \frac{L_m}{V_{m+1}} x_m - \frac{Bx_B}{V_{m+1}} \tag{18.43}$$

이것이 **회수부의 조작방정식**(operating equation of stripping section)이다. 마찬가지로, 기울기는 액체 유량과 증기유량의 비이다. 식 (18.43)으로부터 V_{m+1}을 식 (18.37)로 소거하면, 다음과 같이 된다.

$$y_{m+1} = \frac{L_m}{L_m - B} x_m - \frac{B x_B}{L_m - B} \tag{18.44}$$

식 (18.41)은 정류부의 조작선의 기울기는 항상 1보다 작다는 것을 보여준다. 또한 회수부에서는 식 (18.44)에서 보는 바와 같이 기울기가 항상 1보다 크다.

18.3.2 이상단의 수(Number of ideal plates) : McCabe-Thiele 법

어떤 증류문제에 필요한 단의 수는 일반적으로 각 단의 물질 및 엔탈피 수지를 계산해서 이용하는 ASPEN과 같은 컴퓨터 공정모사 프로그램에 의해 구할 수 있다. 이와 같은 프로그램에서는 먼저 단의 수를 정하고 다음에 주어진 탑상제품의 조성과 환류비에 대한 탑저제품의 조성을 계산한다. 이렇게 계산된 탑저제품의 조성이 만족하지 않으면 원하는 탑저의 조성이 구해질 때 까지 환류비나 단수를 변경한다.

단수를 계산하는 단순화된 도해식과정은 McCabe-Thiele 법이다. 컴퓨터 계산법으로 계산할 수 있다.

식 (18.41)과 식 (18.44)으로 표시된 조작선들을 $x-y$ 선도 상에 평형곡선과 함께 도시하면, McCabe-Thiele의 계단식 작도법으로 정류부나 회수부 어디에서나 원하는 농도차이를 얻는 데 필요한 **이상단수**(ideal plates)를 계산할 수 있다. 그렇지만 식 (18.41)과 식 (18.44)를 보면, L_n과 L_m이 일정하지 않으면 조작선들은 곡선이 되어, 농도변화에 따른 탑 내부에서의 L_n 및 L_m의 변화를 알아야 조작선을 그릴 수 있음을 알 수 있다. 일반적인 경우, 곡선으로 되는 조작선의 위치를 알기 위해서는 엔탈피 수지가 필요하다.

일정몰 일류(Constant molal overflow)

대부분의 증류에서 탑의 정류부와 회수부에서 각각 증기와 액체의 몰유량이 거의 일정하여, 조작선들도 거의 직선이다. 이것은 몰 당 기화열이 거의 같기 때문에 생기는 현상으로 증기로 응축하는 1몰의 높은 비점 물질은 탑을 따라 올라가면서 약 1몰의 낮은 비점 물질을 기화시키는 데 필요한 열을 마련해 준다. 예를 들면, 톨루엔과 벤젠의 몰당 기화열은 각각 7,960 및 7,360cal/mol로서 톨루엔 0.92 mol이 벤젠 1 mol에 해당한다.[1] 액체흐름 및 증기흐름의 엔탈피 변화와 탑으로부터의 열손실 등으로 탑바닥에서 약간 더 증기가 생기도록 요구되기 때문에 탑 위와 탑 바닥의 증기흐름 몰비는 좀더 1에 가깝다. 따라서 탑을 설계나 장치의 성능을 해석할 때에는 자주 **일정몰 일류**(constant molal overflow)이라는 개념이 사용되는데, 이것은 단순히 식 (18.35)로부터 식 (18.44)까

1) 벤젠-톨루엔과 같이 유사한 탄화수소 쌍들의 경우 단위질량당 기화열은 저비점 물질이 더 크지만, 그 비는 거의 1에 가깝다. 따라서 질량분율에 근거한 조작선들은 거의 직선이 된다. 그러나 에탄올-물과 같은 계에서는 기화열이 몰당으로는 거의 같으나 단위질량당으로는 상당히 달라지기 때문에 증류 계산에 mol 단위를 쓰는 것이 유리하다.

지의 L과 V에 있는 하첨자 n, $n+1$, $n-1$, m, $m+1$ 및 $m-1$을 빼도 좋다는 것을 뜻한다. 이렇게 단순화된 모델에서는 물질 수지식은 선형이며, 조작선들은 직선이 된다. 조작선 상의 두 점의 좌표만 알면 조작선을 그릴 수 있다. 따라서 McCabe-Thiele 법은 엔탈피 수지의 필요 없이 이용된다. 그렇지만 이 방법은 예제 18.11에서와 같이 엔탈피수지를 포함시키기 위해서는 수정될 수 있다.

환류비(Reflux ratio)

연속증류탑 해석은 **환류비**(reflux ratio)라고 하는 양을 사용함으로써 편리해진다. 두 가지 양이 이용된다. 하나는 환류와 탑상 제품의 비이고, 다른 하나는 환류와 증기의 비이다. 두 비가 모두 정류부의 양과 결부되어 있다. 환류비를 식으로 표시하면 아래와 같다.

$$R_D = \frac{L}{D} = \frac{V-D}{D} \quad \text{및} \quad R_V = \frac{L}{V} = \frac{L}{L+D} \tag{18.45}$$

본 교재에서는 R_D만을 사용한다.

식 (18.41)의 오른쪽 항의 분자와 분모를 D로 나누면 다음 식과 같이 된다.

$$y_{n+1} = \frac{R_D}{R_D+1} x_n + \frac{x_D}{R_D+1} \tag{18.46}$$

식 (18.46)는 정류부의 조작선 식이다. 조작선의 기울기는 $R_D/(R_D+1)$이다. 식 (18.45)로부터 $L = V-D$를 대입하면 기울기는 L/V와 같다. 이 선의 y 절편은 $x_D/(R_D+1)$이다. 농도 x_D는 설계조건으로 정해지며, 환류비 R_D는 환류와 탑상 제품을 분리할 때 그 유량을 조정하거나 탑상 제품의 유량을 일정하게 놓고, 재비기에서 생성된 증기량을 변화시킴으로써 마음대로 조절할 수 있다. 조작선 상단 끝의 한 점은 식 (18.46)의 x_n을 x_D로 놓아 얻을 수 있다. 즉,

$$y_{n+1} = \frac{R_D}{R_D+1} x_D + \frac{x_D}{R_D+1} = \frac{x_D(R_D+1)}{R_D+1} = x_D \tag{18.47}$$

정류부의 조작선은 $y=x$ 대각선과 점$(x_D,\ x_D)$에서 교차한다. 이것은 부분응축기나 완전응축기 모두에 해당한다.

응축기와 맨 윗단(Condenser and top plate)

McCabe-Thiele법에 의한 맨 윗단의 작도는 응축기의 작용에 따라 달라진다. 그림 18.14는 맨 윗단과 응축기에 대한 물질수지 선도이다. 맨 윗단으로부터 나오는 증기의 농도는 y_1이고, 맨 윗단으로 들어가는 환류의 농도는 x_c이다. 조작선들의 일반적 성질에 따르면 선의 위 끝은 $(x_c,\ y_1)$이다.

환류와 액체 제품을 얻는 가장 간단한 배열이면서 자주 쓰이는 것은 그림 18.14(b)와 같은 한

개의 완전응축기인데, 이것은 탑에서 나오는 모든 증기를 응축시켜서 환류와 제품을 공급하는 것이다. 이와 같은 단일 완전응축기를 사용하면 맨 윗단으로부터 나오는 증기의 농도, 맨 윗단으로 가는 환류의 농도 및 탑상제품의 농도가 같으며, 모두 x_D로 표시할 수 있다. 따라서 조작선의 끝은 점 $(x_D,\ x_D)$가 되며, 이 점이 조작선과 대각선이 만나는 점이다. 그리고 그림 18.15(a)의 삼각형 abc는 탑의 맨 윗단을 나타낸다.

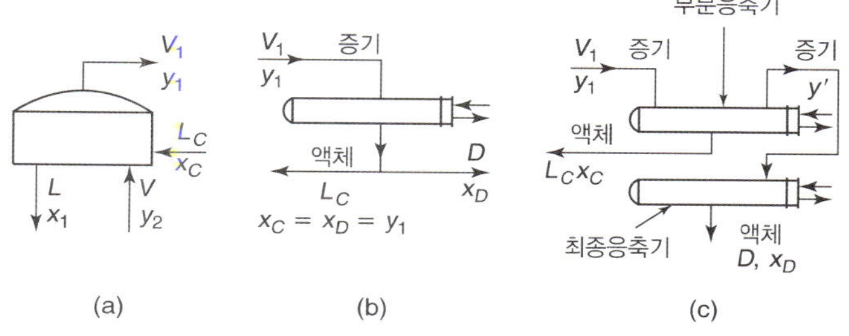

그림 18.14 맨 윗단과 응축기의 물질수지 선도 : (a) 맨 윗단, (b) 완전응축기, (c) 부분 및 최종 응축기

부분응축기를 사용하면 액체 환류는 탑상 제품과 같은 조성을 갖지 않는다. 즉, $x_c \neq x_D$이다. 때때로 두 응축기를 직렬로 연결해서 사용하는데, 먼저 부분응축에서 환류를 만들고 최종응축기로 액체 제품을 만든다. 이런 배열은 그림 18.14(c)에 나타나 있다. 부분응축기를 나가는 증기는 $\acute{y}$조성을 갖는데, 이것은 x_D와 같다. 이런 조건하에서는 그림 18.15(b)의 선도를 적용한다. 조작선은 대각선상의 점(x_D, x_D)를 통하지만, 탑과 관련해서 보면 조작선은 점 $\acute{a}$에서 끝나는데 이 점은 물론$(x_c,\ y_1)$좌표를 갖는다. 그림 18.15(b)의 삼각형 $a'b'c'$은 이 탑의 맨 윗단을 나타낸다. 부분 응축기를 나가는 증기는 보통 액체 응축물과 평형을 이루기 때문에 증기조성 y'은 그림 18.15(b)에서와 같이 횡좌표가 x_c에 대응하는 평형곡선의 좌표 값이 된다. 그림 18.15(b)의 점선 삼각형 aba'으로 표시된 부분응축기는 증류장치의 추가 이론단에 해당한다.

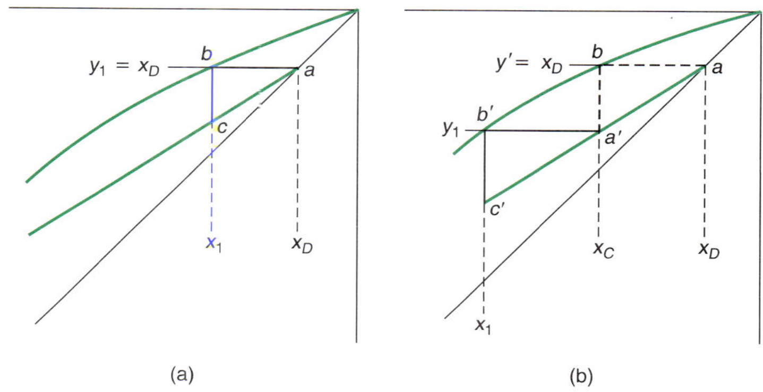

그림 18.15 맨 윗단의 도해작도 : (a) 완전응축기를 사용하는 경우, (b) 부분 및 최종 응축기를 사용하는 경우

앞에서는, 응축기는 숨은열만을 제거하고 응축물은 그 비점에 있는 액체라고 가정하였다. 그러면 환류 L은 응축기로부터의 환류 L_c와 같고, $V = V_1$이다. 환류가 비점 이하로 냉각되면, 제1단으로 올라오는 증기의 일부가 환류를 가열하기 위해 냉각되어 $V_1 < V$ 그리고 $L > L_c$가 된다. 탑 내부에서 응축해서 추가된 액체유량 ΔL은 다음 식으로 계산된다.

$$\Delta L = \frac{L_c\, c_{pc}(T_1 - T_c)}{\lambda_c} \tag{18.48}$$

여기서, c_{pc} = 응축물의 비열, kcal/kg·°C

T_1 = 맨 윗단의 액체온도, °C

T_c = 맨 윗단으로 되돌아오는 응축물의 온도, °C

λ_c = 응축물의 증발잠열, kcal/kg

그러면 탑내에서 실제 환류비는 다음과 같다.

$$\frac{L}{D} = \frac{L_c + \Delta L}{D} = \frac{L_c\left[1 + c_{pc}(T_1 - T_c)/\lambda_c\right]}{D} \tag{18.49}$$

일반적으로 온도 T_1은 알지 못한다. 그러나 통상적으로 응축물의 비점 온도인 T_{bc}와 거의 같다. 그러므로 T_{bc}는 보통 식 (18.48)와 식 (18.49)에서 T_1 대신 사용된다. 환류를 과냉각시키면 탑상 증기흐름 V_1을 V_n보다 적게 한다. 재비기의 열부하가 변하지 않고 D가 일정하게 유지된다면 전보다 더 적은 액체가 탑으로 되돌아가게 되어 겉보기 환류비 R_D가 줄어든다. 그러나 환류를 비점까지 가열하기 위해서 응축하는 여분의 증기는 탑으로 내려가는 액체의 양을 증가시켜 조작선의 기울기 $(L/V)_n$이 변하지 않는다. 공기 냉각 응축기를 사용하는 경우에는 공기의 온도변화가 T_c에 심한 변화를 일으켜 탑의 운전이 조절하기 어려운 심각한 단점이 생길 수 있다.

바닥단과 재비기(Bottom plate and reboiler)

탑의 바닥단에서의 거동은 맨윗단과 유사하다. 그러므로 일정몰 일류인 경우에 식 (18.44)은 $\overline{L}$로 대치하며 나중에 회수부에서의 유량표시에 $\overline{V}$를 사용한다.

$$y_{m+1} = \frac{\overline{L}}{\overline{L} - B}x_m - \frac{Bx_B}{\overline{L} - B} \tag{18.50}$$

식 (18.50)에서 x_m을 x_B로 놓으면 y_{m+1}이 x_B가 되어, 회수부에 대한 조작선은 대각선과 점 (x_B, x_B)에서 교차한다. 이것은 탑저제품이 하나만 있는 한, 어떤 형의 재비기를 사용해도 마찬가지이다. 아래 조작선은 점$(x_B,\ x_B)$과 기울기 $\overline{L}/(\overline{L} - B)$를 이용해서 그릴 수 있다.

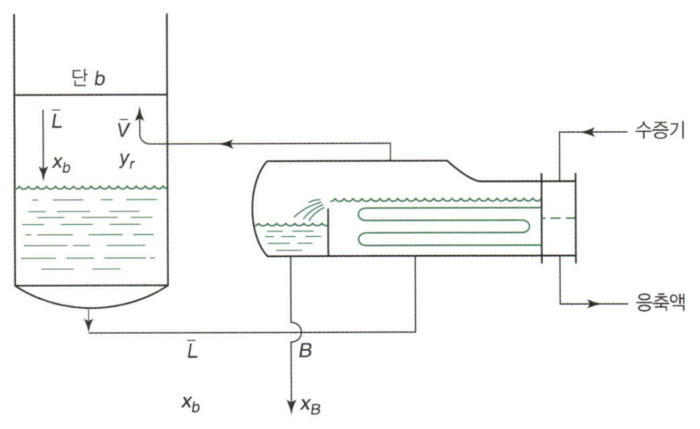

그림 18.16 바닥단과 리보일러의 물질수지 선도

바닥단과 재비기에 대한 물질수지 선도는 그림 18.16과 같다. 탑 자체에 대한 조작선 상의 가장 낮은 점은 바닥단의 점$(x_b,\ y_r)$으로서, x_b와 y_r은 각각 바닥단을 나가는 액체와 재비기에서 나오는 증기의 농도이다. 그렇지만 앞에서 본 바와 같이, 조작선은 연장되어 점 $(x_B,\ x_B)$에서 대각선을 교차할 수 있다.

그림 18.12 및 18.16에서 보여준 일반형 재비기에서는 재비기를 나가는 증기가 탑저제품

으로서 나가는 액체와 평형을 이룬다. 그러면 x_B와 y_r은 평형곡선 상에 있는 한 점의 좌표이며, 재비기는 하나의 이상단 역할을 한다. 그림 18.17에서 재비기(삼각형 cde)와 바닥단(삼각형 abc)의 작도법을 볼 수 있다. 이와 같은 재비기를 **부분 재비기**(partial reboiler)라고 한다.

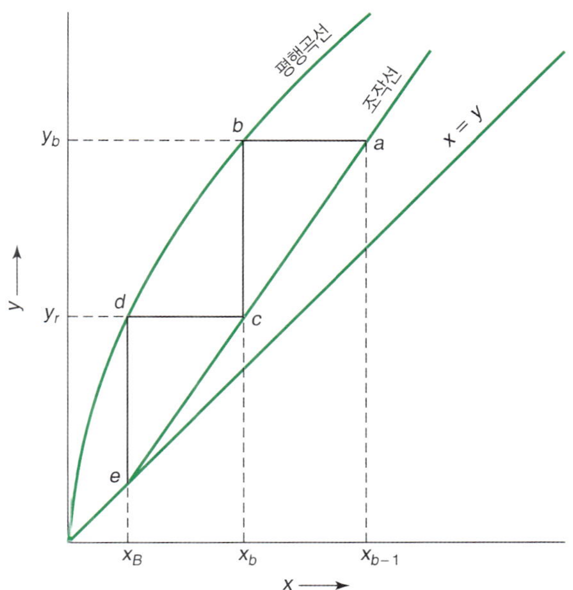

그림 18.17 바닥단과 리보일러의 도해작도 : 삼각형 *cde* 재비기, 삼각형 *abc* 바닥단

원료의 조건(Condition of feed)

공급원료가 들어가는 단에서는 액체유량이나 증기유량 또는 둘 다 공급원료의 열적 조건에 따라 변경될 수 있다. 그림 18.18은 공급원료의 여러 가지 조건에 따라 원료공급단으로 들어가고 나가는 액체와 증기의 흐름을 보여주고 있다. 그림 18.18(a)에서는 차가운 공급원료를 가정한 것으로, 공급원료 흐름 전체가 탑을 내려가는 액체에 추가된다. 게다가 차가운 공급원료를 비점까지 가열하기 위해 약간의 증기가 응축하게 됨으로써 회수부에서의 액체유량은 더 크게 만들고, 정류부로 가는 증기유량을 감소시킨다.

그림 18.18(b)에서는 공급원료가 비점에 있다고 가정한 경우이다. 공급원료를 가열하기 위한 응축이 없으므로 $V = \overline{V}$이고 $\overline{L} = F + L$이다. 그림 18.18(c)와 같이 공급원료의 일부가 증기이면, 공급원료 중에서 액체 분량은 $\overline{L}$의 일부가 되고, 증기 분량은 V의 일부가 된다. 그림 18.18(d)와 같이 공급원료가 포화증기이면, 원료 전체가 V의 일부가 되어 $L = \overline{L}$이고 $V = F + \overline{V}$이다. 마지막으로 공급원료가 그림 18.18(e)와 같이 과열증기라면, 정류부에서 내려오는 액체의 일부가 기화되어 공급원료를 포화증기 상태로 냉각시킨다. 따라서, 정류부의 증기는 (1) 회수부로부터 오는 증기, (2) 공급원료, (3) 공급원료의 냉각과정에서 액체로부터 기화된 여분의 증기로 구성된다. 회수부로 가는 액체유량은 정류부의 액체유량보다 추가로 기화된 양만큼 적어진다.

다섯 가지형의 모든 공급원료를 q라고 하는 단일 인자를 사용해서 표시할 수 있다. q는 공급원료 1몰을 원료공급단에 넣었을 때 그 중에 회수부로 내려가는 액체의 몰 수로 정의된다. 공급원료 조건들에 따라 q를 다음과 같이 나타낸다.

비점이하의 공급원료, $q > 1$

비점에 있는 공급원료(포화액체) $q = 1$

액체와 증기의 혼합원료 $0 < q < 1$

노점에 있는 공급원료(포화증기) $q = 0$

과열증기 상태의 공급원료 $q < 0$

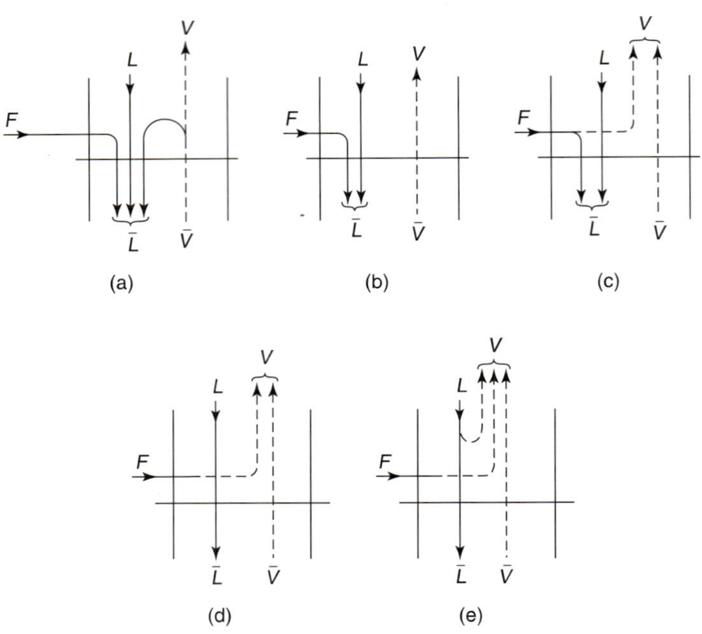

그림 18.18 여러 가지 공급원료 조건에서 원료공급단을 통하는 흐름: (a) 차가운 액체 원료, (b) 포화액체 원료, (c) 부분적으로 기화된 원료, (d) 포화증기 원료, (e) 과열증기 원료

공급원료가 액체와 증기의 혼합물이면, q는 액체의 분율이다. 이와 같은 공급원료는 평형 플래쉬 조작으로 만들어질 수 있으며, $q = 1 - f$로 표시할 수도 있다. 여기서, f는 본래의 원료흐름 중 기화된 증기의 분율이다.

비점이하의 액체공급원료에 대한 q 값은

$$q = 1 + \frac{c_{pL}(T_b - T_F)}{\lambda} \tag{18.51}$$

과열증기에 대한 q 값은

$$q = -\frac{c_{pV}(T_F - T_d)}{\lambda} \tag{18.52}$$

여기서, c_{pL}, c_{pV} = 액체와 증기의 비열, kcal/kg·°C

T_F = 공급원료 온도, °C

T_b, T_d = 공급원료의 비점과 노점, °C

λ = 기화열(증발잠열), kcal/kg

원료공급선(Feed line)

대부분의 증류탑은 비점에 있거나 그 근처의 액체를 원료로 공급받아 조업한다. 공급원료는 탑저제품이나 다른 뜨거운 액체와 열교환되거나 또는 수증기를 사용하여 예열되는 것이 보통이다. 이렇게 하면 탑의 정류부와 회수부에서 증기유량이 거의 같게 된다.

식 (18.51) 또는 (18.52)에서 얻은 q 값은 물질수지식을 이용하여 두 조작선들의 모든 교차점들의 자취를 찾는데 이용된다. 이 교차선에 대한 식은 다음과 같이 구할 수 있다.

원료공급 흐름이 액체의 내부흐름에 기여한 부분은 qF이므로 회수부로 내려가는 환류의 총유량은,

$$\overline{L} = L + qF \quad \text{즉,} \quad \overline{L} - L = qF \tag{18.53}$$

이다. 마찬가지로, 공급원료 흐름의 증기 내부흐름에 대한 기여가 $F(1-q)$이므로 정류부에서 증기의 총 유량은 다음과 같다.

$$V = \overline{V} + (1-q)F \quad \text{즉,} \quad V - \overline{V} = (1-q)F \tag{18.54}$$

일정 몰 일류(constant molal overflow)인 경우, 정류부와 회수부에 대한 물질수지식

$$Vy_n = Lx_{n+1} + Dx_D \tag{18.55}$$

$$\overline{V}y_m = \overline{L}x_{m+1} - Bx_B \tag{18.56}$$

이다. 조작선들이 교차하는 점을 알기 위해서 $y_n = y_m$ 그리고 $x_{n+1} = x_{m+1}$로 놓고, 식 (18.31)에서 식 (18.56)을 빼면 다음과 같이 된다.

$$y\left(V - \overline{V}\right) = (L - \overline{L})x + Dx_D + Bx_B \tag{18.57}$$

식 (18.31)을 이용하여 식 (18.57)의 마지막 두 항을 Fx_F로 대치할 수 있다. 또한 식 (18.53)의 $L - \overline{L}$와 식 (18.54)의 $V - \overline{V}$를 넣고 간단히 정리하면 다음 식이 된다.

$$y = -\frac{q}{1-q}x + \frac{x_F}{1-q} \tag{18.58}$$

식 (18.58)은 직선으로 **원료공급선**(feed line) 또는 **원료선의 방정식**이라고 하며, 조작선들의 교차점은 모두 이 원료공급선 상에 와야 한다. 이 선의 위치는 오로지 x_F와 q에 달려 있다. 원료공급선의 기울기는 $-q/(1-q)$이며, 식 (18.58)의 y에 x를 대입하고 정리하면, 이 선이 대각선과 $x = x_F$에서 만나게 됨을 알 수 있다.

조작선의 작도(Construction of operating lines)

조작선들을 그리는 가장 간단한 방법은 다음과 같다.

(1) 원료공급선을 그린다.

(2) 정류부 조작선의 y 절편인 $x_D/(R_D+1)$를 계산하고 이 절편과 점 (x_D, x_D)을 지나게 선을 긋는다.

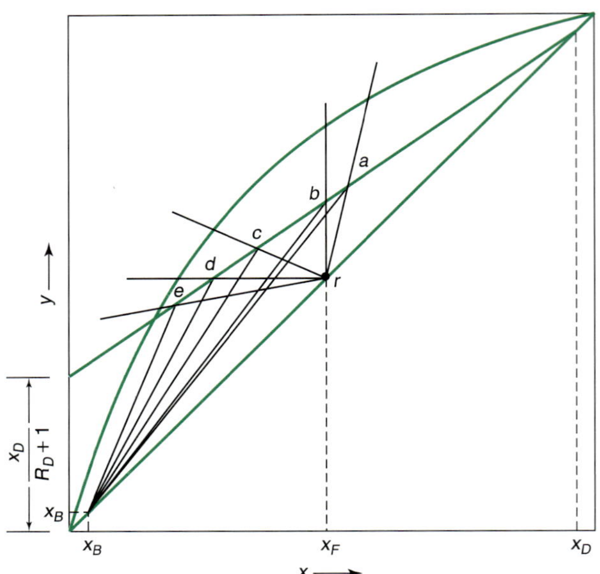

그림 18.19 원료공급선 상의 원료조건의 영향 : *ra* 차가운 액체 원료, *rb* 포화액체 원료, *rc* 액체와 증기의 혼합 원료, *rd* 포화증기 원료, *re* 과열증기 원료

(3) 원료공급선과 정류부 조작선의 교차점과 점 (x_B, x_B)를 지나도록 선을 긋는다. 그림 18.19의 조작선들은 이런 과정을 거쳐 그린 것이다. 표 18.3은 원료조건별 q의 경사 정리를 한 것이다.

그림 18.19는 x_F, x_B, x_D, L 및 D가 모두 일정하다고 가정하고, 여러 형태의 원료에 대한 조작선들과 여기에 대응하는 원료공급선들을 그려놓은 것이다. 공급원료가 차가운 액체이면 원료공급선은 오른쪽 위로 기울며, 공급원료가 포화액체이면 수직선이 된다. 공급원료가 액체와 증기의 혼합물이면 이 선은 왼쪽 위로 향하며, 기울기는 액체 대 증기 비 음수가 된다. 공급원료가 포화증기이면 원료공급선은 수평이며, 마지막으로 공급원료가 과열증기면 원료공급선은 왼쪽 아래로 향한다.

표 18.3 원료조건별 q의 경사

원료조건	q의 값	q의 경사
ra	$q > 1$	↗
rb	$q = 1$	↑
rc	$0 < q < 1$	↖
rd	$q = 0$	←
re	$q < 0$	↙

원료공급단 위치(Feed plate location)

조작선들을 그리고 난 다음 이상단 수는 그림 18.20과 같이 통상의 계단식 작도에 의해 구할 수 있다. 작도는 회수선(stripping line)의 밑 또는 정류선의 위 어디서나 시작할 수 있다. 여기서는 작도를 위로부터 시작하고, 완전응축기를 사용한 것으로 가정한다. 조작선들의 교차점에 가까워지면, 언제 계단을 정류선에서 회수선으로 옮길 것인가를 결정하지 않으면 안 된다. 이 바뀜은 단에서의 농축을 최대로 함으로써 단 수가 가능한 한 적어지는 방법으로 되어야 한다. 그림 18.20을 관찰해 보면, 두 조작선의 교차점 x 좌표보다 작은 x값에 도달한 다음, 바로 정류부 선에서 회수부 선으로 옮기는 것이 하나의 기준이 된다. 원료공급단은 항상 모서리의 하나는 정류선에 있고, 한 모서리는 회수선에 있는 삼각형으로 표시된다. 최적위치에서는 원료공급단을 나타내는 삼각형이 조작선의 교차점 위에 놓이게 된다.

한 조작선에서 다른 조작선으로 옮기는 것, 즉 원료공급단 위치는 그림 18.20의 점 a와 b 사이의 어느 곳에서도 할 수 있다. 그러나 원료공급단이 최적위치가 아닌 다른 곳에 놓이게 되면, 불필요하게 많은 단 수가 필요하게 된다. 예를 들어, 그림 18.20에서 원료공급단이 7번째이면 점선으로 표시된 더 작은 계단이 이상단 수로 되어, 이상단 8개와 재비기 한 개가 필요하게 된다. 그러나 공급원료를 5번째 단에 넣으면, 이상단 7개와 재비기 하나면 된다. 원료공급단 위치가 최적위치에 있다고 하더라도, 원료공급단의 액체가 완전히 일치한 경우를 제외하고는 공급원료와 같은 조성을 갖지는 않는다.

실제 탑의 성능을 해석할 때 한 조작선에서 다른 조작선으로 바꾸는 것은 실제 원료공급단에서 이루어져야 한다. 공급원료의 조성변화와 단효율의 불확실성 때문에 큰 탑에서는 가끔 최적위치의 아래 또는 위에 있는 몇 개의 단들 사이에 공급원료가 들어가도록 조작되는 경우가 많다. 공급원료 조성에 큰 변화가 예견되면, 원료공급단 위치를 변경할 수 있도록 되어 있어야 한다.

고정된 단 수를 갖고 있는 실제 탑에서는 원료공급단을 잘못 선택하면 탑 성능에 심각한 영향이 미친다.

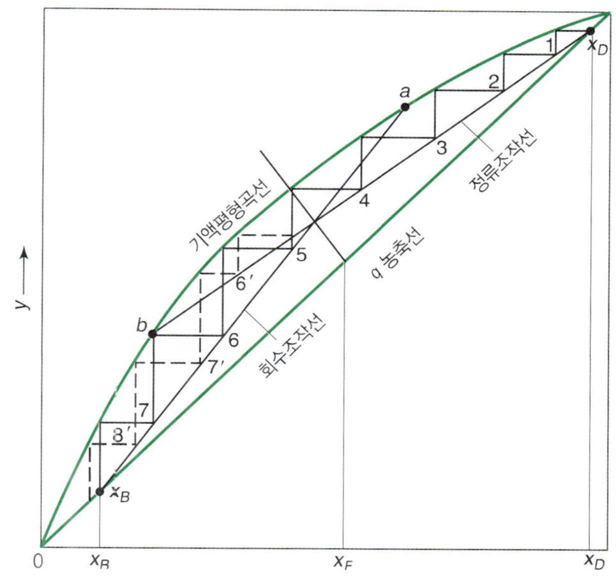

그림 18.20 공급단의 최적위치 : —— 5번째 단(최적위치) 상의 원료, ------ 7번째 단상의 원료

예를 들어 그림 18.20의 b점에 가깝게 너무 낮은 단에 원료를 공급하면 정류부의 단 수가 증가한다. 그러나 그들의 대부분은 구동력이 작은 핀치 영역에서 조업하게 된다. 이런 단에서는 거의 분리가 되지 않는다. 따라서 단의 낮은 성능을 반영하여 탑상제품과 탑저제품의 질을 낮추도록 선도를 바꿔야 한다. 탑의 너무 높은 위치에 원료를 공급하게 되면 유사한 결과를 갖게 된다.

가열 및 냉각 필요량(Heating and cooling requirements)

커다란 보온된 탑으로부터의 열손실은 상대적으로 작다. 따라서 탑 그 자체는 본질적으로 단열상태이다. 장치 전체의 열의 영향은 응축기와 재비기에 한정된다. 평균 몰 잠열(molal latent heat)이 λ이고, 액체흐름에서 총 현열(total sensible heat) 변화가 적다고 하면, 재비기에서 가해진 열 q_r은 $\overline{V}\lambda$이며, W 또는 kcal/h 단위를 갖는다. 공급원료가 비점에 있는 액체($q=1$)라면, 재비기에서 공급한 열은 대략 응축기에서 제거한 열과 같으나 그 밖의 q값에서는 그렇지 않다.

가열매체로서 포화수증기를 사용하면, 재비기에 필요한 수증기는 다음과 같다.

$$\dot{m}_s = \frac{\overline{V}\lambda}{\lambda_s} \tag{18.59}$$

여기서, $\dot{m}_s$ = 수증기 소비량, kg/h

$\overline{V}$ = 재비기로부터의 증기유량, mol/h

λ_s = 수증기의 잠열, kcal/kg

λ = 혼합물의 몰 잠열, kcal/kmol

물이 응축기에서 냉각매체로 사용되고, 응축액이 과냉되지 않는다면, 냉각수 요구량은 다음과 같다.

$$\dot{m}_w = \frac{V\lambda}{(T_2 - T_1)c_{pw}} \tag{18.60}$$

$\dot{m}_w =$ 물 소비량, kg/h

$(T_2 - T_1) =$ 냉각수의 온도 상승, °C

$c_{pw} =$ 냉각수의 비열, kcal/kg·°C

예제 18.8

연속 분별증류탑에서 40% 벤젠과 60% 톨루엔으로 구성된 혼합물 30,000 kg/h를 97% 벤젠이 함유된 탑상 제품과 98% 톨루엔이 들어 있는 탑저 제품으로 분리하려고 한다. 이 농도는 wt%이다. 제품 1 mol에 대하여 3.5 mol의 환류비가 사용된다. 벤젠과 톨루엔의 몰 잠열은 각각 7,360과 7,960 cal/g mol이다. 벤젠과 톨루엔은 상대휘발도가 약 2.5인 이상계를 형성한다. 평형곡선은 그림 18.21과 같다. 공급원료는 1 atm에서 비점이 95°C이다.

(a) 시간당 탑상 제품과 탑저 제품의 몰 수를 계산하라.

(b) 다음 각 경우에 대하여, 이상단 수와 원료공급단 위치를 구하라.

(i) 공급원료가 액체이고 비점에 있을 때

(ii) 공급원료가 20°C의 액체일 때(비열 = 0.44cal/g·°C)

(iii) 공급원료가 2/3의 증기와 1/3의 액체로 된 혼합물일 때

(c) $20\,\mathrm{lb_f/in^2}$ (1.36 atm) gauge의 수증기를 가열매체로 사용하고, 열손실을 무시하며, 환류가 포화액체라고 가정할 때, 위의 세 경우 각각에 대하여 시간당 필요한 수증기량은 얼마인가?

(d) 냉각수가 25°C로 응축기에 들어가서 40°C로 나간다면, 필요한 냉각수는 몇 $\mathrm{m^3/h}$인가?

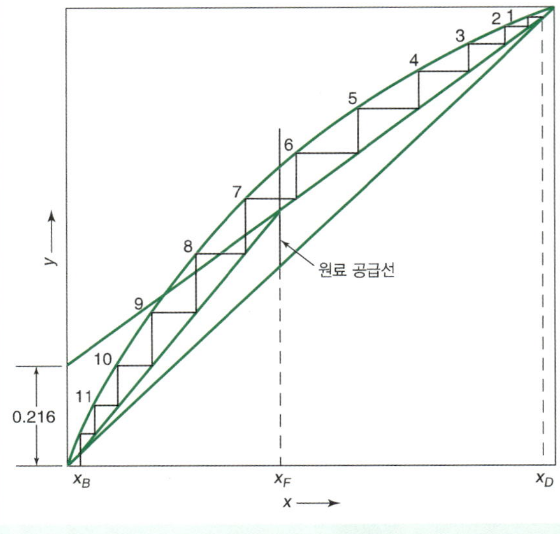

그림 18.21 예제 18.8의 (b) (i)

풀이

(a) 벤젠의 분자량은 78이고 톨루엔의 분자량은 92이다.

공급원료, 탑상제품 및 탑저제품의 농도를 벤젠의 몰분율로 계산하면,

$$x_F = \frac{\frac{40}{78}}{\frac{40}{78}+\frac{60}{92}} = 0.440 \qquad x_D = \frac{\frac{97}{78}}{\frac{97}{78}+\frac{3}{92}} = 0.974 \qquad x_B = \frac{\frac{2}{78}}{\frac{2}{78}+\frac{98}{92}} = 0.0235$$

공급원료의 평균 분자량

$$\frac{100}{\frac{40}{78}+\frac{60}{92}} = 85.8$$

공급원료의 평균 몰잠열은 $\lambda = 0.44(7{,}360) + 0.56(7{,}960) = 7{,}696\ \text{cal/mol}$

원료의 공급속도 F는 30,000/85.8350kmol/h이다. 식 (18.32)을 이용해서 총괄 벤젠수지를 취하면,

$$D = 350\left(\frac{0.440-0.0235}{0.974-0.0235}\right) = 153.4\,\text{kmol/h}$$

$$B = 350 - 153.4 = 196.6\,\text{kmol/h}$$

(b) 다음으로 이상단 수와 원료공급단의 위치를 구한다.

(i) 제1단계는 평형선도를 그리고, x_D, x_F, 및 x_B에서 수직선을 그어 이 수직선들을 대각선까지 연장한다. 그림 18.21를 참조하라.

제2단계는 원료공급선을 긋는다. $f=0$이므로 원료공급선은 수직이며, $x=x_F$인 선의 연장이다.

제3단계는 조작선들을 그린다.

정류부 조작선의 y 절편은 식 (18.46)를 이용하면 $0.974/(3.5+1)=0.216$이다.

이 점은 yx 기준선상의 x_D점과 연결된다.

이 조작선과 원료공급선의 교점으로부터 회수부 조작선을 그린다.

제4단계는 2개의 조작선들과 평형곡선 사이에 직각 계단을 그린다.

계단을 그려보면, 정류선에서 회수선으로 계단이 옮기는 위치는 7번째 계단이다.

계단을 세어보면 재비기 이외에도 11개의 이상단이 필요하며, 공급원료는 위로부터 7번째 단에 다 넣어야 함을 알 수 있다.

(ii) 공급원료의 기화잠열 λ는 7,696/85.8 = 89.7cal/g이다. 식 (18.51)에 이 값을 대입하면,

$$q = 1 + \frac{0.44(95-20)}{89.7} = 1.37$$

식 (18.58)로부터 원료공급선의 기울기는 $-1.37/(1-1.37)=3.70$이다.

이 경우에 대해 계단들을 그리면, 그림 18.22에서처럼 하나의 재비기와 10개의 이상단이 필요하고, 공급원료는 6번째 단에 넣어야 함을 알 수 있다.

(iii) q의 정의에 따라 이 경우에는 $q=1/3$이고, 원료공급선의 기울기는 -0.5이다. 풀이는 그림 18.23에서 볼 수 있다. 한 개의 재비기와 12개의 단이 요구되며, 공급원료는 7번째 단에 들어간다.

원료가 주로 증기인 경우에는 더 많은 단 수가 필요해지는 원인의 일부는 원료공급선이 왼쪽으로 치우쳐서 정류부에서 몇 단이 더 필요하기 때문이다. 그렇지만 일부만 기화된 원료는 완전히 액체인

원료보다 회수부로 더 적은 양의 액체를 주게 되어 회수부에서 환류비가 감소하는 것이 주요 원인이다.

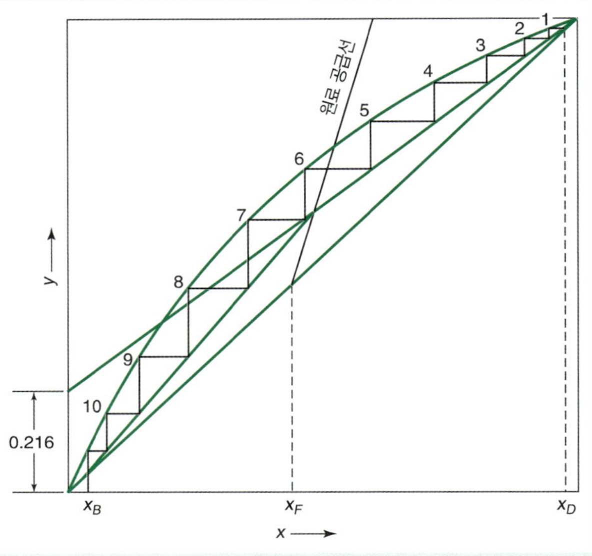

그림 18.22 예제 18.8의 (b) (ii)

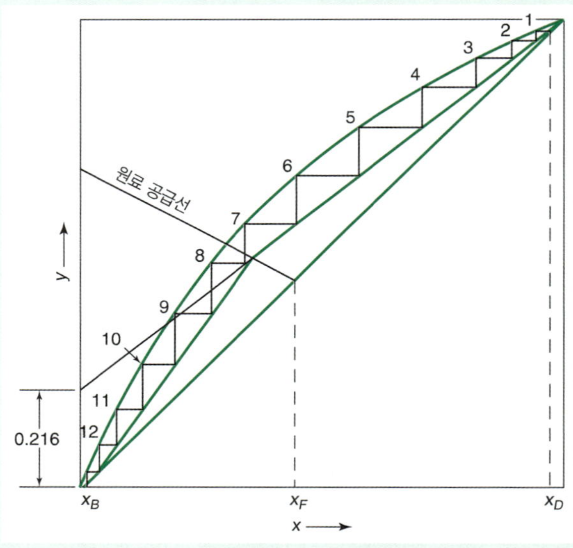

그림 18.23 예제 18.8의 (b) (iii)

(c) 응축기에서 응축해야 하는 정류부의 증기유량 V는 탑상 제품 1 몰당 4.5 몰이므로, $4.5 \times 153.4 = 690$ kmol/h이다.

표 18.4 예제 18.8의 (c) 문제에 대한 풀이

경우	q	재비기 스팀량 $\dot{m}_s$ kg/h	이상단의 수 도해적 해법	이상단의 수 컴퓨터 계산
(i)	1.0	10,520	11	10.59
(ii)	1.37	12,500	10	10.17
(iii)	0.333	6,960	12	11.85

식 (18.54)로부터,

$$\overline{V} = 690 - 350(1-q)$$

설계를 약간 여유 있게 하기 위하여 벤젠의 증발잠열보다 톨루엔의 증발잠열을 이용하면, $\lambda = 7{,}960$ cal/mol이다.

20psig의 수증기 1lb로부터 나오는 열은 부록에서 보면 939 Btu/1b이다. 따라서 $\lambda_S = 939/1.8 = 522$ cal/g이다.

식 (18.59)로부터 필요한 수증기량은 다음과 같다.

$$\dot{m}_s = \frac{7{,}960}{522}\overline{V} = 15.25\,[690 - 350(1-q)]$$

결과는 표 18.4에 수록되어 있다.

주 : 벤젠과 톨루엔 혼합물의 상대휘발도에 관한 식 $\alpha = 2.34 + 0.27x$를 사용하면 일정몰 일류 유량에 기준한 컴퓨터 프로그램을 했을 때 (i)은 10.59 단, (ii)는 10.17 단, 그리고 (iii)은 11.85 단이 나온다.

(d) 모든 경우에서 마찬가지로 필요한 냉각수량은 식 (18.60)으로부터,

$$\dot{m}_w = \frac{7{,}960 \times 690}{40 - 25} = 366{,}160\text{kg/h}$$

25°C(77°F)에서 물의 밀도는 62.24 1b/ft^3 또는 996.3kg/m^{3}이다.

필요한 냉각수량은 366,160/996.3 = 367.5m^3/h이다.

차가운 공급원료를 사용하는 (ii)의 경우, 필요한 단수가 최소이지만 재비기에서는 가장 많은 수증기를 필요로 한다. 재비기와 예열기에 대한 총 에너지 요구량은 3가지 경우에 모두 비슷하다. 공급 원료를 예열하는 이유는 대부분의 경우, 탑의 정류부와 회수부에서 증기유량을 거의 같게 하고 또한, 탑저 제품과 같은 고온 액체흐름의 에너지를 이용하기 위함이다.

이 예제에서는 각 경우에 R_D가 3.5로 일정하기 때문에 총에너지 요구량이 같지만 R_D/R_{Dm}은 1.6~2.8의 범위에 있다. R_D/R_{Dm}이 고정되면 에너지 요구량과 단수가 달라 지게 된다.

예를 들어 $x_F = 0.5$, $x_D = 0.98$, $x_B = 0.02$, $D/F = 0.5$, 그리고 $R_D/R_{Dm} = 1.20$인 벤젠-톨루엔 증류에서 액체나 증기 원료를 생각해보자. 액체원료($q = 1.0$)를 사용하면 $R_D = 1.52$, $V/F = 0.5\,x(1 + 1.52) = 1.26$ 그리고 18개의 이상단이 필요하게 된다. 증기원료 ($q = 0$)인 경우에는 $R_D = 2.8$ 그리고 $V/F = 1.90$이 된다. $V_m/F = 0.9$이고 단지 15개의 이상단이 필요하기 때문에 재비기에서의 열부하가 줄었음에도 불구하고 사용된 총에너지와 응축기에서 제거된 열은 액체원료보다도 50%가 더 크다.

최소 이론단수(Minimum number of plates, N_{min})

정류선의 기울기가 $R_D/(R_D+1)$이므로 R_D가 무한대로 되어 $V=L$이 되고, 기울기가 1이 될 때까지 환류비가 증가함에 따라 기울기도 증가한다. 그렇게 되면 두 조작선은 대각선과 일치한다. 이 조건을 **전환류**(total reflux)라고 한다. 전환류에서 단 수는 최소가 된다. 그러나 공급원료와 탑상제품 및 탑저제품의 유량은 0이 된다. 전환류는 분별증류탑 조작에서 하나의 극한인 경우를 나타낸다. 주어진 분리에 필요한 최소단수는 x_D 로부터 x_B 까지의 대각선을 정류부와 회수부의 조작선으로 사용하여 $x-y$ 선도 상에 계단을 그려서 구할 수 있다. 전환류하에서 조작하는 탑에서는 원료공급이 없으므로, 상부와 하부 사이에 불연속성이 없다.

이상혼합물과 같은 특별한 경우에는 양끝의 농도 x_B 와 x_D, 상대휘발도 α_{AB}로부터 $N_{\min}$값을 구하는 식은 다음과 같다.

$$N_{\min} = \frac{\ln\left[x_D(1-x_B)/x_B(1-x_D)\right]}{\ln \alpha_{AB}} - 1 \tag{18.61}$$

식 (18.61)은 **Fenske 식**으로 α_{AB}가 일정할 때 이용한다. 탑바닥에서 맨 윗단까지의 α_{AB}값 변화가 크지 않으면 양단에서의 값을 기하평균하여 α_{AB}로 사용하면 된다.

최소환류(Minimum reflux)

전환류보다 작은 환류에서, 주어진 분리를 위해 필요로 하는 단수는 전환류일 때보다 크고, 환류비가 감소함에 따라 계속해서 증가한다. 환류비가 작아질수록 단 수는 아주 커지며, **최소환류비**(minimum reflux ratio, R_{Dm})라고 하는 어떤 일정한 최소치에서는 단수가 무한대로 된다. 원하는 탑상 제품과 탑저 제품을 일정량 생산하는 실제 탑은 단 수가 무한대로 되는 최소환류와 단 수가 최소로 되는 무한 환류 사이의 환류비로 운전해야 한다. L_a/D를 운전환류비(operating reflux ratio)라 하고, $(L_a/D)_{\min}$을 최소환류비라 하면 다음과 같이 된다.

$$\left(\frac{L_a}{D}\right)_{\min} < \frac{L_a}{D} < \infty \tag{18.62}$$

최소환류비는 환류의 감소에 따른 조작선의 움직임으로 구할 수 있다. 그림 18.24에서 전환류시에는 조작선 2개 모두 대각선 afb와 겹친다. 실제 조작에서는 ae 및 eb선들이 전형적인 조작선이다. 환류가 더욱 감소됨에 따라 두 조작선들의 교차점은 원료공급선을 따라 평형곡선 쪽으로 움직여 계단을 그릴 수 있는 면적이 줄어들게 되어 단수가 증가한다. 조작선들 중의 하나 또는 둘 다 모두 평형곡선과 만나면 접촉점을 지나가는데 필요한 단수는 무한대가 된다. 이런 상태에 해당하는 환류비는 정의에 따라 최소환류비이다.

평형곡선 전체가 아래쪽으로 오목한 정상형 평형곡선인 경우, 최소환류시 조작선과 평형곡선의 접촉점은 그림 18.24의 ad 및 db선에서 보는 바와 같이 원료공급선과 평형곡선의 교차점 상에 있다. 환류를 좀 더 줄이면 agc 및 cb선들과 같이 평형곡선 밖에서 조작선들이 교차하게 된다. 그러면 아무리 무한대의 단이 있어도 점 g를 지날 수 없고, 이 조건에서의 환류비는 최소 환류비보다 작다.

그림 18.24에서 조작선 ad의 기울기는 점(x', y')과 (x_D, x_D)를 지나는 직선으로, x'과 y'은 각각 원료공급선과 평형곡선의 교차점 좌표이다. 최소환류비를 R_{Dm}이라고 하며, 다음과 같이 구할 수 있다.

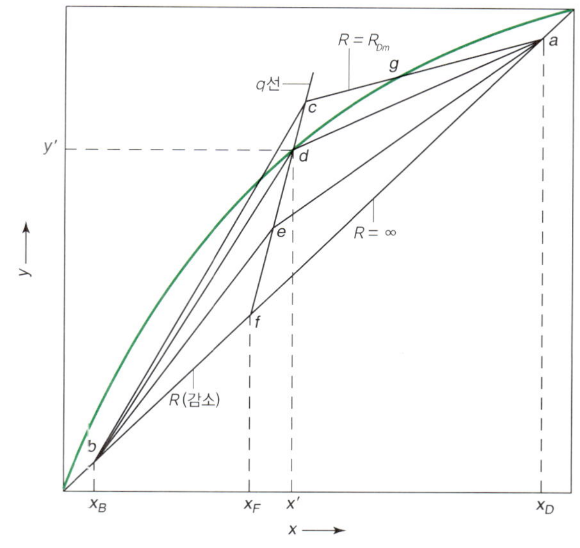

그림 18.24 최소환류비

$$\frac{R_{Dm}}{R_{Dm}+1} = \frac{x_D - y'}{x_D - x'}$$

또는

$$R_{Dm} = \frac{x_D - y'}{y' - x'} \qquad (18.63)$$

식 (18.63)은 모든 계에다 적용시킬 수는 없다. 즉, 평형곡선이 그림 18.25에서 보인 에탄올과 물의 곡선처럼 위로 오목하면 정류선은 횡좌표 x_F와 x_D 사이에서 먼저 평형곡선과 만날 것이 분명하며, 이 경우 선 ac가 최소환류에 해당한다. 조작선 ab는 점 (x', y') 밑에서 원료공급선과 교차함에도 불구하고, 최소환류보다도 더 작은 환류에서 그린 것이다. 이와 같은 경우에는 최소환류비를 평형곡선에 접선인 조작선 ac의 기울기로부터 계산해야 한다.

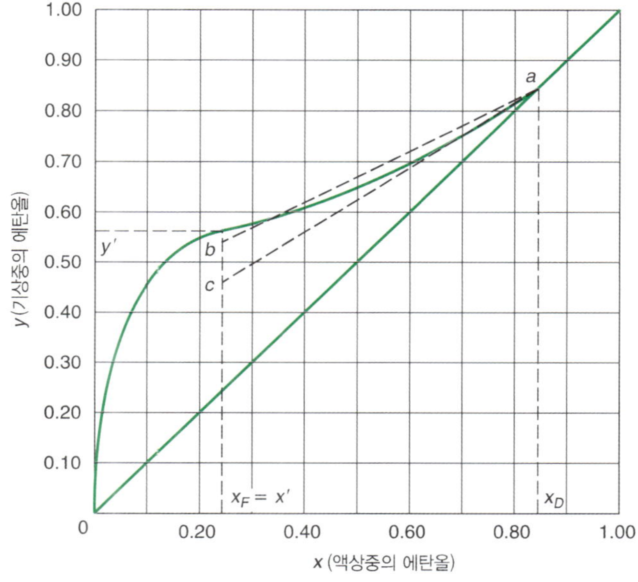

그림 18.25 평형선도(에탄올-물 계)

불변지역(Invariant zone)

최소환류비에서는 그림 18.24의 점 d나 그림 18.25의 접점에서 보는 바와 같이 평형곡선과 조작선의 교차점에서 예각이 생긴다. 이 점에서는 무한개의 단수를 나타내는 무한개의 계단들이 그려질 수 있어서, 이 근처의 단에서는 액체나 증기의 농도 변화가 없고, 따라서 $x_{n-1} = x_n$, $y_{n+1} = y_n$이 된다. **불변지역**(invariant zone)이라는 용어는 이와 같은 무한개의 단수를 설명하는 데 쓰이며, 또한 좀더 서술적인 용어로 **핀취점**(pinch point)이라고도 한다.

그림 18.24와 같은 정상적인 평형곡선을 갖는 경우에 최소환류비에서 q선과 평형곡선의 교차점은 원료공급단의 액체와 증기 농도임을 알 수 있다(또한 원료공급단 양쪽에 있는 무한대의 단들에서도 마찬가지다).

그러므로 불변지대는 정류부 아래쪽과 회수부 위쪽에 각각 형성된다. 두 지대에서 다른 점은 한 곳에서는 단지 액체와 증기의 비가 L/V이고 다른 지대에서는 $\overline{L}/\overline{V}$인 것뿐이다.

최적환류비(Optimum reflux ratio)

환류비가 최소로부터 증가해 가면 단수는 처음에는 빨리 그리고 점점 천천히 감소해 가며 전환류에서 단수는 최소가 된다. 탑의 단면적은 대개 증기의 유량에 비례한다는 것을 나중에 알게 될 것이다. 생산량이 일정한 상태에서 환류비를 증가시키면 V와 L 모두 다 증가하며 탑 지름의 증가가 단수의 감소보다 훨씬 빠른 점에 도달한다. 장치의 비용은 대충 단의 총면적, 즉 단수 곱하기 탑의 단면적에 비례하므로, 탑에 대한 고정비는 환류비에 따라 처음에는 감소하다가 나중에 증가하게 된다. 열교환장치에 대한 고정비 (재비기 및 응축기) 는 환류비에 따라 꾸준히 증가한다. 그림 18.26의 곡선 2는 처음에는 예리하게 떨어지다가 아주 약하게 최소점을 지남을 보여주고 있다.

또한 곡선 1에서 보는 바와 같이 환류비에 따라 선형으로 올라가는 가열과 냉각 비용도 중요하다. 최적환류비에서 수증기 비용은 고정비와 가열 및 냉각비의 합인 년간 총비용의 약 2/3이다. 총비용은 제일 위의 곡선이다. 총비용은 최소환류비 보다 그다지 크지 않은 어느 일정한 환류비에서 최소값을 갖는다. 이것이 가장 경제적인 운전 점이며 이 환류비를 **최적환류비**(optimum reflux ratio)라고 한다. 그림 18.26은 제품의 조성이 92% 벤젠과 95% 톨루엔인 벤젠-톨루엔 증류의 연구에 근거한 것으로 최적환류비는 R_{Dm}의 1.1배이다. 제품이 아주 좋은 순도를 갖는 — 99.97% 벤젠과 99.83% 톨루엔 — 최적화 연구에서의 최적환류비는 $1.25R_{Dm}$이었다. 최적환류비는 에너지 비용과 관계된다. 에너지 비용이 비교적 높을 때에는 최적비가 R_{Dm}에 가깝고 증류장치가 비싼 합금으로 만들어졌을 때에는 최적비가 R_{Dm}으로부터 멀다. 총비용은 최적환류비 범위에서 환류비에 민감하고 환류비가 최적치보다 큰 환류비를 사용하면 보다 좋은 조업 유연성을 얻을 수 있기 때문에 실제로 대부분의 공장은

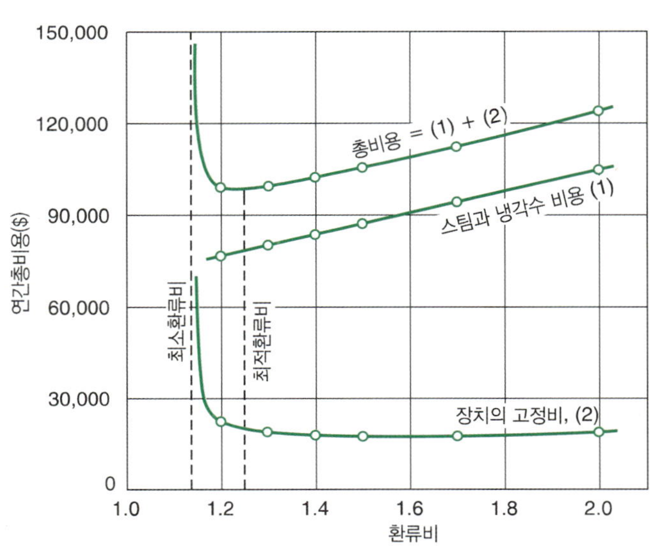

그림 18.26 최적환류비

최적환류비보다 약간 큰 환류비로 조업한다.

$$\text{최적환류비} = \frac{\text{실제환류비}}{\text{최소환류비}}$$ 일 때 이론 단수가 최대가 된다

예제 18.9

예제 18.8에서 (b)의 (i), (ii) 및 (iii)의 경우에 대하여, (a) 최소환류비는 얼마인가? (b) 최소 이상단 수는 얼마인가?

풀이

(a) 최소환류비에 대해서는 식 (18.63)을 이용한다. 여기서 $x_D = 0.974$이다. 결과는 표 18.5에 수록되어 있다.

표 18.5

경우	x'	y'	R_{Dm}
(b)(i)	0.440	0.658	1.45
(b)(ii)	0.521	0.730	1.17
(b)(iii)	0.300	0.513	2.16

(b) 최소 단수인 경우, 환류비가 무한대이고, 조작선들이 대각선과 겹치며, 세 가지 경우 사이에는 차이가 없다.

Fenske 식[식 (18.61)]을 이용한다.

$a = 2.34 + 0.27x$이므로,

$x = 0.024$에서 $a = 2.35$ $\quad$ $x = 0.974$에서 $a = 2.60$

$$a = \sqrt{2.35 \times 2.60} = 2.47$$

식 (18.61)에서,

$$N_{\min} = \ln\left(\frac{0.974 \times 0.976}{0.024 \times 0.026}\right) - 1 = 8.105 - 1 = 7.1$$

최소이상단의 수는 7에다 재비기를 더한 것이다.

예제 18.10

2mol%의 에탄올과 98mol%의 물로 된 혼합물을 판형 탑에서 탈거시켜 에탄올이 0.01mol%가 넘지 않는 탑저제품을 얻으려고 한다. 수증기를 바닥단의 액체에 개방코일(open coil)을 통해 넣어서 증기원으로 이용한다. 공급 원료는 비점에 있다. 수증기 유량은 공급원료 1mol당 0.2mol이다. 묽은 에탄올-물 용액에 대해서 평형선은 직선이며, $y_e = 9.0x_e$로 표시된다. 이상단이 몇 개나 필요한가?

풀이

평형선과 조작선이 모두 직선일 경우 도식적 방법보다 식 (18.64)를 이용할 수 있다.

$$N = \frac{\ln\left[\left(y_a - y_a^*\right) / \left(y_b - y_b^*\right)\right]}{\ln\left[\left(y_b^* - y_a^*\right) / \left(y_b - y_a\right)\right]} \tag{18.64}$$

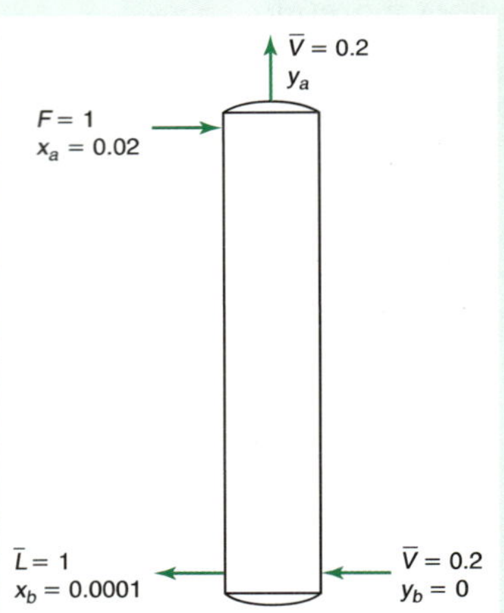

그림 18.27 예제 18.10의 물질수지 선도

물질수지 선도는 그림 18.27과 같다. 수증기가 증기로 들어가므로 재비기가 필요 없다.

또한 탑 속에서 액체유량은 탑에 들어가는 공급 원료와 같다. 문제의 조건에서

$$F = \bar{L} = 1 \qquad \bar{V} = 0.2 \qquad y_b = 0 \qquad x_a = 0.02$$

$$x_b = 0.0001 \qquad m = 9.0 \qquad y_a^* = 9.0 \times 0.02 = 0.18$$

$$y_b^* = 9.0 \times 0.0001 = 0.0009$$

식 (18.64)를 사용하기 위해서는 탑을 나가는 증기의 농도 y_a가 필요하다. 이것은 총괄 에탄올수지를 취해서 구할 수 있다. 즉,

$$\bar{V}(y_a - y_b) = \bar{L}(x_a - x_b) \qquad 0.2(y_a - 0) = 1(0.02 - 0.0001)$$

$y_a = 0.0995$이다.

식 (18.64)에 대입하면,

$$N = \frac{\ln[(0.0995 - 0.18)/(0 - 0.0009)]}{\ln[(0.0009 - 0.18)/(0 - 0.0995)]}$$

$$= \frac{\ln 89.4}{\ln 1.8} = 7.6 \text{이상단}$$

18.4 엔탈피수지(Enthalpy balance)

증류탑에서 V와 L 흐름들의 실제 변화는 증기 및 액체혼합물의 엔탈피에 달려 있다. 일정몰 일류를 가정함으로써 생긴 제약들은 물질수지 및 상평형과 함께 엔탈피수지를 이용해서 제거될 수 있다. 엔탈피 데이터는 그림 18.28과 같은 엔탈피-농도선도로부터 얻거나 컴퓨터 프로그램에 사용되는 열역학적 성질의 데이터은행에서 얻을 수 있다. 대부분의 증류탑은 컴퓨터를 이용하여 설계되

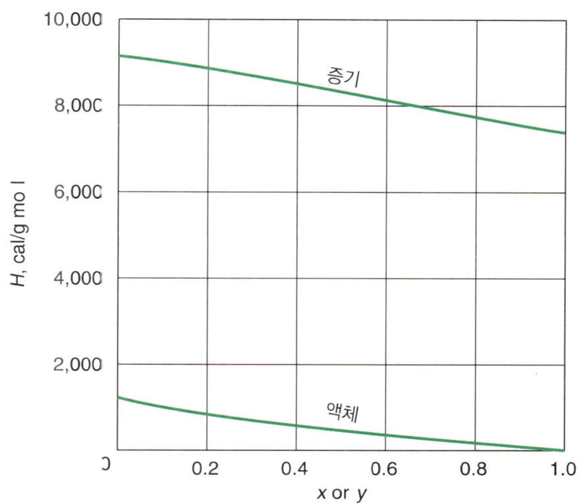

그림 18.28 1 atm에서 벤젠-톨루엔의 엔탈피

지만 기본적인 엔탈피 수지식들을 이곳에 주었으며 예제 18.11는 전형적인 이상계에 대한 McCabe-Thiele 선도에서 생기는 작은 차이를 보여주기 위해 실었다.

벤젠-톨루엔 용액은 이상용액이므로, 그림 18.28은 몰 평균열용량과 기화열을 이용하여 만들었다. 계산을 간단하게 하기 위해 기준온도는 벤젠의 비점인 80°C로 택하였다.

그림 18.28에 있는 엔탈피 값들은 액체혼합물에 대해서는 비점에서의 값이고, 증기혼합물은 이슬점에서의 값으로서 둘 다 1 atm일 때이다. 따라서 선 위의 각 점은 80°C와 110.6°C 사이의 여러 온도에 대한 것들이다. 그러나 그림 18.7에서 이슬점과 비점간에 차이가 있듯이, $x = 0.5$에 대한 온도는 $y = 0.5$에 대한 온도와 같지 않다. 엔탈피-농도 도표가 약간 굽은 것은 벤젠의 몰분율에 따라 비점과 이슬점의 비선형적 변화 때문이다.

그림 18.13과 같은 계에 대한 총괄 엔탈피수지를 생각해 보자. 그림에 나타난 양 이외에, H_F, H_D 및 H_B를 각각 몰당 에너지로 공급원료, 탑상제품 및 탑저제품의 비 엔탈피라고 하면 전체 계에 대한 엔탈피수지는,

$$F H_F + q_r = D H_D + B H_B + q_c \tag{18.64}$$

이다. 공급원료가 비점에 있는 액체일 때 H_F는 H_D와 H_B 사이에 있고, FH_F와 $DH_D + BH_B$ 항들은 거의 상쇄되어, 재비기에서 공급된 열 q_r는 응축기에서 제거된 열 q_c와 거의 같아지게 된다.

주어진 공급원료와 제품의 흐름에 대해서 열효과 중 오직 하나인 q_r 또는 q_c는 독립적이면서, 설계자나 운전자의 선택에 좌우된다. 탑 설계에서 q_c는 식 (18.64)에서 계산될 수 있다. 그렇지만 탑운전시에는 가끔 q_r이 증기의 유량과 환류비가 변하도록 조절되며, 이에 따라 q_c 변화가 뒤따른다.

정류부와 회수부의 엔탈피수지(Enthalpy balances in rectifying and stripping sections)

다시 그림 18.13을 참고해서 $H_{y,n+1}$을 $n+1$단에서 올라가는 증기의 비 엔탈피(specific enthalpy)라 하고, $H_{x,n}$은 n 단을 나가는 액체의 비 엔탈피라고 하자. 대상범위(control surface)I 내부에 대한 엔탈피수지는,

$$V_{n+1} H_{y,n+1} = L_n H_{x,n} + D H_D + q_c \tag{18.65}$$

이 된다. 다음과 같은 관계식으로 q_c를 소거하면 다른 형의 식을 얻을 수 있다.

$$q_c = V_a H_{y,a} - RH_D - DH_D \tag{18.66}$$

$$V_{n+1} H_{y,n+1} = L_n H_{x,n} + V_a H_{y,a} - RH_D \tag{18.67}$$

식 (18.67)은 또한 응축기를 포함하지 않고 탑 상부에 대한 수지를 세워서 유도될 수도 있다. 환류는 증류제품과 같은 온도에 있음을 가정하면 $H_R = H_D$이다.

식 (18.67)을 이용함에 있어 $V_a H_{y,a}$와 RH_D는 알려진 항들이며, Y_{n+1}과 L_n은 미지의 항들이다. x_n 값을 선택하면 $H_{x,n}$은 엔탈피-농도 선도에서 구해지거나, 평균비열과 비점으로부터 계산될 수 있다. $H_{y,n+1}$ 값은 y_{n+1}에 의존한다. McCabe-Thiele선도에 조작선이 그려져 있거나 아니면 Y_{n+1}과 L_n값들이 조작선 식에 대하여 정해져 있기 전에는 알지 못한다.

V_{n+1}값을 정확히 알기 위해서는 식 (18.67), 엔탈피-농도 선도 및 다음 식과 같은 개별 및 총괄 물질수지식들을 이용한 시행오차법이 요구된다.

$$y_{n+1} = \frac{L_n x_n}{V_{n+1}} + \frac{D x_D}{V_{n+1}} \tag{18.68}$$

$$V_{n+1} = L_n + D \tag{18.69}$$

그렇지만 만족할 만한 V_{n+1}값은 식 (18.68)에서 x_n으로부터 y_{n+1}을 계산하기 위해 먼저 탑 상부의 유량인 L_a와 V_a를 사용해서 구할 수 있다(이것은 일정몰 일류에 근거해서 조작선이 직선이라는 것을 이용한 것에 해당한다). 그러면 y_{n+1}로부터 $H_{y,n+1}$을 알 수 있고, 식 (18.67)에서 L_n을 $(V_{n+1} - D)$로 대치한 다음 V_{n+1}을 구할 수 있다.

약간 굽은 조작선을 긋기 위해서는 단지 몇 개의 V_{n+1}과 L_n값이 있으면 된다. 식 (18.68)로부터 y_{n+1}을 계산함에 있어서 한 단 한 단씩 계산하기 위한 V_{n+1}과 L_n값들은 앞단의 대응값인 V_n과 L_{n-1}을 이용해서 구할 수 있다.

탑의 회수부에서 중간 m 번째 단의 유량은 그림 18.13의 대상범위 Ⅱ에 대한 엔탈피수지를 이용해서 계산할 수 있다.

$$V_{m+1} H_{y,m+1} = L_m H_{x,m} + q_r - BH_B \tag{18.70}$$

$$y_{m+1} = \frac{L_m}{V_{m+1}} x_m - \frac{B x_B}{V_{m+1}} \tag{18.71}$$

$$L_m = V_{m+1} + B \tag{18.72}$$

앞의 방법과 똑같은 방법에 따라서 x_m 값을 선택하고 L_m과 V_{m+1}을 개략적으로 알기 위하여 L_b와 V_b를 이용해서 식 (18.71)로부터 y_{m+1}을 계산한다. 그러면 비 엔탈피 $H_{x,m}$과 $H_{y,m+1}$을 이용하고, L_m 대신 $(V_{m+1} + B)$를 대입하여 식 (18.70)으로부터 V_{m+1}이 계산된다.

예제 18.11

50mol%의 벤젠과 톨루엔이 있는 혼합물을 대기압 하에서 최소환류비의 1.2배 환류비로 증류하여 98mol% 순도의 벤젠을 얻으려고 한다. 공급원료는 비점에 있는 액체이다. 엔탈피수지를 이용하여(표 18.6) 탑의 상부, 중부 및 하부에서의 액체 및 증기의 유량을 계산하고, 이 값들을 일정몰 일류에 근거한 값들과 비교하라. 이 두 방법 간의 이론단수 차이를 계산하라.

표 18.6 예제 18.11의 데이터

조성	기화엔탈피, cal/g mol	비열, cal/g mol·°C		비점 °C
		액체	증기	
벤젠	7,360	33	23	80.1
톨루민	7,960	40	33	110.6

풀이

$$x_F = 0.50 \qquad x_D = 0.98 \qquad x_B = 0.02$$

식 (18.32)로부터,

$$\frac{D}{F} = \frac{x_F - x_B}{x_D - x_B} = \frac{0.5 - 0.02}{0.98 - 0.02} = 0.50$$

계산기준 : $F = 100\ \mathrm{mol} \qquad D = 50\ \mathrm{mol} \qquad B = 50\ \mathrm{mol}$

식 (18.30)으로부터, $L/V =$ 일정하다는 데 근거하여,

$$R_{Dm} = \frac{x_D - y'}{y' - x'}$$

이 공급원료에서는 $q = 1.0$이고, $x' = x_F = 0.50$이다. 평형곡선으로부터 $y' = 0.72$이고,

$$R_{Dm} = \frac{0.98 - 0.72}{0.72 - 0.50} = 1.18$$

$$R_D = 1.2(1.18) = 1.42$$

$$R = 1.42(50) = 71\ \mathrm{mol}$$

탑의 상부에서,

$$V_1 = R + D = 71 + 50 = 121\ \mathrm{mol}$$

엔탈피수지. 80°C를 기준온도로 하면 환류와 증류제품은 80°C에서 엔탈피가 0이다. 벤젠증기에 대한 엔탈피는 80°C에서의 현열을 더한 것이다.

$$H_y = 7{,}360 + 23(T - 80)\ \mathrm{cal/mol}$$

톨루엔 증기에 대한 80°C에서의 기화 엔탈피는 비점에서의 값으로부터 계산된다. 즉

$$\Delta H_v = \Delta H_{v,b} + (C_{p,l} - C_{p,v})(T_b - T)$$

$T =$ 80°C에서 톨루엔에 대한 $\Delta H_v = 7{,}960 + (40 - 33)(30.6) = 8{,}174\ \mathrm{cal/mol}$이다.

T°C에서 톨루엔의 엔탈피는 $H_y = 8{,}174 + 33(T - 80)$이다.

$H_D = 0$이고 $V_a = V_1$으로 놓으면, 식 (18.67)로부터,

$$V_{n+1} H_{y,n+1} = L_n H_{x,n} + V_1 H_{y,1}$$

$H_{y,1}$을 산출하기 위해 맨 윗단 온도가 약 80°C라고 가정하자. $y_1 = x_D = 0.98$이므로,

$$H_y = 0.98(7{,}360) + 0.02(8{,}174) = 7{,}376 \text{ cal/mol}$$

$x_n = 0.5$를 취하면 그림 18.7에서 $T_b = 92$°C이다. 그러면,

$$H_{x,n} = (0.5 \times 33 + 0.5 \times 40)(92 - 80) = 438 \text{ cal/mol}$$

y_{n+1}을 계산하기 위해서 일정몰 일류에 대한 조작선(그림 18.29의 띠줄)을 이용한다.

$$y_{n+1} \approx 0.70 \qquad T_d \approx 93°\text{C} \quad (\text{그림 18.7로부터})$$

$$H_{y,n+1} = 0.7\,[7{,}360 + (23 \times 13)] + 0.3\,[8{,}174 + (33 \times 13)] = 7{,}942 \text{ cal/mol}$$

$L_n = V_{n+1} - D$이므로, 식 (18.67)로부터,

$$V_{n+1}(7{,}942) = (V_{n+1} - 50)(438) + 121(7{,}376)$$

$$V_{n+1} = \frac{870{,}596}{7{,}504} = 116.0 \text{ mol} \qquad L_n = 66.0 \text{ mol}$$

식 (18.68)로부터,

$$y_{n+1} = \frac{66}{116}(0.50) + \frac{50(0.98)}{116} = 0.707$$

이 값은 0.70에 매우 가깝다.

$x_n = 0.70$에 대해 비슷한 계산을 하면,

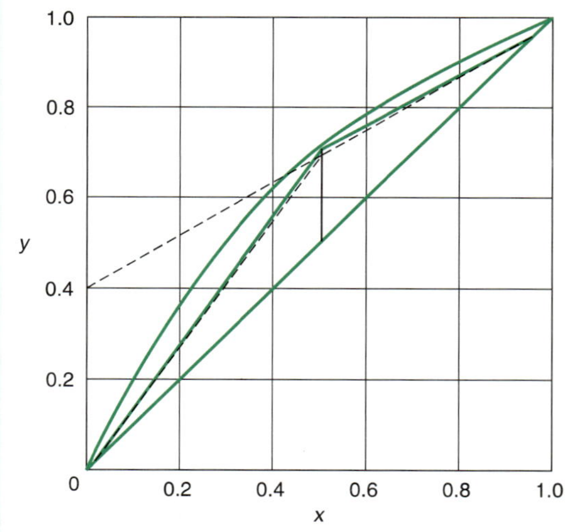

그림 18.29 예제 18.11의 McCabe-Thiele선도,
벤젠-톨루엔 증류 : ------ 일정몰 일류에 기준한 것,
—— 엔탈피수지에 기준한 것.

$$V_{n+1} = 118 \qquad L_n = 68 \qquad y_{n+1} = 0.818$$

그림 18.29에서 실선으로 표시한 조작선은 거의 직선이지만, 일정몰 일류에 근거한 조작선(띠줄)보다 위에 놓인다.

재비기에서의 증기유량을 알기 위해서 q_r을 얻기 위한 총괄 수지를 세운다. 즉,

$$FH_F + q_r = DH_D + BH_B + q_c$$

92°C의 공급원료에 대하여,

$$H_F = (0.5 \times 33 + 0.5 \times 40)(92 - 80) = 438 \text{ cal/mol}$$

111°C의 탑저 제품에 대해서,

$$H_B = (0.02 \times 33 + 0.98 \times 40)(111 - 80) = 1{,}236 \text{ cal/mol}$$

$$q_c = 121 \times 7{,}376 = 892{,}496 \text{ cal}$$

$$q_r = 50 \times 0 + 50 \times 1{,}236 + 892{,}496 - 100 \times 438 = 910{,}496 \text{ cal}$$

재비기 주변의 엔탈피수지는 다음과 같다.

$$q_r + L_b H_{x,b} = V_b H_{y,b} + BH_b$$

재비기로부터의 증기는 111°C에서 약 5%의 벤젠이 있으므로,

$$H_{y,b} = 0.05(7{,}360 + 23 \times 31) + 0.95(8{,}174 + 33 \times 31) = 9{,}141 \text{ cal/mol}$$

재비기로 들어가는 액체는 110°C에서 약 4%의 벤젠이 있으므로,

$$H_{x,b} = 0.04(33 \times 30) + 0.96(40 \times 30) = 1{,}192 \text{ cal/mol}$$

$L_b = V_b + 50$이고, $H_{y,b} - H_{x,b} = 9{,}141 - 1{,}192 = 7{,}949$ cal/mol이므로,

$$V_b = \frac{910{,}496 + 50(1{,}192) - 50(1{,}236)}{7{,}949} = 114.3$$

$$L_b = 114.3 + 50 = 164.3$$

거의 똑같은 V_b 값을 q_r과 톨루엔의 기화열로부터 얻을 수도 있다.

$$V_b \approx \frac{q_r}{\Delta H_v} = \frac{910{,}496}{7{,}960} = 114.4$$

중간 단의 값 V_{m+1}을 알기 위해서 식 (18.70)를 이용한다. 즉,

$$V_{m+1} H_{y,m+1} = L_m H_{x,m} + q_r - BH_B$$

$x_m = 0.4$에서 $Y_{m+1} = 0.55$(그림 18.29의 조작선으로 부터)이고, 또한

$$T_m = 95°\text{C} \qquad \text{T}_{m+1} = 97°\text{C}$$

$$H_{y,m+1} = 0.55[7{,}360 + 23(97 - 80)] + 0.45[8{,}174 + 33(17)] = 8{,}194 \text{ cal/mol}$$

$$H_{x,m} = (0.4 \times 33 + 0.6 \times 40)(95 - 80) = 558 \text{ cal/mol}$$

$$L_m = V_{m+1} + 50$$

식 (18.70)으로부터,

$$8{,}194\ V_{m+1} = 558\left(V_{m+1} + 50\right) + 910{,}496 - 1{,}236 \times 50$$

$$V_{m+1} = 114.8\ \mathrm{mol} \qquad L_m = 164.8\ \mathrm{mol}$$

이 경우에 정류부에서는 L이 7% 감소한 반면에, 회수부에서는 L과 V가 거의 변화가 없다는 점에 주목할 필요가 있다. 하부 조작선은 상부 조작선과 q선의 교차점까지 직선으로 그릴 수 있다.

단을 세어 보면 일정몰 일류의 가정 하에서는 20개 단인 데 비하여, 이 경우에는 약 27개의 이상단이 필요하다. 이 차이는 환류비가 커질수록 작아진다. 이 계산은 명목상의 $R_{\min}$값의 1.2배에서 한 것이나, 그림 18.29에서 볼 수 있는 바와 같이 진짜 최소환류비의 약 1.1배에 해당한다.

정류부에 대한 식 (18.68)에서 L_n과 V_{n+1}을 $V_{n+1} - D$와 $L_n + D$로 대치하면 다음과 같은 식들을 얻을 수 있다.

$$V_{n+1}\, y_{n+1} = \left(V_{n+1} - D\right) x_n + D x_D \tag{18.73}$$

또는

$$V_{n+1}\left(y_{n+1} - x_n\right) = D\left(x_D - x_n\right) \tag{18.74}$$

$$\left(L_n + D\right) y_{n+1} = L_n x_n + D x_D \tag{18.75}$$

또는

$$L_n\left(y_{n+1} - x_n\right) = D\left(x_D - y_{n+1}\right) \tag{18.76}$$

식 (18.76)을 식 (18.75)로 나누면,

$$\frac{L_n}{V_{n+1}} = \frac{x_D - y_{n+1}}{x_D - x_n} \tag{18.77}$$

가 된다. 그러므로, (L_n / V_{n+1})은 점 $(x_D,\ x_D)$와 (y_{n+1}, x_n)을 연결하는 현의 기울기(slope of the chord)이다. 회수부에 대해서도 유사한 유도과정을 거치면 다음 관계식을 얻는다.

$$\frac{L_m}{V_{m+1}} = \frac{y_{m+1} - x_B}{x_m - x_B} \tag{18.78}$$

18.5 체판형 탑의 설계(Design of sieve-plate column)

이상단을 실제단으로 해석하기 위해서는 단효율에 대한 보정을 이용해야 한다. 설계를 완성하기 전에 단 수를 정하는 것에 못지않게 중요한 그 밖의 중요 결정사항들이 있다. 여기에는 단의 형태, 단에 있는 구멍들의 크기와 모양, 하강 유로의 크기, 단의 간격, 물넘이 둑의 높이, 각 단에서의 허용 증기유량과 압력손실, 및 탑의 직경 등이 포함된다. 설계를 잘못하면 분별증류가 잘 안 되고,

설계치 이하의 용량, 조업 유연성의 결여가 생기며 극단적인 오류를 범하게 되면 조업 불능의 탑이 된다. 공장이 건설된 다음에 이런 오류를 정정하려면 많은 비용이 소요된다.

정류탑과 그 응용 범위 및 종류는 방대하다. 가장 큰 장치들은 대개 정유공업에서 사용되지만, 보다 광범위하고 복잡한 증류장치는 용제의 정류, 액화공기 처리 및 전반적인 화학공정에서 당면하게 된다. 탑 지름은 300mm에서 9m이상에 이르고, 단수는 몇 단에서 거의 일백 개의 단에 이른다. 또한 단 사이의 간격도 150mm 이하에서 1 또는 2m에 이르기까지 다양하나 설치 및 경제성을 고려하여 일반적으로 450~610mm를 사용한다. 1960대 이전에는 포종판(bubble-cap plate)이 가장 많이 사용되었지만, 오늘날 대부분의 탑에는 체판(sieve tray)이나 밸브판(valve tray)이 들어 있다. 또한 여러 가지 형태의 액체 분배방식이 고안되어 있다. 탑은 고압 또는 저압에서 운전될 수 있고, 액화기체의 온도로부터 나트륨(Na)와 칼륨(K) 증기의 정류에서는 900°C에까지 이르기도 한다. 증류되는 물질은 점도, 확산도, 부식 성질, 기포 성향, 조성의 복잡성 등 다양하다. 판형 탑은 정류와 마찬가지로 흡수에도 유용하며, 단 설계의 기본은 두 조작에 모두 적용될 수 있다.

증류탑의 설계, 특히 큰 장치나 특별한 경우의 설계에는 전문성이 요구된다. 이상단수나 필요한 열량 등은 이전의 설계 경험이 많지 않아도 아주 정확하게 계산할 수 있지만, 다른 설계인자들은 정밀하게 계산될 수 없고, 같은 문제에 대하여도 여러 개의 똑같이 믿을 만한 설계가 나올 수 있다.

체판의 정상운전(Normal operation of sieve plates)

체판(sieve plate) 은 올라가는 증기흐름이 내려가는 액체흐름과 잘 접촉하도록 설계되어 있다. 액체는 판을 가로질러 흘러서 물넘이둑을 지난 다음, 아래 단에 이르는 하강관으로 흐른다. 따라서 각 단에서 흐르는 모양은 향류이라기 보다는 십자흐름(crossflow)이다. 그러나 탑 전체로는 액체와 증기의 향류이라고 생각할 수 있다. 판 위에서 액체가 십자흐름인 경우 수력학적 거동을 해석하고 단효율(plate efficiency)을 예측하는 데 중요하다.

그림 18.30은 정상조업 상태의 체판형 탑 내의 한 단을 보여주고 있다. 하강관은 직선의 물넘이둑과 탑의 둥근 벽 사이에 있는 궁형부분(segment-shaped regions)이다. 각 하강관은 보통 탑 단면적의 10~15%를 차지하며, 탑 면적의 70~80%는 기포발생이나 접촉을 위한 면적이 된다. 작은 탑에서는 하강관은 단에 용접된 관이며, 이 관은 판 위로 뚫고 올라가 원형 물넘이둑이 된다. 아주 커다란 탑에서는 하강관이 추가로 단의 가운데에 설치되어 액체

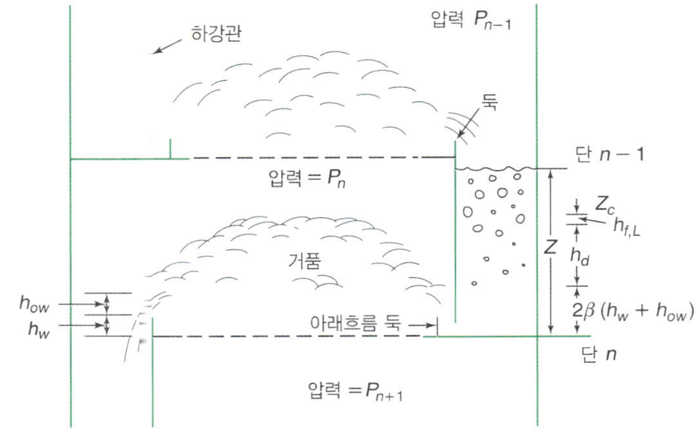

그림 18.30 체판의 정상조업

유동경로의 길이를 짧도록 한다. 어떤 경우에는 그림 18.30과 같이 액체분포를 고르게 하고 증기 기포가 하강관으로 들어가는 것을 방지하기 위하여 아래흐름(underflow) 물넘이둑, 즉 단 입구 물넘이둑을 설치한다.

증기는 하강관 사이의 대부분 공간을 점유하고 있는 다공판 지역을 통과한다. 구멍은 대개 5～12mm 크기이며, 삼각형 모양으로 배열되어 있다. 일류 물넘이둑(overflow weir)근처의 하나 또는 두 줄은 구멍을 뚫지 않아 액체가 둑을 지나기 전에 액체에서 기체가 빠져나갈 수 있도록 한다. 액체 입구 근처에도 구멍을 뚫지 않아 하강관으로부터의 증기의 기포가 멀리 떨어져 있도록 한다.

정상적인 조건하에서 증기속도를 충분히 크게 하여, 물질 전달 표면적이 큰 액체와 증기로 된 거품성 혼합물이 되도록 한다. 거품의 평균밀도는 액체 밀도의 0.2정도로 낮고, 거품의 높이는 단 위에 있는 실제 액체 높이의 몇 배에 해당한다.

증기압 강하

구멍과 단 위의 액체를 통해서 증기가 흐르기 위해서는 압력차이가 필요하다. 한 개의 단을 통하려면 압력강하는 보통 50～100mmH_2O이다. 따라서 40개 단의 탑 전체를 통해서는 압력강하가 2～4mH_2O이다. 필요한 압력은 탑과 응축기에서의 압력손실을 극복하기에 충분한 압력의 증기를 발생시키는 재비기에 의해 자동적으로 조성된다. 총괄 압력손실은 재비기에서의 압력과 온도를 결정하기 위해 계산되며, 각 단에서의 압력강하는 각 단이 액체가 구멍으로 떨어짐(weeping)이나 액체가 범람(flooding)이 없이 적절히 운전될 것인가를 확인하기 위해 점검되어야 한다.

한개의 단을 통한 압력강하는 구멍에서의 마찰손실과 단 위의 액체 체류에 의한 압력손실 등 두 부분으로 나누어진다. 압력강하는 보통 액체의 mm 또는 inch 단위의 상당두(equivalent head)로서 표시된다. 즉,

$$h_t = h_d + h_l \tag{18.79}$$

h_t = 단 한 개당 총 압력강하, 액체의 mm

h_d = 건조 단에 대한 마찰손실, 액체의 mm

h_l = 단 위에 체류하는 액체의 상당두, 액체의 mm

여기서 h_d는 식 (18.80)으로 구한다.

$$h_d = \left(\frac{u_0^2}{C_0^2}\right)\left(\frac{\rho_V}{2\,g\,\rho_L}\right) = 51.0\left(\frac{u_0^2}{C_0^2}\right)\left(\frac{\rho_V}{\rho_L}\right) \tag{18.80}$$

여기서, u_0 = 구멍을 통한 증기 속도, m/s

ρ_V = 증기 밀도, kg/m^3

ρ_L = 액체 밀도, kg/m^3

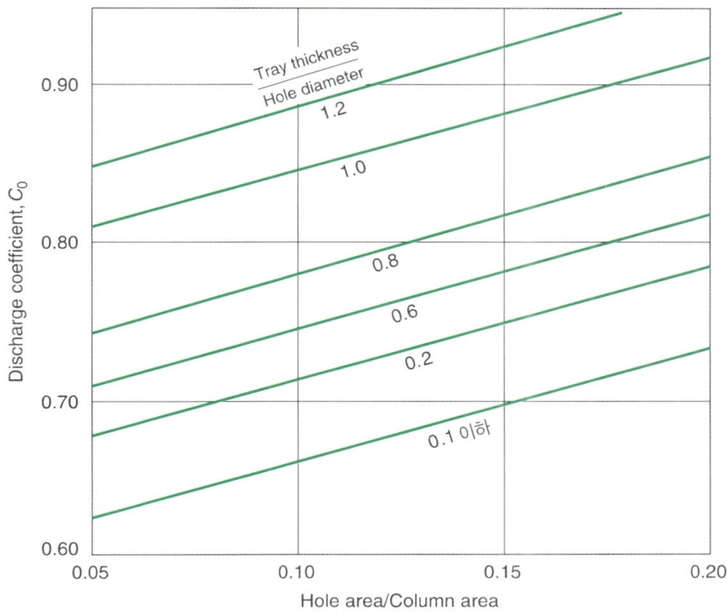

그림 18.31 체판에서 증기흐름에 대한 배출계수

C_0 = 오리피스 계수, (−)

식 (18.80)에서 h_d는 액체의mm단위이다. 계수는 다음 식으르부터 계산된다.

$$\frac{1{,}000 \text{ mm/m}}{2 \times 9.8 \text{ m/s}^2} = 51.0$$

u_0를 ft/s로, h_d를 in.로 표시하면 계수는 다음과 같이 된다.

$$\frac{12}{2 \times 32.2} = 0.186$$

그림 18.31에서 보는 바와 같이 오리피스 계수 C_0는 열린 면적(open area)의 비율(탑 단면적에 대한 구멍의 총 단면적 비)과 구멍 지름에 대한 단의 두께 비와 관계가 있다. 대부분의 체판에서 두께는 단지 구멍 크기의 0.1~0.3배이다. 이런 두께와 0.08~0.10의 열린 면적 비율 범위에서 C_0 값은 0.66~0.72이다.

h_l을 산출하는 간단한 방법은 둑 높이 h_w, 둑 위의 맑은 액체의 계산된 높이 h_{ow} 및 실험식 인자 β를 이용하는 것이다.

$$h_l = \beta(h_w + h_{ow}) \tag{18.81}$$

물넘이둑 위의 높이는 직선형 물넘이둑에 대한 Francis 식으로 계산된다. 즉,

$$h_{ow} = 43.4\left(\frac{q_L}{L_w}\right)^{2/3} \tag{18.82}$$

여기서, $h_{ow}=$ 높이, mm

$q_L=$ 맑은 액체의 유량, m^3/min

$L_w=$ 물넘이둑의 길이, m

q_L/L_w가 gallon/min/inch 단위이면, 식 (18.82)에서 계수가 0.48이고, h_{ow}는 inch 단위가 된다.

전형적인 물넘이둑 높이인 25~50mm와 정상적인 증기속도 범위에서 β 값은 0.4~0.7이다. 증기와 액체유량에 따른 β의 변화는 복잡하여, 일반적으로 통용될 수 있는 관계식이 없다. 설계 목적으로 식 (18.81)에서 $\beta=0.6$이 사용되며, 증기유량이 클 때 대부분의 압력 손실은 구멍에서 일어나기 때문에 약간의 오차가 허용된다.

하강관(Downcomer)의 액위

하강관의 액위는 단과 단 사이의 압력강하 때문에 단 위의 액위보다 상당히 커야 한다. 그림 18.30 참고해 보면, n단 하강관 위는 $n-1$단과 같은 압력에 있음을 알 수 있다. 그러므로 하강관에서의 맞먹음 액위는 h_t에다 액체의 마찰손실 $h_{f,L}$을 더한 것만큼 단 위의 액위보다 커야 한다. 액체의 총높이 Z_c는,

$$Z_c = \beta\left(h_w + h_{ow}\right) + h_t + h_{f,L} \tag{18.83}$$

이다. 식 (18.79)와 (18.81)을 이용하여 h_t를 대체하면,

$$Z_c = 2\beta\left(h_w + h_{ow}\right) + h_d + h_{f,L} \tag{18.84}$$

가 된다. Z_c의 구성은 그림 18.30에 표시되어 있다. h_w나 h_{ow}의 증가는 단 위의 액체를 증가시키고, 증기흐름에 대한 압력강하도 증가시키기 때문에 두 번 나타난다는 것을 알아야 한다. 보통 $h_{f,L}$항은 작아서 하강관 밑을 지나는 액체속도에 기준해서 1~2 속도두(velocity head)에 해당한다.

하강관의 통기 액체(aerated liquid)의 실제 높이 Z는 동반된 기포 때문에 Z_c 보다 크다. 액체의 평균 부피율이 ϕ_d라고 하면 액위는,

$$Z = \frac{Z_c}{\phi_d} \tag{18.85}$$

이다. 통기 액체의 높이가 단 사이의 간격만큼 크거나 그보다 더 커지게 되면, 물넘이둑을 넘어 다음 단으로 가는 흐름이 방해를 받게 되어 탑이 범람하게 된다. 적절한 설계치로 $\phi_d=0.5$를 가정하며, Z가 단위 간격보다 작도록 단 간격과 조업조건들을 선택한다.

체판의 조업 한계(Operating limits for sieve trays)

증기의 속도가 낮으면 구멍의 일부를 통해서 액체가 흘러 내려가는 것을 방지할 만큼 압력차이가 크지 못하다. 이런 조건을 **방울흐름**(weeping)이라고 부르며, 이런 현상은 단을 가로질러서 액체 높이

압(liquid head)에 약간의 기울기가 있을 경우에 더욱 생기기 쉽다. 이런 기울기가 있으면 증기는 액체가 적은 지역, 즉 흐름의 저항이 적은 지역을 통해 흐르려는 경향이 생기며 액체는 깊이가 가장 큰 부분을 통해 흐르게 된다. 방울흐름은 일부 액체가 증기와 접촉하지 않고 다음 단으로 가는 것이기 때문에 단효율을 떨어뜨린다. 조업의 하한은 더 작은 구멍 또는 열린 면적(open area)의 더 낮은 비율을 사용함으로써 연장할 수 있으며, 이렇게 하면, 압력손실을 증가시키고 최대유량을 감소시킨다. 체판은 보통 방울흐름과 범람점 사이에서 3~4배의 유량 범위에 걸쳐 운전된다. 이보다 더 큰 범위를 원하는 경우에는 밸브형 단(valve tray)과 같은 다른 형의 단들을 사용할 수 있다.

체판형 탑에서 증기속도의 상한은 일반적으로 비말동반(entrainment)이 과도하게 되는 속도에 의해 정해진다. 이러한 경우에는 증기의 유량이 조금만 증가해도 단의 효율이 크게 떨어지게 된다. 이 한계를 범람점이라고 하며 또는 때에 따라서는 허용 증기속도가 다른 인자에 의해 제한되기 때문에 보다 적절하게는 **비말동반 범람점**(entrainment flooding point)이라고 한다. 판에서의 압력강하가 너무 크고 하강관의 액체가 윗 판으로 역류할 때에는 판으로부터의 흐름이 억제된다. 이로 인해 액위가 증가하고 압력강하가 더욱 증가한다. 이 현상을 **하강관 범람**(downcomer flooding)이라고 하는데 이러한 현상은 비말동반이 과잉이 되기 전에 일어날 수 있다. 표면장력이 작은 액체의 경우에는 거품의 높이가 단의 간격과 같게 되어 다량의 액체가 윗 단으로 넘어가게 되는 속도가 한계일 수 있다.

그림 18.32는 체판에 대한 실험관계식이며 여닫게 단(valve tray)과 포종 단(bubble-cap tray)에도 응용되는 것으로 알려져 있다. $L/V(\rho_L/\rho_v)^{0.5}$의 주어진 값과 선택된 단 간격에 대하여 이 관계식으로 최대허용증기속도의 계산에 사용되는 K_v 값을 알 수 있다.

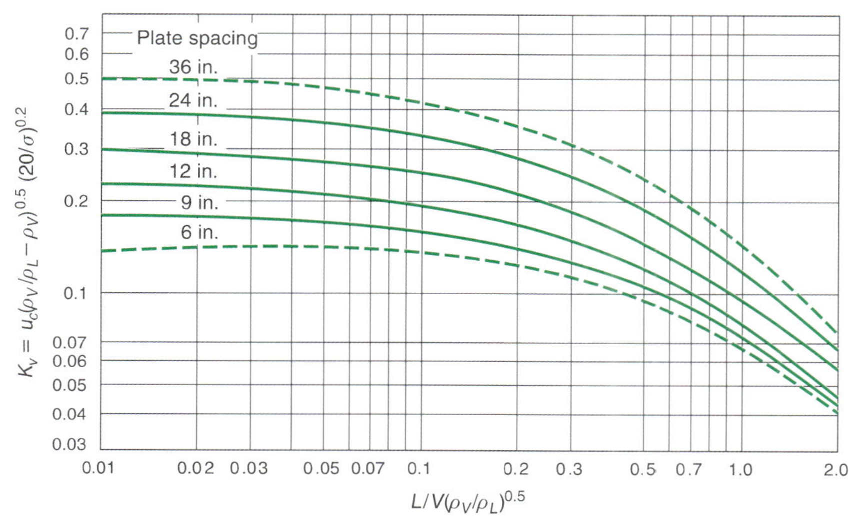

그림 18.32 체판에 대한 범람조건에서의 K_v 값: L/V = 증기 대 액체의 질량유량 비. u는 ft/s이며 σ는 dyn/cm이다.

$$u_c = K_v \sqrt{\frac{\rho_L - \rho_V}{\rho_V}} \left(\frac{\sigma}{20}\right)^{0.2} \tag{18.86}$$

u_c = 기포면적에 근거한 최대증기속도, m/s

s = 액체의 표면장력, dyn/cm

예제 18.12

대기압으로 운전되는 체판형 탑으로 40mol%의 메탄올을 함유하는 수용액 원료로부터 거의 순수한 메탄올을 생산하려고 한다. 증류 제품의 유량은 5,800kg/h이다. (a) 환류비가 3.5이고 단의 간격이 18in인 경우, 허용될 수 있는 증기속도와 탑의 지름을 계산하라. (b) 체판이 1/8in 두께이고, 지름이 1/4in인 구멍에 3/4in 간격의 삼각형 배열로 뚫려 있으며, 물넘이둑의 높이가 2in라고 할 때 단 한 개당 압력강하를 계산하라. (c) 하강관에서 거품 높이(froth height)는 얼마인가?

풀이

탑의 바닥에서 보다 증기밀도가 커서 범람이 일어나기 쉬운 탑 위에서의 u_c를 계산하라.

메탄올의 물성 : 분자량이 32이고 정상 비점이 65°C이며 증기의 밀도는,

$$\rho_V = \frac{32 \times 273}{22.4 \times 338} = 1.15 \text{ kg/m}^3$$

Perry가 편집한 화학공학자 편람(Chemical Engineers' Handbook) 6판 3-188쪽을 보면 액체 메탄올의 밀도는 0°C에서 810 kg/m^{3}이고 20°C에서 792 kg/m^{3}이다.

65°C에서 계산된 밀도, ρ_L은 750 kg/m^{3}이다.

Lange가 편집한 화학편람(Handbook of Chemistry) 9판(1956) 1,650쪽에는 20°C와 100°C에서 메탄올의 표면장력 값이 있다. 내삽해서 65°C에서의 값을 구해보면 $\sigma = 19$ dyn/cm 이다.

(a) 증기속도와 탑의 지름. 그림 18.32의 횡축은,

$$\frac{L}{V}\left(\frac{\rho_V}{\rho_L}\right)^{1/2} = \frac{3.5}{4.5}\left(\frac{1.15}{750}\right)^{1/2} = 3.04 \times 10^{-2}$$

18in 단 간격의 경우,

$$K_v = 0.29 = u_c\left(\frac{\rho_V}{\rho_V - \rho_L}\right)^{1/2}\left(\frac{20}{\sigma}\right)^{0.2}$$

허용 증기속도는 식 (18.86) :

$$u_c = 0.29\left(\frac{750 - 1.15}{1.15}\right)^{1/2}\left(\frac{19}{20}\right)^{0.2} = 7.32 \text{ ft/s or } 2.23\ m/s$$

증기 유량 :

$$V = D(R+1) = 4.5\,D = \frac{5{,}800 \times 4.5}{3{,}600 \times 1.15} = 6.30 \text{ m}^3/\text{s}$$

탑의 단면적 :

$$\text{기포 발생면적} = \frac{6.30}{2.23} = 2.83 \text{ m}^2$$

기포 발생면적이 전체 탑면적의 0.7이라면,

$$탑면적 = \frac{2.83}{0.7} = 4.04 \text{ m}^2$$

탑의 지름 :

$$D_c = \left(\frac{4 \times 4.04}{\pi}\right)^{1/2} = 2.27 \text{ m}$$

(b) 압력강하. 3/4in 핏취 삼각형 배열상의 세 구멍으로 이루어진 한 개의 단위가 차지하는 판 면적은 $\frac{1}{2} \times \frac{3}{4}\left(\frac{3}{4} \times \sqrt{3}/2\right) = 9\sqrt{3}/64 \text{ in}^2$이다. 이 중에서 구멍이 차지하는 면적은 반 개의 구멍면적에 해당하므로 $\frac{1}{2} \times \frac{\pi}{4} \times \left(\frac{1}{4}\right)^2 = \pi/128 \text{ in}^2$이다. 따라서 구멍면적은 $\pi/128 \times 64/9\sqrt{3} = 0.1008$ 즉 기포 발생 면적의 10.08%이다.

구멍을 통한 증기속도 :

$$u_0 = 2.23/0.1008 = 22.1 \text{ m/s}$$

구멍을 통한 압력손실 계산에 식 (18.80)을 이용한다. 그림 18.31에서 $C_0 = 0.73$이다. 따라서,

$$h_d = \frac{51.0 \times 22.1^2 \times 1.15}{0.73^2 \times 750} = 71.7 \text{ mm} \quad 메탄올$$

판 위의 액 높이압(액두 ; head of liquid):

$$물넘이둑 높이 : h_w = 2 \times 25.4 = 50.8 \text{ mm}$$

물넘이둑 위의 액체높이: 탑 양쪽의 하강관이 차지하는 면적은 탑 면적의 15%라고 가정하라.

Perry의 6판 편람 1-26쪽을 보면 궁형 하강관에 대한 현의 길이는 탑 반경의 1.62배이다. 따라서,

$$L_w = 1.62 \times 2.27/2 = 1.84 \text{ m}$$

액체유량 :

$$q_L = \frac{5{,}800 \times 3.5}{750 \times 60} = 0.45\text{m}^3/\text{min}$$

식 (18.82)에서,

$$h_{ow} = 43.4\left(\frac{0.45}{1.84}\right)^{2/3} = 17.0 \text{ mm}$$

식 (18.81)에서 $\beta = 0.6$이면,

$$h_l = 0.6(50.8 + 17.0) = 40.7 \text{ mm}$$

액체의 총 높이압[식 (18.79)로부터] :

$$h_t = 71.7 + 40.7 = 112.4 \text{ mm}$$

(c) 하강관의 거품높이. 식 (18.84)를 이용하고 $h_{f,L} = 10$ mm 메탄올이라고 가정하면,

$$Z_c = 2 \times 40.7 + 71.7 + 10 = 163.1 \text{ mm}$$

식 (18.85)로부터,

$$Z = \frac{163.1}{0.5} = 326 \text{ mm (12.8 in)}$$

Z는 단의 간격보다는 작기 때문에 하강관범람은 일어나지 않는다.

보수적인 설계로 증기속도가 u_c보다 20% 작도록 직경이 2.5m인 탑이 이용되었다.

밸브-판 탑(Valve-tray columns)

밸브-판 탑(그림 18.33)에서 단의 열린구멍은 아주 넓어서 전형적인 지름이 38mm에 이른다. 열린구멍은 증기의 유속이 변함에 따라 오르내리는 뚜껑 또는 "밸브"로 덮여 있어서 증기 흐름에 따라 면적이 변한다. 보통의 체판형 탑과 마찬가지로 하강관과 액체의 십자흐름이 사용된다. 밸브 단은 재래식 단보다 비싸지만 부하조정비(탑이 만족스럽게 조업되는 조건에서 최소허용속도에 대한최대 증기 허용속도의 비)가 10 이상이 되는 장점이 있어 탑의 운전 범위가 크다. 최근에 개발된 밸브 단은 기포발생 면적을 증가시키고 단을 통하는 증기 흐름의 분포를 향상시켰다.

18.6 단효율(Plate efficiency)

18.6.1 단효율의 유형(Types of plate efficiency)

이상단을 실제단으로 전환하기 위해서는 단효율을 알아야 한다. 단효율은 기체흡수탑과 증류탑에 적용된다.

단효율에는 세 종류가 있다.

(1) 탑 전체에 관련되는 총괄 효율

(2) 단 한 개에 관계되는 Murphree 효율

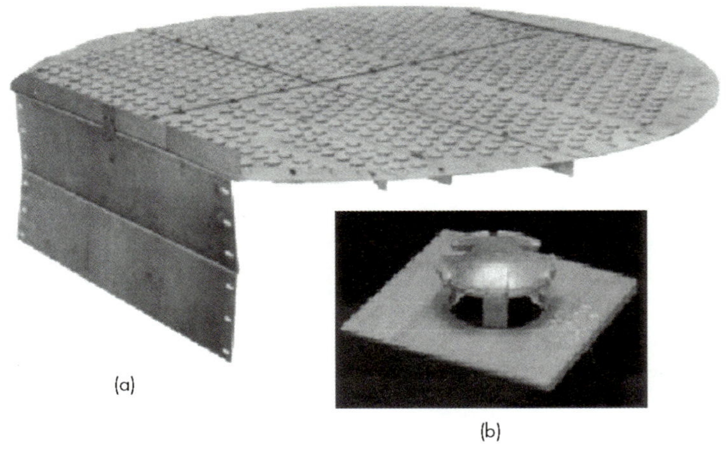

그림 18.33 (a) 여닫게 단(Koch-Glitsch). (b) 단일 여닫게 (열린 상태)

(3) 한 단의 특정 지역에 관계되는 국부 효율 등이다.

총괄 효율(overall efficiency, η_0)은 탑 전체에 필요한 이상단수와 실제단수의 비로 정의된다. 예를 들어 6개의 이상단이 요구되고 총괄효율이 60%라면 실제단 수는 $6/0.6=10$이다.

Murphree **효율**(murphree efficiency, η_M) 은 한 단과 다음 단 사이의 증기조성 변화를 그 단을 나가는 증기가 그 단을 **나가는 액체**와 평형을 이룬다고 했을 때 생기는 증기조성의 변화로 나눈 것으로 다음과 같이 정의된다.

$$\eta_M = \frac{y_n - y_{n+1}}{y_n^* - y_{n+1}} \tag{18.87}$$

y_n = n단을 나가는 증기의 실제 농도

y_{n+1} = n단에 들어가는 증기의 실제 농도

y_n^* = n단의 하강관을 나가는 액체와 평형을 이루는 증기의 농도

Murphree 효율은 관행상으로 증기조성을 이용하는 것으로 정의되어 있지만 믿을 만한 시료채취에 어려움이 있기 때문에 측정된 효율은 결국 증기조성의 분석에 좌우된다. 그 대신에, 시료로 단 위의 액체를 취해서 McCabe-Thiele 선도로부터 증기조성을 구할 수도 있다. 단 효율은 액체농도를 사용해서 정의될 수도 있으나, 이런 방법은 이따금 탈착(desorption)나 회수(stripping) 계산에 대해서만 사용된다.

국부효율(local efficiency) η'은 다음 식으로 정의된다.

$$\eta' = \frac{y'_n - y'_{n+1}}{y'_{en} - y'_{n+1}} \tag{18.88}$$

y'_n = n단의 특정 지역을 나가는 증기의 조성

y'_{n+1} = n단의 같은 지역으로 들어가는 증기의 조성

y'_{en} = 같은 지역에서 액체와 평형을 이루는 증기의 조성

y'_n은 y'_{en}보다 클 수 없으므로, 국부효율은 1.00, 즉 100%보다 클 수 없다.

단효율에 영향을 미치는 인자(Factors influencing plate efficiency)

단효율에 영향을 미치는 인자인 공급원료의 점도 μ_L와 상대휘발도의 관계식을 다음과 같다.

$$\eta_o = 0.492(\mu_L\alpha)^{-0.245} \tag{18.89}$$

여기서 μ_L = 액체의 점도, cP.

과다한 거품이나 비말동반 현상, 빈약한 증기분포, 단축순환(short-circuiting), 방울흐름 현상, 액체의 요동(dumping) 등 탑의 비정상 조작이 단효율을 저하시킨다.

18.7 충전탑에서의 증류(Distillation in packed columns)

분리가 비교적 쉽고 필요한 탑의 지름이 그다지 크지 않을 때 충전탑은 증류에 자주 사용된다. 충전탑은 일반적으로 판형탑보다 덜 비싸며 압력손실도 적다.

탑의 높이는 보통은 이론단의 수와 한 개 **이론단의 상당높이**(height equivalent to a theoretical plate, HETP)를 기준으로 해서 구한다. 대부분의 경우에 상부 조작선은 평형선 보다 약간 더 가파르며 하부 조작선의 경우에는 그 역이 되어 평균 HETP가 거의 H_{Oy}와 같게 한다. 1.5 또는 2inch 크기의 보통 충전물들은 체판과 거의 같은 용량(허용 증기속도)을 갖으며 충전물의 HETP는 일반적으로 0.3~0.6m의 범위에 있다. 이보다 작은 충전물들은 더 작은 HETP 값을 가져 때로는 305mm 보다 작지만 그들은 또한 더 작은 용량을 가지며 큰 탑에서는 사용되지 않는다. 한 개의 이론단의 상당높이의 압력손실은 체판이나 포종판보다 작아서 감압 운전시 중요한 이점을 갖는다.

충전 증류탑은 중간 범위의 유량에서 거의 일정한 분리 효율로 운전될 수 있다. 그림 18.34는 완전환류시 이소옥탄-톨루엔에 대한 데이터를 보여준다. 용량인자가 증가할수록 액체 유량과 증기 유량 모두 증가하여 왜 HETP가 거의 일정한가를 설명해준다. 기체경막이 물질전달에 대한 조절저항이며 H_{Oy}는 G_y의 0.3~0.4 승에 비례하여 증가하지만, G_x의 증가에 따라 H_{Oy}가 감소하여 상쇄

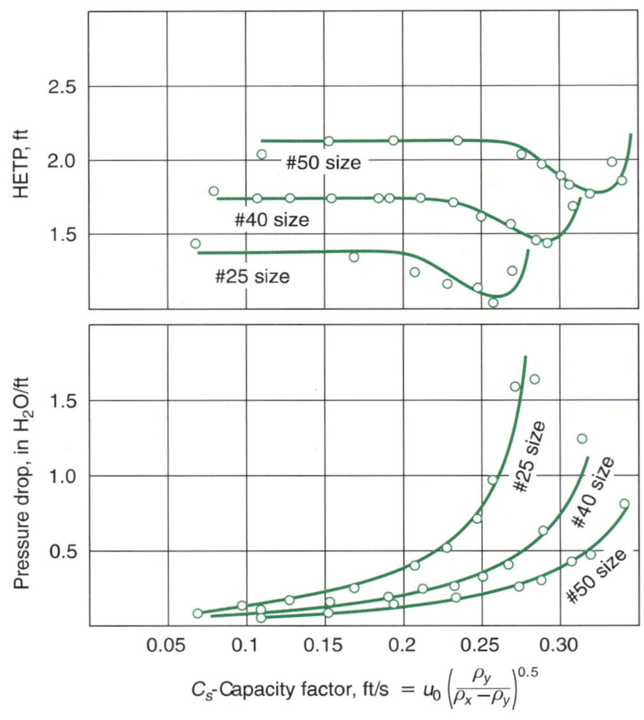

그림 18.34 Intalox 금속탑 충전물에서 이소옥탄-톨루엔 증류시 HETP와 압력손실

된다. 2~2.5배 범위의 흐름에서 HTU나 HETP는 거의 일정하다. 부하영역에서는 액체 체류량과 젖은 면적이 보다 빨리 증가하여 HETP가 감소하지만 범람에 가까워짐에 따라 HETP가 급격히 증가한다. 이러한 고 용량 충전물에서 HETP의 증가는 액체의 비말동반에 기인하는 것으로 믿어진다. 이런 충전물들에 대한 추천 설계속도는 HETP가 빨리 증가하기 시작하는 속도보다 20% 작다.

금속 규칙 충전물들은 불규칙 충전물보다 분리능이 약간 더 좋으며 HETP는 3~4배의 유량 범위에서 거의 일정하다. 메쉬망 충전물은 효율이 좀 더 좋아서 4배의 속도 범위에서 HETP 값이 0.1~0.2m이다. 메쉬망은 낮은 유량에서도 완전히 젖으며 HETP는 젖은 도랑에서의 물질전달에 대한 기본식으로부터 어림할 수 있다. 다른 규칙 충전물이나 불규칙 충전물에 대하여서는 젖은 면적을 어림하기가 어렵기 때문에 이에 해당하는 이론이 없다. 표면장력이 낮으면 젖은 면적이 증가하는 경향이 있지만 너무 낮으면 거품이 생겨서 증가한다.

18.8 다성분계 증류(Multicomponent distillation)

18.8.1 다성분 증류의 상평형(phases equilibrium in multicomponent distillation)

혼합물에 대한 기-액 평형은 **분포계수**(distribution coefficient), 즉 K 인자로 설명된다. 각 성분의 K는 평형상태에서 기상과 액상의 몰분율 비를 뜻한다. 즉,

$$K_i \equiv \frac{y_{ie}}{x_{ie}} \tag{18.90}$$

Raoult의 법칙과 Dalton의 법칙을 적용할 수 있으며, K_i 값들은 증기압과 계의 전압으로부터 계산될 수 있다. 즉,

$$p_i = x_i P_i^{\circ} \tag{18.91}$$

$$y_i = \frac{p_i}{P} \tag{18.92}$$

$$K_i = \frac{x_i P_i'}{P x_i} = \frac{P_i^{\circ}}{P} \tag{18.93}$$

Raoult의 법칙은 저비점 화합물로 구성된 혼합물들에 대해서는 잘 맞지만 고압에서 K 인자는 압축성 효과 때문에 정확히 전압에 반비례하지는 않는다.

K 인자는 증기압 변화 때문에 온도 의존성이 강하지만, 두 성분에 대한 K의 상대적 값은 온도에 따라 조금만 다를 뿐이다. K 인자의 비는 그 성분들의 상대휘발도와 똑같다. 즉,

$$\alpha_{ij} = \frac{y_i / x_i}{y_j / x_j} = \frac{K_i}{K_j} \tag{18.94}$$

Raoult의 법칙을 적용하면,

$$\alpha_{ij} = \frac{P_i^\circ}{P_j^\circ} \tag{18.95}$$

이 된다. 탑상제품, 즉 증류물 제품 속에 있는 핵심성분(key component)의 상대휘발도와 탑저제품 속에 있는 핵심성분의 상대휘발도의 평균값은 다성분계 증류의 최소 단 수를 산출하는 데 이용된다.

비점과 이슬점 계산(Bubble-point and dew-point calculation)

플래쉬증류 계산과 다성분 증류의 각 단에 대해서는 비점(bubble point, 액체 혼합물의 초기 비점)이나 이슬점(dew point, 초기 응축온도)의 계산을 필요로 한다. 비점에 대한 기본식은 아래와 같다.

$$\sum_{i=1}^{N_c} y_i = \sum_{i=1}^{N_c} K_i x_i = 1.0 \tag{18.96}$$

그리고 이슬점에 대한 식은,

$$\sum_{i=1}^{N_c} x_i = \sum_{i=1}^{N_c} \frac{y_i}{K_i} = 1.0 \tag{18.97}$$

과 같다. 여기서, N_c는 성분의 수이다.

식 (18.96)을 이용하려면 온도를 가정하고 이미 발표되어 있는 표나 증기압 데이터 및 전압으로부터 K_i 값들을 얻어야 한다. $K_i x_i$의 합이 1.0을 넘으면, 온도를 더 낮게 잡아서 식 (18.96)이 만족될 때까지 계산을 반복한다. 비점 온도가 정확히($\sum K_i x_i = 1.00$) 구해지면, 이 액체와 평형을 이루는 증기의 조성은 $K_i x_i$ 항들에 의해 직접 얻을 수 있다. 그렇지만 합계가 1.0에 접근할 경우, 증기조성은 합계에 대한 각 항의 상대적 기여분에 의해 거의 오차 없이 구할 수 있다. 즉,

$$y_i = \frac{K_i x_i}{\sum_{i=1}^{N_c} K_i x_i} \tag{18.98}$$

증기혼합물의 이슬점과 이 혼합물과 평형을 이루는 액체의 조성을 구하는 데에도 유사한 과정이 이용된다.

예제 18.13

전압이 1.2atm일 때 33mol%의 n-헥산, 37mol%의 n-헵탄 및 30mol%의 n-옥탄으로 구성된 혼합물의 비점 온도와 노점 온도 및 대응하는 증기와 액체의 조성들을 구하라. n-파라핀들의 증기압과 K-인자들은 같은 계열의 인접 구성성분 간에 약 2.2배만큼 차이가 있음을 유의하라.

풀이

3성분의 증기압을 T 대 log P(그림 18.35) 또는 $1/T_{abs}$ 대 log P로 도시한다. T_{abs}는 절대온도 K이다.

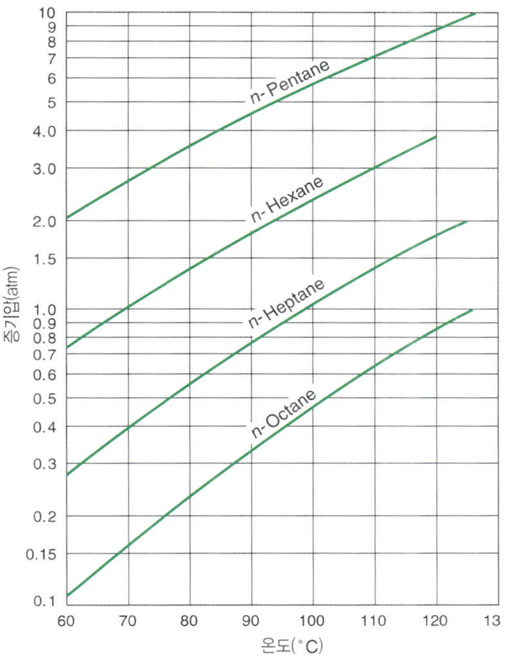

그림 18.35 예제 18.13에 대한 선도

n-파라핀들의 증기압과 K-인자는 같은 계열의 인접한 화합물에 대하여 약 2.2배 만큼 다르다는 것을 알아야 한다.

비점 : 중간성분인 헵탄의 증기압이 1.2atm이 되는 온도 $T = 105°C$를 택한다.

Component	P_i' 105°C, atm	$K_i = P_i'/1.2$	x_i	$y_i = K_i x_i$
1. Hexane	2.68	2.23	0.33	0.7359
2. Heptane	1.21	1.01	0.37	0.3737
3. Octane	0.554	0.462	0.30	0.1386
				Σ = 1.248

$\sum y_i$가 너무 크므로, 보다 낮은 온도로 바꾸어 본다. 첫 항이 큰 몫을 차지하므로, K_i가 1/1.24만큼 작아질 수 있는 온도를 택한다. $P_i' = 2.16$ atm 인 $T =$ 96°C를 택하면,

Component	P_i' at 96°C	K_i	x_i	$K_i x_i$	y_i
1	2.16	1.8	0.33	0.5940	0.604
2	0.93	0.775	0.37	0.2868	0.292
3	0.41	0.342	0.30	0.1025	0.104
				Σ = 0.9833	1.000

$\sum K_i x_i = 0.9833$이므로 $y_i = K_i x_i / 0.9833$이다.

내삽법을 사용하면 비점은 97°C로서 96°C와 아주 근사하므로, 증기조성은 식 (18.98)을 이용해서

계산할 수 있다.

액체와 평형을 이루는 증기는 n-헥산 60.4mol%, n-헵탄 29.2mol% 및 n-옥탄 10.4mol%이다.

이슬점 : 이슬점은 비점보다 높으므로, 첫 추정치를 105°C로 한다.

Component	K_i	y_i	y_i/K_i
1	2.23	0.33	0.1480
2	1.01	0.37	0.366
3	0.458	0.30	0.655
			$\Sigma =$ 1.169

합계가 너무 크므로, 더 높은 온도를 택한다. K_3가 17% 커지는 $T = 110$°C를 택해 본다.

Component	P_i'	K_i	y_i	y_i/K_i	x_i
1	3.0	2.5	0.33	0.132	0.130
2	1.38	1.15	0.37	0.3217	0.317
3	0.64	0.533	0.30	0.5625	0.553
				$\Sigma =$ 1.0162	1.000

외삽법으로 계산하면 이슬점은 110.5°C이고, 증기와 평형을 이루는 액체의 조성은 y_i/K_i 값을 1.0162로 나누어 얻을 수 있다.

18.8.2 다성분 혼합물의 플래쉬 증류(flash distillation of multicomponent mixtures)

플래쉬 증류에서 각 성분에 대하여 다음과 같은 형으로 식 (18.22)을 고쳐 쓸 수 있다.

$$y_{Di} = \frac{x_{Fi}}{f} - \frac{1-f}{f} x_{Bi} \tag{18.99}$$

증류물과 탑저 흐름은 평형에 있으므로 이 식을 다음과 같이 바꾸어 쓸 수 있다.

$$\frac{y_{Di}}{x_{Bi}} = K_i = \frac{1}{f}\left(\frac{x_{Fi}}{x_{Bi}} + f - 1\right) \tag{18.100}$$

식 (18.100)을 x_{Bi} 에 대해 풀어서 N_c개 성분들에 대한 값을 합하면,

$$\sum_{i=1}^{N_c} x_{Bi} = 1 = \sum_{i=1}^{N_c} \frac{x_{Fi}}{f(K_i - 1) + 1} \tag{18.101}$$

로 주어진다. 이 식은 식 (18.97)을 이용한 이슬점 계산과 꼭 같은 방법으로 반복계산에 의해 풀 수 있으며, T와 K_i의 최종 값을 이용해서 제품흐름의 조성을 계산할 수 있다.

예제 18.14

예제 18.13의 혼합물이 1.2atm에서 플래쉬 증류되어 공급원료의 60%가 기화된다. (a) 플래쉬되는 온도와 액체 및 증기의 조성을 구하라. (b) 플래쉬에 의해 60%가 기화되려면 공급원료 액체를 몇 도까지 가열해야 하는가?

풀이

(a) 플래쉬 온도는 비점(97°C)과 이슬점(110.5°C) 사이에 있어야 한다.

97 + 0.6(110.5 −97)은 약 105가 되므로, $T=105°C$로 가정한다.

그림 18.35를 이용하면 $K_1=2.68/1.2=2.23$, $K_2=1.21/1.2=1.01$ 그리고 $K_3=0.554/1.2=0.462$이다.

f 값은 0.6이므로, 식 (18.101)의 우변은 다음과 같이 된다.

$$\frac{0.33}{0.6(2.23-1)+1}+\frac{0.37}{0.6(1.01-1)+1}+\frac{0.30}{0.6(0.462-1)+1}$$

$$=0.190+0.368+0.443=1.001$$

플래쉬 온도는 105°C이다. 액체제품의 조성은 n-헥산이 19.0mol%, n-헵탄이 36.8mol% 그리고 n-옥탄이 44.2mol%이다.

증기제품의 조성은 K와 x 값들로부터 계산된다.

n-hexane, $y=0.190(2.23)$	= 0 424
n-heptane, $y=0.368(1.01)$	= 0 372
n-octane, $y=0.442(0.462)$	= 0 204
	1.000

(b) 플래쉬되기 전의 공급원료 온도를 구하기 위하여 105°C를 기준온도로 하여 엔탈피수지를 취한다. 105°C에서의 기화열과 105°C에서 200°C사이에서 액체의 평균 열용량은 문헌에서 구할 수 있다.

	C_p, cal/mol·°C	ΔH_v, cal/mol
n-hexane	62	6,370
n-heptane	70	7,510
n-octane	78	8,560

105°C의 액체를 기준으로 하면 제품들의 엔탈피는 다음과 같다.

$$H_{\text{vapor}}=0.6(0.424\times 6{,}370+0.372\times 7{,}510+0.204\times 8{,}560)$$

$$H_{\text{vapor}}=4{,}345\text{ cal} \qquad \text{H}_{\text{liquid}}=0$$

공급원료에 대하여,

$$\overline{C}_p=0.33\times 62+0.37\times 70+0.30\times 78=69.8\text{ cal/mol}\cdot°\text{C}$$

$$69.8(T_0-105)=4{,}345$$

$$T_0=167°\text{C}=\text{예열온도}$$

보다 정확한 답을 얻기 위해서는 액체 열용량이 105°C에서 170°C범위에서 재 산출되어야 한다.

연습 문제

18.1 톨루엔 25mol%, 에틸벤젠 40mol% 및 물 35mol%가 함유된 액체를 전압 0.5atm 하에서 연속 플래쉬 증류하려고 한다. 이 물질들에 대한 증기압 데이터는 표 18.4에 수록되어 있다. 벤젠과 톨루엔 혼합물은 Raoult의 법칙에 따르고, 탄화수소들은 물에 완전 불용성이라고 가정하여, 다음 조건하에서 액상과 기상의 온도와 조성을 계산하라.

표 18.7 에틸벤젠, 톨루엔 및 물의 증기압

	Vapor pressure, mm Hg		
Temperature, °C	Ethylbenzene	Toluene	Water
50	35.2		92.5
60	55.5	139.5	149.4
70	84.8	202.4	233.7
80	125.8	289.4	355.1
90	181.9	404.6	525.8
100	257.0	557.2	760.0
110	353.3		
110.6		760.0	
120	481.8		

(a) 비점에서, (b) 이슬점에서, (c) 50% 점(원료의 절반은 증기로 나가고, 나머지 절반은 액체로 나가는 점)에서

답 : (a) T = 71.3°C, x_A = 0.4, x_B = 0.25, x_W = 0.35, y_A = 0.142, y_B = 0.214, y_W = 0.644
(b) T = 91°C, x_A = 0.768, x_B = 0.232,
(c) T = 71.8°C, x_A = 0.643, x_B = 0.315, x_W = 0.042, y_A = 0.157, y_B = 0.185, y_W = 0.658

18.2 75mol%의 메탄올과 25mol%의 물이 들어 있는 혼합물을 증류하고자 한다. 탑상제품에는 99.99mol%의 메탄올이 함유되고, 탑저제품에는 0.002mol%의 메탄올이 포함된다. 공급원료가 차가워서 원료 1mol에 대하여 0.2mol의 증기가 공급단에서 응축된다. 탑 정상에서 환류비는 1.4이며 환류는 비점에 있다. 다음을 계산하라.
(a) 최소단수, (b) 최소환류비, (c) 평균 Murphree 단효율을 72%라고 가정하고 완전응축기와 재비기를 사용할 때의 단 수, (d) 재비기와 부분응축기를 사용하는 경우의 단 수, 단, 이 응축기를 나오는 환류액체는 이 응축기를 나와 최종응축기로 가는 증기와 평형을 이룬다. 평형 데이터는 표 21.5에 수록되어 있다.

답 : (a) ① x > 0.90 : N_1 = 7.75단 ② x = 0.005~0.9 : N_2 = 4.1단
③ x = 0.0002~0.005 : N_3 = 2.84, ④ N = N_1 + N_2 + N_3 = 13.69 (재비기포함)
(b) R_{Dm} = 0.746
(c) ① N_1 = 23.7단, ② N_2 = 9.2(실제단), ③ N_3 = 2.71단, ④ N = 34.61단
(d) N = 33.22단

18.3 벤젠과 톨루엔으로 된 등몰 혼합물을 1atm하에서 100kmol/h의 속도로 기포판 탑에서 분리하려고 한다. 탑위 제품은 적어도 98 몰%의 벤젠이 들어 있어야 한다. 공급원료는 포화액체이다. 24개의 단이 있는 탑을 사용할 수 있다. 원료는 위로부터 11번째 또는 17번째 단에 공급할 수 있다. 재비기의 최대 기화용량은 120kmol/h이다. 단의 효율은 약 50%이다. 이 탑에서 시간당 몇 mol의 탑상제품을 얻을 수 있겠는가?

답 : R_{Dm} = 1.29, D = 43.8mol/h

표 18.8 메탄올-물 계에 대한 평형 데이터

x	0.1	0.2	0.3	0.4	0.5	0.6	0.7	0.8	0.9	1.0
y	0.417	0.579	0.669	0.729	0.780	0.825	0.871	0.915	0.959	1.0

표 18.9 아세톤-메탄올 계

	Mole fraction acetone			**Mole fraction acetone**	
Temperature, °C	**Liquid**	**Vapor**	**Temperature, °C**	**Liquid**	**Vapor**
64.5	0.00	0.000	56.7	0.50	0.586
63.6	0.05	0.102	56.0	0.60	0.656
62.5	0.10	0.186	55.3	0.70	0.725
60.2	0.20	0.322	55.05†	0.80	0.80
58.65	0.30	0.428	56.1	1.00	1.00
57.55	0.40	0.513			

† 공비물

18.4 3개의 이상단에 해당하는 정류탑에 연속적으로 0.4mol% 암모니아와 99.6mol% 물로 된 원료를 공급한다. 탑에 들어가기 전에 원료는 완전히 포화증기로 전환되며, 탑 위로부터 둘째 단과 셋째 단 사이에 들어간다. 맨 윗단으로부터의 증기는 전부 응축되지만, 냉각되지는 않는다. 공급원료 1 몰당 1.3mol의 응축물이 맨 윗단으로 환류되며, 나머지 응축물은 탑상제품으로 뽑아낸다. 탑 바닥에서 나오는 액체는 재비기로 들어가서 수증기 코일로 가열된다. 재비기에서 발생된 증기는 바닥 단 아래로 들어가고, 탑저제품은 재비기속에서 연속해서 뽑아낸다. 재비기에서의 기화율은 공급원료 1mol 당 0.6mol이다. 이 문제에 관련된 농도범위에서 평형관계는 다음 식으로 주어진다.

$$y = 12.6\,x$$

다음 항에 대한 암모니아의 몰분율을 계산하라.
(a) 재비기에서 나오는 탑저제품, (b) 탑상제품, (c) 공급단을 나가는 액체.

답 : (a) x_B = 0.0000286, (b) x_D = 0.01135, (c) X_3 = 0.0002006

18.5 68mol% 벤젠과 32mol% 톨루엔이 섞인 원료혼합물로부터 80mol% 벤젠이 함유된 탑상제품을 생산하려고 한다. 이 조작에 다음과 같은 방법들을 고려하고 있다. 모두 대기압에서 한다. 각 방법에 대하여 공급원료 100mol당 제품의 mol 수와 공급원료 100mol당 기화된 mol 수를 계산하라. (a) 연속 평형증류, (b) 부분응축기가 달린 증류기에서의 연속증류, 단, 부분응축기에서는 들어가는 증기의 55mol%가 응축하여 증류기로 되돌아간다. 증류기를 나가는 액체와 증기가 평형을 이루고 응축기 내부의 체류량은 무시된다.

답 : (a) f = 0.4 D = 40mol, 증기몰수 = 40mol (b) f = 0.6, D = 60mol, 증기몰수 = 120mol

18.6 한 공정에 벤젠과 톨루엔이 함유된 2개의 흐름이 있는데, 하나는 벤젠이 37%이고, 또 하나는 벤젠이 68%이다. 두 흐름의 양은 거의 같다. 가장 효율적인 방법으로 98% 벤젠과 99% 톨루엔을 생산하기 위해서 2개의 공급단을 갖는 증류탑이 제안되었다. 그러나 두 흐름을 합쳐서 한 군데로 보내면 간단한 조작이 될 수 있다. 같은 환류속도(reflux rate)에서 두 경우에 필요한 이상단 수를 계산하라.

답 : N = 16(재비기를 포함한 이상단)

18.7 30°C에서 물로 포화된 톨루엔에는 680ppm의 H_2O가 있어서 분별증류에 의하여 0.5ppm H_2O까지 건조시키려고 한다. 공급원료는 탑의 맨 윗단에 들어간다. 탑위 증기는 응축해서 30°C까지 냉각되며, 두 층으로 갈라진다. 물층은 버리며, 물로 포화된 톨루엔층은 재순환된다. 톨루엔에 대한 물의 평균 상대휘발도는 120이다. 액체원료 1 몰당 증기 0.25mol을 사용한다면, 몇 개의 이론단이 필요한가(탑내의 L/V 변화는 무시하라)? 답 : N = 2.26

18.8 에탄올 20wt%, 수용액 200kg을 증류장치를 통하여 탑 위에서 에탄올 40wt%, 수용액 20kg을 얻었다. 탑 밑으로 나오는 에탄올 수용액의 농도는 약 얼마인가? **(화공기사 기출)**

① 3wt% ② 8wt% ③ 12wt% ④18 wt% 답 : ④

18.9 1atm에서 메탄올의 몰분율이 0.4인 수용액을 증류하면 몰분율은 0.73으로 된다. 메탄올과 물의 비휘발도는? **(화공기사 기출)**

① 3.1 ② 4.1 ③ 4.7 ④ 5.7 답 : ②

18.10 82℃에서 벤젠의 증기압은 811mmHg이고 톨루엔의 증기압은 314mmHg이다. 벤젠과 톨루엔의 혼합용액이 이상용액이라면 벤젠 20mol%와 톨루엔 80mol%를 포함하는 용액을 증발시켰을 때 증기 중의 벤젠의 몰분율은? **(화공기사 기출)**

① 0.362 ② 0.372 ③ 0.382 ④ 0.392 답 : ④

18.11 82°C에서 벤젠의 증기압은 811mmHg, 톨루엔의 증기압은 314mmHg이다. 같은 온도에서 벤젠과 톨루엔의 혼합용액을 증발시켰더니 증기 중 벤젠의 몰분율은 0.5이었다. 용액 중의 톨루엔의 몰분율은 약 얼마인가?(단, 이상기체이며 라울의 법칙이 성립한다고 본다.) **(화공기사 기출)**

① 0.72 ② 0.54 ③ 0.46 ④ 0.28 답 : ①

18.12 물과 혼합되지 않는 미지의 물질을 98°C, 773mmHg에서 수증기 증류하였다. 물의 증기압은 98°C에서 708mmHg이고 증류액 중 물의 무게 조성은 75wt%이다. 이때 미지물질의 분자량(g/mol)은 얼마인가? **(화공기사 기출)**

① 23.35 ② 65.35 ③ 141.35 ④ 162.35 답 : ②

18.13 어떤 증류탑의 환류비가 2이고 환류량이 400kmol/h이다. 이 증류탑 상부에서 나오는 증기의 몰(mol)잠열이 7,800kcal/kmol이며 전축기로 들어가는 냉각수는 20°C에서 156,000kg/h이다. 이 냉각수의 출구 온도는? **(화공기사 기출)**

① 30°C ② 40°C ③ 50°C ④ 60°C 답 : ③

18.14 메탄올 40mol%, 물 60mol%의 혼합액을 정류하여 메탄올 95mol%의 유출액과 5mol%의 관출액으로 분리한다. 유출액 100kmol/h을 얻기 위해서는 공급액의 양을 몇 kmol/h로 하면 되는가? **(화공기사 기출)**

① 175 ② 190 ③ 226 ④ 257 답 : ④

18.15 40mol%의 암모니아와 물의 혼합물을 Flash증류하였더니 암모니아의 조성이 기상에서 80mol%, 액상에서 20mol%이었다면 Feed중 약 얼마정도가 증발하였는가? **(화공기사 기출)**

① 33mol% ② 52mol% ③ 67mol% ④ 72mol% 답 : ①

18.16 어떤 증류탑의 실제 단수가 25단이고 그 효율이 60%일 때 McCabe-Thiele법으로 구한 이론 단수는? **(화공기사 기출)**

① 10단 ② 15단 ③ 20단 ④ 25단 답 : ②

18.17 증류에서 응축액을 전부 환류시킬 때 농축부 조작선의 기울기에 대한 설명으로 옳은 것은? **(화공기사 기출)**

① 0이다. ② ∞이다. ③ 1이다. ④ 0보다 작다. 답 : ③

18.18 공급원료 1몰을 원료공급단에 넣었을 때 그중 증류탑의 회수부(Stripping Section)로 내려가는 액체의 몰수를 q로 정의한다면, 공급원료가 차가운 액체일 때 q값은? **(화공기사 기출)**

① $q > 1$ ② $0 < q < 1$ ③ $-1 < q < 0$ ④ $q < -1$ 답 : ①

18.19 정류에 있어서 전 응축기를 사용할 경우 환류비를 3으로 할 때 유출되는 탑상제품 1mol/h당 응축기에서 응축해야 할 증기량은 몇 mol/h인가? **(화공기사 기출)**

① 3.5 ② 4 ③ 4.5 ④ 5 답 : ②

18.20 벤젠 40mol%와 톨루엔 60mol%의 혼합물을 100kmol/h의 속도로 정류탑에 비점의 액체 상태로 공급하여 증류한다. 유출액 중의 벤젠 농도는 95mol%, 관출액 중의 농도는 5mol%일 때, 최소 환류비는 약 얼마인가? (단, 벤젠과 톨루엔의 순성분 증기압은 각각 1,016, 405mmHg이다.) **(화공기사 기출)**

① 0.63 ② 1.4 ③ 2.51 ④ 3.4 답 : ②

CHAPTER

19 침출과 추출

Leaching and Extraction

추출(extraction)은 고체 또는 액체원료에서 그중에 함유되어있는 가용성 물질을 액상의 용매(solvent)를 사용하여 고체나 액체로부터 용해시켜 목적성분의 용질을 분리하여 회수해서 목적물을 얻는 조작을 말한다. **침출**(leaching) 또는 **고체추출**(solid extraction)은 불용성 고체와 섞여 있는 혼합물에서 용질을 용해시키는 데 이용된다. **액체추출**(liquid extraction)은 생성물에 높은 친화력을 갖는 비혼화성 용매와 접촉하여 다성분계 용액으로부터 값비싼 생성물을 회수하는데 사용된다. 용매를 사용해서 혼화성인 두 액체를 분리하는 데 이용된다. 액체추출은 또한 증류로는 분리하기 어려운 기포점이 근접한 액체들을 분리하는 데 이용된다.

19.1 침출(Leaching)

19.1.1 침출장치(Leaching equipment)

고체가 침출 조작 중에 투과성 물질 형태로 존재하는 경우, 용매는 교반이 없는 고체층을 통해 투과된다. 침출 과정 중 부스러지는 비투과성 고체인 경우에는, 고체를 용매에 분산시켜서 나중에 이들을 분리한다. 두 가지 방법 모두 회분식이나 연속식으로 할 수 있다.

고정 고체층 침투에 의한 침출(Leaching by percolation through stationary solid beds)

고정 고체층 침출(stationary solid-bed leaching)은 고체를 지지하고 용매가 빠져나갈 수 있도록 탱크 밑바닥에 다공판을 설치하여 수행한다. 고체를 탱크 속에 채우고 용질 함량이 경제적으로 최소에 이르기까지 용매를 분무시킨 다음 이들을 퍼낸다. 어떤 경우에는 용매가 이 물질을 한 번 통과하는 것으로 충분할 정도로 용액으로 되는 속도가 빠른 경우도 있지만, 용매가 일련의 탱크를 통해서 향류로 흐르는 것이 보다 보편적이다. 이 방법에서 새 용매는 대부분 추출이 거의 다 된 고체가 들어 있는 탱크로 공급된다. 용매는 연속적으로 몇 개의 탱크를 통과하여 흐른 다음, 마지막으로 공급원료가 새로 채워진 탱크를 거쳐 배출된다. 이와 같은 일련의 탱크를 **추출 장치열**(extraction battery)이라고 한다. 어느 탱크에서나 고체는 완전히 추출될 때까지 움직이지 않는다. 새 용매를 어느 탱크에라도 넣을 수 있고, 농축액을 어느 탱크에서도 뽑아낼 수 있도록 배관함으로써, 한번에 한 탱크에서 장입하고 한 탱크에서는 배출할 수 있도록 되어 있다. 물질이 장입되고 또한 배출됨에 따라 장치열의 다른 탱크들은 원료의 장입탱크와 배출탱크를 옮기면서 향류조작을 계속할 수 있다. 이와 같은 공정은 **Shanks 공정**(Shanks process)이라고 한다.

이동상 침출(Moving-bed leaching)

그림 19.1에 예시된 이동상침출장치는 고체가 교반이 거의 없거나 아주 없는 상태에서 용매를 통해 이동된다. Bollman 추출기[그림 19.1(a)]는 닫힌 틀 속에 버킷형 승강기(bucket elevator)가 있다. 각 버킷 밑바닥에는 구멍들이 뚫려 있다. 기체의 오른쪽 위 모서리에서는 그림에서 보는 것처럼 버킷에 콩과 같은 알갱이 고체를 실으며, 그들이 아래로 내려감에 따라 적절한 양의 **반추출액**(half miscella)이 분무된다. 반추출용액은 약간의 추출유와 약간의 작은 고체입자가 들어 있는 중간 용매이다. 고체와 용매가 기계의 오른쪽에서 같은 방향으로 흐름에 따라 용매는 콩에서 더 많은 기름을 추출한다. 동시에 용매로부터 미세입자들을 여과하여 맑은 **전추출액**(full miscella)을 용기의 바닥에 있는 오른쪽 웅덩이에서 펌프로 끌어낸다. 부분적으로 추출된 콩은 기계의 왼쪽을 통해 올라가면서 순수 용매흐름과 향류로 접촉한다. 이들은 왼쪽 바닥 웅덩이에 모여져서 반추출액 저장탱크로 보내진다. 완전히 추출된 콩은 승강기 꼭대기에서 버킷으로부터 호퍼(hopper)로 쏟아 부어 패들 컨베이어(paddle conveyor)에 의해 버려진다. 전형적인 장치의 용량은 하루 24 시간에 50～500톤의 콩을 처리한다.

그림 19.1(b)와 같은 Rotocel 추출기는 수평 바스킷이 벽으로 격리된 격실로 나누어져 있고 바닥은 액체가 투과할 수 있도록 되어 있다. 바스킷은 수직 축을 중심으로 천천히 회전한다. 고체는 원료공급 지점에서 각 격실로 들어간다. 그리고 나서 격실은 용매 분무구역, 배수구역, 및 격실 바닥이 추출된 고체를 배출하도록 열려있는 배출지점을 차례로 통과한다. 비어 있는 격실은 다음 고체부하를 받기 위하여 원료공급 지점으로 이동된다. 향류 추출을 하기 위하여 새 용매는 배출지점 바로 전, 마지막 격실로 공급되며 앞의 각 격실에 있는 고체들은 바로 전의 격실에서 오는 배출액으로 세척된다.

분산-고체의 침출(Dispersed-solid leaching)

불투과성 고체는 침출 전이나 도중에 용매에 분산시켜 탱크 속에서 교반을 하거나 유동 혼합기로 처리한다. 침출된 잔사물은 침강이나 여과에 의해 농축액으로부터 분리된다.

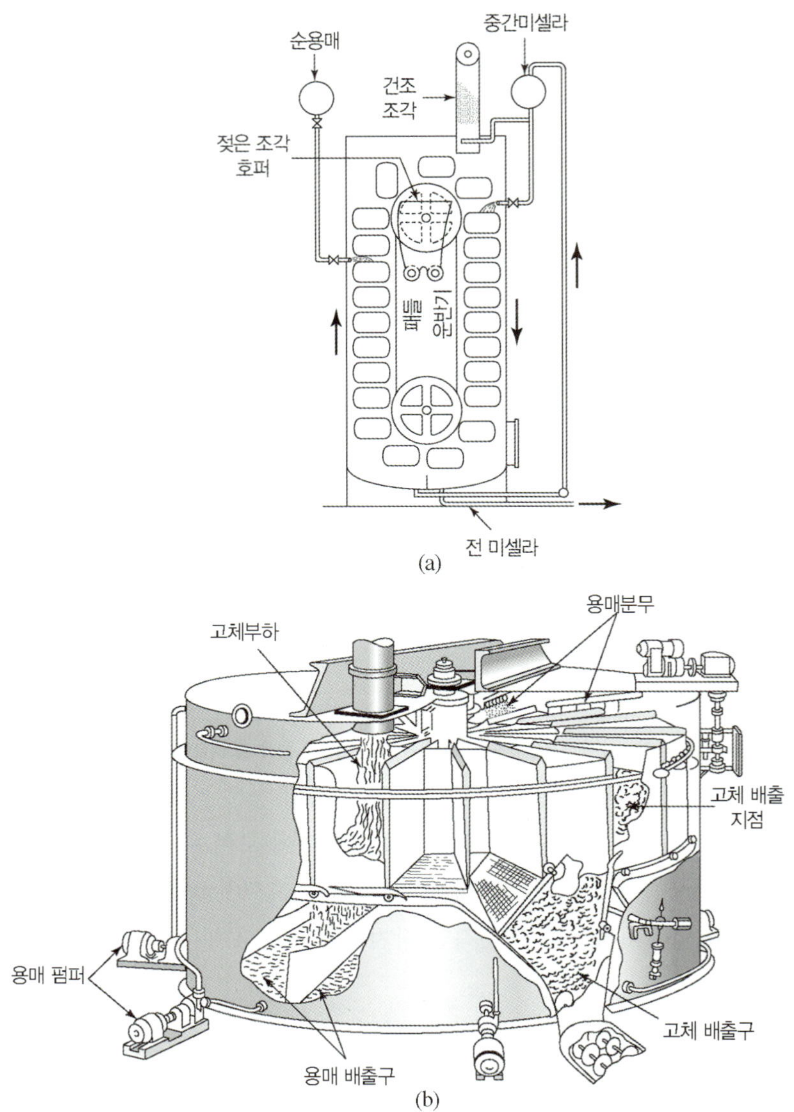

그림 19.1 이동상 침출장치 : (a) Bollman 추출기, (b) Rotocel 추출기

교반용기 속에서 이런 방법으로 소량씩 회분 침출하며, 바닥으로는 가라앉은 잔사물을 빼낼 수 있다. 연속 향류침출은 그림 19.2와 같이 직렬로 연결된 몇 개의 중력식 농축기(gravity thickener)로 이룰 수 있으며, 농축기에서의 접촉이 부적당하면 농축기 쌍 사이에 교반 탱크를 놓아서 시행할 수 있다. 고체가 너무 고와서 중력으로 침강시킬 수 없을 때는 내부가 나선 모양으로 된 연속식 원심분리기 속에서 추출용액으로부터 잔사물을 분리한다. 여러 가지 침출장치들이 여러 유종의 용매추출과 같은 특별한 목적으로 개발되었는데, 이들은 용매와 추출될 고체의 특성에 맞게 특별히 설계되었다. 용질은 가끔 결정화 또는 증발에 의해 회수된다.

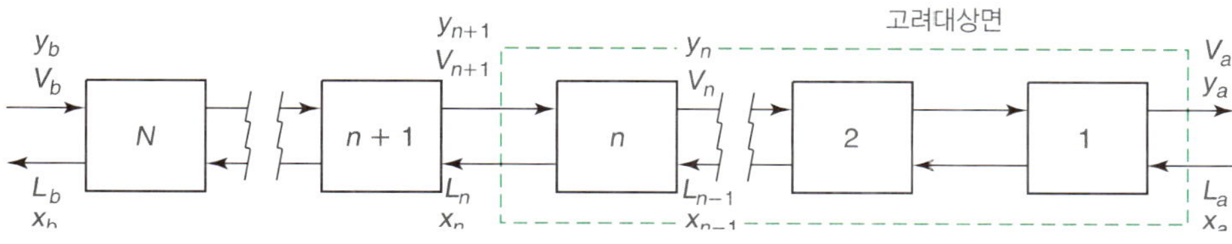

그림 19.2 향류 침출 캐스케이드

19.1.2 연속 향류 침출의 원리(Principles of continuous countercurrent leaching)

침출에서 가장 중요한 방법은 단을 이용하는 연속 향류법이다. 고체가 실제로는 단에서 단으로 이동되지 않는 추출 장치열에서도 어느 한 셀(cell)에 장입된 원료는 마치 그것이 향류 계의 단에서 단으로 이동되고 있는 것처럼 계속해서 농도가 적어지는 액체에 의해 처리된다.

연속 향류법의 중요성 때문에 여기서는 이것만 취급한다. 또한 단을 이용하는 방법이 보통 사용되고 있으므로, 미분접촉법은 여기서 고려하지 않는다. 다른 단 캐스케이드(stage cascade)의 조작들과 마찬가지로, 침출도 첫째로 이상단의 관점에서, 그리고 둘째로 단효율의 관점에서 취급한다.

향류 침출의 이상단(Ideal stages in countercurrent leaching)

그림 19.2는 연속 향류 캐스케이드에 대한 물질수지 선도이다. 단들은 고체가 흐르는 방향으로 번호를 붙인다. V상은 고체의 흐름방향과 반대되는 방향으로 단에서 단으로 흐르는 액체로서, N단에서 1단으로 이동하면서 용질을 용해시킨다. L상은 1단에서 N단으로 이동하는 고체와 함께 운반되는 액체이다. 추출당한 고체는 N단을 나가며, 농축용액은 1단에서 흘러나간다.

용질없는(solute-free) 고체는 용매에 불용성이며, 이 고체의 유량은 캐스케이드 전체를 통해서 일정하다고 가정한다. 고체는 다공성이며, 일정하던 일정하지 않던 간에 어느 정도의 용액을 동반한다. L을 고체에 묻어 있는 액체의 유량이라 하고, V는 일류(overflow) 용액의 유량이라고 하자.

V와 L의 유량은 단위시간당 질량으로 표시한다. 또한 표준 명명법으로는 장치 양끝의 농도는 다음과 같이 표시한다. 즉

들어가는 고체에 묻어 있는 용액, x_a
나가는 고체에 묻어 있는 용액, x_b
계에 들어가는 새 용매, y_b
계를 나가는 농축용액, y_a

흡수나 증류에서와 마찬가지로, 향류 계의 정량적 해석은 평형선과 조작선을 이용한다.

평형(Equilibrium)

침출에서 들어가는 고체 속의 모든 용질을 용해할 수 있을 만큼 충분한 용매가 있고, 고체에 의해 용질이 흡착되지 않는다면, 용질이 완전히 용해되었을 때 평형에 도달하고 이렇게 해서 생긴 용액은 균일하다고 하면 현재로서는 평형에 요하는 조건이 충족된다고 가정한다. 그러면 어느 단을 나가는 고체에 묻어 있는 액체의 농도는 같은 단을 나가는 일류(overflow) 액체의 농도와 같다.

따라서 평형관계식은 단순히 $x_e = y$가 된다.

조작선(Operating Line)

조작선 식은 그림 19.2의 띠줄로 둘러싸여진 고려대상 면(control surface)에 표시된 것처럼 n 단까지의 캐스케이드 부분에 대한 물질수지식은 다음과 같다.

$$\text{전체 용액}: \; V_{n+1} + L_a = V_a + L_n \tag{19.1}$$

$$\text{용질}: \; V_{n+1}\, y_{n+1} + L_a\, x_a = L_n\, x_n + V_a\, y_a \tag{19.2}$$

y_{n+1}에 대해서 풀면 평형단 캐스케이드에 대한 조작선 식은 다음과 같다.

$$y_{n+1} = \left(\frac{L_n}{V_{n+1}}\right) x_n + \frac{V_a y_a - L_a x_a}{V_{n+1}} \tag{19.3}$$

다른 경우와 같이 조작선은 점 (x_a, y_a)와 (x_b, y_b)를 지나며, 유량이 일정하면 기울기는 L/V이다.

단효율

대부분의 침출조작에서 용질을 다소간 투과성 고체를 통해 분포되어 있어 고체를 통한 확산속도에 의해 지배되어 실제단수는 이론 단수보다 훨씬 크다. 따라서 단의 효율은 1로 보아도 된다.

예제 19.1

연속 향류 추출기를 써서 벤젠에 의해 콩으로부터 기름을 추출할 수 있다. 이 장치는 시간당 콩 1,000 kg(완전 추출된 고체상태로)을 처리한다. 처리되지 않은 콩에는 기름 400kg과 벤젠 25kg이 포함되어 있다. 새 용매에는 기름 10kg과 벤젠 655kg이 포함되어 있다. 배출된 고체에는 추출되지 않은 기름이 60kg 포함되어 있다. 실험은 표 19.1에서 보는 바와 같이 묻어 있는 용액의 양이 용액의 농도에 따라 달라지는 장치열과 같은 조건하에서 수행된다. 다음을 구하라. (a) 농축액, 즉 추출물의 농도, (b) 추출된 고체에 묻어 있는 용액의 농도, (c) 추출된 콩과 함께 나가는 용액의 질량, (d) 추출물의 질량, (e) 필요한 단 수. 모든 양은 시간당 기준이다.

표 19.1 예제 19.1의 데이터

농도 (kg oil/kg 용액)	추잔액 (kg/kg 고체)	농도 (kg oil/kg 용액)	추잔액 (kg/kg 고체)
0.0	0.500	0.4	0.550
0.1	0.505	0.5	0.571
0.2	0.515	0.6	0.595
0 3	0.530	0.7	0.620

풀이 x와 y를 하부흐름과 일류 용액 속의 기름 질량분율이라고 하자.

용매 입구에서,

$$V_b = 10 + 655 = 665 \text{ kg 용액/h}$$

$$y_b = \frac{10}{665} = 0.015$$

시행오차법에 의해 버리는 고체 속에 있는 용액의 양과 조성을 구한다.

$x_b = 0.1$이라고 하면, 표 19.1에서 묻어 있는 용액은 0.505kg/kg이다. 따라서,

$$L_b = 0.505(1{,}000) = 505 \text{ kg/h}$$

$$x_b = \frac{60}{505} = 0.119$$

표 19.1에서 묻어 있는 용액은 0.507 kg/kg이다.

$$L_b = 0.507(1{,}000) = 507$$

$$x_b = \frac{60}{507} = 0.118 \text{ (아주 근사함)}$$

L_b에서 하부흐름 속의 벤젠은 $507 - 60 = 447$kg/h이다.

고체 입구에서,

$$L_a = 400 + 25 = 425 \text{kg 용액/h}$$

$$x_a = \frac{400}{425} = 0.941$$

추출물 속의 기름 = 들어간 기름 − 60 = 10 + 400 − 60 = 350kg/h

추출물 속의 벤젠 = 655 + 25 − 447 = 223kg/h

$$V_a = 350 + 233 = 583 \text{kg/h}$$

$$y_a = \frac{350}{583} = 0.600$$

(a)에서 (d)까지의 해답은 다음과 같다.

(a) $y_a = 0.60$

(b) $x_b = 0.118$

(c) $L_b = 507\text{kg/h}$

(d) $V_a = 583\text{kg/h}$

(e) 첫 번째 단에 대한 입구와 출구 농도를 구하고 나머지 단들에 대한 조작선을 구하라. $x_1 = y_a = 0.60$ 이므로 묻어있는 용액은 0.595kg/kg·고체이다.

$$L_1 = 0.505(1{,}000) = 595$$

총괄물질수지 :

$$V_2 = L_1 + V_a - V_2 = 595 + 583 - 425 = 753\ \text{kg/h}$$

기름 수지 :

$$L_a x_a + V_2 y_2 = L_1 x_1 + V_A y_a$$

$$V_2 y_2 = 595(0.60) + 583(0.60) - 425(0.941) = 307$$

$$y_2 = \frac{307}{753} = 0.408$$

$x_1 = 0.60$, $y_2 = 0.408$ 점은 나머지 단들에 대한 조작선의 한쪽 끝이다. 조작선 상의 중간점을 구하기 위하여 $x_n = 0.30$을 선택한다.

$$L_n = \text{묻어있는 용액} = 0.53(1{,}000) = 530\ \text{kg/h}$$

총괄수지에 의해,

$$V_{n+1} = 530 + 583 - 425 = 688\ \text{kg/h}$$

기름수지를 취하면 다음과 같이 된다.

$$V_{n+1} y_{+1} = L_n x_n + V_a y_a - L_a x_a$$

$$= 530(0.30) + 583(0.60) - 400 = 108.8$$

$$y_{n+1} = \frac{108.8}{688} = 0.158$$

x_n, y_{n+1}, x_a, y_a 및 x_b, y_b 점들은 그림 19.3과 같이 약간 굽은 조작선을 그린다. 4개 이상단을 필요로 한다.

19.2 액체 추출(Liquid extraction)

증류에 의한 분리가 비효율적이던가 아주 어려울 때에는 액체추출이 주요 대체방법 중의 하나로 고려된다. 기포점이 근접되어 있는 혼합물이나 또는 진공 하에서조차 증류온도에 견디지 못하는

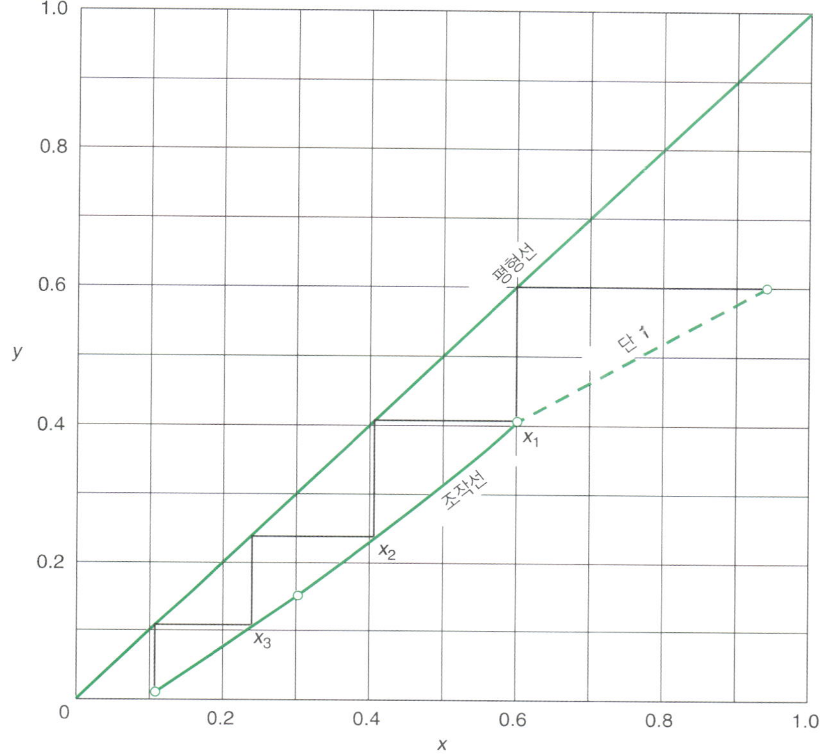

그림 19.3 침출에 대한 McCaba-Thiele 선도(예제 19.1)

물질들은 증기압 차이 대신 화학적 성질의 차이를 이용하는 추출에 의해서 불순물과 분리된다.

추출의 주요용도 중의 하나는 다른 화학적 구조를 갖고 있으면서 거의 같은 기포점을 갖는 석유제품들을 분리하는 것이다. 윤활유 유분(기포점 > 300°C)은 페놀(phenol), 푸르푸랄(furfural) 또는 메틸 피롤리돈(methyl pyrrolidone)과 같은 낮은 기포점 극성 용매로 처리되어 방향족 화합물을 추출하고, 주로 파라핀과 나프텐이 들어 있는 기름을 남긴다. 방향족 물질은 점도-온도 특성이 빈약하지만, 기포점들이 겹치기 때문에 증류에 의해 제거될 수 없다. 이와 유사한 공정으로는 높은 기포점의 극성 용매를 이용하여 방향족을 접촉개질유로부터 회수하며, 추출유는 나중에 증류되어 화학 중간제품으로 이용되는 순수한 벤젠, 톨루엔 및 자일렌으로 분리된다. 이 용도에 가장 탁월한 용매는 고리형 화합물인 $C_4H_8SO_2$(Sulfolane)로서 방향족 화합물에 대한 선택도가 높고 휘발도가 아주 낮다(bp : 290°C).

증류나 추출 어느 것이나 이용될 수 있을 때 증류에서는 가열과 냉각이 필요함에도 불구하고 보통 증류를 택한다. 추출에서는 용매를 재사용하기 위해 회수(보통 증류에 의해)하지 않으면 안 된다. 둘을 합한 조작은 더 복잡하고 추출이 없는 증류보다는 비싸진다. 그러나 추출은 조작조건의 선택에서 조작온도와 함께 용매의 종류나 양을 달리할 수 있기 때문에 보다 융통성이 있다. 이런 점에서 본다면 추출은 통상적인 증류보다는 기체흡수와 더 가깝다. 많은 문제에서 어떤 방법을 택하는가 하는 것은 추출과 증류 모두를 비교 검토하지 않으면 안 된다.

19.2.1 추출장치(Extraction equipment)

액-액 추출에서는 기체흡수 및 증류에서와 같이 물질전달이 일어나 분리될 수 있도록 두 개의 상이 잘 접촉되도록 하지 않으면 안된다. 흡수와 증류에서는 혼합과 분리가 쉽고 빠르다. 그렇지만 추출에서는 두 상이 비슷한 밀도를 갖고 있어서 중력흐름이 이용되는 경우에는 혼합과 분리에 이용할 수 있는 에너지가 한 상은 기체이고 다른 상이 액체일 때보다 훨씬 작다. 두 상은 가끔 혼합되기 어려우며 분리하기는 더욱 어려울 때가 있다. 또한 두 상의 점도는 상대적으로 크며, 추출장치에서의 선속도가 작다. 그러므로 어떤 유형의 추출기에서는 혼합과 분리에 필요한 에너지를 기계적으로 공급받는다.

추출장치는 회분식으로 조작되거나 연속식으로 조작된다. 일정량의 공급원료 액체는 교반조에서 일정량의 용매와 혼합된 다음, 나중에 층이 가라앉아 분리된다. 추출물(extract)은 용매에 추출된 용질이 합해진 것이며, 추잔물(raffinate)은 용질이 제거되고 남은 층이다. 추출물은 추잔물보다 가벼울 수도 있고 무거울 수도 있다. 따라서 추출물은 어떤 경우에는 장치 위로부터 나오고 어떤 경우에는 아래로 나온다. 한번 이상 접촉을 필요로 하는 경우에는 조작을 반복한다. 그러나 처리할 양이 많고 몇 번의 접촉이 필요할 때에는 연속 유동식을 택하는 것이 경제적이다. 대부분의 추출장치는 잇따른 단 접촉이나 미분접촉을 하는 연속식이다. 대표적인 유형들로는 혼합침강기, 중력흐름으로 움직이는 여러 종류의 수직형 탑, 교반탑 추출기 및 원심추출기 등이 있다. 여러 가지 유형의 추출장치들에 대한 특성은 표 19.2에 수록되어 있다.

표 19.2 상용 추출장치의 성능

유형	수증기와 혼합된 액용량 $ft^3/ft^2 \cdot h^†$	HTU, ft	단효율 %	단사이 공간	대표적인 예
Mixer-settler			75–100		Duo-Sol lube-oil process
Packed column	20–150	5–20			Phenol recovery
Perforated-plate column	10–200	1–20	6–24	30–70	Furfural lube-oil process
Bafe column	60–105	4–6	5–10	4–6	Acetic acid recovery
Agitated tower	50–100	1–2	80–100	12–24	Pharmaceuticals and organic chemicals

† ft^2는 총 단면적임

혼합침강기(Mixer-settler)

회분식 추출에서는 혼합기와 침강기가 같은 장치일 수 있다. 터빈이나 프로펠러 교반기가 들어 있는 탱크를 보통 사용한다. 혼합 주기의 마지막 단계에서 교반기를 끄면 층이 중력에 의해 분리되며, 추출물과 추출잔류물은 가시경이 달린 바닥 배출관을 통하여 별개의 탱크로 배출되어 나간다. 추출에 필요한 혼합과 침강 시간은 실험에 의해서만 결정된다. 혼합에 5분, 침강에 10분 걸리는 것이 보통이지만 보다 짧은 시간을 요하거나 훨씬 긴 시간을 요하는 경우도 많다.

연속흐름 공정에서는 혼합기와 침강기가 보통은 별개의 장치로 되어 있다. 혼합기는 입구와 배출관 및 단축순환(short-circuiting) 현상을 방지하기 위한 장애판이 달려 있는 작은 교반조이거나 움직임이 없는 혼합기 또는 다른 종류의 흐름혼합기이다. 침강기는 가끔 간단한 연속 중력식 분리기이다. 쉽게 유화현상이 일어나고 거의 같은 밀도를 갖는 액체를 취급하는 경우에는 혼합기의 배출물의 망이나 유리섬유 뭉치를 통해 가도록 하여 분산상의 액적들을 응집시킴으로써 중력에 의한 침강이 가능하도록 할 필요가 있다. 분리가 보다 어려운 경우에는 관형 원심분리기 또는 원판형 원심분리기를 이용한다.

몇 개의 접촉단이 필요한 경우 혼합침강기가 그림 19.4처럼 향류형으로 운전된다. 각 침강기에서 나오는 추출잔류물은 그 다음 혼합기의 원료가 되며, 그곳에서 중간 추출물이나 새 용매와 만나게 된다.

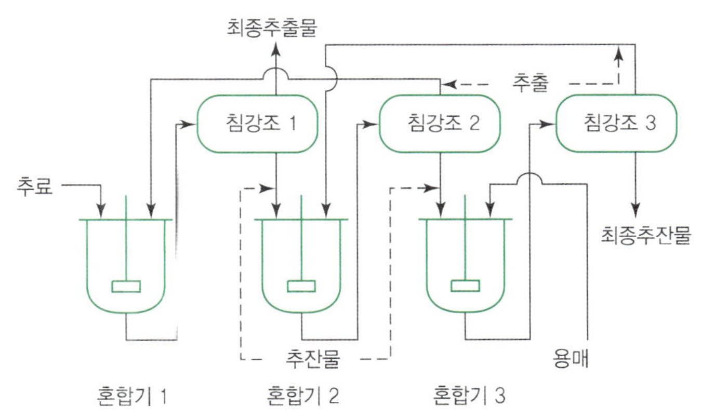

그림 19.4 혼합침강기 추출장치

충전 추출탑(Packed extraction tower)

탑형 추출기는 단 접촉이 아닌 미분 접촉을 하며, 혼합과 침강이 동시에 그리고 연속적으로 진행된다. 추출은 위로 올라오는 가벼운 액체를 통해서 무거운 액체의 액적들이 떨어진다던가 또는 이와 반대로 해서 열린 탱크에서 수행될 수 있다. 그렇지만 분무탑(spray tower)이라고 하는 이와 같은 탑은 연속상에서의 뚜렷한 축방향 혼합 때문에 거의 사용되지 않고 있다. 대신 탑은 액적들을 합쳐서 변형시키고 축방향의 분산을 제한하게 하는 링이나 안장형 같은 충전물들로 채워진다.

추출탑에서는 상 사이에 연속적인 물질전달이 있으며 각 상의 조성은 탑을 통해 흐르면서 변한다. 물론 어느 위치에서나 평형에는 이르지 못한다. 실제로 물질전달에 필요한 구동력을 주는 평형으로부터 벗어난 상태에 있다. 추출탑에 대한 설계과정은 충전 흡수탑과 유사하지만 전달단위의 높이는 일반적으로 전형적인 흡수탑보다 크다.

충전탑의 범람속도(Flooding velocities in packed tower) 분산상이나 연속상 중 어느 것의 유량을 일정하게 유지하고 다른 상의 유량이 점차 증가되면 분산상이 응집하고 그 상의 체류량이 증가하여 드디어 두 상이 모두 연속상 출구를 통해 함께 나가는 점에 도달한다. 이런 현상을 범람(flooding)이라고 한다. 범람시 한 상의 유량이 크면 클수록 다른 상의 유량은 더 작아진다. 탑은 분명히 범람속도 이하의 유량으로 운전되어야 한다.

다공판 탑(Perforated-plate tower)

열린 탑의 축방향 혼합 특성은 체판형 증류탑에서와 마찬가지로 탑을 가로질러서 다공판을 설치하여 제한할 수 있다. 다공판 구멍들은 지름이 $1\frac{1}{2} \sim 4\frac{1}{2}$ mm이다. 판의 간격은 60~150 mm이다. 보통 가벼운 액체가 분산상이며, 하강관은 한 단에서 다음 단으로 무거운 연속상을 운반한다. 그림 19.5(a)에서 보는 것처럼 가벼운 액체는 각 단 아래에 얇은 층으로 모여서 위에 있는 무거운 액체의 두꺼운 층으로 분사된다. 그림 19.5(b)는 변형된 설계로서 구멍들이 판의 한 쪽에만 뚫려 있어서 한 단에서 다음 단으로 갈 때 왼쪽에서 오른쪽으로 방향을 바꾼다. 거의 모든 추출은 윗 단 아래 공간에 모여 물넘이둑을 지나 다음 다공판으로 가로질러 흘러가서 위로 올라가는 가벼운 액체(기름)의 혼합지역에서 일어난다. 연속상인 무거운 액체(용매)는 혼합지역에서 침강지역으로 수평으로 흘러가며, 그곳에서는 미세한 가벼운 액체 방울들이 분리되어 윗 판으로 올라갈 기회를 갖게 된다. 이 설계는 용매와 함께 아래로 내려가는 기름의 양을 크게 줄일 수 있고, 추출기의 효율을 높여줄 수 있다.

장애판 탑(Baffie tower)

추출탑에는 여러 개의 수평 장애판들이 들어 있다. 무거운 액체는 각 장애판 위로 흘러서 아래로 쏟아져 내려가며 가벼운 액체는 장애판 아래에서 흘러와 무거운 상 가장자리로부터 위로 분무된다. 가장 평범하게 사용되는 것들은 원판-도우넛형(disk-and-doughnut) 장애판, 궁형(segmental) 장애판 또는 한쪽에서 다른 쪽으로 장애판이 엇갈린 형태가 있다. 어느 것이든 장애판 간의 간격은 100~150 mm이다.

장애판형 탑에는 막힐 만한 작은 구멍도 없고 부식에 의해 커지는 구멍도 없다. 따라서 이들은 고체가 부유하는 지저분한 용액을 취급할 수 있다. 원판-도우넛형 장애판 탑을 변형한 추출기에는 장애판에 침적된 고체를 제거할 수 있도록 갈퀴가 있는 것도 있다. 액체의 흐름이 평탄하고 평활해서 속도나 방향에 급격한 변화가 없기 때문에 장애판 탑은 쉽게 유화하는 액체에 적합하다. 그러나 같은 이유로 해서 이들은 효과적인 혼합기는 되지 못하며 하나의 장애판은 겨우 0.05~0.1개의 이상단과 맞먹는다.

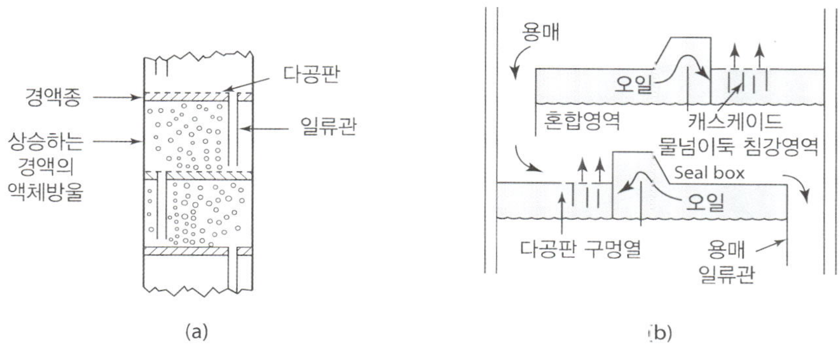

그림 19.5 다공판 추출탑 : (a) 수평판에 있는 구멍, (b) 혼합지역과 침강지역을 가진 캐스케이드 물넘이둑이 있는 단

교반탑 추출기(Agitated tower extractor)

혼합기-침강기는 두 액상을 혼합하는 데 필요한 기계적 에너지를 공급하지만, 탑 추출기는 혼합과 분리를 모두 중력흐름에 의존한다. 그러나 어떤 탑 추출기에서는 중앙 회전축에 설치된 내부 터빈이나 다른 교반기에 의해 기계적 에너지를 받기도 한다. 그림 19.6(a)와 같은 회전 원판형 접촉기(contactor)에서는 평평한 원판이 액체를 분산해서 벽 쪽으로 밀어붙이며, 그곳에 있는 고정자 환(stator ring)이 조용한 지역을 만듦으로써 두 상이 분리될 수 있다. 또 다른 설계로는 일단의 임펠러가 무동부(calm section)와 분리되어 효과적으로 아래 위로 일련의 혼합침강기를 이루기도 한다. 그림 19.6(b)에 예시한 York-Scheibel 추출기에서는 교반기를 둘러싸고 있는 지역이 철사망으로 싸여져서 상의 응집과 분리를 돕는다. 추출의 대부분은 혼합부에서 일어나지만, 일부는 무동부에서 일어나 각 혼합침강기 장치의 효율이 100% 이상일 때도 있다. 보통 각 혼합침강기의 높이는 300~600 mm인데, 이는 웬만큼 짧은 탑에서도 몇 개의 이론접촉단을 이룰 수 있음을 뜻한다. 그러나 내부에서 움직이는 부품을 유지시키는 문제 특히 액체가 부식성일 때는 심각한 단점이 될 수 있다.

맥동 탑(Pulse column)

교반은 맥동 탑에서처럼 외부의 수단으로도 이룰 수가 있다. 왕복펌프가 잦은 간격으로 탑 전체의 내용물에 맥동을 주어 통상적인 액상흐름에 비교적 작은 크기의 빠른 왕복운동을 가해준다. 탑에는 보통 충전물이나 특별한 체판이 들어 있다. 충전탑에서는 맥동으로 액체가 분산하고 편류를 막아 상들 간의 접촉이 크게 향상된다. 체판형 맥동탑에서는 구멍들이 비맥동탑 보다 작아서 지름이 1.5~3mm이며, 전체 열린 면적(open area)은 탑 단면적의 6~23%이다. 이와 같은 탑들은 거의 전적으로 부식성이 강한 방사능 액체를 처리하는 데 이용된다. 하강관은 사용되지 않는다. 이상적으로는 맥동의 상향 행정(stroke)에서 가벼운 액체가 무거운 액체 속으로 분산되고, 하향 행정에서는 무거운 상이 가벼운 상 속으로 분사되게 하는 것이다. 이런 조건에서는 단효율이 70%에 이를

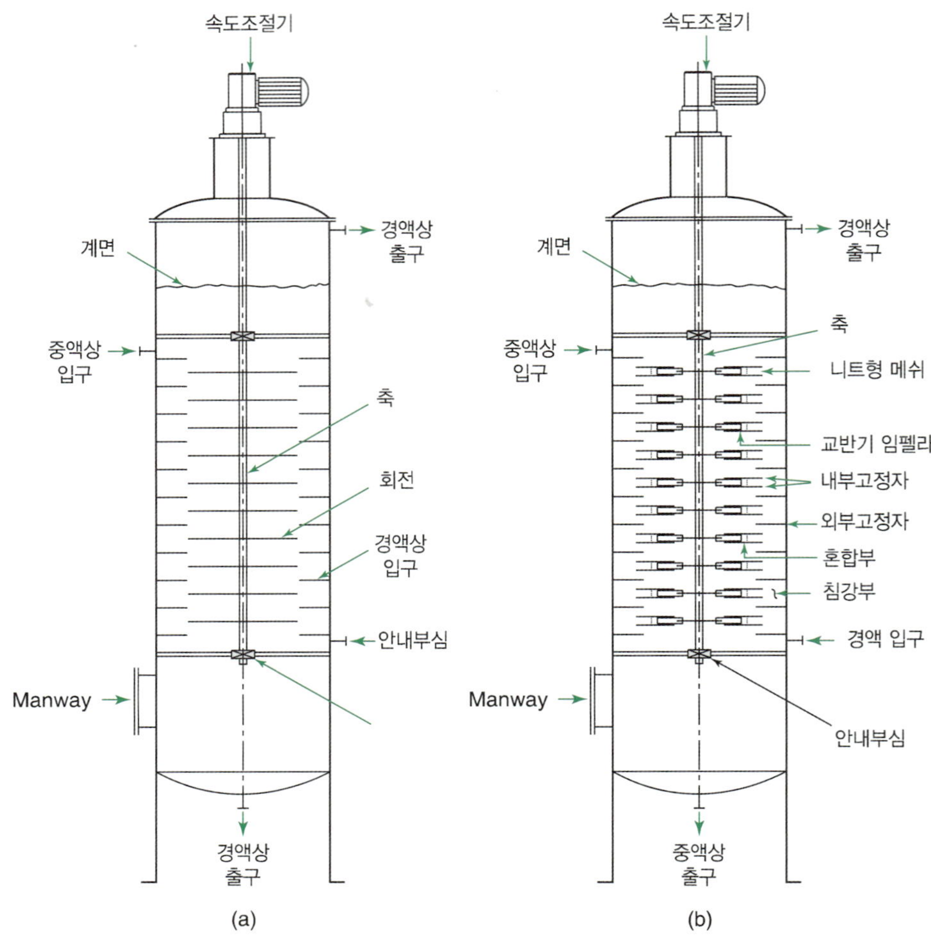

그림 19.6 교반 추출탑 : (a) 회전원판형 장치, (b) York-Scheibel 추출기

수도 있다. 그렇지만 이것은 두 상의 부피가 거의 같고, 추출하는 동안 부피 변화가 거의 없을 경우에만 가능하다. 보다 일반적인 경우에 잇따르는 분산은 덜 효과적이어서 한 방향으로 한 개의 상이 역혼합 되기도 한다. 그렇게 되면 단효율은 약 30%로 떨어진다. 그럼에도 불구하고, 충전 맥동탑과 체판형 맥동탑에서 주어진 이론접촉단 수에 요하는 높이가 비맥동탑에 요하는 높이보다 1/3도 안 되는 때가 있다.

원심추출기(Centrifugal extractor)

상의 분산과 분리는 원심력에 의해 크게 가속화될 수 있어서 몇몇 상업용 추출기는 이 점을 이용한다. Podbielniak 추출기에는 무거운 금속 상자 속에 있는 구멍이 많이 뚫린 나선형 리본(ribbon)이 액체가 들어가고 나갈 수 있도록 속이 빈 수평축 주위에 감겨져 있다. 가벼운 액체는 원심력을 이길 수 있도록 3~12atm 사이의 압력으로 나선의 바깥쪽으로 펌핑되며, 무거운 액체는 중심부로 공급된다. 액체들은 리본 사이의 통로를 통하여 향류로 흐른다. 무거운 액체는 나선의 외면을 따라 바깥쪽으로 이동하고, 가벼운 액체는 대체량만큼 내면을 따라 안쪽으로 흐르도록 되어 있다. 원심 추출기는 비싸며 상대적으로 용도가 제한되어 있다. 작은 공간에서 많은 이론접촉단을 갖고, 아주 짧은 체류시간(약 4초)을 갖는 이점이 있어 비타민 및 항생제와 같은 민감한 제품을 추출하는 데 사용되고 있다.

19.2.2 추출의 원리(Principles of extraction)

대부분의 연속 추출법은 가벼운 액체와 무거운 액체로 된 두 상들 간의 향류 접촉을 이용하므로, 향류식 기체흡수와 정류에 대한 여러 가지 기본지식이 그대로 액체추출에도 사용된다. 따라서 이상단, 단효율, 두 흐름간의 최소비 및 장치의 크기에 대한 문제점들은 증류에서와 마찬가지로 추출에서도 똑같은 중요성을 지닌다.

묽은 용액의 추출(Extraction of dilute solution)

유량의 변화를 무시할 수 있고 분배계수[1] K_D가 일정한 묽은 용액의 회분식 추출 또는 다단 추출의 경우, 추출인자 E를 다음 식으로 나타낼 수 있다.

$$E \equiv \frac{K_D V}{L} \tag{19.4}$$

순수한 용매를 갖는 단일 단 추출의 경우 남는 용질의 분율은 $1/(1+E)$이고 회수된 분율은 $E/(1+E)$이다.

예제 19.2

수용성 발효액 100 부피당 6 부피의 용매를 사용하여 아세트산 아밀 용매로 추출에 의해 페니실린 F를 묽은 수용성 발효액으로부터 회수한다. pH = 3.2에서 분배계수 K_D는 80이다. (a) 한 개의 이상단에서 페니실린의 몇 %가 회수되는가? (b) 두 개의 단 모두에 새 용매를 사용해서 2단 추출로 얼마가 회수되겠는가? (c) $V/L = 0.06$인 향류식 캐스케이드를 사용한다면 (b)와 똑같은 회수를 위해서 몇 개의 이상단이 필요한가?

풀이 (a) 물질수지에 의해 $y_0 = 0$이므로

$$L(x_0 - x_1) = Vy_1 \qquad y_1 = K_D x_1$$

$$x_1\left(\frac{VK_D}{L} + 1\right) = x_0$$

추출인자는 다음과 같다.

---

1) 분배계수는 추출물 속의 용질의 평형농도와 추출잔류물 속의 평형농도의 비이다.

$$E = \frac{VK_D}{L} = \frac{6 \times 80}{100} = 4.8$$

따라서 $\frac{x_1}{x_0} = \frac{1}{1+E} = \frac{1}{5.8} = 0.172$

회수는 1 − 0.172 = 0.828, 즉 82.8%이다.

(b) 같은 E 값을 가지므로

$$\frac{x_2}{x_1} = \frac{1}{1+E}$$

$$\frac{x_2}{x_0} = \frac{1}{(1+E)^2} = 0.0297$$

회수는 1 − 0.0297 = 0.9703, 즉 97.0%이다.

(c) K_D와 V/L이 일정하므로 이상단 수는 최수인자 S 대신 E를 사용하여 Kremser 식의 회수형으로부터 계산할 수 있다.

$$N = \frac{\ln[(x_a - x_a^*)/(x_b - x_b^*)]}{\ln E} \text{(Kremser 식)}$$

$x_a = x_0 = 100$으로하면 $x_b = 3.0$이고 $y_a = 97(100)/6 = 1{,}617$이다.

$$x_a^* = \frac{y_a}{K_D} = \frac{1{,}617}{80} = 20.2$$

$$x_b^* = 0$$

$$N = \frac{\ln[(100 - 20.2)/3]}{\ln 4.8} = 2.09$$

향류 공정을 이용하면 (b)보다 약간 많은 이상단 수를 필요로 한다. 그러나 용매를 반 만큼 사용하고 추출물의 농도를 높일 수 있다.

농축용액의 추출 ; 상 평형

농축용액의 추출에서는 성분이 3개 이상 존재하고 각 상에 각 성분의 일부가 존재하기 때문에 평형관계가 다른 종류의 분리에서 보다 더 복잡하다. 평형 데이터는 그림 19.7과 19.8에서 보는 바와 같이 삼각형 선도에 표시된다. 아세톤-물-MIK(methyl isobutyl ketone) 계(그림 19.7)는 Ⅰ형 계의 본보기로서, 용매(MIK)와 희석제(물)는 부분 혼화성이지만 용매와 추출될 성분(아세톤)은 완전 혼화성임을 보여주고 있다. 아닐린-n-헵탄-MCH(methyl cyclohexane)는 Ⅱ형 계(그림 19.8)를 이루며, 용매(아닐린)가 나머지 두 성분과 부분적으로만 혼화하는 것을 보여준다.

추출공정의 일부를 그림 19.7을 이용해서 설명할 수 있다. 용매를 아세톤과 물로 된 혼합물에 가하면 이 새로 생긴 혼합물의 조성은 순수용매에 대한 점과 원래 2성분 혼합물에 대한 점 사이를 연결하는 직선상에 놓이게 된다. 충분한 용매를 가해서 혼합물의 총괄조성이 돔(dome) 모양의 곡

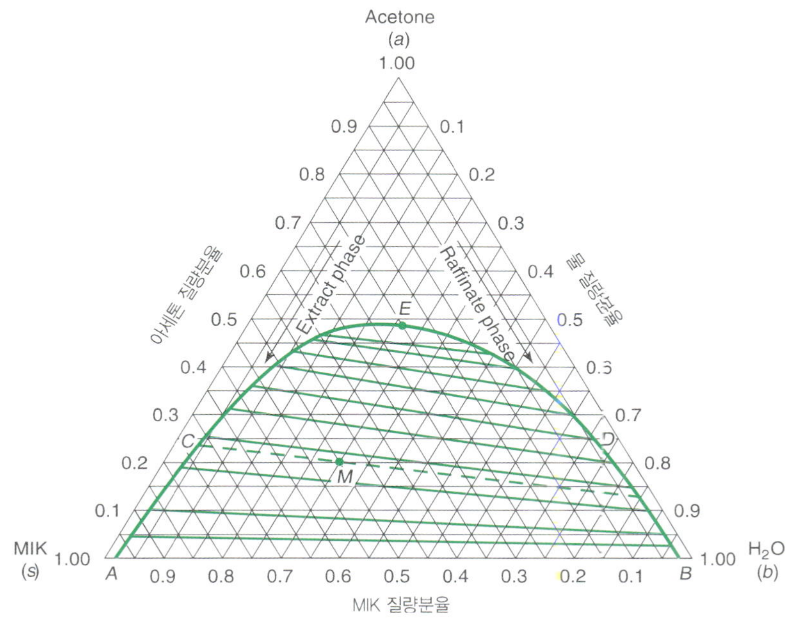

그림 19.7 25°C에서의 아세톤-MIK-물 계

선 아래로 떨어지게 되면, 혼합물은 두 상으로 갈라지게 된다. 상의 조성을 나타내는 점들은 총괄 혼합물 조성을 지나는 직선 대응선(tie line)으로 연결될 수 있다. 그림에는 확실하게 하기 위해서 몇 개의 대응선만을 그렸지만, 다른 선들은 내삽법으로 구할 수 있다. 선 ACE는 MIK 층(추출물)의 조성을 나타내며, 선 BDE는 물 층(추출잔류물)의 조성을 나타낸다. 혼합물 중에 아세톤의 함량이 증가함에 따라 두 상의 조성은 서로 접근하여 점 E, 즉 **상접점**(plait point)에서 같게 된다.

그림 19.7의 대응선들은 왼쪽 위로 기울어져 있어서 추출물 상이 추출잔류물 상보다 아세톤 농도가 진하다. 이것은 아세톤 대부분이 적절한 양의 용매를 이용해서 수용액 상으로부터 추출될 수 있음을 암시한다. 대응선이 그림 19.8에서처럼 수평이거나 오른쪽 위쪽으로 기울어져 있어도 추출은 가능하지만, 최종 추출물에 원하는 성분(그림 19.7에서는 아세톤 그리고 그림 19.8에서는 MCH)이 많지 않기 때문에 보다 많은 용매를 사용해야 한다.

그림 19.7에 설명한 계의 경우에 실제 추출공정에서는 제품인 아세톤과 희석제인 물의 비가 커야만 한다. MIK 용매 내의 물의 용해도가 불과 2%이지만, 아세톤 농도가 증가함에 따라 추출물 상의 물 함량 또한 증가한다. 그림 19.7의 데이터를 그림 19.9에 다시 도시해 보면, 물의 함량 y_{H_2O}가 아세톤 함량 y_A에 따라 점차 증가하는 것을 볼 수 있다. y_A / y_{H_2O} 비는 추출물 상의 아세톤이 약 27 wt%일 때 최대점에 달한다.

더 높은 아세톤 농도를 얻을 수도 있지만, 그러나 추출제품 속에 보다 많은 물이 존재하여 이런 조건에서의 조작은 바람직하지 못하다.

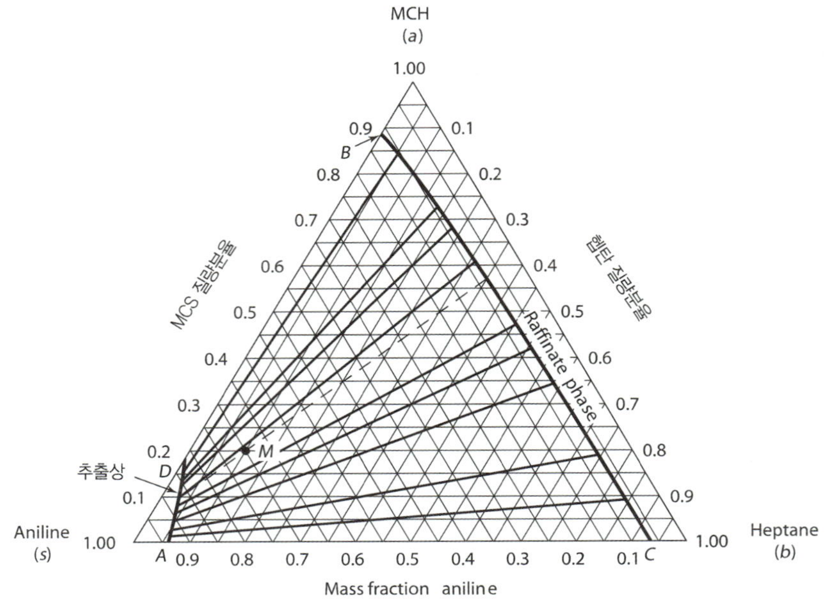

그림 19.8 25℃에서의 아닐린-n-헵탄-MCH 계: a, 용질(MCH): b, 회석제, n-헵탄; s, 용매, 아닐린

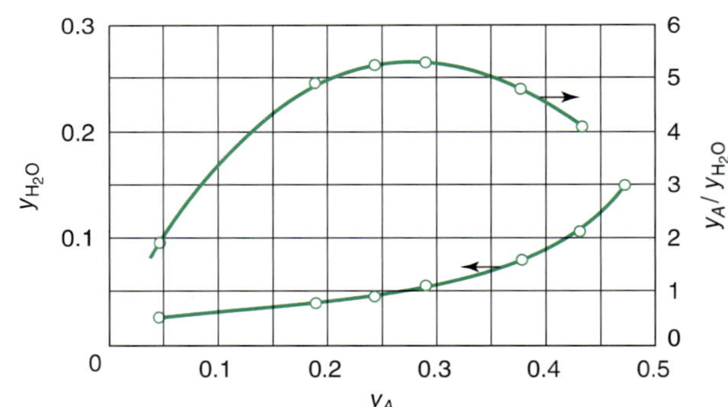

그림 19.9 MIK-아세톤-H_2O의 추출물 상 조성

단일 단 추출에 의해 생기는 상 조성은 삼각형 선도를 이용해서 쉽게 얻을 수 있다. 예를 들어, 아세톤 40%와 물 60%로 된 혼합물이 같은 양의 MIK 용매와 접촉하면 전체 혼합물은 그림 19.7 상의 점 M으로 표시된다. 새 대응선을 그려보면 추출물 상은 아세톤 0.232, 물 0.043 및 MIK 0.725를 나타낸다. 추출잔류물 상은 아세톤 0.132, 물 0.845 및 MIK 0.023이다. 추출잔류물 상을 새 용매와 반복해서 접촉시키는 경우, 이것을 십자 흐름(cross current) 추출공정이라고 부르며, 대부분의 아세톤을 회수할 수 있게 되지만, 이 공정은 많은 양의 용매를 필요로 하기 때문에 맞흐름식 캐스케이드를 이용하는 것보다 효율이 떨어진다.

생성물에서 아세톤 대 물의 비는 5.4이다. 추출잔류물에서는 그 비가 0.156이다. 그림 19.8의

M점에 해당하는 생성물에서의 MCH 대 n-heptane의 비는 3.3이고 추출잔류물에서는 그 비가 1.6이다. 분리는 명백히 MIK-아세톤-물 계가 보다 효과적이다.

McCabe-Thiele 법의 이용

향류 캐스케이드의 주어진 이론단 수에서 성취할 수 있는 분리는 삼각형 선도와 특별한 도해적 기법을 이용하여 구할 수 있으나, 본 장에서 사용하는 근사법인 변형된 McCabe-Thiele 법은 이용하기가 간편하고 대부분의 경우에 만족할 만한 정확성을 갖는다. 이 방법은 추출물 상과 추출잔류물 상의 용질 농도에 초점을 두어, 선도에는 추출물에 있는 희석제의 농도나 추출잔류물 속의 용매농도가 나타나지 않는다. 그러나 두 상의 비 주성분들은 조작선의 위치에 영향을 주는 추출물과 추출잔류물의 총 유량을 구할 때 계상된다.

McCabe-Thiele 법을 추출에 적용하기 위해서 평형 데이터를 직각좌표에 표시하며, 추출물, 즉 V 상에 있는 용질의 질량분율은 종축에, 그리고 추출잔류물 상의 용질의 질량분율은 횡축에 도시한다. I 형 계에서 평형선은 상접점에서 같은 조성으로 끝난다. 3성분계 혼합물을 나타내는 데, 단지 한 개의 농도만을 사용한다는 것은 이상하게 보이지만 주어진 단을 나가는 상이 평형에 있으면 두 상의 조성을 정하는 데는 한 농도만이 필요하게 된다.

추출 선도의 조작선은 식 (19.3)에 근거한 것으로 L 상의 n단을 나가는 용질농도와 V 상의 $n+1$단에서 나오는 용질농도 사이의 관계를 나타낸다. 조작선 상의 양끝 점인 (x_a, y_a) 및 (x_b, y_b)는 보통 3성분 평형 데이터를 참작하여 총괄 물질수지에 의해 구해진다. 탑을 지나감에 따라 추출잔류물 상(L)이 줄고, 추출물 상(V)이 증가하기 때문에 조작선은 구부러진다. 캐스케이드의 한 부분에 대한 물질수지를 취해서 조작선 상의 하나 또는 그 이상의 중간 점들을 구할 수 있다. 그러면 이상단 수는 통상적인 방법에 따라 계단을 그려서 구할 수 있다.

이상단 수가 정해지면 추출된 용질의 분율과 최종 조성을 시행오차법으로 구할 수 있다. 추출된 분율이나 최종 추출물 조성이 가정되면, 곡선으로 된 조작선이 그려진다. 너무 많은 단이 필요하게 되면, 추출된 분율을 더 작게 가정하여 계산을 반복한다. 이와 같은 계산은 일반적으로 컴퓨터로 한다.

예제 19.3

향류 추출장치로 25°C에서 MIK에 의해 물과 섞여 있는 혼합물에서 아세톤을 추출하려고 한다. 공급원료는 40% 아세톤과 60% 물로 되어 있다. 공급원료와 같은 질량의 순수용매를 추출액체로 사용한다. 아세톤의 99%를 추출하는 데 몇 개의 이상단이 필요한가? 용매를 제거하고 난 후의 추출물 조성은 얼마인가?

풀이

그림 19.7의 자료를 이용하여 평형관계 x_A 대 y_A를 도시하면, 그림 19.10의 상부 곡선을 얻는다. 조작선의 양끝 점들은 추출물 상의 물 양과 추출잔류물 상의 MIK 양을 참작한 물질수지에 의해 구해진다.

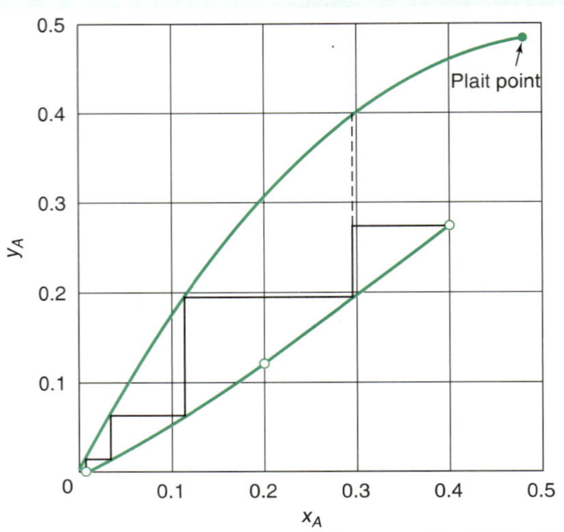

그림 19.10 추출에 대한 McCabe-Thiele 선도

계산기준 : F = 시간당 100 질량 단위

n = 추출물 속의 H_2O의 질량 유량

m = 추출잔류물 속의 MIK의 질량 유량

이라고 하자. A가 99% 회수되면, 추출물은 $0.99 \times 40 = 39.6\,A$이며, 추출잔류물은 $0.4\,A$이다.

총 유량은 다음과 같다.

탑 위에서,

$$L_a = F = 100 = 40A + 60\,H_2O$$

$$V_a = 39.6A + n H_2O + (100 - m)\text{MIK} + 139.6 + n - m$$

탑 밑에서,

$$V_b = 100\text{ MIK}$$

$$L_b = 0.4A + (60 - n)H_2O + m\text{MIK} = 60.4 + m - n$$

n과 m이 작아서 V_a와 L_a에 대한 합계에서는 무시할 수 있기 때문에 총 추출물 유량 V_a는 약 140이 되므로, $y_{A,a} \cong 39.6/140 - 0.283$이 된다.

$x_{A,b}$ 값은 약 $0.4/60 = 0.0067$이다. 이 계산은 n과 m 값을 계산한 다음 조절된다.

그림 19.7에서 $y_A = 0.283$이면, $y_{H_2O} = 0.049$이다.

$$n = \frac{0.049}{1 - 0.049}(39.6 + 100 - m)$$

m이 아주 작다면, $n \cong (0.049/0.951)(139.6) = 7.2$이다.

그림 19.7에서 $x_A = 0.007$이면, $x_{\text{MIK}} = 0.02$이다.

$$m = \frac{0.02}{1 - 0.02}(0.4 + 60 - n)$$

$$\cong \frac{0.02}{0.98}(0.4 + 52.8) = 1.1$$

수정된 값은 $n = (0.049/0.951)(139.6 - 1.1) = 7.1$이다.

$$V_a = 139.6 + 7.1 - 1.1 = 145.6$$

$$y_{A,a} = \frac{39.6}{145.6}\ 0.272$$

$$L_b = 60.4 + 1.1 - 7.1 = 54.4$$

$$x_{A,b} = \frac{0.4}{54.4} = 0.0074$$

점 (0.0074, 0)과 (0.40, 0.272)를 도시하여 조작선의 양끝을 정한다.

조작선의 중간 점을 구하기 위해 $y_A = 0.12$를 택하여 V와 L을 계산한다. 그림 19.7에서 $y_{H_2O} = 0.03$이면 $y_{MIK} = 0.85$이다. 추출잔류물 상에는 MIK가 2~3% 밖에 없으므로, 추출물 속의 MIK 양이 공급된 용매와 같은 100이라고 가정한다.

$$100 \cong V y_{MIK}$$

$$V \cong \frac{100}{0.85} = 117.6$$

용매 입구(바닥)에서 중간 점까지의 총괄 수지식은 다음과 같다.

$$V_b + L = L_b + V$$

$$L \cong 54.4 + 117.6 - 100 = 72.0$$

같은 부분에서 A에 대한 수지를 취하면 x_A를 구할 수 있다. 즉,

$$L x_A + V_b y_b = L_b x_b + V y_A$$

$$L x_A \cong 0.4 + 117.6(0.12) - 0$$

$$x_A \cong \frac{14.5}{72} = 0.201$$

이 값이 아마도 꽤 정확할지는 모르지만 V, L 및 x_A의 수정된 값들을 구할 수가 있다.

$x_A = 0.201$이면 $x_{MIK} \cong 0.03$(그림 19.7)이다. 용매 입구에서 중간 점까지의 MIK 수지를 취하면,

$$V_b + L x_{MIK} = L_b x_{MIK,b} + V y_{MIK}$$

$$V y_{MIK} = 100 + 72(0.03) - 1.1$$

$$\text{수정된 V} = \frac{101.1}{0.85} = 118.9$$

$$\text{수정된 L} = 54.4 + 118.9 - 100 = 73.3$$

$$\text{수정된 } x_A = \frac{0.4 + 118.9(0.12)}{73.3} = 0.200$$

$x_A = 0.20$, $y_A = 0.12$를 도시하면, 약간 굽은 조작선을 그릴 수 있다.

그림 19.10으로부터 $N = 3.4$단이다.

19.3 특수 추출기술(Special extraction techniques)

특수한 기술이 개발되어 민감한 생물제품의 회수와 같은 추출공정들의 효율이 향상되었다. 특수기술에는 수용액 상만을 이용하는 추출과 용매의 임계점 이상의 압력과 온도에서 유지되는 용매를 사용하는 초임계 유체추출이 있다.

19.3.1 초임계유체 추출(Supercritical fluid extraction)

어떤 화합물들은 초임계 용매로 추출함으로써 고체나 액체로부터 분리될 수 있다. 초임계유체는 선택적 용해력 이외에도 재래식 용매에 비해 몇 가지 장점을 지니고 있다. 초임계유체는 밀도와 점도가 낮으며 그 속에서는 용질의 확산도가 높다(통상적인 액체에서보다 100배 이상 크다). 따라서 초임계유체는 다공성이거나 섬유성인 고체에 쉽게 투과한다. 다른 방법들도 사용될 수 있지만, 단지 온도나 압력을 변화시킴으로써 용질이 초임계유체로부터 회수될 수 있다. 초임계유체 추출의 주요 단점은 고압을 필요로 한다는 점이다.

상평형(Phase equilibria)

초임계 추출, 특히 식품처리 공정에 유용한 용매는 31.06°C, 73.8 기압의 임계점을 갖는 이산화탄소이다. 순수한 CO_2의 상태도(그림 19.11)에 고체, 액체 및 기체의 평형지역과 초임계 유체가 존재할 수 있는 조건들이 그려져 있다. 초임계 지역에서는 액체와 기체간의 구별이 없고 상전이가 없다. 즉 초임계 유체는 아주 밀도가 큰 기체 또는 밀도가 작고 움직이기 쉬운 액체와 같은 작용을 한다.

초임계유체에서의 용해도와 선택도는 온도와 압력에 지대한 영향을 받는다. 초임계 CO_2에 의해 용질의 거의 전부를 추출하기 위해서는 그림 19.11에 표시한 바와 같이 가장 높은 압력이 사용된다. 왜냐하면 여기에서 용해도가 가장 크기 때문이다. 부하가 걸린 용매는 온도나 압력이 단계적으로 변하는 일련의 분리용기를 통과하여 다단 분별증류(multistage fractionation)를 하게 된다. 냄새를 내는 휘발성분을 제거하기 위해서는 임계점에 가까운 조건이 유리하다. 이런 조건에서는, 용해도는 더 작지만 가장 휘발성이 큰 성분에 대한 선택도가 훨씬 크다.

초임계유체 추출공정의 실제적인 예로 커피의 카페인 제거 공정에 이용되고 있다.

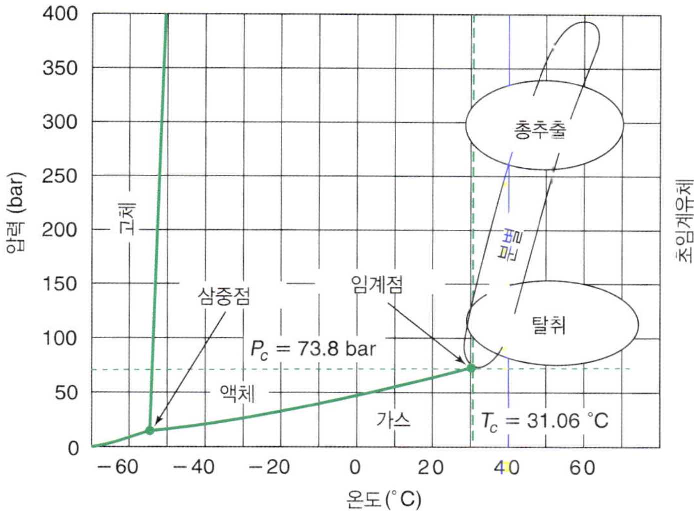

그림 19.11 식품처리 응용에 유용한 영역을 설명하는 이산화탄소의 상태도

연습 문제

19.1 $CuSO_4$로서 구리를 함유하고 있는 배소된 동광이 향류 다단 추출기에서 추출된다. 시간당 장입해서 처리되는 량은 불활성 고체 10톤, 황산동 1.2톤, 및 물 0.5톤이다. 생산된 농축액은 무게비(wt%)로 물이 90%, 황산동이 10%이다. 광석에 있는 98%의 황산동을 회수한다. 순수한 물이 새 용매로 사용된다. 각 단을 나가는 아래흐름에 불용성 고체 1 톤에는 2 톤의 물과 물에 용해된 황상동이 묻어 있다. 각 단에서 평형을 이룬다고 하면 몇 개의 단이 필요한가?

답 : N = 9.5단

19.2 5개의 단으로 된 맞흐름식 추출장치에서 다음 반응으로 생긴 슬러지를 추출하려고 한다.

$$Na_2CO_3 + CaO + H_2O \rightarrow CaCO_3 + 2NaOH$$

$CaCO_3$는 한 단에서 다른 단으로 흐를 때 자체 무게의 1.5배에 해당하는 용액과 함께 이동한다. NaOH의 99%를 회수하려고 한다. 반응 생성물은 과량의 반응물 없이 첫 단에 들어가지만, $CaCO_3$kg당 0.6kg의 물이 있다. (a) 탄산칼슘 kg당 얼마의 세척수를 사용해야 하는가? (b) $CaCO_3$가 완전히 불용성이라고 가정하면, 각 단을 나가는 용액의 농도는 얼마인가?

답 : (a) m_f = 3.376kg (b) y_1 = 0.2418, y_2 = y_a = 0.1051, x_2 = y_2 = 0.1051, y_3 = x_3 = 0.0444, y_4 = 0.0174, y_5 = x_b = 0.00533

19.3 혼합침강기로 이루어진 일련의 연속 맞흐름식 추출장치에서 40 : 60의 아세톤-물 용액 100kg/h을 25°C에서 순수한 1, 1, 2-삼염화에탄(trichloroethane)으로 추출하여 아세톤을 10%까지 줄이려고 한다. (a) 최소 용매유량을 구하라. (b) 최소(용매의 유량)/(원료의 유량)의 1.8배에서 필요한 단수를 구하라. (c) (b)의 조건에서 모든 흐름들의 질량유속을 구하라. 데이터는 표 19.6에 수록되어 있다.

답 : (a) 26.46kg (b) 2.8단,
(c) Feed : 100kg/h, Extract : 83.11kg/h, Solvent : 47.63kg/h, Raffinate : 64.52kg/h

19.4 40wt%의 아세톤과 60wt% 물이 들어 있는 혼합물이 같은 양의 MIK와 접촉된다. (a) 단일 단 공정에서 아세톤의 몇 %가 추출될 수 있는가? (b) 새 용매를 둘로 갈라서 두 번의 연속 추출을 시도하면 아세톤의 몇 할이 추출될 수 있는가?

답 : (a) 78.9% (b) 0.105

19.5 낮은 pH에서 아세트산 아밀(amyl acetate)을 사용하여 발효액으로부터 추출된 항생제가 pH = 6에서 K_D = 0.15인 깨끗한 물속으로 되 추출된다. 물의 유량을 용매 유량의 0.45배로 정하면 향류 캐스케이드에서 항생제의 98% 회수에 몇 개의 이상단이 필요한가?

답 : (a) 3.2단

19.6 크기가 평균 0.58 mm되는 작은 알갱이 평지 씨로부터 헥산을 이용하여 기름을 추출하려고 한다. 입자들은 원래 43.82%의 기름과 6.43%의 수분을 함유하고 있다. 건조 후에는 건조된 평지의 기름 함량이 추출시간에 따른 결과는 아래 표에 있다. 구의 과도확산에 대한 식을 이용하여 헥산에 잠긴 입자들의 유효확산계수를 구하라. 과량의 헥산을 사용하며 외부물질전달저항이 무시된다고 가정한다.

Time, min	75	90	105	120
Oil in dry meal, kg/100 kg inert material	11.5	7.97	4.35	3.88

답 : D_v = 3.17×10^{-8}cm^2/s

19.7 분배계수가 6.8인 용매를 사용하여 묽은 수용액으로부터 유기용질을 추출하려고 한다. 용매의 흐름이 용액의 0.35 배이고 용질의 99%를 회수하려고 한다면 연속맞흐름 추출기의 경우 몇 개의 이상단이 필요한가?

답 : 4.69

19.8 향류다단 추출에서 추제비 4와 단수 2로 조작할 때 추잔율은? **(화공기사 기출)**

① 0.05 ② 0.11 ③ 0.89 ④ 0.95 답 : ①

19.9 추출에서 선택도(β)에 대한 설명 중 틀린 것은? (단, k_A, k_B는 분배계수로서 A는 추질, B는 원용매이다.) **(화공기사 기출)**

① β는 k_A/k_B로 표현된다.
② 추질의 분배계수가 원용매의 분배계수보다 작을수록 선택도가 높다.
③ β = 1.0에서는 분리가 불가능하다.
④ 선택도가 클수록 추제는 적게 든다. 답 : ②

19.10 상계점(Plait point)에 대한 설명으로 옳지 않은 것은? **(화공기사 기출)**

① 추출상과 추간상의 조성이 같아지는 점이다.
② 상계점에서 2상이 1상이 된다.
③ 추출상과 평형에 있는 추잔상의 대응선(tie-line)의 길이가 가장 길어지는 점이다.
④ 추출상과 추잔상이 공존하는 점이다. 답 : ③

19.11 추출에서 추료(Feed)에 추제(Extracting Solvent)를 가하여 잘 접촉시키면 2상으로 분리된다. 이 중 불활성 물질이 많이 남아 있는 상을 무엇이라고 하는가? **(화공기사 기출)**

① 추출상(Extracting) ② 추잔상(Raffinate) ③ 추질(Solute) ④ 슬러지(Sludge)

답 : ②

19.12 초산과 물의 혼합액에 벤젠을 추제로 가하여 초산을 추출한다. 추출상의 wt%가 초산 3, 물 0.5, 벤젠 96.5이고 추잔상은 wt%가 초산 27, 물 70, 벤젠 3일 때 초산에 대한 벤젠의 선택도는 약 얼마인가? **(화공기사 기출)**

① 8.95 ② 15.6 ③ 72.5 ④ 241.5 답 : ②

19.13 추제(Solvent)의 선택요인으로 옳은 것은? **(화공기사 기출)**

① 선택도가 작다. ② 회수가 용이하다.
③ 값이 비싸다. ④ 화학결합력이 크다. 답 : ②

CHAPTER

20 고체의 건조

Drying of Solids

일반적으로 고체를 건조한다는 것은 고체 물질로부터 비교적 적은 양의 물이나 다른 액체를 제거하여 잔류 액체의 함량을 받아들일 수 있는 낮은 값까지 감소시키는 것을 뜻한다. 건조는 일련의 조작 중 마지막 단계이며, 건조기에서 나온 제품은 최종 포장을 하면 되는 상태이다.

물이나 다른 액체들은 압착이나 원심력에 의해 기계적으로 또는 열적으로 기화에 의해 고체로부터 제거된다. 본 장은 열적 기화에 의한 건조에 한정한다. 일반적으로 열적인 것보다는 기계적으로 액체를 제거하는 것이 비용면에서 싸다. 따라서 물질을 가열된 건조기에 공급하기 전에 액체함량을 되도록 많이 줄이는 것이 바람직하다.

건조된 물질의 액체함량은 제품에 따라 다르다. 경우에 따라서 어떤 제품은 액체를 전혀 포함하지 않는데, 이것을 **완전건조**(bone dry)라고 한다. 보다 평범하게는 대부분의 제품에 약간의 물이 포함되어 있다. 건조(dryness)란 상대적인 말로서 건조한다는 것(drying)은 단지 액체함량을 초기 값으로부터 허용할 수 있는 어떤 최종 값까지 줄인다는 것을 의미한다.

건조되는 고체는 얇은 조각, 알갱이, 결정, 분말, 평판(slab) 또는 연속적인 쉬트(sheet) 등 여러 가지 다른 형태로 있으며 광범위하게 다른 성질을 지니고 있다. 기화되는 액체는 소금 결정 건조에서와 같이 고체표면에 있을 수 있으며, 고분자물질 쉬트에서 용매를 제거하는 것 같이 완전히 고체 내부에 있을 수도 있다. 어떤 건조기에 공급된 원료는 고체가 입자로서 부유되거나 용액 속에 들어가 있는 액체일 경우가 있다. 건조된 제품은 소금과 다른 무기고체들처럼 마구 다루거나 더운 환경에도 견딜 수 있는 것이 있고, 식료품이나 의약품처럼 낮은 온도에서 신중히 다루어야 하는 것도 있다.

건조기의 분류(Classification of dryers)

건조장치들을 분류할 수 있는 간단한 방법은 없다. 어떤 건조기는 연속적이고 어떤 것은 회분식이며 어떤 것은 고체를 교반하고 어떤 것은 근본적으로 교반되지 않는다. 건조온도를 낮추기 위해 감압하에서 운전될 수도 있다. 어떤 건조기는 거의 모든 종류의 물질을 취급할 수 있는 반면, 어떤 것들은 그들이 받아들일 수 있는 원료의 종류가 극히 한정되어 있다.

주요 구분은 (1) 고체가 직접 뜨거운 기체(보통은 공기)에 노출된 건조기와 (2) 응축하는 수증기와 같이 외부 매체로부터 고체가 접촉하고 있는 금속표면을 통하여 고체로 열이 전달되는 건조기 [5] 및 (3) 유전체, 복사 에너지, 또는 마이크로파 에너지에 의해 가열되는 건조기 등이 있다. 고체가 뜨거운 기체에 노출되는 건조기를 **단열건조기**(adiabatic dryer) 또는 **직접 건조기**(direct dryer)라고 하며, 외부 매체로부터 열이 전달되는 건조를 **비단열건조기**(nonadiabatic) 또는 **간접 건조기**(indirect dryer)라고 한다. 어떤 건조장치는 뜨거운 기체에다 가열된 표면을 가지고 있거나 뜨거운 기체와 함께 복사와 같은 한가지 이상의 열전달의 방식을 가지고 있다.

건조기에서의 고체 취급(Solids handling in dryer)

쎄라믹 그릇이나 폴리머 쉬트처럼 커다란 조각들을 건조하는 것들도 있지만 대부분의 공업용 건조기는 건조주기의 일부 또는 전부에서 입상 고체를 취급한다. 건조기를 통한 고체입자들의 여러 가지 운동 형태를 설명하는 것만이 중요하다.

단열건조기에서 기체, 고체 상호작용의 모형들은 다음과 같다.

1. 건조층 또는 고체 평판의 표면을 가로지르거나 아니면 연속적인 쉬트 또는 필름의 한 면 또는 양면을 가로질러 기체를 불어넣는다. 이런 공정을 **횡단-순환식 건조**(cross-circulation drying)라고 한다[그림 20.1(a)].
2. 스크린(screen) 위에 쌓인 굵은 알갱이 고체층을 통해 기체를 불어넣는다. 이것은 **관통-순환식 건조**(through-circulation drying)로 알려져 있다. 횡단-순환식 건조와 마찬가지로 고체 입자의 동반현상을 피하기 위해 기체속도를 낮게 유지한다[그림 20.1(b)].
3. 천천히 움직이는 기체흐름을 통해 고체를 아래로 쏟아 내리며, 가끔 미세입자의 일부가 기체에 원하지 않는 동반현상이 있을 수 있다[그림 20.1(c)]. 어떤 회전식 건조기는 비단열적임에 유의해야 한다.
4. 고체층을 유동화시키기 충분한 속도로 기체가 고체를 통과한다. 불가피하게 미세한 입자들의 일부 동반현상이 있다[그림 20.1(d)].
5. 고체들은 모두 고속 기체흐름으로 동반되며, 공기로 이송되어 혼합장치에서 기계적 분리기로 운반된다[그림 20.1(e)].

비단열 건조기에서는 소량의 "세척기체"(sweep gas, 공기 또는 질소)가 장치를 통해 보내기도 하지만, 제거되는 유일한 기체는 기화된 물이나 용매뿐이다. 비단열 건조기는 주로 고체가 뜨거운 표면 또는 다른 열원에 노출되는 방법에 따라 구별된다.

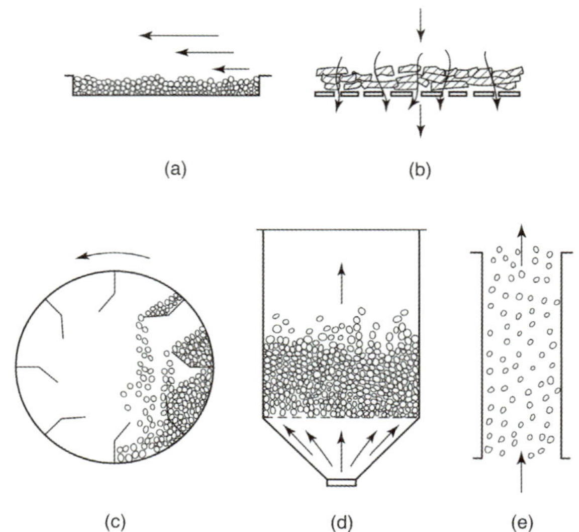

그림 20.1 건조기에서의 기체-고체 상호작용의 모형 : (a) 정지 고체층을 가로지르는 기체흐름, (b) 미리 형성된 고체층을 통해 지나는 기체, (c) 회전식 건조기에서의 쏟아지는 모양, (d) 유동화 고체층, (e) 공기운반식 훌래쉬 건조기에서 기체-고체 나란흐름

1. 고체가 정지되어 있거나 천천히 움직이는 수평 표면 위에 펼쳐 널려지고 마를 때까지 구워진다. 표면은 전기적으로 가열되거나 수증기 또는 뜨거운 물과 같은 열전달 유체에 의해 가열된다. 다른 방법으로는 고체 위에 복사열 가열기로 열이 공급될 수도 있다.
2. 일반적으로 원통형인 가열표면 위로 고체가 교반기나 나선식 또는 패들(paddle)식 운반기에 의해 이동된다.
3. 고체가 중력에 의해 경사진 가열표면 위로 미끄러져 떨어지고, 잠시 동안 표면과 함께 위로 운반되었다가 다시금 새 장소로 미끄러져 떨어진다[참조 : "회전식 건조기"("Rotary Dryer" 참조).

20.1 건조의 원리(Principles of drying)

건조되는 물질의 종류가 다양하고 사용되는 건조장치의 유형도 많기 때문에 모든 물질과 모든 건조기를 포괄하는 단일 건조이론이란 없다. 원료의 모양과 크기, 수분 평형관계 고체를 통한 수분 흐름 기구 및 기화에 필요한 열의 공급 방법의 다양성 등 모든 것들이 통일된 취급을 방해한다.

건조기에서의 온도 양상(Temperature patterns in dryer)

건조기에서 온도가 변하는 방법은 원료의 성질과 액체함량, 가열매체의 온도, 건조시간 및 건조 고체의 허용 최종 온도에 따라 다르다. 그러나 변화 모양은 어느 건조기에서나 비슷하다. 전형적인 모양은 그림 20.2와 같다.

일정한 온도의 가열매체를 갖는 회분식 건조기[그림 20.2(a)]에서 젖은 고체의 온도는 초기온도 T_{sa} 로부터 기화온도 T_v 까지 빠르게 상승한다. 세척기체가 없는 비단열건조기에서는 T_v 가 건조기 압력에서의 액체 기포점이다. 세척기체를 사용하거나 건조기가 단열적이라면, T_v 는 기체의 습구온도(기체가 공기이고 물이 증발되는 액체라면 단열포화 온도와 같음)이거나 그 근처에 있다. 건조는 상당한 기간 동안 T_v 에서 일어나지만 잠시 후 건조 고체의 영역이 표면 근처에 형성됨에 따라 젖은 고체의 온도가 점차 상승한다. 그러면 기화온도는 건조 영역에서의 열 및 물질전달 저항에 의존하며 동시에 외부 경계층에서의 열 및 물질전달 저항에 관계된다. 건조의 마지막 단계에서 고체온도는 더 높은 온도인 T_{sb} 까지 빨리 올라간다.

그림 20.2(a)에 표시된 건조시간은 몇 초일 수도 있고 몇 시간일 수도 있다. 고체는 대부분의 건조주기 동안 또는 건조주기의 적은 부분 동안 T_v에 있을 수 있다. 가열매체의 온도는 그림에서 보는 바와 같이 일정할 수도 있고, 건조가 진행됨에 따라 프로그램에 의해 변할 수도 있다.

이상적인 연속식 건조기에서 고체의 각 입자는 건조기 입구에서 출구로 가는 도중 그림 20.2(a)와 비슷한 주기를 통과한다. 정상상태 조업에서 연속식 건조기의 어느 한 지점의 온도는 일정하지만 건조기 길이 위치에 따라서는 변한다. 그림 20.2(b)는 단열 향루식 건조기의 온도 모양이다. 고체의 입구와 기체의 출구는 왼쪽에 있고, 기체의 입구와 고체의 출구는 오른쪽에 있다. 여기서도 고체는 T_{sa}에서 T_v로 빨리 가열된다. 습구온도가 변하지 않더라도 기화온도 T_v는 건조가 진행됨에 따라 변할 수 있다. 마른 고체를 가열하는 데 필요한 에너지가 기화에 필요한 에너지와 비교해서 작기 때문에 기체의 입구 근처에서는 비교적 짧은 건조기 길이에서 고체가 T_v 이상 가열될 수도 있다. 열에 민감한 물질들을 취급하는 경우에 건조기는 T_{sb}가 T_v에 근접하도록 설계된다. 뜨거운 기체는 보통 낮은 습도로 T_{hb}에서 건조기에 들어간다. 건조기간 동안 온도 구동력의 변화와 총괄 열전달계수의 변화 때문에 기체의 온도 모양은 복잡해진다.

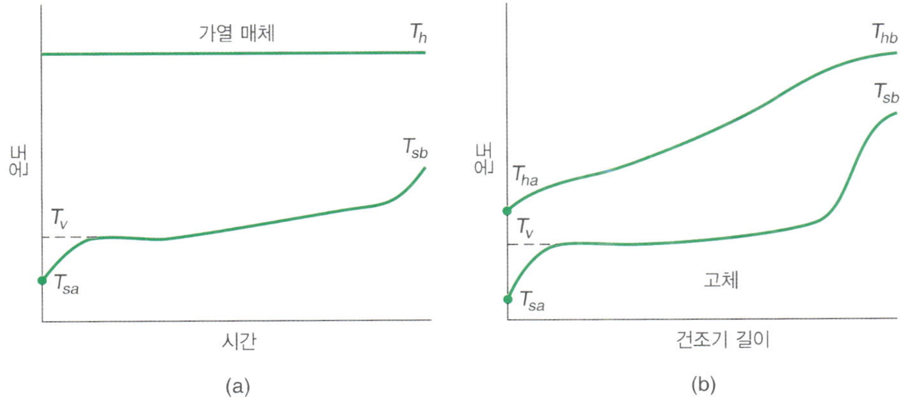

그림 20.2 건조기에서의 온도 양상 : (a) 회분식 건조기, (b) 연속식 향류 단열건조기

건조기에서의 열전달(Heat transfer in dryer)

젖은 고체의 건조는 열공정으로 정의된다. 이 공정은 가끔 고체 속에서 확산 또는 기체를 통한 확산에 의해 복잡해지지만, 흡착된 물질의 마지막 흔적을 없애기 위해서는 액체의 기포점 보다 높은 온도로 물질을 가열함으로써 여러 가지 물질을 건조시킬 수 있다. 예를 들면, 젖은 고체는 과열수증기에 노출시켜 건조할 수도 있다. 이 경우 확산 문제는 없고, 문제는 열전달만의 것이다. 공기나 불활성기체가 존재하는 대부분의 단열 건조에서는 표면온도가 물질전달과 열전달 속도에 관계되지만 많은 건조기들은 열전달만을 고려해서 설계한다.

열 성능의 계산(Calculation of heat duty) 열은 다음 항들을 만족하게 위해 건조기에 공급되어야 한다.

1. 원료(고체와 액체)를 기화온도까지 가열
2. 액체를 기화
3. 고체를 최종온도까지 가열
4. 증기를 최종온도까지 가열
5. 공기 또는 다른 부가된 기체들을 최종온도까지 가열

1, 3, 4 및 5항들은 2항과 비교하여 가끔 무시한다. 일반적인 경우 열전달의 총 속도는 다음과 같이 계산할 수 있다. $\dot{m}_s$가 단위시간당 건조되는 완전건조 고체의 질량이고, X_a와 X_b가 완전건조 고체 단위질량당 액체의 질량으로 초기 및 최종 액체함량이라면 고체 단위질량당 전달된 열량 $q_T/\dot{m}_s$는 다음과 같다.

$$\frac{q_T}{\dot{m}_s} = c_{ps}(T_{sb} - T_{sa}) + X_a c_{pL}(T_v - T_{sa}) + (X_a - X_b)\lambda + X_b c_{pL}(T_{sb} - T_v) + (X_a - X_b) c_{pv}(T_{va} - T_v) \tag{20.1}$$

T_{sa} = 공급원료 온도
T_v = 기화 온도
T_{sb} = 최종 고체 온도
T_{va} = 최종 증기 온도
λ = 기화열
c_{ps}, c_{pL}, c_{pv} = 각각 고체, 액체 및 증기의 비열

식 (20.1)은 입구로부터 출구까지 온도범위의 평균비열과 T_v에서의 기화열에 기준한 것이다. 그렇지만 어떤 온도범위에 걸쳐 기화가 일어난다고 해도 엔탈피 변화란 처음 상태에서 최종 상태까지의 경로에는 무관하기 때문에 식 (20.1)을 그대로 응용할 수 있다.

단열건조기에서 고체, 액체 및 증기에 전달된 열은 식 (20.1)에서 알 수 있는 바와 같이 기체의

냉각으로 생기는 것이다. 즉, 연속식 단열건조기의 경우 열수지는 다음과 같다.

$$q_t = \dot{m}_g c_{sb}(T_{hb} - T_{ha}) \tag{20.2}$$

$\dot{m}_g =$ 건조기체의 질량속도

$c_{sb} =$ 입구 습도에서 기체의 습윤비열

열전달 계수 건조기 계산에서는 기본 열전달 식인 식 (11.14)는 건조기의 각 부분, 즉 예열부, 대부분의 기화가 일어나는 부분, 및 고체들이 최종온도까지 가열되는 부분에 적용된다. 즉,

$$q = UA\overline{\Delta T} \tag{20.3}$$

q = 건조기의 한 부분에서 열전달 속도

$U =$ 총괄 계수

$A =$ 열전달 면적

$\overline{\Delta T} =$ 평균온도 차이(반드시 대수평균이 아니라도 좋다)

때로 A와 $\overline{\Delta T}$를 알면 건조기의 용량은 계산되었거나 측정된 U값으로부터 산출될 수 있다. 단 건조기와 이동식 벨트 건조기의 경우 A는 젖은 고체를 운반하는 수평면의 면적이다. 드럼 건조기의 경우에는 A가 드럼의 활동적인 표면적이며 관통-순환식 건조기의 경우에는 입자들의 총 표면적이 될 수 있다. 나선형 콘베이어 건조기나 회전식 건조기와 같은 건조기에서는 열 및 물질전달에 대한 유효면적을 결정하기 어렵다. 이와 같은 건조기들은 부피 열전달계수 U_a에 기준해서 설계된다. 여기서, a는 건조기 단위부피당 열전달 면적이다. 지배 방정식은 다음과 같다.

$$q_T = Ua\,V\overline{\Delta T} \tag{20.4}$$

$U_a =$ 부피 열전달계수, $W/m^3 \cdot °C$

$V =$ 건조기 부피, m^3

대부분의 건조기에서 열전달계수들은 단지 실험적 상호관계로부터 개략적으로 산출되며 정밀한 설계를 위해서는 실험 데이터를 필요로 한다. 이론과 상호관계식들은 건조속도에 대한 변수들의 변화효과를 예측하는 데 유용하다.

열전달 단위 어떤 단열건조기, 특히 회전식 건조기는 그들이 갖고 있는 열전달 단위 수로 편리하게 평가된다. 두 가지 유체의 교환기에서 열전달 단위는 일반적으로 낮은 용량을 갖는 흐름에 기준하지만 건조기에서는 늘 기체에 기준한다. 건조기에서의 전달단위 수(No. of transfer unit)는 다음과 같이 주어진다.

$$N_t = \int_{T_{ha}}^{T_{hb}} \frac{dT_h}{T_h - T_s} \tag{20.5}$$

또는,

$$N_t = \frac{T_{hb} - T_{ha}}{\overline{\Delta T}} \tag{20.6}$$

고체의 초기 액체함량이 크고 전달된 대부분의 열이 기화를 위한 것이면, $\overline{\Delta T}$는 건구온도와 습구온도의 대수평균 차이로 취할 수 있다. 즉,

$$\overline{\Delta T} = \overline{\Delta T}_L = \frac{T_{hb} - T_{wb} - (T_{ha} - T_{wa})}{\ln[(T_{hb} - T_{wb})/(T_{ha} - T_{wa})]} \tag{20.7}$$

물-공기 계인 경우, $T_{wb} = T_{wa}$이므로, 식 (20.6)은 다음과 같이 된다.

$$N_t = \ln \frac{T_{hb} - T_{wb}}{T_{ha} - T_{wb}} \tag{20.8}$$

식 (20.8)에서 사실이던 아니던 $T_v = T_{wb}$라고 가정한다. 그러나 T_v는 보통 알려져 있지 않기 때문에 계산 목적으로 이러한 가정을 하게 된다.

상평형(Phase equilibria) 습윤 고체에 대한 평형 데이터는 보통 기체의 상대습도와 고체의 액체함량간의 관계식으로 주어지는데, 여기서 고체의 액체함량은 완전건조 고체 단위질량당 액체의 질량으로 나타낸다. 평형관계식의 예는 그림 20.3과 같다. 이런 유형의 곡선들은 온도와는 거의 무관하다. 이와 같은 곡선들의 횡좌표는 건조기체 단위질량당 증기의 질량으로 표시되는 절대습도로 쉽게 환산된다.

젖은 고체가 습도-평형 곡선으로 나타난 고체의 수분함량에 해당하는 습도보다도 더 낮은 습도를 갖는 공기와 접촉하게 되면, 고체는 수분을 잃고 공기와 평형을 이루기까지 건조되게 된다. 공기가 고체와의 평형 이상으로 습하면, 고체는 평형에 도달하기까지 공기로부터 수분을 흡수한다.

유체상에서는 확산이 몰분율로 표시된 농도차이에 의해 지배된다. 그렇지만 젖은 고체에서는 **몰분율**은 거의 의미가 없고, 건조 계산을 쉽게 하기 위해서 수분함량은 거의 완전건조 고체 단위질량당 물의 질량으로 표시된다.

수분과 함수율(Water and moisture content) 고체 중에 함유한 수분의 양을 표시하는데 있어서 전 중량에 대한 수분의 양을 가지고 있는 경우인 습량기준(wet basis) [kg·수분/kg(고체+수분)]과 완전 건조량에 대한 수분의 양을 가지고 표시하는 경우인 건량기준(dry basis) [kg·수분/kg·(무수분 고체)]으로 구분된다. 화학공학에서는 보통 전자를 단지 수분량(water content), 후자를 함수량(moisture content)이라고 취급해서 구별하고 있다.

지금 습윤재료의 전 중량을 X [kg], 그것의 완전 건조량을 X_0(kg)라고 하면,

$$\text{수분량(습량기준)} : \ x = \frac{X - X_0}{X} \quad [\text{kg}\cdot H_2O/\text{kg}\cdot\text{습한재료}] \tag{20.9}$$

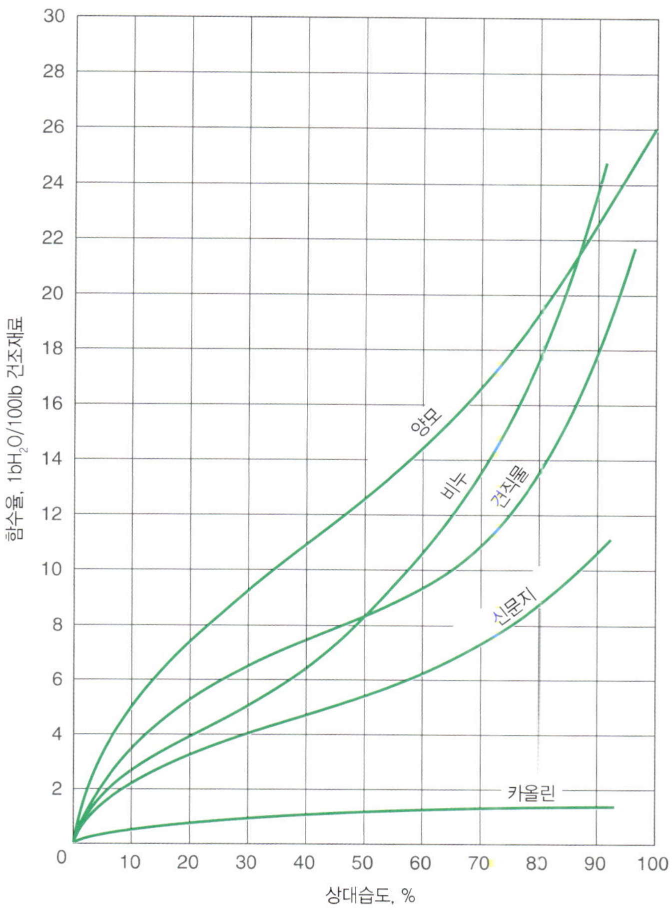

그림 20.3 25°C에서의 평형-수분 곡선

$$\text{함수량 (건량기준)}: \quad w = \frac{X - X_0}{X_0} \quad [\text{kg}\cdot H_2O/\text{kg}\cdot\text{건조재료}] \tag{20.10}$$

식 (20.9)와 식 (20.10)으로부터 $x = w/(1 + w)$의 관계가 있다. 식 (20.9)와 식 (20.10)에 각각 100을 곱해서 백분율 [%]로 나타내어 x, w를 각각 수분율, 함수율이라고 한다.

평형수분과 자유수분(Equilibrium moisture and free moisture) 건조기에 들어가는 공기는 완전히 건조되어 있는 경우가 없고, 약간의 수분을 함유하고 있어서 일정한 상대습도를 지니고 있다. 일정한 습도를 갖는 공기를 사용하는 경우 건조기를 나가는 고체의 수분함량은 들어가는 공기의 습도에 대응하는 평형수분 함량보다 적을 수가 없다. 공기의 습도 때문에 들어가는 공기로 제거할 수 없는 것은 고체의 물 함량을 **평형수분**(equilibrium moisture)이라고 한다.

자유수분(free moisture)은 고체의 총 물 함량과 평형 물 함량간의 차이이다. 따라서, X_T가 총 수분 함량이고, X^*가 평형 수분 함량이면, 자유수분 X는,

$$X = X_T - X^* \tag{20.11}$$

가 된다. 건조 계산에서 관심있는 것은 X_T보다 X이다.

어떤 학자들은 100% 상대습도에서 고체의 평형수분함량보다 낮은 수분함량에 대하여 결합수(bound water)라는 말을 사용하며 이 값보다 큰 수분함량은 비결합수(unbound water)라고 한다.

예제 20.1

습한 재료 5kg이 있다. 건조 후 고체의 무게를 측정하니 4.4kg이였다. 처음 재료의 수분〔%〕와 함수율 kgH_2O/kg 건조고체를 구하라.

풀이

- 수분〔%〕 $= \dfrac{\text{수분의 량}}{\text{전체재료의 량}} \times 100 = \dfrac{5-4.4}{5} \times 100 = 12\%$
- 함수율 $= \dfrac{\text{수분의 량}}{\text{건조고체의 무게}} = \dfrac{5-4.4}{4.4} = 0.136$〔kg H_2O/kg 건조고체〕

예제 20.2

함유된 수분의 90%를 건조시킬 수 있는 물질 100kg을 건조시켜 25%을 증발시켰다. 건조 고체의 무게는 얼마인가?

풀이

- 90%에 해당하는 수분이 25kg이므로 전체 수분은 27.8kg

$$100 - 27.8 = 72.2\text{kg}$$

예제 20.3

38wt%의 수분을 함유한 고체 200kg을 건조하여 수분 20wt%하려면 제거되는 수분의 양 kg은 얼마인가?

풀이

- $0.62 \times 200 = 0.8 \times w, \quad w = 155\text{kg}$

$$200 - 155 = 45\text{kg}$$

건조속도 시간이 지남에 따라 수분함량 X_T는 전형적으로 그림 20.4의 그래프 A처럼 떨어진다. 공급원료가 기화온도까지 가열되는 짧은 기간 후에 그래프는 직선이 되며, 수평방향으로 곡선을 그리다가 평평해진다. 곡선 A의 미분인 건조속도는 그래프 B와 같다. 속도는 일정하거나 상당기간 동안 약간 준다. 건조속도가 조금 줄긴 하지만 이 시간은 가끔 항률기간 또는 **정속기간**(constant-rate period)으로 적용된다. 이어서 건조속도가 시간에 따라 선형적으로 감소하거나 또는 고체의 성질과 내부 수분 흐름의 메카니즘에 따라 건조속도가 위로 오목하거나 아래로 오목한 감율기간(falling-rate period)이 온다. 때로는 그림 20.5에서와 같이 다공성 쎄라믹 판을 건조하는 경우에는 두 개의 감속기간이 있다.

액체의 경막이 연속적으로 고체의 외부 표면 전체를 덮을 만큼 젖어 있으면 진짜 정속기간을 기대할 수 있다. 그러면 증발속도는 액체 풀로부터의 증발속도와 거의 같으며 열전달이 기체경막을 통한 대류에 의해서만 이루어지면 기-액 계면과 고체 표면은 습구온도에 있게 된다. 건조가 진행됨에 따라 어떤 메카니즘으로 내부로부터 물을 빨리 가져와 전 고체표면을 충분히 적시면 진짜 정속기간이 유지될 수 있다. 비누와 같은 고체는 아주 많이 젖어 있으면 부풀어서 건조하는 동안 수축된다. 수축은 표면이 젖어 있는 것을 도와주어 정속기간을 연장시킨다. 그렇지만 빠른 건조는 수축된 물질의 표면을 딱딱하게 하고 고체 전체를 물 등이 통하지 않게 만들어 내부의 수분이 쉽게 제거될 수 없게 될 수 있다. 이러한 효과를 **표면경화**(case hardening)라고 한다.

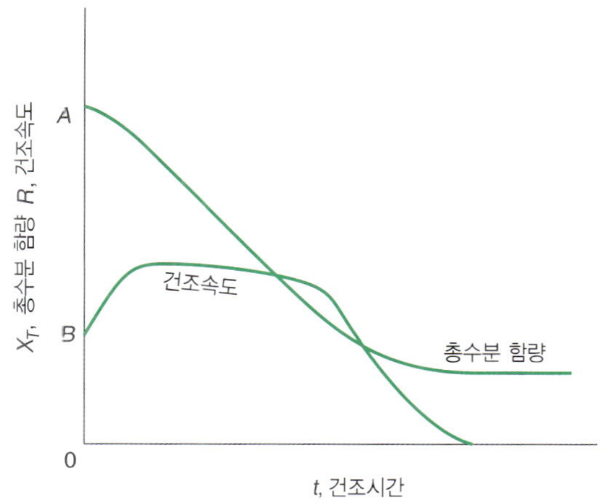

그림 20.4 건조시간에 따른 총 수분함량 및 건조속도의 전형적인 도시

광범위한 기공크기를 갖는 다공성 평판을 건조하는 경우에는 모세관 작용으로 작은 기공들은 액체로 꽉 차고 큰 기공에서는 기-액 계면이 표면 아래로 내려가기 때문에 거의 정속기간이 가능해진다. 그러면 건조속도는 작은 기공 위에 있는 액체의 증기압, 젖은 표면의 분율 및 젖은 지역에서 마른 지역으로의 기체 경계층에서 물질전달속도에 상대적인 측면 확산속도에 관계된다.

임계 수분함량 정속기간(건조속도가 정말로 일정하던 아니던)이 끝나는 점을 **임계 수분함수율**(critical moisture content)이라고 한다. 때로는 그림 20.5의 B점처럼 분명하다. 그러나 대부분 불분명하다. 만약 고체의 초기 수분함량이 임계값 이하이면 정속기간은 존재하지 않는다.

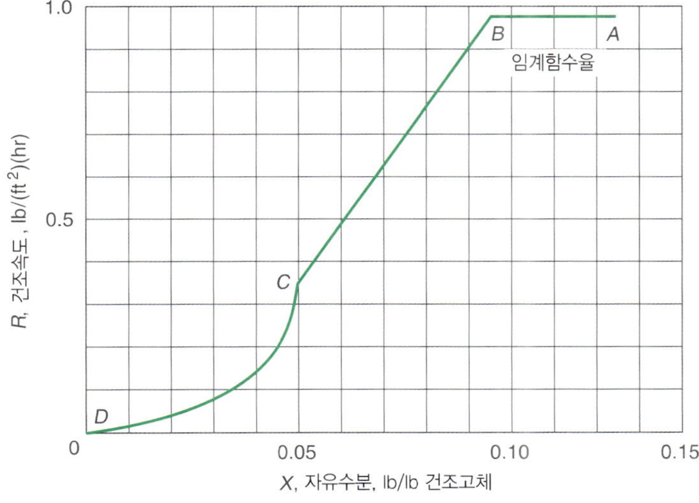

그림 20.5 다공성 쎄라믹 판의 건조속도 곡선

임계 수분함량은 건조되는 물질의 성질뿐 아니라 물질의 두께, 건조속도 및 고체 속에서의 열 및 물질전달 저항에 따라 변한다. 물질의 두께가 줄면 내부저항이 상대적으로 작아지고 외부저항이 더 오랜 기간 건조속도를 조절하기 때문에 임계수분함량이 준다.

모래나 진흙과 같은 특별한 고체의 경우 임계함수율은 5~200mm 범위에서는 입자크기가 증가함에 따라 감소하지만 굵은 입자의 경우에는 더 커진다.

건조시간 계산 일정한 조건하에서 건조하는 경우, 건조시간은 건조속도 곡선을 그릴 수 있으면 그것으로부터 구할 수 있다. 이 곡선은 단지 건조되는 물질에 대한 실험으로 구하며, 이것으로부터 직접 건조시간을 얻는다. 이러한 조건들에 대한 건조속도 곡선은 다른 온도, 기체속도 또는 시료크기 및 산출된 새로운 건조시간과 같은 다른 조건에 의해 수정될 수 있다.

정의에 따라,

$$R = -\frac{dm_v}{A\,dt} = -\frac{m_s}{A}\frac{dX}{dt} \tag{20.11}$$

로 볼 수 있다. 식 (20.11)을 각각 초기 및 최종 자유수분함량인 X_1과 X_2 사이에서 적분하면,

$$t_T = \frac{m_s}{A}\int_{X_2}^{X_1}\frac{dX}{R} \tag{20.12}$$

이 된다. 여기서 t_T은 총 건조시간이다. 식 (20.12)는 건조속도 곡선으로부터 수치적분할 수 있으며, R을 X의 함수로 풀 수 있는 식이 있으면 해석적으로 적분할 수 있다.

정속기간에는 $R = R_c$ 이므로, 건조시간은 간단히 다음과 같이 된다.

$$t_c = \frac{m_s(X_1 - X_2)}{A\,R_c} \tag{20.13}$$

감속기에서는 건조속도 곡선이 위로 볼록한데 이는 건조속도가 고체의 수분함량 보다도 빨리 떨어진다는 것을 뜻한다. 개략적으로 건조속도는 수분함량에 비례한다고 가정할 수 있다. 그러면

$$R = aX \tag{20.14}$$

식 (20.14)로부터

$$aX = \frac{-m_s dX}{A\,dt} \tag{20.15}$$

X_c와 X_2 사이에서 적분하면 임계 및 최종 자유수분함량은

$$\ln\left(\frac{X_c}{X_2}\right) = \frac{aA}{m_s}(t_T - t_c) \tag{20.16}$$

$a = R_c/X_c$이므로

$$(t_T - t_c) = \frac{m_s X_c}{A R_c} ln\left(\frac{X_c}{X_2}\right) \tag{20.17}$$

$$t_T = \frac{m_s}{A R_c}\left(X_1 - X_c + X_c \ln\frac{X_c}{X_2}\right) \tag{20.18}$$

식 (20.18)은 여러 가지 다른 조건하에서 건조시간을 산출하는데 이용될 수 있다. 감속기 동안 건조속도 곡선이 가파르게 감소하면 식 (20.18)은 적용할 수 없으며 건조 변수들의 변화에 따른 영향은 쉽게 예측하기 어렵다.

20.2 건조장치(Drying equipment)

20.2.1 고체와 반죽을 위한 건조기(Dryers for solids and pastes)

고체와 반죽(paste)을 위한 건조기에는 교반될 수 없는 물질을 취급하는 단형 건조기 및 스크린-콘베이어형 건조기와 교반이 허용되는 탑형, 회전식, 나선식 콘베이어형, 유동상 및 플래쉬 건조기 등이 포함된다. 이후에 이들을 설명하는 순서는 되도록 본 장 처음에 설명한 것처럼 교반 정도와 고체가 기체에 노출되는 방법 또는 고체가 뜨거운 표면과 접촉하는 방법에 따른다. 그러나 어떤 유형의 건조기는 단열일 수도 있고, 비단열일 수도 있으며, 둘을 합한 것일 수도 있어서 순서를 정하는 것을 사실상 복잡하게 된다.

단형 건조기(Tray dryer)

전형적인 회분식 단형 건조기(tray dryer)는 그림 20.6에 설명되어 있다. 이 건조기는 얇은 금속판으로 만들어진 사각형 방에 선반 H를 지지하는 2개의 트럭(truck)이 들어 있다. 각 선반에는 건조될 물질을 담은 사방 750mm이고 깊이가 50~150mm 되는 얕은 사각형 상자(쟁반)들이 많이 들어 있다. 가열된 공기는 송풍기 C와 모터 D에 의해 쟁반 사이를 2~5m/s로 순환하며 가열기 E를 지나간다. 장애판 G는 쌓여 있는 쟁반 위로 공기를 균일하게 분배시킨다. 일부 습한 공기는 배출관 B를 통해 연속적으로 환기되며, 보충되는 새로운 공기는 입구 A를 통해 들어간다. 선반들은 트럭 바퀴에 올려져 있어서 건조주기가 끝나면 트럭을 방밖으로 끌어내 쟁반을 쏟아놓는 곳으로 보내게 되어 있다.

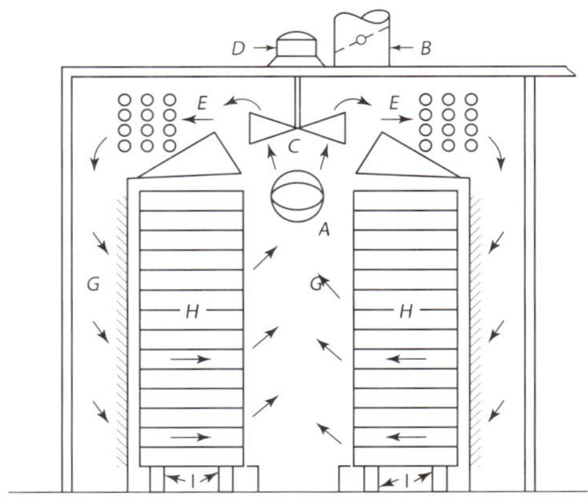

그림 20.6 단형 건조기(tray dryer)

단형 건조기는 생산속도가 작을 때 유용하다. 그들은 거의 아무거나 건조시킬 수 있지만, 짐을 싣고 내리는 노동력 때문에 운전비용이 비싸진다. 이 건조기는 염료나 의약품과 같은 값비싼 제품에 자주 이용된다. 고체의 정지층을 가로질러 공기를 순환시키는 건조는 느리며 건조주기가 길어서 한번에 3~48 시간 걸린다. 때로는 관통-순환식 건조가 이용되지만 건조주기를 짧게 해도 한 회분에 필요한 노동력이 줄지 않기 때문에 비경제적일 뿐 아니라 회분 건조기에는 필요하지도 않다. 그렇지만 에너지 절약에는 의미가 있다.

단형 건조기는 가끔 간접 가열법을 써서 감압 하에서 운전될 수도 있다. 쟁반들은 수증기나 뜨거운 물이 공급되는 중공 금속판 위에 올려놓거나, 아니면 그들 자체에 가열 유체를 위한 공간을 갖는다. 고체에서 나온 증기는 이젝터(ejector)나 진공펌프에 의해 제거된다. 증기를 내보내기 위해서 소량의 질소를 가해줄 때도 있지만 대부분의 기화열은 쟁반과 습한 고체를 통한 전도에서 온다. 감압건조기는 상압에서 운전되는 건조기 보다 상당히 비싸지만 열에 민감한 물질들에게는 훨씬 좋다. 또한 단열건조기에 대량의 공기를 사용하는 것보다 유기용매의 회수가 더 쉽다.

스크린-콘베이어 건조기(Screen conveyer dryer)

전형적인 관통-순환식인 스크린-콘베이어 건조기는 그림 20.7과 같다. 건조될 물질의 25~150mm 두께의 층은 긴 건조실 또는 터널을 통해 움직이는 금속스크린 위에서 천천히 운반된다. 건조실은 일련의 별개 구획으로 되어 있으며 각 구획에는 송풍기와 공기 가열기가 있다. 보통은 건조기 입구 끝에서 공기가 스크린과 고체를 통해 위로 올라가며 물질이 건조되어 먼지가 있는 출구 끝 근처에서 공기는 스크린을 통해 아래쪽으로 빠져나간다. 공기 온도와 습도는 각 점에서 최적 건조조건이 되도록 여러 구획에서 다를 수 있다.

스크린-콘베이어 건조기는 전형적으로 2m 폭에 4~50m 길이로, 건조시간이 5~120min이다. 스크린의 최소 크기는 약 30mesh이다. 굵은 알갱이, 조각 또는 섬유성 물질들은 어떤 예비처리나 스크린을 통한 물질의 손실 없이 관통-순환식으로 건조될 수 있다. 그러나 반죽과 미세 입자로 된 여과 케이크는 스크린-콘베이어 건조기로 취급되기 전에 미리 성형하지 않으면 안 된다.

스크린-콘베이어 건조기는 다양한 고체를 연속적으로, 그리고 부드럽게 처리하며, 비용도 합리적으로 수증기 소비가 적어 보통 물 1kg을 증발시키는 데 수증기 2kg이 소비된다.

탑형 건조기(Tower dryer)

탑형 건조기에는 중앙 회전축에 하나하나씩 포개놓은 일련의 원형 쟁반이 들어 있다. 제일 꼭대기에 있는 쟁반에 떨어진 고체 원료는 쟁반을 가로질러 지나가는 뜨거운 공기 또는 기체흐름에 노출된다. 그러고 나서 고체를 긁어내어 다음 아래의 쟁반으로 떨어뜨린다. 고체는 이런 방법으로 건조기를 통해 이동하여 탑 밑바닥에서 건조제품을 수거한다. 고체와 기체의 흐름은 향류일 수도 있고 나란흐름일 수도 있다. 건조물질들을 쟁반에서 긁어내릴 때 고체들 간의 혼합이 생겨서 최종 고체들

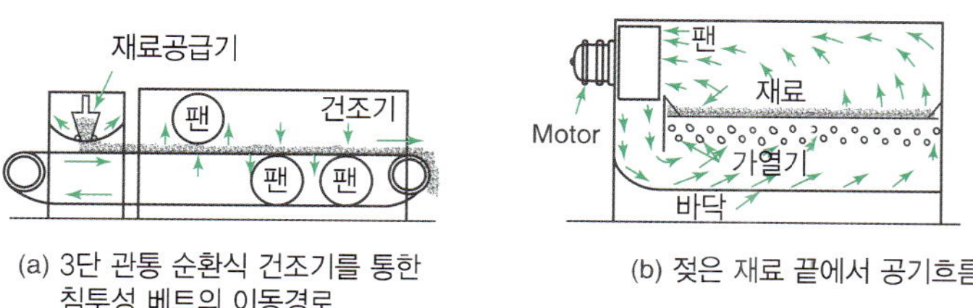

(a) 3단 관통 순환식 건조기를 통한 침투성 베트의 이동경로

(b) 젖은 재료 끝에서 공기흐름

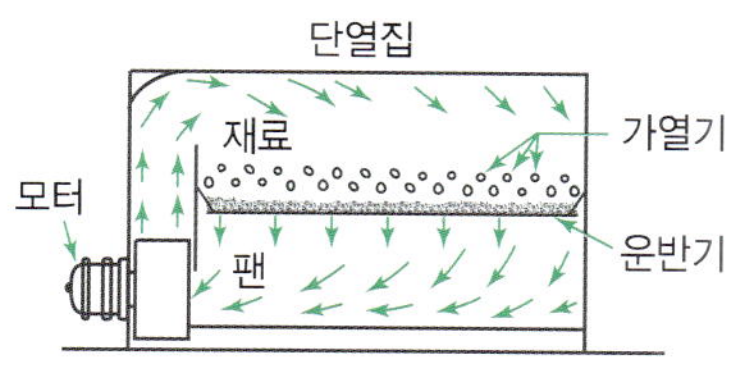

(c) 건조 재료 끝에서 공기흐름

그림 20.7 관통순환식 스크린-콘베이어 건조기

은 다른 쟁반건조기보다 더 균일하다.

그림 20.8에 설명한 **터보건조기**(turbodryer)는 가열 기체를 내부로 재순환시키는 탑형건조기이다. 터빈 송풍기는 공기나 기체를 쟁반들 사이를 통해 바깥쪽으로 밀고, 가열체를 지나 다른 쟁반들 사이의 안쪽으로 밀어 순환시킨다. 기체속도는 0.6~2.4m/s이다. 그림 20.8에서 보여 주는 건조기 바닥의 두쟁반은 건조 고체의 냉각구획을 이룬다. 예열된 공기는 보통 탑 밑으로 뽑아들여 탑 위로 배출함으로써 향류를 이룬다. 터보건조기는 단형 건조기와 마찬가지로 부분적으로 횡단-순환식 건조 기능을 가지며, 부분적으로 입자들이 한 쟁반에서 다른 쟁반으로 떨어질 때 뜨거운 기체를 통해 입자들을 쏟는 기능도 갖는다.

회전식 건조기(Rotart dryer)

회전식 건조기는 수평이거나 출구 쪽으로 약간 기울어진 회전 원통형 통(cylindrical shell)으로 되어 있다. 젖은 원료는 한쪽 끝으로 들어가며, 건조된 물질은 다른 쪽으로 배출된다. 원통이 회전함에 따라 내부 날개가 고체를 끌어올렸다가 통 내부로 고체를 다시 쏟아버린다. 회전식 건조기는 고체와 기체의 직접 접촉에 의하거나, 외부 재킷을 통해 지나가는 뜨거운 기체에 의하거나, 또는 통 안쪽 면에 설치한 일단의 종축방향 관(longitudinal tube)에 응축하는 수증기에 의해 가열된다. 이들 유형 중 마지막 것을 수증기-관 회전식

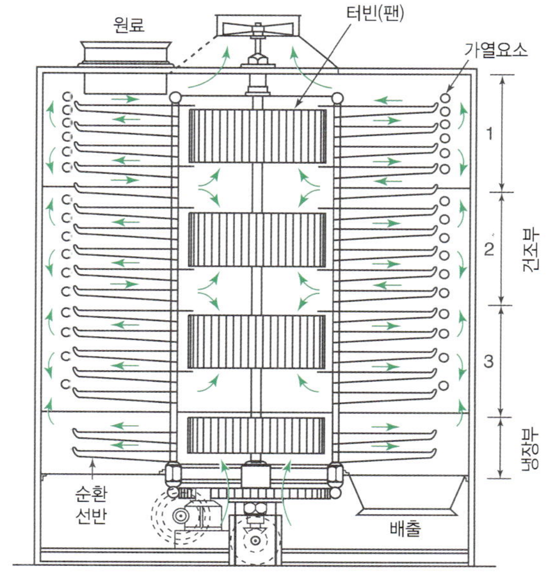

그림 20.8 터보건조기

건조기라고 한다. 직-간접회전식 건조기에서는 뜨거운 기체가 재킷을 먼저 지나가고, 그리고 나서 통(즉, 동체)을 지나면서 고체와 접촉한다.

전형적인 단열 향류식 공기-가열 회전식 건조기는 그림 20.9와 같다. 강철판으로 만들어진 회전 원통 A는 2개의 롤러(roller) B에 지지되며, 기어(gear)와 피니언(pinion) C에 의해 구동된다. 위쪽 끝에는 송풍기 E와 굴뚝을 연결하는 후드(hood) D와 원료 호퍼(hopper)로부터 젖은 물질을 담는 주둥이 F가 있다. 건조되고 있는 물질을 끌어올렸다가 뜨거운 공기흐름을 통해 그것을 쏟아버리는 날개 G는 통 내부에 용접된다. 아래쪽 끝에는 건조된 제품이 나선식 콘베이어 H로 배출된다. 나선식 콘베이어 바로 다음에는 공기를 예열하는 일단의 수증기로 가열된 표면-확장 관이 있다. 공기는 송풍기에 의해 건조기를 통해 이동되며 필요하면 전체 계가 정의 압력이 되도록 공기 가열기로 배출할 수 있다. 다른 방법으로는 송풍기를 굴뚝 속에 놓아 건조기를 통해 공기를 빨아들이고, 계를 약간의 감압상태로 유지시키다. 이것은 물질이 가루로 될 경우에 바람직하다. 이런 종류의 회전식 건조기는 소금, 설탕, 및 깨끗이 유지해야 하고 아주 뜨거운 연도기체에 직접 노출될 수 없는 모든 종류의 알갱이와 결정형 물질의 건조에 널리 사용된다.

직접-접촉 회전식 건조기에서 허용 질량유속은 건조되는 물질의 가루화 특성에 관계되며, 굵은 입자의 경우 2,000∼25,000kg/m^2·h이다. 입구의 기체온도는 수증기로 가열된 공기의 경우 보통 120∼175°C이며, 로에서 나오는 연도기체인 경우 550∼800°C이다. 건조기 지름은 1∼3m 범위이며, 원통의 회전 주변속력(peripheral speed)은 보통 20∼25m/min이다.

나선식 콘베이어 건조기(Screw-conveyor dryer)

나선식 콘베이어 건조기는 연속식 간접-가열 건조기로서, 원통형 재킷을 두른 통(동체)으로 둘러싸인 수평 나선식 콘베이어(또는 젖게 콘베이어)로 되어 있다. 한쪽 끝에 공급된 고체는 가열 지역을

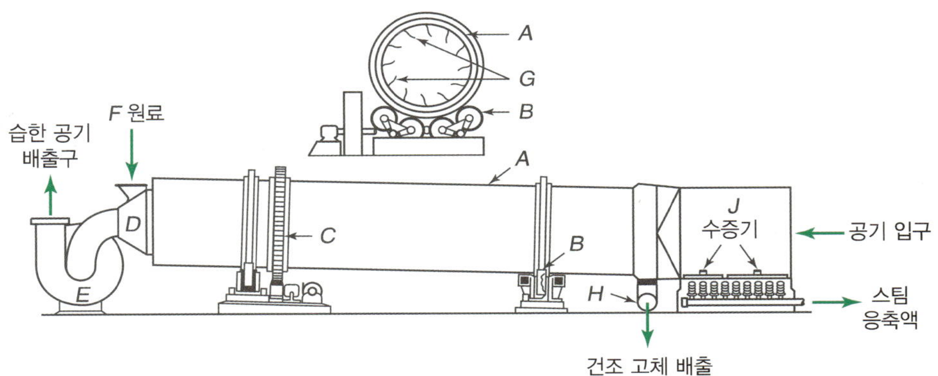

그림 20.9 향류 공기-가열 회전식 건조기 : A, 건조기 통 ; B, 통을 지지하는 롤러 ; C, 구동기어 ; D, 공기배출 후드 ; E, 배출 송풍기 ; F, 원료 활송장치 ; G, 리프트 날개 ; H, 제품 배출 ; J, 공기 가열기

통해 서서히 운반되어 다른 한쪽 끝에서 배출된다. 방출된 증기는 통의 지붕에 설치된 관을 통해 배기된다. 통은 지름이 75~600mm 길이가 6m에까지 이른다. 더 긴 것이 필요하면 몇 개의 운반기를 포개 쌓는다. 이 중에서 밑에 있는 것은 냉각기 역할을 하여 건조된 제품을 배출하기 전에 재킷에 있는 물이나 다른 냉매로 제품의 온도를 낮추어 준다.

운반기의 회전속도는 2~30rpm으로 느리다. 통이 단지 용량의 10~60%만 가용된다고 하더라도, 열전달계수는 통의 전체 내부 면적에 기준한다. 계수는 통에서의 부하와 운반기 속도에 관계된다. 많은 고체에 대해 열전달계수는 15~60W/m^2·°C의 범위에 있다.

나선식 콘베이어 건조기는 회전식 운반기로 처리하기에는 너무 미세하고 끈적끈적한 고체들을 다룬다. 그들은 완전히 둘러싸여져 있어서 거의 공기로 희석되지 않고 용매 증기로 회수할 수 있다. 적당한 원료공급기를 갖추면 이 건조기는 중간 정도의 진공 하에서 조업될 수도 있다. 따라서, 이런 건조기들은 침출조작에서 나온 콩 찌꺼기와 같이 용매로 젖은 고체(solvent-wet solid)로부터 휘발성 용매를 연속적으로 제거하여 회수하는 데 적합하다. 이러한 이유로 이들을 때로는 탈용매장치(desolventizer)라고 한다.

유동층 건조기(Fluid-bed dryer)

고체가 건조 기체에 의해 유동화되는 건조기는 다양한 건조 문제들에 응용된다. 입자들은 그림 20.10에서 보는 바와 같이 비등층(boiling-bed) 장치에서 공기나 기체에 의해 유동화된다. 혼합과 열전달은 매우 빠르다. 젖은 원료는 층 꼭대기로 들어간다. 건조 제품은 바닥 근처의 옆으로 끌어낸다. 그림 20.10과 같은 건조기에서는 체류시간이 불규칙하게 분포된다. 입자가 건조기에 머무는 평균시간은 표면 액체만이 기화될 때에는 보통 30~120s이며, 내부 확산이 있을 때에는 15~30min까지도 걸린다. 작은 입자들은 본질적으로 유동화하고 있는 기체의 출구 건구온도까지 가열된다. 결국 열에 민감한 물질들은 상대적으로 차가운 현탁 매체에서 건조되지 않으면 안 된다. 들어가는 기체가 아무리 뜨겁다고 하더라도 기체가 빨리 혼합되어 실질적으로는 층 전체를 통하여 출구 기체 온도로 균일하게 된다. 원료에 있는 미세 입자나 또는 유동층에서의 입자 파괴로 미세한 입자들이

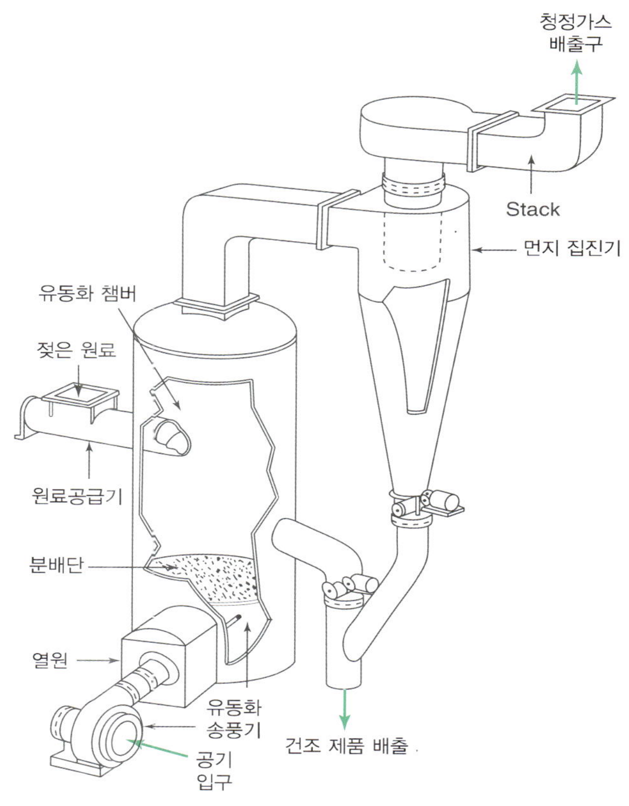

그림 20.10 연속식 유동층(fluid bed) 건조기

있으면, 나가는 기체에 상당한 고체들이 딸려나가 입자 회수를 위해 사이클론(cyclone)과 포대여과기(bag filter)가 필요하게 된다.

어떤 구형 유체층 건조기는 고체들이 입구에서 출구로 이어서 이동하는 개별 유동화 구획을 갖는다. 이런 건조기는 **평류 건조기**(plug-flow dryer)로 알려져 있다. 이런 건조기에서는 모든 입자들의 체류시간이 거의 같다. 건조조건은 구획마다 다를 수 있으며, 마지막 구획은 고체를 배출하기 전에 냉각시키기 위해 차가운 기체로 유동화된다.

그림 20.10에 보여준 종류의 건조기는 회분식으로 운전될 수도 있다. 유동화실 바닥에 붙어 있는 구멍 뚫린 용기에 장입된 젖은 고체는 유동화되어 마를 때까지 가열된 다음 배출된다. 이런 장치는 많은 공정에서 단형 건조기를 대치하고 있다.

플래쉬 건조기(Flash dryer)

플래쉬 건조기에는 젖은 고체 가루가 뜨거운 기체흐름 속에서 수 초 동안 운반된다. 건조는 운반되는 동안 일어난다. 기체로부터 부유 고체 입자로의 열전달속도가 크고 건조가 빨라서, 고체로부터 모든 수분을 충분히 증발시키는 데 필요한 시간은 단지 3 또는 4s에 불과하다. 기체의 온도는 높아서 가끔 입구에서 약 650°C이지만, 접촉시간이 너무 짧아 건조되는 동안 고체온도가 50°C를 넘는 것은 극히 드물다. 그러므로 훌래쉬 건조는 다른 건조기에서 훨씬 차가운 가열매체로 간접적으로 건조되어야 하는 민감한 물질들에 적용될 수 있다.

경우에 따라서는 건조와 분쇄를 동시에 수행하기 위해서 플래쉬 건조계에 분쇄기가 연결된다.

20.2.2 용액과 슬러리 용 건조기(Dryers for solutions and slurries)

분무 건조기(Spray dryer)

분무 건조기에서는 슬러리나 액체 용액이 미세한 액체방울 안개 형태로 뜨거운 기체흐름에 분산된다. 수분은 액체방울로부터 빨리 기화되어 건조 고체의 입자로 남으며, 이들은 기체흐름에서 분리된다. 액체와 기체의 흐름은 나란흐름, 향류 또는 같은 장치에 둘을 합한 형태일 수도 있다.

액체방울들은 고압 노즐, 2-유체 노즐 또는 큰 건조기에서는 고속 분무원판(spray disk)에 의해 원통형 건조실 내부에서 생성된다. 어떤 경우이던지 액체방울이나 젖은 고체가 건조되기 전에 고체 표면에 부딪치는 것을 막아야 하기 때문에, 건조실은 반드시 커야 할 필요가 있다. 지름이 2.5~9m 되는 것이 보통이다.

그림 20.11과 같은 전형적인 분무건조기의 건조실은 밑이 원추형인 원통형이다. 액체 원료는 건조실 지붕에 있는 원판형 분무기로 펌핑된다. 이 건조기에서 분무원판은 지름이 약 300mm이며, 5,000~10,000rpm 속도로 회전한다. 이 원판은 액체를 작은 액체방울로 미립자화하여 건조실 꼭대기 근처로 들어가는 고온 기체흐름 속에다 방사방향으로 뿌린다. 냉각된 기체는 건조실 원통형 부분

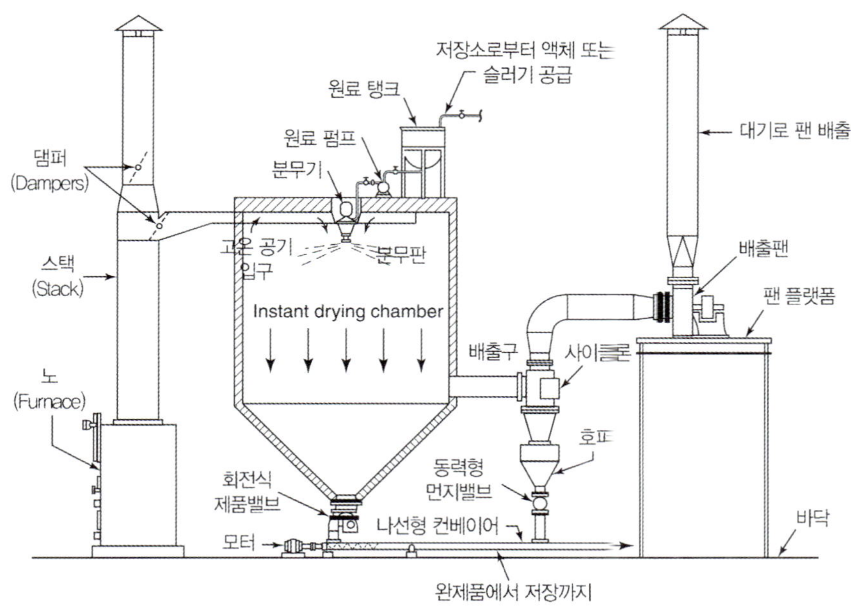

그림 20.11 나란흐름 분무 건조기

밑의 측면에 연결된 수평 배출관을 통해 환풍기에 의해 배출된다. 기체는 사이클론 분리기를 지나면서 동반된 고체 입자가 제거된다. 건조 고체의 대부분은 건조실 바닥으로 침전되며, 그곳으로부터 여닫개(valve)와 나선식 콘베이어로 옮겨진 다음 사이클론에 모인 고체와 합친다.

액체방울의 평균지름은 원판형 분무기가 사용될 때의 20μm로부터 굵은 분무노즐을 사용할 때의 180μm까지의 범위에 있다. 체류시간은 나란흐름 건조기에서 3~6s부터 향류 건조기에서의 25~30s까지 변한다.

분무 건조기의 주요 이점은 열에 아주 예민한 물질들을 건조할 수 있는 짧은 건조시간과 고체 또는 속이 빈 구형 입자들을 생산할 수 있다는 데 있다. 식품이나 합성세제처럼 제품의 일관성, 겉보기 밀도, 모양 및 유동 특성 등은 다른 종류의 건조기에서는 얻을 수 없는 특성이다. 분무 건조기는 또한 용액, 슬러리, 또는 엷은 반죽으로부터 한 단계 공정으로 포장할 수 있는 마른 제품을 만들 수 있는 장점을 갖고 있다. 분무 건조기는 증발관, 결정화장치, 건조기, 크기 축소장치 및 분급기의 기능을 모두 갖고 있는 셈이다. 이것을 사용함으로서 총괄 제조공정의 단순화는 괄목할 만하다고 볼 수 있다.

박막 건조기(Thin-film dryer)

어떤 경우에 있어서 분무 건조기와 경쟁적인 것은 액체나 슬러리 원료를 마르고 자유롭게 흐르는 고체로 생산할 수 있는 박막 건조기(thin-film dryer)이다. 이 건조기는 보통 구획으로 되어 있다.

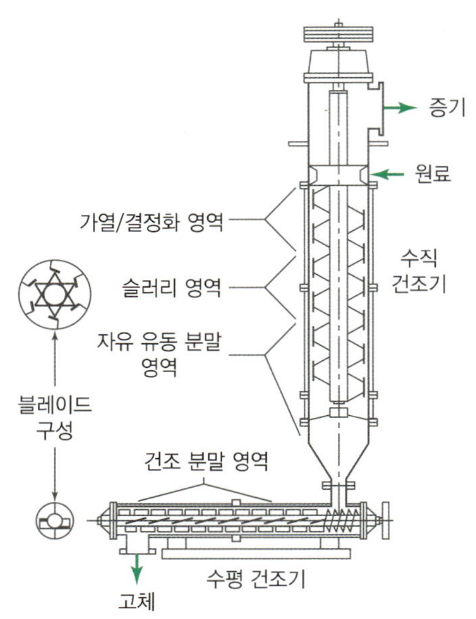

그림 20.12 "Combi" 박막 건조기

박막 건조기는 수직형 교반 증발관-건조기와 유사하다. 여기에서 대부분의 액체가 원료로부터 제거되며, 일부 젖은 고체는 그림 20.12에서 보는 것과 같이 제2구획으로 배출되어 제1구획에서 남아 있는 액체함량을 원하는 값까지 떨어뜨린다.

박막 건조기의 열효율은 높으며, 장치에 기체를 거의 빨아들이지 않기 때문에 고체 손실이 거의 없다. 이 건조기는 고체제품에서 용매를 제거하여 회수하는 데 유용하다. 이들은 상대적으로 비싼 편이며, 열전달 면적이 어느 정도 제한되어 있다. 수용액과 용매가 묻어 있는 원료를 취급하는 경우, 원료 공급속도는 보통 100~200kg/m^2·h 사이에 있다.

드럼 건조기(Drum dryer)

드럼 건조기는 하나 이상 가열되는 금속 롤(roll)로 구성되어 있으며, 롤 외부에서 엷은 액체층이 건조상태까지 증발된다. 건조된 고체는 롤이 천천히 회전하면서 롤에서 긁어낸다.

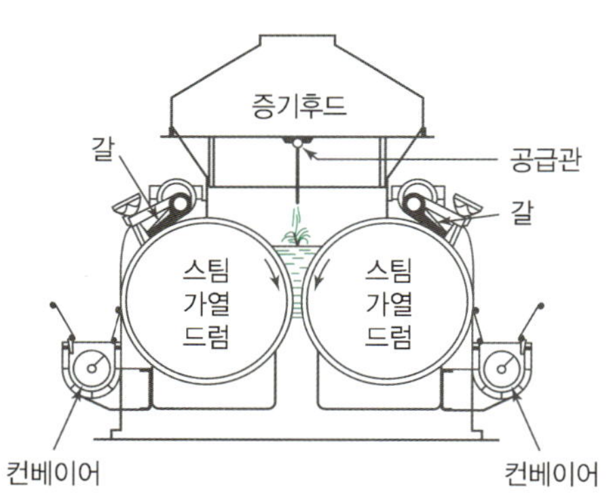

그림 20.13 중심에 원료를 공급하는 이중 드럼 건조기

전형적인 드럼 건조기, 즉 중심에 원료를 공급하는 이중 드럼장치는 그림 20.13과 같다. 액체는 홈통이나 구멍 뚫린 관으로부터 2개의 롤 사이 위에 있는 공간의 풀로 보낸다. 풀은 고정된 양쪽 끝의 판으로 둘러싸여 있다. 열은 전도에 의해 액체로 전달되며, 이 액체는 롤 사이의 공간에서 부분적으로 농축된다. 농축된 액체는 드럼 표면의 나머지 부분을 덮는 점성 액체층으로서 풀 밑으로부터 나오게 된다. 드럼이 회전함에 따라 고체로부터 사실상 모든 액체가 기화되며, 엷은 층의 건조물질은 훑개(doctor blade)로 긁혀져 아래에 있는 콘베이어로 보내진다. 기화된 수분은 모아져서 드럼 위에 있는 증기 후드(vapor hood)를 통해 제거된다.

이중 드럼 건조기는 묽은 용액, 용해성이 큰 물질의 농축용액 및 보통의 중질 슬러리에 유효하다. 그러나 이 건조기는 제한된 용해도를 갖는 염의 용액이나 드럼 사이에 끼여 과다한 압력을 나타낼 수 있는 연마성 고체 슬러리에는 부적합하다.

드럼 건조기의 롤(roll)은 지름이 0.6~3m이고, 길이가 0.6~4.3m이며, 1~10rpm의 속도로 회전한다. 고체가 뜨거운 금속과 접촉하는 시간은 6~15초이며, 이 시간은 열에 민감한 제품이라도 거의 분해하지 않을 만큼 짧다. 열전달계수는 커서 최적 조건 하에서는 1,200~2,000W/m^2·°C이지만, 조건이 나쁠 때에는 이 값의 1/10일 수도 있다. 건조 용량은 드럼의 활동면적에 비례하여 보통 단위시간, 단위 건조면적 m^2 당 건조제품이 5~50kg/$m^2 \cdot h$ 사이에 있다.

20.2.3 건조장치의 선택(Selection of drying equipment)

건조기를 선택함에 있어 제일 먼저 고려해야 할 점은 조작 성능이다. 무엇보다 장치는 원하는 속도로 원하는 형태의 원하는 제품을 생산하지 않으면 안 된다. 시중에 여러 가지 다양한 상업용 건조기가 있음에도 불구하고 여러 가지 유형의 것들이 경쟁적이라기보다. 주로 보완적이고, 건조 문제의 성질은 사용해야 하는 건조기의 종류를 지정하거나, 또는 적어도 둘 또는 세 가지 가능성으로 그 선택을 제한하게 만든다. 최종 선정은 투자비용과 조작비용에 기준해서 이루어진다. 그렇지만 건조장치 하나만의 비용을 생각하지 말고, 전체 계의 비용을 고려하지 않으면 안 된다.

열효율 건조기의 열효율은 공급된 에너지 중 물이나 용매의 증발에 사용된 에너지의 %로 정의할 수 있다. 효율은 배기된 덥고 습한 공기의 현열, 배출된 고체의 현열, 및 주변으로의 열손실을 포함하는 에너지 손실로부터 계산될 수 있다.

그림 20.8에 보여준 유형의 십자흐름형 건조기의 경우 공기가 한 개의 쟁반을 가로지를 때 온도 감소는 단지 몇 도에 지나지 않아 낮은 열효율 때문에 일회통과 운전은 비현실적이다. 대신 대부분의 더운 습공기는 송풍기로 재순환시키며 소량의 새로운 공기와 혼합한 다음 재가열 시킨다. 이로 인해 열효율이 더 높아지고 쟁반들 사이 공간에서 유속이 높아지지만 습도와 습구온도의 증가 때문에 평균 건조속도는 감소된다. 정속기간에서의 효율은 다음과 같은 열 및 물질수지를 풀어서 산출할 수 있다. 기호는 그림 20.14의 개략도를 참고하면 된다.

$$\dot{m}_F = \dot{m}_{\text{vent}} \tag{20.19}$$

$$\dot{m}_g = \dot{m}_F + \dot{m}_R \tag{20.20}$$

$$\dot{m}_g \mathcal{H}_b = \dot{m}_F \mathcal{H}_F + \dot{m}_R \mathcal{H}_R \tag{20.21}$$

$$q_1 = hA\left(\frac{T_b + T_a}{2} - T_{wb}\right) \tag{20.22}$$

$$q_2 = \dot{m}_{\text{vent}}(T_a - T_F)c_s \tag{20.23}$$

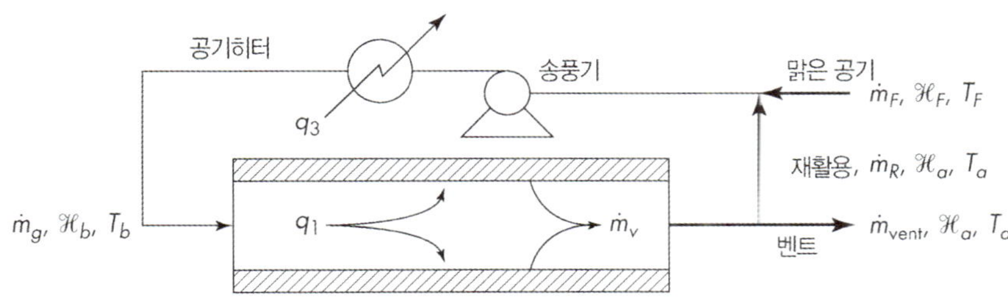

그림 20.14 교차류 건조기 내에서 열 및 물질흐름

$$q_3 = c_s(\dot{m}_g T_b - (\dot{m}_F T_F + \dot{m}_g T_a)) \tag{20.24}$$

$$\dot{m}_v = q_1/\lambda \tag{20.25}$$

$$T_b - T_a = q_1/\dot{m}_g c_s \tag{20.26}$$

$$\mathscr{H}_a - \mathscr{H}_b = \dot{m}_v/\dot{m}_g \tag{20.27}$$

$$\mathscr{H}_a - \mathscr{H}_F = \dot{m}_v/\dot{m}_{\text{vent}} \tag{20.28}$$

예제 20.4

스크린 위에 얹혀 있는 사방 24in(610mm)이고 두께가 2in(51mm)인 여과 케이크(filter cake)를 습구온도 80°F(26.7°C). 건구온도 160°F(71.1°C)의 공기를 양면으로 불어 건조시키려고 한다. 공기는 8ft/s (2.44m/s)의 속도로 케이크 면과 평행으로 흐른다. 마른 케이크의 밀도는 $120\text{lb/ft}^3(1{,}922\text{kg/m}^3)$이다. 평형-수분 함량은 무시할 만하다. 건조조건에서 임계수분은 건량기준으로 9%이다. (a) 정속기간 동안 건조속도는 얼마인가? (b) 초기 수분함량 20%(건조기준)에서 최종 수분함량 10%까지 이 물질을 건조하는 데 얼마나 오래 걸리는가? (C) 95%의 기체가 재순환된다면 조업조건과 열효율을 계산하라. 유입 면적이 2 × 0.25ft 즉 0.5ft^2이고 표면적이 $2 \times 4 = 8\ \text{ft}^2$인 두 쟁반 사이의 부분을 계산기준으로 이용하라.

풀이 계면온도 T_i는 공기의 습구온도인 80°F이다. 그러면 부록 7에 의해 λ_i는 1,049Btu/lb이다.

(a) 계수 h_y는 식 (20.30)으로부터 구할 수 있다. 160°F, 1atm에 있는 공기의 경우 물 증기를 무시하면

$$\rho = \frac{29}{369} \times \frac{492}{620} = 0.0641\text{lb/ft}^3 \qquad G = 8 \times 3{,}600 \times 0.0641 = 1{,}864\text{lb/h}\cdot\text{ft}^2$$

$$\mu = 0.0205\text{cP} \quad (\text{부록 8}) \qquad k = 0.0171\,\text{Btu/h}\cdot{}^\circ\text{F} \quad (\text{부록 12})$$

$$\text{Re} = \frac{0.5 \times 1{,}846}{0.0205 \times 2.42} = 1.86 \times 10^4 \qquad \text{Pr} = 0.69$$

다음의 Nu식으로부터 h_y를 구한다.

$$\text{Nu} = \frac{h_y D_e}{k} = 0.037\ \text{Re}^{0.8}\ \text{Pr}^{0.33} \tag{20.29}$$

$$= 0.037(1.86 \times 10^4)^{0.8}(0.69)^{0.33} = 85.2$$

$$h_y = \frac{85.2 \times 0.017}{0.5} = 2.90\,\text{Btu/h}\cdot\text{ft}^2\cdot{}^\circ\text{F}$$

건조속도는 식 (20.29)로 구한다.

$$R_c = \frac{\dot{m}_v}{A} = \frac{h_y(T - T_i)}{\lambda_i} \tag{20.30}$$

$$= \frac{2.9(160-80)}{1{,}049} = 0.221\text{lb/h}\cdot\text{ft}^2$$

(b) 건조가 양면에서 이루어지므로, 면적 A는 $2 \times (24/12)^2 = 8\,\text{ft}^2$이다.
따라서 건조속도 m_v는 다음과 같다.

$$\dot{m}_v = 0.221 \times 8 = 1.77\text{lb/h}$$

케이크의 부피는 $(24/12)^2 \times \dfrac{2}{12} = 0.667\,\text{ft}^3$ 이고, 완전건조 고체의 질량은 120 × 0.667 = 80lb이다. 기화되는 수분량은 80(0.20 − 0.10) = 8lb이다. 따라서, 건조시간 t_T는 8/1.77 = 4.52h이다.

(c) 열효율은 다음과 같이 구한다.

$$\dot{m}_g = 1.846\text{lb/ft}^2\cdot\text{h} \times 0.5\text{ft}^2 = 943\text{lb/h}$$
$$\dot{m}_{\text{vent}} = 0.05 \qquad \dot{m}_g = 47.2\text{lb/h}$$
$$\dot{m}_R = 0.95 \qquad \dot{m}_g = 895.8\text{lb/h}$$

$T_b = 160°\text{F}$ 에서 $T_{wb} \cong 100°\text{F}$ 이고 $T_a \cong 156°\text{F}$ 라면 식 (20.22)로부터

$$q_1 = 2.908(158-100) = 1{,}346\text{Btu/h}$$
$$\dot{m}_v = 1{,}346/1{,}040 = 1.294\text{lb/h}$$

그림 17.2에서 $\mathscr{H}_F = 0.005$를 취하고 식 (20.28)로부터

$$\mathscr{H}_a - \mathscr{H}_F = 1.294/47.2 = 0.0274$$
$$\mathscr{H}_a = 0.0274 + 0.005 = 0.0324$$
$$\mathscr{H}_b = 0.95(0.0324) + 0.05(0.005) = 0.0310$$

$T_b = 160°\text{F}$, $\mathscr{H}_b = 0.0310$의 경우, $T_{wb} = 101°\text{F}$ 로서 100°F에 아주 근접해 있다.

식 (20.26)로부터

$$T_b - T_a = \frac{1{,}346}{943 \times 0.245} = 5.8°\text{F};\ T_a = 154.2°\text{F}$$

배기에서의 열손실은 식 (20.23)로부터

$$q_2 = 47.2(154.2-70)(0.245) = 974\text{Btu/h}$$

기화에 필요한 열은

$$q_1 = 1{,}346\text{Btu/h} = 1{,}346\text{Btu/h}$$
$$\text{배기에서의 손실율} = \frac{974}{974+1{,}346} = 0.42$$

$T_{wb} \cong 101°\text{F}$ 에서 배출된 고체에서의 열손실 ;

케이크 한 개의 고체질량 = 80lb (건조 기준), 88lb (젖은 기준)

$$Q_1 = 88(0.5)(101-70) = 1{,}364\text{Btu}$$
$$q_4 = Q_1/t_T = 1{,}364/4.52 = 302\text{Btu}$$

열효율

$$\eta = \frac{1{,}346}{974+1{,}346+302} \times 100 = 51\%$$

일반적 유의 사항(General considerations)

건조기를 선택하는 데는 몇 가지 일반적인 지침이 있지만 규칙이 엄격하지 않으며, 예외가 보통이라는 것을 인식하지 않으면 안 된다. 예를 들면, 건조제품의 생산속도가 150~200kg/h 이하 일 때에는 회분식 반응기가 가장 잘 이용되며, 연속식 건조기는 생산속도가 1 또는 2ton/h 이상에서 선택된다. 중간 정도의 생산속도에서는 다른 인자들이 고려되지 않으면 안 된다. 열적으로 예민한 물질들은 감압 하에서 저온의 가열매체를 갖고, 낮은 온도에서 건조되거나 플래쉬 건조기나 분무 건조기에서처럼 아주 빨리 건조되어야 한다. 부스러지기 쉬운 결정들은 단형 건조기, 스크린-콘베이어 건조기 또는 탑형 건조기에서처럼 부드럽게 취급되어야 한다.

건조기는 확실하고 안전하며, 또한 경제적으로 운전해야 한다. 운전비와 유지비가 과다해서는 안 된다. 오염이 조절돼야 하며, 에너지 소비가 최소화되어야 한다. 다른 장치에서와 마찬가지로 이러한 사항들은 서로 상충하여 주어진 임무에 최적인 건조기를 찾는 데에는 타협이 필요하게 된다.

건조조작 그 자체에 관한 한, 단열건조기들은 열효율이 낮음에도 불구하고 비단열건조기들보다 일반적으로 덜 비싸다. 불행하게도 단열건조기로부터는 보통 많은 가루들이 딸려나가며, 이들 동반되는 입자들은 건조기체로부터 거의 정량적으로 제거되어야 한다. 정교한 입자 제거장치가 필요하게 되며, 이 장치는 건조기 자체만큼 비용이 든다. 이 점은 기체가 거의 사용되지 않는 "꼭 닫힌"(buttoned-up) 비단열계보다 단열건조기가 덜 경제적이게 하는 요인이 된다. 회전식 건조기는 하나의 예인데, 이 건조기는 한때 가장 보편적인 유형의 연속식 건조기이었지만, 불가피한 동반현상 때문에 가루를 동반하는 문제를 피하는 다른 유형의 건조기들이 되도록 그 자리를 메우도록 하고 있다. 비단열건조기들은 아주 미세한 입자들이나 화학적으로 반응성이 커서 기체흐름에 노출될 수 없는 고체를 취급한다. 이런 건조기들은 또한 용매를 제거하고 회수하는 데 널리 이용된다.

20.1 향류 단열 회전식 건조기에서 형석(CaF_2)을 완전건조 고체로서 18,000lb/h의 속도로 수분함량 6에서 0.4%(건량기준)로 건조시키려고 한다. 가열 공기는 습도가 0.03, 습구온도가 250°F로 1,000°F에서 들어간다. 고체는 비열이 0.48Btu/lb·°F이다. 고체는 건조기에 70°F에 들어가서 200°F로 나온다. 공기의 최대 허용 질량속도는 2,000lb/ft^2·h이다. (a) 식 (20.8)을 적용한다고 가정하면, N_t = 2.2라고 할 때 건조기의 지름과 길이는 얼마가 되겠는가? 이것은 합리적인 설계인가? (b) N_t = 1.8일 때 (a)를 다시 계산하라.

답 : D = 2.75ft L = 37.5ft (b) D = 2.85ft, L = 32ft

20.2 일정한 건조조건 하에서 다공성 고체가 회분식 건조기 속에서 건조된다. 수분함량을 35에서 10%로 줄이는 데 6시간이 소요된다. 임계 수분함량은 20%이며, 평형수분은 2%임을 알았다. 모든 수분함량은 건량기준이다. 감속기간 동안의 건조속도가 자유 수분함량에 비례한다고 가정하면, 똑같은 건조조건 하에서 똑같은 고체 시료를 35에서 5%로 건조하는 데 얼마나 오래 걸리겠는가?

답 : t_T = 13.5h

20.3 단형 건조기에서 2in 두께의 여과케잌이 160°F의 공기 흐름에 노출되어 있다. 위에 있는 단으로부터의 복사 열전달에 대한 유효계수를 산출하고 평균 공기속도가 8ft/s였던 예제 20.1의 대류계수와 비교하라. 복사 열전달은 초기 건조속도를 얼마만큼 증가시키는가? 총 건조시간은 똑같은 정도로 줄어드는가?

답 : (a) h_r = 1.1Btu/h·ft^2·°F, $h_c + h_r$ = 4.97 + 1.1 = 6.07, 1.22 증가

20.4 (a) 10,000rpm으로 회전하는 6in 크기의 회전 분무기가 있는 분무건조기에서 평균 액체방울의 지름을 계산하라. 원료공급은 120°F에서 30lb/min이다. 슬러리 밀도가 70lb/ft^{3}이고 표면장력은 물의 표면장력이다. (b) 12in 크기의 분무기를 갖는 커다란 건조기로 규모 확대를 하면 같은 액체방울 크기를 얻는 데 얼마의 회전속도를 사용해야 하는가?

답 : (a) D_s = 142μm (b) n_{12} = 235s^{-1}

20.5 원심분리기에서 나온 미세입자들을 4.0cm 두께층으로 단형건조기의 0.8 × 0.8 m 크기의 금속 쟁반 위에 펼쳐놓았다. 초기수분함량은 0.25kg/kg(건조 고체)이다. 건조기에서의 기체속도는 2m/s로서 쟁반 표면에 평행하며 T = 150°F이고 T_{wb} = 90°F이다. 맞먹음지름 D_e는 12 cm이다. (a) 젖은 고체에 대한 전도만을 기준으로 해서 초기건조속도는 얼마인가? (b) 복사는 건조속도에 대하여 얼마나 기여하는가?

답 : (a) 491g/h or 1.08lb/h (b) 10%

20.6 온도 20°C, 압력 760mmHg인 공기 중의 수증기 분압은 20mmHg이다. 이 공기의 습도를 건조 공기 kg당 수증기의 kg으로 표시하면 얼마인가?(단, 공기의 분자량은 30으로 한다.) **(화공기사 기출)**

① 0.016 ② 0.032 ③ 0.048 ④ 0.064 답 : ①

20.7 펄프를 건조기 속에 넣어 수분을 증발시키는 공정이 있다. 이때 펄프가 75wt%의 수분을 포함하고, 건조기에서 100kg의 수분을 증발시켜 수분 25wt%의 펄프가 되었다면 원래의 펄프 무게는 몇 kg인가? **(화공기사 기출)**

① 125 ② 150 ③ 175 ④ 200 답 : ②

20.8 수분 40wt%를 함유한 목재 100kg이 건조기에서 수분 20wt%까지 건조된다. 증발된 물의양은 얼마인가? **(화공기사 기출)**

① 50kg ② 40kg ③ 35kg ④ 25kg 답 : ④

20.9 열풍에 의한 건조에서 항률 건조속도에 대한 설명으로 틀린 것은? **(화공기사 기출)**

① 총괄 열전달 계수에 비례한다.
② 열풍온도와 재료 표면온도의 차이에 비례한다.
③ 재료 표면온도에서의 증발잠열에 비례한다.
④ 건조 면적에 반비례한다. 답 : ③

20.10 건조조작에서 임계함수율(critical mois-ture content)을 옳게 설명한 것은? **(화공기사 기출)**

① 건조 속도가 0일 때의 함수율이다.
② 감률 건조기간이 끝날 때의 함수율이다.
③ 항률 건조기간에서 감률 건조기간으로 바뀔 때의 함수율이다.
④ 건조조작이 끝날 때의 함수율이다. 답 : ③

20.11 고체 내부의 수분이 건조되는 단계로 재료의 건조 특성이 단적으로 표시되는 기간은? **(화공기사 기출)**

① 재료 예열기간 ② 감률 건조기간 ③ 항률 건조기간 ④ 항률 건조 제2기간 답 : ②

20.12 건조 특성곡선에서 항률 건조기간으로부터 감률 건조기간으로 바뀔 때의 함수율은? **(화공기사 기출)**

① 전(total)함수율 ② 평형 함수율 ③ 자유 함수율 ④ 임계(critical) 함수율 답 : ④

흡착 및 고정층 분리

Adsorption and Fixed-Bed Separations

기체나 액체 혼합물을 분리하는 몇 가지 공정에서는 유체가 원료의 어떤 성분들을 선택적으로 흡착하거나 그 성분들과 복합체를 이루는 작은 입자의 다공성 고체와 접촉된다. 흡착에서 고체는 보통 고정층에 있으며 유체는 고체가 거의 포화될 때까지 층을 통해 계속해서 흐른다. 그러고 나서 흐름은 두 번째 층으로 바뀌며 포화된 층은 대체되거나 재생된다. 이온교환은 고정층에서 반회분식으로 수행되는 또 다른 공정이다. 연화되거나 탈이온화될 물은 이온교환수지(ion-exchange resin)가 거의 포화될 때까지 탑 속에 있는 이온교환수지를 통과한다. 흡착과 이온교환의 경우 둘 다 층을 통해 고체를 이동시키고 계속해서 폐입자들을 새 입자들로 대체함으로써 연속 향류 운전이 성취될 수 있다. 그러나 이러한 운전 방법은 고체의 균일한 흐름을 얻기가 어려워서 자주 쓰이지는 않는다.

크로마토그래피는 기체나 액체가 다공성 입자층을 통과한다는 점에서 흡착과 유사하지만 원료는 연속적이 아니라 작은 펄스(pulse)로 집어넣는다. 개별 성분들은 서로 다른 속도로 층을 이동하여 출구에서 포집된다. 층은 운반기체나 액체의 흐름으로 계속해서 재생되어 장기간 운전될 수 있지만 한 번에 적은 양의 원료혼합물만이 분리된다.

21.1 흡착(Adsorption)

흡착제와 흡착공정(Adsorbent and adsorption processes)

대부분의 흡착제는 상당히 기공이 많은 물질이며, 흡착은 주로 기공 벽 또는 입자 내부에 있는 특정 장소에서 일어난다. 기공들은 일반적으로 대단히 작기 때문에 내부 표면적이 외부 면적보다 자리수가 훨씬 크며, 때로는 500～1,000 m^2/g에 이른다. 분자량, 모양 또는 극성의 차이가 어떤 분자들을 다른 분자들보다 표면에 더 강하게 붙들어 놓거나 또는 기공이 너무 작아 큰 분자들이 들어갈 수 없기 때문에 분리가 일어난다. 많은 경우에 흡착 성분(흡착질, absorbate)이 아주 강하게 붙어있고 다른 성분들은 거의 흡착되지 않음으로써 그 성분만이 유체에서 완전히 제거될 수 있다. 흡착제를 재생시키면 흡착질을 농축된 형태나 아니면 거의 순수한 형태로 얻을 수 있다.

기상 흡착은 페인트, 인쇄잉크 및 필름 주형(film casting) 또는 직물 피복(fabric coating)용 용액에 사용되는 유기용매를 회수하는 데 응용된다. 용매가 섞인 공기를 먼저 수냉각 응축기 또는 냉동응축기로 보내어 용매 일부를 회수할 수 있지만 용매 손실을 줄이기 위해 기체를 주변온도보다 훨씬 낮게 냉각시키는 것은 일반적으로 어려운 일이다. 소량의 용매가 있는 공기를 탄소 입자 흡착제 층을 통과시킴으로써 용매 농도를 1ppm 이하로 줄일 수 있다. 농도는 용매 회수의 경제성에 의해 정해지는 것이 아니라 정부의 용매 방출기준에 의해 결정된다. 또한 탄소 흡착은 환기장치에 순환하는 공기로부터 H_2S, CS_2 및 냄새나는 화합물들을 제거하는 데 이용되며, 휘발유 증기가 공기 중에 배출되는 것을 막기 위해 대부분의 새 자동차에는 활성산소 통이 설치되어 있다.

실리카 겔(silica gel), 알루미나(alumina) 또는 그 밖의 다른 무기 다공성 고체에 물을 흡착시킴으로써 기체를 건조시키기도 한다. 아주 규칙적이고 미세한 기공 구조를 갖는 자연 또는 합성 규산알루미늄인 제올라이트(zeolite)나 분자체(molecular sieve)는 특히 낮은 이슬점 (−75°C)을 갖는 기체를 만드는 데 효율적이다. 분자체에 흡착시켜서 산소와 질소를 분리하고, 합성가스로부터 순수한 수소를 만들며 가지 달린 파라핀과 방향족으로부터 n−파라핀을 분리시킬 수 있다.

액상 흡착은 폐수에서 유기성분, 제당 용액과 식물유로부터 유색 불순물 및 유기액체로부터 물을 제거하는 데 이용된다. 흡착은 또한 증류나 결정화에 의해 쉽게 분리되지 않는 반응생성물을 회수하는 데 이용될 수도 있다. 이따금 큰 기공을 갖는 흡착제가 액체 처리에 유리하기는 하지만, 일부 같은 유형의 고체가 기상과 액상 흡착에 이용되기도 한다.

21.2 흡착장치(Adsorption equipment)

고정층 흡착장치(Fixed-bed adsorber)

용매 증기의 흡착에 사용되는 전형적인 기상 흡착장치는 그림 21.1과 같다. 흡착제 입자들은 스크린 또는 다공판 위에 0.3～1.2m 깊이의 층으로 놓인다. 공급원료 기체는 고정층 중의 하나에 흘러내려가고 반면 다른 층은 재생된다. 빠른 속도의 상향흐름은 입자들을 유동화하여 마찰을 일으키고, 미세한 입자의 손실을 가져올 수 있기 때문에 하향흐름이 더 좋다. 유출기체 속의 용질농도가 어떤 값에 다다르거나 아니면 예정된 시간에 도달하면 여닫게가 자동적으로 공급원료를 다른 층으로 향하도록 바뀌고 재생 차례가 시작된다.

재생은 뜨거운 불활성 기체로 행하지만 용매가 물과 섞이지 않는 경우에는 일반적으로 수증기가 더 좋다. 수증기가 층에서 응축하여 고체온도를 높여 탈착에 필요한 에너지를 공급한다. 용매는 응축되어 물과 분리되며 재사용하기 전에 건조된다. 흡착제 층은 냉각되고 불활성기체로 건조되지

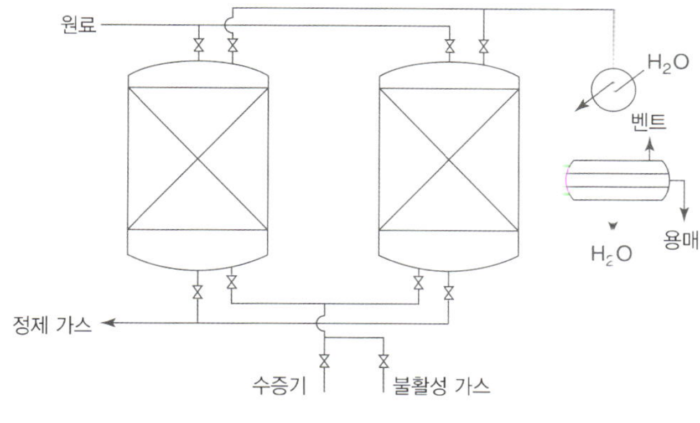

그림 21.1 기상 흡착장치

만 전체 층을 주변온도까지 낮출 필요는 없다. 흡착장치를 나가는 기체 속에 약간의 물 증기가 허용될 수 있으면 흡착주기 중의 물 증발은 흡착층을 냉각하여 부분적으로 흡착열을 상쇄시킬 수 있다.

흡착제 층의 크기는 기체유량과 원하는 주기시간에 의해 결정된다. 보통 단면적은 겉보기 속도가 0.15~0.45m/s가 되도록 계산해서 전형적인 흡착제(4 × 10mesh 또는 6 × 16mesh)를 사용할 때 압력손실이 m 당 수주로 몇 m가 되도록 한다. 유량이 아주 크면 흡착층 높이보다 큰 지름을 갖는 수직형 탱크를 사용하기보다는 수평형 실린더의 중앙에 사각형 흡착층을 설치한다.

흡착층 깊이와 유량은 일반적으로 흡착주기가 2~24 시간이 되도록 정한다. 긴 흡착층을 사용함으로써 흡착주기가 며칠로 연장될 수도 있지만, 압력강하가 더 커지고 장치의 투자비용이 더 커져서 비경제적일 수도 있다. 압력강하와 흡착기 크기를 줄이기 위하여 깊이가 0.3m 이하인 흡착층이 사용될 때도 있지만 층이 얇으면 분리가 완전하지 못하고 재생하는데 에너지가 더 들게 된다.

기체-건조 장치(Gas-drying equipment) 기체를 건조하는 장치는 그림 21.1과 유사하지만, 재생을 위해 뜨거운 기체가 사용된다. 재생되고 있는 흡착층으로부터의 습한 기체는 배기되거나 대분분의 물이 응축기에서 제거되고, 기체는 가열기를 통해 흡착층으로 재순환된다. 소형 건조기에서는 재생에 필요한 에너지를 공급하기 위해 흡착층 내부에 전기가열기가 설치될 때도 있다.

재생이 흡착보다 훨씬 낮은 압력에서 이루어질 때에는, 낮은 압력이 탈착에 유리하기 때문에 열을 공급할 필요가 없는 경우가 있다. 기체 건조기가 흡착주기 중 수 기압에서 운전되면 건조기체 일부를 예열 없이 대기압으로 흡착층을 통과시킴으로써 거의 완전한 재생을 이룰 수 있다. 고체의 느낌열로서 흡착층에 저장된 흡착열의 일부는 탈착에 유용하게 되고, 흡착층은 재생하는 동안 냉각된다. 1atm으로 나가는 기체는 원료 기체보다 물의 몰분율이 훨씬 크기 때문에 재생이 필요한 기체량은 흡착주기에 공급된 기체유량보다는 훨씬 적다. 똑같은 원리를 적용하면 흡착을 대기압에서 했을 때 수증기나 기체에 의한 재생 대신에 감압에 의한 재생이 가능하다.

압력-교대 흡착(Pressure-swing adsorption) 흡착은 소량을 제거하기 위한 정제공정으로서 자주 이용되기는 하자만, 많은 응용부분은 보통 농도에서 큰 농도에 이르기까지 흡착질이 섞여 있는 기체 혼합물을 분리하는 것이다. 이런 것들을 벌크 분리(bulk separation)라고 하며, 이 경우에는 기체 정제와는 다른 운전과정을 이용한다. 압력-교대 흡착(PSA)은 벌크 분리공정으로서 소규모 공기분리 장치와 공정흐름 중의 수소 농축에 이용된다.

공기분리를 위한 간단한 PSA 방법은 두 개의 분자체 고정층을 이용하는 것으로, 한 개는 수 atm에서 흡착시키고 다른 한 개는 1atm에서 재생되고 있다. 같은 농도에서 질소는 산소보다 3~4배 강하게 흡착하기 때문에 거의 순수한 산소를 제조할 수 있다. 그렇지만 공기 속의 N_2가 고농도이고 흡착제의 용량이 작기 때문에 흡착시간은 아주 짧다(1분 이하). 그러므로 흡착층 속에 체류하는 기체량은 흡착된 양에 비해 상대적으로 크기 때문에 이 기체 부피는 흡착주기 설계시에 고려하지 않으면 안 된다. 흡착 후에 층을 감압시키면 대부분의 체류 기체와 흡착된 일부 기체가 제거된다. 탈착을 끝 마무리하기 위해서 다른 흡착기에서 나온 일부 완제품 기체로 흡착층을 1atm에서 방출(purge)한다. 그리고 나서 이 고정층은 공기 공급으로 바꾸기 전에 기체 제품으로 가압된다. 좀 더 복잡한 방법은 3개 또는 4개의 고정층을 이용하지만 단 한 개의 층만이 흡착을 하고 있고, 다른 것들은 감압, 퍼지 또는 재가압을 하며 이런 모든 과정은 일련의 타이머에 의해 제어된다.

PSA는 보통 흡착된 평형 양의 차이에 근거하지만 어떤 분리의 경우에는 흡착속도의 차이를 이용한다. 거의 순순한 질소는 탄소 분자체를 이용하여 공기로부터 제조할 수 있다. 탄소 분자체는 아주 작은 기공 입구를 가지고 있어서 산소 분자가 이보다 약간 큰 질소 분자보다 쉽게 들어갈 수 있는 특성이 있다. 흡착된 평형량은 같지만 산소의 유효 확산계수는 질소보다 100배가 크며 짧은 흡착주기 동안 거의 질소가 흡착되지 않는다.

액체로부터의 흡착(Adsorption from liquid) 액상 흡착의 중요 예로서는 폐수로부터 오염물질을 제거하기 위한 활성탄소의 사용을 들 수 있다. 탄소 흡착제는 또한 상수도원에서 미량의 유기물을 제거하는데 사용되어 맛을 좋게 하고, 염소화 단계에서 독성 화합물이 생성되는 것을 막아준다. 이러한 용도로서 탄소 층은 지름이 수 m가 되고, 높이가 10m에 이르며 몇 개의 층이 병렬로 조작될 때도 있다. 액체로부터의 흡착속도는 기체로부터 보다 훨씬 느리기 때문에 적절한 처리를 보장하기 위해서는 긴 흡착 층이 필요하다. 또한 폐 탄소는 재생을 위해 장치에서 제거되어야 하므로 재생 사이에 상대적으로 긴 기간이 바람직하다.

폐수를 처리하는 다른 방법은 분말 탄소를 용액 탱크에 넣고, 입자들을 부유시키도록 기계적 교반기나 공기 분출기를 이용하는 것이다. 미세한 입자를 사용하면 알갱이 탄소를 사용하는 것보다 흡착이 훨씬 빠르지만 침강이나 여과에 의해 사용된 탄소를 제거하는 데 큰 장치가 필요하게 된다. 분말 탄소로 처리하는 것은 회분식으로 할 수도 있고 폐수흐름에 계량된 탄소를 넣고 폐 탄소를 계속해서 제거하는 연속식으로 할 수도 있다.

21.2.1 평형 ; 흡착 등온선(Equilibria; adsorption isotherms)

흡착 등온선은 주어진 온도에서 유체상의 농도와 흡착제 입자 속의 농도간의 평형관계이다. 기체의 경우 농도는 보통 mol% 또는 분압으로 표시된다. 액체의 경우에는 농도가 mg/ℓ (ppm) 또는 μg/ℓ (ppb)와 같은 질량단위로 표시된다. 고체 위의 흡착질 농도는 흡착제의 단위질량당 흡착된 질량으로 주어진다.

등온선의 유형(Types of isotherms)

몇 가지 전형적 등온선 모양이 그림 21.2에 산술적 그래프로 표시되어 있다. 선형 등온선은 원점을 통과하며 흡착량은 유체 속의 농도에 비례한다. 위로 볼록한 등온선들은 유체농도가 낮아도 비교적 높은 고체 부하를 얻을 수 있기 때문에 **위로볼록(favorable) 형**이라고 한다. Langmuir 등온선은 다음 식으로 주어진다.

$$W = W_{max}\left[\frac{Kc}{(1+Kc)}\right] \tag{21.1}$$

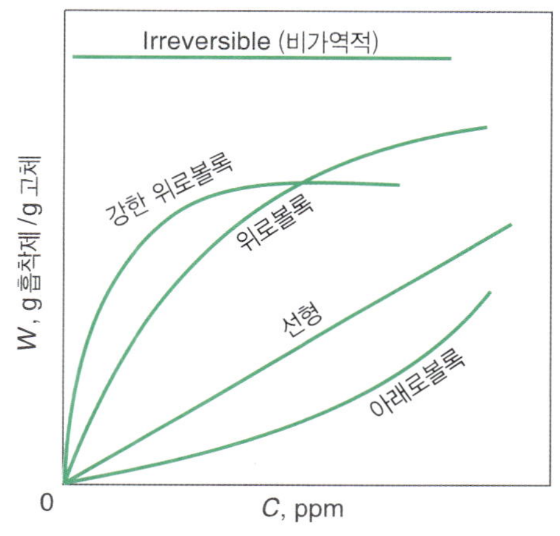

그림 21.2 흡착 등온선의 유형

여기서 W는 흡착질 부하, c는 유체 속의 농도, K는 흡착상수이다. Langmuir 등온선은 위로볼록(favorable) 형이다. K가 커서 $Kc \gg 1$ 이면 등온선은 강한 위로볼록(strongly favorable) 형이며, $Kc < 1$ 이면 등온선은 거의 직선이다. Langmuir 등온선은 균일한 표면을 가정해서 유도된 것이지만 이 관계식은 기체가 약하게 흡착되었을 때 상당히 잘 맞는다. 아주 바람직한 등온식인, 경험적인 Freundlich 식은 다음과 같다.

$$W = bc^m \tag{21.2}$$

여기서 b와 m은 상수이고 $m < 1$이다.

Freundlich 식은 액체로부터의 흡착에 잘 맞는다.

한정된 경우이긴 하지만 아주 유리한 등온은 **비가역흡착**(irreversible adsorption)으로, 이 경우 흡착된 양은 농도가 아주 낮아질 때까지 농도에 무관하다. 모든 계는 온도가 증가함에 따라 흡착량이 감소함을 나타내며, 물론 흡착질은 "비가역적(irreversible)"인 경우까지도 온도를 높임으로써 제거될 수 있다. 그렇지만 탈착의 경우에는 등온선이 선형일 때보다 흡착이 강한 위로볼록(strongly favorable) 형이거나 비가역적인 경우에 훨씬 더 높은 온도를 필요로 한다.

위로 오목한 등온선은 상대적으로 고체 부하가 낮고 흡착제 충전층에서 물질전달 영역이 길기 때문에 **아래로 볼록(unfavorable) 형**이라고 한다. 이런 모양의 등온선은 드물기는 하지만 재생공정을 이해하는 데 도움을 주어 연구할 만한 가치가 있다. 흡착 등온선이 위로볼록 형이면, 아래로볼록

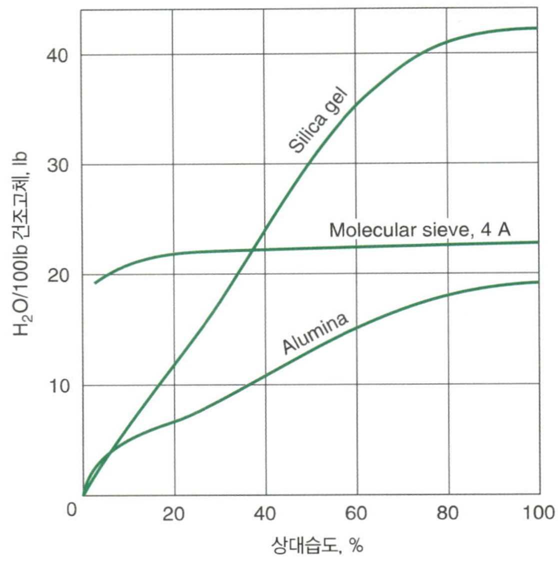

그림 21.3 20~50°C에서 공기 중에서 물의 흡착 등온선

형의 흡착 등온선이 흡착에 대해 특성을 지니고 있는 것과 마찬가지로 고체에서 유체로의 물질전달(즉, 탈착)에 특성을 갖는다.

단일 흡착질에 대한 다양한 등온선 모양을 보여 주기 위해 세 가지 건조제로 공기 중의 물을 흡착시킨 데이터를 그림 21.3에 보여 주었다. 실리카 겔은 상대습도가 50%에 이르기까지 거의 선형 등온선이며, 최종 용량은 다른 고체들의 약 두 배쯤 된다. 습도가 높으면 작은 기공들은 모세관 응축에 의해 액체로 채워지게 되며, 흡착된 총량은 표면적이 아니라 작은 기공의 부피에 관계된다. 분자체는 물을 가장 강하게 붙들며, 흡착이 거의 비가역적이지만 기공 부피는 실리카 겔 만큼 크지 않다. 그림 21.3에 있는 곡선들은 상대습도에 기준한 것으로서, 온도범위의 등온선들이 단일 곡선 상에 놓이게 된다. 주어진 분압에서 흡착된 양은 분자체를 제외하고, 온도 증가에 따라 상당히 감소함에 주목해야 한다. 20°C에서 1% H_2O가 있는 공기의 경우, $\mathscr{H}_R = 7.6\,\text{mm Hg}/17.52 \times 100 = 43.4\,\%$이며, 실리카 겔에 흡착된 양은 $W = 0.26\,\text{lb/lb}$이다. 40°C에서는 같은 농도의 경우, $\mathscr{H}_R = 7.6/55.28 \times 100 = 13.7\,\%$이고, $W = 0.082\,\text{lb/lb}$이다.

활성탄소에 탄화수소 증기를 흡착시킨 데이터는 Freundich 등온식에 맞지만 넓은 범위의 압력에 대한 데이터는 압력이 증가됨에 따라 등온선 기울기가 점차적으로 감소함을 보여준다. 흡착된 양은 주로 같은 조건에서 액체 증기압과 기체 속의 흡착질 분압의 비와 탄소 표면적에 좌우된다. 일반화된 관계식은 흡착 포텐셜(adsorption potential)의 개념에 기준해서 만들어졌으며, 석탄에서 나오는 전형적인 탄소에 대한 몇 가지 결과들은 그림 21.4와 같다. 주어진 종류의 물질들의 경우 흡착된 양은 $(T/V)\log(f_s/f)$ 에 관계된다. 여기서, T는 K로 표시한 흡착온도이고, V는 비점에서 액체의 몰부피, f_s는 흡착온도에서 포화액체의 퓨개시티(fugacity) 그리고 f 는 증기의

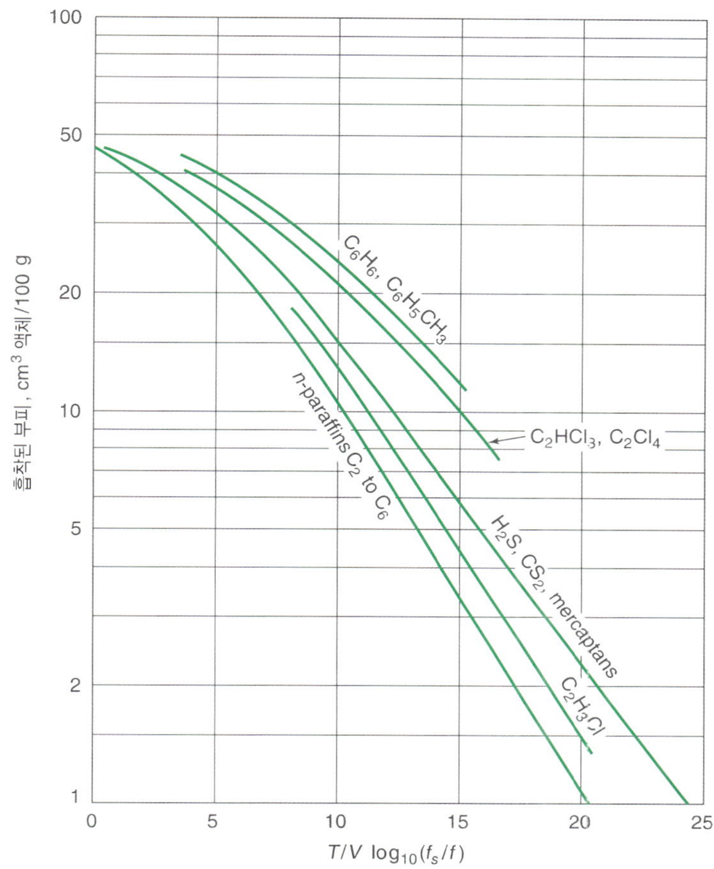

그림 21.4 Calgon BPL 탄소(1,040m^2/g)에 대한 일반화된 흡착 상관관계

퓨개시티이다. 대기압에서 흡착하는 경우 분압과 증기압을 퓨개시티로 사용할 수 있다. 흡착된 부피는 흡착된 액체가 비점에 있는 액체와 똑같은 밀도를 갖는다는 가정 하에 질량으로 환산할 수 있다.

예제 21.1

Calgon BPL 탄소 흡착제로 20°C에서 0.2% n-헥산이 함유된 공기흐름을 처리하려고 한다. (a) 20°C에서 조업하는 흡착층의 평형 용량을 산출하라. (b) 흡착열이 흡착층 온도를 40°C까지 올리면 용량은 얼마나 감소하는가?

풀이 (a) n-헥산의 분자량은 86.17이다.

20°C(참조: Perry's Chemical Engineers' Handbook, 7th ed. p. 2-70에서) $P' = 120\,\text{mm Hg} \approx f_s$이다.

기포점(68.7°C)에서 $\rho_L = 0.615\text{g/cm}^3$이다.

흡착 압력 P는 760mmHg이므로,

$$p = 0.002 \times 760 = 1.52\,\text{mm Hg} \approx f \qquad V = \frac{86.17}{0.615} = 140.1\,\text{cm}^3/\text{g mol}$$

$$\frac{T}{V} log \frac{f_s}{f} = \frac{293}{140.1} log \frac{120}{1.52} = 3.97$$

그림 21.4에서 흡착된 부피는 31cm^3(액체)/100g(탄소)이다. 즉,

$$W = 0.31 \times 0.615 = 0.19\,\text{g/g carbon}$$

(b) 40°C에서 $P' = 276\,\text{mm Hg}$이므로

$$\frac{T}{V} log \frac{f_s}{f} = \frac{313}{140.1} log \frac{276}{1.52} = 5.05$$

흡착된 부피는 그림 21.4에서 27cm^3/100 g(탄소)이므로,

$$W = 0.27 \times 0.615 = 0.17\,\text{g/g carbon}$$

흡착 등온선들은 일반적으로 단일 성분에 대해 표시되지만 많은 경우에는 다성분 혼합물들이 포함된다. Langmuir 등온식은 분모에 항을 추가함으로써 다성분 흡착질에 대한 것으로 쉽게 변형된다.

$$W_1 = W_{max} \left(\frac{K_1 c_1}{1 + K_1 c_1 + K_2 c_2 + \cdots} \right) \tag{21.3}$$

그렇지만 앞에서 언급한 바와 같이 이 식은 강하게 흡착된 물질에 대해서는 아주 만족스러운 것은 아니다. 비슷한 물성을 갖는 용질의 경우, 총 흡착량을 계산하기 위해 V, ρ_L, 및 f_s 의 평균값을 이용해서 그림 21.4의 일반 상관관계식을 사용할 수 있다. 그러나 용질 A 가 용질 B 보다 더 강하게 흡착되며, 별개의 물질전달영역이 발전되어 A 의 영역이 흡착층을 통해 이동함에 따라 A 가 흡착된 B를 대치하게 된다.

21.2.2 흡착원리(Principles of adsorption)

고정층에서의 농도모형(Concentration patterns in fixed bed)

고정층 흡착에서 유체상과 고체상의 농도들은 시간과 흡착층의 위치에 따라 변한다. 처음에 대부분의 물질전달은 유체가 처음으로 새 흡착제와 접촉하는 흡착층 입구 근처에서 일어난다. 출발점에서 고체가 흡착질을 갖고 있지 않으면 유체의 농도는 거리에 따라 지수적으로 떨어져 흡착층 끝에 이르기 전에 0으로 된다. 이 농도 모양은 그림 21.5(a)의 곡선 t_1과 같다. 여기서, c/c_0는 원료의 초기 농도에 대한 유체속의 농도 비이다. 몇 분이 경과하면 입구 근처의 고체는 거의 포화되며, 물질전달의 대부분은 입구에서 멀리 떨어진 영역에서 일어난다. 농도기울기는 곡선 t_2와 같이 S자 모양으로 된다. 농도변화가 대부분 일어나는 영역을 물질전달 영역이라고 하며 그 한계는

$c/c_0 = 0.95$에서 0.05까지로 취한다.

시간이 경과함에 따라 물질전달 영역은 t_3 및 t_4와 같이 흡착층 아래로 이동한다. 고체의 흡착질 평균농도에 대해서도 비슷한 모양을 그릴 수 있다. 즉, 입구에서는 고체가 거의 포화되고 물질전달 영역에서 농도가 크게 변하며, 흡착층 끝에서 농도가 0이 된다. 그체의 실제 농도를 도시하는 대신 고체와 평형을 이루는 유체상의 농도를 시간 t_2에 대하여 띠줄로 표시하였다. 이 농도는 반드시 실제의 유체농도보다 작아야 하며, 농도차이, 즉 구동력은 농도곡선이 가파르고 물질전달이 빠른 곳에서 크다.

t_2, t_3, 및 t_4에 대한 농도모양은 같은데 이는 위로볼록 형 등온선을 갖는 시스템의 특성이다. 이 모양들은 축방향의 분산 때문에 내려갈수록 넓어지는 선형등온선들과는 대조적으로 스스로 예리해진다.

파과곡선(Breakthrough curves)

그림 21.5(a)와 같은 모형을 측정할 수 있는 내부 탐침을 갖는 고정층은 거의 없다. 그러나 이런 모형들은 예측될 수 있으며, 흡착층을 나가는 유체의 농도 대 시간의 곡선을 계산하는 데 사용될 수 있다. 그림 21.5(b)와 같은 곡선은 **파과곡선(breakthrough curve)**이라고 부른다. 시간 t_1과 t_2에서 배출 농도는 그림 21.5(a)에서 보는 바와 같이 실제로 0이다. 농도가 어떤 한계 허용치 또는 **분기점**(break point)에 도달하는 시간 t_b에서 흐름이 중지되고, 새 흡착제 층으로 바뀐다. 분기점은 상대농도를 0.05 또는 0.1로 택하지만, 처리된 유체의 마지막 부분만이 이런 높은 농도를 갖기 때문에 시작점에서 분기점까지 제거된 용질의 평균분율은 0.99 이상일 때가 많다.

흡착이 분기점을 지나서 계속되면 농도가 약 0.5까지는 급히 올라가며, 그 다음에는 그림 21.5(b)에서 보는 것처럼 천천히 1.0에 접근한다. 이 S자 모양의 곡선은 내부 농도분포곡선 모양과 비슷하며 거의 대칭일 때가 많다. 물질수지에 의해 곡선과 $c/c_0 = 1.0$에서의 직선 사이의 면적은 전체 흡착층이 공급원료와 평형에 도달할 때까지 흡착된 총 용질량에 비례함을 보여준다. 또한 흡착된 양은 t^*에서의 띠줄 왼쪽까지의 직사각형 면적에 비례한다. t^*는 수직 파과곡선의 이상적 흡착시간이다. 대칭곡선에서 t^*는 c/c_0

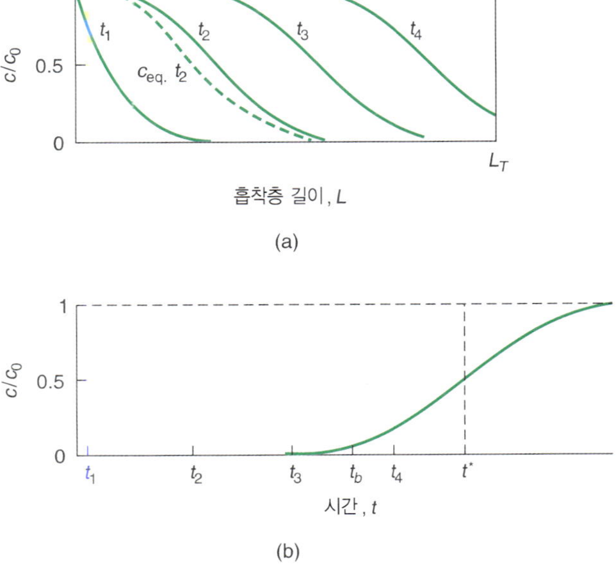

그림 21.5 고정층에서 흡착에 대한 (a) 농도이력, (b) 파과곡선

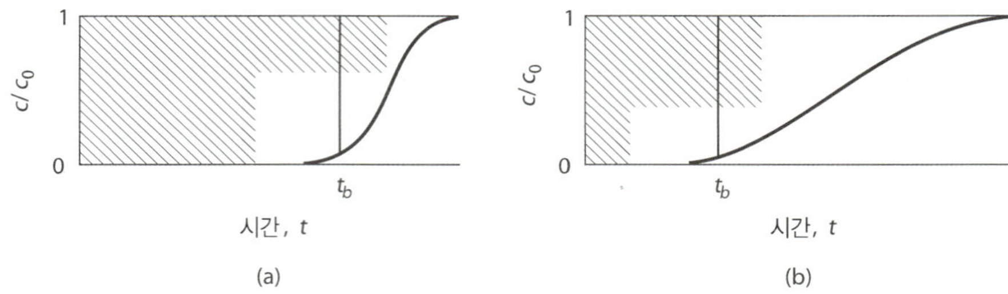

그림 21.6 물질전달 영역이 (a) 좁은 영역과 (b) 넓은 영역에 대한 파과곡선

가 0.5에 도달하는 시간이다. 흡착층을 통한 흡착 전면의 이동과 t^*에 대한 공정변수의 효과는 간단한 물질수지에 의해 얻을 수 있다.

흡착층 단위단면적에 대한 용질 공급속도는 겉보기 속도와 농도를 곱한 것이다.

$$F_A = u_0 c_0 \tag{21.4}$$

이상적인 파과곡선의 경우, t^* 시간에 공급된 모든 용질이 흡착되고 고체상의 농도는 초기 값 W_0 로부터 평형 값 또는 포화 값 W_{sat}까지 증가한다. 따라서,

$$u_0 c_0 t^* = L\rho_b(W_{sat} - W_0) \tag{21.5}$$

또는,

$$t^* = \frac{L\rho_b(W_{sat} - W_0)}{u_0 c_0} \tag{21.6}$$

여기서 L과 ρ_b는 각각 흡착층의 길이와 겉보기 밀도이다. 새 탄소나 완전히 재생된 탄소인 경우, $W = 0$이지만 완전한 재생에는 너무 비용이 많이 든다.

분기점시간 t_b는 늘 t^*보다 작으며 분기점에서 흡착된 용질의 실제량은 그림 21.6에서 보는 바와 같이 시간 t_b까지 파과곡선을 적분해서 구할 수 있다. 물질전달 영역이 흡착층 길이에 비해 상대적으로 좁으면, 파과곡선은 그림 21.6(a)와 같이 더욱 가파르며 분기점에서 대부분의 고체 용량이 이용된다. 물질전달 영역이 거의 흡착층 길이만큼 길면 파과곡선이 그림 21.6(b)와 같이 크게 연장되어 흡착층의 절반 이하가 이용된다. 흡착제를 효율적으로 이용하고 재생에 드는 에너지 비용을 절감하기 위해서는 좁은 물질전달 영역이 바람직하다. 물질전달 저항이 없고 축방향의 분산이 없는 이상적인 경우에는 물질전달 영역이 무한소의 넓이를 가지며 파과곡선은 모든 고체가 포화될 때 0에서 1.0까지의 수직선이 된다.

규모확대(Scaleup)

물질전달 영역의 폭은 물질전달속도, 유량 및 평형곡선의 모양에 의존한다. 일반적으로 흡착장치는 작은 지름의 흡착층에서 행한 실험실 테스트로 대형화하는데, 큰 장치는 똑같은 입자크기와 겉보기

속도로 설계된다.

사용되지 않는 흡착층 길이(length of unused bed) **위로볼록**(favorable) **형**의 등온선을 갖고 있는 계의 경우, 물질전달 영역에서의 농도 모형은 곧 물질전달 영역이 흡착층 아래로 이동해도 변하지 않는 특정한 모양과 폭을 갖게 된다. 따라서 흡착층 길이를 달리한 시험에서도 같은 모양의 파과곡선을 주지만 더 긴 흡착층을 사용하면 물질전달 영역은 흡착층 길이의 작은 부분만을 차지하여 흡착층의 대부분이 이용된다. 분기점에서 흡착층 입구와 물질전달 영역 시작점 사이에 있는 고체는 완전히 포화된다(원료와 평형을 이루어). 물질전달 영역내의 고체는 거의 포화된 상태로부터 거의 흡착질이 없는 상태로 가서 대충 평균하여 이 고체는 약 절반이 포화된다고 가정할 수 있다. 이것은 물질전달 영역 내에 있는 고체의 약 절반이 완전히 포화되고 절반은 사용되지 않는 것에 해당한다. 확대설계 원리는 사용되지 않은 고체의 양이나 사용되지 않은 흡착층의 길이가 총 흡착층의 길이에 따라 변하지는 않는다는 점이다.

파과곡선으로부터 사용되지 않는 흡착층 길이를 계산하기 위해 분기점까지 흡착된 용질의 총량을 적분으로 구한다. 고체의 용량은 전체 파과곡선의 적분에 의하거나 별도의 평형시험으로부터 구해진다. 이 두 양의 비는 분기점에서 이용된 흡착층 용량의 분율이며, 1.0에서 이 비를 뺀 것이 사용되지 않은 분율이다. 미사용 분율은 **미사용 흡착층의 상당길이**(equivalent length of unused bed, LUB)로 환산되며, 일정하다고 가정한다. 분기점 시간은 이상시간과 이용된 흡착층의 비율로부터 계산된다.

$$t_b = t^*\left(1 - \frac{\text{LUB}}{L}\right) \tag{21.7}$$

예를 들어, 20cm 깊이의 흡착층이 분기점에서 60% 이용된다면 미사용 흡착층의 길이는 8cm이다. 층 길이를 40cm로 증가하면 미사용 부분은 8/40, 즉 20%가 된다. 따라서 층이 길면 사용되는 분율이 더 커지기 때문에 분기점 시간은 40/20 × 0.8/0.6 = 2.67배만큼 증가된다.

예제 21.2

공기로부터의 n-부탄올의 흡착이 작은 고정층(지름 10.16cm)에서 이루어진다. 고정층에서는 탄소를 300g 및 600g 채웠는데, 이는 8cm 및 16cm 층 길이에 해당한다. (a) 다음과 같은 배출농도 데이터로부터 탄소의 포화용량과 $c/c_0 = 0.05$에서 사용된 층의 분율을 산출하라. (b) 32cm 층 길이에 대한 분기점 시간을 계산하라.

Columbia JXC 4/6 탄소에 흡착하는 n-부탄올의 데이터는 다음과 같다.

$u_0 = 58\,\text{cm/s}$ $D_p = 0.37\,\text{cm}$ $c_0 = 365\,\text{ppm}$ $S = 1{,}194\ \text{m}^2/\text{g}$

$T = 25°\text{C}$ $\rho_b = 0.461\ \text{g/cm}^3$ $\text{P} = 737\,\text{mm Hg}$ $\epsilon = 0.457$

300 g		600 g	
t, h	c/c_0	**t, h**	c/c_0
1	0.005	5	0.0019
1.5	0.01	5.5	0.003
2	0.027	6	0.0079
2.4	0.050	6.5	0.018
2.8	0.10	7	0.039
3.3	0.20	7.5	0.077
4	0.29	8	0.15
5	0.56	8.5	0.24

풀이

(a) 농도분포곡선 모양은 그림 21.7에 도시되어 있으며, 곡선들이 $c/c_0 = 0.05$ 부근에서 대칭이라고 가정하여 $c/c_0 = 1.0$ 까지 연장되어 있다.

층의 단면적 cm^2당 용질의 공급속도는 다음과 같다.

$$F_A = u_0 c_0 M$$

$$= 58\frac{\text{cm}}{\text{s}}\left(\frac{365\times 10^{-6}}{22{,}400}\times\frac{273}{298}\times\frac{737}{760}\right)\frac{\text{mol}}{\text{cm}^3}\times 74.12\,\text{g/mol}$$

$$= 6.22\times 10^{-5}\,\text{g/cm}^2\cdot\text{s} \quad \text{또는} \quad 0.224\,\text{g/cm}^2\cdot\text{h}$$

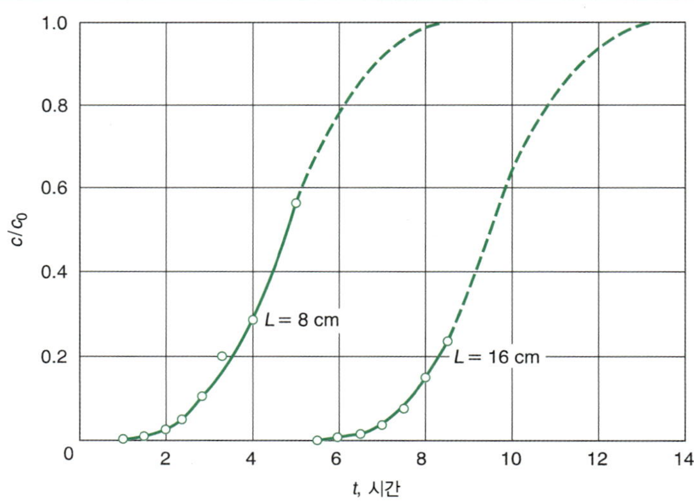

그림 21.7 예제 21.2의 파과곡선

흡착된 용질의 총량은 그래프 위의 면적에 F_A를 곱한 것이다. 8cm 층의 경우 면적은,

$$\int_0^{8.5}\left(1-\frac{c}{c_0}\right)dt = 4.79\,\text{h}$$

이다. 이 면적은 파과곡선이 수직선일 때 같은 양을 흡착하는 데 필요한 이상시간에 해당한다.

흡착층 단위면적당 탄소의 질량은 $8 \times 0.461 = 3.69\,\text{g/cm}^2$ 이다. 따라서,

$$W_{sat} = \frac{0.224 \times 4.79}{3.69} = 0.291\,\text{g solute/g carbon}$$

$c/c_0 = 0.05$ 이고 $t = 2.4\,\text{h}$ 인 분기점에서는,

$$\int_0^{2.4}\left(1 - \frac{c}{c_0}\right)dt = 2.37\,\text{h}$$

따라서, 분기점까지 흡착된 양은 다음과 같다.

$$W_b = \frac{0.224 \times 2.37}{3.69} = 0.144\,\text{g solute/g carbon}$$

$$\frac{W_b}{W_{sat}} = \frac{0.144}{0.291} = 0.495$$

$$\text{LUB} = L\left(1 - \frac{W_b}{W_{sat}}\right) = 8(0.505) = 4.04\,\text{cm}$$

따라서 층 용량의 50%가 사용되지 않았으며, 이것은 길이로 4cm에 해당한다.

16cm 층의 경우 파과곡선은 초기 기울기가 8cm 층에 대한 곡선과 같으며, $c/c_0 = 0.25$ 이상의 데이터는 취하지 않았지만 곡선들이 평행하다고 가정하였다.

전체 층에 대하여,

$$\int_0^{13}\left(1 - \frac{c}{c_0}\right)dt = 9.59\,\text{h}$$

$$W_{sat} = \frac{0.224 \times 9.59}{16 \times 0.461} = 0.291\,\text{g solute/g carbon}$$

$c/c_0 = 0.05$ 에서 $t = 7.1\,\text{h}$ 이므로,

$$\int_0^{7.1}\left(1 - \frac{c}{c_0}\right)dt = 7.07\,\text{h}$$

$$W_b = \frac{0.224 \times 7.07}{16 \times 0.461} = 0.215\,\text{g solute/g carbon}$$

$$\frac{W_b}{W_{sat}} = \frac{0.215}{0.291} = 0.739$$

분기점에서, 층 용량의 74%가 사용되었으며, 미사용된 층의 길이가 $0.26 \times 16 = 4.2$cm에 해당한다. 실험 오차 내에서 미사용된 층의 길이가 일치하며, 이보다 긴 층에 대해서는 4.1cm가 기대치이다.

(b) $L = 32\,\text{cm}$ 인 경우, 완전히 사용된 층의 기대할 수 있는 길이는 $32 - 4.1 = 27.9$cm이다.

사용된 층의 분율은 다음과 같다.

$$\frac{W_b}{W_{sat}} = \frac{27.9}{32} = 0.872$$

분기점시간은 다음과 같다.

$$t_b = \frac{L(W_b/W_{sat})\rho_b W_{sat}}{F_A} = \frac{27.9 \times 0.461 \times 0.291}{0.224} = 16.7\,\text{h}$$

요약

L, cm	8	16	32
t_b, h	2.4	7.1	16.7
W_b/W_{sat}	0.50	0.74	0.87

급송물 농도의 영향(Effect of feed concentration) 급송물 농도가 적당히 변할 때 파과곡선에 미치는 영향은 물질전달 영역의 폭이 변하지 않기 때문에 예측될 수가 있다. 평형 용량은 흡착 등온식으로부터 구해지며, 분기점 시간은 고체의 용량에 비례하고, 급송물 농도의 역수에 비례한다[식 (21.6) 및 (21.7)]. 기대치 이상 높은 농도의 오염물질을 사용한 실험실 테스트로 파과에 걸리는 시간을 단축할 수 있다. 농도에 커다란 차이가 있으면 물질전달계수의 변화 또는 온도의 영향 때문에 규모확대에 오류를 범할 수 있다.

흡착은 발열공정이므로, 단지 1%의 흡착성분을 갖는 증기를 취급할 때 10~50°C의 흡착층 온도 상승이 일어날 수 있다. 지름이 작은 흡착층에서는 열손실로 온도상승이 제한되지만, 커다란 장치는 거의 단열적으로 조작되어 성능상 중요한 차이가 생긴다. 이와 같은 경우에는 지름이 큰 파일럿 탑이 사용되거나, 흡착층 내부에서의 열방출과 열전달을 계상한 상세한 계산이 이루어져야 한다.

21.2.3 흡착에 대한 기본식(Basic equation for adsorption)

일반적으로 흡착장치는 실험실 데이터로부터 설계되지만, 개략적인 성능은 때에 따라서는 평형 데이터와 물질전달 계산으로부터 예측할 수 있다. 본 절에서는 고정층에서의 등온흡착에 대한 기본 식들을 제시하고, 몇 가지 한정된 경우에 대한 풀이를 제시한다. 이 재료들로 흡수탑에서 물질전달 영역의 폭에 영향을 주는 인자를 통찰할 수 있다.

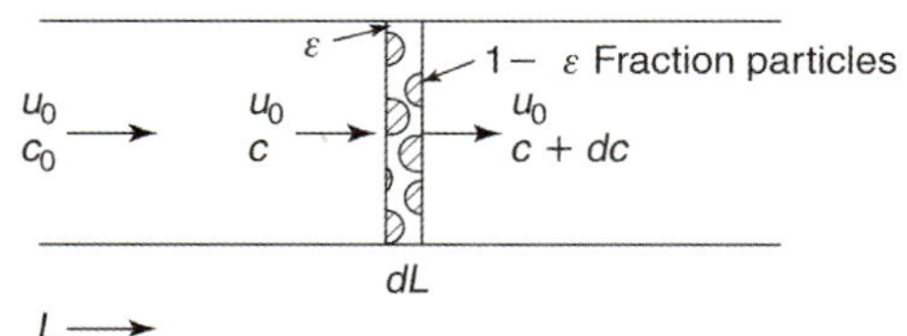

그림 21.8 고정층 한 부분에 대한 물질수지

물질전달속도(Rate of mass transfer)

고정층 흡착의 물질전달에 관한 식은 그림 21.8과 같이 흡착층의 dL 부분에 대한 용질의 물질수지를 세워서 얻는다. 유체와 고체에서의 누적속도는 유입속도와 유출속도의 차이이다. 겉보기 속도의 변화를 무시하면,

$$\epsilon\, dL \frac{\partial c}{\partial t} + (1-\epsilon)\, dL\, \rho_p \frac{\partial W}{\partial t} = u_0 c - u_0 (c + dc) \tag{21.8}$$

또는,

$$\epsilon \frac{\partial c}{\partial t} + (1-\epsilon)\, \rho_p \frac{\partial W}{\partial t} = -\, u_0 \frac{\partial c}{\partial L} \tag{21.9}$$

로 된다. ϵ 항은 흡착층의 외부 공극률이며, 기공 유체 속에 용해된 용질은 입자 분율 $1-\epsilon$ 에 포함된다. 기체나 묽은 용액으로부터 흡착인 경우, 식 (21.9)의 첫 항인 유체에서의 누적량은 보통 고체에서의 누적량과 비교하여 무시한다.

고체에 대한 전달 메카니즘은 입자 주변의 유체경막을 통한 확산과 기공을 통한 내부 흡착점까지의 확산을 포함한다. 실제 물리 흡착공정은 사실상 순간적이며, 입자 내부의 각 점에서 표면과 유체 간에 평형이 존재한다고 가정한다. 전달공정은 총괄 부피계수와 총괄 구동력을 사용하여 어림한다. 즉,

$$\rho_p (1-\epsilon) \frac{\partial W}{\partial t} = K_c a (c - c^*) \tag{21.10}$$

물질전달 면적 a 는 입자의 외부 표면적으로 취하며, 구인 경우는 $6(1-\epsilon)/D_p$ 이다. 농도 c^* 는 고체에서의 평균농도 W 와 평형에 있는 값이다.

내부 및 외부 물질전달계수(Internal and external mass transfer coefficients)

총괄계수 K_c 는 외부 물질전달계수 $k_{c,\,\text{ext}}$와 유효 내부 물질전달계수 $k_{c,\,\text{int}}$에 좌우된다. 입자 내부에서의 확산은 실제적으로 비정상상태이며, 용질 분자는 흡착점에 다다르기까지 계속해서 입자 속으로 침투해야 하므로, $k_{c,\,\text{int}}$ 값은 시간에 따라 감소한다. 식 (15.80)을 이용하여 평균 유효계수를 구에 대한 근사치로서 사용할 수 있다. 즉,

$$k_{c,\text{int}} \approx \frac{10 D_e}{D_p}$$

따라서 다음과 같이 유도된다.

$$\frac{1}{K_c} \approx \frac{1}{k_{c,\text{ext}}} + \frac{D_p}{10 D_e} \tag{21.11}$$

유효확산계수 D_e 는 입자의 기공도, 기공의 지름, 굴곡도 및 확산물질의 성질에 따라 좌우된다. 기체가 채워진 기공의 경우, 위의 인자들은 기상의 유효확산도를 산출하는 데 고려될 수 있다. 그러나 기공 벽을 따라서 흡착된 분자가 확산하는 소위 표면확산이 기상에서의 확산 이상으로 총 흐름에 기여할 때가 많다. 이것은 특히 실리카 겔에 물 증기가 흡착하거나 탄소에 탄화수소 증기가 흡착하는 경우에 명백한데, 이 경우 측정된 K_c 값은 내부계수와 외부계수가 비슷한 크기에 해당하거나 외부경막이 율속인 경우까지도 해당한다. 수용액으로부터 용질을 흡착하는 경우에도

표면확산이 생기지만 그 효과는 예측하기 어렵다. 어떤 경우에는 표면 확산이 느리며 내부확산 저항이 지배적이지만 다른 경우에는 내부확산과 외부확산이 거의 같다.

21.2.4 흡착기 설계(Adsorber design)

기체나 액체 정제용 흡착기 설계는 흡착제와 입자 크기의 선정, 흡착층 면적을 정하는 적절한 속도 선택 및 주어진 주기시간에 대한 흡착층 길이 결정 또는 선택한 길이에 대한 파과시간의 계산 등이 포함된다. 흡착층 길이를 더 짧게 한다는 것은 흡착제의 충전량을 더 적게 하고, 흡착층에서의 압력강하를 더 낮게 한다는 것을 뜻한다. 그렇지만, 흡착층을 더 짧게 한다는 것은 흡착층의 보다 작은 비율이 파과에서 포화되기 때문에 재생의 빈도가 더 많고 재생비용이 더 크다는 것을 의미한다. 기체 정제를 위해서, 4 × 6이나 4 × 10 메쉬(mesh) 탄소가 자주 선정되지만 물질전달이 더 잘 되어야 할 필요가 있고, 압력강하가 문제가 되지 않을 때에는 더 작은 크기를 사용할 수 있다. 기체 속도는 보통 15와 60cm/s 사이이다. 외부 면적은 $1/D_p$에 비례하고 $k_{c,\ \mathrm{ext}}$과 $k_{c,\ \mathrm{int}}$ 둘 다 D_p가 감소함에 따라 증가하기 때문에, $k_c a$는 D_p의 $-1.5 \sim -2.0$ 승에 비례할 것으로 기대된다. 그러므로 입자 크기를 줄이면 파과곡선은 훨씬 더 가파르게 된다.

액체로부터의 흡착인 경우, 작은 입자들을 선정하며 유체의 속도는 기체보다 훨씬 낮다. 수처리를 위한 전형적인 조건들은 20 × 50mesh 탄소(D_p = 0.3～0.8mm)이고 겉보기 속도가 0.3cm/s 이다. 이러한 조건에서도 $K_c a/u_0$는 전형적인 기체 흡착보다도 더 작고 LUB는 10 내지 20cm이거나 내부확산 조절인 경우 1m만큼 클 수도 있다.

팽창-유동층 흡착(Expanded bed adsorption)

흡착은 이따금 발효액이나 세포 현탁물에서 항생제나 단백질을 회수하는데 이용된다. 생성물 분자들은 흡착제의 표면을 지나 기공 속으로 확산해 가는 반면 세포와 다른 소 입자들($D_p \le$ 1mm)은 팽창된 유동층을 통과할 수 있기 때문에 이러한 응용을 위해서는 선택적인 흡착제의 팽창된 유동층을 이용하는 것이 유리하다. 철저하게 행군 다음 흡착제는 다른 pH에 고정층에서 화학약품 용액으로 재생시켜 고체와 일부 용해성 불순물들을 제거한 농축된 생성물을 얻는다. 고정층 흡착을 하는 경우에는 고체들이 금방 고정층의 통로들을 막아버리기 때문에 이들을 여과, 원심분리 또는 미세여과에 의해 흡착 전에 제거해야 한다.

팽창-유동층 흡착의 경우에는 작은 기공에서 큰 분자들의 낮은 유효확산도 때문에 아주 작은 입자들(0.1～0.3mm)이 필요하다. 유량은 층이 약 100% 정도 팽창하도록 결정하는데 이때 필요한 속도는 최소유동화속도의 몇 배이지만 흡착제 단일 입자의 종말속도 보다는 작아야 한다. 유동화는 균일한 층 팽창을 갖는 특별한 유형이다. 축방향의 분산은 입자운동 때문에 고정층보다는 다소 크지만 아직도 적당히 가파른 파과곡선을 얻을 수 있다.

재생(Regeneration)

재생의 속도론적 연구에 대해서는 발표된 것이 거의 없는데 이는 실험실 흡착기에서 커다란 단열 흡착층 조건에 맞추기 어렵고 탈착 등온선이 비선형이면서 아래로볼록(unfavorable) 형이므로, 모형화(modeling)가 복잡하기 때문이다. 탄소를 수증기로 재생하는 경우, 일반적으로 130~150°C의 수증기로 역류시킨다. 온도 전면이 흡착층 꼭대기에 다다르면 곧 재생이 중단된다. 전형적인 수증기 소비는 0.2~0.4lb 수증기/lb 탄소이다. 흡착질이 상당량 남아 있어도 흡착층 바닥 근처는 재생이 대부분 완료되어 다음 흡착기간에 용질이 높은 %로 제거될 수 있다. 극히 높은 용질 제거가 필요하면 수증기 보내는 기간을 연장하거나 더 높은 온도의 수증기를 사용하여 흡착층을 거의 완전히 재생시킬 수 있다.

값진 제품을 회수하기 위해 흡착이 이용되는 공정에서 열교대 탈착(thermal-swing desorption)에 의한 재생이 불가능한데 이는 탈착에 필요한 고온에서는 제품이 변질되기 때문이다. 다른 방법은 적당히 강하게 흡착되고 제품과 쉽게 분리되는 기체나 액체를 흡착질과 대체하는 방법이다. 대체하는 물질이 덜 강하게 흡착되더라도 흡착질은 거의 완벽하게 다른 종으로 대체될 수 있기 때문에 많은 물질들이 대체 재생에 적합하다.

중간 크기의 분자량을 갖는 선형 파라핀의 분리에 사용되는 Exxon 공정은 대체 재생을 갖는 흡착 주기의 본보기이다. 가지달린 이성체나 고리형 이성체는 제외하고 선형 분자들은 5Å 분자체의 공동에서 300°C에서의 흡착에 의해 액체 원료로부터 제거된다. 선형 파라핀들은 분자량이 작은데도 불구하고 적당히 강하게 흡착되는 기상의 암모니아에 의해 탈착된다. 탄화수소들은 응축에 의해 쉽게 제거되며 암모니아는 재사용된다. 완전한 주기시간은 원료속의 선형 파라핀 농도에 관계되며 12~30min이다.

21.3 이온 교환(Ion exchange)

이온교환은 교환성 양이온이나 음이온을 갖는 고체 입자들이 용액의 조성을 바꾸기 위해 전해질 용액과 접촉되는 공정이다. 주요 응용으로는 Ca 이온을 Na 이온으로 교환해서 물을 연화시키고 양이온과 음이온을 모두 제거해서 물을 탈염시키는 것을 들 수 있다. 다른 응용으로는 묽은 용액으로부터 금속의 회수와 생체반응기로부터 생성물의 분리가 포함된다.

이온교환 능력은 점토 및 제올라이트와 같은 일부 천연 물질에도 존재하지만 대부분의 공정에는 합성 이온교환 수지를 사용한다. 이들은 이온화할 수 있는 작용기(group)가 첨가된 가교형 폴리스티렌과 같은 유기 고분자 물질로부터 제조된다. 양이온 교환기는 설폰산기 같은 강산 수지, 커복시산기를 갖는 약산 수지, 및 중간 산의 강도를 갖는 다른 종류 등을 포함한다. 음이온 교환기는 강염기인 4가 암모니아 기[$-N^+(CH_3)_3$] 또는 약염기인 아민 기($-N^+H_3$)를 가질 수 있다.

양이온과 음이온 교환기에서 산 또는 염기 작용기들은 수지 메트릭스(matrix)에 화학적으로 결합되어 있고 수지는 고농도의 고정 음전하 또는 양전하를 갖는다. 이들은 양이온 수지의 경우 H^+, Na^+ 또는 Ca^{2+}와 같은 이동성 상대이온에 의해 균형을 이루며 음이온 수지의 경우는 Cl^-, OH^- 또는 NO_3^-에 의해 균형을 이루어 수지 입자들에서는 항상 전기적으로 중성이 유지된다. 이온교환은 외부용액의 이온 활동이 수지 상의 이동성 이온들의 활동과 다를 때 일어난다. 예를 들면 수소형 수지 HR가 Na^+과 H^+를 갖는 용액에 노출되면 어떤 Na^+ 이온들은 수지 속으로 확산이 일어나고 어떤 H^+ 이온들은 용액 속으로 확산이 일어난다.

이온교환 수지는 물에 불용성이지만 수지의 가교도(degree of cross-linking), 고정 전하의 농도, 및 용액속의 전해질 농도에 의해 결정될 수 있는 정도로 수용액 속에서 부푼다. 적당한 가교도(8% divinyl- benzene)를 갖는 설폰산 수지의 경우 묽은 용액에서 Na-형 수지의 부풀음 부피는 마른 수지 부피의 약 1.8배이며 기공도는 45%이다. 이 수지는 묽은 산 용액에서 HR로 전환했을 때 추가로 8% 부푼다. 입자 내부에서 확산속도를 늘리기 위해서 부풀음이 바람직 하지만 부풀음은 또한 흡착층 단위 부피 당, 입자의 단위 부피 당 수지의 용량을 감소시킨다. 교환수지는 0.3~1.2mm 크기의 구형 구슬 모양이며 일반적으로 액체로부터의 흡착과 유사한 고정층에서 사용된다.

21.3.1 평형

이온교환기의 용량은 마른 수지 단위 질량 당 교환성 작용기의 수이다. 양이온 수지의 경우 용량은 마른 수소-형 수지 g 당 밀리 당량(milliequivalent) 즉, meq/g H^+로 표시된다. 음이온 수지의 경우는 계산 기준이 마른 염소-형 수지의 그램(g)이다. 실제 사용에서는 용량은 층(bed) 리터 당 당량으로 주어진다. 방향족 환이 한 개의 설휜산 작용기를 가질 때 styrene-divinylbenzene 공중합체의 이론 용량은 약 5.4meq/g H^+이다. 이에 대응하는 층의 용량은 리터 당 2.5 당량이다.

이온교환은 수지 속의 상대이온이 외부 용액의 다른 이온에 의해 대체되는 가역반응이다. 1가(monovalent) 이온 A^+를 갖는 Na-형 수지의 양이온 교환의 경우, 반응은 아래와 같다.

$$A^+ + NaR \rightleftharpoons AR + Na^+ \tag{21.12}$$

이 반응에 대한 평형상수는 활동도 또는 농도 곱하기 활동도계수이다.

$$K_{eq} = \frac{c_{Na^+} c_{AR}}{c_{A^+} c_{NaR}} \times \frac{\gamma_{Na^+} \gamma_{AR}}{\gamma_{A^+} \gamma_{NaR}} \tag{21.13}$$

묽은 용액의 경우 활동도계수는 농도에 따라 그다지 변하지 않으며 간단히 농도에 기준한 평형상수가 사용될 수 있다.

$$K' = \frac{c_{Na^+} c_{AR}}{c_{A^+} c_{NaR}} \tag{21.14}$$

표 21.1 폴리스티렌 양이온과 음이온 교환기에 대한 평형상수, 8% DVB 가교

강산슬폰화된수지		강염기수지	
Counterion	K'	Counterion	K'
Li^+	1.00	Iodide	8.7
H^+	1.27	Nitrate	3.8
Na^+	1.98	Bromide	2.8
NH_4^+	2.55	Cyanide	1.6
K^+	2.90	Chloride	1.0
Mg^{2+}	3.29	Bicarbonate	0.3
Cu^{2+}	3.47	Acetate	0.2
Ni^{2+}	3.93	Sulfate	0.15
Ca^{2+}	5.16	Fluoride	0.09
Ba^{2+}	11.5	Hydroxide	0.05–0.07

1가 이온이 2가 이온으로 대체될 때 각각의 새 상대이온은 수지 속의 2개의 하전 점들과 균형을 이룬다.

$$B^{2+} + 2NaR \rightleftharpoons BR_2 + 2Na^+ \tag{21.15}$$

$$K' = \frac{(c_{Na^+})^2 c_{BR_2}}{c_{B^{2+}}(c_{NaR})^2} \tag{21.16}$$

전형적인 강산과 강염기 수지에 대한 K'값은 표 21.1에 수록되어 있다. 양이온 교환기의 경우 Li^+은 기준 이온이며 어느 반응에 대한 K'값은 K'값들의 비로부터 계산된다. 예를 들면, Na^+과 HR과의 반응의 경우, $K' = 1.98/1.27 = 1.56$이다. 1 가 양이온에 대한 K' 값은 수화된 이온들의 크기가 감소하기 때문에 Li^+로부터 K^+쪽으로 증가한다. Li^+의 평균 수화 수는 3.3이고 K^+의 경우는 0.6이다. 더 강하게 가교된 수지의 경우는 그다지 부풀지는 않지만 K'에 대한 이온 크기의 효과는 표 21.1의 값에 대한 것보다 조금 더 크다.

2 가 이온들은 1 가 이온들 보다 좀 더 큰 K'값들을 갖는 경향이 있지만 대부분의 응용에서 2 가 이온 교환기의 더 좋은 점은 평형상수가 갖는 장점 이상이다. 아주 낮은 용액 농도에서 식 (21.15)와 같은 유형의 교환 반응은 1가 이온의 농도가 식 (21.16)에서 자승으로 나타나기 때문에 거의 완전히 오른쪽으로 갈 수 있다.

예제 21.3

강산 수지로 Cu^{2+}/Na^+ 교환에서, 수지 속의 얼마나 많은 CuR_2 분율이 용액에 있는 Cu^{2+} 분율에 따라 변하는지 전체 용액의 노말 농도가 0.5, 0.1, 및 0.01인 경우에 대하여 증명하라. 수지의 노말 농도는 2meq/mL로 가정하라.

풀이

$$Cu^{2+} + 2NaR \rightleftharpoons CuR_2 \ + 2Na^+$$
$$K' = K'_{Cu2} + / K_{Na} += 3.47/1.98 = 1.75$$

$Cu^{2+} = 0.02\,M$인 경우, $Na^+ = 0.06\,M$

$$c_{total} = 2Cu^{2+} + Na^+ = 0.04 + 0.06 = 0.10\,N$$

용액 속에서 Cu^{2+}의 맞먹음 분율 : 0.04/0.10 = 0.40. 식 (21.16)로부터

$$\frac{c_{CuR_2}}{(c_{NaR})^2} = \frac{1.75 \times 0.02}{0.06^2} = 9.72$$

수지의 노말 농도 = 2.0, 따라서

$$2.0 = c_{NaR} + 2c_{CuR} = c_{NaR} + 2(9.72)(c_{NaR})^2$$
$$19.44(c_{NaR})^2 + c_{NaR} - 2 = 0$$

2차 근의 식을 이용하면

$$c_{NaR} = \frac{-1 + [1 + 8(19.44)]^{0.5}}{2 \times 19.94} = 0.296$$

$$c_{CuR_2} = \frac{2 - 0.296}{2} = 0.852$$

당량 기준으로, 수지에 있는 Cu^{2+} 분율 = 2 × 0.852/2 = 0.852이다.

이와 비슷하게 계산하면 그림 21.9에 도시된 결과들을 얻는다. 곡선들은 위로볼록(favorable) 형의 흡착 등온선과 유사한 모양이며 교환반응은 0.01N 총 농도에서 아주 강력하게 잘 된다. 예측된 결과들은 이와 유사한 양이온 교환에 대한 실험 값들과 아주 가깝다.

21.3.1 물질전달속도(Mass transfer rate)

이온교환 반응속도는 외부 용액과 수지 입자의 기공 속에서의 상대이온의 확산 속도에 의해 제한된다. 평형은 각 입자 내부의 어느 지점에서나 존재한다고 가정할 수 있고 시간에 따른 농도 변화의 예측은 비정상상태 확산 방정식의 해를 필요로 한다. 공학적 응용을 위해서 물질전달 속도는 총괄계수 $K_c a$ 및 용액의 농도와 평균 입자 농도와 평형을 이루는 농도 c^*에 기준한 구동력을 이용하여 어림할 수 있다. 충전층에서의 속도는 이 구동력에 비례한다.

$$r = K_c a(c - c^*) \tag{21.17}$$

$$\frac{1}{K_c} = \frac{1}{k_{c,\text{ext}}} + \frac{1}{mk_{c,\text{int}}}$$

$a =$ 단위 층 부피 당 외부 면적

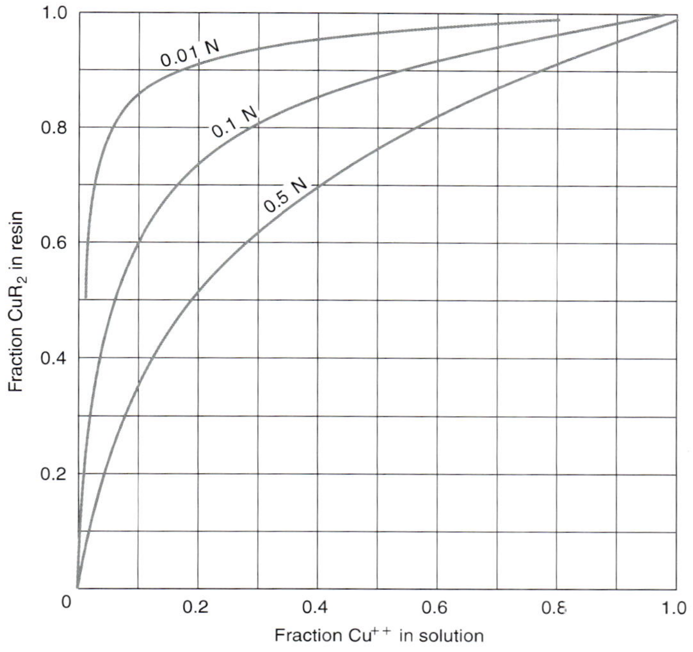

그림 21.9 Cu^{2+}/Na^{+} 교환의 예상 선택도 곡선

$m =$ 외부 대 내부 농도의 비

외부 물질전달계수는 15장에서 설명한 충전층에 대한 상관관계식으로부터 예측될 수 있다.

$$\mathrm{Sh} = 1.17\,\mathrm{Re}^{0.585}\mathrm{Sc}^{1/3} \tag{15.77}$$

구형 충전층의 단위 부피 당 면적은 $6(1-\epsilon)/D_p$ 이다. 여기서 ϵ은 외부 공극율이다. 내부계수는 유효확산계수와 입자 지름의 10분의 1에 해당하는 확산거리에 근거해서 구한다[식 (15.80) 참조].

$$k_{c,\mathrm{int}} = \frac{10D_e}{D_p} \tag{21.18}$$

교환수지에서 이온들의 확산도는 제한된 내부 공극율, 굴곡도 및 작은 기공에서 어느 정도 방해받는 확산 때문에 외부 용액에서의 확산보다 낮다. 1가 이온의 경우, 유효확산도는 정상 값보다 약 한 자리수 크기가 낮으나, 2가 이온의 경우에는 두 자리수 크기만큼 낮다. 다행하게도 확산에 대한 내부저항은 가끔 외부저항보다 크지 않고 외부 용액에서 낮은 농도로 m이 아주 크게 되기 때문에 유효확산도가 낮음에도 불구하고 내부저항이 무시될 수도 있다. $10^{-3}M$의 용액인 경우 수지에서의 농도가 약 2 몰이기 때문에 m은 약 2,000이다. 따라서 외부저항은 10배 또는 100배 낮은 내부 확산도로 조절된다.

21.3.3 이온 교환기의 조작(Operation of ion exchanger)

반연속식 운전을 위한 이온교환 계는 한 개가 항상 운전 중일 수 있도록 적어도 두 개의 탑을 필요로 한다. 재생을 위한 시간이 짧을 때 이온 제거를 위해 두 개의 층을 직렬로 하면 돈을 절약할 수 있다. 파과가 두 번째 층에서 일어나면 첫 번째 층은 재생으로 돌리고 먼저 재생된 층은 직열로 두 번째 층에 둔다. 이렇게 하면 이온교환수지의 재고는 줄며 오직 완전히 포화된 층만이 재생되어 보다 효율적이 된다.

원료 용액은 통상적으로 층을 통해서 아래로 1~5gal/min·ft^{2}의 유량으로 내려간다. 파과 후에는 층을 조업 라인에서 빼어 작은 입자들이나 층에 박힌 침전물들을 제거하기 위해서 물을 상향으로 흘려 층을 역세척시킨다. 역세척하는 동안 층이 유동화되어 50~100% 팽창하여 수지층 위에 충분한 머리공간을 확보해야 한다. 재생 용액은 2~5gal/min·ft^{2}로 층을 통해 아래 또는 위로 통과된다. 상대이온들은 층의 원료 쪽 근처에 농축하는 경향이 있기 때문에 재생 용액의 향류를 이용하면 강하게 박혀있는 상대이온을 제거하는 데 보다 효율적이다. 그렇지만 보통은 재생제와 원료가 아래로 흐르는 나란흐름 배열이 이용되고 있다.

21.1 입상 탄소를 사용하여 폐수 속의 페놀(phenol)을 제거한다. 겉보기 속도 0.03 m/s로 10 × 20mesh 탄소를 이용할 때, 4m 흡착층의 전달단위 수를 산출하라. 입자 속에서의 유효확산도는 겉보기 확산도의 0.2배로 취할 수 있다.

답 : N = 3.55

21.2 20°C에서 상대습도가 50%인 공기가 8atm으로 압축되고, 30°C까지 냉각되어 물의 일부를 응축시키고, 실리카 겔 건조기에서 건조된다. 공기 중에 있는 물이 몇 %가 응축기에서 제거되는가? 흡착을 30°C에서 하고 흡착층의 평균온도를 50°C로 올릴 때 실리카 겔의 평형용량을 계산하라.

답 : (a) 제거된 물 : 0.643×10^{-2}, 제거율 : 0.55(55%), H_R = 34.2 (b) H_R = 34.2 , 20lbH_2O/100lb silica

21.3 분자체(molecular sieve) 4A형을 갖고 질소를 건조하는 다음과 같은 데이터가 주어졌다. 파과곡선으로부터 포화용량을 계산하고, 분기점 농도 $c/c_0 = 0.05$를 기준해서 미사용 된 흡착층 길이를 구하라.

$T = 79°F$ $\qquad L_T = 1.44\ ft$

$P = 86\ \psi a$ $\qquad \rho_b = 44.5\ lb/ft^3$

N_2 feed = 29.2mol/h·ft^2 $\qquad c_0 = 1{,}490\ ppm$

t, h	0	10	15	15.4	15.6	15.8	16	16.2
c, ppm	< 1	< 1	< 1	5	26	74	145	260
t, h	16.4	16.6	16.8	17	17.2	17.6	18	18.5
c, ppm	430	610	798	978	1,125	1,355	1,465	1,490

답 : (a) W_{sat} = 0.205lbH_2O/lb solid (b) L = 0.082ft

21.4 공기분리에 사용된 분자체 흡착제는 N_2에 대한 최고 용량이 30°C에서 0.046g/g이고 데이터는 $K = 0.050\ atm^{-1}$인 Langmuir 등온식에 맞는다. (a) 흡착제가 10atm, 30°C의 공기에 노출될 때 포화용량은 얼마인가? (b) 20ft/min의 겉보기 속도로 운전되고 있는 4ft 깊이의 흡착층에 대한 이상 흡착시간을 계산하라. 펠렛(pellet) 밀도는 1.3g/cm^{3}이다.

답 : (a) W_{sat} = 0.0367g/g or lb/lb, (b) t = 0.694min or 38.6s

21.5 황이 담지된 알갱이 활성탄소를 이용하여 천연가스와 공기로부터 수은 증기를 제거하려고 한다. 화학반응으로 수은이 황화수은으로 바뀌기 때문에 흡착은 비가역이며 용량은 20wt%에 달한다.

(a) 공기로부터 수은 증기의 제거에 대한 흡착속도가 외부 물질전달 율속이라고 가정하여, 20°C, 75cm/s의 겉보기 속도에서 4 × 6mesh 탄소 흡착층의 총괄계수를 계산하라.

(b) 입구농도가 10μg/Nm^3(표준조건에서 계산한 기체부피 단위 m^{3}당 μg)이고 처리된 기체는 10^{-3} μg/Nm^3 이하가 되어야 한다면 최소 흡착층 길이는 얼마인가?

(c) 50cm 깊이의 흡착층인 경우, 파과까지의 어림 시간은 얼마인가?

답 : (a) K_{ca} = 77.5s^{-1}, (b) L_{min} = 11.1cm (c) t = 22.7years

21.6 물 연화장치는 지름이 1ft이고 길이가 1.5ft인 수지층을 갖고 있다. 만일 물에 20ppm Ca^{2+}, 10ppm Mg^{2+}, 그리고 300ppm Na^+가 있다면 수지가 재생을 필요로 하기 전에 몇 gal의 물이 처리될 수 있는가?

답 : V = 4.65 × 10^3gal

21.7 밀도가 1.2g/cm^{3}인 입자로 이루어진 지름이 2mm인 이온교환층이 15°C의 물로 역세척 된다. (a) 최소유동화속도를 산출하라. (b) $V_0 = 3V_{0m}$의 경우 층 팽창을 산출하라.

답 : (a) $V_{OM} = 4.29 \times 10^{-3}$m/s = 0.429cm/s (b) V_o = 0.32

21.8 지름이 1/4in 이고 길이가 12in인 실험실용 흡착탑을 20 × 32mesh의 활성탄으로 충전하여 실험한 결과 공기에 섞여 있는 용매가 잘 제거되지만 t_b가 너무 짧고(1.5h) 긴 층에서는 ΔP가 너무 크다는 것을 알았다. (a) 3ft 층에 12 × 16mesh 입자를 사용한다면 ΔP는 몇 배 변하겠는가? (b) 20 × 32mesh 층에서 LUB가 4.0in였다면 더 큰 입자에서는 얼마가 되겠는가? 새로운 t_b 값은 얼마인가?

답 : (a) ΔP = 1.14 (b) t_b = 3.7h

21.9 지름이 1.5mm인 이온교환 입자 층을 사용하여 20°C에서 $u_0 =$ 0.6cm/s로 물을 탈이온시킨다. (a) c_0 = 0.02M NaCl인 경우 $k_{c,ext}$, $k_{c,int}$, 및 K_c를 산출하라. (b) $L =$ 2m일 때 N을 산출하라.

답 : (a) $k_{c,ext} = 3.57 \times 10^{-3}$cm/s, $k_{c,int} = 1.07 \times 10^{-4}$cm/s, $K_c = 2.67 \times 10^{-3}$cm/s (b) N = 23.1

막분리 공정

Membrane Separation Processes

기체나 액체 혼합물의 분리법 중에는 반투막(semipermeable membrane)을 사용하는 방법이 있는데 성분에 따라 막 투과속도가 다른 점을 이용한다. 막에는 다공질 유리나 소결 금속 등 단단한 물질의 박막으로 만든 것도 있지만, 유연한 합성 고분자를 사용하여 특정 분자의 투과도(permeability)가 커지도록 한 것이 대부분이다. 이 장에서는 막에서의 용해도와 확산속도의 차이를 이용한 분리 프로세스를 다룬다. 다공질 막이나 비다공질 막(non-porous membrane)을 이용한 기체 혼합물의 분리에 관해 먼저 설명하고, 투과증발, 액-액 추출, 역삼투, 투석 등과 같은 액체 혼합물의 분리법에 관해 다룬다.

22.1 기체 분리(Separation of gases)

다공질 막(Porous membranes)

다공질 막을 통해 기체 혼합물이 저압 영역으로 확산되도록 하면 분자량이 적은 성분일수록 확산속도가 빠르므로 막을 잘 통과하여 농축된다. 막의 세공(pore)이 기상의 평균 자유경로(mean free path, 표준 상태에서 1,000Å 정도)보다 아주 작으면, 기체는 Knudsen 확산에 의해 독립적으로 확산되며, 세공 중의 확산계수는 세공 크기와 평균 분자 속도(average molecular velocity)에 비례하고, 평균 분자 속도는 분자량 M의 제곱근에 역비례한다. 원통형 세공 중에서 기체 A의 Knudsen 확산은 다음과 같다.

$$D_A = 9{,}700r\left(\frac{T}{M_A}\right)^{0.5} \tag{22.1}$$

r = 세공의 평균 반지름, cm

T = 절대온도, K

D_A = Knudsen 확산계수, cm^2/s

막의 단위 면적 당 플럭스는 유효 확산계수(effective diffusivity) D_e에 따라 달라진다. 막의 세공도(porosity)를 ϵ, 굴곡도(tortuosity)를 τ라 하면, D_e는 D_A보다 ϵ/τ만큼 적어진다. 세공도가 50% 정도인 막에서는 이 계수가 0.2~0.3 정도이다.

$$D_{eA} = \frac{D_A \epsilon}{\tau} \cong \frac{1}{4} D_A \tag{22.2}$$

각 기체의 플럭스는 농도구배에 비례하는데, 막 구조가 균일하고 기체의 상호작용이 없으면 농도구배는 선형적이다. 농도구배는 대개 분압구배(partial pressure gradient)로 나타내는데, 이상기체라 가정하면 다음과 같다.

$$J_A = D_{eA}\left(\frac{\Delta c_A}{\Delta z}\right) = D_{eA}\left(\frac{\Delta p_A/RT}{\Delta z}\right) \tag{22.3}$$

투과물(permeate)의 조성은 모든 성분의 플럭스에 따라 달라진다. 2성분계에서 투과물 중의 성분 A의 몰분율은 다음과 같다.

$$y_A = \frac{J_A}{J_A + J_B} \tag{22.4}$$

등몰(equimolar) 2성분 혼합물일 경우 막에서의 전형적 압력구배는 그림 22.1에 보인 것과 같다. 여기에서는 기체 A의 확산계수가 기체 B의 2배이고(가령 헬륨과 메탄), 상류와 하류의 압력은 각각 2.4 및 1.0atm이라 가정했다. 투과물 중의 A는 60%로서, 공급물 중의 50%에 비해 약간 농축된 셈이다. 이러한 농축에 의해 A의 구배가 B의 구배보다 적어지므로($\Delta p_A = 1.2 - 0.6 = 0.6$; $\Delta p_B = 1.2 - 0.4 = 0.8$), 투과물 중의 A가 60%일 경우, A의 플럭스는 B의 플럭스의 2 × (0.6/0.8) = 1.5배에 불과하다. 공급물의 압력을 높이거나 투과물 쪽의 압력을 대기압 이하로 낮추면 투과물 중의 A의 조성은 약간 더 높아질 것이다. 투과물을 압축하여 막 분리를 반복하면 소량이지만 점점 순수한 투과물이 얻어질 것이다. 향류 다단 장치를 설계하여 투과물을 재순환시키면 높은 회수율로 고순도 제품을 얻을 수 있겠지만, 막 비용과 각 단에서의 압축 비용 때문에 이러한 프로세스는 일반적으로 비용이 아주 많이 들 것이다.

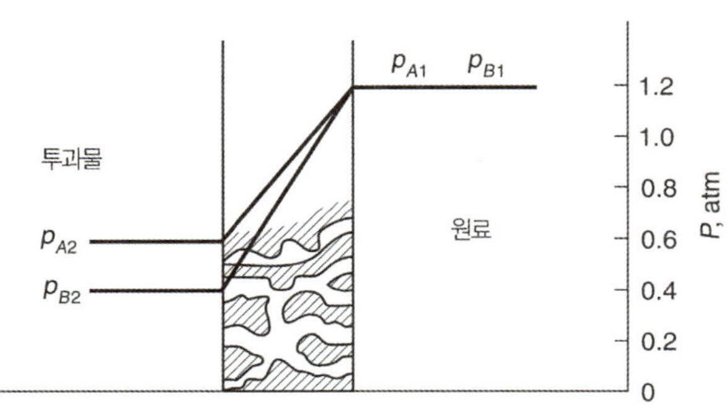

그림 22.1 다공질 막에서의 전형적 압력구배

세공 크기가 아주 작은 막은 γ-Al_2O_3와 같은 관형 다공질 지지체(support)의 세공에 고분자를 열분해에 의해 침착시켜서 만들 수 있다. 이러한 탄소 분자체 막(molecular-sieve membrane) 중에는 H_2의 투과도가 CH_4의 투과도의 50~100인 것도 있는데, H_2와 CH_4의 분자 지름의 차이는 25%에 불과하다(부록 19 참고). 이러한 막은 고분자 막에 비해 고온에서 사용할 수 있다는 장점이 있다.

고분자 막(Polymer membranes)

치밀한 고분자 막(비다공질)을 통한 기체의 수송 메카니즘은 용액 확산 메카니즘(solution-difussion mechanism)이다. 기체는 막의 고압 쪽의 고분자에 용해되어 고분자 상을 통해 확산된 다음 저압 쪽에서 탈착되거나 증발된다. 물질전달속도는 막에서의 농도구배에 따라 달라지는데, 용해도가 압력에 비례하는 경우에는 농도구배가 막을 통한 분압구배에 비례한다. 2성분 혼합물의 전형적 농도구배를 그림 22.2에 보였다. 각 기체에는 Henry 법칙을 적용할 수 있고 계면에서는 평형에 있다고 가정했다. 이 경우 기체-경막 저항을 무시할 수 있으므로, 기체-고분자 계면에서의 분압은 벌크 기체 중의 분압과 같다. 이때 기체 A의 플럭스는 다음과 같다.

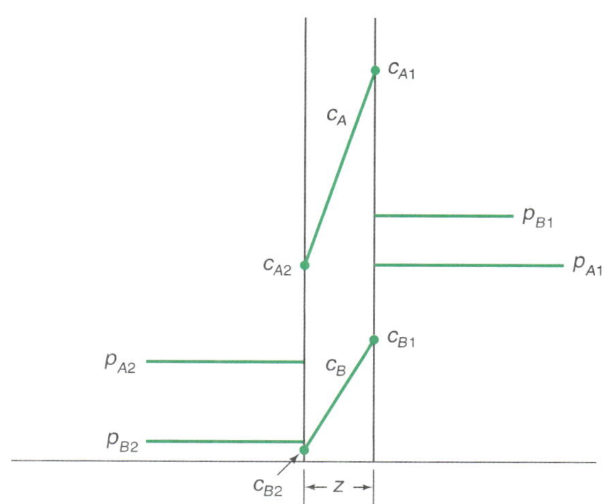

그림 22.2 치밀한 고분자 막에서의 압력구배

$$J_A = -D_A\left(\frac{dc_A}{dz}\right) = D_A\left(\frac{c_{A1}-c_{A2}}{z}\right) \tag{22.5}$$

용해도계수 S(mol/cm^3·atm)는 Henry 상수의 역수로서, 이를 사용하면 농도를 분압과 연관시킬 수 있다.

$$c_A = p_A S_A \qquad c_B = p_B S_B \tag{22.6}$$

이 식을 사용하여 농도구배를 압력구배로 대체하면 다음과 같다.

$$J_A = \frac{D_A S_A (p_{A1}-p_{A2})}{z} \tag{22.7}$$

$D_A S_A$곱은 단위 압력구배 당 플럭스로서, **투과계수**(permeation coefficient) q_A라 하며, Barrer라는 단위로 나타내기도 한다. 1Barrer = 10^{-10}cm^3(STP)·cm/cm^2·s·cm Hg이다. 몇 가지 고분자에서 가벼운 기체의 투과도(permeability)를 표 22.1에 예시했다. 폴리술폰(polysulfone)을 비롯한 유리질 고분자에 비하면 고무나 실리콘에서의 투과도가 아주 크다. 분자량이나 기체 분자의 크기가 증가하면 투과도는 최소가 된다. 상용막의 경우라도 막의 실제 두께를 알지 못하거나 규정할 수 없는 경우가 많으므로, 관습상 단위 압력차 당 플럭스로 나타내는데, 이를 투과도 Q_A라 한다.

$$J_A = \frac{q_A(p_{A1}-p_{A2})}{z} = Q_A(p_{A1}-p_{A2}) \tag{22.8}$$

Q_A의 편리한 단위로는 ft^3(STP)/ft^2·h·atm, L(STP)/m^2·h·atm 또는 GPU(gas processing unit) [10^{-6}cm^3(STP)·cm/cm^2·s·cm Hg] 등이 있다. 발표된 자료마다 투과도의 정의가 다를 수 있으므로

표 22.1 고무질 고분자와 유리질 고분자의 투과도(25-30°C)

고분자	q, Barrers					
	H_2	He	CH_4	N_2	O_2	CO_2
Silicone (PDMS)	940	560	1,370	440	930	4,600
Natural rubber	49	30	29	8.7	24	134
Polysulfone	14	13	0.27	0.25	1.4	5.6
Polycarbonate	—	14	0.28	0.26	1.5	6.5
Polyimide	2.3	—	0.007	0.018	0.13	0.41

단위에 주의해야 한다.

2성분 혼합물에서 투과도의 비를 **막 선택도**(membrane selectivity) α라 하며, 이상적 분리계수(ideal sepa ration factor)라고도 한다.

$$\alpha = \frac{Q_A}{Q_B} = \left(\frac{D_A}{D_B}\right)\left(\frac{S_A}{S_B}\right) \tag{22.9}$$

선택도를 높이려면 확산계수의 비가 적절하거나 용해도 차가 커야 한다. 막에서의 확산계수는 기상 확산계수보다는 분자의 크기와 모양에 따라 크게 달라지며, 분자 크기가 비슷해도 큰 차이가 날 수 있다. 예를 들면 N_2 분자에 비해 O_2 분자는 10% 정도 밖에 작지 않지만, 몇 가지 고분자에서 $D_{O_{26}}/D_{N_2}$비의 범위는 1.5~2.5나 된다. 확산계수는 고분자의 종류에 따라 크게 달라지는데 유리질 또는 결정성 고분자일 때 가장 작고 유리 전이온도 이상의 고분자일 때 크다. 특히 고분자가 팽윤되어 있을 때는, 확산계수가 고분자 중의 용질 농도에 따라 크게 달라진다. 확산계수의 예를 표 22.2에 보였다.

기체의 용해도 역시 기체와 고분자 종류에 따라 크게 달라진다. 비등점이나 임계점이 낮은 기체는 용해도가 낮다. 기체와 고분자의 유사성 역시 중요한데 극성 기체는 극성기의 농도가 높은 고분자에 더 잘 녹으며 수증기는 물 분자와 수소결합을 만들 수 있는 물질에 잘 녹는다. 확산계수와 용해도의 범위가 아주 넓으므로 특정 기체 혼합물에 대한 선택도가 의외로 높은 막이 있을 수가 있다. 실리콘 고무의 경우, CO_2/H_2의 선택도는 4.9이고, CO_2/O_2의 선택도는 5.4이다.

대부분의 기체에서는, 온도 증가에 따라 투과도가 증가하는데, 이는 용해도의 감소보다 확산계

표 22.2 몇 가지 고분자에서의 확산계수

고분자	$D \times 10^9$ (25°C), cm²/s			
	O_2	N_2	CO_2	CH_4
Polyethylene terephthalate	3.6	1.4	0.54	0.17
Polyethylene (ρ = 0.964 g/cm³)	170	93	124	57
Polyethylene (ρ = 0.914 g/cm³)	460	320	372	193
Natural rubber	1,580	1,110	1,110	890

수의 증가가 더 커지기 때문이다. 투과도의 변화는 다음 지수식으로 나타내는 경우가 많다.

$$Q = a\exp(-E/RT)$$

활성화 에너지 E는 1~5kcal/mol 정도이다. 그러나 온도가 증가하면 대개 막의 선택도가 감소하므로, 플럭스와 선택도의 균형을 고려하여 조작 온도를 결정해야 할 것이다.

막 구조(Membrane structure)

치밀한 고분자 막을 통한 플럭스는 막 두께에 역비례하므로 가능한 한 막을 얇게 만드는 것이 좋지만, 구멍이나 취약한 부분이 없어야 한다. 기체 분리조작에서는 압력차가 1~20atm이므로 얇은 막은 다공질 구조로 지지해야 이러한 압력에 견디면서도 기체 흐름에 대한 저항이 생기지 않을 것이다. 지지체(support)는 다공질 세라믹, 금속, 또는 고분자로 만들며, 세공도가 50% 정도 이상이어야 한다. 지지체의 세공 크기는 지지 대상인 얇은 분리막의 두께 정도라야 한다. 그러나 얇은 막을 다루거나 지지체에 막을 붙일 때 찢어지지 않도록 하기가 어려우므로, 대개의 기체 분리막은 막과 지지체가 일체가 되도록 만든다. 특수한 성형법을 사용하여 **ㅂ 대칭 막**(asymmetric membrane)을 만드는데, 한 쪽은 얇고 치밀한 층(표층, skin)이고 나머지는 고도의 다공질 구조가 된다. 이러한 막의 모양을 그림 22.3에 보였다.

전형적 비대칭 막은 두께가 50~200μm이고 이 중의 표층은 0.1~1μm 정도이다. 신기술을 사용하면 표층 두께가 0.1μm 이하인 상용막을 만들 수 있다. 표층이 아주 얇은 막은 미공(pinehole)이 생길 수 있고, 이러한 흠집이 있으면 치밀한 고분자를 통한 확산보다는 이 미공을 통한 흐름이 아주 빨라질 것이므로, 단위 면적당 미공의 수가 몇 개만 되어도 선택도를 크게 저하시키게 된다. 이러한 문제에 대처하는 한 가지 방법은, 투과도가 아주 높지만 선택성이 없는 고분자로 이 막을 피복하는 것인데, 이렇게 하면 막의 나머지 부분의 투과도를 크게 저하시키기 않으면서도 미공을 막을 수가 있다. 비대칭 막은, 평판, 튜브, 그리고 지름이 40μm에 불과한 실관(중공사, hollow fiber)으로 만들 수 있다. 소형 실관은 아주 든든하여 추가 지지체가 없어도 고압에 견딜 수 있지만, 평판인 경우에는 추가 지지체와 간격판(spacer)이 필요하다.

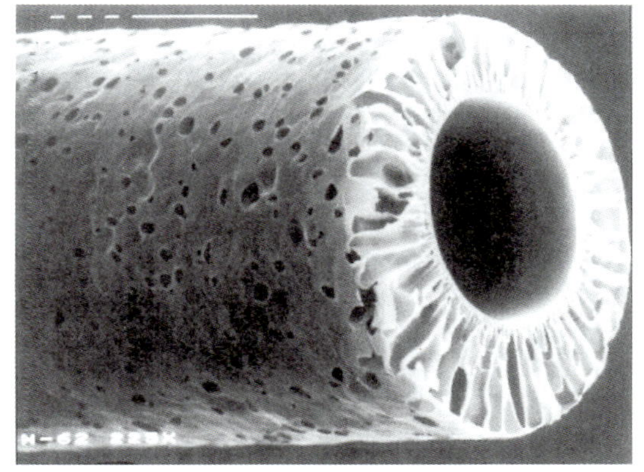

그림 22.3 모세관 한외여과막. DIAFLO™ 실관의 전자현미경 사진(150x) (Millipore Corporation 제공)

비대칭막에서의 농도 구배는 복잡하다. 치밀한 고분자 표층을 통한 수송은 분자 확산이고, 다공질 지지체를 통한 수송은 구불구불한 세공을 통한 확산과 층류이기 때문이다. 플럭스가 큰 막에서는 막 양쪽의 경계층에서 현저한 물질전달 저항이 있을 수 있는데 경계층을 통한 수송 역시 확산과 흐름에 의해 이루어지다.

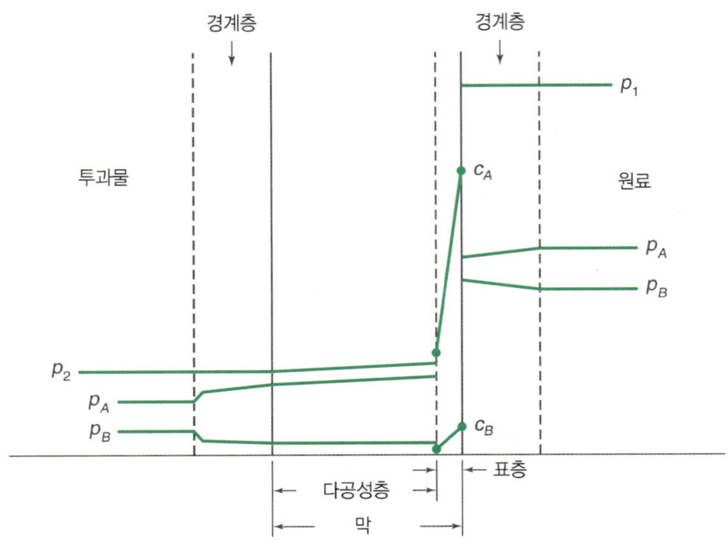

그림 22.4 비대칭막에서의 압력 및 농도 구배와 경계층 저항

비대칭 막에서의 압력 구배와 농도 구배를 그림 22.4에 보였다. 이 그림은 A의 투과도는 B의 투과도보다 아주 커서 A의 플럭스가 B의 플럭스의 몇 배가 되는 경우이다. 공급쪽 경계층에서 A의 압력 구배가 작은데도 c_A의 저하가 큰 것은 표층에서의 물질전달 저항이 지배적임을 나타낸다. 이 경계층에서 B의 구배는 − 값인데, 주로 A인 전체 흐름에 의해 B가 농도 구배에 역행하여 운반되기 때문이다.

표층 양쪽에서 기체는 고분자 상과 평형에 있는 것으로 가정했다. 표층 바로 안쪽의 세공 중의 기체 조성은 일반적으로 그 점에서의 투과물의 벌크 조성과 같지 않다. 벌크 조성은 분리장치의 흐름의 배열에 따라 달라지며, 세공층의 기체에 비해 벌크 기체에는 A가 더 많을 수도 있고 더 적을 수도 있다. 그림 22.4는 벌크 투과물에는 A가 70% 정도이고 표층을 떠나는 기체 중에는 A가 90%인 경우를 보인 것이다.

막 분리장치의 흐름 양상(Flow pattern in membrane separators)

기체 분리장치에서 표면적의 배열 방법에는 여러 가지가 있다. 외부가 표층인 실관 막(hollow-fiber membrane)의 경우를 그림 22.5에 예시했는데 알아보기 쉽게 하기 위해 실관은 몇 개만 나타내고 크기는 확대했다. 실제 분리장치에서는 지름이 몇 인치에 불과한 쉘(shell) 안에 백만 개에 이르는 실관이 들어있는 경우도 있다. 장치의 한쪽이나 양쪽에는 에폭시수지로 만든 포팅 컴파운드(potting compound)를 사용하여 실관들을 관판(tube plate)에 밀봉하여 공급물과 투과물이 격리되도록 한다.

그림 22.5(a)는 공급 가스를 쉘쪽에 도입하여 향류로 흐르도록 배열한 것이다. 실관은 한쪽을 막았으므로, 이 막힌 끝에서 배출 끝으로 가면서 투과물 유량이 0에서 최종 값으로 증가한다. 입구

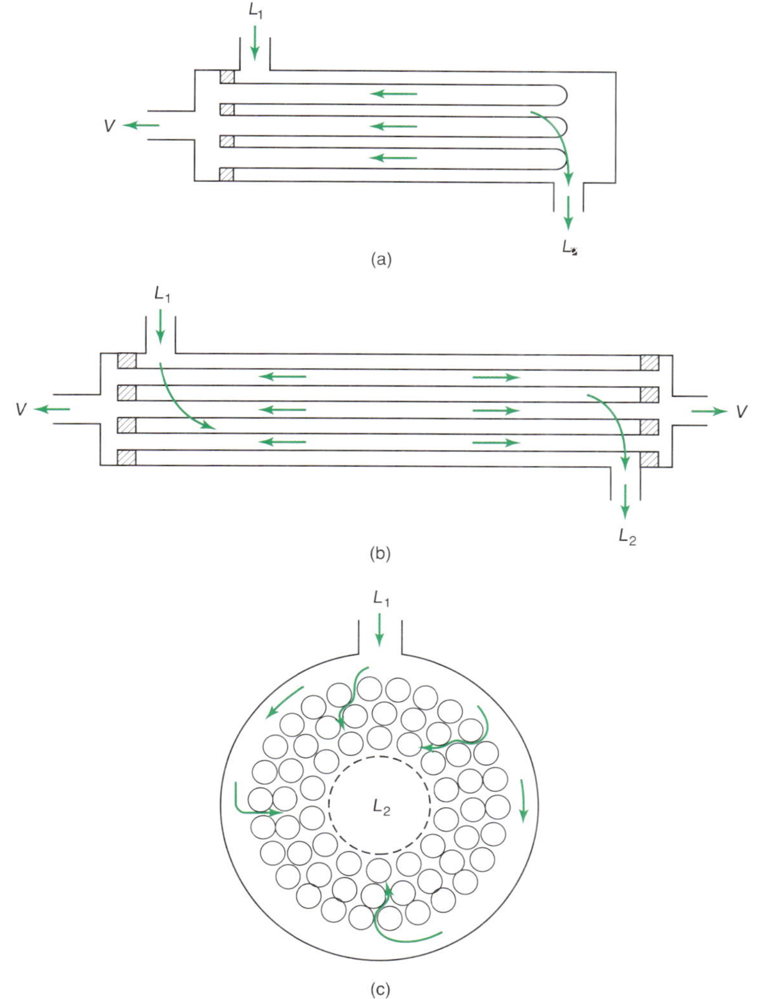

그림 26.5 실관막의 흐름 배열 (a) 향류, (b) 병류 및 향류, (c) 방사 방향 교차류

와 출구 부근에서는 공급 기체가 실관을 가로질러서 흐르므로, 이상적 향류의 경우와는 달리, 흐름이 항상 축과 평행이 되지는 않는다. 지름이 큰 장치에서는 쉘쪽의 흐름이 잘 분배되도록 하는 것이 설계의 과제이다. 흐름의 분배를 개선하기 위해, 공급 기체를 실관 내부(lumen)에 도입하는 경우도 있다.

그림 22.5(b)는 실관의 양쪽이 열려있는 분리장치로 투과물은 중앙에서 양쪽 끝으로 흐른다. 이렇게 배열하면 분리장치의 반쪽에서는 향류가 되고 다른 반쪽에서는 병류가 되는데 실관 내부에서의 투과물 흐름의 압력 강하가 줄어들므로, 압력 강하가 같도록 하면 장치의 길이를 늘일 수가 있다. 투과물 압력이 공급물 압력보다 아주 낮을 경우에는, 플럭스가 주로 공급물쪽 분압에 좌우되므로, 병류 조작이나 향류 조작의 투과물 조성에 차이가 별로 없는 경우도 있다. 그러나 공기로부터 아주 순수한 N_2를 생산하는 경우처럼 고순도의 잔류 흐름을 얻고자 할 때는 향류 조작이 필요하다.

쉘 쪽의 흐름 분배를 좋게 하고자 하면, 그림 22.5(c)에 보인 것처럼 교차류(crossflow)로 배열하면 어느 정도 개선될 수 있다. 다공 배출관 둘레에 실관 다발을 설치하고, 공급 기체는 쉘 외부에서 중심관을 향해 방사 방향으로 흐르도록 한다. 이처럼 안쪽을 향해 방사 방향으로 흐르고, 기체가 실관을 투과하면 유량이 감소하므로, 실관을 지나는 유속은 변화가 심하지 않다. 실용 분리장치 중에는, 공급 기체를 중앙에 도입하여 바깥쪽을 향해 방사 방향으로 흐르도록 한 것도 있는데, 이렇게 배열하면 입구에서 출구로 가면서 유속이 크게 변한다. 실관은 한쪽이나 양쪽을 모두 관판에 밀봉할 수 있다.

생성물의 순도와 수율(Product purity and yield)

투과물(permeate)과 잔류물(residue)의 조성은 막 내외의 압력차, 공급물의 조성과 유량, 각 성분의 투과도, 막의 총면적, 흐름 배열 등 여러 변수에 따라 달라진다. 중요한 종속변수는 투과물로 회수되는 공급물의 분율인데, 이를 **단 수율**(stage cut)이라고도 한다. 투과물과 잔류물의 조성을 단 수율의 함수로 나타내는 경우가 있는데, 단 수율은 압력이나 공급 유량을 달리 하여 광범하게 변화시킬 수 있다.

다공질 하층(sublayer) 및 경계층의 저항을 무시할 수 있다는 가정 하에서, 비대칭 막을 사용한 2성분 혼합물의 분리에 관한 식을 유도하기로 한다. 공급물 쪽 및 투과물 쪽에서 마찰에 의한 압력강하 역시 무시할 수 있다고 가정한다. 증류의 경우와 마찬가지로, 공급물과 투과물의 조성 및 유량을 각각 x, L 및 y, V로 나타내기로 한다. 지금 $A-B$ 혼합물에서 투과성이 큰 성분을 A라 하면, x와 y는 A의 몰분율을 가리킨다. 증류에서와는 달리, 기체 혼합물이 분리장치를 통과함에 따라 L과 V는 상당히 변하며, 물질수지에 의해 L의 감소량은 V의 증가량과 같다. 공급물은 실관의 내부나 외부에 도입할 수 있고, 플러그 흐름이라 가정하면, x는 실관의 길이에 따라 점차적으로 변한다. 이를 그림 22.6에 보였다.

투과물 역시 플러그 흐름이라 가정하며, 임의 축방향 지점에서 기체의 평균 조성을 y, 그 점에서의 막 표면을 떠나는 기체의 국부 조성을 y'으로 구분하기로 한다. 투과물 흐름이 시작되는 분리장치 끝에서는 y와 y'의 값이 같지만, 투과물이 축적됨에 따라 변화율이 달라진다. 그림 22.6에 보인 것처럼, 투과물 흐름이 배출 끝으로 향할수록 x가 증가하므로 y'도 증가한다. 농도 y는 그 점에 이르기까지 형성된 투과물의 y'값의 평균치이므로, y는 y'만큼 빨리 증가하지 않는다.

x와 y'의 관계는 평형 관계가 아니므로, 상대투과도 Q_A 및 Q_B와 상대투과도 차이에 따라 달라진다. P_1을 공급물 압력, P_2를 투과물 압력이라 하면, 플럭스 J_A와 J_B는 다음과 같다.

$$J_A = Q_A(P_1 x - P_2 y) \tag{22.10}$$

$$J_B = Q_B[P_1(1-x) - P_2(1-y)] \tag{22.11}$$

절대 압력비 R을 이 플럭스 식에 도입하며 P_2를 소거하면 다음과 같다.

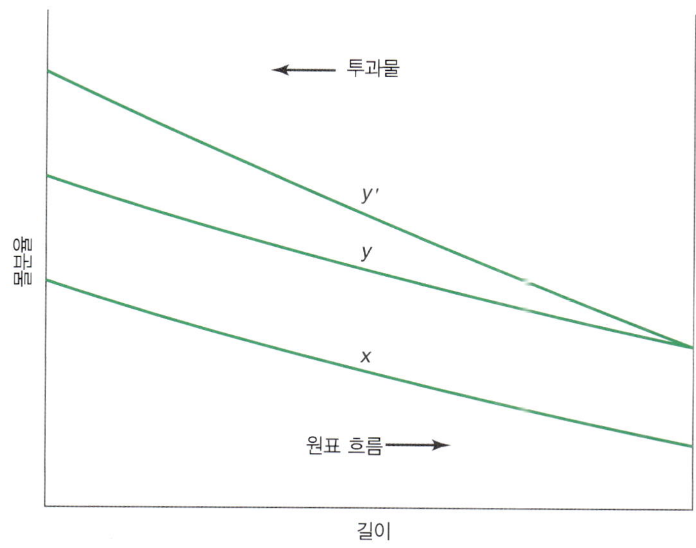

그림 22.6 향류 분리장치에서 투과물 및 잔류물의 국부 및 평균 조성

$$R \equiv \frac{P_2}{P_1} \tag{22.12}$$

$$J_A = Q_A P_1 (x - Ry) \tag{22.13}$$

$$J_B = Q_B P_1 [1 - x - R(1 - y)] \tag{22.14}$$

투과물의 국부 조성 y'은 그 점에서의 플럭스 비에 따라 달라진다.

$$y' = \frac{J_A}{J_A + J_B} = \frac{Q_A P_1 (x - Ry)}{Q_A P_1 (x - Ry) + Q_B P_1 [1 - x - R(1 - y)]} \tag{22.15}$$

투과도 비 $Q_A / Q_B = \alpha$라 하면,

$$y' = \frac{x - Ry}{x - Ry + (1 - x - R + Ry)/\alpha} \tag{22.16}$$

분리장치 안에서 투과물 흐름이 시작되는 점[그림 22.5(a)에서 실관의 막힌 끝]에서는 $y = y'$이며, 식 (22.16)은 다음과 같은 표준형 2차식이 된다.

$$(\alpha - 1)(y')^2 + \left[1 - \alpha - \frac{1}{R} - \frac{x(\alpha - 1)}{R}\right] y' + \frac{\alpha x}{R} = 0 \tag{22.17}$$

식 (22.16)이나 (22.17)을 사용하여, 투과물의 국부 조성이 압력비, 선택도, 공급물 조성에 따라 어떻게 달라지는지를 보일 수 있다. x가 증가하면 y'은 언제나 커지는데, A의 플럭스가 커지면 B의 플럭스가 작아지기 때문이다. R이 감소하면 y'은 증가하지만, R이 0에 접근하면 y'값은 한계치에 이르는데, 이 값은 식 (22.16)에서 구할 수 있지만, 식 (22.17)에서는 구할 수 없다. $R = 0$이면,

$$y' = \frac{x}{x + (1-x)/\alpha} \tag{22.18}$$

$$y' = \frac{\alpha x}{1 + (\alpha - 1)x}$$

2성분 혼합물에서 $R = 1.0$이면 확산 구동력이 없기 때문에 분리되지 않는다. 투과물 쪽에 제3의 성분을 첨가하여 스윕 기체(sweep gas)로 사용하면, A와 B의 분압이 낮아지므로, $R = 1.0$인 경우에도 A와 B를 분리할 수가 있다. 이처럼 분리를 개선하기 위해 투과물 쪽에 스윕 기체를 첨가하는 경우가 있다.

일정한 압력에서는 선택도를 증가시켜서 분리를 개선할 수 있지만, y'에는 상한이 있게 된다. 투과물 중의 A의 분압이 공급물 중의 분압보다 커질 수는 없으므로, y'의 최대값은 다음 분압의 관계로부터 구할 수 있다.

$$P_1 x \geqq P_2 y' = P_1 R y' \tag{22.19}$$

$$y'_{\max} = \frac{x}{R}$$

A가 40%이고 압력비 $R = 0.5$인 공급물일 경우, 막의 선택도를 아무리 높이더라도, 투과물의 최대 농도는 0.80을 넘을 수가 없다. 하지만, 압력비를 2.0으로 낮추면, 아주 선택적인 막을 사용할 경우 거의 순수한 A를 얻을 수 있다. $x = 0.4$ 및 0.2이고, $R = 0.2$ 및 0.5일 때의 α에 따른 y'의 변화를 그림 22.7에 보였다.

플럭스식과 물질수지식을 조합하고, 분리장치의 한 끝에서 다른 끝으로 수치 적분함으로서, 분리장치의 성능을 추정할 수 있다. 근사적 추정이나 조작 장치의 자료 해석에서는 투과물 조성이나 구동력의 평균치를 사용해도 충분하다.

분리장치에 대하여, 총괄 물질수지와 성분 물질수지를 취하면 다음과 같다.

$$L_{\text{in}} = L_{\text{out}} + V_{\text{out}} \tag{22.20}$$

$$L_{\in} x_{\in} = L_{\text{out}} x_{\text{out}} + V_{\text{out}} y_{\text{out}} \tag{22.21}$$

x의 변화가 아주 크지 않다면, 분리장치 끝에서 투과물의 국부 조성을 평균하여 투과물 조성을 구할 수 있다.

$$\bar{y} \cong \frac{y_{\text{inlet}} + y_{\text{outlet}}}{2} \tag{22.22}$$

필요한 막 면적은 투과성이 큰 기체에 대한 플럭스 식에서 구할 수 있다.

$$A \cong \frac{V_{\text{out}} y_{\text{out}}}{Q_A (P_1 x - P_2 y)_{\text{ave}}} \tag{22.23}$$

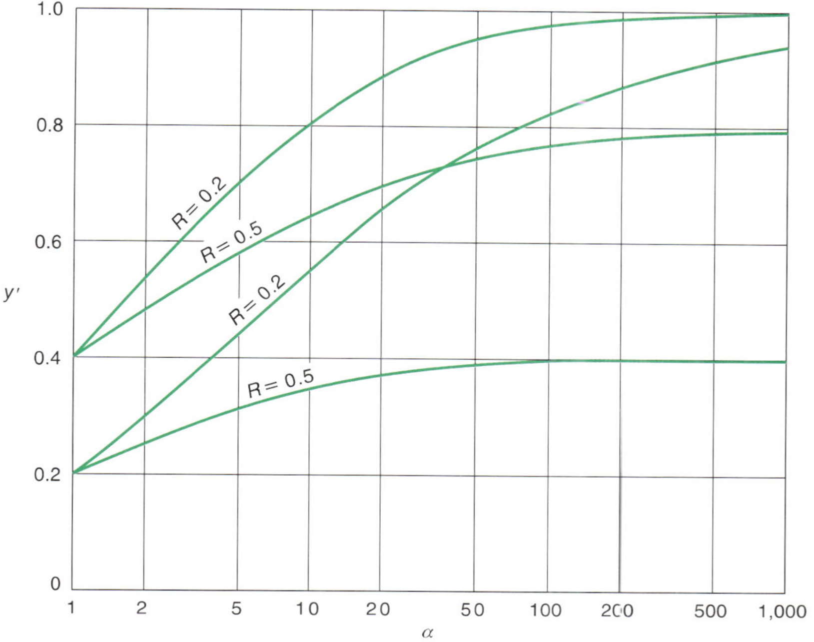

그림 22.7 선택도와 압력비가 투과물의 국부 조성에 미치는 영향

예제 22.1

폴리술폰 막으로 만든 실관 분리장치를 향류로 배열하여 공기 분리 성능을 시험한다. 공급 유량이 20 L/min(STP)일 때 투과물은 유량 3.1L/min, O_2 40%이고 잔류물은 O_2 17%이었다. 공급물과 잔류물의 계기 압력은 각각 40.0 및 39.5lb_f/in^2이다. 막 면적이 5.2m^2일 때 다음을 구하라.

(a) O_2와 N_2의 투과도와 선택도

(b) 공급물의 압력을 80lb_f/in^2로 올릴 경우 투과물의 산소 조성

(c) 압력 80lb_f/in^2에서 공급 유량을 증가시키거나 투과물의 압력을 낮추어서 얻을 수 있는 산소의 최대 조성

풀이 (a) 총괄 물질수지를 취하면,

$$L = F - V = 20 - 3.1 = 16.9\,\mathrm{L/min}$$

O_2 수지를 취하여 검토한다. 공급물에서

$$Fx_F = 20(0.209) = 4.18\,\mathrm{L/min}$$

$$Vy + Lx = 3.1(0.40) + 16.9(0.17) = 4.11\,\mathrm{L/min}$$

$$P_1 = \frac{40 + 14.7}{14.7} = 3.72\,\mathrm{atm}$$

공급물 쪽에서 $p_{1,O_2} = 3.72(0.209) = 0.777\,\mathrm{atm}$이다. $P_2 = 1.0\,\mathrm{atm}$이라 하면,

$$p_{2,O_2} = P_2 y = 0.40\,\text{atm}$$

$$\Delta p_{O_2} = 0.777 - 0.40 = 0.377\,\text{atm}$$

잔류물 쪽에서,

$$P_1 = \frac{39.5 + 14.7}{14.7} = 3.69\,\text{atm}$$

$$p_{1,O_2} = 3.69(0.17) = 0.627\,\text{atm}$$

마찰 압력 손실을 무시하면, $P_2 \cong 1.0\text{atm}$이지만, y는 여전히 알 수 없다.

그림 22.6에 보였지만, y의 초기값은 최종값보다는 작겠지만, 이 경우 x가 0.209에서 0.17로 조금밖에 감소하지 않으므로, 아주 작지는 않을 것이다.

따라서 $y \cong 0.9(0.40) = 0.36$으로 가정한다.

$$p_{2,O_2} \cong 0.36\,\text{atm}$$

$$\Delta p_{O_2} = 0.627 - 0.36 = 0.267\,\text{atm}$$

O_2의 평균 분압은,

$$\overline{\Delta p_{O_2}} = \frac{0.377 + 0.267}{2} = 0.322\,\text{atm}$$

식 (22.23)에서,

O_2 투과도 : $$Q_{O_2} = \frac{3.1 \times 0.40}{5.2 \times 0.322} = 0.741\,\text{L/min}\cdot\text{m}^2\cdot\text{atm}$$

공급물 쪽의 N_2 : $$p_{1,N_2} = 0.791 \times 3.72 = 2.94\,\text{atm}$$

$$p_{2,N_2} = 1 - 0.40 = 0.60\,\text{atm}$$

$$\Delta p_{N_2} = 2.94 - 0.60 = 2.34\,\text{atm}$$

잔류물 쪽에서, $$p_{1,N_2} = 3.69(1 - 0.17) = 3.06\,\text{atm}$$

$$p_{2,N_2} = 1 - y = 1 - 0.36 = 0.64\,\text{atm}$$

$$\Delta p_{N_2} = 3.06 - 0.64 = 2.42\,\text{atm}$$

평균 압력차 $$\overline{\Delta p_{N_2}} = \frac{2.34 + 2.42}{2} = 2.38\,\text{atm}$$

N_2 투과도 : $$Q_{N_2} = \frac{3.1 \times 0.60}{5.2 \times 2.38} = 0.150\,\text{L/min}\cdot m^2\cdot\text{atm}$$

선택도 : $$\alpha = \frac{0.741}{0.150} = 4.94$$

$\alpha = 4.94$이면, y의 초기값은 식 (22.17)에서 검산할 수 있다. $R = 1/3.69 = 0.271$이므로,

$$3.94(y')^2 + [1 - 4.94 - 3.69 - (0.17 \times 3.94 \times 3.69)]\acute{y} + 4.94 \times 0.17 \times 3.69 = 0$$

$$3.94(y')^2 - 10.10y' + 3.10 = 0$$

$y' = 0.357$, 가정치 0.36과 비슷하다.

(b) 공급물 압력

$$P_1 = \frac{80 + 14.7}{14.7} = 6.44\,\text{atm}$$

$$P_2 = 1.0\,\text{atm} \qquad \text{R} = \frac{1}{6.44} = 0.1553$$

잔류물 중의 $x = 0.17$이 되도록 유량을 조정하면, 잔류물 쪽의 y'은 식 (22.17)에서 구할 수 있다.

$$3.94(y')^2 + [1 - 4.94 - 6.44 - (0.17 \times 3.94 \times 6.44)]y' + 4.94 \times 0.17 \times 6.44 = 0$$

$$3.94(y')^2 - 14.69y' + 5.408 = 0$$

초기 $y' = 0.414$

공급물 쪽에서, 식 (22.16)으로 y'을 구하면, 이 중에는 최종 투과물 조성 y가 포함된다. 다음 가정하에서 계산하면

$$y = \frac{0.414 + y'}{2} = 0.207 + 0.5y'$$

$$y' = \frac{0.209 - 0.1553(0.207 + 0.5y')}{0.209 - 0.1553(0.207 + 0.5y') + [1 - 0.209 - 0.1553 + 0.1553(0.207 + 0.5y')]/4.94}$$

$$= \frac{0.17685 - 0.07765y'}{0.31204 - 0.06193y'}$$

$$0.06193(y')^2 - 0.38969y' - 0.17685 = 0$$

$$y' = 0.492$$

$$y = \frac{0.414 + 0.492}{2} = 0.453 \approx 45\%\ O_2$$

(c) 공급 유량을 아주 크게 하면, 단 수율(stage cut)이 0에 접근하며 잔류물 조성은 공기의 조성(O_2 20.9%)과 같아진다. 식 (22.17)에서 $R = 1/6.44$이므로,

$$3.94(y')^2 + [1 - 4.94 - 6.44 - (0.209 \times 3.94 \times 6.44)]y' + 4.94 \times 0.209 \times 6.44 = 0$$

$$3.94(y')^2 - 15.683y' + 6.649 = 0$$

$$y' = 0.482 \approx 48\%\ O_2$$

진공을 걸면, R이 0에 접근한다. 식 (22.18)에서 $x = 0.209$이므로,

$$y' = \frac{4.94 \times 0.209}{1 + 3.94 \times 0.209} = 0.566 \approx 57\%\ O_2$$

예제 22.1에서 알 수 있지만, 상류 압력을 증가시키면 산소와 질소의 훌럭스가 모두 증가하며, 투과물 중의 산소 농도도 증가한다. 이는 투과물 중의 산소 분압이 산소 구동력에 큰 영향을 미쳐서, 산소 훌럭스가 질소 훌럭스보다 증가하기 때문이다. $P = 40\text{lb}_f/\text{in}^2$(3.72atm)일 때는 입구에서의 산소의 구동력이 3.72 (0.209) − 0.40 = 0.377atm이지만 $80\text{lb}_f/\text{in}^2$(6.44atm)일 때는 6.44(0.209) − 0.45 = 0.896atm으로 2.4배 증가한다. 이에 비해 압력을 40에서 $80\text{lb}_f/\text{in}^2$으로 증가시킬 때 N_2의 구동력은 1.94배만 증가한다. 각 성분의 훌럭스는 분압 차이에 따라 달라지므로, R이 0에 접근하는 극한을 제외하고는, 전체 훌럭스가 전압 차이에 비례하지 않는다.

향류 분리장치의 성능을 평가하기 위해 다단법을 사용한다면, 잔류물 쪽의 x_{out}을 특정 값으로 정하고 L_{out}을 임의값(가령 100L/min)으로 하여 시작하는 것이 좋다. y'의 초기값은 식 (22.17)에서 구하며, A와 B의 국부 플럭스는 식 (22.10)과 (22.11)에서 계산한다. 이어서 표면적의 미소 증가에 따른 ΔV와 ΔL을 구한다.

$$\Delta V = \Delta L = (J_A + J_B)\Delta A \tag{22.24}$$

물질수지와 플럭스식으로부터 x와 y의 새로운 값을 계산하고, x가 공급물 조성에 이를 때까지 계산을 계속한다. 단 수율은 V/L이 된다. 분리장치의 미소 길이를 도입 및 배출 유량과 함께 그림 22.8에 보였다. 또 사용해야 할 식은 다음과 같다.

$$L_k = L_j + \Delta V_j \tag{22.25}$$

$$V_j = V_i + \Delta V_j \tag{22.26}$$

$$L_k x_k = L_j x_j + \Delta V_j y_j' \tag{22.27}$$

식 (22.27)에서 L_j를 $L_k - \Delta V_j$로 대체하면 x의 미소 변화에 관한 식을 얻을 수 있다.

$$L_k(x_k - x_j) = \Delta V_j(y_j' - x_j) \tag{22.28}$$

y의 새로운 값은 다음 식으로 구한다.

$$V_j y_j = V_i y_i + \Delta V_j y_j' \tag{22.29}$$

여기에서

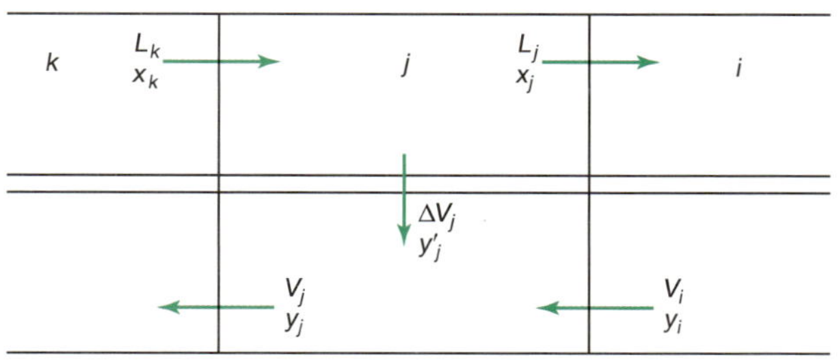

그림 22.8 향류 분리장치의 흐름

표 22.3 유리질 및 고무질 고분자 막의 투과도와 선택도

투과도 Q_{N_2}, L (STP)/min·m^2·atm	막(Membrane) Polysulfone 0.05–0.5	Polydimethylsiloxane 5–50
Gas	선택도, α_{gas/N_2}	
O_2	5–6	3
CO_2	17	6
H_2O	280	—
CH_4	20	3
C_3H_6	—	10
C_4H_{10}	—	30
Toluene	—	80

$$y_j' = \frac{J_A}{J_A + J_B} \tag{22.30}$$

각 증분의 처음과 나중의 평균값을 y_j' 값으로 하면, 훨씬 정확한 값을 얻을 수 있다.

분리장치 배열(Separator arrangement)

기체나 액체의 막 분리에서는 대개 다단 조작이 필요하다. 단위 장치는 지름 0.3m, 길이 3~5m 이상의 크기로 만들기 어렵기 때문이다. 이러한 크기의 실관 모듈 하나의 막 면적은 수 천 m에 이르며, 수 백 m^3/min의 기체를 처리할 수 있다. 정유공장이나 화학공장에서 다량 처리하려면, 그림 22.9(a)에 보인 것처럼 여러 기의 단위 장치를 병렬한다. 공급물 분배장치를 설계할 때는 모든 단위 장치에 같은 양이 흐르도록 한다. 조작량이 적을 때는 단위 장치의 일부를 운전 정지시켜서 모듈 당 유량이 같아지도록 한다. 단위 장치를 모두 가동하면 낮은 유량에서 투과물 회수율이 증가하여 공급물 쪽에서 액체의 응축이 생길 수 있다.

그림 22.9(b)에서처럼 막 분리장치를 직렬하는 경우도 있다. 대개 공급물 쪽의 마찰 압력 강하가 적으므로(< 1atm), 공급물을 재압축하지 않으면서도 2~3기의 단위 장치를 직렬할 수 있다. 투과물 흐름은 순도가 다르므로 각각 다른 용도로 사용하거나 모두 조합하여 사용할 수도 있다. 이러한 배열의 예를 들면, 실리콘 막 분리장치 2기를 직렬하여, C_3H_6 15%, N_2 85%인 배기로부터 프로필렌을 회수한다. 선택도 10, 절대압력 $P_1 = 200 lb_f/in^2$인 경우, 첫 번째 장치의 투과물과 잔류물의 C_3H_6는 각각 43% 및 5.3%, 두 번째 장치에서는 각각 15% 및 1%이다. 이 두 번째 장치의 투과물은 재압축하여 첫 번째 장치로 순환시킨다. 하나의 장치를 사용한다면 투과물의 C_3H_6가 22%에 불과하고, 잔류물은 2기일 경우와 마찬가지로 C_3H_6 1%가 된다.

또 다른 조작 방법으로서 직렬 장치에서 투과물을 저압으로 유지하는 경우가 있다. 첫 번째 장치에서는 보통 압력의 투과물이 생성되므로 이 가스를 재압축하지 않고 그대로 사용할 수 있다. 다음 장치에서는 낮아진 공급물 농도를 보상하기 위해 하류 압력을 낮게 하여 조작하며, 투과물은

압축하여 재사용한다. 대형 플랜트에서는 병렬 배열을 조합하기도 하는데, 몇 쌍의 투과장치를 공통 공급 장치와 연결한다.

고순도 투과물을 얻고자 하는 경우에는, 그림 22.9(c)에 보인 것처럼 첫 단의 생성물을 압축하여 두 번째 단으로 보낸다. 이러한 방법에서는 두 단 이상을 사용하기도 하지만 재압축 비용 때문에 비경제적일 수도 있다. 새로운 방법으로서 분리장치 2기와 하나의 재압축 단계를 사용하는 연속 막 분리탑을 들 수 있다. 그림 22.9(d)에 보인 것처럼, 두 번째 분리장치의 투과물을 압축하여 막의 반대편으로 역류시키며 이 흐름은 향류로 흘러서 투과물이 된다. 이처럼 환류(reflux)시키면 아주 고순도의 투과물을 얻을 수 있다. 환류가 분리장치를 통과하는 동안 투과성이 높은 성분이 제거되

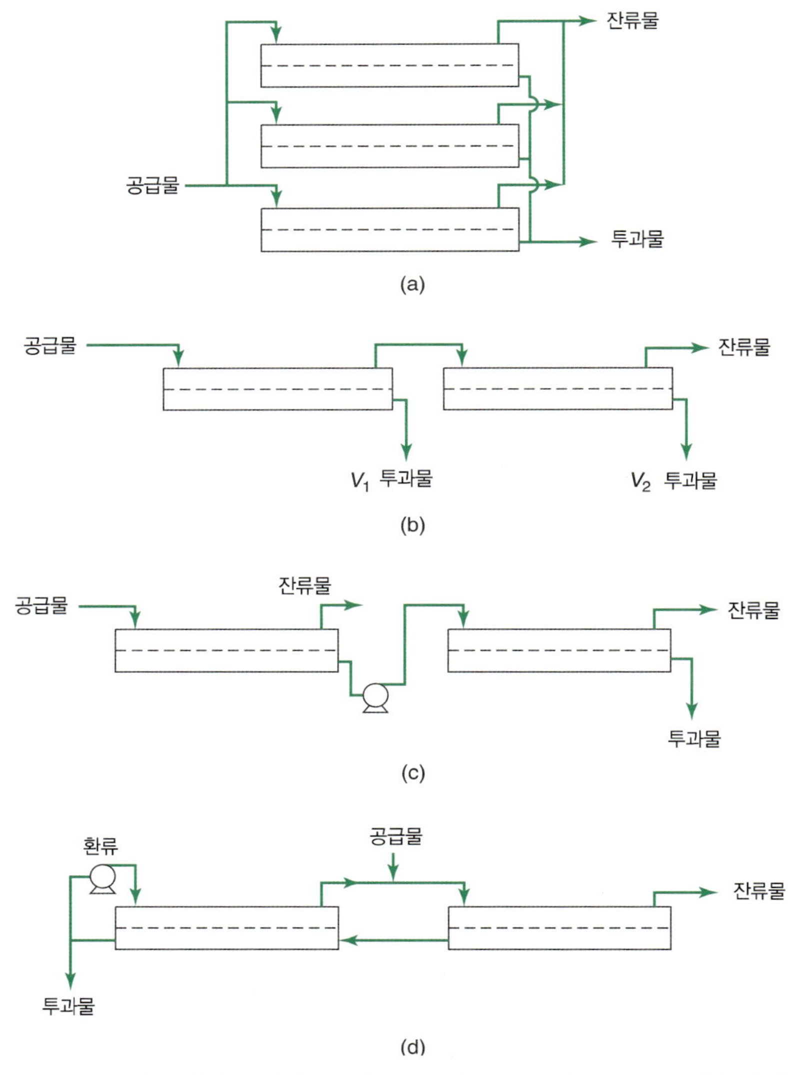

그림 22.9 막 분리장치 배열 (a) 병류, (b) 직류, (c) 2단 흐름, (d) 연속 칼럼

며, 공급물과 혼합하여 첫 번째 분리장치로 보낸다.

22.2 액체 분리(Separation of liquids)

다공질 막이나 비대칭 고분자 막을 이용하여 액체 혼합물을 분리하는 방법에는 몇 가지가 있다. 다공질 막에서는, 투석(dialysis)에서처럼, 대기압에서 막 양쪽에 있는 수용액의 확산계수의 차이에 의해 분리가 이루어진다. 다공질 막을 사용하는 액-액 추출에서는 비혼화성 추출잔액과 추출액 상이 막에 의해 분리되며, 확산계수의 차이 뿐 아니라 용질의 평형 분포도의 차이에 의해서도 추출액의 조성이 달라진다.

비대칭막이나 치밀한 고분자 막에서는 용액 확산 메카니즘에 의해 액체가 투과된다. 확산계수비 뿐 아니라 용해도 비에 의해서도 선택도가 달라지며 이러한 비는 고분자와 액체의 화학구조에 따라 변한다. 수송 구동력은 막의 활동도 구배(activity gradient)이지만 기체 분리의 경우와는 달리 압력은 액체의 활동도에는 거의 영향을 미치지 않으므로, 상류 압력을 증가시켜서 구동력을 크게 변화시킬 수는 없다. 투과증발(pervaporation)에서는 막의 한 쪽을 대기압의 공급액에 노출시키고, 투과물 쪽에는 감압하거나 스윕 가스를 사용하여 기상이 형성되도록 한다. 이렇게 하면 투과 성분의 분압이 낮아져서 투과를 위한 활동도 구동력이 만들어진다. 역삼투법(reverse osmosis)에서는 투과물이 1atm 정도의 거의 순수한 물이고 공급 용액에는 아주 고압을 가하여 물의 활동도가 투과물의 활동도보다 약간 커지도록 한다. 이렇게 하면 생성물 중의 물의 농도가 공급물에서보다 높더라도 막을 통한 활동도 구배가 생긴다.

22.2.1 투석(Dialysis)

용액으로부터 저분자량의 용질이 농도가 낮은 영역으로 확산되도록 하여 선택적으로 제거하는 방법인 투석에서는 얇은 다공질 막을 사용한다. 막 전후에는 압력차가 거의 없으므로, 각 용질의 플럭스는 농도차에 비례한다. 고분자량의 용질은 확산계수가 작고, 분자가 세공 크기만큼 크면 작은 세공을 통한 확산이 크게 방해를 받으므로 대부분 공급 용액 중에 남게 된다.

전형적 투석 프로세스의 농도구배를 그림 22.10에 보였다. 공급액 중에는 저분자량 용질 A, 중간 정도의 B, 콜로이드 C가 들어있다고 보았다. 막 양쪽에는 농도 경계층이 생기는데, 막이 경계층보다 얇을 때는 농도 경계층이 총괄 저항에 큰 영향을 미칠 수 있다. 막에서의 A나 B의 농도구배는 경계층에서보다 가파른데, 이는 유효 확산계수가 벌크 값보다 크기 때문이며, 정상상태에서는 막을 통한 플럭스가 경계층을 통한 플럭스와 같다. 막에서의 c_A와 c_B는 세공 유체(pore fluid) 중의 농도이며, 막의 전체 부피에 기준한 농도가 아니다. 콜로이드 입자는 세공 크기보다 크므로, 세공 유체와 생성물에서 $c_c = 0$이다.

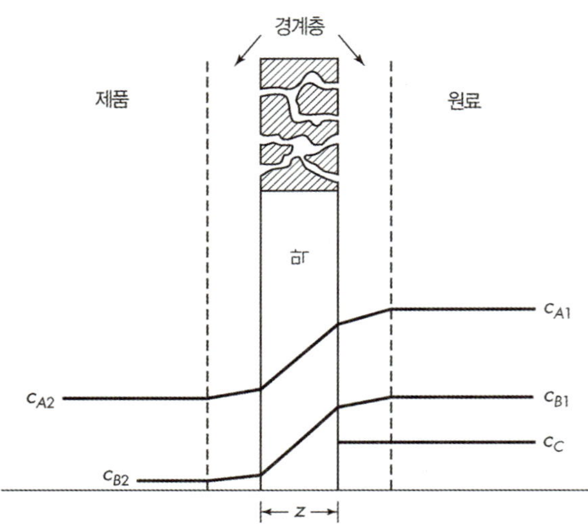

그림 22.10 투석에서의 농도구배

용질 플럭스의 일반식에서는 세 가지 직렬 저항을 고려한다.

$$J_A = K_A(c_{A1} - c_{A2}) \tag{22.31}$$

$$\frac{1}{K_A} = \frac{1}{k_{1A}} + \frac{1}{k_{mA}} + \frac{1}{k_{2A}} \tag{22.32}$$

공급물과 생성물에 관한 계수 k_1과 k_2는 유량, 물성, 막 형상에 따라 달라진다. 막 계수는 유효 확산계수 D_e와 막 두께 z에 따라 달라진다.

$$k_m = \frac{D_e}{z} \tag{22.33}$$

분자 크기와 세공 크기의 비 λ에 기초한 D_e의 이론식에는 다음과 같은 것이 있다.

$$D_e = \frac{D_v \epsilon}{\tau}(1-\lambda)^2(1 - 2.104\lambda + 2.09\lambda^3 - 0.95\lambda^5) \tag{22.34}$$

$(1-\lambda)^2$은 원통형 세공 중의 구형 분자가 차지하는 부피분율이며, 식 (22.34)의 마지막 항은 간섭 확산(hindered diffusion) 항이다. $\epsilon = 0.5$, $\tau = 2$일 때, $\lambda = 0.1$이면, $D_e = 0.164\,D_v$이고, $\lambda = 0.5$이면, $D_e = 0.011\,D_v$이다. D_e는 D_v보다 아주 작으므로, 확산 플럭스는 일반적으로 막 저항의 지배를 받는다.

투석의 대표적 응용 예로서는 인공 신장을 들 수 있는데, 신장 질환이 있는 사람의 혈액으로부터 노폐물을 제거한다. 셀로로스나 폴리술폰으로 만든 실관을 사용하며 혈액을 실관 내부에 통과시키면서 외부에는 염수를 순환시킨다. 우레아(요소)를 비롯한 작은 분자는 막을 통하여 외부 용액으로 확산되며, 단백질과 세포는 혈액 중에 그대로 머무르게 된다. 투석 용액에는 소금과 글루코스를 첨가하여 이러한 물질이 혈액으로부터 손실되는 것을 방지한다.

투석의 공업적 응용으로서는 비스코스법(viscose process)에 의한 인조견(rayon) 제조에서 발생되는 헤미셀룰로스 용액으로부터 가성소다의 회수를 들 수 있다. 여과 프레스(filter press)에서처럼 평판 막을 평행으로 배열하고, 공급액과 향류로 물을 통과시키면 NaOH가 6%에 이르는 투석물(dialyzate)을 얻을 수 있다. 천연물이나 콜로이드 용액으로부터 염분이나 당류를 회수하는 데도 투석법을 이용할 수 있지만 이보다는 투과속도가 큰 한외여과법을 선호한다.

전기투석법(electrodialysis)의 대규모 응용에서는 이온 선택성 막을 사용하는데, 전위 구배(potential gradient)에 의해 막을 통한 이온의 전기이동(migration)을 가속시킨다. 그림 22.11에 보인 것처럼, 양이온 및 음이온 투과성 막을 교대로 배열한 장치에 함수(brackish water)를 통과시킴으로써 음용수를 만들 수 있다. 공간의 반쪽에서는 양이온이 한쪽으로 이동하고 음이온이 다른 쪽으로

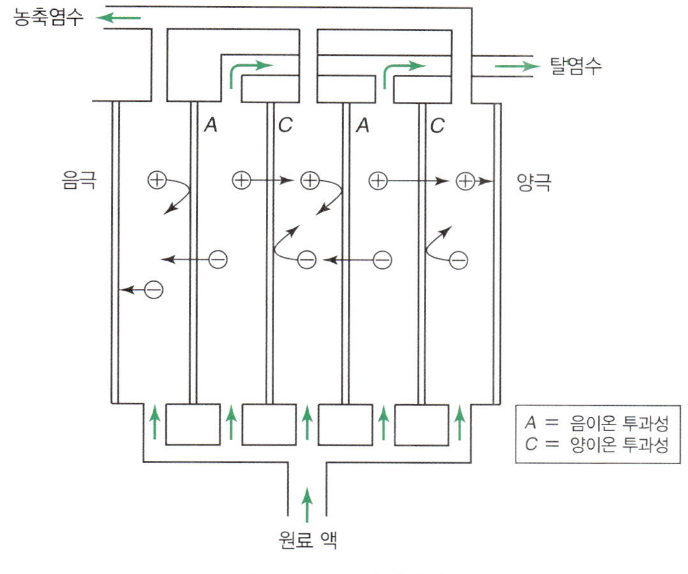

그림 22.11 전기투석조

이동하여 한층 순수한 물을 남긴다. 다른 반쪽 공간에서 한층 농축되는 용액은 폐기한다. 비슷한 장치를 사용하여 다양한 프로세스의 염 용액을 농축할 수 있다. 한 예로서 역삼투 장치의 배제물(reject)인 염 용액을 전기투석법으로 처리하는 경우를 들 수 있다. 염의 농도가 8배 정도 증가하므로 처분 비용을 줄일 수 있고, 재생된 물은 역삼투 장치에 순환시킨다. 이러한 응용에서는 전극의 극성을 규칙적으로 반전시켜서 염 농도가 높을 때 생성되는 스케일 문제를 줄일 수 있다.

22.2.2 액-액 추출용 막(Membranes for liquid-liquild extraction)

막을 사용하여 상을 분리하고 물질전달 면적을 증가시킴으로서, 물 중의 용질을 유기 액체 중으로 추출하거나 이 반대로 추출할 수 있다. 실관이나 평판 막을 사용하는데 물질전달 면적은 장치의 설계에 따라 결정되며 액-액 분산 면적에 영향을 미치는 유량, 점도, 표면장력 등의 변수에 의해서는 좌우되지 않는다. 막 추출장치는 두 상이 향류로 흐르도록 배열할 수 있는데 충전탑이나 분무탑에서와는 달리, 범람(flooding)의 제약이 없다. 막이 두 상을 분리하기 때문에 침강탱크나 에멀션 파괴장치가 필요 없다는 것도 장점이다. 그러나 막 때문에 물질전달 저항이 커지므로, 이 저항을 최소화해야 이 방법이 매력적일 수 있다.

추출장치에서 치밀한 고분자 필름을 사용하면 고체 고분자 중의 확산계수가 아주 낮으므로 막 저항이 아주 커질 수 있다. 비대칭막을 사용하면 개방 하층 구조에서의 확산이 치밀한 표층에서보다 빠르기 때문에 막 저항을 줄일 수 있다. 그러나 저항이 가장 작은 막은 막 전체를 통해 세공이 뚫려있는 다공질 막이다. 한 상이 젖지 않는 막을 선택하면 상을 분리할 수 있다. 예를 들어서, 테플론이나 폴리프로필렌으로 만든 막은 소수성이므로 고압이 아니면 물이 세공 안으로 들어가지

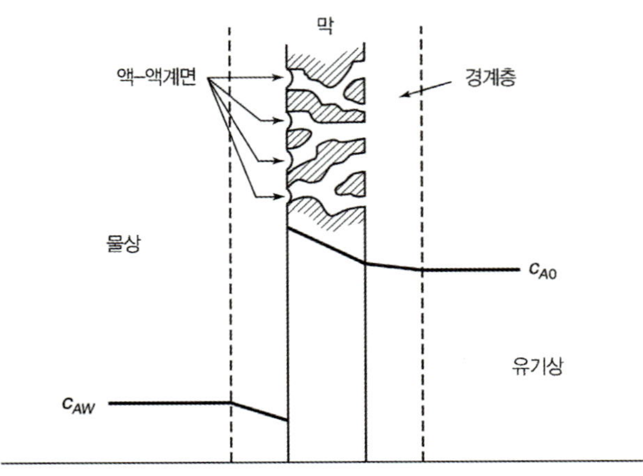

그림 22.12 다공질 소수성 막을 이용한 액-액 추출

않는다. 임계 침입 압력(critical entry pressure)은 접촉각, 세공의 크기와 모양에 따라 달라지며, 상용 막 중에는 $50 lb_f/in^2$ 정도로 큰 것도 있다.

폴리프로필렌 실관으로 만든 추출장치는, 실관 외부의 유기상의 압력보다 내부 수용액상의 압력을 약간 높게 하여 조작할 수 있다. 막의 세공은 유기용매로 차며, 세공 입구가 액-액 계면이 된다. 유기상에서의 용질의 평형 농도가 아주 높은 경우의 농도구배는 그림 22.12와 같다. 이 경우 총괄 저항은 다음과 같다.

$$\frac{1}{K_w} = \frac{1}{k_w} + \frac{1}{m}\left(\frac{1}{k_o} + \frac{z}{D_{e,0}}\right) \tag{22.35}$$

물상, 유기상, 막의 계수 k_w , k_o, $D_{e,}\ 0/z$는 일반적으로 크기가 비슷하지만, 분포계수(distribution coefficient) m이 크면 물상의 저항이 대부분을 차지한다. 여기에서 m은 유기상과 물상에서의 용질 농도의 비이다.

친수성 막을 사용하면 세공에는 물이 찰 것이며, 유기상은 고압으로 유지해야 물이 세공을 통과하여 유기상에서 액적을 형성하는 것을 막을 수 있다. 그림 22.14에 보인 계에서 친수성 막을 사용한다면 물상에 두 가지 저항이 있고 총괄 계수가 작아지는데, 이를 나타내면 다음과 같다.

$$\frac{1}{K_w} = \frac{1}{k_w} + \frac{z}{D_{e,w}} + \frac{1}{mk_o} \tag{22.36}$$

용질이 주로 물상에 분포되면($m \ll 1$), 유기상의 저항이 율속이 되므로, 친수성 막을 선택하면 막 저항을 줄일 수 있다.

용질에 대한 분배계수(partition coefficient)가 큰 고분자 액을 세공에 충전한 소수성 막을 사용하면, 한 수용액 상에서 다른 수용액 상으로 용질을 선택적으로 추출할 수 있다.

이러한 공정의 총괄 물질전달계수 K_w는 다음 식으로 구할 수 있다.

$$\frac{1}{K_w} = \frac{1}{k_{w1}} + \frac{1}{k_m K_P} + \frac{1}{k_{w2}} \tag{22.37}$$

k_m은 막의 물질전달계수이고, K_P는 물과 고분자 액 사이에 분배되는 용질의 분배계수이다. 이러한 방법의 실용성이 입증된 예를 들면, 시판되는 방사 방향 흐름 모듈을 사용하여, 묽은 염 용액으로부터 페놀을 회수하여 농축할 수 있다.

22.2.3 투과증발(Pervaporation)

액체 혼합물 중의 한 가지 또는 여러 성분이 선택적 막을 통해 확산되도록 하고, 하류에서 압력을 낮추어 증발시킨 다음, 진공 펌프나 냉각응축기(chilled condenser)로 제거하는 분리법을 투과증발법(pervaporation)이라 한다. 복합막을 사용하여 치밀층이 액체와 접촉되고 다공질 지지층이 증기에 노출되도록 한다. 막에서 상이 변하며 얇은 치밀층을 통해 흐르는 액체의 현열로 증발열을 공급한다. 액체가 분리장치를 통과하면서 온도가 내려가서 투과속도가 느려지는데, 이 때문에 소량의 공급물을 제거하는 경우(대개 한 단에서 2~5% 정도)에 한해서 투과증발법이 응용된다. 제거율을 높이려면 여러 단을 직렬하고 중간 가열기를 사용해야 한다. 실용 장치에서는 대개 여과 프레스처럼 배열한 평판 막을 사용하며, 막 사이의 간격판(spacer)이 생성물의 유로 역할을 한다. 이러한 목적으로는 와권형 막을 사용하기도 한다. 실관막은 적절하지 못한데, 구멍이 작은 실관을 통해 투과물이 흐를 때 압력 강하가 커지기 때문이다.

각 성분의 플럭스는 치밀층에서의 농도구배와 확산계수에 비례한다. 그러나 막이 액체를 흡수하면 상당히 팽윤되기 때문에 농도구배는 비선형이 되며, 팽윤되지 않은 치밀한 고분자에 비해 완전 팽윤된 고분자에서는 확산계수가 10~100배나 커지기도 한다. 또 고분자가 주로 한 성분의 흡수에 의해 팽윤되더라도, 다른 성분의 확산계수도 증가한다. 이러한 상호작용 때문에 막의 투과도와 선택도의 상관관계를 얻기가 어렵다.

한 성분이 투과될 때는 확산계수를 농도의 지수 함수로 나타낼 수 있다.

$$D = D_0 e^{\beta c} \tag{22.38}$$

β = 상수, D_0 = 무한 희석 용액의 확산계수

정상 상태에서는 두께 z인 막을 통한 플럭스가 다음과 같다.

$$J = \frac{D_0}{\beta z}\left(e^{\beta c_1} - e^{\beta c_2}\right) \tag{22.39}$$

βc_1이 1.0보다 크고 c_2가 c_1보다 아주 작으면, 막 전후에서 확산계수가 몇 배나 감소하며, 플럭스는 농도차에 비례하지 않게 된다. 예를 들어서, $\beta c_1 = 2.0$이고 $c_2 = 0.5c_1$이면, 플럭스는 $(e^2 - e)D_0/\beta z = 4.67D_0/\beta z$이지만, c_2가 0이 되어 농도차가 2배가 되더라도 플럭스는 $6.39D_0/\beta z$로 37% 밖에 증가하지 않는다. 그러나 c_1이 50% 증가하여 구동력이 2배가 되면 플럭스는 $17.4D_0/\beta z$로 3.7배 증가한다.

1atm, 99°C의 n-헵탄을 사용한 투과증발의 초기 연구에서는, 플럭스가 예상대로 치밀한 고분자 막 두께에 역비례했지만, 하류 압력을 500에서 50mmHg로 감소시켜도 플럭스는 조금 밖에 증가하지 않았다.

이는 식 (22.39)에서 βc_1이 5 이상일 때와 일치한다. 순수 공급액을 사용한 다른 연구에서도

결과는 비슷했으며, 직접 측정해 보면 막 중의 농도 프로필이 아주 비선형이 된다. 그러나 투과증발의 실제 응용에서는, 투과성이 큰 성분의 공급액 중의 농도가 대개 낮으므로, 순수 액체나 농도가 높은 용액을 사용한 시험에 비해, 막의 팽윤과 이로 인한 비선형 효과는 현저하지 않다.

막 분리법만을 사용하여 알코올을 정제할 수도 있겠지만, 아주 여러 단으로 해야 할 것이므로, 상당한 농도까지의 분리에서는 증류를 이용하는 편이 저렴해진다. 알코올만 선택적으로 투과하는 막이 개발된다면, 전적으로 막 분리법만으로 묽은 용액으로부터 알코올을 분리할 수도 있을 것이다.

에탄올 정제용 막은, 메탄올, 이소프로판올, 부탄올, 메틸에틸케톤, 아세톤, 염소화 용매 등을 비롯한 유기 용매의 탈수용으로도 사용할 수 있다. 실용 장치에서는 12 단까지 사용하여, 단 사이에서 재가열하는데, 물의 함유량이 100ppm 이하인 제품을 얻을 수 있다.

투과증발법의 또 다른 응용으로서는 물로부터 휘발성 유기 오염물의 제거를 들 수 있는데, 실리콘 고무나 기타 유기물 친화성(organophilic) 고분자로 만든 막을 사용한다. 염소화 용매나 휘발유 성분처럼 물에 대한 용해도가 낮은 물질은 수용액 중의 활동도 계수가 아주 크다. 따라서 용액 중의 함유량이 몇 ppm에 불과하더라도 막에서의 평형 농도가 상당히 크므로, 낮은 단 수율에서도 (물을 많이 제거하지 않고도) 거의 완전히 제거할 수 있다. 실로콘제 실관을 사용하여 20°C에서 미량의 트리클로로에틸렌(TCE)이 들어있는 물을 정화한 결과 한 단에서 TCE의 90%를 제거할 수 있음이 입증되었다.

22.2.4 역삼투법(Reverse osmosis)

용매는 투과할 수 있고 용질은 거의 투과하지 못하는 막을 사이에 두고 농도가 다른 두 혼합성 용액을 갈라놓으면, 농도가 낮은 용액으로부터 농도가 높은 용액(용매의 활동도가 낮은)으로 용매가 확산된다. 이러한 용매의 확산을 삼투(osmosis)라 하며, 동식물 세포에서는 이러한 삼투에 의해 물이 전달된다. 막 양쪽 용액에서의 용매의 활동도가 같아질 때까지 진한 용액의 압력을 증가시키면 이러한 용매의 전달을 중지시킬 수 있다. 막 한쪽에 순수 용매가 있을 때 용매의 활동도가 같아지도록 하는데 필요한 압력을 용액의 삼투압(osmotic pressure) π 라 한다. 이 삼투압보다 압력이 높으면, 용매가 진한 용액으로부터 막을 통하여 묽은 용액으로 확산된다. 이러한 현상은 정상적 삼투 흐름과는 반대 방향으로 용매가 흐르는 현상이므로 **역삼투**(reverse osmosis)라 한다.

역삼투법은 주로 묽은 수용액으로부터 순수(순수한 물)를 제조하는데 이용되지만, 유기 용매의 정제에도 이용된다. 이 방법의 기본 장점은 상온에서 분리할 수 있고 상 변화가 일어나지 않으므로 다량의 에너지의 공급이나 제거가 필요 없다는 것이다. 염수를 순수와 농축 함수로 분리하는데 필요한 에너지는 공급물을 압축하는 일로서 공급되며, 이 중의 일부는 터빈으로 회수할 수 있으므로, 이 프로세스의 열역학적 효율은 비교적 높은 편이다.

물의 투과도가 높고 용존 염류의 투과도가 낮은 고분자에는 몇 가지가 있다. 이러한 점에서 월등

한 것은 셀룰로스 아세테이트로서 가격도 저렴한 편이다. 현재 비대칭 셀룰로스 아세테이트 막은 성형 기법을 달리하여, 평판, 실관, 또는 다공질 관에 피복한 관형 막으로 만들 수 있다. du Pont에서 방향족 폴리아미드로 만든 실관 막도 정수용으로 사용되고 있는데, 플럭스는 0.04~0.12m^3/m^2·day이다.

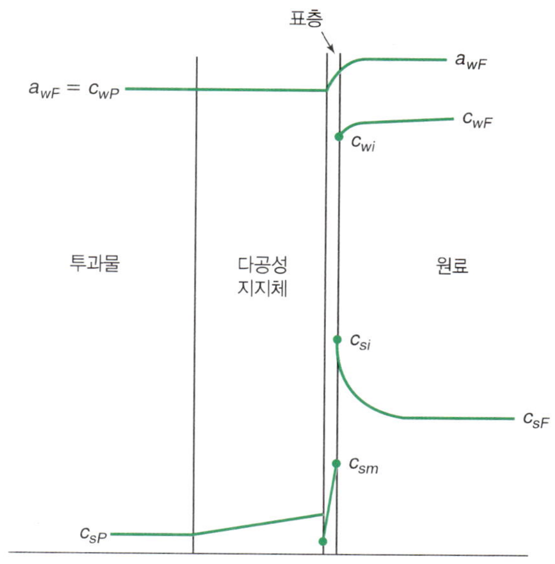

그림 22.13 역삼투막에서의 농도구배

역삼투에서 물과 염류의 수송 메카니즘은 아직 완전히 해명되어 있지는 않다. 한 이론에 따르면, 물과 용질은 용액 확산 메카니즘에 의해 별도로 막을 통해 확산된다. 치밀한 고분자 중의 물의 농도는 용액 중의 물의 활동도에 비례하는 것으로 가정한다. 치밀층의 저압 쪽에서 1atm일 때 순수가 생성된다면 활동도가 사실상 1이다. 고압 쪽에서의 활동도는 상압일 때 1.0보다 약간 낮고(NaCl 5% 용액일 때 0.97), 삼투압에서 1.0, 이보다 고압에서는 1.0보다 약간 클 것이다. 상류 압력은 일반적으로 공급 용액의 삼투압보다 20~50atm 정도 높게 설정한다. 이러한 압력에서는 물의 활동도 a_w가 1atm의 순수일 때보다 불과 몇 % 크며, 그림 22.13에 보인 것처럼, 막을 통한 활동도와 농도의 변화는 아주 작다. 물 수송의 구동력은 활동도 차이이며, 이는 압력차 ΔP 에서 공급물과 생성물의 삼투압 차이 $\Delta \pi$ 를 뺀 값에 비례한다. 물 플럭스는 다음 식으로 나타낼 수 있다.

$$J_w = \frac{c_w D_w v_w}{RT}\left(\frac{\Delta P - \Delta \pi}{z}\right) \tag{22.40}$$

$D_w =$ 막에서의 확산계수

$c_w =$ 물의 평균 농도, g/cm^3

$v_w =$ 물의 부분 몰부피

용질의 플럭스는 용액 농도의 차이, 확산계수, 용해도 또는 분포계수에 비례하는 것으로 가정한다.

$$J_s = D_s S_s \left(\frac{\Delta c_s}{z}\right) \tag{22.41}$$

이 식에서 알 수 있는 것처럼, 일단 삼투압을 초과하면 물 플럭스는 압력차 ΔP에 따라 선형적으로 증가한다. 염류의 흐름은 ΔP에 의존하지 않으므로 선택도 역시 증가한다. 이러한 경향을 그림 22.14에 보였다. ΔP가 낮을 때 물 플럭스가 다소 곡선형이 되는 것은 배제율의 감소에 따라 $\Delta \pi$의 값이 낮아지기 때문이다. 이러한 경향은 실험적으로 입증되었지만, 셀룰로스 아세테이트에서의 염류 배제율은 예측치만큼 높지 않다. 물 함유량 c_w는 0.2g/cm^3 정도이며, 추적자 시험에 따르면 $D_w \cong 10^{-6}$ cm^2/s이다. 치밀한 고분자 막에서 NaCl의 확산을 시험한 결과에 따르면, $S_s =$ 0.035,

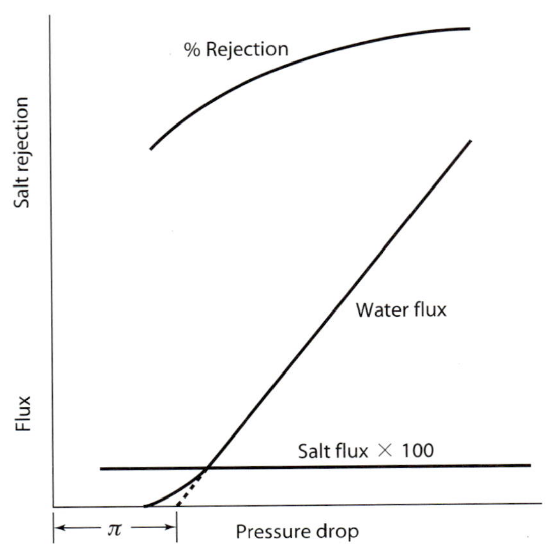

그림 22.14 역삼투에서 플럭스와 염류 배제율

$D_s = 10^{-9c}\text{m}^2/\text{s}$이다. 비대칭막에서 플럭스 J_w와 J_s는 정확하게 예측할 수 없는데, 표층 두께 z 을 알지 못하기 때문이다. 그러나 두 플럭스의 비는 z와 독립적이므로, $\Delta P - \Delta\pi = 50\text{atm}$일 때 해수에서의 염류의 추정 배제율은 99.6%이다. 이러한 조건에서 초기 탈염장치의 배제율은 97~98% 정도였는데, 그 차이가 막의 미공을 통한 흐름 때문인지 아니면 용액 확산 이론에서의 잘못된 가정 때문이었는지는 분명치 않다. 현재 막이 개량되어, 1단 분리장치에서 해수로부터 음용수를 생산할 수 있는데, 이는 염류 배제률이 99% 이상임을 의미한다.

역삼투법은 식수 생산 이외에도 화학, 직물, 식품 가공, 펄프 및 종이 공업의 폐수 처리에서 여러 모로 응용된다. 가열하지 않고도 폐수를 농축하여 부피를 20~30배 정도 감축할 수 있으므로, 최종 처리 또는 처분 비용을 크게 줄일 수 있다. 전기도금 용액을 농출하는 경우에는 고가의 금속을 회수하여 재사용할 수 있다. 역삼투법은 또한 우유, 과일 쥬스, 단풍나무 수액과 같은 천연물의 농축에서 증발법 대신에 사용할 수 있다. 7MPa에 이르는 압력으로 운전하는 막 분리 장치에서 사과 쥬스를 고형물 30%까지 농축했다. 그러나 이 경우 다소의 맛과 향 성분이 고분자 막을 통해 천천히 확산되어 손실된다. 단풍나무 시럽의 생산에서는 수액 40gal으로부터 불과 1gal의 시럽이 얻어지는데, 역삼투법을 사용하면 증발법에 비해 아주 저렴한 비용으로 수분의 90%를 제거할 수 있다. 농축의 최종 단계에서는 삼투압이 너무 높아지기 때문에 증발법을 사용할 필요가 있다.

농도분극(Concentration polarization)

막에 의해 용질을 거의 완전히 배제하면 벌크 용액에서보다 막 표면에서의 농도가 높아지는데, 이러한 효과를 **농도분극**(concentration polarization)이라 한다. 정상상태에서는 물 플럭스에 의해 막으로 운반되는 용질의 양은 다시 용액으로 역확산되는 용질의 양과 거의 같다. 그림 22.13에 보인 것처럼 구배는 비교적 작으며 막 표면에서의 용질 농도는 벌크 농도의 몇 배가 되기도 한다. 농도분극이 생기면 물의 플럭스를 감소시키는데, 삼투압이 증가하면 물 수송의 구동력이 감소하기 때문이다. 물 플럭스의 감소와, 막 표면의 염류 농도가 높을 때의 용질 플럭스의 증가에 의해서 용질 배제율이 감소한다.

물 플럭스가 $J_w(\text{cm}^3/\text{s}\cdot\text{cm}^2)$, 벌크 용질 농도가 $c_s(\text{g/cm}^3)$, 용질 배제율이 f인 막을 고려하자. 막 표면에서의 용질 농도를 c_{si}라 할 때, 표면에서 멀어지는 용질의 확산은 물질전달계수 k_c와 구동력 $c_{si} - c_s$로 나타낼 수 있다. 정상상태에서는 확산 플럭스가 단위 면적당 용질의 배제량과

같으므로,

$$J_w c_s f = k_c(c_{si} - c_s) \tag{22.42}$$

분극인자(polarization factor) Γ를 다음과 같이 상대적 농도차로 정의한다.

$$\Gamma \equiv \frac{c_{si} - c_s}{c_s} = \frac{J_w f}{k_c} \tag{22.43}$$

분극인자 Γ가 0.1보다 작으면 그 영향은 무시할 수 있다. Γ가 크면 배제율과 물 플럭스의 변화를 식 (22.40), (22.41), (22.43)에서 구한다. Γ 값이 크다면 분리장치의 규모나 유속을 변화시켜서 물질전달을 향상시킴으로써 장치 성능을 개선할 수 있는 기회로 삼아야 할 것이다.

예제 22.2

$d_o = 300\,\mu\text{m}$, $d_i = 200\,\mu\text{m}$인 실관 투과장치에서, 20°C의 0.1 M NaCl 용액일 때 물 플럭스가 10gal/day·ft²이고, 염류 배제율은 97%이다. 공급 용액은 실관에 대해 수직으로 흐르며, 평균 공탑속도는 0.5cm/s이다. 농도 분극이 어느 정도 심각할 것인지를 설명하라.

풀이 10gal/day·ft²일 때

$$J_w = 10 \times \frac{231 \times 16.3871}{24 \times 3{,}600 \times 929} = 4.72 \times 10^{-4}\,\text{cm/s}$$

$$\text{Re} = \frac{3 \times 10^{-2}\,\text{cm} \times 0.5\,\text{cm/s} \times 1\,\text{g/cm}^3}{0.01\,\text{g/cm}\cdot\text{s}} = 1.5$$

$$D_s = 1.6 \times 10^{-5}\,\text{cm}^2/\text{s}$$

$$\text{Sc} = \frac{0.01}{1 \times 1.6 \times 10^{-5}} = 625$$

흐름은 실관 다발에 대해 수직이므로, 식 (15.69)를 사용한다.

$$\text{Sh} = 1.28\,\text{Re}^{0.4}\text{Sc}^{0.33}$$

$$= 1.28(1.5)^{0.4}(625)^{0.33} = 12.6$$

$$k_c = \frac{12.6(1.6 \times 10^{-5})}{0.03} = 6.72 \times 10^{-3}\,\text{cm/s}$$

식 (22.43)에서,

$$\Gamma = \frac{4.72 \times 10^{-4}(0.97)}{6.72 \times 10^{-3}} = 0.068$$

막 표면과 벌크 용액 사이의 농도차는 6.8%이므로, 염류 배제율이나 물 플럭스에 큰 영향을 미치지는 않을 것이다. 그러나 흐름의 분배가 좋지 않으면, 흐름이 적은 부분에서는 심각한 분극 현상이 나타날 것이다.

역삼투법에서 평판막은 대개 와권형 모듈로 만들어 사용한다. 다공질 벌림판(spacer sheet)에 막을 씌우고 끝을 봉합하여 샌드위치처럼 만든다. 상부에는 플라스틱 스크린을 두어 공급액 분산기 역할을 하도록 하며, 샌드위치를 소형의 다공성 배출관 둘레에 와권형으로 말아 감는다. 이 모듈을 소형 압력 용기에 삽입하고 여러 단위를 병렬로 설치한다. 물질전달 면적은 몇 백 ft^2/ft^3으로서, 전형적 실관 분리장치에 비하면 한 자리 정도 작은 값이다. 투과물 흐름으로 인한 압력 강하는 대개 무시한다. 와권형 장치와 실관 장치를 그림 22.15에 보였다.

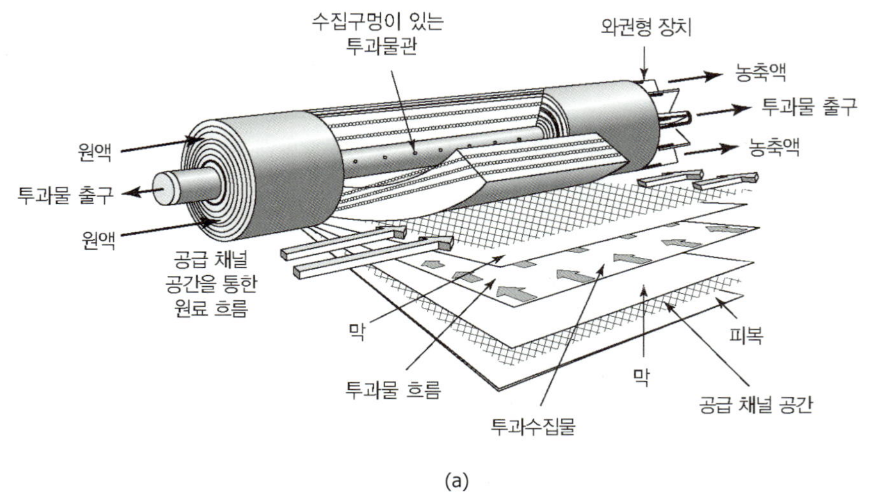

(a)

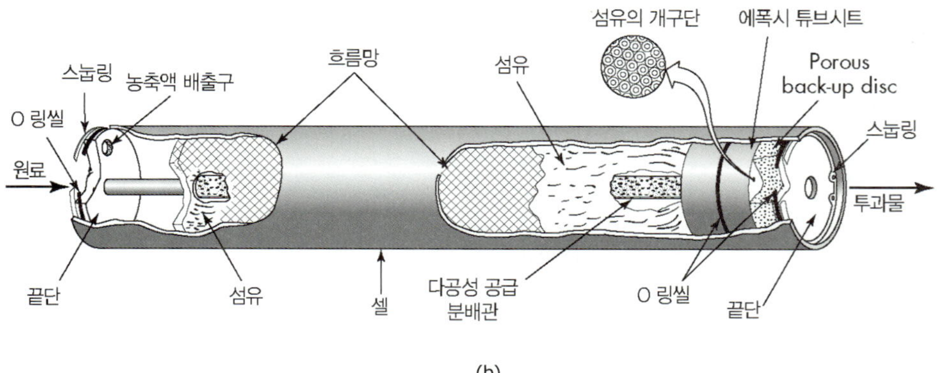

(b)

그림 22.15 투과장치의 단면 (a) 와권형 분리장치 (b) PERMASEP 실관 분리장치

22.1 (a) 공기 분리용 막의 선택도가 8이다. 1단 장치에서 달성할 수 있는 산소의 최대 농도를 구하라. (b) 공급물 중의 산소의 60%가 투과물로 회수될 때, 투과물의 근사 조성을 구하라.

답 : (a) y_{max} = 0.679 or 67.9% O_2 (b) y = 0.58 or 58% O_2

22.2 H_2/CH_4 분리용 막을 시험한 결과, 공급물의 H_2 50%일 때 투과물 조성은 H_2 80%, 잔류물 조성은 H_2 42%였다. 공급물과 투과물의 절대 압력은 각각 100 및 15lb_f/in^2이고, 투과물 유량은 공급물 유량의 20%이다. (a) 막의 선택도를 구하라. (b) 하류 쪽을 진공으로 할 때 달성할 수 있는 투과물의 근사 조성을 구하라.

답 : (a) α = 6.0 (b) y =0.835 or 83.5% H_2

22.3 묽은 수용액으로부터 생성물 A(분자량 150)를 회수하기 위해 투석법을 고려한다. 주요 오염물은 분자량 15,000인 고분자 B이다. A와 B의 초기 플럭스를 구하라. 막의 세공도 45%, 세공의 평균 크기 0.05μm, 두께 30μm이고, 공급 용액 중의 A 1%, B 1%이다. 경계층 저항은 무시하고, 생성물 쪽은 순수라고 가정한다.

답 : J_A = 4.87 $\times 10^{-6}$g/cm^2·s, J_B = 3.21$\times 10^{-7}$g/cm^2·s

22.4 역삼투법에서 사용하는 실관에 두께 0.1μm인 치밀층에 결함이 있는 것으로 의심된다. 절대 압력 1,000lb_f/in^2에서 해수를 시험한 결과, 염류 배제율의 추정치는 99.5%였지만 실제로는 97%에 불과했기 때문이다. 생성물 플럭스는 6.5gal/day·ft^{2}이다. (a) 치밀층에 0.01μm의 미공이 있다고 할 경우, cm^2 당 미공의 수를 구하라. (b) 치밀층 면적 중에서 미공의 분율을 구하라. (c) 막의 두께를 증가시키지 않으면서 미공을 모두 막았을 경우, 생성물 플럭스를 구하라.

답 : (a) 미공수(n) = 4.62 × 10^9/m^2 or 4.62 × 10^5/cm^2
(b) 미공분율 = 3.63 × 10^{-7} (c) 플럭스 = 6.34gal/ft^2·day

22.5 완전무결한 셀룰로스 아세테이트 비대칭막을 사용하고, 공급물의 삼투압이 20atm일 때, 상류 압력에 따른 물 플럭스와 염류 배제율의 변화를 구하라. NaCl의 확산계수와 용해도 값을 사용한다.

답 : ΔC_s = 0.8C_o일 때 J_s = 2.8 × $10^{-6}C_o$, J_w = 1.4 × 10^{-5}cm^3/cm^2·s ΔP = 16.95atm

22.6 (a) 산소·질소 분리용 실관 장치에서 내부 압력 강하를 구하라. 실관의 외경과 내경은 600 및 400μm 이고, 길이는 1.0m이고, 절대 압력이 P_1 = 75lb_f/in^2, $P_2 \cong$ 15lb_f/in^2일 때, 투과물 플럭스는 2.0L/min·m^2 이다. (b) L = 5m라 할 때의 내부 압력 강하를 구하라.

답 : (a) ΔP_s = 900Pa or 0.0089atm (b) ΔP = 0.2atm

22.7 투과증발법을 사용하여, 에탄올 90%, 물 10%인 용액으로부터 거의 순수한 에탄올을 만들고자 한다. 공급액 온도는 80°C이며, 70°C 이하로 내려가면 재가열하도록 설계한다. 필요한 단 수와 가열기 수를 구하라.

답 : 단수 : 9단, 가열기수 : 8대

22.8 GASEP 막에서 80°F일 때 CH_4와 CO_2의 투과속도는 각각 0.00205 및 0.0413ft^3(stp)/ft^2·h·(lb_f/in^2)이다. 100°F일 때는 각각 0.00290 및 0.0425이다. (a) CH_4 및 CO_2 투과의 겉보기 활성화 에너지를 구하라. (b) 130°F에서의 투과도와 CO_2/CH_4 선택도를 추정하라.

답 : (a) E_{CO_2} = 478cal/g·mol, E_{CH_4} = 5789cal/g·mol, (b) α = 9.5

22.9 600lb_f/in^2의 3성분 혼합물을 막 분리장치에 공급한다. 투과물의 절대 압력은 120lb_f/in^2이다. 혼합물 조성은 A 50%, B 30%, C 20%이고, 투과도는 Q_A = 0.4, Q_B = 0.1, Q_C = 0.15 ft^3(stp)/ft^2·h·atm이다. 분리장치 입구 끝에서의 투과물의 국부 조성을 구하라.

답 : 입구 J_A = 96, J_B = 14.4, J_C = 14.4, y_A = 0.769, y_B = 0.115, y_C = 0.115
두 번째 J_A = 83.1, J_B = 16.6, J_C = 15.9, y_A = 0.719, y_B = 0.114, y_C = 0.137

22.10 예제 22.1의 분리장치에서 사용한 실관은 길이 1m, 300 × 600μm로서, 외면적은 $5.2m^2$이다. (a) 투과물 유량이 3.1L(stp)/min일 때, 배출 유속과 실관 내부에서의 압력 강하를 구하라. (b) 150 × 300μm인 실관으로 분리장치를 만들었을 경우의 압력 강하를 구하라.

답 : (a) ΔP = 909Pa = 9.09×10^{-3}bar (b) ΔP = 7270Pa = 0.073bar

22.11 O_2/N_2 선택도가 6.0인 실관막 분리장치에서 공급물 및 투과물의 압력이 각각 5.0atm 및 1.0atm이다. (a) 투과물의 생성량이 소량일 경우 얻을 수 있는 산소의 최대 농도를 구하라. (b) 투과물을 5atm으로 압축하여 유사한 분리장치로 보낼 경우 얻을 수 있는 산소 농도를 구하라.

답 : (a) y = 0.491 (b) y = 0.808 or 81% O_2

22.12 역삼투법을 사용하여 염류 농도가 35,000ppm인 해수로부터 순수를 생산한다. 삼투압은 $(10lb_f/in^2)$/1,000ppm이다. 도입 계기 압력은 $900lb_f/in^2$이고 공급물의 40%를 식수로 회수한다. (a) 급액 펌프의 효율이 80%이고 펌프 일만을 고려할 경우, 이 프로세스의 열역학적 효율을 구하라. (b) 폐함수를 효율이 85%인 터빈을 통해 방출할 경우의 열역학적 효율을 구하라.

답 : (a) η = 16.6% (b) η = 28%

22.13 소형 투과증발장치에서 톨루엔-에탄올 혼합물의 분리를 상류 쪽은 상압, 30oC이고 투과물 쪽은 완전 진공일 경우, 순성분 투과속도는 톨루엔이 $3.89 \times 10^{-4}kg/m^2$이고, 에탄올이 $0.273 \times 10^{-4}kg/m^2$이다. 액 중의 톨루엔의 부피가 50%일 경우, 플럭스는 톨루엔이 $2.5 \times 10^{-4}kg/m^2$이고 에탄올이 $0.5 \times 10^{-5}kg/m^2$이다. 투과물 및 용액 중의 톨루엔의 몰분율을 기준으로 선택도를 구하라. 이러한 값을, 성분 사이의 상호작용을 무시한 순성분 자료에서 추산한 선택도와 비교하라.

답 : 투과물 선택도 = 46.2%, 65%

22.14 막 분리공정 중 역삼투법에서 물과 염류의 수송 메커니즘에 대한 설명으로 가장 거리가 먼 내용은? **(화공기사 기출)**

① 물과 용질은 용액 확산 메커니즘에 의해 별도로 막을 통해 확산된다.
② 치밀층의 저압쪽에서 1 atm일 때 순수가 생성된다면 활동도는 사실상 1이다.
③ 물의 플럭스 및 선택도는 압력차에 의존하지 않으나 염류의 플럭스는 압력차에 따라 크게 증가한다.
④ 물 수송의 구동력은 활동도 차이이며, 이는 압력차에서 공급물과 생성물의 삼투압 차이를 뺀 값에 비례한다.

답 ③

CHAPTER 23

결정화 공정

Crystallization

결정화(crystallization)는 균일상 내에서 고체입자의 형성이다. 이것은 눈(snow)과 같은 증기 내에서 고체 입자의 형성, 큰 단결정체(single crystals)의 제조와 같은 액체 용융물로부터의 고체화(solidification), 또는 액체용액으로부터의 결정화로서 생길 수 있다. 본 장에서는 마지막 경우에 한한다. 여기서 설명되는 개념과 원리는 포화용액으로부터 용존 용질의 결정화에 그리고 바닷물이나 다른 희박 염용액으로부터 얼음 결정이 생기는 것과 같은 용매 그 자체의 일부를 결정화시키는 것에 모두 똑같이 적용된다.

마그마(Magma) 용액으로부터의 공업적 결정화에 있어서 모액(mother liquor)과 여러 크기의 결정들로 된 2상 혼합물을 **마그마**라고 한다.

제품의 순도(Purity of product)

아주 잘 형성된 결정 자체는 거의 순수하다. 그러나 이것이 마그마로부터 분리될 때 모액이 묻게 되거나, 채취물 결정알 내에 결정 응집물(crystalline aggregate)이 포함된다면 모액 상당량이 고체덩이 안에 내포될 수 있다. 제품 안에서 묻어있는 모액이 건조되면 결과적으로 오염되는 것이다. 이때 그 오염도는 결정에 묻어있는 모액의 불순물 량과 그 정도에 의존될 것이다.

실제로, 묻어있는 모액의 대부분은 여과나 원심분리에 의해 분리되고 그 나머지는 새 용매에 의한 세척으로 제거된다. 이들 정제단계의 유효도(effectiveness)는 결정의 크기와 균일도 등에 의존된다.

결정크기의 중요성(Importance of crystal size)

결정화에 있어서는 높은 수율과 고순도가 중요한 목표이다. 그러나 결정 생성물의 모양과 크기범위 역시 중요하다. 만일 결정들이 더 많은 공정을 거쳐 합당한 크기와 균일성을 갖는다면 여과,

세척, 다른 화합물과의 반응, 수송 및 보관하는 데 바람직할 수도 있다. 만일 결정이 최종 제품으로서 시판된다면 구매자가 수락조건으로서 개개의 결정이 강하고, 비응결성이며 크기가 균일하고, 포장 내에서 뭉침 없는 것 등을 요구받게 되기도 한다. 이러한 이유 때문에 결정 크기분포(crystal size distribution, CSD)는 조절되어야 한다. 따라서 이것이 결정화 장치의 설계와 조업에 있어서 주목표가 된다.

23.1 결정의 기하학적 형상(Crystal geometry)

어느 결정은 비생체(nonliving matter) 가운데 가장 고도로 조직화된 형태이다. 이것은 그 구성입자(이는 원자, 분자 또는 이온일 수 있다)가 공간격자라 부르는 3차원 배열(3 dimensional array)로 되어 있은 사실로 특성 지워진다. 그 입자들의 이러한 배열과 결과 때문에, 결정이 다른 결정이나 다른 물체로부터 아무 간섭 없이 형성될 때 결정들은 예리한 모서리와 면을 갖는 다면체(polyhedron)로서 나타난다. 같은 물질의 여러 가지 결정들이 갖는 면과 가장자리의 상대적 크기가 크게 다르다고 할지라도, 같은 물질의 모든 결정이 갖는 상당면(corresponding face)들에 의해 이루어지는 각은 동일하고 그것이 바로 그 물질의 특성이 된다.

결정학적인 계(Crystallographic system)

어느 주어진 물질의 결정 모두가 개별 면들의 전개 정도에 있어서 많이 다름에도 불구하고, 동일한 계면각(interfacial angle)을 갖기 때문에 결정 형태는 이들 각을 기준으로 하여 분류된다. 그 7종류는 입방정(cubic), 육방정(hexagonal), 삼방정(trigonal), 정방정(직각이등축정, tetragonal), 사방정(직각비등축정, orthorhombic), 단사정(momoclinic), 삼사정(trclinic) 등이다. 주어진 어떤 물질이 결정화 조건에 따라 2개 또는 그 이상의 다른 종류로 결정화될 수도 있다. 예를 들면, 탄산칼슘은 자연에서 육방정 형태(방해석(calcite))로서 보통 나타날 뿐만 아니라, 사방정 형태(선석(aragonite))로서 나타나기도 한다.

불변성 결정(Invariant crystals)

이상적인 조건 하에서 성장하는 결정은 그 성장하는 동안 기하학적 유사성을 유지한다. 이러한 결정을 **불변성**(invariant)이라 한다. 그림 23.1은 성장기간 동안 불변성 결정의 단면을 나타낸 것이다. 이 그림에서 다각형의 각각은 시간이 지남에 따라 그 결정의 윤곽을 나타낸다. 이 결정이 불변성이기 때문에 이들 다각형은 기하학적으로 유사하고, 그 결정의 중심을 지나 모서리를 연결하는 점선들은 직선이

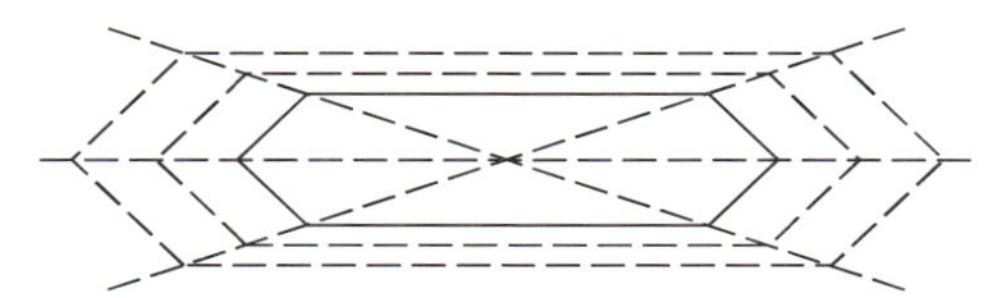

그림 23.1 불변성 결정의 성장

다. 중심점은 그 결정이 성장하기 시작하는 초기 핵(nucleus)의 위치로서 생각할 수 있다. 어느 면의 성장속도는 그 면에 수직한 방향에서 그 결정의 중심으로부터 걸어지는 그 면의 병진속도에 의해 측정된다. 만일 그 결정이 정다면체(regular polyhedron)가 아니라면, 불변성 결정의 각 면의 성장속도는 동일하지 않다.

한 결정의 크기는, $\Phi_s D_p$로 정의되는 특성길이 L은 다음 식으로 정의 된다.

$$L = \frac{6v_p}{s_p} \tag{23.1}$$

여기서 v_p와 s_p는 각각 결정의 체적과 전 표면적이고 Φ_s는 구형도(sphericity)이다. 이는 Φ_s가 1.0에 접근되는 고체에 만족되나 Φ_s가 아주 작은 원판형 또는 침상형에는 만족치 못하다. 실제로 L값은 체질(screening)에 의해 결정되는 크기로 택하여 쓰게 된다.

대부분의 결정화기에서 조건들이 이상적이 아니어서 성장이 때로는 불변성에서 벗어나기도 하지만, 불변성 성장개념이 결정화 공정에 유용하다. 극단적인 경우에는 한 면이 다른 면에 비해 아주 빨리 자랄 수 있어서 긴 침상결정처럼 되기도 한다. 한 면이 늦게 성장하여 마치 수용액에서 얼음 성장되듯이 박판형 또는 원판형 결정이 성장되기도 한다.

불변성 결정에서 정상적으로 성장되는 결정의 각 면은 각기 다른 병진속도를 가진다. 이것이 결정의 형태를 크게 달라지게 한다. **중첩원리(overlapping principle)**에 따르면 낮은 병진속도를 갖인 면이 그 성장과정을 지배해서 큰 속도를 가진 면들이 줄어들어 거의 사라지게 된다. 최소 속도를 갖인 면만이 살아남게 된다. 한 결정이 용해될 때 저 병진속도 면이 사라지고 고속 면만이 남게 된다.

23.2 평형과 수율(Equilibria and yields)

결정화 공정에서 평형은 그 용액이 포화될 때 도달된다. 그리고 결정 더미(bulk crystals)에 대한 평형관계는 용해도 곡선이다[극소 결정의 용해도는 보통 크기의 결정의 용해도보다 더 크다]. 온도의 함수로서 용해도를 나타내는 곡선들은 그림 23.2에 주어져 있다. 대부분의 물질은 KNO_3에 대한 곡선 1과 유사한 곡선, 즉 용해도가 온도에 따라 다소 증가되는 곡선에 따른다. 온도에 따라 용해도가 약간 변하는 NaCl에 대한 곡선 2와 같은 곡선을 따르는 물질이 조금 있다. 그리고 곡선 3과 같이 그 용해도가 온도 증가에 따라 감소하는($MnSO_4 \cdot H_2O$ 대한 곡선) 것을 **역용해도 곡선(inverted solubility curve)**이라 한다.

많은 중요한 무기물은 결정화수와 함께 결정화된다. 일부의 계에서는 여러 가지 다른 수화물들이 농도와 온도에 따라 형성되고, 이와 같은 예에서의 상평형은 아주 복잡하게 된다. 황산마그네슘-물 계에 대한 상도표(phase diagram)가 그림 23.3에 표시되어 있다. 무수황산마그네슘 질량분율로

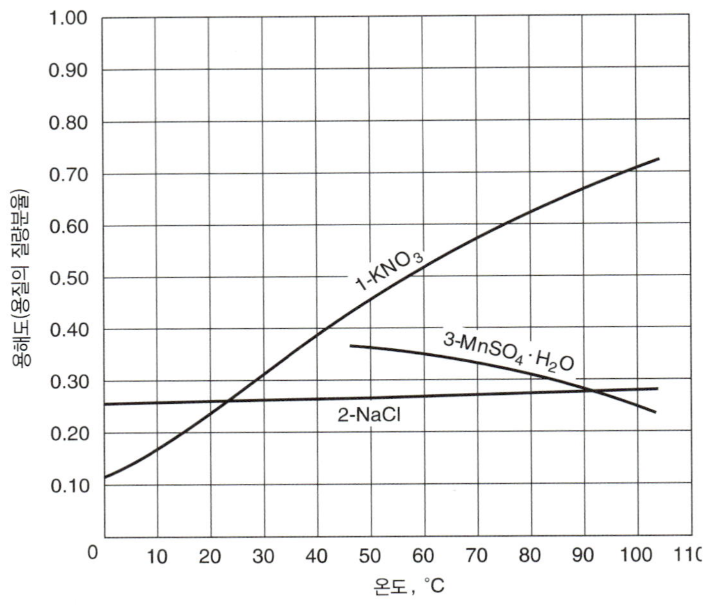

그림 23.2 용해도 곡선 :
(1) KNO_3, (2) NaCl, (3) $MnSO_4 \cdot H_2O$(모든 수용액에서)

표시된 농도가 온도(°F)에 대해 그려져 있다. 꺾인 실선의 왼쪽 위의 전 영역은 황산마그네슘의 불포화수용액을 표시한다. 꺽인 실선 $eagfhij$는 여러 가지 고체상을 형성하는 액상 용액의 완전 고형화(solidification)를 나타낸다. 영역 pae는 얼음과 포화용액의 혼합물을 표시한다. 16.5% $MgSO_4$ 이하인 어느 용액은 그 온도가 선 pa에 도달될 때 얼음이 응결된다. 꺾인 실선 $abcdq$는 용해도 곡선이다. 16.5% 이상의 농축 용액은 냉각되어 온도가 이 선에 도달될 때 고체가 석출된다. 점 a에서 형성되는 고체를 **공융결정**(eutectic)이라 한다. 이것은 얼음과 $MgSO_4 \cdot 12H_2O$의 치밀한 기계적 혼합물로 이루어져 있다. 점 a와 b 사이의 결정은 $MgSO_4 \cdot 12H_2O$이고, 점b와 c 사이의 고체상은 $MgSO_4 \cdot 7H_2O$ [(epsom salt)]이며, 점 c와 d 사이의 결정은 $MgSO_4 \cdot 6H_2O$이고, 점d 이상에서 결정은 $MgSO_4 \cdot H_2O$이다. 영역 $cihb$안에서의 평형계는 포화용액과 결정 $MgSO_4 \cdot 7H_2O$의 혼합물로 이루어져 있다. 영역 $dkjc$ 안에서 혼합물은 포화용액과 $MgSO_4 \cdot 6H_2O$ 결정으로 이루어져 있다. 영역 qdk 안에서 혼합물은 포화용액과 $MgSO_4 \cdot H_2O$이다.

수율(Yields)

많은 공업적 결정화 공정에서 결정과 모액은 충분히 장시간 접촉되어 평형에 도달되고, 모액도 그 공정의 최종온도에서 포화된다. 그래서 그 공정의 수율은 초기 용액의 농도와 최종온도에서의 용해도로부터 계산할 수 있다. 결정화 과정 중에 어느 정도 증발이 일어난다면 그 증발량은 알아야 하거나 추산해야 한다.

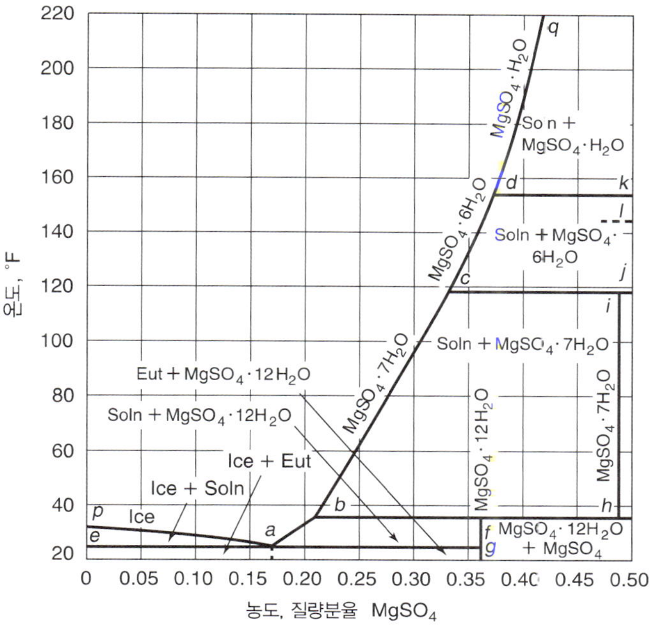

그림 23.3 $MgSO_4 \cdot H_2O$ 계의 상도

결정의 성장속도가 느릴 경우 평형에 도달하는 데 상당한 시간이 필요하다. 이것은 특히 그 용액이 점성일 때나 또는 결정이 결정화기 밑에 모여 있게 됨으로써 결정표면이 그 과포화용액에 거의 노출되지 않을 때 나타난다. 이러한 경우에 최종 모액은 과포화용액으로 있을 수 있기 때문에, 수율은 용해도 값으로부터 계산된 것보다 더 낮게 된다.

결정이 무수물이면 고체상 내에 용매가 포함되지 않아서 수율을 계산하기가 간단해진다. 결정알(crop)이 결정화수를 포함할 때 그 결정에 수반되는 수분의 양을 계산해야 한다. 왜냐하면 이 수분은 용액에서 묻어나가는 용질과 무관하기 때문이다. 용해도 자료는 보통 전체 용매의 질량 100에 대해 무수물의 질량수로 주어지거나 무수물 용질의 무게백분율(wt%)로 주어진다. 이들 자료는 결정화수를 무시한다. 수화용질(hydrated solute)의 수율 계산에서의 요점은 모든 질량과 농도를 수화염(hydrated salt)과 자유수(free water) 항으로 표시하는 것이다. 이 자유수량은 결정화되는 동안에는 액상 내에 남아 있기 때문에 자유수를 기준 한 농도 또는 양을 공제해야 정확한 결과를 얻을 수 있다.

예제 23.1

$MgSO_4$ 30%와 H_2O 70%로 된 용액이 60°F까지 냉각된다. 냉각되는 동안 그 계 내에 있는 전체 물의 5%가 증발된다. 원래의 혼합물 1,000kg 당 몇 kg의 결정을 얻을 수 있는가?

풀이

그림 23.3으로부터 결정은 $MgSO_4 \cdot 7H_2O$이고, 모액농도는 $MgSO_4$ 무수물 24.5%와 H_2O 75.5%임을 알

수 있다.

원래의 용액 1,000kg 당 전체 물의 양 : $0.70 \times 1{,}000 = 700$kg

증발량 : $0.05 \times 700 = 35$kg

$MgSO_4$와 $MgSO_4 \cdot 7H_2O$의 분자량은 각각 120.4와 246.5

회분장치 내에 총 $MgSO_4 \cdot 7H_2O$의 양 : $1{,}000 \times 0.30(246.5/120.4) = 614$kg

자유수의 양 : $1{,}000 - 35 - 614 = 351$kg

모액 100kg 내에 $MgSO_4 \cdot 7H_2O$의 양 : $24.5(246.5/120.4) = 50.16$kg

자유수의 양 : $100 - 50.16 = 49.84$kg

따라서 모액 내의 $MgSO_4 \cdot 7H_2O$의 양 : $(50.16/49.84)351 = 353$kg

최종 결정 생성물의 양 : $614 - 353 = 261$kg이 된다.

엔탈피수지(Enthalpy balances)

결정화기(crystallizer)에 대한 열 수지 계산에 있어서 결정화열(heat of crystallization)은 중요하다. 이것은 고체가 용액으로부터 형성될 때 발생하는 잠열이다. 일반적으로, 결정화는 발열반응이고, 결정화열은 온도와 농도에 따라 변한다. 결정화열은 포화용액 내에 용해되는 결정에 의해 흡수된 열과 같은데, 이것은 대량의 용매 내에서 용해열과 포화용액으로부터 무한 희석될 때, 그 용액의 희석열부터 계산될 수 있다. 용해열과 희석열 자료는 문헌으로부터 구할 수 있고, 용액과 결정의 비열에 대한 자료와 함께 이들 자료는 엔탈피-농도 도표를 만드는 데 쓰인다. 이 그림은 결정화 공정에 대한 엔탈피수지 계산에 특히 유용하다. $MgSO_4$와 H_2O계에 대한 고체상의 엔탈피를 나타낸 $H-x$ 도표는 그림 23.4에 주어져 있다. 이 그림은 그림 23.3의 상도와 일치한다. 앞에서와 마찬가지로, 엔탈피는 Btu/lb로 주어진다. 이것은 혼합물 내에 있는 상의 개수에 상관없이 전체 혼합물 1lb 당을 기준 한 것이다. 선 $pabcdq$의 윗 면적은 H_2O 내에 있는 $MgSO_4$의 미포화용액의 엔탈피를 표시한다. 그림 23.4에서 영역 eap는 얼음과 냉동상태의 $MgSO_4$용액과의 모든 평형 혼합물을 표시한다. 점 n은 32°F에 있는 얼음을 나타낸다. 등온(25°F) 삼각형 age는 부분적으로 고체화된 공융정(eutectic)과 얼음과의 모든 조합물의 엔탈피 또는 부분적으로 고체화된 공융정과 $MgSO_4.12H_2O$와의 모든 조합물 엔탈피를 나타낸다. 영역 $abfg$는 $MgSO_4.12H_2O$ 결정과 모액으로 이루어진 모든 마그마(magma)에 대한 엔탈피-농도 점들을 나타낸다. 등온(35.7°F) 삼각형 bhf는 $MgSO_4.7H_2O$가 $MgSO_4.12H_2O$로 변환(transformation)됨을 보이며, 이 면적은 $MgSO_4$ 21%, 고체 $MgSO_4.7H_2O$ 및 고체 $MgSO_4.12H_2O$를 포함한 포화용액으로 된 혼합물을 나타낸다. 영역 $cihb$는 $MgSO_4.7H_2O$와 모액으로 이루어진 모든 마그마를 표시한다. 등온(118.8°F) 삼각형 cji 는 $MgSO_4$ 33%, 고체 $MgSO_4.H_2O$ 및 고체 $MgSO_4.7H_2O$를 포함한 포화용액으로 된 혼합물을 표시한다. 영역 $dljc$는 $MgSO_4.6H_2O$와 모액과의 엔탈피를 나타낸다. 등온(154.5°F) 삼각형 dkl은 $MgSO_4$ 37%, 고체 $MgSO_4.H_2O$ 및 고체 $MgSO_4.6H_2O$를 포함한 포화용액의 혼합물을 표시한다. 영역 $qrkd$는 $MgSO_4$.

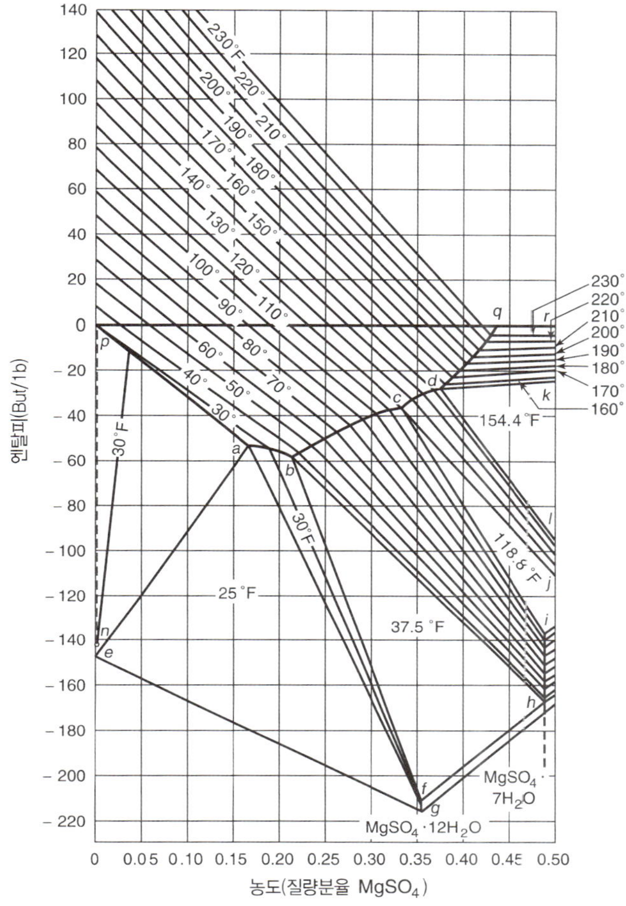

그림 23.4 $MgSO_4$·H_2O계의 엔탈피-농도 도표. 기준은 32°F의 H_2O이다.

H_2O와 평형에 있는 포화용액을 표시하는 영역이다.

예제 23.2

120°F(48.9°C)의 32.5% $MgSO_4$ 용액이 회분식 수-냉 결정화기 내에서 증발 없이 70°F(21.1°C)까지 냉각된다. 결정 톤(ton)당 이 용액으로부터 제거되어야 할 열량은 얼마인가?

풀이

초기 용액은 그림 23.4에서 120°F 등온선과 미포화용액 영역내의 0.325 조성에 해당하는 점으로 표시된다. 이 점의 엔탈피 축의 값은 −33.0Btu/lb이다.

최종 마그마의 조건은 농도 0.325와 영역 $cihb$ 내 70°F 등온선과 교차점에 놓인다. 이 점의 엔탈피 값은 −78.4이다.

초기 용액 100lb 당 용액의 엔탈피변화는,

$$100(33.0-78.4)=-4,540\ \text{Btu}$$

이것은 4,540Btu/100lb(1.06 × 10^5J/kg)의 발생열(heat evolution)이다.

최종 슬러리의 결정과 모액과의 분리는 "지레대 원리(center-of-gravity principle)"에 의해 알 수 있다. 즉, 이 원리는 2상 혼합물 내에서 2상의 무게는 그들 농도와 총괄 혼합물 농도 사이의 차에 역비례 한다는 것이다(때로는 이를 inverse-arm rule이라 한다).

이 원리는 그림 23.3 또는 23.4에서 70°F 등온선에 적용된다. 모액의 농도는 0.259이고, 결정의 농도는 0.488이다.

따라서 결정량은

$$100\left(\frac{0.325-0.259}{0.488-0.259}\right)=28.8\,\text{lb}/100\ \text{lb slurry}$$

결정 톤당 발생열량은 다음과 같다.

$$\frac{4,540}{28.8}2,000=\ 315,000\ \text{Btu/ton}\,(3.66\times10^5\text{J/kg})$$

과포화(Supersaturation)

질량수지와 엔탈피수지는 결정화기로부터 나온 생성물의 결정 크기분포(CSD)에 대해서는 분명히 밝혀 주지 못한다. 보존법칙들은 그 생성물이 하나의 큰 결정이거나 작은 결정 더미이거나 변하지 않는다.

한 결정의 생성에 있어서 두 단계가 필요하다. 즉, (1) 새 입자의 출생과 (2) 거시적 크기까지 그 입자의 성장이다. 이 첫 단계를 **핵생성**(nucleation)이라 한다. 결정화기에서 CSD는 핵 생성속도와 성장속도의 상호작용에 의해 결정되고, 이 총괄 과정은 속도론적으로 매우 복잡하다. 이 두 가지 속도에 사용되는 구동력은 과포화도이고, 핵생성이나 성장 어느 것도 포화용액이나 불포화용액에서는 일어나지 않는다. 물론 매우 작은 결정은 포화용액 내에서 마멸에 의해 형성될 수 있고, 만일 후에 용액이 과포화된다면 이것들은 더 성장하기 위한 활성 부위(site)로서 마치 새로운 핵처럼 작용할 수 있다. 핵생성 및 성장 이론에서는 질량 단위 대신 몰(물질량) 단위(mole unit)를 쓴다. 과포화는 3가지 방법 중 하나 또는 그 이상에 의해 이루어질 수가 있다. 용질의 용해도가 마치 많은 무기물과 유기물처럼 온도에 따라 아주 크게 증가된다면, 포화용액은 단순한 냉각과 온도환원(하강)에 의해 과포화 된다. 만일 용해도가 보통 염의 경우와 같이 온도에 비교적 무관하다면, 과포화는 용매 일부를 증발시킴으로써 이루어진다. 용해도가 매우 높을 때와 같이 냉각이나 증발 어느 것도 바람직하지 않은 경우, 과포화는 제3성분을 가함으로써 만들 수 있다. 이 제3성분은 원래의 용매와 혼합용매를 형성하여 단지 물리적으로 작용하고, 이 혼합용매 내에서 용질의 용해도는 급격하게 감소된다. 이 과정을 **염석**(salting)이라 부른다. 또는 만일 거의 완전한 침전이 필요하다면,

새로운 용질의 제3성분을 가해 줌으로써 화학반응에 의해 생성되도록 할 수도 있다. 여기서 제3성분은 원래 용질과 작용해서 불용성 물질을 형성하는 것이어야 한다. 이러한 과정을 **침전**(precipitation)이라 한다. 습식 정량분석에서 사용되는 침전법은 좋은 한 예이다. 제3성분을 가하게 되면 빠르고 큰 과포화를 이루게 할 수 있다.

과포화도에 대한 단위(Unit for supersaturation) 과포화도(supersaturation)는 결정이 성장할 수 있는 과포화용액 농도와 결정과 평형을 이루는 용액 농도간의 농도차이다. 물론 두 상이 같은 온도에 있다. 농도는 용질의 몰분율 y로 또는 용액 단위부피 당 용질의 몰수 c로 정의될 수 있다. 단지 한 성분이 상경계를 통해 이동되므로, 성분에 대한 하첨자는 필요 없다. 수식으로 그 과포화도를 표시하면 다음과 같다.

$$\Delta y \equiv y - y_s \tag{23.2}$$

$$\Delta c \equiv C - C_s \tag{23.3}$$

$\Delta y =$ 과포화도, 용질의 몰분율
$y =$ 용액 내 용질의 몰분율
$y_s =$ 포화용액 내 용질의 몰분율
$\Delta C =$ 몰과포화도(molar supersaturation), 단위부피 당 몰수(물질량)
$C =$ 용액 내 용질의 몰농도
$C_s =$ 포화용액 내 용질의 몰농도

식 (23.2)와 (23.3)으로써 정의된 과포화도는 다음 식으로 관련지을 수 있다.

$$\Delta c = \rho_M y - \rho_s y_s \tag{23.4}$$

여기서, ρ_M과 ρ_s는 각각 용액과 포화용액의 몰밀도이다. 일반적으로, 결정화기에서 과포화도는 작기 때문에 밀도 ρ_M과 ρ_s는 거의 같다고 볼 수 있어서, ρ_M으로 두 양을 표시하여 사용한다. 그러면,

$$\Delta c = \rho_M \Delta y \tag{23.5}$$

과포화농도 비 α와 과포화율(fractional supersaturation) S는 다음과 같이 정의된다.

$$\alpha \equiv \frac{c}{c_s} = 1 + \frac{\Delta c}{c_s} = \frac{y}{y_s} = 1 + \frac{\Delta y}{y_s} \equiv 1 + S \tag{23.6}$$

$100s$는 백분율 과포화도이다. 실제로 이것은 약 2% 이하이다.

구동력으로서 온도차(Temperature difference as a potential) 용해도가 온도에 따라 크게 증가할 때 과포화도는 때로 농도차 대신 상당 온도차로 표시될 수 있다. 이들 구동력(driving potential)간의 관계는 그림 23.5에 표시되어 있고, 이 그림은 몰농도로 나타낸 용해도 곡선 일부를 나타낸 것이다.

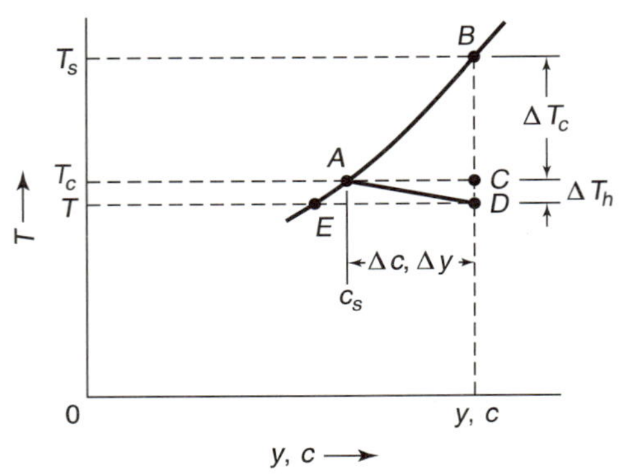

그림 23.5 과포화도와 온도 구동력

선 위 부분은 불포화용액을, 선 밑 부분은 과포화용액을 표시한다. 점 A는 T_c에 있는 포화용액인데, 여기서 T_c는 결정성장 온도이다. 그리고 점 D는 온도 T에서 결정과 접촉되어 있는 과포화용액이다. 결정이 성장됨에 따라 열이 발생되기 때문에, T_c는 T보다 약간 더 크고 결정으로부터 용액으로 전열 되는데 구동력은 ΔT_h이다. 이 온도차는 전형적으로 0.01~0.02°C 정도이다. 과포화농도 비 α는 정상적으로 본체온도를 기준으로 하고, 점 E와 D로 표시 된 바와 같이 실제 과포화도보다 약간 더 크다.

점 B는 결정이 성장하고 있는 과포화용액과 동일한 조성의 포화용액이다. 이는 온도 T_s에 있고, 여기서 $T_s > T$이다. 점 C는 온도 T_c이고, 그 농도는 과포화용액의 농도와 동일하다.

식 (23.2)와 (23.3)으로부터 과포화구동력(supersaturation potential)은 선분 $\overline{AC}$로 표시된다. 상당 온도구동력(equivalent temperature driving potential)은 선분 $\overline{BC}$로 표시된다. 용해도 곡선의 선분(segment) $\overline{AB}$는 선분 $\overline{AC}$에 걸친 작은 농도에서 직선으로 생각할 수 있어서, 온도구동력은 다음과 같이 쓸 수 있다.

$$\Delta T_c \equiv T_s - T_c = \mathrm{k}(y - y_s) = \mathrm{k}\Delta y = \frac{\mathrm{k}}{\rho_M}\Delta c \tag{23.7}$$

k = y 대 T선의 기울기

ρ_M = 몰밀도(molar density)

수용액으로부터의 결정화에 있어서 온도구동력(기력)은 용액의 실제온도 T와 그 포화온도 T_s로부터 계산된 것보다 약간 작다. ΔT_h가 앞에 지적한 바와 같이 아주 작기 때문에, $(T_s - T)$와 $(T_s - T_c)$간의 차이는 그렇게 중요하지 않다.

23.3 핵생성(Nucleation)

결정화기 내에서 결정의 기원(Origins of crystals in crystallizers)

입자들의 모든 기원이 핵생성이라는 항목의 범주에 든다면, 많은 종류의 핵생성을 들 수 있을 것이다. 이들 중 대부분이 단지 채택 못할 방법으로서만이 중요할 뿐이다. 가능한 것은 3 군으로 분류될 수 있다. 즉, 의사핵생성(spurious nucleation), 1차 핵생성(primary nucleation), 2차 핵생성(secondary nucleation)이다.

결정의 한 기원은 거시적인 마멸(macroscopic attrition)인데, 이것은 실제 핵생성보다는 분쇄에 더 가깝다. 순환식 마그마 결정화기는 내부 프로펠러 교반기 또는 외부 회전식 순환펌프를 가진다. 이들 운동 부분과의 충격으로 연하거나 약한 결정은 조각으로 깨어져 둥근 모서리(corner)와 가장자리(edge)를 형성한다. 그래서 크고 또는 작은 새 결정이 생성된다. 이러한 효과는 또한 성물의 질을 낮추게 된다. 마멸은 과포화에 무관한 새 결정의 기원일 뿐이다.

때로는, 특히 실험조작에 있어서, 결정화 시작 이전에 기원이 되는 씨 결정(seed crystal)을 결정화 계에 가한다. 보통 씨는 그 표면에 많은 소형 결정을 갖는데, 이 소형 결정들은 제조된 이후 씨의 건조와 보관되는 동안에 형성된다. 이 소형 결정들은 곧 씻겨 나가서, 그 다음 과포화용액에서 성장하게 된다. 이것을 **초기 증식**(initial breeding)이라 한다. 이것은 사용 전에 씨 결정을 숙성시킴으로써, 불포화용액(또는 용매)과 접촉시키거나, 또는 정치 과포화용액 안에서의 예비성장에 의해서 막을 수 있다.

성장-관련(growth-related) 의사핵생성(spurious nucleation))은 큰 과포화도에서 일어나거나 또는 불량한 마그마 순환에서 일어난다. 이는 결정 모서리 부분으로부터 비정상적인 침상(needlelike) 성장과 고양이수염 형태(whiskerlike) 성장에 의한 것으로 간주되는데, 이것은 주어진 조건 하에서 모서리 부분이 측면보다 더 빨리 성장되기 때문에 나타난다. 스파이크형(spike)은 불완전한 결정인데, 이것은 약한 힘으로 모결정에 결합되었다가 갈라져서 질이 나쁜 결정으로 생성된다. 이것을 **침상증식**(needle breeding)이라 한다.

핵생성과는 무관하고 성장과 관계되는 불완전 상태의 **부착성장**(veiled growth)이 있고, 이것은 중간 정도의 과포화도에서 일어난다. 이는 결정면(crystal face)에 모액이 흡장(occlusion)되는 결과이고, 따라서 우유색 표면과 불순 생성물을 얻게 된다. 부착성장의 원인은 아주 빠른 결정성장인데, 이때 결정면 안에 모액이 갇히게 된다.

$MgSO_4 \cdot 7H_2O$에 대한 그림 23.6과 23.7은 여러 과포화도에서 결정의 좋고 그리고 나쁜 형태와 생성물질의 변화를 보인 것이다.

의사핵생성의 모든 형태는 낮은 과포화도에서 결정을 성장시킴으로써 피할 수 있고, 그리고 잘 설계되고 잘 조작되는 펌프와 교반기를 사용함으로써 피할 수 있다.

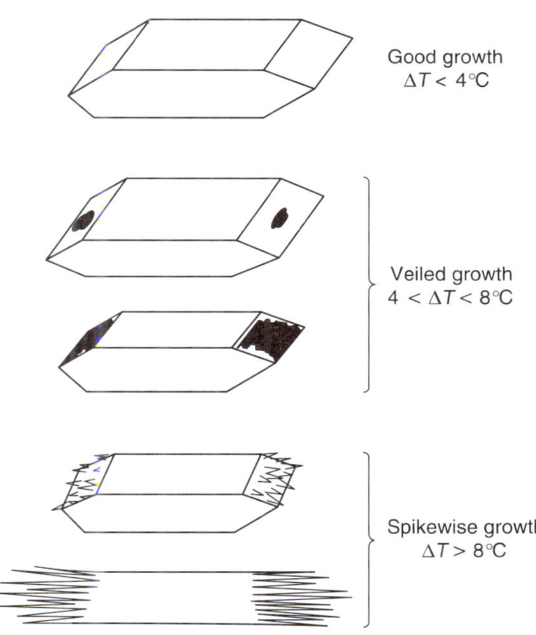

그림 23.6 성장 형태의 예시

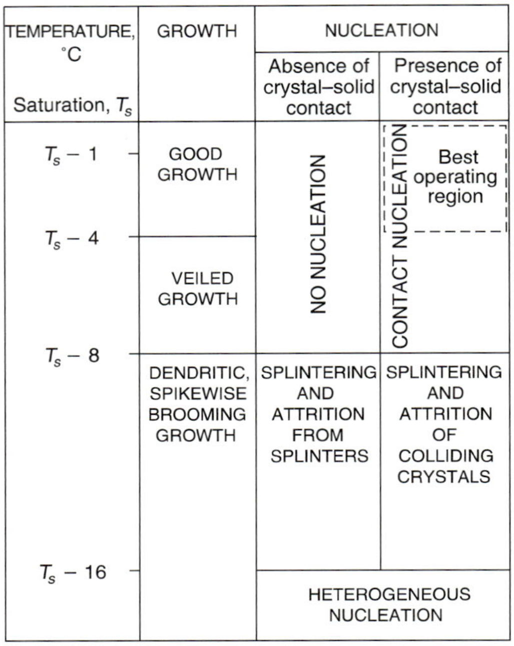

TEMPERATURE, °C Saturation, T_s	GROWTH	NUCLEATION	
		Absence of crystal–solid contact	Presence of crystal–solid contact
$T_s - 1$	GOOD GROWTH	NO NUCLEATION	CONTACT NUCLEATION Best operating region
$T_s - 4$	VEILED GROWTH		
$T_s - 8$	DENDRITIC, SPIKEWISE BROOMING GROWTH	SPLINTERING AND ATTRITION FROM SPLINTERS	SPLINTERING AND ATTRITION OF COLLIDING CRYSTALS
$T_s - 16$		HETEROGENEOUS NUCLEATION	

그림 23.7 $MgSO_4 \cdot H_2O$의 결정성장 질 및 핵생성 형태에 미치는 과포화도의 영향

1차 핵생성(Primary nucleation)

과학적 관행에서 핵생성은 현존 과포화 된 균일상 내에서 새로운 상의 극소체를 탄생시킴을 뜻한다. 근본적으로 핵생성 현상은 용액으로부터 결정화, 용융물로부터 결정화, 과냉각 증기에서 안개 방울의 응축, 과열액체 내에서 기포의 생성과 동일하다. 모든 경우에서 핵생성은 준안정 평형(metastable equilibrium)에 있는 균일상 내에서 한 분자 규모의 급격한 국소 요동(local fluctuation)의 결과이다. 이 기본 현상을 **균일상 핵생성**(homogeneous nucleation)이라 하며, 이것은 어떤 종류의 고체(용기의 벽이나 아주 작은 초현미경적 외부 입자를 포함하는)에 의해 어떤 수단에도 영향받지 않는 한 상의 내부에서 새로운 입자의 형성을 뜻한다.

외부 물질 중 고체 입자가 주어진 과포화도에서 핵 생성속도의 증가를 촉진시킴으로써, 또는 균일상 핵생성이 아주 오랜 시간이 지난 후에야만 일어나는 어떤 과포화도에서 유한한 속도를 주게 됨으로써 핵생성과정에 영향을 줄 때, 균일상 핵생성의 변화가 일어난다. 이것을 **불균일상 핵생성**(heterogeneous nucleation)이라 한다.

균일상 핵생성(Homogeneous nucleation)

용액으로부터의 결정화에 있어서, 균일상 핵생성은 몇몇 침전반응을 제외하고는 거의 일어나지 않는다.

결정핵은 여러 종류의 입자, 즉 분자, 원자 또는 이온으로부터 형성될 수 있다. 수용액에서 이들은 수화될 수 있다. 이들의 무질서한 운동 때문에 어느 적은 용적에서 약간의 이들 입자는 군(cluster)이라 하는 것을 형성하기도 하는데, 이것은 보통 빨리 사라질 수 있는 아주 느슨한 응집이다. 그러나 때때로 많은 입자들은 **유핵**(embryo)으로 알려진 것으로 연합되는데, 이것에서 격자배열(lattice arrangement)의 발단이 되어 새로운 상이 형성하게 된다. 대개 이 유핵은 수명이 짧아서 군 또는 개별 입자로 되돌아간다. 그러나 과포화도가 아주 충분하면, 유핵은 용액과 열역학적 평형이 되는 그런 크기까지 성장한다. 이것을 **핵**(nucleus)이라 하고, 이것은 재용해 되지 않을 만한 입자들의 최소집단이므로 성장해서 결정을 형성할 수 있다. 안정한 핵을 이루는 데 필요한 입자의 수는 몇 개로부터 수 백 개까지의 범위이다. 액체 물의 경우, 그 수는 약 80이다.

핵들은 불안정 평형상태에 있게 된다. 즉, 한 핵이 어느 단위만큼 잃게 되면 이것은 용해되고, 액이 어느 단위만큼 얻게 되면 이것은 성장하여 결정이 된다. 결정이 이루어지는 일련의 단계는 다음과 같다.

군(cluster) → 유핵(embryo) → 핵(nucleus) → 결정(crystal)

평형(Equilibrium)

열역학적으로, 동일 온도에서 작은 입자와 큰 입자간의 차이는 작은 입자가 단위질량 당 아주 큰 양의 표면에너지(surface energy)를 가진 반면, 큰 입자는 그렇지 못한 점이다. 이 차이로 인한 결과로, μm 단위의 크기보다도 작은 소립자의 용해도는 큰 입자의 용해도보다 더 크다. 일반적인 용해도 자료는 중간 정도 크기의 결정에만 적용된다. 소형 결정은 어느 과포화용액과 평형에 있을 수 있으나, 이와 같은 평형은 불안정하다. 왜냐하면 만일 큰 결정이 용액 내에 존재한다면, 이보다 작은 결정은 용해될 것이고 더 큰 것은 소형 결정이 모두 사라질 때까지 성장하기 때문이다. 이 현상을 Ostwald **숙성**(ripening)이라 한다. 입자크기의 용해도에 대한 영향은 핵생성에 있어서 주요 인자이다.

Kelvin 방정식(Kelvin equation) 한 물질의 용해도는 Kelvin 식에 따라 그 입자 크기에 관계된다. 즉,

$$\ln \alpha = \frac{4V_M\sigma}{\nu RTL} \tag{23.8}$$

$L =$ 결정 크기

$\alpha =$ 포화용액에 대한 과포화용액의 농도 비(과포화농도 비)

$V_M =$ 결정의 몰부피

$\sigma =$ 고체와 액체 간의 평균 계면장력(average interfacial tension)

$\nu =$ 용질의 분자 당 이온 수(분자 결정의 경우, $v = 1$)

$\alpha = 1 + s$이므로, 식 (23.8)은 크기가 L인 아주 작은 결정이 큰 결정과 평형상태에 있는 포화액에 대해 s만큼 과포화된 용액과 평형상태에 있을 수 있음을 나타낸다.

핵생성속도(Rate of nucleation)

화학속도론으로부터 핵생성속도는 다음 식으로 주어진다.

$$B^\circ = C \exp\left[-\frac{16\pi\sigma^3 V_M^2 N_a}{3\nu^2 (RT)^3 (\ln\alpha)^2}\right] \tag{23.9}$$

$B^\circ =$ 핵생성속도, number/cm^3·s

$N_a =$ Avogadro 수, 6.0222×10^{23} molecule/mol

$R =$ 기체상수, 8.3143×10^7 erg/mol·K

$C =$ 빈도인자

인자 C는 유핵이 그 임계 크기(critical size)에 도달된 유핵형성속도(rate of formation of embryos)의 통계적 측정치이다. 이것은 개별 입자들의 농도에 비례하고, 안정한 핵을 형성하는 데 필요한 임계 크기의 유핵을 가진 입자들의 충돌속도에 비례한다.

일반 염류의 경우, σ는 80～100erg/cm^{2}의 범위이고 결정화기에서 입자생성속도는 0.1～1,000 particles/cm^3·s이다. 이들 C와 σ 값이 식 (23.9)에 사용되고 $B^\circ = 1$particles/cm^3·s 값을 이용하면, s값은 1.4인데, 이것은 보통의 용해도를 갖는 물질에 대해서는 불가능한 값이다. 이러한 것은 일반적인 결정화에서 용액으로부터의 균일상 핵생성이 결코 일어나지 않으며, 이런 경우에 모든 실제 핵생성은 비균일상에서 일어난다는 것을 뜻한다.

불균일상 핵생성(Heterogeneous nucleation)

핵생성속도에 대한 고체 입자의 촉매효과는 핵 생성하는 데 필요한 에너지를 감소시키는 것이다. 이 효과에 대한 한 이론은, 핵이 촉매 표면을 "적신다(wet)"고 할 때, 핵과 촉매 사이의 젖음각(angle of wetting)이 함수인 한 인자가 핵을 형성하는 데 드는 일을 감소시킨다는 뜻을 지니는 것이다. 염화칼슘 용액의 불균일상 핵생성에 대한 실험자료는 이 물질이 핵생성이 촉매에 의한 핵생성이든 무촉매의 핵생성이든 간에 모두 계면장력의 겉보기 값 2～3 erg/cm^2 범위에서 일치된다고 알려져 있다. 만일 무촉매의 경우, 실제로 현미경적 씨(seed)에 의하여 자(체)촉매적(self-catalyzed) 2차 핵생성이 실제로 있다면, KCl의 씨가 가해진 용액에 대한 σ 값이 온도 300K에서 2.8erg/cm^{2}이 되어야 한다. 만일 σ_a를 겉보기 계면장력으로 표시하고, C를 10^{25}로 택하며, 작은 $(\alpha - 1)$ 값의 경우 수학적 근사법에 의해 $\ln\alpha = \alpha - 1 = s$로 택한다면, 식 (23.9)는 다음과 같이 쓸 수 있다.

$$B^\circ = 10^{25} \exp\left[-\frac{16\pi V_M^2 N_a \sigma_a^3}{3(RT)^3 \nu^2 s^2}\right] \tag{23.10}$$

이 식은 불완전한 자료에 놓여 있다고 할지라도 그 결과는 정확한 차수를 주며, 핵생성에 대해 과포화도의 아주 강한 영향을 반영한다.

예제 23.3

KCl의 불균일상 핵생성속도가 겉보기 계면장력 값 2.5 erg/cm^{2}에서 일치된다고 가정하고, 80°F(300K)에서 핵생성속도를 s의 함수로 표시하라.

풀이 식 (23.10)을 사용하라. KCl의 분자량은 74.56이며, 결정의 밀도는 1.988g/cm^{3}이다.

KCl는 K^+과 Cl^- 두 이온으로 해리하기 때문에 $\nu = 2$이다. 그러므로

$$V_M = \frac{74.56}{1.988} = 37.51\ \mathrm{cm^3/mol} \qquad \sigma_a = 2.5\ \mathrm{erg/cm^2}$$

식 (23.10)의 지수항은,

$$-\frac{16\pi(37.51)^2 \times 6.0222\times 10^{23} \times 2.5^3}{3(300\times 8.3134\times 10^7)^3(2^2 s^2)} = -\frac{0.03575}{s^2}$$

$B° = 1$에 대하여 s의 값은,

$$1 = 10^{25}\, e^{-0.03575/s^2} = e^{57.565}e^{-0.03575/s^2}$$

$$\frac{0.03575}{s_2} = 57.565 \qquad s = \sqrt{\frac{0.03575}{57.565}} = 0.02492$$

따라서 그 식으로부터,

$$B° = e^{57.565}e^{-0.03575/s^2}$$

$B°$값은 s의 크기 0.025 근처에서 계산할 수 있다. 그 결과는 표 23.1에 주어져 있다. $B°$는 s의 증가에 따라 급격히 증가됨이 명백하다.

표 23.1

s	B°	s	B°
0.023	4.47×10^{-5}	0.0255	13.3
0.024	1.11×10^{-2}	0.027	5.04×10^{3}
0.02492	1	0.029	3.46×10^{6}

예제 23.4

예제 23.3의 조건하에서, 과포화도 0.029의 평형상태에 있는 핵의 크기는 얼마인가?

풀이 이것은 Kelvin 식으로부터 풀린다. 여기서, $\alpha = 1 + 0.029 = 1.029$이다. 앞의 예제로부터 V_M, σ_a, ν, R 및 T값들을 식 (23.8)에 대입하면,

$$\ln 1.029 = \frac{4 \times 37.51 \times 2.5}{2 \times 8.3143 \times 10^7 \times 300 L}$$

따라서

$$L = 2.63 \times 10^{-7}\ \text{cm} = 2.63\text{nm}$$

이것은 지름이 약 0.3nm인 입자 수백 개를 포함한 한 핵의 크기와 일치함을 유의하라. 만일 σ가 80erg/cm^{2}이면, α는 2.63nm 입자의 경우 2.5이고, 필요한 과포화도는 150%이다. 이것은 KCl와 같은 용해성 염에 대해서는 불가능한 값이다.

2차 핵생성(Secondary nucleation)

마그마 내 이미 존재하는 거시적인 결정의 영향이라고 생각되는 핵 생성을 **2차 핵생성**(secondary nucleation)이라 한다. 2차 핵생성에는 하나는 유체-전단력(fluid-shear)에 기인하는 것과 기존 결정이 다른 결정과, 또는 결정화기 벽이나 교반기 날과의 충돌에 기인하는 2종류가 있다.

유체-전단력 핵 생성(Fluid-shear nucleation) 이 형태는 일정한 조건들 하에서만 일어나는 것으로 알려져 있다. 과포화용액이 상당한 속도로 자라는 결정표면을 지나칠 때, 그 경계층에서는 전단응력이 자라고 있는 결정으로 합체되지 않는 유핵이나 핵을 쓸어냄으로 새로운 결정들이 나타나게 된다. 이것은 그 용액이 한 과포화도에서 그 결정면에 전단력이 가해지도록 하였고, 그 다음 더 크게 과포화되도록 급냉시켜 그 핵이 거시적인 크기까지 자라도록 하였을 때 얻은 것이다.

접촉 핵생성(Contact nucleation)

공업용 결정화장치에서는 균일상 그리고 접촉 핵생성 두 가지에 의한 핵생성이다. 총괄속도 $B°$는 다음 식으로 쓸 수 있다.

$$B° = B_{ss} + B_e + B_c \tag{23.11}$$

B_{ss} = 과포화구동력으로 인한 균일상 핵생성속도
B_e = 결정과 회전날개와의 접촉으로 인한 핵생성속도
B_c = 결정-결정간의 접촉으로 인한 핵생성속도

큰 과포화도와 무-교반의 경우 균일상 핵생성이 왕성할 수도 있다. 낮은 과포화도와 교반이 수반되는 공업용장치에서는 접촉 핵생성(contact nucleation)이 주된 기구이다.

2차 핵생성의 다른 방법으로서는 고주파의 음파(high frequency sound wave) 또는 초음파를 이용하는 것이다. 순 l-methyldopa[생물학적 활성 거울상 이성질체(enantiomer)] 결정화 공정에서, 음파경음기(sonic horn)가 점감형 유동층(tapered fluidized bed) 하부에서 작동된다. 대형 입자는 밑에 정체되고 음파파쇄(sonication)에 의해 깨져서 씨결정(seed crystal)을 형성한다. 큰 입자는 벽

개면(cleavage plane)을 따라 깨지기 때문에, 마치 마모(abrasion) 또는 수지상 파괴에 의해 형성되는 것처럼, 거의 미세 분말 없이 씨를 형성한다. 아주 작은 씨는 유동층 밖으로 쉽게 유출되기 때문에 원하는 것은 아니다.

23.4 결정성장(Crystal growth)

결정성장은 성장이 일어나고 있는 고체표면의 영향이 고려되는 수정된 확산과정이다.

용질분자 또는 이온들이 액체상을 통한 확산에 의해 결정의 성장면에 도달된다. 보통의 물질전달계수 k_y가 이 과정에 적용된다. 표면에 도달되면 분자나 이온은 그 결정에 수용되어 공간격자(space lattice)로 조직된다. 이 반응은 표면에서 유한속도로 일어나고 총괄 과정은 직렬 2단계로 이루어진다. 용액이 과포화 되지 않는다면 확산단계이든 계면단계(interfacial step)이든 진행되지 않는다.

개별 성장계수와 총괄 성장계수(Individual overall growth coefficients)

물질전달 조작에 있어서 일반적으로 상간 계면에서 평형이 이루어진다고 가정한다. 만일 이것이 결정화에서도 이루어진다면 결정표면에서 용액의 농도는 포화치 y_s일 것이고, 물질전달에 대한 총 구동력은 $y - y_s$일 것이다. 여기서 y는 결정표면으로부터 다소 떨어져 있는 곳에서의 농도이다. 그러나 표면반응 때문에 계면단계에 대한 구동력이 필요하며, 그 계면에서 농도는 y'이고, 여기서 $y_s < y' < y$이다. 단지 $y - y'$은 물질전달에 대한 구동력이다. 이것이 그림 23.8에 예시되어 있다.

물질전달과 표면반응 모두에 대한 계수는 한 결정면과 또 다른 결정면 사이에서 각각 다르지만, 전체 결정에 대한 평균치를 고려하는 것은 거의 언제나 적합하다. 그래서 물질전달에 대한 계수는 다음과 같이 쓸 수 있다.

$$N_A = \frac{\dot{m}}{s_{p= k_y(y-y')}} \tag{23.12}$$

$N_A =$ 몰 플럭스(molar flux), mole/time-area
$\dot{m} =$ 물질전달속도, mol/h
$s_p =$ 결정의 표면적
$k_y =$ 물질전달계수

표면반응계수 k_s는 다음 식으로 주어진다.

$$\frac{\dot{m}}{s_p} = k_s(y' - y_s) \tag{23.13}$$

식 (23.13)은 대부분의 무기물에 적용되는 1차 과정이다.

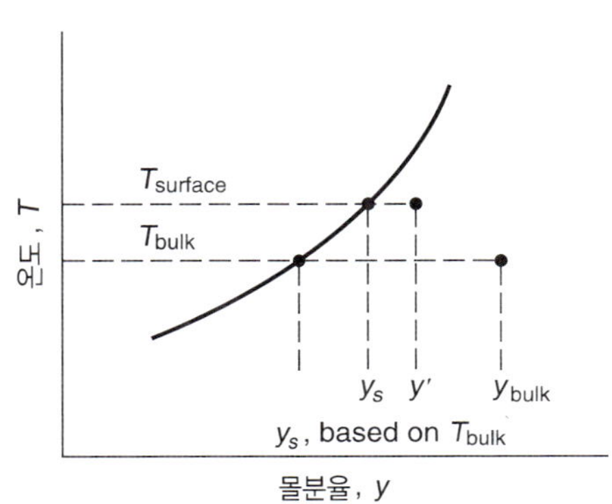

그림 23.8 결정화에서의 온도와 농도

두 단계에 대한 저항을 합하여 총괄 계수를 얻기 위해 다음과 같이 정의한다.

$$K \equiv \frac{\dot{m}}{s_p(y-y_s)} \tag{23.14}$$

식 (23.12)와 (23.13)에서 $\dot{y}$을 제거하고 식 (23.14)에 대입하면 다음과 같이 된다.

$$K = \frac{1}{1/k_y + 1/k_s} \tag{23.15}$$

성장속도(growth rate) 불변성 결정(invarient crystal)의 경우, 그 결정의 부피 v_p는 그 특성길이 L의 3승에 비례한다. 즉,

$$v_p = aL^3 \tag{23.16}$$

여기서, a는 상수이다. 만일 ρ_M을 몰밀도라고 하면 결정의 질량 m은,

$$m = v_p \rho_M = aL^3 \rho_M \tag{23.17}$$

식 (23.17)을 시간에 대해 미분하면,

$$\dot{m} = \frac{dm}{dt} = 3aL^2 \rho_M \left(\frac{dL}{dt}\right) \tag{23.18}$$

성장속도 dL/dt을 기호 G로 표기한다.

식 (23.1)로부터 $s_p = 6v_p/L = 6aL^2$이다. 이 s_p와 식 (23.18)의 $\dot{m}$를 식 (23.14)에 대입하면,

$$K = \frac{3aL^2 \rho_M G}{6aL^2(y-y_s)} \tag{23.19}$$

이로부터 다음과 같이 쓸 수 있다.

$$G = \frac{2K(y-y_s)}{\rho_M} \tag{23.20}$$

결장성장의 ΔL 법칙 (The ΔL law of crystal growth)

만일 마그마 내의 모든 결정이 어떤 균일한 과포화 영역과 동일 온도에서 성장되고, 모든 결정이 출생 이후 과포화도에 지배되는 속도에 따라 성장된다면, 모든 결정은 불변성일 뿐만 아니라 그 크기에 무관한 동일한 성장속도를 가진다. 이와 같은 일반화된 법칙을 ΔL **법칙**(law)이라 한다. $G \neq f(L)$이 적용될 때 동일한 시간간격 Δt 동안에 마그마 내에 있는 각 결정의 전체 성장은 동일하다. 따라서,

$$\Delta L = G\,\Delta t \tag{23.21}$$

식 (23.21)이 적용되지 못할 때는 $G = f(L)$이 되고, 이러한 성장을 **크기-의존성**(size-dependent)이

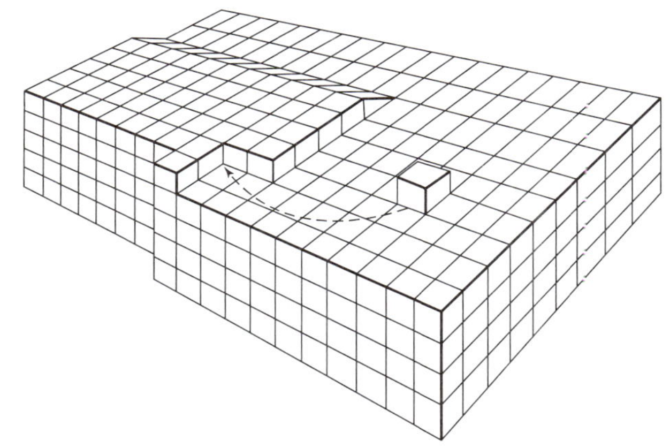

그림 23.9 결정표면에서의 나사전위와 킹크 안으로의 입자 이동

라 한다. 아마 오차의 소거 때문에, ΔL 법칙은 많은 경우에 충분히 정밀함으로 공업적 공정의 계산을 아주 간략하게 해준다.

23.5 결정화 장치(Crystallization equipment)

공업용 결정화장치는 연속적으로 또는 회분식으로 조작될 수 있다. 특별한 응용을 제외하고는 연속조작이 유리하다. 어느 결정화기의 첫째 요구조건은 과포화용액을 만드는 것인데, 왜냐하면 결정화가 과포화 없이는 일어날 수 없기 때문이다. 용질의 용해도 곡선 특성에 따라 과포화를 만드는 데 3가지 방법이 쓰인다. (1) KNO_3와 $NaSO_3$와 같은 용질은 고온에서보다 저온에서 아주 적게 용해되므로 과포화는 냉각에 의해서 간단히 생성될 수 있다. (2) 용해도가 보통 염류와 같이 거의 온도에 무관하거나 온도가 상승됨에 따라 감소될 때 과포화는 증발에 의해 만들어질 수 있다. (3) 이들 중간의 경우에서는 증발과 냉각의 조합이 효과적이다. 예로, $NaSO_3$는 증발 없이 냉각만으로, 냉각 없이 증발만으로, 또는 냉각과 증발의 조합으로 만족하게 결정화시킬 수 있다.

결정화기 내에서의 변화(Variations in crystallizers)

공업용 결정화기는 또한 여러 가지 다른 방법으로 구분될 수 있다. 한 가지 중요한 차이는 결정이 과포화용액과 접촉되는 방법에 있다. **순환액법**(circulating-liquid method)이라 하는 첫 번째 기법에서는 과포화용액의 흐름이 성장하는 결정의 유동층을 통과하는데, 이 유동층 내에서 핵생성과 성장에 의하여 과포화가 해소된다. 그래서 포화액체는 냉각 또는 증발 영역을 통과하도록 펌핑되는데, 이 영역을 통해 재순환된다. **순환마그마법**(circulating-magma method)이라 하는 두 번째 기법에서는 전체 마그마가 고체와 액체가 분리되지 않은 채 결정화 단계와 과포화 단계 두 단계를 통해 순환된다. 결정화와 마찬가지로 과포화는 결정의 존재 하에서 일어난다. 이 두 가지 방법에 있어서 공급용액은 결정화 영역과 과포화 영역 사이의 순환흐름에 가해진다.

대부분의 결정화기는 성장속도를 증진시키고 과다한 핵생성의 원인이 되는 과포화용액의 분리(segregation)를 방지하기 위하여 그리고 결정화 영역 전반에 걸쳐 결정이 부유 되도록 하기 위하여 교반형태를 이용한다. 내장된 프로펠러형 교반기는 때로 흡출관(draft tube)과 장애판(baffle)을 설치하여 쓰이기도 하고, 또한 과포화 영역 또는 결정화 영역을 통과하도록 액체나 마그마를 외부 펌프로 순환시킨다. 후자의 방법을 **강제순환**(forced circulation)이라 한다. 외부 가열기가 달린 강제순환장치의 한 가지 장점은 여러 개의 동일 장치가 다중-효용관에 연결되어 한 장치로부터 나오는 증기가 다음 장치를 가열하는 데 사용될 수 있다는 점이다. 이 종류의 계가 **증발–결정화기**(evaporator-crystallizer)이다.

진공결정화기(Vacuum crystallizer)

그림 23.10은 원료를 공급하고 생성물 마그마를 처리하는 데 필요한 보편적인 부속장치가 달린 연속식 진공결정화기(continuous vacuum crystallizer)이다. 단일 결정화기 본체의 주요 작용은 단일-효율관(single effect) 증발의 경우와 거의 같고, 실제로 이들 장치들은 다중-효용관으로 조작될 수 있다. 마그마는 하강관을 통해 결정화기 본체의 원추형 밑바닥으로부터 저속 저압 순환펌프

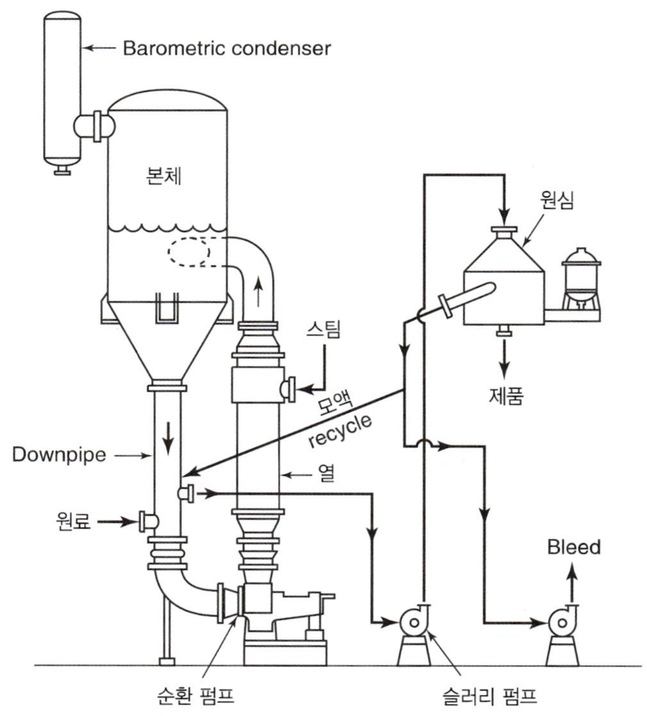

그림 23.10 연속식 결정화기

(low-speed low-head circulation pump)로 순환되는데, 이는 수직 관형-가열기(이것의 외통에서는 수증기를 응축시킨다)를 거쳐 위쪽으로 통과하여 결국 결정화기 본체로 들어간다. 그 가열흐름은 마그마 표면 바로 밑 부분에서 접선입류(tangential inlet)로 들어간다. 이것은 마그마에 선회운동(swirling motion)을 주는데, 플래쉬증발(flash evaporation)을 촉진시키고, 단열 플래쉬 작용을 통해 증기와 마그마가 평형을 이루도록 한다. 따라서 생성된 과포화는 핵생성과 성장에 구동력을 주게 된다. 마그마의 체적을 슬러리 펌프를 통과하는 마그마 체적유속(volumetric flow rate)으로 나누면, 평균 체류시간(average residence time)을 얻는다.

급송 용액은 순환펌프가 흡입하기 전에 하강관으로 들어간다. 모액과 결정은 하강관 내의 급송물 입구 위에 위치한 배출관을 통해 나간다. 모액은 연속 원심분리기 내에서 결정과 분리되고, 결정은 제품으로서 또는 더 처리하기 위하여 빼내지고, 모액은 하강관으로 재순환 된다. 약간의 모액을 펌프에 의해 방출시켜서 불순물 축적을 방지한다.

진공결정화기의 간단한 형태는 또한 결정화의 견지로 보아 심각한 한계를 갖고 있다. 장치 내의 저압 하에서 비등점에 대한 정압두의 영향은 중요하다. 즉 7°C의 물은 증기압 7.6mm Hg를 갖는데, 이는 수증기-제트 부스터(steam-jet booster)로 쉽게 얻을 수 있는 압력이다. 300mm 정압두(static head)는 30mm Hg의 절대압력을 증가시키는데, 이때 물의 비점은 29°C이다. 이 온도에서 급송물이 마그마 표면으로부터 300mm보다 더 깊은 준위에 있게 되면, 플래쉬(flash)되지 않는다. 그림 23.10과 같이 플래쉬 되지 않는 지점으로 급송물의 유입은 핵생성을 조절하는데 이롭다.

정압두 효과 때문에 증발과 냉각은 마그마 표면 근처 액체층 내에서만 일어나서, 표면 근처의 농도와 온도구배가 형성된다. 또한 결정은 결정화기 밑에 정치되려는 경향이 있게 되고, 이 밑 부분에서는 과포화가 거의 안 되거나 또는 전혀 안 될 수도 있다. 결정화기는 마그마가 잘 교반 되지 않으면, 농도와 온도구배가 동일하게 되도록 그리고 결정이 부유 되도록 만족스럽게 조절될 수가 없다. 간단한 진공결정화기에는 핵생성을 조절하기 위한, 분급시키기 위한, 또는 과잉의 핵과 아주 작은 결정을 제거하기 위한 좋은 방법이 강구되어 있지 않다.

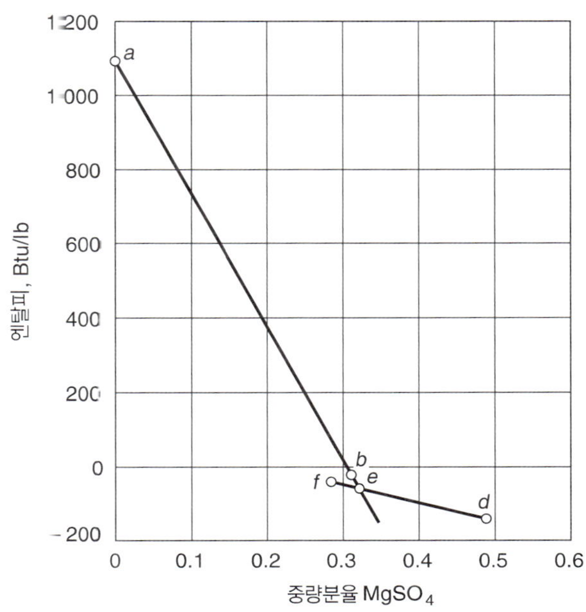

그림 23.11 예제 23.5의 해

진공결정화기의 수율(Yield of vacuum crystallizer)

진공결정화기의 수율은 엔탈피수지 및 물질수지로부터 계산할 수 있다. 그림 23.4의 엔탈피 도표를 근거로 한 도식 계산이 그림 23.11에 나타나 있다. 이 공정은 급송물이 생성물 마그마와 증기로 단열 분리되기 때문에, 급송물에 대한 점 b, 증기에 대한 점 a, 마그마에 대한 점 e가 직선 상에 놓인다. 결정에 대한 점 d와 모액에 대한 점 f 를 연결하는 등온선(isotherm)도 역시 점 e를 통과하고, 이 점은 선 ab와 선 df 의 교차점에 놓인다. 선분 길이와 무게-중심 원리(center-of-gravity principle)로부터 여러 흐름간의 비가 계산된다.

예제 23.5

연속식 진공결정화기에 31% $MgSO_4$ 용액을 공급한다. 이 결정화기 내에서 마그마의 평형온도는 86°F(30°C)이고, 이 용액의 비점상승은 2°F(1.11°C)이다. 마그마에 대한 이 고체의 비가 0.15이고, 결정과 모액의 밀도는 각각 105 및 82.5lb/ft^{3}이다. 급송물의 온도, 급송속도 및 증발속도는 얼마인가?

풀이 그림 23.11은 이 문제의 도식해를 표시한 것이다. 증기는 84°F에 상당하는 압력으로 결정화기를 나가고 2°F 과열됨으로 이는 무시할 수 있다. 수증기표로부터 증기의 엔탈피는 0.5771psi(lb$_f$/in^2)로서 포화수증기의 엔탈피이고, 점 a의 종축 값은 H =1,098Btu/lb이며, c = 0이다. 생성물 마그마의 엔탈피와 평균농도는 그림 23.4에 주어진 자료로부터 계산된다. 직선 fd는 그림 23.4의 영역 $bcih$ 내의 86°F 등온선이다. 이것의 끝점인 점 f에 대한 좌표 값은 H = −43Btu/lb와 c = 0.285이고, 점 d에 대한 것은 H = −149Btu/lb와 c = 0.488이다. 모액에 대한 결정의 질량 비는 다음과 같다.

$$\frac{0.15 \times 105}{0.85 \times 82.5} = 0.224$$

모액의 생성속도는 10,000/0.224= 44,520 lb/h이고, 생성된 총 마그마는 10,000 + 44,520= 54,520lb/h이다. 마그마 내에 있는 $MgSO_4$의 평균농도는,

$$\frac{0.224 \times 0.488 + 0.285}{1.224} = 0.322$$

마그마의 엔탈피는 다음과 같다.

$$\frac{0.224(-149) + (-43)}{1.224} = -62.4\,\text{Btu/lb}$$

이것이 점 e의 종축의 값이다. 급송물에 대한 점은 직선 ae상에 놓여야 한다. 급송물 농도가 0.31이므로, 급송물의 엔탈피는 점 b의 종축 값 −21Btu/lb이다. 점 b는 130°F(94.4°C) 등온선 상에 있으므로, 이 온도가 급송물의 온도이다. 무게중심 원리에 의해 증발속도는,

$$54{,}520\frac{-21-(-62.4)}{1{,}098-(-21)} = 2{,}017\text{lb/h (915kg/h)}$$

급송속도는 다음과 같다.

$$54{,}520 + 2{,}017 = 56{,}537\text{lb/h (25,645 kg/h)}$$

23.6 결정화기 설계 ; 결정크기 분포(Crystallizer design: Crystallize distribution)

결정화기로부터의 이론 수율이 질량수지 및 에너지수지로부터 계산되면 핵생성과 성장의 속도론으로부터 생성물의 CSD를 추산하는 문제만이 남는다. **혼합부유-혼합생성물 제거 모델**(mixed-suspension-mixed- product-removal model, MSMPR)이라 하는 이상형 결정화기 모델은 속도론 매개변수를 확인하는데, 결정화기의 성능을 계산하는 데 사용하는 방법이다.

23.6.1 MSMPR 결정화기(MSMPR Crystallizer)

연속식 결정화기 조작조건을 다음과 같이 가정한다.

1. 조작은 정상상태이다.
2. 언제나 결정화기는 생성물 분급 없이 혼합부유 마그마를 함유한다.
3. 언제나 과포화는 마그마 전체에 걸쳐 균일하다.
4. 결정성장에 ΔL 법칙이 적용된다.
5. 크기-분급 없는 배출계가 이용된다.
6. 급송물 내에는 결정이 없다.
7. 생성물 마그마는 평형 하에서 결정화기를 나가므로, 생성물 마그마 내의 모액은 포화되어 있다.
8. 한정된 입자 크기로의 결정 파손이 일어나지 않는다.

이러한 공정을 **혼합부유-혼합생성물 결정화**(MSMPR crystallization)라고 한다. 위와 같은 제한조건 때문에 핵생성속도(단위시간 당 모액 단위부피 당 생성되는 핵의 수)는 일정하고, 결정 크기와 위치에는 무관하다. 또한 모액의 모든 부피요소(volume element)는 핵으로부터 큰 결정까지의 입자 혼합물을 포함한다. 그리고 입자 크기분포는 결정화기 내의 위치에 무관하고, 생성물 내의 크기분포와 동일하다.

일반화된 확률수지의 이용으로, MSMPR 모델은 비정상상태, 분급되는 생성물 제거, 공송물 내의 결정 존재, 결정의 파손, 마그마 체적의 변화 및 시간-의존성 성장속도에도 확장하여 이용된다.

집단밀도함수(Population density function)

CSD 이론에서 기본량이 집단밀도이다. 이 변수의 의미를 이해하기 위해서, 마그마 내 결정의 누적 개수(cumulative number of crystals)(모액의 단위부피 당 수)의 분포함수가 결정 크기 L의 함수인 것으로 가정한다. 이와 같은 함수가 그림 23.12에 도시되어 있다. 횡축이 L이고 종축이 N/V인데, 여기서 V는 마그마 내에 있는 모액의 부피이고, N은 크기 L인 결정의 개수이고 마그마 내에서 더 작다.

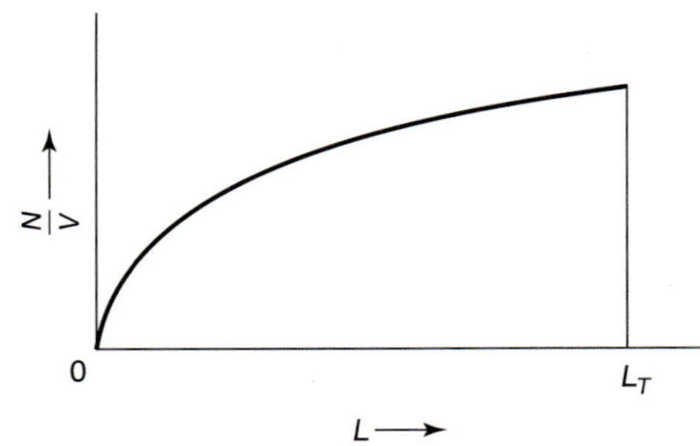

그림 23.12 길이 대 누적수 밀도

$L=0$에서 $N=0$; 결정의 총 수는 N_T이고, 이것은 마그마 내에 있는 가장 큰 결정의 길이 L_T에 상당된다.

집단밀도 n은 크기 L에서 누적분포 곡선의 기울기로서 정의된다. 즉,

$$n \equiv \frac{d(N/V)}{dL} = \frac{1}{V}\frac{dN}{dL} \tag{23.22}$$

가정 1에 의하여 V는 상수이다. 함수 $n=f(L)$는 $L=0$에서 최대치 n°이고, $L=L_T$에서 0이다. MSMPR 모델에서, L에 따른 N/V과 n함수들은 시간과 마그마 내의 위치에 대해 불변성이다. n의 차원은 결정 개수/부피-길이, 즉 number/m^{4}로 표시된다. 이들 가정과 정의에 따라 다음 식이 유도된다.

$$B^o = G\,n^o \tag{23.23}$$

여기서 n°는 핵에 대한 집단밀도의 최대치이다.

그 집단에서 원하는 주된 크기(desired predominant size), L_{pr}을 얻기 위한 핵생성속도는 다음 식으로 주어진다.

$$B^\circ = \frac{9C}{2a\,\rho_c\,V_c L_{pr}^3} \tag{23.24}$$

여기서

$C=$ 결정의 질량생산속도(mass production rate)
$a=$ 식 (23.16)으로 정의되는 형상인자
$\rho_c=$ 결정의 몰밀도
$V_c=$ 결정화기 내 액체 총체적

결정크기 증진(Increasing the crystal size)

MSMPR 결정화기로부터 얻어지는 입자 크기보다 더 큰 것을 얻으려면 2가지 기법이 쓰인다. 용질 재순환 미세결정 소멸법(fines destruction with solute recycle)으로 알려진 첫째 방법은 DTB 결정화기 설명 시 논의되었다. 그 목적은 현존 핵의 수를 급격히 감소시켜 나머지 것을 성장되게 하는 것이다. 과다한 결정핵이 존재하게 되면 과대표면적이 유발되어 과포화도가 낮게 되고, 따라서 개별 결정의 성장속도는 느리게 된다. 미세결정 소멸법은 큰 용해도 물질계에 아주 유용하다. 큰 용해도물질계에서는 극소 결정이 가열되거나 소량의 추가 용매로 인해 쉽게 재용해 될 수 있다.

이중배출법(double drawoff, DDO)으로 알려진 둘째 기법에서는, 결정화기에서 일류(overflow)량을 많이 배출시켜 어느 주어진 분급입도(cut size) L_F보다 큰 결정만이 남아 있도록 한다. 적은 양의 하류(underflow)는 결정화기 중 혼합이 잘 되는 영역으로부터 배출되도록 하고 그 흐름에

포함되어 나가는 큰 결정들은 단일 배출-혼합 결정화기(mixed crystallizer with a single drawoff)에서 보다 더 긴 평균 체류시간을 갖게 된다. 일류량은 하류 유량보다 전형적으로 8～12배 크고 따라서 큰 결정입자들의 체류시간은 10배 정도 증가된다.

분급(classification)은 일류(overflow)가 탱크 내 수직관 또는 분활구역(baffled segment)을 통과되도록 하여 이루어진다. 그런데 그 구역 면적은 상승속도가 결정 크기 L_F의 종말속도보다 약간 크게 되도록 조정된다.

혼합생성물 내 집단분포는 두 개의 형태로 나타나는데, 그 하나는 MSMPR 조업에서 얻어지는 것과 동일한 입도에 대한 피크가 나타난다. 다른 하나의 피크는 첫 번 것에 비해 수 배 크기도 한데, 보통 MSMPR 결정화기로부터 얻을 수 있는 입도의 평균 2～3배 크다. 이는 생성물 여과특성을 심하게 변화시킨다.

결정화기 내 접촉 핵생성(Contact nucleation in crystallizers)

Bennett 등에 의해 전개된 핵생성속도에 대한 상관식은 다음과 같다.

$$B^\circ = K_N n^\circ G \frac{u_T^2}{t} \tag{23.25}$$

여기서

K_N = 차원 상수(dimensional constant)

u_T = 임펠러의 끝속도(tip speed)

t = 회전시간(turnover time)

연습 문제

23.1 가용성 불순물 3.5%를 포함한 $CuSO_4 \cdot H_2O$가 충분한 물과 재순환되는 모액에 연속적으로 용해되어 80°C에서 포화용액을 만든다. 그 다음 이 용액은 25°C까지 냉각되어 $CuSO_4 \cdot 5H_2O$ 결정을 얻는다. 이 결정에는 모액이 부착되어 그 건조 무게의 10% 모액을 수반한다. 이어서 이 결정($CuSO_4 \cdot 5H_2O$)은 무-자유수까지 건조된다. 생성물 내 허용 불순물은 0.6%이다. 다음 항을 계산하라. (a) 불순한 황산구리 100kg당 소요된 물의 무게와 재순환된 모액의 무게. (b) 재순환되지 않는 모액은 버린다고 가정하여, 황산구리의 회수 백분율. 80°C에서 $CuSO_4 \cdot 5H_2O$의 용해도는 120g/100g-free H_2O이고, 25°C에서 40g/100g·free H_2O이다.

답 : (a) 물의 무게 : 76.94kg, (b) 재순환된 모액의 무게 : 168.47kg (b) 91.2%

23.2 물 100kg당 고체 43g을 포함한 $MgSO_4$ 용액이 220°F의 진공결정화기로 공급된다. 이 결정화기 내에 있는 진공은 43°F의 물의 비점에 상당되고, $MgSO_4$ 포화용액은 2°F 비점상승된다. 시간 당 황산마그네슘(epsom salt, $MgSO_4 \cdot 7H_2O$) 900 kg을 생산하려면, 그 결정화기에 공급해야 할 용액은 얼마인가?

답 : 2261kg

23.3 $CuSO_4 \cdot 5H_2O$가 이상적으로 제품을 분급하는 결정화기 내에서 결정화된다고 가상해 보자. 1.4mm 제품을 원한다. 성장속도는 0.2μm/s되리라 추정된다. 형체상수(geometric constant) a는 0.20이고, 결정의 밀도는 2,300kg/m^{3}이다. 마그마 농도는 모액 m^3 당 0.35m^{3}의 결정이 들어 있는 것으로 한다. 시간 당 모액 m^3 당 결정 kg으로 표시되는 생산속도는 얼마인가? 시간 당 모액 m^3 당 결정의 개수로 표시되는 핵생성속도는 얼마이어야 하는가?

답 : B_o = 1.312 × 10^{9}nuclei/h·m^3

23.4 NaCl에 대하여 결정화기의 운전성능 다음과 같다.

임펠러의 끝속도(tip speed) u_T = 1,350ft/min, 체류시간 = 1.80h
회전(전환)시간(time between passages 또는 turnover time) = 35s

크기분포 매개변수들은 다음과 같다.

$n°$ = 1.46 × 10^{6}number/cm^4, $B°$=1.84number/cm^3·s 결정밀도 = 2.163g/cm^3

위에서 규정된 단위를 이용하여 차원상수 K_N을 계산하고, mm/h로서 성장속도를 계산하라.

답 : K_N = 2.436 G = 1.26 × 10^{-6}cm/s or 0.0454mm/h

23.5 100°F에서 조업되는 KCl 결정화기에 미세결정 용해 루프(loop)가 있고 그곳의 슬러리온도는 130°F이다. KCl 용해도는 100°F, 130°F에서 각각 39.3g/100 g H_2O, 44g/100g H_2O이다. 그 용액은 초기에 1.0g/100g으로 과포화되어 있고 갑자기 130°F로 증가되었다고 가정하고, 용액 농도변화도 무시된다면, 10μm 결정 또는 50μm 결정이 용해하는 데 소요되는 시간은 얼마인가?

답 : t = 7.0s

23.6 항생제의 회분식 결정화에 쓰이는 소형 교반탱크는 10cm 터빈이 550rpm/min로 운전될 때 만족한 결과를 준다. 그 탱크는 직경 30cm, 평균 깊이 40cm, 4개 분활판이 설치되어 있다. (a) 이 소형 탱크에서 체적 당 소요 동력은 얼마인가? (kW/m^3 및 hp/100gal으로 답하라). (b) P/V를 일정하게 유지할 때, 직경 2m의 유사 탱크에 필요한 교반속력은 얼마인가? (c) P/V 일정한 조건에서, 대형 탱크로 확대화될 때 최대 전단율(max. shear rate)의 변화는 얼마인가?

답 : (a) P/V = 1.58kW/m^3 = 8.02HP/1000gal
(b) n = 155rpm/min or 2.59rpm/s (c) 최대 전단율 = 1.88

23.7 예제 23.5 결정화조에서 원하는 생산속도가 $MgSO_4.7H_2O$ 4,200kg/h이라면, 결정화조 내의 액체 체적은 7.7m^{3}이고 핵생성속도는 2.7 × 10^{9}nuclei/m^3·h이다. (a)주 결정크기는 얼마인가? (b) 만일, 핵생성속도가 2.0 × 10^{8}nuclei/m^3·h이라면, 주 결정 크기는 얼마인가? (a = 1로 가정하라.)

답 : (a) (a) D_p = 490μm (b) D_p = 1170μm

23.8 염화칼슘의 용해도는 20°C에서 140.0g/100gH_2O, 80°C에서 160.0g/100gH_2O이다. 80°C에서의 염화칼슘 포화용액 70g을 20°C로 냉각시키면 약 몇 g의 결정이 석출되는가? **(화공기사 기출)**

① 4.61 ② 5.39 ③ 6.61 ④ 7.39

답 : ②

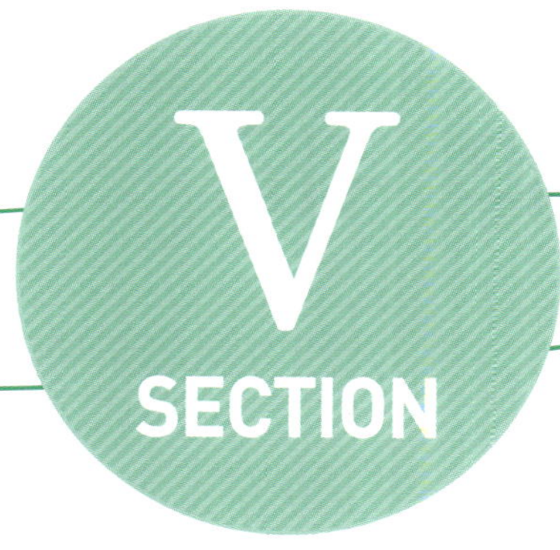

입상고체 처리조작

Operations Involving Particulate Solids

일반적으로 고체는 액체 또는 기체보다 취급하기에 더 어렵다. 처리과정 중에 고체는 여러 형태, 즉 큰 모난 조각, 넓은 판, 미세 분말 등으로 나타난다. 이것들은 단단하고 마멸성이거나, 질기고 고무 같거나, 연하거나 부스러지기 쉽거나, 먼지 같거나, 점착성, 자유-흐름성, 또는 끈적거리는 것 등이다. 이들 형태가 어떻든 간에 그 존재상태의 고체를 처리하는 방법을, 그리고 가능하면 취급 특성을 증진하는 방법을 알아야 한다.

화학공정에서 고체는 대부분 공통적으로 입자의 형태로 있다. 이 단원에서는 입상 고체의 특성, 변형 및 분리법 등에 관련된 것을 다룬다. 일반 특성, 취급 법, 혼합 및 크기 축소(size reduction)는 24장에서 논한다. 그리고 기계적 분리는 25장에서 논한다.

CHAPTER

24 입상고체의 취급

Properties and Handling of Particulate Solids

24.1 고체입자의 특성화(Characterization of solid particles)

고체입자들은 크기, 모양 및 밀도 등에 의해 특성지을 수 있다. 균일한 고체입자들은 본체와 동일한 밀도를 가지지만. 금속함유 원광(metal-bearing ore)과 같은 복합 고체 입자들은 보통 본체 밀도와는 다른 밀도를 갖는다. 크기와 모양은 구나 입방체(cube)와 같은 정규입자(regular particle)와 비정규 입자(모래입자나 운모편 같은 것)에 대해서는 "크기(size)"와 "모양(shape)"이란 뜻은 명확하지 않아서 임의로 정의해야만 한다.

입자 모양과 크기(Particle shape and size)

입자의 모양은 구형도(sphericity) Φ_s로 표시되는데, 이 구형도는 입자크기에 무관하나, 지름 D_p인 구형 입자의 경우 $\Phi_s = 1$이며, 비구형 입자의 경우 그 구형도는 식 (24.1)과 같이 정의된다.

$$\Phi_s \equiv \frac{6/D_p}{s_p/v_p} \tag{24.1}$$

D_p = 입자의 공칭 지름(직경)

s_p = 한 개 입자의 표면적

v_p = 한 개 입자의 부피

표 24.1에는 여러 가지 물질의 구형도를 나타내었다. 표 24.1에서 입방체(cube), 짧은 원통, 구 등은 모두 구형도 1.0로 간주되었다. 같은 체적의 경우 입방체의 표면은 구의 것보다 1.24배 크다. 그러나 D_p를 한쪽 길이로서 임의로 택하였기 때문에 $\Phi_s = 1.0$이다.

일반적으로 "지름"은 어느 등차원 입자(equidimensional particle)에 대해 규정할 수 있으나, 등

표 24.1 여러 가지 물질의 구형도

물질	구형도	물질	구형도
Spheres, cubes, short cylinders ($L = D_p$)	1.0	Ottawa sand	0.95
Raschig rings ($L = D_p$)		Rounded sand	0.83
$L = D_o$, $D_i = 0.5D_o$	0.58‡	Coal dust	0.73
$L = D_o$, $D_i = 0.75D_o$	0.33‡	Flint sand	0.65
Berl saddles	0.3	Crushed glass	0.65
		Mica flakes	0.28

차원이 아닌, 즉 한 방향이 다른 방향보다 더 긴 입자는 때로 제2최장 치수(the second-longest dimension)의 것으로 특정 짓는다. 관습에 따라 입자 크기는 내포된 크기 범위에 따라 다른 단위로 표시한다. 조입자(coarse particle)는 in나 mm로, 미립자(fine particle)는 체 크기(screen size)로, 극미립자(very fine particle)는 μm(micrometer) 또는 nm (nanometer)로 측정된다. 초미립자(ultrafine particle)는 단위질량 당 그 표면적(보통 m^2/g으로 나타낸다.

균일 입자의 지름이 D_p인 시료에서 입자들의 총 부피는 m/ρ_p이다. 여기서 m과 ρ_p는 각각 시료의 총 질량과 입자들의 밀도이다. 한 입자의 부피는 v_p임으로 시료 내 입자 수 N은

$$N = \frac{m}{\rho_p v_p} \tag{24.2}$$

식 (24.1)과 (24.2)로부터 입자들의 총 표면적은 다음과 같다.

$$A = Ns_p = \frac{6m}{\Phi_s \rho_p D_p} \tag{24.3}$$

식 (24.2)와 (24.3)을 여러 가지 크기와 밀도를 가진 입자 혼합물에 적용하려면, 그 혼합물을 일정한 밀도와 대략 일정한 크기를 가진 것의 소분(fraction)으로 나누어야 한다. 그래서 각 소분의 무게를 달거나 또는 그 소분 내 개별 입자를 어느 한 방법(여러 낭법 중)으로 세거나 측정한다. 그 다음 식 (24.2)와 (24.3)을 각 소분에 적용하고 그 결과를 합한다.

이와 같은 입자 크기 분석자료로부터 각 크기 증분(size increment) 내 질량분율 또는 개수 분율을 그 증분 내 평균입자 크기(또는 크기범위)의 함수로 표시되도록 표를 만들 수 있다. 이러한 방법으로 표를 만든 분석은 **미분분석**(differential analysis)이라 한다. 이 결과는 그림 24.1(a)에 보인 바와 같이 가끔 히스토그램(histogram)으로 표시되는데, 이 미분분석 그림에 분포를 어림하는 데 쓰이는 연속선(점선으로 표시된)이 있다. 두 번째 표시방법은 **누적분석**(cumulative analysis)인데, 이것은 최소입자를 포함한 소분으로 시작하여 연속적으로 그 개별 증분을 합하여 얻어지고, 이 누적량을 그 증분 내 최대 입자지름에 대해 그리거나 표로 만든 것이다. 그림 24.1(b)는 그림 24.1(a)에 표시한 분포를 누적분석으로 표시한 것이다. 누적분석에서 자료는 연속선으로 적절하게 표현될 수 있다.

누적 도시(plot)는 반대수 방안지에, 또는 더 일반적으로 대수확률 방안지에 할 수 있다. 이

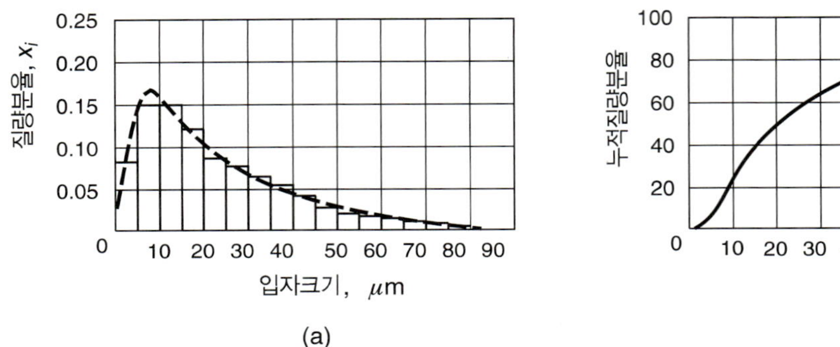

그림 24.1 분말의 입자크기 분포 : (a) 미분분석, (b) 누적분석

대수확률 방안지의 횡축눈금은 Gaussian 확률분포와 같게 나누어진다. 분쇄기 또는 미분쇄기로부터 나온 것의 크기분석을 여기에 도시하면 적어도 입자크기 범위 내 상당부분 직선이 된다.

혼합물의 평균 입자크기, 비표면적(specific surface area) 또는 입자 집단(population)의 계산은 미분분석 또는 누적분석을 기준으로 한다. 원리상 누적분석을 기준으로 한 방법이 미분분석을 기준으로 한 것보다 더 정밀하다.

혼합물의 비표면적(Specific surface of mixture)

입자밀도 ρ_p과 구형도 Φ_s를 안다면 각 소분 내 입자의 표면적은 식 (24.3)으로부터 계산한 다음, 모든 소분에 대한 결과를 합하면 **비표면적**(입자 단위질량의 전표면적) A_w를 얻을 수 있다. ρ_p와 Φ_s가 일정하다면, A_w는 다음 식으로 표시된다.

$$A_w = \frac{6x_1}{\Phi_s \rho_p \overline{D}_{p1}} + \frac{6x_2}{\Phi_s \rho_p \overline{D}_{p2}} + \dots + \frac{6x_n}{\Phi_s \rho_p \overline{D}_{pn}} = \frac{6}{\Phi_s \rho_p} \sum_{i=1}^{n} \frac{x_i}{\overline{D}_{pi}} \tag{24.4}$$

하첨자 =개별 증분

x_i = 주어진 어느 증분에서의 질량분율

n = 증분의 수

$\overline{D}_{pi}$ = 평균입자지름, 즉 증분 내에서 가장 큰 것과 가장 작은 입자지름의 산술평균으로 택한 것

평균 입자크기(Average particle size)

입자 혼합물의 평균 입자크기를 **부피-표면 평균 지름**(volume-surface mean diameter, $\overline{D}_s$), **산술평균 지름**(arithmetic mean diameter $\overline{D}_N$), **질량평균 지름**(mass mean diameter, $\overline{D}_w$), **부피평균 지름**(volume mean diameter, $\overline{D}_V$)으로 나타낸다.

부피-표면 평균 지름(volume-surface mean diameter) $\overline{D}_s$는 식 (24.5)로 정의된다.

$$\overline{D}_s \equiv \frac{6}{\Phi_s A_w \rho_p} \tag{24.5}$$

여기에 식 (24.4)를 대입하면 다음과 같다.

$$\overline{D}_s \equiv \frac{1}{\sum_{i=1}^{n} (x_i / \overline{D}_{pi})} \tag{24.6}$$

각 소분 내의 입자수 N_i가 질량분율 대신에 주어져 있다면, $\overline{D}_s$는 식 (24.7, 24.8)로 계산된다.

$$\overline{D}_s \equiv \frac{\sum_{i=1}^{n} (N_i \overline{D}_{pi}^3)}{\sum_{i=1}^{n} (N_i / \overline{D}_{pi}^2)} \tag{24.7}$$

$$\overline{D}_s \equiv \frac{1}{\sum_{i=1}^{n} (x_i / \overline{D}_{pi})} \tag{24.8}$$

산술평균 지름(arithmetic mean diameter) $\overline{D}_N$는 식 (24.9)와 같다.

$$\overline{D}_N = \frac{\sum_{i=1}^{n} (N_i \overline{D}_{pi})}{\sum_{i=1}^{n} N_i} = \frac{\sum_{i=1}^{n} (N_i \overline{D}_{pi})}{N_T} \tag{24.9}$$

여기서 N_T는 전 시료 내 입자의 수이다.

질량평균 지름(mass mean diameter) $\overline{D}_w$는 (24.10)과 같다.

$$\overline{D}_w = \sum_{i=1}^{n} x_i \overline{D}_{pi} \tag{24.10}$$

시료의 총 부피를 혼합물 내의 입자수로 나누면 한 입자의 평균부피가 된다. **부피평균 지름**(volume mean diameter) $\overline{D}_V$은 식 (24.11)과 같다.

$$\overline{D}_V = \left[\frac{1}{\sum_{i=1}^{n} (x_i / \overline{D}_{pi}^3)} \right]^{1/3} \tag{24.11}$$

균일한 입자로 된 시료의 경우, 이들 평균지름은 물론 동일하다. 그러나 여러 가지 크기를 포함한 시료의 경우는 각 평균지름 간에 큰 차이가 난다.

혼합물 내의 입자 수(Number of particles in mixture)

미분분석으로부터 혼합물 내의 입자 수를 계산하기 위해서는 각 소분 내 입자 수를 계산하는 데 식 (24.2)를 이용하고, 시료의 단위질량 내 총 집단(total population) N_w는 모든 소분을 합하여 얻는다. 어느 주어진 입자 형태에 대하여, 어느 입자의 부피는 "지름"의 3제곱에 비례한다. 즉,

$$v_p = a D_p^3 \tag{24.12}$$

여기서, a는 **체적형상계수**(volume shape factor)이다. 이것은, Φ_s와는 달리, 여러 정규고체(regular solid)에 따라 다르다, 구의 경우 0.5236, 짧은 원통의 경우 0.785(높이 = 지름), 입방체의 경우 1.0이다. a가 입자크기에 무관하다고 가정하면, 식 (24.2)로부터 다음과 같이 된다.

$$N_w = \frac{1}{a\,\rho_p} \sum_{i=1}^{n} \frac{x_i}{\overline{D}_{pi}^3} = \frac{1}{a\rho_p \overline{D}_{\mathrm{V}}^3} \tag{24.13}$$

비표면적과 각종 평균지름 그리고 입자의 수는 간단한 컴퓨터 프로그램에 의해 입자크기 분석 결과로부터 쉽게 계산된다. 극미립자에 대한 측정장치들이 이들 양을 직접 산출할 수 있도록 프로그램되어 있다.

체 분석 ; 표준 체 급수(Screen analysis; standard screen series)

표준체는 약 76mm～38μm 범위의 입자크기(및 크기분포)를 측정하는 데 쓰인다. 시험용 체는 직조 금속 망사로서, 메쉬(mesh)와 치수(dimension)가 정밀하게 표준화되었다. 개방공(opening)은 정사각형이다. 각 체는 inch 당 메쉬 수와 관계된다. 그러나 실제 개방공은 금속사의 두께 때문에 메쉬 수에 해당하는 것보다 더 작다. 보통 쓰이는 Tayler표준 체 급수의 특성이 부록 5에 주어졌다. 이 체의 세트는 200mesh 체의 0.074mm 개방공을 근거로 되어 있다. 이 급수 중 어느 한 체의 개방공 면적은 그 다음 작은 체의 개방공 면적보다 정확히 2배 더 크다. 그래서 어떤 체의 실제 메쉬 크기(치수)와 바로 그 다음으로 작은 체의 크기 비는 $\sqrt{2}$ = 1.41이다. 크기를 더 세분하려면, 메쉬 치수가 중간 체보다 그 다음으로 작은 표준 체의 크기에 $\sqrt[4]{2}$ = 1.189배 되는 중간 체가 가능하다. 그러나 보통 그 중간 체가 쓰이지 않는다.

분석할 때에는 표준 체의 한 세트를 가장 작은 메쉬의 체가 맨 밑에 그리고 가장 큰 메쉬의 체가 꼭대기로 오도록 순서대로 쌓아놓는다. 시료를 맨 꼭대기에 넣고 일정시간(약 20분 정도) 기계적으로 흔든다. 각 체에 남아 있는 입자를 꺼내서 중량을 달고, 각 체 증분(screen increment)간의 질량을 전체 시료에 대한 질량분율 또는 질량백분율로 환산한다. 제일 고운 체를 통과한 입자는 밑바닥 접시에 남는다.

체 분석의 결과는 각 체 증분에서의 질량분율을 해당 증분의 메쉬 크기의 함수로 표시되도록 표로 만든다. 어느 체에 걸린 입자는 바로 앞의 것을 통과하였기 때문에, 그 두 개의 체가 그 증분의 크기범위를 결정해 준다. 그래서 14/20란 표시는 "14mesh를 통과하고 20mesh에 걸렸음"을 의미한다.

전형적 체 분석은 표 24.2에 표시되어 있다. 처음 두 종열에는 체의 메쉬 크기와 개방공의 폭 그리고 세 번째 종열에는 전체 시료에 대한 해당 체에 남아 있는 입자의 질량분율이다. 이것을 x_i라 한다. 여기서, i는 적재된 체의 밑으로부터 i 번째 체를 의미한다. 그래서 밑바닥 접시가 $i=1$이고, $i+1$번째 체는 i 번째 바로 위의 체이다. 기호 D_{pi}는 i 번째 체의 메쉬 개방공(mesh opening)과 동일한 입자지름을 의미한다.

표 24.2의 마지막 두 종열은 각 증분에서 평균 입자지름 $\overline{D}_{pi}$ 그리고 각 D_{pi} 값보다 더 작은 것의 누적분율(cumulative fraction)을 나타낸다. 체 분석에 있어서 누적분율은 때로 적재된 체의 맨 꼭대기 것으로부터 시작해서 쓰기도 하는데, 이때는 주어진 크기보다 더 큰 것에 대한 분율로 표시된다.

미립자 혼합물의 크기측정(Size measurements with fine particles)

건식 체 분석은 44μm(325mesh)보다 큰 지름의 입자들을 분리할 때, 습식 체 분석은 지름 10μm 이하의 것에 쓰인다. 이것보다 더 미세한 입자의 분석은 그 방법이 다양하다. 광학현미경 및 중력 침강법은 지름 1~100μm 범위의 것에 쓰인다. 쿨터 계수기(Coulter counter)도 이 범위에 쓰이는데, 이 장치는 입자가 포함된 전해액이 작은 오리피스를 통과할 때 그 저항 값 변화를 측정하는 것이다. 광산란기법, 원심분리기 또는 초고속원심분리기에 의한 침강법 그리고 전자현미경은 더 미세한 분말에 쓰인다.

표 24.2 체 분석

호칭 (Mesh)	체크기 (D_{pi}, mm)	잔류된 질량분율 (x_i)	증분된 평균입경 ($\overline{D}_{pi}$, mm)	누적분율 (smaller than $\overline{D}$
4	4.699	0.0000	—	1.0000
6	3.327	0.0251	4.013	0.9749
8	2.362	0.1250	2.845	0.8499
10	1.651	0.3207	2.007	0.5292
14	1.168	0.2570	1.409	0.2722
20	0.833	0.1590	1.001	0.1132
28	0.589	0.0538	0.711	0.0594
35	0.417	0.0210	0.503	0.0384
48	0.295	0.0102	0.356	0.0282
65	0.208	0.0077	0.252	0.0205
100	0.147	0.0058	0.178	0.0147
150	0.104	0.0041	0.126	0.0106
200	0.074	0.0031	0.089	0.0075
Pan	—	0.0075	0.037	0.0000

예제 24.1

표 24.2에 표시된 체 분석치가 분쇄된 석영 시료에 적용된다. 입자의 밀도가 2,650kg/m^3(0.00265g/min^3)이고, 형상인자 $a = 2$, $\Phi_s = 0.571$이다. 4~200mesh 범위의 입자에 대하여 다음을 계산하라. (a) A_w(mm^2/g)와 N_w(입자 수/g), (b) $\overline{D}_V$, (c) $\overline{D}_s$, (d) $\overline{D}_w$ 그리고 (e) 150/200mesh 증분에 대한 N_i, (f) 150/200mesh 증분 내에서의 총 입자 수에 대한 분율은 얼마인가?

풀이 A_w와 N_w을 구하려면 식 (24.4)에서

$$A_w = \frac{6}{0.571 \times 0.00265} \sum \frac{x_i}{\overline{D}_{pi}} = 3{,}965 \sum \frac{x_i}{\overline{D}_{pi}}$$

식 (24.13)에서

$$N_w = \frac{1}{0.8 \times 0.00265} \sum \frac{x_i}{\overline{D}_{pi}^3} = 471.7 \sum \frac{x_i}{\overline{D}_{pi}^3}$$

(a) 4/6mesh 증분에 대해 $\overline{D}_{pi}$는 주어진 체의 개방공(opening)의 산술평균치, 즉 표 24.2로부터 (4.699 + 3.327)/2 = 4.013 mm이다. 이 증분에서 $x_i = 0.0251$ 임으로, $x_i / \overline{D}_{pi} = 0.0251/4.013 = 0.0063$ 그리고 $x_i / \overline{D}_{pi}^3 = 0.0004$ 가 된다. 나머지 11개 증분에 대해서도 해당 양을 계산할 수 있고, 이의 합을 얻으면 $\sum x_i / \overline{D}_{pi} = 0.8284$이며, $\sum x_i / \overline{D}_{pi}^3 = 8.8296$이다.

맨 밑의 접시 내 분율은 제외되었으므로, 200mesh 이상의 입자에 대한 단위질량 당 비표면적과 입자 수는 식 (24.4)와 (24.13)의 결과를 $1 - x_i$(맨 밑의 접시에 대하여 $i = 1$ 이기 때문에)으로, 즉 1 − 0.0075 = 0.9925로 나누면 얻을 수 있다.

따라서,

$$A_w = \frac{3{,}965 \times 0.8284}{0.9925} = 3{,}309 \ \text{mm}^2/\text{g}$$

$$N_w = \frac{471.7 \times 8.8296}{0.9925} = 4{,}196 \ \text{particles}/\text{g}$$

(b) 식 (24.11)로부터

$$\overline{D}_V = \frac{1}{8.8296^{1/3}} = 0.4838 \ \text{mm}$$

(c) 부피·표면평균 지름은 식 (24.6)으로부터 알 수 있다.

$$\overline{D}_s = \frac{1}{0.8284} = 1.207 \ \text{mm}$$

(d) 질량평균 지름 $\overline{D}_w$는 식 (24.10)으로부터 얻을 수 있다. 이에 대한 표 24.2의 자료로부터

$$\sum x_i \overline{D}_{pi} = \overline{D}_w = 1.677 \ \text{mm}$$

(e) 150/200mesh 증분 내의 입자 수는 식 (24.13)으로부터 알 수 있다. 즉,

$$N_2 = \frac{x_2}{a\rho_p \overline{D}_{p2}^3} = \frac{0.0031}{0.8 \times 0.00265 \times 0.089^3}$$
$$= 2{,}074 \text{ particles/g}$$

이 값은 2,074/4,196 = 0.494, 즉 위쪽 12개 증분 내 입자의 49.4%에 해당된다. 맨 밑 접시 잔류분에 대한 입자 수와 비표면적은 굵은 입자에 대한 것보다 엄청나게 크지만, 이 값들은 표 24.2의 자료로부터 정확하게 계산할 수는 없다.

24.2 고체 혼합(Mixing of solids)

고체 혼합은 — 자유흐름의 것이든 응집성의 것이든 — 저점도 액체 혼합과 어느 정도 비슷하다. 어느 공정에서나 모두 2가지 또는 그 이상의 별도 성분을 서로 섞어서 보다 균일한 생성물을 얻고자 한다. 액체 혼합에 일반적으로 사용되는 장치가 고체 혼합에 이용되기도 한다.

그러나 이 두 공정에는 큰 차이가 있다. 액체 혼합은 흐름 유발 정도에 의존되는데 이 흐름 유발과정으로서 불혼합 물질을 임펠러 부근 혼합영역으로 이송시키는 것이다. 끈적한 페이스트나 입상 고체의 더미에서는 이러한 흐름이 있을 수 없으므로 다른 방법으로 혼합이 이루어진다. 따라서 페이스트 및 건조 고체의 혼합에서는 액체의 균일 혼합의 경우보다 많은 동력이 소요된다.

또 다른 차이점은 액체 균일 혼합에서 "잘 혼합된(well-mixed)" 생성물이라 하면 사실상의 균일한 액상을 뜻하는 것으로 아주 적은 양의 시료를 무작위로 채취하여도 모두 같은 조성을 가지게 된다. 페이스트 및 분말의 혼합에서는 생성물이 쉽게 식별할 수 있는 두 가지 이상의 상이 되는 경우가 많으며, 각 상에는 제법 큰 입자가 들어 있을 수도 있다. 이러한 종류의 "잘 혼합된" 생성물에서는 소량을 무작위로 채취한 시료마다 조성이 다를 수 있다. 실지로 이러한 혼합물에서는 시료 채취량이 어떤 임계크기(critical size) 이상이어야 그 분석 결과가 의미를 가지게 된다.

혼합기 성능 측정(Measures of mixer performance)

고체와 페이스트의 혼합은 액체 혼합에 비하여 정의하기가 더 어렵다. 통계법을 기준 한 혼합(mixing)의 척도가 때로 혼합기 성능 평가에 쓰인다. 이 방법은 혼합물로부터 시간에 따라 채취된 점 시료(spot sample) 분석치를 근거로 한다. 성분 A와 B 혼합물에서, n개 입자가 들어있는 N개의 점 시료를 택하여 분석했다고 하자. 그 분석자료로부터 평균편차, s는 식 (24.14)와 같다.

$$s = \sqrt{\frac{\sum_{i=1}^{N}(x_i - \overline{x})^2}{N-1}} = \sqrt{\frac{\sum_{i=1}^{N} x_i^2 - \overline{x}\sum_{i=1}^{N} x_i}{N-1}} \tag{24.14}$$

x_i = 각 시료 내 A의 개수 분율

$\bar{x}$ = 측정된 개수 분율의 평균치

혼합물이 완전히 혼합되었다 할지라도, 여러 점 시료에서의 x_i 값은 같지 않다. 완전 무작위 혼합물에 대한 이론 표준편차, σ_e는 식 (24.15)로 주어진다.

$$\sigma_e = \sqrt{\frac{\mu_p(1-\mu_p)}{n}} \tag{24.15}$$

여기서 μ_p는 혼합물 내 성분 A의 총괄 입자 수 분율이다.

응집성 고체의 경우는 개수 분율(number fraction) 대신에 질량 분율을 사용한다. 점 시료분석의 표준편차는 식 (24.14), 식 (24.16)으로 주어진다. 혼합되기 전 혼합물에 대한 표준편차, σ_0는

$$\sigma_0 = \sqrt{\mu(1-\mu)} \tag{24.16}$$

여기서 μ는 혼합물 내 성분 A의 총괄 질량분율이다.

표준편차(s)는 혼합도의 척도로서 직접 쓰이기도 한다. 그러나 더 자주 표준편차(또는 이것의 자승 즉 분산, variance)가 식 (24.15)와 (24.16)으로부터 얻는 이론 표준편차 또는 분산 값들과 비교되기도 한다.

실제로, 어느 혼합기의 검증은 그것이 만들어낸 혼합된 물질의 물성에 있다. 잘-혼합된 제품은 요구되는 것이기도 하지만 요구 특성, 즉 외관적 균일성, 고강도, 균일 연소율, 또는 기타 원하는 특성을 가져야 한다. 최저 총괄 비용에서 잘-혼합된 생성물을 생산할 수 있는 것이 바로 좋은 혼합기이다.

24.2.1 비응집성 고체용 혼합기(Mixers for noncohesive solids)

건조 분체 용 혼합기에는 중질 페이스트에 쓰이는 것 그리고 자유류 분체에만 쓰이는 것도 포함된다. 혼합은 저속 교반 임펠러(impeller)에 의해, 텀블링(tumbling)에 의해, 또는 원심 스미어링(smearing)과 충격에 의해 이루어진다.

내부 스크류 혼합기(internal screw mixer)는 물질을 들어 올리고 순환시키는 나선형 컨베이어(helical conveyor)를 포함하고 있는 수직 탱크로 구성된다. **리본 배합기**(ribbon blender)는 그림 24.2(a)에 예시된 바와 같이, 2개 반대-작용 리본(counteracting ribbon)이 같은 축에 설치되어 있어서, 하나는 한 방향으로 고체를 서서히 이동시키고 다른 하나는 다른 쪽에서 빨리 이동시킨다. 리본은 연속 또는 단속적일 수 있다. 어느 장치는 회분식으로 조업되고 어떤 것은 연속적으로 조업되는데, 이때 고체는 한 쪽에서 공급되고 다른 쪽으로 배출된다. 어떤 큰 리본 혼합기는 34m^{3}까지 내용물을 보유할 수 있다.

텀블링 혼합기(tumbling mixer)는 볼밀(ball mill)과 텀블링 드럼(tumbling drum)을 포함하는데,

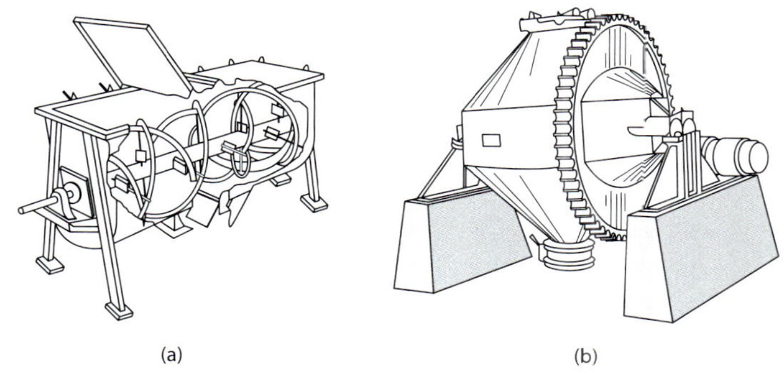

그림 24.2 자유류 고체용 혼합기 : (a) 리본 혼합기, (b) 텀블링 혼합기

모두 농후한 슬러리와 무거운 고체를 처리할 수 있다. 그림 24.2(b)에 예시된 2-중 원추형 텀블링 혼합기는 경(가벼운) 자유-류 고체에만 제한된다. 이것은 50～60% 채워질 때까지 위에서 충전된 다음 5～20분 동안 수평축에 대해 회전된다. 이는 혼합 내용물에 소량의 액체를 유입하기 위해 내부 분무기 또는 고체 덩이를 깨기 위한 기계적 유도장치가 포함되기도 한다.

텀블링 배합기(tumbling blender) 내에서 혼합은 초기에 빠르나 완전할 수는 없다. 이러한 혼합기 형태에서 성분들은 완전하게 무작위 형태로 배합될 수 없다. 조업시간 얼마 경과 후 혼합물 질(quality)이 안정화되고, 변동되고, 그리고 감퇴되기도 한다.

충격 휠(impact wheel)에서는 원심력 스미어링(centrifugal smearing)과 충격이 작용한다. 이 휠 안으로 건조성분의 예비혼합물(premix)이 고속 회전원판(직경 : 250～700mm) 중앙 근처로 계속 공급되면 바깥쪽으로 뿌려져 고정 틀(casing) 안으로 들어간다. 이 원판 표면은 이동하는 동안 분체에 작용되는 강력한 전단력이 성분들을 혼합시킨다. 충격 휠은 살충제 같이 경-자유유동성 분말을 1～25 ton/h 배합한다.

24.2.2 점착성 고체용 혼합기(Mixers for cohesive solids)

혼합문제 중 가장 어려운 것 중 몇 개가 페이스트, 플라스틱, 고무 같이 점착성 고체를 다루는 것이다. 점착성 고체임으로 혼합요소가 흐름 형태를 갖출 수 없어 대신 혼합될 물질에 전달력이 가해지거나 접히거나 늘려지게 하거나 압축시킨다. 기계적 에너지가 그 혼합물에 혼합기의 한가동부(moving part)에 의해 직접 가해지기도 한다. 이 혼합기는 요구되는 힘이 커서 소요동력도 높다.

환통 혼합기(Change–can mixers)는 식품 가공이나 도료(paint) 제조 등에서 쓰이는 것처럼 (0.02～$0.38m^3$ 용량의 교체가능한 통(can)이나 용기 내에서 점성 액체나 희박 페이스트의 혼합에 사용된다. 그림 24.3(a)에 보인 포니 혼합기(pony mixer)에서 회전되는 교반기는 통의 벽 쪽에 위치된 몇 개의 수직 날(blade)이 달려 있다. 통(can)은 교반기의 회전과 반대 방향으로 회전판에 의해 유도된다. 그림 24.3(b)의 비터 혼합기(beater mixer)에서는 통은 고정되어 있고 교반봉은 유성운동

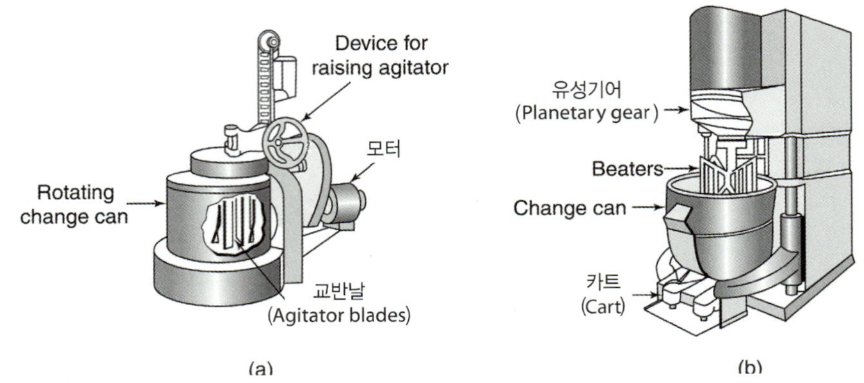

그림 24.3 이중운동 페이스트 혼합기 : (a) 포니 혼합기, (b) 비터 혼합기

(planetary motion)을 한다. 그래서 회전하면서 세차운동(precession)을 함으로서, 용기 안의 전 부분을 반복적으로 이동·혼합된다.

내부 혼합기(internal mixer)와 같은 반죽기는 조작주기 동안에 혼합실을 덮개로 닫게 되어있다. 따라서, 덮개를 사용하면 덮개 안쪽도 날이 쓸어 내는 케이싱의 일부가 된다. 이런 혼합기는 기울일 수가 없다. 이러한 종류는 고무를 녹이거나 고무를 액체 중에 분산시킬 때 사용한다. 가장 일반적인 내부 혼합기가 **Banbury혼합기**이다. 이것은 중-부하 두팔 혼합기(heavy-duty two-arm mixer)로서, 교반기는 끊긴 나선형으로 되어 있다. 축은 30~40rpm로 회전한다. 고체를 위에서 넣은 다음, 압력 1~10atm 하의 공기조작 피스톤(piston)에 의해 반죽통 안에서 혼합되게 한다. 혼합된 물질은 반죽통 바닥의 미닫이 문을 통해 배출시킨다. Banbury혼합기는 고무와 가소성 고체의 배합, 생고무의 저작(씹기), 고무 조각의 탈황, 물 분산액 및 고무용액의 제조 등에 쓰인다.

24.3 크기 축소(Size reduction)

크기축소(size reduction)는 고체입자를 절단하거나 부서뜨려 더 작은 조각으로 만드는 모든 방법에 적용된다. 고체는 각기 그 목적에 따라 서로 다른 방법으로 축소된다. 원광 덩이는 작업이 가능한 크기로 분쇄되고 합성화학제품은 분말로 빻아지고, 플라스틱 판은 얇은 입방체 또는 다이아몬드형으로 잘린다. 공산품(은 입자의 크기, 모양에 대한 엄격한 명세에 일치되어야만 한다. 또한 입자크기의 축소는 고체의 반응성(reactivity)을 증가시키고, 기계적 방법에 의해 불필요한 성분의 분리가 이루어지게 하고, 섬유성 재질의 큰 더미를 취급 용이하게 하며, 그리고 폐기 처분하는 데 그 부피를 감소시켜 준다.

고체 크기를 축소하는데는 (1) 압축(compression), (2) 충격(impact), (3) 마멸(attrition) 또는 마찰(rubbing, 물갈기), (4) 절단(cutting) 등이다. 호두까개(nut cracker), 망치, 줄(file) 그리고 큰 가위

등은 이들 4가지 형태의 작용을 잘 예시하고 있다. 일반적으로 압축은 단단한 고체의 큰 덩이를 미분체로 만드는 데 쓰이고, 충격은 큰 것, 중간 크기의 것 또는 미분체를 만드는 데 쓰이며, 마멸은 부드럽고 비연마성 물질을 극미립자로 만드는 데 쓰인다. 절단은 미세하지 않은 일정한 입자 크기와 때로는 일정한 모양의 것을 만든다.

파쇄법칙과 일 지수(Crushing laws and work index)

Rittinger와 Kick에 의해 제안된 파쇄법칙(crushing law)은 조건이 아주 제한된 범위에만 적용됨을 나타낸다. 아주 큰입자를 입자크기 D_p를 만드는 데 소요되는 일 양이 생성물의 체적 대 표면 비 s_p/v_p의 제곱근에 비례한다고 가정하면 식 (24.1)에 의해 $s_p/v_p = 6/(\Phi_s D_p)$이므로 일 양은,

$$\frac{P}{\dot{m}} = \frac{K_b}{\sqrt{D_p}} \tag{24.17}$$

여기서, K_b는 파쇄되는 물질과 기계 형태에 의존하는 상수이다. 식 (24.15)를 이용하려면, 일 지수(work index) W_i는 아주 큰 급송물을 생성물 80%가 100μm 체를 통과하는 크기까지 축소하는 데 필요한 총 에너지 소요량은 공급물 톤(2000lb) 당 kWh로서 정의된다. 이 정의는 K_b와 W_i 사이의 관계를 유도해 준다. 만일 D_p가 mm, P가 kW, $\dot{m}$가 ton/h이면, 식 (24.18)과 같이 된다.

$$K_b = \sqrt{100 \times 10^{-3}}\ W_i = 0.3162\ W_i \tag{24.18}$$

만일 급송물의 80%가 D_{pa}[mm]인 어느 한 메쉬 크기(mesh size)를 통과하고, 생성물의 80%가 D_{pb}인 어느 메쉬 크기를 통과한다면, 식 (24.17)과 식 (24.18)로부터 일 양은 식 (24.19)와 같이 된다.

$$\frac{P}{\dot{m}} = 0.3162\, W_i\left(\frac{1}{\sqrt{D_{pb}}} - \frac{1}{\sqrt{D_{pa}}}\right) \tag{24.19}$$

일 지수(work index)는 파쇄기 내의 마찰을 포함하고 식 (24.19)로 주어지는 동력은 총 동력(gross power)이다.

표 24.3에는 약간의 보통 광물에 대한 전형적인 일 지수가 주어져 있다. 이들 자료는 동종의 일반형 기계이면 각 기계 사이에 크게 변하지 않고, 이것은 건식 파쇄(dry crushing)또는 습식 미분쇄(wet grinding)에 적용된다. 건식 미분쇄(dry grinding)에 대해서는 식 (24.19)로부터 계산된 동력의 4/3를 곱한다.

표 24.3 건식 파쇄[†] 또는 습식 미분쇄[‡]의 일 지수

물질	비중	일지수(W_i)
Bauxite	2.20	8.78
Cement clinker	3.15	13.45
Cement raw material	2.67	10.51
Clay	2.51	6.30
Coal	1.4	13.00
Coke	1.31	15.13
Granite	2.66	15.13
Gravel	2.66	16.06
Gypsum rock	2.69	6.73
Iron ore (hematite)	3.53	12.84
Limestone	2.66	12.74
Phosphate rock	2.74	9.92
Quartz	2.65	13.57
Shale	2.63	15.87
Slate	2.57	14.30
Trap rock	2.87	19.32

[†]For dry grinding, multiply by $\frac{4}{3}$.

[‡]From Allis-Chalmers. Solids Processing Equipment Div., Appleton, Wisconsin, by permission.

예제 24.2

원료(석회석) 80%가 2in 체를 통과하고 생성물 80%가 1/8in 체를 통과할 때, 석회석 100ton/h를 파쇄하는 데 드는 소요동력은 얼마인가?

풀이 표 24.3으로부터 석회석에 대한 일 지수는 12.74이다.
식 (24.19)에 대입할 다른 양들은,

$$\dot{m} = 100 \text{ ton/h}$$

$$D_{pa} = 2 \times 25.4 = 50.8 \text{ mm} \qquad D_{pb} = 0.125 \times 25.4 = 3.175 \text{ mm}$$

소요동력은 다음과 같다.

$$P = 100 \times 0.3162 \times 12.74\left(\frac{1}{\sqrt{3.175}} - \frac{1}{\sqrt{50.8}}\right)$$

$$= 169.6 \text{ kW}(227 \text{ hp})$$

24.3.1 크기축소 장치(Equipment for size reduction)

크기축소 장치는 파쇄기(crusher), 미분쇄기(grinder), 초미분쇄기(ultrafine grinder) 및 절단기(cutting machine) 등으로 나누어진다. **파쇄기**는 고체를 작은 덩이로 깨는 중장비적 일을 한다. 1차 파쇄기(primary crusher)는 채광소에서 오는 것을 받아 150~250mm 정도로 깨는 조대한 물질을 다룬다. 2차 파쇄기(secondary crusher)는 이들 덩이를 200mesh 크기의 입자로 축소시킨다. **미분쇄기**는 파쇄된 원료를 분말(powder)로 크기를 축소시킨다. 중간 정도의 미분쇄기로부터 나오는 생성물은 200mesh 체를 통과한다. **초미분쇄기**는 6mm보다 작은 입자를 받아들여 전형적으로 1~50μm 크기의 생성물을 내보낸다. **절단기**는 일정 크기와 모양, 길이에 있어서는 2~10mm의 것을 생산한다.

이들 기계들은 제각기 다른 방법으로 자기들의 일을 한다. 압축은 분쇄기의 특성적인 작용이다. 미분쇄기는 충격과 마멸, 때로는 압축과 복합작용을 이용한다. 초미분쇄기는 원리적으로 마멸에 의한 조작이다. 절단기(cutter), 다이서(dicer) 및 슬리터(slitter) 등은 물론 절단 작용이 그 특성이다.

파쇄기(Crusher)

파쇄기는 대량의 고체를 굵게 파쇄하는 저속 기계이다. 주종으로서는 조오파쇄기, 선회 파쇄기, 활면-롤 파쇄기(smooth-roll crusher), 치상-롤 파쇄기(toothed-roll crusher) 등이다. 첫 3개는 압축에 의한 조작이기 때문에 암석과 광석의 1차 및 2차 파쇄에서와 같이 아주 견고한 물질의 큰 덩이를 깰 수 있다.

조오 파쇄기(jaw crusher)에서 급송물(즉, 원료)이 V자형으로 개방된 두 턱(jow) 사이에 들어가게 된다. 한 턱[즉, 모루(anvil)]은 고정되어 있고, 편심으로 유도되는 다른 턱은 수평 판에서 왕복하여 턱 사이에 들어간 덩이를 깬다. **선회 파쇄기**(gyratory crusher)에서는 원추형 파쇄두(conical crusher head)가 개방 깔대기형 통(funnel-shaped casing) 내에서 선회한다. 파쇄두가 연결된 축은 편심으로 유도된다. 외통과 파쇄두 사이에 잡힌 고체는 깨지고 하부 출구를 통과할 때까지 재파괴된다.

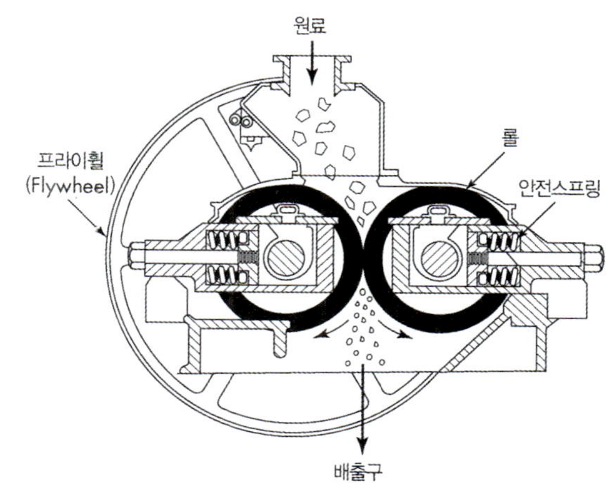

그림 24.4 활면-롤 파쇄기

그림 24.4는 **평활-롤 파쇄기**(smooth-roll crusher)의 2차 파쇄기이고 생성물 크기는 1~12mm 정도이다. 롤에 물릴 수 있는 입자 크기가 제한됨으로, 급송 입자 크기도 12~75mm 범위의 것이어야 된다. **치상-롤 파쇄기**(toothed-roll crusher)에서는 그 롤 표면이 주름(corrugation), 파쇄봉(breaker bar) 또는 이(teeth)가 달려있다. 여기에는 2개 롤을 포함하고 있으나, 고정 곡면의 파쇄판에 대하여 한 개의 롤만이 작용한다. 이 파쇄기는 활면-롤 파쇄기에서처럼 오직 잘라지는 것만으로 한정되는 것이 아니고, 또한 압축뿐만 아니라 충격, 전단력에 의해 조작된다. 이 기계는 석탄, 뼈, 연성 현함(soft shale) 같은 비교적 연한 물질을 취급할 수 있다.

미분쇄기(Grinders)

미분쇄기(grinder)란 중간 용량의 다양한 크기축소 기계를 뜻한다. 파쇄기로부터의 생성물이 때로는 미분쇄기로 공급되어 더 축소되기도 한다. 산업용 미분쇄기의 주요 형태는 해머 밀과 충격미분쇄기, 회전압축기, 마멸미분쇄기 및 텀블링 밀 등이다.

그림 24.5는 **충격 미분쇄기**(impactor)로 체 또는 격자판이 없는 것 외에는 중-용량(heavy-duty) 해머 밀과 같다. 입자는 해머 밀에서의 비벼지는 작용(rubbing action) 없이, 단지 충격에 의해서만 깨진다. 충격 미분쇄기는 종종 돌과 광석을 600ton/h까지 처리하는 예비 분쇄기이기도 하다. 대부분의 해머 밀에서와 같이 충격 미분쇄기 내의 회전자는 해머의 수명이 연장될 수 있도록 어느 방향으로도 돌 수 있다.

롤러 밀(Roller mill) 롤러 밀에서는 고체가 들어와서 수직 원통 롤러(vertical cylindrical roller)와 고정 모루고리(anvil ring or bull ring) 사이에서 분쇄된다. 롤러는 순회 경로에서 중간 속력으로 유도된다. 플라우(plow)는 미분쇄기 바닥으로부터 고체 덩이를 끌어 올려서 모루고리와 롤 사이로 향하게 하면 그 곳에서 크기 축소가 이루어진다. 생성물은 공기에 의해 분급 분리기(classifier separator)까지 쓸려 나가고 과대 입자는 더 깨지도록 미분쇄기로 되돌아간다. 바울 밀(bowl

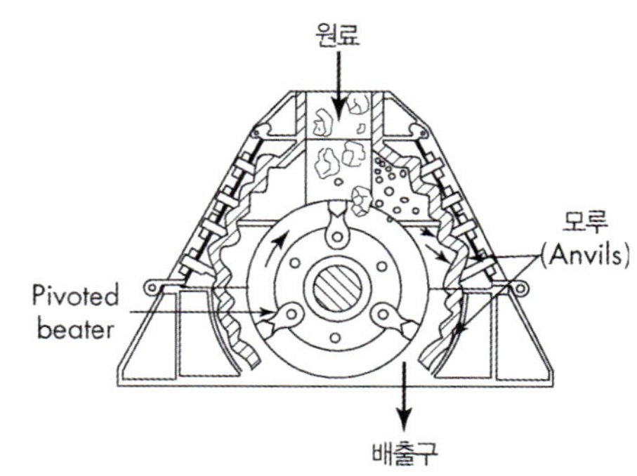

그림 24.5 충격미분쇄기

mill)과 어떤 롤러 밀에서는 바울(bowl) 또는 고리(ring)가 구동되고, 롤러가 고정축(수직 또는 수평)에서 회전한다. 이러한 종류의 밀(mill)은 석회석, 시멘트 크링커(cement clinker), 석탄의 크기 축소에 많이 응용된다. 이러한 기계들은 50 tons/h까지 분쇄한다. 분급(classification)하게 되면, 이 제품은 200-메쉬 체(screen)를 99% 통과된다.

마멸 미분쇄기(Attrition mills) 마멸 미분쇄기(attrition mill)에 있어서 연성 고체 입자는 회전 원판에 홈이 패여진 평판 사이에서 비벼지게 된다. 단일-회전자 밀(single-runner mill)에서 한 원판은 고정되어 있고 한 원판은 회전한다. 그리고 이중-회전자 밀(double-runner mill)에서 두 원판은 서로 반대 방향으로 고속으로 작동한다. 급송물은 한 원판 중심부(hub)의 입구로 들어가서, 두 원판 사이의 좁은 틈을 통해 바깥쪽으로 통과한 다음 케이싱 밖으로 배출된다. 이 원판 사이의 틈의 폭은 그 한계 범위 이내에서 조절 가능하다. 미분쇄판에는 적어도 한 개의 스프링이 부착되어 있어서, 만일 비파쇄 물질이 그 미분쇄기 안으로 유입될 때 그 원판이 분리해 낼 수 있다. 원판상의 홈(groove), 주름(corrugation) 또는 이(teeth)가 달린 형태의 미분쇄기는 미분쇄(grinding), 균열(cracking), 조립(granulating), 찢기(shredding) 및 때로는 혼합(blending)까지 포함해서 다양한 조작을 수행할 수 있다.

단일-회전자 마멸 미분쇄기(single-runner attrition mill)는 그림 24.6과 같다. 단일-회전자 미분쇄기는 점토와 활석과 같은 고체를 분쇄하는 데는 규석(buhrstone) 또는 금강사(rock emery) 원판을 사용하고, 전분 또는 목재, 살충제 분말 및 가르나우바 왁스(carnauba wax)와 같은 고체를 분쇄하는 데는 금속 원판을 사용한다. 금속 원판은 가끔 부식성 물질의 경우 스테인레스강 원판을 쓰기는 하지만, 보통 백철(white iron)을 쓴다. 일반적으로, 이중-회전자 미분쇄기는 단일-회전자 미분쇄기보다 더 미세한 분말로 분쇄하나 더 연질 급송물만을 처리할 수 있다. 가끔 공기를 불어넣음으로써 생성물을 제거하고 막힘(choking)을 방지한다. 원판을 물 또는 냉동 염수로 냉각시켜서 분쇄조작에 의해 발생되는 열을 제거한다.

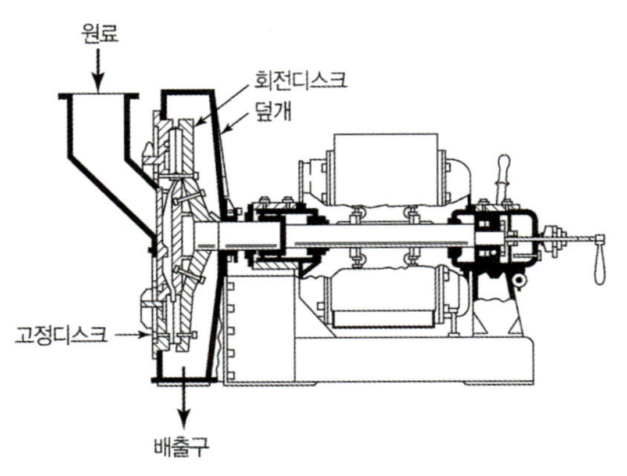

그림 24.6 마멸미분쇄기

단일-회전자 미분쇄기의 원판은 지름이 250~1,400mm, 회전수가 350~700rpm이다. 이중-회전자 미분쇄기의 원판은 더 빨라서 1,200~7,000rpm이다. 급송물은 최대 입자크기 약 12mm정도까지 예비 파쇄되어 균일한 조절속도로 들어가야만 한다. 이 마멸 미분쇄기기는 200mesh를 통과하는 생성물 1/2~8ton/h 정도로 분쇄한다. 소요에너지는 급송물의 성질과 축소 성취도 등에 크게 좌우되는데, 이제까지 설명된 미분쇄기와 파쇄기보다 더 크게 영향 받는다. 그 전형적 값은 생성물 톤당 8~80kWh 범위이다.

털블링 밀(Tumbling mills) 전형적인 텀블링 밀(tumbling mill)은 그림 24.7과 같다. 원통형 외통(cylindrical shell)이 수평축을 서서히 돌고, 그 통 부피의 절반이 고체를 분쇄시키는 고체분쇄매체(solid grinding medium)로 채워져서 텀블링이 형성되는 것이다. 이 통은 보통 고-탄소강판, 그리고 자기(porcelain), 규석(silica rock) 또는 고무-피복 철을 사용한다. 분쇄매체(grinding medium)로서, 로드 밀(rod mill)에서는 금속 봉, 볼 밀(ball mill)에서는 금속, 고무 또는 목재로 된 사슬이나 볼(ball), 페블 밀(pebble mill)에서는 단단한 자갈(또는 마노)이나 자기 또는 지르콘(zircon) 등의 구를 사용한다. 연마재질(abrasive material)을 미세 분말 및 중간 정도로 축소하는 데에는 텀블링 밀이 적합하지 않다.

볼 밀(ball mill) 또는 **페블 밀**(pebble mill)에서 대부분의 분쇄(크기축소)는 통(shell) 위쪽 근처로부터 떨어지는 볼 또는 페블의 충격에 의해 이루어진다. 대형 볼 밀에서 통은 지름 3m, 길이 4.25m 정도이다. 볼은 지름 25～125mm이고, 페블은 그 크기가 50～175mm이다. **튜브 밀**(tube mill)은 본적으로 중요하지 않은 단일-통과에서 극미립 분말까지 분쇄하는 데 우수하다. 튜브 밀에 좁고 긴 홈이 파인 횡단 칸막이(slotted transverse partition)들을 달게 되면, **격실미분쇄기**(compartment mill)로 변환된다. 한 격실에 큰 볼을 넣고, 다른 격실에는 작은 볼을, 그리고 세 번째 격실에는 페블을 넣을 수도 있다. 이와 같이 서로 다른 크기와 무게의 분쇄매체들을 분리시키는 것은 크고 무거운 볼이 미세분말의 간섭 없이, 단지 큰 입자만을 깰 수 있게 하여 에너지 낭비를 피하게 할 수 있다.

단일 격실 내에서 분쇄매체의 분리(segregation)는 그림 24.7에 예시된 **원추형 볼 밀**(conical ball mill)의 특성이다. 급송물은 60° 원추를 통해 왼쪽으로부터 1차 분쇄 영역으로 들어간다. 이 1차 분쇄 영역에서는 통의 지름이 최대가 된다. 생성물은 30° 원추를 통해 오른쪽으로 떠난다. 이 종류의 미분쇄기는 크기가 다른 볼이 들어 있게 되는데, 이 볼들은 미분쇄기가 작동되면서 마멸되어 더 작아진다. 새로운 큰 볼이 주기적으로 가해진다. 이와 같은 미분쇄기의 통이 회전함에 따라 큰 볼들은 통의 지름이 최대인 곳을 향해 이동하고, 작은 볼들은 배출구를 향해 이동한다. 그러므로 공급 입자의 초기 파쇄는 가장 큰 볼들이 가장 긴 거리를 떨어지면서 이루어지고, 작은 입자들은 훨씬 더 작은 거리를 떨어지는 작은 볼들에 의해 분쇄된다. 소모된 에너지량은 파쇄 조작의 난이도에 따라 적당하게 분배되어 그 미분쇄기의 효율은 증가된다.

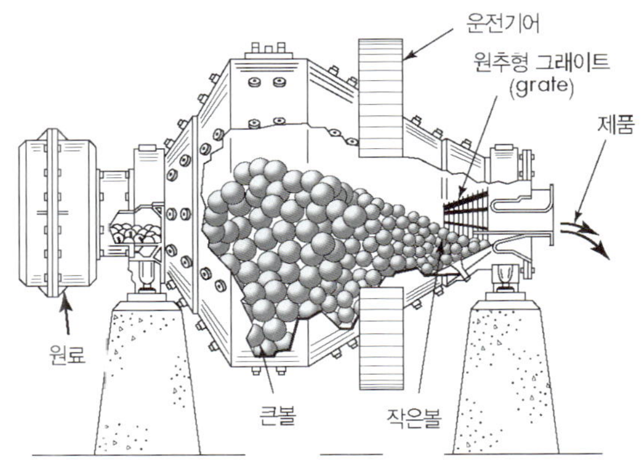

그림 24.7 원추형 볼 밀

미분쇄기가 빨리 회전할수록 볼은 통 내부에서 더 멀리까지 수송되고 동력소모와 분쇄기 용량도 더 커진다. 그러나 그 속력이 너무 높으면 볼들이 붙어 넘어가게 되는데, 이를 볼 밀이 원심력화(centrifuging)된다고 말한다. 이 원심력화가 나타나는 속력을 **임계속도**(critical speed)이라 한다. 중력과 원심력간의 수지로부터 임계속력 n_c는 다음과 같다.

$$n_c = \frac{1}{2\pi}\sqrt{\frac{g}{R-r}} \tag{24.20}$$

여기서 g는 중력가속도, R은 밀의 반경, r은 분쇄 매체(grinding element)의 반경이다.

텀블링 밀은 임계속력의 65~80% 범위에서 운전되고, 점성 부유(viscous suspensions)시키는 습식(濕式) 분쇄 시는 이보다 더 낮은 범위에서 운전된다.

24.4 초미분쇄기(Ultrafine grinder)

많은 공업용 분말은 평균크기 1~20μm의 입자를 포함하는데, 대체로 모든 입자는 표준 325mesh 체(그 개방공의 폭은 44μm)를 통과하게 된다. 이와 같은 미립자까지 깨는 미분쇄기를 **초미분쇄기**(ultrafine grinder)라 한다. 건조분말의 초미분쇄는 내부 또는 외부 분급기가 부착된 고속 해머 밀과 같은 미분쇄기에 의해, 그리고 유체-에너지 밀(fluid-energy mill) 또는 제트 밀(jet mill)에 의해 이루어진다.

분급 해머 밀(Classifying hammer mill) 분급기 내장형 해머 밀에서 진동해머 세트(set of swing hammers)는 보통의 해머 밀에서와 같이 2개의 회전자 원판(rotor disk) 사이에 있다. 회전자축에는 해머와 더불어 2개의 환풍기(fan)가 달려 있는데, 이 환풍기는 공기를 흡입해서 생성물 수집관으로 배출한다. 회전자 원판 상에는 허용 입자크기보다 더 큰 것을 분리해 내는 짧은 방사형 날개(short radial vane)가 있다. 허용 입자크기보다 미세한 것들은 통과되고 과대 입자들은 분쇄실로 다시 돌아가 더 분쇄된다. 생성물의 최대 입자크기는 회전자 속력변화에 따라 또는 분리기 날개의 크기와 수의 변화에 따라 변한다. 이런 종류의 미분쇄기는 평균 입자크기 1~20μm의 생성물이 1~2 ton/h정도의 생산능력을 갖고 에너지 소모량은 약 40kW/h이다.

교반미분쇄기(Agitated mill) 초미분쇄 조작의 경우에는 고체 분쇄매체를 내포한 소형 회분식 비회전식 미분쇄기(small batch nonrotary mill)를 사용할 수 있다. 매체는 볼, 펠릿(pellet) 또는 모래알 같은 견고한 고체요소로 이루어진다. 이 미분쇄기는 그 용량이 4~1,200L의 수직용기인데, 그 안에 분쇄매체가 부유되도록 액체를 채운다. 어떤 설계 형태에서는, 그 내용물을 다중-임펠러(multiarmed impeller)로 교반시키고, 또 다른 형태 즉 견고한 물질(규석 또는 산화티타늄과 같은)분쇄용 교반미분쇄기에서는 왕복하는 중앙 칼럼(column)이 그 내용물을 약 20Hz로 "진동"시킨다. 농후한 급송물 슬러리(slurry)는 상부에서 들어가고 생성물(약간의 액체와 함께)은 밑바닥 체를 통해 나간다. 교반미분쇄기는 입자 크기 1μm 또는 이보다 더 미세한 것을 생산할 경우에 특히 유용하다.

콜로이드 밀(Colloid mills) 콜로이드 밀(colloid mill) 내에서는 고속류의 강력한 유체전단(fluid shear)에 의해 입자 또는 액적을 분산시켜 안정한 부유물 또는 에멀젼(emulsion)을 형성케 한다. 그 입자나 액적의 최종 크기는 보통 5μm 이하이다. 그런데 이 밀에서 실제적인 크기 축소가 되는 것은 아니고, 미약하게 결합된 덩이(cluster 또는 agglomerate)의 분활작용만이 있다. 이 방법으로 처리되는 전형적 제품은 시럽, 우유, 퓌레(puree), 연고, 페인트, 그리스(grease) 등이다. 때로는 화학 부가물이 분산을 안정시키는 데 쓰인다.

대부분의 콜로이드 밀에선 급송액이 50m/s(또는 그 이상)의 상대속력으로 움직이는 회전자 표면의 좁은 공간으로 펌핑된다. 어느 밀에서는 액체가 원판형 회전자와 케이싱 사이의 좁은 공간을 통해 흐른다. 이 간격은 25μm 이하이다. 때로는 발생열을 제거하기 위해 냉각이 필요하다. 콜로이드 밀의 용량은 비교적 적어서, 소형 2 또는 3L/min의 것으로부터 대형의 440L/min까지 있다.

연습 문제

24.1 표 24.2에서 분석된 자료 중 $-4 \sim +200$mesh 범위의 분율에 대하여 산술평균 지름 $\overline{D}_N$을 계산하라. $\overline{D}_N$는 부피 평균 지름 $\overline{D}_V$와는 정성적으로 어떻게 다른가??

답 : N_T = 1659, $\overline{D}_N$ = 0.183mm, $\overline{D}_V$ = 0.484mm

24.2 대형 Banbury혼합기를 사용하여 밀도 70lb/ft^{3}인 조각 고무 1,800lb를 짓이긴다. 동력부하는 고무 1,000gal당 6,000hp이다. 이 혼합기에서의 발생열을 제거하는 데 필요한 냉각수의 양을 구하라. 수온은 15°F 이상이 되지 않아야 한다.

답 : 냉각수 량 : 195,300lb/h or 391gal/min

24.3 공기 유동층에서의 모래와 소금 입자의 혼합속도 자료를 표 24.3에 나타내었다. 각 점시료의 평균 입자는 100이었다. (a) 각 시험에서 측정표준편차와 완전혼합에 대한 이론 표준편차 σ_e을 계산하라. (b) 87s 후 "완전혼합"에 얼마나 접근하였는가?

답 : (a) σ_e = 0.0499, (b) s = 0.10106 일 때 49.7%

24.4 75mm 볼(ball)이 장입되는 통 지름이 1,200mm인 볼 밀에 대해 어떤 회전속력(회전수/min 단위로)을 추천할 수 있겠는가?

답 : n = 29.9say 30rev/min

표 24.3 2in 공기 유동층 혼합기에서 모래 내 35/48mesh 소금의 혼합 자료

Run no.	Mixing time, s	Number fraction of sand in spot samples									
1	45	0.64	0.68	0.74	0.63	0.73	0.81	0.59	0.65	0.62	0.70
		0.66	0.64	0.77	0.70	0.67	0.58	0.60	0.65	0.87	0.60
		0.49	0.52	0.49	0.54	0.64	0.38	0.32	0.34	0.49	0.52
		0.25	0.32	0.33	0.35	0.48	0.23	0.16	0.32	0.44	0.39
		0.26	0.26	0.21	0.32	0.38	0.22	0.24	0.22	0.15	0.36
2	87	0.53	0.54	0.60	0.60	0.60	0.55	0.56	0.60	0.69	0.63
		0.48	0.67	0.65	0.63	0.62	0.46	0.63	0.58	0.48	0.59
		0.49	0.53	0.46	0.49	0.58	0.34	0.52	0.45	0.50	0.47
		0.42	0.35	0.43	0.49	0.59	0.38	0.39	0.45	0.52	0.39
		0.35	0.36	0.37	0.49	0.48	0.37	0.49	0.32	0.32	0.36

24.5 "분쇄에너지는 생성입자의 입경의 평방근에 반비례한다."는 법칙은? **(화공기사 기출)**

① Sherwood법칙 ② Rittinger 법칙 ③ Kick 법칙 ④ Bond 법칙

답 : ④

24.6 "분쇄에 필요한 일은 분쇄 전후의 대표 입경의 비(D_{P1}/D_{P2})에 관계되며 이 비가 일정하면 일의 양도 일정하다."는 법칙은 무엇인가? **(화공기사 기출)**

① Sherwood 법칙 ② Rittinger 법칙 ③ Bond 법칙 ④ Kick 법칙

답 : ④

24.7 석회석을 분쇄하여 시멘트를 만들고자 할 때 지름이 1m인 볼밀의 능률이 가장 좋은 최적 회전속도는 약 몇 rpm인가? **(화공기사 기출)**

① 5 ② 20 ③ 32 ④ 54

답 : ③

24.8 본드(Bond)의 파쇄법칙에서 매우 큰 원료로부터 크기 D_p의 입자들을 만드는 데 소요되는 일은 무엇에 비례하는가? (단, s는 입자의 표면적 (m^2), v는 입자의 부피(m^3)를 의미한다.) **(화공기사 기출)**

① 입자들의 부피에 대한 표면적비 : s/v
② 입자들의 부피에 대한 표면적비의 제곱근 : $\sqrt{s/v}$
③ 입자들의 표면적에 대한 부피비 : v/s
④ 입자들의 표면적에 대한 부피비의 제곱근 : $\sqrt{v/s}$ 답 : ②

24.9 롤 분쇄기에 상당직경 4cm인 원료를 도입하여 상당직경 1cm로 분쇄한다. 분쇄원료와 롤 사이의 마찰계수가 $\frac{1}{\sqrt{3}}$ 일 때 롤 지름은 약 몇 cm인가? **(화공기사 기출)**

① 6.6 ② 9.2 ③ 15.3 ④ 18.4 답 : ④

24.10 혼합조작에서 혼합초기, 혼합 도중, 완전 이상혼합 시 각 균일도 지수의 값을 옳게 나타낸 것은? (단, 균일도 지수는 $\frac{\sigma}{\sigma_0}$ 이며, σ는 혼합 도중의 표준편차, σ_0는 혼합 전 최초의 표준편 차이다.) **(화공기사 기출)**

① 혼합초기 : 0, 혼합도중 : 0에서 1 사이의 값, 완전이상혼합 : 1
② 혼합초기 : 1, 혼합도중 : 0에서 1사이의 값, 완전이상혼합 : 0
③ 혼합 초기와 혼합 도중 : 0에서 1 사이의 값, 완전이상혼합 : 1
④ 혼합초기 : 1, 혼합도중 : 0, 완전이 답 : ②

24.11 분쇄에 대한 일반적인 설명으로 틀린 것은? **(화공기사 기출)**

① 볼밀(Ball mill)은 마찰분쇄방정식이다.
② 볼밀(Ball mill)의 회전수는 지름이 클수록 커진다.
③ 롤분쇄기의 분쇄량은 분쇄기의 폭에 비례한다.
④ 일반 볼밀(Ball mill)에 비해 쇠막대를 넣은 로드밀(Rod mill)의 회전수는 대개 더 느리다.
답 : ②

CHAPTER

25 기계적 분리

Mechanical Separation

혼합물의 성분을 분리하는 방법은 한 상에서 다른 상으로의 물질전달 하는 확산조작(diffusional operation)과 기계적 분리(mechanical separation)가 있다.

불균일 혼합물에 대한 기계적 분리는 기체나 액체로부터 고체입자를 분리하는 기체나 액체로부터 액적을 분리하는, 그리고 고체 혼합물로부터 그 크기 별로 또는 형태별로 분리하는 방법들이 포함된다. 그 기법은 입자크기, 형상, 밀도 등과 같은 물리적 성질이 기준 되거나 유체의 밀도나 점도 차가 기준이 된다. 두 가지 일반적인 방법은 (1) 스크린(screen), 격막(septum), 다공성 막(membrance)등을 이용하여 한 성분은 잔류시키고 다른 성분은 통과시키는 것이고, (2) 입자나 액적이 액체나 기체를 통과해 이동할 때 침강속도의 차이를 이용하는 것이다. 막분리는 그 막의 기공보다 더 큰 단백질, 고분자 같은 거대 분자의 균일 용액에 이용될 수 있다.

25.1 체 분리(Screening)

체 분리(screening)는 입자크기만으로 입자를 분리하는 방법이다. 공업적 체 분리에서는 체 표면에 고체입자를 공급하면 과소-입자(undersize), 즉 **세분**(fines)은 스크린 눈(opening)을 통과하고, 과대-입자(oversize), 즉 **조분**(tails)은 통과하지 못한다. 이처럼 하나의 스크린으로서는 단지 두 분급물(fraction)로만 분리할 수 있다. 이러한 분급물은 각각 그 입자크기의 상한이나 하한밖에 분리할 수 없으므로 입도 불명 분급물(unsize fraction)이라 한다. 이에 비하여 물질을 크기가 다른 일련의 스크린에 통과시키면, 그 최대 및 최소 입자 크기를 아는 입도 규정 분급물(sized fraction)로 분리할 수 있다. 체질은 습식도 있지만 대개는 건식으로 행한다.

공업적 스크린은 철망, 명주나 플라스틱 천, 금속봉, 구멍 뚫은 금속판, 단면이 쐐기 모양인 철사 등으로 만든다. 여러 가지 금속이 사용되는데, 철과 스테인레스강이 가장 일반적이다. 표준체는 눈 크기는 4in∼400mesh 정도이며, 눈이 1μm로 작은 금속 망도 공업적으로 사용된다. 그러나

150mesh보다 미세한 스크린은 별로 쓰이지 않는데, 미세입자인 경우에는 다른 분리방법이 보다 경제적이기 때문이다.

25.1.1 체질 장치(Screening equipment)

대개의 스크린에서는 입자가 중력으로 눈(opening)을 통하여 떨어진다. 솔이나 원심력으로 밀어 넣도록 만든 것도 있다. 큰 입자는 고정 표면의 큰 눈을 통하여 쉽게 떨어지지만 가는 입자의 경우에는 요동(shaking), 선회운동(gyrating), 기계적 또는 전기적 진동(vibration) 등의 방법으로 스크린 표면을 흔들어 주어야 한다. 스크린의 대표적 움직임을 그림 25.1에 나타내었다.

고정 스크린과 그리즐리(Grizzly)(Stationary screens and grizzlies)

그리즐리는 경사진 고정 틀(inclined stationary frame)에 금속봉을 평행하게 붙인 격자이다. 기울기와 물질의 경로는 대개 봉의 길이 방향과 평행하게 되어 있다. 1차 파쇄기(crusher)에서 나오는 것과 같은 아주 거친 원료를 격자의 상단에 떨어뜨린다. 큰 덩어리는 조분 배출구로 굴러 미끄러져 내리며 작은 덩이는 별도의 포집기로 떨어진다. 봉 사이의 간격은 50~200mm이다

고정 경사 금속망 스크린(stationary inclined woven-metal screen)도 같은 방법으로 조작하는데, 12~100mm 크기의 입자를 분리한다. 이러한 것은 미세입자가 별로 없고 잘 흐르는 아주 거친 고체의 분리에만 효과적이다.

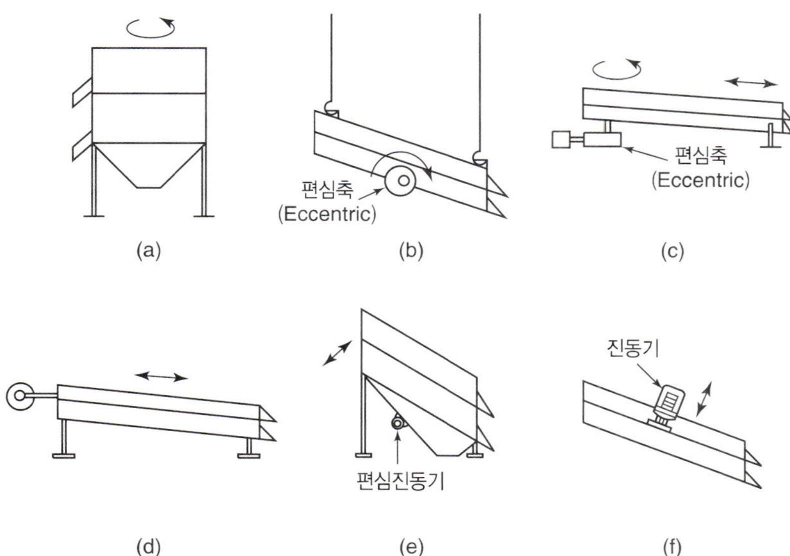

그림 25.1 스크린의 움직임 : (a) 수평면에서의 선회, (b) 수직면에서의 선회, (c) 한 끝은 선회하고 다른 끝은 요동, (d) 요동, (e) 기계적 진동, (f) 전기적 진동

선회 스크린(Gyrating screens)

중-용량 선회 스크린(heavy-duty gyrating screen)을 그림 25.2(a)에 나타내었다. 상하로 놓인 2개의 체는 수평면에 대해 16°와 30° 사이의 각도로 경사진 케이싱(casing)에 고정되어 있다. 급송 혼합물은 위쪽 체의 높은 지점 근처에 떨어진다. 케이싱과 체는 급송 지점과 배출구 중간에 고정된 편심축에 따라, 수평축에 대해 수직면으로 선회된다. 선회속도는 600~1,800rpm이고 체는 장방형으로 길어서 0.5×1.2~1.5×4.3m 정도의 크기이다. 과대입자는 아래 체 끝을 낙하하여 수집관으로 들어가고, 미세입자는 아래 체 눈을 통과해 배출로에 떨어진다.

그림 25.2(b)에 보인 것처럼 스크린 표면을 이중으로 만들기도 한다. 두 스크린 사이의 각 칸에는 고무공을 넣어둔다. 스크린 조작 중에 이 공은 스크린 표면을 두들겨서 스크린 눈이 막히지 않게 한다. 마르고 단단한 구형 또는 입방형 알갱이는 가는 스크린이라 하더라도 별 탈 없이 스크린을 통과하지만, 길쭉하거나 비늘 모양이나 들러붙기 쉽고 무른 입자는 그렇지 못하다. 스크린 조작 중에 이러한 입자는 눈에 틀어박혀서 다른 입자의 통과를 방해한다. 고체입자로 막힌 스크린은 "**눈이 막혔다**"(blinded)고 한다.

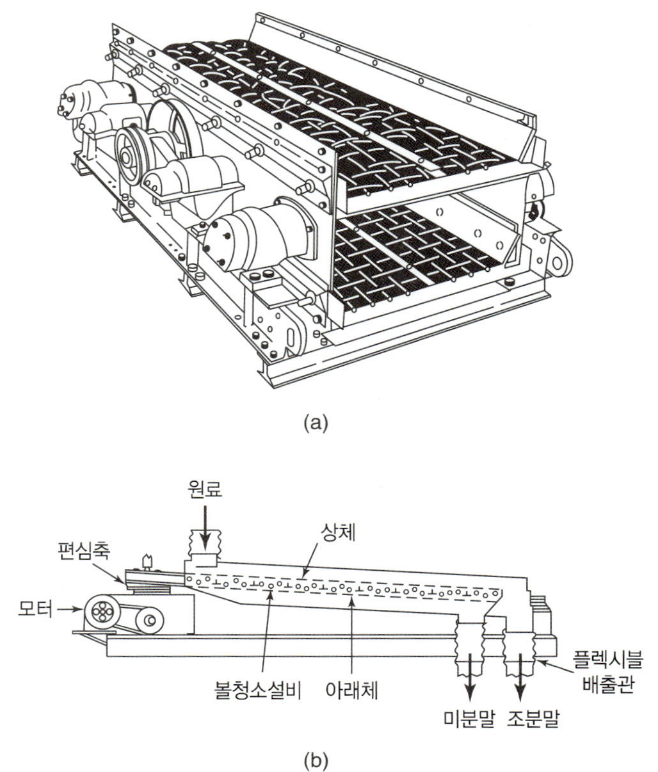

그림 25.2 (a) 중부하-수직 선회 스크린(heavy-duty gyrating screen), (b) 전기진동 스크린

진동 스크린(Vibrating screen)

작은 진폭으로 빠르게 진동시키는 진동 스크린(vibrating screen)은 선회 스크린에 비하여 눈이 잘 막히지 않는다. 이때 기계적 또는 전기적으로 진동시킨다. 기계적 진동은 대개 고속 편심기로부터 장치의 케이싱으로, 여기에서 다시 가파른 스크린으로 전달된다. 대용량 솔레노이드(solenoid)로부터의 전기적 진동은 케이싱이나 스크린으로 직접 전달된다. 진동 스크린에서는 대개 3개 이상의 데크(deck)를 사용하지 않는다. 진동은 일반적으로 1,800~3,600vibrations/min 정도로 한다. 1.22~3.05m인 스크린의 동력은 약 4hp이다.

스크린의 물질수지(Material balances over screen)

목적하는 분리입경을 알고, 공급물, 통과흐름(과소-입자 흐름), 잔류흐름(과대-입자 흐름)에 관한 스크린 분석치가 있으면, 스크린에 관한 간단한 물질수지를 취하여 이 세 흐름을 계산할 수 있다. F, D, B를 각각 공급물의 질량유속, 잔류흐름의 질량유속, 통과흐름의 질량유속이라 하고 x_F, x_D, x_B를 각 흐름 중 A물질의 질량분율이라 하자. 그러면 공급물, 잔류흐름, 통과흐름 중의 물질 B의 질량분율은 각각 $1-x_F$, $1-x_D$, $1-x_B$가 된다.

스크린에 공급된 물질은 전부 통과흐름이나 잔류흐름이 되므로,

$$F = D + B \tag{25.1}$$

급송물 중의 물질 A도 이 두 흐름으로 배출되어야 하므로,

$$Fx_F = Dx_D + Bx_B \tag{25.2}$$

식 (25.1)과 (25.2)에서 B을 소거하면,

$$\frac{D}{F} = \frac{x_F - x_B}{x_D - x_B} \tag{25.3}$$

D을 소거하면 다음과 같이 된다.

$$\frac{B}{F} = \frac{x_D - x_F}{x_D - x_B} \tag{25.4}$$

스크린의 처리능력은 스크린의 단위면적에 단위시간 당 공급될 수 있는 물질의 질량으로 나타낸다. 처리능력과 효율은 상반되는 인자이다. 효율을 최대로 하려면 처리능력이 적어진다. 처리능력을 크게 하려면 효율이 적어야 한다. 실제로는 처리능력과 효율 사이에 합리적인 균형이 이루어져야 한다.

25.2 여과(Filtration)

여과는 유체가 여과매체(filtering medium), 즉 **격막**(septum)을 통과하게 하고 그 위에 고체가 퇴적되게 함으로써 유체로부터 고체입자를 분리하는 것이다. 여과속도를 개선하기 위하여 가열, 재결정, 또는 셀룰로스, 규조토와 같은 "여과조제"(filter aid)의 첨가 등의 방법으로 급송물을 예비처리하는 경우도 많다. 여과하고자 하는 물질의 종류가 아주 많고 또 공정조건이 아주 광범함으로 여러 가지 여과기(filter)를 그림 25.3에 나타내었다.

유체는 여과매체 전후에서 압력차에 의해서 흐르게 된다. 따라서 여과기는 여과매체 상류측의 압력을 대기압보다 높게 하여 조작하는 것과 상류측을 대기압으로 하고 하류측을 감압하여 조작하는 것으로 분류하기도 한다. 대기압보다 높은 압력은 액체준위에 따른 정압 펌프나 송풍기(blower), 원심력 등에 의하여 생기게 할 수 있다. 중력 여과기(gravity filter)에서는 여과매체가 굵은 스크린 또는 모래와 같은 굵은 입자층보다 더 고울 수 없다. 따라서 공업적으로 중력 여과기는 아주 조대한 결정으로부터의 용액 배출, 음료수의 청정화(clarification), 폐수처리 등에 한하여 이용된다.

공업용 여과기는 대개 가압 여과기(pressure filter)나 감압 여과기(vacuum filter)이다. 또 퇴적 고체의 배출이 연속적인가 간헐적인가에 따라서 연속 또는 비연속 여과기로 구분한다. 비연속 여과기(discontinuous filter)라도 여과기를 통한 유체의 흐름은 대부분의 조작 주기 동안은 연속적이지만, 축적된 고체를 제거하기 위하여 주기적으로 조업을 중단시켜야 한다.

여과기는 케이크 여과기(cake filter), 청정 여과기(clarilfying filter) 및 십자류 여과기 등으로 나눈다. 케이크 여과기는 결정이나 스러지케잌 같이 비교적 대량 고체를 분리하는 데 쓰이며 그림 25.3(a)에 표시되어 있다. 때로는 이 여과기는 배출 전 케이크를 세척하는 설비나 고체에 묻어 있는 액체를 제거하는 설비가 포함되기도 한다. 청정 여과기는 소량의 고체를 제거해서 청정기체나 음료 같은 발포성 청정액을 생산한다. 그림 25.3(b)에 보인 바와 같이 고체입자는 여과매체 안쪽에 포집되거나 또는 외부 표면에 포집된다. 청정 여과기는 여재(filter medium)의 기공이 제거될 입자보다 지름이 더 커서 일반 스크린과는 다르다. 십자류 여과기(crossflow filter)에서는 급송

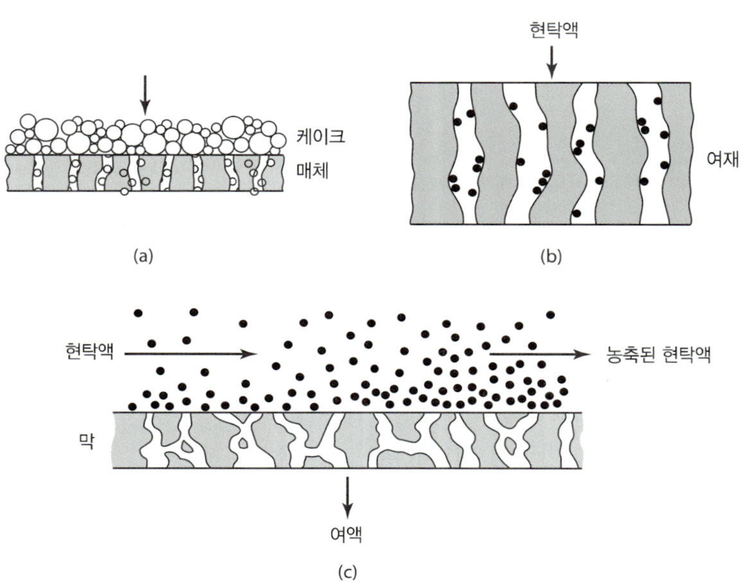

그림 25.3 여과 메카니즘: (a) 케이크 여과기, (b) 청정 여과기, (c) 십자류 여과기

부유물이 가압 하에서 여과매체를 비교적 고속으로 통과한다[그림 25.3(c)]. 고체 박막이 매체표면에 형성될 수 있으나 고속액체로 인해 막의 쌓임이 방지된다. 여과머체는 부유 입자를 여과해 낼 만한 작은 기공을 가진 세라믹, 금속, 고분자막 등이다. 어떤 액체도 깨끗한 여액으로서 매체를 통과하기 때문에 아주 농축된 부유물이 남는다. 한외여과기(ultrafilter)는 극소기공의 분리막이 설치된 십자류 장치이고 콜로이드나 큰 분자물질을 분리·농축하는 데 쓰인다.

25.2.1 케이크 여과기(Cake filters)

케이크 여과기(cake filter)에서 여과를 시작하면 고체입자는 일부가 매체의 세공으로 들어가 부동화되며, 이어서 격막 표면에 모이게 된다. 이 초기의 짧은 기간이 지나면 격막이 아니라 형성된 고체 케이크 자체가 여과를 수행하게 된다. 케이크는 상당한 두께로 표면에 형성되며 주기적으로 제거하여야 한다.

기체 정화용 백 여과기(bag filter)를 제외하고, 케이크 여과기는 거의가 액체·고체 분리에 사용된다.

비연속 가압 여과기(Discontinuous pressure filters)

가압 여과기에서는 격막 전후에서의 압력차를 크게 하여 점성 액체나 미세한 고체인 경우에도 경제적으로 빨리 여과할 수 있으며, 가장 많이 쓰이는 가압 여과기는 여과 프레스(filter press)와 통-잎상 여과기(shell-and-leat filter)이다.

여과 프레스(Filter press) 여과 프레스는 고체가 모일 수 있는 방 또는 칸의 역할을 하는 일련의 판(plate)으로 되어 있다. 이 판을 캔버스(canvas)와 같은 여과매체로 덮는다. 슬러리를 가압하에서 각 칸에 도입하면, 액체는 캔버스를 통과하여 배출관으로 흐르고, 젖은 고체 케이크를 뒤에 남긴다.

여과 프레스의 판은 사각형 또는 원형이며, 수직 또는 수평으로 하여 사용한다. 고체가 모이는 칸은 성형한 폴리프로필렌 판의 면을 파내어서 만드는 것이 가장 일반적이다. 그림 25.4에 보인 **판-틀형 프레스**(plate-and-frame press)인 경우에는 150mm~2m의 사각형 판과 속이 빈 틀을 교대로 조립하여 틀에 고체가 모이도록 한다. 판의 두께는 6~50mm이며, 틀의 두께는 6~200mm이다. 판과 틀은 금속 선반(rack)에 수직으로 앉히며, 여포(cloth)로 각 판의 면을 덮고, 나사(screw)나 수압램(hydraulic ram)으로 꽉 조인다. 슬러리는 조립한 판-틀의 한쪽에서 도입되어 그 한구석에 길이-방향으로 나 있는 유로를 통하여 흐르게 된다. 보조 유로를 만들어서 슬러리를 주 도입 유로로부터 각 틀로 흐르게 한다. 이때 고체는 여포를 덮은 판의 면에 퇴적된다. 액은 여포를 통과하여 판 표면에 홈이나 주름으로 흘러내려서 프레스에서 배출된다.

프레스를 조립한 다음, 펌프나 압력 3~10atm의 가압 탱크를 사용하여 슬러리를 도입한다. 여과는 액이 더 이상 배출구에서 흘러나오지 않거나 압력이 갑자기 상승할 때까지 계속한다. 이 상태는 틀이 고체로 꽉 채워져서 더 이상 슬러리가 들어갈 수 없을 때 나타난다.

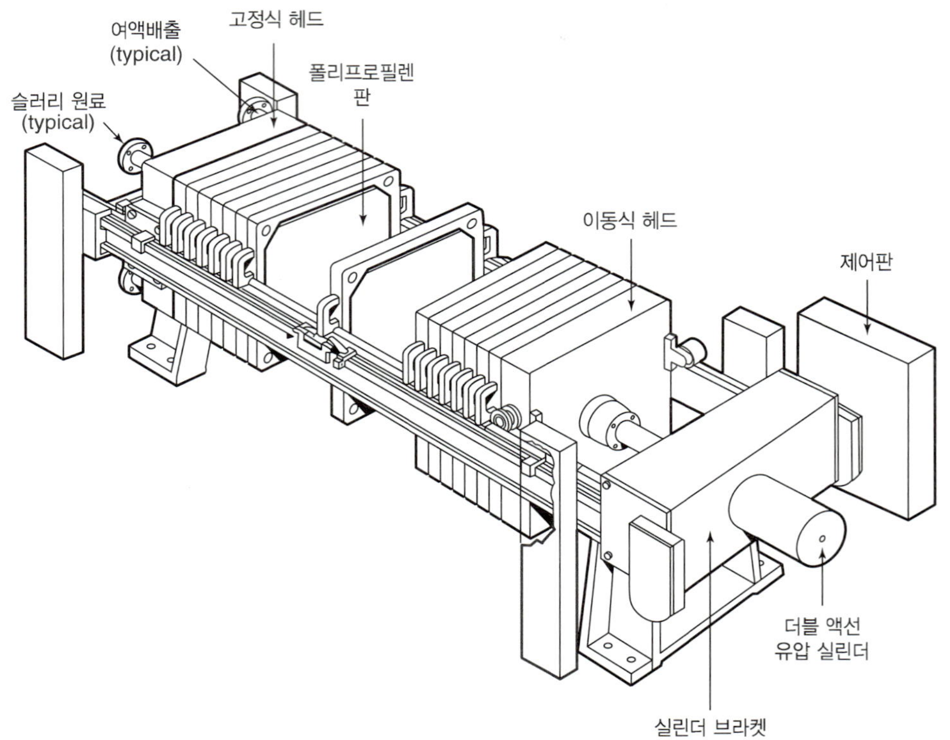

그림 25.4 자동조작 여과 프레스

이때 프레스는 "**꽉 찼다**"(jammed)고 한다. 이어서 세척수를 도입하여 고체 중의 용해성 불순물을 제거하기도 하며, 다음으로 케이크에 수증기나 공기를 불어넣어 잔류액을 가능한 한 많이 제거한다. 이어서 프레스를 열고 여과매체로부터 고체 케이크를 떼어서 컨베이어나 저장 빈(bin)에 떨어뜨린다. 여과 프레스는 대개 이러한 조작을 자동적으로 행하는데, 그 보기를 그림 25.4에 나타내었다. 여과 프레스의 완전 세척에는 몇 시간이 걸리기도 한다. 이것은 세척수가 가장 쉬운 통로로 흐르고 치밀한 케이크 부분을 우회하는 경향이 있기 때문이다.

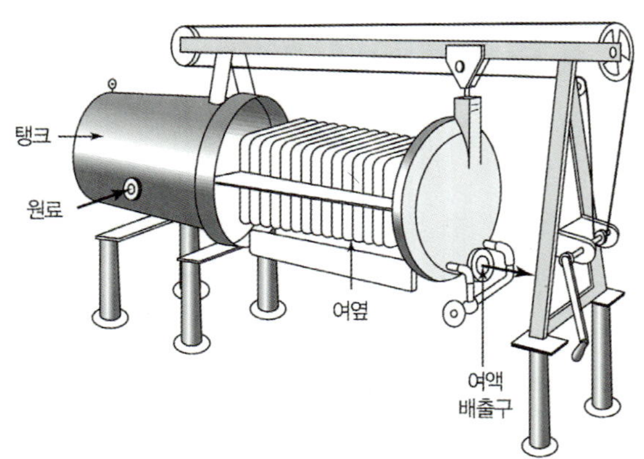

그림 25.5 수평탱크 가압 잎상 여과기

통-잎상 여과기(Shell-and-leaf filters) 판-틀형 프레스에서보다 높은 압력으로 여과함으로써 노동력을 줄이거나, 또는 케이크를 보다 효과적으로 세척할 필요가 있을 때는 통-잎상 여과기(shell-and-leaf filter)를 사용하는 것이 좋다. 그림 25.5에 보인 수평탱크 구조에서는 일련의 잎상판(leaf)을 신축성 수직 선반(rack)에 건다. 그림은 배출하기 위하여 장치를 풀어놓은 상태이다. 조작 중에는 잎상판이 폐쇄된 탱크 안에 들어 있게 된다. 급송물은 탱크 측면에서 도입되며, 여액(filtrate)은 잎상판을 통과하여 배출관으로 흐른다. 수평탱크 여과기 여과조제를 사용하는 여과에 많이 쓰이는 것이다.

연속 진공 여과기(Continuous vacuum filters)

모든 연속 진공 여과기에서는 액체가 이동 격막을 통하여 흡입되어 고체 케이크가 그 위에 퇴적된다. 케이크를 여과 영역에서 벗어나게 하여 세척되고 흡입되고 건조되고 그리고 격막으로부터 떼내게 된다. 그 격막은 다시 슬러리 안으로 들어가 또 다른 부하를 처리하게 된다. 언제나 격막의 일부분은 여과 영역에 잠겨 있고, 일부분은 세척 영역에, 또 일부분에서는 고체를 떼 냄으로, 여과기로부터의 고체와 액체의 배출이 중단되지 않는다. 연속 진공 여과기에서는 격막에 걸친 압력차는 대개 250~500mmHg 정도이다. 이러한 여과기는 구조가 다양하기 때문에 슬러리의 공급방법, 여과 표면의 형상, 고체의 배출방법 등이 모두 다 다르다. 그러나 거의 대부분 고정 원(stationary source)으로부터 장치의 이동부분까지 회전밸브를 통해 진공이 걸리게 된다.

회전-드럼 여과기(Rotary-drum filter)

연속 진공 여과기의 가장 일반적인 형태는 그림 25.6에 나타낸 회전-드럼 여과기(rotary-drum filter)이다. 표면에 길쭉한 구멍(slot)이 있는 수평 드럼을 교반 슬러리 통(trough) 안에서 0.1~2rpm으로 회전시킨다. 드럼 표면에 캔버스와 같은 여과매체를 씌우며, 그 일부분이 슬러리에 잠기게 된다. 구멍 뚫린 주드럼 속에는 고체 표면으로 된 제2의 작은 드럼이 들어 있다. 이 두 드럼 사이의 환상 부분은 방사방향으로 구획하여 별도의 격실이 되게 하는데, 이 각 격실에는 회전밸브의 회전판 내의 한 구멍까지 내부 파이프로 연결되어 있다. 이렇게 하여 드럼이 회전함에 따라 진공과 공기가 교대로 각 격실에 공급되도록 한다. 각 격실의 노출된 면에는 여과포(filter cloth) 띠를 덮어서 연속 패널(panel)을 이루게 한다.

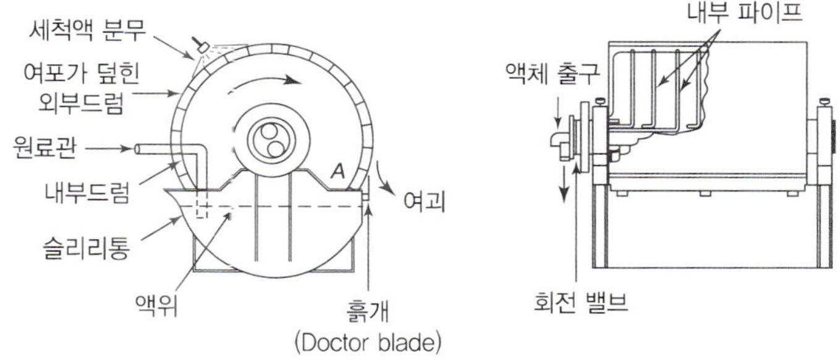

그림 25.6 연속 회전진공 여과기

그림 25.7의 흐름도에서와 같이, 세척액은 여과기를 통하여 별도의 수집탱크에 모이게 된다. 이 패널 표면의 고체 케이크가 흡입되어 가능한 한 건조되면, 이 패널은 건조 영역을 떠나고 진공도 중단된다. 이어서 케이크는 흙개(doctor blade)라 하는 수평 칼로 긁어낸다. 이때 공기를 약간 불어넣어 여과포를 부풀게 하면, 케이크가 금이 가면서 여과포에서 떨어지그로 칼이 드럼 표면에 밀착되도록 긁을 필요가 없다. 케이크가 떨어지면 이 패널은 다시 슬러리 안으로 들어가서, 이러한 주기가 반복된다. 따라서, 각 패널의 조작은 주기적이지만 언제나 몇 개의 패널이 주기의 일부분에 있으므

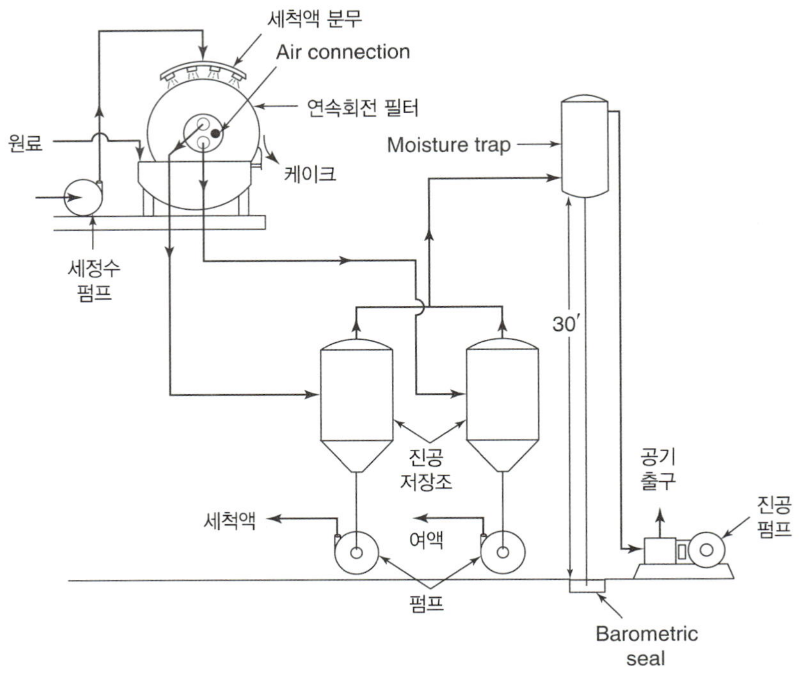

그림 25.7 연속 진공 여과의 흐름도

로, 여과기 자체의 조작은 연속적이다.

드럼의 침적(submergence) 비율도 역시 다양하다. 하부 공급 여과기에서는 대개 여과 면적의 약 30%를 슬러리 중에 잠기게 하여 조작한다. 여과 처리능력을 크게 하고 세척이 필요 없을 때에는, 여과 표면의 60~70% 정도가 잠기는 고 침적여과기를 사용할 수 있다. 어떤 회전 여과기의 처리능력은 공급 슬러리의 특성과 특히 실제 조작에서 퇴적되는 케이크의 두께에 따라 크게 달라진다. 공업용 회전 진공 여과기에서의 케이크 두께는 3~40mm 정도이다. 드럼의 표준규격은 0.3m 지름, 0.3m 면(face)인 것에서부터 3m 지름, 4.3m 면인 것까지의 크기 범위로 되어 있다.

25.2.2 원심 여과기(Centrifugal filters)

다공성 케이크를 이루는 고체는 원심 여과기(filtering centrifuge)에서 액체와 분리할 수 있다. 구멍 뚫린 벽에 캔버스나 금속 천(metal cloth)과 같은 여과매체를 씌운 회전하는 바스킷(basket)에 슬러리를 공급한다. 원심작용으로 생기는 압력으로 액은 여과매체를 통과하며, 고체는 여과포 위에 남는다. 이어서 바스킷에 슬러리 공급을 중지하고, 고체 케이크를 단시간 동안 그대로 회전시키면, 케이크 중의 잔류액체의 대부분이 빠져나가므로, 남아 있는 고체는 여과 프레스나 감압 여과기에서의 케이크보다 훨씬 더 "건조"된다. 여과 잔유 물질을 다시 가열 건조하여야 한다면, 이러한 원심 여과기를 사용함으로써 비용을 많이 줄일 수 있을 것이다.

대표적인 원심 여과기로서는 비연속적으로 조작하는 현수형 회분식, 자동 단주기 회분식, 연속

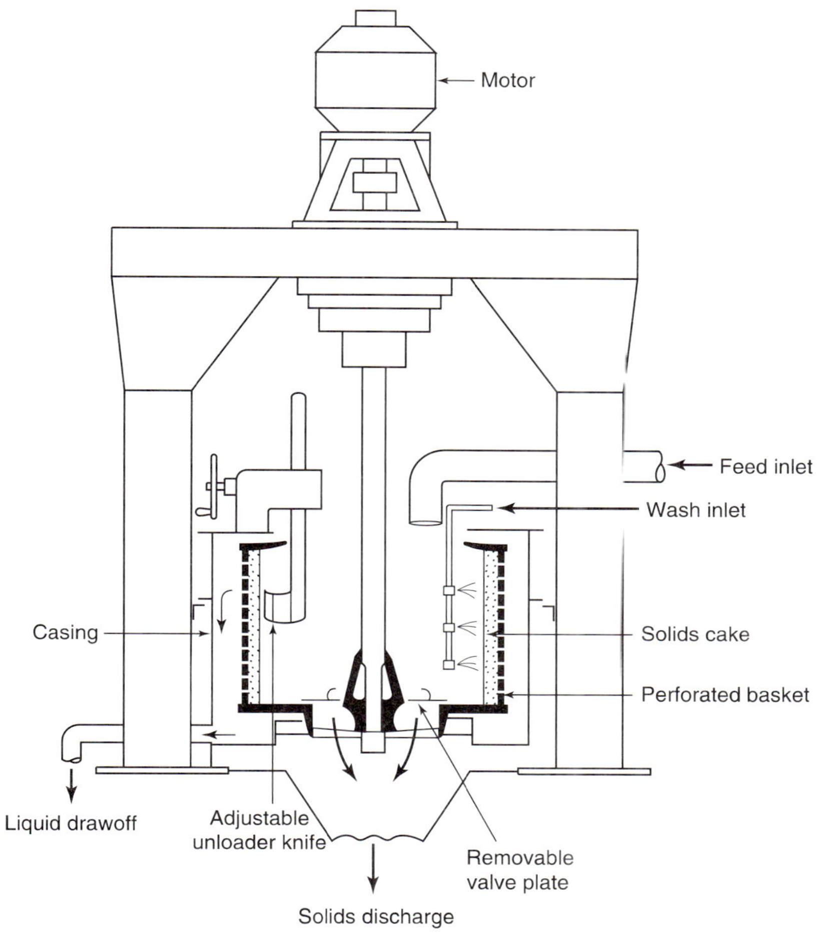

그림 25.8 상단-현수형 바스킷 원심분리기

컨베이어 원심분리기 등이 있다. 현수형 원심분리기(suspended centrifuge)에서는 여과매체로서 캔버스나 기타 직물, 직조 금속 천 등이 쓰인다. 자동기계에서는 가는 금속 스크린(또는 체)이 쓰이고, 컨베이어 원심분리기에서는 바스킷의 길쭉한 구멍 뚫린 벽 자체가 여과매체로 된다.

공업적 처리공정에서 쓰이는 회분식 원심분리기(batch centrifuge)의 일반형은 상단-현수형 원심분리기(top-suspended centrifuge)로서, 그림 25.8에 나타내었다. 구멍 뚫린 바스킷의 지름은 750~1,200mm, 깊이는 450~750mm 정도이며, 회전속도는 600~1,800rpm이다. 바스킷은 위에서 구동되는 자유회전(free-swinging) 수직축 아래 끝에 달려 있다. 여과매체는 다공 바스킷의 안쪽에 입힌다. 공급 슬러리는 도입관이나 슈트(chute, 활송장치)를 통하여 회전 바스킷에 도입된다. 액은 여과매체를 통과하여 케이싱(casing)에 모여 배출관을 통해 나간다. 고체는 바스킷 안에서 두께 50~150mm의 케이크가 된다. 세척액을 분무하여 고체층을 통과시켜 용해성 물질을 제거하기도 한다. 이어서 케이크를 계속 돌려서 가능한 한 건조시키는데, 때로는 슬러리의 공급 및 세척 단계에서보다 빨리 회전시키기도 한다. 이어서 모터를 멈추고 브레이크(brake)로 바스킷의 회전을 약간 멈춘다. 바스킷을 30~50rpm 정도로 천천히 돌리면서, 제거용 칼로 여과매체로부터 케이크를 벗겨 내어 바스킷 바닥의 구멍으로 떨군 다음 배출시킨다. 여과매체를 깨끗이 닦은 다음 모터를 돌리고, 다음 주기를 반복한다.

25.2.3 여과매체(Filter media)

어떤 여과기에서든지 격막(septum)은 다음 요건을 갖춰야 한다.

1. 합당한 맑은 여액을 생성시키고 고체가 잔류해야 한다.
2. 막히거나 눈이 멀지 않아야 한다.
3. 약품에 잘 견디고 공정조건에서 견딜 수 있을 정도로 견고하여야 한다.
4. 생성된 케이크를 깨끗하고 완전하게 제거될 수 있어야 한다.
5. 지나치게 비싸지 않아야 한다.

공업용 여과에서 일반적인 여과매체는 캔버스 천(canvas cloth)으로서, 황마(duck)나 능직(twill)으로 짠 것이 쓰인다. 부식성 액체인 경우에는 다른 여과매체, 즉 모직 천, 모넬(monel)이나 스테인레스강의 금속 천, 유리 천, 종이 등이 쓰인다. 나일론, 폴리프로필렌, 각종 폴리에스터 등의 합성섬유도 내약품성이 강하다.

아주 미세한 입자를 제거하고자 할 때 메쉬 크기(mesh size)가 같은 천이라면, 매끈한 합성섬유 또는 금속섬유가 이보다 거친 천연섬유에 비하여 효과가 덜하다. 그러나 일반적으로 이것은 여과 초기에서의 단점일 뿐이다. 미세입자가 들어 있지 않은 단단하고 굵은 입자인 경우를 제외하고는 실질적인 여과매체는 격막 자체가 아니라 초기에 퇴적되는 고체층이 되기 때문이다. 처음의 여액은 탁할지 모르지만 점점 맑아지게 된다. 이 처음의 탁한 여액은 슬러리 탱크로 순환시켜서 다시 여과한다.

25.2.4 여과조제(Filter aid)

치밀하고 불투과성 케이크를 형성하는 끈적거리거나 아주 미세한 고체는 아주 고운 여과매체를 막아서 통과되지 못하고 남게 된다. 이러한 물질을 실질적으로 여과하려면 케이크의 다공성을 증가시켜서 액이 합당한 유속으로 통과되도록 하여야 한다. 이때 규조성 실리카(diatomaceous silica), 진주암(perlite), 정제된 나무 셀룰로오스, 기타 불활성 다공질 고체와 같은 여과조제(filter aid)를 여과 전에 슬러리에 첨가한다. 이 여과조제를 뒤에 여과 케이크로부터 분리하고자 할 때는 고체를 녹여버리거나 여과조제를 태워 없앤다. 고체가 쓸모가 없을 때는 고체와 여과조제를 함께 폐기한다.

여과조제를 사용하는 다른 방법으로서는 전처리-피복(precoating)이다. 즉, 여과 전에 여과조제의 층을 여과매체 위에 미리 입히는 것이다. 회분식 여과기에서는 조제 피복층의 두께를 일반적으로 얇게 한다. 연속 조제피복 여과기(continuous precoat filter)에서는 여과조제 피복층을 두껍게 하고, 칼을 조금씩 내밀어서 이 층의 표면을 연속적으로 긁어내어 항상 새로운 여과 표면이 노출되게끔 한다. 조제피복을 하면 여과매체가 젤라틴 모양의 고체로 막히는 것을 방지하며, 보다 깨끗한 여액을 생성한다. 이때 피복조제는 케이크가 아니라 실질적인 여과매체의 일부가 되는 것이다.

25.2.5 케이크-여과 원리(Principles of cake filtration)

여과는 여과매체가 막히거나 케이크가 형성됨에 따라 시간이 지날수록 흐름에 대한 저항이 증가하게 된다. 여기서 주요 고려 대상이 되는 사항은 여과기를 통과하는 유속과 장치에서의 압력강하이다. 여과 중에 시간이 경과할수록 유속이 줄어들거나 압력강하가 증가하게 된다. 이른바, **정압여과**(constant-pressure filtration)에서는 압력강하를 일정하게 유지함으로 유속이 시간에 따라 줄어들게 된다. 이른바, **정속여과**(constant-rate filtration)는 압력강하가 점점 증가되도록 하는 것인데, 많이 쓰이는 방법은 아니다.

케이크 여과에서는 액체가 직렬로 된 두 저항을 지나게 된다. 청정여과기(clarifying filter)에서 유일하게 저항이 되는 여과매체 저항(filter medium resistance)은, 케이크 여과의 초기 단계 동안에만 중요하다. 케이크 저항은 초기에는 0이지만 여과 진행과 함께 시간에 따라 증가한다. 여과 후에 케이크가 세척된다면, 세척기간 중에는 두 저항이 다 일정하지만 여과매체 저항은 대개 무시된다.

임의 시간에서의 총괄 압력강하는 매체 및 케이크에서의 압력강하의 합이다. 초기압력을 p_a, 배출압력을 p_b, 케이크와 매체 계면에서의 압력을 p'이라 하면 다음과 같이 쓸 수 있다.

$$\Delta p = p_a - p_b = (p_a - p') + (p' - p_b) = \Delta p_c + \Delta p_m \tag{25.5}$$

Δp = 총괄 압력강하
Δp_c = 케이크에서의 압력강하
Δp_m = 매체에서의 압력강하

여과케이크에서의 압력강하(Pressure drop through filter cake)

그림 25.9는 여액 흐름이 시작된 이후 시간 t일 때의 여과케이크와 여과매체의 단면을 도식적으로 보인 것이다. 이때 여과매체로부터 측정한 케이크의 두께는 L_c이다. 흐름에 직각인 여과면적은 A이다. 지금 매체로부터의 거리 L만큼 떨어진 곳에서 두께 dL인 케이크층을 고려하자. 이 점에서의 압력을 p라 하자. 이 층은 얇은 고체입자층으로 된 것인데, 여액이 이를 통과하여 흐른다. 여과층에서는 유속이 아주 느려서 층류라 하여도 좋을 것이다. 따라서 먼저 케이크에서의 압력강하는 식은 다음과 같다.

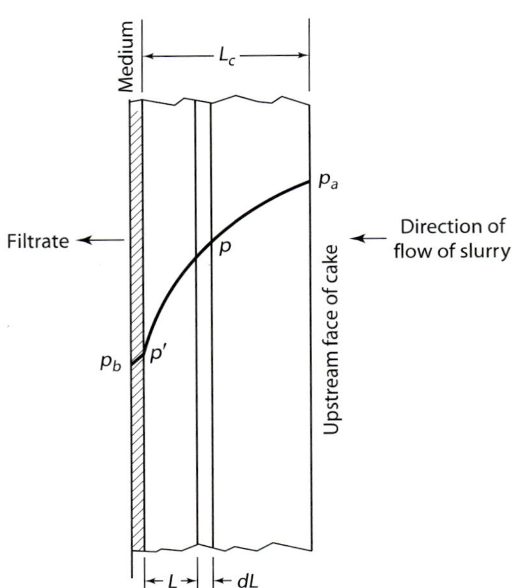

그림 25.9 여과매체와 케이크의 단면. 압력구배를 나타내고 있다: p = 유체압력, L = 여과매체로부터의 거리

$$\frac{\Delta p}{L} = \frac{150\ \overline{V_0}\mu}{\Phi_s^2 D_p^2}\frac{(1-\epsilon)^2}{\epsilon^3} \tag{25.6}$$

이때 $\Delta p/L = dp/dL$이다. 만일 여액의 속도를 u라 하면,

$$\frac{dp}{dL} = \frac{150\ \mu u(1-\epsilon)^2}{(\Phi_s D_p)^2 \epsilon^3} \tag{25.7}$$

그림 25.9는 케이크 내 비선형 압력구배를 보이는데, 이는 전형적으로 여과매체 근처의 낮은 케이크의 다공도 때문이다. 압력강하는 간혹 입자크기 대신 체적 대 표면 비(surface to volume ratio)의 함수로서 표시되기도 한다. $\frac{s_p}{v_p} = \frac{6}{\Phi_s D_p}$에서 $\Phi_s D_p$에 $\frac{6}{(v_p/s_p)}$를 대입하면 다음과 같다.

$$\frac{dp}{dL} = \frac{4.17\ \mu u(1-\epsilon)^2(s_p/v_p)^2}{\epsilon^3} \tag{25.8}$$

dp/dL = 두께 L에서의 압력구배

μ = 여액의 점도

u = 여과기면적을 기준 한 여액의 선속도(linear velocity)

s_p = 단일 입자의 표면적

v_p = 단일 입자의 체적

ϵ = 케이크의 다공도(多孔度)

선속도 u는 식 (25.9)와 같다.

$$u = \frac{dV/dt}{A} \tag{25.9}$$

여기서, V는 여과를 시작한 이후로부터 시간 t까지의 여액의 부피이다. 여액은 케이크 전체를 통과하여야 하므로, V/A는 모든 층에서 다 같고, u는 L과 무관하다.

이 층에 있는 고체의 부피는 $A(1-\epsilon)dL$이다. 입자의 밀도를 ρ_p라 하면, 이 층의 고체 질량 dm은,

$$dm = \rho_p(1-\epsilon)A\ dL \tag{25.10}$$

식 (25.8)과 (25.10)에서 dL을 소거하면 다음과 같이 된다.

$$dp = \frac{k_1 \mu u(s_p/v_p)^2(1-\epsilon)}{\rho_p A \epsilon^3}dm \tag{25.11}$$

여기서 k_1은 식 (25.8)에서 4.17 대신 사용된 것이다. 만일 중력단위를 사용한다면, Newton법칙

비례상수, g_c를 식 (25.8)과 식 (25.11)의 분모에 포함시켜야 한다.

압축성 및 비압축성 여과케이크(Compressible and incompressible filter cakes)

단단하고 균일한 입자가 들어 있는 슬러리의 여과에서 압력강하가 적을 때는 식 (25.11)에서 m을 제외한 모든 인자가 L과 무관하므로, 케이크 두께에 대하여 이 식을 직접 적분할 수 있다. 케이크 중의 전체 고체 질량을 m_c라 하면, 적분 결과는 다음과 같다.

$$\int_{p'}^{p_a} dp = \frac{k_1 \mu u (s_p/v_p)^2 (1-\epsilon)}{\rho_p A \epsilon^3} \int_0^{m_c} dm \tag{25.12}$$

$$p_a - p' = \frac{k_1 \mu u (s_p/v_p)^2 (1-\epsilon) m_c}{\rho_p A \epsilon^3} = \Delta p_c \tag{25.13}$$

이러한 여과케이크를 **비압축성**(incompressible)이라 한다. 만일 중력 단위를 사용한다면 이 식의 분모에 g_c를 포함시켜야 한다.

식 (25.13)을 사용하기 위하여 **케이크 비저항**(specific cake resistance) α를 다음과 같이 정의한다.

$$\alpha \equiv \frac{\Delta p_c A}{\mu u m_c} \tag{25.14}$$

여기서,

$$\alpha = \frac{k_1 (s_p/v_p)^2 (1-\epsilon)}{\epsilon^3 \rho_p} \tag{25.15}$$

케이크 저항 α는 입자크기 D_p항으로도 표시할 수 있음으로 새 계수 k_2로 표시하면,

$$\alpha = \frac{k_2 (1-\epsilon)}{(\Phi_s D_p)^2 \epsilon^3 \rho_p} \tag{25.16}$$

비압축성 케이크에서는 이 α가 압력강하 및 케이크 내의 위치와 무관하다. α의 차원은 $\overline{L}\,\overline{M}^{-1}$이다.

식 (25.14)에서 μ, u 및 m_c/A 값들이 모두 1.0일 때 α는 단위 압력강하가 되는 케이크 저항이 된다. 식 (25.16)에서 α는 케이크 물성, 특히 입자크기 D_p와 다공도 ϵ에 약간 영향을 받는다.

압축성 케이크에서는 α가 케이크 안에서의 거리에 따라 달라진다. 왜냐하면 격막 인접된 케이크는 더 큰 압축력을 받게 되며 다공율이 낮기 때문이다. 그림 25.12에서 보는 바와 같이 이로 인해 압력구배가 비선형이다. α의 국소 값은 시간에 따라서도 변한다.

여과매체 저항(Filter medium resistance)

여과매체 저항 R_m은 케이크 저항 $\alpha m_c/A$과 유사하게 다음 식과 같이 정의할 수 있다.

$$R_m \equiv \frac{(p' - p_b)}{\mu u} = \frac{\Delta p_m}{\mu u} \tag{25.17}$$

SI단위로 R_m은 kPa, 즉 m^{-1}이다. 전형적인 값은 $10^{10} \sim 10^{11}$이다.

이 여과매체 저항 R_m은 압력강하, 여과매체의 나이 및 청정도(cleanliness)에 따라 달라지지만, 여과 초기단계에서만 중요함으로, 임의 여과기간 중에 이 값은 일정하다고 보고 실험에 의하여 그 값을 구하여도 좋다. R_m을 실험상수로 간주한다면, 여과기에서의 도입 및 배출 유로에서의 저항 역시 포함하게 된다.

식 (25.14)와 (25.17)에서 다음 식이 유도된다.

$$\Delta p = \Delta p_c + \Delta p_m = \mu u \left(\frac{m_c \alpha}{A} + R_m \right) \tag{25.18}$$

엄밀하게 말하면, 케이크 저항 α는 Δp보다는 Δp_c의 함수이다. 그러나 케이크 두께가 어느 정도 되는 여과의 중요한 단계에서는 Δp_m이 Δp_c에 비하여 작게 됨으로, 식 (25.13)를 Δp_c 대신에 Δp에 대하여 적분하여도 α의 크기에 미치는 영향이 무시될 수 있을 것이다. 따라서 식 (25.18)에서는 α을 Δp의 함수로 간주한다.

식 (25.18)을 이용할 때, 여액의 선속도 u와 케이크 중의 전체 고체질량 m_c을 시간 t일 때의 여액부피 V의 함수로 나타내면 편리하다. 식 (25.9)가 u와 V의 관계를 나타내고, 또 물질 수지를 취하여 m_c와 V의 관계를 얻을 수 있다. 여액의 단위부피 당 퇴적된 입자의 질량을 c라 하면, 시간 t일 때 케이크 중의 고체질량은 Vc이다. 즉,

$$m_c = Vc \tag{25.19}$$

여과기로 공급되는 슬러리 내 고체 농도는 c보다 약간 낮다. 왜냐하면, 습윤 케이크가 그 기공에 다량의 액체를 함유하기 때문이다. 그리고 여액의 실제 체적 V는 초기 슬러리 내 총 액체량보다 약간 적다. 케이크 내 액체 보유량에 대한 보정은, 원한다면, 물질수지로부터 가능하다. 그래서 습윤 케이크 질량을 m_F라면 이는 그 기공 내에 함유된 여액을 포함한다. 또한 ρ를 여액의 밀도라 하자. c_F가 여과기로 공급되는 액체 m^3 당 kg으로 표시된 슬러리 내 고체 농도라 하면, 물질수지에 의해

$$c = \frac{c_F}{1 - (m_F/m_c - 1)\, c_s/\rho} \tag{25.20}$$

식 (25.19)로부터 u을, 그리고 식 (25.18)을 (25.19)에 대입된 식으로부터 m_c을 교체하면

$$\frac{dt}{dV} = \frac{\mu}{A\,\Delta p} \left(\frac{\alpha c V}{A} + R_m \right) \tag{25.21}$$

정압여과(Constant-pressure filtration)

Δp가 일정하면 식 (25.21)의 변수는 V와 t뿐이다. $t=0$일 때 $V=0$, $\Delta p=\Delta p_m$이므로 다음과 같이 된다.

$$\frac{\mu R_m}{A\Delta p} = \left(\frac{dt}{dV}\right)_0 = \frac{1}{q_0} \tag{25.22}$$

이 식과 식 (25.21)을 정리하면 다음과 같다.

$$\frac{dt}{dV} = \frac{1}{q} = K_c V + \frac{1}{q_0} \tag{25.23}$$

여기서,

$$K_c = \frac{\mu c \alpha}{A^2 \Delta p} \tag{25.24}$$

식 (25.23)을 구간 $(0, 0)$, (t, V)에 관하여 적분하면 다음과 같다.

$$\frac{t}{V} = \left(\frac{K_c}{2}\right)V + \frac{1}{q_0} \tag{25.25}$$

따라서, t/V를 V에 대하여 그리면 직선이 되며, 기울기는 $K_c/2$, 절편은 $1/q_0$이 된다. 이러한 그림과 식 (25.22) 및 (25.24)로부터, α와 R_m의 값을 예제 25.1에 보인 바와 같이 구할 수 있다.

케이크 저항에 대한 실험식(Empirical equations for cake resistance)

압력강하를 변화시키면서 정압여과 실험을 행하여 Δp에 따른 α의 변화를 구한다. α가 Δp에 독립적이라면 슬러지는 비압축성이다. 대부분의 슬러지는 어느 정도 압축성이므로 α가 Δp에 따라 증가한다. 압축성이 큰 슬러지라면 α가 Δp에 따라 급격하게 증가한다.

Δp와 α의 실험결과를 실험식으로 나타낼 수 있는데, 가장 일반적인 식은 다음과 같다.

$$\alpha = \alpha_0 (\Delta p)^s \tag{25.26}$$

여기서, α_0와 s는 실험상수이다. 상수 s는 케이크의 **압축계수**(compressibility coefficient)이다. 비압축성 슬러지이면 이 값이 0이고, 압축성 슬러지이면 +값이다. 대개 0.2~0.8정도의 값이 된다. 식 (25.26)은 α_0와 s을 구하기 위하여 행한 실험 범위에서 크게 벗어나는 압력강하 영역에 대해서는 사용하지 말아야 할 것이다.

예제 25.1

H_2O 중의 $CaCO_3$ 슬러리를 사용하여 일정한 압력강하에서 여과 실험을 행한 결과가 표 25.1과 같다. 여과면적은 440cm^2, 여액 단위부피 당 고체질량은 23.5g/L, 온도는 25°C이었다. α와 R_m을 압력강하의

함수로 나타내고, 실험결과를 실험식에 맞추어서 α를 구하라.

풀이 먼저 다섯 번의 정압여과 실험 각각의 대하여, V 대 t/V의 그림을 그린다. 자료는 표 25.1에 나타내었으며, 그림 25.13과 같다. 각 선의 기울기는 $K_c/2$로서 단위는 s /l^2이다. 이것을 환산인자 $28.31^2 = 801$을 사용하여 s/$ft^3 \cdot ft^3$단위로 바꾼다. 각 선의 절편은 $1/q_0$(단위 : s/l)이다. 이것을 환산인자 28.31을 사용하여 s/ft^3단위로 바꾼다. 기울기 및 절편의 구한 값과 환산 값을 표 25.2에 나타내었다.

물의 점도는 부록 6에서 0.886cP, 즉 $0.886 \times 6.72 \times 10^{-4} = 5.95 \times 10^{-4}$lb/ft·s이다. 여과면적은 $440/30.48^2 = 0.474$ ft^2이다. 농도 c는 $(23.5 \times 28.31)/454 = 1.47$lb/$ft^3$이다.

표 25.1 예제 25.1에 대한 체적-시간 자료†

여액 부피	시험 I		시험 II		시험 III		시험 IV		시험 V	
V, L	t, s	t/V	t, s	t/V	t, s	t/V	t, s	t/V	t, s	t/V
0.5	17.3	34.6	6.8	13.6	6.3	12.6	5.0	10.0	4.4	8.8
1.0	41.3	41.3	19.0	19.0	14.0	14.0	11.5	11.5	9.5	9.5
1.5	72.0	48.0	34.6	23.1	24.2	16.13	19.8	13.2	16.3	10.87
2.0	108.3	54.15	53.4	26.7	37.0	18.5	30.1	15.05	24.6	12.3
2.5	152.1	60.84	76.0	30.4	51.7	20.68	42.5	17.0	34.7	13.88
3.0	201.7	67.23	102.0	34.0	69.0	23.0	56.8	18.7	46.1	15.0
3.5			131.2	34.49	88.8	25.37	73.0	20.87	59.0	16.86
4.0			163.0	40.75	110.0	27.5	91.2	22.8	73.6	18.4
4.5					134.0	29.78	111.0	24.67	89.4	19.87
5.0					160.0	32.0	133.0	26.6	107.3	21.46
5.5							156.8	28.51		
6.0							182.5	30.42		

† Δp가 lb_f/in^2 단위로는 Ⅰ, 6.7 ; Ⅱ, 16.2 ; Ⅲ, 28.2, Ⅳ, 36.3 ; Ⅴ, 49.1

표 25.2의 $K_c/2$ 및 l/q_0값으로부터, α와 R_m의 대응 값은 식 (25.21) 및 (25.23)에서 구한다. 식 (25.21)의 분모에 g_c을 포함시켜 정리하면 즉,

표 25.2 예제 25.1에서 Kc, $1/q_0$, Rm 및 α값

Test	Pressure drop Δp		Slope $K_c/2$		Intercept $1/q_0$		R_m,	α,
	$lb_f/in.^2$	lb_f/ft^2	s/L^2	s/ft^6	s/L	s/ft^3	$ft^{-1} \times 10^{-10}$	ft/lb $\times 10^{-11}$
I	6.7	965	13.02	10,440	28.21	800	1.98	1.66
II	16.2	2,330	7.24	5,800	12.11	343	2.05	2.23
III	28.2	4,060	4.51	3,620	9.43	267	2.78	2.43
IV	36.3	5,230	3.82	3,060	7.49	212	2.84	2.64
V	49.1	7,070	3.00	2,400	6.35	180	3.26	2.80

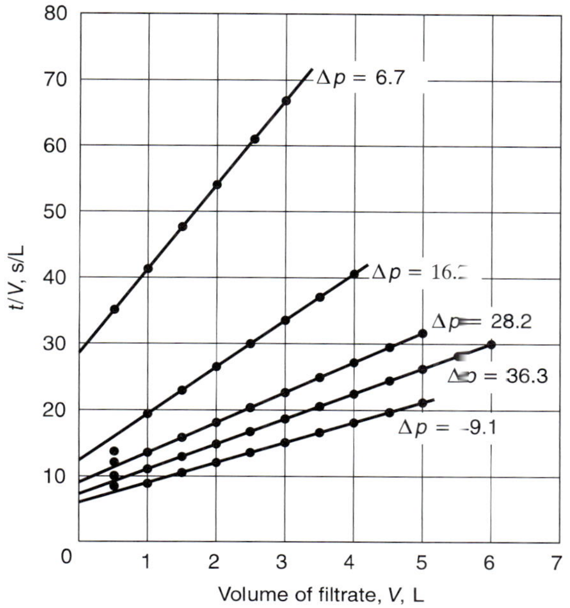

그림 25.10 예제 25.1에 대한 V 대 t/V 도시

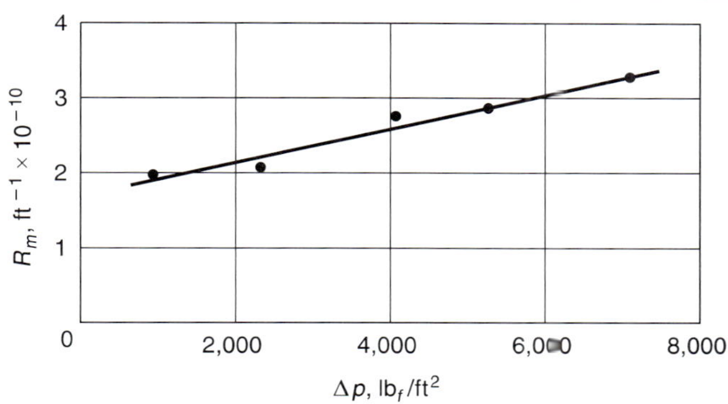

그림 25.11 예제 25.1에서의 Δp 대 Rm의 도시

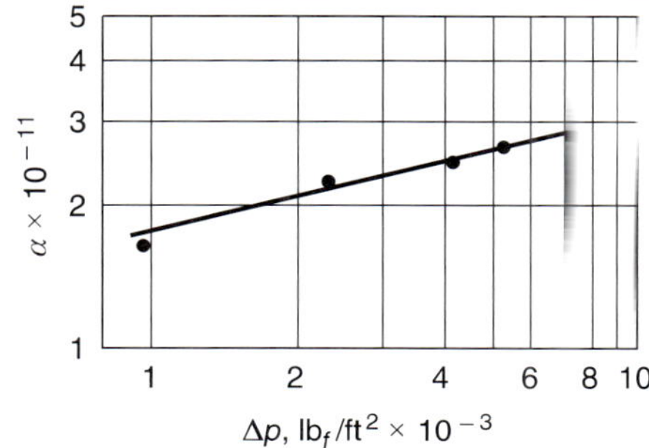

그림 25.12 예제 25.1에서의 Δp 대 α의 크그-로그 도시

$$R_m = \frac{A\Delta p\, g_c(1/q_0)}{\mu} = \frac{0.474 \times 32.17 \Delta p (1/q_0)}{5.95 \times 10^{-4}}$$

$$= 2.56 \times 10^4 \Delta p \left(\frac{1}{q_0}\right)$$

$$\alpha = \frac{A^2 \Delta p\, g_c K_c}{c\mu} = \frac{0.474^2 \times 32.17 \Delta p K_c}{5.95 \times 10^{-4} \times 1.47}$$

$$= 8.26 \times 10^3 \Delta p K_c$$

표 25.2에 나타낸 $K_c/2$, $1/q_0$의 값은 최소제곱(자승)법으로 계산한 것이다. 시험 I를 제외하고는 직선 그래프에 맞지 않는 첫째 점을 제외시켰다. 또 표 25.2에는 α와 R_m값을 나타내었다. 그림 25.14는 Δp 대 R_m을 그린 것이다. 여과매체 저항은 압력강하에 선형적으로 증가하나, Δp의 6배 증가에 대해서 오직 50% 상승한다.

그림 25.15는 Δp 대 α의 로그(logarithmic)도시이다. 여기서, 각 점은 직선을 이룸으로, α을 Δp의 함수로 나타내는 식으로서 식 (25.26)이 적절함을 알 수 있다. 이 직선의 기울기는 케이크의 s값으로서, 0.26이다. 이 케이크는 약간 압축성이다.

상수 α_0는 그림 25.15의 좌표에서 적절한 점의 값을 사용하여 식 (25.26)으로 계산하여 구할 수 있다. 가령 $\Delta p = 1{,}000$일 때, $\alpha = 1.75 \times 10^{11}$임으로,

$$\alpha_0 = \frac{1.75 \times 10^{11}}{1{,}000^{0.26}} = 2.90 \times 10^{10}\ \mathrm{ft/lb}\,(1.95 \times 10^{10}\ \mathrm{m/kg})$$

따라서, Δp가 $\mathrm{lb_f/ft^2}$ 단위일 때 이 케이크의 경우 식 (25.26)은 다음과 같이 된다.

$$\alpha = 2.90 \times 10^{10}\ \Delta p^{0.26}$$

연속 여과(Continuous filtration)

회전 드럼 여과기에서와 같은 연속 여과에서는 공급물, 여액, 케이크가 일정 속도로 이동한다. 그러나 여과 표면의 특정 요소에서는 상태가 정상적이 아니고 비정상적이다. 가령 여과포의 한 요소가 슬러리에 잠길 때부터 다시 깨끗하게 될 때까지를 따라가 보자. 이 과정은 일련의 단계, 즉 케이크의 생성, 세척, 건조, 배출로 이루어지며, 각 단계에서도 점진적이고 연속적으로 상태가 변화한다. 그러나 여과기에서의 압력강하는 일정하게 유지한다. 따라서, 비연속 정압여과에 관한 식을 수정하여 이 연속 여과에 이용할 수 있다.

지금 실제 여과시간을 t라 하면 식 (25.25)로부터,

$$t = \frac{K_c V^2}{2} + \frac{V}{q_0} \tag{25.27}$$

여기서, V는 시간 t 동안의 여액 부피이다. 식 (25.27)을 2차 방정식으로서 V에 관하여 풀면,

$$V = \frac{(1/q_0^2 + 2K_c t)^{1/2} - 1/q_0}{K_c} \tag{25.28}$$

식 (25.22) 및 (25.24)로부터 $1/q_0$, K_c을 대입하고 tA로 나누면

$$\frac{V}{tA} = \frac{[(2\Delta p c\alpha/\mu t) + (R_m/t)^2]^{1/2} - R_m/t}{c\alpha} \tag{25.29}$$

V/t = 여액-수집 속도(rate of filtrate collection)

A = 여과기의 침적면적(submerged area)

식 (25.29)는 고체의 생성속도 $\dot{m}_c$와 주기 시간 t_c, 드럼(drum)속도 n, 전체 여과기 면적 A_T 등 여과기 특성의 함수로 나타낼 수 있다. 드럼의 침전 분율을 f라 하면,

$$t = f t_c = \frac{f}{n} \tag{25.30}$$

고체의 생성속도는 식 (25.20)에서,

$$\dot{m}_c = c\frac{V}{t} \tag{25.31}$$

$A/A_T = f$이므로, 케이크의 생성속도를 전체 여과면적으로 나누면

$$\frac{\dot{m}_c}{A_T} = \frac{[2c\alpha\Delta p fn/\mu + (nR_m)^2]^{1/2} - nR_m}{\alpha} \tag{25.32}$$

여과매체 저항 R_m에서는 배출기구(discharge mechanism)에 의해 제거되지 않고 남아서 다음 주기에 동반되는 케이크의 저항이 포함된다. 케이크가 배출된 후에 여과매체를 세척한다면 대개 R_m은 무시되므로, 이때 식 (25.32)는 식 (25.33)과 같이 된다.

$$\frac{m_c}{A_T} = \left(\frac{2c\Delta p fn}{\alpha\mu}\right)^{1/2} \tag{25.33}$$

케이크 비저항이 식 (25.26)에 의하여 압력에 따라 변한다면, 식 (25.33)은 식 (25.34)로 수정될 수 있다.

$$\frac{\dot{m}_c}{A_T} = \left(\frac{2c\Delta p^{1-s} fn}{\alpha_0\mu}\right)^{1/2} \tag{25.34}$$

식 (25.32)와 (25.33)은 연속 감압 여과기 및 연속 가압 여과기에 모두 다 적용된다. R_m이 무시된다면, 식 (25.33)에서 여액유속이 점도 및 주기 시간의 제곱근에 역비례하여 변함을 알 수 있다. 케이크가 두껍고 주기 시간이 길 때에는 이를 실험적으로 결정할 수 있다. 그러나 주기 시간이 짧으면 이렇게 되지 않으므로, 식 (25.32)에서 나타낸 것보다 복잡한 관계식을 사용하여야 한다. 일반적으로, 여과속도는 드럼속도가 증가하고 주기 시간 t_c가 감소할수록 커진다.

임의의 여과속도에 대하여 필요한 여과면적의 계산방법을 예제 25.2에서 설명하였다.

예제 25.2

30%가 침적되는 회전 드럼 여과기를 사용하여서, $CaCO_3$의 함유량이 물 ft^3당 고체 14.7lb($236kg/m^3$)인 농후 슬러리를 여과한다. 압력강하는 20inHg이다. 여과케이크 중에 수분 50%가 포함된다고 할 때, 슬러리 10gal/min을 여과하는 데 필요한 여과면적을 구하라. 주기 시간은 5min이다. 케이크 비저항은 예제 25.1에서와 같고, 여과매체 저항 R_m은 무시된다고 본다. 온도는 20°C이다.

풀이 식 (25.34)를 사용한다. 이 식에 대입할 값은 다음과 같다.

$$\Delta p = 20\left(\frac{14.69}{29.92}\right)\times 144 = 1{,}414\ \mathrm{lb_f/ft^2}$$

$$f = 0.30 \qquad t_c = 5\times 60 = 300\mathrm{s} \qquad \mathrm{n} = \frac{1}{300}\mathrm{s}^{-1}$$

예제 25.1에서,

$$\alpha_0 = 2.90\times 10^{10}\ \mathrm{ft/lb} \qquad s = 0.26$$

또한,

$$\mu = 1\mathrm{cP} = 6.72\times 10^{-4}\ \mathrm{lb/ft\cdot s} \qquad \rho = 62.3\ \mathrm{lb/ft^3}$$

c는 식 (25.19)에서 구한다. 슬러리 농도 c_F는 $14.7\mathrm{lb/ft^3}$이다.
케이크의 수분 함유량은 50%이므로, $m_F/m_c=2$이다. 이 값들을 식 (25.19)에 대입하면,

$$c = \frac{14.7}{1-(2-1)(14.7/62.3)} = 19.24\ \mathrm{lb/ft^3}$$

필요에 따라 g_c을 포함시킨 식 (25.34)를 A_T에 관하여 풀면,

$$A_T = \dot{m}_c\left(\frac{\alpha_0\mu}{2c\,\Delta p^{1-s}g_c f n}\right)^{1/2} \tag{25.35}$$

고체의 생성속도 $\dot{m}_c$는 슬러리 유속에 그 농도 c_F을 곱한 값과 같다.

따라서, $CaCO_3$의 밀도가 $168.8\mathrm{lb/ft^3}$이므로,

$$\dot{m}_c = \frac{10}{60}\,\frac{1}{7.48}\left(\frac{1}{(14.7/168.8)+1}\right)14.7 = 0.302\mathrm{lb/s}$$

식 (25.34)에 대입하면,

$$A_T = 0.302\left(\frac{2.90\times 10^{10}\times 6.72\times 10^{-4}}{2\times 19.24\times 1{,}414^{0.74}\times 32.17\times 0.30\times(1/300)}\right)^{1/2}$$

$$= 81.7\ \mathrm{ft^2}\,(7.59\ \mathrm{m^2})$$

원심여과의 원리(Principles of centrifugal filtration)

정압 여과의 기본 이론을 수정하여 원심여과(centrifugal filtration)에 적용할 수 있다. 이것은 케이크가 퇴적된 후 그리고 맑은 여액이나 깨끗한 물이 케이크를 통과하여 흐르는 동안에 적용된다. 이러한 케이크를 그림 25.13에 나타내었다. 이 그림에서, r_1는 액체 내면의 반지름, r_i는 케이크 내면의 반지름, r_2는 바스킷의 안쪽 반지름이다.

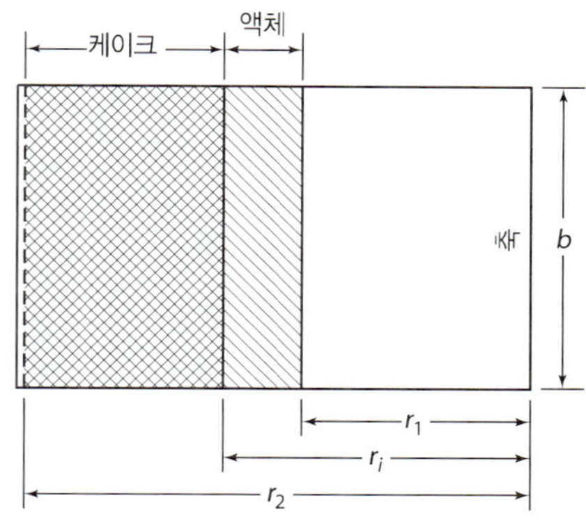

그림 25.13 원심여과기

여기에서 다음을 가정한다. 즉, 중력 효과 및 액체의 운동에너지 변화에 대한 영향을 무시하고, 원심작용으로 인한 압력강하는 케이크를 통과하여 흐르는 액체의 항력(drag)과 같다. 또 케이크는 완전히 액체로 꽉 차 있으며, 액체의 흐름은 층류이고, 여과매체 저항은 일정하며, 케이크는 거의 비압축성으로서 평균 비저항이 일정하다고 본다.

이러한 가정 하에서, 케이크를 통과하는 액체의 유속을 다음과 같이 추정한다. 먼저, 흐름면적 A가 실제로 지름이 큰 원심여과기에서 케이크 두께가 얇을 때와 마찬가지로 반지름에 따라 변하지 않는다고 가정한다. 이때 액체의 선속도는 다음과 같다.

$$u = \frac{dV/dt}{A} = \frac{q}{A} \tag{25.36}$$

여기서, q는 액체의 부피유속이다. 식 (25.36)을 식 (25.18)에 대입하면

$$\Delta p = q\mu\left(\frac{m_c\alpha}{A^2} + \frac{R_m}{A}\right) \tag{25.37}$$

식 (2.13)에서 원심력작용으로 인한 압력강하는 다음과 같다.

$$\Delta p = \frac{\rho\omega^2(r_2^2 - r_1^2)}{2} \tag{25.38}$$

여기서, $\omega =$ 각속도, rad/s

$\rho =$ 액체의 밀도

식 (25.37)과 (25.38)을 결합하고 q에 대하여 풀면 다음과 같이 된다.

$$q = \frac{\rho\omega^2(r_2^2 - r_1^2)}{2\mu(\alpha m_c/A^2 + R_m/A)} \tag{25.39}$$

반지름에 따른 A의 변화가 너무 커서 무시하기 어려울 경우는, 식 (25.39)를 식 (25.40)으로 나타낼 수 있다.

$$q = \frac{\rho\omega^2(r_2^2 - r_1^2)}{2\mu(\alpha m_c/\overline{A}_L\overline{A}_a + R_m/A_2)} \tag{25.40}$$

여기서, A_2 = 여과매체의 면적(원심 여과기 바스킷의 안쪽 면적)

$\overline{A}_a$ = 산술평균 케이크 면적

$\overline{A}_L$ = 로그평균 케이크 면적

평균면적 $\overline{A}_a$와 $\overline{A}_L$는 다음과 같이 정의된다.

$$\overline{A}_a \equiv (r_i + r_2)\pi b \tag{25.41}$$

$$\overline{A}_L \equiv \frac{2\pi b(r_2 - r_i)}{\ln(r_2/r_i)} \tag{25.42}$$

b = 바스킷의 높이

r_i = 케이크의 안쪽 반지름

식 (25.40)은 질량이 일정한 케이크에 적용된다.

25.3 중력침강 공정(Gravity sedimentation process)

많은 기계적 분리는 중력 또는 원심력에 의해서 유체를 통한 고체입자 또는 액적의 침강(sedimentation)을 근거로 한다. 이 절은 중력침강(gravity settling)을, 다음절은 원심침강(centrifugal sedimentation)을 다룬다. 유체는 기체나 액체로서 흐르거나 정지상태에 있다. 공기, 연도가스(flue gas)로부터 먼지나 연무(fume)의 제거 또는 액체 폐기물로부터 고체의 제거 등과 같이 유체로부터 오염물을 없애거나 입자를 회수하고자 하는 공정에서는 유체흐름으로부터 입자를 제거하는 것이 목적이다. 또 문제에 따라서는 입자를 강제로 현탁시켜서 입도나 밀도가 다른 분급물(fraction)로 입자를 분리한다. 이때 분급된 입자로부터 유체를 회수하여 다시 사용하기도 한다.

현탁 유체(suspending fluid)보다 무거운 입자는, 유체속도가 입자 침강에 충분한 시간을 가지도록 한 대형 침강 통(settling box) 또는 침강탱크에서 기체나 액체로부터 제거될 수 있다. 그러나 이런 종류의 간단한 장치는 그 유용성에 한계가 있는데, 이것은 분리가 불완전하고 용기바닥에서 침강 고체를 제거하는 데 노동력이 많이 필요하기 때문이다.

공업용 분리기에서는 거의 전부 침강 고체를 연속 분리될 수 있도록 구성되어 있다. 분리는 부분적이거나 또는 거의 완전할 수 있다. 액체로부터 실질적으로 모든 고체를 제거하는 침강장치를 **청정기**(clarifier)라 하며, 고체를 두 분급물로 나누는 장치는 **분급기**(classifier)라 한다.

중력 분급기(Gravity classifier)

화학공정에서의 분급기는 대부분 입자크기에 기준하여 입자를 분리하는데, 이때 작은 입자의 밀도

나 큰 입자의 밀도가 같기 때문이다. 액의 상향 속도를 조정하여 필요로 하는 큰 입자의 종말 침강 속도보다 작게 하면 원하지 않는 미세 결정이 결정석출 영역으로 반송되어 더욱 성장하게 된다.

전형적인 기계적 분급기에서 정치조(settling vessel)는 수평에서 12° 기울어진 반원통형 통(semicylindrical trough)으로서 낮은 쪽 끝에서 액체가 넘쳐 나간다. 슬러리는 중간 지점에서 연속적으로 통에 공급된다. 유량을 조정하면, 고운 입자는 침강할 시간이 없어서 분급기를 떠나는 액체에 동반된다. 큰 입자는 통 바닥에 가라앉는다. 회전 나선형 컨베이어로 침강된 고체를 통 바닥에서 위쪽으로 이동시켜 액체로부터 나오게 하여 샌드 배출슈트로 보낸다. 이러한 분급기는 정확한 분리가 필요 없는 굵은 입자를 다루는 데 좋다. 대표적인 응용 예로서, 입자크기 8~20mesh 정도로 분쇄되는 볼 밀(ball mill) 또는 로드 밀(rod mill)과 함께 사용된다.

선별 분급기(Sorting classifiers)

밀도가 다른 입자를 분리하는 기구를 **선별 분급기**(sorting classifier)라 한다. 보통 두 가지 기본 분리 방법, 즉 침강-부유(sink-&-float) 및 차분침강(differential settling)법 중의 하나가 이용된다.

침강-부유법(Sink-and-float methods) 침강-부유법(또는 부침법)에서는 선별매체(sorting medium)로서 액체를 사용하는데, 그 밀도는 가벼운 물질과 무거운 물질의 중간 정도이다. 이때 무거운 입자는 매체 중에서 침강하고 가벼운 것은 부유하므로, 분리가 이루어진다. 이 방법의 장점은, 원리적으로 두 물질의 밀도차만에 의하여 분리가 이루어지며 입자 크기와는 무관하다는 것이다. 이 방법은 **중-유체 분리**(heavy-fluid separation)라고도 한다.

이 중-유체분리법은 대개 10mesh보다 큰 비교적 굵은 입자의 처리에 사용된다.

차분침강법(Differential settling methods) 차분침강법(differential settling method)은 물질의 밀도 차에 의하여 생기게 되는 종말속도 차를 이용하는 것이다. 이때 매체의 밀도는 고체 물질들보다 작다. 이 방법의 단점은 분리되어 질 물질의 혼합물이 어떤 입자크기 범위를 이루고 있기 때문에 크고 가벼운 입자의 침강속도가 작고 무거운 입자의 침강속도와 같아서 혼합 분급물이 얻어진다는 점이다.

차분침강에서는 가벼운 물질과 무거운 물질이 같은 매체 안에서 침강한다. 밀도 ρ의 매체 중에서 침강하는 두 물질 A와 B의 입자에서 물질 A가 더 무겁다고 하자. 가령 성분 A는 방연광(비중 7.5)이고, 성분 B는 석영(비중 2.64)이라 하자. 입자크기(입자지름) D_p, 밀도 ρ_p인 입자가 밀도 ρ인 매체 중에서 중력 침강할 때의 종말속도는 Stokes법칙 영역에서의 침강에 관한 식 (7.25)로 나타낸다. 이 식을 밀도 ρ_{pA}, 지름 D_{pA}인 방연광(galena)에 관하여 쓰면,

$$u_{tA} = \frac{g D_{pA}^2 (\rho_{pA} - \rho)}{18\mu} \tag{25.43}$$

밀도 ρ_{pB}, 지름 D_{pB}인 석영(quartz)에 관하여 나타내면,

$$u_{tB} = \frac{gD_{pB}^2(\rho_{pB} - \rho)}{18\mu} \tag{25.44}$$

등속침강 입자라면 $u_{tA} = u_{tB}$이므로 식 (25.45)와 같이 된다.

$$\frac{D_{pA}}{D_{pB}} = \sqrt{\frac{\rho_{pB} - \rho}{\rho_{pA} - \rho}} \tag{25.45}$$

Newton법칙 영역에서 침강하는 등속침강 입자의 지름은 식 (7.28)로부터 다음 식으로 연관된다.

$$\frac{D_{pA}}{D_{pB}} = \frac{D_{pB} - \rho}{\rho_{pA} - \rho} \tag{25.46}$$

청정기와 침강농축기(Clarifier and thickener)

간섭 침강조건 하의 중력분리법을 이용해서 때로는 미세 입자 희박 슬러리를 청정액 또는 농축 부유물로 변환하기도 한다. 이 과정을 침강농축기 또는 청정기라 부르고, 큰 개방탱크에서 수행된다. 농축 부유믈 또는 슬러지를 여과하여 건조생성물을 만들 수도 있으나, 이 여과과정 비용이 원액 슬러리를 직접 여과하는 것보다 아주 저렴해야 한다. 청정액은 부유 입자가 없거나 거의 없어서 공정 수를 재사용 하거나 폐수로 배출된다.

엉김화(Flocculation) 부유 고체가 수μm인 개별 입자로만 존재한다면 중력 침강속도는 실제 조업에서 아주 느리게 될 것이다. 다행히도 대부분의 실제 미세 부유물에서 입자들은 적당한 속도로 침강될 수 있는 응집물(agglomerate) 또는 덩이(cluster)를 형성한다. 응집화(agglomeration)는, 때로 강 전해질(이는 하전된 입자 간 반발력을 감소시킨다)을 포함하는 엉김제 또는 고분자 엉김제(이는 특성상 양-이온성, 음-이온성, 또는 비-이온성일 수 있다)를 첨가함으로써 촉진된다. 엉김화(flocculation)는 또한 석회, 알루미나, 또는 규산나트륨 같은 저가 물질을 가하여 수행되는데, 이 첨가제는 미세 입자와 동반침강을 일으켜 느슨한 응집물을 형성한다.

엉김화된 입자들은 분산-조밀고체(dispersed dense solid)의 부유와는 다른 침강특성을 갖는다. 이 응집물은 고 다공성이어서 침강 시 많은 물이 수반된다. 또한 이 응집물은 느슨하게 결합되어 있어 침전조 밑바닥의 슬러지는 추가로 쌓이는 고체 무게에 의해 압축된다.

회분식 침강분리(Batch sedimentation) 엉긴 부유물의 침강에는 여러 단계가 있고, 그리고 침강분리과정이 이루어지면서 여러 영역이 형성된다. 일반적으로 고체의 농도가 충분히 높으면, 주어진 준위에 있는 고체가 공통 속도로 침강될 정도로 개별입자 또는 엉김물의 침강을 간섭한다. 처음에 고체는 그림 25.14(a)에서 보는 바와 같이 액체 내 균일하게 분산된다. 현탁액 전체 높이는 Z_0이다. 잠시 후, 고체는 침강하여 그림 25.14(b)에서 맑은 액체영역 A가 나타나고, 영역 D는 침강고체이다. 영역 D 위쪽은 전이층(transition layer)으로서 영역 C이고 이 영역 내에서는 초기 펄프 내 고체 함유량으로부터 영역 D의 것으로 변한다. 영역 B에서는 그 농도가 균일하고 초기 농도와 동일한데, 이는 침강속도가 이 영역 전반에 걸쳐 동일하기 때문이다. 영역 D와 C 사이, 그리고 영역 C와 B 사이의 경계들은 분명치 않으나 영역 A와 B 사이의 경계는 일반적으로 명료하다.

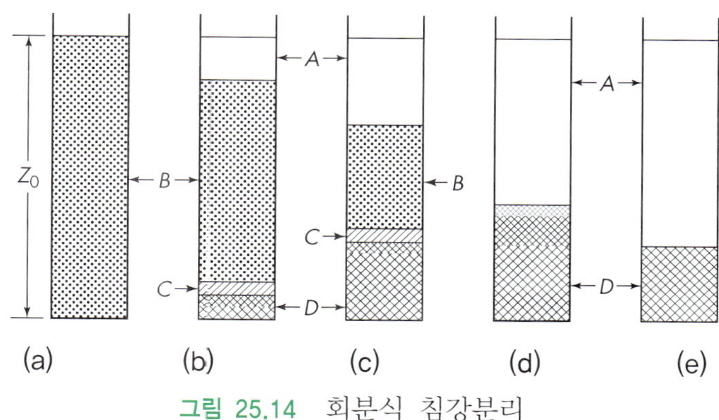

그림 25.14 회분식 침강분리

침강이 계속됨으로써 영역 D와 A의 깊이는 증가된다. 영역 C의 깊이는 거의 일정하고 영역 B의 것은 감소된다. 이를 그림 25.14(c)에 나타냈다. 결국 영역 B는 사라져서 모든 고체는 영역 C와 D에 있게 된다(그림 25.14(d)를 참조). 동시에 고체의 점진적 누적은 바닥 층 D에 누적 된 고체를 압축하게 된다. 이 압축으로 엉김물(floc) 또는 응집물(aggregate) 구조는 깨어지고 액체는 위쪽 영역으로 밀려난다. 때로는 엉김물 내 액체는, 층 D가 압축됨으로써 마치 작은 간혈 온천(geysa)같이 영역 D을 분출하여 나오기도 한다. 최종적으로 고체의 중량과 엉김물 압축강도가 균형이 잡히면 침강과정은 정지되어 그림 25.14(e)과 같이 된다. 그림 25.14에 보인 전 과정을 침강분리(sedimentation)라 한다.

침강분리 속도(Rate of sedimentation) 시간 대 계면 높이(영역 A와 B경계)의 전형적 도표를 그림 25.15에 표시했다. 곡선의 첫 구간에서 보는 바와 같이 침강 초기단계에는 침강속도가 일정하다. 영역 B가 사라질 때 침강속도가 감소하기 시작해서 최종 높이(ultimate height)에 이를 때까지 계속 떨어진다. 그림에 보인 예에서 계면 높이는 20시간까지도 계속 감소되기 때문에 최종 높이는 단지 추정된 것이다.

슬러리들은 그들 침강속도가 크게 다르고 또 침강 시 각 영역의 상대 높이도 다르다. 초기 속도는 공급물의 함수이나, 최종 단계에서는 역시 침강속도가 초기 높이 Z_0에 의존된다. 이는 압축 영향이 농후 슬러리 층에 더 중요하기 때문이다. 침전농축기 설계를 위해서는 서로 다른 초기

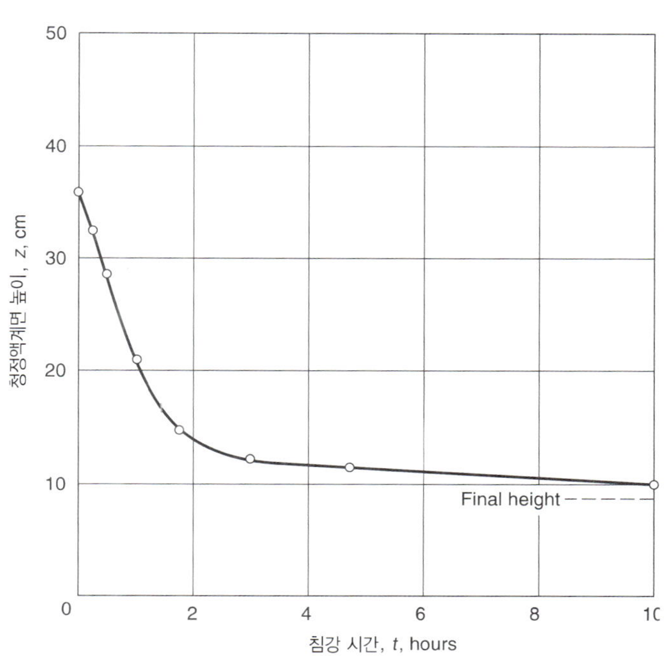

그림 25.15 석회석 슬러리의 회분침강, c_0 = 236g/L

높이와 초기 농도에 대한 침강속도 실험이 필요하다.

25.4 원심력 침강공정(Centrifugal sedimentation process)

어느 주어진 유체 중에서 어느 주어진 입자가 중력하에서는 고정된 최대 속도로 침강한다. 이 침강속도를 크게 하기 위하여 입자에 작용하는 중력을 아주 강한 원심력으로 대체할 수 있다. 원심분리기는 미세한 액적 및 입자를 다루는 데 보다 효과적이고, 그리고 주어진 처리용량에 대해 장치의 크기가 더 적어지기 때문에, 생산조업에서 중력 분리기 대신에 상당히 많이 이용되고 있다.

기체로부터 고체의 분리; 사이클론(Separation of solids from gases; cyclone)

기체흐름으로부터 입자를 제거하는 대부분의 원심분리기는 운동 부분이 없다. 대표적인 것으로 그림 25.16에 보인 사이클론을 들 수 있다. 이것은 원추형 하부로 된 수직 원통, 상부 근처에 접선입구(tangential inlet), 그리고 원추바닥에 먼지 출구 등으로 구성되었다. 입구는 대개 직사각형이다. 배출관은 원통 안으로 들어와 있어서, 입구에서부터 출구까지 공기의 단락(short-circuiting)흐름을 방지한다.

먼지가 들어 있는 도입 공기는 나선형 경로를 따라 돌면서 사이클론의 원통 아래로 이동한다. 이 와류(vortex)에서 생기는 원심력은 입자가 방사방향으로 이동하여 벽 쪽으로 모이게 하는데, 벽에 도달한 입자는 원추 부분으로 미끄러져 내려가 수집된다. 이 사이클론은 기본적으로 침강장치로서, 비교적 약하게 수직으로 작용하는 중력 대신에 방사방향으로 작용하는 강한 원심력을 이용하는 것이다.

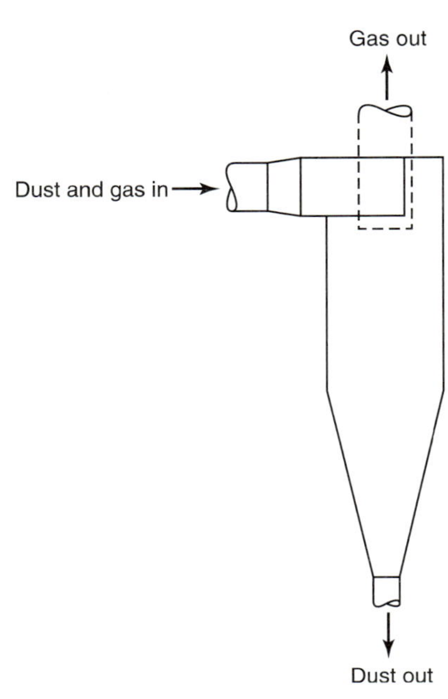

그림 25.16 사이클론

반지름 r에서의 원심력 F_c는 $m u_{\tan}^2 / r$과 같다. 여기서, m은 입자의 질량, $u_{\tan}$는 접선속도(tangential velocity)이다. 따라서 중력에 대한 원심력의 비는

$$\frac{F_c}{F_g} = \frac{m u_{\tan}^2 / r}{mg} = \frac{u_{\tan}^2}{rg} \tag{25.47}$$

지름이 0.3m이고 벽 근처에서의 접선속도가 15m/s인 사이클론에서, **분리인자**(separation factor)라 부르는 F_c / F_g 비는 2,500/(0.5 × 32.2)=155이다. 큰 직경 사이클론은 같은 속도에서 아주 낮은 분리인자를 가진다. 그리고 15~20m/s 이상의 유속은 일반적으로 비-실용적인데, 이는 큰 압력강하와 마모손실(abrasive wear)이 증가되기 때문이다. 소-직경 사이클론의 분리인자는 2,500 정도로 높을 수 있다. 대량의 기체흐름을 처리하려면 여러 개의 소-직경 사이클론 무리를 하나의 집 안에 설치

하는데, 여기에는 급송물 및 생성 기체용 공통 모관(header)과 하나의 먼지 호퍼(dust hopper)가 있다.

사이클론에 도입되는 먼지 입자는 방사방향으로 가속되지만, 이에 작용하는 힘은 일정하지 않은 데, 이는 r 이 변하고 소용돌이에서의 접선속도가 r 및 입구로부터의 수직거리에 따라 달라지기 때문이다. 입자궤적(particle trajectory)의 계산은 어렵기 때문에, 사이클론 효율은 일반적으로 실험적 관계식으로 추정한다. 공업용 사이클론에 대한 대표적 자료가 그림 25.17에 표시되었는데, 여기서 입자크기와 사이클론 지름이 집진효율(collection efficiency)에 큰 영향이 있음을 보이고 있다.

이 3개 사이클론은 지름이 각각 0.36, 0.81, 1.83m이며 유사한 비율(proportion)을 가지고 있고, 가장 큰 사이클론의 효율이 낮은 것은 주로 원심력의 저하 때문이다. 그러나 공기 유속 및 유입속도가 주어졌을 때, 사이클론 지름 및 길이를 다소 증가시키면 집진효율이 개선되는데, 이는 표면적이 증가하여 원심력의 감소를 상쇄하기 때문이다. 그림 25.17의 결과는 중간 크기의 사이클론에 관한 것이고, 그리고 동일한 유속(flow rate) 및 유입속도(inlet velocity)에서, 더 높은 효율 또는 더 낮은 효율은 더 큰 장치에서 또는 더 작은 장치에서 기대할 수 있을 것이다.

입자크기의 감소에 따른 효율의 저하는 실제로 단순한 이론에서 예상한 것보다 더 점진적이다. 작은 입자인 경우, 방사방향 속도 및 집진효율이 D_p^2의 함수가 될 것이지만, 미세 입자의 괴상화(agglomeration)가 이들 입자에 대한 효율을 증가시키게 된다. 이러한 입자크기의 효과로 인하여, 기체와 함께 배출되는 미-포집된 먼지는 유입 먼지보다 아주 작은 평균크기를 가진다. 이것은 방출한계(emission limit) 설정에 중요할 수 있다. 또 총괄 효율은 급송물의 입자크기 분포의 함수이고, 평균 입자크기로부터 예측할 수 없다.

사이클론의 집진효율은 입자밀도(particle density)에 따라 증가하며, 기체온도가 증가하면 기체속도가 커져서 감소된다. 효율은 유속에 크게 의존되는데 이는 식 (25.47)에서 $u_{\tan}^2$항 때문이다. 사이클론은 부분적 부하(partial load)일 때보다 충만 부하(full load)일 때 성능이 더 좋아지는 몇 가지 분리장치 중의 하나이다. 때로는 같은 사이클론 2개를 직렬로 연결하여 사용해서 보다 완전히 고체가 제거되도록 하지만, 이때 두 번째 장치의 효율은 첫 번째 것에 비해 떨어진다. 이것은 두 번째 장치로의 급송물의 평균 입자크기가 상당히 작기 때문이다.

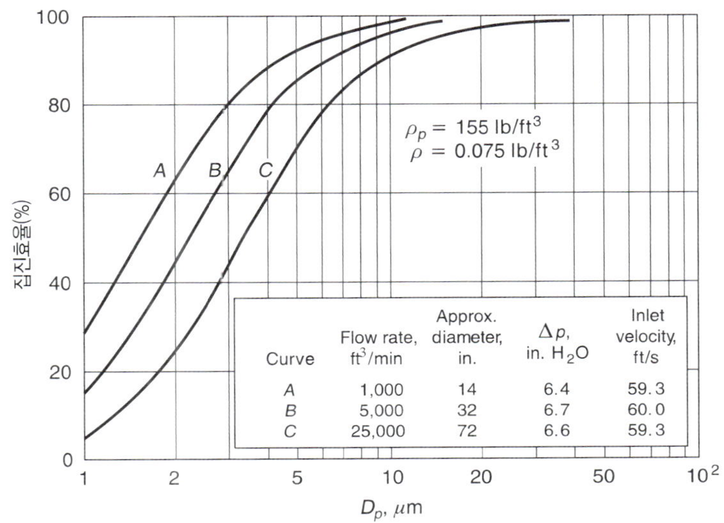

Curve	Flow rate, ft³/min	Approx. diameter, in.	Δp, in. H₂O	Inlet velocity, ft/s
A	1,000	14	6.4	59.3
B	5,000	32	6.7	60.0
C	25,000	72	6.6	59.3

그림 25.17 전형적 사이클론의 집진효율

사이클론 내 압력강하는 기체 밀도와

유입속도의 자승에 비례한다. 이것은 고체입자 밀도에 무관하다. 놀랍게도 실제로 압력강하(손실)은 입자농도 증가에 따라 약간 감소된다.

액체-고체분리 ; 하이드로클론(Liquid-solid separations; hydroclone)

사이클론은 때로 침강농축기(thickener), 분급기(classifier)와 같이 액체로부터 고체분리에 쓰인다. 이러한 기능의 것을 하이드로사이클론(hydrocyclone) 또는 하이드로클론(hydroclone)이라 부른다. 하이드로클론 내의 작동원리를 그림 25.18(a)에 나타냈다. 급송류는 상단 근처에서 고속의 접선 방향으로 들어간다. 액체는 기벽 근처에서 강한 하향 와류(소용돌이)를 형성하여 나선형 통로를 따라 내려간다. 크거나 무거운 고체입자들은 기벽에서 분리되어 하강해서 슬러리 또는 죽 상태로서 사이크론을 나간다. 가변성 배출구(orifice)는 일관성 있는 하부흐름이 되도록 조정된다. 대부분의 액체는 내부 와류(inner vortex)에 따라 위쪽으로 되올라가 **와류 출구**(vortex finder)라 하는 중앙 배출관을 통해 나간다.

그림 25.18(b)는 하이드로클론의 모양이 장치의 기능에 어떻게 의존되는지 보이고 있다.

하이드로클로 내 압력강하 Δp는 급송속도의 2.0~3.3승에 따라 변한다. 희박 급송물의 경우, 분급입경(cut diameter)은 사이클론 직경의 1.5승에 따라 변함으로, 주어진 압력강하에서 작은 직경의 것이 큰 것보다 더 좋은 분리효과를 준다. 그래서 하이드로클론은 작다. 즉 직경 범위가 10mm~약 1.2m이다. 대량 처리를 위해서는 여러 개의 소형 하이드로클론이 병렬로 연결된다. 어느 것은 10mm 장치 480개가 한 조합이 되기로 한다.

분급입경 크기(cut size)는 압력강하의 약 함수(weak function)이다. 희박 공급물의 경우 $\Delta p^{-0.25}$에 따라 변한다. 따라서 큰 압력강하는 비경제적이다. 큰 하이드로클론은 약 1atm의 Δp에서 조업되고, 작은 것에서는 Δp가 4~5atm이다.

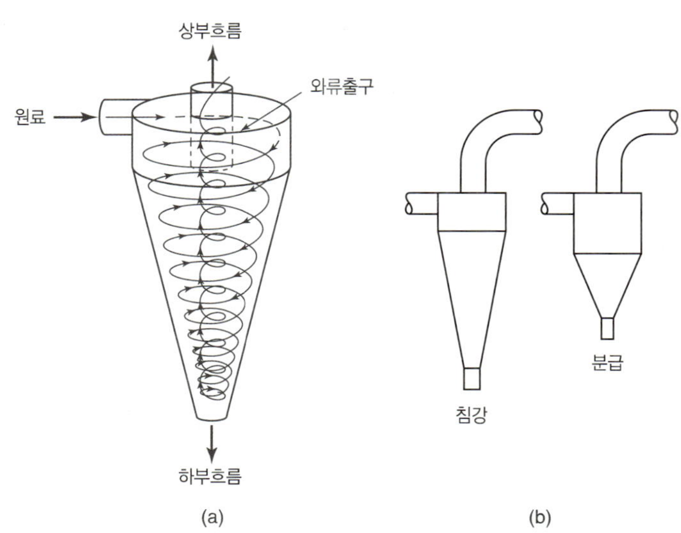

그림 25.18 하이드로클론 (a) 흐름형태; (b) 운전기능에 따라 채택되는 형태

하이드로클론은 알루미나 생산 시 모래-제거 조작(degritting operation), 인산제조 용 고품위 화 석고에서 탄소 제거, 안료와 결정 마그마(magma) 분급에 응용된다. 이것들은 폐쇄회로 미분쇄(grinding) 시 기계적 분급기를 대신해서 쓰인다.

원심 침강분리의 원리 (Principles of centrifugal sedimentation)

그림 25.19에 보인 원심분리기 보울 안의 액체 부피를 고려해 보자. 급송점은 바닥에 있으며

액체는 위에서 배출된다. 액체는 모두 고체입자와 함께 일정한 속도로 보울을 통하여 위로 움직인다고 가상하자. 그림에서 보인 것처럼, 주어진 입자는 액체 내 어느 위치, 즉 회전축으로부터 거리 r_A인 지점에서 보울 바닥으로 침강하기 시작한다. 그 침강시간은 보울 안에서 액체의 체류시간까지로 제한된다. 지금 이 시간 끝에 입자가 회전축으로부터의 거리 r_B에 있다고 하자. $r_B < r_2$이면 입자는 액체와 함께 보울을 떠날 것이고, $r_B = r_2$이면 입자는 보울벽에 퇴적하여 액체로부터 제거된다. 입자가 Stokes 법칙 범위에서 침강한다면, 반지름 r 에서 종말속도(terminal velocity)는 식 (25.48)로 나타낼 수 있다.

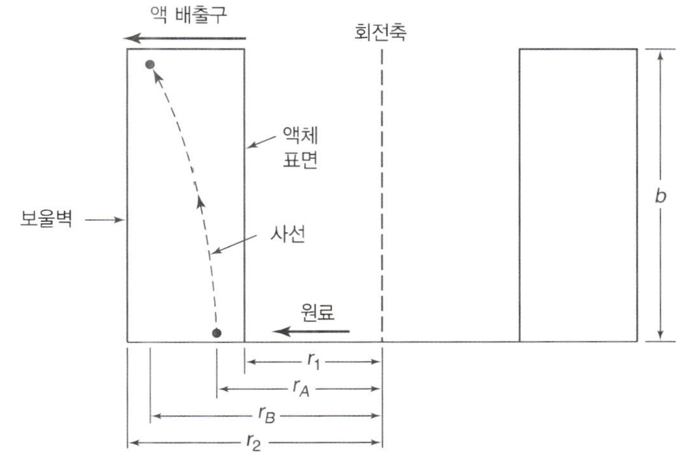

그림 25.19 침강 원심분리기에서 입자궤적

$$u_t = \frac{\omega^2 r(\rho_p - \rho)D_p^2}{18\mu} \tag{25.48}$$

$u_t = dr/dt$이므로 식 (25.49)와 같이 된다.

$$dt = \frac{18\mu}{\omega^2(\rho_p - \rho)D_p^2}\frac{dr}{r} \tag{25.49}$$

$t = 0$일 때 $r = r_A, t = t_T$일 때, $r = r_B$임으로 식 (25.49)를 적분하면 다음과 같다.

$$t_T = \frac{18\mu}{\omega^2(\rho_p - \rho)D_p^2} ln\frac{r_B}{r_A} \tag{25.50}$$

체류시간 t_T는 보울 안의 액체부피 V를 부피유속 q로 나눈 것과 같다. 부피 V는 $\pi b(r_2^2 - r_1^2)$이다. 이를 식 (25.50)에 대입하여 다시 쓰면 다음과 같다.

$$q = \frac{\pi b\omega^2(\rho_p - \rho)D_p^2}{18\mu}\frac{r_2^2 - r_1^2}{\ln(r_B/r_A)} \tag{25.51}$$

거리 r_1과 r_2 중간에 도착한 입자의 지름을 **분리입경**(cut diameter)으로 정의한다. D_{pc}를 분리입경이라 하면, 이 크기에 해당되는 입자는 허용 침강시간 동안에 거리 $y = (r_2 - r_1)/2$만큼 이동한다. 지름 D_{pc}인 입자를 제거하려면 그 유효-시간(available time) 나에 보울 벽에 도달하여야 한다. 그래서, $r_B = r_2, r_A = (r_1 + r_2)/2$이다. 그래서 식 (25.50)은 식 (25.52)와 같이 된다.

$$q_c = \frac{\pi b\omega^2(\rho_p - \rho)D_{pc}^2}{18\mu}\frac{r_2^2 - r_1^2}{\ln[2r_2/(r_1 + r_2)]} \tag{25.52}$$

여기서, q_c는 분리입경에 상당되는 부피유속이다. 이 유속에서 D_{pc}보다 큰 대부분의 입자는 이 원심분리기에서 제거될 것이고, 이보다 작은 지름을 가진 대부분 입자는 액체 중에 남게 될 것이다.

액층의 두께가 보울 반지름에 비하여 작다면, $r_1 \approx r_2$가 되고, 식 (25.52)는 불확정된다. 그러나 이러한 조건들 하에서 침강속도가 일정하다고 볼 수 있어서, 식 (25.53)이 된다.

$$u_t = \frac{D_p^2(\rho_p - \rho)\omega^2 r_2}{18\mu} \tag{25.53}$$

액층의 두께를 s라 하면 분리입경 D_{pc}인 입자의 침강거리는 $s/2$가 된다. 따라서,

$$u_t = \frac{s}{2t_T} \tag{25.54}$$

여기서, t_T는 체류시간으로

$$t_T = \frac{V}{q_c} \tag{25.55}$$

식 (25.51)~(25.53)을 결합시켜서 q_c에 대하여 풀면

$$q_c = \frac{2Vu_t}{s} = \frac{2VD_p^2(\rho_p - \rho)\omega^2 r_2}{18\mu s} \tag{25.56}$$

시그마 값; 규모 확대(Sigma value; scaleup) 공업용 원심분리기에 적용하려면, 식 (25.56)을 다음과 같이 수정하여야 한다. 반지름 r_2와 두께 s는 각각 r_e, s_e로 대체되어야 한다. 이는 고려 대상이 되는 원심분리기에 대한 r 및 s의 적절한 평균값이다. 식 (25.56)의 우변 항을 중력가속도 g로 곱하고 나누면, 원심분리기에 관계되는 모든 인자들이 한 군으로 모아지고 그리고 고체 및 액체에 관계되는 인자는 다른 군으로 모아진다. 즉,

$$\begin{aligned} q_c &= \frac{2V\omega^2 r_e}{gs}\frac{D_p^2(\rho_p - \rho)g}{18\mu} \\ &= 2\Sigma u_g \end{aligned} \tag{25.57}$$

여기서, Σ, **시그마 값**(sigma value)은 원심분리기의 특성이고 u_g는 중력 침강조건 하에서 입자의 종말 침강속도(terminal settling velocity)이다. 물리적으로, Σ는 원심분리기와 같은 분리용량을 가지는 중력 침강탱크의 단면적이 된다. 전형적인 값을 표 25.3에 나타내었다. 예로, 19.5in 원판형 원심분리기는 $10^6 \text{ft}^2 (10^5 \text{m}^2)$ 이상의 면적을 가진 중력 침강장치에 해당된다. 실제로 원심분리기의 실 용량은 Σ값에 의해 표시되는 것보다 다소 적어지는데, 이것은 회전 원심분리기 보울 내에서 복잡한 흐름 양상과 그리고 어느 장치(그 설계 형태가 다른)에는 내부 컨베이어에 의한 입자의 재현탁 때문이다.

표 25.3 침강 원심분기리의 특성

유형	보울직경, in	속도, rpm	Σ 값, $ft^2 \times 10^{-4}$
Tubular	4.125	15,000	2.7
Disk	9.5	6,500	21.5
	13.7	4,650	39.3
	19.5	4,240	105
Helical conveyor	14	4,000	1.34
	25	3,000	6.1
Axial flow conveyor			
No vanes	29	2,600	4.05
96 vanes	29	2,600	12.7

연습 문제

25.1 결정 혼합물을 세 분급물, 즉 8mesh 스크린에 걸리는 굵은 분급물, 8mesh 스크린은 통과하지만 14mesh 스크린에 걸리는 중간 분급물, 14mesh 스크린을 통과되는 미세 분급물로 분리하고자 한다. 이때 Tyler 표준체에 따른 8mesh 및 14mesh인 두 스크린을 직렬로 연결하여 사용한다. 급송물, 굵은 분급물, 중간 분급물 및 미세 분급물의 스크린 분석치를 표 25.1에 나타내었다. 이 세 분급물의 질량비를 구하라. 또 각 스크린의 총괄 효율을 구하라.

답 : D_c = 24.9, D_m = 60.2 효율 = 14.9

표 25.4 연습문제 25.1의 스크린 분석치

Screen	Feed	Coarse fraction	Middle fraction	Fine fraction
3/4	3.5	14.0		
4/6	15.0	50.0	4.2	
6/8	27.5	24.0	35.8	
8/10	23.5	8.0	30.8	20.0
10/14	16.0	4.0	18.3	26.7
14/20	9.1		10.2	20.2
20/28	3.4		0.7	19.6
28/35	1.3			8.9
35/48	0.7			4.6
Total	100.0	100.0	100.0	100.0

25.2 연습문제 25.1에서 사용한 스크린은 진동 스크린으로서, 처리능력이 4M/T/m^2·h·mm mesh size라 한다. 첫째 스크린에서 공급량이 100ton/h일 때, 각 스크린의 소요면적(m^2)을 구하라.

답 : A = 16.08m^2

25.3 Superlight $CaCO_3$에 대하여 α와 Δp 사이에 다음 관계식을 얻었다[20].

$$\alpha = 8.8\times10^{10}[1 + 3.36 \times 10^{-4}(\Delta p)^{0.86}]$$

여기서, Δp 는 lb$_f$/ft^{2}이다. 이 관계식은 압력 범위 0~1,000lb$_f$/in^{2}에서 잘 맞는다. 이 물질의 슬러리는 여액 ft^3 당 케이크 고체 3.0lb를 생성하는 데 일정한 압력강하 70lb$_f$/in^2, 온도 70°F에서 여과하고자 한다. 이 슬러지와 사용하고자 하는 여포에 관한 실험결과 $R_m = 1.2\times10^{10}$ ft^{-1}이었다. 탱크형 가압 여과기를 사용한다. 1h 여과로 여액 1,400gal을 생산하고자 할 때, 필요한 여과 표면적은 얼마인가(ft^2 단위로)? 점도는 70°F의 물의 것과 같다.

답 : A = 71.7ft^2

25.4 연습문제 25.3의 여과기를 여액의 1/3에 해당하는 세척수로 70°F, 70lb$_f$/in^{2}에서 세척하고자 한다. 세척속도는 이론 값의 85%이다. 케이크 세척시간을 구하라.

답 : t = 2,798s or 0.777h

25.5 연습문제 25.3의 여과기를 여과 시작에서부터 압력강하가 70lb$_f$/in^{2}에 이를 때까지 0.6gal/ft^2·min의 정속으로 조작하고, 이어서 여액 총량이 1,400gal이 될 때까지 일정한 압력강하 70lb$_f$/in^{2}에서 여과한다. 전체 여과 소요시간을 구하라.

답 : t = 5,435s or 1.51h

25.6 어떤 연속 가압 여과기를 사용하여 연습문제 25.3의 슬러리로부터 여액 1,400gal/h를 얻는다. 압력강

하는 최고 50lb_f/in^2로 제한되어 있다. 주기시간이 3min이고 드럼의 침적률이 50%일 때, 필요한 여과면적을 구하라.

답 : A_T = 26.7ft^2

25.7 밀도 1,800kg/m^3, 평균지름 20μm인 입자가 동반되는 공기가 사이클론에 선속도 18m/s로 유입된다. 사이클론의 지름은 600mm이다. (a) 이 사이클론의 분리인자의 근사 값, (b) 기체흐름으로부터 제거되는 입자의 분율을 각각 구하라.

답 : (a) 110 (b) 98~99%

25.8 연습문제 25.7의 먼지가 들어 있는 공기를 선속도 8ft/s로 충돌 분리기(impingement separator)에 통과시킨다. 이 분리기는 폭 25mm의 리본으로 되어 있다. 리본의 첫째 줄에서 제거되는 입자의 최대 분율을 구하라. 이 리본은 덕트(도관) 단면적의 50%를 차지한다.

답 : 37%

25.9 아래의 조건에서 조작되는 청정 원심분리기(clarifying centrifuge)의 처리용량을 m^3/h 단위로 구하라.

보울의 지름, 600mm
액층의 두께, 75mm
보울의 깊이, 400mm
속력, 1,200rpm
액체의 비중 1.2
고체의 비중 1.6
액체의 점도 2cP
분리입경 30μm

답 : q_c = 0.0584m^3/s or 210m^3/h

25.10 보울 지름 750mm, 높이 450mm인 회분식 원심 여과기를 사용하여 다음 특성의 현탁액을 여과한다.

액체, 물
온도, 25°C
급송물 중 고체농도, 60g/L
케이크 공극률(다공율), 0.435
케이크 건조 고체밀도, 2,000kg/m^3
케이크의 최종 두께, 150mm
원심분리기의 속력, 2,000rpm
케이크 비저항, 9.5×10^{10}ft/lb
여과매체 저항, 2.6×$10^{10}ft^{-1}$

최종 케이크는 물로 세척되는데, 이때 조건은 액체의 내 표면의 반지름이 200mm이다. 세척수의 유량이 여액의 최종 유량과 같다고 할 때, 세척속도를 m^3/h 단위로 구하라.

답 : q = 1.67 × $10^{-5}m^3$/s or 0.601m^3/h

25.11 0.8mm 구형입자 부유물을 농축하는 데 사용되는 미세여과(microfiltration)장치가 압력강하 2.1atm 및 30°C에서 투과플럭스(permeate flux) 150L/m^2이다. 이와 같은 조건 하에서 순수(pure water) 투과플럭스는 280L/m^2이다. e = 0.4이면, 입자층 두께 얼마가 길층 저항으로 간주되어야 하나?

답 : L = 2.25mm

25.12 투석여과(diafiltration)가 시험공장에서 생산되는 희박 단백질 용액 40L를 정화하는 데 이용된다. 이 용액은 0.8% 단백질, 3.2% 염이고, (단백질/염) 비가 투석여과 후에 50 : 1로 되어야 한다. (a) 순수 물이 간헐적으로 한번에 40L 가해진다면, 필요한 물의 총 양은 얼마인가? (b) 연속적으로 추가되고 일정한 잔류액 부피(retentate volume)일 때, 필요한 물의 양은 얼마인가? (c) 다음 UF단계가 단백질 농도 5%까지 올린다면, 최종 염 농도는 얼마인가?

답 : (a) 320L (b) 212L (c) C_{final} = 0.016%

참고 문헌

1. Altena, F. W., and G. Belfort, *Chem. Eng. Sci.*, **39**:343 (1984).
2. Ambler, C. M., *Chem. Eng. Prog.*, **48**:150 (1952).
3. Belfort, G., *J. Membrane Sci.*, **40**:123 (1989).
4. Belter, P., E. L. Cussler, and W.-S. Hu. *Bioseparations ; Downstream Processing for Biotechnology.* New York: Wiley, 1988 ; p. 33
5. Blatt, W. F., A. David, A. S. Michaels, and L. Nelsen: in J. E. Flinn (ed.), *Membrane Science and Technology*, New York: Plenum Press, 1970.
6. Cheryan, M., *Ultrafiltration Handbook*, Lancaster, PA: Technomic Publishing Co., 1986, p. 127.
7. Cheryan, M., and B. H. Chiang: in B. M. McKenna (ed.), *Engineering cnd Food*, London: Applied Science Publ., 1984.
8. Choudhury, A. P. R., and D. A. Dahlstrom. *AIChE J.* **3:**433(1957)
9. Clark, J. G., *Chem. Eng. Prog.*, **86**(11):45 (1990).
10. Coe, F. S., and G. H. Clevenger, *Trans. AIME*, **55**:356 (1916).
11. Concha, F. A., *AIChE J.*, **37**:1425 (1991).
12. DaCosta, A. R., A. G. Fane, C. J. D. Fell, andA. C. M. Franken. *J. Membrane Sci.***62:** 275(1991)
13. Davis, R. S., and D. T. Leighton, *Chem. Eng. Sci.*, **42**:279 (1987).
14. Dick, R. I., *Fluid/Particle Separation J.*, **2**(2):77 (1989).
15. Dixon, D. C., *AIChE J.*, **37**:1431 (1991).
16. Eckstein, E. C., D. G. Bailey, and A. H. Shapiro, *J. Fluid Mech.* **79**:191 (1974).
17. Fane. A. G., C. J. D. Fell, and A. G. Waters, *J. Membrane Sci.*, **9**:245 (1981).
18. Fitch, B., *AIChE J.*, **36**:1545 (1990).
19. Goldsmith, R. L., *Ind. Eng. Chem. Fund.* **10**:113 (1971).
20. Grace, H. P., *Chem. Eng. Prog.* **49**:303, 367, 427 (1953).
21. Grace, H. P., *AIChE J.* **2**:307, 316 (1956).
22. Han, C. D., and H. T. Bixler. *AIChE J.* **13:**1058(1967)
23. Harriott, P. *Separation Sci.* **8**(3):291 (1973).
24. Harrison, R. G., P. Todd, S. R. Rudge, and D. P. Petrides. *Bioseparations Science and Engineering.* New York: Oxford Press. 2003, p. 134
25. Hoffman, A. C., A. van Santen, R. W. K. Allen, and R. Clift. *Powder Technology* **70**:83 (1992).
26. Hsieh,, H. P. *Chem. Eng. Prog. Symp. Ser.* **84**(261):1 (1988).
27. Hughes, O. D., R. W. Ver Hoeve, and C. D. Luke. Paper given at meeting of AIChE, Columbus, OH, December 1950.
28. Kynch, G. J. *Trans. Faraday Soc.* **48**:161 (1952).
29. Murkes, J., and C. -G. Carlsson, *Crossflow Filtration Theory and Practice*, New York: Wiley. 1988.
30. Nickolaus, N., and D. A. Dahlstrom, *Chem. Eng. Prog.*, **52**(3):87M (1956).
31. Perlmutter, B. A., *Chem. Eng. Prog.*, **87**(7):29 (1991).
32. Perry, R. H., and D. W. Green(eds.), *Perry's Chemical Engineers' Handbook*, 7th ed. New York: McGraw-Hill, 1997 ; (a) p. **17**-27, (b) p. **18**-61, (c) p. **18**-72, (d) pp. **18**-90 to **18**-103, (e) p. **18**-100, (f) p. **18**-116, (g) p. **19**-23, (h) p. **19**-24.
33. Porter, M. C., *Ind. Eng. Chem. Prod. Res. Devel.*, **11**:234 (1972).
34. Porter, M. C.: in P. A. Schweitzer(ed.), *Handbook of Separation Techniques for Chemical Engineers*, New York: McGraw-Hill, 1979.
35. Romero, C. A., and R. H. Davis, *J. Membrane Sci.*, **62**:249 (1991).
36. Rushton, A., and M. S. Hameed, *Filtr. Separation,* **7**:25 (1970).
37. Ruth, B. F., Personal communication.
38. Schnittger, J. R., *Ind. Eng. Chem. Proc. Des. Dev.*, **9**(3):407 (1970).
39. Shen, J. S., and R. F. Probstein. *Ind. Eng. Chem. Fundamen.* **16:**459(1977)
40. Svarovsky, L, *Chem. Eng.*, vol. 86, 1979 ; (a) no. 14, p.62 ; (b) no. 15, p. 101.
41. Taggart, A. F., *Handbook of Mineral Dressing: Ores and Industrial Minerals*, New York: Wiley, 1945, p.**11**-123.
42. van Reis, A. L. Zydney, et al. *J. Membrane Sci.*, **130**:123 (1997).
43. Wijmans, J. G., S. Nakao, J. W. H. van den Berg, F. R. Troelstra, and C. A. S. Smolders. *J. Membrane Sci.*, **22:**117(1985)
44. Willis, F. F., and L. Shapiro, Technical Report No. 936. Warminster, PA: Alfa-Laval Separation, Inc., 1991.
45. Zydney, A. L., and C. K. Colton, *Chem. Eng. Commun.*, **47**:1 (1987).
46. 임광, 임재석, 단위조작 내하출판사 (2009)
47. 고완석, 심현호, 유일종, 이종집, 허광선 보문당(2003)

부록

01 국제단위계(SI), 단위환산 및 기본상수

Conversion Factors and Constants of Nature

1. 국제단위계의 구성(SI, International System of Units)

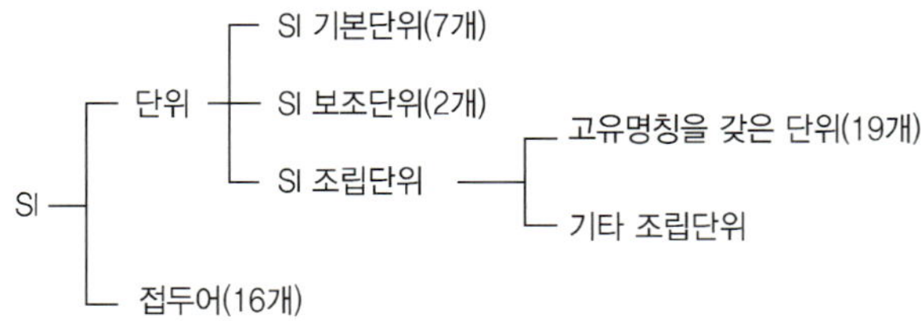

2. SI 기본단위와 보조단위(SI Fundamental unit)

단위	물리량	단위명칭	단위기호
기본단위	길 이	meter	m
	질 량	kilogram	kg
	시 간	second	s
	전 류	ampere	A
	열역학온도	kelvin	K
	물질량	mole	mol
	광 도	candela	cd
보조단위	평면각	radian	rad
	입체각	steradian	sr

3. SI 접두어(SI Prefix)

크기	접두어	기호	크기	접두어	기호
10^{-1}	deci	d	10 (십)	deca	da
10^{-2}	centi	c	10^{2} (백)	hecto	h
10^{-3}	milli	m	10^{3} (천)	kilo	k
10^{-6}	micro	μ	10^{6}(백만)	mega	N
10^{-9}	nano	p	10^{9}(십억)	giga	G
10^{-12}	pico	f	10^{12} (조)	tera	T
10^{-15}	femto	a	10^{15}(천조)	pera	P
10^{-18}	atto		10^{18}(백경)	exa	E

4. 길이(Length)

1in = 2.54cm
1mile = 1.609km = 5,280ft
1m = 100cm = 3.2808ft = 39.37in
1yd = 0.9149m = 91.49cm
1ft = 12in = 0.305m = 30.5cm
1micron = 10^{-6}m = 10^{-4}cm = 10^{-3}mm = 1μm(micrometer)
1Å(angstrom) = 10^{-10}m = 10^{-4}μm
1LY(light-year) = 빛(초속 30만 km)이 1년 동안 간 거리 = 9.4608Pm

5. 질량(Weight)

$1lb_m$ = 453.59g = 0.45359kg = 16oz = 7,000grains
1kg = 1,000g = $2.2046lb_m$
1ton(shot) = $2,000lb_m$
1ton(metric) = 1,000kg

6. 표준중력가속도(Standard gravitational acceleration)

g = $9.80665m/s^2$ = $980.665cm/s^2$ = $32.174ft/s^2$
gc(중력환산계수) = $32.174lb_m \cdot ft/lb_f \cdot s^2$ = $980.665g_m \cdot cm/g_f \cdot s^2$ = $9.8kg_m \cdot m/kg_f \cdot s^2$

7. 부피(Volume)

1L = $1,000cm^3$
$1m^3$ = 1,000L = 264.17U.S.gal
$1ft^3$ = 28.317L = $0.028317m^3$ = 7.481U.S.gal
$1in^3$ = $16.387cm^3$
1U.S.gal = 4qt(quart) = 3.7854L = 4.5461Lst(U.K.) = $3785.4cm^3$
1U.K.gal = 1.20094U.S.gal
1bbl(barrel)(U.S) = 158.97L = 42gal(U.S) = 35gal(U.K.)
1kL(U.S) = 6.2898bbl

8. 부피와 밀도(Volume & Density)

1g·mol 이상기체 (0°C, 760mmHg) = 22.4140L = $22.414cm^3$
1lb·mol 이상기체 (0°C, 760mmHg) = $359.05ft^3$
1k·mol 이상기체 (0°C, 760mmHg) = $22.414m^3$
$1g/cm^3$ = 62.43 lb_m/ft^3 = $1,000kg/m^3$
$1g/cm^3$ = 8.345 lb_m/U.S. gal
건조공기의 밀도 (0°C, 760mm Hg) = 1.2929g/L = $0.080711lb_m/ft^3$
공기의 평균분자량=$28.97lb_m$/lb·mol
$1lb_m/ft^3$ = $16.0185kg/m^3$

9. 힘(Force)

$1g \cdot cm/s^2$(dyn) = $10^{-15}kg \cdot m/s^2$
$1g \cdot cm/s^2$ = $7.2330 \times 10^{-15} lb_m \cdot ft/s^2$(poundal) = $2.2481 \times 10^{-6} lb_f$
$1kg \cdot m/s^2$ = 1 N(newton) = 10^5dyn
$1lb_f$ = 4.4482N

10. 압력(Pressure)

1bar = 1×10^5Pa(Pascal) = $1 \times 10^5 N/m^2$
1MPa = $10.197kg_f/cm^2$
1psia = 1 lb_f/in^2 = 2.0360inHg (0°C) = $2.311ftH_2O$(70°F=21°C)

11. 동력(Power)

1hp = 0.74570kW = $550ft \cdot lb_f/s$ = 0.7068Btu/s
1W(watt) = 14.340cal/min
1kW = 1.3596PS = 1.3410HP
1Btu/hr = 0.29307W
1J/s(joule/s) = 1W
1PS = 0.986HP = 735.5W

12. 열, 에너지, 일(Heat, Energy & Work)

$1J = 1N \cdot m = 1kg \cdot m^2/s^2 = 0.2389cal$

$1Btu = 1.055.06J = 1.05506kJ = 251.996cal(IT) = 252.16cal(thermochemical)$

$= 778.17ft \cdot lb_f$

$1ft \cdot lb_f/lb_m = 2.9890J/kg$

$1kcal(thermochemical) = 100cal = 4.1840kJ = 1.1627W \cdot hr$

$1cal(IT) = 4.1868$

$1ft \cdot lb_f = 1.35582J$

$1hp \cdot hr = 0.7457kW \cdot hr = 2{,}544.5Btu$

13. 열전도도(Thermal conductivity)

$1Btu/hr \cdot ft \cdot °F = 4.1365 \times 10^{-3}cal/s \cdot cm \cdot °C = 1.73073W/m \cdot K$

14. 열전달계수(Heat transfer coefficient)

$1Btu/hr \cdot ft^2 \cdot °F = 1.3571 \times 10^{-4}cal/s \cdot cm^2 \cdot °C = 5.6783W/cm^2 \cdot K$

$= 5.6783 \times 10^{-4}W/cm^2 \cdot °C$

$1kcal/hr \cdot ft^2 \cdot °F = 0.2048Btu/hr \cdot ft^2 \cdot °F$

15. 점도(Viscosity)

$1cp = 0.01g/cm \cdot s = 0.01P(poise) = 10^{-3}Pa \cdot s = 10^{-3}kg/m \cdot s = 10^{-3}N \cdot s/m^2$

$= 2.4191lb_m/ft \cdot hr = 2.0886 \times 10^{-5}lb_f \cdot s/ft^2 = 6.7197 \times 10^{-4}lb_m/ft \cdot s$

$1Pa \cdot s = 1N \cdot s/m^2 = 1kg/m \cdot s = 1{,}000cp$

16. 확산도(Diffusivity)

$1cm^2/s = 10^{-4}m^2/s = 3.875ft^2/hr$

$1m^2/s = 3.875 \times 10^4ft^2/hr$

$1centistoke = 10^{-2}cm^2/s$

$1m^2/hr = 10.764ft^2/hr$

17. 질량 플럭스와 Molar 플럭스(Mass flux & Molar flux)

$1\text{g/s}\cdot\text{cm}^2 = 7.3734\times10^3\ \text{lb}_m/\text{hr}\cdot\text{ft}^2$
$1\text{g}\cdot\text{mol/s}\cdot\text{cm} = 10\text{k}\cdot\text{mol/s}\cdot\text{m}^2 = 1\times10^4\text{g}\cdot\text{mol/s}\cdot\text{m}^2$
$1\text{g}\cdot\text{mol/s}\cdot\text{cm}^2 = 7.374\times10^3\ \text{lb}\cdot\text{mol/hr}\cdot\text{ft}^2$
$1\text{lb}\cdot\text{mol/hr}\cdot\text{ft}^2 = 1.3562\times10^{-3}\text{k}\cdot\text{mol/s}\cdot\text{m}^2$

18. 열플럭스와 전열(Heat flux & heat transfer)

$1\text{Btu/hr}\cdot\text{ft}^2 = 3.1546\text{W}/m^2$
$1\text{Btu/hr} = 0.29307\text{W}$

19. 열용량과 엔탈피(Heat capacity & Enthalpy)

$1\text{btu/lb}_m\cdot°\text{F} = 4.1868\text{kJ/kg}\cdot\text{K} = 1.000\text{cal/g}\cdot°\text{C}$
$1\text{btu/lb}_m = 2.9890\text{J/kg} = 2326.0\text{J/kg}$
$1\text{cal(IT)/g}\cdot°\text{C} = 4.1868\text{kJ/kg}\cdot\text{K}$

20. 물질전달계수(Mass transfer coefficient)

$1\text{k}_c\ \text{cm/s} = 10^{-2}\text{m/s}$
$1\text{k}_c\ \text{ft/hr} = 8.4668\times10^{-5}\text{m/s}$
$1\text{k}_c\ \text{g}\cdot\text{mol/s}\cdot\text{cm}^2\cdot\text{mol frac} = 10\ \text{k}\cdot\text{mol/s}\cdot\text{m}^2\cdot\text{mol frac}$
$1\text{k}_c\ \text{g}\cdot\text{mol/s}\cdot\text{m}^2\cdot\text{mol frac} = 1\times104\ \text{g}\cdot\text{mol/s}\cdot\text{m}^2\cdot\text{mol mol frac}$
$1\text{k}_c\ \text{lb}\cdot\text{mol/hr}\cdot\text{ft}^2\cdot\text{mol frac} = 4.449\times10^{-2}\text{k}\cdot\text{mol/s}\cdot\text{m}^2\cdot\text{mol frac}$
$= 4.449\times10^{-3}\text{k}\cdot\text{mol/s}\cdot\text{m}^2\cdot\text{mol frac}$
$1\text{k}_c\ \text{k}\cdot\text{mol/s}\cdot\text{m}^2\cdot\text{atm} = 0.98692\times10^{-5}\text{k}\cdot\text{mol/s}\cdot\text{m}^2\cdot\text{Pa}$

To convert from	To	Multiply by[†]
$ft \cdot lb_f/s$	Btu/h	4.6262
	hp	1.81818×10^{-3}
ft^2/h	m^2/s	2.581×10^{-5}
	cm^2/s	0.2581
ft^3	m^3	0.0283168
	gal (U.S.)	7.48052
	L	28.31684
$ft^3 \cdot atm$	Btu	2.71948
	cal_{IT}	685.29
	J	2.8692×10^3
ft^3/s	gal (U.S.)/min	448.83
gal (U.S.)	ft^3	0.13368
	$in.^3$	231*
gas law constant, *R*, see Table 1.2, p. 12		
gravitational constant	$N \cdot m^2/kg^2$	6.673×10^{-11}
gravity acceleration, standard	m/s^2	9.80665*
h	min	60*
	s	3,600*
hp	Btu/h	2,544.43
	kW	0.74624
hp/1,000 gal	kW/m^3	0.197
in.	cm	2.54*
$in.^3$	cm^3	16.3871
J	erg	$1^* \times 10^7$
	$ft \cdot lb_f$	0.73756
kg	lb	2.20462
kWh	Btu	3,412.1
L	m^3	$1^* \times 10^{-3}$
lb	kg	0.45359237*
lb/ft^3	kg/m^3	16.018
	g/cm^3	0.016018
$lb_f/in.^2$	N/m^2	6.89473×10^3
lb $mol/ft^2 \cdot h$	kg $mol/m^2 \cdot s$	1.3562×10^{-3}
	g $mol/cm^2 \cdot s$	1.3562×10^{-4}
light, speed of	m/s	2.997925×10^8
m	ft	3.280840
	in.	39.3701
m^3	ft^3	35.3147
	gal (U.S.)	264.17
N	dyn	$1^* \times 10^5$
	lb_f	0.22481
N/m^2	$lb_f/in.^2$	1.4503×10^{-4}
Planck's constant	$J \cdot s$	6.626196×10^{-34}
proof (U.S.)	percent alcohol by volume	0.5
ton (long)	kg	1,016
	lb	2,240*
ton (short)	lb	2,000*
t (metric)	kg	1,000*
	lb	2,204.6
yd	ft	3*
	m	0.9144*

[†]Values that end in an asterisk are exact, by definition.

부 록

02 무차원군

Dimensionless Groups

Symbol	Name	Definition
Bi	Biot number	$\frac{hs}{k}$ for slab
		$\frac{hr_m}{k}$ for cylinder or sphere
C_D	Drag coefficient	$\frac{2F_{Dc}}{\rho u_0^2 A_p}$
Fo	Fourier number	$\frac{\alpha t}{r^2}$
Fr	Froude number	$\frac{u^2}{gL}$
f	Fanning friction factor	$\frac{\Delta p_{sc} D}{2L\rho \bar{V}^2}$
Gr	Grashof number	$\frac{L^3 \rho^2 \beta g \Delta T}{\mu^2}$
Gz	Graetz number	$\frac{\dot{m} c_p}{kL}$
Gz′	Graetz number for mass transfer	$\frac{\dot{m}}{\rho D_v L}$
j_H	Heat-transfer factor	$\frac{h}{c_p G}\left(\frac{c_p \mu}{k}\right)^{2/3}\left(\frac{\mu_w}{\mu}\right)^{0.14}$
j_M	Mass-transfer factor	$\frac{k\bar{M}}{G}\left(\frac{\mu}{D_v \rho}\right)^{2/3}$

(Continued)

Symbol	Name	Definition
Ma	Mach number	$\dfrac{u}{a}$
N_{Ae}	Aeration number	$\dfrac{q_g}{nD_a^3}$
N_P	Power number	$\dfrac{P_c}{\rho n^3 D^5}$
N_Q	Flow number	$\dfrac{q}{nD_a^3}$
Nu	Nusselt number	$\dfrac{hD}{k}$
Pe	Peclet number	$\dfrac{D\bar{V}}{\alpha}$ or $\dfrac{Du_o}{D_v}$
Pr	Prandtl number	$\dfrac{c_p \mu}{k}$
Re	Reynolds number	$\dfrac{DG}{\mu}$
N_s	Separation number	$\dfrac{u_t u_0}{gD_p}$
Sc	Schmidt number	$\dfrac{\mu}{D_v \rho}$
Sh	Sherwood number	$\dfrac{k_c D}{D_v}$
We	Weber number	$\dfrac{D\rho \bar{V}^2}{\sigma}$

부 록

표준 강관의 치수, 용량, 무게†

Dimensions, Capacites, and Weights of Standard Steel Pipe

Nominal pipe size, in.	Outside diameter, in.	Schedule no.	Wall thickness, in.	Inside diameter, in.	Cross-sectional area of metal, in.^{2}	Inside sectional area, ft^2	Circumference, ft or surface, ft^2/ft of length		Capacity at 1 ft/s velocity		Pipe weight, lb/ft
							Outside	Inside	U.S. gal/min	Water, lb/h	
$\frac{1}{8}$	0.405	40	0.068	0.269	0.072	0.00040	0.106	0.0705	0.179	89.5	0.24
		80	0.095	0.215	0.093	0.00025	0.106	0.0563	0.113	56.5	0.31
$\frac{1}{4}$	0.540	40	0.088	0.364	0.125	0.00072	0.141	0.095	0.323	161.5	0.42
		80	0.119	0.302	0.157	0.00050	0.141	0.079	0.224	112.0	0.54
$\frac{3}{8}$	0.675	40	0.091	0.493	0.167	0.00133	0.177	0.129	0.596	298.0	0.57
		80	0.126	0.423	0.217	0.00098	0.177	0.111	0.440	220.0	0.74
$\frac{1}{2}$	0.840	40	0.109	0.622	0.250	0.00211	0.220	0.163	0.945	472.0	0.85
		80	0.147	0.546	0.320	0.00163	0.220	0.143	0.730	365.0	1.09
$\frac{3}{4}$	1.050	40	0.113	0.824	0.333	0.00371	0.275	0.216	1.665	832.5	1.13
		80	0.154	0.742	0.433	0.00300	0.275	0.194	1.345	672.5	1.47
1	1.315	40	0.133	1.049	0.494	0.00600	0.344	0.275	2.690	1,345	1.68
		80	0.179	0.957	0.639	0.00499	0.344	0.250	2.240	1,120	2.17
$1\frac{1}{4}$	1.660	40	0.140	1.380	0.668	0.01040	0.435	0.361	4.57	2,285	2.27
		80	0.191	1.278	0.881	0.00891	0.435	0.335	3.99	1,995	3.00
$1\frac{1}{2}$	1.900	40	0.145	1.610	0.800	0.01414	0.497	0.421	6.34	3,170	2.72
		80	0.200	1.500	1.069	0.01225	0.497	0.393	5.49	2,745	3.63
2	2.375	40	0.154	2.067	1.075	0.02330	0.622	0.541	10.45	5,225	3.65
		80	0.218	1.939	1.477	0.02050	0.622	0.508	9.20	4,600	5.02
$2\frac{1}{2}$	2.875	40	0.203	2.469	1.704	0.03322	0.753	0.647	14.92	7,460	5.79
		80	0.276	2.323	2.254	0.02942	0.753	0.608	13.20	6,600	7.66
3	3.500	40	0.216	3.068	2.228	0.05130	0.916	0.803	23.00	11,500	7.58
		80	0.300	2.900	3.016	0.04587	0.916	0.759	20.55	10,275	10.25
$3\frac{1}{2}$	4.000	40	0.226	3.548	2.680	0.06870	1.047	0.929	30.80	15,400	9.11
		80	0.318	3.364	3.678	0.06170	1.047	0.881	27.70	13,850	12.51
4	4.500	40	0.237	4.026	3.17	0.08840	1.178	1.054	39.6	19,800	10.79
		80	0.337	3.826	4.41	0.07986	1.178	1.002	35.8	17,900	14.98
5	5.563	40	0.258	5.047	4.30	0.1390	1.456	1.321	62.3	31,150	14.62
		80	0.375	4.813	6.11	0.1263	1.456	1.260	57.7	28,850	20.78
6	6.625	40	0.280	6.065	5.58	0.2006	1.734	1.588	90.0	45,000	18.97
		80	0.432	5.761	8.40	0.1810	1.734	1.508	81.1	40,550	28.57
8	8.625	40	0.322	7.981	8.396	0.3474	2.258	2.089	155.7	77,850	28.55
		80	0.500	7.625	12.76	0.3171	2.258	1.996	142.3	71,150	43.39
10	10.75	40	0.365	10.020	11.91	0.5475	2.814	2.620	246.0	123,000	40.48
		80	0.594	9.562	18.95	0.4987	2.814	2.503	223.4	111,700	64.40
12	12.75	40	0.406	11.938	15.74	0.7773	3.338	3.13	349.0	174,500	53.56
		80	0.688	11.374	26.07	0.7056	3.338	2.98	316.7	158,350	88.57

†Based on ANSI B36.10-1959 by permission of ASME.

부록

04 응축기와 열교환기용 튜브 자료†

Condenser and Heat-Exchange Tube Data

Outside diameter, in.	Wall thickness BWG no.	Wall thickness in.	Inside diameter, in.	Cross-sectional area metal, in.^{2}	Inside sectional area, ft^2	Circumference, ft or surface, ft^2/ft of length: Outside	Circumference, ft or surface, ft^2/ft of length: Inside	Velocity, ft/s, for 1 U.S. gal/min	Capacity at 1 ft/s velocity: U.S. gal/min	Capacity at 1 ft/s velocity: Water, lb/h	Weight, lb/ft‡
$\frac{5}{8}$	12	0.109	0.407	0.177	0.000903	0.1636	0.1066	2.468	0.4053	202.7	0.602
	14	0.083	0.459	0.141	0.00115	0.1636	0.1202	1.938	0.5161	258.1	0.479
	16	0.065	0.495	0.114	0.00134	0.1636	0.1296	1.663	0.6014	300.7	0.388
	18	0.049	0.527	0.089	0.00151	0.1636	0.1380	1.476	0.6777	338.9	0.303
$\frac{3}{4}$	12	0.109	0.532	0.220	0.00154	0.1963	0.1393	1.447	0.6912	345.6	0.748
	14	0.083	0.584	0.174	0.00186	0.1963	0.1529	1.198	0.8348	417.4	0.592
	16	0.065	0.620	0.140	0.00210	0.1963	0.1623	1.061	0.9425	471.3	0[illegible]76
	18	0.049	0.652	0.108	0.00232	0.1963	0.1707	0.962	1.041	520.5	0.367
$\frac{7}{8}$	12	0.109	0.657	0.262	0.00235	0.2291	0.1720	0.948	1.055	527.5	0.891
	14	0.083	0.709	0.207	0.00274	0.2291	0.1856	0.813	1.230	615.0	0.704
	16	0.065	0.745	0.165	0.00303	0.2291	0.1950	0.735	1.350	680.0	0.561
	18	0.049	0.777	0.127	0.00329	0.2291	0.2034	0.678	1.477	738.5	0.432
1	10	0.134	0.732	0.364	0.00292	0.2618	0.1916	0.763	1.310	655.0	1.237
	12	0.109	0.782	0.305	0.00334	0.2618	0.2047	0.667	1.499	750.0	1.037
	14	0.083	0.834	0.239	0.00379	0.2618	0.2183	0.588	1.701	850.5	0.813
	16	0.065	0.870	0.191	0.00413	0.2618	0.2278	0.538	1.854	927.0	0.649
$1\frac{1}{4}$	10	0.134	0.982	0.470	0.00526	0.3272	0.2571	0.424	2.361	1,181	1.598
	12	0.109	1.032	0.391	0.00581	0.3272	0.2702	0.384	2.608	1,304	1.329
	14	0.083	1.084	0.304	0.00641	0.3272	0.2838	0.348	2.877	1,439	1.033
	16	0.065	1.120	0.242	0.00684	0.3272	0.2932	0.326	3.070	1,535	0.823
$1\frac{1}{2}$	10	0.134	1.232	0.575	0.00828	0.3927	0.3225	0.269	3.716	1,858	1.955
	12	0.109	1.282	0.476	0.00896	0.3927	0.3356	0.249	4.021	2,011	1.618
	14	0.083	1.334	0.370	0.00971	0.3927	0.3492	0.229	4.358	2,176	1.258
2	10	0.134	1.732	0.7855	0.0164	0.5236	0.4534	0.136	7.360	3,680	2.68
	12	0.109	1.782	0.6475	0.0173	0.5236	0.4665	0.129	7.764	3,882	2.22

†Condensed, by permission, from J. H. Perry (ed.), *Chemical Engineers' Handbook*, 5th ed., p. **11**-12. Copyright © 1973, McGraw-Hill Book Company, New York.

‡For steel; for copper, multiply by 1.14; for brass, multiply by 1.06.

Tyler 표준체

Tyler Standerd Screen Scale

Mesh	Clear opening, in.	Clear opening, mm	Approximate opening, in.	Wire diameter, in.
	1.050	26.67	1	0.148
†	0.883	22.43	$\frac{7}{8}$	0.135
	0.742	18.85	$\frac{3}{4}$	0.135
†	0.624	15.85	$\frac{5}{8}$	0.120
	0.525	13.33	$\frac{1}{2}$	0.105
†	0.441	11.20	$\frac{7}{16}$	0.105
	0.371	9.423	$\frac{3}{8}$	0.092
$2\frac{1}{2}$†	0.312	7.925	$\frac{5}{16}$	0.088
3	0.263	6.680	$\frac{1}{4}$	0.070
$3\frac{1}{2}$†	0.221	5.613	$\frac{7}{32}$	0.065
4	0.185	4.699	$\frac{3}{16}$	0.065
5†	0.156	3.962	$\frac{5}{32}$	0.044
6	0.131	3.327	$\frac{1}{8}$	0.036
7†	0.110	2.794	$\frac{7}{64}$	0.0328
8	0.093	2.362	$\frac{3}{32}$	0.032
9†	0.078	1.981	$\frac{5}{64}$	0.033
10	0.065	1.651	$\frac{1}{16}$	0.035
12†	0.055	1.397		0.028
14	0.046	1.168	$\frac{3}{64}$	0.025
16†	0.0390	0.991		0.0235
20	0.0328	0.833	$\frac{1}{32}$	0.0172
24†	0.0276	0.701		0.0141
28	0.0232	0.589		0.0125
32†	0.0195	0.495		0.0118
35	0.0164	0.417	$\frac{1}{64}$ <None>	0.0122
42†	0.0138	0.351		0.0100
48	0.0116	0.295		0.0092
60†	0.0097	0.246		0.0070
65	0.0082	0.208		0.0072
80†	0.0069	0.175		0.0056
100	0.0058	0.147		0.0042
115†	0.0049	0.124		0.0038
150	0.0041	0.104		0.0026
170†	0.0035	0.088		0.0024
200	0.0029	0.074		0.0021
270	0.0021	0.053		
325	0.0017	0.044		

†These screens, for closer sizing, are inserted between the sizes usually considered as the standard series. With the inclusion of these screens the ratio of diameters of openings in two successive screens is as $1 : \sqrt[4]{2}$ instead of $1 : \sqrt{2}$.

부 록

06 물의 성질

Properties of Liquid Water

Temperature T, °F	Viscosity[†] μ, cP	Thermal conductivity[‡] k, Btu/ft · h · °F	Density[§] ρ, lb/ft^3	$\psi_f = \left(\frac{k^3\rho^2 g}{\mu^2}\right)^{1/3}$
32	1.794	0.320	62.42	1,410
40	1.546	0.326	62.43	1,590
50	1.310	0.333	62.42	1,810
60	1.129	0.340	62.37	2,050
70	0.982	0.346	62.30	2,290
80	0.862	0.352	62.22	2,530
90	0.764	0.358	62.11	2,780
100	0.682	0.362	62.00	3,020
120	0.559	0.371	61.71	3,530
140	0.470	0.378	61.38	4,030
160	0.401	0.384	61.00	4,530
180	0.347	0.388	60.58	5,020
200	0.305	0.392	60.13	5,500
220	0.270	0.394	59.63	5,960
240	0.242	0.396	59.10	6,420
260	0.218	0.396	58.53	6,830
280	0.199	0.396	57.94	7,210
300	0.185	0.396	57.31	7,510

[†]From *International Critical Tables,* vol. 5, McGraw-Hill Book Company, New York, 1929, p. 10.

[‡]From E. Schmidt and W. Sellschopp, *Forsch. Geb. Ingenieurw.,* **3**:277 (1932).

[§]Calculated from J. H. Keenan and F. G. Keyes, *Thermodynamic Properties of Steam,* John Wiley & Sons., Inc., New York, 1937.

포화 수증기와 물의 성질†

Properties of Standerd Steam and Water

Temperature T, °F	Vapor pressure p_A, lb$_f$/in.^{2}	Specific volume, ft^3/lb		Enthalpy, Btu/lb		
		Liquid v_x	Saturated vapor v_y	Liquid H_x	Vaporization λ	Saturated vapor H_y
32	0.08859	0.016022	3,305	0	1,075.4	1,075.4
35	0.09992	0.016021	2,948	3.00	1,073.7	1,076.7
40	0.12166	0.016020	2,445	8.02	1,070.9	1,078.9
45	0.14748	0.016021	2,037	13.04	1,068.1	1,081.1
50	0.17803	0.016024	1,704.2	18.06	1,065.2	1,083.3
55	0.2140	0.016029	1,431.4	23.07	1,062.4	1,085.5
60	0.2563	0.016035	1,206.9	28.08	1,059.6	1,087.7
65	0.3057	0.016042	1,021.5	33.09	1,056.8	1,089.9
70	0.3632	0.016051	867.7	38.09	1,054.0	1,092.0
75	0.4300	0.016061	739.7	43.09	1,051.1	1,094.2
80	0.5073	0.016073	632.8	48.09	1,048.3	1,096.4
85	0.5964	0.016085	543.1	53.08	1,045.5	1,098.6
90	0.6988	0.016099	467.7	58.07	1,042.7	1,100.7
95	0.8162	0.016114	404.0	63.06	1,039.8	1,102.9
100	0.9503	0.016130	350.0	68.05	1,037.0	1,105.0
110	1.2763	0.016166	265.1	78.02	1,031.4	1,109.3
120	1.6945	0.016205	203.0	88.00	1,025.5	1,113.5
130	2.225	0.016247	157.17	97.98	1,019.8	1,117.8
140	2.892	0.016293	122.88	107.96	1,014.0	1,121.9
150	3.722	0.016343	96.99	117.96	1,008.1	1,126.1
160	4.745	0.016395	77.23	127.96	1,002.2	1,130.1
170	5.996	0.016450	62.02	137.97	996.2	1,134.2
180	7.515	0.016509	50.20	147.99	990.2	1,138.2
190	9.343	0.016570	40.95	158.03	984.1	1,142.1
200	11.529	0.016634	33.63	168.07	977.9	1,145.9
210	14.125	0.016702	27.82	178.14	971.6	1,149.7
212	14.698	0.016716	26.80	180.16	970.3	1,150.5

(*Continued*)

Temperature T, °F	Vapor pressure p_A, $lb_f/in.^2$	Specific volume, ft^3/lb		Enthalpy, Btu/lb		
		Liquid v_x	Saturated vapor v_y	Liquid H_x	Vaporization λ	Saturated vapor H_y
220	17.188	0.016772	23.15	188.22	965.3	1,153.5
230	20.78	0.016845	19.386	198.32	958.8	1,157.1
240	24.97	0.016922	16.327	208.44	952.3	1,160.7
250	29.82	0.017001	13.826	218.59	945.6	1,164.2
260	35.42	0.017084	11.768	228.76	938.8	1,167.6
270	41.85	0.017170	10.066	238.95	932.0	1,170.9
280	49.18	0.017259	8.650	249.18	924.9	1,174.1
290	57.53	0.017352	7.467	259.44	917.8	1,177.2
300	66.98	0.017448	6.472	269.73	910.4	1,180.2
310	77.64	0.017548	5.632	280.06	903.0	1,183.0
320	89.60	0.017652	4.919	290.43	895.3	1,185.8
340	117.93	0.017872	3.792	311.30	879.5	1,190.8
350	134.53	0.017988	3.346	321.80	871.3	1,193.1
360	152.92	0.018108	2.961	332.35	862.9	1,195.2
370	173.23	0.018233	2.628	342.96	854.2	1,197.2
380	195.60	0.018363	2.339	353.62	845.4	1,199.0
390	220.2	0.018498	2.087	364.34	836.2	1,200.6
400	247.1	0.018638	1.8661	375.12	826.8	1,202.0
410	276.5	0.018784	1.6726	385.97	817.2	1,203.1
420	308.5	0.018936	1.5024	396.89	807.2	1,204.1
430	343.3	0.019094	1.3521	407.89	796.9	1,204.8
440	381.2	0.019260	1.2192	418.98	786.3	1,205.3
450	422.1	0.019433	1.1011	430.2	775.4	1,205.6

† Abstracted from *Steam Tables*, by Joseph H. Keenan, Frederick G. Keyes, Philip G. Hill, and Joan G. Moore, John Wiley & Sons, New York, 1969, with the permission of the publisher.

기체 점도†

Viscosities of Gases

No.	Gas	X	Y	No.	Gas	X	Y
1	Acetic acid	7.7	14.3	29	Freon-113	11.3	14.0
2	Acetone	8.9	13.0	30	Helium	10.9	20.5
3	Acetylene	9.8	14.9	31	Hexane	8.6	11.8
4	Air	11.0	20.0	32	Hydrogen	11.2	12.4
5	Ammonia	8.4	16.0	33	$3H_2 + N_2$	11.2	17.2
6	Argon	10.5	22.4	34	Hydrogen bromide	8.8	20.9
7	Benzene	8.5	13.2	35	Hydrogen chloride	8.8	18.7
8	Bromine	8.9	19.2	36	Hydrogen cyanide	9.8	14.9
9	Butene	9.2	13.7	37	Hydrogen iodide	9.0	21.3
10	Butylene	8.9	13.0	38	Hydrogen sulfide	8.6	18.0
11	Carbon dioxide	9.5	18.7	39	Iodine	9.0	18.4
12	Carbon disulfide	8.0	16.0	40	Mercury	5.3	22.9
13	Carbon monoxide	11.0	20.0	41	Methane	9.9	15.5
14	Chlorine	9.0	18.4	42	Methyl alcohol	8.5	15.6
15	Chloroform	8.9	15.7	43	Nitric oxide	10.9	20.5
16	Cyanogen	9.2	15.2	44	Nitrogen	10.6	20.0
17	Cyclohexane	9.2	12.0	45	Nitrosyl chloride	8.0	17.6
18	Ethane	9.1	14.5	46	Nitrous oxide	8.8	19.0
19	Ethyl acetate	8.5	13.2	47	Oxygen	11.0	21.3
20	Ethyl alcohol	9.2	14.2	48	Pentane	7.0	12.8
21	Ethyl chloride	8.5	15.6	49	Propane	9.7	12.9
22	Ethyl ether	8.9	13.0	50	Propyl alcohol	8.4	13.4
23	Ethylene	9.5	15.1	51	Propylene	9.0	13.8
24	Fluorine	7.3	23.8	52	Sulfur dioxide	9.6	17.0
25	Freon-11	10.6	15.1	53	Toluene	8.6	12.4
26	Freon-12	11.1	16.0	54	2,3,3-Trimethylbutane	9.5	10.5
27	Freon-21	10.8	15.3	55	Water	8.0	16.0
28	Freon-22	10.1	17.0	56	Xenon	9.3	23.0

Coordinates for use with figure on next page.

†By permission, from J. H. Perry (ed.), *Chemical Engineers' Handbook*, 5th ed., pp. **3**-210 and **3**-211. Copyright © 1973, McGraw-Hill Book Company, New York.

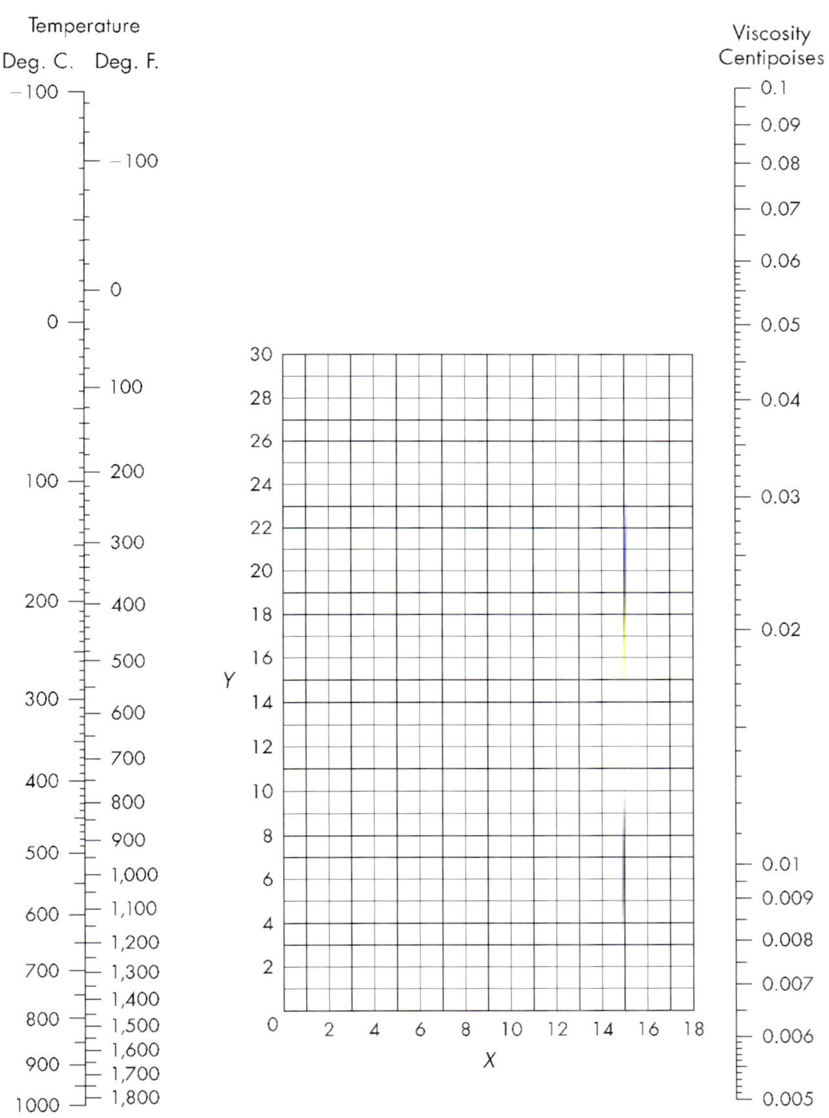

Viscosities of gases and vapors at 1 atm; for coordinates, see table on previous page.

액체의 점도[†]

Viscosities of Liquids

No.	Liquid	X	Y	No.	Liquid	X	Y
1	Acetaldehyde	15.2	4.8	32	Ethyl chloride	14.8	6.0
2	Acetic acid, 100%	12.1	14.2	33	Ethyl ether	14.5	5.3
3	Acetic anhydride	12.7	12.8	34	Ethyl formate	14.2	8.4
4	Acetone, 100%	14.5	7.2	35	Ethyl iodide	14.7	10.3
5	Ammonia, 100%	12.6	2.0	36	Ethylene glycol	6.0	23.6
6	Ammonia, 26%	10.1	13.9	37	Formic acid	10.7	15.8
7	Amyl acetate	11.8	12.5	38	Freon-12	16.8	5.6
8	Amyl alcohol	7.5	18.4	39	Glycerol, 100%	2.0	30.0
9	Aniline	8.1	18.7	40	Glycerol, 50%	6.9	19.6
10	Anisole	12.3	13.5	41	Heptane	14.1	8.4
11	Benzene	12.5	10.9	42	Hexane	14.7	7.0
12	Biphenyl	12.0	18.3	43	Hydrochloric acid, 31.5%	13.0	16.6
13	Brine, $CaCl_2$, 25%	6.6	15.9	44	Isobutyl alcohol	7.1	18.0
14	Brine, NaCl, 25%	10.2	16.6	45	Isopropyl alcohol	8.2	16.0
15	Bromine	14.2	13.2	46	Kerosene	10.2	16.9
16	Butyl acetate	12.3	11.0	47	Linseed oil, raw	7.5	27.2
17	Butyl alcohol	8.6	17.2	48	Mercury	18.4	16.4
18	Carbon dioxide	11.6	0.3	49	Methanol, 100%	12.4	10.5
19	Carbon disulfide	16.1	7.5	50	Methyl acetate	14.2	8.2
20	Carbon tetrachloride	12.7	13.1	51	Methyl chloride	15.0	3.8
21	Chlorobenzene	12.3	12.4	52	Methyl ethyl ketone	13.9	8.6
22	Chloroform	14.4	10.2	53	Napthalene	7.9	18.1
23	*m*-Cresol	2.5	20.8	54	Nitric acid, 95%	12.8	13.8
24	Cyclohexanol	2.9	24.3	55	Nitric acid, 60%	10.8	17.0
25	Dichloroethane	13.2	12.2	56	Nitrobenzene	10.6	16.2
26	Dichloromethane	14.6	8.9	57	Nitrotoluene	11.0	17.0
27	Ethyl acetate	13.7	9.1	58	Octane	13.7	10.0
28	Ethyl alcohol,100%	10.5	13.8	59	Octyl alcohol	6.6	21.1
29	Ethyl alcohol, 95%	9.8	14.3	60	Pentane	14.9	5.2
30	Ethyl alcohol, 40%	6.5	16.6	61	Phenol	6.9	20.8
31	Ethyl benzene	13.2	11.5	62	Sodium	16.4	13.9
63	Sodium hydroxide, 50%	3.2	25.8	70	Toluene	13.7	10.4
64	Sulfur dioxide	15.2	7.1	71	Trichloroethylene	14.8	10.5
65	Sulfuric acid, 98%	7.0	24.8	72	Vinyl acetate	14.0	8.8
66	Sulfuric acid, 60%	10.2	21.3	73	Water	10.2	13.0
67	Tetrachloroethane	11.9	15.7	74	*o*-Xylene	13.5	12.1
68	Tetrachloroethylene	14.2	12.7	75	*m*-Xylene	13.9	10.6
69	Titanium tetrachloride	14.4	12.3	76	*p*-Xylene	13.9	10.9

Coordinates for use with figure on next page.

[†]By permission, from J. H. Perry (ed.), *Chemical Engineers' Handbook,* 5th ed., pp. **3**-212 and **3**-213. Copyright © 1973, McGraw-Hill Book Company, New York.

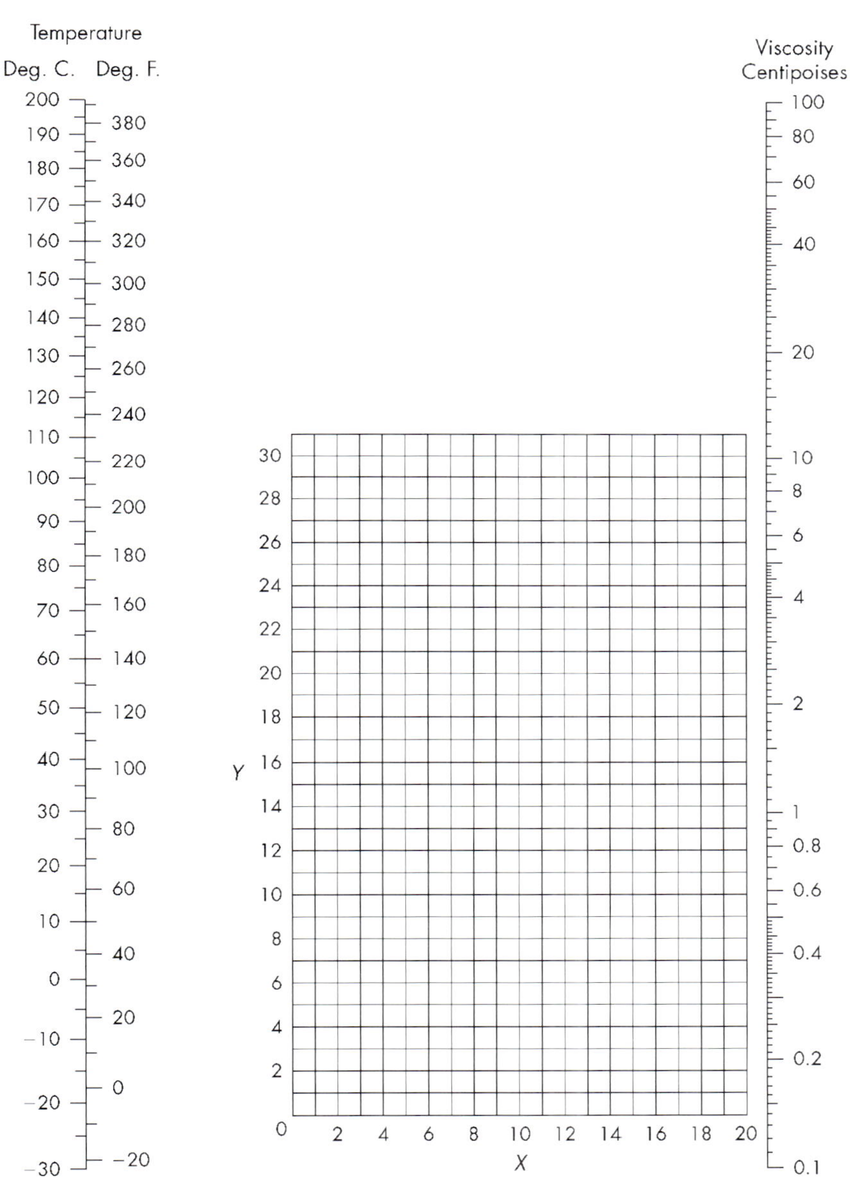

Viscosities of liquids at 1 atm. For coordinates, see table on previous page.

부 록

10 금속의 열전도도†

Thermal Conductivities of Metals

Metal	Thermal conductivity k‡		
	32°F	64°F	212°F
Aluminum	117		119
Antimony	10.6		9.7
Brass (70 copper, 30 zinc)	56		60
Cadmium		53.7	52.2
Copper (pure)	224		218
Gold		169.0	170.0
Iron (cast)	32		30
Iron (wrought)		34.9	34.6
Lead	20		19
Magnesium	92	92	92
Mercury (liquid)	4.8		
Nickel	36		34
Platinum		40.2	41.9
Silver	242		238
Sodium (liquid)			49
Steel (mild)			26
Steel (1% carbon)		26.2	25.9
Steel (stainless, type 304)			9.4
Steel (stainless, type 316)			9.4
Steel (stainless, type 347)			9.3
Tantalum		32	
Tin	36		34
Zinc	65		64

† Based on W. H. McAdams, *Heat Transmission*, 3rd ed., McGraw-Hill Book Company, New York, 1954, pp. 445–447.

‡ k = Btu/ft·h·°F. To convert to W/m·°C, multiply by 1.73073.

고체와 단열재의 열전도도†

Thermal Conductivites of Various Solids and Insulating Materials

Material	Apparent density ρ, lb/ft³	Temperature T, °C	Thermal conductivity k, Btu/h · ft² · (°F/ft)
Asbestos	29	−200	0.043
	36	0	0.087
	36	400	0.129
Bricks			
Alumina	—	1,315	2.7
Building brickwork	—	20	0.4
Carbon	96.7	—	3.0
Fire clay (Missouri)	—	200	0.58
	—	1,000	0.95
	—	1,400	1.02
Kaolin insulating firebrick	19	200	0.050
	19	760	0.113
Silicon carbide, recrystallized	129	600	10.7
	129	1,000	8.0
	129	1,400	6.3
Cardboard, corrugated	—	—	0.37
Concrete			
Clinker	—	—	0.20
Stone	—	—	0.54
1:4 dry	—	—	0.44
Cork, ground	9.4	30	0.025
Glass			
Borosilicate	139	30–75	0.63
Window	—	—	0.3–0.61

(Continued)

Material	Apparent density ρ, lb/ft^3	Temperature T, °C	Thermal conductivity k, Btu/h · ft^2 · (°F/ft)
Granite	—	—	1.0–2.3
Ice	57.5	0	1.3
Insulating materials			
Fiberglass batts[‡]	6	20	0.019
	6	150	0.027
	6	200	0.035
	9	20	0.018
	9	150	0.023
Kapok	0.88	20	0.020
Polystyrene foam[§]	1	20	0.023
	2–5	20	0.020
Polyurethane foam[§] (made with fluorocarbon gas)	1.3–3.0	—	0.014
	4–8	—	0.018
Polyurethane foam[§] (made with CO_2)	1.3–3.0	—	0.018
Wall board	14.8	21	0.028
Magnesia, powdered	49.7	47	0.35
Paper	—	—	0.75
Porcelain	—	200	0.88
Rubber, soft	—	21	0.075–0.092
Snow	34.7	0	0.27
Wood (across grain)			
Oak	51.5	15	0.12
Maple	44.7	50	0.11
Pine, white	34.0	15	0.087
Wood (parallel to grain)			
Pine	34.4	21	0.20

[†]From J. H. Perry (ed.), *Chemical Engineers' Handbook,* 6th ed., McGraw-Hill, New York, p. **3**-260, except as noted.

[‡]From *Heat Transfer and Fluid Data Book,* vol. 1, Genium Publishing Corp., Schenectady, NY, 1984, sect. 515.24, p. 1.

[§]From *Modern Plastics Encyclopedia,* vol. 65, no. 11, McGraw-Hill Book Co., New York, 1988, p. 657.

부 록

12 가스와 증기의 열전도도†

Thermal Conductivities of Gases and Vapors

Substance	Thermal conductivity k‡	
	32°F	212°F
Acetone	0.0057	0.0099
Acetylene	0.0108	0.0172
Air	0.0140	0.0184
Ammonia	0.0126	0.0192
Benzene		0.0103
Carbon dioxide	0.0084	0.0128
Carbon monoxide	0.0134	0.0176
Carbon tetrachloride		0.0052
Chlorine	0.0043	
Ethane	0.0106	0.0175
Ethyl alcohol		0.0124
Ethyl ether	0.0077	0.0131
Ethylene	0.0101	0.0161
Helium	0.0818	0.0988
Hydrogen	0.0966	0.1240
Methane	0.0176	0.0255
Methyl alcohol	0.0083	0.0128
Nitrogen	0.0139	0.0181
Nitrous oxide	0.0088	0.0138
Oxygen	0.0142	0.0188
Propane	0.0087	0.0151
Sulfur dioxide	0.0050	0.0069
Water vapor (at 1 atm abs pressure)		0.0136

†Based on W. H. McAdams, *Heat Transmission,* 3rd ed., McGraw-Hill Book Company, New York, 1954, pp. 457–458.

‡k = Btu/ft·h·°F. To convert to W/m·°C, multiply by 1.73073.

부 록

13 액체의 열전도도[†]

Thermal Conductivities of Liquids Other Than Water

Liquid	Temperature, °F	$k^{\ddagger}$
Acetic acid	68	0.099
Acetone	86	0.102
Ammonia (anhydrous)	5–86	0.29
Aniline	32–68	0.100
Benzene	86	0.092
n-Butyl alcohol	86	0.097
Carbon bisulfide	86	0.093
Carbon tetrachloride	32	0.107
Chlorobenzene	50	0.083
Ethyl acetate	68	0.101
Ethyl alcohol (absolute)	68	0.105
Ethyl ether	86	0.080
Ethylene glycol	32	0.153
Gasoline	86	0.078
Glycerine	68	0.164
n-Heptane	86	0.081
Kerosene	68	0.086
Methyl alcohol	68	0.124
Nitrobenzene	86	0.095
n-Octane	86	0.083
Sulfur dioxide	5	0.128
Sulfuric acid (90%)	86	0.21
Toluene	86	0.086
Trichloroethylene	122	0.080
o-Xylene	68	0.090

[†] Based on W. H. McAdams, *Heat Transmission,* 3rd ed., McGraw-Hill Book Company, New York, 1954, pp. 455–456.

[‡] k = Btu/ft·h·°F. To convert to W/m·°C, multiply by 1.73073.

부 록

14 기체의 비열[†]

Specific Heats of Gases

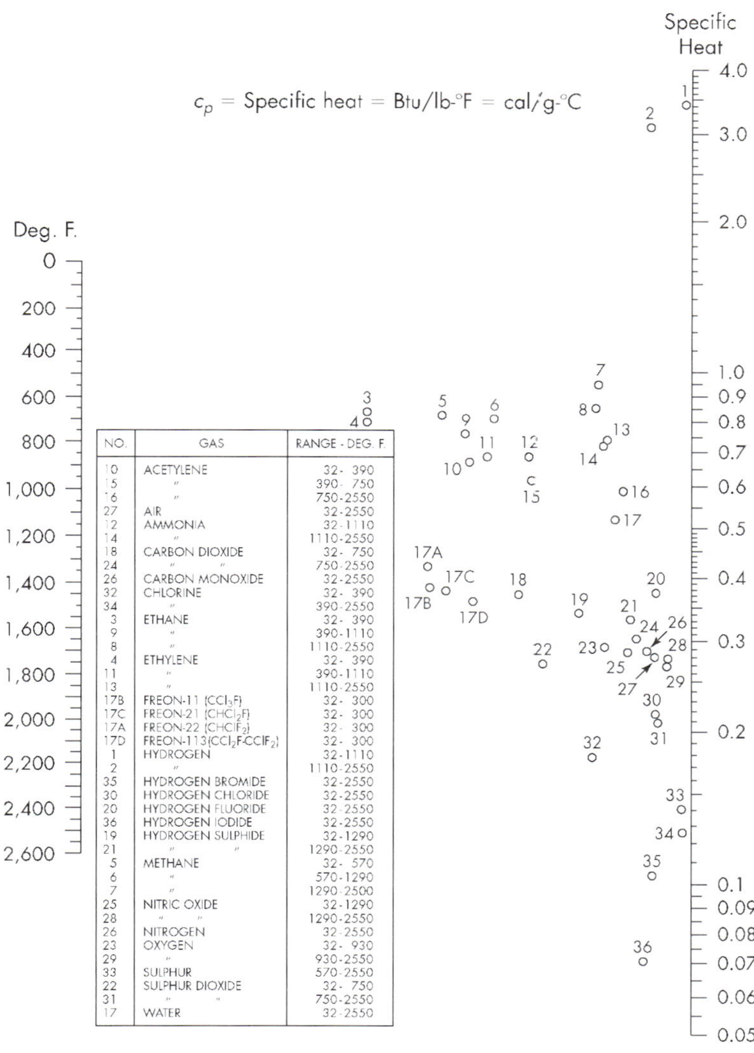

NO.	GAS	RANGE - DEG. F.
10	ACETYLENE	32- 390
15	〃	390- 750
16	〃	750-2550
27	AIR	32-2550
12	AMMONIA	32-1110
14	〃	1110-2550
18	CARBON DIOXIDE	32- 750
24	〃 〃	750-2550
26	CARBON MONOXIDE	32-2550
32	CHLORINE	32- 390
34	〃	390-2550
3	ETHANE	32- 390
9	〃	390-1110
8	〃	1110-2550
4	ETHYLENE	32- 390
11	〃	390-1110
13	〃	1110-2550
17B	FREON-11 (CCl_3F)	32- 300
17C	FREON-21 ($CHCl_2F$)	32- 300
17A	FREON-22 ($CHClF_2$)	32- 300
17D	FREON-113(CCl_2F-$CClF_2$)	32- 300
1	HYDROGEN	32-1110
2	〃	1110-2550
35	HYDROGEN BROMIDE	32-2550
30	HYDROGEN CHLORIDE	32-2550
20	HYDROGEN FLUORIDE	32-2550
36	HYDROGEN IODIDE	32-2550
19	HYDROGEN SULPHIDE	32-1290
21	〃 〃	1290-2550
5	METHANE	32- 570
6	〃	570-1290
7	〃	1290-2500
25	NITRIC OXIDE	32-1290
28	〃 〃	1290-2550
26	NITROGEN	32-2550
23	OXYGEN	32- 930
29	〃	930-2550
33	SULPHUR	570-2550
22	SULPHUR DIOXIDE	32- 750
31	〃 〃	750-2550
17	WATER	32-2550

True specific heats c_p of gases and vapors at 1 atm pressure.

[†] *Courtesy of T. H. Chilton.*

액체의 비열†

Specific Heats of Liquids

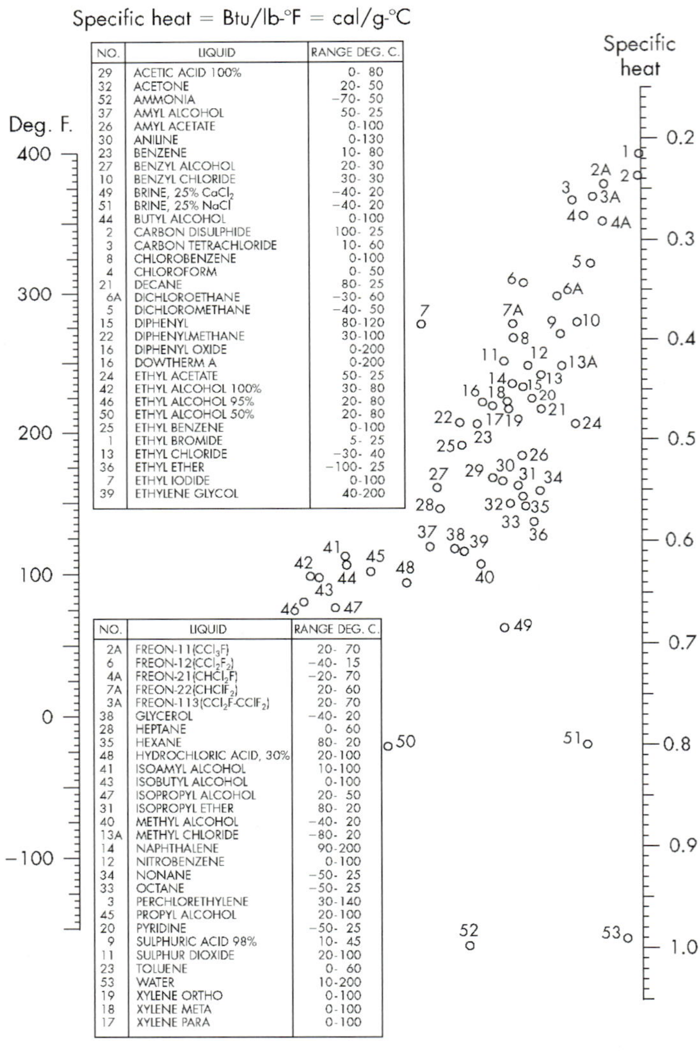

NO.	LIQUID	RANGE DEG. C.
29	ACETIC ACID 100%	0- 80
32	ACETONE	20- 50
52	AMMONIA	−70- 50
37	AMYL ALCOHOL	50- 25
26	AMYL ACETATE	0-100
30	ANILINE	0-130
23	BENZENE	10- 80
27	BENZYL ALCOHOL	20- 30
10	BENZYL CHLORIDE	30- 30
49	BRINE, 25% $CaCl_2$	−40- 20
51	BRINE, 25% NaCl	−40- 20
44	BUTYL ALCOHOL	0-100
2	CARBON DISULPHIDE	100- 25
3	CARBON TETRACHLORIDE	10- 60
8	CHLOROBENZENE	0-100
4	CHLOROFORM	0- 50
21	DECANE	80- 25
6A	DICHLOROETHANE	−30- 60
5	DICHLOROMETHANE	−40- 50
15	DIPHENYL	80-120
22	DIPHENYLMETHANE	30-100
16	DIPHENYL OXIDE	0-200
16	DOWTHERM A	0-200
24	ETHYL ACETATE	50- 25
42	ETHYL ALCOHOL 100%	30- 80
46	ETHYL ALCOHOL 95%	20- 80
50	ETHYL ALCOHOL 50%	20- 80
25	ETHYL BENZENE	0-100
1	ETHYL BROMIDE	5- 25
13	ETHYL CHLORIDE	−30- 40
36	ETHYL ETHER	−100- 25
7	ETHYL IODIDE	0-100
39	ETHYLENE GLYCOL	40-200

NO.	LIQUID	RANGE DEG. C.
2A	FREON-11(CCl_3F)	20- 70
6	FREON-12(CCl_2F_2)	−40- 15
4A	FREON-21($CHCl_2F$)	−20- 70
7A	FREON-22($CHClF_2$)	20- 60
3A	FREON-113(CCl_2F-$CClF_2$)	20- 70
38	GLYCEROL	−40- 20
28	HEPTANE	0- 60
35	HEXANE	80- 20
48	HYDROCHLORIC ACID, 30%	20-100
41	ISOAMYL ALCOHOL	10-100
43	ISOBUTYL ALCOHOL	0-100
47	ISOPROPYL ALCOHOL	20- 50
31	ISOPROPYL ETHER	80- 20
40	METHYL ALCOHOL	−40- 20
13A	METHYL CHLORIDE	−80- 20
14	NAPHTHALENE	90-200
12	NITROBENZENE	0-100
34	NONANE	−50- 25
33	OCTANE	−50- 25
3	PERCHLORETHYLENE	30-140
45	PROPYL ALCOHOL	20-100
20	PYRIDINE	−50- 25
9	SULPHURIC ACID 98%	10- 45
11	SULPHUR DIOXIDE	20-100
23	TOLUENE	0- 60
53	WATER	10-200
19	XYLENE ORTHO	0-100
18	XYLENE META	0-100
17	XYLENE PARA	0-100

† *Courtesy of T. H. Chilton.*

부 록

기체의 Prandtl 수(1 atm, 100°C)†

Specific Heats of Liquids

Gas	$Pr = \frac{c_p \mu}{k}$
Air	0.69
Ammonia	0.86
Argon	0.66
Carbon dioxide	0.75
Carbon monoxide	0.72
Helium	0.71
Hydrogen	0.69
Methane	0.75
Nitric oxide, nitrous oxide	0.72
Nitrogen	0.70
Oxygen	0.70
Water vapor	1.06

†Based on W. H. McAdams, *Heat Transmission,* 3rd ed., McGraw-Hill Book Company, New York, 1954, p. 471.

부 록

액체의 Prandtl 수†

Prandtl Numbers for Liquids

	$Pr = \frac{c_p \mu}{k}$	
Liquid	61°F	212°F
Acetic acid	14.5	10.5
Acetone	4.5	2.4
Aniline	69	9.3
Benzene	7.3	3.8
n-Butyl alcohol	43	11.5
Carbon tetrachloride	7.5	4.2
Chlorobenzene	9.3	7.0
Ethyl acetate	6.8	5.6
Ethyl alcohol	15.5	10.1
Ethyl ether	4.0	2.3
Ethylene glycol	350	125
n-Heptane	6.0	4.2
Methyl alcohol	7.2	3.4
Nitrobenzene	19.5	6.5
n-Octane	5.0	3.6
Sulfuric acid (98%)	149	15.0
Toluene	6.5	3.8
Water	7.7	1.5

†Based on W. H. McAdams, *Heat Transmission,* 3rd ed., McGraw-Hill Book Company, New York, 1954, p. 470.

부 록

18 공기 중 기체의 확산계수와 Schmidt 수(1 atm, 0℃)[†]

Diffusivities and Schmidt Numbers for Gases in Air at 0°C and 1 atm

Gas	Volumetric diffusivity D_v, ft²/h[¶]	$Sc = \frac{\mu}{\rho D_v}$ [‡]
Acetic acid	0.413	1.24
Acetone	0.32[§]	1.60
Ammonia	0.836	0.61
Benzene	0.299	1.71
n-Butyl alcohol	0.273	1.88
Carbon dioxide	0.535	0.96
Carbon tetrachloride	0.26[§]	1.97
Chlorine	0.43[§]	1.19
Chlorobenzene	0.24[§]	2.13
Ethane	0.49[§]	1.04
Ethyl acetate	0.278	1.84
Ethyl alcohol	0.396	1.30
Ethyl ether	0.302	1.70
Hydrogen	2.37	0.22
Methane	0.74[§]	0.69
Methyl alcohol	0.515	1.00
Naphthalene	0.199	2.57
Nitrogen	0.70[§]	0.73
n-Octane	0.196	2.62
Oxygen	0.690	0.74
Phosgene	0.31[§]	1.65
Propane	0.36[§]	1.42
Sulfur dioxide	0.44[§]	1.16
Toluene	0.275	1.86
Water vapor	0.853	0.60

[†]By permission, from T. K. Sherwood and R. L. Pigford, *Absorption and Extraction,* 2nd ed., p. 20. Copyright 1952, McGraw-Hill Book Company, New York.

[‡]The value of μ/ρ is that for pure air, 0.512 ft²/h.

[§]Calculated by Eq. (17.28).

[¶]To convert ft²/h to cm²/s, multiply by 0.2581.

부 록

19 충돌 적분과 Lennard-Jones 힘상수†

Collision Integral and Lennard-Jones Force Constants

Collision integral Ω_D

$\frac{kT}{\varepsilon_{12}}$	Ω_D	$\frac{kT}{\varepsilon_{12}}$	Ω_D	$\frac{kT}{\varepsilon_{12}}$	Ω_D
0.30	2.662	1.65	1.153	4.0	0.8836
0.35	2.476	1.70	1.140	4.1	0.8788
0.40	2.318	1.75	1.128	4.2	0.8740
0.45	2.184	1.80	1.116	4.3	0.8694
0.50	2.066	1.85	1.105	4.4	0.8652
0.55	1.966	1.90	1.094	4.5	0.8610
0.60	1.877	1.95	1.084	4.6	0.8568
0.65	1.798	2.00	1.075	4.7	0.8530
0.70	1.729	2.1	1.057	4.8	0.8492
0.75	1.667	2.2	1.041	4.9	0.8456
0.80	1.612	2.3	1.026	5.0	0.8422
0.85	1.562	2.4	1.012	6	0.8124
0.90	1.517	2.5	0.9996	7	0.7896
0.95	1.476	2.6	0.9878	8	0.7712
1.00	1.439	2.7	0.9770	9	0.7556
1.05	1.406	2.8	0.9672	10	0.7424
1.10	1.375	2.9	0.9576	20	0.6640
1.15	1.346	3.0	0.9490	30	0.6232
1.20	1.320	3.1	0.9406	40	0.5960
1.25	1.296	3.2	0.9328	50	0.5756
1.30	1.273	3.3	0.9256	60	0.5596
1.35	1.253	3.4	0.9186	70	0.5464
1.40	1.233	3.5	0.9120	80	0.5352
1.45	1.215	3.6	0.9058	90	0.5256
1.50	1.198	3.7	0.8998	100	0.5130
1.55	1.182	3.8	0.8942	200	0.4644
1.60	1.167	3.9	0.8888	400	0.4170

Lennard-Jones force constants

Compound	ε/k (K)	σ (Å)
Acetone	560.2	4.600
Acetylene	231.8	4.033
Air	78.6	3.711
Ammonia	558.3	2.900
Argon	93.3	3.542
Benzene	412.3	5.349
Bromine	507.9	4.296
n-butane	310	5.339
i-butane	313	5.341
Carbon dioxide	195.2	3.941
Carbon disulfide	467	4.483
Carbon monoxide	91.7	3.690
Carbon tetrachloride	322.7	5.947
Carbonyl sulfide	336	4.130
Chlorine	316	4.217
Chloroform	340.2	5.389
Cyanogen	348.6	4.361
Cyclohexane	297.1	6.182
Cyclopropane	248.9	4.807
Ethane	215.7	4.443
Ethanol	362.6	4.530
Ethylene	224.7	4.163
Fluorine	112.6	3.357
Helium	10.22	2.551
n-Hexane	339.3	5.949
Hydrogen	59.7	2.827
Hydrogen cyanide	569.1	3.630
Hydrogen chloride	344.7	3.339
Hydrogen iodide	288.7	4.211
Hydrogen sulfide	301.1	3.623
Iodine	474.2	5.160
Krypton	178.9	3.655
Methane	148.6	3.758
Methanol	481.8	3.626
Methylene chloride	356.3	4.898
Methyl chloride	350	4.182
Mercury	750	2.969
Neon	32.8	2.820
Nitric oxide	116.7	3.492
Nitrogen	71.4	3.798
Nitrous oxide	232.4	3.828
Oxygen	106.7	3.467
n-Pentane	341.1	5.784
Propane	237.1	5.118
n-Propyl alcohol	576.7	4.549
Propylene	298.9	4.678
Sulfur dioxide	335.4	4.112
Water	809.1	2.641

[*] From J. O. Hirschfelder, C. F. Curtiss, and R. B. Bird, *Molecular Theory of Gases and Liquids*, New York: Wiley, 1954.

부 록

20

예제 13.1과 18.8의 컴퓨터 계산 결과

예제 13.1

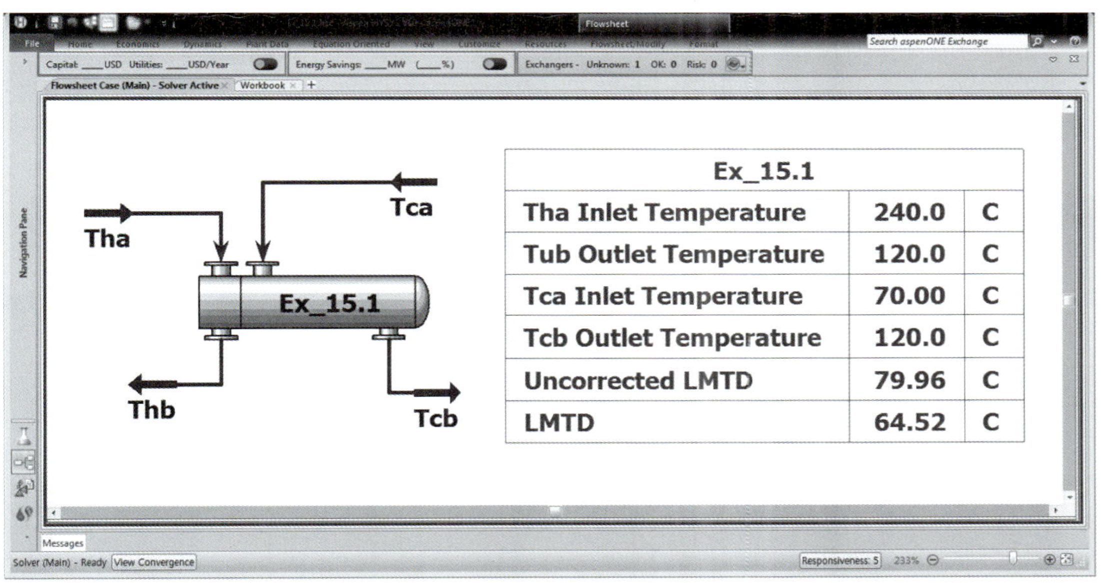

예제 18.8

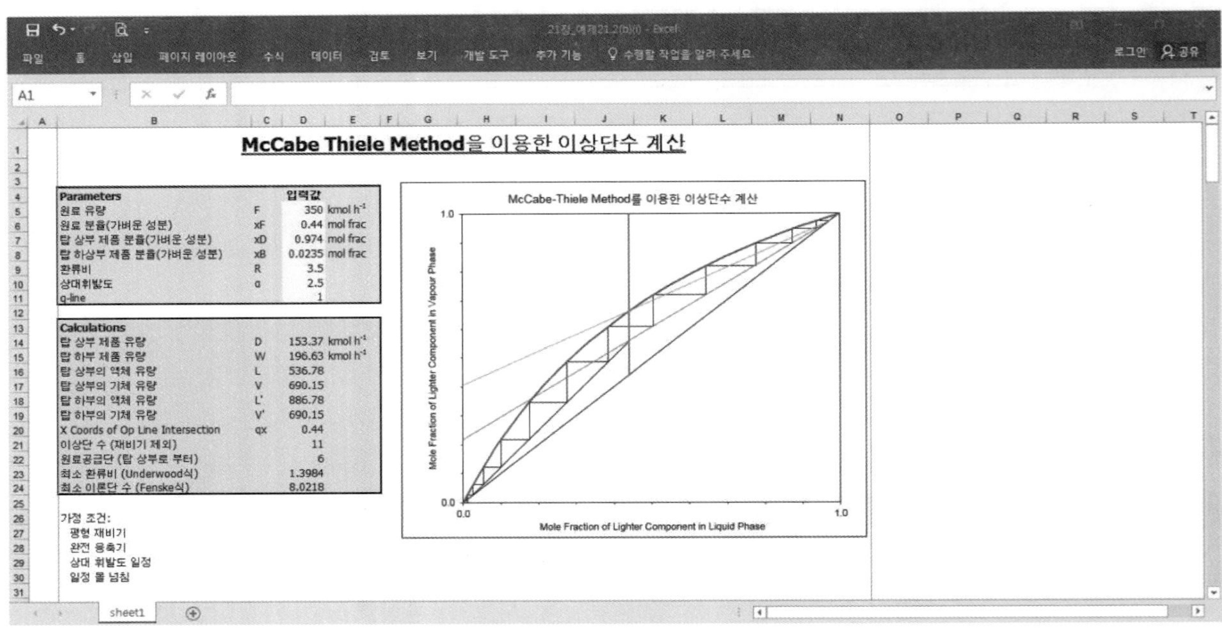

McCabe Thiele Method을 이용한 이상단수 계산

Parameters		입력값	
원료 유량	F	350	kmol h^{-1}
원료 분율(가벼운 성분)	xF	0.44	mol frac
탑 상부 제품 분율(가벼운 성분)	xD	0.974	mol frac
탑 하상부 제품 분율(가벼운 성분)	xB	0.0235	mol frac
환류비	R	3.5	
상대휘발도	α	2.5	
q-line		1	

Calculations			
탑 상부 제품 유량	D	153.37	kmol h^{-1}
탑 하부 제품 유량	W	196.63	kmol h^{-1}
탑 상부의 액체 유량	L	536.78	
탑 상부의 기체 유량	V	690.15	
탑 하부의 액체 유량	L'	886.78	
탑 하부의 기체 유량	V'	690.15	
X Coords of Op Line Intersection	qx	0.44	
이상단 수 (재비기 제외)		11	
원료공급단 (탑 상부로 부터)		6	
최소 환류비 (Underwood식)		1.3984	
최소 이론단 수 (Fenske식)		8.0218	

가정 조건:
평형 재비기
완전 응축기
상대 휘발도 일정
일정 몰 넘침

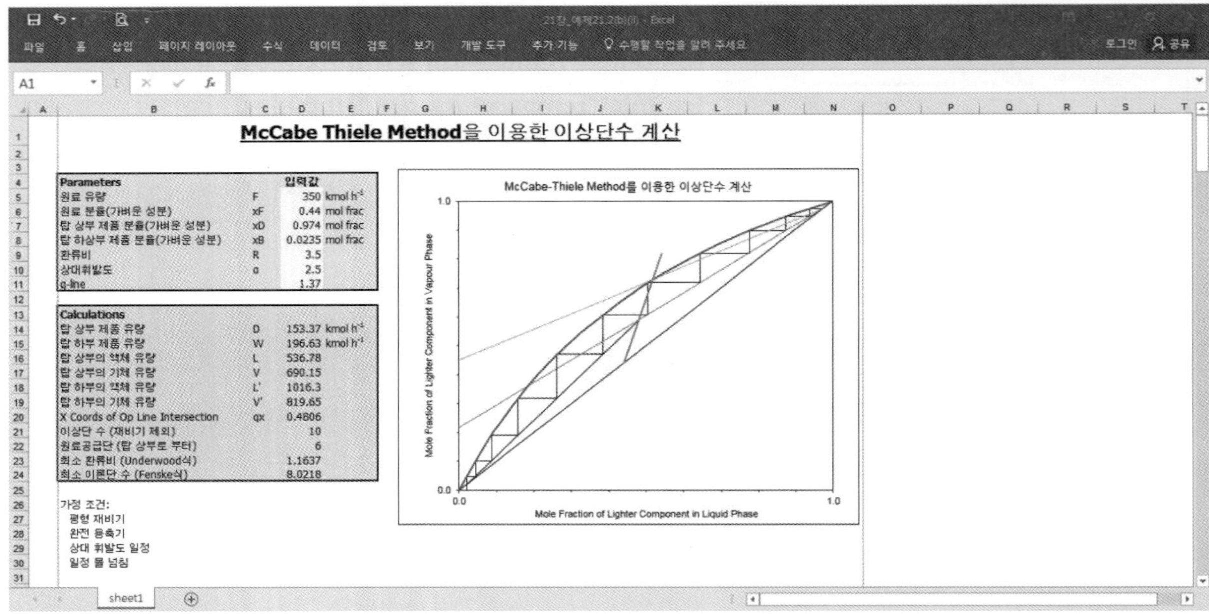

McCabe Thiele Method을 이용한 이상단수 계산

Parameters		입력값	
원료 유량	F	350	kmol h^{-1}
원료 분율(가벼운 성분)	xF	0.44	mol frac
탑 상부 제품 분율(가벼운 성분)	xD	0.974	mol frac
탑 하상부 제품 분율(가벼운 성분)	xB	0.0235	mol frac
환류비	R	3.5	
상대휘발도	α	2.5	
q-line		1.37	

Calculations			
탑 상부 제품 유량	D	153.37	kmol h^{-1}
탑 하부 제품 유량	W	196.63	kmol h^{-1}
탑 상부의 액체 유량	L	536.78	
탑 상부의 기체 유량	V	690.15	
탑 하부의 액체 유량	L'	1016.3	
탑 하부의 기체 유량	V'	819.65	
X Coords of Op Line Intersection	qx	0.4806	
이상단 수 (재비기 제외)		10	
원료공급단 (탑 상부로 부터)		6	
최소 환류비 (Underwood식)		1.1637	
최소 이론단 수 (Fenske식)		8.0218	

가정 조건:
평형 재비기
완전 응축기
상대 휘발도 일정
일정 몰 넘침

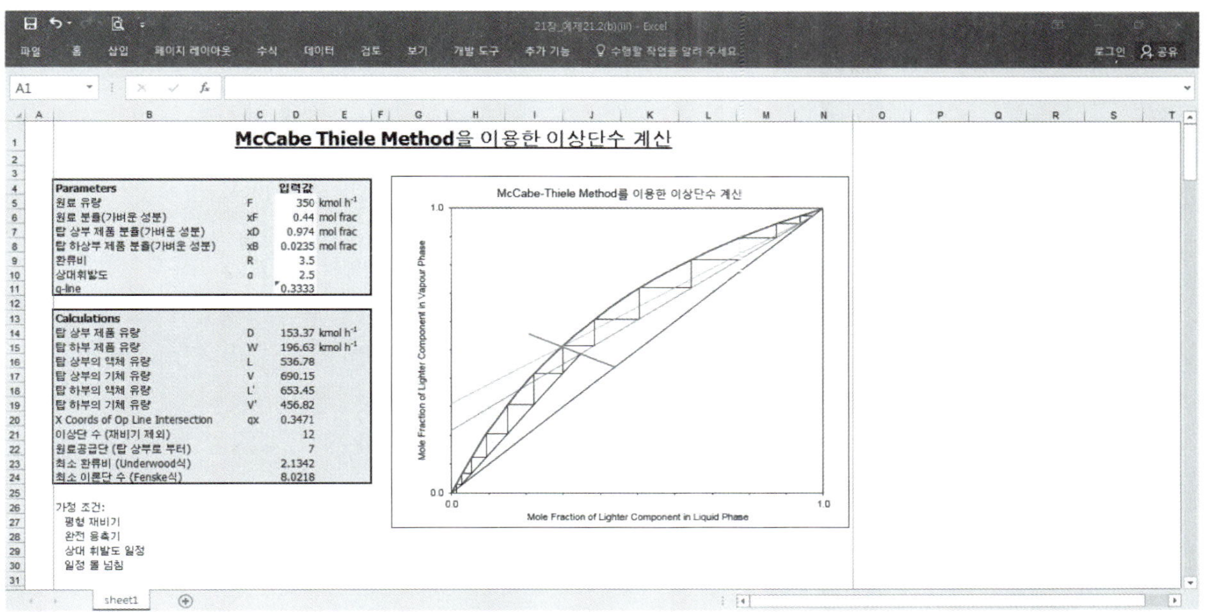

McCabe Thiele Method을 이용한 이상단수 계산

Parameters		입력값	
원료 유량	F	350	kmol h⁻¹
원료 분율(가벼운 성분)	xF	0.44	mol frac
탑 상부 제품 분율(가벼운 성분)	xD	0.974	mol frac
탑 하상부 제품 분율(가벼운 성분)	xB	0.0235	mol frac
환류비	R	3.5	
상대휘발도	α	2.5	
q-line		0.3333	

Calculations			
탑 상부 제품 유량	D	153.37	kmol h⁻¹
탑 하부 제품 유량	W	196.63	kmol h⁻¹
탑 상부의 액체 유량	L	536.78	
탑 상부의 기체 유량	V	690.15	
탑 하부의 액체 유량	L'	653.45	
탑 하부의 기체 유량	V'	456.82	
X Coords of Op Line Intersection	qx	0.3471	
이상단 수 (재비기 제외)		12	
원료공급단 (탑 상부로 부터)		7	
최소 환류비 (Underwood식)		2.1342	
최소 이론단 수 (Fenske식)		8.0218	

가정 조건:
평형 재비기
완전 응축기
상대 휘발도 일정
일정 몰 넘침

찾아보기

ㄹ

ㅁ

ㅂ

ㅅ

ㅇ

영문

기타